国家社会科学基金重大招标项目结项成果

首席专家　卜宪群

中国历史研究院学术出版资助项目

地 图 学 史

（第一卷）

史前、古代、中世纪欧洲和
地中海的地图学史

［美］J.B.哈利　［美］戴维·伍德沃德　主编

成一农 包甦 孙靖国 译　卜宪群 审译

中国社会科学出版社

审图号：GS（2022）417 号

图字：01－2014－1775 号

图书在版编目（CIP）数据

地图学史. 第一卷, 史前、古代、中世纪欧洲和地中海的地图学史／（美）J. B. 哈利，（美）戴维·伍德沃德主编；成一农，包甦，孙靖国译. —北京：中国社会科学出版社，2022.1

书名原文：The History of Cartography, Vol. 1：

Cartography in Prehistoric, Ancient, and Medieval Europe and the Mediterranean

ISBN 978－7－5203－9371－3

Ⅰ.①地…　Ⅱ.①J…②戴…③成…④包…⑤孙…　Ⅲ.①地图—地理学史—欧洲　Ⅳ.①P28－091

中国版本图书馆 CIP 数据核字（2021）第 253556 号

出 版 人	赵剑英
责任编辑	耿晓明
责任校对	赵雪姣
责任印制	李寡寡

出　　版	中国社会科学出版社
社　　址	北京鼓楼西大街甲 158 号
邮　　编	100720
网　　址	http://www.csspw.cn
发 行 部	010－84083685
门 市 部	010－84029450
经　　销	新华书店及其他书店

印刷装订	北京君升印刷有限公司
版　　次	2022 年 1 月第 1 版
印　　次	2022 年 1 月第 1 次印刷

开　　本	880×1230　1/16
印　　张	56
字　　数	1428 千字
定　　价	598.00 元

图版 1　来自约旦的特雷拉特－盖苏尔（Teleilat Ghassul）的星图壁画

　　按照一些人的解释，这幅图像呈现了一幅宇宙志地图，有着由第一大洋、第二世界和第二大洋环绕的位于中心的已知世界，八个点也许象征着远方的岛屿和星海。矩形（下方右侧）被认为是一座寺庙的平面图像的一部分，但这又纯粹是推测。

　　原图直径：1.84 米。由 George Kish, University of Michigan, Ann Arbor 提供。

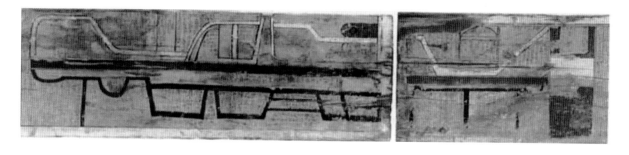

图版 2　《两路之书》中的地图

　　地形构图的一例，可能是作为通向死后世界的通行证，在约公元前 2000 年中埃及贝尔沙的许多棺椁底部上有发现。

　　原图尺寸：28×63 厘米。American Geographical Society Collection, University of Wisconsin, Milwaukee, from Youssouf Kamal, *Monumenta cartographica Africae et Aegypti*, 5 vols. in 16 pts.（Cairo: 192651），1：6 提供照片。Egyptian Museum, Cairo 许可使用（coffin 28, 083）。

图版3 锡拉岛壁画

这些残片属桑托林岛的一幅壁画，可追溯至约公元前1500年，其中包含一些地图场景。它们暗示了色彩惯例的初期发展：河流为蓝色但用金色勾勒；山形也用双蓝线表示。绘画本身是以平面图、立面图或倾斜透视的方式着笔的。整体效果呈鲜明的浮雕感，不同地点的区分非常清晰，因此这幅壁画与其他许多代表古代和中世纪欧洲地图学的图画式地图没有什么不同。壁画共三幅。最长一幅（此处分作两块）包含一支舰队的故事：舰队从左侧（上半部分）某海滨城镇出发，然后抵达右侧（下半部分）其母港。其他部分包括以平面图形式展示的一条河，以及战士、畜群和妇女的零星景象。

原物长度：3.5米（河流壁画）和4米（船只壁画）。National Archaeological Museum, Athens 许可使用。

图版4 出自庞贝附近博斯科雷亚莱别墅

（Boscoreale Villa）的壁画

此细部图清晰展示了一枚以近似透视的方式所画的球仪。该物也被称作日晷。

原图细部尺寸：61 × 39.7 厘米。Metropolitan Museum of Art, New York 许可使用（Rogers Fund, 1903 [03.14.2]）。

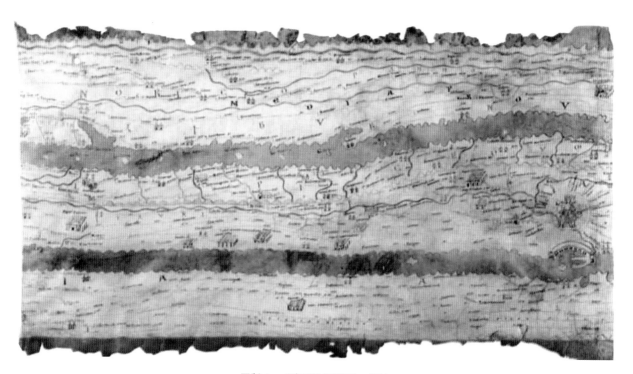

图版5 《波伊廷格地图》：罗马

《波伊廷格地图》的年代为12世纪或13世纪早期，归根究底源自某4世纪的原型，这一点可通过诸如本片段中的罗马一类的小插图感受到，在罗马片段中，这座城市被拟人化作一位手持球仪、长矛和盾牌的即位的女神。

原图尺寸：33 × 59.3 厘米。Österreichische Nationalbibliothek, Vienna 许可使用（Codex Vindobonensis 324, segment Ⅳ）。

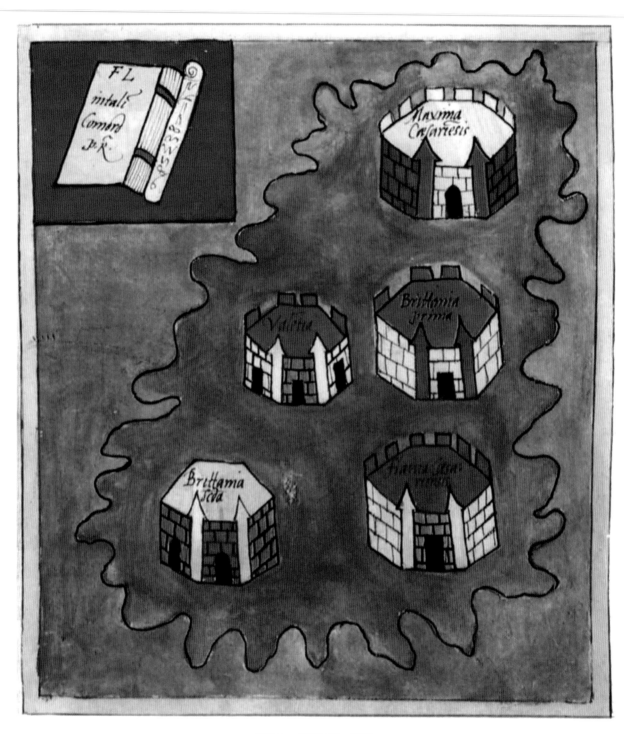

图版 6　《百官志》：英国

　　此为 4 世纪原件的一件 16 世纪副本，其中，有 5 个省的摆放是错误的，有几个被拿掉了。例如，以伦敦为首府的马克西马·凯撒里恩西斯没有放在东南部，而是放在了东北部林肯附近。

　　原图尺寸：31×24 厘米。Bayerische Staatsbibliothek，Munich 许可使用（Clm. 10291，fol. 212r）。

图版 7　马代巴马赛克地图

一幅 6 世纪的镶嵌画的残片，现保存于约旦马代巴的一座教堂。

保存的地图尺寸：5 × 10. 5 米。Fr. Michele Piccarillo, Studium Biblicum Franciscanum, Jerusalem 提供照片。

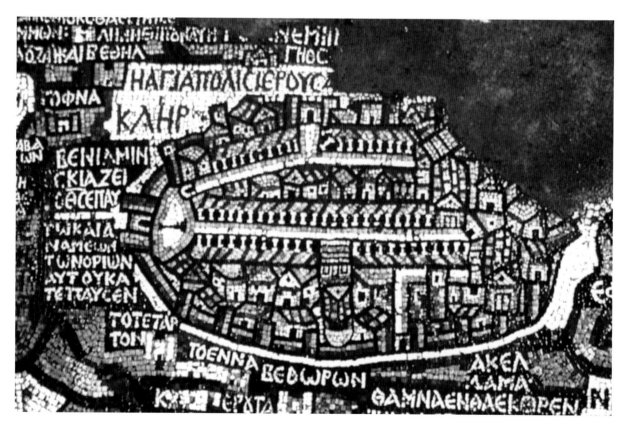

图版 8　马代巴马赛克地图上的耶路撒冷

对一些教堂和其他建筑的描绘足够逼真，现代学者可对其予以辨认。

Thames and Hudson 提供照片。Department of Antiquities, Jordan 许可使用。

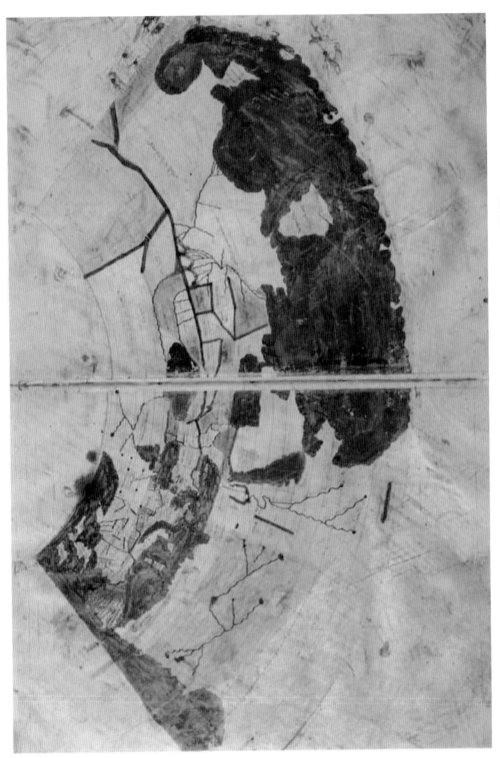

图版9 托勒密《地理学指南》的一部13世纪拜占庭稿本中的可居住世界的地图

该地图基于托勒密的第一种投影绘制，在此校订本中，该图之后跟有26幅区域地图。此抄本是现存最早包含托勒密地图者之一。

原图尺寸：57.5×83.6厘米。照片出自Biblioteca Apostolica Vaticana, Rome（Urbinas Graecus 82, fols. 60v–6lr）。

图版 10 手持王权宝球的皇帝查理四世（Charles Ⅳ）

这一例子，来自一幅 14 世纪的盾徽，描绘了中世纪艺术中的一个常见的——神圣的和世俗的——主题，在其中展现了基督或一位君主，掌握着图示的、由三部分构成的地球仪或者王权宝球，由此表达了这些球仪或者宝球的掌控者对世界的统治。

原图细部的尺寸：13.6×6.5 厘米。Bibliotheque Royale Albert Ier, Brussels（MS. 15. 652–56, fol. 26r）版权所有。

图版 11 最后审判日中的宝球

由 3 部分构成的球仪或者宝球经常被发现在展现了最后审判日的中世纪图像中的基督的脚下，象征着世界的终结。

原插图的尺寸：12×9.8 厘米。Pierpont Morgan Library, New York（MS. 385, fol. 42v）许可使用。

图版 12 诺亚的三个儿子

来自让·芒塞尔（Jean Mansel）的《历史》（La fleur des histoires）的一个 15 世纪稿本，这一图像清晰地显示了方舟位于阿拉拉特山（Mount Ararat）上，以及世界在挪亚的三个儿子之间的划分：闪在亚洲，含在非洲，雅弗在欧洲。

原图尺寸：30×22 厘米。Bibliothèque Royale Albert Ier, Brussels（MS. 9231, fol. 281v）版权所有。

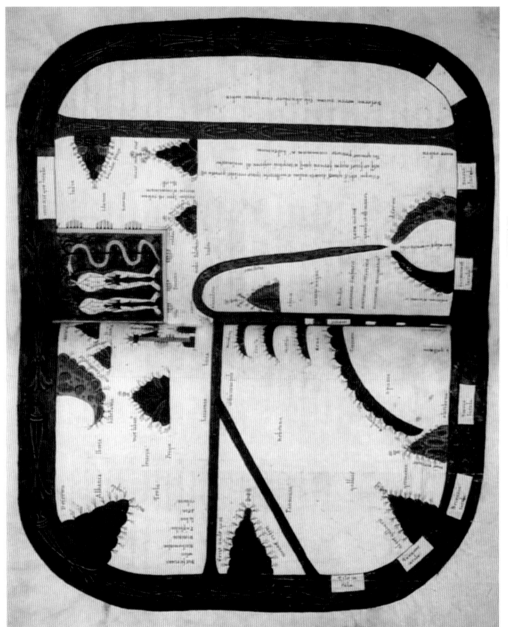

图版13　来自西洛斯（Silos）《启示录》的贝亚图斯地图

时间为1109年，这幅地图呈现了一种矩形地图的传统，可以追溯到现在已经散佚的776年至786年的列瓦纳的贝亚图斯的《圣约翰的启示录》的评注》中的原型。展现了一种西班牙—阿拉伯的风格，这幅地图的主要特点就是第四大陆，贝亚图斯认为这里是有人居住的。原图尺寸：32×43厘米。British Library, London（Add. MS. 11695, fols. 39v–40r）许可使用。

图版 14　康沃尔公国的世界地图（Cornwall Mappamundi）的公国

这一最近发现的残片，来自一幅直径 1.57 米的世界地图（*mappamundi*）的右下角，用该图的炭黑测定时间为 1150 年至 1220 年之间。通过对图说初步的解读，这一残片与赫里福德地图和埃布斯托夫地图都具有相似性。其显示了西非区域。

残片的尺寸：61×53 厘米。来自 Duchy of Cornwall 档案馆，His Royal Highness the Prince of Wales 许可使用。

图版 15 希格登的世界地图（*Mappamundi*）

卵形的类型，14 世纪中叶。也许是遵循圣维克托的休的指示绘制了挪亚方舟形状的世界地图，希格登的卵形地图代表了三种类型中最早的。尽管宣称，这一绘本是出自希格登自己之手，但大多数权威认为大英图书馆的版本（参见图 18.67）更接近于最初的原型。来自 Ranulf Higden, Polychronicon。

原图的尺寸：26.4 × 17.4 厘米。The Huntington Library, San Marino, California（HM 132, fol. 4v）许可使用。

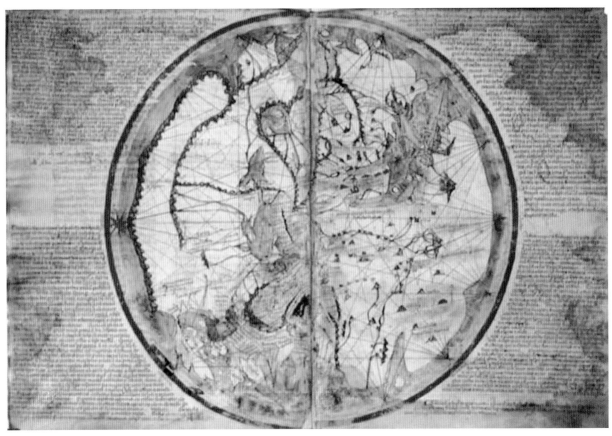

图版 16 韦康特的世界地图（*Maooamundi*）

1321 年。在 13 世纪初，世界地图（*mappaemundi*）开始整合波特兰航海图的内容和风格。彼得罗·韦康特（Pietro Vesconte）的世界地图，是为马里诺·萨努多（Marino Sanudo）为推进十字军而撰写的作品绘制的，代表了这一趋势的开端。不仅地中海直接来源于这类航海图，而且韦康特还将恒向线网络延伸覆盖了陆地。来自 Marino Sanudo, Liber secretorum fidelium crucis 1306–21。

原图直径：35 厘米。British Library, London（Add. MS. 27376*, fols. 187v–188r）许可使用。

图版 17　《加泰罗尼亚地图集》上的西欧

　　构成了传统的圆形的世界地图（*mappamundi*）的一个部分，这一 14 世纪晚期的世界地图，被构建在 12 个饰片上，有着基于波特兰航海图的轮廓的地中海。

　　原图这一部分的尺寸：65×50 厘米。图片来自 Bibliotheque Nationale，Paris（MS. Es）。

图版 18　弗拉·毛罗（Fra Mauro）地图

代表了文艺复兴前夕的中世纪地图学的顶峰，这幅地图是包括葡萄牙人在非洲的探险、托勒密的《地理学指南》、马可·波罗（Marco Polo）的叙述以及波特兰航海图在内的地理资料的概要。现存的地图是 1459 年葡萄牙国王阿方索五世（Afonso V）委托制作的一幅地图的副本——在威尼斯领主（Venetian Signoria）的要求之下。

原图尺寸：1.96×1.93 米。Biblioteca Nazionale Marciana, Venice 许可使用。

图版19　诺哈的皮尔斯的世界地图（*Mappamundi*）

来自一个诺哈的皮尔斯制作的庞波尼乌斯·梅拉的《宇宙志》的15世纪早期的抄本。
原图尺寸：18×27厘米。图片来自Biblioteca Apostolica Vaticana, Rome.（Archivio di San Pietro H. 31, fol. 8r）。

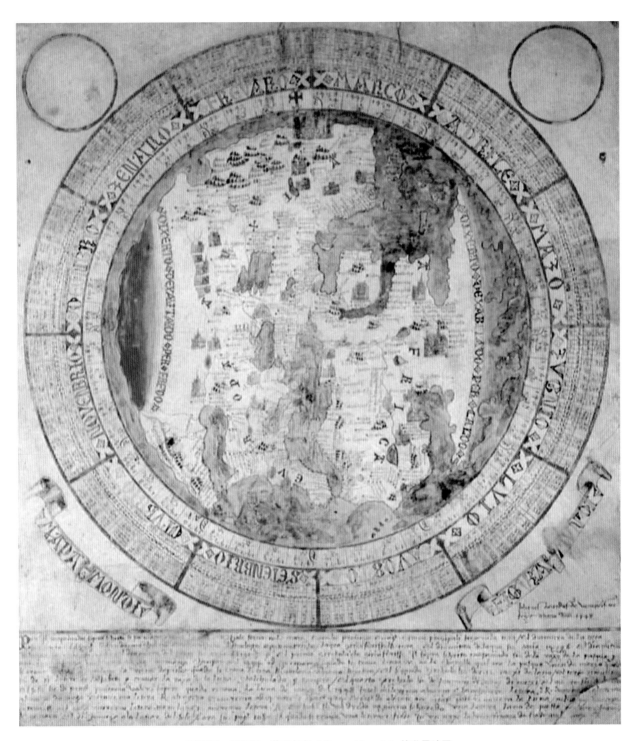

图版 20　乔瓦尼·莱亚尔多（Giovanni Leardo）的世界地图

1448 年。与现存的另外两幅莱亚尔多的世界地图有着很多共同特点，其中更为令人惊讶的特征就是环绕在周围的复活节的日历，以及色彩鲜艳的、无人居住的北极和赤道热带地区。

原图尺寸：34.7×31.2 厘米。Biblioteca Civica Bertoliana, Vicenza（598A）许可使用。

图版 21　安德烈亚斯·瓦尔施佩格（Andreas Walsperger）的世界地图

这幅 1448 年的地图，其有着内容广泛地解释了地图学者的意图的文本，区分了基督教的（红色）和伊斯兰教的（黑色）的城市。

原图的直径：42.5 厘米。图片来自 Biblioteca ApostoIicaVaticana, Rome（Pal. Lat. 1362b）。

图版 22　"盎格鲁—撒克逊"地图

在这一公元 10 世纪的世界地图上的深灰色和明亮的橘红色，非常不同于世界地图（*mappaemundi*）上常见的蓝色、绿色和红色。

原图尺寸：21×17 厘米。British Library（Conon MS. Tiberius B. V., fol. 56v.）许可使用。

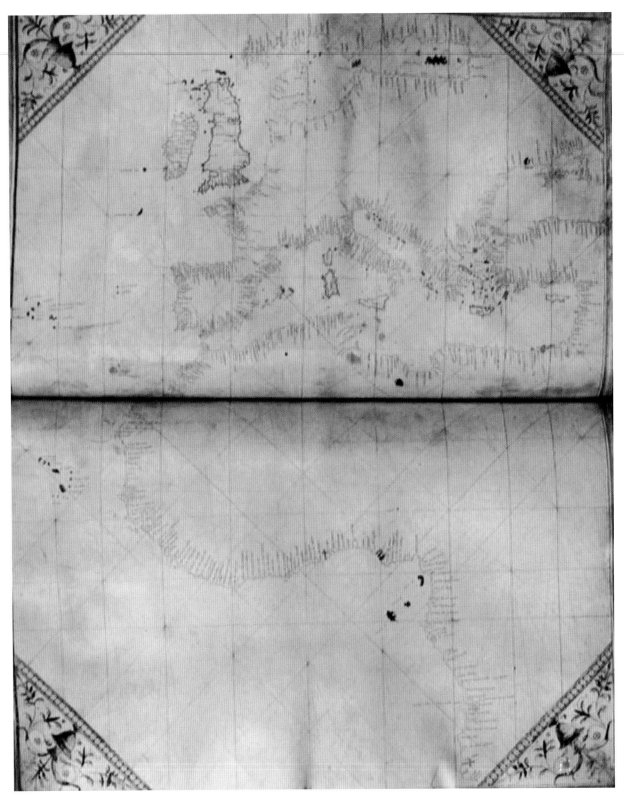

图版 23 一幅扩展的"正规波特兰海图"

此例显示了地中海、黑海以及西部非洲的标准区域，摘自 15 世纪的《科纳罗地图集》。大多数波特兰海图应用 16 个等距点来确定罗盘方位线的交点，而这幅海图则使用了 24 个。

原图尺寸：53.3×40.6 厘米。British Library, London 许可使用（Egerton MS. 73, fols. 36 – 36'v）。

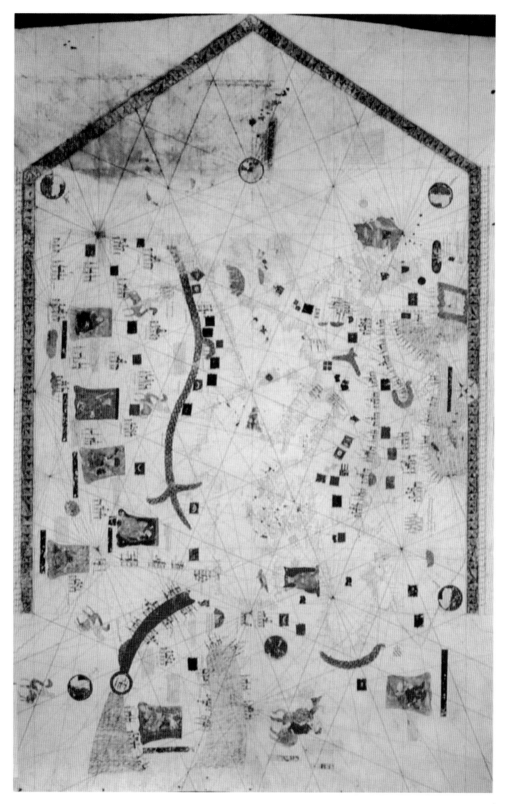

图版 24　1439 年巴尔塞卡海图

此图展示了在波特兰海图上使用的不同用色惯例：罗盘方位线有三种颜色（黑色或棕色、绿色及红色）；重要地方用红色标示；诸如罗德岛等岛（红色区域的白色或银色十字架）的着色，以及某些河流三角洲。正如此图所示，更加华丽的加泰罗尼亚风格海图添加了他们精心设计的惯例。

原图尺寸：75×115 厘米。Diputación de Barcelona, Museo Marítimo, Barcelona 许可使用（inv. no. 3236）。

图版 25　波特兰海图的同时代衍生品

　　这幅黑海地图的海岸轮廓和地图都取自一幅波特兰海图，但却省掉了导航的罗盘方位线。这幅地图摘自一部稿本的岛屿图书：《列岛图志（*Insularum illustratum*）》，作者是亨里克斯·马特鲁斯·格尔曼努斯（Henricus Martellus Germanus），他于 1480—1496 年在佛罗伦萨工作。

　　Bibliteek der Rijksuniversiteit，Leiden 许可使用（Codex Voss. Lat. F 23，fols. 75v – 76r）。

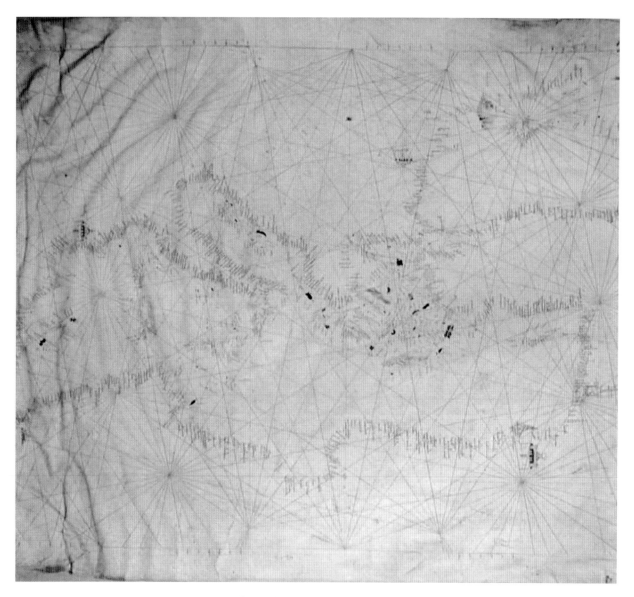

图版 26　意大利风格的加泰罗尼亚海图

　　这幅未署名，也未标注日期的海图强调了仅仅用风格特征来区分意大利和加泰罗尼亚的波特兰海图，是很困难的。尽管此例是依照意大利作品的朴素风格绘制的，但对其地名和城镇符号的分析表明，它可能是 14 世纪末期在马略卡绘制的。

　　原细部尺寸：63×68 厘米。Biblioteca Nazionale Marciana, Venice 许可使用（It. Ⅳ, 1912）。

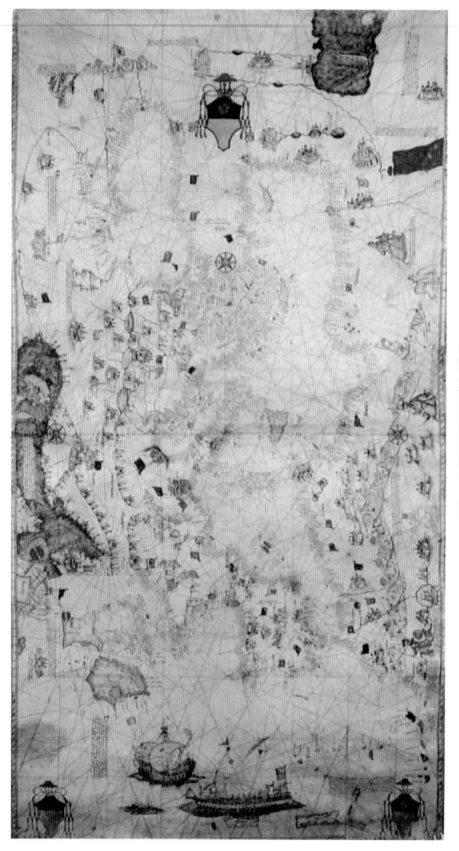

图版27 加泰罗尼亚风格的意大利海图

这幅海图由格拉求索·贝宁卡萨（Grazioso Benincasa）于1482年绘制，它与图版26的情况完全相反。与其内部细节和装饰风格不符，它实际上是15世纪最多产的意大利海图制图师在博洛尼亚绘制的。红衣主教帽子下面反复出现的纹章是拉法埃洛·里亚里奥（Raffaello Riario）的，这幅海图就是为他绘制的。

原图尺寸：71×127.5厘米。Biblioteca Universitaria, Bologna许可使用（Rot.3）。

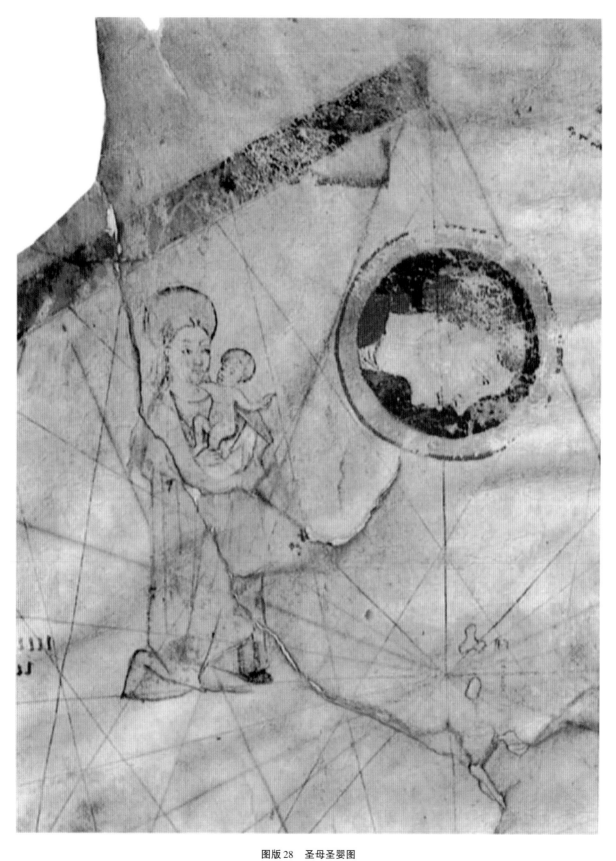

图版 28　圣母圣婴图

此特殊一例摘自彼得鲁斯·罗塞利的 1464 年海图的颈部。其他海图上有各种圣人的角落，实际上似乎是威尼斯的标志。

原图高：7 厘米。Germanisches Nationalmuseum, Nuremberg 许可使用（Codex La. 4017）。

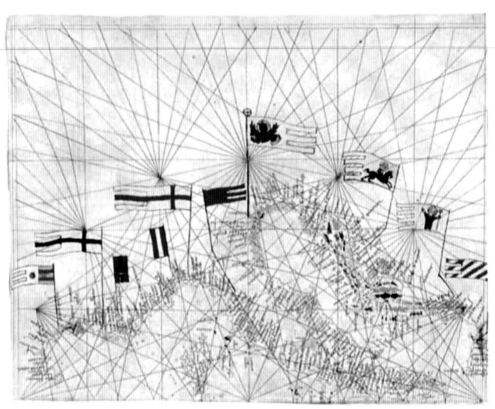

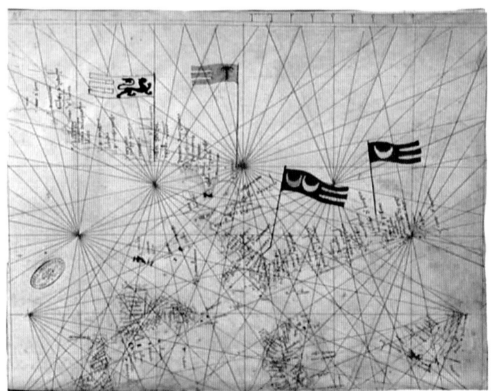

图版 29　城市旗帜

　　把旗帜放在城市上方的做法，正如这幅摘自被认为是彼得罗·韦斯孔特所绘制的 1321 年地图集的海图一样，对于确定年代没有看起来那么有用。旗帜位置有时候并不精确，而且可能没有放在相应的位置上。例如，基督教的旗帜经常飘扬在那些早已被奥斯曼土耳其人征服很多年的城市上方。

　　每幅原件尺寸：22.5 × 29.3 厘米。Bibliotheca Apostolica Vaticana，Rome 提供照片（Vat. Lat. 2972）。

图版30 《比萨航海图》

　　这幅波特兰海图可能是13世纪末期的作品，被认为是现存最古老的一例。此图据称于19世纪出现于比萨市；其作者一般被认为是热那亚人，但也并非人人都接受这一观点。该海图值得注意的特征是两组罗盘方位线网络，其中心分别在撒丁岛和小亚细亚海岸附近。在两个用墨水画出的圆圈（这两个圆圈在后出的海图上被掩盖掉了）之外，一些区域被网格覆盖，其用意尚不明确。

　　原图尺寸：50×104厘米。Bibliothèque Nationale, Paris 提供照片（Rés. Ge. B 1118）。

图版31 海图制图师肖像

　　这一角落摘自彼得罗·维斯孔特于1318年绘制的两部地图集之一，描绘了一位正在绘制海图的海图制图师。小插画上方的图例写道："热那亚的彼得鲁斯·韦斯孔泰在威尼斯绘制了这幅地图，基督纪年1318年"，人们很容易据此推测这幅肖像画的就是韦斯孔泰本人。

　　Civico Museo Correr, Venice 许可使用（Collezione Correr, Port. 28, fo. 2）。

图版 32　加泰罗尼亚地图集中的轮图

　　这是与波特兰海图配合使用的最出色的阴历。从象征性的地球向外移动，其同心圆环依次表现其他元素、行星及其占星学特征、黄道十二宫、月宿以及（其背景为深蓝色）其月相，然后是农历的六条环带，其后为更多的占星术文字和数字。最后一个圆环解释了与农历配合使用的 19 年黄金数字序列。拐角处的女性形象环绕着这幅大型轮图，她们代表了四季，从右上角的春天开始，并向逆时针方向移动。

　　该部分原始尺寸：65×50 厘米。Bibliothèque Nationale, Paris 提供照片（MS. Esp. 30）。

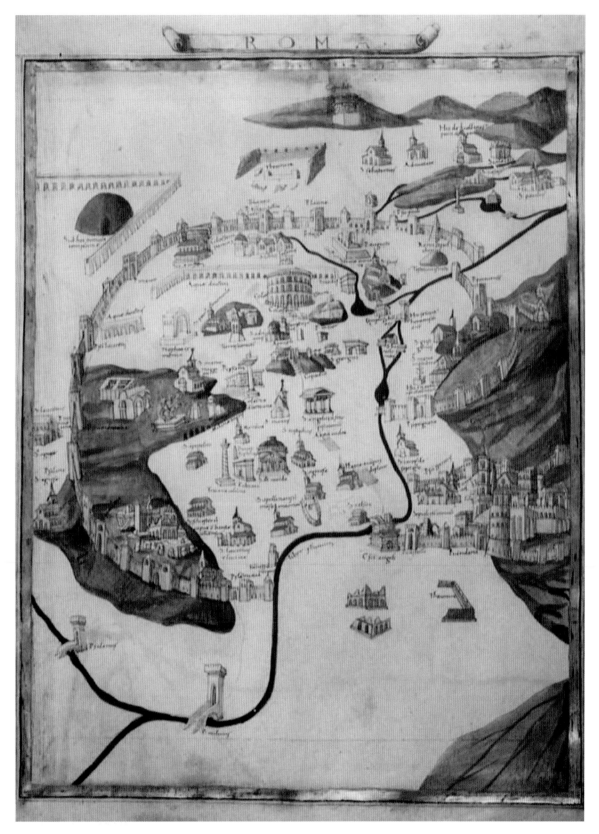

图版 33　摘自托勒密《地理学指南》某未标明日期手稿的罗马图

这是 15 世纪末期佛罗伦萨艺术家彼得罗·德尔·马萨乔（Pietro del Massaio）的工作室制作出的诸多意大利和近东城市平面图之一。

原图尺寸：56.8×42.1 厘米。Bibliothèque Nationale, Paris 提供照片（MS. Lat. 4802, fol. 133r）。

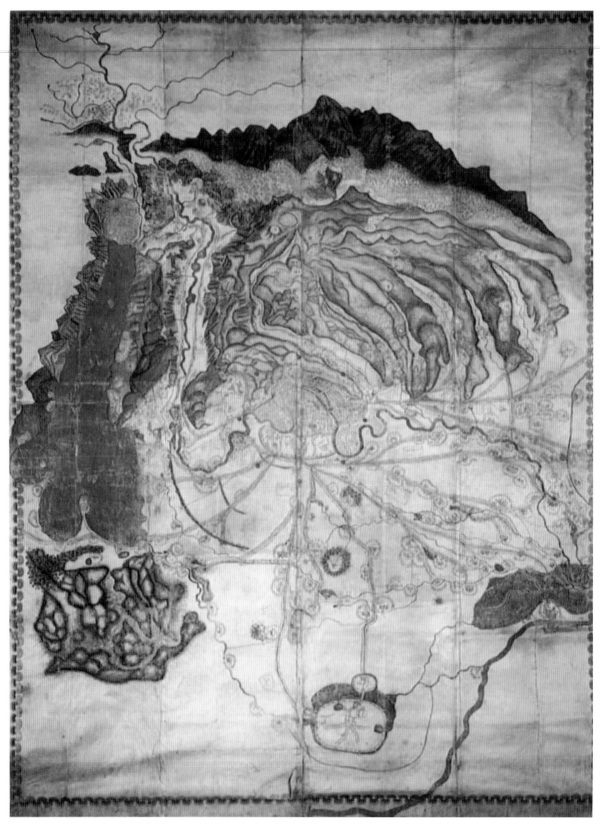

图版 34　维罗纳（Verona）周边地区图

　　尽管在这幅 15 世纪中期的区域地图上，可能都没有按比例描绘加尔达湖（Lake Garda）和阿迪杰河（Adige）谷地，但在维罗纳详图中似乎已经应用了统一的地面比例尺的理念。另请参阅图 20.13。

　　原图尺寸：305×223 厘米。Thames and Hudson 提供照片。Archivio di Stato, Venice 许可使用。

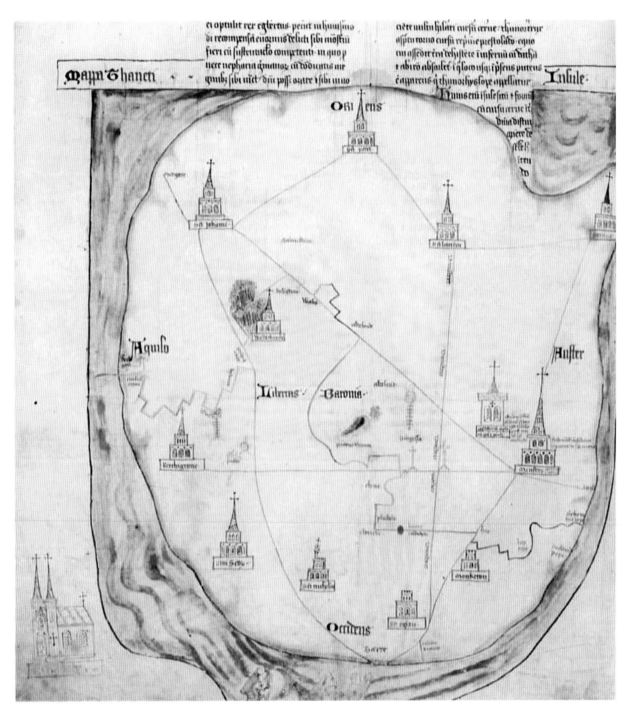

图版 35　肯特郡萨尼特（Thanet）岛平面图

　　这幅地图大概与 1400 年前后的克伦奇沃顿草绘平面图（图 20.20）绘制时期相同，代表了连续风格的另一个极端：是一幅精心绘制和着色的艺术作品。

　　原图尺寸：39×37.5 厘米。见 Thomas of Elmham 的 *Historia Abbatiae S. Augustine*。Master and Fellows of Trinity Hall，Cambridge 许可使用（MS. 1，fol. 42v）。

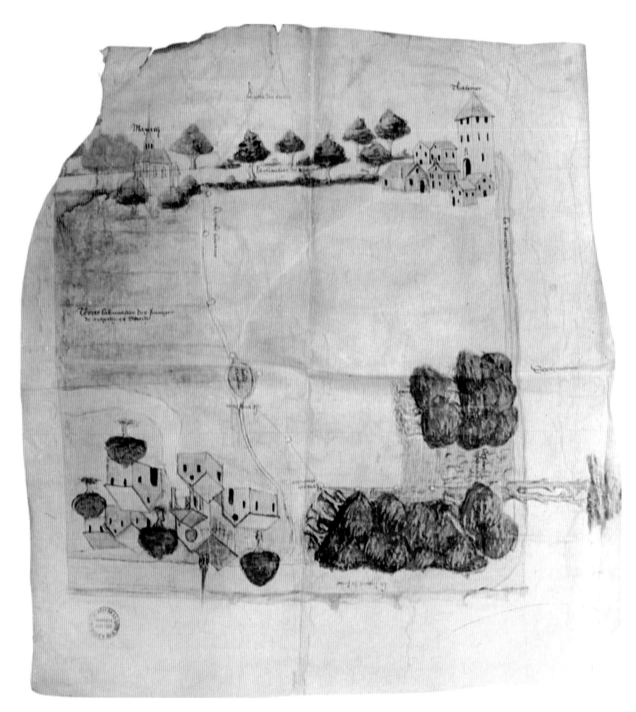

图版 36　勃艮第公国边界的一部分，1460 年

　　边界穿过田野，将位于科多尔省（Côte-d'Or）的塔尔迈（Talmay）、马克西利（Maxilly）及厄伊莱（Heuilley）这三个村庄分开。这位艺术家为地图提供了三条独立的地平线，依次标记为：北（在右边）、东和西。在最东端，厄伊利以外是索恩河（Saône）。这幅地图可能是为 1444 年好人菲利普（Philip the Good）公爵与法国国王查理七世（Charles Ⅶ）之间的边境纠纷而绘制的。

　　原图尺寸：56×62 厘米。Archives Départementales de la Côte-d'Or, Dijon 许可使用（B 263）。

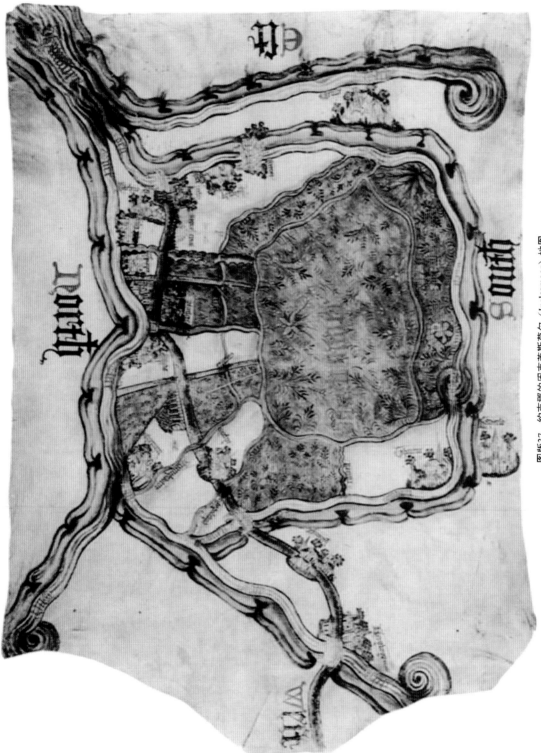

图版37　约克郡的因克莱斯莫尔（Inclesmoor）地图

这是一幅地图的两份15世纪后期副本之一，地图是在1405—1408年间兰凯斯特（Lancaster）公爵领地和位于约克的圣玛丽修道院之间纠纷期间绘制的，其纠纷集中于亨伯河（Humber）以南地区牧场和沼泽的权利。原图尺寸：60×74厘米。皇家版权，Public Record Office, Kew许可使用（MPC 56, ex DL 31/61）。

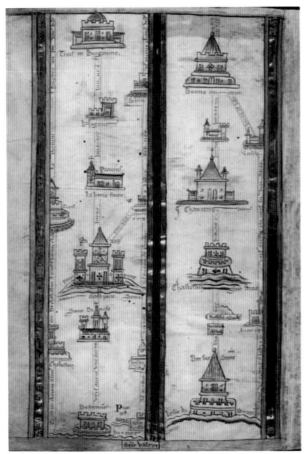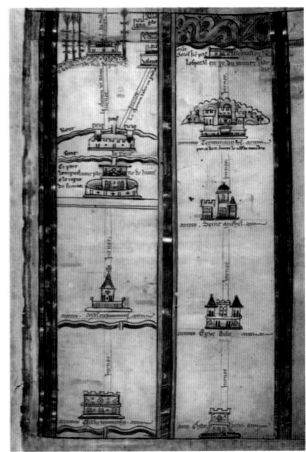

图版38 马修·帕里斯绘制的路线图

这幅图显示了13世纪中期通往圣地路线的两个部分。背面描绘的是塞纳河畔巴尔（Bar-sur-Seine，右下）到特鲁瓦（Troyes，左上）；正面是图尔德潘（Tour de Pin，左上）到尚贝里（Chambéry，右下）。图上通过沿着垂直线排列缩略草图的方法，画出了旅程的节点。中间的距离用旅行时间进行标记，以天为单位。

每份原图尺寸：34.8×25.2厘米。British Library, London 许可使用（Royal MS. 14. C. vii, fols. 2v–3r）。

图版 39　马修·帕里斯的《大不列颠》

　　这幅著名的地图有四个已知的版本，应该将其看作路线图进行阅读，其中轴线呈现为一条从泰恩河（Tyne）畔的纽卡斯尔（Newcastle）到多佛尔（Dover），其中途经圣阿尔本斯修道院（帕里斯自己的修道院）的直线。

　　原图尺寸：33×22.9厘米。British Library, London 许可使用（Cotton MS. Claudius D. vi, fol. 12v）。

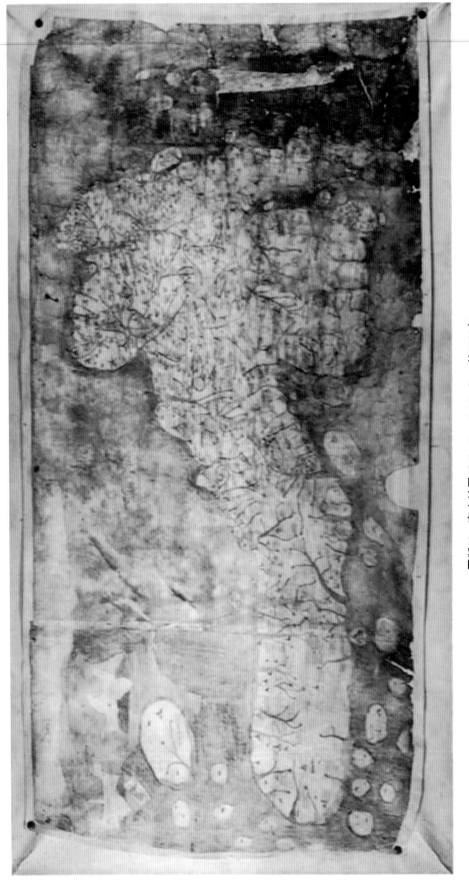

图版40 高夫地图（The Gough Map），约1360年

18世纪的英格兰古物学者理查德·高夫（Richard Gough）的地图收藏中包括了这幅大不列颠岛地图，此图因图而得名，它显示了从伦敦向外辐射的五条道路，及其支路和交叉道路。它比马修·帕里斯的地图要详细得多，并且在城镇、河流和海岸线的定位方面，都要精确得多。原图尺寸：56×118厘米。Bodleian Library, Oxford许可使用（MS Gough Gen Top 16）。

审译者简介

卜宪群　男,安徽南陵人。历史学博士,研究方向为秦汉史。现任中国社会科学院古代史研究所研究员、所长,国务院政府特殊津贴专家。中国社会科学院大学研究生院历史系主任、博士生导师。兼任国务院学位委员会历史学科评议组成员、国家社会科学基金学科评审组专家、中国史学会副会长、中国秦汉史研究会会长等。出版《秦汉官僚制度》《中国魏晋南北朝教育史》(合著)、《与领导干部谈历史》《简明中国历史读本》(主持)、《中国历史上的腐败与反腐败》(主编)、百集纪录片《中国通史》及五卷本《中国通史》总撰稿等。在《中国社会科学》《历史研究》《中国史研究》《文史哲》《求是》《人民日报》《光明日报》等报刊发表论文百余篇。

译者简介

成一农 男，1974 年 4 月出生于北京。2003 年，毕业于北京大学历史系，获博士学位。2003 年至 2017 年在中国社会科学院历史研究所工作。2017 年至今在云南大学历史与档案学院工作，研究员，特聘教授，博士生导师。主要从事历史地理、城市史以及中国传统舆图的研究，曾主持国家社会科学基金项目两项，目前主持国家社会科学基金重大项目 1 项"中国国家图书馆所藏中文古地图的整理与研究"。出版学术著作 7 部：《古代城市形态研究方法新探》《空间与形态：三至七世纪中国历史城市地理研究》《"非科学"的中国传统舆图：中国传统舆图绘制研究》《〈广舆图〉史话》《中国城市史研究》《中国古代舆地图研究》及修订版和《当代中国历史地理学研究（1949—2019）》；出版译著 5 部，资料集 1 套；在海内外刊物和论文集公开发表论文近 90 篇，出版通俗读物 1 部，发表通俗论文 20 多篇。先后获得第二十一次云南省哲学社会科学优秀成果二等奖、第五届郭沫若中国历史学奖提名奖以及第八届高等学校科学研究优秀成果奖（人文社会科学）三等奖。

包甦 女，本科毕业于清华大学文化与科技传播专业，后取得加拿大卡尔顿大学大众传播学硕士学位，曾先后供职于中央电视台第十频道《人物》栏目、第 29 届奥林匹克运动会组织委员会、首都博物馆和中国摄影出版社。多年从事文化交流与翻译工作，翻译并译校有《世界摄影史》《风光摄影成功之道》《精通 HDR 摄影》《纽约摄影学院摄影教材（最新修订版）》《中国摄影史》《珍藏麦柯里：深藏在照片背后的故事》等著作，曾获"中国翻译事业优秀贡献奖"。

孙靖国 男，吉林省吉林市人，北京师范大学历史学学士、硕士，北京大学历史学博士，中国社会科学院古代史研究所副研究员、历史地理研究室主任。中国地理学会历史地理专业委员会委员、《中国历史地理论丛》编委。主要研究领域：历史城市地理、地图学史。出版专著《舆图指要：中国科学院图书馆藏中国古地图叙录》（中国地图出版社 2012 年版）、《桑干河流域历史城市地理研究》（中国社会科学出版社 2015 年版），在《中国史研究》《中国历史地理论丛》等刊物上发表论文数十篇。主持国家社会科学基金青年项目"明清沿海地图研究"（已结项）、国家社会科学基金冷门绝学项目"明代边海防地图整理与研究"。获得第八届"胡绳青年学术奖"、第五届"郭沫若中国历史学奖"提名奖、第十届"中国社会科学院优秀科研成果奖"三等奖等。

中译本总序

经过翻译和出版团队多年的艰苦努力，《地图学史》中译本即将由中国社会科学出版社出版，这是一件值得庆贺的事情。作为这个项目的首席专家和各册的审译，在本书出版之际，我有责任和义务将这个项目的来龙去脉及其学术价值、翻译体例等问题，向读者作一简要汇报。

一 项目缘起与艰苦历程

中国社会科学院古代史研究所（原历史研究所）的历史地理研究室成立于1960年，是一个有着优秀传统和深厚学科基础的研究室，曾经承担过《中国历史地图集》《中国史稿地图集》《中国历史地名大辞典》等许多国家、院、所级重大课题，是中国历史地理学研究的重镇之一。但由于各种原因，这个研究室一度出现人才青黄不接、学科萎缩的局面。为改变这种局面，2005年之后，所里陆续引进了一些优秀的年轻学者充实这个研究室，成一农、孙靖国就是其中的两位优秀代表。但是，多年的经验告诉我，人才培养和学科建设要有具体抓手，就是要有能够推动研究室走向学科前沿的具体项目，围绕这些问题，我和他们经常讨论。大约在2013年，成一农（后调往云南大学历史与档案学院）和孙靖国向我推荐了《地图学史》这部丛书，多次向我介绍这部丛书极高的学术价值，强烈主张由我出面主持这一翻译工作，将这部优秀著作引入国内学术界。虽然我并不从事古地图研究，但我对古地图也一直有着浓厚的兴趣，另外当时成一农和孙靖国都还比较年轻，主持这样一个大的项目可能还缺乏经验，也难以获得翻译工作所需要的各方面支持，因此我也就同意了。

从事这样一套大部头丛书的翻译工作，获得对方出版机构的授权是重要的，但更为重要的是要在国内找到愿意支持这一工作的出版社。《地图学史》虽有极高的学术价值，但肯定不是畅销书，也不是教材，赢利的可能几乎没有。丛书收录有数千幅彩色地图，必然极大增加印制成本。再加上地图出版的审批程序复杂，凡此种种，都给这套丛书的出版增添了很多困难。我们先后找到了商务印书馆和中国地图出版社，他们都对这项工作给予积极肯定与支持，想方设法寻找资金，但结果都不理想。2014年，就在几乎要放弃这个计划的时候，机缘巧合，我们遇到了中国社会科学出版社副总编辑郭沂纹女士。郭沂纹女士在认真听取了我们对这套丛书的价值和意义的介绍之后，当即表示支持，并很快向赵剑英社长做了汇报。赵剑英社长很快向我们正式表示，出版如此具有学术价值的著作，不需要考虑成本和经济效益，中国社会科学出版社将全力给予支持。不仅出版的问题迎刃而解了，而且在赵剑英社长和郭沂纹副总编辑的积极努力下，也很快从芝加哥大学出版社获得了翻译的版权许可。

版权和出版问题的解决只是万里长征的第一步，接下来就是翻译团队的组织。大家知道，在目前的科研评价体制下，要找到高水平并愿意从事这项工作的学者是十分困难的。再加上为了保持文风和体例上的统一，我们希望每册尽量只由一名译者负责，这更加大了选择译者的难度。经过反复讨论和相互协商，我们确定了候选名单，出乎意料的是，这些译者在听到丛书选题介绍后，都义无反顾地接受了我们的邀请，其中部分译者并不从事地图学史研究，甚至也不是历史研究者，但他们都以极大的热情、时间和精力投入这项艰苦的工作中来。虽然有个别人因为各种原因没有坚持到底，但这个团队自始至终保持了相当好的完整性，在今天的集体项目中是难能可贵的。他们分别是：成一农、孙靖国、包甦、黄义军、刘夙。他们个人的经历与学业成就在相关分卷中都有介绍，在此我就不一一列举了。但我想说的是，他们都是非常优秀敬业的中青年学者，为这部丛书的翻译呕心沥血、百折不挠。特别是成一农同志，无论是在所里担任研究室主任期间，还是调至云南大学后，都把这项工作视为首要任务，除担当繁重的翻译任务外，更花费了大量时间承担项目的组织协调工作，为丛书的顺利完成做出了不可磨灭的贡献。包甦同志为了全心全意完成这一任务，竟然辞掉了原本收入颇丰的工作，而项目的这一点点经费，是远远不够维持她生活的。黄义军同志为完成这项工作，多年没有时间写核心期刊论文，忍受着学校考核所带来的痛苦。孙靖国、刘夙同志同样克服了年轻人上有老下有小，单位工作任务重的巨大压力，不仅完成了自己承担的部分，还勇于超额承担任务。每每想起这些，我都为他们的奉献精神由衷感动！为我们这个团队感到由衷的骄傲！没有这种精神，《地图学史》是难以按时按期按质出版的。

翻译团队组成后，我们很快与中国社会科学出版社签订了出版合同，翻译工作开始走向正轨。随后，又由我组织牵头，于2014年申报国家社科基金重大招标项目，在学界同仁的关心和帮助下获得成功。在国家社科基金和中国社会科学出版社的双重支持下，我们团队有了相对稳定的资金保障，翻译工作顺利开展。2019年，翻译工作基本结束。为了保证翻译质量，在云南大学党委书记林文勋教授的鼎力支持下，2019年8月，由中国社会科学院古代史研究所和云南大学主办，云南大学历史地理研究所承办的"地图学史前沿论坛暨'《地图学史》翻译工程'国际学术研讨会"在昆明召开。除翻译团队外，会议专门邀请了参加这套丛书撰写的各国学者，以及国内在地图学史研究领域卓有成就的专家。会议除讨论地图学史领域的相关学术问题之外，还安排专门场次讨论我们团队在翻译过程中所遇到的问题。作者与译者同场讨论，这大概在翻译史上也是一段佳话，会议解答了我们翻译过程中的许多困惑，大大提高了翻译质量。

2019年12月14日，国家社科基金重大项目"《地图学史》翻译工程"结项会在北京召开。中国社会科学院科研局金朝霞处长主持会议，清华大学刘北成教授、中国人民大学华林甫教授、上海师范大学钟翀教授、北京市社会科学院孙冬虎研究员、中国国家图书馆白鸿叶研究馆员、中国社会科学院中国历史研究院郭子林研究员、上海师范大学黄艳红研究员组成了评审委员会，刘北成教授担任组长。项目顺利结项，评审专家对项目给予很高评价，同时也提出了许多宝贵意见。随后，针对专家们提出的意见，翻译团队对译稿进一步修改润色，最终于2020年12月向中国社会科学出版社提交了定稿。在赵剑英社长及王茵副总编辑的亲自关心下，在中国社会科学出版社历史与考古出版中心宋燕鹏副主任的具体安排下，在耿晓明、刘芳、吴丽平、刘志兵、安芳、张湉编辑的努力下，在短短一年的时间里，完成了这部浩大丛书的编辑、排版、审查、审校等工作，最终于2021年年底至2022年陆续出版。

我们深知，《地图学史》的翻译与出版，除了我们团队的努力外，如果没有来自各方面的关心支持，顺利完成翻译与出版工作也是难以想象的。这里我要代表项目组，向给予我们帮助的各位表达由衷的谢意！

我们要感谢赵剑英社长，在他的直接关心下，这套丛书被列为社重点图书，调动了社内各方面的力量全力配合，使出版能够顺利完成。我们要感谢历史与考古出版中心的编辑团队与翻译团队密切耐心合作，付出了辛勤劳动，使这套丛书以如此之快的速度，如此之高的出版质量放在我们眼前。

我们要感谢那些在百忙之中帮助我们审定译稿的专家，他们是上海复旦大学的丁雁南副教授、北京大学的张雄副教授、北京师范大学的刘林海教授、莱顿大学的徐冠勉博士候选人、上海师范大学的黄艳红教授、中国社会科学院世界历史研究所的张炜副研究员、中国社会科学院世界历史研究所的邢媛媛副研究员、暨南大学的马建春教授、中国社会科学院亚太与全球战略研究院的刘建研究员、中国科学院大学人文学院的孙小淳教授、复旦大学的王妙发教授、广西师范大学的秦爱玲老师、中央民族大学的严赛老师、参与《地图学史》写作的余定国教授、中国科学院大学的汪前进教授、中国社会科学院考古研究所已故的丁晓雷博士、北京理工大学讲师朱然博士、越南河内大学阮玉千金女士、马来西亚拉曼大学助理教授陈爱梅博士等。译校，并不比翻译工作轻松，除了要核对原文之外，还要帮助我们调整字句，这一工作枯燥和辛劳，他们的无私付出，保证了这套译著的质量。

我们要感谢那些从项目开始，一直从各方面给予我们鼓励和支持的许多著名专家学者，他们是李孝聪教授、唐晓峰教授、汪前进研究员、郭小凌教授、刘北成教授、晏绍祥教授、王献华教授等。他们的鼓励和支持，不仅给予我们许多学术上的关心和帮助，也经常将我们从苦闷和绝望中挽救出来。

我们要感谢云南大学党委书记林文勋以及相关职能部门的支持，项目后期的众多活动和会议都是在他们的支持下开展的。每当遇到困难，我向文勋书记请求支援时，他总是那么爽快地答应了我，令我十分感动。云南大学历史与档案学院的办公室主任顾玥女士甘于奉献，默默为本项目付出了许多辛勤劳动，解决了我们后勤方面的许多后顾之忧，我向她表示深深的谢意！

最后，我们还要感谢各位译者家属的默默付出，没有他们的理解与支持，我们这个团队也无法能够顺利完成这项工作。

二　《地图学史》的基本情况与学术价值

阅读这套书的肯定有不少非专业出身的读者，他们对《地图学史》的了解肯定不会像专业研究者那么多，这里我们有必要向大家对这套书的基本情况和学术价值作一些简要介绍。

这套由约翰·布莱恩·哈利（John Brian Harley，1932—1991）和戴维·伍德沃德（David Woodward，1942—2004）主编，芝加哥大学出版社出版的《地图学史》（*The History of Cartography*）丛书，是已经持续了近 40 年的"地图学史项目"的主要成果。

按照"地图学史项目"网站的介绍①，戴维·伍德沃德和约翰·布莱恩·哈利早在 1977 年就构思了《地图学史》这一宏大项目。1981 年，戴维·伍德沃德在威斯康星—麦迪逊大学确立了"地图学史项目"。这一项目最初的目标是鼓励地图的鉴赏家、地图学史的研究者以及致力于鉴定和描述早期地图的专家去考虑人们如何以及为什么制作和使用地图，从多元的和多学科的视角来看待和研究地图，由此希望地图和地图绘制的历史能得到国际学术界的关注。这一项目的最终成果就是多卷本的《地图学史》丛书，这套丛书希望能达成如下目的：1. 成为地图学史研究领域的标志性著作，而这一领域不仅仅局限于地图以及地图学史本身，而是一个由艺术、科学和人文等众多学科的学者参与，且研究范畴不断扩展的、学科日益交叉的研究领域；2. 为研究者以及普通读者欣赏和分析各个时期和文化的地图提供一些解释性的框架；3. 由于地图可以被认为是某种类型的文献记录，因此这套丛书是研究那些从史前时期至现代制作和消费地图的民族、文化和社会时的综合性的以及可靠的参考著作；4. 这套丛书希望成为那些对地理、艺术史或者科技史等主题感兴趣的人以及学者、教师、学生、图书管理员和普通大众的首要的参考著作。为了达成上述目的，丛书的各卷整合了现存的学术成果与最新的研究，考察了所有地图的类目，且对"地图"给予了一个宽泛的具有包容性的界定。从目前出版的各卷册来看，这套丛书基本达成了上述目标，被评价为"一代学人最为彻底的学术成就之一"。

最初，这套丛书设计为 4 卷，但在项目启动后，随着学术界日益将地图作为一种档案对待，由此产生了众多新的视角，因此丛书扩充为内容更为丰富的 6 卷。其中前三卷按照区域和国别编排，某些卷册也涉及一些专题；后三卷则为大型的、多层次的、解释性的百科全书。

截至 2018 年年底，丛书已经出版了 5 卷 8 册，即出版于 1987 年的第一卷《史前、古代、中世纪欧洲和地中海的地图学史》（*Cartography in Prehistoric, Ancient, and Medieval Europe and the Mediterranean*）、出版于 1992 年的第二卷第一分册《伊斯兰与南亚传统社会的地图学史》（*Cartography in the Traditional Islamic and South Asian Societies*）、出版于 1994 年的第二卷第二分册《东亚与东南亚传统社会的地图学史》（*Cartography in the Traditional East and Southeast Asian Societies*）、出版于 1998 年的第二卷第三分册《非洲、美洲、北极圈、澳大利亚与太平洋传统社会的地图学史》（*Cartography in the Traditional African, American, Arctic, Australian, and Pacific Societies*）②、2007 年出版的第三卷《欧洲文艺复兴时期的地图学史》（第一、第二分册，*Cartography in the European Renaissance*）③，2015 年出版的第六卷《20 世纪的地图学史》（*Cartography in the Twentieth Century*）④，以及 2019 年出版的第四卷《科学、启蒙和扩张时代的地图学史》（*Cartography in the European Enlightenment*）⑤。第五卷

---

① https：//geography. wisc. edu/histcart/.
② 约翰·布莱恩·哈利去世后主编改为戴维·伍德沃德和 G. Malcolm Lewis。
③ 主编为戴维·伍德沃德。
④ 主编为 Mark Monmonier。
⑤ 主编为 Matthew Edney 和 Mary Pedley。

《19 世纪的地图学史》（*Cartography in the Nineteenth Century*）[1] 正在撰写中。已经出版的各卷册可以从该项目的网站上下载[2]。

从已经出版的 5 卷来看，这套丛书确实规模宏大，包含的内容极为丰富，如我们翻译的前三卷共有近三千幅插图、5060 页、16023 个脚注，总共一千万字；再如第六卷，共有 529 个按照字母顺序编排的条目，有 1906 页、85 万字、5115 条参考文献、1153 幅插图，且有一个全面的索引。

需要说明的是，在 1991 年哈利以及 2004 年戴维去世之后，马修·爱德尼（Matthew Edney）担任项目主任。

在"地图学史项目"网站上，各卷主编对各卷的撰写目的进行了简要介绍，下面以此为基础，并结合各卷的章节对《地图学史》各卷的主要内容进行简要介绍。

第一卷《史前、古代、中世纪欧洲和地中海的地图学史》，全书分为如下几个部分：哈利撰写的作为全丛书综论性质的第一章"地图和地图学史的发展"（The Map and the Development of the History of Cartography）；第一部分，史前欧洲和地中海的地图学，共 3 章；第二部分，古代欧洲和地中海的地图学，共 12 章；第三部分，中世纪欧洲和地中海的地图学，共 4 章；最后的第 21 章作为结论讨论了欧洲地图发展中的断裂、认知的转型以及社会背景。本卷关注的主题包括：强调欧洲史前民族的空间认知能力，以及通过岩画等媒介传播地图学概念的能力；强调古埃及和近东地区制图学中的测量、大地测量以及建筑平面图；在希腊—罗马世界中出现的理论和实践的制图学知识；以及多样化的绘图传统在中世纪时期的并存。在内容方面，通过对宇宙志地图和天体地图的研究，强调"地图"定义的包容性，并为该丛书的后续研究奠定了一个广阔的范围。

第二卷，聚焦于传统上被西方学者所忽视的众多区域中的非西方文化的地图。由于涉及的是大量长期被忽视的领域，因此这一卷进行了大量原创性的研究，其目的除了填补空白之外，更希望能将这些非西方的地图学史纳入地图学史研究的主流之中。第二卷按照区域分为三册。

第一分册《伊斯兰与南亚传统社会的地图学史》，对伊斯兰世界和南亚的地图、地图绘制和地图学家进行了综合性的分析，分为如下几个部分：第一部分，伊斯兰地图学，其中第 1 章作为导论介绍了伊斯兰世界地图学的发展沿革，然后用了 8 章的篇幅介绍了天体地图和宇宙志图示、早期的地理制图，3 章的篇幅介绍了前现代时期奥斯曼的地理制图，航海制图学则有 2 章的篇幅；第二部分则是南亚地区的地图学，共 5 章，内容涉及对南亚地图学的总体性介绍，宇宙志地图、地理地图和航海图；第三部分，即作为总结的第 20 章，谈及了比较地图学、地图学和社会以及对未来研究的展望。

第二分册《东亚与东南亚传统社会的地图学史》，聚焦于东亚和东南亚地区的地图绘制传统，主要包括中国、朝鲜半岛、日本、越南、缅甸、泰国、老挝、马来西亚、印度尼西亚，并且对这些地区的地图学史通过对考古、文献和图像史料的新的研究和解读提供了一些新的认识。全书分为以下部分：前两章是总论性的介绍，即"亚洲的史前地图学"和"东

① 主编为 Roger J. P. Kain。

② https：//geography. wisc. edu/histcart/#resources。

亚地图学导论";第二部分为中国的地图学,包括7章;第三部分为朝鲜半岛、日本和越南的地图学,共3章;第四部分为东亚的天文图,共2章;第五部分为东南亚的地图学,共5章。此外,作为结论的最后一章,对亚洲和欧洲的地图学进行的对比,讨论了地图与文本、对物质和形而上的世界的呈现的地图、地图的类型学以及迈向新的制图历史主义等问题。本卷的编辑者认为,虽然东亚地区没有形成一个同质的文化区,但东亚依然应当被认为是建立在政治(官僚世袭君主制)、语言(精英对古典汉语的使用)和哲学(新儒学)共同基础上的文化区域,且中国、朝鲜半岛、日本和越南之间的相互联系在地图中表达得非常明显。与传统的从"科学"层面看待地图不同,本卷强调东亚地区地图绘制的美学原则,将地图制作与绘画、诗歌、科学和技术,以及与地图存在密切联系的强大文本传统联系起来,主要从政治、测量、艺术、宇宙志和西方影响等角度来考察东亚地图学。

第三分册《非洲、美洲、北极圈、澳大利亚与太平洋传统社会的地图学史》,讨论了非洲、美洲、北极地区、澳大利亚和太平洋岛屿的传统地图绘制的实践。全书分为以下部分:第一部分,即第1章为导言;第二部分为非洲的传统制图学,2章;第三部分为美洲的传统制图学,4章;第四部分为北极地区和欧亚大陆北极地区的传统制图学,1章;第五部分为澳大利亚的传统制图学,2章;第六部分为太平洋海盆的传统制图学,4章;最后一章,即第15章是总结性的评论,讨论了世俗和神圣、景观与活动以及今后的发展方向等问题。由于涉及的地域广大,同时文化存在极大的差异性,因此这一册很好地阐释了丛书第一卷提出的关于"地图"涵盖广泛的定义。尽管地理环境和文化实践有着惊人差异,但本书清楚表明了这些传统社会的制图实践之间存在强烈的相似之处,且所有文化中的地图在表现和编纂各种文化的空间知识方面都起着至关重要的作用。正是如此,书中讨论的地图为人类学、考古学、艺术史、历史、地理、心理学和社会学等领域的研究提供了丰富的材料。

第三卷《欧洲文艺复兴时期的地图学史》,分为第一、第二两分册,本卷涉及的时间为1450年至1650年,这一时期在欧洲地图绘制史中长期以来被认为是一个极为重要的时期。全书分为以下几个部分:第一部分,戴维撰写的前言;第二部分,即第1和第2章,对文艺复兴的概念,以及地图自身与中世纪的延续性和断裂进行了细致剖析,还介绍了地图在中世纪晚期社会中的作用;第三部分的标题为"文艺复兴时期的地图学史:解释性论文",包括了对地图与文艺复兴的文化、宇宙志和天体地图绘制、航海图的绘制、用于地图绘制的视觉、数学和文本模型、文学与地图、技术的生产与消费、地图以及他们在文艺复兴时期国家治理中的作用等主题的讨论,共28章;第三部分,"文艺复兴时期地图绘制的国家背景",介绍了意大利诸国、葡萄牙、西班牙、德意志诸地、低地国家、法国、不列颠群岛、斯堪的纳维亚、东—中欧和俄罗斯等的地图学史,共32章。这一时期科学的进步、经典绘图技术的使用、新兴贸易路线的出现,以及政治、社会的巨大的变化,推动了地图制作和使用的爆炸式增长,因此与其他各卷不同,本卷花费了大量篇幅将地图放置在各种背景和联系下进行讨论,由此也产生了一些具有创新性的解释性的专题论文。

第四卷至第六卷虽然是百科全书式的,但并不意味着这三卷是冰冷的、毫无价值取向的字母列表,这三卷依然有着各自强调的重点。

第四卷《科学、启蒙和扩张时代的地图学史》,涉及的时间大约从1650年至1800年,通过强调18世纪作为一个地图的制造者和使用者在真理、精确和权威问题上挣扎的时期,本卷突破了对18世纪的传统理解，即制图变得"科学"，并探索了这一时期所有地区的广泛的绘图实践，它们的连续性和变化，以及对社会的影响。

尚未出版的第五卷《19世纪的地图学史》，提出19世纪是制图学的时代，这一世纪中，地图制作如此迅速的制度化、专业化和专业化，以至于19世纪20年代创造了一种新词——"制图学"。从19世纪50年代开始，这种形式化的制图的机制和实践变得越来越国际化，跨越欧洲和大西洋，并开始影响到了传统的亚洲社会。不仅如此，欧洲各国政府和行政部门的重组，工业化国家投入大量资源建立永久性的制图组织，以便在国内和海外帝国中维持日益激烈的领土控制。由于经济增长，民族热情的蓬勃发展，旅游业的增加，规定课程的大众教育，廉价印刷技术的引入以及新的城市和城市间基础设施的大规模创建，都导致了广泛存在的制图认知能力、地图的使用的增长，以及企业地图制作者的增加。而且，19世纪的工业化也影响到了地图的美学设计，如新的印刷技术和彩色印刷的最终使用，以及使用新铸造厂开发的大量字体。

第六卷《20世纪的地图学史》，编辑者认为20世纪是地图学史的转折期，地图在这一时期从纸本转向数字化，由此产生了之前无法想象的动态的和交互的地图。同时，地理信息系统从根本上改变了制图学的机制，降低了制作地图所需的技能。卫星定位和移动通信彻底改变了寻路的方式。作为一种重要的工具，地图绘制被用于应对全球各地和社会各阶层，以组织知识和影响公众舆论。这一卷全面介绍了这些变化，同时彻底展示了地图对科学、技术和社会的深远影响——以及相反的情况。

《地图学史》的学术价值具体体现在以下四个方面。

一是，参与撰写的多是世界各国地图学史以及相关领域的优秀学者，两位主编都是在世界地图学史领域具有广泛影响力的学者。就两位主编而言，约翰·布莱恩·哈利在地理学和社会学中都有着广泛影响力，是伯明翰大学、利物浦大学、埃克塞特大学和威斯康星—密尔沃基大学的地理学家、地图学家和地图史学者，出版了大量与地图学和地图学史有关的著作，如《地方历史学家的地图：英国资料指南》（*Maps for the Local Historian：A Guide to the British Sources*）等大约150种论文和论著，涵盖了英国和美洲地图绘制的许多方面。而且除了具体研究之外，还撰写了一系列涉及地图学史研究的开创性的方法论和认识论方面的论文。戴维·伍德沃德，于1970年获得地理学博士学位之后，在芝加哥纽贝里图书馆担任地图学专家和地图策展人。1974年至1980年，还担任图书馆赫尔蒙·邓拉普·史密斯历史中心主任。1980年，伍德沃德回到威斯康星大学麦迪逊分校任教职，于1995年被任命为亚瑟·罗宾逊地理学教授。与哈利主要关注于地图学以及地图学史不同，伍德沃德关注的领域更为广泛，出版有大量著作，如《地图印刷的五个世纪》（*Five Centuries of Map Printing*）、《艺术和地图学：六篇历史学论文》（*Art and Cartography：Six Historical Essays*）、《意大利地图上的水印的目录，约1540年至1600年》（*Catalogue of Watermarks in Italian Maps, ca. 1540 – 1600*）以及《全世界地图学史中的方法和挑战》（*Approaches and Challenges in a Worldwide History of Cartography*）。其去世后，地图学史领域的顶级期刊 *Imago Mundi* 上刊载了他的生平和作品目录[①]。

---

① "David Alfred Woodward（1942 – 2004）"，*Imago Mundi：The International Journal for the History of Cartography* 57. 1 （2005）：75 – 83.

除了地图学者之外，如前文所述，由于这套丛书希望将地图作为一种工具，从而研究其对文化、社会和知识等众多领域的影响，而这方面的研究超出了传统地图学史的研究范畴，因此丛书的撰写邀请了众多相关领域的优秀研究者。如在第三卷的"序言"中戴维·伍德沃德提到："我们因而在本书前半部分的三大部分中计划了一系列涉及跨国主题的论文：地图和文艺复兴的文化（其中包括宇宙志和天体测绘；航海图的绘制；地图绘制的视觉、数学和文本模式；以及文献和地图）；技术的产生和应用；以及地图和它们在文艺复兴时期国家管理中的使用。这些大的部分，由 28 篇论文构成，描述了地图通过成为一种工具和视觉符号而获得的文化、社会和知识影响力。其中大部分论文是由那些通常不被认为是研究关注地图本身的地图学史的研究者撰写的，但他们的兴趣和工作与地图的史学研究存在密切的交叉。他们包括顶尖的艺术史学家、科技史学家、社会和政治史学家。他们的目的是描述地图成为构造和理解世界核心方法的诸多层面，以及描述地图如何为清晰地表达对国家的一种文化和政治理解提供了方法。"

二是，覆盖范围广阔。在地理空间上，除了西方传统的古典世界地图学史外，该丛书涉及古代和中世纪时期世界上几乎所有地区的地图学史。除了我们还算熟知的欧洲地图学史（第一卷和第三卷）和中国的地图学史（包括在第二卷第二分册中）之外，在第二卷的第一分册和第二册中还详细介绍和研究了我们以往了解相对较少的伊斯兰世界、南亚、东南亚地区的地图及其发展史，而在第二卷第三分册中则介绍了我们以往几乎一无所知的非洲古代文明，美洲玛雅人、阿兹特克人、印加人，北极的爱斯基摩人以及澳大利亚、太平洋地图各个原始文明等的地理观念和绘图实践。因此，虽然书名中没有用"世界"一词，但这套丛书是名副其实的"世界地图学史"。

除了是"世界地图学史"之外，如前文所述，这套丛书除了古代地图及其地图学史之外，还非常关注地图与古人的世界观、地图与社会文化、艺术、宗教、历史进程、文本文献等众多因素之间的联系和互动。因此，丛书中充斥着对于各个相关研究领域最新理论、方法和成果的介绍，如在第三卷第一章"地图学和文艺复兴：延续和变革"中，戴维·伍德沃德中就花费了一定篇幅分析了近几十年来各学术领域对"文艺复兴"的讨论和批判，介绍了一些最新的研究成果，并认为至少在地图学中，"文艺复兴"并不是一种"断裂"和"突变"，而是一个"延续"与"变化"并存的时期，以往的研究过多地强调了"变化"，而忽略了大量存在的"延续"。同时在第三卷中还设有以"文学和地图"为标题的包含有七章的一个部分，从多个方面讨论了文艺复兴时期地图与文学之间的关系。因此，就学科和知识层面而言，其已经超越了地图和地图学史本身的研究，在研究领域上有着相当高的涵盖面。

三是，丛书中收录了大量古地图。随着学术资料的数字化，目前国际上的一些图书馆和收藏机构逐渐将其收藏的古地图数字化且在网站上公布，但目前进行这些工作的图书馆数量依然有限，且一些珍贵的，甚至孤本的古地图收藏在私人手中，因此时至今日，对于一些古地图的研究者而言，找到相应的地图依然是困难重重。对于不太熟悉世界地图学史以及藏图机构的国内研究者而言更是如此。且在国际上地图的出版通常都需要藏图机构的授权，手续复杂，这更加大了研究者搜集、阅览地图的困难。《地图学史》丛书一方面附带有大量地图的图影，仅前三卷中就有多达近三千幅插图，其中绝大部分是古地图，且附带有收藏地点，其中大部分是国内研究者不太熟悉的；另一方面，其中一些针对某类地图或者某一时期地图的研究通常都附带有作者搜集到的相关全部地图的基本信息以及收藏地，如第一卷第十五章"拜占庭帝国的地图学"的附录中，列出了收藏在各图书馆中的托勒密《地理学指南》的近50 种希腊语稿本以及它们的年代、开本和页数，这对于《地理学指南》及其地图的研究而言，是非常重要的基础资料。由此使得学界对于各类古代地图的留存情况以及收藏地有着更为全面的了解。

四是，虽然这套丛书已经出版的三卷主要采用的是专题论文的形式，但不仅涵盖了地图学史几乎所有重要的方面，而且对问题的探讨极为深入。丛书作者多关注于地图学史的前沿问题，很多论文在注释中详细评述了某些前沿问题的最新研究成果和不同观点，以至于某些论文注释的篇幅甚至要多于正文；而且书后附有众多的参考书目。如第二卷第三分册原文541 页，而参考文献有 35 页，这一部分是关于非洲、南美、北极、澳大利亚与太平洋地区地图学的，而这一领域无论是在世界范围内还是在国内都属于研究的"冷门"，因此这些参考文献的价值就显得无与伦比。又如第三卷第一、第二两分册正文共 1904 页，而参考文献有 152 页。因此这套丛书不仅代表了目前世界地图学史的最新研究成果，而且也成为今后这一领域研究必不可少的出发点和参考书。

总体而言，《地图学史》一书是世界地图学史研究领域迄今为止最为全面、详尽的著作，其学术价值不容置疑。

虽然《地图学史》丛书具有极高的学术价值，但目前仅有第二卷第二分册中余定国（Cordell D. K. Yee）撰写的关于中国的部分内容被中国台湾学者姜道章节译为《中国地图学史》一书（只占到该册篇幅的 1/4）[①]，其他章节均没有中文翻译，且国内至今也未曾发表过对这套丛书的介绍或者评价，因此中国学术界对这套丛书的了解应当非常有限。

我主持的"《地图学史》翻译工程"于 2014 年获得国家社科基金重大招标项目立项，主要进行该丛书前三卷的翻译工作。我认为，这套丛书的翻译将会对中国古代地图学史、科技史以及历史学等学科的发展起到如下推动作用。

首先，直至今日，我国的地图学史的研究基本上只关注中国古代地图，对于世界其他地区的地图学史关注极少，至今未曾出版过系统的著作，相关的研究论文也是凤毛麟角，仅见的一些研究大都集中于那些体现了中西交流的西方地图，因此我国世界地图学史的研究基本上是一个空白领域。因此《地图学史》的翻译必将在国内促进相关学科的迅速发展。这套丛书本身在未来很长时间内都将会是国内地图学史研究方面不可或缺的参考资料，也会成为大学相关学科的教科书或重要教学参考书，因而具有很高的应用价值。

其次，目前对于中国古代地图的研究大都局限于讨论地图的绘制技术，对地图的文化内涵关注的不多，这些研究视角与《地图学史》所体现的现代世界地图学领域的研究理论、方法和视角相比存在一定的差距。另外，由于缺乏对世界地图学史的掌握，因此以往的研究无法将中国古代地图放置在世界地图学史背景下进行分析，这使得当前国内对于中国古代地图学史的研究游离于世界学术研究之外，在国际学术领域缺乏发言权。因此《地图学史》的翻译出版必然会对我国地图学史的研究理论和方法产生极大的冲击，将会迅速提高国内地

---

① ［美］余定国：《中国地图学史》，姜道章译，北京大学出版社 2006 年版。

图学史研究的水平。这套丛书第二卷中关于中国地图学史的部分翻译出版后立刻对国内相关领域的研究产生了极大的冲击，即是明证①。

最后，目前国内地图学史的研究多注重地图绘制技术、绘制者以及地图谱系的讨论，但就《地图学史》丛书来看，上述这些内容只是地图学史研究的最为基础的部分，更多的则关注于以地图为史料，从事历史学、文学、社会学、思想史、宗教等领域的研究，而这方面是国内地图学史研究所缺乏的。当然，国内地图学史的研究也开始强调将地图作为材料运用于其他领域的研究，但目前还基本局限于就图面内容的分析，尚未进入图面背后，因此这套丛书的翻译，将会在今后推动这方面研究的展开，拓展地图学史的研究领域。不仅如此，由于这套丛书涉及面广阔，其中一些领域是国内学术界的空白，或者了解甚少，如非洲、拉丁美洲古代的地理知识，欧洲和中国之外其他区域的天文学知识等，因此这套丛书翻译出版后也会成为我国相关研究领域的参考书，并促进这些研究领域的发展。

三 《地图学史》的翻译体例

作为一套篇幅巨大的丛书译著，为了尽量对全书体例进行统一以及翻译的规范，翻译小组在翻译之初就对体例进行了规范，此后随着翻译工作的展开，也对翻译体例进行了一些相应调整。为了便于读者使用这套丛书，下面对这套译著的体例进行介绍。

第一，为了阅读的顺利以及习惯，对正文中所有的词汇和术语，包括人名、地名、书名、地图名以及各种语言的词汇都进行了翻译，且在各册第一次出现的时候括注了原文。

第二，为了翻译的规范，丛书中的人名和地名的翻译使用的分别是新华通讯社译名室编的《世界人名翻译大辞典》（中国对外翻译出版公司 1993 年版）和周定国编的《世界地名翻译大辞典》（中国对外翻译出版公司 2008 年版）。此外，还使用了可检索的新华社多媒体数据（http：//info. xinhuanews. com/cn/welcome. jsp），而这一数据库中也收录了《世界人名翻译大辞典》和《世界地名翻译大辞典》；翻译时还参考了《剑桥古代史》《新编剑桥中世纪史》等一些已经出版的专业翻译著作。同时，对于一些有着约定俗成的人名和地名则尽量使用这些约定俗成的译法。

第三，对于除了人名和地名之外的，如地理学、测绘学、天文学等学科的专业术语，翻译时主要参考了全国科学技术名词审定委员会发布的"术语在线"（http：//termonline. cn | index. htm）。

第四，本丛书由于涉及面非常广泛，因此存在大量未收录在上述工具书和专业著作中的名词和术语，对于这些名词术语的翻译，通常由翻译小组商量决定，并参考了一些专业人士提出的意见。

第五，按照翻译小组的理解，丛书中的注释、附录，图说中对于地图来源、藏图机构的说明，以及参考文献等的作用，是为了便于阅读者查找原文、地图以及其他参考资料，将这些内容翻译为中文反而会影响阅读者的使用，因此本套译著对于注释、附录以及图说中出现

---

① 对其书评参见成一农《评余定国的〈中国地图学史〉》，《"非科学"的中国传统舆图——中国传统舆图绘制研究》，中国社会科学出版社 2016 年版，第 335 页。

的人名、地名、书名、地图名以及各种语言的词汇，还有藏图机构，在不影响阅读和理解的情况下，没有进行翻译；但这些部分中的叙述性和解释性的文字则进行了翻译。所谓不影响阅读和理解，以注释中出现的地图名为例，如果仅仅是作为一种说明而列出的，那么不进行翻译；如果地图名中蕴含了用于证明前后文某种观点的含义的，则会进行翻译。当然，对此学界没有确定的标准，各卷译者对于所谓"不影响阅读和理解"的认知也必然存在些许差异，因此本丛书各册之间在这方面可能存在一些差异。

第六，丛书中存在大量英语之外的其他语言（尤其是东亚地区的语言），尤其是人名、地名、书名和地图名，如果这些名词在原文中被音译、意译为英文，同时又包括了这些语言的原始写法的，那么只翻译英文，而保留其他语言的原始写法；但原文中如果只有英文，而没有其他语言的原始写法的，在翻译时则基于具体情况决定。大致而言，除了东亚地区之外，通常只是将英文翻译为中文；东亚地区的，则尽量查找原始写法，毕竟原来都是汉字圈，有些人名、文献是常见的；但在一些情况下，确实难以查找，尤其是人名，比如日语名词音译为英语的，很难忠实的对照回去，因此保留了英文，但译者会尽量去找到准确的原始写法。

第七，作为一套篇幅巨大的丛书，原书中不可避免地存在的一些错误，如拼写错误，以及同一人名、地名、书名和地图名前后不一致等，对此我们会尽量以译者注的形式加以说明；此外对一些不常见的术语的解释，也会通过译者注的形式给出。不过，这并不是一项强制性的规定，因此这方面各册存在一些差异。还需要注意的是，原书的体例也存在一些变化，最为需要注意的就是，在第一卷以及第二卷的某些分册中，在注释中有时会出现（note＊＊），如"British Museum, Cuneiform Texts, pt. 22, pl. 49, BM 73319（note 9）"，其中的（note 9）实际上指的是这一章的注释9；注释中"参见 pp……"，其中 pp 后的数字通常指的是原书的页码。

第八，本丛书各册篇幅巨大，仅仅在人名、地名、书名、地图名以及各种语言的词汇第一次出现的时候括注英文，显然并不能满足读者的需要。对此，本丛书在翻译时，制作了词汇对照表，包括跨册统一的名词术语表和各册的词汇对照表，词条约2万条。目前各册之后皆附有本册中文和原文（主要是英语，但也有拉丁语、意大利语以及各种东亚语言等）对照的词汇对照表，由此读者在阅读丛书过程中如果需要核对或查找名词术语的原文时可以使用这一工具。在未来经过修订，本丛书的名词术语表可能会以工具书的形式出版。

第九，丛书中在不同部分都引用了书中其他部分的内容，通常使用章节、页码和注释编号的形式，对此我们在页边空白处标注了原书相应的页码，以便读者查阅，且章节和注释编号基本都保持不变。

还需要说明的是，本丛书篇幅巨大，涉及地理学、历史学、宗教学、艺术、文学、航海、天文等众多领域，这远远超出了本丛书译者的知识结构，且其中一些领域国内缺乏深入研究。虽然我们在翻译过程中，尽量请教了相关领域的学者，也查阅了众多专业书籍，但依然不可避免地会存在一些误译之处。还需要强调的是，芝加哥大学出版社，最初的授权是要求我们在2018年年底完成翻译出版工作，此后经过协调，且在中国社会科学出版社支付了额外的版权费用之后，芝加哥大学出版社同意延续授权。不仅如此，这套丛书中收录有数千幅地图，按照目前我国的规定，这些地图在出版之前必须要经过审查。因此，在短短六七年的时间内，完成翻译、出版、校对、审查等一系列工作，显然是较为仓促的。而且翻译工作本身不可避免的也是一种基于理解之上的再创作。基于上述原因，这套丛书的翻译中不可避免地存在一些"硬伤"以及不规范、不统一之处，尤其是在短短几个月中重新翻译的第一卷，在此我代表翻译小组向读者表示真诚的歉意。希望读者能提出善意的批评，帮助我们提高译稿的质量，我们将会在基于汇总各方面意见的基础上，对译稿继续进行修订和完善，以飨学界。

卜宪群

中国社会科学院古代史研究所研究员

国家社科基金重大招标项目"《地图学史》翻译工程"首席专家

译　者　序

　　由于本卷的价值和内容已经在"译者总序"中进行了介绍，且对于有兴趣通读本册的读者来说，本人基于有限的学术素养对本书内容的介绍，有可能会在很大程度上"误导"对本册内容和重点的理解。因此，在这里，本人只是基于自己的认知和学术能力，希望就《地图学史》第一册对未来中国地图学史研究带来的启迪和推动进行介绍。当然，这一介绍同样是本人非常粗浅的认知且极不全面，但希望借此抛砖引玉，使得更多的研究者关注、从事和推动中国地图学史的研究。以下按照《地图学史》第一册的章节顺序进行讨论。

一

　　本册正文开始前的两篇论文分别是：J. B. 哈利和戴维·伍德沃德撰写的"序言"和J. B. 哈利撰写的第一章"地图和地图学史的发展"。其中"序言"主要讨论了地图的"定义"，并以此为基础展开介绍了整套丛书的编排方式以及涉及的内容和领域；而第一章则是对作为一门学科的"地图学史"的发展历程和现状（指的是本丛书开始撰写时的现状，大致为20世纪80年代）的介绍。因此，这两篇实际上针对的是全套丛书，即可以看成整套丛书的"序言"和"研究综述"。

　　在我看来，这两篇论文最为核心的部分就是对"地图"定义的讨论，这一讨论不仅奠定了本套丛书的基础，而且从其影响和结果来看，这一讨论在很大程度上可以说彻底扭转了世界地图学史的研究"范式"，造就了今天世界地图学史研究的面貌，因此可以说具有里程碑的意义。这一对"地图"定义的讨论，对于今天和未来中国地图学史的研究同样非常具有借鉴价值，下文即对此进行简要讨论。

　　时至今日，大部分中国地图学史的研究者，尤其是理工科出身的研究者依然认同，"由数学所确定的经过概括并用形象符号表示的地球表面在平面上的图形，用其表示各种自然现象和社会现象的分布、状况和联系，根据每种地图的具体用途对所表示现象进行选择和概括，结果得到的图形叫做地图"[1]；"按照一定的制图法则，概括表达地表的自然、社会经济现象的分布和相互关系的平面图"[2]；"按照一定数学法则，运用符号系统和综合方法、以图

---

　　① ［苏］K. A. 萨里谢夫：《地图制图学概论》，李道义、王兆彬译，廖科校，测绘出版社1982年版，第4页。
　　② 全国科学技术名词审定委员会事务中心"术语在线""图书馆·情报与文献学"对地图的定义，http://www. termonline. cn/list. htm？k = % E5% 9C% B0% E5% 9B% BE。

形或数字的形式表示具有空间分布特性的自然与社会现象的载体"①。这类从"技术"或者"数字"角度对"地图"的定义，由此中国地图学史的研究内容也就主要集中在对地图绘制技术的演变和进步的讨论上。

从"序言"以及第一章的论述来看，西方地图学史的研究也存在过这样的阶段，即认为"地理图是表现地球表面或其部分的平面图"②，但对于这样的认知，J. B. 哈利和戴维·伍德沃德在"序言"中进行了反思，提出"但在今天看来，明显这一定义对地图学史的范畴做了不适当的限制。近几十年来，随着地图学成为更加独特的研究领域，出现了更为广阔的前景。例如，1964 年新成立的英国地图学会通过采用更加宽泛的定义来阐明自己的权限。该学会将地图学视作'绘制地图的艺术、科学和技术，以及将其作为科学文献和艺术作品的研究'，学会还进一步放大此点，解释说'在这种语境下，地图可被视为囊括了以任何比例尺表现地球或任一天体的所有类型的地图、平面图、海图和分图、三维模型和球仪'"，当然英国地图学会对于地图的定义依然是以"技术"为基础的。

除了传统的从"技术"方面定义"地图"所带来的问题之外，J. B. 哈利和戴维·伍德沃德这两位主编在主持编纂《地图学史》这套丛书的时候，还面对着另外一个问题，即"地图学史的另一个概念障碍，是不同时期和不同文化中'地图'一词相关含义的混乱。某种意义上，该学科沦为了其自身词源学的囚徒。最根本的问题是，许多古代语言中没有我们如今称之为地图的专属词汇。例如，在英语、波兰语、西班牙语和葡萄牙语等欧洲语言中，地图一词源自晚期拉丁语词 mappa，意思是一块布。在其他大多数欧洲语言中，用来表示地图的词汇——法语为 carte，意大利语为 carta，俄语为 karta——则源自晚期拉丁语词 carta，意思是任何类型的正式文件。截然不同的派生词导致至今仍存在歧义，因为这些词不断承载了不止一种含义。例如，俄语中，指代图画（picture）的词是 kartina，而事实上在许多早期历史社会中，譬如中世纪和文艺复兴时期欧洲的社会，通常是用诸如'图画'（picture）或'描绘'（description）等词汇来指代我们今天所称的地图。因此，看似简单的问题——地图是什么？——便引发了复杂的解释性问题。答案因不同的时期或文化而异。该问题对于早期社会的地图而言尤为突出，但对那些可被视作某种图画，并且的确常常是由非专业地图绘制者的画家或艺术家如此制作的地图来说，此问题也会造成困难，如果不是混淆的话。我们并没有因此认为，缺乏词汇本身足以将地图当作文化舞台上的后来者对其不屑一顾。相反，本卷提供的大量证据表明，地图早在进入历史记录之前，在其制作者和使用者称之为地图之前，便已经存在"。

其实，这一问题在中国地图学史中同样存在，简言之，今天被视为中国古代"地图"的图像，在中国古代被称为"图"；但今天被视为艺术品的"绘画"，在中国古代也被称为"图"；我们今天可以视为"示意图"的各类器物图，也可以被称为"图"，因此在中国古代文化中，"图"这一词汇对应于今天的多种含义，"地图"只是其中一种。不过，当前中国地图学史的主流的历史叙事，通常认为地图和绘画在中国历史的早期就已经相互分离，但

---

① 全国科学技术名词审定委员会事务中心"术语在线""测绘学"对地图的定义，http：//www. termonline. cn/list. htm？k＝%E5%9C%B0%E5%9B%BE。

② 文中未加注释的引文皆出自《地图学史》的第一册。

这显然是我们现代人的认知,那么中国古人是否有这样的认知?这里我不想也不能得出肯定或者否定的答案,但这确实是一个今后中国地图学史研究中值得重视且有必要进行探讨的问题,前贤在这方面的研究受制于时代是肤浅且早已过时的。

面对上述问题,经过讨论和思考,最终 J. B. 哈利和戴维·伍德沃德对"地图"重新进行了界定,即"于是,我们采用了一个全新的'地图'定义,一个既不太过局限也不过于宽泛以致毫无意义的定义。最终形成的是一句简单的表述:地图是便于人们对人类世界中的事物、概念、环境、过程或事件进行空间认知的图形呈现"。正如上文所述,这一定义对这套丛书和地图学史的研究产生了根本性的影响,大致体现在两个方面。

第一,扩展了研究对象,即所谓"地图"的范围,"因此,我们的处理自然而然地延伸到天体地图学和想象的宇宙图。运用这一定义时,我们还力图避免基于历史文化经验的针对特定文化的标准。于是,本书的讨论并不像塞缪尔·约翰逊(Samuel Johnson)的定义那样,局限于那些揭示经纬网的地图。我们也不一定要求它们包含目前与地图相关,并通常与计数和计量系统相联系的投影、坐标及欧几里得几何学。许多古地图不具备这些几何学,而是拓扑结构上与路网、排水系统、海岸线或边界有关"。简言之,只要是展现了"人们对人类世界中的事物、概念、环境、过程或事件进行空间认知的图形呈现"都是这套丛书以及地图学史的研究对象,而且这里所谓的"人类世界"不仅仅局限于"地球",还包括人类对"宇宙"的认知,且这里的"宇宙"一词不是现代物理学意义中的"宇宙",而是"宇宙"一词原本的意义。而且,在论述中,这些"图形呈现"被同等对待,也没有从任何角度赋予这些"图形呈现"以"等级",并由此展现某一或者某些方面的"进步"。由此这套丛书中涉及的"地图"非常丰富,这点读者们通读这套丛书就会感受到。

反观中国地图学史,自近代以来,虽然就单幅地图的研究而言,涉及的范围越发广泛,尤其是近十年来,但就地图学史的叙事而言,整体依然强调是"全国总图"和"寰宇图",尤其是那些或多或少带有技术色彩或者绘制地理范围广大由此能体现古人地理认知的那些"全国总图"和"寰宇图",且由此主要展现的就是朝向现代测绘地图的不断进步,从王庸的《中国地图史纲》,到喻沧和廖克的《中国地图学史》都是如此。但这样的历史叙事首先遗漏了中国古代与"空间认知"有关的众多的"图形呈现",而且从研究视角而言,这显然是以现代地图的视角来理解中国古代地图,从而曲解,甚至误解了中国古代"人们对人类世界中的事物、概念、环境、过程或事件进行"的"空间认知"。虽然这样的地图学史的叙事有其历史背景,但在当前的社会和学术环境下,显然是需要"扬弃"的,即我们需要新的中国地图学史的叙事。

第二,将"地图"或者说"便于人们对人类世界中的事物、概念、环境、过程或事件进行空间认知的图形呈现"与其形成的社会联系起来,也即不仅讨论地图本身,其绘制者、图面内容、年代、谱系、演化,而且要讨论地图形成的时代背景,地图内容、形式、知识、影响等众多方面与时代的关系,以及地图与其所处时代的互动,这方面的典型代表就是本丛书第三卷上册中的专题研究部分,也即 J. B. 哈利在第一章中提出的"因此,已经确定了几个通过地图学史编织的主线。它们都依赖于这样的公理,即地图在人文背景下是一种有着重要意义的历史现象,且通过对其系统的研究可以有着丰厚的收获。地图——类似于书籍——可以被视为历史变迁的反映。地图学史所呈现的不仅仅是人造物品的一种技术和实践的历史，它也可以被看作是人类思想史的一个方面，由此，尽管对这种思想媒介产生了影响的技术进行研究是重要的，但还应当考虑到地图学创新的社会意义，以及地图影响它们所触及的人类历史的众多其他面相的方式"。

同样反观中国地图学史的研究，长期以来刊发的大部分的研究论著，主要集中讨论的是地图本身，通常会花费大量笔墨考订地图的绘制年代及其绘制者。然而，从学术研究的角度而言，这样的研究，由于没有涉及其他学术领域，因此一方面局限了对"地图"的认知，另一方面也使得中国古代地图的研究迟迟未能在学界产生影响。就我而言，长期比较疑惑的就是，为了在研究中将某幅古地图绘制时间的范围缩短10年，而花费数万字的篇幅的意义是什么？面对这样的窘境，一些中国地图学史的研究者强调挖掘地图的史料价值，但他们的对地图史料价值的认知通常只是局限于地图的图面内容，作为一个有着无以计数的文本文献传世的国家，试图从地图的图面内容中发掘出"重大"历史问题难度显然颇大，近乎是难以完成的任务。但如果我们吸收《地图学史》丛书对"地图"的定义，将地图放置在绘制其的社会中进行研究，不仅可以加深我们对于中国古代地图的理解，而且也可以使得我们深化对于绘制地图的社会的理解，由此不仅可以促进中国地图学史的研究，而且还可以深化相关领域的研究，从而拓展中国地图学史研究的影响力。在我看来，这才是中国地图学史研究的未来。

总体而言，这篇简短的序言和第一章，是所有从事以及未来希望从事中国地图学史研究的学者所应当认真阅读的。

此外，虽然书中没有"世界"两字，但这套丛书，从涉及的地域范围而言，显而易见的是"世界地图学史"，由此不可避免面对的问题就是，在丛书中需要将不同文化的地图放在同等位置上来看待，由此就必须摆脱"欧洲中心观"，即"各卷采用的顺序也旨在缓和通常仅以欧洲人的眼光来书写地图学史的趋势。作为编辑人员，我们都非常清楚根深蒂固的欧洲中心论在多大程度上占据了该主题的文献。为了在某种程度上纠正这种不平衡，卷二全部奉献给了亚洲历史社会的地图学。东西方之间的基本联系早已在地图学史文献中得到过阐述，但亚洲制图的三个本土领域——伊斯兰、南亚和东南亚及东亚——所获得的对待却很不平衡，在标准的地图学历史中几乎被忽略了。因此，我们欣然接受这样的机会，去创建一部对应于亚洲主要文明，且结构上独立于西方世界制图年表、优先级和价值的地图学史。在这样做的时候，我们清楚地认识到，从世界范围来看，亚洲地图学恰如欧洲的一样，是地图学发展的基本支柱"。不过，从最终成果来看，本丛书的这一目的远远未能达成，涉及欧洲的第一卷和第三卷的篇幅超过了涉及世界其他部分的第二卷中的各册，而曾有着辉煌成就的中国古代地图和地图学史在书中仅仅只有几章的篇幅。这一不尽如人意的结果，有着多方面的原因，其中不可忽视的一点就是，相应地区和国家的地图学史的研究在深度和广度上无法与欧洲地图学研究相比拟，且从第一章的一些统计数据来看，"世界地图学史"领域的主要活跃者依然是欧美学者，虽然其他区域的学者近年来做出了众多的成果，但这些成果远远未能"国际化"。因此，一方面为了世界地图学史的研究能真正的摆脱"欧洲中心观"，另一方面为了将中国地图学史的研究与国际接轨，中国地图学史的研究以及研究者必须"国际化"。

最后，本丛书是一个集体项目的成果，即"像本《地图学史》这样的项目只有通过分工才能实现。还没有出现单个的学者具备必要广度的语言学和方法论技能以及学科背景（且没有普遍显露的民族主义偏见），能够独立撰写此书。对地图学通史而言，多作者的风险不应比现有关于科学、技术、天文学和音乐的专业著作，或者带给我们目前计划启发的社会、经济和政治集体史著作更大"，确实，在本丛书之前撰写的绝大部分《（世界）地图学史》都是由个人进行的，而受制于作者的知识领域，这些《地图学史》大都只是"欧洲"地图学史，且主要集中在某些门类的地图或者技术上。由于中国古代地图同样涵盖了众多的知识领域，因此未来中国地图学史的重新撰写同样应当采用集体项目的形式。

二

本册的第一部分，主要讨论的是地图起源的问题。从这一部分的讨论来看，如果要更为深入地理解地图的起源，那么首先必须摆脱现代地图学对于地图的定义，也即要采用本书提出的关于"地图"的新的定义。基于"地图"的这一新的定义，G. 马尔科姆·刘易斯在本册第三章"地图学的起源"中基于对人类意识、认知方式的研究，以及人类学的相应研究成果，提出："传递现象和事件之间的空间联系的信息的能力，以及以讯息的形式接收这类信息的能力，已经在智人出现之前很久的一些动物中有着很好的发展，尽管它们的讯息传递系统是由基因决定的，并且因而通过心理的反映或者通过群体的互动都是无法进行修改的"；"因此，毫不令人惊讶的就是，'空间化'可能是'意识中最早和最为原始的方面'，正是因为如此，诸如距离、位置、网络和区域等的空间属性持续渗透到人类的思想和语言的众多其他领域中"；"不同于其他较高等灵长类的'此地和此时'的语言，人类的语言已经开始将'时间和空间中的事件编制在一个由语法和隐喻控制的逻辑关系网中'"，并基于对人类空间认知的现代研究，以及将对现代土著居民空间意识的人类学方面的研究应用于阐释史前地图绘制，作者进而提出早期人类对于空间的认识是"基本的拓扑结构，与欧几里得或投影的不同，并且与自然环境的具体物理特征有关"，且这种"认知地图"是以物质形态出现的地图的基础。

基于上述认知，刘易斯进而提出，在交流空间信息的各种方式中，听觉系统（口语和音乐）由于是短暂的，因此是交流空间信息最不有效的手段；与此同时，在交流的视觉系统中，姿势和舞蹈，虽然同样是暂时的，但由于它们本身就是空间的三维形式，因此在向在场的和在传播时间范围内的群体成员传递一幅"地图"时更为有效。绘画、模型、象形文字和标记，至少潜在是三维的，且具有将即时性与更好的持久性相结合的额外优势，因而正是从这种用于交流的视觉系统的群体，地图学以及其他图形图像，最终作为语言的一种专门形式出现。然后，刘易斯提出"姿势和简单的地图绘制之间的联系也可以在象形文字中找到。与音节字母文字不同，象形文字不是单线性的，并且很容易适应于表示事物和事件的空间分布"，且"在保存下来的历史时期土著民族制作的地图中，姿势通常是图像符号的重要组成部分"。不过由于姿势的特性，因此目前缺乏这方面留存下来的直接证据，"因而，人们可能期望在更为永久性的艺术形式——尤其是在欧亚大陆中纬度地带旧石器时代早期社会中的岩画艺术和可移动的艺术中——找到地图的最早的证据"，确实在本册凯瑟琳·德拉诺·史密斯撰写的第四章"旧世界史前时期的地图学：欧洲、中东和北非"中就是从现在发现的大量岩画和石刻以及陶器中找到了一些欧洲、中东和北非的早期地图。

在该文的最后部分，刘易斯提出了一点非常重要的认知，即："对地形信息本身的地图绘制对于早期人类而言几乎肯定不具有（现代意义上的）实践意义。"该书第四章，即凯瑟琳·德拉诺·史密斯的"旧世界史前时期的地图学：欧洲、中东和北非"中对这一观点进行了详细的解释，大致而言，基于人类学的研究，早期人类，尤其是定居居民的活动范围非常有限，对于其所活动的空间是非常熟悉的，因此"在岩画艺术中不太可能创造类似于现代地图那样的用于寻路或用作信息存储工具的地图"。作者还提到，"考古挖掘已经表明，岩画艺术与信仰和宗教有关……考古挖掘也显示，这种艺术是'某种时刻的产物'，是为仪式或者在仪式中创造的，并且绝不打算延续到该事件之后"。而且，基于欧洲、中东和北非的岩画、器物等，"毫无疑问，到旧石器时代晚期的开始阶段，人们已经具有了将思维的空间图像转换成永久的可见图像的认知能力和操作能力"。

在第四章中，史密斯将史前地图放置在三个主题下进行了讨论，即地形图、天体图和宇宙志图。不过在确定一幅图像是否为地图的时候，史密斯认为研究者需要面对三个难以处理的问题，即要确定：1. 艺术家的意图确实是描绘空间中的对象的关系；2. 所有作为组成部分的图像都是在同一时间制作的；3. 从地图学的角度来看它们是适当的。

要确定第一点的难点在于，由于我们所面对的早期图像基本都缺乏相应的说明文字，因此对于其所描绘的对象，尤其是那些几何和抽象图形的认知通常是基于现代研究者的识别，而这些识别中不可避免地掺杂了研究者的主观性，这点在天体图中表现得非常明显。就像史密斯所说，欧洲的研究者通常喜欢将在岩石上发现的"杯环标记"识别为天空中的星座，但其中存在的问题就是，这种识别大部分时候并不能将一幅图像中的所有标记囊括在内，由此这种对于星座的识别似乎带有研究者的主观意愿，且那些被识别出的星座之间的位置关系与天空中的位置关系很多时候并不能对应。更为重要的就是，根据人类学的和传统的证据，在土著民族日常生活中具有重要意义的星座或者恒星的数量是非常少的，由此"在这一时期，一个单一星座的呈现，而不是整个天球，并不构成一幅天体图。结果，大多数被提出的天文学实例都无法被认定为一幅地图"。

要确定第二点的难点在于，"通常难以确认的是，岩画艺术的组合最初是否是作为一个完整的组合而被构思和绘制的，以及它仅仅或是作为在去除旧作之后重新绘制的图像，或可能是作为以长时间的间隔绘制的单个图像的意外并置的结果而保存下来的"，但要判断构成现在看起来是一幅图像的所有元素都是在同一时间绘制的存在极大的技术上的困难，大致提出的解决方法就是"仅在合理且清楚地确定雕刻的或绘制的线条彼此整齐地连接，既不重叠也不孤立，并且在技术和样式上是一致的情况下，才可以假定一幅作品是有意的，并且各个图像是一幅较大图像的组成部分且是同时代的"，但这些方法并不具有太强的可靠性，比如属于延续了很久的同一文化的人群很可能有着相似的技术和样式。

关于第三点，即"从地图学的角度来看它们是适当的"，史密斯对此有着如下解释"一幅现代地形图主要由熟悉的符号组成，这些符号的含义由附带的图例所强化，或通过其他形式的解释得到明确。否则，没有办法确定一个符号的含义：任何图像都可以被用来代表任何对象。在被选择的图像与其意图呈现的或者符号化的对象之间保持一定程度的对应关系（部分是为了防止忘记其含义），是常见的和明智的。因此，有理由假设，在史前艺术的情况中，例如至少在第一层含义上的那些用于动物的和房屋的自然主义的图形是图符的或者图像的呈现。那些对于一幅地形图最为常见的（例如，一座房屋而不是武器）符号，可以被从那些不太具有地图学意义的对象中选择出来。另一个指导方针就是，在单一作品中出现的某一图像的频率。对一幅现代地图的分析表明，它是由一系列图像组成的，其中大部分图像，如果不是全部的话，都是频繁出现的。这应当也是史前地图的情况"。大致而言就是，如果在一幅图像中那些可以被认定为是地理要素（包括人文和自然的）符号重复出现，那么这幅图像被作为一幅地图是适合的。

最终，经过严密的讨论，史密斯在保存下来的岩画和陶器中识别出了一些早期地图。

中国古代地图学史的研究者同样关注地图起源的问题，且同样面对着欧洲研究者所面对的问题，即留存下来的被公认为是"地图"的实物地图都是成熟时期的。当前现存最早的中国古代的实物地图就是出土于天水放马滩秦墓，绘制时间约为秦惠文王后元十年至秦昭襄王八年（公元前305—前299年）的7幅刻在木板上的地图，以及出土于湖南长沙马王堆三号汉墓的绘制于西汉高后七年至文帝十二年（公元前181—前168年）的3幅地图，即"长沙国南部地形图""长沙国南部驻军图"和"城邑图"。还有在内蒙古自治区和林格尔县东汉护乌桓校尉墓葬中发现的时间约为东汉末年（公元2世纪之后）的5幅城池图，即"宁城图""繁阳县城图""土军城图""离石城图""武成县图"，以及在朝鲜平安南道顺川郡龙凤里辽东城塚壁画墓中的一幅时间约为公元5世纪的"辽东城图"。基于这些出土于墓葬的地图，并结合流传下来的《周礼》等文本文献中的一些记载，基本可以认为，至少在秦汉时期，中国古代的地图绘制就已经比较成熟了。不过，由此带来的问题就是，除了一些不太可靠的文献记载之外，由于缺乏早期地图的实物，更不用说史前地图的实物证据，因此长期以来学界对于中国古代地图的起源只是有着一些推测。

如中国地图学史的奠基者王庸在《中国地图史纲》的第一章"中国的原始地图及其蜕变"中就提到"地图的起源很早，可能在人类发明象形文字以前就有地图了。因为原始的地图都是形象化的山川、道路、树木，用图画实物来表示，以为旅行和渔猎的指针；而象形文字却多少带符号性质，是比较进步的文化。近代原始民族……都画制有地图和地形模型，作为旅行时的向导。中国古代有夏禹铸九鼎的传说……但是这'铸鼎象物'的作用在乎'避凶就吉'，使旅行的人知所戒备，有点同原始民族的地图相像，则是无疑的事实。后来的《山海经图》，大概就是从九鼎图像演变出来的……清人毕沅甚至说《山海经》中的《五藏山经》是古代'土地之图'。因为原始图像只画实际山水事物，至于各处的方位和距离不能在图上表示出来；到了有文字以后，便在图上用文字说明它们，如现在《山海经》中记着的……古鼎彝上以及山东发现的石刻画像里，有画着奇奇怪怪的动物神道的，这和《山海图》也许有些关系"①。大致而言，王庸认为地图的产生有着实用目的，即旅行和渔猎；且"原始图像只画实际山水事物"；同时由于缺乏实物地图，因而认为"夏禹铸九鼎"和《山海经图》展现了中国地图最初的样貌。王庸的观点也影响了后来对这一问题的研究，只是在细节上存在一些差异。大致而言，就研究方法而言，以往这方面的研究，基本是基于猜测的推论，同时也没有借鉴相关学科的研究成果。就具体结论而言，以往对于中国地图的起

---

① 王庸：《中国地图史纲》，生活·读书·新知三联书店1958年版，第1页。

源有着如下认知：第一，认为地图的产生或与早期人类的实践需要相关，或是对周围环境和生活场景的记录，也可能是两者的结合；第二，认为绘画与地图之间是"相互联系又各自独立的分支"，从而将表达了空间或地物的绘画与地图区分开来；第三，虽然认为以"禹铸九鼎"以及《山海经图》为代表的文献或者传说的真伪或者成书年代存在问题，但同时也认为两者反映的历史应当是真实的，也是中国最早的实物地图产生的时间，即夏代之后，甚至晚至周代。

　　与上文介绍的西方学者的成果对比，可以看到中国学者提出的一些观点，如地图的产生与早期人类的实践需要相关，或者是对周围环境和生活场景的记录，虽然不能说是错误的，但实际上这是基于现代人对于地图功能的狭隘认知，由此可能局限了我们中国地图起源研究的讨论，也将我们对于中国史前地图的搜寻设置了不应有的限制，即一方面要与绘画有着区别，另一方面还应是对实际地理空间的描绘，而且也将地图起源的时间过于延后了。且无论"夏禹铸九鼎"以及《山海经图》的真伪如何，但这些传说或者文献中的地图实际上都反映了较晚的地图，与地图产生之初的样貌已经颇有距离。

　　总体而言，西方学者对于地图起源的问题有着远比中国学者更为深入的讨论，形成了一套至少有着方法论意义的认知，且提出了确认史前地图的一些有着可操作性的标准。基于这些标准，我认为应当可以在我国留存下来的岩画、陶器等器物上的图像中找到早期地图。

三

　　本册的第二部分是关于古代世界地图学的，涉及的时间和空间都极为广泛，即"接下来的章节涵盖早期地中海文明和希腊及罗马时期的地图学。它们覆盖近四千年的漫长的时间跨度，从约公元前2500年的巴比伦行程录（itinerary），至公元13世纪拜占庭的希腊人重建的托勒密地图学。因此，它们在年代顺序上——有许多重叠和间断——介于史前和中世纪西方世界的地图绘制传统之间。这一漫长时期所包含的许多不同文明的地图学之间的联系，绝没有被充分探究过。在地理范围上，这些制图实例占据了从西欧延伸至波斯湾的区域，以意大利、希腊、小亚细亚、埃及和美索不达米亚为其重要的中心"。

　　从内容上来看，本册关于古代世界地图的十二章大都是介绍性的，即对当时掌握的留存下来的以及文献中有所记录的地图进行了尽可能详尽的搜集和介绍，大致就是"以下讨论中将出现的一条共同线索是，尽管文物的缺乏令人失望，但可以表明这些文明都制作、使用了种类繁多的地图。往往起源于神话且总是轮廓不清（如巴比伦世界地图和女神努特的形象），宇宙的、天地万物的和陆地世界的地图亦能在伊特鲁里亚、希腊和罗马的地图绘制传统中找到。早期的大比例尺制图的体现，在美索不达米亚为带有灌溉地产的农村地区地图；在埃及，首先是都灵纸莎草纸，因其对矿井的处理而无与伦比；在希腊，是几处对大比例尺地图的援引；在罗马，是百分田制（centuriation）产生的地籍图和《罗马城图志》（*Forma Urbis Romae*），以及针对隧道、高架渠和排水系统的工程平面图。如行程图（itinerary map）和军事地图一样，精心绘制的带防御工事的城镇或宫殿、神庙、花园的平面图在这些文化中也有不同程度的体现"。

　　但在这些研究中，一方面撰写者注意到了不同区域之间的联系，如"将埃及和美索不达米亚制图分开来，并不意味着不存在重要的联系：这样的联系很多，纵然有些被保存方面的意外所掩盖。例如，虽然幸存的埃及测绘图出自相对较晚的时期且非常少见，但我们通过希罗多德知道，埃及记录每年被尼罗河洪水淹没的田野边界的经验，对希腊的土地所有权制图产生了强大的影响。到公元前 2 世纪前后，希腊和罗马的地图学传统已相互融合"；另一方面，这些研究还消除了一些我们赋予某些区域地图学的错误"标签"，如"如果把希腊时期的制图特征概括为只关注地球大小和形状等较大的理论问题，而认为罗马地图完全是实用的，那就过于简单化了"。

此外，这些研究还提出"这一地图学时期的研究者面临一些重大障碍。我们所掌握的，无论是作为原件还是复制品，只是古代制作和已知的众多地图中的很小一部分。因此，必须极大地依赖后来作者的二手（甚至是更多手的）记述，他们中的很多人在对待早期制图者时是高度选择性的，做出的解释也是主观的"。这点也是未来中国地图学史的研究者所需要注意的，如以往研究中对《周礼》记载的地图的解释。

本册的第三部分，即中世纪地图学史，主要涉及"一些差异极大的中世纪地图的传统，著名的世界地图（mappaemundi）、波特兰海图、区域和地方的地图，以及相对数量较少的天体地图"；且"这三种传统构成了相互分离的主要的群体。我们在它们之间很少能发现联系"。

在这一部分，研究者提出的一个非常有意思的问题就是，"不仅是世界地图、波特兰海图，而且中世纪欧洲的区域和地方地图的大部分都是在相当独立的传统下制作的，而且每一幅都服务于其独特的目的。在中世纪没有像被设计用来针对各种广泛用途的普通地图这样的事物。需要记住，任何一幅地图都是基于一个特定目的，甚至是为一个特定场合而绘制的。然后就是，如果我们要评估一幅中世纪地图的话，或者甚至去完全了解它的话，那么我们首先必须知道它是为什么被制造出来的。世界地图（mappaemundi）的目的是哲学的和教诲性的""因此，在评估中世纪地图时，我们应该总是去试图发现它们制造者的意图，并判断其实现的程度；如果将它们与以后几个世纪的地图进行比较的话，那么则是应用了一套非常不合适的标准"。

中国古代地图以及地图学史的研究者，通常喜欢将某些地图与一些熟悉的宏大历史背景联系起来，如《大明混一图》，研究者总是偏好于将其放置在中西文化交流的背景下进行讨论，并分析其知识来源，当然这点也许没有问题，但我们无法回避的一个问题就是，我们确实不知道这幅地图是为了什么目的而绘制的。由此，我们对它的解读，总是会存在某种"不确定性"。当然，由于中国古代缺乏与地图直接相关的文本，因此要分析其绘制目的通常是极为困难的。即使存在《广舆图》这样附带有众多文字的地图，但不能否认的就是，这些文字是否如实地记载了地图的绘制目的及其过程本身就是一个问题。不仅如此，我们目前所看到的《广舆图》是出版后的样貌，在罗洪先自己绘制的地图与最终出版的地图之间，有可能存在着出版者、刻印者的"加工"，由此我们无法得知，这些地图到底在多大程度上展现了罗洪先地图的原貌。甚至，我们无法百分之百地确定这些地图最初就是罗洪先绘制的。总体而言，虽然我们缺乏与地图绘制目的有关的材料，但在古地图的研究中，我们应当时刻意识到我们所研究的地图并不一定是为了我们今天看起来的某种普适性的或者我们认为的特定目的而绘制的，虽然其图面内容在我们看来是普适性的，甚至看上去并无任何"特点"。

还需要强调的一个细节就是，毫不夸张地说，中国学者可以说对欧洲地图学史是不太熟悉的，目前出版的关于欧洲地图学史的论著，基本都是基于二手甚至三手材料的介绍性文字，不仅非常不全面，而且存在众多西方地图学史研究者看来常识性的错误，这点通过阅读第一卷和第三卷就可以明白。当然，这套丛书本身也对一些西方地图学史研究中存在的众多被视为是"常识"的认知进行了挑战，如本卷第四部分对于世界地图（*mappaemundi*）或者中国学者习惯称呼的"T—O"地图的一些误解进行了辨析，即"传统的地图学史包含了一些与世界地图（*mappaemundi*）有关的错误概念。其中最重要的三个就是，假设地理准确性是世界地图（*mappaemundi*）的主要功能（并且因此它们的目的完全没有达成）；假设耶路撒冷几乎总是被置于地图的中心，以及世界地图（*mappaemundi*）展示并且证明了在中世纪流行的观点就是大地是个平坦的盘子""现在已经确定了世界地图（*mappaemundi*）的象征性内容的重要性。这一象征性是历史的和地理的一种融合。地图是由基督教和世界的世俗传奇史中的主要事件的汇总和累积的列表构成的，尤其是前者的。基督教世界史中的三件大事——它的创造、基督的救赎和末日审判——通常在地图上或通过地图自身而被象征性地描绘出来，就像在埃布斯托夫地图上那样，在那幅地图中将世界清晰地呈现为基督的身体。也有很多例子，其中1000多年的宗教的和世俗的历史细节被显示在一幅地图上，而没有对历史信息和地理信息进行任何区别。它们是放置在一个地理基础上的历史的投影""同样被显示的还有，将耶路撒冷置于世界地图（*mappaemundi*）中心的做法在整个中世纪绝不是一个普遍的惯例，而主要局限于13世纪和14世纪后十字军东征时期。一旦在十字军东征的主要时期之后，对耶路撒冷产生了特别的兴趣，那么就在这个方向上产生出一种趋势，直至中世纪末，当时对来自托勒密《地理学指南》的框架和地理信息、波特兰航海图的发展，以及文艺复兴时期的发现的吸收，导致了对世界地图外缘的重新界定和传统中心的置换""普遍存在的假设还有，最有名的世界地图（*mappamundi*）的形式，T—O地图，有着对已经有人居住的世界的三部分的划分以及环绕在周围的洋河，是中世纪对一个平坦大地的普遍信仰的主要的明确证据，在哥伦布发现新世界的背景下，一些学校的历史教科书中仍然存在这样的误解。相反，已经显示，有影响力的塞维利亚的伊西多尔，尽管在他的作品中含混不清，不过可能他非常清楚地认识到了大地的球形，并且5—15世纪几乎每个世纪中都有着大量中世纪的教会神父、学者和哲学家对此进行了非常明确的陈述。而且，到14世纪，罗杰·培根等思想家不仅知道大地是球形的，而且描述了地图投影的必要性，以便将地球的弯曲令人满意的换成为一个平面"。因此，未来中国学者撰写西方地图学史的话，应当吸收西方学者最新的研究成果，而本套丛书显然是一个很好的出发点。

反观中国地图学史的研究也存在一些类似的被视为"常识"但很可能存在问题的认知。不仅如此，上文提到的某些问题也值得中国地图学史研究者注意，如就清末之前的地图来看，中国古人似乎坚持着"天圆地方"或者"盖天说"，但如果从天文历法的角度来看，中国古人实际上早就知道大地是一个球体。当然，同样本人不想也不可能在这里提出一个确定的结论，但想说的就是与"T—O"地图可能近似，中国古代的大部分地图同样可能是为表达某种或者某些思想而绘制的，而不是为了表达"宇宙观"而绘制的，因此其展现大地形状的方式，并不一定代表绘制者的"宇宙观"。

最后还要补充的就是，在本卷第二十章"中世纪欧洲的地方和区域地图绘制"的作者保罗·哈维向 2019 年举办的地图学史前沿论坛暨"《地图学史》翻译工程"国际研讨会提交的论文"1987 年以来对中世纪地方和地区地图的研究",除介绍了自 1987 年以来新发现的一些中世纪的地方和地区地图之外,还对之前学界的一些推测进行了修正,如"笔者不再像对在 1976 年和 1979 年交送出版的书稿所做的那样,觉得有必要纠正一些先前作者的观念,即认为中世纪欧洲制作了无数的小地区地图,它们要么未能传世,要么尚待发现。越来越多的人承认,我们现在认为理所当然的地图绘制及其使用方式,并不是中世纪的欧洲人所采用的。自 1982 年以来,随着更多地图的发现,可以看出它们均符合这样一个共同的格局:早于 14 世纪中期的地图数量极其稀少;并且,这些地图集中在某些特定区域,欧洲大陆的许多地区根本没有出现过地图"。这一思路,即"我们现在认为理所当然的地图绘制及其使用方式,并不是中世纪的欧洲人所采用的"是否符合隋唐之前中国的情况,也是值得思考的,虽然在这一时期的文献中流传下来一些对地图的记载。

本书地图系原文插附地图。

成一农
2021 年 7 月 1 日

目 录

第一部分 史前欧洲和地中海的地图学

第二部分　古代欧洲和地中海的地图学

彩版目录

（本书插图系原文插附地图）

图表目录

(本书插图系原文插附地图)

序　言

J. B. 哈利（J. B. Harley）、戴维·伍德沃德（David Woodward）

包　甦　译

　　本《地图学史》诞生于一种信念，即认为地图及其所蕴含的地图学概念和技术在人类社会与文化的长期发展中具有重要性。对空间的好奇——不亚于对时间维度的好奇——已从熟悉的周遭环境延伸到地球及其天体环境的更广阔的空间。在另一层面上，男人与女人用内观的眼睛探索了神圣空间的形状，以及幻象与神话的国度。作为这些不同的空间观念的视觉体现，地图加深并扩展了许多社会的意识。它们是传播空间思想和知识的主要媒介。作为持久的图形综合作品，它们在历史上发挥的作用可以比其制作者更为重要。在这个意义上，它们的重要性超越了其文物价值。作为图像，它们唤起复杂的意义和回应，从而记录下不仅仅是特定事件和地点的事实信息。如此看来，作为社会与文化史的焦点，地图学史可被置于其恰当的背景下，是更为广泛的人文学探索的重要组成部分。本《地图学史》的六卷在数量和体量上做了相应规划。

　　目前这部《地图学史》必须建立于新的基础之上。[①] 作为一门独立的学科，地图学史在几种学术路径中占据着一个无人地带。譬如，历史学、地理学和目录学在其文献中都有很好的呈现，[②] 但从地图自身角度对之加以对待则是粗略的。关于地图性质和历史重要性的理论研究相对较少。甚至连基本的定义都没有明确形成。因此，作为编者，我们不得不首先转向"地图学""地图""地图学史"等术语所承载的概念，因为整个工作的范围和内容必须建立在对这些概念的澄清之上。因此，在此序言部分，我们将试图传达我们对这些关键词的理解。

　　在现有的地图学史著作中，"地图"和"地图学"的当前定义似乎已被不加批判地全盘接受。相应地，对其题材的选择依据的是所认为的地图制作的功能、地区或时期，而并非以客观定义为基础。至多可能只是简单陈述主要的研究领域为地理图。在这方面比较明确者之一是列奥·巴格罗（Leo Bagrow），在其《地图学史》（*History of Cartography*）一书中，他援引法国数学家 J. L. 拉格朗日（J. L. Lagrange）的话写道："地理图是表现地球表

---

① 更完整的讨论见 pp. 24 – 26。

② 对此项目目标的描述，见 J. B. Harley and David Woodward, "The History of Cartography Project: A Note on Its Organization and Assumptions," *Technical Papers*, 43d Annual Meeting, American Congress on Surveying and Mapping, March 1983, 580 – 89。

面或其部分的平面图。"③ 虽然巴格罗认为拉格朗日的定义对自己的书来说"完全足够"④，但在今天看来，明显这一定义对地图学史的范畴做了不适当的限制。近几十年来，随着地图学成为更加独特的研究领域，出现了更为广阔的前景。例如，1964 年新成立的英国地图学会（British Cartographic Society）通过采用更加宽泛的定义来阐明其自身的权限。该学会将地图学视作"绘制地图的艺术、科学和技术，以及将其作为科学文献和艺术作品的研究"，学会还进一步放大此点，解释说"在这种语境下，地图可被视为囊括了以任何比例尺表现地球或任一天体的所有类型的地图、平面图、海图和分图、三维模型和球仪"。

尤其是，地图学涉及"通过各种形式的基础数据，制作新的或修订的地图文件所需的评估、编绘、设计和制图（draughting）的所有阶段。它还包括地图复制的所有阶段。它涵盖对地图、其历史演变、地图学表示方法以及地图使用的研究"⑤。

这样一个定义，当其也同地图传播史的概念联系起来时，便扩大了地图学史自身的题材，下文将说明此点。⑥ 明确列入"所有类型的地图"以及地图绘制的技术流程，是具有重大意义的。本《地图学史》将考查一个类似的广泛领域。

地图学史的另一个概念障碍，是不同时期和不同文化中"地图"一词相关含义的混乱。某种意义上，此学科沦为了其自身词源学的囚徒。最根本的问题是，许多古代语言中没有我们如今称之为地图的专属词汇。例如，在英语、波兰语、西班牙语和葡萄牙语等欧洲语言中，地图一词源自晚期拉丁语词 *mappa*，意思是一块布。在其他大多数欧洲语言中，用来表示地图的词汇——法语为 *carte*，意大利语为 *carta*，俄语为 *karta*——则源自晚期拉丁语词 *carta*，意思是任何类型的正式文件。截然不同的派生词导致至今仍存在歧义，因为这些词一直以来承载的含义不止一种。⑦ 例如，俄语中，指代图画（picture）的词是 *kartina*，而事实上在许多早期历史社会中，譬如中世纪和文艺复兴时期欧洲的社会，通常是用诸如"图画"（picture）或"描绘"（description）等词汇来指代我们今天所称的地图。因此，看似简单的问题——地图是什么？——便引发了复杂

---

③ "Une carte géographique n'est autre chose qu'une figure plane qui représente la surface de la Terre, ou une de ses parties." J. L. Lagrange, "Sur la construction des cartes géographiques," *Nouveaux Mémoires de l'Académie Royale des Sciences et Belles-Lettres* (1779)，161–210，引文见第 161 页。

④ Leo Bagrow, *History of Cartography*, rev. and enl. R. A. Skelton, trans. D. L. Paisey (Cambridge：Harvard University Press；London：C. A. Watts, 1964)，22；不过，巴格罗确实在同一页讨论了"chart（*Karte*）"一词的词源，该词也可指"地图"。针对其教科书，Gerald R. Crone, *Maps and Their Makers：An Introduction to the History of Cartography*, 2d ed.（London：Hutchinson University Library, 1962)，xi，也从与"地球表面"有关的角度定义了地图的用途。

⑤ *Cartographic Journal* 1（1964）：17. 国际地图学协会（International Cartographic Association）在 1962 年采取的较早行动之一是同意成立一个委员会，来研究技术术语的标准化问题。该委员会于 1964 年正式成立，设有各国分委会，其中英国分委会在其 *Glossary of Technical Terms in Cartography*, British National Committee for Geography（London：Royal Society, 1966）中采纳了此定义。该定义以缩减的形式，略去了最后一段，被纳入 International Cartographic Association, *Multilingual Dictionary of Technical Terms in Cartography*, ed. E. Meynen（Wiesbaden：Franz Steiner Verlag, 1973)，至少在这一程度上，它代表了关于地图学范畴的一种国际共识。该词典的修订版正在编写中。

⑥ 关于制图过程作为一种正式的传播系统这一概念发展的讨论，见 pp. 33–36 及该处引用的参考文献。

⑦ P. D. A. Harvey, *The History of Topographical Maps：Symbols, Pictures and Surveys*（London：Thames and Hudson, 1980)，10. 拉丁语词 *carta* 源自希腊语的 χάρτη（*chartes*, papyrus）。哈维指出，我们在非欧洲语言中发现了类似的模式。大多数印度的语言中，指代地图的一词源自阿拉伯语的 *naqshah*，但其附加的其他含义包括图画、一般描绘，甚至官方报告。中文里，图（*tu*）一词同样含混不清：除了指地图，它还可以指任何形式的绘画或图示。

的解释性问题。⑧ 答案因不同的时期或文化而异。该问题对于早期社会的地图而言尤为突出，但对那些可被视作某种图画，并且的确常常是由非专业地图绘制者的画家或艺术家如此制作的地图来说，此问题也会造成麻烦，如果不是混淆的话。⑨ 我们并没有因此认为，缺乏词汇本身足以将地图当作文化舞台上的后来者对其不屑一顾。相反，本卷提供的大量证据表明，地图早在进入历史记录之前，在其制作者和使用者将其称作地图之前，便已经存在。⑩

于是，我们采用了一个全新的"地图"定义，一个既不太过局限也不过于宽泛以致毫无意义的定义。最终形成的是一句简单的表述：

> 地图是便于人们对人类世界中的事物、概念、环境、过程或事件进行空间认知的图形呈现。

这样一个定义反映了本《地图学史》对作为人工制品的地图，以及对地图存储、传播和促进空间认知的方式的根本关注。它还旨在令该学科摆脱一些关于其范畴的较为局限的解释。"人类世界"几字（从人类宇宙环境的最广意义上）表明，本《地图学史》的视角并不局限于那些构成现有文献大部分描述的地球的地图。因此，我们的处理自然而然地延伸到天体地图学和想象的宇宙图。运用这一定义时，我们还力图避免基于历史文化经验的针对特定文化的标准。于是，本著作的讨论并不像塞缪尔·约翰逊（Samuel Johnson）的定义那样，⑪ 局限于那些揭示经纬网的地图。我们也不一定要求它们包含目前与地图相关，并通常与计数（numeration）和计量（metrology）系统相联系的投影、坐标及欧几里得几何学。许多古地图不具备这些几何关系，而是在拓扑结构上与路网、排水系统、海岸线或边界有关。⑫

xvii

---

⑧　关于此问题在史前背景下的讨论，见 pp. 60 – 62。在欧洲和地中海早期的识字社会中，该问题依然存在，对于古风和古典时代的希腊，此问题尤难解决——希腊语中，最常用于指代地图的两个词是 *periodos* 和 *pinax*——并且在拉丁语中，*forma* 也可指形状。在某种程度上，该问题仍然存在。例如，意大利语中，由于 *carta* 有不同含义，Osvaldo Baldacci 生造了 *geocarta* 一词；他在过去几年自己的历史著作中便用的是这一新词。尤其，这是 Baldacci 于 1978 年在罗马创办的 *Geografia* 杂志的关键词，创办此杂志的研究所为先前由罗伯托·阿尔马贾（Roberto Almagià）领导的同一间。*geocarta* 一词的创造是为了明确 *carta* 的内容（geo 代表地理一词），从而避免与一种纸面文件 *carta* 相混淆。不过，正如我们在此序言中所断言的，地图学史学家们并不只是研究地理图。

⑨　全卷通篇不断有这样的例子。

⑩　Mircea Eliade, *A History of Religious Ideas*, trans. Willard R. Trask (Chicago: University of Chicago Press, 1978), vol. 1, *From the Stone Age to the Eleusinian Mysteries*, 7 and n. 4, 指出文化史上普遍存在此问题。有了地图，就可以与其他类别的物品进行类比，这些物品早在历史记录中出现指代它们的特定词汇之前就已存在——且考古记录表明其存在。当然，这适用于所有的史前物品；但从古典时期起，例如，自奥古斯都（Augustus）时代起就有路线图被保存下来，而 *itinerarium* 一词却最早出现于维吉提乌斯（Vegetius）的著作，写于公元 383 年以后，且据我们所知，没有与之对应的拉丁语词或短语。感谢 O. A. W. Dilke 提供此例。

⑪　在 *A Dictionary of the English Language* (London, 1755) 中，塞缪尔·约翰逊将地图定义为"根据经纬度勾画陆地与海洋的一种地理图画"。

⑫　拓扑学作为一个数学分支的地图学意义，由 Naftali Kadmon, "Cartograms and Topology," *Cartographica* 19, nos. 3 – 4 (1982): 117 通过历史实例做了讨论。又见 Carl B. Boyer, *A History of Mathematics* (New York: John Wiley, 1968); Klaus Mainzer, *Geschichte der Geometrie* (Mannheim: Bibliographisches Institut, 1980); 或 Nicolas Bourbaki, *Eléments d'histoire des mathématiques*, new ed. (Paris: Hermann, 1974)。

这其中的一些要点同样适用于"地图学"一词。该词是一个新词语（neologism），由圣塔伦（Santarém）子爵，曼努埃尔·弗朗西斯科·德巴罗斯－苏萨（Manuel Francisco de Barros e Sousa）于19世纪中叶创造，特指古地图研究。[13] 自圣塔伦的时代以来，地图学一词的含义已有所改变。它已扩展到包含当代地图绘制的艺术与科学，以及对古地图的研究。另一方面，它也缩小到一定范围，以致很难将本《地图学史》所定义的对地图学范畴的解释，同20世纪80年代地图学实践的现实联系起来。近几十年制图技术的多样化导致了一种令某些主题脱离地图学的趋势，而这些主题对我们的事业而言却至关重要。这方面的国际实践极其多样：在一些国家，对现代地图学的定义排除了地图绘制的数据收集过程，如土地和水文勘测、航空摄影（aerial photography），以及最近的遥感（remote sensing）等。[14] 并且，有迹象表明，地图学本身也在寻求更为狭窄的视角。有建议提出，此学科可限于那些与地图设计有关的操作，或者更激进的说法是，仅涉及哲学和理论基础。[15] 无论这些定义在当代实践的语境中有何优点，本《地图学史》都对之坚决不予考虑，即便这样的决定极大地增加了话题的类型、文献的体量和方法论的多样性，并由此增加了综合的问题，尤其是与19、20世纪有关的两卷。

本《地图学史》中赋予"地图"和"地图学"两词的含义，也令我们对"地图学史"有了明确的理解。这一术语也常常造成混淆。例如，对有的人而言，"地图学史"和"历史地图学"之间的区分仍不清晰。[16] 另一个问题也可预料到。已经清楚的是，在本《地图学史》后面各卷中，必须对地图学史两方面的定义加以区分，一方面是作为制作和使用地图的方法史，另一方面则是地图学科在其理论基础、原则和地图及制图流程规则方面的历史。抛开这些复杂性，本《地图学史》所采用的定义并不是要迎合已发生的每一个重大（更不

---

[13]　地图学一词源于晚期希腊语中所用的 *chartes* 一词，意为一张纸或莎草纸，即后世地图绘于其上的材料。更多文献记录见 p. 12。

[14]　事实上，其中一些活动——勘测、摄影测量（photogrammetry），特别是遥感——已变得越来越独立，有自己的文献和各自的国际组织。另一方面，联合国采用的地图学定义非常宽泛："地图学被认为是编制各种类型的地图和海图的科学，包括从原始勘测到最终印制副本的所有操作"；*Modern Cartography*：*Base Maps for World Needs*，document no. 1949. 1. 19（New York：United Nations Department of Social Affairs，1949），7。*Glossary*，11（note 5 above）中指出，英国的实践将土地和水文的勘测及摄影测量排除在地图学领域外；类似的，在奥地利和德国，给地图学的解释更为狭义；例如，见 Erik Arnberger，"Die Kartographie als Wissenschaft und ihre Beziehungen zur Geographie und Geodäsie，" in *Grundsatzfragen der Kartographie*（Vienna：Österreichische Geographische Gesellschaft，1970），1–28；Günter Hake，*Der wissenschaftliche Standort der Kartographie*，Wissenschaftliche Arbeiten der Fachrichtung Vermessungswesen der Universität Hannover，no. 100（Hanover，1981），85–89；和 F. J. Ormeling，"Einige Aspekte und Tendenzen der modernen Kartographie，" *Kartographische Nachrichten* 28（1978）：90–95. The *Multilingual Dictionary*（note 5）对同勘测、摄影测量编图（photogrammetric compilation）和一般印刷的方法、工艺更具体相关的术语均不予考虑。遥感与摄影测量如今已有其自己的对应词典：George A. Rabchevsky，ed.，*Multilingual Dictionary of Remote Sensing and Photogrammetry*（Falls Church，Va.：American Society of Photogrammetry，1983）。

[15]　Arthur H. Robinson and Barbara Bartz Petchenik，*The Nature of Maps*：*Essays toward Understanding Maps and Mapping*（Chicago：University of Chicago Press，1976），19. Phillip C. Muehrcke，*Thematic Cartography*，Commission on College Geography Resource Paper no. 19（Washington，D. C.：Association of American Geographers，1972），1.

[16]　有些作者仍然宽泛地把它们用作同义词。现在普遍认为，"历史地图学"是为了当前根据历史数据编绘地图的实践而保留的：相关讨论见 R. A. Skelton，*Maps*：*A Historical Survey of Their Study and Collecting*（Chicago：University of Chicago Press，1972），62–63；David Woodward，"The Study of the History of Cartography：A Suggested Framework，" *American Cartographer* 1，no. 2（1974）：101–15，esp. 107–8；Michael J. Blakemore and J. B. Harley，*Concepts in the History of Cartography*：*A Review and Perspective*，Monograph 26，Cartographica 17，no. 4（1980）：5–8。

用说次要）的地图学事件，而是为了建立广泛的标准，以支撑整部著作的普遍目标。这些标准可以被准确阐明。它们包括，首先，接纳"地图"的宽泛定义；其次，讨论有助于形成个别地图形式与内容的多种技术工艺；再次，认可地图学的主要功能，归根结底来看，与使用地图的民族储存、表述和交流具有空间维度的概念与事实所具备的、有着历史独特性的心智能力有关；最后，认为既然地图学如若不是一种对世界的看法则什么也不是，那么地图学通史至少应该奠定其自身发展的世界观基础。[17] 这四项标准共同概括了《地图学史》的基本范围。

本《地图学史》的编排源于这些原则。在规划各卷的过程中，很快就变得清晰的是，恰当的时期、世界区域和可辨主题的选择本身，不仅极大地影响了对所描述的地图学事件的选择，还影响了对其加以解释时提出的理论性质。本《地图学史》的总体框架同时体现年代顺序和地理性。年代顺序体现在无论是单独的各卷还是其主要章节，一般都是按大的时间段来组织的。地理性则在于，新旧世界的各大洲、其中主要的文化区，以及关乎国家利益的具体地区，也都被用来结构叙事。[18] 六卷中有五卷，其主要的年代划分反映了西方历史学家的构思。[19] 因此，专注于至约 1470 年时欧洲和地中海地图学的此第一卷，被分成了史前、古代和中世纪时期几个部分。后面几卷首先讨论的是文艺复兴时期欧洲的地图学，然后依次是 18、19、20 世纪的制图。在这些卷中，起初的视角是欧洲的，但随着地图学中国际关系的发展，越来越成为一种世界观。这些时间段并不能避免困扰历史写作任何分期尝试的局限性：就其本质而言，它们都是人为的划分。即便如此，我们认为它们是必不可少且不可避免的。它们的确提供了一种手段，使地图学史可同历史变化的其他方面更为广阔的背景联系起来。[20] 它们允许我们在其自身发展的长期过程中审视个别事件，并将最终有助于对不同时代和社会的地图学做比较判断。事实上，这样的比较判断无法正确做出，地图也无法从历史角度得到充分认知，除非我们承认它们是同期的艺术史、科学史，以及政治和社会活动等更广泛领域历史的组成部分，这一点不断地从各卷中涌现。相应地，虽然可以对文艺复兴或启蒙运动等西方术语的准确含义和确切范围展开辩论——它们与地图学史各方面的相关性确实会

---

[17]　尽管有几例著名先例将通史局限于大体上的欧洲视角，我们还是这样做了。例如，见 Charles Singer et al. , eds. , *A History of Technology*, 7 vols. (Oxford：Clarendon Press, 1954 –78), vol. 1, *From Early Times to Fall of Ancient Empires*, vi 为这一行动方案提出的论点。又见 J. H. Clapham and Eileen Power, *The Cambridge Economic History of Europe from the Decline of the Roman Empire*, 7 vols. (Cambridge：Cambridge University Press, 1941 –78), vol. 1, *The Agrarian Life of the Middle Ages*, v, and vol. 4, *The Economy of Expanding Europe in the Sixteenth and Seventeenth Centuries*, ed. E. E. Rich and C. H. Wilson, xiii – xiv, 其中，"毫不妥协的欧洲"方式被合理化，因为"坚信由此产生的世界经济在激励、组织和其关注点上都曾是欧式的"。虽然地图学史有时据这些假设而书写，但我们让亚洲发展以其自身方式记述，以试图保持一种平衡。

[18]　不过，我们的意图是要避免制造（尤其在后面各卷中）一种被别处所形容的仅仅是"装订在同一封面内的不同国家历史的合集"：George Clark, "General Introduction：History and the Modern Historian," in *The New Cambridge Modern History* (Cambridge：Cambridge University Press, 1957 –79), vol. 1, *The Renaissance*, 1493 –1520, ed. G. R. Potter, xxxv。

[19]　卷二论述的是亚洲社会传统时期的地图学。

[20]　对历史分期问题的讨论，见 Gordon Leff, *History and Social Theory* (University：University of Alabama Press, 1969), 130 –51。又见 Fritz Schalk, "Über Epoche und Historie," part of "Studien zur Periodisierung und zum Epochebegriff," by Hans Diller and Fritz Schalk, *Abhandlungen der Akademie der Wissenschaften und der Literatur*, *Mainz*, Geistes-und Sozialwissenschaftliche Klasse (1972)：150 –76。分期的问题在马克思主义史学中也很突出；例如，见 *A Dictionary of Marxist Thought*, ed. Tom Bottomore (Oxford：Blackwell Reference, 1983), 365 –68。

常常受到质疑——但这些术语得以保留，以帮助弥合本《地图学史》的具体题材和对其做解释所必需的更广泛的社会与文化史背景之间的差距。[21]

　　各卷采用的顺序也旨在缓和通常仅以欧洲人的眼光书写地图学史的趋势。作为编者，我们都非常清楚根深蒂固的欧洲中心论在多大程度上占据了该主题的文献。[22] 为了在某种程度上纠正这种不平衡，卷二全部奉献给了亚洲历史社会的地图学。东西方之间的基本联系早已在地图学史文献中得到过阐述，[23] 但亚洲制图的三个本土领域——伊斯兰、南亚和东南亚及东亚——所获得的对待却很不平衡，在标准的地图学历史中几乎被忽略了。因此，我们欣然接受这样的机会，去创建一部对应于亚洲主要文明，且结构上独立于西方世界制图年表、优先级和价值的地图学史。这样做时，我们清楚地认识到，从世界范围来看，亚洲地图学恰如欧洲的一样，是地图学发展的基本支柱。当然，一卷的篇幅不可能完全弥补文献中的历史失衡，但我们相信，这至少是朝正确方向迈出的一步。

　　各卷的详细细分也试图对不同文化中地图类型的丰富性和多样性、地图的多种用途，以及作为其基础的技术与社会工艺的复杂性予以公正对待。在这样的章节中，更加本地化的制图年表，以及反映独特的地图学文化的区域性细分或专题文章，结构了各自的叙事。事实上，本《地图学史》的一个主要目的便是要突出这些使用地图的文化。整部著作旨在强调这些地区所开展的地图绘制的创造性贡献，而不仅仅是对恰好展示了特定区域的具体地标性地图的内容进行评论，不考虑其背景或源头如何。[24] 以往的地图学史并没有明确地做如此区分。这一点之所以重要，是因为它让我们关注地图在其主要的历史背景下的制作与使用，而不是聚焦于脱离制图过程的表现方式的变化。[25]

　　最后，我们想就整个《地图学史》的编排工作略作解释。从一开始，对本《地图学史》的规划便是一部多作者的著作。采用这条路径时，我们已意识到有人可能会认为，这种规模的合作项目比单人或双人作者的著作更为烦琐。因此，汤因比（Toynbee），在抨击"综合性历史著作"（synthetic histories）时（在他看来，这代表了"历史思想的工业化"），强烈

---

[21] 更极端的观点是 Otto Neugebauer, *The Exact Sciences in Antiquity*, 2d ed. （Providence：Brown University Press, 1957），3, 如在"数学和天文学史中，分作古代和中世纪的传统政治史划分毫无意义"，这样的观点在地图学上未被接受。为本《地图学史》之目的，我们也没有采纳 Ulrich Freitag 按各传播时代对地图学史所做的有趣划分：Ulrich Freitag, "Die Zeitalter und Epochen der Kartengeschichte," *Kartographische Nachrichten* 22（1972）：184 – 91；又见 Ulrich Freitag, "Zur Periodisierung der Geschichte der Kartographie Thailands," in *Kartenhistorisches Colloquium Bayreuth '82: Vorträge und Berichte*（Berlin：Reimer, 1983），213 – 27。对地图学史分期的近期讨论，另见 Pápay Gyula, "A kartográfiatörténet korszakolásának módszertani kédései," *Geodézia és Kartografia* 35, no. 5（1983）：344 – 48。

[22] 见 pp. 28 – 29。

[23] 最具说服力的是 Joseph Needham, *Science and Civilisation in China*, Cambridge：Cambridge University Press, 1954 – ），vol. 3, *Mathematics and the Sciences of the Heavens and the Earth*。

[24] 这种做法被描述为"很容易变成一本图录，对一幅接一幅地图的一组描述"；Harvey, *Topographical Maps*, 7（note 7）。

[25] 例如，以北美为例，将不会对柏林、伦敦、巴黎和其他地方的制图者如何描绘其不同区域做详细回顾；譬如，将不会有章节详述将加利福尼亚表现为一座岛屿的历史。这样的主题已得到了广泛描述，其中一些可能会在适当的卷册中构成对这些欧洲国家的制图或地图行业研究的一部分。

地表达了他对"由个人头脑创造的……历史文献著作"的偏爱。[26] 然而，可以说，在当前这一学科的发展阶段，单凭一己之力很难创作出令人满意的地图学通史。倘若马克斯·埃克特（Max Eckert）能在 1921 年提出这一观点，我们今天的共识就会拥有更坚实的基础。[27] 像本《地图学史》这样的项目只有通过分工才能实现。还没有出现单个的学者具备必要广度的语言学和方法论技能以及学科背景（且没有普遍显露的民族主义偏见），能够独立撰写此书。对地图学通史而言，多作者的风险不应比现有关于科学、技术、天文学和音乐的专业著作，或者带给我们目前计划启发的社会、经济和政治集体史著作更大。[28]

　　鉴于一个专家学者团队为共同目标工作具有现实可能性，《地图学史》通史的概念立即变得可行。不仅出于地图的历史重要性，如前面主张的，也考虑到现有一般性著作的不足，这样的概念都是充分合理的。[29] 同样具有说服力的是，迫切需要整合技术性和分析性越来越强，但却高度分散的各类地图文献。即便类型归属相同，在同一个地图学文化内，这些文献也常常被区别对待。例如，球仪和其他地理仪器被当作独立的制品予以研究，并在专业化的期刊上论述；天体制图常常被视作天文学而非地图学史的一支；水文制图（hydrographic mapping）史正被纳入航海科学（nautical science）史；而专题制图（thematic mapping）史会在自然科学或社会科学的专业期刊上撰述。从其他学科的角度来看这是完全正确的，但并不否认还有一个压倒性的理由，将这些类型重新整合到一个总体上关于地图的历史意义、相关性和重要性的发展性叙述中。

　　也许可以说，对于这种一般性的综合，永远没有合适的时机。本《地图学史》肯定会暴露我们现有知识中的一部分差距与失衡。然而，它可以——也应该——充当整个学科未来发展的跳板。一个特别的目标是，随着其假设和研究重点的发展与人文和社会科学中更广泛的思想潮流相一致，它将能够为增强对地图学史的兴趣做出贡献。

　　自 1975 年启动《地图学史》的初步规划以来，我们已欠下了将无法充分致谢或偿还的学术债务。给予我们慷慨的资金支持的研究基金会和其他机构，连同好些个人，我们已单独

xx

---

　　[26]　Arnold J. Toynbee, *A Study of History*, 12 vols. (London: Oxford University Press, 1934 – [61]), 1: 4 – 5. 另见 E. A. Gutkind, *The International History of City Development*, 8 vols. (New York: Free Press of Glencoe, 1964 – 72), vol. 1, *Urban Development in Central Europe*, 10 – 11 中陈述的观点。

　　[27]　Max Eckert, *Die Kartenwissenschaft*: *Forschungen und Grundlagen zu einer Kartographie als Wissenschaft*, 2 vols. (Berlin: Walter de Gruyter, 1921 – 25), 1: 26. "Als ein grosser Mangel ist in der geographischen Wissenschaft das Fehlen einer Geschichte der Karte und damit einer Geschichte der Kartographie empfunden worden. Sie dürfte bis auf weiteres noch kaum geschreiben werden. Die Zeit scheint noch nicht reif dazu zu sein. Es fehlen noch zu viele Vorarbeiten. "（地图史的缺失及相应的地图学史的缺失，被认为是地理学的一大缺陷。这部历史可能不会在可预见的将来被书写出来。时机似乎尚不成熟。太多初步研究都还欠缺。Guntram Herb 译，University of Wisconsin-Madison。）

　　[28]　对我们的设计产生特别影响的著作中，以下是最接近我们意图的：René Taton, *Histoire générale des sciences*, 3 vols. in 4 parts (Paris: Presses Universitaires de France, 1957 – 64; English edition, *History of Science*, trans. A. J. Pomerans, 4 vols. (London: Thames and Hudson, 196366); Singer et al., *History of Technology* (note 17); and *The New Oxford History of Music*, 10 vols. (London: Oxford University Press, 1957 – 82)。无论是方法论还是实质上，我们都对剑桥史系列深表谢意：*The Cambridge Ancient History*, orig. 12 vols. (Cambridge: Cambridge University Press, 1924 – 39); *The Cambridge Medieval History*, orig. 8 vols. (Cambridge: Cambridge University Press, 1911 – 36); *The Cambridge Modern History*, orig. 13 vols. (Cambridge: Cambridge University Press, 1902 – 10)。进展中的类似著作中，可注意的是多卷本的 *General History of Astronomy* (Cambridge: Cambridge University Press, 1984 –)。

　　[29]　见 pp. 24 – 26。

列出了他们的名字。他们对我们事业的信心，对形成多卷本历史著作的概念至关重要，并使得我们能够建立起一个小型机构，从整体上管理此项目。通过这一机构，我们已能够开展基本研究，举办研讨会和讨论，进行书目核对，并能彻底搜寻插图，倘若没有这些资源，这一切是不可能做到的。同样要感谢我们所属的机构——埃克塞特大学和威斯康星大学，它们不仅为我们提供了工作所需的基础设施，还从 1975 年起批准了大量的研究假期，以便我们能够进行研究、写作和编辑。

芝加哥的纽贝里图书馆（Newberry Library），构思此项目时戴维·伍德沃德（David Woodward）是这里赫蒙·邓拉普·史密斯地图学史研究中心（Hermon Dunlap Smith Center for the History of Cartography）的主任，一直是这个项目的精神家园。其总裁兼馆员劳伦斯·W. 汤纳（Lawrence W. Towner）从一开始就对此项目给予了热心支持。纽贝里图书馆赫蒙·邓拉普·史密斯地图学史研究中心现任主任戴维·比塞雷（David Buisseret）不断欢迎我们参加研讨会和讲座，并为《地图学史》的一些编辑会议提供了食宿。同样的，纽贝里的地图策展人罗伯特·卡罗（Robert Karrow）始终是整个项目书目知识的源泉。在书目研究问题上，威斯康星大学密尔沃基分校（University of Wisconsin-Milwaukee）美国地理学会收藏（American Geographical Society Collection）的资源也证明是不可或缺的，我们对其主任罗曼·德拉兹尼奥斯基（Roman Drazniowsky）以及图书馆馆长威廉·罗塞尔（William Roselle）帮助我们顺利解决诸多询问深表感谢。

在这种性质的合作工作中，我们最大的学术恩惠要归功于我们的顾问和作者同行。我们的编辑顾问委员会（Editorial Advisory Board）成员都发挥了远远超过名义上的作用，他们在各卷的初步规划、招募作者的艰巨任务，以及最近随着范围不断扩展，对各卷编排一系列结构变化的讨论中，都给予了我们极大的帮助。我们无比悲伤地记录下，我们早些年最宝贵的三位编辑顾问——玛丽亚·路易莎·里吉尼·博内利（Maria Luisa Righini Bonelli）、马塞尔·德东布（Marcel Destombes）和阿韦利诺·特谢拉·达莫塔（Avelino Teixeira da Mota）——没能活到看见此第一卷出版。不过，令人高兴的是，我们发现作者可以成为忠实的朋友，同时仍然是我们最严厉的批评者。在本卷中，他们同其他读者一道，对自己撰写以外的章节进行了自由的阅读和评论，我们毫不怀疑——虽然最终的责任在别处——文本已从迈克尔·康岑（Michael Conzen）、凯瑟琳·德拉诺·史密斯（Catherine Delano Smith）、D. R. 迪克斯（D. R. Dicks）、O. A. W. 迪尔克（O. A. W. Dilke）、P. D. A. 哈维（P. D. A. Harvey）、G. 马尔科姆·刘易斯（G. Malcolm Lewis）、戴维·奎恩（David Quinn）、A. L. F. 里韦特（A. L. F. Rivet）和阿瑟·H. 鲁滨逊（Arthur H. Robinson）等人的建议中受益匪浅。由于我们努力进行了一系列编辑修改，好让具体章节的内容与本《地图学史》整体更为宏大的目标相一致，我们要对所有作者坚忍的耐心表示感谢。我们对作者个人的致谢，如同对其他贡献者的一样，都记录在每章的第一个脚注内。

在资金支持下，随着本《地图学史》的内容和复杂性的增加，我们也有幸与工作人员合作，他们的效率和认真防止了这艘船在通信和脚注的岩石上触礁沉没，并且至少在早期，避免了遭受文字处理软件的奥秘所带来的挫折。主办公室在麦迪逊，自项目正式启动以来，莫琳·奥赖利（Maureen Reilly）一直是这里的一座力量之塔。在书目核对与研究查询方面，我们非常幸运地得到了一位科学史学家伊莱恩·斯特劳德（Elaine Stroud）持续到 1984 年 6

月的服务。之后，此项工作的大部分由朱迪斯·莱默尔（Judith Leimer）接手，并由加里·查珀尔（Gary Chappell）、马修·埃德尼（Matthew Edney）、凯文·考夫曼（Kevin Kaufman）、梁清良（Chingliang Liang，译者注：音译）和芭芭拉·韦斯曼（Barbara Weisman）予以协助。线图的设计和制作方面，我们想感谢威斯康星大学制图学实验室（Cartographic Laboratory）的奥诺·布鲁韦（Onno Brouwer）和詹姆斯·希利亚德（James Hilliard）。威斯康星大学纪念图书馆（Memorial Library）的馆际互借部门也提供了必要且高效的支持。

1984 年 1 月，我们得以请托安妮·戈德勒斯卡（Anne Godlewska）担任项目副主任，虽然她的主要编辑责任是在未来的卷册上，我们却从她的热情，以及她为卷一出版所做的最后努力带来的新思路中获益匪浅。

埃克塞特（Exeter）、朱迪·戈顿（Judy Gorton）和丹尼丝·罗伯茨（Denise Roberts）处理了大量信件和打字手稿。地理系的研究生中，迈克尔·特纳（Michael Turner）和萨拉·威尔莫特（Sarah Wilmot）提供了许多颇有才智的研究辅助。在伦敦，皇家地理学会（Royal Geographical Society）的弗朗西斯·赫伯特（Francis Herbert）回答了不计其数的书目上的疑问。大英图书馆（British Library）地图馆（Map Library）和稿本部（Department of Manuscripts）的工作人员，按照其惯例，以作者和编辑身份为我们提供了很大的帮助。

即便是单独一本书，也是作者、编辑和出版方之间的合作。鉴于目前这部《地图学史》的复杂性和篇幅长度，这样的关系已成为成功所特别必要的条件。因此，我们实在是感到幸运，芝加哥大学出版社（University of Chicago Press）有着足够的信心来接受一部地图学通史的想法，并且，特别是在早期，许下了非常开放式的承诺。我们特别感谢现威斯康星大学出版社（University of Wisconsin Press）主任艾伦·菲钦（Allen Fitchen）所给予的最初的支持和热情，并指引我们将提案变成合约。他在芝加哥大学出版社的继任者芭芭拉·汉拉恩（Barbara Hanrahan）也同样积极且鼎力相助。在此书的设计和文字加工方面，如同在其他所有事务上一样，与出版社的合作都令人愉悦。

特别是当编辑们有家庭时，他们不能把自己关在象牙塔里。随着本《地图学史》越来越多地侵占我们的私人生活——当它在餐桌上被讨论，作者成为家喻户晓的名字——连我们年幼的孩子有时也会感受到编辑工作的痛苦。我们都应该感谢我们的家人，为他们在我们从事一项看似无休止的工作时给予的宽容、支持和爱。特别是，如果没有他们，我们将无法写下这篇序言，也不会考虑后面的五卷。

第一章　地图和地图学史的发展[*]

J. B. 哈利（J. B. Harley）
成一农　译

地图的历史重要性

地图学史主要关注的就是在人文领域内的地图研究。作为内心精神世界和外部物质世界之间的媒介，地图是帮助人类的思想以不同尺度理解宇宙的基本工具。而且，它们毫无疑问是最为古老的人类沟通的方法之一。有可能在人类的意识中总是有着绘制地图的冲动，并且绘制地图的经验——涉及对空间认知的地图绘制——毫无疑问在我们现在所称为"地图"的实际物品出现之前很久就已经存在了。在多个世纪中，地图曾被作为文学隐喻，以及在类比思考中作为工具[①]。因此，也有一种关于空间的概念和事实如何被交流的涉及面更为宽泛的历史，而同时，地图历史的本身——有着实体的制品——只是这一与空间有关的交流通史中的一小部分[②]。制作地图——就像绘画——出现在文本语言和数字系统之前，并且尽管地图直到欧洲文艺复兴都没有在世界很多地区变成日常事物，但在世界范围内，总体上只有相

---

[*] 在此，对于那些帮助我提出思想和实质内容的人深表谢意。阿兰·R. H. 贝克（Alan R. H. Baker，剑桥大学），通过他的理论作品，提供了寻求更深入地了解在历史上地图的地位的最初动力。后来，R. A. 斯凯尔顿（R. A. Skelton），通过他杰出的学术成就，很早就让我相信地图学史构成了一个单独但重要的研究领域。在那些为这一导言更早的草稿贡献了材料的人士中，我尤其应该感谢 John Andrews（Trinity College, University of Dublin），Michael J. Blakemore（University of Durham），Christopher Board（London School of Economics and Political Science），Tony Campbell（British Library），Catherine Delano Smith（University of Nottingham），O. A. W. Dilke（University of Leeds），P. D. A. Harvey（University of Durham），Francis Herbert（Royal Geographical Society），Roger J. P. Kain（University of Exeter），Cornelis Koeman（University of Utrecht），Monique Pelletier（Bibliotheque Nationale），David B. Quinn（University of Liverpool），Gunter Schilder（University of Utrecht），Gerald R. Tibbetts（Senate House Library, University of London），Sarah Tyacke（British Library），Vladimiro Valerio（University of Naples），和 Denis Wood（North Carolina State University），以及 Lothar Zögner（Staatsbibliothek Preuβischer Kulturbesitz）。

[①] 在 Webster 的 *Third New International Dictionary of the English Language* 中，一幅地图的第二种定义指出地图已经在多大程度上成为一种几乎普遍的隐喻："通过清楚地表明或显示为地图，来指明、勾勒或揭示的某种东西（有着一种明显的外观，用尖锐或简洁的言语描述）。"关于科学研究中地图类比的重要性，对此的讨论，参见 Stephen Toulmin, *The Philosophy of Science: An Introduction*（London: Hutchinson University Library, 1953），esp. chap. 4, "Theories and Maps," 105 – 39。在历史教学和科学哲学中持续使用地图类比的最新例证，参见 *Mapping Inquiry*（Milton Keynes: Open University Press, 1981）中的 units 1 – 3。这套《地图学史》未能系统地关注这些隐喻用途的发展，但应当记住的就是，在众多社会中，它们可能提供了作者假定他们的读者或受众掌握地图的熟练程度和成熟程度的一些指标。

[②] 这一更为宽泛的历史应当包括，对例如建筑、舞蹈、戏剧、几何、姿态、城镇规划、音乐和绘画，以及在口语和书面语言中的空间呈现的研究。这样的列表也可以作为《地图学史》中没有被系统考虑的主题的指南，尽管这套丛书中提供了意在空间交流的例证。

对较少的没有地图的社会。因此地图不仅极其古老，而且也极其广泛；地图已经融入那些通过考古或文本记录为我们所知的大多数文明的生活、思维和想象之中。

　　任何对地图的历史重要性的评估，依赖于地图的性质、对地图绘制和传播产生了影响的因素，以及关于它们在人类社会中所发挥作用的清晰概念。在这些方面，初始的假设就是地图构成了一种专门化的图像语言，一种影响人类行为特征和社会生活的沟通手段。地图经常被作为空间数据的储存库，以及在没有印刷技术的社会中充当助记手段。过去几个世纪，学者们已经确信地图有着说服力和表现力，由此可以跨越普通语言的障碍。一群美国历史学家宣称，地图"构成了不同种族的人所使用的一种共同语言，以及构成表达从他们的社会关系……到他们的地理环境的一种语言"③。在这部《地图学史》中，我们已经走得更远，并且接受语言作为对以往社会中地图使用方式的一种隐喻，以及作为追溯地图在时间和空间中传播的一种手段。我们必须接受，虽然我们的总体立场是建立在符号学上的，尽管对语言结构进行精确的科学类比应当是不太可能的④；但是作为一种普遍的隐喻，有助于塑造一种地图学史的研究路径，一种图形语言——以及地图作为一种图形文本——的概念是有效的。地图的意义——以及在过往，它们的大部分意义——来源于这样的一个事实，即人们使用它们告诉他人他们所经历过的地方或空间。这就意味着，在整个历史上，地图不仅仅只是技术流程或制作工艺的总和，也不仅仅是凝结在时间中的它们的内容的静态图像。事实上，地图的任何历史都由一系列复杂的互动混合而成，涉及它们的使用和制作。因此，对地图的历史研究，需要关于真实世界或被绘制了地图的任何事物的知识；关于探险者或观察者的知识；关于人工制品的创造者，从狭义上讲地图制作者的知识；关于作为一种物质对象的地图本身的知识；以及关于其使用者（或——更可能的——地图使用共同体）的知识。《地图学史》尽可能地去关注地图的图形语言被创造和使用的历史过程。一旦确立了地图绘制的技术史、文化史和社会史，那么将会否定那些坚持发现史的历史学家的观点，那些人写道："地图学的研究不属于社会史的领域。"⑤ 相反，应当支持一种有着探索其所针对的对象的行为和思想内涵的潜在能力的方法。

　　在评估社会史研究中地图的重要性的一个主要问题就是地图自身构成的悖论。一方面，

---

③ Frank Freidel, ed., *Harvard Guide to American History*, rev. ed., 2 vols. (Cambridge：Belknap Press of Harvard University Press, 1954), 1：44 - 47，其中，在地理探险、外交、经济发展、社会规划和战争史上地图的重要性受到了特别的重视。也可以参见 Carl O. Sauer, "The Education of a Geographer," *Annals of the Association of American Geographers* 46 (1956)：287 - 99, esp. 28，其中他写道："地图超越了语言的障碍；其有时被称为地理学的语言。"

④ Arthur H. Robinson and Barbara Bartz Petchenik, *The Nature of Maps：Essays toward Understanding Maps and Mapping* (Chicago：University of Chicago Press, 1976)，详细讨论了类比。虽然其被 J. S. Keates, *Understanding Maps* (New York：John Wiley, 1982), 86 拒绝作为一种精确的类比，但他依然将其用作地图"可以作为一种有序结构进行研究"的一种隐喻。另一个最近的讨论是 C. Grant Head, "The Map as Natural Language：A Paradigm for Understanding," in *New Insights in Cartographic Communication*, ed. Christopher Board, Monograph 31, *Cartographica* 21, No. 1 (1984)：1 - 32，以及 Hansgeorg Schlichtmann 对上引 Head 论文的"讨论", ibid., 33 - 36。我们与符号学相关的背景是，地图构成一个含义系统。这是由 Roland Barthes, *Elements of Semiology*, trans. Annette Lavers and Colin Smith (New York：Hill and Wang, [1968])，9 定义的："符号学……旨在吸收任何符号系统，无论其实质和界限如何；图像、姿势、乐声、物体，以及所有这些的复杂联系，而这些构成了仪式、惯例或公共娱乐的内容：这些至少构成了含义系统，即使不是*语言*。"

⑤ C. R. Boxer, *The Portuguese Seaborne Empire*, 1415 - 1825 (London：Hutchinson, 1969), 396. 这并不表明这种观点具有代表性；也可以参见下文的注释139。

地图首先看起来像是一个相对简单的图符工具。确实，它的普遍吸引力主要在于，只需要稍加训练即可阅读和解释较为简单的地图类型。在整个历史上——尽管阅读地图的方法也必须通过学习获得，即使是在使用口语的社会中也是如此——正式的读写能力并不是地图被制作或阅读的前提条件。一位人类学家曾经评价过，"制作和阅读二维地图在人类中几乎是普遍的，而阅读和写作线性文字则是与高水平的社会和技术复杂度相关的特殊成就"⑥。因此，地图与在社会或技术发展方面存在巨大差别的各种文化都存在联系，而现代心理学研究表明，孩子们从很小的年纪开始就可以从地图中获取含义（并确实可以绘制它们）⑦。地图上的信息具有一种直观性，使得地图比用其他方式编码的知识更容易被理解。地图的属性之一是它可以迅速通过眼睛获得，这为地图学图像的力量做出了贡献。据说地图有着一种"非凡的权威性"，即使当它们是错误的时候也是如此，这可能是其他图像形式所缺乏的⑧。

　　另一方面，即使初看简单的地图，但如果分析起来，它们都几乎肯定不会是非常直白的。地图制作不像之前一代学者所相信的那样是一项简单的天生技能，即使是在"原始"人群中也是如此。而且，地图是"不同部分的形状、大小、边缘、定向、位置以及之间关系"⑨的二维组合，而这些需要在它们的最初目的、制作模式以及使用背景中进行详尽的解读。为了一个目的而创作的地图可用于其他目的，并且它们将表达出潜意识和价值观。即使经过详尽审读的地图仍可能保留多种歧义，由此认为它们构成了一种易读的语言将是错误的。地图永远不会被完整地翻译。历史学家在指出他们发现地图是一种关于过往的棘手的证据形式和"狡猾的证人"方面并不是孤单的⑩。在某些方面——即使是在地图学符号发展成为一种更为复杂的词汇表之后——地图并不比书面语言更不精确。尽管可能提供有地图说明或图例，但例如一条线、一个点，或一种颜色，依然可能有着多种含义，既有显性的也有潜在的，同时不明智的就是，假定在不同文化中发现的相同的地图学符号具有相似的含义，或者甚至有着共同的起源。因此，即使在今天，尽管地图学理论已经有了显

　　⑥　Edmund Leach, *Culture and Communication*：*The Logic by Which Symbols Are Connected*：*An Introduction to the Use of Structuralist Analysis in Social Anthropology*（Cambridge：Cambridge University Press, 1976）, 51.

　　⑦　Jean Piaget and Barbel Inhelder, *The Child's Conception of Space*, trans. F. J. Langdon and J. L. Lunzer（London：Routledge and Kegan Paul, 1956）, esp. chap. 14. 尽管 Piaget 及其追随者近 60 年来一直主导了人类智力的研究，但最近引发了一些批评性评论以及揭露了一些问题（*exposées raisonées*），而且在体量巨大的文献中几乎没有关注空间的方面。Piaget 自己只出版了另一本直接相关的书：Jean Piaget, Bärbel Inhelder, and Alina Szeminska, *The Child's Conception of Geometry*（New York：Basic Books, 1960）。最新的从整体上对 Piaget 理论进行的再评价，可以参见 S. Siegel and Charles J. Brainerd, *Alternatives to Piaget*：*Critical Essays on the Theory*（New York：Academic Press, 1978），以及 Herbert Ginsburg and Sylvia Opper, *Piaget's Theory of Intellectual Development*, 2d ed.（Englewood Cliffs, N. J.：Prentice Hall, 1979）。Piaget 的思想也被修正，以期整体上为作为文化形式的图像研究提供一种起源方面的认识论；参见，例如 Sidney J. Blatt, *Continuity and Change in Art*：*The Development of Modes of Representation*（Hillsdale, N. J.：Lawrence Erlbaum Associates, 1984）。这一概念——例如在地图中使用的拓扑几何与欧几里得几何中就表现得很明显——尚未被应用于地图学呈现的历史中，并且似乎与在本卷中可以凭经验观察到的文化序列不一致。

　　⑧　Arthur H. Robinson, "The Uniqueness of the Map," *American Cartographer* 5（1978）：5 - 7. Kenneth E. Boulding, *The Image*（Ann Arbor：University of Michigan Press, 1956）, 65 - 68, 是评论过地图的权威哲学家。

　　⑨　Wilbur Zelinsky, "The First and Last Frontier of Communication：The Map as Mystery," *Bulletin of the Geography and Map Division*, Special Libraries Association 94（1973）：2 - 8, 引文在 7 - 8。

　　⑩　J. A. Williamson, *The Voyages of John and Sebastian Cabot*, Historical Association Pamphlet No. 106（London：G. Bell, 1937）, 7；J. H. Parry, "Old Maps Are Slippery Witnesses," *Harvard Magazine*（Alumni ed.）, April 1976, 32 - 41.

著的进步⑪，但地图仍然是"一种复杂的语言……我们对其特性仍然所知甚少"⑫。对地图恰当的理解，类似于对其他任何古代或现代语言的理解，或类似于对艺术或音乐的解读，是一个重要的挑战，由于当代地图学家仍在试图决定当前地图的"语法"，以便我们可以了解地图是如何被使用的时候，因此这点尤为重要。作为对根植于特定文化和制度的信仰和意识形态的再现，以及作为科学知识的"基于事实的"图像，地图越来越多地被公认为是触及众多学术领域的对象。地图作为人类创造的文献的价值，是这部《地图学史》的主要主题之一。

制作一幅地图，经常被谈到的就是，涉及艺术和科学。相似的，地图在过去如何被交流，如果对此进行的研究正在开始反映诸多领域学者的阐释性关注的话，那么地图学史更狭隘的科学方面则属于传统科学技术史的一部分。后一点更为人所知。地图的历史重要性往往被归结于作为科学和实用技术的地图绘制的进步之中，并且这种观点仍然根深蒂固地存在于地图学史的著作之中。用杰拉德·R. 克伦（Gerald R. Crone）写于1953年的话来说："地图学史很大程度上是确定地理要素的距离和方向的准确性的提高……以及地图内容的全面性"⑬，这仍然有着一定的接受度。其他一些作者曾指出，地图的历史涉及以往众多的将地图学构建为一个精确科学的努力⑭；它关注于对"地图学进步速率"的衡量⑮，并且涉及"对未知的科学征服"的研究⑯。这些研究路径的贡献在于，它们已经为地图学史在传统的科学技术史中获得了确定的位置⑰。我们也接受的就是，这部《地图学史》中的一个基础主题就是地图绘制的科学发展，以及与其相关的设备和不断提高的数学复杂度。

4　　然而，只是如此的话，那么这方面并不能提供历史上地图发展的一种均衡的观点。它假设一个线性的历史进程。其（在某种程度上是错误的）假定测量的准确性和全面性在过去和在我们现代有着一样的重要性。因此，至少值得争辩的就是，对于科学前沿和地图绘制的变革，对于标志性的事物和创新，或是对于不可绘制地图但最终被绘制了地图的历史传奇故事⑱的过度强调，扭曲了地图学史：地图的历史重要性必须与它们多变的形式和主题的社会影响建立联系。正如鲁滨逊（Robinson）和佩切尼克（Petchenik）所说的那样，地图曾经

---

⑪　参见下文33—34页。

⑫　David Harvey, *Explanation in Geography*（London：Edward Arnold, 1969；New York：St. Martin's Press, 1970），370；也可以参见 Robinson and Petchenik, *Nature of Maps*, chap. 39（note 4）。

⑬　Gerald R. Crone, *Maps and Their Makers：An Introduction to the History of Cartography*, 1st ed.（London：Hutchinson University Library, 1953），xi. 这一著作已经出版了5版：1953年、1962年、1966年、1968年和1978年。

⑭　C. Bricker and R. V. Tooley, *Landmarks of Mapmaking：An Illustrated Survey of Maps and Mapmakers*，有着 Gerald R. Crone 撰写的前言（Brussels：Elsevier-Sequoia, 1968），5。

⑮　R. A. Skelton, *Maps：A Historical Survey of Their Study and Collecting*（Chicago：University of Chicago Press, 1972），106.

⑯　Lloyd A. Brown, *The Story of Maps*（Boston：Little, Brown, 1949；reprinted New York：Dover, 1979），4.

⑰　George Sarton, *Introduction to the History of Science*, 3 vols.（Baltimore：Williams and Wilkins, 1927－48）地理知识的年鉴，其中包括地图，为这方面确定了标准。通常在简明的科学史中包括与地图学有关的篇幅不长的部分；例如，参见 Charles Singer, *A Short History of Scientific Ideas to 1900*（Oxford：Clarendon Press, 1959；reprinted 1966）. Charles Singer et al., eds., *A History of Technology*, 7 vols.（Oxford：Clarendon Press, 1954－78）较早的几卷中，收录了与地图学和航海有关的重要论述，但是在第6—7卷，*The Twentieth Century, c. 1900 to c. 1950*, ed. Trevor I. Williams 中，地图学被去掉了。

⑱　对于地图的"科学英雄们"的这种强调，最近的极端例子就是 John Noble Wilford, *The Mapmakers*（New York：Alfred A. Knopf；London：Junction Books, 1981）；参见 Denis Wood, *Cartographica* 19, nos. 3－4（1982）：127－31 撰写的评论。

"如此基本，且具有这样众多的用途"，由此"其存在着非常巨大的多样性"，他进一步详述说：

> 存在专题地图和普通地图，还有针对历史学家、气象学家、社会学家等等的地图，没有局限。凡是可以被通过空间构想获得的东西都可以被绘制地图，而且可能已经被绘制了地图。地图按照尺寸排列，从广告牌或投影屏幕到邮票，同时它们可以是单色或多色的，可以是简单的或复杂的。它们不一定是平面的——一架地球仪是一幅地图；它们不必是关于地球的——也有火星和月球的地图；或者就此而言，它们并不需要是关于任何真实的地方的——有着无数的地图是为描绘想象的"地方"，如乌托邦和"爱之领域"（Territory of Love）而制作的。[19]

将可以看到，历史记录产生了一个依然较长的清单。特别是，对于包括《地图学史》在内的将地图作为研究对象的严肃研究而言，准确性并不被视为唯一的标准。例如，历史书写证实，在许多文化中，粗糙的、扭曲的、剽窃的、短命的、过于简单的和小尺寸的地图被忽略了。这种科学沙文主义强行使得这些被斥为非地图从而被忽略，或是被贴上了纯粹的怪癖之物或地图学的新奇之物的标签。许多早期地图是基于想象对空间的描绘，而不是地理的现实记录。《地图学史》意图向这一更为广泛的地图范畴开放，包括了那些非科学和为非实用主义目的而创作的地图，虽然在狭义上，它们不是地图科学史的一部分，但仍然是人类通过地图的方式进行交流的历史的一部分。

适用于无论是按目的还是按形式分类的地图类型的论述，也适用于自有地图学记录开始以来的已知地图被使用的方式。这方面同样有着一种多样性不断扩大的历史。克伦（Crone）评论说："一幅地图可以被从多个方面加以考虑，就像一份科学报告、一种历史文献、一种研究工具，以及一种艺术对象"[20]；但是，自从他撰写了这句话之后，变得更为清晰的就是，这些科学、历史、艺术的维度绝对没有在人文方面穷尽地图的意义。远远不是纯粹的实践文件——空间的呈现[21]，或者是实际分布在头脑中的缩影[22]——地图在通过刺激人类想象力以触及尘世上生命的真正意义方面发挥了重要作用。了解地图是如何帮助形成人类对其与自然界关系的看法，了解地图在更广泛的思想史上作为文献的方式，是基于对——始于史前时代，并且包括非文字社会——这些地图被用作目的论工具的频率的观察，这一工具涵盖了宇宙志的神圣的和神秘的空间，以及现实世界中的更可触及的地理景观[23]。今天，人们越来越

---

[19] Robinson and Petchenik, *Nature of Maps*, 15（note 4）.

[20] Crone, *Maps and Their Makers*, 1st ed., ix（note 13）.

[21] Robinson and Petchenik, *Nature of Maps*, 86（note 4）.

[22] 这一短语来自 Robert Harbison, *Eccentric Spaces*（New York：Alfred A. Knopf, 1977），chap. 7, "The Mind's Miniatures: Maps," 124 – 39。

[23] 介绍了这种神圣和神话概念的例子，但竟然没有明确提到地图学史的文献，参见 Yi-Fu Tuan, *Topophilia: A Study of Environmental Perception, Attitudes, and Values*（Englewood Cliffs, N.：Prentice-Hall, 1974）；以及 idem, *Space and Place: The Perspective of Experience*（Minneapolis：University of Minnesota Press, 1977）。一项有价值的研究，可以在 Mircea Eliade, *A History of Religious Ideas*, trans. Willard R. Trask（Chicago：University of Chicago Press, 1978），Vol. 1, *From the Stone Age to the Eleusinian Mysteries*, chap. 1 中找到。

意识到其他这些地图学作用的重要性[24]。认识到地图的意识形态、宗教和象征性的方面，特别是当与从政治和实践目的这类更传统的角度了解地图联系起来的时候，极大地强化了这样的认知，即地图本身就可以被视为一种图形语言。我们发现，地图是人类交流的一种基本和普遍的形式，由此《地图学史》没有必要在文明发展中的一些深奥的死水中为其寻求理由，而应该在人类活动的一些最核心的方面寻找它的目的。

如果这些是对地图大胆要求的话，那么它们是基于这样的信念，即地图对人类社会发展的研究而言具有重要意义，虽然目前对此只有部分的理解。地图可能确实是"人们不断变化的思想的敏感指标……是文化和文明的一个很好的镜子"[25]，但它们不仅仅是一种反映：地图自己也进入历史过程中，地图通过相同的结构化的关系与历史过程联系在了一起。地图的发展，无论是发生在一个地方，还是在一些相互独立的文明，显然是一个概念上的进步——一种智力技术的重要增长[26]——在某些方面可能会与读写能力或计算相提并论。一位考古学家最近观察到，当人类从认知中的地图绘制转变为"涉及一幅实物'地图'制作"的"绘制过程"时，"我们面临着在智力行为中的有着文献证据的进步"[27]，鲁滨逊对此有着一个更为全面的陈述：

> 使用缩小的替代空间表示真实的空间，即使在两者都可以被看到的时候，其本身就是一个令人印象深刻的行为；但真正令人敬畏的事件是对遥远的、视野之外的地理特征的相似再现。将对现实的缩减与一种类比空间的构建相结合，实际上是一个非常高阶的抽象思维的成就，因为其使得人们可以去发现如果没有被绘制地图就将依然未知的那些结构。[28]

然后就是地图观念从其起源开始的传播、正式的地图知识的增长、用于地图的独特的几何结构、作为实践和智力目的的工具的地图的获取、通过渐进的以及通过新技术有时突然发生的地图技术的改进，以及后来通过机械手段精确复制地图的能力，在它们所发生的社会中都具有重大意义。这些变化背后的传播过程——从它们最初开始，到大众化时代，再到现在的电脑地图学——也成为地图学史的一个中心关注点。

---

[24]　例如，Hermann Kern 对文献中和艺术中迷宫问题的探索，包含了各种文化中的与世界地图的历史有关的众多内容，尤其是其跨学科的方法：*Labirinti：Forme e interpretazione，5000 anni di presenza di un archetipo manuale e file conduttore*（Milan：Feltrinelli，1981）；German edition，*Labyrinthe：Erscheinungsformen und Deutungen，5000 Jahre Gegenwart eines Urbilds*（Munich：Prestel-Verlag，1982）。

[25]　Norman. W. Thrower，*Maps and Man：An Examination of Cartography in Relation to Culture and Civilization*（Englewood Cliffs，N. J. ：Prentice-Hall，1972），1.

[26]　Jack Goody，ed. ，*Literacy in Traditional Societies*（Cambridge：Cambridge University Press，1968），1–11，评估了写作的社会重要性。

[27]　Colin Renfrew，*Towards an Archaeology of Mind*，Inaugural Lecture，University of Cambridge，30 November 1982（Cambridge：Cambridge University Press，1982），18–19.

[28]　Arthur H. Robinson，*Early Thematic Mapping in the History of Cartography*（Chicago：University of Chicago Press，1982），1. 其他学者也对地图的智力成就进行了评论。例如 Michael Polanyi，*The Study of Man*，Lindsay Memorial Lectures（London：Routledge and Kegan Paul，1959），24，评价道："通过方便、简洁的形式储存知识从而获得了抽象思维方面的巨大优势。地图、图表、书籍和公式等等，提供了从前所未有的视角重新组织我们知识的绝佳机会"。

因此，已经确定了几个通过地图学史编织的主线。它们都依赖于这样的公理，即地图在人文背景下是一种有着重要意义的历史现象，且通过对其系统的研究可以有着丰厚的收获。地图——类似于书籍——可以被视为历史变迁的反映[29]。地图学史所呈现的不仅仅是人造物品的一种技术和实践的历史。它也可以被看作是人类思想史的一个方面，由此，尽管对这种思想媒介产生了影响的技术进行研究是重要的，但还应当考虑到地图学创新的社会意义，以及地图影响它们所触及的人类历史的众多其他面相的方式。

从文艺复兴到启蒙运动：地图学史的早期条件

与早期地图历史有关的思考方法通常被证明是固执的。每个时期的思想和先入为主的观念都可能作为后一时期思想和实践中的重要组成部分而存留下来。本章的大部分内容都致力于对地图学史历史书写的评论。在西方世界中[30]，虽然在年代和精确的发展方向上，在国家之间存在差异，但这种发展大概可以分为三个时期。第一个时期涉及直至约 1800 年的发展；第二个时期包括 19 世纪和 20 世纪初（直到 1930 年）；第三个时期处理过去 50 年的发展，在这一时期，学科的学术特性已经出现。虽然这三个时期可以在历史书写的语境下进行识别，但较早的研究早期地图的方法作为正统思想一直留存到最近。

这一评论的范畴需要仔细的确定。它不致力于每一时期中的与同时代地图有关的大型文献——这些将按时间顺序在各个卷中进行处理——而是关注后代关于前代地图的历史著作，一个相对较小的文献范围。然而对于那些对地图学史上先驱者的成就不屑一顾的人来说，这样的作品的数量可能会令人吃惊。而且，它们的特征足够多样化，至少扩展到今天被认为是地图学史核心的一些主题[31]。那些期待在这些研究中遇到可供今天地图史参考的相同的假设、重点和技术的人应当会感到失望；但同时，这些研究不能被视为只是古老的或过时的。

作为一部综合性的著作，《地图学史》为什么注意到这些经典文献以及为什么在这里需要对这些较老的著作进行评论，有三个主要原因。首先，很多较老的研究保留了现在已不存在的地图或是相关文献的唯一记录（或复制件）。地图的高消亡率，尽管并不总是"比其他

㉙　在这方面，地图的历史可以与书籍的历史进行直接的比较，这一设想是由 Lucien Febvre：Lucien Febvre and Henri-Jean Martin, *L'apparition du livre* (Paris：Editions Albin, 1958)；English edition, *The Coming of the Book：The Impact of Printing, 1450–1800*, new ed., ed. Geoffrey Nowell-Smith and David Wootton, trans. David Gerard (London：NLB, 1976) 提出的。也可以参见 Kenneth E. Carpenter, ed., *Books and Society in History：Papers of the Association of College and Research Libraries Rare Books and Manuscripts Preconference, 24–28 June 1980, Boston, Massachusetts* (New York：R. R. Bowker, 1983)，以及 Elizabeth L. Eisenstein, *The Printing Press as an Agent of Change：Communications and Cultural Trans-formations in Early Modern Europe*, 2 vols. (Cambridge：Cambridge University Press, 1979)。

㉚　这里不包括任何在这些文化中产生的有关亚洲地图学史作品的系统讨论；这些将在《地图学史》第二卷的相应背景下进行处理。

㉛　这一文献的潜力已经通过被称为 *Acta Cartographica* 的系列丛书所展示，其中自 1967 年之后已经复制了来自 19 世纪和 20 世纪早期期刊的精选论文，并且现在已经包括了来自超过 100 种刊物的 450 多个条目；最近的各卷已经扩展涵盖了 20 世纪。*Acta Cartographica*, vols. 1–27 (Amsterdam：Theatrum Orbis Terrarum, 1967–81)。

类别的历史文献更严重"㉜，但也是一种地图学史研究者——类似于考古学家——不得不忍受的常见情况。最近的战争和灾难增加了它们的破坏比例㉝。相似的，一旦作为有机整体的地图集被拆开或者拆散㉞，或者地图学物品消失到不可接触的私人收藏中，则进一步强化了文献幸存的问题。由于这样的原因，非常难以推测某些早期社会最初可能制作的地图的数量，因为需要将这种归纳基于幸存下来的地图之上，而已知对它们的记录是如此的不完整。

其次，地图学史研究的步伐一直是如此的缓慢而不均衡，由此一些所谓的经典作品作为基础参考资料从未受到挑战。为《地图学史》的本卷而进行的研究，已经证明这一点尤其重要，并且我们应当感谢如从事波特兰海图研究的努登舍尔德（Nordenskiöld）㉟，或从事世界地图（mappaemundi）研究的康拉德・米勒（Konrad Miller）㊱等开创性的权威，这一点将在相应的章节中表现得非常清楚。因此，必须摒弃有时流行的观点，即认为这类著作不再适用，因为它关于地图学通史的实质性内容是错误的，尽管可能正确的是，从某种意义上说，这些作品确实不再是方法论的典范。

最后，以往关于地图学史的作品，毕竟是关于历史的知识的发展的记载的主要资料。由于地图学史正在寻求新的方向，所以有必要进行一些回顾，以及回顾过往以寻找其中所具有的方法论上的经验教训。例如，非常重要的不仅是要询问地图学史的研究开始于什么时候，而且要认识到答案存在于过去的文献中。相似的问题就是，我们能否支撑一个我们称之为地图学史的新兴学科的观念？这也要求进行一种历史书写方面的评述。当然，这在很大程度上取决于"地图学史"所理解的是什么，并且由此带来了这样一个问题，那就是这样的一个概念是否总是被单独提出？本章将展示，在对早期地图进行研究的时期中，对哪些构成了地图学史的理解是如何变化的。在1966年的系列讲座中，R. A. 斯凯尔顿（R. A. Skelton）最早系统地勾勒了这样一种需要讨论事项的清单㊲，并且一些相同的问题将在这里重新进行审视，因为它们为孕育当前这部著作的学术遗产提供了一个相关的维度。

㉜　Skelton, Maps, 26（note 15）. 当斯凯尔顿的观点可能对于某类工作地图——例如海图或者持续使用的挂图——是真实的时候，但值得质疑的就是，其对于所有地图而言是否也是如此，其中一些，相反，有着特殊的生存能力，当其他记录被丢弃的时候，它们却保存了下来。然而，受到保护的精美的、"可搜集"的样本可能也存在偏差，使得保存下来的样本不太能代表日常的地图学。

㉝　例如，参见在下列论著中提到的关于地图受到破坏的报告，［Anon.］, "With Fire and Sword," *Imago Mundi* 4（1947）：30－31；A. Codazzi, "With Fire and Sword," *Imago Mundi* 5（1948）：37－38；［Anon.］, "With Fire and Sword," *Imago Mundi* 6（1949）：38；Norbert Fischer, "With Fire and Sword，Ⅲ," *Imago Mundi* 10（1953）：56；Marian Lodinski, "With Fire and Sword，Ⅵ," *Imago Mundi* 14（1959）：117；Fr. Grenacher, "With Fire and Sword，Ⅶ," *Imago Mundi* 15（1960）：120。关于在第二次世界大战中波特兰海图的损坏和意大利地图的损失，参见第十九章，"从13世纪晚期到1500年的波特兰海图"。

㉞　Carl Christoph Bernoulli, "Ein Karteninkunabelnband der öeffentlichen Bibliothek der Universität Basel," *Verhandlungen der Naturforschenden Gesellschaft in Basel* 18（1906）：58－82, reprinted in *Acta Cartographica* 27（1981）：358－82，描述了一部重要的16世纪的综合性意大利地图集。由于这一地图集现在已经被拆散，因此这篇论文是该图集最初组成部分现存唯一的历史记录；关于另外一个例子，参见 Wilhelm Bonacker, "Über die Wertsteigerung von Einzelblättern aus zerfledderten alten Atlaswerken," *Kartographische Nachrichten* 13（1963）：178－79。

㉟　A. E. Nordenskiöld, *Periplus：An Essay on the Early History of Charts and Sailing-Directions*, trans. Francis A. Bather（Stockholm：P. A. Norstedt, 1897）。

㊱　Konrad Miller, *Mappaemundi：Die ältesten Weltkarten*, 6 vols.（Stuttgart：J. Roth, 1895－98）。

㊲　Skelton, Maps（note 15）。

作为研究对象的编年者的古董家、收藏家和绘图者

虽然很难确定地图学史中最早作品的时间，但可以放心地假定它们应当与历史作品的起源大致同时，特别是在那些地理研究和历史研究有着密切交互，并且有着政治目的的文化中，以及在那些已知有着保存和收集早期地图的传统的文化中[38]。例如秦汉时期的中国就符合这样的条件，当时同时代的地理志书有时回顾了早期的地图，并指出了它们的缺点[39]。在大致相同的方式中，前后相继的评论者，包括希罗多德（Herodotus）、亚里士多德（Aristotle）、克莱奥迈季斯（Cleomedes）和托勒密（Ptolemy）批评早期地图的实践，可以说反映了对作为希腊和罗马时期的现代地理学基础的地图历史的直观认知[40]。对于中世纪欧洲来说也是如此，通过一些保存下来的包含有世界地图（*mappaemundi*）的文本，可以相似的追溯对非同时代地图的知识兴趣的一种意识。斯凯尔顿（Skelton）提出，中世纪欧洲"对地理思想的演变有着一种初始的兴趣，就像在地图上所表达的那样"，他用如下观察来支持这一论点，即不同时期和不同类型的世界地图，罗马时期以及后罗马时期的，在一些文本中并置，由此"我们可以识别出应用于比较地图学的一种原始的历史意识"[41]。然而，很可能的是，这些地图被复制是为了展示变化的宇宙志的思想，而不是用来展示地图学形式或技术的发展。对于那些寻求研究地图学史研究的开端的人来说，这些几乎没有什么重要的意义。

然而，在欧洲文艺复兴时期，尤其是 16 世纪之后，可以追溯到对之前世纪的地图的一种不断增长的系统性关注。这代表了对作为独立文献的地图的一种真实的历史感，但其程度不应当被夸大，特别是考虑到 15 世纪和 16 世纪对古典地理作家的兴趣的普遍激增，以及如下事实的普遍激增，即来自古典时代的地图被认为是有用的同时代的工具且被誉为是古代文化的丰碑。这些古代文化的丰碑之一，托勒密的《地理学指南》——欧洲地图学文艺复兴的标志——向现代地图学史家揭示了，早期地图的古物学家的研究从同时代地图绘制技术和实践中脱离出来的各个阶段。在 15 世纪，托勒密地图最初被认为是世界及其各个地区的具有权威性的地图，同时，尽管通过将印刷术应用于地图学而得以加速，但其被《现代地图》

7

---

[38]　早期文化中的这些情况，由 Herbert Butterfield, *The Origins of History*（New York：Basic Books, 1981）进行了描述。在中国，从大约公元前 1000 年开始，就存在明确负责"地图和记录"的档案管理者（p. 142）。然而，在地中海沿岸，学术，以书面文本为基础的研究，其发展相对较晚，并且有待于档案馆和图书馆的发展，例如可能是在公元前 3 世纪中叶在亚历山大（Alexandria）建立的那些：James T. Shotwell, *The History of History*（New York：Columbia University Press, 1939），55。

[39]　Joseph Needham, *Science and Civilisation in China*（Cambridge：Cambridge University Press, 1954 – ），Vol. 3, *Mathematics and the Sciences of the Heavens and the Earth*, 538 – 39, 在这方面他引用了裴秀（224—271）的《晋书》（*Chin Shu*）（译者注：这里应当是错误的，正确的说法是引用了《晋书》中对裴秀的记载）。关于更为详细的历史书写方面的回顾，也可以参见《地图学史》第二卷。

[40]　在这一意义上，还可以包括喜帕恰斯（Hipparchus）对埃拉托色尼（Eratosthenes）的评论，就像斯特拉波（Strabo）叙述的那样，以及普林尼（Pliny）对阿格里帕（Agrippa）著作中的波提尔（Boetia）、南西班牙省的评论；参见下文 pp. 166 – 67、207 – 8。

[41]　Skelton, *Maps*, 64 – 65（note 15）。

（*Tabulae Modernae*）所取代只是渐近的⑫，最终使得古典地图只是被主要作为历史对象。1513 年的斯特拉斯堡（Strasbourg）的托勒密著作的版本，最早在一个不连续的部分将现代地图与古代地图分离开来，这反映了地图制作者和阅读者批判意识的普遍增长。这种做法在 1578 年得到了证实，当时墨卡托（Mercator）单独重新发行了托勒密的地图，而没有用任何当代地图作为增补，只是将其作为古典地图集的一种复制品⑬，由此强调了对它们纯粹的历史兴趣。其他一些历史地图也被复制，文艺复兴时期延续了中世纪的稿本复制的传统⑭，但正是这些地图的印刷复制品在刺激对它们的研究，以及扩展了对之前地图学的了解方面做出了最大的贡献。基于中世纪稿本资料进行雕版的著名例子是在 16 世纪和 18 世纪制作的波伊廷格（Peutinger）地图⑮，17 世纪初的马里诺·萨努多（Marino Sanudo）中世纪的小册子《十字架信徒的秘密》（*Liber secretorum fidelium crucis*）（其中的巴勒斯坦地图，尽管是文字的附属部分，但却是其阐释的必不可少的核心）⑯，以及在 18 世纪，理查德·高夫（Richard Gough）的中世纪不列颠地图⑰。到 18 世纪，在欧洲的大部分地区，文艺复兴以及古代和中世纪的地图都被认为是地图学过去的一部分。虽然当代的与历史兴趣之间的界限并不像今天这样明晰，但是关于文艺复兴时期地图的自觉的古物市场，通过储备来自 16 世纪的铜版的印刷本，以及通过对 15 世纪地图的重新雕版发行而得到了满足，后者如安德烈亚·比安科（Andrea Bianco）的世界地图（Venice，1783）或马丁·贝海姆（Martin Behaim）的球仪（Nuremberg，1730 and 1778）⑱。这些实例进一步确认了印刷贸易制作早期地图复制品的能力，与构成其主要货品的同时代的地图一起，已经为有利于恢复和保存地图学的过去以及对地图进行更系统研究的学术氛围奠定了基础。

16 世纪之后对这一趋势的第二个影响就是地图收藏的广泛发展。这是这一时期欧洲人对于收藏的普遍热情的有机组成部分，但其必须被视为对早期地图研究的历史发展有着一种关键性的影响。尽管有证据表明，在中国和欧洲的古代文明中，系统的地图收藏经常是出于

---

⑫　然而，早在 1427 年，克劳狄乌斯·克拉乌斯（Claudius Clavus）的北方地图就被添加到托勒密的稿本中，这确实表明人们早就相信古典世界的图景可能并不完全适用于 15 世纪的世界。关于对托勒密的《地理学指南》的重新发现及其在西欧的接受，在《地图学史》第三卷的相关章节中有着一个完整的"现代"地图和评注的列表。

⑬　Skelton，*Maps*，66（note 15）.

⑭　James Nelson Carder，*Art Historical Problems of a Roman Land Surveying Manuscript*：*The Codex Arcerianus A*，*Wolfenbüttel*（New York：Garland，1978），6. 也可以参见下文 pp. 244 – 45 的 *Notitia Dignitatum* 的叙述。

⑮　Annalina Levi and Mario Levi，*Itineraria picta*：*Contributo allo studio della Tabula Peutingeriana*（Rome：Erma di Bretschneider，1967），17 – 25，关于版本的细节和早期的研究。在文艺复兴时期的欧洲，一幅古代地图最早的印刷复制品可能是亚伯拉罕·奥特柳斯（Abraham Ortelius）委托雕版的波伊廷格地图，最早出版于 1598 年，并且此后被收录在他的《附件，或一些古代地理的地图》（*Parergon*）的众多版本中。也可以参见 Ekkehard Weber，ed.，*Tabula Peutingeriana*：*Codex Vindobonensis* 324（Graz：Akademische Druck-und Verlagsanstalt，1976）。

⑯　Skelton，*Maps*，69（note 15）；Marino Sanudo，*Liber secretorum fidelium crucis*，Vol. 2 of *Gesta Dei per Francos*，ed. Jacques Bongars（Hanover：Heirs of J. Aubrius，1611）；Bongars 还出版了三幅世界地图（*mappaemundi*）的复制品。

⑰　Richard Gough，*British Topography*；or，*An Historical Account of What Has Been Done for Illustrating the Topographical Antiquities of Great Britain and Ireland*，2 vols.（London：T. Payne and J. Nichols，1780）；Ronald P. Doig，"A Bibliographical Study of Gough's *British Topography*，" *Edinburgh Bibliographical Society Transactions* 4（1963）：103 – 36，esp. 105 – 29 中有着一个地图列表。

⑱　Skelton，*Maps*，71（note 15），提供了完整的参考。

官僚政治的目的⑭，但在 16 世纪的欧洲，地图收藏的增长是地图学意识兴起的尤为显著的特征。记录显示，地图被包括在中世纪图书馆中，但它们通常与它们所说明的文本整合在一起⑩，而且我们并不知道来自中世纪的独立的地图清单目录⑪。只有在 16 世纪以后，我们才可以追溯到作为图书馆中的单独类别的地图和地图集的出现，或作为整体，或作为展示物，或作为用于装饰的一组物品。此后，这种地图收藏的形式发展很快。欧洲的许多国家都对此有着文献记载，不仅在皇家地图收藏（通常是今天国家地图图书馆的创始元素）⑫，而且在如梵蒂冈或佛罗伦萨的旧宫（Palazzo Vecchio）、贵族居所的墙壁挂图⑬，或是在与政治家、教会领袖、市政要人、商人和历史学家的图书馆和工作文献有关的地图和地图册中，他们中的很多人对收藏城镇地图非常有兴趣。到 18 世纪，地图越来越多地被独立地保存在有着它们的职业管理者的独立设计的区域中，并且这也为历史研究的发展创造了条件⑭。

　　尽管对古代文物和古迹的恢复和保存感兴趣，但是地图收藏中真正的古物兴趣的维度更难分离或量度。托勒密《地理学指南》的稿本副本在文艺复兴时期的整个欧洲都有收藏⑮；但大多数地图图书馆的诞生和发展都归因于*同时代*地图的工作副本，这些地图被汇集以作为国家统治的政治和军事工具，以及作为地图学者的作坊的原始材料，作为国家探险和发现的记录，作为贸易和殖民活动的工作档案，作为图形艺术的范本，或者在天文图的例子中，被用于占星术的实践。而且，不应低估 16、17、18 世纪老旧地图的实用价值，当时它们不仅

---

⑭　关于中国，参见即将出版的第二卷；关于欧洲，参见 pp. 210、244。

⑩　Leo Bagrow, "Old Inventories of Maps," *Imago Mundi 5*（1948）：18 – 20. 而世界地图（*mappaemundi*）的大多数保存下来的副本有着更为宽泛的文本背景，这是非常明显的：Marcel Destombes, ed., *Mappemondes A. D. 1200 – 1500*：*Catalogue préparé par La Commission des Cartes Anciennes de l'Union Géographique InternationaLe*（Amsterdam：N. Israel, 1964）。

⑪　Cornelis Koeman, *Collections of Maps and Atlases in the Netherlands*：*Their History and Present State*（Leiden：E. J. Brill, 1961），12.

⑫　Helen Wallis, "The Royal Map Collections of England," *Publicaciónes do Centro de Estudos de Cartografia Antiga*, Série Separatas, 141（Coimbra, 1981）；Mireille Pastoureau, "Collections et collectionneurs de cartes en France, sous l'ancien-régime"（paper prepared for the Tenth International Conference on the History of Cartography, Dublin 1983）.

⑬　关于这一清单中的梵蒂冈地图，参见 Roberto Almagià, *Monumenta cartographica Vaticana*, 4 vols.（Rome：Biblioteca Apos-tolica Vaticana, 1944 – 52），Vol. 3, *Le pitture murali della Galleria delle Carte Geografiche*。关于佛罗伦萨的壁画地图，参见 George Kish, "The Japan on the 'Mural Atlas' of the Palazzo Vecchio, Florence," *Imago Mundi 8*（1951）：52 – 54；Giuseppe Caraci, "La prima raccolta moderna di grandi carte murali rappresentanti i 'quattro continenti'," *Atti del XVII Congresso Geografico Italiano*, *Trieste 1961*, 2 vols.（1962），2：49 – 60；Koeman, *Collections*, 19（note 51），注意到在大约 1560 年，用 50 幅地图装饰了荷兰的巴特斯泰因城堡（Batestein）的房间和画廊。也可以参见 Juergen Schulz, "Maps as Metaphors：Mural Map Cycles of the Italian Renaissance," in *Art and Cartography*：*Six Historical Essays*, ed. David Woodward（Chicago：University of Chicago Press, 1987）。

⑭　大英博物馆（British Museum）自 1759 年开创以来，似乎就设有地图室或海图室：Helen Wallis, "The Map Collections of the British Museum Library," in *My Head Is a Map*：*Essays and Memoirs in Honour of R. V. Tooley*, ed. Helen Wallis and Sarah Tyacke（London：Francis Edwards and Carta Press, 1973），3 – 20。在法国，海军航海图和平面图局（Dépôt des Cartes et Plans de la Marine）创建于 1720 年，但是其非官方的起源的时间可以追溯到科尔伯特（Colbert），路易十四（Louis XIV）的首相；其存在于 1682 年，管理者是 Charles Pene, *Le Neptune François*（first published Paris：Imprimerie Royal, 1693）的编者。在 1720 年，Duc de Luynes 被任命为"局长"（directeur du dépôt）；在 1721 年，Philippe Buache 是这一机构的制图者。关于其他例证，参见 Skelton, *Maps*, 26 – 52（note 15）。其地图图书馆的创建时间，可以参见 John A. Wolter, Ronald E. Grim, and David K. Carrington, eds., *World Directory of Map Collections*, International Federation of Library Associations Publication Series No. 31（Munich：K. G. Saur, 1985）。

⑮　参见《地图学史》的第三卷。

被地图学者广泛利用，而且还被律师、政治家和其他人广泛利用，作为信息来源，虽然旧，
但不一定过时⑤。因而，将早期收藏作为同时代对地图学史研究的单独的，甚至主要的证据
是错误的，没有对获取地图的动机进行清晰的划分。相反，这一时代收藏的心态是以"藏
珍阁"（"cabinets of curiosities"，*Wunderkammer*）为代表的，对此地图偶尔与其存在关联，
尽管被认为是重要的人工制品，但不是呈现了地图学的发展的文献⑤。1800 年之前的大多数
地图收藏中的古物方面的因素，其起源往往都具有偶然性，并且必须从更广泛的背景中最仔
细地筛选出来。例如，在英国，伯利（Burghley）的地图收藏几乎完全是通过政治环境获得
的⑤，而罗伯特·科顿（Robert Cotton）的兴趣可以被认定为部分是政治的和部分是历史
的⑤。那些佩皮斯（Pepys）的也是如此⑥，与其海军的职责有关，同时奥特柳斯（Ortelius）
积累地图的驱动力——通过他的通信来判断——他对地图的兴趣与对历史文献的兴趣，在程
度上是一样的，因为它们对于编绘新地图有用⑥。伊萨克·福修斯（Isaac Vossius）也使用
地图来支撑他的多元人文主义的多个方面，而不是一个方面⑥，而且在鲁汶（Louvain），博
学的图书馆管理员维利乌斯·阿布范艾塔·祖克慕斯（Viglius ab Aytta Zuichemus）有着多
种动机将 1575 年之前半个世纪的各种各样的地图汇集到一起⑥。

　　对形成这些收藏的动机进行分析，也使得我们能够概括 1800 年之前早期地图的学术和
实践用途。这些应用的广度是真正普遍的。由托勒密等人定义的宇宙志、地理学和地方志被

---

⑤　早期地图的作用因而过去与现在是一样的；参见 J. B. Harley and David Woodward，"Why Cartography Needs Its History，"即将发表。

⑤　例如，参见 Georges Duplessis，"Roger de Gaignières et ses collections iconographiques，" *Gazette des Beaux-Arts*，2d ser.，3（1870）：468–88。于这一时期收藏的整体情况，尽管没有提到地图，参见 Arthur MacGregor，"Collectors and Collections of Rarities in the Sixteenth and Seventeenth Centuries，" in *Tradescant's Rarities*：*Essays on the Foundation of the Ashmolean Museum 1683*，*with a Catalogue of the Surviving Early Collections*，ed. Arthur MacGregor（Oxford：Clarendon Press，1983），70–97。

⑤　R. A. Skelton and John Summerson，*A Description of Maps and Architectural Drawings in the Collection Made by William Cecil*，*First Baron Burghley*，*Now at Hatfield House*（Oxford：Roxburghe Club，1971）。在法国，苏利公爵（Duke of Sully），亨利四世（Henry Ⅳ）的战争大臣，同样是一位贪婪的战略区域和城市地图的收集者。David Buisseret，"Les ingénieurs du roi au temps de Henri Ⅳ，" *Bulletin du Comité des Travaux Historiques et Scientifiques*：*Section de Géographie* 77（1964）：13–84，esp. 80，将他描述为"对地图非常着迷"。

⑤　Kevin Sharpe，*Sir Robert Cotton*，*1586–1631*：*History and Politics in Early Modern England*（Oxford：Oxford University Press，1979）；Skelton，*Maps*，43（note 15）。

⑥　佩皮斯的收藏是由于他的公职而积累的地图和航海图的地图收藏的"现代"参考。收藏的较老的地图和地图集的时间仅仅是来自 16 世纪末。然而，他确实试图收集到他可以找到的所有航海文本著作以及地图集，由此可以编纂一部历史参考书目，同时他收藏的古物学方面的维度，最近由 Sarah Tyacke，*The Map of Rome 1625*，*Paul Maupin*：*A Companion to the Facsimile*（London：Nottingham Court Press with Magdalene College，Cambridge，1982）进行了展示。关于收藏者佩皮斯一个简短注释，出现在 Robert Latham and William Matthews，eds.，*The Diary of Samuel Pepys*，11 vols.（Berkeley：University of California Press，1970–83），10：34–36 中。

⑥　Skelton，*Maps*，45（note 15）；John Henry Hessels，ed.，*Abrahami Ortelii（geographi antverpiensis）et virorum eruditorum ad eundem... Epistulae...*（*1524–1628*），Ecclesiae Londino-Batavae archivum，Vol. 1（London：Nederlandsche Hervormde Gemeente，1887）。

⑥　Dirk de Vries，"Atlases and Maps from the Library of Isaac Vossius（1618–1689），" *International Yearbook of Cartography 21*（1981）：177–93。

⑥　E. H. Waterbolk，"Viglius of Aytta，Sixteenth Century Map Collector，" *Imago Mundi* 29（1977）：45–48；Antoine De Smet，"Viglius ab Aytta Zuichemus，savant，bibliothécaire et collectionneur de cartes du XVIᵉ siècle，" in *The Map Librarian in the Modern World*：*Essays in Honour of Walter W. Ristow*，ed. Helen Wallis and Lothar Zögner（Munich：K. G. Saur，1979），237–50。

认为是不可分割的[64]。确实，宇宙志依赖于天文观测和地图绘制，就像地理学基于对地球的探索和调查一样。在这两种情况下，早期地图都被作为权威而被急切地查询，并被进行了严格检验，以验证它们是否符合当前的信仰或观察到的实际情况。然而到 17 世纪，地图——就像在那个时代的教科书中那样——正在变得越来越狭隘地与地理和陆地测量以及航海绘图相关联，同时实际上它们被正式地认为是地理学呈现的三种方法之一[65]，尽管宇宙志图示和天文图、地图集和球仪继续属于地图绘制的普遍推动力，就像在文艺复兴时期那样。

在这样的背景下，分析早期地图有几个原因。第一是用于实际的地图以及那些似乎率先探索了以往地图的地图绘制者。他们这样做，或是为了寻找原始材料[66]（在一个单幅地图的使用寿命比今天长得多的时期），或是试图将他们自己年代的地理知识和科学的状况与过去进行比较。后一种研究路径，依然是地图学史众多研究中的一个焦点，应将其放在如下情况中来看待，即启蒙运动的背景和启蒙运动所产生的信念，后者即测量的准确性是地图学进步的必要条件。虽然朝向地图学现实主义的趋势，既不应当过于简单化，也不应当过于夸大[67]，但到 18 世纪，越来越重视基于原始调查、更为准确的设备（尤其是在海上），以及作为其本身目的的更为详细的地图学呈现的地图绘制[68]。而且，进行实践的地图制作者使他们自己越来越远离——或者公开批评——他们前辈的地图[69]。

10

---

[64]　Numa Broc, *La géographie de la Renaissance* (*1420 - 1620*) (Paris: Bibliothèque Nationale, 1980), 61 - 76. 关于托勒密所定义的地理学和地方志，参见后文 p. 183。

[65]　其他两者是通过"表格和划分"以及通过"论述": Nicolas Sanson, *Introduction à la géographie* (Paris, 1682), 6。

[66]　在这一方面，欧洲航海国家的航海图的收藏，涉及官方的组织和贸易公司，是尤其广泛的；关于两个例子，参见 Avelino Teixeira da Mota, "Some Notes on the Organization of Hydrographical Services in Portugal before the Beginning of the Nineteenth Century," *Imago Mundi* 28 (1976): 51 - 60, 以及 Günter Schilder, "Organization and Evolution of the Dutch East India Company's Hydrographic Office in the Seventeenth Century," *Imago Mundi* 28 (1976): 61 - 78。

[67]　当然在朝向科学地图学方面没有纯粹的进步，并且例如，在大区域地图绘制中所有可以谈到的就是，那些不太写实的地图，逐渐被更为写实的地图所取代，不过也有着很多倒退的例证。持续存在对较老的和较新的地图资料的融合，通常受到学术观点或神话的影响，但是在影响人类行为方面，这些与"真实的地理学"通常是同等重要的。参见，例如，P. J. Marshall and Glyndwr Williams, *The Great Map of Mankind: British Perceptions of the World in the Age of Enlightenment* (London: J. M. Dent, 1982), esp. 9; Percy G. Adams, *Travelers and Travel Liars, 1660 - 1800* (Berkeley and Los Angeles: University of California Press, 1962); 以及关于一个不同的解读，也提到了地图，John L. Allen, "Lands of Myth, Waters of Wonder: The Place of the Imagination in the History of Geographical Exploration," in *Geographies of the Mind: Essays in Historical Geosophy in Honor of John Kirtland Wright*, ed. David Lowenthal and Martyn J. Bowden (New York: Oxford University Press, 1976), 41 - 61。

[68]　Singer, *Short History*, 316 - 21 (note 17), 处理的是"大地的测量和地图学"（"Measurement of the Earth and Cartography"); Margarita Bowen, *Empiricism and Geographical Thought from Francis Bacon to Alexander von Humboldt* (Cambridge: Cambridge University Press, 1981), 关于 18 世纪科学经验主义的发展。

[69]　*Construction of Maps and Globes* (London: T. Horne, 1717), 作者被认为是 John Green, 关于他作为一幅地图编绘者的关键作品，参见 Gerald R. Crone, "John Green: Notes on a Neglected Eighteenth Century Geographer and Cartographer," *Imago Mundi* 6 (1949): 85 - 91. 法国地图学家采用了关于早期地图绘制的一个相似的重要路径，他们除提供了之前地图制作者的列表之外，有时还猛烈批评了他们的准确性；参见 Abbé Lenglet Dufresnoy, *Catalogue des meilleures cartes géographiques générales et particulieres* (reprinted Amsterdam: Meridian, 1965), a reimpression of *Méthode pour étudier la géographie*, 3d ed., Vol. 1, pt. 2 (Paris: Rollin Fils, Debure l'Aîné, 1741 - 42), 在其中，他对约 17 世纪的印刷地图进行了价值判断，例如那些布劳（Blaeu）、亚伊洛特（Jaillot）、桑松（Sanson）和德威特（de Wit）的地图；也可以参见 Didier Robert de Vaugondy, *Essai sur l'histoire de la géographie* (Paris: Antoine Boudet, 1755), 243. 在法国，对 18 世纪的"扶手椅制图师"的工作方法提出了特别的批评，例如纪尧姆·德利勒（Guillaume Delisle）和让-巴蒂斯特·布吉尼翁·当维尔（Jean Baptiste Bourguignon d'Anville），这些人在他们的地图中结合了旧的和新的资料，而在德国，Eberhard David Hauber 和他的学生 Friedrich Anton Büsching 同样主张地图编绘应该用一种更为严格的方法。参见 Ruthardt Oehme, *Eberhard David Hauber (1695 - 1765): Ein schwäbisches Gelehrtenleben* (Stuttgart: W. Kohlhammer, 1976), Hauber 在他的 *Versuch einer umständlichen Historie der Land-Charten* (Ulm: D. Bartholomäi, 1724) 中也专门撰写了关于地图的历史。

第二，地图与地理发现的历史存在密切联系，而且这些经常具有强烈的民族主义或帝国主义的倾向，从拉姆西奥（Ramusio）、泰韦（Thevet）、哈克卢特（Hakluyt）和德布里（de Bry）之后已经形成属于自己的历史流派⑩。在欧洲的探索时代，在 16、17 世纪，早期地图已正在被作为历史文献使用。到 18 世纪，它们不仅被广泛地用作历史记录——例如在发现中，用于确定国家的优先权，或者，用于表达相互竞争的领土主张——而且在更为学术的层面上，开始筛选出错误的地形和想象的岛屿，而这些在地理记录中如此的丰富⑪。

第三，早期的地图越来越多地出现在流通之中，主要归因于古物学兴趣的出现，以及归因于对用于圣经地理学和古典地理学的地图学证据的关注。这些影响对地图历史的研究的发展是重要的。在收集地图的人文主义学者中，例如，有着对罗马地理学有兴趣的康拉德·波伊廷格（Konrad Peutinger）⑫，以及从事古典地理学和哲学研究的伊萨克·福修斯（Isaac Vossius）。从事复原古代遗迹的地图制作者，他们的研究兴趣在今天将被定义为历史地图学⑬。例如，当维尔收集了 9000—10000 幅地图（其中超过 500 幅是绘本），成功地将这些材料中的一些运用到对古代世界的系统研究中⑭。

11 将会注意到的就是，这些研究古旧地图的方法的主要目标，也是历史学家或历史地理学家的。然而，这并没有导致对其他方面的完全忽视。研究早期地图的一些其他标准方法尚未凝聚其推动力，不过这些方法的基础，也可以追溯到 18 世纪。可以说，对于作为一个连续过程的地图学史普遍缺乏兴趣；但针对这一点，这可以抵消"系统的，即使是天真的，对地图学史进行归纳"的首次尝试⑮。特别引人注目的是对早期地图的书目题解方法的发展。这反映了对于过去的遗物以及百科全书式方法的一种责任感。书目题解的方法已经在文艺复兴时期扎根，由此在 1603 版的奥特柳斯（Ortelius）的《寰宇大观》（*Theatrum orbis terrarum*）中，列出了用于构建他的地图的地图学家的人数已经上升到了 183 位，其中一些人的

⑩ Febvre and Martin, *Coming of the Book*, 280 – 82（note 29）; Gerald R. Crone and R. A. Skelton, "English Collections of Voyages and Travels, 1625 – 1846," in *Richard Hakluyt and His Successors*, 2d ser., 93（London: Hakluyt Society, 1946）; 关于泰韦的地图，参见 Mireille Pastoureau, *Les atlas français, VXIe – XVIe siècles: Répertoire bibliographique et étude*（Paris: Bibliotheque Nationale, 1984）, 481 – 95。

⑪ Skelton, *Maps*, 71（note 15）; Philippe Buache, "Dissertation sur l'île Antillia," in *Mémoires sur l'Amérique et sur l'Afrique donnés au mois d'avril 1752*（n. p., 1752）。

⑫ 关于波伊廷格在古典地理学研究的权威性，参见之前的注释45。除了由他对波伊廷格地图的搜寻所代表的追求古物的兴趣之外，波伊廷格还在意大利获得了为中欧的库萨的尼古拉（Nicholas of Cusa）地图制作的未完成的铜版，并且将其带到了德国，在那里他安排汉斯·布克迈尔（Hans Burgkmair）为他用这些图版进行了印刷。

⑬ 参见本书序言的注释16，关于"历史地图学"的定义及其误用。

⑭ Jean-Baptiste Bourguignon d'Anville, *Considérations générales sur l'étude et les connaissances que demande la composition des ouvrages de géographie*（Paris: Galeries du Louvre, 1777）, 5 – 12. 对当维尔藏品的描述，参见 Charles Du Bus, "Les collections d'Anville à la Bibliothèque Nationale," *Bulletin du Comité des Travaux Historiques et Scientifiques: Section de Géographie 41*（1926）: 93 – 145（也可以参见下文的注释150）。最能反映当维尔使用地图重建过往的兴趣的作品就是他的 *Dissertation sur l'étendue de l'ancienne Jérusalem et de son temple, et sur les mesures hebraiques de longueur*（Paris: Prault Fils, 1747）; *Traité des mesures itinéraires anciennes et modernes*（Paris: Imprimerie Royale, 1769）; 以及 *Géographie ancienne abrégée*（Paris: A. Delalain, 1782）; 也可以参见 Juliette Taton, "Jean-Baptiste Bourguignon d'Anville," in *Dictionary of Scientific Biography*, 16 vols., ed. Charles Coulston Gillispie（New York: Charles Scribner's Sons, 1970 – 80）, 1: 175 – 76。

⑮ Skelton, *Maps*, 70 – 71（note 15）。

工作始于 15 世纪[76]。在 17 世纪末，让·马比荣（Jean Mabillon）正在列出地理学家中的地图制作者，以及他们的作品，作为他对分类良好的教会图书馆的内容的建议的一部分[77]。在 18 世纪中，这类早期地图学作品的列表数量变得越来越多，且内容越来越广泛。在威尼斯，温琴佐·科罗内利（Vincenzo Coronelli）编写了一本《古代和当代地理学编年》（*Cronologia de'geografi antichi，e moderni*），提到了从荷马到庞扎（Ponza）的 96 位的地理学家和地图制作者[78]。在法国，迪迪埃·罗伯特·德沃贡迪（Didier Robert de Vaugondy）在一篇地理学史的比较论述中列出了大量欧洲国家的早期地图[79]。在德国，J. G. 格雷戈里（J. G. Gregorii）指出，早期地图"现在变得非常罕见，难以获得"，而且它们"正在像旧硬币一样被渴望"，还提供了按时间顺序列出的直至他所在时代的地理学家和地图制作者（从他认为是最早的地理学家摩西［Moses］开始)[80]。在英格兰，理查德·高夫的明确目标是"追踪我们之中的地图学的进展"[81]，同样在他的开创性著作《英国地形图》（*British Topography*）中按照国家和地区列出了制图学家[82]。

　　并不是所有关于早期地图的 18 世纪的作品都被铸造在这一书目题解的模型中，并且我们也能看到对单幅作品的专业研究。这些包括，最为重要的，托勒密的《地理学指南》[83]、世界地图（*mappaemundi*）[84]，以及波特兰海图[85]。对于未来地图学史的范畴来说，特别重要的是，在文艺复兴时期，尝试性地开始将感兴趣的舞台从古典世界和欧洲国家扩展到包括来自亚洲文化的地图[86]，且在这一时期的旅行文献中，包括对欧洲人首次遇到的没有文字的民

[76]　Leo Bagrow，*A. Ortelii catalogus cartographorum*（Gotha：Justus Perthes，1928），reprinted in *Acta Cartographica* 27（1981）：65 – 357.

[77]　Jean Mabillon，*Traité des études monastiques*（Paris：Charles Robustel，1691），463 – 66.

[78]　Vincenzo Coronelli，*Cronologia universale*（Venice，1707），522 – 24；这被设计用来作为他计划中的 45 卷的 *Biblioteca universale* 的导言，其中似乎只有 1—7 卷出版了（Venice：Antonio Tivani，1701 – 5）。

[79]　Robert de Vaugondy，*Essai*，chap. 5（note 69），包括了德国、英国、荷兰、佛兰德斯、西班牙、意大利、瑞典、俄罗斯和法国地图。

[80]　Johann Gottfried Gregorii，*Curieuse Gedancken von den vornehmsten und accuratesten alt- und neuen Land-Charten*（Frankfort and Leipzig：H. P. Ritscheln，1713），120，作者的翻译。

[81]　由 Gwyn Walters，"Richard Gough's Map Collecting for the British Topography 1780," *Map Collector* 2（1978）：26 – 29 引用，引文在第 27 页，来自高夫与一位剑桥大学古物研究者 Reverend Michael Tyson 的通信。

[82]　Gough，*British Topography*（note 47）；高夫撰写的一篇初步的论文，同样列出了地图，作为 *Anecdotes of British Topography...*（London：W. Richardson and S. Clark，1768）出版。

[83]　Georg Martin Raidel，*Commentatio critico-literaria de Claudii Ptolemaei Geographia，eiusque codicibus tam manuscriptis quam typis expressis*（Nuremberg：Typis et sumptibus haeredum Felseckerianorum，1737）；Jean Nicholas Buache，*Mémoire sur La Géographie de Ptolémée et particulierement sur la description de l'intérieur de l'Afrique*（Paris：Imprimerie Royale，1789），esp. 119，在其中，他抱怨，托勒密的作品，尽管对其的了解有着 1600 年的历史，但对其的理解非常糟糕。

[84]　Gough，*British Topography*，1：60 – 86（note 47），处理的是与不列颠相关的中世纪地图。

[85]　Girolamo Francesco Zanetti，*Dell'origine di alcune arti principali appresso i Veneziani*，2 vols.（Venice：Stefano Orlandini，1758），46 – 48.

[86]　对中国地图学的兴趣比对穆斯林世界地图的要早。尽管在文艺复兴时期，伊德里西（al-Idrīsī）的部分文本被用阿拉伯语印刷，并且进行了翻译，但阿拉伯地理学中的地图成分长期被欧洲人所忽略；与此有关的普遍背景，参见 Marshall and Williams *Great Map of Mankind*，chap. 1（note 67）. Joachim Lelewel，*Géographie du Moyen Age*，4 vols. and epilogue（Brussels：Pilliet，1852 – 57；reprinted，Amsterdam：Meridian，1966），是最早详细分析了阿拉伯地图学的欧洲学者；但他更感兴趣的是用来自阿拉伯的经纬度表重建地图，而不是关注阿拉伯自己的地图学成就。也可以参见《地图学史》第二卷中关于传统阿拉伯社会的部分。

族的绘图技巧的报告⑧。与早期地图和非欧洲文化的地图有关的历史意识的这些标志不应被过分强调。18 世纪对以往地图学的认知不仅强烈的是欧洲中心主义的——将其他文化认为是低劣的——而且也被同时代的对于更为准确的地图绘制的欲望所影响。即使在文艺复兴时期，如哈克卢特等地理学家也已经意识到"旧的不完美的"地图（他将其与"最近改良过的新地图、球仪和球体"进行了对比)⑧。到 19 世纪，理查德·高夫可以更加不屑一顾地将他研究的中世纪地图认为属于"地理学的野蛮的蒙克什（Monkish）的体系"，而塞缪尔·约翰逊（Samuel Johnson）收集"原始和野蛮时代所绘制的地图……以了解古代地理学家的错误"⑧。到目前为止，评论者同样正在开始期待地图绘制科学的完美⑩，即使这只会将过去的地图看作在进步阶梯上处于较低的水平。由于这种态度，到 1800 年，依然真实的是（正如斯凯尔顿［Skelton］所撰写的 17 世纪），地图很少被作为一件物品进行思考和分析，也很少注意地图被构建和绘制的方法，以及"将地图学的表达和形式作为一种沟通方式的研究还没有开始"⑨。确实，就这些如今已被视为理所当然的特定概念而言，作为我们今天所认知的一门学科的地图学史还没有诞生。

作为侍女的地图学史：19 世纪的传统主题

　　19 世纪的特点是对作为不同于同时代地图学的一个领域的早期地图的研究兴趣的急剧强化。至于科学史的整体，可以被看作一个主要的形成时期。对于这一发展可以使用众多的尺度来衡量，其中包括期刊和专题文献的数量，发行早期地图的复制品的趋势，以及活跃于这一领域的学者人数。这一兴趣以未曾间断的知识传承延续进入 20 世纪。其主要驱动力，特别是在 1850 年以后，是地理学的兴起和制度化⑫，以及国家层面的——尤其是在欧洲和北美洲——专业地图图书馆的增长，以及一种与众不同的以古物收藏为目的的地图贸易的发展。这还将说明，这些影响结合起来，赋予早期地图的研究——以及初步产生的地图学史领域——在目标和研究方法上的某些偏见，使其与这部《地图学史》存在明显的区别。特别是，地图学史并没有作为一个独立的对象进行研究，而是主要保留被定义为地理发现和探险

　　⑧　例如，Jonathan Carver, *Travels through the Interior Parts of North-America in the Years 1766, 1767, and 1768* (London, 1778), 252 – 53; Awnsham Churchill and John Churchill, *A Collection of Voyages and Travels*, 6 vols. (London: J. Walthoe, 1732), 6: 165, 引用了 Colonel Henry Norwood 在 1649—1650 年在弗吉尼亚（Virginia）看到的绘制在沙地上的一幅地图。

　　⑧　Richard Hakluyt, *The Principall Navigations Voiages and Discoveries of the English Nation*, 平版印刷的复制件（最初在伦敦印刷，1589），有着 David Beers Quinn 和 R. A. Skelton 所作的导言，以及有着一个由 Alison Quinn 制作的索引（Cambridge: For the Hakluyt Society and the Peabody Museum of Salem at the University Press, 1965), 2。

　　⑧　Walters, "Richard Gough," 27 (note 81); Samuel Johnson, *Rambler* 82, Sat., 29 Dec. 1750. 也可以参见后文第二章，关于那些态度持续存在的证据。同一时期的一位法国作者 Abbé Lebeuf 对这一观点的相似表达，参见后文第十八章，"中世纪的世界地图"（"Medieval *Mappaemundi*"), n. 17。

　　⑩　Juan Andrés, *Dell'origine, progressi e stato attuale d'ogni letteratura di Giovanni Andrés*, new ed., 8 Vols. (Pisa: Presso Niccolò Capurro, 1829 – 30), Vol. 3, pt. 1, 161. 关于 Andrés, 参见 *Dizionario biografico degli italiani* (Rome: Istituto della Enciclopedia Italiana, 1960 –), 3: 155 – 57。

　　⑨　Skelton, *Maps*, 70 (note 15)。

　　⑫　Horacio Capel, "Institutionalization of Geography and Strategies of Change," in *Geography, Ideology and Social Concern*, ed. D. R. Stoddart (Oxford: Basil Blackwell; Totowa, N. J.: Barnes and No-ble, 1981), 37 – 69。

历史的地理学史的女仆。然而，如果在适当的背景下审视的话，这些目标和方法可以被视为这一学科学术遗产的重要组成部分，并且通过回顾阐明了本文所涵盖领域的性质。

学科发展的早期观点

到 19 世纪中叶，一些学者将自己认为是地图学史家，并且他们对自己时代的他们学科的发展的态度正在展现。例如，圣塔伦子爵（Viscount of Santarém）、曼努埃尔·弗朗西斯科·德巴罗斯·苏萨（Manuel Francisco de Barros e Sousa），最早于 1841 年出版了汇集早期地图复制品的有影响力的地图集的葡萄牙学者和作者——也被认为在 1839 年为研究早期地图创造了"地图学"一词[93]——当他评论说他的主题是"相当新的——对古代地图的研究几乎只有六十年多一点"时[94]，他的描述非常精确。如文本所述，他所提供的一些证据，并未证实他的说法，但令人感兴趣的是，他将这一学科的起点放在了 18 世纪末。他观察到，只有在祖拉（Zurla）和安德烈斯（Andrés）之后，一些学者才开始对用更普遍的方式研究中世纪地图感兴趣[95]。与他自己对中世纪地图学的特殊兴趣有关，他列出了那些根本没有提到中世纪但对地理学的历史方面做出贡献的作者（或那些在两三页中跳过了这个时期的作者）。当然，到圣塔伦正在写作的时候，将早期地图作为历史文献进行研究的兴趣已经迅速兴起，与之相伴的是，那些与此最密切相关的人中的一些将他们自己视为这一新学科的真正创始人，这是一种可以理解且日益增长的趋势。在圣塔伦和若马尔（Jomard）之间的公开辩论中可能会发现这种态度的迹象。埃德姆－弗朗索瓦·若马尔（Edme-François Jomard）在那时是 1828 年在巴黎的皇家图书馆（Bibliothèque Royale）中建立的地图室的主任。争论聚

13

---

⑨ 这个词汇很快就以我们今天使用的含义被广泛应用于地图学，并在 19 世纪下半叶出现在许多欧洲语言中。对圣塔伦子爵生平及其对地图学史的贡献的更为全面的论述，参见 Armando Cortesão, *History of Portuguese Cartography*, 2 Vols. (Coimbra: Junta de Investigações do Ultramar-Lisboa, 1969－71), 1: 7－26；圣塔伦的 *Atlas composé de cartes des XIV*ᵉ, XVᵉ, XVIᵉ, *et XVII*ᵉ *sieclès* 的版本在 1: 15－22 中进行了描述。圣塔伦在一封 1839 年写给葡萄牙裔巴西历史学家 Francisco Adolfo de Varnhagen 的信件中的"地图学"一词的背景——但圣塔伦的 *Essai sur l'histoire de la cosmographie et de la cartographie pendant le Moyen-Age et sur les progrès de la géographie après les grandes découvertes du XV*ᵉ *siècle*, 3 Vols. (Paris: Maulde et Renou, 1849－52) 是最早将这一词汇使用到书名中的主要著作——也在 Cortesão, *History of Portuguese Cartography*, 1: 4－5 (above) 中进行了讨论。有着找到更早的例子试图尝试，参见 Matteo Pagano 的威尼斯的约 1565 年的观点，由 Juergen Schulz, "The Printed Plans and Panoramic Views of Venice (1486－1797)," *Saggi e Memorie di Storia dell'Arte* 7 (1970): 52 进行了描述，其中词汇 "Cortografia"（地图学）出现在地图上。这毫无疑问是 *corografia*（chorography［地方志］）的错误印刷，尽管其在 Giandomenico Romanelli and Susanna Biadene, *Venezia piante e vedute: Catalogo del fondo cartografico a stampa* (Venice: Museo Correr, 1982), 5 中被错误地转写为 "Cartografia"。另外一个例子与现在保存在佛罗伦萨 Museum of History of Science 的 1557 年的镀金的黄铜测量仪器有关。这一设备被报告在其上雕刻的文字中包括了词汇 "Cartographia"，这由 Cornelis Koeman 在 "Hoe oud is het woord kartografie?" *Geografisch Tijdschrift* 8 (1974): 230－31 中进行了描述。然而，现在清楚的是，在设备上并不存在这一词汇：Helen Wallis, "Cartographic Innovation: An Historical Perspective," in *Canadian Institute of Surveying Centennial Convention Proceedings*, 2 Vols. (Ottawa: Canadian Institute of Surveying, 1982), 2: 50－63。

⑨ Manuel Francisco de Barros e Sousa, Viscount of Santarém, "Notice sur plusieurs monuments géographiques inédits du Moyen Age et du XVI*ᵉ* siècle qui se trouvent dans quelques bibliothèques de l'Italie, accompagné de notes critiques," *Bulletin de la Société de Géographie*, 3d ser., 7 (1847): 289－317, 引文在 289, 作者的翻译。论文重印在 *Acta Cartographica* 14 (1972): 318－46。

⑨ Viscount of Santarém, *Essai*, 1: XLIV (note 93), 设计用来作为他的《地图集》的导言。关于祖拉（Placido Maria Zurla），参见 Cortesão, *History of Portuguese Cartography*, 1: 36 (note 93)；关于安德烈斯，参见之前的注释 90。

焦于两名男子对谁首先设想出了用复制的方式出版一部中世纪地图的地图集的相互竞争的声音⑨，但是在北美地区工作的学者们也表示自己才是新兴的地图历史学家的第一人。所以查尔斯·P. 达利（Charles P. Daly）在 1879 年断言，极少人"专门致力于这样一种研究"，即地图学史⑨。德国学者 J. G. 科尔（J. G. Kohl）也在两年后的史密森尼（Smithsonian）讲座中声称，"地理地图的历史几乎从来没有被想到"，并且其作为"地理研究的分支"，一直是"完全的空白"，直到属于他自己的时代的到来⑨。可以理解的是，这些学者们在他们热情高涨时可能会倾向于夸大自己努力的意义，但同样清楚的就是，他们开始为早期地图研究提出目的和目标。没有什么比若马尔的词汇能更好地表达这种觉醒的了，当时他写到他的任务之一是"对所有尚不为人所知的地理古迹进行更彻底的搜索……使它们从尘土中升起，从掩埋的遗迹中出来"⑨。

到目前为止，20 世纪的地图学史家几乎没有就他们学科发展的这一关键时期做过任何评估，除了可能在国家的层级上⑩。只有两个人，阿曼多·科尔特桑（Armando Cortesão）和 R. A. 斯凯尔顿（R. A. Skelton）试图进行通论性的历史书写方面的处理。两者都非常重视一些杰出学者的开创性贡献以及由此创作的出版物中的标志性成果。两人都挑选出他们认为在 19 世纪中叶之后在这一学科的文献中有着突出地位的早期地图的复制品地图集。科尔特桑的方法主要强调的是书目题解。撰写于 20 世纪 60 年代，对他而言，对地图学史的系统研究开始于大约一个世纪以前，其后来的发展已经由一批顶尖学者们的贡献进行了最好的解释。因此，他在他的"地图学及其历史学家"的一章中列出了 90 多人，尽管他承认，即使如此，他"也没有提到直接或间接地对促进这一历史学重要和迷人的分支的发展做出贡献的所有人"⑩。尽管很有价值，但科尔特桑的传记应当仅被视为未来研究地图学史的学术发展的原始材料。它们无法获得现代的人物研究的潜在见解，因而无法继续揭示在个人贡献背后发挥作用的更广泛的过程，而这些在早期地图的研究历史中依然是未被关联

14

⑨ 若马尔的地图集，*Les monuments de la géographie*；ou，*Recueil d'anciennes cartes européennes et orientales*（Paris：Duprat），从 1842—1862 年期间以系列的形式出现，最早发行的是以六块铜版制作的赫里福德地图的复制件。尽管 Cortesão，*History of Portuguese Cartography*，1：29–32（note 93），趋向于采用葡萄牙爱国主义的路线，认为圣塔伦是"系统的地图学史的开创者"（1：23），但是他并未对相关事件进行最为充分的叙述。作为地图学史学术发展的一个篇章，这个问题可能值得重新审视。采用由科尔特桑提供的证据，以及来自圣塔伦和若马尔的各种作品的证据，似乎不太可能的就是，到 19 世纪 30 年代，早期地图的复制品地图集的思想是任何一名学者的私人财产。除了若马尔和圣塔伦之外，其他学者，如玛丽·阿尔曼德·帕斯卡莱·德阿维扎克—马卡亚和阿希姆·勒莱韦尔都有着相似的计划。关于德阿维扎克的方案，是与一位英国 Thomas Wright 一起进行的，但没有得到若马尔的赞成，参见 Edme-François Jomard，*Sur la publication des Monuments de la géographie*（Paris，1847），6；关于勒莱韦尔，参见 Marian Henryk Serejski，*Joachim Lelewel，1786–1861：Sa vie et son oeuvre*（Warsaw：Zakland Narodowy imienia Ossolińskich，1961）；以及 Zbigniew Rzepa，"Joachim Lelewel，1786–1861，"*Geographers：Biobibliographical Studies* 4（1980）：103–12。

⑨ Charles P. Daly，"On the Early History of Cartography；or，What We Know of Maps and Map-Making，before the Time of Mercator，" Annual Address，*Bulletin of the American Geographical Society* 11（1879）：1–40，引文在 1。

⑨ Johann Georg Kohl，"Substance of a Lecture Delivered at the Smithsonian Institution on a Collection of the Charts and Maps of America，"*Annual Report of the Board of Regents of the Smithsonian Institution. . . 1856*，（1857），93–146，引文在 95。

⑨ Edme-François Jomard（去世后由 M. E. Cortambert 出版），*Introduction à l'atlas des Monuments de la géographie*（Paris：Arthus Bertrand，1879），6，作者的翻译。

⑩ 参见下文，p. 37。

⑩ Cortesão，*History of Portuguese Cartography*，1：1–70，引文在 69（note 93）。

起来的情节[102]。

在他对 19 世纪的早期地图的历史研究的讨论中，R. A. 斯凯尔顿非常关注科尔特桑发掘的材料。类似于科尔特桑，斯凯尔顿强调这一学科的一些先行者的学术成就——著名的若马尔（Jomard）、圣塔伦、勒莱韦尔（Lelewel）、科尔（Kohl）、诺登舍尔德——并且尤其关注通过他们的复制品地图集做出的贡献。就斯凯尔顿的观点而言，一方面延续到他自己时代的这些地图集，使学者能够提出"在比较研究和使用早期地图作为历史档案方面的核心问题"[103]。另一方面，斯凯尔顿认识到早期地图的研究并没有在一个体制的真空中发展，并且他注意到地理学作为一个独立学科出现的方式，特别是其"新形成的社团……对作品的渴望"[104]，为 19 世纪地图学史兴趣的快速扩展提供了基本框架。尽管地理学对地图学史的实践产生了重要的影响，尤其是加强了将其与地理地图的研究等同起来的趋势，但其重要性被完全忽视了。因此，下文对其重要性提供一个更明确的论点。

地理学的兴起

对 19 世纪地理学——作为大学中的一门学科，以及随着专业团体的发展——的剖析，已经在一些最近的研究中得到了追溯[105]，但是对于地图学史，这种发展的最为重要的单一方面可能就是国家地理学会的创建。开始于巴黎地理学会（Société de Géographie de Paris，1821），然后是德国柏林地理学会（Gesellschaft für Erdkunde zu Berlin，1828）和伦敦皇家地理学会（Royal Geographical Society of London，1830），不仅在欧洲而且在新世界建立了新的学会。到 1885 年，据估计，世界上有 94 个地理学会，超过 48000 名会员[106]。这些学会中的大多数都出版了期刊，并且通过他们对地形图和地图集的广泛收集，以及通过充当出版渠道，为早期地图学的研究提供了机遇。当然，这些学会和它们的期刊都没有将地图学史视为一个主要的关注焦点，而且确实，这些期刊也没有垄断这类作品[107]。然而，即使它们总体上未能直接引发地图学史的研究，但值得注意的是，在许多国家中，这些学会的成员，无论原因是什么，都是早期地图研究的活跃者，还值得注意的是，来自 19 世纪的文献中的相当大部分，都可以在由国家和区域地理学会资助的期刊中找到[108]。而且，正如在国家和地区框架内研究的地理学一样，地图学史也是如此。在塑造欧洲民族主义和帝国主义的过程中，地图在实践和意识形态上都是重要的文件，并且令人感兴趣的是，圣塔伦的复制品地图集起源于

---

[102]　Lewis Pyenson, "'Who the Guys Were': Prosopography in the History of Science," *History of Science* 15（1977）：155 – 88，为地图学史的研究指明了一些方向。

[103]　Skelton, *Maps*, 82（note 15）.

[104]　Skelton, *Maps*, 74（note 15）.

[105]　Capel, "Institutionalization"（note 92）；还有 Robert E. Dickinson, *The Makers of Modern Geography*（New York：Frederick A. Praeger, 1969），267 – 68。

[106]　H. Wichmann, "Geographische Gesellschaften, Zeitschriften, Kongresse und Ausstellungen," *Geographisches Jahrbuch* 10（1884）：651 – 74, esp. 654.

[107]　例如，在尼德兰，1850 年之后的很多对于地图学史的贡献发表在学术的文学社团的期刊中（来自与 Cornelis Koeman 的私人联系）。

[108]　关于地理学会在这方面的早期作用，参见 Alfred Fierro, *La Société de Géographie, 1821 – 1946*（Geneva：Librairie Droz, 1983），4 – 18。

葡萄牙与法国在塞内加尔（Senegal）的卡萨曼斯（Casamance）的主权争端中使用的旧地图。即使今天，在关于地图学史的著作中也体现了相关知识的政治方面，例如，南欧各国对各自在波特兰海图发展中的首要地位的激烈争论[109]。

15　　　在 19 世纪后期，地图学史也开始了国际合作，旨在促进学术地理学的发展，脱离了这些国家机构以及它们所支持的领土和商业野心。也许巧合的是，第一届国际地理大会（International Geographical Congress）1871 年在比利时（Belgium）召开，招集对地球科学（*La science de la terre*）和宇宙志学（*les sciences cosmographiques*）感兴趣的专家，并且决定通过在他们出生城镇竖立雕像以纪念地图制作者墨卡托和奥特柳斯。但是，早期的地图在安特卫普会议上展出，并且历史地理的问题（*questions de géographie historique*）按照计划将由名誉委员会（Comité d'Honneur）讨论，其中包括与地图学史相关的一些问题[110]。然而，在 19 世纪随后的地理大会上，很少有论文关注于地图学史[111]，但正如斯凯尔顿（Skelton）已经注意到，组织内部对这一主题有着丰富的兴趣，这是 20 世纪上半叶的一个主要特征[112]。即使如此，从 1904 年到 1972 年的大会，这一时期中，历史学的主题只占有记录的地图学论文的约 14%，同时当然，在提交给大会的所有地理学论文中，所占比例相对较小。[113]

地图图书馆的发展

　　在 19 世纪和 20 世纪初，支撑地图学史的制度的另一个主要来源是在新建立的地图图书馆中的发展，特别是那些在国家图书馆中的。在大约 1790 年之前，就像已经注意到的，个人进行的地图收藏有着一种缓慢增长，但在此之后，这种活动的扩张和制度化，与地理学本身的兴起相并行[114]。再次，必须强调的是，这些图书馆不是建立以主要用于满足地图学史的需要的。相反，它们的目标差异很大，范围从需要储藏国家的地图，就像在国家图书馆

---

⑩　关于圣塔伦，参见 Skelton, *Maps*, 77 (note 15)；关于波特兰海图，参见本卷第十九章，"从 13 世纪晚期到 1500 年的波特兰海图"；Cortesão, *History of Portuguese Cartography*, 1: 59 (note 93)，例如，谈到研究地理发现和地图学的意大利地理学家在写作时"对葡萄牙人有着或多或少辛酸的和恶意的偏见"，以及相似的 Samuel E. Morison, *Portuguese Voyages to America in the Fifteenth Century* (Cambridge: Harvard University Press, 1940)，代表了一种反葡萄牙人的激烈态度。对于这一争论的一些评价，可以参见 Heinrich Winter, "Catalan Portolan Maps and Their Place in the Total View of Cartographic Development," *Imago Mundi* 11, 1954): 1–12。确实，在这类历史学家们对早期地图的讨论中，分歧尤其普遍，并且经常用尖锐的个人的或者民族主义的形式表达出来。然而，随着严肃的研究变得更加专业化，尽管争论仍然很活跃，但辩论却不再那么激烈。

⑩　*Compte-rendu du Congrès des Sciences Géographiques, Cosmographiques et Commerciales*, 2 Vols. (Antwerp: L. Gerrits and Guil. Van Merlen, 1872), ii–xv.

⑪　数字是 1 (Paris, 1875)、1 (Venice, 1881)、3 (Paris, 1889)、5 (London, 1895) 和 3 (Berlin, 1899)：关于细节，参见 George Kish, ed., *Bibliography of International Geographical Congresses*, *1871–1976* (Boston: G. K. Hall, 1979)。

⑫　Skelton, *Maps*, 98 (note 15). 这种兴趣可以从提交给系列大会的与早期地图有关的论文看出来：5 (Rome, 1913)、3 (Cairo, 1925)、8 (Cambridge, 1928)、14 (Paris, 1931)、7 (Warsaw, 1934)、21 (Amsterdam, 1938)。此后，直至 1964 年的伦敦地理大会的论文数量都不多，伦敦会议的数字是 23。关于细节参见 Kish, *Geographical Congresses*, passim (note 111)。

⑬　John A. Wolter, "The Emerging Discipline of Cartography" (Ph. D. diss., University of Minnesota, 1975), 199–200.

⑭　参见 John A. Wolter, "Geographical Libraries and Map Collections," in *Encyclopedia of Library and Information Science*, ed. Allen Kent, Harold Lancour, and Jay E. Daily (New York: Marcel Dekker, 1968–), 9 (1973): 236–66；也可以参见 Wolter, "Emerging Discipline," 78–94 (note 113)。

（Bibliothèque Nationale）、大英博物馆（British Museum）和国会图书馆（Library of Congress）例子中的情况，且得到了如下活动的补充，范围从各地理学会对地图的收集，到在公共的和大学图书馆或者在专门的政府机构中地图室的建立，后者中尤其是那些与军事和海军事务或与海外帝国的管理有关的机构。在考虑到这些地图图书馆具有更广泛功能的同时，可以接受的就是，它们通过作为古代航海图和地图的储存库以及通过组织对它们的编目和展览，在地图学史的发展中发挥了至关重要的作用。而且，他们在帮助培养对早期地图的保存和比较研究的新态度方面是至关重要的。若马尔的作品，当他试图证明1828年在皇家图书馆中建立的地理特藏的作用时，就强烈地反映了这一哲学基础[115]。

例如，在1839年，他就注意到"地理地图的比较研究和细致研究"已经"不止一次地服务于解决政治、外交或历史问题，如澄清法律纠纷"。他坚持在"拥有最新地图"方面远不够充分；他继续说，一个地图博物馆，不应该"排除……印刷的最早产品"，因为"只有通过比较一门科学的前后相继的产品，才能够撰写历史，并且有时候是在最古老的地图中才能找到困难的解决方法"[116]。秉承这一原则，若马尔（Jomard）告诉我们：

> 特别是寻找最古老的中世纪地图，那些原始地理学的有价值的遗迹，这引导了我的努力。在1828年时，没有人梦想收集那些珍贵的地图遗产，并在一个国家收藏中将它们重新集合起来。从那以后，一切都发生了极大的变化。这些地图被无处不在地追逐；收集它们是为了充实公共收藏，而且它们也无法再次从那些地方流散，由此它们正变得极为稀有。[117]

16

寻求"将科学史及其图形产品联系起来"[118]，正是在这样的目标下，在帮助确保地图"被提升从而获得了历史文献的尊严"的同时[119]，较大的地图图书馆成为研究地图学史的关键机构。除了"地图和平面图部"（Département des Cartes et Plans）之外，从其他图书馆的历史中也可以清楚地看到，这些收藏中的一些，不仅仅只是古代地图和平面图的储存库。相反，正如1867年在大英博物馆建立的地图和航海图部（Department of Maps and Charts）[120]，

---

[115] Edme-François Jomard, *Considérations sur l'objet et les avantages d'une collection spéciale consacrée aux cartes géographiques et aux diverses branches de la géographie* (Paris: E. Duverger, 1831)，在其中，他强调，地理地图有着特定的优势（p. 8），并且需要与书籍分离以单独处理。在他的地图图书馆中，他还提议为中世纪地图或者到约1600年为止的欧洲地图建立一个特别的区域（p. 57）。关于对若马尔的现代研究以及"地图和平面图部"的建立，参见 Charles Du Bus, "Edme-François Jomard et les origines du Cabinet des Cartes (1777–1862)," Union Géographique Internationale, *Comptes rendus du Congrès International de Géographie*, Paris 1931 3 (1934): 638–42; Edmond Pognon, "Les collections du Département des Cartes et Plans de la Bibliothèque Nationale de Paris," in *Map Librarian*, 195–204 (note 63); 以及 Monique Pelletier, "Jomard et le Département des Cartes et Plans," *Bulletin de la Bibliothèque Nationale* 4 (1979): 18–27.

[116] Edme-François Jomard, *De l'utilité qu'on peut tirer de l'étude comparative des cartes géographiques* (Paris: Burgogne et Martinet, 1841), 4, 作者的翻译 (reprinted from *Bulletin de la Société de Géographie*, 2d ser., 15 [1841]: 184–94).

[117] Edme-François Jomard, *De la collection géographique crèe à la Bibliothèque Royale* (Paris: E. Duverger, 1848), 79, 作者的翻译。

[118] Jomard, *Collection géographique*, 13 (note 117).

[119] Kohl, "Lecture," 95 (note 98).

[120] Wallis, "Map Collections," 17 (note 54).

或者 1897 年在美国国会图书馆成立的地图和航海图厅（Hall of Maps and Charts，后来称为地理和地图室［Geography and Map Division］）⑫，它们开始作为在地图学史中与新发现有关的信息的国家乃至国际交流中心运作。他们的管理者受到鼓励从事学术活动，并以这种方式和其他大量方式持续在学科发展中发挥了核心作用。

私人收藏者和古旧地图的贸易

除了通过地理学的发展以及通过地图图书馆的出现，为早期地图的研究提供了制度基础之外，私人收藏家和古旧地图的贸易也一起为地图学史的研究和写作提供了独特的光泽。它们的影响力正在逐渐缩小，这类似于传统艺术史中鉴赏的作用。倾向于对可收集的印刷地图的研究，并且可能鼓励一种对作为艺术品的装饰地图的格外的偏好。实际上，这通常意味着从 15 世纪晚期至 18 世纪末的欧洲的印刷地图，尽管在 19 世纪，收藏家和学者们将他们的兴趣特别集中在文艺复兴时期欧洲地图学的繁荣上。

富有的私人收藏家对于地图学史研究的具体遗产在西欧和北美尤其明显。这已经由斯凯尔顿进行了强调，其关注于影响所涉及的三个主要领域⑫。第一，一些收藏的主要成果，对于之后的几代学者而言，集中在所谓宝库中的早期地图的主要资源上。例如，对于北美洲，注意力已经集中到那些 19 世纪的收藏家，例如约翰·卡特·布朗（John Carter Brown）、詹姆斯·莱诺克斯（James Lenox）和爱德华·E. 艾尔（Edward E. Ayer），他们专门收集特定地区或主题的早期地图，尽管他们自己不从事研究⑬。第二——以及与学科的知识发展有着更为直接的联系的——就是斯凯尔顿定义的学者—收藏家的群体，其中包括博德尔·尼仁辉斯（J. T. Bodel Nijenhuis）和亚伯兰罕·范斯托尔克（Abraham van Stolk），两者均来自尼德兰，奥地利的冯·豪斯拉布（von Hauslab）将军，以及瑞典探险家诺登舍尔德⑭，他们的地图收藏是他们关于地图学史的著作的原材料。第三，存在学者—交易者，原型可能是弗雷德里克·穆勒（Frederik Muller），他是尼德兰收藏家、出版商以及早期地图和地图集图目的编

⑫　John A. Wolter et al., "A Brief History of the Library of Congress Geography and Map Division, 1897 – 1978," in *Map Librarian*, 47 – 105（note 63）.

⑫　Skelton, *Maps*, 52 – 61（note 15）.

⑬　Douglas Marshall, "The Formation of a Nineteenth-Century Map Collection: A. E. Nordenskiöld of Helsinki," *Map Collector* 21（1982）: 14 – 19. 也可以参见 *Map Collector* 中关于 "美国的宝藏图书馆"（"America's Treasure House Libraries"）的系列文章，其中包括 Norman J. W. Thrower, "The Treasures of UCLA's Clark Library," *Map Collector* 14（1981）: 18 – 23; Carey S. Bliss, "The Map Treasures of the Huntington Library," *Map Collector* 15（1981）: 32 – 36; Thomas R. Adams, "The Map Treasures of the John Carter Brown Library," *Map Collector* 16（1981）: 2 – 8; John Parker, "The Map Treasures of the James Ford Bell Library, Minnesota," *Map Collector* 20（1982）: 8 – 14; Philip Hoehn, "The Cartographic *Treasures of the Bancroft Library*," *Map Collector* 23（1983）: 28 – 32; Robert Sidney Martin, "Treasures of the Cartographic Library at the University of Texas at Arlington," *Map Collector* 25（1983）: 14 – 19; Barbara McCorkle, "Cartographic Treasures of the Yale University Library," *Map Collector* 27（1984）: 8 – 13; Robert W. Karrow, "The Cartographic Collections of the Newberry Library," *Map Collector* 32（1985）: 10 – 15.

⑭　Skelton, *Maps*, 54 – 55（note 15）; 对诺登舍尔德学术收藏的分析，参见 Ann-Mari Mickwitz, "Dear Mr. Nordenskiöld, Your Offer Is Accepted!" in *Map Librarian*, 221 – 35（note 63）. 可以在斯凯尔顿的列表中添加一些 19 世纪的学院地理学家的地图收藏。例如，在德国，Carl Ritter（大约 21000 幅地图）的收藏是著名的，也是一个国家地图图书馆的基础：参见 Lothar Zögner, "Die Carl-Ritter-Ausstellung in Berlin-eine Bestandsaufnahme," in *Carl Ritter-Geltung und Deutung*, ed. Karl Lenz（Berlin: Dietrich Reimer Verlag, 1979）, 213 – 23. 来自地理学家的其他地图收藏是那些 Alexander von Humboldt, Carl Wilhelm von Oesfeld, Carl Friedrich von Klöden 和 Heinrich Kiepert 的。

写者。科内利斯·库曼（Cornelis Koeman）将穆勒描述为"总体上，是科学管理古旧图书销售的创新者和倡导者，尤其是将地图学作为历史资料的最早的推进者"[125]，正是穆勒为后来 17 由他人撰写的荷兰地图学史奠定了基础。然而，尽管是领导者，但穆勒绝对不是孤独的人。正如与诺登舍尔德收藏的建立有关的信函所揭示的，到 19 世纪后期，一个早期地图的欧洲经销商的复杂网络正在形成，其中包括阿姆斯特丹的穆勒、柏林的莉萨（Lissa）、斯德哥尔摩的克林（Kellings）、伦敦的夸里奇（Quaritch）和史蒂文斯（Stevens），那不勒斯的佩雷拉（Perrella），以及威尼斯和维罗纳的奥尔施基（Olschki）[126]。虽然有时可能不得不对他们的工作小心谨慎，但这些人确实帮助提高了地图书目描述的标准，就像由穆勒及其继任者安东·门斯（Anton Mensing）（在 1902 年之后由 F. C. 维德尔 ［F. C. Wieder］ 协助）制作的一系列著名的目录[127]，或者是通过他们自己的学术著作，就像亨利·N. 史蒂文斯（Henry N. Stevens）对印刷本托勒密的《地理学指南》的研究。

地图学史的传统模式

上文勾勒的地图学史的三个影响因素——地理学的制度化、专业地图图书馆的发展，以及早期地图的古物市场的扩展和学术收藏的相互交织——共同决定了直至 20 世纪中叶的关于地图学史的大部分作品的性质。从表面上看，许多实质性的主题和独特的话题，仍然是今天地图学议程中的首要内容——以及在本书的各卷中依然是突出的特点——而这些也出现在了 1800 年以后的一个半世纪的文献中。如斯凯尔顿所建议的，这些主题包括，中世纪地图学及其罗马的起源、数学地图学和地图投影的历史、最初的地形调查的扩展、导航技术的变革及其对海图设计的影响、地图学呈现的发展、地图贸易的发展，以及印刷技术在地图学上的应用[128]。但是，如果没有限定的话，那么这样的清单会产生误导，并夸大了该学科在 19 世纪的成熟度。一些主题——仅举一个例子，如地图印刷的历史——几乎没有进行过系统的研究[129]。而且，可能在大多数情况下，地图本身——被认为是独立的人工制品和图像——仍然屈从于机构的或收藏背景的实际目的，由此在这一阶段，很难承认存在一种具有学术特性的地图学史。

地图学史与 19 世纪初以来地理学发展之间的关系，说明了对早期地图的兴趣如何从属于地图自身之外的问题。部分的，这与以下事实有关：在 19 世纪上半叶，地理学本身趋向于被认为并不是一个学科，而是作为历史的附属物[130]。地理学为理解历史事件提供了必要的背景，特别是那些古典时代的历史。并不奇怪的是，早期地图应该主要被视为历史文献，被

---

[125]　Koeman, *Collections*, 93（note 51）.

[126]　Mickwitz, "Nordenskiöld"（note 124）.

[127]　Henry N. Stevens, *Ptolemy's Geography: A Brief Account of All the Printed Editions down to 1730*, 2d ed.（London: Henry Stevens, Son and Stiles, 1908, reprinted, Amsterdam: Theatrum Orbis Terra-rum, ［1973］）；也可以参见 Stevens 的 *Recollections of James Lenox and the Formation of His Library*, ed., rev., and elucidated by Victor Hugo Paltsits（New York: New York Public Library, 1951）。

[128]　这一列表改写自 Skelton, *Maps*, 90（note 15）。

[129]　David Woodward, ed., *Five Centuries of Map Printing*（Chicago: University of Chicago Press, 1975），Ⅶ，陈述道，"就历史地图的印刷方法的研究的众多方面而言，这一领域都是尚未被触及的"。

[130]　Capel, "Institutionalization," 39 – 47（note 92），归纳了针对这一时期的众多欧洲国家的证据。

用于重建过去的地理，无论是古代世界的、圣经中记载的土地的，或是为 19 世纪的海洋帝国奠定了基础的大发现时代的地理。

接受 19 世纪和 20 世纪初地图研究的主要推动力的这种解释，意味着大部分被粗略描述为属于地图学史的作品也可以属于知识的其他分支。尤其是，这个学科中的一些所谓的标志性作品，同样可以被看作属于地理发现的历史叙述或属于与历史其他专业的研究相关联的部分。需要注意，亚历山大·冯洪堡（Alexander von Humboldt）对新世界的最早地图的兴趣与他对美洲的发现和探索的研究有着很大联系[131]，而圣塔伦专注于古代地图对地理学史和发现史的"巨大效用"[132]，以及由此（涉及沙文主义）确立"葡萄牙在西非发现的优先权以及这个国家对地理科学的贡献"[133]。圣塔伦的例子同样也服务于阐明一点，即地图的复制品地图集[134]，通常被假定代表了 19 世纪及以后地图学史的顶峰，但实际上，通常的设计目的不仅在于使得早期地图易于获得，从而为地理发现的历史奠定基础，而且还可以促进将这些地图作为独立的历史对象进行研究。若马尔绝对清楚这种兴趣，在编绘《地理遗迹地图集》（*L'atlas des monuments de la géographie*）时，其明确的动机就是"用科学的进步和主要的发现来阐明前后相继的时代"[135]。相似的，勒莱韦尔《中世纪地理学》（*Géographie du Moyen Age*）附带的地图集，在历史地理学中，将早期的地图分配到它们相应的地点上，这一关系由他的其他历史作品的更为广泛的背景而得以强化[136]。到 19 世纪末，早期地图研究中的相同的目的，反映在了诺登舍尔德的《早期地图学史的复制品地图集》（*Facsimile-Atlas to the Early History of Cartography*）的前言，在其中他观察到"如果不能对可以获得的地图进行比较研究的话，那么这个伟大的地理发现的时代就难以被充分的理解"[137]。这里同样，就像在他后来的《周航记》（*Periplus*）中那样，专注于"航海图和航向的早期历史"[138]，诺登舍尔德认为，正在撰写的地图学史，是为了向大发现和探险的研究者提供必要的技术分析。

尽管 20 世纪研究大发现的历史学家，除了显著的例外，未能像这些先驱者那样利用早期的地图[139]，但在地图学和大发现的历史研究之间依然有着牢固的联系。晚至 20 世纪 60 年

---

[131] Alexander von Humboldt, *Examen critique de rhistoire de la géographie du nouveau continent et des progrès de rastronomie nautique au XVe et XVIe siècles*, 5 Vols. (Paris：Gide，1836 – 39)．

[132] Viscount of Santarém, *Essai*，I：LVI（note 93）．

[133] Viscount of Santarém, "Notice," 290（note 94），作者的翻译。

[134] 必须对照相术之前的"复制品"地图集，这些是模仿原件的手绘副本的新的雕版（并且其可能包含错误的图形和文字转录），与始于 19 世纪下半叶的照相术的复制品之间加以区分。关于若马尔和圣塔伦所开创性的"复制品"的可靠性，对此较早的评论，参见 Gabriel A. Marcel, *Reproductions de cartes et de globes relatifs à la découverte de l'Amérique du XVIe au XVIIe siècle avec texte explicatif*（Paris：Ernest Leroux，1893 – 94），preface，8，在其中他呼吁"如实的"复制品。

[135] Jomard, *Introduction*，6（note 99），作者翻译。

[136] Rzepa, "Lelewel," 106 – 7（note 96），关于阿希姆·勒莱韦尔作品的"精选的和主题书目"；也可以参见 Michael J. Mikoś, "Joachim Lelewel：Polish Scholar and Map Collector," *Map Collector* 26（1984）：20 – 24。

[137] A. E. Nordenskiöld, *Facsimile-Atlas to the Early History of Cartography*, trans. Johan Adolf Ekeloef and Clements R. Markham（Stockholm，1889），preface.

[138] Nordenskiöld, *Periplus*，引文来自标题页（note 35）。

[139] 很多大发现的史学家将地图视为以叙事为主体的历史的偶然的贡献者，同时他们的索引对于地图和航海图的搜索而言可能是无用的。一个例外就是 John H. Parry，他是早期地图积极和务实的使用者，且将其作为他研究主题的组成部分，尽管他在从地图学证据中进行概括时的谨慎态度已经被提到（参见 Parry，之前的注释 10）。

代，科尔特桑撰写到难以将大量的与大发现、海航、航海科学和地图学有关的浩瀚的参考书目梳理清楚[140]。确实，到这一时期为止，地图学史的技术研究的范围正在增加，试图将早期地图作为资料的一些新方法运用到其他历史专业的研究中。同样如此的就是，越来越多的论文和专著不再直接提到所研究地图的历史学的应用。然而，潜伏在许多地图学史学家的认识论中的就是总有一种感觉，即他们的主要职责是使其他领域的学者所需的地图学文献易于获得和解释。

　　由若马尔和圣塔伦最早正确的提出，这种路径在 20 世纪复制品地图集出版的持续的兴趣中有着持久的表达。这是国际地理联盟（International Geographical Union）所支持的目标之一。1908 年和 1913 年任命了复制早期地图的委员会；但是尽管这个项目由 1928 年的剑桥大会（Cambridge Congress）继续进行，但成员们似乎只是流于空谈而不是出版，并且到了 1938 年，正如列奥·巴格罗（Leo Bagrow）在关于那年大会的一份报告中指出的那样，记录和研究古地图的各种提议"尚未得到具体执行"[141]。在许多国家的国家层面上，并且从地图复制的现代方法的技术优势中获益，如珂罗版和使用更为精细的丝网的胶版印刷[142]，学者们在实现与他们本国有关的早期地图的复制计划时取得了更多的成功。在若马尔、圣塔伦和诺登舍尔德的开创性地图集和后续的继承者《地图学志》（*Monumenta cartographica*）（赋予它们的一种通用的书名）之间有着一个非常真实的连续性，而后者是按照国家或者区域的线索组织的，或者与特定的收藏有关[143]，可能以由 F. C. 维德尔为埃及王子优素福·卡迈勒（Prince Youssouf Kamal）编辑的《非洲与埃及地图学志》（*Monumenta cartographica Africae et Aegypti*）作为顶峰[144]。像它们的前辈一样，后来的复制品地图集的"系统的计划和详细的评论"赋予了它们"专著或历史著作的性质"[145]。然而，尽管它们附带的学术评注具有很高的价值（对早期地图研究的地理学方面的贡献进行了总结），但这些地图集在今天作为一个整体的学科内的相对重要性已经降低。随着关于地图学史的新思想的提出，地图学史超出了对作为历史文档的地图的研究，因此它们的影响和意义将持续下降，由此它们甚至可能会被视为"恐龙"，其花费大量时间的性质

19

[140]　Cortesão, *History of Portuguese Cartography*, 1：70（note 93）.

[141]　[Leo Bagrow], "Sixteenth International Geographical Congress, 1938," *Imago Mundi* 3（1939）：100 - 102，引文在 101。出版 *Monumenta cartographica Europea* 的野心勃勃的方案，在 1931 年由一个子委员会启动，但最终被第二次世界大战打断。1949 年，在里斯本的会议上，旧地图复制和出版委员会（Commission pour la Reproduction et la Publication des Cartes Anciennes）被旧地图目录委员会（Commission pour la Bibliographie des Cartes Anciennes）所取代，原因就是没有后者（图目）的话，那么前者（复制）也是无法进行的，且基于后者可以在复制时确定重点。参见 Roberto Almagià, *Rapport au X Ⅷᵉ Congrès international：Contributions pour un catalogue des cartes manuscrites*, *1200 - 1500*, ed. Marcel Destombes, International Geographical Union, Commission on the Bibliography of Ancient Maps（[Paris], 1952），5.

[142]　Walter W. Ristow, "Recent Facsimile Maps and Atlases," *Quarterly Journal of the Library of Congress* 24（1967）：213 - 29.

[143]　这些在 Skelton, *Maps*, 93 - 95（note 15）以及在 Cornelis Koeman, "An Increase in Facsimile Reprints," *Imago Mundi* 18（1964）：87 - 88 中被作为一组进行了讨论，并且涉及的国家或区域包括波西米亚、丹麦、爱尔兰和法罗群岛（Faroes）、意大利、尼德兰、葡萄牙、苏台德（Sudetenland）和乌克兰。

[144]　Youssouf Kamal, *Monumenta cartographica Africae et Aegypti*, 5 Vols. in 16 pts.（Cairo：1926 - 51）. 参见下文，p. 40；那里列出了全部内容。

[145]　Skelton, *Maps*, 95（note 15）.

（以及展示它们所有荣耀所需的资金）已经成为过去。在 1964 年的大会上，国际地理联盟中关注于早期地图的委员会的取消，在更广泛的地理社团中，部分反映了这一正在变化的学术景观⑭。结果，国际地理联盟对地图学史的放弃，对于阻止早期地图复制品出版物的泛滥没有起到任何缓和作用。确实，它们已经变得如此之多，以至于它们现在有自己的参考书目⑰，已经吸引了不断增长的二次文献，并毫无争议的在地图学史领域中吸引了更为野心勃勃的出版活动。

专业的地图图书馆也在地图学史的文献上留下了它们的印记。如果从 19 世纪之后的地理学会在巩固早期地图作为发现的记录的方面做了很多工作的话，那么与此同时也推动了复制品的传统，然后同样可以说的就是，大型研究型图书馆的地图学史方面的主要遗产——除了它们提供的研究机会——主要是图目性质的。与早期地图有关的图目作品的产出确实是可观的⑱。它们反映了保存它们的图书馆的类型以及地图的多样性。已经建议，这些图目著作可以被分成两类：机构制作的描述了他们自己的藏品的列表，以及提供了更为详尽的分析和对每幅地图的各种版本进行了描述以展示其印刷的历史或者展示绘本副本之间相互关系的图目列表⑲。

如前所述，早期地图的编目是地图学史研究者如此重要的辅助工具，其可以追溯到 17 世纪和 18 世纪制作的最初的地图目录。然而，19 世纪独立地图图书馆的出现给予了详细编目以特别的驱动力。例如，法国，在 19 世纪 20 年代，为当维尔的巨大收藏编纂了一份稿本《地理学分类目录》（*Catalogue géographique raisonné*），这本手稿现在收藏在外交部（Département des Affaires Etrangères）⑮，同时若马尔据说在 1839 年之前就已经提出出版皇家图书馆的地理藏品《分类目录》（*Catalogue raisonné*）⑮。然而，这样雄心勃勃的计划没有迅速取得成果。第一次世界大战前夕国家层面的地图收藏中，只有大英博物馆发布了其藏品的完整目录⑮，尽管美国国会图书馆已经出版了其藏品中的美国地图的目录，并且完成了其地

---

⑭　事实上，支持委员会继续运作的票数是 15 票，而反对票是 19 票，3 票弃权：*International Geographical Union Newsletter* 16（1965）：6。

⑰　Walter W. Ristow, *Facsimiles of Rare Historical Maps: A List of Reproductions for Sale by Various Publishers and Distributors*（Washington, D. C.: Library of Congress, 1960 and subsequent editions）. 这一精选，以及 Skelton, *Maps*, 107（note 15），在将来的任务中包括了准备制作已经出版的复制品的完整索引。

⑱　John A. Wolter, "Research Tools and the Literature of Cartography," *AB Bookman's Yearbook*, pt. 1（1976）：21 – 30, esp. 21，注意到从 1957 年到 1972 年，在《地图图目》（*Bibliotheca cartographic*）中被归类为"图目、收藏、文献"的 1169 个条目中，超过 75% 是图目。

⑲　Robert W. Karrow, "Cartobibliography," *AB Bookman's Yearbook*, pt. 1（1976）：43 – 52, esp. 43。

⑮　当维尔的藏品在 1780 年出售给了路易十六（Louis XVI）。1782 年，这一年当维尔去世，并且藏品被转移到了凡尔赛，由当维尔开始编纂的清单最终由他的助手 Jean Denis Barbié du Bocage 完成。Barbié du Bocage 在藏品由外务部接收后不得不制作了一个新的分类；在一次中断之后，工作由他的儿子 Jean Guillaume 继续，他在 1827 年 1 月被任命，《地理学分类目录》（*Catalogue géographique raisonné*）的导言反映了新的分类（5 卷中 4 个稿本的部分），1826 – 27。这一目录依然没有出版。

⑮　Jean Bernard Marie Alexander Dezos de La Roquette, *Notice sur la vie et les travaux de M. Jomard*（Paris: L. Martinet, 1863）, 15 – 16.

⑮　British Museum, *Catalogue of the Manuscript Maps, Charts, and Plans, and of the Topographical Drawings in the British Museum*, 3 Vols.（London: Trustees of the British Museum, 1844 – 61），以及 idem, *Catalogue of the Printed Maps, Plans and Charts in the British Museum*, 2 Vols.（London: W. Clowes by order of the Trustees of the British Museum, 1885）.

理图集列表的最初几卷⑬。其他地方，在此之前，最为实在的进展就是在尼德兰（国家档案馆［Rijksarchief］）和西班牙（印度总档案馆［Archivo General de Indias］）的档案收藏中的绘本地图主要列表的完成，以及德国和意大利收藏中的中世纪和文艺复兴时期地图主要列表的完成⑭，还有一些军事调查机构地图收藏的主要列表的完成⑮。基于斯凯尔顿称之为记录 20 早期地图资源所需的"巨大而无尽的辛苦劳作"，这些开创性的目录仍然是标志性作品。即使在今天，自从第一个主要机构的目录出现以来，已经超过了一个多世纪，但仍然有许多早期地图藏品缺乏足够的被出版的目录⑯。

地图列表——类似于书目研究中的书籍列表——自19世纪以来，对于早期地图的研究者而言，尤为让人着迷。毫无疑问，作为鉴赏的侍女，这种兴趣，部分植根于那个年代的收集和制作清单的心态，这是一种一直持续到20世纪的热情⑰。但这也是对刚才提到的许多藏品缺乏被出版目录的不便之处的回应。在任何情况下，制作和出版目录的兴趣迅速多样化，由此除了藏图机构藏品的目录之外，今天还有同样大量的早期地图的图目，这些图目按照类型和形状，按时期、地理区域（世界、大陆、国家、省），按功能（地籍地图、道路图、航海图、天图），按照形式（地图集、球仪、壁挂地图），或按这些标准的各种组合来组织⑱。

编纂图目的路径对这一学科正在发展的特征产生影响的另一种方式，就是通过频繁引入地图列表，通常附带有地图绘制者的传记，作为一部专著或者介绍复制品地图集的论文的核心要素。因此，图目被认为是地图学史的活力之所在。地图学史中的很多经典研究，都有着一个重要的图目的维度：诺登舍尔德在他的《复制品地图集》（*Facsimile Atlas*）中包括了一个晚期世界地图的列表，而在他的《周航记》中包括了一个航海图和航海指南的列表。康

⑬ Philip Lee Phillips, *A List of Maps of America in the Library of Congress*（Washington, D. C.：Government Printing Office, 1901）；reprinted, Burt Franklin Bibliography and Reference Series No. 129（New York：Burt Franklin, ［1967］），以及 Library of Congress, *A List of Geographical Atlases in the Library of Congress, with Bibliographical Notes*, 8 Vols.（Washington, D. C.：Government Printing Office, 1909 – 74），Vols. 1 – 4（1909 – 20），ed. Philip Lee Phillips, supp. Vols. 5 – 8（1958 – 74），ed. Clara Egli LeGear.

⑭ 它们由 Skelton, *Maps*, 86 – 89（note 15）列出。

⑮ 例如，在德国，19世纪出版的这一类型的图目包括：*Katalog über die im Königlichen Bayerischen Haupt Conservatorium der Armee befindlichen Landkarten und Pläne*（Munich, 1832）；*Katalog der Bibliothek und Karten-Samm-lung des Königlichen Sächsischen Generalstabes*（Dresden, 1878）；以及 *Katalog der Kartensammlung des Königlichen Preußischen Generalstabes*（Berlin, 1893）。最后一个收藏在1919年被纳入了 Preußsche Staatsbibliothek 的地图收藏中；参见 Löthar Zogner, "Die Kartenabteilung der Staatsbibliothek, Bestände und Aufgaben," *Jahrbuch Preußischer Kulturbesitz* 14（1977）：121 – 32。

⑯ 最近的一项呼吁，参见 Monique Pelletier, "L'accès aux collections cartographiques en France," in *Le patrimoine des bibliothequès：Rapport à Monsieur le directeur du livre et de la lecture par une commission de douze membres*, ed. Louis Desgraves and Jean-Luc Gautier, 2 Vols.（Paris：Ministere de la Culture, 1982），2：253 – 59。

⑰ 历史学文献与此非常近似。尤其应当参见 George Sarton, *Introduction to the History of Science*（note 17）in Vol. 1, *From Homer to Omar Khayyam*, 39, 在其中他写道："书目是历史学和任何种类的科学研究的另外一个主要基础。我的论述很简短，通常有着林奈（Linnaean）的简洁，但是我尝试用主要文献的目录和许多其他出版物的目录来完成每项。因而，读者将拥有丰富的手段来掌控我陈述中的每个单词，并将使得主题的任何专题研究都可以扩展到任意的程度。"这也可能是许多地图学史家的说法，并且有理由将其视为该学科的基石。

⑱ 目前尚未出版通论性的"地图学图目的参考书目"。然而，关于具有这一性质的机构清单，参见 Annemieke van Slobbe, *Kartobibliografieën in het Geografisch Instituut Utrecht*, Utrechtse Geografische Studies 10（Utrecht：Geografisch Instituut Rijksuniversiteit Utrecht, 1978）。查找主要书目的辅助工具，对此的简介，由 Wolter, "Research Tools"（note 148）提供。

拉德·米勒的《世界地图》（*Mappaemundi*）的核心组织原则就是描述他所知道的所有中世纪的世界地图[159]，而 19 世纪的北美发现的书目编纂者和历史学家亨利·哈里斯（Henry Harrisse）编纂了"美洲地图学"（Cartographia Americana）以附带在他的《最古老的美洲书目》（*Bibliotheca Americana vetustissima*）中[160]。自从在 19 世纪和 20 世纪之交这些人撰写的著作以来，图目研究的发展已经扩大到成为地图学史文献的一种广泛特征的程度，并且今天的很多新的项目都包含图目的元素[161]。

英国地图史学家赫伯特·乔治·福德姆（Herbert George Fordham）在 20 世纪初通过合成创造了"地图图目学"（cartobibliography）一词。福德姆特别关注提出可以专门应用于地图而不是非地图材料的分析和分类的原则[162]。后来在一些国家中的研究改进了他的方法，尤其是通过采用首先在文献目录学中提出的概念，由此地图目录学，或者卡罗（Karrow）定义为的"实体地图目录学"[163]，现在已经从只是关注于对地图的简单列举，发展到更为复杂的描述性分析的形式，由此可以回答有关地图的制作、它们的起源，以及尤其，在它们通过印刷或手绘复制而产生的基因序列中的彼此之间的时间关系等的问题。这样的技术正在被越来越多地用来回答地图学史中的更为广泛的问题，包括作为文献的地图的史实性，不同时期和地点的地图贸易的特性，地图学产品统计数据上的增长，以及早期地图及其图像的传播[164]。一些地图图目学的研究者也试图定义一个与他们的学科相关联的详尽的术语体系[165]，但这一点现在受到了最近的发展的挑战，即在一般书籍中对非文本材料的描述，而不只是地图[166]。尽管对围绕图目清单建立的地图学变化的历史解释的贫乏，这一点已受到无可非议的批评[167]，但大量的图目学方面的研究仍然是地图管理者影响了早期地图研究的发展的最典型和最有价值的遗产。

作为一个群体，大型地图图书馆通过举办附带有出版的目录的专业地图展览，为地图学

---

[159]　参见后文第十八章，讨论了由他的思想发展而成的一种恰当的分类。

[160]　这由所有地图的列表和描述构成，无论是出版的还是绘本的，只要是与新世界有关，且出版于 1550 年之前；Richard W. Stephenson，"The Henry Harrisse Collection of Publications，Papers，and Maps Pertaining to the Early Exploration of America"（paper prepared for the Tenth International Conference on the History of Cartography，Dublin 1983），10。

[161]　在本卷后续某些章节中都包含这样的清单，这说明了对于地图学史而言，对主要书目清单的持续需求以及它们的根本重要性，例如，后续章节，尤其那些关于史前时期地图的、波特兰海图，以及中世纪地方地图和平面图的：分别参见 pp. 93 – 97，449 – 61，498 – 500。

[162]　Herbert George Fordham，*Studies in Cartobibliography，British and French，and in the Bibliography of Itineraries and Road-Books*（Oxford：Clarendon Press，1914；reprinted，London：Dawson，1969）；收录在 "Descriptive Catalogues of Maps：Their Arrangement，and the Details They Should Contain，" 92 – 127 这卷中的论文，显示了福德姆为地图图目学正在思考新的原则的程度。

[163]　Karrow，"Cartobibliography，" 47 – 50（note 149）.

[164]　关于在地图历史中图目学的这些广泛用途，参见 Michael J. Blakemore and J. B. Harley，*Concepts in the History of Cartography：A Review and Perspective*，Monograph 26，*Cartographica* 17，No. 4（1980）：37 – 42；也可以参见其中对地图学史有着众多提及的讨论，即 G. Thomas Tanselle，"From Bibliography to *Histoire Totale*：The History of Books as a Field of Study，" *Times Literary Supplement*，5 June 1981，647 – 49（text of the second Hanes Lecture in the History of the Book，University of North Carolina，15 April 1981）。

[165]　尤其是 Coolie Verner，"The Identification and Designation of Variants in the Study of Early Printed Maps，" *Imago Mundi* 19（1965）：100 – 105，以及 idem，"Carto-bibliographical Description：The Analysis of Variants in Maps Printed from Copper Plates，" *American Cartographer* 1（1974）：77 – 87。

[166]　G. Thomas Tanselle，"The Description of Nonletterpress Material in Books，" *Studies in Bibliography* 35（1982）：1 – 42.

[167]　例如，P. D. A. Harvey，*The History of Topographical Maps：Symbols，Pictures and Surveys*（London：Thames and Hudson，1980），7。

史的发展做出了重要贡献。确实，这也通常被视为那些稀有的早期地图的管理者的一项主要功能。然而，在有助于解释地图学史研究的兴起方面，这些却被地图学史家所忽视[168]。然而，对于古地图资源丰富的国家，如意大利和西班牙而言，这样的展览往往标志着早期地图的历史意识的开创阶段[169]。那些为使得早期地图受到更广泛公众的关注，或是为了能让学者看到早期地图并将其作为后续详细研究的"开胃菜"的展览，在19世纪之后，定期在较大型的地图图书馆中开设。它们已经在很多国家地理期刊中得到报道，并且是一些学会会议的常规事项，并且从1935年之后，也是《世界宝鉴》（Imago Mundi）的"年鉴"（Chronicle）部分的常规内容[170]。展览本身和随附的目录中所展示的主题非常丰富多样，但可以挑选出那些反复出现的主题[171]。在会议和大会召开的时候也举办了一些大型展览；展览旨在强调特定文化、时期或地点的地图学；还有用来纪念地图学——地图世界中的国家英雄——或者他们的标志性出版物的周年纪念的纪念性展览。就像在通常的艺术史和博物馆领域中那样，一次展览可以服务于广泛的学术目的，而不仅仅创造一个其所展示的内容的实际记录。在某些情况下，出版的目录（其中最好的是有着插图的专著）提供了地图学史上的某个特定主题的具有原创性的合集[172]。展览同样是具有创新性的，开创了地图研究的新的概念路径，例如1980年在巴黎举办的"大地的地图和图形"（Cartes et figures de la terre）展览[173]。在其他情况下，它们可以突出地图的鲜为人知的方面[174]，介绍新的地图流派，或向学者揭示一座专业

22

---

[168]　Skelton, Maps（note 15），在他对地图研究和收藏的历史研究中没有提到展览。

[169]　这依然是真实的；例如，参见，关于 Spain, Biblioteca Nacional, La historia en los mapas manuscritos de la Biblioteca Nacional, 展览目录（Madrid: Ministerio de Cultura, Dirección General del Libro y Biblioteca, 1984）; Puertos y fortificaciones en América y Filipinas（Comision de Estudios Historicos de Obras Publicas y Urbanismo, 1985）。

[170]　Petermanns Geographische Mitteilungen 是1855年之后地图展览记录的可靠资料。从1829年之后，关于早期地图学的展览，在意大利，被与 Congressi Geografici Nazionali 联系起来；参见 Elio Migliorini, Indice degli Atti dei Congressi Geografici Italiani dal primo al decimo（1892-1927）（Rome: Presso la Reale Società Geografica Italiana, 1934）; 以及 Luigi Cardi, Indice degli Atti dei Congressi Geografici Italiani dall'undicesimo al ventesimo（1930-1967）（Naples: Comitato dei Geografi Italiani, 1972）。在《世界宝鉴》（Imago Mundi）中，目录开始于 "Chronik," Imago Mundi 1（1935）: 68-73。

[171]　British Museum, Catalogue of Printed Maps, Charts and Plans, 15 Vols.（London: Trustees of the British Museum, 1967）, 15: col. 787 中的，以及在 supp. for 1965-74（1978）, cols. 1347 et seq. 中的清单，为这一讨论提供了样本。展览目录目前同样也被记录在 Bibliographia cartographica 年度各卷中（section Ⅳ C）。这样的专业目录，当然，低估了早期地图在展览中被展示的程度；它们经常出现在更为普通的艺术、科学和文化方面的展览中。

[172]　Marijke de Vrij, The World on Paper: A Descriptive Catalogue of Cartographical Material Published in Amsterdam during the Seventeenth Century（Amsterdam: Theatrum Orbis Terrarum, 1967）; Arend Wilhelm Lang, Das Kartenbild der Renaissance, Ausstellungs-kataloge der Herzog August Bibliothek, No. 20（Wolfenbüttel: Herzog August Bibliothek, 1977）; Sarah Tyacke and John Huddy, Christopher Saxton and Tudor Map-making（London: British Library, 1980）。

[173]　Cartes et figures de la terre, 展览目录（Paris: Centre Georges Pompidou, 1980）; 也可以参见可对照的 Arte e scienza per il disegno del mondo, 展览目录, city of Turin（Milan: Electa Editrice, 1983）。

[174]　例如，参见 Gillian Hill, Cartographical Curiosities（London: British Museum Publications, 1978）; Het aards paradijs: Dierenvoorstellingen in de Nederlanden van de 16de en 17de eeuw, 展览目录（Antwerp: Zoo Antwerpen, 1982）; Omar Calabrese, Renato Giovannoli, and Isabella Pezzini, eds., Hic sunt leones: Geografia fantastica e viaggi straordinari, catalog of exhibition, Rome（Milan: Electa Editrice, 1983）。关于艺术与地图学之间关系的最新目录，包括："Art and Cartography: Two Exhibitions, October 1980 - January 1981," Mapline special No. 5（Oc-tober 1980）; Jasper Johns et al., Four Artists and the Map: Image/Process/Data/Place（Lawrence: Spencer Museum of Art, University of Kansas, 1981）, 以及同时的展览，在 Lawrence, "A Delightful View: Pictures as Maps," 6 April - 31 August 1981; "地图学"（Cartography）是在 John Michael Kohler Arts Center, Sheboygan, Wisconsin 举行的分为两部分的展览的标题，时间是从1980年11月16日至1981年1月11日; part 1, "An Historical Selection of Maps, Globes, and Atlases from the American Geographical Society Collection," 以及 part 2, "Cartographic Images in Contemporary American Art."

地图图书馆的研究潜力⑰。这样的展览在广义上具有教育功能，同时它们为人们认识早期地图的历史重要性做出了重要贡献。

最后，私人收藏家和古物爱好者的地图贸易，被认为属于地图学史早期发展的三大推动力之一，也可以从其历史书写方面的影响进行评估。主要作用是强化了制度性地理学和独立地图图书馆兴起的趋势，这已经引起了人们的注意。一方面，一些出版商通过效仿复制品出版物所强调的学术性，从而迎合了收藏者和古物市场的需要，或是通过有着吸引力的古色古香的高质量的复制品，或是通过将早期地图的华丽插图与相对简短的文字相结合的针对国际的大型画册⑰。另一方面，有着图目学质量的目录服务于收藏家和贸易，这加强了文献中此类作品的既有的主导地位。一些优秀的古物地图销售者的目录早已具有地图学图目的特性，为地图集和地图的印刷史贡献了新的版本和重印本⑰，由此它们被认为是地图学史研究文献的一部分。

地图收藏和古物贸易之间联系的第二个作用，是对地图学史流行状态的展现。这一点没有什么不寻常的；其他学科，包括一般的美术史，以及考古、景观史和家族史，也同样冲破了它们狭窄的学术圈子。然而，在地图学史中，趋势是显著的。爱好者的⑰和专业的兴趣密切交织，学科一直是对所有来者开放的，由此这种影响在近几十年中正在变得更为清晰可见。

首先，存在使用多种语言的大量书籍，旨在推广古地图，并通过鼓励初学者发现和鉴定它们来刺激市场，或对地图学产品的投资价值，或对一个收藏的保存和管理提供建议。这样的作品，如前所述，将注意力集中在 1800 年以前的装饰性地图和收藏价值更高的地图上，现在有迹象表明，人们对晚期地图和对 19 世纪和 20 世纪官方地图制作机构制作的地图的潜在魅力的兴趣越来越浓⑰。

其次，针对早期地图的收藏家的区域和国家的学会开始建立起来。一个收藏者的学会在20 世纪 20 年代在新英格兰建立起来，然后在 1950 年重建⑱，而在欧洲，列奥·巴格罗（Leo Bagrow）1927 年在柏林建立了俄罗斯古物爱好者界（Circle of Lovers of Russian Antiquities），显然都更多关注地图⑱。但是持续性的发展只是发生在第二次世界大战后。例如，在

⑰ 例如，参见 *A la découverte de la terre*, *dix siècles de cartographie*, trésors du Département des Cartes et Plans de la Bibliothèque Nationale, Paris, May-July 1979, 122, 是对他们主要资源的展示；或者 *The Italians and the Creation of America*: *An Exhibition at the John Carter Brown Library*, prepared by Samuel J. Hough (Providence: John Carter Brown Library, 1980)。

⑰ 这一类型的一个模型，可以参见 *Landmarks of Mapmaking*, 有着经过 R. V. Tooley 选择和展示的地图，有着 Charles Bricker 撰写的文本，以及 Gerald R. Crone 所作的前言（note 14）；最近的例子包括 George Kish, *La carte*: *Image des civilisations* (Paris: Seuil, 1980)；Tony Campbell, *Early Maps* (New York: Abbeville Press, 1981)；及其后续，即 Robert Putman, *Early Sea Charts* (New York: Abbeville Press, 1983)；也可以参见 George Sergeant Snyder, *Maps of the Heavens* (New York: Abbeville Press, 1984)。

⑰ 例子应当包括一些由 Weinreb and Douwma, Francis Edwards, Nico Israel, H. P. Kraus, Frederick Muller, Kenneth Nebenzahl, Leo Olschki, Rosenthal of Munich, 以及 Henry Stevens, Son and Stiles 发行的目录。

⑱ "爱好者"一词在此处不是贬义的意思，而是用来表示来自其主要领域在地图学史之外的学者和其他人士的大量贡献。

⑰ 例如，研究 Ordnance Survey 地图的 Charles Close Society 已经致力于这些地图的研究。其出版了一份通讯，*Sheetlines*, No. 1 – (October 1981 –)。

⑱ Erwin Raisz, "The Cartophile Society of New England," *Imago Mundi* 8 (1951): 44 – 45.

⑱ 参见列奥·巴格罗的讣告，[R. A. Skelton], "Leo Bagrow: Historian of Cartography and Founder of *Imago Mundi*, 1881 – 1957," *Imago Mundi* 14 (1959): 4 – 12, esp. 8.

1952 年，国际科罗内利球仪和设备研究会（The International Coronelli Society for the Study of Globes and Instruments）创立（并持续出版学术期刊《球仪之友》[Der Globusfreund]）[182]，以及在 1965 创建的芬兰地图学会（Finnish Map Society, Chartarum Amici）[183]。这样的学会真正的大规模出现是在 20 世纪 70 年代。无论是芝加哥地图协会（Chicago Map Society，创始时的目的是支持和鼓励对古地图和相关材料的研究和保存），还是不列颠哥伦比亚地图协会（British Columbia Map Society）都成立于 1976 年，并且很快在北美就有超过 6 个其他学会相继成立。在英格兰，国际古地图收藏者协会（International Map Collectors' Society）于 1980 年成立[184]，在尼德兰，《航海图宝典》（Caert-Thresoor），尽管不是由学会出版的，但反映了类似兴趣的非正式的增长[185]。

地图学史普及的第三个结果就是专著和尤其考虑地图收藏者的需求的期刊出版物的发行。最早出现的是《地图收藏界》（The Map Collectors' Circle），由 R. V. 图利（R. V. Tooley）于 1963 年创办，其后持续出版直到 1975 年[186]。然后是在 1977 年创办的《地图收藏家》（The Map Collector）。今天，它仍然是这类出版物中唯一的刊物，其目的是支持由包括经销商、收藏家、学者及所有对早期地图感兴趣的人构成的一个兴趣团体。这可以被认为是，在地图学史上以研究和写作为特色的群体之间共生接触的长期发展中的最新事件。

学术特性的发展

自 20 世纪 30 年代开始，地图学史已经缓慢地作为一个学科出现，并且伴随着自己的学术特性[187]。然而，这种说法依然需要得到证据的支持，正如我们将在下文看到，有迹象表明，地图学史确实在与其 19 世纪和 20 世纪早期阶段日益远离的研究中发展出了一种自觉的认识论和目的。基于学科内的三种主要发展可以对这一变化加以理解。首先，地图学史通论著作的出版，这类著作试图作为学科的一种综合，本书是目前这项工作最新的反映。其次，1935 年由列奥·巴格罗（Leo Bagrow）创办的《世界宝鉴》（Imago Mundi）的影响，它是唯一专门致力于地图学史的国际性杂志。最后，同时可能是迄今为止最显著的影响，即地图学作为一门独立的具有学术性的和实践性的学科的出现，其为地图学史提供了新的理论框架及其存在的理由。

---

[182] Wilhelm Bonacker, "The First International Symposium of the Coronelli Weltbund der Globusfreunde," *Imago Mundi* 18 (1964): 83 – 84.

[183] *Map Collector* 10 (1980): 32.

[184] 类似于大量其他学会，其出版有一份通讯，*IMCOS*, *Journal of the International Map Collectors' Society*, Vol. 1 – (1980 –)；对北美的一家学会的描述，参见 Noel L. Diaz, "The California Map Society: First Years," *Bulletin of the Society of University Cartographers* 18, No. 2 (1984): 103 – 5。

[185] *Caert-Thresoor*, No. 1 – (1982 –).

[186] *Map Collectors' Circle*, nos. 1 – 110 (1963 – 75).

[187] Cornelis Koeman, "Sovremenniye issledovaniya v oblasti istoricheskoy kartografii i ikh znacheniye dlya istorii kul'tury i razvitiya kartograficheskikh nauk"（对地图学史这一领域的现代调查：它们对文化史和地图学发展的贡献），in *Puti razvitiya kartografii*（地图学发展的途径），是 K. A. Salishchev 教授 70 岁生日之际的论文集（Moscow: Izdatel'stvo Moskovskogo Universiteta, 1975），107 – 21。

即使接受学科意识在地图学史研究者中不断增长，但变革的相关标准依然是难以分离出来的。此外，这个过程既不能精确地确定日期，也不能用最定性的词语来衡量。例如，从甚至最近的文献中也难以发现任何地图学史研究者思考问题方式的持续的概念转变[188]。所有可以识别出的是更多的连续和一些缓慢的变化。前者通过 19 世纪建立的早期地图的研究方法的留存而展现出来。但是并不存在划分学术发展的两个阶段的明确界限，而且没有理由相信有着新的和旧的地图学史的前后相继的时代。

地图学史的历史书写方面的分析，也由其文献的碎片化而变得复杂。上述的三个主要影响的框架通常而言是有效的，但它没有考虑分散在其他学科文献中的关于早期地图的论著。与任何其他历史文物或文献类似，早期地图不是一个学科的排他性的资料。通过对《世界宝鉴》最早的一份关于 1933 年的年度书目的检查，斯凯尔顿将其中所列条目总结如下：

> 一些发表在（如我们所期望的）地理学、历史学、地方史、大地测量与调查、水文学与航海、科学史期刊中。但关于早期地图的论文也出现在物理学、生物学、农业学、电磁学、经济学、政治学、艺术史、东方研究、古典学、考古学、印刷史、目录学和图书馆学、档案学等许多其他不那么显而易见的期刊中。[189]

这一列举可以很容易地被扩展以揭示地图学较为广泛的领域。相继发表在《世界宝鉴》刊物中的书目，同样列出了致力于天文学史和数学、生态和医学、建筑史、宇宙志、宗教，以及货币、文献和语言学、人类学和社会学、历史地理、城市史和城镇规划的著作或者期刊中的与地图学史有关的材料。而且，尤其是关于最近的地图学史，相关贡献越来越多地被发现于遥感和计算机期刊中，以及后文所列的最近创办的地图学期刊中[190]。当然，地图学史有着非常众多不同的背景，这些可以被作为地图的普遍性的附加证据，也是来源于不同领域的读者对早期地图日益增长的兴趣的证据。但分散的文献——及其鼓励的离心倾向——同样强调了迄今为止在交流方面阻碍了结合为一体的学科的发展的问题。因此，在不忽视许多学科对地图学史的贡献的价值的基础上，试图了解那些长期的将分散的学科脉络凝聚在一起的影响，是有道理的。因此，下面将讨论这些影响，因为这些影响在学术特性的发展中具有特别重要的意义，而学术特性也是这套《地图学史》所核心关注的。

综合的尝试

地图学史——试图提供它们的作者所认为的整个领域的一种综合——并没有在这个学科的发展中发挥主导作用。如果将它们视为地图史中的整合和自我意识的晴雨表的话，那么这个学科的不成熟度的一个衡量标准就是，在过去 50 年中，综合性的历史研究似乎已经落后于专门研究的发展。即使在今天，无论是在学术层面上还是在更流行的层面上，都没有对这

[188] 然而，Thomas S. Kuhn, *The Structure of Scientific Revolutions*（Chicago：University of Chicago Press, 1962）的思想，依然由 Wolter, "Emerging Discipline"（note 113）应用于作为一门学科的地图学的最新发展上。

[189] Skelton, *Maps*, 101-2（note 15）.

[190] 参见后文，pp. 32-33。

一关于地图历史的学科的全部范围进行最新的或平衡的处理。在某些方面，这是地图学史研究中的一个负面篇章，但与此同时，这里回顾的历史也有助于塑造出在 20 世纪 80 年代依然被广泛接受的地图学史的面貌。

除了研究作为地理发现和探险记录的内容之外，令人怀疑的是，对于一种关于地图的专门史的需求在 19 世纪时已经以今天的方式被感知到了。直到 20 世纪，可以感知到独立的地图学史思想的发展，以及甚至直至 1904 年之前，其在转化为实践方面，都只有极少的进展。鉴于它后来在地图学史中的统治地位，值得注意的是，早在 1918 年，列奥·巴格罗就在俄罗斯发表了一篇题为《地理地图的历史：文献评论与调查》（"The History of the Geographical Map: Review and Survey of Literature"）的初步论述[191]。然而，这一作品的主要目的是作为参考书目（它列出了不少于 1881 个关于地图学史的条目），并且在其文字和插图中极大地偏重于俄罗斯的例子。正如巴格罗在他的前言中所说，他的工作是孤立地进行的，并且他缺乏其他地方的学者可获得的图书馆资源。确实，在那个时间，人们期望有着地图学史的国家是德国。或许可以说，柏林，已经穿上了巴黎在 19 世纪时曾经披着的披风，成为"地图学史真正发酵"的中心[192]。到 20 世纪初，在奥地利和德国，地图学都有着重要的发展[193]。而且，杰出的地图学思想家马克斯·埃克特（Max Eckert）应运而生，他也是来自德国的。埃克特不仅开始为地图学的研究提供哲学基础[194]，而且还在他关于地图学的两卷本专著，《地图学研究》（Die Kartenwissenschaft）（1921－25）中，提供了一个实质性的和开创性的工作，对现代地图学产生了重要影响。为了保持一种以强调历史为特点的方法，埃克特系统分析了不同类型地图的特征和演变，并为它们的正式研究建立了原生的原则，所以他的《地图学研究》也可以被视为对地图学史做出了系统性贡献。然而，它确实刻意未进行历史综合方面的任何尝试。埃克特对这一问题的看法特别值得关注，因为尽管对这一学科有着很大的兴趣，但为什么在 20 世纪 20 年代的德国没有产生地图学通史。就像已经注意到的，虽然埃克特承认，地理学的一大缺陷就是被认为缺乏一部地图学史，但他认为，由于缺乏太多的初步研究，因此不太可能在不久的将来对此进行写作[195]。埃克特的观点在其后的 20 年中盛行。但泽（Danzig）军事学院的讲师康斯坦丁·塞夫里安（Konstantin Cebrian）规划了一部多卷

25

---

[191]　Leo Bagrow, *Istoriya geograficheskoy karty: Ocherk i ukazatel' literatury*（《地理地图的历史：文献评论与调查》）, *Vestnik arkheologii i istorii*, *izdavayemyy Arkheologicheskim Istitutom*（Archaeological and historical review published by the Archaeological Institute）（Petrograd, 1918）。

[192]　Skelton, *Maps*, 76（note 15）。

[193]　参见下文 p. 32 nn. 262, 263。

[194]　例如，参见 Max Eckert, "Die Kartographie als Wissenschaft," *Zeitschrift der Gesellschaft für Erdkunde zu Berlin*（1907）: 539－55; idem, "Die wissenschaftliche Kartographie im Universitäts-Unterricht," in *Verhandlungen des Sechszehnten Deutschen Geographentages zu Nürnberg*, ed. Georg Kollm（Berlin: D. Reimer, 1907）, 213－27; idem, "On the Nature of Maps and Map Logic," trans. W. joerg, *Bulletin of the American Geographical Society* 40（1908）: 344－51; 也可以参见 Wolfgang Scharfe, "Max Eckert's 'Kartenwissenschaft' -The Turning-Point in German Cartography"（paper prepared for the Eleventh International Conference on the History of Cartography, Ottawa, 1985）。

[195]　Max Eckert, *Die Kartenwissenschaft: Forschungen und Grundlagen zu einer Kartographie als Wissenschaft*, 2 Vols.（Berlin and Leip-zig: Walter de Gruyter, 1921－25）, 1: 26－27. 他陈述道："阻碍地图学史的宏伟大厦的建造的原因部分在于个人的资质，部分在于学科的问题。一位地图学史及其理论的研究者必须精通地图学史和哲学这两者。对此，他还必须整合大量的数学知识。正是在对这些科学分支的最充分掌握中，才能找到将导致期望的结果的方案。"（作者的翻译）

本的地图学史，但实际上只出版了第一卷[196]。在两次世界大战之间，还出现了一些较短的作品，尽管在它们的标题中表达了希望作为通史的愿望，但这些作品或者偏重于世界的某些特定区域[197]，或者其中包含的主题杂乱无章，不能正确地反映随着时间而展开的地图学发展的广阔领域[198]。

然而，接近 20 世纪中叶，出现了地图学史的三部简短的通史，同时正是这些，在各种版本中，有着持续到今天的这一领域的大部分内容，并且值得被注意的就是，这些对现有的在综合方面进行的尝试有着广泛的影响[199]。最早的文本是在 1943 年完成的，这就是列奥·巴格罗的《地图学史》（*Die Geschichte der Kartographie*），但是为了制作插图的复制品而准备的材料由于战时轰炸而被摧毁，并且直至 1951 年才在柏林出版[200]。修订增补的英文版直到 1964 年才出现[201]。同时，在该英文版面世之前的十多年中，劳埃德·布朗（Lloyd Brown）的《地图的故事》（*The Story of Maps*）于 1949 年出版[202]。其后是这组通史中的第三部，即杰拉德·R. 克伦的《地图和它们的绘制者》（*Maps and Their Makers*，1953 年第一版）[203]。从今天的视角来看，无论它们所存在的不足是什么，这三本著作仍对早期地图学的认知的发展做出了重大贡献。应根据它们那个时代的地图学的概念以及其本身的范围，即针对民众和学生的使用而进行的介绍性概述，从而在地图学史研究的视角下对它们进行判断。但是，即使有着这样的考虑，这三者都表明了关于地图学史的综合性作品的贫乏。就像同时代的评论家有时明确说明的，它们都留下了很多不足之处，这是因为它们不是出于专门的学术的考虑，而是出于内部平衡和总体覆盖面的考虑。

---

[196] Konstantin Cebrian, *Geschichte der Kartographie：Ein Beitrag zur Entwicklung des Kartenbildes und Kartenwesens*（Gotha：Perthes, 1922）, Vol. 1, *Altertum：Von den ersten Versuchen der Länderabbildungen bis auf Marinos und Ptolemaios*（*zur Alexandrinischen Schule*）. 这一项目由 Wilhelm Bonacker, "Eine unvollendet gebliebene Geschichte der Kartographie von Konstantin Cebrian," *Die Erde* 3（1951 –52）：44 –57 进行了描述。塞夫里安去世于第一次世界大战；未出版的材料保存在 Map Department of the Staatsbibliothek Preußischer Kulturbesitz。

[197] 例如 Herbert George Fordham, *Maps, Their History, Characteristics and Uses：A Handbook for Teachers*, 2d ed.（Cambridge：Cambridge University Press, 1927）, 以及 Arthur L. Humphreys, *Old Decorative Maps and Charts*（London：Halton and Smith; New York：Minton, Balch, 1926）, rev. by R. A. Skelton as *Decorative Printed Maps of the 15th to 18th Centuries*（London：Staples Press, 1952）。

[198] W. W. Jervis, *The World in Maps：A Study in Map Evolution*（London：George Philip, 1936）; 参见巴格罗在 *Imago Mundi* 2（1937）：98 中对这一作品严厉的评论。

[199] 同时还存在类似的简易或流行的历史论著，此处不再赘述：Hans Harms, *Künstler des Kartenbildes：Biographien und Porträts*（Oldenburg：E. Völker, 1962）; A. Libault, *Histoire de la cartographie*（Paris：Chaix, 1959）; Thrower, *Maps and Man*（note 25）; 以及最近的 Georges Grosjean and Rudolf Kinauer, *Kartenkunst und Kartentechnik vom Altertum bis zum Barock*（Bern and Stuttgart：Hallwag, 1970）; Kish, *Carte*（note 176）; A. G. Hodgkiss, *Understanding Maps：A Systematic History of Their Use and Development*（Folkestone：Dawson, 1981）; Wilford, *Mapmakers*（note 18）; 以及 Ivan Kupčík, *Alte Landkarten：Von der Antike bis zum Ende des 19. Jahrhunderts*（Hanau am Main：Dausien, 1980）, 或者法文版：*Cartes géographiques anciennes：Evolution de la représentation cartographique du monde de l'antiquité à la fin du XIXe siècle*, trans. Suzanne Bartošek（Paris：Edition Gründ, 1981）。

[200] Leo Bagrow, *Die Geschichte der Kartographie*（Berlin：Safari-Verlag, 1951）。

[201] Leo Bagrow, *The History of Cartography*, rev. and enl. R. A. Skelton, trans. D. L. Paisey（Cambridge：Harvard University Press; London：C. A. Watts, 1964）, preface, 5. 这一版本还被翻译为了德语；参见 *Meister der Kartographie*（Berlin：Safari-Verlag, 1963）。

[202] Brown, *Story of Maps*（note 16）（译者注：该书已由本译者翻译为中文，按计划将于 2022 年出版）。

[203] Crone, *Maps and Their Makers*（note 13）。

当巴格罗的《地图学史》最初出现的时候，可以理解的是，它被赞誉为在综合方面是出色的[204]。然而，当仔细审读的时候，就可发现其涉及的范围有着双重的局限性。首先，如巴格罗自己所解释的那样，它排除了一些内容，如地图制作的科学方法、收集材料的方法，以及地图编绘的方法[205]，但这些现在被认为属于地图学史中至关重要的方面。其次，他的叙述终止于18世纪，对此他认为"那时，地图不再是艺术品和个人思想的产品，同时那时，相关的手工技艺将最终被专业化的科学和机器制品所取代"[206]。毫无疑问，巴格罗的这一观点，即将19世纪之前的这一学科看成有着自己的重心，是有影响力的。这就很容易理解，为什么如此多的学者被欧洲文艺复兴时期地图学的繁华而吸引，但他们关注的焦点过于狭隘，使得相对于地图学史的整体记录而言，整体努力有所偏斜。这种趋势在随后的很多关于地图学史的作品中显现出来，而不仅是在大型图册中，就像已经指出的，这些作为16—18世纪欧洲装饰性印刷地图的样本的书籍服务于收藏者，而且也出现在由列奥·巴格罗主编多年的《世界宝鉴》以及地图学史主要期刊的内容（将会看到）中[207]。回想起来，这种"古代地图学的偏见"，就像它被正确描述的那样[208]，是对地图学史的不必要和不合理的截断，但其持续被反映在了学科的研究层面和大众层面上。

克伦和布朗的书也没有逃脱批评；但这两者中，由于克伦的著作有着良好的组织，因此仍然可以说是对到那时为止出版的地图学史的最好总结[209]。到其第二版（1962），甚至添加了一整章来处理同时代的地图学史。但是，尽管涉及的范围——将地图作为科学报告、历史文献、研究工具和艺术品，并将它们认为是"大量过程和影响的产品"——是极好的[210]，但其作为一系列针对学生的文本之一，其长度不可避免地受到限制。它旨在描述"许多国家依次对地图学发展主要阶段做出的贡献"[211]，但是，对于那些没有文字的民族的地图仅以很短的一段加以处理，同时只是在第二段中对那些埃及和美索不达米亚的地图进行了介绍，且根本没有涉及西亚或东亚的地图学。

劳埃德·布朗的著作也是为了回应对地图学史的全面研究的需要而编写的。"没有其他这样的编年史被出版"，他在1949年可以这样说，"尽管在过去的约75年中，已经多次重申，世界正在对地图越来越了解和有兴趣"[212]。在他看来，延误的原因很清楚：关于早期地图制作者的传记材料有限；地图很高的消亡率，导致相关证据的破坏，以及专家学者不愿意

26

---

[204] 由 C. B. Odell, *Annals of the Association of American Geographers* 43（1953）：69 – 70；W. Horn, *Petermanns Geographische Mitteilungen* 97（1953）：222；以及 A. W. Lang, *Erdkunde* 7（1953）：311 – 12 进行了评论。George Kish, *Geographical Review* 56（1966）：312 – 13，以及 J. B. Harley, *Geographical Journal* 131（1965）：147 对 1964 年的英文版进行了评论。

[205] Bagrow, *History of Cartography*, 22（note 201）. 参见 David Woodward, "The Study of the History of Cartography：A Suggested Framework," *American Cartographer* 1（1974）：101 – 15, esp. 102 的批评。

[206] Bagrow, *History of Cartography*, 22（note 201）.

[207] 参见下文，pp. 27 – 28。

[208] Robinson, *Thematic Mapping*, ix（note 28）.

[209] 评论包括 George Kish, *Geographical Review* 45（1955）：448 – 49，和 E. M. J. Campbell, *Geographical Journal* 120（1954）：107 – 8。

[210] Crone, *Maps and Their Makers*, 2d ed., ix（note 13）.

[211] Crone, *Maps and Their Makers*, 2d ed., ix（note 13）.

[212] Brown, *Story of Maps*, 3（note 16）.

将"故事局限于一条笔直的且或多或少有些狭窄的路径上"[213]。这样的问题依然存在于我们身上,但布朗对此的解决方案使他的学术评论者感到失望。《地图的故事》实际上是"自叙",而不是地图学史,并且其导言,就像一位早期的评论者提出的,"如此多样的对象,但处理得如此不注意顺序和准确性,因此真正的主题只是猜测"[214]。这些话在今天看来依然是正确的,但是由于缺乏替代品,因此布朗著作的前言仍然在我们的阅读清单中,同时其重印版甚至受到新一代评论者的欢迎。正是这些评论者也预示着,作为其他著作失败之处的接续者,新的通论性著作,如约翰·诺布尔·威尔福德(John Noble Wilford)的《地图绘制者》(*The Mapmakers*),这是一本非常可读的书,但缺少一本参考著作的学术结构,由此不能填满由巴格罗、克伦和布朗留下的真空[215]。这些回顾性的评论不是出于批判精神而做出的。但是,就像这个学科不断变化的需求所揭示的,早期作品作为通论性历史著作的缺陷——无论是由于不同于我们自己的概念氛围所强加的,还是由篇幅,或者由作者对它们所涉及的范围的解释而赋予的——都证明了目前这部《地图学史》的正当性和机遇。

列奥·巴格罗、《世界宝鉴》及其影响

对地图学史的日益增长的认同的第二个可识别出来的贡献是自20世纪30年代中期以来由列奥·巴格罗创办的期刊《世界宝鉴》做出的。最初被计划作为这一学科的一部年鉴,其现在被描述为"国际地图学史学会杂志"(*Journal of the International Society for the History of Cartography*)。列奥·巴格罗(1881—1957),原名列夫·谢苗诺维奇·巴格罗夫(Lev Semenovich Bagrov),是来自圣彼得堡的移民,首先是从圣彼得堡移居到柏林,然后再移居到瑞典[216]。通过他的人格和他对这一学科的学术观念,巴格罗在20世纪30—50年代的约30年中一直主导着地图学史。在30年代,他已经设想了几个针对地图学史的材料汇编的大型项目。这些包括16世纪印刷地图的目录(仅以打字录入的列表保存下来);一系列早期地图复制品的专著;早期地图的百科全书(在巴格罗的有生之年中从未超出规划的阶段);地图学史(如前所述,在1951年最终出版);以及最后的,一本致力于地图学史的期刊,每年出版一期。这些项目中的前两个延续了19世纪的传统,但是后三个项目指向了巴格罗对现在被称为地图学史中的"认同危机"的认识[217]。在这种背景下,他创立了他的期刊,明确地试图创造一个更为统一的学科。

首次出版于1935年,《世界宝鉴》是第一本完全致力于地图学史的杂志,并且依然是

---

[213] Brown, *Story of Maps*, 4 (note 16).

[214] Edward Lynam, *Geographical Review* 40 (1950): 496-99, 引文在496; 其受到其他评论者的赞扬,例如"F. G."(Frank George), *Geographical Journal* 116 (1950): 109。

[215] Alan M. MacEachren, *American Cartographer* 9 (1982): 188-90; Peter Gould, *Annals of the Association of American Geographers* 72 (1982): 433-34; 以及 A. Steers, *Geographical Journal* 149 (1983): 102-3; 但也可以参看更为反思性的评论 Denis Wood, *Cartographica* 19, nos. 3-4 (1982): 127-31, 在相似的通论性历史作品中对其进行了定位。

[216] "Leo Bagrow" (note 181), 其中包括传记; 也可以参见 Wilheltn Bonacker, "Lev Semenovič Bagrov (1888-1957): Ein Leben für die Geschichte alter Karten," *Petermanns Geographische Mitteilungen* 101 (1957): 308-9。

[217] "Leo Bagrow," 8-9 (note 181). 巴格罗思想的持久性的另外一个例子,即在他提议后大约50年,早期地图的一部百科全书的方案,最终在维也纳以一个修改过的形式开始进行,即 *Lexikon zur Geschichte der Kartographie*, ed. 1. Kretschmer, J. Dörflinger, and F. Wawrik, 2 Vols. (Vienna, 1986)。

唯一一部国际学术期刊。通过为地图史学家创造自己的讨论场所，这一刊物对他们的自我意识做出了贡献，并且已成为这一学科整体发展情况的晴雨表。这代表了巴格罗对巩固这一领域做出的最重要的贡献。虽然其他学者参与了杂志的创始和早期发展，但正是巴格罗直到他去世仍然担任主编。正如后来有人指出的，他"投入了大量的精力、作为学者的权威和他的大部分时间"，而且几乎是独裁的，"除了只是偶尔参考相应的编辑的意见之外，他做出了所有的接受或拒绝来稿的建议，以及关于内容和每期的规划等的决定；他负责所有的通信，并编制了年鉴和参考书目等常规栏目"[218]。巴格罗对地图学史中对于综合的焦虑反映在第二卷的"编辑说明"中，在其中，他指出，尽管早期地图学的文献正在非常迅速的增长，并且尽管这一增长反映了针对早期地图的研究和收集的广泛活动，但仍然缺乏协调。他继续说道：

> 不同国家的研究者在了解其他国家正在做以及出版什么的手段非常不足；国家档案馆和私人收藏中的很多稀有和重要的地图都不为人所知，且从未被描述过；并且图书馆员、研究者、收藏家和书商，尽管地理学社团愿意给予帮助，但通常难以处理他们所掌握的地图提出的各种问题，其中包括图目的、历史的和科学的。[219]

这份说明书证实，《世界宝鉴》并没有被构思为一个狭义的学术期刊。它将成为一个——旨在创建"国际信息中心"——的公开论坛，其中长期以来缺乏接触和交流的对早期地图研究感兴趣的各种脉络可以汇聚在一起。巴格罗规划了他的结构来实现这些目标[220]。每期都由一些主要的文章组成，还有着较短的论文和通知、评论，以及在地图学史领域出版物的年度参考书目。还包括巴格罗所谓的"年鉴"，这是对会议、展览和主要出版物等相关活动的总结，以及追踪重要地图的迁移或破坏的手段。除了在 1939 年和 1947 年之间的中断，巴格罗的《世界宝鉴》在（1935—1984）近 50 年中几乎每年都有出版[221]，它已经成为这一学科的历史的一部分。因此，可以评估它在多大程度上促进了地图学史的变革。

然而，首先必须考虑到巴格罗自己涉及的范围以及他作为绅士经销商的背景。巴格罗明确地将《世界宝鉴》的范围定义为"早期地图学的评论"。虽然没有确定一个准确的时间，但很明显的是，他设想了一个时期，就像他自己的《地图学史》中那样，截至 18 世纪末。就像熟悉他的弗朗茨·格林纳彻（Franz Grenacher）评价的："巴格罗的兴趣倾向于那些难以获得、罕见、原始或不符合常规的材料；他应当更偏向于……增加关于他有着证据的亚美尼亚、阿比西尼亚（Abyssinian）和缅甸地图的一些页面，而不喜欢 17 世纪和 18 世纪的那

---

[218] "Foreword of the Management Committee," *Imago Mundi* 16 (1962)：XI，指的是由巴格罗主编的期刊的前 13 卷。

[219] "Editorial," *Imago Mundi* 2 (1937)：prelim.

[220] 巴格罗的结构直至今天依然只是有着相对较小的修改。

[221] R. A. Skelton, "Historical Notes on *Imago Mundi*," *Imago Mundi* 21 (1967)：109 - 10，详细给出了这一刊物的出版安排以及出版者的变化。其因而是这一学科的主要参考著作：1 - 36 卷（1935—84）有着 4749 篇印刷页，其中包括 315 篇主要论文，大约 260 篇短文和通知，32 卷中的年鉴，367 篇评论，55 篇讣告，以及涉及约 7000 个条目的与地图学史有关的参考文献。

28 些枯燥的、过度商业化的或科学构建的地图"[22]。他对现代材料的偏见是一贯的，且他的个人品位倾向于强化了研究和写作中对最近的地图学历史的广泛偏见。因而，发现《世界宝鉴》第 1—30 卷（1935—1978）的论文中只有 4.7% 是关于 1800 年之后时期的，也就毫不奇怪了[23]。

仔细分析《世界宝鉴》中发表的文章的内容，可以使得我们能够探索在当今时代，地图学史在外观和实践方面真正国际性的程度。欧洲中心主义依然清晰可见。尽管巴格罗自己据说对非欧洲民族的地图非常感兴趣，但到 1985 年为止出版的 36 期中依然主要是欧洲作者撰写的关于欧洲主题的论述，而非欧洲作者的关于他们本土地图的作品则并不多见。例如，在 1935—1978 年之间的期刊上发表的论文中，近五分之四与欧洲地图学家及其作品有关。

"年鉴"部分在涵盖范围和作者方面则基本没有更多的国际性，对此巴格罗邀请外国学者做出贡献。这在近 40 年间（1935—1975）吸引了来自 30 多个国家的回应，但拥有 5 个或更多条目的国家都在欧洲或北美[24]。在这 30 多个国家中，有 11 个国家只出现过一次，如果不是因为撰稿人不重视这种接触的话，那么这表明了在学科内的孤立。因而，显而易见，至少就像期刊《世界宝鉴》所反映的那样，地图学史，就像斯凯尔顿所评价的，主要是按照国家政治边界来组织的[25]，并且巴格罗的期刊的主要作用就是加强了既有的联系，即那些在欧洲的地图学史研究者和那些英语世界的学者之间的联系。世界其他地区的活动没有显著或明显的增加，这种情况现在仍然存在，从期刊的订阅数量和订阅者的分布就可以判断出来[26]。

这一欧洲中心主义的趋势，可以由《世界宝鉴》所反映的地图学史的另外两个方面所证实，即期刊年度书目中所包含的书籍和论文的来源以及它们出版时使用的语言。年度书目自期刊创刊之后一直出现在这一刊物上[27]。它们与它们的编辑们收集的或由提交者提供的学科的全部文献有关。在 1935—1983 年，它们包含大约 7000 个条目[28]。从趋势来看，即使在过去 20 年，也没有任何指数级增长或快速增长的迹象。地理分布与《世界宝鉴》自身发表的论文所能说明的没有什么区别。尽管为书目贡献了条目的总共有 73 个国家，是《世界宝鉴》的"年鉴"中记录的两倍多，但欧洲和北美再次是地图学史文献最为主要的贡献者。在这一时期，有 10 个国家贡献了不少于 70% 的被记录的条目，而这些区域之外的国家仅有

---

[22] F. Grenacher, review of Bagrow's *Meister der Kartographie* in *Imago Mundi* 18（1964）：100 – 101，引文在 101。

[23] Blakemore and Harley, *Concepts*, 16（note 164）。

[24] 1935—1975 年之间向《世界宝鉴》"年鉴"提交条目最为频繁的国家，按照数量排序：20（美国）、17（大不列颠）、15（德国）、12（法国）、12（尼德兰）、9（意大利）、9（俄罗斯）、9（瑞士）、8（奥地利）、8（比利时）、7（捷克斯洛伐克）、7（瑞典）、6（波兰）和 6（丹麦）。在第 7 卷和第 22 卷中没有包括"年鉴"。

[25] Skelton, *Maps*, 95 – 96（note 15），其中他讨论了这一趋势的含义。

[26] 1980 年的会员统计数据，尽管他们的地理位置被通过书商的销售所部分掩盖，但显示在 700 多位订阅者中，只有不到 50 位与欧洲和北美之外的国家存在联系，同时这些人中的大部分被记录在澳大利亚和新西兰以及日本。这一信息是《世界宝鉴》的秘书和出纳员提供给我的。

[27] 在第 7 卷和第 15 卷中没有出现年度书目。

[28] 我感谢 Francis Herbert of the Royal Geographical Society 和 Michael Turner of the University of Exeter 在注释 229 和注释 231 中帮助我进行的这一分析。这些统计数字在使用时应当小心。在任何一年，它们都反映了外国提交者提供的信息；编纂者的勤勉和准确程度，以及用于选择它们的标准；而期刊中可用于参考书目的页数，则是主编政策的问题。而且在原始书目中没有指明检索过哪些期刊和资料来源，而且确定出版物的地点——尤其是较早期刊中的条目——的问题也很重要。

两个（日本和阿根廷）名列前 20 名[29]。

当谈到出版语言时，地图学史的地理基础的狭隘性再次得到了证实[23]。显然，就像其他学科 29 那样，在地图学史中存在这样的一种趋势，即学者们用主要的科学语言中的一种发表，但即使如此，显而易见的是，英语（在参考书目中占 3048 个条目，或近 43.5%）已经强化了其在地图学史中作为主要发表语言的地位，特别是在第二次世界大战之后[20]。正如已经指出的那样，毫无疑问，这反映了来自英语世界的学者，尤其是不列颠群岛、美国和一些英联邦国家的学者对该主题的强烈兴趣[22]。第二大重要语言是德语（19.4%）。德语的使用保持着与 20 世纪 30 年代同样的地位，反映了德国在作为一门学术和实践学科的地图学兴起中的重要性[23]，以及在德国、奥地利和瑞士对地图学史方面持续的兴趣。简而言之，4 种语言——英语、德语、法语和意大利语——在参考书目中列举的出版物中超过四分之三，只是证实了欧洲国家在地图学史上已经建立的和传统的兴趣，这种趋势在 19 世纪就已经可以看出了。至于其在世界其他地方被明显忽视，必然部分是对一门在西欧国家有着如此根深蒂固的学科的研究确实缺乏兴趣和机会的反映，无论原因是什么。与此同时，如果仅仅基于《世界宝鉴》的参考书目的话，那么地图学史中作品的语言的分布很可能被低估。它们是从未得到穷尽的。例如，用"少数"语言中的任何一种记录的出版物的统计量很小——例如，用中文的 7 种，希腊语的 1 种，来自南美洲国家的也很少——这很可能反映出参考书目的编辑者（和他们的提供者）的偶然所得，而不是通过在相对可获得的遥远的或者世界不太熟悉部分的国家的和区域的出版物中进行的系统收集。

---

[29]　为《世界宝鉴》的参考书目贡献条目数量居于前 20 位的国家的总条目数，时间是 1935—1983 年，附带有在被记录的总文献数中的百分比，参见下表：

国家	《世界宝鉴》参考书目的总条目数	%	国家	《世界宝鉴》参考书目的总条目数	%
英格兰	1055	15.2	比利时	151	2.2
美国	937	13.5	瑞士	150	2.2
德国	879	12.7	日本	148	2.1
尼德兰	638	9.2	加拿大	126	1.8
意大利	422	6.1	匈牙利	126	1.8
苏联	363	5.2	捷克斯洛伐克	100	1.4
奥地利	270	3.9	西班牙	93	1.3
法国	240	3.4	苏格兰	89	1.3
瑞典	231	3.3	阿根廷	63	0.9
波兰	196	2.8	其他	514	7.4
葡萄牙	157	2.3	总数 = 6948		

[20]　这一分析存在一个特殊问题，即某些条目在书目中使用了与原语言不同的拼写法进行了音译。

[21]　在《世界宝鉴》书目中所记录的前 15 种语言，时间是从 1935—1983 年，所占总记录文献的百分比，参见下表：

语言	在《世界宝鉴》书目中的总条目数	%	语言	在《世界宝鉴》书目中的总条目数	%
英语	3048	43.5	日语	123	1.8
德语	1359	19.4	匈牙利语	120	1.7
法语	504	7.2	瑞典语	90	1.3
意大利语	416	5.9	捷克语	89	1.3
俄语	333	4.7	丹麦语	38	0.5
荷兰语	276	3.9	挪威语	27	0.4
西班牙语	198	2.8	其他	90	1.3
波兰语	159	2.3	总数 = 7010		
葡萄牙语	140	2.0			

[22]　但是，正常情况下，出版具体书目的国家/语言是被引用得最多的。这已经在科学学科的文献中被广泛观察到。

[23]　参见 p. 24 以及小节"地图学的兴起"（"The Rise of Cartography"），尤其是 pp. 32 – 33。

无论来自《世界宝鉴》（*Imago Mundi*）及其内容的数据的局限性如何，都可以得出关于在地图学史的发展中这一期刊的作用的一个普遍性的结论。尽管巴格罗和他主编继任者的奉献，但就扩大地图学史的领域而言，他们在《世界图鉴》的规则方面所做相对较少。一些问题——包括适当的国际交流——依然几乎是巴格罗 50 年前对它们进行判断时的样子。系统的跨学科接触的发展没有进行认真的尝试。在很大程度上没有受到人文和社会学领域最新的学术争论的影响，这一期刊维持着保守的定位。其继续为这个学科映射出鉴赏家的形象：其强调 1800 年之前的地图学，并且通常强调西方世界发达国家的地图学史。而且，不仅是这一领域唯一的专业杂志，而且碰巧，其主要以英文出版，因此它可能为巩固欧洲和北美——正是在这一区域，这一学科在 1935 年已经根深蒂固——地图学史的研究做出了最大的贡献，尤其是为这两个大陆的英语国家推进这一领域的发展做出了最大的贡献[234]。正是在狭义的知识基础上——受到《世界宝鉴》所限[235]——地图学史的学术特性是按照传统构建的。

30　地图学的兴起

对作为一个学术领域的地图学史以及对其定义和范畴的第三种主要影响，就是地图学作为一门独立性不断增强的学术学科和实践活动的发展。作为古代艺术和在实践意义上的地图制作的科学（及其产品）的地图学，与作为通过一种组织有序的方法可以进行研究、调查和分析的地图学，必须区分开来[236]。可以认为，在所有因素中，后者的影响是在今天地图学史中发生的变化的根源。地图学以两种方式影响着地图学史。第一，为促进地图学而成立的组织，也增加了在地图学史领域召开会议和进行出版的机会。第二，学术领域的地图学，作为一个知识领域的发酵剂，它为早期地图的研究提供了一种新的哲学基础、替代的理论框架，以及一系列适当的技术[237]。而且，地图学自主性的日益增长，也对地图学史产生了间接的影响，使地图学史在其众多的学术角色中，现在有机会成为一个正在扩展的学科及其从业者的"学科"史[238]。

---

[234] 相反，与其他参考书目的比较可以确定，《世界宝鉴》至少代表了如德国、法国和意大利等国的地图学史的研究：只有第一卷是使用德语出版的；此后各卷只有少量论文使用法语发表。

[235] 通过两年一次召开的关于地图学史的国际会议，这一趋势，在过去 20 年中被进一步强化，这些会议部分是在《世界宝鉴》的赞助下组织的：这些会议是在 London（1964, in association with the Twentieth Congress of the International Geographical Union），London（1967），Brussels（1969），Edinburgh（1971），Warsaw-Jadwisin（1973），Greenwich（1975），Washington, D. C. （1977），Berlin（1979），Pisa, Florence, and Rome（1981），Dublin（1983），and Ottawa（1985）。很多论文，尤其是来自较早大会的，发表在《世界宝鉴》上，所有情况下都有着会议议程。对《世界宝鉴》及其在地图学史发展中的作用的更为宏大的讨论，也可以参见 J. B. Harley, "*Imago Mundi*: The First Fifty Years and the Next Ten"（paper prepared for the Eleventh International Conference on the History of Cartography, Ottawa, 1985）。

[236] 这一区分基于 Daniel E. Gershenson and Daniel A. Greenberg, "How Old Is Science?", *Columbia University Forum* （1964），24–27, esp. 27。

[237] 重要的是，一些德国地图学家，没有非常明确地将地图学史作为理论地图学的一个内在部分：例如，参见 Rudi Ogrissek, "Ein Strukturmodell der theoretischen Kartographie für Lehre und Forschung," *Wissenschaftliche Zeitschrift der Technischen Universität Dresden* 29, No. 5（1980）：1121–26; Ingrid Kretschmer, "The Pressing Problems of Theoretical Cartography," *International Yearbook of Cartography* 13（1978）：33–40。这些遵循着埃克特在《地图学研究》中所表达的科学地图学的内容。

[238] Paul T. Durbin, ed., *A Guide to the Culture of Science, Technology, and Medicine*（New York: Free Press, 1980），33, 讨论了科学史文献中的科学学科史的发展。

对于越来越多的地图学史研究者而言，这一与地图学的相对较新的关系显然是一种明确的刺激。其必须放置在地理学家研究早期地图的兴趣相对下降的背景中。自 20 世纪 60 年代以来，地图学史持续失去其在学术地理学中的地位。这部分反映了地理学家对作为整体的地图学的态度。虽然确实今天的许多学院地图学家都是作为地理学家培训的，但对其他人来说，地图学倾向于被认为是一种技术服务，非常有用，但在知识层级中明显是较低的。自 20 世纪 30 年代以来，已经可以注意到，有着对地图学和地理学之间的密切关系表现出不耐烦的迹象。例如，理查德·哈茨霍恩（Richard Hartshorne）在赞同结合的同时，显然更喜欢将地图学看成一个独立的专业学科："因为与其他学科相比，其对地理学更重要，并且在地理学中得到了最大程度的发展……自然的和合理的就是，它与我们的学科应当有着最为紧密的联系，但在逻辑上，它不再是地理学的一个分支，就像统计学不是经济学的分支那样。"[239] 地图学史的地位在更为切近的地理学重要概念变革的时代中也受到削弱[240]。这使得地图学史陷入了其关注旧地图以及老式（20 世纪初）的印象。即使不是有意识的而是潜意识的，但它已经被贬低为地理学中位于边缘的"古董"。尽管在地理教育中要求注意"理解和使用地图的能力"的重要性[241]，但一般来说，早期地图——就像总体上的地图——似乎没有在最近一些年的人文和历史地理学的范式变化中，被认为是具有自身意义的人文文献。相反，在地理学正在发现认知空间的那一时刻，它倾向于忘记传统的地图。普遍认为，在地理学中，地图的重要性普遍下降[242]；最近对人文地理学发展的评估，反映了概念变化的重点，但没有对地图学进行严肃的回顾，更不用说地图学史了[243]。历史地理学领域的同行[244]也都没有注意到地图学史的存在。即使关于认知地图、空间概念和环境图像——包含重构头脑中的地理的雄心勃勃的尝试——的文献，也未能将这些内在的认知过程的表述与"真实的"地图联系起来，而现代社会中，在越来越多的情况下必须使用"真实"的地图来

31

---

[239] Richard Hartshorne, *The Nature of Geography*: *A Critical Survey of Current Thought in the Light of the Past* (Lancaster, Pa.: Association of American Geographers, 1939), 398 – 99; 他的 *Perspective on the Nature of Geography* (Chicago: Rand McNally for the Association of American Geographers, 1959) 没有包括对地图学的进一步的讨论。

[240] 在地理分析中转向统计而非地图技术加快了与地图的裂痕。关于被广泛接受的观点，参见 William Bunge, *Theoretical Geography*, Lund Studies in Geography, ser. C, General and Mathematical Geography No. 1 (Lund: C. W. K. Gleerup, 1962; 2d ed., 1966), 71, 当他总结道，尽管在地理学家"对地图有着很多预先的承认"，并且"尽管相对于数学，地图有着某些优势，但对于地理学而言，数学是更广泛、更灵活的媒介"。

[241] 最近的是 David Boardman, *Graphicacy and Geography Teaching* (London: Croom Helm, 1983)，其总结了这方面的历史。

[242] Phillip Muehrcke, "Maps in Geography," in *Maps in Modern Geography*: *Geographical Perspectives on the New Cartography*, ed. Leonard Guelke, Monograph 27, *Cartographica* 18, No. 2 (1981): 1 – 41. 截至 1968 年，某些地理学期刊中地图学文章所占百分比下降的一些统计数据，参见 Wolter, "Emerging Discipline," 206 (note 113)。

[243] 例如，Paul Claval, *Essai sur l'évolution de la géographie humaine*, new ed. (Paris: Belles Lettres, 1976); R. J. Johnston, *Geography and Geographers*: *Anglo-American Human Geography since 1945*, 2d ed. (London: Edward Arnold, 1983); Preston E. James and Geoffrey J. Martin, *All Possible Worlds*: *A History of Geographical Ideas*, 2d ed. (New York: John Wiley, 1981)。一个例外是 *Progress in Human Geography*, Vol. 1 – (1977 –)，其维持着一个关于地图学的"进展动态"的系列。

[244] 例如，Alan R. H. Baker, ed., *Progress in Historical Geography* (Newton Abbot: David and Charles, 1972)，其中各篇文章中对地图的引用仅涉及其作为景观证据或作为呈现数据的方法。

帮助塑造它们[245]。有非常初步的迹象表明，这种对旧的和新的"真实"地图的轻视可能会结束，而这种轻视是英美地理学的特殊特征。至少有一位美国地理学家特别提到了地图学史，而他最近撰述了与这一"我们学科最基本的部分"有关的作品[246]。

在一些地理学家中对早期地图研究兴趣的下降，已经部分地被在那些越来越多地将自己视为地图学家的研究者中兴趣的兴起而部分抵消。所以，在 19 世纪，地图学史上的一个主要的形成性影响是地理学的兴起，而现在则是学术地图学的发展。当然，对于大多数地图学家而言，早期地图自身一直被视为地图，并且这倾向于强化了地图学与地图学史之间的亲和力。关于学术地图学与地理学之间未来的关系，以及因而地图学史与地理学和关于环境管理的其他学科之间未来的关系，并不容易预见，但可以肯定的是，最近的与学术地图学的联系，将仍然具有影响力，而这已经导致了对早期地图的性质的重新思考（下面讨论）。

在他对地图学作为一门学科产生的研究中，约翰·A. 沃尔特（John A. Wolter）给出了地图学作为一门独立学科的发展如何支持了地图学史的具体例子[247]。首先，使用文献计量的方法，他将地图学学科书目的历史上溯到 19 世纪[248]。在 19 世纪及 20 世纪上半叶的大部分时间中，地图学的条目通常是地理学书目的一个内在部分。即使在最全面的这类书目中——著名的《地理学年鉴》（*Geographisches Jahrbuch*）[249]、《国际地理学书目》（*Bibliographie géographique internationale*）[250] 和《美国地理学会的研究目录》（*Research Catalogue of the American Geographical Society*）[251] 的地图学部分——都有一个显著的倾向，那就是对地图学文献以及相应的地图学史的论著记录不足[252]。然而，从 20 世纪中期以来，地图学作为一个整体，其产出的文献已经被独立列出，像汉斯-彼得·科扎克（Hans-Peter Kosack）和卡尔-海因茨·迈因（Karl-Heinz Meine）的《地图学》（*Die Kartographie*）[253]，以及后来

[245] Robert Lloyd, "A Look at Images," *Annals of the Association of American Geographers* 72（1982）：532 – 48，文献评论，对思维地图和思维图像的地理学研究的批评。

[246] Peter Gould, *Annals* 72（1982）：433（note 215）。

[247] Wolter, "Emerging Discipline"（note 113）。随后的三段主要基于这一论文。沃尔特还考虑了增长的其他量度，其中包括为地图学的学生撰写的教科书和手册，以及（在美国的背景下）地图学者教育和培训的规定。然而，对最后两类证据的检查说明，虽然地图学史已被接受为地图学中的一项有效研究活动，但它在地图学家的培训中仅占很小的一部分。

[248] 这里对于参考书目的定义就是，地图学的文献列表，而不是地图学的图目，后者指的是地图列表。然而，将两者分离开来是困难的，尤其是在 19 世纪；图目通常包含有如地图、地图集和球仪以及与地图学有关的文献的参考书目。

[249] *Geographisches Jahrbuch*（Gotha：Perthes, 1866 – ）。地图学可以在特定卷中找到：一个对《地理学年鉴》的简短的学科分析，可以参见 J. K. Wright and E. T. Platt, *Aids to Geographical Research：Bibliographies, Periodicals, Atlases, Gazetteers and Other Reference Books*, 2d ed., American Geographical Society Research Series No. 22（New York：Columbia University Press for American Geographical Society, 1947），52 – 57。

[250] *Bibliographie géographique internationale*（Paris：Centre National de la Recherche Scientifique, 1891 – ），annual。

[251] *Research Catalogue of the American Geographical Society*, 15 Vols. 以及地图的增补（Boston：G. K. Hall, 1962）；其由 *Current Geographical Publications：Additions to the Research Catalogue of the American Geographical Society*（New York：American Geographical Society, 1938 – 78；Milwaukee：American Geographical Society Collection, 1978 – ）进行了更新。

[252] Wolter, "Emerging Discipline," 138 – 39（note 113）；也可以参见 204 – 6，关于对经过选择的地理学期刊中的地图学的分析。

[253] Hans-Peter Kosack and Karl-Heinz Meine, *Die Kartographie, 1943 – 1954：Eine bibliographische Übersicht*, Kartographische Schriftenreihe, Vol. 4（Lahr/Schwarzwald：Astra Verlag, 1955）。

的《地图学书目》（*Bibliotheca cartographica*）㉔、《地图学参考书目》（*Bibliography of Cartography*）㉕，以及《推荐期刊：地理学》（*Referativnyĭ zhurnal：Geografiia*）㉖。这些参考书 32 目的出现——以及它们所描述的文献的增长率——可以被看成地图学领域日益独立的一个衡量标准。关键是所有这样的参考书目承认并因此有助于限定——和刺激——在地图学中地图学史作为一个独特的学科。例如，在《地图学》中，与历史主题有关的专著被单独列出，并且在这部著作的近 5000 个条目中，总共有 354 个（7%）与地图学史有关。相似的，对 1937—1981 年的《地图学书目》和《地图学参考书目》——包含了大约 43314 个条目——的引用结构的分析揭示，地图学史（按照其自身在分类中的位置），是那一时期位于第三位的重要学科门类，共有 6298 个条目（14.5%）㉗。这些相当朴实的事实说明了地图学史的新力量。而且，这些国际参考书目对地图历史的关注也已经出现在国家层面。新的地图学的期刊已经列出或回顾了地图学史的文献，而且现在，与地图学有关的纯理论的期刊也将地图学史视为一个截然不同的学科领域㉘。

第二个可以给出的例子就是，地图学的兴起如何使得地图学史受益。它涉及新的地图学学会及其相关专业期刊的创办，这些为地图学史提供了广泛的新的发表途径。与在 19 世纪上半叶建立的新的地理学会相比㉙，建立专门从事地图学的学会的势头要慢得多㉚。地图学学会（Kartografiska Sällskapet）是 1908 年在斯德哥尔摩成立的第一个现代的地图学会，但是它的期刊《球仪》（*Globen*）直到 1922 年都未曾出版㉛。第二次世界大战之前，在奥地利㉜

㉔　*Bibliotheca cartographica：Bibliographie des kartographischen Schrifttums；Bibliography of Cartographic Literature；Bibliographie de la littérature cartographique*（Bonn-Bad Godesberg：Institut für Landeskunde and Deutsche Gesellschaft für Kartographie, 1957 – 72）；其标题在 1975 年的刊物上改为 *Bibliographia cartographica：Internationale Dokumentation des kartographischen Schrifttums；International Documentation of Cartographical Literature* with the 1975 issue（renumbered 1 –）。关于其内容的书目注释和统计信息，参见 Lothar Zögner, "25 Jahre 'Bibliographia cartographica,'" *Zeitschrift für Bibliothekswesen und Bibliographie* 29（1982）：153 – 56。

㉕　在 1897 年，Philip Lee Phillips 开始为《地图学参考书目》收集条目。将收集到的内容作为序言插入 1901 年的 *A List of Maps of America in the Library of Congress* 中。附录被持续制作，尽管这项工作滞后了几年，然后又重新开始。多年来，所有条目（从 19 世纪早期至 1971 年）在 16 毫米缩微胶卷的 29 卷上汇编并最终出版：United States Library of Congress, Geography and Map Division, *The Bibliography of Cartography*, 5 Vols.（Boston：G. K. Hall, 1973），有着后续的增补。

㉖　*Referativnyĭ zhurnal：Geografiia*（Moscow：Institut Nauchnoĭ Informatsii, Akademiia Nauk SSSR, 1956 –），每月。

㉗　Zögner, "25 Jahre 'Bibliographia cartographica,'" 155（note 254）。这一较短时期的总共超过 6000 个条目，证实了之前分析的《世界宝鉴》的不足（note 229）。

㉘　*Geo Abstracts*, sec. G, "Remote Sensing, Photogrammetry and Cartography," 自 1979 年之后有着一个地图学史的独立标题。

㉙　当然，在一些例子中，这些学会的期刊在 19 世纪在推进系统研究方面的重要性是举足轻重的。在德语国家中，尤其是，*Petermanns Geographische Mitteilungen*——最早的欧洲地理学期刊——以及 *Ergänzungshefte* 在这方面是极为重要：关于进一步的证据，参见 Wolter, "Emerging Discipline," 156 – 59（note 113）。

㉚　这些学会由 Wilhelm Bonacker, "Kartographische Gesellschaften：Voräufer und Wegbereiter der internationalen kartographischen Vereinigung," *Geographisches Taschenbuch*（1960 – 61）, supp. , 58 – 77；T. A. Stanchul, "Natsional'nye kartograficheskye obshchestva mira"（National cartographic societies of the world）, *Doklady Otdeleniy i Komissiy* 10（1969）：89 – 99（Geograficheskogo obshchestva SSSR, Leningrad）列出和讨论。

㉛　其仍然是最古老的致力于地图学的期刊，目前仍在出版。

㉜　在奥地利，*Kartographische und Schulgeographische Zeitschrift* 在 1912—1922 年之间发行；*Die Landkarte：Fachbücherei für Jederman in Länderaufnahme und Kartenwesen* 更为短命（1925 – 27），*Kartographische Mitteilungen* 也是如此（1930 – 32）。更多的细节，参见 Wolter, "Emerging Discipline," 165 – 68（note 113）。

和德国[203]还有几次创立地图学会和期刊的尝试。这些尝试反映了这两个国家对地图绘制科学的兴趣，但直到 1950 年以后，才有更为普遍性的发展。德国地图学会（Deutsche Gesellschaft für Kartographie）成立于 1950 年，并于 1951 年开始出版《地图学新闻》（*Kartographische Nachrichten*）[204]。这一刊物很快作为地图学方面的顶尖学术期刊而闻名。1958 年，法国地图学委员会（Comaté Français de Cartographie）的《通讯》（*Bulletin*）和荷兰的期刊《地图学》（*Kartografie*）首次发刊出版。到 1972 年，共有 26 个地图学学会和 43 本地图学期刊；到 1980 年，期刊的数量已经上升到 67 种[205]。

这些地图学组织及其期刊并不总是承认地图学史的重要性。然而，清楚的是，大多数地图学的新学会，在他们的各种目标中包括了推进地图学史的研究[206]，少数学会甚至建立了专门的兴趣小组来促进地图学史的研究[207]。确实，对于至少一个新的期刊——《加拿大地图学家》（*Canadian Cartographer*，现在为《地图学》[*Cartographica*]）——来说，地图学史似乎在 1964—1972 年期间一直是主要的兴趣点，其中 30% 的文章集中于这个主题。然而，在其他刊物中，给予与地图学史有关的论文的篇幅较少：在（不列颠）《地图学杂志》（*Cartographic Journal*）中只有 16%（1964—1972）；在《测绘与制图》（*Surveying and Mapping*）中占 11%（1944—1972）；在《地图学新闻》中占 11%（1952—1982）；在（澳大利亚）《地图学家》（*Cartographer*）中占 3%（1954—1969）；以及在《国际地图学年鉴》（*International Yearbook of Cartography*）中只有 2%（1961—1972）。[208]

地图学史的存在也在国际上得到了承认。1972 年，国际地图学协会在建立"地图学史工作组"时，正式将协会的活动扩展到地图制作的历史，其职责范围是对 1900 年之前地图技术和地图作品的考查。在 1976 年，其获得了委员会的资格，并编写了一份"地图学的创新及其扩散的历史术语表"的摘要[209]。以这种方式——但在许多国家，是在

---

[203] 在德国出版一种定期的地图学期刊的尝试同样是不成功的：*Deutsche Kartographische Gesellschaft* 存在于 1937—1949 年，但是直至 1941 年，其才出版 *Jahrbuch der Kartographie*，但在第二年就停刊了：Wolter, "Emerging Discipline," 168 - 70（note 113）。

[204] *Kartographische Nachrichten* 25, No. 3（1975），是特刊"1950 - 1975：25 Jahre Deutsche Gesellschaft für Kartographie"。

[205] Wolter, "Emerging Discipline," 171，在 303 - 5 中有着一个期刊列表（note 113）。在 1980 年，John D. Stephens 在 6 个类目中列出了 67 种地图学刊物（包括一些 Wolter 在他的列表中没有包括的类目，例如，bibliographic serials）；参见 John D. Stephens, "Current Cartographic Serials：An Annotated International List," *American Cartographer* 7（1980）：123 - 38。

[206] *American Cartographer*，例如，建立于 1974 年，尽管其对技术的强调，但在其职责范围内包括了"地图制作的历史"：Robert D. Reckert, "A Message from the President of ACSM," *American Cartographer* 1（1974）：4。

[207] 例如，德国地图学会在 1954 年就建立了这样一个兴趣小组，加拿大地图协会（Canadian Cartographic Association）是在 1976 年。在荷兰地图学会（Nederlandsche Vereniging voor Kartografie, NVK）中也有这样一个工作小组，同时在苏联地图学家全国委员会（National Committee of Cartographers of the USSR）中也有一个关于地图学史的委员会。在法国，关于地图学史没有特别的小组，但在 1980 年由法国地图学委员会建立了一个关于地图学文献的委员会。

[208] Wolter, "Emerging Discipline," 187 - 98（note 113），使用了《地图学书目》的分类体系；我对 Francis Herbert 向我提供了与《地图学新闻》有关的统计数据表示感谢。

[209] International Cartographic Association, *Cartographical Innovations：An International Handbook of Mapping Terms to 1900*, ed. Helen Wallis and Arthur H. Robinson（Tring, Hertfordshire：Map Collector Publications, forthcoming）；International Cartographic Association, *Map-making to 1900：An Historical Glossary of Cartographic Innovations and Their Diffusion*, ed. Helen Wallis（London：Royal Society, 1976）。也可以参见 Helen Wallis, "Working Group on the History of Cartography," *International Geographical Union Bulletin* 25, No. 2（1974）：62 - 64；Henry W. Castner, "Formation of the I. C. A. Working Group on the History of Cartography," *Proceedings of the Eighth Annual Conference of the Association of Canadian Map Libraries*（1974）：73 - 76。

地图学中，而不是在地理学中——国际地理联盟逐步取消古地图委员会所留下的空白已经被填补。

新地图学与地图学史之间的关系远远超过书目、学会、期刊和国际组织等基础问题。对地图学史来说，更重要的潜在意义在于对概念和制图技术的重新思考所带来的知识注入。地图学思想的发展与交流息息相关——虽然不是近年来引起关注的唯一主要概念——但其为早期地图的人文研究几乎提供了一组普遍性原则。这些想法只是缓慢地渗透到地图学史中，这种情况部分反映了地图学本身对理论框架研究的一种总体迟缓的面貌⑳。正如鲁滨逊（Robinson）和佩切尼克（Petchenik）观察到的：

> 在地图学悠久历史的大部分时期中，地图学家一直主要关注技术问题：获取和完善地理数据、设计符号化它们的方式，以及发明机械制作和复制实际地图的方法。几乎没有人关注过地图实际上是如何完成其应做的事情的——交流……成千上万幅地图几乎没有考虑过那些看到它们的人所想到的图像。㉑

如果这在 20 世纪 70 年代的地图学中仍然是真实的话，那么对于同一时期的地图学史而言则是更为真实的。与地图制作者的叙述或对地图内容的描述和评估㉒相反，在期刊中寻找与地图的性质明确相关的论文是徒劳的。即使当对理论的兴趣最终开始活跃于地图学史的时候——主要是在 20 世纪 60 年代——它首先针对的是将地图内容作为文献记录进行评估的问题，而不是指向将他们的研究视为是对人工制品或图像自身的研究㉓。有人甚至可以提出，在地图学史中将早期地图作为地图的最终认识，主要来源于地图学。预测现代地图学思维是否会产生一种持久的方向的转变，现在还为时过早，但兴趣转变的三个迹象却开始渗透到地图学史中：对"地图"和"地图学"一词的含义越来越关注，这点已经有所评论㉔；更加 34 强调作为人工制品的地图，以及强调生产它们的技术过程；最后，研究早期地图的方法之间的交流已经开始。在这里将要讨论最后两点。

到 20 世纪 60 年代，在地图学中更为强调地图制作中技术过程的快速变化，而在地图学史中，有着一种相似的正在发展的对作为人工制品的地图的强调。然而，在地图学中，这种对技术过程的强调很快就受到了挑战。基于心理物理学的经验研究的一系列文献，旨在解释地图的读者对旨在作为有效的地图设计的辅助工具的各种地图要素的反应，这促成了在 20

---

⑳　只有很少的例子：参见前文，关于马克斯·埃克特（Max Eckert），pp. 24 – 25。

㉑　Robinson and Petchenik, *Nature of Maps*, Ⅶ – Ⅷ（note 4）.

㉒　对于早期地图的批评性评介，在 17 世纪和 18 世纪的文献中就可以看到，然而，只是在 19 世纪才获得了力量：一个著名的例子就是 Gregorius Mees, *Historische atlas van Noord-Nederland van de XVIeeuw tot op heden*（Rotterdam：Verhruggen en Van Duym, 1865），其中的介绍由一篇对 17 世纪之前在欧洲出版的地图集的批评性分析构成；Mees，不经意间，还是以印刷的形式使用词汇 "cartographie" 最早的荷兰人（来自 Cornelis Koeman 与作者的私人交流）。

㉓　R. A. Skelton, *Looking at an Early Map*（Lawrence：University of Kansas Libraries, 1965）；也可以参见 Conference on the History of Cartography, London, September 196，其以 "作为历史证据的早期地图" 为主题。精选的论文，其中一些是方法论的，发表在 *Imago Mundi* 22（1968）。

㉔　参见之前的序言，pp. XV – XⅧ.

世纪60年代发表的大量开创性的论文㉕。这些论文预示了作为一门认知科学的地图绘制理论的发展，其涉及从地图学家到地图使用者之间的交流。到20世纪70年代，这些新的理论在这个学科中深深的扎根㉖，因而强调地图学作为一个过程的性质，而不是作为一种产品的地图。这也导致了已经提到的"地图"和"地图学"的定义的修改。到1974年，地图学被视作"一门科学……与图形交流学存在部分关系"㉗；到1976年，可以肯定的就是，地图学是通过使用地图在个人之间交流信息的科学㉘；并且到1981年，其被描述为"用于空间信息交流的一种正式系统"㉙。理论地图学家正在拆除他们早期的大致来源于工程学的信息流模型，并且正在寻求通过符号学来改进他们的概念㉚。他们在语言和地图学㉛之间寻找相似之处，并且探索地图学交流中的认知维度㉜。

在过去的二十年中，这种重新振兴的地图学越来越成为早期地图研究的新思想的主要来源。从20世纪60年代之后，地图学家的两个主要重点——地图制作的技术方面，以及地图如何交流它们的信息的研究——都在关于地图学史的著作中得到了回应。我们可以发现一些理论陈述，这些陈述旨在调和更传统的作为历史文献的地图研究，与对其作为人类工作成果而产生的实物产品的特性的日益浓厚的兴趣。地图史学家们现在被劝告应将他们的重点放置在地图的人造物的性质上，而不是其内容上。斯凯尔顿在1966年认识到了研究中的二分法，当时他在早期地图的研究中澄清了形式和内容之间的差异。他说，地图的人造物的形式代表

㉕　Barbara Bartz Petchenik, "A Map Maker's Perspective on Map Design Research, 1950 – 1980," in *Graphic Communication and Design in Contemporary Cartography*, ed. D. R. Fraser Taylor, Progress in Contemporary Cartography, Vol. 2 (New York: John Wiley, 1983), 37 – 68. 到1960年，Arthur H. Robinson 当时正在将地图学的主要过程设想为"作为交流或研究媒介的地图的概念规划和设计"：Arthur H. Robinson, *Elements of Cartography*, 2d ed. (New York: John Wiley, 1960), v。另外一篇重要的论文就是 Christopher Board, "Maps as Models," in *Models in Geography*, ed. Richard J. Chorley and Peter Haggett (London: Methuen, 1967), 671 – 725；以及 Jacques Bertin 的 *Semiologie graphique: Les diagrammes "les réseaux" les cartes* (Paris: Gauthier-Villars, 1967)，试图为地图学编纂一套来自符号学的理论体系。Bertin 的著作用英文发表为 *Semiology of Graphics: Diagrams "Networks" Maps*, ed. Howard Wainer, trans. William J. Berg (Madison: University of Wisconsin Press, 1983).

㉖　参见在 Leonard Guelke, ed., *The Nature of Cartographic Communication*, Monograph 19, *Cartographica* (1977) 中汇集的论述；但关于到这一时期为止的文献，最好的指南，就是 Christopher Board, "Cartographic Communication," in *Maps in Modern Geography*, 42 – 789 (note 242)。也可以参见 Lech Ratajski, "The Main Characteristics of Cartographic Communication as a Part of Theoretical Cartography," *International Yearbook of Cartography* 18 (1978): 21 – 32。

㉗　Joel L. Morrison, "Changing Philosophical-Technical Aspects of Thematic Cartography," *American Cartographer* 1 (1974): 5 – 14, 引文在 12。

㉘　Joel L. Morrison, "The Science of Cartography and Its Essential Processes," *International Yearbook of Cartography* 16 (1976): 84 – 97.

㉙　M. J. Blakemore, "Cartography," in *The Dictionary of Human Geography*, ed. R. J. Johnston (Oxford: Blackwell Reference, 1981), 29 – 33, 引文在 29。

㉚　Bertin, *Sémiologie graphique* (note 275), 可能是最早尝试找出适用于地图学的图形符号的"语法"的；Ulrich Freitag, "Semiotik und Kartographie: Über die Anwendung kybernetischer Disziplinen in der theoretischen Kartographie," *Kartographische Nachrichten* 21 (1971): 171 – 82; Hansgeorg Schlichtmann, "Codes in Map Communication," *Canadian Cartographer* 16 (1979): 81 – 97; idem, "Characteristic Traits of the Semiotic System 'Map Symbolism,'" *Cartographic Journal* 22 (1985): 23 – 30。

㉛　Christopher Board, "Maps and Mapping," *Progress in Human Geography* 1 (1977): 288 – 95; Head, "Natural Language" (note 4).

㉜　Barbara Bartz Petchenik, "Cognition in Cartography," in *Nature of Cartographic Communication*, 117 – 28 (note 76); Ratajski, "Characteristics of Cartographic Communication," 24 – 26 (note 276).

了"同时代地图学家的思想、眼睛和手"，而地图的内容则代表了"其中呈现的地理数据"[283]。但是，斯凯尔顿的早期地图的研究方法，既受到学徒制的，也受到历史学家对地图内容的强调的影响，而对形式和内容的研究，就他而言，是"相互控制和彼此支持的"[284]。其他人则有着不同的看法。到20世纪70年代，有些人迫切希望在地图的历史中更加重视设计和技术的研究。因此，专门从事早期地图研究的俄罗斯的 F. A. 希巴诺夫 [35] （F. A. Shibanov）强烈建议，"对地图学史重要的不是在地图上所呈现的，而是这些是如何被用地图学的方式进行描绘的"[285]。这一论点已经由戴维·伍德沃德（David Woodward）进一步发展，当时他开始表明，作为地图学技能和实践的产物的早期地图的研究，除了一些显著的例外，在地图学史中仍然是一个主要的间断[286]。伍德沃德在处理这个问题的时候，基于作为结果的地图形式，对生产过程中的各个阶段进行了分类，并在一个简单矩阵中对这些进行了归纳并得出结论："对地图形式的研究，是我们可以称之为地图的技术史领域的一部分，且通常是由具有地图学背景的地图学史家尝试进行的。简言之，就是地图学家对他的技艺的看法。"[287] 这些话足以说明在地图学史中地图学家的地位，并且他们被有着历史学思想的地图学家接受为如此。它们因而也成为地图学史中有着更多的技术组成要素的时代即将到来的迹象。一种普遍的分析可以认为，这种趋势与第二次世界大战以来的与科技史截然有别的技术史的兴起相比有些迟缓。正如另外一位从事实践活动的地图学家所表达的，涉及"地图学工艺和技术的历史"的"编年的地图知识"，应增加其在本学科中的相对分量[288]。

到目前为止，在地图学史的平衡中，只可以看到前卫的但不是实质性的挑战[289]。然而，至少，作为一个独立学科的地图学的出现，已经起到了为地图学史招募一群新的学者的效果，有着技术训练并且有着不同的知识背景，被他们自己专业领域的研究所吸引。一个例子就是对专题地图绘制历史的关注日益增加，这与该主题在整个地图学史中的重要性的日益增加有关[290]。然而，这些趋势必须保持相应的比例：地图学史显然并没有被完全认为等同于地图学。对于许多实践应用的地图学家来说，历史研究不可避免地依然只是他们当代研究的副业，并且这种趋势削弱了他们对于地图学史的贡献的影响力。地图形式的系统研究只是刚刚开始，以成为对作为历史文献的早期地图的内容的持续和适当的关注的补充。

---

[283]　Skelton，*Maps*，63（note 15）。

[284]　Skelton，*Maps*，63（note 15）。

[285]　F. A. Shibanov，"The Essence and Content of the History of Cartography and the Results of Fifty Years of Work by Soviet Scholars，" in *Essays on the History of Russian Cartography*，*16th to 19th Centuries*，ed. and trans. James R. Gibson，introduction by Henry W. Castner，Monograph 13，*Cartographica*（1975），141 – 45，引文在 142。

[286]　Woodward，"Suggested Framework"（note 25）；也可以参见 David Woodward，"The Form of Maps：An Introductory Frame-work，" *AB Bookman's Yearbook*，pt. 1（1976），11 – 20。伍德沃德的"轻视或忽视制作地图的过程"的这一趋势的例外情况（"Suggested Framework，" 109 and n. 17），就是 Brown，*Story of Maps*（note 16），和 François de Dainville，*Le langage des géographes*（Paris：A. et J. Picard，1964）。

[287]　Woodward，"Suggested Framework，" 107（note 205）。

[288]　Lech Ratajski，"The Research Structure of Theoretical Cartography，" *International Yearbook of Cartography* 13（1973）：217 – 28．

[289]　参见 Blakemore and Harley，*Concepts*，48 – 50（note 164），这类地图学过程的历史研究中不平衡的例子。

[290]　这种联系由 Robinson，*Thematic Mapping*（note 28）进行了综述和概括。

以往，对作为交流手段的早期地图的兴趣，显示了一种逐渐拓展的类似过程。尽管这些模型在 20 世纪 60 年代末之后在地图学中已经很好地建立了起来，但它们在地图学史中却只是被缓慢地采纳。地图代表了图形语言的一种形式，这种想法并不新鲜。几乎一旦地图制作者意识到他们工艺的特殊性质，并用书面论著的形式将其实践记录下来的话，那么他们似乎也已经掌握了地图交流属性的性质。例如，莱昂纳德·迪格斯（Leonard Digges）在其 1571 年的《几何学练习》（*Pantometria*）中提到，在阅读地图时，不仅具有准确的，还有"传送"的优点，尽管有待于约翰·格林（John Green）在 18 世纪撰写如下内容，以重申一个已经确立的信念，即"一幅草图立刻显示了用众多词汇都无法表达的内容"[21]。但是，如果这样的观点经常得到回应——并且在作为地理学者训练的地图史学家中被广泛接受——的话，那么这是他们著作中的一个被潜移默化的理解和传达的事实，而不是在他们的研究中得到充分发展的真理。诸如这样的陈述，即早期地图上的符号代表着"地图学字母表"[22]，与此类似的另外一种表达就是，早期地图的研究应该关注地图制作者的语言或词汇[23]，或者即地图学史家应当关注于"地图进行交流的表达方式"[24]，可以很容易地在文献中找到。然而，理论基础从来没有被正式提出，也没有与如艺术史、文献或社会人类学等其他学科的发展交互，而在这些学科中这些概念已经得到更彻底的探讨和运用。

直到 20 世纪 70 年代初，我们才可以发现通过地图学家对交流理论的关注而获得的思想，首次被有意识地应用于历史方面。在 1972 年，例如，弗赖塔格（Freitag）建议将地图学史划分为与马歇尔·麦克卢汉（Marshall McLuhan）交流时代相对应的时代和时期，开始于"笔墨或绘本时代"，进而到"印刷地图"的时代以及"电信（或屏幕）地图"时代[25]。到 20 世纪 70 年代中期，作为一种交流手段的地图的主题，在地图学史中越来越多地被确定。伍德沃德将交流模型评论为他的学科"框架"的一部分[26]；瓦利斯（Wallis）强调了交流在专题地图学史研究中的地位[27]；在有文献记录的研究策略层面，安德鲁（Andrews）正在撰写关于与都柏林市（Dublin City）早期的军事测量图（Ordnance Survey maps）

[21] Leonard Digges, *A Geometrical Practise*, *Named Pantometria*（London：Henrie Bynneman，1571），preface；［John Green］，*The Construction of Maps and Globes*（note 69），被引用在 J. B. Harley，"The Evaluation of Early Maps：Towards a Methodology，" *Imago Mundi* 22（1968）：62–74，引文在 62。

[22] E. M. J. Campbell，"The Beginnings of the Characteristic Sheet to English Maps，" pt. 2 of "Landmarks in British Cartography，" *Geographical Journal* 128（1962）：411–15，引文在 414。

[23] De Dainville，*Langage des géographes*，x（note 286）；然而，应当指出的是，在这一著作中 de Dainville 自己并不对地图——或地图学史——感兴趣，但将地图用作历史记录的文档。

[24] Skelton，*Maps*，101（note 15）；斯凯尔顿后来的著作尤其充满暗示性的标记，这些标记揭示了他对地图和语言之间进行类比的潜力的理解。

[25] Ulrich Freitag，"Die Zeitalter und Epochen der Kartengeschichte，" *Kartographische Nachrichten* 22（1972）：184–91. 他吸收了 Marshall McLuhan，*Understanding Media：The Extensions of Man*，2d ed.（New York：New American Library，1964），esp. 145–46 中的观念。

[26] Woodward，"Suggested Framework，" 103–5（note 205）。

[27] Helen Wallis，"Maps as a Medium of Scientific Communication，" in *Studia z dziejów geografii i kartografii：Etudes d'histoire de la géographie et de la cartographie*，ed. Józef Babicz，Monografie z Dziejów Nauki i Techniki，Vol. 87（Warsaw：Zakład Narodowy Imienia Ossolińskich Wydawnictwo Polskiej Akademii Nauk，1973），251–62.

相关的"媒介和信息"[298]，而刘易斯（Lewis）通过 18 世纪大平原（Great Plains）的经过选择的地图构建出"信息图像"的传输[299]；还有，在 1975 年，哈利（Harley）使用历史证据为鲁滨逊（Robinson）和佩切尼克（Petchenik）的交流模型的"用户端"提出了一个系统性的评注[300]。在那个十年终结的时候，一种与研究地图历史相似的路径正在被其他学科的学者独立地提出。艺术史家进行的一些早期地图的研究，例如，不仅受到将艺术作为语言的概念的强烈影响，采用了一种图符的策略，而且还试图将其关于艺术（广义的定义包括某些类型的印刷品和地图）作为一种图形语言的假设表达的更加明确[301]。这样的发展正在迫使地图史学家考虑地图的同时代的意义和社会意义，以及其作为人工制品或历史文献的性质[302]。在另外的例子中，一位科学史学家写道，在地图和图表意义上，地质学出现了一种"视觉语言"，而关于书籍的历史学家现在可以在"交流圈"的背景下从整体上构想他们的研究对象[303]。对作为空间知识的传播者的地图属性的兴趣的一种形式化，地图学史也许主要是受惠于过去 20 年中学术地图学的兴起。

地图学史领域中的最新发展

以上文献的评述可能被认为说明了一种被改变的地图学史的学术特性，已经在 20 世纪 70 年代形成。然而，必须强调的是，如果以大学院系的数量或建立致力于这一学科的教授职位为标准的话，那么地图学史还不能被定义一门学科。在葡萄牙，海外调查委员会（Junta de Investigações do Ultramar）在 1958—1960 年期间对在里斯本和科英布拉（Coimbra）进行的早期地图学的研究提供了支持，一种正式的地位已经出现，尽管是小规模的[304]。而 1968 年，在荷兰，乌得勒支大学（University of Utrecht）建立了一个地图学教授职位，其也正式将地图学史纳入其中[305]。但对于地图学史来说，这种制度上的支持依然是相对比较脆弱的，

37

---

[298]　J. H. Andrews, "Medium and Message in Early Six-Inch Irish Ordnance Maps: The Case of Dublin City," *Irish Geography* 6 (1969 – 73): 579 – 93.

[299]　G. Malcolm Lewis, "The Recognition and Delimitation of the Northern Interior Grasslands during the Eighteenth Century," in *Images of the Plains: The Role of Human Nature in Settlement*, ed. Brian W. Blouet and Merlin P. Lawson (Lincoln: University of Nebraska Press, 1975), 23 – 44; idem, "Changing National Perspectives and the Mapping of the Great Lakes between 1775 and 1795," *Cartographica* 17, No. 3 (1980): 1 – 31.

[300]　J. B. Harley, "The Map User in Eighteenth-Century North America: Some Preliminary Observations," in *The Settlement of Canada: Origins and Transfer*, ed. Brian S. Osborne, Proceedings of the 1975 British-Canadian Symposium on Historical Geography (Kingston, Ont. : Queen's University, 1976), 47 – 69.

[301]　Michael Twyman, "A Schema for the Study of Graphic Language," in *Processing of Visible Language*, ed. Paul A. Kolers, Merald E. Wrolstad, and Herman Bouma (New York: Plenum Press, 1979), 1: 117 – 50.

[302]　Juergen Schulz, "Jacopo de' Barbari's View of Venice: Map Making, City Views, and Moralized Geography before the Year 1500," *Art Bulletin* 60 (1978): 425 – 74; J. B. Harley, "Meaning and Ambiguity in Tudor Cartography," in *English Map-Making, 1500 – 1650*, ed. Sarah Tyacke (London: British Library, 1983), 22 – 45, 关于以图符—语言学的路径，旨在揭示一组早期地图的当代意义的例证；还有 J. B. Harley, "The Iconology of Early Maps," in *Imago et mensura mundi: Atti del* Ⅸ *Congresso Internazionale di Storia della Cartografia*, 2 Vols. , ed. Carla Clivio Marzoli (Rome: Enciclopedia Italiana, 1985), 1: 29 – 38.

[303]　Martin J. S. Rudwick, "The Emergence of a Visual Language for Geological Science, 1760 – 1840," *History of Science* 14 (1976): 149 – 95; Robert Darnton, "What Is the History of Books?" in *Books and Society in History*, 3 – 26 (note 29); "交流圈"的一个图形模型出现在 p. 6。

[304]　参见 *Imago Mundi* 17 (1963): 105 – 6, 和 *Imago Mundi* 24 (1970): 147 – 48, "年鉴"部分的葡萄牙。

[305]　在 1981 年，这一教授职位分为一个地图学教职和一个地图学史的个人教授职位。

38　同时它的增长必须根据个人活动而不是永久性的捐赠来衡量。在大学之外，唯一重要的发展就是在芝加哥的纽伯里图书馆（Newberry Library）的赫蒙·邓拉普·史密斯地图学史研究中心（Hermon Dunlap Smith Center for the History of Cartography）的成立。作为一家研究机构创建，其目的是为了促进学科的发展，也是为了充分运用图书馆馆藏丰富的早期地图。到目前为止，它仍然是同类中唯一一家永久性的研究中心[306]。

对于缺乏正式制度支持的一些补偿是那些首先将自己视为是地图学史家的学者之中越来越明显的自我意识。这种自我意识提供了一种对自身的支持。可以说，现在已经有着服务于已经出现的地图学史家的"无形的学院"的交流渠道[307]。这些接触已经通过国家团体和通过国际联系和会议来进行。还可以看到的是，这些群体越来越意识到地图学史的特性，开始推进其学科的知识发展，并为此挖掘其过去的成就和潜力。已经受到关注的学科构建过程中的步骤包括，在国家地图学学会中的特殊兴趣小组的发展、一系列延续不断的国际会议，以及国际地图学协会的地图学史委员会的建立。另外一个支持性的影响就是定期出版的国际研究目录[308]。尽管只有44个国家出现在了1985年的版本上（对比《世界宝鉴》参考书目部分记录的73个国家），即使是这种地理上的传播，也表明了跨越国界的思想流动在增加，而地图学史在传统上一直受制于此。

单独而言，这些发展中的一些可能似乎对于一个学科而言只不过是一个对不同未来的尝试；但在最近一些年中，它们已经受到许多具有明确方法论性质的著作的支持，这些著作，或者在国家层面上对以往的成果进行评估，或者对更为普遍性质的地图学史的意图和目的进行评论。最有说服力的是，这种评论在一定程度上并不是针对一个或两个国家的，而是可以追寻到在地图学史上有着已经确立的研究传统的大多数国家。如前所述，在通过参考书目的方法对以往进行评估的实践方面没有什么新意，但是在过去的20年中，例如，出现了巴尔达齐（Baldacci）对意大利学者研究的评论[309]；布切克（Buczek）和库曼（Koeman）分别对波兰和荷兰的地图学史的参考书目性的评述[310]；拉格尔斯（Ruggles）对加拿大地图学史的叙

[306] David Woodward, *The Hermon Dunlap Smith Center for the History of Cartography: The First Decade* (Chicago: Newberry Library, 1980). 在20世纪60年代初，提出的其他未能成功的建议：参见 G. Jacoby, "Über die Gründung einer internationalen Zentralstelle für die Geschichte der Kartographie," *Kartographische Nachrichten* 12 (1962): 27-28; Wilhelm Bonacker, "Stellungnahme zu dem Plan einer internationalen Zentralstelle für Geschichte der Kartographie," *Kartographische Nachrichten* 12 (1962): 147-50。Jacoby 的主要目的就是创立一家古旧或珍稀地图的图像负片的国际档案馆，其中还有着相应的信息和参考资料。

[307] Diana Crane, *Invisible Colleges: Diffusion of Knowledge in Scientific Communities* (Chicago: University of Chicago Press, 1972). 308.

[308] Elizabeth Clutton, ed. and comp., *International Directory of Current Research in the History of Cartography and in Carto-bibliography*, No. 5 (Norwich: Geo Books, 1985).

[309] Osvaldo Baldacci, "Storia della cartografia," in *Un sessantennio di ricerca geografica italiana*, Memorie della Società Geografica Italiana, Vol. 26 (Rome: Società Geografica Italiana, 1964), 507-52.

[310] Karol Buczek, *History of Polish Cartography from the 15th to the 18th Century*, 2d ed., trans. Andrzej Potocki (Amsterdam: Meridian, 1982), 7-15; Cornelis Koeman, *Geschiedenis van de kartografie van Nederland: Zes eeuwen landen zeekaarten en stadsplattegronden* (Alphen aan den Rijn: Canaletto, 1983); chap. 2 与"荷兰的地图学家的传记"有关，6-13。

述⑪；还有莎尔福（Scharfe）对德国艺术状态的描述⑫。此外，在《世界宝鉴》中还发表了关于美国的详细的"年鉴"条目⑬。

然而从学术思想的转变来看，最为重要的就是地图史学家中同时出现的自我批评和反省的趋势。例如，仅在英国，就可以发现，克伦早在 1962 年就指出地图学上存在对古物和图目的偏重⑭，尽管直至 1966 年斯凯尔顿才进行了更为系统的批判。斯凯尔顿明确阐述的观点就是，就如同他所调查的，这个学科是被松散定义的，且缺乏哲学和方法论的指导。特别是，他说到，其需要"坚实的总体基础，安全的沟通渠道和公认的方法"⑮。然而，最近这些想法中一些已经得到发展。在英格兰，布莱克莫尔（Blakemore）和哈利以最近的英美国家的地图学史作品为背景，对它们进行了批评性评论⑯。在美国，伍德沃德在 1974 年已经总结道，地图学史的总体图景就"是在术语、方法和总图目标上缺乏一致性的文献的集合"⑰，对此丹尼斯·伍德（Denis Wood）增加了他的支持，对他认为占主导地位的众多地图史学家的"收藏心态"抨击得更加猛烈⑱。

新的批判精神并不局限于大不列颠和北美洲。那些在地图学史研究方面有着厚重传统的欧洲国家也正在加入方法论的讨论中。在荷兰，库曼正在推进地图学史有着更广泛意义的思想，已经检查了该领域的"现代调查"对文化史和地图学发展的贡献⑲。在意大利，讨论集中在学科活力方面，埃利奥·曼齐（Elio Manzi）拒绝了该国在实践中存在地图学史衰落的观念，且通过在最近的一篇评论文章中列举了 136 个项目来展示其活力⑳；但加埃塔诺·费罗（Gaetano Ferro）的回答就是，这些项目在范围上主要是地方的，是碎片化的，在执行时缺乏一种统一概念的意识㉑。弗拉迪米罗·瓦莱里奥（Vladimiro Valerio）也对意大利学者进

⑪　Richard I. Ruggles, "Research on the History of Cartography and Historical Cartography of Canada, Retrospect and Prospect," *Canadian Surveyor* 31 (1977): 25 – 33.

⑫　Wolfgang Scharfe, "Geschichte der Kartographie-heute?" in *Festschrift für Georg jensch aus Anlaβ seines* 65. *Geburtstages*, ed. F. Bader et al., Abhandlungen des 1. Geographischen Instituts der Freien Universität Berlin, 20 (Berlin: Reimer, 1974), 383 – 98.

⑬　例如，Walter W. Ristow 在 *Imago Mundi* 17 (1963): 106 – 14 的年鉴部分；idem, *Imago Mundi* 20 (1966): 90 – 94；以及直至 *Imago Mundi* 29 (1977) 的各期，那时引入了一种"年鉴"的新的组织形式，意在打破国家之间的分割，并旨在促进国际主义。

⑭　G. R. Crone, "Early Cartographic Activity in Britain," pt. 1 of "Landmarks in British Cartography," 406 – 10 (note 292)；提到了克伦的观察，类似的趋势由 Walter W. Ristow 在美国观察到，参见 *Imago Mundi* 17 (note 313) 的年鉴部分。

⑮　Skelton, *Maps*, 92 (note 5).

⑯　Blakemore and Harley, *Concepts* (note 164).

⑰　Woodward, "Suggested Framework," 102 (note 205).

⑱　Denis Wood, review of *The History of Topographical Maps*: *Symbols*, *Pictures and Surveys* by P. D. A. Harvey in *Cartographica* 17, No. 3 (1980): 130 – 33.

⑲　Cornelis Koeman, "Moderne onderzoekingen op het gebied van de historische kartografie," *Bulletin van de Vakgroep Kartografie* 2 (1975): 3 – 24.

⑳　Elio Manzi, "La storia della cartografia," in *La ricerca geografica in Italia*, 1960 – 1980 (Milan: Ask Edizioni, 1980), 327 – 36.

㉑　Gaetano Ferro, "Geografia storica, storia delle esplorazioni e della cartografia" (Introduzione), in *Ricerca geografica*, 317 – 18 (note 320). 意大利学者最近出版的一篇通讯，即 *Cartostorie*: *Notiziario di Storia della Cartografia e Cartografia Storica* (Genoa), No. 1 – (1984 –)。

行的地图学史研究注入了一种系统性的批评说明㉒。在波兰，地图史学家们也检验了他们学科的状况和需求㉓，同时在瑞士，爱德华·伊姆霍夫（Eduard Imhof），撰写于 1964 年，是最早抱怨在历史地图学的研究中有着巨大间断的学者之一，尤其提到了他所看到的对图目研究的重视，但代价却是对地图制品的技术分析的忽视㉔。在德国也是如此，鲁特哈特·厄梅（Ruthardt Oehme）在 1971 年已经评论过"早期地图学现在看起来更像是一种爱好，在德国的大学中几乎没有考虑过对其进行学习或研究"㉕。自从他撰写了这一评价之后，在德国，一种地图学史的意识，已经由德国地图学学会（Deutsche Gesellschaft für Kartographie）中的一个致力于对它进行研究的工作组的相关活动所提升，同时它的潜力和对变革的需求已经由沙夫（Scharfe）最新的评论所认识到㉖。在法国，少数实践性的地图学家对地图学理论问题的兴趣相对不大，但是一位地理学家菲利普·平奇梅尔（Philippe Pinchemel），已经试图澄清地理学史和地图学史之间的关系，注意到地图史学家很少意识到的认识论问题㉗。最后，在俄罗斯，地图学史已经吸引了大量的学术关注㉘，还已经出版了系统性的回顾，即《古地图在地理学和历史学研究中的用途》（"The Use of Old Maps in Geographical and Historical Investigations"）㉙。此文顾名思义，就是主要关注作为自然地理和人文地理资料的早期地图，但它的作用是再次强调，在通常的历史研究中地图史更为广泛的作用。

40　　这些研究可能只构成了地图学史的全部新文献中的一小部分，但它们确实反映出人们对其在人文学科中的地位有了更高的认识。它们还反映了，对一门学科的认知必须根据其自身的问题和潜力来理解。到 1980 年，地图学史正处在十字路口。分歧不仅在于它与地理学和地图图书馆学的历史联系，还在于它在日益独立的地图学中新的、强化的作用。分歧也在于解释作为文档的早期地图的内容的传统工作，与其最近被更为明确阐释的目的之间，后者旨在将地图作为人工制品以及作为在历史中推动了变革的图形语言来研究。

㉒　Vladimiro Valerio, "A Mathematical Contribution to the Study of Old Maps," in *Imago et mensura mundi*: *Aui del Ⅸ Congresso Internazionale di Storia della Cartografia*, 2 Vols., ed. Carla Clivio Marzoli（Rome: Enciclopedia Italiana, 1985), 2: 497 – 504; idem, "Sulla struttura geometrica di alcune carte di Giovanni Antonio Rizzi Zannoni (1736 – 1814)," 仅以单行本发表; idem, "La cartografia Napoletana tra il secolo ⅩⅧ e il ⅩⅨ: Questioni di storia e di metodo," *Napoli Nobilissima* 20 (1980): 171 – 79; idem, "Per una diversa storia della cartografia," *Rassegna ANIAI* 3, No. 4 (1980): 16 – 19 (periodical of the Associazione Nazionale Ingegneri e Architetti d'Italia).

㉓　Zbigniew Rzepa, "Stan i potrzeby badań nad historia Kartografii w Polsce (I Ogólnopolska Konferencja Historyków Kartografii)," *Kwartalnik Historii Nauki i Techniki* 21 (1976): 377 – 81.

㉔　Eduard Imhof, "Beiträge zur Geschichte der topographischen Kartographie," *International Yearbook of Cartography* 4 (1964): 129 – 53, 引文在 130。

㉕　Ruthardt Oehme, "German Federal Republic," in Chronicle, *Imago Mundi* 25 (1971): 93 – 95, 引文在 93。

㉖　Wolfgang Scharfe, "Die Geschichte der Kartographie im Wandel," *International Yearbook of Cartography* 21 (1981): 168 – 76.

㉗　Philippe Pinchemel, "Géographie et cartographie, réflexions historiques et épistémologiques," *Bulletin de l'Association de Géographes Français* 463 (1979): 239 – 47. 这种兴趣来自 1978 年提交给国家科学研究中心（Centre National de la Recherche Scientifique）的报告；在法国，地图学史通常归入地理学史，这一联系反映在了最近的作品中；例如，参见 Broc, *Géographie de la Renaissance*（note 64）。

㉘　Shibanov, "Essence and Content," 143 (note 285), 报告称，在他已经编纂的未出版的书目中，有约 550 项代表了 1917 年至 1962 年间苏联学者在地图学史方面的工作的研究。

㉙　L. A. Goldenberg, ed., *Ispol'zovaniye starykh kart v geograficheskikh i istoricheskikh issledovaniyakh*（古地图在地理学和历史学研究中的用途）（Moscow: Moskovskiy Filial Geograficheskogo Obschestva SSSR [Moscow Branch, Geographical Society of the USSR], 1980). 关于内容的完整列表，参见 *Imago Mundi* 35 (1983): 131 – 32。

参考书目

第一章 地图和地图学史的发展

这一参考书目还包括与本卷有关的一些精选的主要参考著作。

Acta cartographica. Vols. 1–27. Reprints of monographs and articles published since 1801. 3 vols. per year. Amsterdam: Theatrum Orbis Terrarum, 1967–81.

Almagià, Roberto. *Monumenta Italiae cartographica.* Florence: Istituto Geografico Militare, 1929.

———. *Monumenta cartographica Vaticana.* Vol. 1, *Planisferi, carte nautiche e affini dal secolo XIV al XVII esistenti nella Biblioteca Apostolica Vaticana.* Vol. 2, *Carte geografiche a stampa di particolare pregio o rarità dei secoli XVI e XVII.* Rome: Biblioteca Apostolica Vaticana, 1944, 1948.

Arentzen, Jörg-Geerd. *Imago Mundi Cartographica: Studien zur Bildlichkeit mittelalterlicher Welt- und Ökumenekarten unter besonderer Berücksichtigung des Zusammenwirkens von Text und Bild.* Münstersche Mittelalter-Schriften 53. Munich: Wilhelm Fink, 1984.

Aujac, Germaine. *La géographie dans le monde antique.* Paris: Presses Universitaires, 1975.

Bagrow, Leo. *Die Geschichte der Kartographie.* Berlin: Safari-Verlag, 1951. English edition, *History of Cartography.* Revised and enlarged by R. A. Skelton. Translated by D. L. Paisey. Cambridge: Harvard University Press; London: C. A. Watts, 1964; republished and enlarged Chicago: Precedent Publishing, 1985. German edition, *Meister der Kartographie.* Berlin: Safari-Verlag, 1963.

Barthes, Roland. *Elements of Semiology.* Translated by Annette Lavers and Colin Smith. New York: Hill and Wang, [1968].

Beazley, Charles Raymond. *The Dawn of Modern Geography: A History of Exploration and Geographical Science from the Conversion of the Roman Empire to A.D. 900.* 3 vols. London: J. Murray, 1897–1906.

Bertin, Jacques. *Sémiologie graphique: Les diagrammes, les réseaux, les cartes.* Paris: Gauthier-Villars, 1967. English edition, *Semiology of Graphics: Diagrams, Networks, Maps.* Edited by Howard Wainer. Translated by William J. Berg. Madison: University of Wisconsin Press, 1983.

Bibliographia cartographica: Internationale Dokumentation des kartographischen Schrifttums: International Documentation of Cartographical Literature. Munich: Staatsbibliothek Preußischer Kulturbesitz und Deutsche Gesellschaft für Kartographie, 1974–. Preceded by *Bibliotheca cartographica* (1957–72) and Hans Peter Kosack and Karl-Heinz Meine, *Die Kartographie, 1943–1954: Eine bibliographische Übersicht.* Lahr-Schwartzwald: Astra, 1955.

Bibliographie cartographique. Centre National de la Recherche Scientifique. Paris. Annual, 1936–.

Bibliothèque Nationale. *Choix de documents géographiques conservés à la Bibliothèque.* Paris: Maisonneuve, 1883.

Blakemore, Michael J., and J. B. Harley. *Concepts in the History of Cartography: A Review and Perspective.* Monograph 26. *Cartographica* 17, no. 4 (1980).

Bonacker, Wilhelm. *Kartenmacher aller Länder und Zeiten.* Stuttgart: Anton Hiersemann, 1966.

Bowen, Margarita. *Empiricism and Geographical Thought from Francis Bacon to Alexander von Humboldt.* Cambridge: Cambridge University Press, 1981.

Bricker, C., and R. V. Tooley. *Landmarks of Mapmaking: An Illustrated Survey of Maps and Mapmakers.* Brussels: Elsevier-Sequoia, 1968.

British Museum. *Catalogue of Printed Maps, Charts and Plans.* 15 vols and suppls. London: Trustees of the British Museum, 1967.

Brown, Lloyd A. *The Story of Maps.* Boston: Little, Brown, 1949; reprinted New York: Dover, 1979.

Bunbury, Edward Herbert. *A History of Ancient Geography among the Greeks and Romans from the Earliest Ages till the Fall of the Roman Empire.* 2d ed., 2 vols., 1883; republished with a new introduction by W. H. Stahl, New York: Dover, 1959.

Capel, Horacio. "Institutionalization of Geography and Strategies of Change." In *Geography, Ideology and Social Concern,* ed. David R. Stoddart, 37–69. Oxford: Basil Blackwell; Totowa, N.J.: Barnes and Nobel, 1981.

Carpenter, Kenneth E., ed. *Books and Society in History: Papers of the Association of College and Research Libraries Rare Books and Manuscripts Preconference, 24–28 June 1980, Boston, Massachusetts.* New York: R. R. Bowker, 1983.

Cartes et figures de la terre. Exhibition catalog. Paris: Centre Georges Pompidou, 1980.

Cebrian, Konstantin. *Geschichte der Kartographie: Ein Beitrag zur Entwicklung des Kartenbildes und Kartenwesens.* Vol. 1, *Altertum: Von den ersten Versuchen der Länderabbildungen bis auf Marinos und Ptolemaios (zur Alexandrinischen Schule).* Gotha: Justes Perthes, 1922.

Clutton, Elizabeth, ed. and comp. *International Directory of Current Research in the History of Cartography and in Carto-bibliography.* No. 5. Norwich: Geo Books, 1985.

Cortesão, Armando. *History of Portuguese Cartography.* 2 vols. Coimbra: Junta de Investigações do Ultramar-Lisboa, 1969–71.

Cortesão, Armando, and Avelino Teixeira da Mota. *Portugaliae monumenta cartographica.* 6 vols. Lisbon, 1960.

Crone, Gerald R. *Maps and Their Makers: An Introduction to the History of Cartography.* 1st ed. London: Hutchinson University Library, 1953. 5th ed. Folkestone, Kent: Dawson; Hamden, Conn.: Archon Books, 1978.

Daly, Charles P. "On the Early History of Cartography; or, What We Know of Maps and Mapmaking, before the Time of Mercator." Annual Address. *Bulletin of the American Geographical Society* 11 (1879): 1–40.

Destombes, Marcel. *Mappemondes A.D. 1200–1500: Catalogue préparé par la Commission des Cartes Anciennes de l'Union Géographique Internationale.* Amsterdam: N. Israel, 1964.

Dicks, D. R. *Early Greek Astronomy to Aristotle.* Ithaca: Cornell University Press, 1970.

Dilke, O. A. W. *Greek and Roman Maps.* London: Thames and Hudson, 1985.

Duhem, Pierre. *Le système du monde: Histoire des doctrines cosmologiques de Platon à Copernic.* 10 vols. Paris: Hermann, 1913–59.

Eckert, Max. *Die Kartenwissenschaft: Forschungen und Grundlagen zu einer Kartographie als Wissenschaft.* 2 vols. Berlin and Leipzig: Walter de Gruyter, 1921–25.

Febvre, Lucien, and Henri-Jean Martin. *L'apparition du livre.* Paris: Editions Albin, 1958. English edition, *The Coming of the Book: The Impact of Printing, 1450–1800.* New edition. Edited by Geoffrey Nowell-Smith and David Wootton. Translated by David Gerard. London: NLB, 1976.

Fiorini, Matteo. *Le projezioni delle carte geografiche.* Bologna: Zanichelli, 1881.

———. *Sfere terrestre e celeste di autore italiano oppure fatte o conservate in Italia.* Rome: Società Geografica Italiana, 1899.

Fischer, Theobald. *Sammlung mittelalterlicher Welt- und Seekarten italienischen Ursprungs und aus italienischen Bibliotheken und Archiven.* Venice: F. Ongania, 1886; reprinted Amsterdam: Meridian, 1961.

Gibson, James R., ed. and trans. *Essays on the History of Russian Cartography, 16th to 19th Centuries.* Introduction by Henry W. Castner. Monograph 13. *Cartographica* (1975).

Der Globusfreund. Coronelli Weltbund der Globusfreunde. Vienna. 3 nos. per year, 1952–.

Goldenberg, L. A., ed. *Ispol'zovaniye starykh kart v geograficheskikh i istoricheskikh issledovaniyakh* (The use of old maps in geographical and historical investigations). Moscow: Moskovskiy Filial Geograficheskogo Obschestva SSSR (Moscow Branch, Geographical Society of the USSR), 1980. For a complete listing of the contents see *Imago Mundi* 35 (1983): 131–32.

Gough, Richard. *British Topography; or, An Historical Account of What Has Been Done for Illustrating the Topographical Antiquities of Great Britain and Ireland.* 2 vols. London: T. Payne, and J. Nichols, 1780.

Guelke, Leonard. *Maps in Modern Geography: Geographical Perspectives on the New Cartography.* Monograph 27. *Cartographica* 18, no. 2 (1981).

———, ed. *The Nature of Cartographic Communication.* Monograph 19. *Cartographica* (1977).

Harley, J. B. "The Evaluation of Early Maps: Towards a Methodology." *Imago Mundi* 22 (1968): 62–74.

Harvey, P. D. A. *The History of Topographical Maps: Symbols, Pictures and Surveys.* London: Thames and Hudson, 1980.

Heidel, William Arthur. *The Frame of the Ancient Greek Maps.* New York: American Geographical Society, 1937.

Imago Mundi. Journal of the International Society for the History of Cartography. Berlin, Amsterdam, Stockholm, London. Annual, 1935–.

International Cartographic Association. *Multilingual Dictionary of Technical Terms in Cartography.* Edited by E. Meynen. Wiesbaden: Franz Steiner Verlag, 1973.

———. *Map-Making to 1900: An Historical Glossary of Cartographic Innovations and Their Diffusion.* Edited by Helen Wallis. London: Royal Society, 1976.

———. *Cartographical Innovations: An International Handbook of Mapping Terms to 1900.* Edited by Helen Wallis and Arthur H. Robinson. Tring, Hertfordshire: Map Collector Publications, 1986.

International Cartographic Association (British National Committee for Geography Subcommittee). *Glossary of Technical Terms in Cartography.* London: Royal Society, 1966.

Janni, Pietro. *La mappa e il periplo: Cartografia antica e spazio odologico.* Università di Macerata, Pubblicazioni della Facoltà di Lettere e Filosofia, 19. Rome: Bretschneider, 1984.

Jomard, Edme-François. *Considérations sur l'objet et les avantages d'une collection spéciale consacrée aux cartes géographiques et aux diverses branches de la géographie.* Paris: E. Duverger, 1831.

———. *Les monuments de la géographie; ou, Recueil d'anciennes cartes européennes et orientales* (Atlas). Paris: Duprat, etc., 1842–62.

———. *Introduction à l'atlas des Monuments de la géographie.* Posthumously published by M. E. Cortambert. Paris: Arthus Bertrand, 1879.

Kamal, Youssouf. *Monumenta cartographica Africae et Aegypti.* 5 vols. in 16 pts. Cairo, 1926–51. The individual titles to the volumes are as follows: Vol. 1, *Epoque avant Ptolemée,* 1–107 (1926). Vol. 2, parts 1–3, *Ptolemée et époque gréco-romaine,* 108–233 (1928), 234–360 (1932), and 361–480 (1932). Vol. 2, part 4, *Atlas antiquus* and index (1933). Vol. 3, parts 1–5, *Epoque arabe,* 481–582 (1930), 583–691 (1932), 692–824 (1933), 825–945 (1934), and 946–1072 (1935). Vol. 4, parts 1–4, *Epoque des portulans, suivie par l'époque des découvertes,* 1073–1177 (1936), 1178–1290 (1937), 1291–1383 (1938), and 1384–1484 (1939). Vol. 5, parts 1–2, *Additamenta: Naissance et évolution de la cartographie moderne,* 1485–1653 (1951).

Keates, J. S. *Understanding Maps.* New York: John Wiley, 1982.

Kish, George, ed. *Bibliography of International Geographical Congresses, 1871–1976.* Boston: G. K. Hall, 1979.

Koeman, Cornelis. *Collections of Maps and Atlases in the Netherlands: Their History and Present State.* Leiden: E. J. Brill, 1961.

———. "Moderne onderzoekingen op het gebied van de historische kartografie." *Bulletin van de Vakgroep Kartografie* 2 (1975): 3–24 (Utrecht, Geografisch Instituut der Rijksuniversiteit).

Kohl, Johann Georg. "Substance of a Lecture Delivered at the Smithsonian Institution on a Collection of the Charts and Maps of America." *Annual Report of the Board of Regents of the Smithsonian Institution . . . 1856* (1857), 93–146.

Kretschmer, I., J. Dörflinger, and F. Wawrik. *Lexikon zur Geschichte der Kartographie.* 2 vols. Vienna, 1986.

Leithäuser, Joachim G. *Mappae mundi: Die geistige Eroberung der Welt.* Berlin: Safari-Verlag, 1958.

Lelewel, Joachim. *Géographie du Moyen Age.* 4 vols. and epilogue. Brussels: Pilliet, 1852–57; reprinted Amsterdam: Meridian, 1966.

Library of Congress. *A List of Geographical Atlases in the Library of Congress, with Bibliographical Notes.* 8 vols. Vols. 1–4 edited by Phillip Lee Phillips; suppl. vols. 5–8 (1958–74) edited by Clara Egli LeGear. Washington, D.C.: Government Printing Office, 1909–74.

Library of Congress, Geography and Map Division. *The Bibliography of Cartography.* 5 vols. Boston: G. K. Hall, 1973.

Lloyd, G. E. R. *Early Greek Science: Thales to Aristotle.* New York: W. W. Norton, 1970.

Map Collector. Tring, Hertfordshire. Quarterly, 1977–.

Map Collectors' Circle. Map Collectors' Series, nos. 1–110. London, 1963–75.

Migne, J. P., ed. *Patrologiæ cursus completus.* 221 vols. and suppls. Paris, 1844–64; suppls. 1958–.

Miller, Konrad. *Mappaemundi: Die ältesten Weltkarten.* 6 vols. Stuttgart: J. Roth, 1895–98. Vol. 1, *Die Weltkarte des Beatus* (1895). Vol. 2, *Atlas von 16 Lichtdruck-Tafeln*

(1895). Vol. 3, *Die kleineren Weltkarten* (1895). Vol. 4, *Die Herefordkarte* (1896). Vol. 5, *Die Ebstorfkarte* (1896). Vol. 6, *Rekonstruierte Karten* (1898).

———. *Itineraria Romana.* Stuttgart: Strecker und Schröder, 1916.

Muller, Frederik and Co. *Remarkable Maps of the XVth, XVIth and XVIIth Centuries Reproduced in Their Original Size.* Amsterdam: F. Muller, 1894–98.

Müller, Karl, ed. *Geographi Graeci minores.* 2 vols. and tabulae. Paris: Firmin-Didot, 1855–56.

Murdoch, John Emery. *Antiquity and the Middle Ages.* Album of Science. New York: Charles Scribner's Sons, 1984.

Needham, Joseph. *Science and Civilisation in China.* Especially vol. 3, *Mathematics and the Sciences of the Heavens and the Earth.* Cambridge: Cambridge University Press, 1959.

Neugebauer, Otto. *The Exact Sciences in Antiquity.* 2d ed. Providence: Brown University Press, 1957.

———. *A History of Ancient Mathematical Astronomy.* New York: Springer-Verlag, 1975.

Nordenskiöld, A. E. *Facsimile-Atlas to the Early History of Cartography.* Translated by Johan Adolf Ekelöf and Clements R. Markham. Stockholm, 1889.

———. *Periplus: An Essay on the Early History of Charts and Sailing-Directions.* Translated by Francis A. Bather. Stockholm: P. A. Norstedt, 1897.

North, Robert. *A History of Biblical Map Making.* Beihefte zum Tübinger Atlas des Vorderen Orients, B32. Wiesbaden: Reichert, 1979.

Paassen, Christiaan van. *The Classical Tradition of Geography.* Groningen: Wolters, 1957.

Pauly, August, Georg Wissowa, et al., eds. *Paulys Realencyclopädie der classischen Altertumswissenschaft.* Stuttgart: J. B. Metzler, 1894–.

Pelletier, Monique. "Jomard et le Département des Cartes et Plans." *Bulletin de la Bibliothèque Nationale* 4 (1979): 18–27.

Piaget, Jean, and Bärbel Inhelder. *The Child's Conception of Space.* Translated by F. J. Langdon and J. L. Lunzer. London: Routledge and Kegan Paul, 1956.

Ristow, Walter W. *Guide to the History of Cartography: An Annotated List of References on the History of Maps and Mapmaking.* Washington, D.C.: Library of Congress, 1973.

Robinson, Arthur H., and Barbara Bartz Petchenik. *The Nature of Maps: Essays toward Understanding Maps and Mapping.* Chicago: University of Chicago Press, 1976.

Santarém, Manuel Francisco de Barros e Sousa, Viscount of. *Atlas composé de mappemondes, de portulans et de cartes hydrographiques et historiques depuis le VIe jusqu'au XVIIe siècle.* Paris, 1849. Reprint, Amsterdam: R. Muller, 1985.

———. *Essai sur l'histoire de la cosmographie et de la cartographie pendant le Moyen-Age et sur les progrès de la géographie après les grandes découvertes du XVe siècle.* 3 vols. Paris: Maulde et Renou, 1849–52.

Sarton, George. *Introduction to the History of Science.* 3 vols. Baltimore: Williams and Wilkins, 1927–48.

Scharfe, Wolfgang. "Die Geschichte der Kartographie im Wandel." *International Yearbook of Cartography* 21 (1981): 168–76.

Shirley, Rodney W. *The Mapping of the World: Early Printed World Maps 1472–1700.* London: Holland Press, 1983.

Singer, Charles, et al. *A History of Technology.* 7 vols. Oxford: Clarendon Press, 1954–78.

[Skelton, R. A.] "Leo Bagrow: Historian of Cartography and Founder of *Imago Mundi* 1881–1957." *Imago Mundi* 14 (1959): 4–12.

Skelton, R. A. *Looking at an Early Map.* Lawrence: University of Kansas Libraries, 1965.

———. *Maps: A Historical Survey of Their Study and Collecting.* Chicago: University of Chicago Press, 1972.

Skelton, R. A., and P. D. A. Harvey, eds. *Local Maps and Plans from Medieval England.* Oxford: Clarendon Press, 1986.

Stahl, William Harris. *Roman Science: Origins, Development, and Influence to the later Middle Ages.* Madison: University of Wisconsin Press, 1962.

Strayer, Joseph, ed. *Dictionary of the Middle Ages.* New York: Scribner's Sons, 1982–.

Taton, René. *Histoire générale des sciences.* 3 vols. in 4 pts. Paris: Presses Universitaires de France, 1957–64. English edition, *History of Science.* 4 vols. Translated by A. J. Pomerans. London: Thames and Hudson, 1963–66.

Taylor, Eva G. R. *The Haven-Finding Art: A History of Navigation from Odysseus to Captain Cook.* London: Hollis and Carter, 1956.

Terrae Incognitae. Annals of the Society for the History of Discoveries. Amsterdam. Annual, 1969–.

Thomson, J. Oliver. *History of Ancient Geography.* Cambridge: Cambridge University Press, 1948; reprinted New York: Biblo and Tannen, 1965.

Thrower, Norman J. W. *Maps and Man: An Examination of Cartography in Relation to Culture and Civilization.* Englewood Cliffs, N.J.: Prentice-Hall, 1972.

Tooley, Ronald V. *Tooley's Dictionary of Mapmakers.* New York: Alan Liss, 1979 and supplement 1985.

Tozer, H. F. *A History of Ancient Geography.* 1897. 2d ed. reprinted New York: Biblo and Tannen, 1964.

Uzielli, Gustavo, and Pietro Amat di San Filippo. *Mappamondi, carte nautiche, portolani ed altri monumenti cartografici specialmente italiani dei secoli XIII–XVII.* 2d ed., 2 vols. Studi Biografici e Bibliografici sulla Storia della Geografia in Italia. Rome: Società Geografica Italiana, 1882; reprinted Amsterdam: Meridian, 1967.

Wallis, Helen. "The Map Collections of the British Museum Library." In *My Head Is a Map: Essays and Memoirs in Honour of R. V. Tooley*, ed. Helen Wallis and Sarah Tyacke, 3–20. London: Francis Edwards and Carta Press, 1973.

Wallis, Helen, and Lothar Zögner, eds. *The Map Librarian in the Modern World: Essays in Honour of Walter W. Ristow.* Munich: K. G. Saur, 1979.

Weiss, Roberto. *The Renaissance Discovery of Classical Antiquity.* Oxford: Blackwell, 1969.

Wieder, Frederik Caspar. *Monumenta cartographica: Reproductions of Unique and Rare Maps, Plans and Views in the Actual Size of the Originals: Accompanied by Cartographical Monographs.* 5 vols. The Hague: M. Nijhoff, 1925–33.

Wolter, John A. "Geographical Libraries and Map Collections." In *Encyclopedia of Library and Information Science*, ed. Allen Kent, Harold Lancour, and Jay E. Daily, 9:236–66. New York: Marcel Dekker, 1968–.

Wolter, John A., Ronald E. Grimm, and David K. Carrington, eds. *World Directory of Map Collections.* International Federation of Library Associations Publication Series no. 31. Munich: K. G. Saur, 1985.

Woodward, David. "The Study of the History of Cartography:

A Suggested Framework." *American Cartographer* 1, no. 2 (1974): 101–15.

———. *The Hermon Dunlap Smith Center for the History of Cartography: The First Decade.* Chicago: Newberry Library, 1980.

Wright, John Kirtland. *The Geographical Lore of the Time of the Crusades: A Study in the History of Medieval Science and Tradition in Western Europe.* American Geographical Society Research Series no. 15. New York: American Geographical Society, 1925; republished with additions, New York: Dover, 1965.

第一部分
史前欧洲和地中海的地图学

45

第二章　史前地图和地图学史：导言

凯瑟琳·德拉诺·史密斯（Catherine Delano Smith）
成一农　译

　　与其他大陆类似，对于欧洲及其边缘地带史前地图绘制的研究，需要一个新的开端。以往学者所面对的障碍，不仅来源于资料的严重短缺，而且还源于对早期人类智力的误导性的态度。此外，他们未能考虑到史前地图特有的特征，也未能为识别和研究它们提出相应的原则。与地图绘制的起源有关的论述，一直存在着混淆和矛盾，并且任何新的研究都必须采用一种批评性的视角。似乎明显的是，欧洲地图学的起源必须要在历史时期的社会中最早被记录的地图之前的时期中去寻找，同时如果从史前时期留存下来了地图的例证的话，那么在考古学材料中将会发现它们。

　　理查德·安德烈（Richard Andree）似乎是最早专门关注于地图绘制起源的学者①，但是大致直到 20 世纪中叶才判断出了真正的问题。在 1949 年，劳埃德·布朗认为"地图制作可能是原始艺术最为古老的变体……古老到是在洞穴墙壁和沙石上的人类最早的描摹"②。然而，直至 1951 年，列奥·巴格罗（Leo Bagrow）才对这样的事实给予了晚来的关注，即尽管有着这些史前的起源，但关于早期地图的实际信息很难得到，并且与文明的其他许多产物相比，人们所知的早期地图的时间要短得多③。

　　关于地图绘制起源的研究屈指可数。在三部开创性的作品中，时间最早的就是安德烈的，尽管其有着充满希望的标题《地图学起源》（"Die Anfänge der Kartographie"），但该文是对"原始民族"地图绘制的直接描述。这部著作中并不包含对这类地图绘制与史前时期地图或者空间技术思想的最初产生之间的关系的任何讨论，尽管后两者在历史上最早的地图的时代确实是已经非常成熟的了④。安德烈的论文，为后来诸多文献奠定了基调，其开始于对如下情况的评注，即众多"原始民族"，虽然无法从磁罗盘的优点中获益，但依然可以制作有着令人惊讶的准确性和精确性的地图。注意力集中于"原始民族"中存在的两个条件，而这两者说明了他们的地图学能力：第一，与他们的地形知识有关的无与伦比的方向感；第

---

① Richard Andree, "Die Anlänge der Kartographie," *Globus*: *Illustrierte Zeitschrift für Länder* 31 (1877): 24 – 27, 37 – 43.

② Lloyd A. Brown, *The Story of Maps* (Boston: Little, Brown, 1949; reprinted New York: Dover; 1979), 32; 四年之前，David Greenhood, "The First Graphic Art," *Newsletter of the American Institute of Graphic Arts* 78 (1944): 1, 已经提到："地图学不仅是最为古老的图形艺术，而且是它们中最为混合的。"

③ Leo Bagrow, *Die Geschichte der Kartographie* (Berlin: Safari-Verlag, 1951), 14. 译文来自他的 *History of Cartography*, rev. and enl. by R. A. Skelton, trans. D. L. Paisey (Cambridge: Harvard University Press; London: C. A. Watts, 1964) 的第 25 页。

④ 时间是公元前 3000 年；参见 p. 57。

二，他们的绘画技术能力。对"图像地图"（*Kartenbilder*）样例的主要讨论，以阿伊努人（Ainu）的地图和爱斯基摩人（Eskimo）的地图为开端，以早期的中国和日本地图为终结。尽管这篇论文后来被原封不动地收录到安德烈的主要著作之一，《人类学的相似和比较》（*Ethnographische Parallelen und Vergleiche*）中，同时这部著作还包含了关于来自全世界的岩画的信息量丰富的章节，但安德烈并没有将这些绝大部分是史前时期的图像与地图绘制概念的起源建立起联系⑤。

　　第二部开创性的作品，沃尔夫冈·德罗伯（Wolfgang Dröber）的《原始民族中的地图制作》（*Kartographie bei den Naturvölkern*）出现于 20 世纪初⑥。德罗伯著作的标题是对该书内容的如实描述，即该书关注"原始地图"的案例而不是地图绘制的起源。德罗伯显然受到了安德烈的影响⑦，并且尤其，接受了安德烈对"原始民族"基本技能的评论，并在此基础上增加了另外一个条件——他们敏锐的视力。

46

　　最后是布鲁诺·阿德勒（Bruno Adler）的俄文论文《原始人群的地图》（"Karty pervobytnykh narodov"）⑧。仍然是关于这个主题的唯一的实质性作品，但它并未成为一个对后来的

---

⑤ Richard Andree, *Ethnographische Parallelen und Vergleiche* (Stuttgart: Julius Maier, 1878), 197 – 221; idem, "Anfänge der Kartographie," with figures（"Petroglyphen"）(note 1).

⑥ Wolfgang Dröber, "Kartographie bei den Naturvölkern" (Mapmaking among primitive peoples) (Diss., Erlangen University, 1903; reprinted Amsterdam: Meridian, 1964); 在 *Deutsche Geographische Blätter* 27 (1904): 29 – 46 中以同样的标题进行了归纳。

⑦ 除了安德鲁的 *Ethnographische Parallelen*（note 5）之外，德罗伯经常引用他的 *Geographie des Welthandels*, 2 Vols. (Stuttgart, 1857 – 72)。

⑧ Bruno F. Adler, "Karty pervobytnykh narodov"（原始人群的地图）, *Izvestiya Imperatorskogo Obshchestva Lyubiteley Yestestvoznaniya, Antropologii i Etnografii: Trudy Geograficheskogo Otdeleniya* 119, No. 2 (1910)。该文从未被从俄语翻译为其他语言，并且至于其被所有地图学家所知，可能是通过 H. de Hutorowicz 的简要概述 "Maps of Primitive Peoples," *Bulletin of the American Geographical Society* 43, No. 9 (1911): 669 – 79。可以从内容对阿德勒作品的广泛范围有着更好的了解，就像下文用表格的形式列出的阿德勒作品的标题所示的那样：

第一章	M. 奇利雅克人（Gilyaks）
1. 人类的"定向"能力	N. 阿伊努人（Ainu）
2.［航海］的标记	O. 卡加斯人（Karagas）和撒友提人（Sayoti?）
3. 绘图	P. 蒙古人和布里亚特人（Mongols and Buryats）
第二章	Q. 北美的印第安人
1. 原始民族的地图	R. 南美洲印第安人
A. 楚科奇人（Chukchi）	S. 非洲土著民族
B. 爱斯基摩人	T. 古代的埃塞俄比亚人（？）的地图
C. 科里亚克人（Koryaks）	U. 澳大利亚人
D. 尤卡吉尔人（Yukagirs）	V. 大洋洲群岛人（Oceanians）
E. 叶尼塞人（Yenesei）	W. 史前民族的地图
F. 萨莫耶德人（Samoyeds）	第三章　古代的半文明的和已经进入文明的民族的地图，
G. 尤拉克斯人（Yuraks）	及其与原始民族地图的比较
H. 多尔干人（Dolgane）	A. 墨西哥人和印加人
I. 通古斯人（Tungusii, 叶尼塞河谷）	B. 亚述—巴比伦人
J. 雅库特人（Yakuts）	C. 古代犹太人
K. 图鲁汉斯克地区（Turukhansk）的俄罗斯农民	D. 古代波斯人
L. 奥斯蒂亚克人（Ostyaks）	E. 古代印第安人

（转下页）

研究产生重要影响的文本。这可能部分归因于语言障碍，但它并不是一部理论性著作，而且阿德勒也没有在其中推测地图的起源。其中所包含的是在其出版前 10 年中收集到的关于"原始地图"的大量重要资料。这些资料来自同时代人的探险活动，特别是那些进入西伯利亚的探险，以及来自对遍及整个欧洲的图书馆和博物馆的收集，还有美国科学机构的馈赠⑨。其中还包含了阿德勒进行的大范围的调查研究，这些是可以引发进一步研究（例如关于地图和宗教的部分）的灵感源泉，但这些已经处在停滞状态。尽管所有这些承诺，不过甚至阿德勒在他题为"史前民族的地图"的一节中也没有谈到太多的东西⑩。

在一个基本没有发展的状态下，史前地图学的问题在很大程度上停滞不前，直至 20 世纪 80 年代。在这段时间里，只有列奥·巴格罗对这个主题做出了一些贡献，即使如此，他也只是用相对较小的篇幅处理了史前地图或地图绘制的起源⑪。后来出现的关于地图学史的各种纲要性文本——例如赫伯特·乔治·福德姆、劳埃德·布朗、杰拉德·R. 克伦，以及诺曼·J. W. 思罗尔（Norman J. W. Thrower）的都同样

47

（接上页）
 F. 古代中国人
 G. 日本和朝鲜人
 H. 古埃及人
 I. 古希腊人
 J. 古罗马人
 K. 古代阿拉伯人
 L. 中世纪地图
 M. 一幅古代俄罗斯的地图
 N. 雅库特人群之中的俄罗斯传教士的地图
第四章　原始民族的地图与有文字的民族的地图之间的比较
 A. 根据方位点确定方向
 B. 罗盘
 C. 地图上的辅助线
 D. 距离和面积的准确观测
 E. 地理学名词（Nomina geographica）
第五章　原始民族地图的材质、仪器、技术、地图、着色等
 A. 材质
  a. 沙地、雪地等上的地图
  b. 浮雕地图

  c. 岩石上的地图
  d. 树皮和桦树皮上的地图
  e. 动物皮革、布和纸张上的地图
  f. 偶然对象上的地图
  g. 木棍地图
 B. 绘图仪器
 C. 地图技术
 D. 地图着色
 E. 描绘在地图上的地理景观
  a. 河流
  b. 地球表面的地形
  c. 植被
  d. 地图上的人类地理学特征
  e. 各种动物
第六章
 A. 原始民族地图的主要类型
 B. 作为教育辅助工具的原始民族的地图
 C. 原始民族的地图集
 D. 宗教中的地图
 E. 原始民族的地图学能力
发现和结论
（翻译：Alexis Gibson, London）

⑨ Hutorowicz, "Maps," 669（note 8），谈到，这总共增加了来自亚洲的 55 幅地图，来自澳大利亚和大洋洲的 40 幅地图，来自美洲的 15 幅地图，来自非洲的 3 幅地图，以及来自东印度群岛的 2 幅地图。

⑩ Adler, "Karty"（note 8），cols. 217（3 lines only）and 218–20，因而仅仅使用了 3 列（一页半）的篇幅来处理他所有的例证；然而，Hutorowicz, "Maps," 675（note 8），谈到阿德勒用"大量篇幅"对最近发现的地图进行了讨论。关于阿德勒对凯斯勒洛奇（Kesslerloch）制品的评价，参见 pp. 64–66。

⑪ 这种处理方式可以追溯到最早的重要出版物，Leo Bagrow, *Istoriya geograficheskoy karty: Ocherk i ukazatel' literatury*（地图的历史：文献回顾和调查），*Vestnik arkheologii i istorii, izdavayemyy Arkheologicheskim Istitutom*（考古学的和历史学的评价，由 Archaeological Institute 出版）（Petrograd, 1918），在其中，他对史前地图的论述占用了 1 页的篇幅，"原始"地图，则占用了另外 1 页，并且他使用了 3 页的篇幅来对来自巴比伦的泥版地图进行了讨论。这一平衡在他 1951 年的文本 *Geschichte*（note 3）中保持，在他的 *Meister der Kartographie*（Berlin: Safari-Verlag, 1963）中也是如此，其内容与 1964 年的英文版是一致的，即 *History of Cartography*（note 3）。关于他对欧洲史前地图的评论，参见下文 pp. 65–66 n. 61, 72–73 n. 90, 85。

简短⑫。所有这些，通常在开篇中，都颇为敷衍地谈到了被他们视为是早期人类的"几乎本能"的绘画能力，尽管他们既没有提出支持这种说法的论据，也没有展示它们与地图绘制起源相关的重要性。所有这些都将地图历史的最早时期始于巴比伦和埃及，或是从古典时期的地图开始。他们全部都忽略了史前时期。

因此，关于最早地图的大量文献中存在的第一个混乱，来源于对史前地图学与历史时期的与本土文化有关的"原始"地图学之间的区别缺乏应有的注意。忽视史前地图学的另一个基本方面正是从此开始的，并且是混乱的第二个来源，即安德烈、德罗伯、阿德勒和巴格罗几乎排他性地使用人类学资料。考古学证据被忽视，除非是在对新世界进行的人种志研究过程中遇到的那些⑬，而欧洲的和旧世界的地图学的史前时期，在很大程度上未被认识到，更不用说世界其他区域的了⑭。这种偏见的后果就是，早期从事地图学史研究的历史学家没有认识到可以从考古学证据中分离出地图学活动的最初的痕迹。取而代之，他们关注于大部分同时代本土地图的区域分布上。如果这些作者明确地对史前时期的和历史时期的土著居民的地图加以区分，并且他们认识到对这两类的解释是相互依赖的话，那么他们的研究可能会对地图绘制的起源做出实质性的贡献。只有巴格罗认识到这种研究路径的潜力，指出"因而，我们必须看看今天的原始部落，他们的地图学艺术已经停止在其发展的某一点上，（并且在那里）我们可以寻找到……通过类比，较早时期地中海世界的证据"⑮。因此，对于巴格罗而言，在没有来自史前时期的背景证据的情况下，通往史前地图学的研究路径的主线就是必须通过历史时期的土著文化的地图。不管如何，这应仅仅是达成目的的一种手段。

混乱的第三个来源是另一种被模糊的差异，即对有着良好记录的众多土著居民的找路和航海技能与这些早期社会中的制作地图的实践之间缺乏区分⑯。而且，这一整体性的讨论被对达尔文观点的普遍接受所遮蔽，达尔文的观点强调在思想和行为中的从原始到先进、从野蛮到文明，以及从简单到复杂的思想和行为的不可逆的进化序列⑰。阿德勒引用了舒尔茨（Schurtz）谦逊的坦承，即史前时期，在地图制作方面可能进行过一些"粗糙

---

⑫ Herbert George Fordham, *Maps*: *Their History*, *Characteristics and Uses*: *A Handbook for Teachers*, 2d ed. （Cambridge：Cambridge University Press, 1927）；Brown, *Story of Maps* （note 2）；Gerald R. Crone, *Maps and Their Makers*: *An Introduction to the History of Cartography*, 1st ed. （London：Hutchinson, 1953；5th ed., Folkestone：Dawson；Hamden, Conn：Archon Books, 1978）；以及 Norman J. W. Thrower, *Maps and Man*: *An Examination of Cartography in Relation to Culture and Civilization* （Englewood Cliffs, N. J.：Prentice-Hall, 1972）。

⑬ 例如，Alexander von Humboldt, *Views of Nature*, trans. E. C. Otté and H. G. Bohn （London：Bell and Daldy, 1872），谈到他在奥里诺科（Orinoco）附近发现的岩石石刻不太可能是现在"赤裸的、到处流浪的野蛮人……在人类社会的阶段上处于最低位置的人"所雕刻的（p. 147），并且它们证实这一区域"曾经有着一个较高等级的文明"（p. 20）。

⑭ 例外就是阿德勒在"Karty,"col. 218（note 8）中提到了瑞士沙夫豪森（Schaffhausen）的骨板，这也被Bagrow, *Istoriya*, 2（note 11），*Geschichte*, 16（note 3），和 *History of Cartography*, 26（note 3）所接受。

⑮ Bagrow, *Geschichte*, 14（note 3），以及 *History of Cartography*, 25（note 3）。

⑯ 这一差异由 Michael J. Blakemore, "From Way-finding to Map-making：The Spatial Information Fields of Aboriginal Peoples," *Progress in Human Geography* 5, No. 1（1981）：1-24, esp. 1 指出。

⑰ 关于地图学史中的达尔文主义，参见 Michael J. Blakemore and J. B. Harley, *Concepts in the History of Cartography*: *A Review and Perspective*, Monograph 26, *Cartographica* 17, No. 4（1980）：17-23。

而笨拙的尝试"；导致布朗将地图学认为从模糊的起源"缓慢而痛苦地"发展着；而福德姆对"野蛮人"一词的选择阻止了进一步的论证⑱。因此，他们的著作隐含着一种矛盾。一方面是声称他们所描述的艺术是古老的，而另一方面则是史前"野蛮人"缺乏制作它们的能力。"本能"一词被用来作为逃避这一矛盾的方式。晚至 1953 年，克伦才可以接受"今天的原始人群……拥有制作粗糙但相当准确的素描的几乎来自本能的能力"⑲。而且，他推测，类似的能力将在中东和地中海东部沿岸的地图制作的起源中找到。诸如此类的提议忽略了人类学证据。众所周知的是，土著民族，远非依赖本能，已经发展出了精致的和精确的，通常是惯例性的机制，以确保在他们的社会中传播最有价值的知识，以及确保其世代流传。这些民族中的这种地图学技能并不是本能的，而是与现代社会的成员一样是后天习得的和学习而来的。

　　文献中存在的第四种混淆是关于史前和土著社会中地图的相对重要性和分布的。可以公平地指出，就像德罗伯所做的，并不是所有这些民族在地图学方面都是同样"好"的⑳，而需要进一步的限定。不是所有的史前的和土著民族都选择对表达或沟通的图形形式感兴趣㉑。还需要考虑不同的自然环境对地图绘制刺激因素的影响。因而，很难认为马绍尔群岛的岛民（Marshall Islanders）的木棍航海图是偶然的，而这些航海图在那些涉及土著居民的地图绘制的文本或论文中都被认为是出类拔萃的，这里所说的土著居民绘制的地图是来自大洋洲或者是来自北方冰冻地区的爱斯基摩人的雕刻地图；它们都满足了在难以辨别地标的广大地区定期航行的高度专业化的生活方式的需求。活动于陆地上的部落，至少那些不生活在沙漠中的，不需要这样的制品，并且通常不会为自己的使用而制作它们。对这些无文字地图学中的熟悉和陈旧的方面有着过多的强调，但对史前地图的性质和地图学的起源则强调得太少。

　　在文献中的最后一个混淆就是关于对史前和土著地图绘制功能的狭窄解读。趋势就是假设这两种类型都只是服务于被理解为是基本需要的那些东西，也就是找路。直到最近，地图学史研究者才开始尝试去按照土著社会的方式对它们加以理解。因此，福德姆，在关于地图学思想的一个引人入胜但失败的部分中，选择方向和距离作为地图起源的关键概念㉒。对他而言，早期地图只不过就是路线图，在适当的路线上点缀附属信息由此也就生成了地形图，但这样的一种解释忽视了众所周知的人类学的事实。土著人群在航海时不使用人造辅助工具，包括地图，这是他们

48

　　⑱　Adler，"Karty，" col. 220, n. 2（note 8），提到了 Heinrich Schurtz, *Istoriya pervobytnoy kuftury*（原始文化的历史）（Moscow, 1923），657，翻译自德语的 *Urgeschichte der Kultur*（Leipzig and Vienna, 1900）；Brown, *Story of Maps*, 12（note 2）；Fordham, *Maps*, 1 ff.（note 12）。

　　⑲　Crone, *Maps and Their Makers*, 15（note 12）。

　　⑳　Dröber，"Kartographie，" 78（note 6）。

　　㉑　Robert Thornton, "Modelling of Spatial Relations in a Boundary-Marking Ritual of the Iraqw of Tanzania," *Man*, n. s., 17（1982）：528－45.

　　㉒　Fordham, *Maps*, 1－2（note 12），此后，以 Crone, *Maps and Their Makers*, i（note 12）为代表的其他人也遵循了这样的说法。

被公认的技能，同时对他们而言，记住所有知识是至关重要的，而这两点都被忽略了㉓。同样被忽略的就是，通过研究史前历史的学者和人类学家对史前和历史时期岩画艺术的研究而获得对史前地图功能的潜在见解。这些研究表明，史前地图可能是在一种宗教背景中产生的，同时信仰问题决定了它们的执行，而且它们的功能应当是抽象的和象征性的，而不只是用于实践方面的找路和记录㉔。

将所有这些结合起来，我们看到，在研究欧洲地图学的起源时，地图学史家处于一种不熟悉的基础之上。他们面临着一套新的概念，且需要一种新的研究路径。在地图学史的文献中已经出现了改变态度的迹象。1980 年，P. D. A. 哈维的《地形图史：符号、图像和调查》（*History of Topographical Maps：Symbols，Pictures and Surveys*）出版㉕。在那一年，迈克尔·布莱克莫尔（Michael Blakemore）和 J. B. 哈利也警告说，"永远存在的危险就是……我们不加思索地将我们自己的标准应用于过去的地图学"㉖。在第二年，迈克尔·布莱克莫尔继续质疑，为什么原住民（土著居民）在他们有着如此发达的定向技术之时就应当绘制地图㉗，而在 1982 年，进行了一次尝试来重新审视欧洲岩画艺术中的史前地图㉘。现在是时候以新的方式重新考虑早期地图以及地图学起源的证据了。

采用空间再现的图形形式的最宽泛的视角，早期地图的证据可以在众多不同类型的艺术、人工制品和文化活动中来寻找。它与在地理上散布的和在时间上分散的广泛的文化存在联系。史前地图和历史时期土著民族制作的地图的实例，已经在不同学科的文献中都有报道，并且保存在地图、博物馆和档案馆的藏品中以及野外的岩画艺术中。

这部《地图学史》中，在与史前和与历史时期的旧世界和新世界的土著社会存在联系的地图之间，进行了明确的区别。这一区别的基础涉及证据的性质。所有史前时期的主要原始资料无疑都是考古学的。对于土著居民的地图绘制而言，主要是人类学的和历史学的证据，以及只是二手的考古学证据。当然，这两类证据不是相互排斥的，并且人类学的发现对于理解史前时期的考古学记录是至关重要的㉙。采用这一标准，基于在一种文化中书写的出现，可以划出一条或多或少清晰的界线，通常但不普遍，可以在史前时期和历史时期之间标记出一种分离。本卷涉及旧世界部分地区的史前时期。重点放在欧洲，尽管涉猎的范围被扩大到了相邻的西南亚和北非的部分。在

㉓　这一点被 Bagrow 在 *Geschichte*，14（note 3），以及在 *History of Cartography*，25（note 3）中指出。也可以参见 Frances A. Yates，*The Art of Memory*（London：Routledge and Kegan Paul，1966）。

㉔　Mircea Eliade，*A History of Religious Ideas*，trans. Willard R. Trask（Chicago：University of Chicago Press，1978），Vol. 1，*From the Stone Age to the Eleusinian Mysteries*，chap. 1。

㉕　P. D. A. Harvey，*The History of Topographical Maps：Symbols，Pictures and Surveys*（London：Thames and Hudson，1980）。

㉖　Blakemore and Harley，*Concepts*，22（note 17）。

㉗　Blakemore，"Way-finding"（note 16）。

㉘　Catherine Delano Smith，"The Emergence of ' Maps' in European Rock Art：A Prehistoric Preoccupation with Place，" *Imago Mundi 34*（1982）：9 – 25。

㉙　参见后文第四章，"旧世界史前时期的地图学：欧洲、中东和北非"，pp. 54 – 101。

这些地区中，史前时期大概截止到公元前第三个千年，是巴比伦象形文字（约公元前 3100 年）和楔形文字（公元前 2700 年），以及埃及的圣书体（约公元前 3000 年），然后克里特象形文字（公元前 2000 年）出现的时间[30]。稍后是中国的甲骨文（约公元前 2000 年）。在东南亚和在日本，书写的到来和历史时期的黎明依然较晚，直到公元 1 世纪才隐约可见。因而，亚洲史前地图学的讨论被推延到《地图学史》的第二卷，在那里，其将在旧世界的伟大地图学成就的序幕中占有一席之地。在新世界以及旧世界的众多周边区域，史前时期一直延续——通常而言——直至欧洲航海者、探险家和定居者在 15 世纪或者之后的到来。除了一些显著的例外，如玛雅的象形文字，以及在 1521 年麦哲伦到达之前，在菲律宾使用的一种以爪哇语为基础的古旧的文字，文字只是在欧洲征服后才出现在这些地区。因此，推迟对这些地图——美洲、非洲（撒哈拉以南）、大洋洲和太平洋岛屿上史前的和历史时期——的讨论是适宜的，直到它们可以被包括在第四卷中的一个致力于欧洲与这些社会接触的主要时期的不连续的部分中。

尽管对于那些习惯于将所有史前和土著的地图绘制看作地图学史的序幕的那些人来说，这一划分可能看起来非常陌生，但这有着充分的理由。目的就是能够描述欧洲、亚洲和新世界中这种地图绘制的主要背景的可以定性的特性和时间顺序。对于新世界而言，在旧世界殖民主义的背景下处理本土的地图学，保持了更为全面的历史视角以及作为整体的《地图学史》的叙事组织。同样，随后的对地图学起源进行的讨论，被放置在对欧洲（包括乌拉尔以西的俄罗斯）、中东和北非（以及撒哈拉地区）的史前地图学的分析之前，将有助于更密切地关注于人类对于现在被认为是地图学的这一领域的最早的涉足。

---

[30] 关于当前讨论的不同的文字体系、它们的起源以及出现时间的信息，源自 David Diringer, *The Alphabet: A Key to the History of Mankind*, 3d ed. rev. （London：Hutchinson，1968），还参考了 Hans Jensen, *Symbol and Script: An Account of Man's Efforts to Write*, 3d ed. rev. and enl. （London：George Allen and Unwin，1970）。关于中东地区早期文字不同形式之间的关系，归纳自 *The Times Atlas of World History*, ed. Geoffrey Barraclough（Maplewood：Hammond，1979），52 - 53。

50

第三章　地图学的起源

G. 马尔科姆·刘易斯 （G. Malcolm Lewis）

成一农　译

可以认为在大脑和文化共同进化过程中的一个相当早的阶段，人类就已经产生了制作地图的需求。在基因突变创造了新的潜力的同时，文化应当赋予了那些能够最好地进行特定的智力和机械活动的个人和群体以优势①。在某个特定阶段，这将赋予人们构建关于他所在的世界的空间方面的信息以及将其与他者进行交流的优势。与临时构建的如叙事等的可以——以语言或者音乐的方式——按照一种时间先后顺序传递的信息不同，空间信息应当不容易通过人类最早的交流方式传递。话语和音乐既持续时间短暂又是按照顺序的，姿势和舞蹈也是如此，尽管它们可以是二维的，或者在最好的形式中是三维的。然而，一旦交流的图形形式在旧石器时代晚期（Upper Paleolithic，大约4万年前）出现，那么它们不仅有着更为持久，而且是二维或者三维的优势。因而，正是从这些图形形式中，才首次在空间结构化的图像中出现了表达和传达有关世界的信息的手段。尽管作为一种交流方式的优势应当从一开始就出现了，但在很长一段时间里，地图制作几乎都处于无意识的状态，与图形表达的形式基本不存在差异。确实，尽管在世界其他地区，在大约3000年或者更久之前，它开始成为一种独特的实用艺术，但在某些土著社会中，其仍然保持着原来的状态。在那些甚至在成年人中，认知发展在前运思（preoperational）阶段就终止的文化中，地图学似乎保持着未分化的状态，其以空间的拓扑结构为特征。那些成年人开始表现出可操作的认知方式的社会，也是首先开始形式化投影几何和欧几里得几何的社会，而正是在这些社会中，地图学最早作为一种与众不同的实践艺术而出现。

传递现象和事件之间的空间联系的信息的能力，以及以讯息的形式接收这类信息的能力，已经在智人（Homo sapien）出现之前很久的一些动物中有着很好的发展，尽管它们的讯息传递系统是由基因决定的，并且因而通过心理的反映或者通过群体的互动都是无法进行修改的。在过去的4万年中，这些动物的进化远远没有像人类那样快，我们可以认为它们的交流方式过去与现在是一样的。对动物行为的研究已经揭示了地图绘制过程的

---

① Charles J. Lumsden and Edward O. Wilson, *Promethean Fire*: *Reflections on the Origin of Mind* (Cambridge: Harvard University Press, 1983), 1 – 21.

例子。大部分涉及环境的气味标记并要求接受者在区域之内②。在某些方面，领地内的气味标记与人类使用标记去标明那些不存在地图的边界的方式是近似的。还存在一些用于向外部的接受者交流关于环境的空间结构的信息的动物系统，但是这些系统在时间上是短暂的，缺乏人工制品的相对永久性。最为著名的就是蜜蜂在归巢时所跳的圆舞和摇摆舞，通过这种方式，它们向蜂巢的其他成员标识被发现的蜂蜜的方向以及距离③。

尽管这个例子可能被作为特例所忽略，但"非常可能的就是，我们尚未了解许多动物的专门语言"，正如约翰·邦纳（John Bonner）所说，因为"每个例子都非常类似于破译密码，并且很少有人在这方面有着天赋"④。迄今为止，所有被破解的用来向物种的其他成员传递一幅"地图"的动物的机制都是通过基因继承的。结果，它们是不能被改编的，而且可以一种尽管可以被（至少被较高等动物）记忆，但除此之外无法存储的形式传递。智人（Homo sapiens）在空间意识的概念和交流能力方面与众不同。

类似于所有动物，4万多年前的早期智人比至少绝大多数动物都更具有移动性。人群在一个本质上二维的空间中的迁徙有着众多的原因，搜索或逃避各种各样的对象、条件、过程和事件。对世界的意识涉及因为其新颖而对其进行监视——针对时间上无法预料的事件，以及空间中的意料之外的对象和条件，它们可能构成危险或提供机会。在无论哪种情况中，它们都必须引起注意。超出其他的灵长类并且远超其他动物，早期智人良好的视力，为发展与这些危险或机遇相关的空间思维模式提供了一种必要的感官基础。与生活在森林中的大多数灵长类不同，生活在草地的早期智人有着一个更为广阔的视觉世界。生存涉及制定策略，以实现同时通过视觉来进行预期和通过自我掩饰来实现庇护⑤。因此，毫不令人惊讶的就是，"空间化"可能是"意识中最早和最为原始的方面"，正是因为如此，诸如距离、位置、网络和区域等的空间属性持续渗透到人类的思想和语言的众多其他领域中⑥。

不同于现代的科学意识，其寻求秩序和规律，早期智人的意识，聚焦于世界的不规则

51

---

② 例如，在明尼苏达州东北部的狼人致每三周一次巡视它们100—300平方公里的领地，沿着固定的路线以固定间隔留下它们的气味标记，尤其集中在路线的结合处和它们领地的边缘附近。Roger Peters，"Mental Maps in Wolf Territoriality，" in *The Behavior and Ecology of Wolves：Proceedings of the Symposium on the Behavior and Ecology of Wolves Held on 23 - 24 May 1975 in Wilmington*，N. C.，ed. Erich Klinghammer（New York and London：Garland STPM Press，1979），122 - 25.

③ Karl von Frisch，*The Dance Language and Orientation of Bees*，trans. Leigh E. Chadwick（Cambridge：Belknap Press of Harvard Uni-versity Press，1967）.

④ John T. Bonner，*The Evolution of Culture in Animals*（Princeton：Princeton University Press，1980），129.

⑤ Jay Appleton，*The Experience of Landscape*（New York：John Wiley，1975），73.

⑥ Julian Jaynes，*The Origins of Consciousness in the Breakdown of the Bicameral Mind*（Boston：Houghton Mifflin，1976），59 - 61. 时间，早已被用空间术语进行了描述。我们不知不觉地在不引起混乱的情况下，尽管是隐喻地，谈论了*遥远*的过去，时间*点*，以及前进的*道路*。我们的人生*蜿蜒曲折*，与他人的生活*路线*不同，并且有着*转折点*。我们*定位*问题的所在，并且有着不同的感兴趣的*领域*。我们的思想有着它们的*区域*和*边界*，同时我们的生活有着*圈子*。不太常见的是，我们通过时间的术语来描述空间的各个方面以此来扭转隐喻的过程。旅途需要几分钟、几小时或几天。然而，对于大多数人而言，并且可能从人类意识的产生开始，"现在不存在的东西似乎比只是在这里不存在的东西更不真实"：Alan Robert Lacey，*A Dictionary of Philosophy*（London：Routledge and Kegan Paul，1976），204。因此，我们*绘制*了迄今为止的进度，*规划*了我们的职业生涯，且*绘制*了我们的生活。

上，以及聚焦于不确定之上，而不是聚焦于确定性之上⑦。意识应该构成了"将当前的感知输入投射到心理屏幕上的一种再现形式"，因而对于未曾预期的和未曾预料的情况保持一种连续的警觉状态⑧。然而，生存与成功并不仅仅依赖于个体的意识和反映。它们还依赖于个体之间以及社会内部的合作，个体之间和群体内部进行交流的能力，储存和传输信息的能力，以及以讯息形式对其进行解码的能力。因此，语言的多种形式的发展——包括那些用于交流空间信息的形式——确保了社会的产生，以及将其积累的文化传给了后代。

　　早在距今40万年前，早期智人（如北京人）已经有能力群体追寻猎物，并且在捕捉和捕杀大型动物时进行一定程度的合作行动。这些活动包括偶尔的劫掠、系统的搜索，以及偶尔从已有领土迁移到他处（与其他物种循环往复的迁徙是不一样的）。这种能力部分是因为一些缘由，但部分是智力和社会发展的结果。随着改变行为以适应特定情况的能力，以及与他人交流和协作能力的提高，狩猎的成功率将进一步增加。

　　两者都涉及智力和学习能力的巨大增长。早期智人发展出了四种重要的心智能力，这些可以被看作最终获得地图绘制技能的必要条件。第一，可以延迟本能的反应以便暂停探索的能力；第二，存储获取的信息的能力；第三，抽象和概括的能力；第四，对被进行了如此处理的信息，进行所需要的反应的能力。在狩猎时的共同努力，尤其涉及编码信息以及在人与人之间迅速和有效地对其进行传递的能力。语言（姿势、图形以及口语）是确保这一点成为可能的工具。不同于其他较高等灵长类的"此地和此时"的语言，人类的语言已经开始将"时间和空间中的事件编制在一个由语法和隐喻控制的逻辑关系网中"⑨。维特根斯坦（Wittgenstein）的观点，即"我们语言的局限意味着我们世界的范围"，依然是有道理的⑩。可以进一步说，语言的起源与人类空间意识的增长紧密相关。52 构成原始口语基础的认知模式必须具有相当的空间成分。并非所有消息在内容或表现形式上都是空间性的，不过很多应当都是如此，并且这些应当有助于提供语言的结构的和功能的基础。有人认为，这些基础有助于促进

　　　　用路线和位置的呈现顺序进行构建的能力……一旦原始人类为地点、个体和行为提出了名称（或者其他符号），那么认知的地图和策略应当为制作和理解这些符号的顺序提供了基础……被共享的类似于网络的或层级的结构，当通过发出声音或者姿势的顺序外部化的时候，可能因而提供了语言的结构化的基础……在这一方式中，认知的地图可能已经在原始人类的智力革命中成为一个主要因素……认知的地图提供了构成话语的复杂序列所需的结构。然后用于将它们整合起来的名称和平面图，使得

---

⑦　有趣的是，大约4万年后，为了构成一条信息，而信息必须包含对于接受者而言有着一定程度的出乎意料，这一想法被数学家用来将其定义为一种可以准确量度的商品。

⑧　John Hurrell Crook, *The Evolution of Human Consciousness* (Oxford: Clarendon Press, 1980), 35.

⑨　Crook, *Evolution*, 148 (note 8).

⑩　Ludwig Wittgenstein, *Tractatus Logico-Philosophicus*, trans. D. F. Pears and B. F. McGuinness (London: Routledge and Kegan Paul, 1961), para. 5.6.

符号信息不仅可以在个人之间传递，而且可以在代际之间传递⑪。

提出的一种相关的方法就是通过对人类空间认知的现代研究。这一方面已经得到了很好的研究，并且现代土著居民的空间意识可以用来帮助阐释史前的地图绘制，从而解读地图学起源的问题。例如，克里斯托弗·哈尔派克（Christopher Hallpike）等研究者，追随着思维发展的皮亚杰学派（Piagetian school），已经确定了主导原住民空间思想的空间概念的一个列表⑫。这由内与外、中心与边缘、左与右、高与低、封闭与开放、对称与不对称顺序的对立概念组成。"边界"是另一个重要的空间概念。顺序是"基本的拓扑结构，与欧几里得或投影的不同，并且与自然环境的具体物理特征有关"⑬。这里，我们也有着认知地图的证据，而认知地图是以物质形态出现的地图的基础。

正是在广义的语言的发展中，将找到地图绘制的起源。对这一发展至关重要的应当就是超越了仅仅模仿水平的教导以及可以表达关系的交流系统的出现。在后者中，听觉系统（口语和音乐）是短暂的，仅限于时间维度⑭。因此，它们成为交流空间信息的最不有效的手段。在交流的视觉系统中，姿势和舞蹈，尽管是暂时的，但它们本身就是空间的三维形式，由此在向在场的和在传播的时间范围内的群体成员传递一幅"地图"时更为有效。绘画、模型、象形文字和标记，至少潜在的是三维的，但具有将即时性与更好的持久性相结合的额外优势。正是从这种用于交流的视觉系统的群体，地图学，以及其他图形图像，最终作为语言的一种专门形式出现。

这些人类交流系统的发展的相对速率和出现的顺序都没有被记录下来。然而，将心理地图与作为图形呈现的它们的专业表达联系起来的一个可能的关键阶段，可以在对姿势的使用中发现。戈登·休斯（Gordon Hewes）谈到，姿势可能在"旧石器时代早期达到了其应对文化现象的能力的极限"，但"在旧石器时代晚期获得了新的生命，并且因而素描、绘画和雕塑应运而生"⑮。姿势和存在时间很短的图形仍然被用于弥合不同语言群体之间的裂隙，并且它们有时是首选，或者也可以用作口语的辅助，尤其是作为交流具有位置信息的一种手段。在人类学文献以及从 15 世纪开始的欧洲人的探险与发现的文献中，有着土著民族用作沟通方式的姿势的丰富例证，这些土著居民中的很多仍然基本遵循着旧石器时代晚期的生活方式⑯。姿势经常被描述为已被用来征集或传递有关未知土地

---

⑪ Roger Peters, "Communication, Cognitive Mapping, and Strategy in Wolves and Hominids," in *Wolf and Man: Evolution in Parallel*, ed. Roberta L. Hall and Henry S. Sharp (New York and London: Academic Press, 1978), 95 – 107, esp. 106.

⑫ Jean Piaget and Bärbel Inhelder, *The Child's Conception of Space*, trans. F. J. Langdon and J. L. Lunzer (London: Routledge and Kegan Paul, 1956). Christopher R. Hallpike, *The Foundations of Prim-itive Thought* (New York: Oxford University Press; Oxford: Clar-endon Press, 1979), 285. 也可以参见 James M. Blaut, George S. McCleary, and America S. Blaut, "Environmental Mapping in Young Children," *Environment and Behavior* 2 (1970): 335 – 49。

⑬ Hallpike, *Foundations*, 285 (note 12).

⑭ 信息的空间和时间维度，在 Abraham Moles, *Information Theory and Esthetic Perception*, trans. Joel E. Cohen (Urbana: University of Illinois Press, 1966), 7 – 9 中有所讨论。

⑮ Gordon W. Hewes, "Primate Communication and the Gestural Origin of Language," *Current Anthropology* 14, nos. 1 – 2 (1973): 5 – 24, 引文在 11。

⑯ Hewes, "Primate Communication," 11, especially n. 7 (note 15).

（terra incognita）的信息。在这些情况下，欧洲的询问者和本土的受访者都倾向于使用素描地图，并且偶尔是结合了姿势的舞蹈。

姿势和简单的地图绘制之间的联系也可以在象形文字中找到。与音节字母文字不同，象形文字不是单线性的，并且很容易适应于表示事物和事件的空间分布[17]。大多数早期民族使用某种形式的象形文字、符号，部分来源于正在被呈现的对象，部分来源于相关的姿势。而且，在保存下来的历史时期土著民族制作的地图中，姿势通常是图像符号的重要组成部分。例如，一只有着伸出的食指的手掌被用来指示方向。在其他情况下，使用一排蹄印或人类的脚印来显示沿着它的路线和移动的方向[18]。

这样的现代的类比显然有着一些暗示，但它们并不是永久性的实物地图可能的产生方式的决定性指标。研究者面对的障碍就是，姿势和短暂的图形的证据——正是由于其性质——没有从旧石器时代晚期保存下来。因而，人们可能期望在更为永久性的艺术形式——尤其是在欧亚大陆中纬度地带旧石器时代早期社会的岩画艺术和可移动的艺术中——找到地图的最早的证据。然而，就像在行为学中，将动物的信号翻译为人类语言时必须要谨慎，因此，在处理史前艺术形式时，在将特定含义或功能赋予图案、纹理、符号或颜色之前，必须格外小心。而且，对地形信息本身的地图绘制对于早期人类而言几乎肯定不具有（现代意义上的）实践意义。然而，地图绘制可能有助于实现在现代行为疗法中被称为脱敏作用的功能：通过重复呈现所担心的东西来减轻恐惧[19]。以地图形式将所谓危险的未知地区呈现为熟悉的领土的延伸，很可能有助于减轻对外围世界的恐惧。相似的，从旧石器时代晚期以来，人类非常关心死后的命运，而宇宙志地图也许会减轻对死后的恐惧。由于早期的宇宙志和宗教也与更为依据经验的天文学相关联，所以认为天体地图可能出现得很早，这是合理的。对于地图学史家来说，困难不在于迎合这样的想法，而在于找到明确的证据来支持它们，并且从而能够从推测和假设转向更牢固的学术基础。

⑰ 在书面汉字中，用于表示地图的汉字（和图示），其本身就是一个高度风格化的地图。这表明地图绘制和地图，在书写的最终发展之前就作为独特的活动和产品出现了，其在中国通常被认为是在距今 2800 年前就达到其现在的形式。Joseph Needham, *Science and Civilisation in China*（Cambridge：Cambridge University Press, 1954 –　），Vol. 3, *Mathematics and the Sciences of the Heavens and the Earth*（1959），498.

⑱ 在青铜时代的斯堪的纳维亚的岩画中，足迹也成对出现或单独出现，但在这里它们可能有着完全不同的含义；参见 H. R. Ellis Davidson, *Pagan Scandinavia*（London：Thames and Hudson, 1967），54 – 55。在古代墨西哥南部的米斯特人的图像作品中，人类的脚印或包含脚印的一个条带通常表示一条道路：参见 Mary Elizabeth Smith, *Picture Writing from Ancient Southern Mexico*：*Mixtec Place Signs and Maps*（Norman：University of Oklahoma Press, 1973），32 – 33。澳大利亚的原住民在他们的象形文字的地图上区分了人类的足迹和不同种类动物的足迹：参见 Norman B. Tindale, *Aboriginal Tribes of Australia*：*Their Terrain*, *Environmental Controls*, *Distribution*, *Limits and Proper Names*（Berkeley, Los Angeles, and London：University of California Press, 1974），fig. 33。

⑲ Julian Jaynes, "The Evolution of Language in the Late Pleis-tocene," *Annals of the New York Academy of Sciences* 280（1976）：322.

54

第四章　旧世界史前时期的地图学：
欧洲、中东和北非

凯瑟琳·德拉诺·史密斯（Catherine Delano Smith）*
成一农　译

史前地图和地图史学家

正如这一关于史前地图部分的导言所清晰表达的，地图史学家对旧世界的史前地图几乎没有什么论述。无论是理查德·安德烈，还是沃尔夫冈·德罗伯对此都没有说任何内容①。1910 年，布鲁诺·F. 阿德勒（Bruno F. Adler）讨论了德国古物研究者弗里茨·罗迪格（Fritz Rödiger）曾经认为是地图的两个装饰骨板，但他在他的著作集中将它忽略②。1917 年，在阿德勒之后，列奥·巴格罗也提到了罗迪格，并且在他《地理地图的历史：文献评论与调查》（*Istoriya geograficheskoy karty：Ocherk i ukazatel' literatury*）一书中的 1881

*　对于在材料方面为我的研究给予了帮助的那些人士，我表示由衷的感谢，这些人士包括 Emmanuel Anati（Centro Camuno di Studi Preistorici, Capo di Ponte, Italy）；Ernst Burgstaller（Gesellschaft für Vorund Frühgeschichte, Austria）；John M. Coles（University of Cambridge）；Ronald W. B. Morris；Gerald L'E. Turner and Anthony V. Simcock（both of the Museum of the History of Science, University of Oxford）；Andrew Sherratt（Ashmolean Museum, University of Oxford）；以及 Franz Wawrik（Österreichische Nationalbibliothek, Vienna）。一些思路来源于或者归因于与 G. 马尔科姆·刘易斯（G. Malcolm Lewis, University of Sheffield）的讨论，在这里我对他慷慨的建议和有帮助的评论表示感谢。因为来自其 Small Grants Research Fund（1981 - 82）的支持，我也向 British Academy 表示感谢。

①　Richard Andree, "Die Anfänge der Kartographie," Globus：*Illustrierte Zeitschrift für Länder* 31 (1877)：24 - 27, 37 - 43. Wolfgang Dröber, "Kartographie bei den Naturvolkern" (Diss., Erlangen University, 1903；reprinted Amsterdam：Meridian, 1964)；在 *Deutsche Geographische Blatter* 27 (1904)：29 - 46 中，在相同标题下进行了归纳。这里所使用的旧世界的定义就是包括欧洲（乌拉尔山以西的俄罗斯）、中东（至底格里斯河），以及北非（撒哈拉）。

②　Fritz Rödiger, "Vorgeschichtliche Kartenzeichnungen in cler Schweiz," *Zeitschrift für Ethnologie* 23 (1891)：Verhandlungen 237 - 42. 阿德勒将 Rödiger 错误地拼写为了 Rödinger，这一错误在 Leo Bagrow 的 *Die Geschichte der Kartographie* (Berlin：Safari-Verlag, 1951), 16, 和 *History of Cartography*, rev. and enl. R. A. Skelton, trans. D. L. Paisey (Cambridge：Harvard University Press；London：C. A. Watts, 1964), 26 中延续。此外阿德勒错误地将 Taubner 拼写为 Tauber：参见 Bruno F. Adler, "Karty pervobytnykh narodov"（原始民族的地图）, *Izvestiya Imperatorskogo Obshchestva Lyubiteley Yestestvoznaniya, Antropologii i Etnografii：Trudy Geograficheskogo Otdeleniya* 119, No. 2 (1910)：218. 也可以参见 H. de Hutorowicz, "Maps of Primitive Peoples," *Bulletin of the American Geographical Society* 43, No. 9 (1911)：669 - 79 的总结性评价。这一省略意味着阿德勒没有一个来自欧洲的地图例证可以与来自世界其他地区的 115 个例证进行对比：即，来自亚洲的 55 个，来自美洲的 15 个，来自非洲的 3 个，来自澳大利亚和太平洋岛屿的 40 个，以及来自东印度群岛的 2 个。阿德勒文集的描述来自 de Hutorowicz, "Maps," 669, 并且还由 Norman J. W. Thrower, *Maps and Man：An Examination of Cartography in Relation to Culture and Civilization* (Englewood Cliffs, N. J. ：Prentice-Hall, 1972), 5 n. 7 进行了引用。

个参考书目的条目中③，在关于欧洲史前地图中只引用了三位学者（罗迪格、库尔特·陶布纳［Kurt Taubner］和阿姆斯捷里斯·韦施泰特［Amtsgerichtsrath Westedt］）的作品④。现代学者对此几乎没有什么改进：来自史前时期的三幅地形图由沃尔特·布鲁默（Walter Blumer）于 20 世纪 60 年代公布⑤，尽管只有其中两幅被包括在 P. D. A. 哈利（P. D. A. Harvey）的著作中⑥，同时还有一幅是来自中东的描绘⑦。因此，当本章的研究开始时，在最近的地图学史中提到的旧世界史前时代的地形图数量总共只有四幅。

55
　　在新的标准之下重新评估来自史前时期的证据之后，来自这一时期的超过 50 幅的地图或者空间呈现已经被地图学史研究者选择纳入了考虑的范围，并且在附录 4.1——史前地图一览列表中列出。这一列表试图总结出来自史前的材料中的似乎属于地图的那些。它既不完整也不是决定性的，并且有些条目可能还会引起争议。列表已经按照这种研究所需要的谨慎进行了编写，而这在以往的文献中是缺乏的。然而，它确实抵制了最近的将巫术和宗教信仰视为与理解土著或史前艺术无关的倾向。在针对 19 世纪和 20 世纪的那些过于简化了它们作用的古物学者的反应方面，观点可能摆动得过远了。对诸如原始思想的性质、原始文化中象征意义的重要性、早期的宗教史，以及岩画艺术的含义和背景等方面的学术研究已经做了很多工作，以推动对现存证据进行一种更为平衡和理性的评估。列表长度的扩展反映了这些因素。

　　目前的研究路径是基于三个一般原则。首先，对于潜在的来源材料的范围需要持开放的思想。其次，这些资料中发现的任何地图在研究中都不能与同时代的其他形式的艺术分离开来进行研究，或者孤立于制作这种艺术的整个环境进行研究，即使这意味着不仅依赖于考古学记录，而且还依赖于人类学的记录。最后，可能必须为这实际上是一个新的学科创建新的理论框架。

原始材料及其解释

　　史前艺术的所有主要形式对地图学史家而言都是潜在的关注点（图 4.1）。然而，最

③ Leo Bagrow, *Istoriya geograficheskoy karty*：*Ocherk i ukazatel' literatury*（《地理地图的历史：文献评论与调查》），*Vestnik arkheologii i istorii, izdavayemyy Arkheologicheskim Istitutom*（考古学和历史学评论，published by the Archaeological Institute）（Petrograd, 1918）。巴格罗文本的相关部分被收录到他的 *Geschichte*（note 8）中，但是很少有原始参考文献重复出现。巴格罗的 *History of Cartography*（note 2），是 *Geschichte* 修订增补版，被翻译为德文且出版，即 *Meister der Kartographie*（Berlin：Safari-Verlag, 1963）。在所有这些作品中，巴格罗讨论了迈科普（Maikop）瓶：参见后文的注释 90。

④ Rödiger, "Kartenzeichnungen," 237–42（note 2）. Kurt Taubner, "Zur Landkartenstein-Theorie," *Zeitschrift für Ethnologie* 23（1891）：Verhandlungen 251–57. Amtsgerichtsrath Westedt, "Steinkammer mit Näpfchenstein bei Bunsoh, Kirchspiel Albersdorf, Kreis Süderdithmarschen," *Zeitschrift für Ethnologie* 16（1884）：Verhandlungen 247–49.

⑤ 参见附录 4.1 的图 43、图 45 和图 47。Walter Blumer, "The Oldest Known Plan of an Inhabited Site Dating from the Bronze Age, about the Middle of the Second Millennium B. C.," *Imago Mundi* 18（1964）：9–11（Bedolina）; idem, "Felsgravuren aus prähistorischer Zeit in einem oberitalienischen Alpental ältester bekannter Ortsplan, Mitte des zweiten Jahrtausends v. Chr.," *Die Alpen*, 1967, No. 2（所有三者）。

⑥ Seradina and Bedolina; P. D. A. Harvey, *The History of Topographical Maps*：*Symbols, Pictures and Surveys*（London：Thames and Hudson, 1980）, figs. 20 and 21.

⑦ 附录 4.1 中的图 54。James Mellaart, "Excavations at Catal Hüyük, 1963：Third Preliminary Report," *Anatolian Studies 14*（1964）：39–119.

56

图4.1　与旧世界的史前岩画存在联系的主要地区和地点

重要的是两类岩石上（或史前岩画）的艺术：绘画（石壁画）和刻画（岩石雕刻）。可　55
移动艺术——位于诸如鹅卵石、石板、石头或金属工艺品的不固定的表面上的艺术，陶器
上的装饰，甚至雕塑或浮雕模型——也可以包含大量的地图学的关注点。岩画艺术被发现
于白天的环境中（通常是有人居住的岩石掩体和悬垂物），以及史前时期只有在极为困难
的时候才抵达的地下洞穴和深凹处。艺术由自然主义和非自然主义的呈现形成。动物
（主要是野牛、猛犸和马，偶尔有鸟和鱼）和人的形象构成了第一类的大部分。出现在我

们面前的大量各种几何的和抽象的标记构成了第二类。大部分文献都强调了自然主义的图像，尤其是那些因它们的线条和技艺之美而闻名于世的自然主义形象（如来自拉斯柯[Lascaux]和多尔多涅地区[Dordogne]的洞穴以及坎塔布连·比利牛斯山[Cantabrian Pyrenees]的其他洞穴的野牛和猛犸）。这带来了对它们数量重要性的一种带有偏见的印象。最近的著作是通过显示同样的洞穴中也包含大量非自然主义的标记来平衡了这一点⑧。然而，抽象的或几何的图形可能在时间上比自然主义的图形要晚，不过这可能只是推测⑨。

虽然很难将每一图形按照时间顺序排列，更不要说去确定其精确的日期了，但是史前艺术可以用最宽泛的术语描述为其时间或来自旧石器时期晚期至中石器时期（Mesolithic），狩猎者—采集者—捕鱼者的时期，或者来自后旧石器时期的农业居民（图4.2）。在欧洲，旧石器时代晚期的时间是从大约公元前40000年至公元前10000年之间。在那些被发现的旧石器晚期文化的特征出现稍晚的其他地区（如北非地区），使用的是"旧石器时代末期或中石器时代初期"（Mesolithic）这一术语。世界上第一个可断定时间的艺术来自旧石器晚期之初的欧洲⑩。其已经具有相当高度了，且这也必然意味着，涉及的图形和雕塑技艺，即使在这个时期，也绝不是"婴儿"。鉴于旧石器时代晚期的总长度——约3万年——其艺术风格和生活方式都是相当均质的。相比之下，后旧石器时期的经济和社会特征是极为多样的，可能是对随着冰盖逐渐从欧洲的消失所造成的环境变化的一种反映，尽管这并不与艺术领域的主要变化相对应。史前史学家早已认识到三个主要的文化子类：新石器时代57（及其作为过渡的末期，铜石并用时代或青铜时代）、青铜器时代和铁器时代。这些文化时期中的每一个，在南部和东部地区（最早的是美索不达米亚和埃及，然后是小亚细亚、希腊和意大利南部）都比在地中海西部或北欧开始的要早。在整个旧石器时代晚期，斯堪的纳维亚地区位于冰盖之下，无人居住。后旧石器时代的岩画艺术的主要时期与南欧的新石器时代和青铜时代相吻合，与欧洲斯堪的纳维亚的青铜时代和早期铁器时代相吻合。史前时期的结束，很容易通过书写的出现来确定，不过也存在类似的区域上的差异。在中东地区，文字的出现和美索不达米亚伟大文明的兴起，开始于约公元前3000年，埃及也基本如此。然而，沿着地中海西部的北侧和南侧海岸，史前时期持续到公元前最后的1000年。法国北部和不列颠仍然处于史前时代，直到罗马人的到来。在斯堪的纳维亚，铁器时代一般被认为持续至公元8、9世纪。

尽管这些考古学的差异是基于物质文化的，但是岩石艺术的基本特征在整个史前时期都维持不变。其中有细节上的差异，如基于地区或时期，存在内容上的变化（被描绘的不同的动物或对象）以及位置上的变化（后旧石器时代的岩画艺术往往是露天的，被发

---

⑧ 例如，在 Niaux（Tarascon-sur-Ariege）的洞穴装饰中包含了2—3个人类的图形，以及114个动物的图形，但还有不少于136个的各种风格的两侧下斜的符号，以及同等数量的圆形符号，还有大量的其他几何形状的或抽象的标记：Antonio Beltran-Martinéz, Rene Gailli, and Romain Robert, *La Cueva de Niaux*, Monografias Arqueologicas 16（Saragossa: Talleres Editoriales, 1973）, 227 – 46。

⑨ Magín Berenguer, *Prehistoric Man and His Art: The Caves of Ribadesella*, trans. Michael Heron（London: Souvenir Press, 1973）, 79 ff. 但是参见 Mircea Eliade, *A History of Religious Ideas*, trans. Willard R. Trask（Chicago: University of Chicago Press, 1978）, Vol. 1, *From the Stone Age to the Eleusinian Mysteries*, chap. 1。

⑩ Peter J. Ucko and Andrée Rosenfeld, *Palaeolithic Cave Art*（New York: McGraw-Hill; London: Weidenfeld and Nicolson, 1967）, 66; Desmond Collins and John Onians, "The Origins of Art," *Art History* 1（1978）: 1 – 25.

现于暴露的岩面以及悬面上，甚至，在某些地区，是在同时代农田的视野范围内）。但任何时间的史前艺术的关键特征之一就是，某些表面被一次又一次地使用的方式，但同时在我们看来，邻近的岩石既合适又有吸引力，但这些邻近的岩石未曾被绘制过。这个特征的存在强调了特定场所的神圣性。岩画的总体分布强化了这一推测。其必然部分地反映了发现的偶然或搜索的密度（就像在意大利的卡莫尼卡河谷［Valcamonica］或者瑞典南部）。另一方面，即使是在寻找最充分的地区（例如在利古里亚阿尔卑斯山的贝戈山［Mont Bego］周围），也有着与众不同的存在标记的遗址群。正是如此，导致许多人假定某些地方的神圣性，以及甚至具体的地形特征，可以作为岩画分布中的一个因素。同样引人注目的是欧洲的岩画艺术中缺乏组合[11]。这使得岩画或可移动艺术中的那些其中的顺

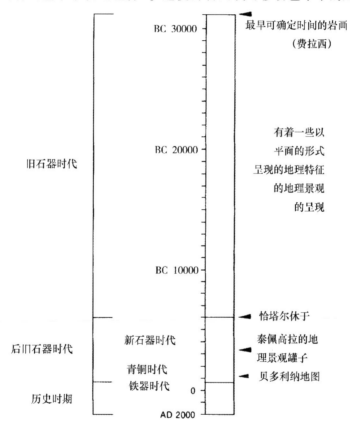

图 4.2　史前和历史时期的时间跨度

　　将欧洲和中东的岩石和可移动艺术的时期与历史时期进行了对比。通常被描述为"最早的"地图——例如那些在美索不达比亚泥版上的——来自历史时期。两幅较为著名的史前地图的时期被标注出来。

---

　　⑪　例如，作为与南非的对比，那里"叙事作品更加普遍和明确：非常清晰地描绘出在跳舞、战斗、狩猎或者表演……礼仪行为的人们"：J. David Lewis-Williams, *The Rock Art of Southern Africa*（Cambridge：Cambridge University Press, 1983），11。关于欧洲的岩石艺术中存在顺序的可能的程度的争论，参见 Ann Sieveking, *The Cave Artists*（London：Thames and Hudson, 1979），208 – 9。例如，André Leroi-Gourhan 已经提出，在他认为是雄性/雌性动物的类型和性别的符号中有着明确的分组：参见他的 *Art of Prehistoric Man in Western Europe*, trans. Norbert Guterman（London：Thames and Hudson, 1968），以及他的 *The Dawn of European Art：An Introduction to Palaeolithic Cave Painting*, trans. Sara Champion（Cambridge：Cambridge University Press, 1982），但这并未得到统计分析的支持：John Parkington, "Symbolism in Palaeolithic Cave Art," *South African Archaeological Bulletin* 24, pt. 1, No. 93（1969）：3 – 13。甚至有人建议说，一些洞穴中的装饰呈现了当地猎人的领土，尤其是当洞壁的天然的不规则被包括在复杂作品中的时候：Anne Eastham and Michael Eastham, "The Wall Art of the Franco-Cantabrian Deep Caves," *Art History* 2（1979）：365 – 85。

序和规律是可以辨识的组合更为突出。

几乎所有关于史前时期人类活动的证据都是通过考古调查获得的。但可能令人惊讶的是，考虑到那些对于旧世界而言通常极为丰富和详细的信息，但被用于对史前艺术的解读，以及因而对其地图学成分的解读的时候，考古学材料是远远不充分的。考古学信息在地理上、时间上和主题上的分布是不均衡的。屡见不鲜的就是，基本没有直接的和模糊的证据可以用于重建一幅人类行为的图景，而这些人类的信仰和价值观解释了艺术的不同形式。模糊的一个原因就是，最基本的考古学标准——每幅图景的绝对日期——无法得到满足。仅当在被正确分层且可确定时间的环境中找到一幅岩画图形的时候，才可以确定其时间，例如就像在恰塔尔休于（Çatal Hüyük）⑫。史前史学家经常试图通过参考技术和绘画风格中的变化或随后出现的涂抹薄层的程度和性质，来确定层层叠加的岩画艺术的不同制作阶段。通过将对一个对象的描述与一个通过挖掘确定了时间的对象进行比较，只能提供稍微保险一些的基础。但是，虽然可以通过这种方式确定相对的年表，但通过这种方法提出的绝对时间必然会被视为是值得怀疑的。这意味着，对于地图史学家来说，很难将一幅地图的实例与某个史前文化联系起来。关于艺术本身的有限知识意味着对其含义的理解的进展也会受到阻碍。

考古调查已经建立了两个重要的普遍要点，而两者都与岩画艺术的目的有关。首先，考古挖掘已经表明，岩画艺术与信仰和宗教有关。例如，来自恰塔尔休于的图像地图，与来自土耳其中部的这一令人印象深刻的新石器时代遗址的其他壁画类似，都是从一间房屋中发掘出来的，其内容和内部组织都表明它是一座神社或某种圣室⑬。其次，在恰塔尔休于和其他地方，考古挖掘也显示，这种艺术是"某种时刻的产物"，是为仪式或者在仪式中创造的，并且绝不打算延续到该事件之后⑭。尽管很少的岩画艺术有着如此信息丰富的考古学背景，但人种学和考古学证据的一致性也支持这样的结论。

关注于旧世界史前时期地图的地图史学家，不仅面临着从事现存的新世界民族的"原始"地图研究的研究者所熟知的概念和方法论的问题⑮，而且还有大量额外的问题，

---

⑫ 参见前文的注释7。独立的确定时间的问题由 Ronald I. Dorn and David S. Whitley, "Chronometric and Relative Age Determination of Petroglyphs in the Western United States," *Annals of the Association of American Geographers* 74 (1984): 308 – 22 进行了展示。

⑬ Mellaart, "Excavations," 53 – 55 (note 7), 以及 James Mellaart, *Çatal Hüyük: A Neolithic Town in Anatolia* (London: Thames and Hudson, 1967), 77. 随后的考古挖掘揭示了这一神社与众不同的和特殊的一个特征：一座墓葬。而且，去世的妇女被饰以非本地风格的装饰，促使人们猜测她与壁画的主题和哈桑达山（Hasan Dağ）的爆发（Mellaart, 私人交流）有关。

⑭ 确实，有证据表明其在使用过后就被销毁了：在恰塔尔休于，墙体被定期重新涂抹石膏并且有时是重绘。Diane Kirkbride, "Umm Dabaghiyah 1974: A Fourth Preliminary Report," *Iraq* 37 (1975): 3 – 10, esp. 7, 以及 J. B. Hennessy, "Preliminary Report on a First Season of Excavations at Teleilat Ghassul," *Levant* 1 (1969): 1 – 24, 同样对重新涂抹石膏和重绘进行了报告，在一个位于 Teleilat Ghassul 的例子中多至 20 次。而且，发现经过雕刻的石板被故意破坏了：Gerhard Bosinski, "Magdalenian Anthropomorphic Figures at Gönnersdorf (Western Germany)", *Bolletino del Centro Camuno di Studi Preistorici* 5 (1970): 57 – 97, esp. 67. 与此相关的还有就是 "事实是，一些经过装饰的石头（在巨石墓葬建筑中）从未打算会被再次看到"：Glyn Daniel, review in *Antiquity* 55 (1981): 235, of Elizabeth Shee Twohig, *The Megalithic Art of Western Europe* (Oxford: Clarendon Press, 1981)。

⑮ 由 Michael Blakemore, "From Way-finding to Map-making: The Spatial Information Fields of Aboriginal Peoples," *Progress in Human Geography* 5, No. 1 (1981): 1 – 24 进行了讨论。

这些问题从一开始就限制了对证据能进行直接解释的任何希望。最大的概念问题涉及研究者对土著和史前文化的态度。现代思想受到其自身的读写能力的蒙蔽，以至于"对意识进行口头陈述的效果，对于有着读写能力的人来说是奇怪的"程度[16]。很难想象一种原始的口语文化究竟是什么样的。这可能有助于解释，为什么其作品太容易被完全视为非理性的、古旧的，或（在贬义上）原始的。最近的另外一个发现就是，使用口语的人群倾向于不太能识别抽象的形状，或者对抽象的形状无法确定一种有着截然不同的区分的分类[17]。例如，他们将一个圆圈看作他们所知道的其所代表的对象，由此一个圆圈被描述为一个圆盘，但另外一个则被描述为月亮，等等。但除了这些普遍的问题之外，欧洲岩画艺术的研究者处于不利地位。在旧世界缺乏合适的幸存下来的民族志方面的遗存，并且史前时期与现在，甚至与最近的过去之间的时间间隔太长，由此无法从传统、神话或传说中进行推断[18]。

因此，非欧洲的民族志方面的遗存，在那里它们有着很好的记录，可以而且必然被用来提供对史前岩画艺术背景的观察。需要将它们作为其功能和其内容的含义的指导。正 59 如已经指出的，从民族志证据中学到的第一个教训就是，至少在最初的情况下，不能孤立地研究地图，正如在与其社会背景脱节的情况下，无法对岩画艺术作为整体进行研究那样。为了掌握这种艺术中所表达的思想，至关重要的就是从民族志中吸取至关重要的概念，然后展示它们是如何被转化为图形呈现的[19]。这只能通过分析普遍的和重复的特征来完成，而不是像长期以来的趋势那样，通过选择即刻有吸引力的图像，并试图将它们与特定的神话或实践活动相匹配[20]。第二个教训就是岩画艺术不是关于日常生活的普通的实例。与20世纪早些时候关于"交感巫术"（sympathetic magic）的重要性的观点相反，有可能从民族志的角度展示，艺术家并不关注食物的供应[21]。同样很清楚的就是，在岩画艺术中不太可能创造类似于现代地图那样的用于寻路或用作信息存储工具的地图[22]。民族志表明，在小型的本土的和根植于土地的社会中，通常并不需要用于定向的持久的辅助

---

[16] Walter J. Ong, *Orality and Literacy*: *The Technologizing of the Word* (London and New York：Methuen, 1982), 30.

[17] A. R. Luriya, *Cognitive Development*: *Its Cultural and Social Foundations*, ed. Michael Cole, trans. Martin Lopez-Morillas and Lynn Solotaroff (Cambridge：Harvard University Press, 1976), 32 – 39. 由 Ong, *Orality and Literacy*, 50 – 51 （note 16）进行了报告。

[18] 联系毫无疑问是存在的，尽管其由于某种神话从一种文化传递到另一种文化时使用的字符和事件的替换而变得非常复杂。参见 Stephen Toulmin and June Goodfield, *The Discovery of Time* (London：Hutchinson, 1965), 23H., 和 Peter Munz, *When the Golden Bough Breaks*: *Structuralism or Typology*? (London and Boston：Routledge and Kegan Paul, 1973); Claude Lévi-Strauss, *Structural Anthropology*, trans. Claire Jacobson and Brooke Grundfest Schoepf (New York：Anchor Books, 1967), chap. 11。民族志证据的有用性由澳大利亚土著艺术中的某些标记所展示，其表面上似乎没有地形上的意义，但艺术家或者使用者可以将其解释为具有地形的含义，例如，瓦尔比里人（Walbiri）使用的山丘的标记。Nancy D. Munn, "Visual Categories：An Approach to the Study of Representational Systems," *American Anthropologist* 68, No. 4 (1966)：936 – 50; reprinted in *Art and Aesthetics in Primitive Societies*, ed. Carol F. Jopling (New York：E. P. Dutton, 1971), 335 – 55.

[19] Lewis-Williams, *Rock Art*, 37 （note 11）.

[20] Lewis-Williams, *Rock Art*, 37 （note 11）.

[21] Lewis-Williams, *Rock Art*, 19 （note 11）. 也可以参见 Lewis-Williams, "Testing the Trance Explanation of Southern African Rock Art：Depictions of Felines," *Bollettino del Centro Camuno di Studi Preistorici* 22 (1985)：47 – 62。

[22] 最后一句是 Thrower 的 *Maps and Man*, 1 （note 2）。

措施㉓，尽管这些辅助工具可能被其他民族所需要，如那些必须在无差别的地形——如海洋或冰雪覆盖的陆地的广阔区域——行进的民族㉔，或是那些生活在其领地范围已经膨胀到对于他们而言不是所有成员都是非常熟悉的社群中的居民㉕。民族志所表明的就是，人类空间意识的主要方面可能会转移到地面（如在聚落的规划中）或被用于创造想象的世界（宇宙）㉖。同样已经表明的就是，成年礼包含一个社会的象征性知识的秘密㉗，并且它是关于宇宙志世界的信息，而不是世俗的和对当地领地的实践性的熟知的知识，而这些就是通过仪式所传递的㉘。事实上，关于"其他世界"的思想以及从宇宙的一部分到另一部分的通道的性质，被发现在土著社会中具有根本的重要性。在史前时代也是如此，这是无可置疑的，例如，在史前艺术中出现的梯子和树木之类的宇宙志符号，以及呈现为迷宫图案的"来世之路"（guides to the beyond）。最后以及重要的就是，民族志揭示了由"具化的隐喻"㉙ 组成艺术的方式，以及就像与符号的含义产生共鸣，其也与任何产生它的社会的更为临时性的姿势或仪式产生共鸣。

图像、符号和象征主义在口语社会中的作用现在已经被很好地记录。确实，已经被认识到的就是"古老思想中的象征意义的重要性……以及它在任何和每一个原始社会的生活中所起的根本性作用"㉚，而这些将现代学者与 19 世纪从事这些研究的学者区别开来。对象征主义的一种认知极大地弥合了史前岩画艺术的整体与作为特例的史前地图学之间的差异。地图类似于岩画艺术，被用以传达"以视觉形式编码的一条信息"㉛。困难在于这一编码需要在可以获取消息之前进行破译。众所周知的就是，标志和符号携带了特定于一个社会团体或

㉓　例如，参见 R. A. Gould, *Living Archaeology* (Cambridge：Cambridge University Press, 1980), 84; David Lewis, "Observations on Route Finding and Spatial Orientation among the Aboriginal Peoples of the Western Desert Region of Central Australia," *Oceania 46*, No. 4 (1976)：249–82, esp. 271. 然而，有迹象表明，在小型的陆基社会中，对导航辅助工具的需求可能比预期的要大。例如，霍皮族印第安人取盐的漫长旅程，这由 Leo W. Simmons, ed., *Sun Chief*：*The Autobiography of a Hopi Indian* (New Haven：Yale University Press, 1942), 232–45 进行了描述。我为最后一点对 Herbert C. Woodhouse 表示感谢。

㉔　参见 Christopher R. Hallpike, *The Foundations of Primitive Thought* (New York：Oxford University Press; Oxford：Clarendon Press, 1979), 301–13 中的讨论。

㉕　就像在由农耕支持的以及生活在永久性聚落的大型社会中那样。农业规程的性质和隐含的劳动分工也可能意味着——正如近来那样——聚落的居民很少访问其领地的所有部分，并且大多数人不会对所有当地的地点都非常熟悉：参见 Catherine Delano Smith, *Western Mediterranean Europe*：*A Historical Geography of Italy*, *Spain and Southern France since the Neolithic* (London：Academic Press, 1979), 27–29. 另一方面，同样存在争议的就是，这种关于全部领地的知识在通常的生活方式中并不是必需的：Hugh Brody 已经展示，单个印第安人猎手在同一狩猎地区中有着他自己的狩猎和收集范围，并且对彼此的范围表示尊重，而对于他人的范围，即使不是完全未知的话，但也一定是相对不熟悉的：*Maps and Dreams* (New York：Pantheon Books, 1982)。

㉖　Jean Piaget and Bärbel Inhelder, *The Child's Conception of Space*, trans. F. J. Langdon and J. L. Lunzer (London：Routledge and Kegan Paul, 1956); Hallpike, *Foundations*, 285–96 (note 24).

㉗　例如 Fredrik Barth, *Ritual and Knowledge among the Baktaman of New Guinea* (New Haven：Yale University Press, 1975)。

㉘　Arnold van Gennep, *The Rites of Passage*, trans. Monika B. Vizedom and Gabrielle L. Caffee (London：Routledge and Kegan Paul, 1960), Ⅷ, 例如，原文于 1909 年用法语撰写，即 *Les rites de passage*：*Etude systématique des rites* (Paris：E. Nourry, 1909), 虽然长期被忽视，但依然未被超越。

㉙　Lewis-Williams, *Rock Art*, 44 (note 11).

㉚　Mircea Eliade, *Images and Symbols*：*Studies in Religious Symbolism*, trans. Philip Mairet (London：Harvill Press, 1961), 9.

㉛　Blakemore, "Way-finding," 3 (note 15).

（分享知识的）团体内的个人的信息，并且必须学习每个标志的含义。虽然确实存在跨文化的对应物，但具有广泛分布的一个显然是熟悉的符号可能不仅具有广泛的含义，而且含义也存在完全相反的可能[32]。所以即使在那些意义变得相对固定（并且因而对我们可用）的地方，如在象形文字、表意文字或者圣书体的例子中，将一个空间或时间语境下的含义转换到另一个语境下也是不明智的[33]。 60

在一个较小的土著或传统社会的相对封闭的世界中，标志和符号传达的信息很容易被习得。有许多不断反复出现的规律[34]，被所有人分享的经验，因此也被所有人所识别。正是这种经验的同质性才能使标志和符号成为一种有效和经济的交流形式，至少是在特定的社会及其成员中。为了理解这些标志和符号，地图史学家必须学会以与它们的创作者相同的方式看待相同的世界[35]。在一幅现代地图上，符号同样被用于向使用者传递最大量的信息[36]。然而，这种主要信息的性质，通过口头指导过程中的一段文本解释或者图例来阐明。在不同的层面上，当地图历史学家学会不仅了解地图本身的表面内容，而且了解地图的总体语境的时候，将会揭示被隐藏的、象征的或被编码的信息[37]。在缺乏指明了史前艺术中使用的标志的主要含义的图例或其他指南的情况下，迫切需要了解这种艺术的整体背景。

最后的麻烦是风格的问题。一个困难在于去了解艺术家是在立体的还是平面的形式中描绘对象[38]。另一个困难就是，在岩画艺术中，类似于普遍意义上的艺术，一些艺术家尝试在

---

[32]　Hallpike, *Foundations*, 149 – 52 (note 24), 给出了白色作为一个符号的示例，其既具有跨文化的相同的含义，又具有相互矛盾的含义。它几乎普遍象征着纯洁和善良，但也可能意味着疾病、破坏和惩罚。

[33]　李约瑟（Joseph Needham）认为用来表示一座山的中国字，"曾经是一座有着三个山峰的山脉的实际图画"，而代表田地的中国字，则显示了"封闭的和被划分的空间"：*Science and Civilisation in China*（Cambridge：Cambridge University Press，1954 – ），Vol. 3，*Mathematics and the Sciences of the Heavens and the Earth*，497. 也可以参见 Ulrich Freitag, "Peuples sans cartes," in *Cartes et figures de la terre*, exhibition catalog（Paris：Centre Georges Pompidou，1980），61 – 63. 细节上的视觉差异可能在本质上改变了含义：在努巴的迈萨肯山（Mesakin of Nuba，苏丹）的室内装饰中，一排着色的三角形代表着山；而未着色的，其含义是女性的乳房；同时将这行三角形包围起来的两条线，则使其成为非呈现性的设计：Ian Hodder, *Symbols in Action*: *Ethnoarchaeological Studies of Material Culture*（Cambridge：Cambridge University Press，1982），171. 这些解释上的困难，毫无疑问是布莱克莫尔（Blakemore）已经意识到的，当他撰写 "insularity of symbology" in "Way-finding," 20（note 15）的时候。

[34]　Hallpike, *Foundations*, 167（note 24）. 也可以参见 Roger William Brown, *Words and Things*（New York：Free Press，1958），59 – 60. 布朗认为，像线条图 *X* 一样熟悉的东西是一种被习得的标志；一名儿童的自然倾向就是去绘制圆形来代表丰满的肉体，而不是这类符号所代表的不可见的骨架。

[35]　Brown, *Words and Things*, 59（note 34）.

[36]　François de Dainville, *Le langage des géographes*（Paris：A. et J. Picard，1964），324.

[37]　Michael J. Blakemore and J. B. Harley, *Concepts in the History of Cartography*：*A Review and Perspective*, Monograph 26, *Cartographica* 17, No. 4（1980）：esp. 76 – 86. J. B. Harley, "Meaning and Ambiguity in Tudor Cartography," in *English Mapmaking*, *1500 – 1650*, ed. Sarah Tyacke（London：British Library，1983），22 – 45.

[38]　例如，以梳状的立面显示的风格化的动物图像（请参见注释39）与以平面形式绘制的绵羊畜栏的图像之间几乎没有太大差异，虽然绘制的比较仔细但风格相似。例如，后者可以被发现于一幅在 1687 年由 Antonio di Michele 为 Dogana della Mene delle Pecore（一个畜牧业机构）绘制的地图上（Archivio di Stato, Foggia），其中一幅被复制在了 Delano Smith, *Western Mediterranean*, 247, pl. 10（note 25）. 对与风格有关的问题的基本理解，被包含在 Peter J. Ucko, ed., *Form in Indigenous Art*：*Schematisation in the Art of Aboriginal Australia and Prehistoric Europe*, Australian Institute of Aboriginal Studies, Prehistory and Material Culture Series No. 13（London：Gerald Duckworth，1977）中的多篇论文中。也可以参见 Jan B. Deregowski, *Distortion in Art*：*The Eye and the Mind*（London：Routledge and Kegan Paul，1984），以及一篇对 Deregowski 早期作品的评论，Robert Layton, "Naturalism and Cultural Relativity in Art," in *Indigenous Art*, 34 – 43（above）.

呈现方式中进行"节省",由此他们制作了高度风格化的图形。尽管意图是一种图符呈现,但它们可以看起来类似于抽象的或几何的符号。欧洲岩画艺术领域开创性的权威亨利·布勒伊(Henri Breuil)复制了一组来自卡尔帕塔(Calapata)(特鲁埃尔[Teruel])旧石器时代洞穴中的图形,这些图形展示了对一只雄鹿的描绘的演变㊳。这些图形的范围从生动的图符的呈现,到一种看起来类似于一个粗糙的梳子的风格化的图案,且有着缺失的或变形的梳齿。这样的风格化也是字母文字的基础㊵。当然,关键就是"对一种行为的理解越好……那么对运动的呈现就可能越形式化和粗略……它成为一种行为的指示,而不是行为的呈现"㊶。

面对这样的问题,并且如果没有类似于那些可以用来识别一幅现代地图的标题、图例或已知的背景的话,那么地图史学家必须提出一种确定史前地图的方法。迄今为止,已经进入文献中的这些史前地图是通过自发的识别来确定的("它看起来像一幅地图")。但这些是基于来自历史时期的地图的经验的高度有条件的和视觉的反应。在处理史前时期的岩画和可移动艺术上的难以理解的图像和符号时,有必要通过询问什么是"地图"从而来构建首要的原则。什么是一幅地图学图像区别于其他图案的基本视觉特征,如何确保即使在缺少其他判断条件,例如图例或已知背景的情况下也能确定它?在某些阶段,我们也必须回答这个问题,这样的地图是为什么而绘制的?必须摒弃关于地图功能的现代的先入之见,这些使得我们对地图的内容或外观的解释带有偏差㊷。

对如何认定地图的自发认知,实际上涉及三个假设:艺术家的意图确实是描绘空间中的对象之间的关系;所有作为组成部分的图像都是在同时代制作的;并且从地图学的角度来看它们是适当的。在史前艺术的背景下,很难证明所有这三个条件都得到了满足。一旦作为组成要素的图像同时代性得到了保证,那么第一点必然在很大程度上被认为是理所当然的,尽管它是最基本的。因此,用早期历史的例证作为一种模型,拉珠木哈尼(Rajum Hani)石头上(图4.3)的示意性的拿着棍子的人以及动物被认为是被有意放置在围栏内的,在这种情况下,随附的铭文证实了这一点㊸。第二个条件,即对于同时代性的展示,与第一个条件存

㊳　Henri Breuil, "The Palaeolithic Age," in *Larousse Encyclopedia of Prehistoric and Ancient Art*, ed. René Huyghe (London: Paul Ham-lyn, 1962), 30 – 39, esp. 37.

㊵　S. H. Hooke, "Recording and Writing," in *A History of Technology*, ed. Charles Singer et al., 7 Vols. (Oxford: Clarendon Press, 1954 – 78), Vol. 1, *From Early Times to Fall of Ancient Empires*, 744 – 73.

㊶　Susanne K. Langer, *Philosophy in a New Key: A Study in the Symbolism of Reason, Rite, and Art*, 3d ed. (Cambridge: Harvard University Press, 1957), 156, 她的斜体。

㊷　这些关于确定史前地图以及史前地图功能的问题,也由 Catherine Delano Smith 提出,见 "The Origins of Cartography, an Archaeological Problem: Maps in Prehistoric Rock Art," in *Papers in Italian Archaeology* IV, pt. 2, *Prehistory*, ed. Caroline Malone and Simon Stoddart, British Archaeological Reports, International Series 244 (Oxford: British Archaeological Reports, 1985), 205 – 19, 以及她的 "Archaeology and Maps in Prehistoric Art: The Way Forward?" *Bollettino del Centro Camuno di Studi Preistorici* 23 (1986): 即将出版。

㊸　拉珠木哈尼石头被作为一种典范,由于被雕刻的呈现附带一段解释性的文本。本文的内容是:"由 Mani'at 设计,他为 Hani' 建造。并且他画了兽栏[或围栏]和他们自己放牧的动物的图像。": G. Lankester Harding, "The Cairn of Hani'," *Annual of the Department of Antiquities of Jordan* 2 (1953): 8 – 56, and plates; Harding 的翻译(带有括号), p. 30。围栏的两条延伸线条上垂直的笔画已被解释为已用围栏围护,并且"大概是……由沙漠树和灌木的树枝制成的": "Desert Kites," *Antiquity* 28 (1954): 165 – 67, 引文在 165。Emmanuel Anati, *L'arte rupestre del Negev e del Sinai* (Milan: Jaca Book, 1979), 在 p. 12 上有一个牲畜围栏的航拍照片, 在 P. 57 上有着一个 Wadi Ramliyeh 雕刻的复制品, 其设计类似, 但为史前时期。

在密切的联系，是对一幅史前地图进行解释的重要一步。欧洲史前岩画艺术的图像组合是非常无序的，缺乏对构图意图的任何指示㊹。图像通常被发现是叠加的㊺，从所有角度来绘制的，甚至是颠倒的，并且只有极为例外的情况下，才有着除石头的天然边缘或悬面的未装饰部分之外的一个框架。因此，通常难以确认的是，岩画艺术的组合最初是否是作为一个完整的组合而被构思和绘制的，以及它仅仅或是作为在去除旧作之后重新绘制的图像，或可能是作为以长时间的间隔绘制的单个图像的意外并置的结果而保存下来的。对于绘制在一个平面上的地图而言，可以提出解决这个问题的方法：仅在合理且清楚地确定雕刻的或绘制的线条彼此整齐地连接，既不重叠也不孤立，并且在技术和样式上是一致的情况下，才可以假定一幅作品是有意的，并且各个图像是一幅较大图像的组成部分且是同时代的。对于图像地图而言，唯一可用的方法就是其风格和技术上的相似性。

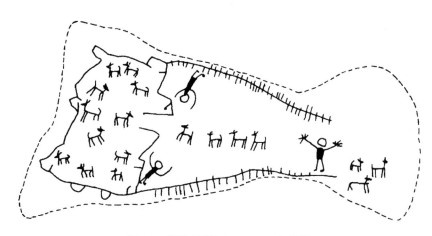

图 4.3　拉珠木哈尼（Rajum Hani）石头

将来自公元最初几个世纪的这一约旦的岩画解读为是对牲畜围栏的部分平面的、部分立面的呈现，这一点被石头背面的文本所证实。

原图尺寸：59×95 厘米。基于 G. Lankester Harding, "The Cairn of Hani'," *Annual of the Department of Antiquities of Jordan* 2 (1953)：8–56, fig. 5, No. 73。

　　第三个条件，一幅史前地图中作为构成要素的每幅图像的地图学的适当性，代表了问题的一个不同顺序。一幅现代地形图主要由熟悉的符号组成，这些符号的含义由附带的图例所强化，或通过其他形式的解释得到明确。否则，没有办法确定一个符号的含义：任何图像都

㊹　参见注释 11。

㊺　似乎存在与岩画上的图像的重叠放置有关的两种非常不同的状态。一方面，之前存在的图形或者被看成遭到新图像的破坏，或者与新增加的图形无关。例如："这种图案的随意放置导致人们推断，这些图案对于雕刻者而言，具有内在的重要性，但是它们在石头上的放置或彼此之间的关系并不重要"：Elizabeth Shee, "Recent Work on Irish Passage Graves Art," *Bollettino del Centro Camuno di Studi Preistorici* 8 (1972)：199–224, 引文在 218。北美印第安人的例子显示，每个位置都与特定的想法或需求相关联，并且在那里放置的标记是当前"仪式的"祈祷者或者愿望（例如，怀孕）的一部分，而没有注意到之前的标记：Dale W. Ritter and Eric W. Ritter, "Medicine Men and Spirit Animals in Rock Art of Western North America," in *Acts of the International Symposium on Rock Art：Lectures at Hankø* 6–12 *August*, 1972, ed. Sverre Marstrander（Oslo：Universitetsforlaget, 1978），97–125。另一方面，在某些情况下，"超级拼图是……根据某些习惯故意将绘制的内容联系起来的"：Lewis-Williams, *Rock Art*, 40–41, 55, 61（note 11）。

62 可以被用来代表任何对象。在被选择的图像与其意图呈现的或者符号化的对象之间保持一定程度的对应关系（部分是为了防止忘记其含义），是常见的和明智的。因此，有理由假设，在史前艺术的情况中，例如那些用于动物的和房屋的自然主义的图形是图符的或者图像的呈现，至少在第一层含义上⑯。那些对于一幅地形图最为常见的（例如，一座房屋而不是武器）符号，可以被从那些不太具有地图学意义的对象中选择出来。另一个指导方针就是，在单一作品中出现的某一图像的频率。对一幅现代地图的分析表明，它是由一系列图像组成的，其中大部分图像，如果不是全部的话，都是频繁出现的。这应当也是史前地图的情况。

通过将上述三种判断标准结合起来——图像的组合、适当性以及它们在作品中出现的频率——应用到史前岩画艺术上，如本章稍后所展示，在识别从上方描绘地理景观的史前地图方面已经取得了一些进展。然而，在本卷所考查的旧世界的那些部分尚未发现满足这些条件的丰富的示例。

关于贝戈山（Mont Bego）或卡莫尼卡河谷（Valcamonica）的那些诸如此类的作品作为平面地形图的论据具有诱惑性（图4.4）。然而，归根结底，这取决于艺术家的意图，即艺术家如此艰难地将硬岩石表面锤打成一个复杂的标志和符号组合，但却没有留下任何图例。然而，对于这些地图中的至少一幅，其中找到了图例的可接受的完整替代品。

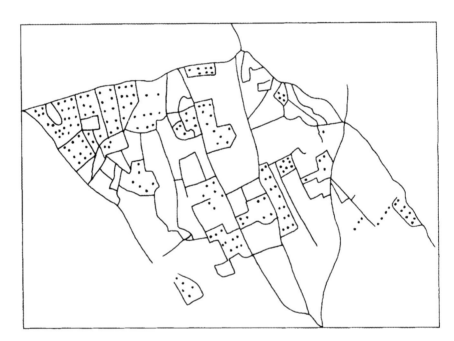

图4.4　一幅现代地形图中的元素

这一对田地边界、道路、小路、水流和树木的描摹，被用来说明现代地图的视觉特征可能与可比较的史前同类地图的视觉特征是相似的。这里显示的是地理景观的特征，这些也被认为呈现在了贝多利纳岩石（Bedolina rock）（图4.28）上，因此应当对两者进行比较。

摹绘自 Istituto Geografico Militare, sheet 164 I NE, 1964, Manfredonia, Italy。

---

⑯　艺术作品主题的含义的三个层次，最早是由 Erwin Panofsky, *Studies in Iconology*: *Humanistic Themes in the Art of the Renaissance*（Oxford: Oxford University Press, 1939），5 – 8 定义的，并且被哈利应用于地图：参见 Blakemore and Harley, *Concepts*, 76 – 86（note 37），以及 Harley, "Tudor Cartography"（note 37）。

第二种类型的地图——图像地图——在史前艺术中是常见的。其特点就是有着一些平面形式的图像，而且有些图像是立面的或者正面的。但是，虽然一些构成要素的图像代表了相对永久性的地理景观特征（例如，山脉、小屋或河流），但其他的图像是拟人的或动物的。总体而言，对此类作品而言，在其中的空间布局和地理景观特征似乎对于正在描绘的事件而言是具有次要影响的场景。这种类型的地图在历史时期有着与其可以对应的作品，如在古典时期地图学的一些保存下来的最早的碎片中，如锡拉岛（Thera）的迈锡尼（Mycenean）壁画㊼，或是罗马土地调查员的文献㊽，或是16、17世纪的欧洲战场平面图。审视欧洲及其邻近地区的史前岩画和可移动艺术，可以看出，这种其中发现了平面的和立面的地理特征的混合的图像地图的思想，时间可以追溯到旧石器时代晚期。到目前为止，这些原始的地图学图像是迄今为止保存下来的最早的图形，显而易见地揭示出明确的地图学思想，同时在附录4.2中列出了一些例子。

毫无疑问，到旧石器时代晚期的开始阶段，人们已经具有了将思维的空间图像转换成永久的可见图像的认知能力和操作能力。可能可以确定的就是，岩画艺术记录中的地图学表达的其他模式，其范围，例如从超世俗的世界到真实的世界，并且包括有时从一个较低的，有时从一个较高，以及偶尔是垂直角度的对地理景观的感知。一个显而易见的认知就是，这些地形透视的变化与地形有关。一个有说服力的论点就是，生活在山区，或生活在被丘陵所俯视的低地上的人们会发现，从上部以平面的形式描绘景观更为容易，但是到目前为止，尚无足够的证据来推进这一假设㊾。不太有争议的提议是，描绘大区域所需的抽象或认知解释的程度要高于描绘小的局部区域的，或者在石头、皮革或沙子上呈现恒星图案时所需要的㊿。63
尽管有一些古物研究者，如陶布纳（Taubner），认为他在一块位于阿斯佩特里亚（Aspatria）（坎伯兰［Cumberland］）的石头上识别出了整个苏格兰南部和英格兰北部的一幅地图，但还没有找到描绘了非常大区域的史前地图的欧洲的证据(51)。

与史前地形图（与宇宙志地图或天体地图相对）的功能有关的问题，仅能确定的就是，它们的功能应当与现代社会中绘制的地图是不一样的。通过对民族志材料的严肃和细致的使用，启发了对世界上最为丰富的岩画艺术之一（在非洲南部）的研究，至少有一位考古学家已经能够展示长期以来一直被普遍接受的认知，即这种艺术是对那些想法的“令人震惊的表达”，而这些想法最为猛烈地打动了原始艺术家的心灵，并且使其充满了宗教感情(52)。假设在所描绘的对象与艺术家的意图之间存在某种联系，那么在史前艺术中发现的任何地图或类似于地图的呈现，应当被视为与其所描绘的地理景观或地理景观特征相关的抽象态度或情感的符号

㊼ 参见后文的 p. 132。

㊽ James Nelson Carder, *Art Historical Problems of a Roman Land Surveying Manuscript: The Codex Arcerianus A, Wolfenbüttel* (New York: Garland Publishing, 1978); O. A. W. Dilke, *The Roman Land Surveyors: An Introduction to the Agrimensores* (Newton Abbot: David and Charles, 1971).

㊾ 例如，平面形式的新石器晚期和青铜时代的地图主要集中在阿尔卑斯南部，这可能只是暂时的发现所带来的偏见。

㊿ 确实，一些地图学家否认对夜空中星辰分布的简单复制，而“没有涉及地理地图的绘制”，就构成了地图学：例如，P. D. A. Harvey in “Cartographic Commentary,” *Cartographica 19*, No. 1 (1982): 67 - 69，引文在68；参见 pp. 84 - 85。

(51) Taubner, “Landkartenstein-Theorie” (note 3). 在旧世界不存在可以非常明确确定的非常大区域的史前地图。

(52) Lewis-Williams, *Rock Art*, 66 (note 11).

化。在这一意义上，它们可能是固化的祈祷者的遗迹，而不是这种地理景观特征的存在或分布的记录。对岩画艺术证据的评论导致得出了可靠的结论，即尽管，史前和土著社会的一些地图，看起来与所谓的先进社会的那些非常类似，但它们应当服务于一些完全不同的目的。这一点被大多数史前地图的古物记录者所遗漏。现在我们转而讨论这些早期的观察者。

欧洲岩画艺术的古物研究者对地形图的识别

欧洲岩画艺术的研究在文献中可以追溯到 17 世纪，但其现代的发现主要来自 19 世纪中期[53]。在中东和北非的，时间甚至更晚；例如，在撒哈拉的很多最为重要的发现属于第一次世界大战后的时期[54]。更重要的差异在于其发现的性质。在欧洲，19 世纪的古物研究者开始构建有关新发现的史前艺术的发生、形成和解释的大量文献，但是在中东或北非没有此类古物研究者或本土的文献。在这些地区，岩画艺术的发现，与古代聚落和史前遗址的发现，都主要是由外来人士进行的，即欧洲人。这意味着从一开始，这些地区的大部分报告和评论都出自来访的学者或专业旅行家之手[55]。

64　19 世纪欧洲最新流行的"科学"的氛围，起到了引导注意力集中在环境的众多方面的作用。不仅自然学家和考古学家，还有医学家、牧师和古典主义者开始注意并讨论他们在某些岩石表面注意到的人工标记的含义。对于某些人而言，标记有着地图学的含义。例如，皇家爱尔兰学院 (Royal Irish Academy) 的校长查尔斯·格雷夫斯教长 (Very Reverend Charles Graves) 于 1851 年，对在斯泰格堡 (Staigue Fort) 以及凯里 (Kerry，爱尔兰) 的其他地方

㊝　最早的岩画艺术的出版物可能来自斯堪的纳维亚。在 1627 年，一位来自 Kristiania 的学校教师将他的雕刻品的复制件寄给了 Ole Worm，但是它们直至 1784 年才由 Peter Frederik Suhm 出版，即 *Samlinger til den Danske historie* (Copenhagen: A. H. Godishes, 1779 - 84)，Vol. 2，No. 3: 215 - 16，并且有着折叠的插图。参见 P. V. Glob, *Helleristninger i Danmark*（丹麦的岩石雕刻），Jysk Arkaeologisk Selskabs Skrifter, Vol. 7 (Copenhagen: Gyldendal, 1969)，286 (English summary)。另外一位关于"图画文字"(hieroglyphs) 的评论者，就像他那么称呼它们的，就是 Dimitrie Cantemir (出生在 1672 年)，摩尔达维亚 (Moldavia) 王子。他的笔记和草图的一些示例作为他收集的作品的一部分出版，*Operele principelui Demetriu Cantemiru*，8 Vols. (Bucharest, 1872 - 1901)，Vol. 7, app. 3。尽管他的素描之一是一个早期遗址，但所有的"图画文字"(hieroglyphs) 都不是历史时期的。我对此应感谢 Dennis Reinhartz (University of Texas at Arlington)。

㊞　例如，尽管 F. Fourneau 在 1894 年已经报告关于塔斯里 (Tassili) 雕刻的存在，并且 Chudeau 在 1905 年表示在一个很小的地方就可以找到很多雕刻，但在 1933 年之前，撒哈拉沙漠就应被发现其有着与已知在那里的岩石雕刻一样丰富的岩画。来自 F. Fourneau, *Comptes Rendus des Séances de l'Académie des Inscriptions et Belles-Lettres*, 4th ser., 22 (1894): 98 - 99 的信件。写给 E. T. Hamy 的信件，"Exploration de M. R. Chudeau dans le Sahara," *Géographie: Bulletin de la Société de Géographie* 13 (1906): 304 - 8。Chudeau 将在 Ahaygar 附近两公里长的范围内找到 500 多个雕刻。Henri Lhote 提到 1933 年 Lieutenant Brenan 在 Oued Djeret 的警察行动，该行动引起了对这些图画的发现和研究：*The Search for the Tassili Frescoes*, trans. Alan Houghton Brodrick (London: Hutchinson, 1959)，10。非洲撒哈拉地区的很多部分在后来被调查。在 1923 年和 1927 年，Douglas Newbold 在利比亚沙漠寻找岩石雕刻，这些区域是之前欧洲人，或者在某些情况下，甚至是阿拉伯人未曾访问过的："Rock-Pictures and Archaeology in the Libyan Desert," *Antiquity* 2, No. 7 (1928): 261 - 91。

㊟　对北非最早的"岩石雕刻"(petroglyphs) 的报告，来自探险家 Heinrich Barth，他于 1850 年从的黎波里 (Tripoli) 开始了他的非洲之旅。他的关于雕刻的动物形象和有着兽头的人类形象的素描来自 Fezzan 的一个"偏远的谷地"，现在已经佚失，但是这一地区被确定，且照片在将近一个世纪之后被复制：Leo Frobenius and Douglas C. Fox, *Prehistoric Rock Pictures in Europe and Africa* (New York: Museum of Modern Art, 1937)，38 - 41。其他早期的提及，来自考古学家，但是他们对大遗址发掘的前景感到兴奋，以至于不去关注沙漠中的岩画艺术，除了 Hans Alexander Winkler, *Rock Drawings of Southern Upper Egypt*, 2 Vols.，Egyptian Exploration Society (London: Oxford University Press, 1938)。

发现的装饰有杯形和环形标记的岩石进行了研究，1852 年威廉·格林韦尔牧师（Reverend William Greenwell）对此也进行了分析。受到他认为他注意到的岩石上标记的分布与地面上的堡垒之间的相关性的鼓舞，格雷夫斯直到 1860 年才公布他的发现，并保持了他最初的推测，即这些雕刻是原始地图，呈现了邻近堡垒的分布㊶。格林韦尔提出，如在罗汀·林恩（Rowtin Lynn，Routing Linn，旧贝威克［Old Bewick］，诺森伯兰［Northumberland］）附近新发现的岩石上的杯环标记是城堡自身的平面图，显示了它们多重的壁垒，内部散布的小屋，以及有着通道的单一入口（图 4.5）㊷。然而，1853 年 7 月在贝里克郡自然主义者俱乐部（Berwickshire Berwickshire Naturalists' Club）的主席致辞中，乔治·泰特（George Tate）不同意这种对杯环标记的解释，指出"它们广泛的分布，并且尽管在细节上存在差异，但它们有着家族的相似性，证明其有着一个共同的起源，并表明了一种象征性的含义"㊸。然而，对当地雕刻和地方的地理特征之间进行匹配的诱惑已经被证明是难以抵抗的。即使今天，在不列颠和欧洲仍然存在着一种流行解释的层次，其特点是富有想象力，但具有过分的幻想色彩，并且完全缺乏对涉及的更广泛的学术问题的参考。

　　在欧洲大陆上，情况非常相似。在德国，在世纪的最后几十年，令人敬畏的柏林人类学学会（Anthropological Society of Berlin）正是关于来自世界各地的岩石标记和它们可能的地图学意义的热情泛滥但缺乏谨慎的论坛。由于学会的纪要（《民族学杂志》［Zeitschrift für Ethnologie］）的广泛流传，其中一些贡献得到了比它们似乎应得的更大的关注和更广泛的传播，至少在今天是如此。俄罗斯地图学史家布鲁诺·阿德勒肯定是《民族学杂志》的紧密

㊶　Charles Graves，"On a Previously Undescribed Class of Monuments," *Transactions of the Royal Irish Academy* 24，pt. 8（1867）：421 – 31. 格雷夫斯认为由于缺少诸如太阳或月亮之类的关键元素的可识别的标志，因此其没有任何天文学的意义（p.429）。术语"杯"（cups）、"杯—环标记"（cup-and-ring marks）、"杯—环"（cups and rings）指的是一系列圆形的和同心的雕刻图形，它们可能是全世界史前岩画中最常见的形式（参见图 4.5）。它们构成了由四个关键图案组成的基本词汇表，按照 T Ronald W. B. Morris，"The Prehistoric Petroglyphs of Scotland," *Bollettino del Centro Camuno di Studi Preistorici* 10（1973）：159 – 68，esp. 159 的观点。在苏格兰南部，535 座遗址中只有杯形标记；295 座遗址中有着杯形标记；29 座遗址中有着杯环和凹槽标记；在 15 座遗址中有着环形和螺旋形标记（p. 161）。James Young Simpson（Queen Victoria's physician）对各种形式进行了令人钦佩的客观分析：*Archaic Sculpturings of Cups，Circles，etc. upon Stones and Rocks in Scotland，England，and Other Countries*（Edinburgh：Edmonston and Douglas，1867）。它们同样在不列颠的岩画艺术中占据了主导。大致而言，不列颠的岩画艺术被认为时间是青铜时代早期（约公元前 2000 年之前）：参见 Colin Burgess，*The Age of Stonehenge*（London：J. M. Dent，1981），347。瑞典的杯环标记在 Arthur G. Nordén，*Östergötlands Bronsålder*（Linköping：Henric Carlssons Bokhandels Förlag，1925），155 中进行了描述。

㊷　William Greenwell 在 1852 年 7 月写给 Newcastle meeting of the Archaeological Institute 的论文被排除在"two ponderous volumes professing to be a record of its proceedings"之外：George Tate，*The Ancient British Sculptured Rocks of Northumberland and the Eastern Borders，with Notices of the Remains Associated with These Sculptures*（Alnwick：H. H. Blair，1865），3 – 4。很明显，论文现在已经佚失了：Simpson，*Archaic Sculpturings*，52（note 56）。到 1859 年，J. Gardner Wilkinson，British Archaeological Association 的副主席，收回了他最初的意见，即无论是他在 Penrith（Cumberland）和 Dartmoor，还是在罗汀·林恩的石头上看到的杯环标记，都与"环形的营地无关，也与它们的布局没有关系"：J. Gardner Wilkinson，"The Rock-Basins of Dartmoor，and Some British Remains in England," *Journal of the British Archaeological Association 16*（1860）：101 – 32，引文在 119。

㊸　George Tate，向在 1853 年 9 月 7 日出席在 Embleton 召开的年会上的成员的致辞，*Proceedings of the Berwickshire Naturalists' Club* 3，No. 4（1854）：125 – 41，esp. 130. 正如 Evan Hadingham 指出的，无论是格林韦尔还是格雷夫斯（没有包括泰特，但应该加上）都不知道，堡垒的建造者与岩石雕刻者之间相差了 2000 多年的历史：Evan Hadingham，*Ancient Carvings in Britain：A Mystery*（London：Garnstone Press，1974），43 – 44；idem，*Circles and Standing Stones：An Illustrated Exploration of Megalith Mysteries of Early Britain*（Garden City，N. Y.：Anchor Press/Doubleday，1975），136 – 37。

追随者，而且正是如此，他就遇到了充满信心但完全不科学的弗里茨·罗迪格的和库尔特·陶布纳的观点。来自索洛图恩（Solothurn，瑞士）的农业学家罗迪格，被他认为可以在德国和瑞士的崖面上看到的部分人造的和部分自然的标记，以及在最新挖掘出土的史前文物中可以看到的图案所吸引。通过将这些标记与他手头的现代地形图相匹配，他至少使其自己相信史前地图学家有着惊人技能，这些人绘制了贸易路线、聚落、主要的自然地理特征，甚至是地产边界的地图[59]。罗迪格的想象力是多产的，但是阿德勒和巴格罗都将他们的评论局限在来自瑞士塔英根（沙夫豪森附近）的凯斯勒洛奇（Kesslerloch）洞穴的经过复原的两个有着某种形状的骨头碎片上的雕琢而成的图案，以及来自同一次挖掘的类似的有着某种形状的褐煤块上的图案（图4.6和图4.7）[60]。阿德勒并不完全赞同罗迪格的观点，即所有这些中的每一个都代表了当地地方的一幅史前地图，而巴格罗从一开始就对此持怀

图 4.5　来自诺森伯兰（Northumberland）的杯环标记（Cup-and-Ring）

　　类似于这些的图形，在古物研究的文献中被广泛引用，认为它们具有地图学的目的。*a* 和 *b* 这两个标记，最初被认为是相邻城堡的平面图，即使被假定的营地的形状与岩石标记不符；且也不存在与土木工程同一时期的标记。

　　摹绘自 George Tate, *The Ancient British Sculptured Rocks of Northumberland and the Eastern Borders, with Notices of the Remains Associated with These Sculptures* (Alnwick：H. H. Blair, 1865)，7。

---

[59]　Fritz Rödiger, "Vorgeschichtliche Zeichensteine, als March-steine, Meilenzeiger (Leuksteine), Wegweiser (Waranden), Pläne und Landkarten," *Zeitschrift für Ethnologie* 22 (1890)：Verhandlungen 504 – 16; idem, "Kartenzeichnungen," 237 – 42 (note 2); idem, "Erläuterungen und beweisende Vergleiche zur Steinkarten-Theorie," *Zeitschrift für Ethnologie* 23 (1891)：Verhandlungen 719 – 24.

[60]　挖掘者，一位当地的学校校长，有着明确的考古学兴趣，对于这些设计没有做出解释性的评价：Conrad Merk, *Excavations at the Kesslerloch Near Thayngen, Switzerland, a Cave of the Reindeer Period*, trans. John Edward Lee (London：Longmans, Green, 1876)。所讨论的物品都不属于后来被发现为伪造的物品：参见 Merk, *Excavations*, 在 Lee (above) 的前言中；也可以参见 Robert Munro, *Archaeology and False Antiquities* (London：Methuen, 1905), 55 – 56。将它们与塔塔里亚（Tartaria, 罗马尼亚）的有着穿孔的和有着装饰的图版进行比较可能会很有趣，后者的时间可能早至公元前 5000 年。参见 Sarunas Milisauskas, *European Prehistory* (London：Academic Press, 1978), 129 – 31。

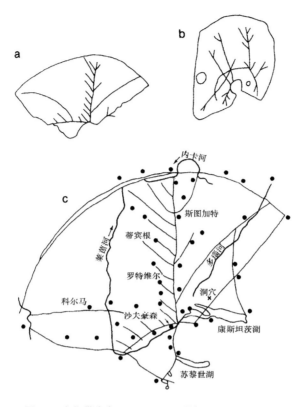

图 4.6　凯斯勒洛奇（Kesslerloch）**骨板**（Bone Plaques）

　　罗迪格（Rödiger）的这两幅来自瑞士的凯斯勒洛奇洞穴的有着装饰的骨板的素描（*a* 和 *b*）；*c* 显示了他将 *a* 作为周围区域的一幅地图的解释，用有着名称的地点重绘。

　　摹绘自 Fritz Rödiger, "Vorgeschichtliche Kartenzeichnungen in der Schweiz," *Zeitschrift für Ethnologie* 23（1891）: Verhandlungen 237 – 42, figs. 8, 6, and 9 respectively。

图 4.7　凯斯勒洛奇的褐煤装饰物

　　来自凯斯勒洛奇洞穴的褐煤装饰物，用与图 4.6 所展示的两块骨板相同的方式发挥作用。关于罗迪格将这一物品解释为一幅康斯坦茨湖和沙夫豪森之间区域的地形图，参见 "Vorgeschichtliche Zeichensteine, als Marchsteine, Meilenzeiger（Leuksteine）, Wegweiser（Waranden）, Pläne und Landkarten," *Zeitschrift für Ethnologie* 22（1890）: Verhandlungen 504 – 16。

　　来自 Conrad Merk, *Excavations at the Kesslerloch Near Thayngen, Switzerland, a Cave of the Reindeer Period*, trans. John Edward Lee（London: Longmans, Green, 1876）, pl. IX, No. 50。

66　疑态度㉑。他们都没有讨论过陶布纳的解释，尽管他们都引用了他的论文㉒。陶布纳承认他
受到 A. 恩斯特（A. Ernst）的影响㉓，宣称杯形标记是对地形的呈现，并且双圆形可以代表
孤立的小丘。他然后将文寿（Bunsoh）石（荷尔斯泰因［Holstein］）描述为是对当地区域
地形的呈现，这个观点甚至今天依然有着支持者㉔。陶布纳还介绍了石头上的地图不仅可以
呈现紧邻的区域，而且可以呈现更大的区域的想法。通过将位于阿斯佩特里亚（Aspatria，
坎伯兰）的一座石棺墓的石头侧面上的杯环标记和有着划分的圆圈的分布，与一幅来自一
所学校的地图集中的不列颠地图进行对照，他将该图案解释为是一幅英格兰北部和苏格兰南
部的，有着如卡莱尔（Carlisle）等聚落的地图。

　　这种古物学家的解释的根本弱点之一就是不系统的研究方法以及对整个考古学背景和其
他相关问题缺乏讨论。基本假设就是，只要在岩石上的图案与地理景观中的图案之间寻找到
简单的匹配就足够充分了，而无须质疑诸如同时性、比例或适当的几何形状之类的问题。应
当包含哪些恰当的东西；哪些是不恰当的，则很容易被忽略，并且，史前时期的，类似于土
著的地图只能根据拓扑几何原理（而不是欧几里得几何）来构造，这一重要事实依然没有
被认识到。

　　这些缺陷的一个显著的例外就是最杰出的英国人克拉伦斯·M. 比克内尔（Clarence
M. Bicknell）的工作。比克内尔出生于肯特（Kent）的赫恩（Herne），在放弃圣职之前，是
伦敦东区（East End）的一位神职人员，出于健康原因搬到意大利海岸（Riviera）㉕。他将自
己在那里的时间花费在园艺和素描上。从博尔迪盖拉（Bordighera）开始对滨海阿尔卑斯省

　　㉑　阿德勒同意，沙夫豪森的人工制品上的图案与一幅地图的外观之间存在相似之处，但认为这是偶然的。另一方
面，他没有排除这样的思想，即 "原始人，有着敏锐的观察能力，有着听到和闻到那些有助于他确定他自己的方向以及
将这些绘制在石头和骨头上的可靠的能力"，因此应当可以有能力进行这样的活动：Adler, "Karty," 218（note 2），John
P. Cole（University of Nottingham）翻译。在罗迪格的两任和陶布纳的一任之后，Anthropological Society 的主席，
R. L. C. Virchow，被迫提出，研究岩石和石头的图画 "为想象提供了如此容易的机会，因此假设这些图画应该在任何地方
都具有地形的意义是存在一些风险的……就像是人们的云朵的照片，被激发的想象力可以在其中看到各种各样的动物和
人类形状。希望这个警告不会被忽视！但是，它可能不会被接受且由此打消任何进一步的研究"：Zeitschrift für Ethnologie
23（1891）：Verhandlungen 258。巴格罗在 1917 年写道："有理由认为史前的人类已经试图呈现他所认识的地方，以帮助
一名正在出发的旅行者将自己在未知的地区中进行定位。在沙夫豪森洞穴的发现物中，有两块骨板上覆盖着标记的网络，
罗迪格通过与给定位置的（现代）地图比较，试图辨认出古代居民制作的一幅地图。一些学者在岩画艺术中看到了试图
指示某个地方的方向等等的尝试，即原始的地图，但是所有这些仍然是未被清晰阐释的问题，史前人类的地图学仍然受
到严重质疑"：Istoriya, 2（note 4），由 John P. Cole（University of Nottingham）翻译。

　　㉒　Taubner, "Landkartenstein-Theorie"（note 3）. 在他的文本中，阿德勒提到了 Westedt，"其将注意力集中在荷尔斯
泰因的石头上相似的（岩石雕刻）元素的存在上"："Karty," 218（note 2），由 John P. Cole（University of Nottingham）翻
译。但是在 Westedt 的论文，"Steinkammer," 247－49（note 3）中，并不存在对标记的解释，更不用说认为它们构成地图
的观点了。另一方面，陶布纳，确实将这一文寿石看成一幅地图，由此看来阿德勒应当提到的是陶布纳，而不是 West-
edt，对此他犯了错误。

　　㉓　A. Ernst, "Petroglyphen aus Venezuela," Zeitschrift für Ethnologie 21（1889）：Verhandlungen 650－55.

　　㉔　Paul Volquart Molt, Die ersten Karten auf Stein und Fels vor 4000 Jahren in Schleswig-Holstein und Niedersachsen（Lubeck：
Wei-land, 1979），43－92. 但是参见下文的注释 121。

　　㉕　对比克内尔的生平以及他的工作背景的勾勒，参见 Carlo Conti, Corpus delle incisioni rupestri di Monte Bego：I，Colle-
zione di Monografie Preistoriche ed Archeologiche 6（Bordighera：Istituto Internazionale di Studi Liguri, 1972），6－8。Enzo Bernar-
dini, Le Alpi Marittime e Ie meraviglie del Monte Bego（Genoa：SAGEP Editrice, 1979），144.

（Maritime Alps）进行了探索，期间，他在贝戈山山顶之下看到了岩石雕刻（在那些位于边界的意大利一侧的时日中），并且最终花费了从 19 世纪末直至 1918 年他去世之间的 12 个夏天的时间，用以发现、复制和评注了大约 14000 个雕刻的图形——其中 7000 个来自丰塔纳尔巴谷地（Val Fontanalba），其余大部分来自奇观谷地（Val Meraviglie）。比克内尔智力的过人之处在于他的分类方法，他将所有这些图形分为八类：

1 有角的人物

2 犁

3 武器和设备

4 男人

5 小屋和地产

6 外皮

7 几何形状

8 其他各种不可确定的形状[66]

在他的作品中，比克内尔将第 5 组（小屋和地产）称为地图或"地形图形"。他的文本自 1897 年之后出版，依然是这一区域研究的标准作品[67]。现在已经有了更多的发现，图形的总数达到了约十万[68]，同时也存在其他的一些分类[69]，但到目前为止没有能媲美比克内尔平衡的和系统的研究的，也没有对任何一种分类进行过明确的分析。最被忽视的就是所谓的 67

---

[66]　Clarence M. Bicknell, *A Guide to the Prehistoric Rock Engravings in the Italian Maritime Alps*（Bordighera：G. Bessone, 1913），39.

[67]　克拉伦斯·M. 比克内尔最早的论文是 "Le figure incise sulle rocce di Val Fontanalba," *Atti della Società Ligustica di Scienze Naturali e Geografiche* 8（1897）：391 – 411, pls. XI – XIII。他的主要作品，除了 *Guide*（note 66）之外，就是 *The Prehistoric Rock Engravings in the Italian Maritime Alps*（Bordighera：P. Gibelli, 1902）和 *Further Explorations in the Regions of the Prehistoric Rock Engravings in the Italian Maritime Alps*（Bordighera：P. Gibelli, 1903）。关于他作品的一个完整列表，参见 Henry de Lumley, Marie-Elisabeth Fonvielle, and Jean Abelanet, "Vallée des Merveilles," *Union International des Sciences Préhistoriques et Protohistoriques*, *IXe Congrès, Nice 1976*, Livret-Guide de l'Excursion C1（Nice：University of Nice），178。比克内尔的素描和注释的原件，现在收藏于 University of Genoa（Institute of Geology）。

[68]　Henry de Lumley, Marie-Elisabeth Fonvielle, and Jean Abelanet, "Les gravures rupestres de l'Âge du Bronze dans la région du Mont Bégo（Tende, Alpes-Maritimes），" in *Les civilisations néolithiques et protohistoriques de la France：La préhistoire* française, e-d. Jean Guiliane（Paris：Centre National de la Recherche Scientifique, 1976），2：222 – 36, esp. 223. Bernardini, *Alpi*, 127（note 65），谈到已知现在有大约 250000 幅岩石雕刻。

[69]　Conti, *Corpus*, 29 – 32（note 65），有 12 种分类：

1 宗教性质的人物形象	7 武器
2 超人的人物图形或穿着圣服的人物图形	8 犁、耙和镰刀
3 农民	9 网状图形
4 战斗人员或进行祭祀的男人	10 表意的呈现
5 有着险恶外表的人物图形	11 可能代表数字和原始字母的符号
6 有角的人物	12 意义不明的图形

地形图形（在比克内尔的第 5 组），其在最近的文献的讨论中或被误解[70]，或者被简单地忽略了[71]。

应该没有什么理由绕开比克内尔的尤其同质的类别"小屋和地产"或"带有围墙的小屋"（图 4.8）。他的解释的关键是简单的经验主义。在通过上下山谷前往贝戈山的众多旅程中，他反复观察了这些实心矩形、近似圆形的图形、经过雕琢的表面和不规则的相互连接的线条的雕刻作品，与地理景观中的地理特征之间惊人的相似性，尤其是当从上方观察这些地理景观的时候——看上去是个平面，也即从位于山腰的高处俯瞰。因而，他将"有着半圆形

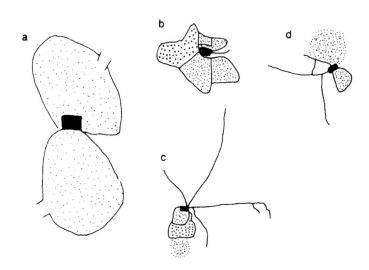

图 4.8　来自贝戈山的"地形图"

比克内尔（Bicknell）将这些确定为是从上方对"小屋和地产"或者"有着围墙的小屋"的呈现。

摹绘自 Clarence M. Bicknell, *Further Explorations in the Regions of the Prehistoric Rock Engravings in the Italian Maritime Alps* (Bordighera：P. Gibelli, 1903), pl. 1 – 13 (*a*), 以及 Clarence M. Bicknell, *A Guide to the Prehistoric Rock Engravings in the Italian Maritime Alps* (Bordighera：G. Bessone, 1913), pls. XVIII – 43, XXXIV – 12, and XXXII – 41 (*b – d*, respectively)。

---

[70]　最近的反对意见的基础就是它们不太可能是地形图形，因为在这些海拔高度（海拔 2000—2750 米）上没有，而且也从未有过耕地和永久聚落：参见 André Blain and Yves Paquier, "Les gravures rupestres de la Vallée des Merveilles," *Bollettino del Centro Camuno di Studi Preistorici* 13 – 14 (1976)：109 – 19, 以及 Bernardini, *Alpi*, 171 (note 65), 他在"永久耕地"方面有着类似的认知。这样的反对是无关紧要的；不一定只有对象位于视线范围内，才可以完成图像，比克内尔也没有说过曾经在这些高度进行过耕种。相反，他强调"其不在海拔 2100 米以上的冰川岩石或巨石的旷野之中，而且它们也没有被耕种过。那里的土地从来没有被耕种过……但是多年前，卡斯特里诺谷地（Val Casterino）和矿河河谷（Miniera valley）的下游地区很可能已经被耕种了，就像今天那样，且很久之前就废弃的梯田在陡峭的山上仍然可以辨识出来。在这里……站在梯田上的人们可能会低头看着山谷平坦土地上或他下方的其他梯田上的耕作，同时从上方看到的耕作场景，就像描绘在高处岩石上的那样"：Bicknell, *Prehistoric Rock Engravings*, 38 – 39 (note 67)。Blain 和 Paquier 似乎对农村聚落的类型（独立稳定的小村庄、村庄等）和与每种类型联系的社会和经济结构或组织结构之间的区别感到困惑（p. 109）。根据定义，一幅地形图仅描绘了景观的原有形式的方面。最近的采矿和放牧是造成大量森林砍伐的原因。尽管在丰塔纳尔巴谷地依然还存在一些落叶松，但在 17 世纪，Pietro Gioffredo 记载那里曾经有着浓密的落叶松林：*Corografia delle Alpi Marittime*, 2 books (1824)；republished with his *Storia delle Alpi Marittime* in *Monumenta historia patriae*, Vol. 3, *Scriptorium I* (Genoa：Augustae Taurinorum, 1840), 47. A. Issel, "Le rupi scolpite nelle alte valli delle Alpi Marittime," *Bollettino di Paletnologia Italiana* 17 (1901)：217 – 59, 只是不同意比克内尔的解释，而是认为所谓的地形图形不是平面图，而是"个人或部落的常规符号"。

[71]　例如，参见 de Lumley, Fonvielle, and Abelanet, "Merveilles" (note 67)；idem, "Gravures rupestres" (note 68)；以及 Conti, *Corpus* (note 65)。

的或与其连接的其他类型的闭合线条的矩形图形"解释为"代表了有着由墙壁封闭的一块地面的小屋或者棚子"[72]，同时相互连接的线条则被解释为道路。他还认为，包含通过单次敲击或多次锤击、以明显的规律性或随机排列的点的封闭物，或者内部留作空白的各种封闭物，可能意味着不同的土地利用类型（参见图 4.20）。他谨慎地得出结论，丰塔纳尔巴谷地中的约 194 个岩石雕刻图形群，奇观谷地中的另外 15 个，呈现的可能是带有小路的小屋，或者是带有封闭地块的小屋[73]。

并不是所有现代考古学家都愿意接受比克内尔对"地形图形"的解读。一种常见的反对意见就是，其中许多似乎已经"变形"以适合于它们雕刻在其上的岩石的轮廓，因此不能"精确"地呈现某些实际布局。但这忽略了拓扑学的关键属性，即保留彼此的联系而不是形状，并且这是根据那时尚未提出的欧几里得几何学原则（其强调距离、方向和角度等属性，这些属性保持了形状并构成了现代比例尺概念的基础）来评价史前图形。很多比克内尔认为的地形图形，确实满足了这里提出的平面图的地图学标准，同时正是因为这一原因（并且完全没有实际可行的替代解释），这些已被列入附录 4.1 中的列表中。 68

史前岩画艺术家可能正在制作地球表面部分地区的图形呈现，这一概念，并不是在 19 世纪提出的且保存在古物学家的文献中的唯一的地图学方面的提议。一些观察者将在自然地表或者在史前石头上的杯形标记的显然是随机的分布方式，看成对主要星座的呈现，同时另一些人则提出了宇宙志意义的问题。这些观点在本章后面有关天文和宇宙地图的部分中讨论。然而，必须强调的是，在早期文献中提出的所有用于解释岩画艺术的图形和图案的目的或原始含义的理论中，与地图有关的那些仅占很小的比例。最近，由罗纳德·莫里斯（Ronald Morris）为不列颠群岛收集的不少于 104 个这样的解释中，所有这些"都是由考古学家和其他人不断地认真提出的"，但其中只有 7 个关注于地图或平面图[74]。而且，其中大部分都与杯环标记有关，而这可能是所有岩画艺术图案中最不明确的。

来自史前时期的欧洲、中东和北非的史前地图的分类

这里认为属于地图学范畴的史前材料有着各种来源。除了比克内尔的著作之外，古物研究者的文献几乎没有什么值得进行进一步分析的。然而，大量提到的已经被解释为地图的史前艺术的例子，可以从现代考古学文献中获得。其他例子已经被描述为是对地理景观的呈

---

⑫ Bicknell, *Guide*, 53（note 66）.

⑬ Bicknell, *Guide*, 53, 56（note 66）.

⑭ Ronald W. B. Morris, *The Prehistoric Rock Art of Galloway and the Isle of Man*（Poole：Blandford Press, 1979）, 15 – 28. 在这篇论文所使用的标题下对这些进行了汇总，括号中为莫里斯引用时所用的编号：

地形图：乡村地图（58）、建筑平面图（59）、巨石建筑平面图（83）

天体图：星图（60）、早期天文学家的夜间记录（93）

宇宙志地图：迷宫布局平面图（84）、田间耕作平面图（85）

最后两个都涉及迷宫的设计，并且由于这一符号与死亡和来世有着普遍联系，因此在这里被归类为宇宙志地图。莫里斯对每种解释赋予了他所谓的一种"貌似有理的排名"。据此，上述解释将被直接拒绝，我们毫不犹豫地同意这一结论。莫里斯只对解释 93 给予了适度的信任，即夜间的观察者可能会发现一个便于在黑暗中使用的通过触觉可以感知的某些星座的参考平面图将会非常有用。

现，并且这些同样是地图绘制历史的一部分。因此，所有材料几乎全部来自已经出版的资源。这些例子在三个主要标题下进行讨论：地形图、天体图和宇宙志图。没有发现任何可以令人信服的说明是对海洋的呈现。然而，地形图的例子分为两个基本类别，图像地图和平面图；后者进一步细分为简单地图、复杂地图和浮雕地图。

地形图
图像地图及其早期形式

就像已有的定义——已经在旧世界的岩石和可移动艺术中确定了四幅图像地图[75]。但就像地图学思想史那样，让人感兴趣的是一些包含了以平面形式描绘了特定地理景观的图像或者小型作品。这些平面图形中的一些确实非常简单。也许最古老的就是那些来自伊比利亚或法国洞穴的绘画，被认为时间可以追溯到旧石器时代晚期。例如，来自洛斯布依特莱斯（Los Buitres）洞穴（佩尼亚尔索多，巴达霍斯）的，由有着放射形的外部线条的半圆形轮廓和两组内部标记构成，两组内部标记以高度风格化的形式呈现了拟人的图形（图4.9）[76]。其他作品，如来自多尔多涅省的丰德高姆的那些，具有相似的轮廓，但缺少内部图像，尽管那里可能存在其他标记。这些已经作为是对"划定了界线的区域（小屋）"[77]或"游戏空间"（图4.10）[78]的呈现进入了文献中。已知从撒哈拉沙漠中部也获得了一些新石器时代或以后时期的类似作品。在阿尔及利亚南部的塔斯里山（Tassili Mountains）的岩画中，有一些被解释为小屋场景的图像[79]。每个小屋都用一个宽大的、或多或少圆形的条带以平面形式呈现。内部和外部紧邻的人物图形都有着各种姿势，而且艺术家的意图似乎是将小屋的平面轮廓用作允许同时查看外部和内部活动的工具（图4.11）。可能在时间上要晚很多的是在圆形的轮廓中显示了一头骆驼的立面的例子（图4.12）[80]。这样的例子似乎反映了一些基本的

---

⑦⑤　关于定义参见之前的 p.62。

⑦⑥　附录4.2中的图2。Henri Breuil, *Les peintures rupestres schématiques de la Péninsule Ibérique*, 4 Vols., Fondation Singer-Polignac（Paris：Imprimerie de Lagny, 1933），Vol. 2, *Bassin du Guadiana*, 58 – 59 and fig.16. Maria Ornella Acanfora, *Pittura dell'età preistorica*（Milan：Società Editrice Libraria, 1960），263.

⑦⑦　附录4.2中的图1。Acanfora, *Pittura*, 262（note 76）. 这来自 Nuestra Señora del Castillo, Almadén，最早由 Breuil, *Bassin*, pl. Ⅷ（note 76）发表。

⑦⑧　两个来自马拉加的拉皮塔斯洞穴，第三个来自丰德高姆（多尔多涅）。所有都出现在这一标题下，见 Johannes Maringer, *The Gods of Prehistoric Man*, trans. Mary Ilford, 2d ed.（London：Weidenfeld and Nicolson, 1960），95. 也可以参见 Lya Dams, *L'art paléolithique de la caverne de la Pileta*（Graz：Akademische Druck, 1978）. 关于对布勒伊的解释的批评（这些都来源于此），参见 M. Lorblanchet, "From Naturalism to Abstraction in European Prehistoric Rock Art," in *Indigenous Art*, 44 – 56（note 38）. 封闭的形状，例如圆形或者矩形，以及包含和分离的拓扑概念，属于主要的空间概念，并且在最早的图像中发现它们并不令人惊讶：Piaget and Inhelder, *Child's Conception of Space*, 44 – 79（note 26）.

⑦⑨　附录4.2中的图3 – 7。Henri Breuil, *Les roches peintes du Tassili-n-Ajjer*（Paris：Arts et Métiers Graphiques, 1954），33 and fig.65（这部作品是 *Actes du Ⅱᵉ Congrès Panafricain de Préhistoire*, Alger 1952 的摘录）. 另外一幅画作（图66）绘制了三个更小的由单线构成的圆形，并且有趣的是，在给定背景之下，推测这两者是否旨在代表小屋——即小屋的标志。如果是这样的话，一个进一步的推测就是，在其他地方或在旧石器时代晚期等其他时期，圆形符号被用作小屋的标志或聚落符号的频率。

⑧⑩　图录4.2中的图9。Leo Frobenius, *Ekade Ektab: Die Felsbilder Fezzans*（Leipzig：O. Harrassowitz, 1937）. Lhote, *Tassili Frescoes*, 202 – 3（note 54）；Henri Lhote 认为，骆驼的图像属于历史时期，因为这种动物直至公元1世纪才被引入北非：*Les gravures rupestres du Sud-Oranais*, Mémoires du Centre de Recherches Anthropologiques Préhistoriques et Ethnographiques 16（Paris：Arts et Metiers Graphiques, 1970），171. 但是 Michael M. Ripinsky 认为，骆驼在旧世界被驯养不晚于公元前第4千年，并且埃及前王朝时期对其就是熟悉的："The Camel in Ancient Arabia," *Antiquity* 49, No. 196（1975）：295 – 98。

地图概念，例如，在平面中描绘一些地理景观特征，同时在或多或少正确的空间关系中描绘所有地理特征。

图4.9　来自西班牙巴达霍斯（Badajoz）的佩尼亚尔索多（Penalsordo）的有着可能为地图元素的图像

这已经被解释为对一座小屋或者围院中的两个人物的呈现。如果这是事实的话，那么一幅图形地图的两个元素（用平面和立面显示的地理要素）都被呈现了出来。

原图尺寸：12×10厘米。据 Henri Breuil, *Les peintures rupestres schématiques de la Péninsule Ibérique*, 4 Vols., Fondation Singer-Polignac（Paris：Imprimerie de Lagny, 1933），Vol. 2, *Bassin du Guadiana*, fig. 16f。

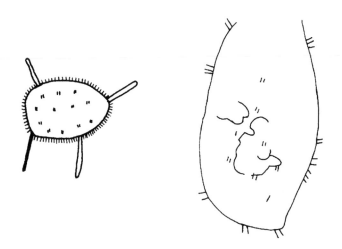

图4.10　西班牙马拉加的拉皮莱塔斯（La Pileta）的岩画

尽管被描述为"游乐场的围栏"，但这一认定过于缺乏依据，因此这些地图被排除在了史前地图之外，尽管它们可能展示了使用环形以平面的形式描绘地理景观中的如一块田地或者一座小屋等封闭元素。

原图的宽度：40厘米。据 Henri Breuil, Hugo Obermaier, and W. Verner, *La Pileta à Benaojan*（*Malaga*）（Monaco, Impr. artistique Vve A. Chêne, 1915）。左侧的图形，由 Breuil, Obermaier 和 Verner 描述为"类似于乌龟"，被展示在了 pl. V 和 pl. X（23）中。右侧的那幅，三幅相近图像中的一幅，被显示在了 pl. X（27）中。这里的图形来自 Johannes Maringer, *The Gods of Prehistoric Man*, trans. Mary Ilford, 2d ed.（London：Weidenfeld and Nicolson, 1960），fig. 21。也可以参见 Lya Dams, *L'art paléolithique de la caverne de la Pileta*（Graz：Akademische Druck, 1978），fig. 91（23 – Ⅵ and 26 – Ⅲ）。

70

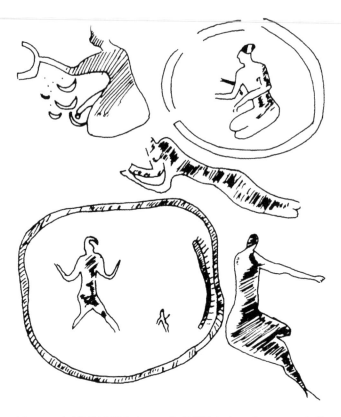

图 4.11 　来自阿尔及利亚（Algeria）塔斯里山（Tassili Mountains）的
埃滕（I-n-Eten）的有着可能为地图元素的图像

　　环带似乎（以平面）呈现了一座包含人物形象（用立面显示）的小屋。尽管两组图形出现在同一图版上，并且被布勒伊（Breuil）描述为相互是独立的，但它们被作为单一的图组而展示。因而，这里的插图将这些小屋显示为单一的图组，而附录 4.2 将它们分别列出（nos. 3 和 4）。

　　上部的环形的直径：25 厘米。据 Henri Breuil, *Les roches peintes du Tassili-n-Ajjer*（Paris：Arts et Métiers Graphiques, 1954），fig. 65。

图 4.12 　来自阿尔及利亚塔斯里山的有着可能为地图元素的图像

　　这似乎是对位于围栏之内的一头骆驼的描绘。

　　据 Leo Frobenius, *Ekade Ektab：Die Felsbilder Fezzans*（Leipzig：O. Harrassowitz, 1937），fig. 10。

在南欧，存在一些时间稍晚的作品，一种图像和平面图的相似的混合，尽管现在不知道 69
在更远的北方是否存在这样的情况。卡莫尼卡河谷（Valcamonica）的一个青铜时代的岩石
雕刻来自在博尔诺（Borno）发现的石头的第四面。其包括已经被描述为是有着跑向河流的
野生山羊的作品（图4.13）[81]。更不容易解释的就是绘制在1966年从位于罗斯河沿岸的梅基 70
里奇（Mezhirichi，乌克兰）的一个遗址挖掘出的猛犸象长牙残片上的线画。已经确定了这
个残片的时间，就像遗址一样，属于旧石器时代晚期。尽管大多数标记是窄带或简单的线
条，但沿着一个中心条带的四个形状被解释为是河岸边的住宅的侧面图，而河流本身则用平
面呈现（图4.14）[82]。河流中的那些横断线被认为表示的是渔网或围网，并且有着圆顶的建
筑被认为与挖掘现场的旧石器时代的小屋在形状上是相同的，这些小屋主要是由猛犸象骨组
成的。

　　在这一部分中，还有四个更复杂的——也可以说是更令人感兴趣的——作品值得讨论。
其中三个已经被描述为是可能的地图：来自泰佩高拉（Tepe Gawra，伊拉克）的地理景观罐
子，迈科普（Maikop，苏联）的银瓶，以及恰塔尔休于（Çatal Hüyük，土耳其）的壁画。
另外还有来自塔拉特·纳利斯克（Talat N'Iisk，摩洛哥）的大圆盘（Great Disk）。

　　对地理景观罐子的解释，已经被证明是有争议的。构成其装饰的12个装饰条中的10
个包含线性的和几何形状的图案。另外两个中的一个包含 A. J. 托布勒（A. J. Tobler）所
总结的，不仅仅是一幅地理景观的图案，而且是"一种地图……可能是已经发现的最古
老的地图"[83]。根据托布勒的说法，这幅绘画在一个广阔的山谷中展示了一个狩猎场景， 71
且山谷两侧有着山脉（由两排三角形表示），并且包含一条河流及其支流的曲折河道
（图4.15和图4.16）。他还认为艺术家必然在头脑中有着一些真实的地理景观。然而，
并不是所有人都同意这种解释，也不是所有人都同意他将10个几何装饰条解释为是对不
同类型的地形，如对起伏的平原、山脉、沙漠和沼泽的呈现[84]。例如，特丽克西·戈夫
（Beatrice Goff）认为场景是一种高度图式化的且并非罕见的装饰形式，而这种装饰形式
是表达"根深蒂固的好斗感"的一种手段，而不是对一个熟悉的地理景观的呈现或者一
幅图像[85]。

---

　　[81]　附录4.1的图42。Emmanuel Anati, *Camonica Valley*, trans. Linda Asher（New York：Alfred A. Knopf, 1961），102；
idem, Ⅱ *masso di Borno*（Brescia：Camuna, 1966），在那里复制了相同的图像（figs. 16 and 17）并被描述为可能构成了一个
场景。动物正在冲向的双线，似乎标识的是一条河流（p.34）。另一方面，图4.15是石头这一侧的一个照片，并且显示
双线作为一条单线延续，构成了一个闭合的子矩形或大致的圆形。可能一些贝戈山的图形（例如，那些围栏中的牛群或
耕作的队伍）应当被囊括到图像地图的这一类目中。

　　[82]　来自与 B. P. Polevoy 的私人联系。Ivan Grigorévich Pidoplichko, *Pozdnepaleoliticheskye zhilishcha iz kostey mamonta na
Ukraine*（乌克兰猛犸象骨的旧石器晚期的住宅）（Kiev：Izdatelstvo "Naukova Dumka," 1969）；idem, *Mezhiricheskye zhilishcha
iz kostey mamonta*（猛犸象骨的梅基里奇住宅）（Kiev：Izdatelstvo "Naukova Dumka," 1976）。

　　[83]　附录4.1中的图52。Arthur J. Tobler, *Excavations at Tepe Gawra：Joint Expedition of the Baghdad School and the Univer-
sity Museum to Mesopotamia*, 2 Vols.（Philadelphia：University of Pennsylvania Press, 1950），2：150－51, pl. LXXCllb. William
Harris Stahl 还将泰佩高拉罐子上的绘画看成是他所称为的新石器时代在近东发生的"平面图和垂直投影之间的交替"的
例证："Cosmology and Cartography," part of "Representation of the Earth's Surface as an Artistic Motif," in *Encyclopedia of World
Art*（New York：McGraw-Hill, 1960），3：cols. 851－54，引文在 P.853。

　　[84]　Tobler, *Tepe Gawra*, 150（note 83）。

　　[85]　Beatrice Laura Goff, *Symbols of Prehistoric Mesopotamia*（New Haven：Yale University Press, 1963），29.

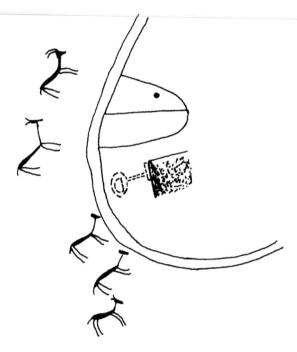

图4.13　有着可能为地图元素的图像

　　来自卡莫尼卡河谷的博尔诺石头（BORNO STONE）的第四面。这幅图像被认为显示了类似于鹿的动物（用侧立面）正在奔向一条河流，在这条河流的另外一侧是有着进一步分割的围栏（河流和围栏都是用平面绘制）。

　　原图尺寸：70×80厘米。据 Emmanuel Anati, *Camonica Valley*, trans. Linda Asher（New York：Alfred A. Knopf, 1961；reprinted London：Jonathan Cape, 1964），102。

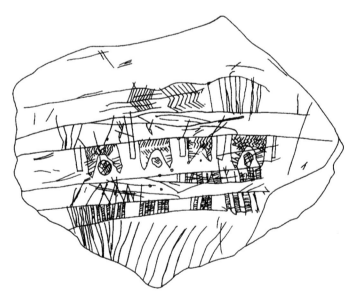

图4.14　猛犸骨头上的旧石器时代的雕刻

　　发现于梅基里奇（乌克兰）；四个有着穹顶的图形被认为代表着河边的住宅。此处这一雕刻放置的方向与最初出版物中的一致；然而，难以看出刻画在骨头上的地理特征与挖掘出的用猛犸骨头搭建的住宅之间的相似性，而无论图像的朝向如何。

　　据 Ivan Grigorévich Pidoplichko, *Pozdnepaleoliticheskie zhilishcha iz kostey mamonta na Ukraine*（在乌克兰的旧石器时代的用猛犸骨头搭建的住宅）（Kiev：Izdatelstvo "Naukova Dumka," 1969），fig. 58。

　　更难解释的是在摩洛哥阿特拉斯山脉（Atlas Mountains）的塔拉特·纳利斯克的大圆盘上的装饰⑧。这幅直径约100厘米的岩画是迄今为止该地区最大的（图4.17）。然而，它的内部装饰，而不是其庞大的尺寸，引起了关注，尽管在文献中似乎没有对这一方面进行任何讨论。一方面，其与同一地区中的任何其他物品完全不同。另一方面，它与泰佩高拉罐子上的地理景观装饰条有着令人惊讶的相似（甚至与来自奴兹努兹［Nuzi］的巴比伦泥版更为近似）⑧。虽然该区域中较小的圆圈包含没有形状的涂抹或简单的有着内部边框的图案，但大圆盘的内部特征似乎经过精细的组织。而且，它们可以被解释为呈现了两座山脉之间的一个宽广山谷，中间有一条两侧有着支流或者遗弃的运河和废弃河道的大河⑧，两侧还有着可能代表的是地点或聚落的两个点。地理景观呈现的概要性特征（如果是这样的话），以及缺少人或动物的图形，将塔拉特·纳利斯克圆盘与其他史前图像地图区分开，如恰塔尔休于的壁画或泰佩高拉的地理景观罐子。其作为描绘一种地理景观的尝试性的解释，仍然是高度主观性的和推测性的。然而，为了将注意力吸引到这种图形呈现的存在及其与地图学史的潜在 72
关系上，这里将其列为早期图像地图的一个可能的例子（附录4.1）。

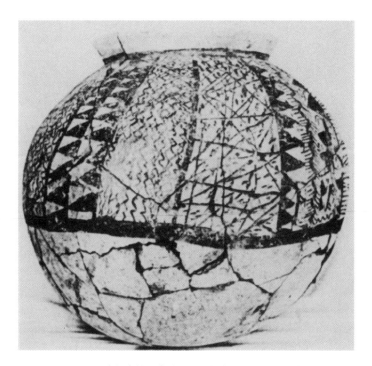

图4.15　泰佩高拉（高拉山，伊拉克）的地理景观罐子

　　显示了有着装饰条的经过修复的罐子，正是展现在右侧的这一装饰条（参见图4.16）赋予罐子以名称。

　　原物直径：70厘米。来自 Arthur J. Tobler, *Excavations at Tepe Gawra*: *Joint Expedition of the Baghdad School and the University Museum to Mesopotamia*, 2 Vols.（Philadelphia：University of Pennsylvania Press, 1950），Vol. 2, pl. LXⅧa. Iraq Museum, Baghdad 许可使用。

---

　　⑧　附录4.1的图57。Jean Malhomme, *Corpus des gravures rupestres du Grand Atlas*, fascs. 13 and 14（Rabat：Service des An-tiquites du Maroc, 1959–61），pt. 1, 91, pl. 4. Paule Marie Grand, *Arte preistorica*（Milan：Parnaso, 1967），fig. 65.

　　⑧　参见第六章"古代近东的地图学"，p. 113 和图 6.11。

　　⑧　在一种从空中或航空照片中看到的今天地中海沿岸谷地的人们所熟悉的布局中。

图 4.16   泰佩高拉（高拉山，伊拉克）的地理景观罐子上的图像地图

这是其上的 12 个装饰条之一，是其中最为复杂和与众不同的。动物图形的并置（是其他装饰条上所缺乏的）、由三角形构成的平行线条（通常发现在呈现了山脉的陶器上），以及中间向下延伸的弯弯曲曲的鱼骨形图案（被解释为有着支流的河流），使得一位发掘者认为装饰条描绘的是一个地理景观或者甚至是某个地区的地图。

来自 Arthur J. Tobler，*Excavations at Tepe Gawra：Joint Expedition of the Baghdad School and the University Museum to Mesopotamia*，2 Vols.（Philadelphia：University of Pennsylvania Press，1950），Vol. 2，pl. LX XVIIIb. Iraq Museum，Baghdad 许可使用。

　　1895 年在北高加索的新石器时代晚期或铜石并用时代墓葬的挖掘过程中发现了迈科普银瓶，其有着雕刻的装饰物（图4.18）[89]。最突出的是对大型四足动物（狮子、公牛、马、山羊等）的自然呈现，还有着地理景观特征。这些后来被罗斯托夫夫（Rostovtzeff）认为是一种完全独立而又独特的

　　[89]   Mstislav Farmakovsky，"Arkhaicheskiy period v Rossii：Pamyatniki grecheskogo arkhaicheskogo i drevnego vostochnogo iskusstva，naidënnye v grecheskikh koloniyakh po severnomu beregu Chërnogo morya v kurganakh Skifii i na Kavkaze"（俄罗斯的古代时期：在斯基泰的山岗和高加索地区的黑海北部沿岸的希腊殖民地发现的希腊古代和东方古代文物），*Materialy po Arkheologii Rossii，Izdavayemye Imperatorskoy Arkheologicheskoy Komissiyey 34*（1914）：15 – 78，esp. 59。

装饰图案，并且是"最早的将地理景观服从于图形的谨慎尝试"[90]。两条河流被认为是显示为从山上流出，在海或湖泊中相汇。其中也有棕榈树、水禽、一只小熊，还有一些水生植物。河流被用平面的形式显示，有着波浪线的阴影，山脉则以立面的形式展现，尽管是多种多样而不是严格的传统的轮廓。在俄罗斯，长期以来，这一呈现被认为是最早的地理地图，山脉则被认定为高加索山[91]。

73

图 4.17　图形地图：来自摩洛哥的塔拉特·纳利斯克的"大圆盘"

因为其尺寸和其内部装饰的整齐有序，因此在当地的背景下非常突出。这一岩画可以被解释为，以平面的形式，显示了平行的山脉和辫状的河流，类似于泰佩高拉的地理景观罐子（图 4.16）。

原物的直径：接近 1 米。据 Jean Malhomme, *Corpus des gravures rupestres du Grand Atlas*, fascs. 13 and 14（Rabat：Service des Antiquites du Maroc, 195961），pl. 4。

对于地图学史家而言，更为知名的图像地图是这些例子中最为古老的，即来自土耳其西中部的科尼亚（Konya）的恰塔尔休于的壁画[92]。从这一进行了部分挖掘的新石器时代的遗址中发现的大量壁画中只有一幅，在 1963 年被发现，确定的时间是公元前 6200 ± 97 年（图 4.19）。在现在的情况下，它在几个方面是独一无二的：它已经相对精确地确定了时间；

---

[90]　附录 4.1 的图 51。Mikhail I. Rostovtzeff, *Iranians and Greeks in South Russia*（Oxford：Clarendon Press, 1922），22 - 25, pl. Ⅲ（1 - 2），and fig. 2，引文在 25。罗斯托夫花费了几段的篇幅来讨论装饰，将其与巴比伦和埃及的地理景观的描绘进行对比，尽管在那里，他认为地理景观从属于图形，而在迈科普瓶子上地理景观和大多数动物只是被并置。他还决定，其包含"史前动机"以及新颖性的"留存"。瓶子的一幅图像，可以在 Stuart Piggott, *Ancient Europe from the Beginnings of Agriculture to Classical Antiquity*（Edinburgh：Edinburgh University Press, 1965），fig. 37 中找到，还包括在了 Bagrow 的 *Istoriya*, 4（note 4），*Geschichte*, fig. 97（note 2），以及 *History of Cartography*（note 2）和 *Meister*（note 4），fig. 74 中。巴格罗接受了其可能是对北高加索地区的呈现的观点，并提议这些艺术作品是地图和平面图的"原型"；*Istoriya*, 4。

[91]　K. A. Salishchev, *Osnovy kartovedeniya：Chast' istoricheskaya i kartograficheskiye materialy*（Moscow：Geodezizdat, 1948），118 - 19.

[92]　附录 4.1 中的第 54 号地图。

图 4.18　来自俄罗斯迈科普（Maikop）的银瓶上的图像地图

时间是约公元前 3000 年，这一呈现显示了从山脉中留出的两条河流，这一山脉被某些人认为是高加索山。

原物的高度：10—12 厘米。据 Mikhail I. Rostovtzeff, *Iranians and Greeks in South Russia*（Oxford：Clarendon Press, 1922），fig. 2。

它有一个被很好地记录下来了的考古学的环境；它似乎是旧世界史前唯一的"城市平面图"。类似于许多，尽管绝对不是全部的恰塔尔休于的其他壁画，其来自一个神社，这是遗址中的家庭建筑的常见类型，作为发掘者，詹姆斯·梅拉特（James Mellaart）强调："在 139 间挖掘出的起居室中……不少于 40 间……似乎服务于新石器时代的宗教。"[93] 图像位于被定期涂抹和重绘的两面墙上，作为已经提出的争论的基础的一点就是，绘画的背景或绘画的行为（或两者兼有）才是最重要的，而不是图像本身的持久性[94]。这幅图画本身长近 3 米，并且由大约 80 个紧密排列的矩形组成，每个矩形在角上有着一个点或小圆圈以及空心的或空白的内部。如果不是因为壁画中的矩形与考古学家作为他们挖掘平面图的一部分而绘制的矩形非常相似的话，那么就很难在这种矩形图案中看到任何与地图学相关的东西。正是这点启发了梅拉特的解释，即这幅图画是"新石器时代的城镇，可能就是恰塔尔休于本身的呈现，其房屋完全按照这幅图画所示的方式坐落"[95]。在这些房屋的后面是一个"奇怪的有着双尖顶的物体"的立面，梅拉特认为其可以识别为是哈桑山（Hasan Dağ）的两个锥体——可能在喷发中——黑曜石的来源，而黑曜石是恰塔尔休于最有价值的商品之一，也是其财富的基础。

平面图

对平面形式的岩画艺术中的地形图的明确无误的识别，其所涉及的困难，以及对它们进

[93]　Mellaart, *Çatal Hüyük*, 77（note 13）.

[94]　参见之前的注释 14。

[95]　Mellaart, "Excavations," 55（note 7）.

行判断的三个主要标准——图像的组合、图像的适当性，以及在每幅作品中单一图像出现的频率——已经被进行了讨论（上文第 61—62 页）。然而，需要一个更精确的阈值来排除太过碎片化，或过于定义不清的组合，以使其被排除在值得认真关注的资料集之外（附录 4.1）。建议应当将有着至少 6 个地图学符号作为这一阈值。这样一种阈值的有用性可以通过参考三个例子来展示（图 4.20、图 4.21 和图 4.22）。根据我们新的限制性定义，三个例子中只有两个有资格被作为地图。图 4.20（附录 4.1 中的图 6）是最为明显属于地图学图像的。它不仅满足了所有三个判断标准，而且包括总共 10 个符号：（至少）2 个小屋的符号；5 个围墙（或 4 个围墙，以及一个有着一条穿过它的道路的）；3 个土地利用的符号（2 种形式的点画和非点画的区域）。图 4.21（附录 4.1 中的图 4），有着 2 个小屋的符号，2 个封闭围墙的符号，一个道路的符号，以及一或两种形式的代表土地利用的点画，共有 6 或 7 种地图学符号，刚刚符合要求。然而，图 4.22 只有 4 个符号（一个小屋的、一个围墙的、一个道路的和一个土地利用的符号），因此没有资格被认定为地图。

74

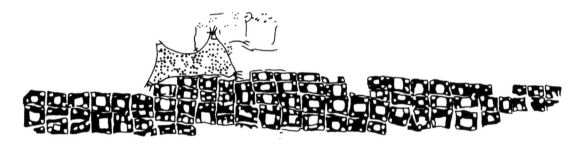

图 4.19　图像地图：土耳其恰塔尔休于的新石器时代的壁画

这一壁画与考古学家发掘的房屋的布局类似，被认为是用平面的形式对早期聚落的描绘。在这一聚落之后是以立面的形式对哈桑达山（Hasan Dağ）的呈现，有着正在爆发的火山。

原图长度：接近 3 米。据 Grace Huxtable in James Mellaart, "Excavations at çatal Hüyük, 1963: Third Preliminary Report," *Anatolian Studies 14* (1964): 39 – 119, pl. Ⅵ 的复制件。

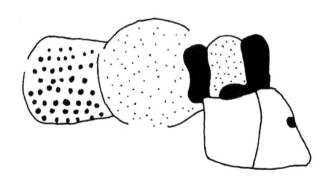

图 4.20　来自贝戈山的丰塔纳尔巴谷地（Val Fontanalba）的摩崖石刻地图

这是在谷地中作为摩崖石刻发现的类似于地图的图像中的典型。有着超过 6 个但少于 18 个地形符号，其符合文本中定义的简单而非复杂的地图。

据 Clarence M. Bicknell, *A Guide to the Prehistoric Rock Engravings in the Italian Maritime Alps* (Bordighera: G. Bessone, 1913), pl. XVIII – 39。

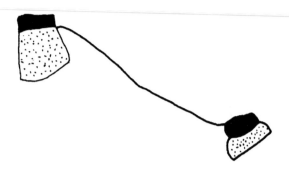

图4.21 来自贝戈山的丰塔纳尔巴谷地的摩崖石刻地图

有着整合到其设计中的超过6个地形符号，其被认为符合在文本中定义的简单地图。

据 Clarence M. Bicknell, *A Guide to the Prehistoric Rock Engravings in the Italian Maritime Alps* (Bordighera: G. Bessone, 1913), pl. XVIII-32。

75　　　根据这些标准确定的岩画艺术地图或平面图，基于其上存在的地图学元素的数量，可以进一步地区分为简单和复杂的平面图或地图。已经提出简单地图应最少包含6个符号。复杂的地形图应该包含至少3倍的符号数量（即至少18个）。将图4.20和图4.21中的示例与图4.26和图4.27中的示例进行比较。重要的是要注意到，定量的差异也可能说明了复杂地图的制作所涉及的技术工作的不同顺序。这转而可能意味着其背后的概念方面的差异，例如与地图的目的或功能相关的那些，数据的积累和排序，以及地图制作的规划。

图4.22 来自贝戈山的丰塔纳尔巴谷地的非地图学的摩崖石刻

不同于展示在图4.20和图4.21中的摩崖石刻，这一图像并不符合在文本中定义的简单地图，因为其仅仅包含了4个元素。

据 Clarence M. Bicknell, *A Guide to the Prehistoric Rock Engravings in the Italian Maritime Alps* (Bordighera: G. Bessane, 1913), pl. XXXII-43。

图4.23 来自意大利塞拉迪纳（Seradina）的简单的地形地图

经常被引用作为史前地图的例证，这一图像似乎显示了建筑物的有序布局，且有着相互交叉的道路和一片田地或果园。

原图尺寸：45×90厘米。基于一幅由 Centro Camuno di Studi Preistorici, Capo di Ponte, Brescia 25044, Italy 慷慨提供的照片绘制。

简单地图 简单地形图的类别占到用平面方式绘制的当前地形图资料库中最大的比例（90%）。有趣的是，大多数例子来自一个紧凑的地区，覆盖了利古里亚阿尔卑斯山的贝戈山（时间早至新石器时代晚期）附近大致十几平方公里，其余的来自阿尔卑斯山的其他地区，特别是卡莫尼卡河谷（主要是从青铜器时代的中期或后期，公元前1900—1200年）[96]。即使在该地区中，那些贝戈山的地形图的分布也高度地方化。如前所述，比克内尔的200个左右的地形图形中的15个来自单一的谷地，即丰塔纳尔巴谷地，位于山峰的北侧[97]。另一方面，重要的是要强调，即使在丰塔纳尔巴谷地，地形图形在所有岩石石刻的题材中只占到极小部分（2%—4%）。

比克内尔认为，他在贝戈山研究的195个岩石石刻可以被解释为"地形图形"。其中一些已经在此处讨论的背景下被排除，因为太小、不完整或作为地图的资格含混不清。在来自卡莫尼卡河谷的以及在此处讨论的这一群组中的5个例子中，只有一个来自塞拉迪纳（Seradina）（卡波迪蓬特［Capo di Ponte］）的图形已经进入地图学史的文献中[98]。其似乎描绘了一个有序的建筑布局，具有相互连接的道路和至少一个（未封闭）的田地（图4.23）。在附近的圣罗科桥（Ponte San Rocco）的河畔岩石上还有另外一个例子，被认为属于建筑物和道路符号的一个更为无序的布局（图4.25）[99]。博尔诺石头（被认为是新石器时代晚期或铜石并用时代的）第二侧面上的地形呈现，在石头被完整挖掘出来之前，被首先进行了描述[100]。作者拉法埃洛·巴塔利亚（Raffaelo Battaglia）对贝多利纳（Bedolina）和贾迪格（Giadighe）的更大的地形作品（见下文）是非常熟悉的，并且认为他可以在博尔诺石头上辨别出对"从上方看去的耕地、果树和道路"的相似呈现[101]。石头上的任何标记之间几乎没有相互联系，由于这一原因，因此甚至一组可能的地图学符号，也没有资格被作为一幅地图[102]。

到目前为止，意大利的其他地方几乎没有提供史前地图可能的例子，甚至来自阿尔卑斯山地区的其他区域，如瓦尔泰利纳（Valtellina）和加尔达湖（Lake Garda）等同样有着丰富的岩石石刻的地区也是如此。有时，一幅地形的图案，例如田地类型的矩形，被发现孤立的存在[103]。

76

---

[96] 青铜时代的地图依然正在由 Professor E. Anati 和他的助手发现。尚未公布的一个大型的图形群组（占地约4平方米），被认为是青铜时代的，位于 Foppe di Nadro 的第23号岩石上。这发现于1982年，并且我感谢 Professor Anati 和 Tizziana Cittadina，因为他们允许我在记录的过程看到这些以及进一步的细节。

[97] 参见注释73。关于在贝戈山紧邻区域的集中，比克内尔谈到了此峰的可怕程度，特别是在某些气候条件下，并认为它可能是"圣地"，这一观点被 M. C. Burkitt 接受。Bicknell, *Prehistoric Rock Engravings*, 64 – 65（note 67）. M. C. Burkitt, "Rock Carvings in the Italian Alps," *Antiquity* 3, No. 10（1929）: 155 – 64.

[98] 附录4.1中的图45。Harvey, *Topographical Maps*, 45, fig. 20（note 6）. 最近 Ausilio Priuli, *Incisioni rupestri della Val Camonica*（Ivrea: Priuli and Verlucca, 1985）还报告了"地图"的其他例证，其中包括了来自塞拉迪纳的第二个例子（图33），类似于此处描述的。如果有的话，也只有很少的图像符合被建议的地图学标准。

[99] 附录4.1中的图44。

[100] 附录4.1中的图42。

[101] Raffaello Battaglia and Maria Ornelia Acanfora, "Il masso inciso di Borno in Valcamonica," *Bollettino di Paletnologia Italiana* 64（1954）: 225 – 55, esp. 237.

[102] Anati, *Barno*, 20（note 81），提到"耕地、道路、墙体和林木种植园的平面图"。

[103] 例如，Brie del Selvatico（Lanzo Valley, Turin）. Roberto Roggero, "Recenti scoperte di incisioni rupestri nelle Valli di Lanzo（Torino），" in *Symposium International d'Art Préhistorique Valcamonica*, 23 – 28 Septembre 1968, Union Internationale des Sciences Préhistoriques et Protohistoriques（Capo di Ponte: Edizioni del Centro, 1970），125 – 32.

图 4.24 卡莫尼卡河谷（Valcamonica）卡波迪蓬特的照片

显示了蜿蜒的奥廖河，并在其上标注了卡波迪蓬特附近的岩画的位置。

照片由 Ausilio Priuli 惠赠。

在诺维拉腊（Novilara，公元前 7—前 6 世纪）的石碑上的一幅图像提出了一个不同的问题。有人认为这可能代表的是河道中间有着一座城镇的一条河流[104]，但是尽管在同一块石头上邻近还有一艘船的图像，但这种论点必然还只是推测。来自欧洲其他地方的例子依然很少。卡累利阿（Karelia）的岩画艺术，以及奥涅加湖（Lake Onega）湖岸和白海海岸的岩画，与斯堪的纳维亚半岛的岩画在主题和风格上相似。类似于斯堪的纳维亚的艺术，到目前为止，尚未发现它对地图学研究有着很大的潜在影响，尽管 B. P. 博莱沃伊（B. P. Polevoy）将 1963 年至 1964 年间在扎拉夫如伽（Zalavruga）（在维格河［Vyg］沿岸，白海城［Belomorsk］以南）发现的一些图画描述为"有些让人联想到地理地图，有着对路线的呈现，还呈现了船只、动物和滑雪者"[105]。在挪威中部，孤立的矩形图案，带有点状填充，被记录为"也许是

---

[104] 因为将我的注意力吸引到这一地理特征的图像上，我对 O. A. W. Dilke 表示感谢，以及感谢 Antonio Brancati（director of the Museo Archeologico Oliveriano of Pesaro）为我提供了相关的文献。大多数考古学的评注者都只是将"双 S"的特征说明为有着"未确定的含义"：Gabriele Baldelli, *Novilara：Le necropoli dell'età del ferro*，exhibition catalog（Pesaro：Museo Archeologico Oliveriano，Comune di Pesaro，Ⅳ Circoscrizione，n. d.），28。

[105] 书面交流，1982 年。这些图像由 Yury A. Savvateyev, *Risunki na skalakh*（岩画）（Petrozavodsk：Karelskoye Knizhnoye Izdelstvo，1967）进行了展示。

田地的图像"[106]。来自瑞典芬托普［Finntörp，坦尼姆（Tanum）］附近的单一的小型作品也[107] 几乎没有太多的希望[107]。它包含一个空的矩形、一些附加的线条和一些散点，这让人联想到卡莫尼卡河谷的贝多利纳地图的风格，但不符合地图学的标准。中东或北非也没有任何符合作为简单地图的条件的资料。存在这样的一种提议，即与约旦的特雷拉特—盖苏尔（Teleilat Ghassul）绘制的星辰壁画存在联系的一种"缺乏充分解释的特征"可能代表着一座建筑物的平面图[108]（见图版 1 和下文第 88 页），但这还没有被广泛接受。

图 4.25　来自意大利的圣罗科桥（Ponte San Rocco）的简单地形地图

尽管被拟人化的图形所扰乱，但其似乎显示了通过道路连接在一起的一堆散落的建筑物。

原图尺寸：90×45 厘米。基于一幅由 Centro Camuno di Studi Preistorici, Capo di Ponte, Brescia 25044, Italy 惠赠的照片绘制。

---

[106]　Sverre Marstrander, "A Newly Discovered Rock-Carving of Bronze Age Type in Central Norway," in *Symposium International*, 261 – 72（note 103）.

[107]　我应当感谢 John M. Coles, University of Cambridge 让这些引起了我的注意，并且提供了一幅照片。

[108]　Carolyn Elliott, "The Religious Beliefs of the Ghassulians, c. 4000 – 3100 B. C. ," *Palestine Exploration Quarterly*, January-June 1977, 3 – 25，尽管他拒绝的理由（其早期的时间）对我们而言是不可接受的。

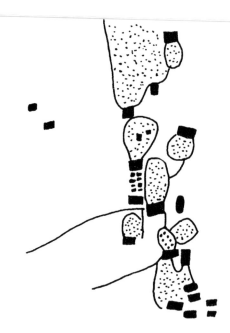

图 4.26　来自贝戈山的丰塔纳尔巴谷地的"皮山村"（Skin Hill Village）地图

这是这一区域最为复杂的图形组合之一。

原图尺寸：97×36 厘米。据 Clarence M. Bicknell, *A Guide to the Prehistoric Rock Engravings in the Italian Maritime Alps* (Bordighera：G. Bessone, 1913)，pl. XLⅢ–4。

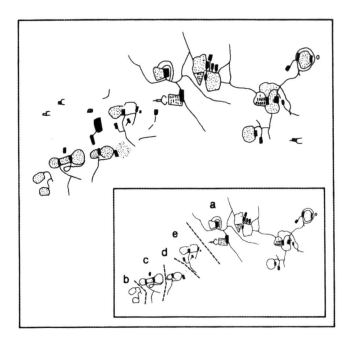

图 4.27　贝戈山村（Monte Bego Village）

根据地图学的标准，这幅图像不能被认为其意图是作为一幅单一的作品，然而 4 个更小的分组（*b-e*）可以被归类为简单地图。

原图尺寸：1.40×2.40 米。据 Clarence M. Bicknell, *A Guide to the Prehistoric Rock Engravings in the Italian Maritime Alps* (Bordighera：G. Bessone, 1913)，pl. XLV–Ⅰ；比克内尔（Bicknell）的复制显示了岩石上垂直的长轴，而不是这里的水平轴线。

复杂地图　四幅史前地图，所有都是岩石石刻并来自阿尔卑斯山，在附录4.1中都作为 ⁷⁸
复杂的地形图进行了描述。两幅来自利古里亚阿尔卑斯山的贝戈山。两者都有着所有克拉伦
斯·比克内尔的地形图形的命运；也即，它们被忽视了。在比克内尔命名的"皮山村"地
图中[109]，至少有19个或20个小屋的符号；7个完整的围墙和3个或4个只有一半的围墙；9
个道路的符号；以及至少两种类型的点画或者土地利用的符号（图4.26）。所有都是相互连
接的。"贝戈山村地图"[110] 带来了更多的问题，因为很明显比克内尔假定所有五组独立的地
形图像的群组构成了一个复杂的作品。然而，应用连接的标准，可以说，这一复杂作品是由
一个大的复杂作品和四个小的复杂作品构成的（图4.27）。即使单独来看，前者也可以被认
为是一幅复杂的地形图，其中包含15个小屋的符号、11个围墙的符号、至少20个相互连
接的道路符号，以及3个土地利用的符号（两种类型的点画和一些封闭但没有点画的区
域）。四个小的群组已经被列为简单的地形图。6个有着填充的孤立的矩形，可能的小屋的
符号，被忽略。

与来自贝戈山的"地形图像"相对，卡莫尼卡河谷的至少一幅史前地图早已受到了地
图学史文献的注意，被作为已知最古老的地图。这就是贝多利纳（卡波迪蓬特）的复杂作
品[111]，近20年来，这显然是地图史学家所熟知的仅有的旧世界的史前地图（图4.28）。即使
如此，在伦敦的考古学会议（及其两年后在会议纪要中发表）[112] 中首次公布，到其1964年
出现在《世界宝鉴》刊物中，两者之间相距30年[113]。被称为贝多利纳1号（在附近地区存
在一些属于"地形"类型的碎片或不完整的图像），岩石石刻占据了一块受到冰蚀[114]、有着
起伏的岩石的大部分，其突出于——就像这个地区的许多其他地方的石头——现代的山坡梯
田。其俯瞰着宽阔且底部平坦的谷地，其下大约40米处，奥廖河（Oglio River）的河道蜿
蜒流向波河。这一组合作品覆盖了几乎所有今天暴露的岩石表面，尺寸为4.16×2.3米。到
目前为止，唯一的详细研究是一个技术和风格方面的，旨在确定属于雕刻的不同阶段的那些
图形[115]。这表明，雕刻在岩石上的183个单独的图形中只有134个可以被认为是"地图"的
组成部分。这些来自雕刻的四个阶段中的第二个阶段（B阶段）。房屋的图像可能是后来增
加的，可能是铁器时代的，并且不应当被认为是复杂作品的主要构成的一部分。地形图像的
排列与那些在贝戈山上的相似，尽管风格略有不同，并且对它们作为地形符号的解释明显受
到克拉伦斯·比克内尔工作的启发。贝多利纳复杂作品的一个奇特的特征就是它不包含与贝

---

[109]　附录4.1中的图35。

[110]　附录4.1中的图36。

[111]　附录4.1中的图43。

[112]　Raffaello Battaglia, "Incisioni rupestri di Valcamonica," in *Proceedings of the First International Congress of Prehistoric and Protohistoric Sciences*, *London*, *August 1 – 6*, *1932* (London：Oxford University Press, 1934)：234 – 37.

[113]　Blumer, "Oldest Known Plan" (note 5).

[114]　岩石石刻通常被描述为在发现时显得"像新的"一样，尽管据说可以辨认出不同程度的彩绘效果，并有助于确
定时间。这种未受到损坏的外观的主要原因是岩石的硬度，不可避免的是该区域中有着最细颗粒的、最密集纹理的以及
最能抵御侵蚀的岩石。然而，在某些区域中，这种岩石石刻对风化的抵抗力得到了强化——已经被提到——即岩石的表
面受到冰川运动的磨蚀，几乎没有不规则的地方来留存地表水。

[115]　Miguel Beltràn Lloris, "Los grabados rupestres de Bedolina (Valcamonica)," *Bollettino del Centro Camuno di Studi Preis-
torici 8* (1972)：121 – 58.

戈山，甚至卡莫尼卡河谷中的其他地方相似的可以解释为房屋符号的轮廓清晰的标志。尽管如此，已经有超过一位的考古学家建议，贝多利纳地图被制作以对"青铜时代"谷底的耕地地理景观的一部分进行准确的呈现[116]。

卡莫尼卡河谷的第二个岩石石刻的复杂作品被认定是一幅复杂的地形图，其被发现于同一个山坡上，略在上游一点。其在山腰上的位置也较高。在紧邻的地区没有耕种的空间，也不可能在之前有过：山坡陡峭地下降到现在被耕种的谷底，以及奥廖河蜿蜒的河道之下100米。尽管也被称为奥尔泰广场（Plaz d'Ort），但是最初发表的文献将地点命名为贾迪格[117]，这也是此处保留的名称。沃尔特·布卢默（Walter Blumer）在对贝多利纳和塞拉迪纳的讨论中包含了这个复杂作品的照片，但没有对此做出任何评论（图4.29）。[118]

与贝多利纳地图的比较揭示了一些主要差异。"田地"的紧密网络使得贾迪格的呈现成为一种更为紧凑的作品。缺少被认为代表了泉水的点和圆圈，以及缺少贝多利纳岩石石刻的长长的、经常是曲折的道路的符号，使得贾迪格的图形在两者中更加均质。虽然一条或两条

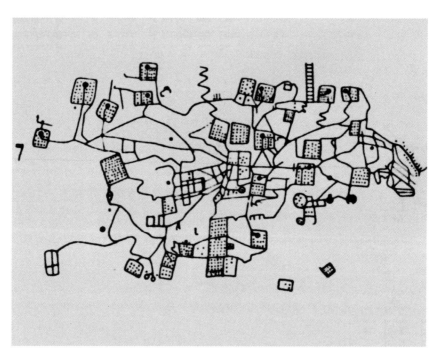

图4.28　来自卡莫尼卡河谷的贝多利纳的混杂的摩崖石刻地图

较早的图形和较晚的添加物被移除，以揭示一幅复杂的地形地图。

原图尺寸：2.30×4.16米。据 Miguel Beltràn Lloris, "Los grabados rupestres de Bedolina (Valcamonica)," *Bollettino del Centro Camuno di Studi Preistorici* 8 (1972): 121–58, fig. 48。

---

[116] 就像 Anati, *Camonica Valley*, 104–8 (note 81) 提出的。除了在较低坡地的岩石之间建有人工梯田，在谷底或在支流河口的沉积锥之外，没有耕作的空间。Priuli, *Incisioni rupestri*, 24 (note 98) 的提议就是，地图是被绘制在岩石上的，其起伏反映了所描绘的区域，而贝多利纳地图可能描绘了 Castelliere del Dos dell'Archa 地区。然而，似乎不明智的就是在没有进一步的考古证据的情况，就可以根据岩石石刻的证据推断出青铜时代的地理景观。

[117] Raffaello Battaglia, "Ricerche etnografiche sui petroglifi della Cerchia Alpina," *Studi Etruschi* 8 (1934): 11–48, pls. I–XXII.

[118] Blumer, "Felsgravuren" (note 5).

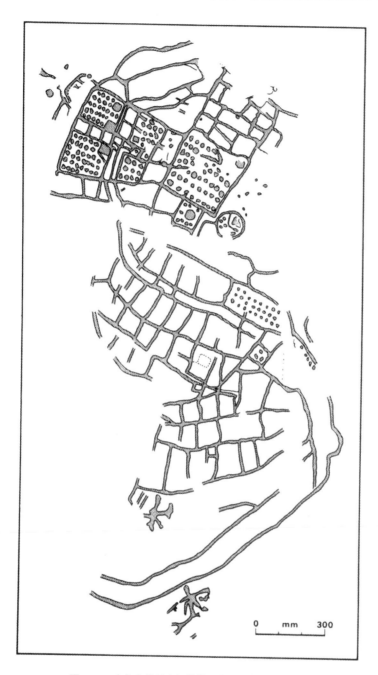

图4.29　来自卡莫尼卡河谷的贾迪格的摩崖石刻地图

　　岩石被裂缝和侵蚀所损坏，但是当从田野中观看的时候，被认为是代表了一条河流的间距较大的双线的延伸更加惊人。朝向底部有着两个拟人的图形。

　　原图尺寸：2.59×1.25米。作者的田野草图；也可以参见 Ausilio Priuli, *Incisioni rupestri della Val Camonica*（Ivrea：Priuli and Verlucca, 1985），fig. 25。

线以不同的技术来绘制，但唯一的侵入性图像（岩石底部附近）是类似于在卡莫尼卡河谷的其他地方常见的拟人图形。贾迪格的田地中只有一小部分是点画的，要么是有意如此，要么仅仅是因为复杂作品是不完整的，并且点画是由相对较大的、规则间隔的锤击或打孔的点构成的。一些矩形凹陷可以被解释为对建筑物的呈现；如果确实如此的话，那么它们应当表明了封闭物内的宅地。尽管岩石中的天然裂缝和随后的侵蚀导致了图案的不连续，但是特别引人注目的特征就是从上到下在整个复杂作品中以 S 形曲线大范围延伸的双线。有人认为这代表着蜿蜒曲折的奥廖河。巴塔贾（Battagia）对贾迪格岩石石刻作为一幅地图的解释迄今尚未受到挑战。他将其描述为奥廖河河谷，"有着封闭的田地和果园，其间宽阔的河道蜿蜒流淌"[119]。

80　　欧洲其他地区在当时都没有制作出可以媲美的岩画的或者是可移动艺术的复杂组合作品，已知中东或北非也没有什么类似的东西。来自贝戈山和卡莫尼卡河谷的四个例子在它们的聚合和符号的适当性方面都是突出的。它们在这里被接受为符合被建议的地图学标准的史前地图的可能的例子。基于同样的基础，其他被提议的例子已经被放弃，著名的是克拉皮耶（Clapier）岩石（意大利皮内罗洛 ［Pinerolo］）（图 4.30）[120] 和德国北部的几块有着装饰的石头[121]。

图 4.30　意大利的克拉皮耶岩石（Clapier Rock）

一幅非地图学的图形，其由杯形、环形和其他雕刻图形组成。

原图尺寸：2.5 × 8.5 米。据 Cesare Giulio Borgna, "La mappa litica di rocio Clapier," *L'Universo* 49, No. 6 (1969): 1023 – 42, pl. following 1042。

---

[119]　Battaglia, "Incisioni rupestri," 236（note 112）；Battaglia, "Ricerche etnografiche," 44 – 45（note 117）. 也可以参见 Priuli, *Incisioni rupestri*, 26 and figs. 24 and 25（note 98）. 现代的地理景观，有着传统的混合种植（*cultura promiscua*，间作）的地理特征，符合贝多利纳和贾迪格的复杂作品，尽管 Priuli 似乎认为点画代表的是林地，并认为这片林地是"轮换周期"的一部分，该轮换周期允许进行长达 15 年的土壤恢复（p.24），但他没有对这一解释给予任何支持。可能就是，混合种植，一种典型的地中海的农业体制，在公元前 2000 年就已经在卡莫尼卡河谷建立起来了。

[120]　Cesare Giulio Borgna, "La mappa litica di rocio Clapier," *L'Universo* 49, No. 6 (1969): 1023 – 42. 克拉皮耶岩石（参见图 4.30）是在山腰上的一块大面积裸露的岩石（6 × 2 米），上面覆盖着杯形标记（以及一些十字和不连续的线），没有可识别的图案或顺序。Borgna 将其看成是一幅周围地区的地图，显示了远古时代的"半游牧的牧羊人"感兴趣的地理特征的分布，例如泉水、天然的庇护场所和牧草。这一解释的基础是岩石上选定的标记与主要地理景观特征的明显匹配，例如相邻的山峰，特别是那些也有着岩石雕刻的山峰。

[121]　Molt, *Karten*（note 64），这是对石勒苏益格—荷尔斯泰因和下萨克森州的一些有着装饰的岩石和石头，其中包括文寿石，进行的巧妙、有时发人深省的艰苦研究。一个有趣的认知就是，在这块石头上的被认为用杯形标记的各种组合表现的星座，被用于代表岩石地图上的史前时期的单独的地理景观特征（顺便说一下，尽管 Molt 自己并未这样说，但北美印第安人在他们的地图上使用图腾）。Molt 的方法的主要缺点就是从大量石头上存在的符号中，选择符合假定图案的那些杯形标记和其他标记的任意性，以及现代地图学和测量概念（尤其是比例尺的概念和欧几里得几何学）可以应用于史前时代（Molt 是退休的测量师）的假设。除了文寿和霍斯多夫（Hoisdorf）石外，所讨论的石头都是 Plumbohm 和 Waldhusen 的巨石。

地形图，包括简单的地图，似乎展示出与图像地图所展现的不同的图形呈现的概念，即以平面的形式描绘所有特征，而无须考虑缺乏特定经验所带来的解释方面的困难。这一新视角必定构成了地图学的一个进步，在史前晚期的背景下，其重要性与在 16 世纪重新引入的平面图法的城市平面图可以媲美。然而，这一改变的确切原因和背景是远远不清楚的。这可能与这些史前空间呈现的最初目的或功能的变化有关。可以认为，似乎在平面中绘制地图是一种新出现（或可能是被增加的）事件，反映了史前人的认知，即在平面中的描绘提供了一种比图像地图更为有效的记录空间分布的方法。虽然后者继续被制作，但平面地图在这些阿尔卑斯山地区明显的扩散可能说明了对这种事实记录表现出的新兴趣。尽管将这种变化归结为一种更"现代化"的地图绘制方法是诱人的，但是将这种解释强加于所有复杂的平面地图上都是草率的。来自贝戈山的两个例子，在山中位于较高的位置，是相对不容易抵达的，并且远离其可能描绘的家园和可耕地。在缺乏明显相反的迹象的情况下，将这些地图归结为许多史前岩画艺术背后主要的象征性目的应当是更合适的，其中艺术的或视觉的意义从属于现在未知的抽象背景或信息。相反，卡莫尼卡河谷的两个例子有着截然不同的背景，因为每个例子都忽略了原本应当，甚至依然如此的，被耕种的山谷和穿越阿尔卑斯山的路线。它们的风格略有不同，尽管这样的事实，即它们是史前欧洲已知的最大平面图，可能只是反映了大型的冰蚀岩石表面的可用性。当权衡论点和例证的时候，即使这两个例子实际上可以被视为标志着引入地图用以记录事实，但这仍然是令人怀疑的，尽管这样的转变在历史时期的早期就已经发生了。

　　浮雕地图　尽管在史前时期没有发现类似于古典时代的一些硬币所使用的地形的三维再现[122]，但是后旧石器时代的考古学确实发现了建筑的小型的黏土模型。这些应当被用作奉献祭祀或殡葬瓮。还有建筑物和防御工事的大量绘画的或浅浮雕的描绘。这些都是完整的立面图景；因此，尽管它们作为具体建筑的结构的记录是准确的[123]，但它们超出了这部著作涵盖的范围。但是，据称来自马耳他的平面模型属于自己的一类。两个已经发表的例子中的一个，是在塔尔欣（Tarxien）的一座寺庙建筑中发现的有着雕刻的石灰板，时间是新石器时期（图 4.31）。一些考古学家将其解释为一座有着矩形居住空间的建筑物的详细平面图[124]。第二个，不太知名，就是在哈扎伊姆神庙（Hagar Qim）发现的赤陶模型。一个大型原件保存下来的两个残片。它们足以表明，当其完成的时候，它们由一个有着建模的基础平板组成，在其上有着被解释为其上有着五个圆顶的神庙的墙体和框柱的较低层面[125]。哈扎伊姆神庙残片的考古学意义在于这样的事实，即当它制成时，马耳他并不存在这种特定形式的建筑物；它对地图学史家的重要意义在于，它可能被认为是制作作为展示的模型或者作为建造的

81

---

⑫　参见后文的原书 p. 158 和图 9.7。

⑬　例如，Jean Capart, *Primitive Art in Egypt*, trans. A. S. Griffith（London：H. Grevel, 1905），202, fig. 160, "Clay Model of a Fortified Enclosure." 一个来自 Toprakkale（土耳其）的青铜模型，由 Seton Lloyd, *Early Highland Peoples of Anatolia*, Library of the Early Civilizations（London：Thames and Hudson, 1967），figs. 118 – 19 进行了展示。

⑭　附录 4.1 中的图 49。Themistocles Zammit, *Prehistoric Malta：The Tarxien Temples*（London：Oxford University Press, 1930），88 and pl. 24（4）。David H. Trump, "I primi architetti：I costruttori dei templi Maltesi"（Rome：Giorgio Bretschneider, 1979），2113 – 24 and plates（摘录自 **φιλίας χάριν**, *Miscellanea in Onore di Eugenio Manni*）。

⑮　附录 4.1 中的图 50。Trump, "Primi architetti," 2122（note 124）。

实际过程的一个三维参考平面图㉖。

图 4.31　来自马耳他的塔尔欣（Tarxien）的石灰岩雕刻品

这一作品被某些考古学家认为是一幅建筑平面图的一部分。

原图尺寸：28×28×22×2（底部）厘米，有着 2 厘米的浮雕。National Museum of Archaeology, Valletta, Malta 许可使用。

天体图

在 19—20 世纪初期，至少有两个欧洲国家强烈的持有在史前时代晚期存在先进的天文学的思想。法国和苏格兰都有着丰富的几何图案和抽象的图案，即杯环标记，这些图案是最为难以理解的，并且也是最容易引发基于幻想的解释的。这两者还有着大量的巨石纪念碑和石碑群，这再次引起了关于其天文学或其他意义的争议㉗。在苏格兰，史前天文学理论最早

㉖　Trump, "Primi architetti," 2122（note 124）. 曾经有人认为这种有着拱点的形状，"在被发现于哈扎伊姆神庙（Hhagiar Kim）的石坛和圣板上雕刻的符号中……以及在 7 个小雕像的形式中重复出现……也被发现于覆盖了该建筑物大部分石材的众多穿孔中"：P. Furse, "On the Prehistoric Monuments in the Islands of Malta and Gozo," *International Congress of Prehistoric Archaeology*, *Transactions of the Third Session*, *Norwich 1868*（1869），407 – 16, quotation on 412.

㉗　确立一系列礼仪的、墓葬的和其他场所背后的可能的天文学动机，这一认知并不比认为这些是基于涉及应用数学和测量学的基本知识对太阳和月亮精确观测的结果有着更少争议，后者受到了 Alexander Thorn："Astronomical Significance of Prehistoric Monuments in Western Europe," in *The Place of Astronomy in the Ancient World*, ed. F. R. Hodson, a joint symposium of the Royal Society and the British Academy（London：Oxford University Press, 1974），149 – 56 的拥护；也可以参见 Douglas C. Heggie, *Megalithic Science*：*Ancient Mathematics and Astronomy in Northwest Europe*（London：Thames and Hudson, 1981）；Douglas C. Heggie, ed., *Archaeoastronomy in the Old World*（Cambridge：Cambridge University Press, 1982）；James Cornell, *The First Stargazers*：*An Introduction to the Origins of Astronomy*（New York：Scribner, 1981）；Christopher Chippindale, *Stonehenge Complete*（London：Thames and Hudson, 1983）. 大多数的权威愿意在遗址中看到次要的象征意义的或仪式性的意义，同时很少有人会怀疑对宇宙和天象的思考与人类自身一样古老。因此，可能已经生成了对某些艺术形式的偏好（圆盘、球体等）：Eugenio Battisti in "Astronomy and Astrology," in *Encyclopedia of World Art*, 2：40（note 83）.

的倡导者之一就是乔治·穆尔（George Moore）；而最为坚持的学者就是卢多维克·麦克莱伦·曼（Ludovic MacLellan Mann）[128]。但是，正是乔治·布朗（George Browne），其在 1921 年试图详细展示，史前天文学家如何使用杯形标记在岩石或者石头上代表某个星座。根据布朗的观点，阿伯丁郡（Aberdeenshire）的辛辛尼（Sin Hinny）石是一幅"教学星图，巫师可以用其教授他的学徒，而不是用手指指着天空中的星星来教导他，因为后者并不能保证学徒正在看向正确的星辰"[129]，并且，为了这一目的，他在石头上的杯形标记和空洞中确定了大熊座、小熊座和北冕座（Corona）。相似的，在罗西梅（Rothiemay）石（也是在阿伯丁郡）上的 107 个分散的杯形标记，据说包含对大熊座及其伴星的呈现——但奇怪的是，只有当杯形标记的图案被视为镜像图案时才如此。在法国，一个类似的传统，将岩石雕刻与天文学位置联系起来，以及在石头上的杯形标记中识别星座，导致了马塞尔·博杜安（Marcel Baudouin, 1926）等人的出版物[130]。对于博杜安来说，从一些杯环标记向外延伸的槽线可能意图作为重要的天文轴线的标志，同时足迹形状的空洞被用来表示太阳光线。在博杜安讨论的星图中，有一个可能是最早的，即一组 7 个空洞（总共 18 个中的）对大熊星座的呈现，这是从一个于费拉西（Ferrassie）的奥瑞纳文化（Aurignacian）的沉积物中挖出的石头上辨识出来的[131]。

像布朗和博杜安这样的爱好者，都满足于在石头标记中找到某个星座。其他人，特别是古德蒙·舒特（Gudmund Schütte），他很好地意识到了在斯堪的纳维亚他称之为神话天文学的重要性[132]，他试图表明，在岩石上不仅绘制有某些星座，而且还会绘制一年特定时间和特定地区所看到的夜空的整个部分。1920 年，舒特（Schutte）撰写了一篇有着很好的插图的论文，在文中，他声称在布胡斯省（Bohuslän）的岩石雕刻（正如巴尔策［Baltzer］所展示的）和丹麦的文斯列夫（Venslev）（图 4.32）和代尔比（Dalby）（图 4.33）的竖立的石头上的杯形标记中确定了三幅星"图"[133]。他叙述了这如何突然使他感到了震撼，就像他所说的那样，来自坦尼姆的巴尔策的岩石石刻图像，"包含了以相当准确的并置的方式对北斗七

[128]　George Moore, *Ancient Pillar Stones of Scotland：Their Significance and Bearing on Ethnology* (Edinburgh：Edmonstone and Douglas, 1865). Ludovic MacLellan Mann, *Archaic Sculpturings：Notes on Art, Philosophy, and Religion in Britain 200 B. c. to 900 A. D.* (Edinburgh：William Hodge, 1915); idem, *Earliest Glasgow：A Temple of the Moon* (Glasgow：Mann, 1938).

[129]　George Forrest Browne, *On Some Antiquities in the Neighbourhood of Dunecht House Aberdeenshire* (Cambridge：Cambridge University Press, 1921), 159.

[130]　Marcel Baudouin, *La préhistoire par les étoiles* (Paris：N. Maloine, 1926).

[131]　Baudouin, *Etoiles*, xv (note 130). 关于石头的一幅优秀的照片，参见 S. Giedion, *The Eternal Present：A Contribution on Constancy and Change*, Bollingen Series 35, Vol. 6, 2 pts. (New York：Bollingen Foundation, 1962), pt. 1, 137, fig. 78。

[132]　古德蒙·舒特是一部关于家庭神话的书籍的作者，*Hjemligt Hedenskab：I Almenfattelig Fremstilling* (Copenhagen：Gyldendal, 1919)，在 *Scottish Geographical Magazine* 36, No. 2 (1920)：139 – 41 中好评如潮。

[133]　Gudmund Schütte, "Primaeval Astronomy in Scandinavia," *Scottish Geographical Magazine* 36, No. 4 (1920)：244 – 54. 非常有趣的就是这样的事实，即 1921 年 2 月 5 日法国杂志 *La Nature*, No. 2444, 81 – 83 发表了一篇文章 "L'astronomie préhistorique en Scandinavie"，其尽管要比 *Scottish Geographical Magazine* 上的论文短且有着较少的插图，但显然是一篇翻译之作。然而，这篇论文的作者是 Dr. M. Schönfeld。无论 Dr. M. Schönfeld 是谁，但舒特博士都是真正的作者，其不仅出版了有关神话的著作，而且还发表了其他几篇论文（例如，两篇关于托勒密的地图集的，刊发在 *Scottish Geographical Magazine*, Vols. 30 and 31）。奇怪的是，尽管 Browne, *On Some Antiquities*, 162 – 63 (note 129)，详细提及的是法文的论文，而他应当更容易接触到的是舒特的在 *Scottish Geographical Magazine* 上的论文。

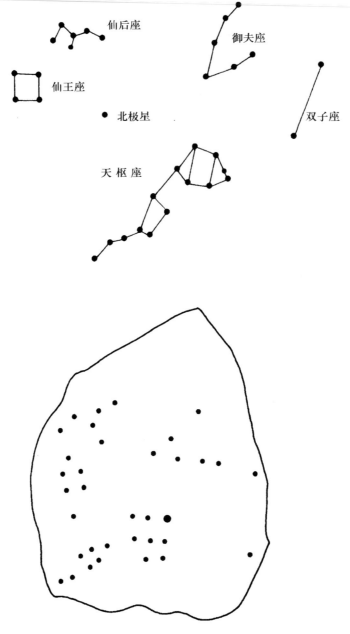

图 4.32 丹麦的文斯列夫（Venslev）石头上的杯形标记

这些可能呈现的是星座。

据 Gudmund Schutte, "Primaeval Astronomy in Scandinavia," *Scottish Geographical Magazine* 36, No. 4 (1920): 244–54, figs. 12 and 13。

83 星（Charles's Wain，大熊座［Ursa Major］）和银河（Milky Way）的明确呈现"[134]。更加仔细地审视，他也很满意地在岩石上的其他图形中辨识出黄道上的各宫——巨蟹座、小犬座、金牛座、天马座旁边的小马座以及摩羯座——他将这一解释附加了一幅显示了 10 月 19 日从布

---

[134] Schütte, "Primaeval Astronomy," 246 (note 133). Charles's Wain（北斗七星）现在也被称为 Plow 或 Great Bear；传统上银河（Milky Way）也被认为是"阴间"。

胡斯可见的主要星座的图形。这种解释的一个弱点就是，石头上存在的杯形标记与构成被认为其所表示的星座所需要的标记的数量和位置之间在匹配上的不准确。例如，对于代尔比石头而言，其上有着用于代表 51 颗恒星的 56 个杯形符号，舒特承认，两组星座（大熊座和天猫座；狮子座、处女座和牧夫座）之间的关系并不那么准确。

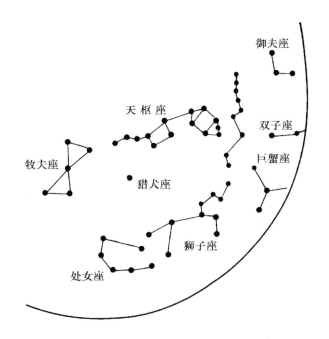

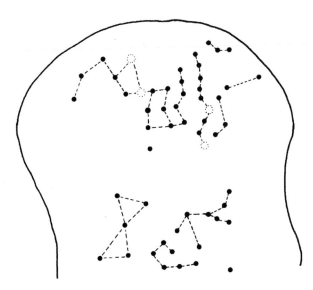

图 4.33　丹麦代尔比（Dalby）石头上的杯形标记

如同图 4.32 所显示的，这些可能呈现的是星座。

据 Gudmund Schutte, "Primaeval Astronomy in Scandinavia," *Scottish Geographical Magazine* 36, No. 4 (1920): 244 – 54, figs. 14 and 15。

其他杯形标记的潜在的解释者对此关注较少，且不太具体。马兰热（Maringer）显然用错误的方式从帕拉·平塔（Para Piuta，葡萄牙的卡洛［Carlão］）的岩石庇护所中复制了一组点、线和放射状的图形，且将其简单描述为是"星空和礼仪之斧"[135]。阿坎福拉（Acanfora）也复制了这一图形，以及来自基督洞穴（Cueva del Christo）的相似的图形[136]。反转的星图的想法似乎也很普遍。在1929年，塔尔欣神庙（Tarxien temple）的一名挖掘者报告，在楼板上的五个孔的图形"已经说明了某个星座的形象，例如在寺庙存在的时间可以从我们的半球很容易看到的南十字座"[137]。最近有人指出，这是一个镜像图像[138]。同样来自马耳他的就是来自位于泰尔卡狄（Tal Qadi）的一座新石器时代晚期小型建筑的"星石"（图4.34）。这个片段确切的原始位置未知。至于图案和雕刻的非常原始的性质，使得它与岛上其他任何地方都不相同。板子被径向线划分为五个部分，这些部分中似乎有着"星形"图案、短的直线，以及——在一个部分中——新月形的对称布局。考古学家之间的共识就是，它"可能具有某些宗教意义或……某些天文学的目的"[139]，并且它可能被用作"某类天文图"[140]。这里的词汇天文图有着日历方面的意味；关于按照正确的空间顺序用标记代表星座，则没有任何说明。最后，应该提到来自旧石器时代晚期的两个发现。一个，来自苏联的最近的报道，据说是其上刻有北半球的星座（大熊座和北极星）的一只乌龟壳化石[141]。另一个是一块相当著名的鹅卵石，它是1956年从意大利的波莱西尼（Polesini）的洞穴挖掘出的，有着一只狼的轮廓和大量凹痕或者雕琢的点，后者被解释为是

[135] Maringer, *Gods*, 169（note 78）。最早的出版物是 J. R. dos Santos Júnior, "O abrigo prehistórico da 'Pala Pinta,'" *Trabalhos da Sociedade Portuguesa de Antropologia e Etnologia* 6（1933）：33-43。

[136] Acanfora, *Pittura*, 260（note 76）。对后旧石器时代艺术中的星图呈现以及与天文学和占星术有关的考古学证据进行的很好的归纳，且有着参考文献，参见 Salvatore Puglisi in "Astronomy and Astrology," in *Encyclopedia of World Art*, 2：42-43（note 83）。

[137] Themistocles Zammit, *The Neolithic Temples of Hal-Tarxien-Malta*, 3d ed.（Valletta：Empire Press, 1929）, 13. 塔尔欣神庙（Tarxien temple）的时间大致是在公元前2300年。

[138] George Agius and Frank Ventura, "Investigation into the Possible Astronomical Alignments of the Copper Age Temples in Malta," *Archaeoastronomy* 4（1981）：10-21, esp. 16.

[139] Michael Ridley, *The Megalithic Art of the Maltese Islands*（Poole, Dorsetshire：Dolphin Press, 1976）, 67. 石头最初是由 Luigi M. Ugolini, *Malta：Origini della civiltà mediterranea*（Rome：Libreria dello Stato, 1934）, 138 and fig. 79 描述的。我感谢 Gerald L'E. Turner, Museum of the History of Science, University of Oxford, 因他向我介绍了这块石头；也要感谢 Anthony V. Simcock, 也是来自同一博物馆的，其提供了以下参考文献："The Moon and the Megaliths," *Times Literary Supplement*, 4 June 1971, 633-35；也要感谢 David H. Trump, University of Cambridge, 因为他的评论。也可以参见 Alexander Marshack, *The Roots of Civilization：The Cognitive Beginnings of Man's First Art*, Symbol and Notation（London：Weidenfeld and Nicolson, 1972）, 344-47, 关于可能是旧石器时代的相似物。

[140] Ridley, *Megalithic Art*, 32（note 139）.

[141] The *Daily Telegraph*, 19 August 1980, 报道"塔斯社（Tass）说，在亚洲神话中象征北半球的乌龟壳上的深孔代表了构成大熊座星座的那些最大的恒星，而最宽的孔被认为是北极星"。然而，人们对乌龟化石的真实性表示怀疑。值得注意的是，乌龟在几种文化的宇宙神话中有着重要作用，根据中国的传说，其背面刻有幻方（四个基点和世界中心）；参见 A. Haudricourt and J. Needham, "Ancient Chinese Science," in *History of Science*, 4 Vols., ed. Rene Taton, trans. A. J. Pomerans（London：Thames and Hudson, 1963-66）, Vol. 1, *Ancient and Medieval Science from the Beginnings to 1450*, 161-77, esp. 173 and fig. 22。按照一些印度的信仰，其代表着宇宙自身的形式。Joseph Schwartzberg 在《地图学史》第二卷中对此有着进一步的讨论。

在2万—1.5万年前所看到的夏日天空中的各种各样的星座[142]。

图4.34　来自马耳他的泰尔卡狄（Tal Qadi）**的"星石"**（Star Stone）

这一松散的石头残片的来源尚不清楚。其可能有着一种宗教的或者一种天文学的用途，尽管一些作者认为其不能被认为是一幅地图。

原物尺寸：24×29厘米。National Museum of Archaeology, Valletta, Malta 许可使用。

今天存在两个关于在地图学史中天体图的地位的思想学派。根据其中一个学派的认知就是，它们是没有地位的。这样的"天图""只不过是观察者看到的环境的一部分的图像，就像树木或动物的图像一样"，缺乏"呈现地理景观的高度复杂的想法，就像是从各个视点垂直观看那样"[143]。按照另外一个学派的观点，对在空间表现形式上人类经验的丰富和多样性的充分理解，将带来一些好处。过去，所有社会都对空间的陆地、天体和宇宙维度着迷[144]。然而，有争议的是，兴趣首先集中在天体和宇宙志的呈现——生命的遥远和不确定的方面——而不是那些已知的和熟悉的当地的地形。无论如何，如果社会的成就在过去的不同时期有所不同，那么它们的

[142]　对波莱西尼鹅卵石作为星图的解释，是由 Ivan Lee, "Polesini: Upper Palaeolithic Astronomy," *Archaeology 83: The Pro-Am Newsletter* 2 (1983) 做出的。感谢 Ivan Lee，因为他让我对此给予了注意。按照 Lee 的观点，可以确定如巨蛇座、蛇夫座、天蝎座、天琴座、天秤座、天鹰座、海豚座和射手座等星座。较早的鹅卵石评论者将注意力集中在狼的轮廓和石头外围有着某种含义的标记上。参见 Arturo Mario Radmilli, "The *Movable Art* of the Grotta Polesini," *Antiquity and Survival*, No. 6 (1956): 465–73; Alexander Marshack, "Polesini: A Reexamination of the Engraved Upper Palaeolithic Mobiliary Materials of Italy by a New Methodology," *Rivista di Scienze Preistorici* 24 (1969): 219–81, esp. 272–76; Evan Hadingham, *Secrets of the Ice Age: The World of the Cave Artists* (New York: Walker, 1979), 其中 p. 254 提到并且展示了鹅卵石，但是他对旧石器时代艺术的总体解释的评论是必读的；还有 Martin Brennan, *The Stars and the Stones: Ancient Art and Astronomy in Ireland* (London: Thames and Hudson, 1983), 152.

[143]　Harvey in "Cartographic Commentary," 引文在 68–69 (note 50)。

[144]　例如，参见 Rouert David Sack, *Conceptions of Space in Social Thought: A Geographic Perspective* (Minneapolis: University of Minnesota Press; London: Macmillan, 1980)。

目标也是如此，并且在可能的情况下，应该根据后者来判断前者，这是合理的。

除了争论之外，对于文献中遇到的大多数天文"地图"也存在实际的反对意见，这涉及它们的定义。在岩石上形成的大量有时形式多样的标记中辨识单个或一组随机的星座，可能是或也可能不是个人或偶然的事情，但在任何情况下，这样的图形通常都不能被视为天体图。关于一个摩崖石刻或者岩画作为天体图的要求是严格且直接的：首先，每一组单独的标记必须在形式上相互关联由此构成一个独特的天文实体；其次，每个复合图形之间的关系，必须与天文实体之间的关系相对应[145]。这些天文关系在今天是可以观察到的，并且可以用于对过去的计算。在这方面，基于夜空的相对不变的性质，确定一幅真正的星图应该是一个简单的事情，特别是与已经遇到的确定一幅未知区域的地形图的问题相比较的时候。

维持一个史前地图的类别依赖于坚实的基础。两个最重要的基础是人种志的和传统证据的实体，即在土著民族中恒星在日常生活中的重要性，以及在后一种情况下，关于其在我们欧洲先辈中的重要性的证据。似乎只有在广阔且差异不大的地形（雪地、海洋和沙漠）中，将星辰用于诸如导航等专门化的用途才高度发展[146]。尽管在地中海使用星辰航行，但在旧世界中具有更大意义的做法是参考某些星座的季节性出现来确定所有生计最终依赖的农业活动的时间。值得注意的就是，这些目的所需的天文学知识很少；只要对少量星辰或星座相对准确地观察和了解就足够了[147]。尼尔森（Nilsson）指出，例如，昴星团（Pleiades）在他研究过的众多土著民族中是唯一最重要的星群，原因是其可以被轻松地认出。与此一致的是，来自古典欧洲的文献证据。例如，赫西俄德（Hesiod）建议将整个农业年度的时间安排在不超过四个星座的（西琉斯［天狼星，Sirius］、昴星团、猎户座［Orion］和大角星［Arcturus］）的运动和两个至日的时间内[148]。

因而，就当前的相关资料（附录4.1）而言，在史前天体图的标题下没有包括太多实质性的内容。被采纳的观点就是，在这一时期，一个单一星座的呈现，而不是整个天球，并不构成一幅天体图。结果，大多数被提出的天文学实例都无法被认定为一幅地图。附录4.1中仅包括了代尔比和文斯列夫石头，当然存在一些质疑。值得注意的一点就是，文献中提到的星座似乎与那些农业居民有关的并不多[149]。然而，完全将列表终结还为时尚早。正如最近指出的那样，"史前天文学证据的重要性是累积的，并且取决于同一组被观察到的现象的指征明显的重复发生"[150]。史前地图学中推测的范围已经被证明是巨大的，但对于史前天体图而言，在更多的证据到来之前，对此都不应该做出判断。

---

[145] Dorothy Mayer, "Miller's Hypothesis: Some California and Nevada Evidence," *Archaeoastronomy: Supplement to the Journal for the History of Astronomy*, No. 1, suppl. to Vol. 10 (1979): 51–74, esp. 52.

[146] Hallpike, *Foundations*, 302–3 (note 24).

[147] Martin Persson Nilsson, *Primitive Time-Reckoning* (Lund: C. W. K. Gleerup, 1920), 129.

[148] Martin Litchfield West, *Hesiod, Works and Days: Edited with Prolegomena and Commentary* (Oxford: Clarendon Press, 1976). 罗马农学家提出了类似的建议。

[149] 绕极星在计算农业周期方面没有多大用处，因为它们往往整年都在视野中，只是位置发生了改变，因此它们很少被土著居民所利用：Hallpike, *Foundations*, 296–97 (note 24)。

[150] Richard J. C. Atkinson, review of A. Thorn and A. S. Thorn, *Megalithic Remains in Britain and Brittany* (Oxford: Clarendon Press, 1978), in *Archaeoastronomy: Supplement to the Journal for the History of Astronomy*, No. 1, suppl. to Vol. 10 (1979): 99–102, 引文在101。

宇宙志图

与天体图的命运相反，地图学史家更多地意识到了宇宙志地图。他们通常以提到巴比伦人作为开始，巴比伦人被认为是最早有记录的对宇宙的一种合理概念进行了尝试的民族[150]。史前人类同样可能对他们的宇宙感兴趣的想法往往会被拒绝，因为这超出了这些"原始"群体的智力。巴格罗的话语，依然在他作品的斯凯尔顿版中流行，由此印证了这种态度："一般而言……原始民族的地图被限制在非常小的区域……他们的地图是具体的……他们不能描绘世界，甚至无法在他们头脑中形象化世界。他们没有世界地图，因为他们自己的地方主宰了他们的思想。"[152] 因此，有趣的是，居然在 19 世纪，就可以看到不仅与史前宗教有关，而且与史前宇宙志——尽管可能是无意识的——有关的评论。例如，早在 19 世纪初，威廉·普罗克特牧师（Reverend William Proctor）告诉乔治·泰特（George Tate），他对在诺森伯兰发现的带有装饰的岩石的最初功能，以及构成大部分装饰的杯环标记的意义的看法："环形占据了主导的图形……可能是设计用来象征灵魂不朽的。或者中心点可能表明某人的死亡，周围的可能表示的是他的家庭或世俗的环境，并且从中间出发穿过它们的通道可能表明他已经从这一圆形的世界及其活动中离开。"[153] 最后一个思想本质上是地图学的。而且，它与许多民族的和传统的对迷宫图案的观念存在密切的对应，迷宫图案类似于更为复杂的环的集合，这受到了将在下文讨论的现代研究的强有力的支持。内森·海伍德（Nathan Heywood）也接触到了早期的宇宙志和宗教信仰，当他在 1888 年撰写关于伊尔克利（Ilkley）（约克郡）岩石（图 4.35）的论著的时候，他还认为梯子的图案"可能意在作为大地与天空或者行星之间某些神秘联系的象征……杯形和环形代表着行星，而被增加的环形则赋予了正在运动的外观"[154]。再次，梯子作为大地和天空之间的一种联系的想法广泛流行；例如，其存在于巴比伦的宇宙志中。

86

识别史前宇宙志地图的路径必然与识别地形图或天体图的路径不同。假定所有宇宙元素都应以其正确的相对位置显示是一件事，而另一件事则是不仅要确定这些位置是什么，而且还要确定这些元素本身是什么。出发点十分清楚，因为被广泛接受的就是，旧世界的古代宇宙志信仰其本身来源于史前时期，并且在文字产生的初期，处于一种已经古老的形式（神话）转变为另一种形式（哲学）的过程中[155]。现代哲学家倾向于同意，新石器时代应当是它们初步形成的主要时期[156]。这是人类经历了"赋予他以创造和组织的天赋的伟大变革"的时

[150]　Ronald V. Tooley, *Maps and Map-makers*, 6th ed. （London：B. T. Batsford, 1978），3.

[152]　Bagrow, *History of Cartography*, 26（note 2）.

[153]　由 Tate, *Sculptured Rocks*, 42（note 57）引用。

[154]　Nathan Heywood, "The Cup and Ring Stones on the Panorama Rocks, Near Rombald's Moor, Ilkley, Yorkshire," *Transactions of the Lancashire and Cheshire Antiquarian Society* 6（1888）：127 – 28 and figs.

[155]　G. E. R. Lloyd, "Greek Cosmologies," in *Ancient Cosmologies*, ed. Carmen Blacker and Michael Loewe（London：George Allen and Unwin, 1975），198 – 224, esp. 198 – 200.

[156]　W. G. Lambert, "The Cosmology of Sumer and Babylon," in *Ancient Cosmologies*, 42 – 65, esp. 46（注释155）。Juan Eduardo Cirlot, *A Dictionary of Symbols*, trans. Jack Sage（London：Routledge and Kegan Paul, 1971），xvi. Goff, *Prehistoric Mesopotamia*, 169（note 85），将史前美索不达米亚人的世界观看成"信仰的不协调的初步的集合"，与大多数学者相反，他基于后来的苏美尔神话，按照顺序来观察它们。然而，这是关于旧世界的这一部分的史前信仰的性质而非存在的观点上的差异。

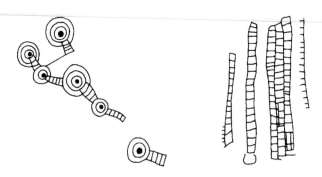

图4.35 天梯

这些例证来源于位于约克郡（Yorkshire）的伊尔克利（Ilkley）的石头（左）和贝戈山的石头（右）。

原物长度：23—30厘米（伊尔克利），82—119厘米（贝戈山）。据 Robert Collyer and J. Horsfall Turner, *Ilkley: Ancient and Modern* (Otley: W. Walker, 1885), lxxxⅦ—lxxⅩⅧ; 和 Clarence M. Bicknell, *A Guide to the Prehistoric Rock Engravings in the Italian Maritime Alps* (Bordighera: G. Bessone, 1913), pl. ⅩⅪ。

间；是提出空间的几何学思想的时间；还是宇宙按照人类的模式被感知的时间[157]。这不能否认旧石器时代的人类有着一种宇宙志的兴趣，因为在他们的艺术中找到了众多的证据[158]，因此可以强调他们的"宇宙苦恼"的程度、宗教艺术的来源，即使不是宗教和艺术本身[159]，相同的变革性的经济发展可能会加剧这种情况。段义孚（Yi-Fu Tuan）并不是第一个观察到如下情况的人，即不仅在今天世界的土著的收集—捕猎民族中，而且还在那些依赖于农业的民族中，恐惧有着最高度的，即使不是唯一的发展，而依赖于农业的民族，其生计不仅受到来自人类的邪恶的破坏，而且更易受到自然灾害的伤害[160]。而且，人种志研究已经揭示出土著民族对宇宙志普遍的和深奥的兴趣；它也揭示了在原始抽象哲学中的梦，甚至舞蹈的作用。"满载着梦"（Dream-laden），诱发的或引起幻觉的睡眠，已知会导致产生岩石石刻和古代的

87 石壁画，它们的内容受到梦的启发[161]。人种志学者强调，对于原始思想（如在卡尔·琼

[157] Cirlot, *Dictionary*, xvi – xix (note 156) 引用了 Marius Schneider, *El origen musical de los animales-símbolos en la mitología y la escultura antiguas*, monograph 1 (Barcelona: Instituto Español de Musicología, 1946), 还引用了 René Berthelot, *La pensée de l'Asie et l'astrobiologie* (Paris: Payot, 1949)。

[158] 例如 Giedion, *Eternal Present* (note 131); Marshack, *Roots* (note 139); Gerald S. Hawkins, *Mindsteps to the Cosmos* (New York: Harper and Row, 1983).

[159] Giedion, *Eternal Present*, 1: 2 (note 131), 引用了 Wilhem Worringer, *Abstraction and Empathy: A Contribution to the Psychology of Style*, trans. Michael Bullock (London: Routledge and Kegan Paul, 1953), 15。

[160] Yi-Fu Tuan, *Landscapes of Fear* (Oxford: Basil Blackwell, 1979), 53; Sieveking, *Cave Artists*, 55 (note 11), 引用了 James Woodburn, "An Introduction to the Hadza Ecology," in *Man the Hunter*, ed. Richard B. Lee and Irven DeVore (Chicago: Aldine, 1968), 49 – 55. Woodburn 观察到，在食物供应方面，狩猎和采集民族可能会不顾后果。更普遍的，在史前艺术中的情况，参见 Marshack, *Roots* (note 139)。

[161] David Coxhead and Susan Hiller 复制了由 Orissans（印第安人）按照在梦中受到的指导而制作的古代石壁画：*Dreams: Visions of the Night* (New York: Avon Books; London: Thames and Hudson, 1976), 82 – 83。J. David Lewis-Williams 展示，一些南非居住在丛林中的人的岩画 "可能描绘了表演者的幻觉"："'Ethnography and Iconography: Aspects of Southern San Thought and Art," *Man, the Journal of the Royal Anthropological Institute*, n. s., 15, No. 3 (1980): 467 – 82。也可以参见 Klaus F. Wellmann, "Rock Art, Shamans, Phosphenes and Hallucinogens in North America," *Bollettino del Centro Camuno di Studi Preistorici* 18 (1981): 89 – 103。关于舞蹈，参见 Maria-Gabriele Wosien, *Sacred Dance: Encounter with the Gods* (New York: Avon Books; London: Thames and Hudson, 1974)。

[Carl Jung] 的观点中）而言，梦是真实的另一个层面，而不仅仅是想象，并且在这种背景下，地图是重要的，因为它们"显示了道路并最大限度地降低了迷失的风险"[162]。例如，澳大利亚土著萨满的鼓上的抽象图案绘制了他穿过他所信仰的三个世界的中心的宇宙旅行的地图[163]，就像在西伯利亚亚洲的土著居民的手鼓上装饰着他们的三个世界的呈现那样，这些正如后一卷中所展示的[164]。

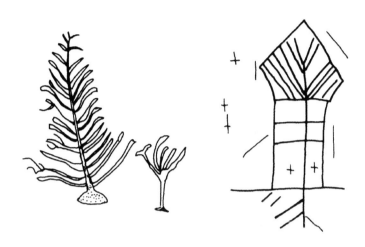

图4.36　对生命之树的呈现

这些来源于瑞典的勒克伯格（Lökeberg）（左）和奥地利的诺加斯（Notgasse）（右）。

据 Oscar Montelius, "Sur les sculptures de rochers de la Suède," in *Congrès International d'Anthropologie et d'Archéologie Préhistoriques*, *compte rendu de la 7ᵉ Session*, *Stockholm 1874*（Stockholm：P. A. Norstedt，．1876），453 – 74，fig. 24；以及 Ernst Burgstaller, *Felsbilder in Österreich*, Schriftenreihe des Institutes für Landeskunde von Oberösterreich 21（Linz, 1972），pl. LVII。

古代的宇宙志揭示了关于宇宙的两个基本观点[165]。有着"平坦大地"的宇宙志，在其中宇宙被看作是由相互分离的各层（天堂、大地、地狱）组成的，并且它们以某种方式——例如，通过支柱（在埃及的模式中）或梯子（巴比伦）——相连，同时，在印度和罗马以及中世纪的欧洲还有着球形的宇宙志。任何观念都可能包括一个中心的或枢纽的特征（世界之轴），诸如一座山——埃及人的原初小丘（primeval hill）、印度的弥楼山（Mount Meru，即须弥山）——或生命之树（斯堪的纳维亚）。这些宇宙志特征中一些在史前艺术中已被识别出来。例如，生命之树，象征着宇宙的生命力，是美索不达米亚和埃及陶器上的常见主题，而在马耳他，其覆盖了哈尔萨福林（Hal Saflien）新石器时代神庙的天花板[166]。恩斯

---

[162]　Coxhead and Hiller, *Dreams*（note 161），从 caption to pl. 19 摘录，展示了西伯利亚楚科奇（Chukchi）的宇宙志地图。

[163]　关于澳大利亚的例子，参见 Coxhead and Hiller, *Dreams*, 94（note 161），以及尤其 Nancy D. Munn, "The Spatial Presentation of Cosmic Order in Walbiri Iconography," in *Primitive Art and Society*, ed. Anthony Forge（London：Oxford University Press, 1973），193 – 220。

[164]　这将在《地图学史》第四卷中论述。

[165]　有用的归纳，参见 *Ancient Cosmologies*, ed. Blacker and Loewe，1972 年在 University of Cambridge 发表的系列讲座（note 155）。

[166]　Ridley, *Megalithic Art*, 63（note 139）。

特·布格施塔勒（Ernst Burgstaller）将生命之树看作代表着宇宙的自身，并认为这是欧洲岩画艺术中几种树状图案的意义。他作为例子给出的就是，一个来自诺加斯（Notgasse，奥地利）的岩石石刻（图4.36）⑯。在奥特利（Otley，约克郡）⑱的荒野中的杯环标记和其他岩石雕刻中发现的至少一个类似于树木的符号，同时在斯堪的纳维亚的船只雕刻中也发现了一些⑲。另外一种被认为代表了大地与宇宙或太阳之间关系的岩石石刻图案是由一个矩形和一个环形的组合构成的；在肯巴赫峡谷（Kienbach Gorge，奥地利）的洞穴中发现了一个例子⑰，另一个则在巴尼奥洛（Bagnolo，意大利的卡莫尼卡河谷）的石柱上（图4.37）⑰。赫伯特·库恩（Herbert Kuhn）将被四等分的环形看成对宇宙的呈现⑫。

旧世界岩石艺术中的另一个非常常见的几何图案就是迷宫，这个图形在世界各地被广泛

88

图4.37　巴尼奥洛（Bagnolo）石头上的宇宙志符号

　　源于卡莫尼卡河谷的马累诺（Malegno）附近，这种一个矩形和一个环形的组合被认为代表了大地与作为一个整体的宇宙或者与太阳之间的关系。

　　原物尺寸：接近30×40厘米。据 Emmanuel Anati, *La stele di Bagnolo presso Malegno*, 2d ed.（Brescia：Camuna, 1965），17, and also 20 - 21。

　　⑯　Ernst Burgstaller, "Felsbilder in den Alpenländern Österreichs," in *Symposium International*, 143 - 47, pl. 62（note 103）。也可以参见 fig. I（来自 Toten Gebirge）in Burgstaller, "Zur Zeitstellung der Österreichischen Felsbilder," in *International Symposium on Rock Art*, 238 - 46（note 45）。我非常感谢布格施塔勒教授，因有关奥地利岩石艺术及其地图学方面的信息丰富的联系。

　　⑱　"生命之树"石头, Low Snowdon. E. T. Cowling, "Cup and Ring Markings to the North of Otley," *Yorkshire Archaeological Journal* 33, pt. 131（1937）：290 - 97。

　　⑲　就像在勒克伯格（Foss，Sweden），由 Oscar Montelius, "Sur les sculptures de rochers de la Suède," in *Congrès International d'Anthéopologie et d'Archeologie Préhistoriques*, *compte rendu de la 7ᵉ Session, Stockholm 1874*（Stockholm：P. A. Norstedt, 1876），453 - 74 and fig. 24 展示。还在维京人的纪念石上：H. R. Ellis Davidson, "Scandinavian Cosmology," in *Ancient Cosmologies*, 175 - 197, esp. 175 - 76（note 155）。

　　⑰　Ernst Burgstaller, 私人联系, 1980 年 12 月 31 日。

　　⑰　Emmanuel Anati, *La stele di Bagnolo presso Malegno*, 2d ed.（Brescia：Camuna, 1965）；idem, *Evolution and Style in Camunian Rock Art*, trans. Larryn Diamond（Capo di Ponte：Edizioni del Centro, 1976），fig. 76。

　　⑫　Herbert Kühn, *Wenn Steine reden: Die Sprache der Felsbilder*（Wiesbaden：F. A. Brockhaus, 1966），由 Molt, *Karten*, 57（note 64）引用。其被更多的人看成一个日轮；例如，参见 Glob, *Helleristninger i Danmark*, 56 - 84（note 53）。

接受为具有宇宙志的意义。这个迷宫般的图形被从各方面看作很难进入或难以离开⑰。在后一种情况下，它也可能代表未启动的陷阱⑭。但是，基本的思想就是，这个图形与死后人类的灵魂前往来世，或从一个世界前往另一个世界的通道有关。在目前的"新赫布里底"（New Hebridean）信仰中，迷宫被明确地描述为一幅表达了前往另一个世界的"路径"的地图：从僵局中解脱出来的是一位知道路径的人，他一生致力于记忆⑮。卡尔·凯雷尼（Karl Kerenyi）同样考虑到螺旋和迷宫的意义，将两者都看成死亡的象征，并得出结论，即它们被认为是地狱的地图，其中螺旋进入的运动代表着死亡，而往外的运动则代表着重生⑯。在这种背景下，廷塔杰尔（Tintagel，康沃尔郡）的迷宫得到了最好的解释，而不是像阿克罗伊德·吉布森（Ackroyd Gibson）所说的那样，是相邻田地的耕作平面图⑰。

　　所有这些——除了可能当迷宫是对地面上的结构的呈现之外——可能是宇宙志符号，而不是宇宙志地图。已经提出了关于史前宇宙志地图的一些认知。按照某些人的观点，最早的地图之一应当是来自特雷拉特—盖苏尔（约旦，时间为公元前第四千年中期）的有着八条向外的放射线的星辰壁画（图版1）⑱。发现了这一壁画的考古学家没有进行解释，但是昂格尔（Unger）将它宣布为宇宙的绘画，并将其作为呈现了宇宙的一幅图像⑲。他将这一解释基于巴比伦世界地图，这是基于公元前6世纪泥版上的绘画和楔形文字的文本重建的，显示了一个中央大陆（有几个有着名称的地点），周围环绕着苦水河（Bitter River），以及八座类似于岛屿的放射状线条。尽管乔治·基什（George Kish）最近采纳了这个宇宙志的解释而

　　⑰　Cirlot, *Dictionary*, 173（note 156）.

　　⑭　由此，在苏格兰，一幅迷宫或者"纠缠在一起的线条"可能被绘制在房屋门槛的黏土管道上，作为"禁止进入"的标志，由此排除了不吉利的影响：Janet Bord, *Mazes and Labyrinths of the World*（London：Latimer New Dimensions, 1976），11。关于对迷宫设计的杰出展示和综合性的调查，参见 Hermann Kern, *Labirinthi：Forme e interpretazione*, 5000 anni di presenza di un archetipo manuale e file conduttore（Milan：Feltrinelli, 1981）；German edition, *Labyrinthe：Erscheinungsformen und Deutungen*, 5000 Jahre Gegenwart eines Urbilds（Munich：Prestel-Verlag, 1982）。

　　⑮　John W. Layard, *Stone Men of Malekula*（London：Chatto and Windus, 1942），222, 650 – 51, 引用 A. Bernard Deacon, "Geometrical Drawings from Malekula and the Other Islands of the New Hebrides," *Journal of the Royal Anthropological Institute of Great Britain and Ireland*, n. s., 64（1934）：129 – 75. 为死者的旅行提供引导的想法很普遍；例如，参见 Wilhelm Bonacker, "The Egyptian *Book of the Two Ways*," *Imago Mundi* 7（1950）：5 – 17；可也参见下文 p. 120 和图版 2。

　　⑯　Karl Kerényi, *Labyrinth-Studien：Labyrinthos als Linienreflex einer mythologischen Idee*, 2d ed.（Zurich：Rhein-Verlag, 1950），11 – 12. 也可以参见 Jill Puree, *The Mystic Spiral*, Journey of the Soul（London：Thames and Hudson, 1974），其展示了"艺术史中已知最早的螺旋"，来自西伯利亚的旧石器时代的一个护身符（figs. 13 and 14），以及希腊的奉献的物品（公元前2800—2000年）装饰上有着"在新石器时代的世界中是一致的符号"的螺旋的曼荼罗。Puree 解释说："中央的七个蜿蜒的线条代表六个方向以及静止的中心"（fig. 42）。

　　⑰　来自与 Ronald W. B. Morris 的私人联系。在廷塔杰尔（康沃尔）的 Rocky Valley 的两个岩石石刻的迷宫图案，由 Ackroyd Gibson 在 "Rock-Carvings Which Link Tintagel with Knossos：Bronze-Age Mazes Discovered in North Cornwall," *Illustrated London News* 224, pt. 1（9 January 1954）：46 – 47 中报道。他还指出这样的图形的象征性意义，以及另外一个不列颠例证的存在，来自 Wicklow Mountains（现在在 National Museum of Ireland, Dublin）的 Hollywood 石头。也可以参见 G. N. Russell, "Secrets of the Labyrinth," *Irish Times*, 16 December 1964, 10。我对此感谢 Ronald W. B. Morris, 他还将我的注意力集中到了作为一幅农业耕地平面图的廷塔杰尔图形的解释上。

　　⑱　附录 4.1 中的图 53。

　　⑲　Alexis Mallon, Robert Koeppel and René Neuville, *Teleilāt Ghassūl*, 2 Vols.（Rome：Institut Biblique Pontifical, 1934 – 40），1：135 – 40 and frontispiece（in color）；Eckhard Unger, "From the Cosmos Picture to the World Map," *Imago Mundi* 2（1937）：1 – 7, esp. 6；idem, "Ancient Babylonian Maps and Plans," *Antiquity* 9（1935）：311 – 12；以及 William Harris Stahl, "By Their Maps You Shall Know Them," *Archaeology* 8（1955）：146 – 55.

没有评论，但有些人依然对此存疑⑱。除了星辰壁画与巴比伦模型之间的匹配不够准确，以及时间上的巨大差异之外，不时缠绕着的困难（对于史前艺术的意义的任何解释而言都是常见的）就是，虽然一个设计可能整合了某些符号，但这并不一定意味着绘制了它的艺术家意在进行特定的符号学解释⑱。来自前王朝时期的埃及的椭圆形陶盘上的彩绘装饰可能也存在相同的问题（图4.38）。基迪翁（Giedion）将这认为是以抽象的形式描绘了太阳从东到西的过程，封闭的远古海洋以及位于中央的东西两座山脉，并且确实在解释来自中东地区以及如苏萨（Susa）等遗址的彩绘陶器时，这样的思想被广泛接受⑱。从更远的西部，在撒哈拉沙漠，发现了一幅令人感兴趣的岩画图形（图4.39）。这是由弗罗贝纽斯（Frobenius）在"房间中的小妖精"（Goblin in house）的标题之下发表的⑱。然而，有理由认为，更合适的解释应当是，房屋的图形是迷宫——或者甚至是宇宙志——图案的变体，尤其是因为它完全不同于已经被进行了描述的来自同一区域的家庭场景中的小屋的图形。这个不寻常的图形有着一个位于中央的双矩形，其中包含了可能是拟人的图形，由此使得这样的解释可信。

图 4.38 来自古埃及前王朝时期的碗上的宇宙志地图

显示了太阳从东到西的路径，还有围绕在周围的远古海洋和从东延伸到西的山脉。碗的时间大致属于阿姆拉特（Amratian）时期，公元前第四千年中叶。

来自 S. Giedion，*The Eternal Present：A Contribution on Constancy and Change*，Bollingen Series 35，Vol. 6，2 pts.（New York：Bollingen Foundation，1962），pt. 2，fig. 69。Egyptian Museum，Cairo 许可使用。

---

⑱ George Kish，*La carte：Image des civilisations*（Paris：Seuil，1980），189，pl. 8. 参见后文的第六章"古代近东的地图学"，esp. pp. 111 –13。

⑱ Goff 强调了这一要点：参见 *Prehistoric Mesopotamia*，9（note 85）。

⑱ 附录4.1中的图56。Giedion，*Eternal Present*，2：129，fig. 69（note 131）尽管其他作者不同意；参见后文的 p. 117。关于对来自苏萨的陶器的解释，参见 Robert Klein，*Form and Meaning：Essays on the Renaissance and Modern Art*，trans. Madeline Jay and Leon Wieseltier（New York：Viking Press，1970），146。在巴比伦宇宙志的语境下，对史前陶器进行解释的一个早期尝试，参见 W. Gaerte，"Kosmische Vorstellungen im Bilde prähistorischer Zeit：Erdberg，Himmelsberg，Erdnabel und Weltenströme，" *Anthropos* 9（1914）：956 – 79。

⑱ 附录4.1中的图55。Frobenius，*Ekade*，23，fig. 11（note 80）。

在东欧，马古拉塔（Magourata）洞穴（保加利亚）的绘画自 18 世纪以来就已为人所知。它们可能是早在青铜时代早期（大约在公元前 2000 年之前）就被绘制的。其中有着包含了一个"太阳"图形（有着两条放射线的同心圆）的组群，其下是安娜蒂（Anati）认为的可能是水和田地符号的两个图案（平行线和棋盘图案）（图 4.40）。整个复杂作品，使得他认为是对天空和大地的呈现，且综合了自然的各个方面的实体的成员或组成部分[184]。更为有希望的，也即具有较少模糊性的符号和空间关系的，就是来自意大利北部的两个石碑中的至少一个上的装饰，这些装饰已被认为是宇宙学的呈现。石碑还涉及广泛分布且长期存在的有着装饰的纪念石的传统，其在北欧可能从巨石时期到维京时代。第二次世界大战中，在利古里亚阿尔卑斯山（Ligurian Alps）的特廖拉（Triora）发现了这些石碑中的第一个（尺寸为 53×28×3.5 厘米），并被推定为属于史前时期。直到 1956 年，它才被在考古学评论的背景中进行了讨论，当时阿坎福拉（Acanfora）将雕刻的装饰描述为一个比喻性的复杂作品，布置在两层中，上部是向外放射出线条的类似于太阳的图形，两个部分由一个装饰带隔开[185]。1973 年，埃马努埃莱·安娜蒂（Emmanuel Anati）通过将阿坎福拉的装饰带本身也认为是一个平面（也说明它可能包括有一个小屋的图形），并将其总结为显示了分别象征着天空、大地和地狱的三层，同时结合在一起则意在呈现一个宇宙的概念（图 4.41）[186]。来自奥

90

图 4.39 来自北非的类似于迷宫的岩画

在世界范围内和整个历史上，这种迷宫的设计被认为与死亡和通往来世的道路有关。

据 Leo Frobenius, *Ekade Ektab*: *Die Felsbilder Fezzans*（Leipzig: O. Harrassowitz, 1937），fig. 11。

---

[184] 附录 4.1 中的图 1。Emmanuel Anati, "Magourata Cave," *Archaeology* 22（1969）: 92 – 100，引文在 100. 也可以参见 Anati, "Magourata Cave, Bulgaria," *Bollettino del Centro Camuno di Studi Preistorici* 6（1971）: 83 – 107。

[185] Maria Omelia Aeanfora, "Singolare figurazione su pietra seoperta a Triora（Liguria）," in *Studi in onore di Aristide Calderini e Roberto Paribeni*, 3 Vols.（Milan: Casa Editriee Cesehina, 1956），3: 115 – 27, esp. 119. 该发现的通知是前一年由阿坎福拉发表的: "Lastra di pietra figurata da Triora," *Rivista di Studi Liguri* 21（1955）: 44 – 50。

[186] Emmanuel Anati, "La stele di Triora（Liguria）," *Bollettino del Centro Camuno di Studi Preistorici* 10（1973）: 101 – 27, esp. 121. 然而，Alessandro Bausani, "interpretazione paleo-astronomica della stele di Triora," *Bolleuino del Centro Camuno di Studi Preistorici* 10（1973）: 127 – 34, esp. 133，将其认作是一幅星图。

图 4.40 来自保加利亚（Bulgaria）的马古拉塔洞穴（Magourata Cave）的宇宙志图像

被认为有着宇宙志的含义，太阳可能标志着天体层面，而两条平行线则代表着大地的层面，同时由线条组成的图案代表着阴间。

据 Emmanuel Anati, "Magourata Cave, Bulgaria," *Bollettino del Centro Camuno di Studi Preistorici* 6（1971）：83 - 107, figs. 59 and 60。

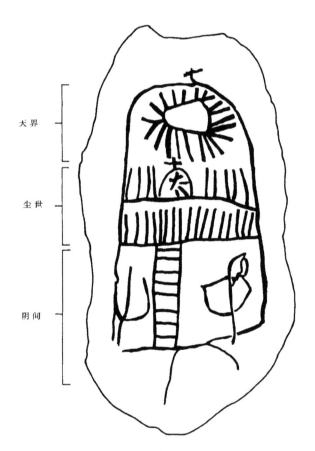

图 4.41 特里奥拉石碑（Triora Stela）

显示了由 Emmanuel Anati, "La stele di Triora（Liguria），" *Bollettino del Centro Camuno di Studi Preistorici* 10（1973）：101 -27 提出的三个分区。这些分区将这一关于宇宙的观念划分为天空、大地和阴间。

原物尺寸：53 × 28 厘米。据 Maria Omelia Acanfora, Lastra di pietra figurata da Triora," *Rivista di Studi Liguri* 21（1955）：44 -50, fig. 2c（with additions）。

西莫（Ossimo）（布雷西亚［Brescia］）的石柱，被赋予了一个新石器时代晚期或铜石并用时代的时间，相对而言并不令人信服。其上没有任何图案可以被视为传统的宇宙志符号，例如那些在特廖拉石头上发现的。取而代之，上层的装饰由密集排列的箍组成；中间的包括八 91 个"非凡的螺旋形吊坠"，而最下面的一层则没有装饰。即使如此，奥西莫石柱也被描述为"宇宙志概念的一个非常有趣的综合体"[187]。

图 4.42　宇宙志地图：来自摩尔多夫（Moordorf）的金盘

这一金盘，被某些人认作一幅宇宙志地图，发现于西德的奥里希（Aurich）附近。中央大陆被同心圆所环绕，而同心圆按照顺序为，第一大洋（由一系列线条标识）、另外一块大陆（其上有着山脉），然后是第二大洋，其上有着 32 座岛屿（用三角形呈现）。

原物直径：15 厘米。Niedersächsisches Landesmuseum, Hanover 特许使用。

在阿尔卑斯山的另一侧，在稍早一些的时期就出现了一种不同类型的人工制品，有着浮雕的盘状金片，尺寸为几厘米。从中欧到不列颠群岛已经发现了一些这样的圆盘。考古学家通常将它们与太阳崇拜联系在一起，而对风格化的、极为正式的装饰的本质则没有附加任何意义。然而，昂格尔（Unger）被来自摩尔多夫（Moordorf，德国）圆盘上的装饰所吸引（图 4.42）。再次受到他的巴比伦模型的启发，昂格尔将同样的元素，就像他所说的那样，"认定为……太阳圆盘，但是在我看来，这绝对是对宇宙的呈现"，描绘了位于中央的陆地、

---

[187]　Emmanuel Anati, "La stele di Ossimo," *Bollettino del Centro Camuno di Studi Preistorici* 8（1972）：51 – 119，esp. 117（English summary）.

苦水河、天空的由山体组成的条带，以及有着岛屿的天上的大洋[188]。昂格尔引用的其他圆盘都没有这样完整的"宇宙志"的装饰，同时他将这些看为可能是"简化的世界观……其中省略了天界和'岛屿'等各种元素"[189]。其中一个圆盘出自铜石并用时期（公元前3000年），来自斯托尔霍夫（Stollhof，奥地利）。该圆盘有着由三排点组成的边缘装饰，以及三个居中放置的作为其主要设计元素的浮雕[190]。

某些史前传统在北欧的公元第一千年一直留存或者复兴，尤其是在斯堪的纳维亚纪念石的艺术和象征主义中以及相关的神话中。这些纪念石有着来自6—10世纪的特征，尽管在这个时期中，它们的基本形状和装饰都有一些变化[191]。然而，在整个时期中，趋势就是，每块石头都以一种类似于史前利古里亚石柱的方式，被划分为两个或多或少能够明确界定的层面。在哥得兰（Gotland，瑞典）有着绘画的石头的早期阶段，石头上部通常的图案是一个圆盘，一般被认为代表了太阳或以某种方式与太阳或天神联系起来[192]。另一个常见的图案是世界之树。到公元8世纪，这两个层面有着更加明确的区分，并且整个装饰由神话场景组成，这些场景显然描绘了人的死亡、他通往死后生活的旅程，以及他到达瓦尔哈拉（Valhalla，英灵殿），而船是宇宙之旅几乎不可避免的象征符号[193]。这些装饰物与其他维京装饰物具有相似性，这一有力证据已向一些权威表明，雕刻家的工作有着固定的传统[194]。最后，应当提到的就是宇宙志呈现的一个完全不同的维度，这体现在了将古代爱尔兰的布局展现为四个伟大的省份和一个中心（塔拉［Tara］），由此构成了一个作为有序宇宙的国家[195]。

92

结 论

从以上内容可以明显地看出，我们对于史前时期欧洲以及中东和北非邻近地区居民的地图绘制倾向和才能的唯一证据就是在相对难以毁灭的材料上的标记和设计。很可能，基于历史时期土著居民中这类活动的流行，史前人类在更多的临时性材料，例如沙子、皮革、树皮和洞穴地面的尘土上制作了其他的地图学呈现。然而，所有幸存的证据表明，史前岩画艺术中的地图学描述只构成了该艺术总体中的极小一部分。即使在卡莫尼卡河谷，有着相对丰富的岩画艺术，且进行过充分调查，"地形图形"在来自76个遗址的大致180000个被记录的

---

[188] Unger, "Cosmos Picture," 5（note 179）.

[189] Unger, "Cosmos Picture," n. 19（note 179）.

[190] Max Ebert, *Reallexikon der Vorgeschichte*（Berlin：Walter de Gruyter, 1928），12：442, pl. 110.

[191] 考虑到本章所涉及史前主题，已将带有古代北欧文字的石头排除在考虑范围之外。

[192] H. R. Ellis Davidson, *Pagan Scandinavia*（London：Thames and Hudson, 1967），讨论了从新石器时代中期至青铜时代直至维京时代的岩石装饰传统的延续，并且归纳了维京时代纪念石风格的变化。也可以参见 Edward O. G. Turville-Petre, *Myth and Religion of the North：The Religion of Ancient Scandinavia*（London：Weidenfeld and Nicolson, 1964），3–6。

[193] Sverre Linquist, *Gotlands Bildsteine*, 2 Vols.（Stockholm：Wahlström och Widstrand, 1941–42）；David McKenzie Wilson and Ole Klindt-Jensen, *Viking Art*（London：George Allen and Unwin, 1966），79–82, pl. xxvi, and fig. 42, 讨论了来自 Tjängvide 和 Ardre（哥得兰）的石头的组成元素。

[194] Davidson, *Pagan Scandinavia*, 127（note 192），以及 William Gershom Collingwood, *Northumbrian Crosses of the Pre-Norman Age*（London：Faber and Gwyer, 1927），65。

[195] Alwyn Rees and Brinley Rees, *Celtic Heritage：Ancient Tradition in Ireland and Wales*（London：Thames and Hudson, 1961），esp. 147–49. 我应当对此感谢 Anthony V. Simcock, Museum of the History of Science, University of Oxford.

图形中只占到几十个[194]。地图学描绘的极端稀少，唤起了对它们制作背后的动机的兴趣。尽管一些问题将永远不会有答案，但毫无疑问的就是，史前的岩画和可移动艺术作为一个整体，构成了早期人类表达他们自己和他们的世界观的主要证据[195]。期望在这种艺术中获得关于社会的空间意识的一些证据是合理的。但是，当在为史前地图制作证据列表时，我们必须承认，证据是微不足道的，而且肯定不是决定性的。地图史学家，在史前欧洲及其邻近地区的艺术中寻找地图，与试图解释该艺术的内容、功能和含义的任何其他学者都处于极为相似的境地。不仅必须对距离今天数千年的思想状态进行推断，而且必须根据地理遥远的其他大陆和不同的文化背景——在那些进行了民族志研究以帮助阐明史前证据的地方——来对思想状态进行推断。

尽管所有这些困难，我们仍可以自信地发表一些结论。例如，在欧洲史前艺术中有明确的证据表明，地图——就对象和事件的空间分布进行了清晰表达的永久性的图形图像[196]——早在旧石器时代晚期就已经制作了。同样的证据也表明，以平面形式呈现的典型的地图学的概念在那个时期已经被使用了。而且，还有足够的证据表明至少在后旧石器时代就有了地图学符号的使用。历史时期的两种基本地图的风格——图像地图（透视图）和平面图（平面视图）——也有着它们的史前同类物。宇宙观念对于史前人类的重要性被反映在了地图学记录中。然而，天体图绘制的证据是不太清晰的。岩画艺术中符合清晰定义的对星座的呈现的证据是缺乏的，而这是应当很容易被识别出来的，鉴于天体特征与宗教或宇宙学信仰的关联，因此这是很奇怪的；尽管如果将星辰仅用于导航或农历等实际事务的话，那么这是可以理解的。与历史时期相比，在史前时代，地图的地位和重要性是明显不同的，这是与社会组织、价值观，以及两种非常不同类型的文化（即口语和书面文字）的哲学等广泛问题相关的一个方面。

通过意识到依然存在的问题来作为本文的结束可能是合适的。迫切需要的是确定地图图像，如贝戈山和卡莫尼卡河谷，甚至是泰佩高拉的地理景观罐子或者塔拉特·纳利斯克的大圆盘的决定性证据，而这就是对至少某些地图可能涉及的现实世界的重建，以及对同时代思想的认定。复原同时代当地的地理景观的主要任务显然是一项考古学的工作，不过也有些考古学家不会回避揭示各个时代的人类理性的尝试[197]。然后，存在关于史前（和历史时期的土著）地图与历史地形图之间的功能差异以及它们之间的界线的问题。诸如贝多利纳或贾迪格之类的个别例子，应该被视为那些具有明确定义的文档记录目的的历史时期地图的原型，还是属于具有主要象征功能的史前类型的一部分？有一点是清楚的：从一个类型到另一个类型，或者从史前背景到历史背景，甚至在历史时期中，都不存在一种一刀切的演变。例如，中世纪欧洲的世界地图（*mappaemundi*），在概念和目的方面更接近于大多数的史前地图，而不是原史时代的巴比伦黏土板上的地产平面图。无论未被低估的突出的问题是什么，都不 93 能避免得出这样的结论，即在欧洲、中东和北非，史前人类的艺术中至少体现了人类绘制地图的冲动。

---

[194]　Emmanuel Anati, "Art with a Message That's Loud and Clear," *Times Higher Educational Supplement*, 12 August 1983, 9.

[195]　Anati, "Art with a Message" (note 196).

[196]　参见前文 p. xvi。

[197]　Colin Renfrew, *Towards an Archaeology of Mind*, Inaugural Lecture, University of Cambridge, 30 November 1982 (Cambridge: Cambridge University Press, 1982), 24–27.

附录4.1 史前地图一览列表

93   本附录列举了那些其中有着已经确定属于地图学呈现的物品和地点品，且附带相关文献的基本情况。此列表中包括的参考文献，仅是提出了地图学的解释或者对此进行了评论的，还有在正文中已经提到了的通论性的文献。这些参考文献的完整引用可以在附录4.2之后的参考书目中找到。此列表中所包含的地图的认定来源于不同的学科，在某些情况下，它们的解释仍然会被认为是有争议的。但是，将这个资料库作为将来讨论和阐述的基础，似乎是一个恰当的出发点。

编号	国家， 行政单元	政区和/或地点（斜体字表示文献中的常用名称）。描述：遗址或人工制品的性质；标记的类型；地图类型；断代；测量数据；参考文献；观察；文本中的编号（如果有插图）
	欧洲	
1	BULGARIA Province of Vidin	*Magoura/Magourata*；洞穴；绘画；宇宙志地图；青铜时代（Anati 1969）或铁器时代（Georgiev 1978）；Anati（1969, p. 99；1971, figs. 59 and 60），Georgiev（1978, fig. 4）；图4.40
2	DENMARK County of Fyn	*Dalby*；石头；杯形标记；天体图（？）；新石器时代晚期；Schütte（1920, figs. 14 and 15），Schönfeld（1921, fig. 7），Delano Smith（1982, fig. 5）；图4.33
3	County of Frederiksborg (on Sjaelland Island)	*Venslev*；石头；杯形标记；天体图（？）；新石器时代晚期；Schütte（1920, figs. 12 and 13），Schönfeld（1921, fig. 6）；图4.32
4	FRANCE Department of Alpes-Maritimes	*Mont Bégo*；岩石；摩崖石刻；简单地图；青铜时代（de Lumley, Fonvielle, and Abelanet 1976）；28×38 cm；Bicknell（1902, pl. Vh；1913, pl. XVIII-32）；figure 4.21
5		*Mont Bégo*；岩石；摩崖石刻；简单地图；青铜时代（de Lumley, Fonvielle, and Abelanet 1976）；approx. 10×45 cm；Bicknell（1902, pl. Vk）
6		*Mont Bégo*；岩石；摩崖石刻；简单地图；青铜时代（de Lumley, Fonvielle, and Abelanet 1976）；27×44.5 cm；Bicknell（1902, pl. VI；1913, p. XVIII-39）；Louis and Isetti（1964, fig. 37, No. 39），Blain and Paquier（1976, fig. 39），Bernardini（1979, fig. 200），Delano Smith（1982, fig. 3c）. Photograph No. 57 XVIII7，来自 *Centro Camuno di Studi Preistorici* at Capo di Ponte 的图像档案，标题是"plan of a house with yard, enclosures and ploughedfields（？）"；由 E. Anati 友情提供和发表；图4.20
7		*Mont Bégo*；岩石；摩崖石刻；简单地图；青铜时代（de Lumley, Fonvielle, and Abelanet 1976）；16×30 cm；Bicknell（1897, pl. XIIe，"byre with pond for watering"；1902, pl. VIg；1913, pl. XVIII-38），Louis and Isetti（1964, fig. 37, No. 38），Delano Smith（1982, fig. 3a）
8		*Mont Bégo*；岩石；摩崖石刻；简单地图；青铜时代（de Lumley, Fonvielle, and Abelanet 1976）；34×42.5 cm；Bicknell（1902, pl. VI1；1913, pl. XIX-1），Delano Smith（1982, fig. 3d）
9		*Mont Bégo*；岩石；摩崖石刻；简单地图；青铜时代（de Lumley, Fonvielle, and Abelanet 1976），Bicknell（1902, pl. VIa；1913, pl. XLV-1——这里显示为"Monte Bégo Village"的一部分，但是参见后文36号地图和文本 p. 78 的评论），Delano Smith（1982, fig. 3b），图4.27b
10		*Mont Bégo*；岩石；摩崖石刻；简单地图；青铜时代（de Lumley, Fonvielle, and Abelanet 1976）；approx. 40×80 cm；Bicknell（1903, pl. 1-13）. 围栏并不是通常的 Mont Bégo 的风格（稍早？），但是图形与 Font de Gaume 的"游乐场的围栏"基本相似；图4.8a

续表

编号	国家，行政单元	政区和/或地点（斜体字表示文献中的常用名称）。描述：遗址或人工制品的性质；标记的类型；地图类型；断代；测量数据；参考文献；观察；文本中的编号（如果有插图）
11		*Mont Bégo*；岩石；摩崖石刻；简单地图；青铜时代（de Lumley, Fonvielle, and Abelanet 1976）；approx. 48×50 cm；Bicknell（1903, pl. 1 – 29）
12		*Mont Bégo*；岩石；摩崖石刻；简单地图；青铜时代（de Lumley, Fonvielle, and Abelanet 1976）；approx. 44×64 cm；Bicknell（1903, pl. 111 – 2）. 参见下面的第 29 号地图
13		*Mont Bégo*；岩石；摩崖石刻；简单地图；青铜时代（de Lumley, Fonvielle, and Abelanet 1976）；23 ×84 cm；Bicknell（1903, pl. Ⅲ – 4；1913, pl. XXXⅡ – 4）. 似乎被其他图形或标记覆盖
14		*Mont Bégo*；岩石；摩崖石刻；简单地图；青铜时代（de Lumley, Fonvielle, and Abelanet 1976）；41×51 cm；Bicknell（1903, pl. Ⅲ – 6；1913, pl. XⅧ – 45），Louis and Isetti（1964, fig. 37, No. 45）
15		*Mont Bégo*；岩石；摩崖石刻；简单地图；青铜时代（de Lumley, Fonvielle, and Abelanet 1976）；approx. 33×69 cm；Bicknell（1903, pl. Ⅳ – 3）
16		*Mont Bégo*；岩石；摩崖石刻；简单地图；青铜时代（de Lumley, Fonvielle, and Abelanet 1976）；17×24 cm；Bicknell（1902, pl. Vj；1913, pl. XⅧ – 31），Louis and Isetti（1964, fig. 37, No. 31）
17		*Mont Bégo*；岩石；摩崖石刻；简单地图；青铜时代（de Lumley, Fonvielle, and Abelanet 1976）；23×36.5 cm；Bicknell（1897, pl. XⅢ；1913, pl. XⅧ 33），Louis and Isetti（1964, fig. 37, No. 33），Delano Smith（1982, fig. 3g）
18		*Mont Bégo*；岩石；摩崖石刻；简单地图；青铜时代（de Lumley, Fonvielle, and Abelanet 1976）；11×44 cm；Bicknell（1913, pl. XⅧ – 36），Louis and Isetti（1964），Delano Smith（1982, fig. 3e）
19		*Mont Bégo*；岩石；摩崖石刻；简单地图；青铜时代（de Lumley, Fonvielle, and Abelanet 1976）；34×35 cm；Bicknell（1903, pl. 1 – 29；1913, pl. XⅧ – 37），Louis and Isetti（1964, fig. 37, No. 37），Delano Smith（1982, fig. 3f）
20		*Mont Bégo*；岩石；摩崖石刻；简单地图；青铜时代（de Lumley, Fonvielle, and Abelanet 1976）；21.5×29 cm；Bicknell（1913, pl. XⅧ – 40），Louis and Isetti（1964, fig. 37, No. 40）
21		*Mont Bégo*；岩石；摩崖石刻；简单地图；青铜时代（de Lumley, Fonvielle, and Abelanet 1976）；34×42.5 cm；Bicknell（1913, pl. XⅧ – 43），Louis and Isetti（1964, fig. 37, No. 43）；所谓的 Napoleon rock；图 4.8b
22		*Mont Bégo*；岩石；摩崖石刻；简单地图；青铜时代（de Lumley, Fonvielle, and Abelanet 1976）；25×95 cm；Bicknell（1913, pl. XⅧ – 44；pl. XXXⅡ – 38），Louis and Isetti（1964, fig. 37, No. 44）
23		*Mont Bégo*；岩石；摩崖石刻；简单地图；青铜时代（de Lumley, Fonvielle, and Abelanet 1976）；7×26 cm；Bicknell（1913, pl. XXV – 11）
24		*Mont Bégo*；岩石；摩崖石刻；简单地图；青铜时代（de Lumley, Fonvielle, and Abelanet 1976）；14×14.5 cm；Bicknell（1913, pl. XXX – 6）
25		*Mont Bégo*；岩石；摩崖石刻；简单地图；青铜时代（de Lumley, Fonvielle, and Abelanet 1976）；19×33 cm；Bicknell（1913, pl. XXX – 28）
26		*Mont Bégo*；岩石；摩崖石刻；简单地图；青铜时代（de Lumley, Fonvielle, and Abelanet 1976）；22×39 cm；Bicknell（1913, pl. XXX – 29）
27		*Mont Bégo*；岩石；摩崖石刻；简单地图；青铜时代（de Lumley, Fonvielle, and Abelanet 1976）；15×43.5 cm；Bicknell（1913, pl. XXX – 30）

编号	国家, 行政单元	政区和/或地点（斜体字表示文献中的常用名称）。描述：遗址或人工制品的性质；标记的类型；地图类型；断代；测量数据；参考文献；观察；文本中的编号（如果有插图）
28		*Mont Bégo*；岩石；摩崖石刻；简单地图；青铜时代（de Lumley, Fonvielle, and Abelanet 1976）；42×48 cm；Bicknell（1913, pl. XXXII–41）；图4.8d
29		*Mont Bégo*；岩石；摩崖石刻；简单地图；青铜时代（de Lumley, Fonvielle, and Abelanet 1976）；62×82 cm；Bicknell（1913, pl. XXXIV–12）. 这幅地图与第12号地图基本相同，尽管位置不同且大小不同，但很难相信它们不是同一张地图；图4.8c
30		*Mont Bégo*；岩石；摩崖石刻；简单地图；青铜时代（de Lumley, Fonvielle, and Abelanet 1976）；28×53 cm；Bicknell（1913, pl. XXXIV–32）
31		*Mont Bégo*；岩石；摩崖石刻；简单地图；青铜时代（de Lumley, Fonvielle, and Abelanet 1976）；6×19 cm；Bicknell（1913, pl. XXXIV–36）
32		*Mont Bégo*；岩石；摩崖石刻；简单地图；青铜时代（de Lumley, Fonvielle, and Abelanet 1976）；37×46.5 cm；Bicknell（1913, pl. XXXIV–4），Delano Srnith（1982, fig. 3i）
33		*Mont Bégo*；岩石；摩崖石刻；简单地图；青铜时代（de Lumley, Fonvielle, and Abelanet 1976）；25×39 cm；Bicknell（1913, pl. XXXVII–48）
34		*Mont Bégo*；岩石；摩崖石刻；简单地图；青铜时代（de Lumley, Fonvielle, and Abelanet 1976）；67×78 cm；Bicknell（1913, pl. XLIII–6）；相当的几何风格
35		*Mont Bégo*；岩石；摩崖石刻；复杂地图（"Skin Hill Village"）；青铜时代（de Lumley, Fonvielle, and Abelanet 1976）；36×97 cm；Bicknell（1913, pl. XLIII–4），Delano Smith（1982, fig. 3j）；图4.26
36		*Mont Bégo*；岩石；摩崖石刻；复杂地图（"Monte Bego Village"）；青铜时代（de Lumley, Fonvielle, and Abelanet 1976）；1.40×2.40 m（entire complex）；Bicknell（1913, l'l. XLV–1 and l'l. XIX–2）；Bicknell似乎已将这块岩石上的所有五个组群都囊括为一个呈现。但是，四个较小的组群应当被归类为简单地图（maps 9, 37, 38, and 39）；图4.27a
37		*Mont Bégo*；岩石；摩崖石刻；简单地图；青铜时代（de Lumley, Fonvielle, and Abelanet 1976）；Bicknell（1913, pl. XLV–1这里显示为"Monte Bego Village"组群的一部分）；参见文本中的评论, p.78.；图4.27c
38		*Mont Bégo*；岩石；摩崖石刻；简单地图；青铜时代（de Lumley, Fonvielle, and Abelanet 1976）；Bicknell（1913, pl. XLV–I，这里显示为"Monte Bego Village"组群的一部分）；参见文本中的评论, p.78；图4.27d
39		*Mont Bégo*；岩石；摩崖石刻；简单地图；青铜时代（de Lumley, Fonvielle, and Abelanet 1976）；Bicknell（1913, pl. XLV–1，这里显示为"Monte Bego Village"组群的一部分）；参见文本中的评论, p.78；图4.27e
40		*Mont Bégo*；岩石；摩崖石刻；可能为简单地图；青铜时代（de Lumley, Fonvielle, and Abelanet 1976）；Bernardini（1979, fig. 199—这幅照片没有显示出完整的呈现，但标题为"一幅田野、围栏和小屋的'地形图'，可能是当时的村庄"[作者的翻译]，并且不确定这是否实际上是已经由Bicknell公布的一幅地图的一部分，尽管看起来并不熟悉）
41	GERMANY State of Niedersachsen	*Moordorf* near Aurich；金盘；金属浮雕；宇宙志地图（?）；青铜时代 ca. 1500 B. C.；15 cm diameter；Unger（1937, pl. opp. p. 1），Kish（1980, p I.10），Delano Smith（1982）；图4.42
42	ITALY Province of Brescia	*Barno*；石头；第四面；摩崖石刻；图像地图；铜石并用时代/青铜时代早期；approx. 70×105 cm；Battaglia and Acanfora（1954），Anati（1960, p. 102；1966, figs. 16 and 17）；图4.13
43		Capo di Ponte, *Bedolina*；岩石；摩崖石刻；复杂地图；青铜时代（ca. 1500 B. C.）；2.30×4.16 m；Battaglia（1934a, b），Anati（1958；1959, fig. 2 and pl. 5；1961；1964, p. 106–7）；Blumer（1964；1967；1968, fig. 3），Beltran Lloris（1972, fig. 48），Harvey（1980, fig. 21），Delano Smith（1982, fig. la, b），Priuli（1985, figs. 20 and 21）；figure 4.28

续表

编号	国家，行政单元	政区和/或地点（斜体字表示文献中的常用名称）。描述：遗址或人工制品的性质；标记的类型；地图类型；断代；测量数据；参考文献；观察；文本中的编号（如果有插图）
44		Capo di Ponte, *Ponte San Rocco*；岩石；摩崖石刻；简单地图；青铜时代；approx. 45×90 cm；Anati（1959, pl. Ⅳ；1975, fig. 33），Leonardi（1970, fig. 116），Priuli（1985, fig. 36）；图4.25
45		Capo di Ponte, *Seradina*；岩石；摩崖石刻；简单地图；青铜时代早期（ca. 2000 B. C.）；45×90 cm；Anati（1960；1961；1964, 1976, fig. 67），Blumer（1967, 1968, fig. 2），Harvey（1980, fig. 20），Delano Smith（1982），Priuli（1985, fig. 32）；图4.23
46		Capo di Ponte, *Pozzi*；岩石；摩崖石刻；简单地图；青铜时代；Anati（1959），他谈道（caption, pl. 7）："小村庄的平面图……其中有一个小屋……在它前面有一个花园，种有植物（可能树木？），并可能被一堵墙所环绕"（作者的翻译）。插图不够清晰，因而无法转绘，并且尚未在田野中检查现场
47		Sellero, Plaz d'Ort or *Giadighe*；崖石；摩崖石刻；复杂地图；推测为青铜时代；259×125 cm；Battaglia（1934b, pl. ⅩⅤ），Anati（1959），Blumer（1967），Delano Smith（1982），Priuli（1985, figs. 24 and 25）；图4.29
48	Province of Imperia	*Triora*；石碑；摩崖石刻；宇宙志地图；铜石并用时代（?）；28×53 cm；Acanfora（1955, fig. 2c），Anati（1973, figs. 19 and 20），Bausani（1973），Delano Smith（1982, fig. 6）；图4.41
49	MALTA	*Tarxien*；发现于寺庙中的石头；雕刻品；浮雕地图（?）；新石器时代（公元前第三千年）；三角形残片 approx. 22×28×28×2 cm（底部）有着2厘米的浮雕；Zammit（1930, pl. ⅩⅩⅥ[4]），Trump（1979, pl. 3）；图4.31
50		*Hagar Qim*；发现于寺庙中的赤陶（两件残片）；模型；浮雕地图（?）；新石器时代（公元前第三千年）；Trump（1979, pl. 2）
51	USSR（European Russia）Territory of Krasnodar Krai	*Maikop*；出自墓葬的银瓶；雕刻；图像地图；铜石并用时代（公元前第三千年晚期）；approx. 10–12 cm high；Rostovtzeff（1922, pl. 3 and fig. 2），Bagrow（1964, fig. 74）；图4.18
52	MIDDLE EAST IRAQ	Khorsbad, *Tepe Gawra*；陶器；绘制；图像地图；新石器时代（公元前第四千年末）；Tobler（1950, pl. LXXⅧ），Stahl（1960），Goff（1963, fig. 148b）；被称为"地理景观罐子"；图4.15, 4.16
53	JORDAN	*Teleilat Ghassul*；寺庙内墙上的石膏；绘画；宇宙志地图（?）；新石器时代（约公元前35000年）；1.84 m；Unger（1937, p. 6），Kish（1980, pl. 8）；被称为"星辰壁画"；图版1
54	TURKEY Province of Konya	Kücükkoy, *Çatal Hüyük*；家内神坛的内墙上的石膏；绘画；图像地图；新石器时代（碳十四测年6200±97 B. C.）；approx. 3 m；Mellaart（1964, Pl. Ⅵ；1967, figs. 59 and 60），Virágh（1965, fig. 3），Delano Smith（1982, fig. 4）；图4.19
55	NORTH AFRICA ALGERIA	Wadi Iddo（Idôo），*Tissoukal*；岩石；绘画；宇宙志地图（?）；"晚期"，例如，原史时期（?）；Frobenius（1937, fig. 11），Lajoux（1963, p. 190）；Lajoux 的照片显示了另外一种通往高处的迷宫般的图形；图4.39
56	EGYPT	Cairo Museum（没有给出原始位置）；陶器（碗）；绘制的；宇宙志地图；阿姆拉特（ca. 4,000 B. C.）；Giedion（1962, fig. 69）；图4.38
57	MOROCCO Province of Marrakesh（Great Atlas）	Yagour（mountain），*Talat N'Iisk*；岩石；绘画；图像；新石器时代；直径approx. 1 m；Malhomme（1959–61, pt. 1, pl. 4）；图4.17

附录4.2　史前地理景观图形的简短列表

　　本附录列出了一些经过选择的来自欧洲和北非的岩画艺术的图形，这些在文献中已被描述为以平面的形式对某些地理景观特征（通常是小屋）的呈现。虽然这些图形并不构成地图（它们几乎有着的单一特征），但是它们对于表明显然属于地图学的早期思维非常有帮助。某些来自旧石器时代晚期或（在撒哈拉的情况下）旧石器时代末期；其他则来自更晚的时期。这个列表绝不详尽，但它给出了这些早期平面图形的广泛分布和一致性的一种认知。在随后的参考书目中可以找到下文中以简称的形式出现的参考文献的完整形式。

编号	国家，行政单元	政区和/或地点（斜体字表示文献中的常用名称）。描述：遗址或人工制品的性质；标记的类型；地图类型；断代；测量数据；参考文献；观察；文本中的编号（如果有插图）
1	EUROPE SPAIN Province of Ciudad Real	Almadén, *Nuostra Señora del Castillo*；洞穴；绘画；平面图形；旧石器时代晚期；Acanfora（1960，p. 262）
2	Province of Badajoz	Los Buitres, *Peñalsordo*；洞穴；绘画；平面图形；旧石器时代晚期；10 × 12 cm；Breuil（1933，Vol. 2，fig. 16f），Frankowski（1918，fig. 41），Acanfora（1960，p. 263）；Breuil 认为这是一个"特殊"的图形，并表示同意 Frankowski 的解释，即这是对位于柱子上的圆形小屋的呈现，认为该图形是"一个在家中的家庭"的写照（Breuil，pp. 58 – 59）；图4. 9
3	NORTH AFRICA ALGERIA Department of Oasis （in Tassili Mountains）	Tamrit, *I-n-Eten*（In Iten）（1）；岩石；绘画；平面图形；新石器时代（公元前第六至第三千年末）；直径25 cm；Breuil（1954，fig. 65a）；图4. 11
4		Tamrit, *I-n-Eten*（In Iten）（2）；岩石；绘画；平面图形；新石器时代；直径24.5 cm；Breuil（1954，fig. 65b）；图4. 11
5		*Oua Molin*；岩石；绘画；平面图形；新石器时代；Tschudi（1955，pl. 20）；场景中显示了两个轮廓（平面）小屋
6		*Sefar*；岩石；摩崖石刻；平面图形；新石器时代；Lajoux（1963，p. 134），其评论说："透视图的奇妙风格。小屋……以平面的形式显示，而躺着的人、孩子……以立面的形式显示……与埃及的绘画存在明显的联系。"
7		*Sefar*；石；绘画；平面图形；新石器时代；Lajoux（1963，pp. 122 – 23）；"夫妇，［以立面］面对面地坐在一个被呈现［以平面］的小屋旁边"，而小屋似乎"被用一扇稻草席门关上了（?）"，非常类似于今天的 Peuls 所用的小屋。除了这里列出的来自 Sefar 的两个小屋外，在 Lajoux 所描绘的岩画中，还有另外四到五个简单的轮廓
8	Department of Saoura	*Taghit*；岩石；摩崖石刻；平面图形；新石器时代；直径14 cm；Frobenius and Obermaier（1925，pIs. 24 and 32）
9	Department of Oasis （in Tassili Mountains）	（未指明地点）；岩石；绘画；平面图形；"晚期"，也即，原史时期（?）；Frobenius（1937，fig. 10）；"围栏"中包含看似骆驼的东西；图4. 12
10	LIBYA	Jebel Uweinat（mountain），*'Ein Dawa*；岩石；绘画；平面图形；新石器时代；63 cm；Caporiacco and Graziosi（1934，pl. 1；可能是对一座小屋的呈现），Graziosi（1942，pl. 147），Rhotert（1952，fig. 6）

附录 4.1 和附录 4.2 的参考书目

Acanfora, Maria Ornella. *Pittura dell'età preistorica*. Milan: Società Editrice Libraria, 1960.

Anati, Emmanuel. "Rock Engravings in the Italian Alps." *Archaeology* 11 (1958):30–39.

——. "Les travaux et les jours aux Ages des Métaux du Val Camonica." *L'Anthropologie* 63 (1959): 248–68 and plates I–LIV.

——. *La civilisation du Val Camonica*. Paris: B. Arthaud, 1960. English edition, *Camonica Valley*. Translated by Linda Asher. New York: Alfred A. Knopf, 1961; reprinted London: Jonathan Cape, 1964.

——. *Il masso di Borno*. Brescia: Camuna, 1966.

——. "Magourata Cave." *Archaeology* 22 (1969): 92–100.

——. "Magourata Cave, Bulgaria." *Bollettino del Centro Camuno di Studi Preistorici* 6 (1971): 83–107.

——. "La stele di Triora (Liguria)." *Bollettino del Centro Camuno di Studi Preistorici* 10 (1973): 101–26.

——. *Capo di Ponte*. First English edition, translated by AFSAI, International Scholarships, Brescia Chapter. Capo di Ponte: Edizioni del Centro, 1975.

——. *Evolution and Style in Camunian Rock Art*. Translated by Larryn Diamond. Capo di Ponte: Edizioni del Centro, 1976.

Bagrow, Leo. *History of Cartography*. Revised and enlarged by R. A. Skelton. Translated by D. L. Paisey. Cambridge: Harvard University Press; London: C. A. Watts, 1964. German edition, *Meister der Kartographie*. Berlin: Safari-Verlag, 1963.

Battaglia, Raffaello. "Incisioni rupestri di Valcamonica." In *Proceedings of the First International Congress of Prehistoric and Protohistoric Sciences, London, August 1–6, 1932*, 234–37. London: Oxford University Press, 1934.

——. "Ricerche etnografiche sui petroglifi della Cerchia Alpina." *Studi Etruschi* 8 (1934): 11–48 and plates.

Battaglia, Raffaello, and Maria Ornella Acanfora. "Il masso inciso di Borno in Valcamonica." *Bollettino di Paletnologia Italiana* 64 (1954): 225–55.

Bausani, Alessandro. "Interpretazione paleo-astronomica della stele di Triora." *Bollettino del Centro Camuno di Studi Preistorici* 10 (1973): 127–34.

Beltràn Lloris, Miguel. "Los grabados rupestres de Bedolina (Valcamonica)." *Bollettino del Centro Camuno di Studi Preistorici* 8 (1972): 121–58.

Bernardini, Enzo. *Le Alpi Marittime e le meraviglie del Monte Bego*. Genoa: SAGEP Editrice, 1979.

Bicknell, Clarence M. "Le figure incise sulle rocce di Val Fontanalba." *Atti della Società Ligustica di Scienze Naturali e Geografiche* 8 (1897): 391–411, pls. XI–XIII.

——. *The Prehistoric Rock Engravings in the Italian Maritime Alps*. Bordighera: P. Gibelli, 1902.

——. *Further Explorations in the Regions of the Prehistoric Rock Engravings in the Italian Maritime Alps*. Bordighera: P. Gibelli, 1903.

——. *A Guide to the Prehistoric Rock Engravings in the Italian Maritime Alps*. Bordighera: G. Bessone, 1913. Also available in French (1970) and Italian (1972) translations from Istituto Internazionale di Studi Ligure, Bordighera.

Blain, André, and Yves Paquier. "Les gravures rupestres de la Vallée des Merveilles." *Bollettino del Centro Camuno di Studi Preistorici* 13–14 (1976): 109–19.

Blumer, Walter. "The Oldest Known Plan of an Inhabited Site Dating from the Bronze Age, about the Middle of the Second Millennium B.C." *Imago Mundi* 18 (1964): 9–11.

——. "Felsgravuren aus prähistorischer Zeit in einem oberitalienischen Alpental ältester bekannter Ortsplan, Mitte des zweiten Jahrtausends v. Chr." *Die Alpen*, 1967, no. 2.

——. "Ortsplan von Bedolina: Felsgravur um die Mitte des zweiten Jahrtausends v. Chr." *Kartographische Nachrichten* 18 (1968): 10–13.

Breuil, Henri. *Les peintures rupestres schématiques de la Péninsule Ibérique*. 4 vols. Fondation Singer-Polignac. Vol. 2. *Bassin du Guadiana*. Paris: Imprimerie de Lagny, 1933.

——. *Les roches peintes du Tassili-n-Ajjer*. Paris: Arts et Métiers Graphiques, 1954. Extract from *Actes du II* Congrès Panafricain de Préhistoire, Alger 1952*.

Caporiacco, Ludovico di, and Paolo Graziosi. *Le pitture rupestri di Àin Dòua (el-Auenàt)*. Florence: Istituto Geografico Militare, 1934.

Delano Smith, Catherine. "The Emergence of 'Maps' in European Rock Art: A Prehistoric Preoccupation with Place." *Imago Mundi* 34 (1982): 9–25.

——. "The Origins of Cartography, an Archaeological Problem: Maps in Prehistoric Rock Art." In *Papers in Italian Archaeology IV*. Pt. 2, *Prehistory*, ed. Caroline Malone and Simon Stoddart, 205–19. British Archaeological Reports International Series no. 244. Oxford: British Archaeological Reports, 1985.

Frankowski, Eugenjusz. *Hórreos y palafitos de la Península Ibérica*. Comisión de Investigaciones Paleontológicas y Prehistóricas, no. 18. Madrid: Museo Nacional de Ciencias Naturales, 1918.

Frobenius, Leo, and Hugo Obermaier. *Hádschra Máktuba: Urzeitliche Felsbilder Kleinafrikas*. Munich: K. Wolff, 1925.

Frobenius, Leo. *Ekade Ektab: Die Felsbilder Fezzans*. Leipzig: O. Harrassowitz, 1937.

Georgiev, Georgi Illiev. "Forschungsstand der alten Felskunst in Bulgarien." In *Acts of the International Symposium on Rock Art: Lectures at Hankø 6–12 August, 1972*, ed. Sverre Marstrander, 68–84. Oslo: Universitetsforlaget, 1978.

Giedion, S. *The Eternal Present: A Contribution on Constancy and Change*, Bollingen Series 35, vol. 6, 2 pts. New York: Bollingen Foundation, 1962.

Goff, Beatrice Laura. *Symbols of Prehistoric Mesopotamia*. New Haven: Yale University Press, 1963.

Graziosi, Paolo. *L'Arte rupestre della Libia*. Naples: Edizioni della Mostra d'Oltremare, 1942.

Harvey, P. D. A. *The History of Topographical Maps: Symbols, Pictures and Surveys*. London: Thames and Hudson, 1980.

Kish, George. *La carte: Image des civilisations*. Paris: Seuil, 1980.

Lajoux, Jean Dominique. *The Rock Paintings of Tassili*. Translated by G. D. Liversage. London: Thames and Hudson, 1963.

Leonardi, Piero. "Su alcuni petroglifi della Valcamonica e della Venezia Tridentina." In *Symposium International d'Art Préhistorique, Valcamonica, 23–28 Septembre 1968*, 235–39. Union Internationale des Sciences Préhistoriques et Protohistoriques. Capo di Ponte: Edizioni del Centro, 1970.

Louis, Maurice, and Giuseppe Isetti. *Les gravures préhistoriques du Mont-Bego*. Bordighera: Institut International d'Etudes Ligures, 1964.

Lumley, Henry de, Marie-Elizabeth Fonvielle, and Jean Abelanet. "Vallée des Merveilles." *Union International des Sciences Préhistoriques et Protohistoriques, IX* Congrès, Nice 1976*. Livret-Guide de l'Excursion C1 (Nice: University of Nice).

Malhomme, Jean. *Corpus des gravures rupestres du Grand Atlas.* Fascs. 13 and 14. Rabat: Service des Antiquités du Maroc, 1959–61.

Mellaart, James. "Excavations at Çatal Hüyük, 1963: Third Preliminary Report." *Anatolian Studies* 14 (1964): 39–119.

Priuli, Ausilio. *Incisioni rupestri della Val Camonica.* Ivrea: Priuli and Verlucca, 1985.

Rhotert, Hans. *Libysche Felsbilder: Ergebnisse der XI. und XII. Deutschen Inner-Afrikanischen Forschungs-Expedition (DIAFE) 1933/1934/1935.* Darmstadt: L. C. Wittich, 1952.

Rostovtzeff, Mikhail I. *Iranians and Greeks in South Russia.* Oxford: Clarendon Press, 1922.

Schönfeld, M. "L'astronomie préhistorique en Scandinavie." *La Nature* 2444 (1921): 81–83.

Schütte, Gudmund. "Primaeval Astronomy in Scandinavia." *Scottish Geographical Magazine* 36, no. 4 (1920): 244–54.

Stahl, William H. "Cosmology and Cartography" part of "Representations of the Earth's Surface as an Artistic Motif." In *Encyclopaedia of World Art*, 3: cols. 851–54. New York: McGraw-Hill, 1960.

Tobler, Arthur J. *Excavations at Tepe Gawra: Joint Expedition of the Baghdad School and the University Museum to Mesopotamia.* 2 vols. Philadelphia: University of Pennsylvania Press, 1950.

Trump, David H. "I primi architetti: I costruttori dei templi Maltesi." Rome: Giorgio Bretschneider, 1979. (Extract from φιλιας χάριν, *Miscellanea in Onore di Eugenio Manni*.)

Tschudi, Jolantha. *Pitture rupestri del Tasili degli Azger.* Florence: Sansoni, 1955.

Unger, Eckhard. "From the Cosmos Picture to the World Map." *Imago Mundi* 2 (1937): 1–7.

Virágh, Denes. "A legrégibb térkép" (The oldest map). *Geodézia és Kartográfia* 18, no. 2 (1965): 143–45.

Zammit, Themistocles. *Prehistoric Malta: The Tarxien Temples.* London: Oxford University Press, 1930.

参考书目

第二—四章史前欧洲和地中海地图学

Acanfora, Maria Ornella. "Singolare figurazione su pietra scoperta a Triora (Liguria)." In *Studi in onore di Aristide Calderini e Roberto Paribeni*, 3 vols., 3:115–27. Milan: Casa Editrice Ceschina, 1956.

Adler, Bruno F. "Karty pervobytnykh narodov" (Maps of primitive peoples). *Izvestiya Imperatorskogo Obshchestva Lyubiteley Yestestvoznaniya, Antropologii i Etnografii: Trudi Geograficheskogo Otdeleniya.* 119, no. 2 (1910).

Anati, Emmanuel. *La civilisation du Val Camonica.* Paris: B. Arthaud, 1960. English edition, *Camonica Valley.* Translated by Linda Asher. New York: Alfred A. Knopf, 1961; reprinted London: Jonathan Cape, 1964.

———. *Capo di Ponte.* First English edition, translated by AFSAI, International Scholarships, Brescia Chapter. Capo di Ponte: Edizioni del Centro, 1975.

———. *Evolution and Style in Camunian Rock Art.* Translated by Larryn Diamond. Capo di Ponte: Edizioni del Centro, 1976.

Andree, Richard. "Die Anfänge der Kartographie." *Globus: Illustrierte Zeitschrift für Länder* 31 (1877): 24–27, 37–43.

———. *Ethnographische Parallelen und Vergleiche.* Stuttgart: Julius Maier, 1878.

Bagrow, Leo. *Istoriya geograficheskoy karty: Ocherk i ukazatel' literatury* (The history of the geographical map: Review and survey of literature). *Vestnik arkheologii i istorii, izdavayemyy Arkheologicheskim Istitutom* (Archaeological and historical review, published by the Archaeological Institute). Petrograd, 1918.

———. *Die Geschichte der Kartographie.* Berlin: Safari-Verlag, 1951.

———. *History of Cartography.* Revised and enlarged by R. A. Skelton. Translated by D. L. Paisey. Cambridge: Harvard University Press; London: C. A. Watts, 1964. German edition, *Meister der Kartographie.* Berlin: Safari-Verlag, 1963.

Bar-Adon, P. "The Expedition to the Judean Desert, 1961: Expedition C—The Cave of the Treasure." *Israel Exploration Journal* 12 (1962): 215–26.

Baudouin, Marcel. *La préhistoire par les étoiles.* Paris: N. Maloine, 1926.

Blakemore, Michael J. "From Way-finding to Map-making: The Spatial Information Fields of Aboriginal Peoples." *Progress in Human Geography* 5, no. 1 (1981): 1–24.

Blakemore, Michael J., and J. B. Harley. *Concepts in the History of Cartography: A Review and Perspective.* Monograph 26. *Cartographica* 17, no. 4 (1980).

Blumer, Walter. "Ein Ortsplan aus der Bronzezeit (um die Mitte des zweiten Jahrtausends vor Christus)." *Schweizerische Zeitschrift für Vermessung, Photogrammetrie und Kulturtechnik* 64 (1966): 18–22.

Borgna, Cesare Giulio. "La mappa litica di rocio Clapier." *L'Universo* 49, no. 6 (1969): 1023–42.

Brown, Lloyd A. *The Story of Maps.* Boston: Little, Brown, 1949; reprinted New York: Dover, 1979.

Browne, George Forrest. *On Some Antiquities in the Neighbourhood of Dunecht House Aberdeenshire.* Cambridge: Cambridge University Press, 1921.

Capitan, Louis, Henri Breuil, and D. Peyrony. *La caverne de Font-de-Gaume aux Eyzies (Dordogne).* Monaco: A. Chêne, 1910.

Crone, Gerald R. *Maps and Their Makers: An Introduction to the History of Cartography.* 5th ed. Folkestone, Kent: Dawson; Hamden, Ct.: Archon Books, 1978.

Crook, John Hurrell. *The Evolution of Human Consciousness.* Oxford: Clarendon Press, 1980.

Dams, Lya. *L'art paléolithique de la caverne de la Pileta.* Graz: Akademische Druck, 1978.

Delano Smith, Catherine. "The Emergence of 'Maps' in European Rock Art: A Prehistoric Preoccupation with Place." *Imago Mundi* 34 (1982): 9–25.

————. "The Origins of Cartography, an Archaeological Problem: Maps in Prehistoric Rock Art." In *Papers in Italian Archaeology IV.* Pt. 2, *Prehistory,* ed. Caroline Malone and Simon Stoddart, 205–19. British Archaeological Reports International Series no. 244. Oxford: British Archaeological Reports, 1985.

Dröber, Wolfgang. "Kartographie bei den Naturvölkern." Diss., Erlangen University, 1903; reprinted Amsterdam: Meridian, 1964. Summarized under same title in *Deutsche Geographische Blätter* 27 (1904): 29–46.

Elliott, Carolyn. "The Religious Beliefs of the Ghassulians, c. 4000–3100 B.C." *Palestine Exploration Quarterly* January–June 1977, 3–25.

Farmakovsky, Mstislav. "Arkhaicheskiy period v Rossii: Pamyatniki grecheskogo arkhaicheskogo i drevnego vostochnovo iskusstva, naidēnnye v grecheskikh koloniyakh po severnomu beregu Chērnogo morya v kurganakh Skifii i na Kavkaze" (The archaic period in Russia: Relics of Greek archaic and ancient Eastern art found in the Greek Colonies along the northern coast of the Black Sea in the barrows of Scythia and in the Caucasus). *Materialy po Arkheologii Rossii, Izdavayemye Imperatorskoy Arkheologicheskoy Komissiyey* 34 (1914): 15–78.

Fordham, Herbert George. *Maps, Their History, Characteristics and Uses: A Handbook for Teachers.* 2d ed. Cambridge: Cambridge University Press, 1927.

Gaerte, W. "Kosmische Vorstellungen im Bilde prähistorischer Zeit: Erdberg, Himmelsberg, Erdnabel und Weltenströme." *Anthropos* 9 (1914): 956–79.

Grand, Paule Marie. *Arte preistorica.* Milan: Parnaso, 1967.

Hallpike, C. R. *The Foundations of Primitive Thought.* New York: Oxford University Press; Oxford: Clarendon Press, 1979.

Harvey, P. D. A. *The History of Topographical Maps: Symbols, Pictures and Surveys.* London: Thames and Hudson, 1980.

Heywood, Nathan. "The Cup and Ring Stones on the Panorama Rocks, Near Rombald's Moor, Ilkley, Yorkshire." *Transactions of the Lancashire and Cheshire Antiquarian Society* 6 (1888): 127–28 and figs.

Hutorowicz, H. de. "Maps of Primitive Peoples." *Bulletin of the American Geographical Society* 43, no. 9 (1911): 669–79.

Jaynes, Julian. *The Origins of Consciousness in the Breakdown of the Bicameral Mind.* Boston: Houghton Mifflin, 1976.

Kerényi, Karl. *Labyrinth-Studien: Labyrinthos als Linienreflex einer mythologischen Idee.* 2d ed. Zurich: Rhein-Verlag, 1950.

Lajoux, Jean Dominique. *Merveilles du Tassili n'Ajjer.* Paris: Editions du Chêne, 1962.

Layard, John W. *Stone Men of Malekula.* London: Chatto and Windus, 1942.

Lewis-Williams, J. David. *Believing and Seeing: Symbolic Meanings in Southern San Rock Painting.* London and New York: Academic Press, 1981.

————. *The Rock Art of Southern Africa.* Cambridge: Cambridge University Press, 1983.

Mallon, Alexis, Robert Koeppel, and René Neuville. *Teleilāt Ghassūl.* 2 vols. Rome: Institut Biblique Pontifical, 1934–40.

Maringer, Johannes. *The Gods of Prehistoric Man.* 2d ed. Translated by Mary Ilford. London: Weidenfeld and Nicolson, 1960.

Marshack, Alexander. *The Roots of Civilization: The Cognitive Beginnings of Man's First Art, Symbol and Notation.* London: Weidenfeld and Nicolson, 1972.

Mellaart, James. "Excavations at Çatal Hüyük, 1963: Third Preliminary Report." *Anatolian Studies* 14 (1964): 39–119.

————. *Çatal Hüyük: A Neolithic Town in Anatolia.* London: Thames and Hudson, 1967.

Merk, Conrad. *Excavations at the Kesslerloch Near Thayngen, Switzerland, a Cave of the Reindeer Period.* Translated by John Edward Lee. London: Longmans, Green, 1876.

Molt, Paul Volquart. *Die ersten Karten auf Stein und Fels vor 4000 Jahren in Schleswig-Holstein und Niedersachsen.* Lübeck: Weiland, 1979.

Munn, Nancy D. "Visual Categories: An Approach to the Study of Representational Systems." *American Anthropologist* 68, no. 4 (1966): 936–50. Reprinted in *Art and Aesthetics in Primitive Societies,* ed. Carol F. Jopling, 335–55. New York: E. P. Dutton, 1971.

————. "The Spatial Presentation of Cosmic Order in Walbiri Iconography." In *Primitive Art and Society,* ed. Anthony Forge, 193–220. London: Oxford University Press, 1973.

Nilsson, Martin Persson. *Primitive Time-Reckoning.* Lund: C. W. K. Gleerup, 1920.

O'Keefe, John M., and Lynn Nadel. *The Hippocampus as a Cognitive Map.* Oxford: Clarendon Press, 1978.

Piaget, Jean, and Bärbel Inhelder. *The Child's Conception of Space.* Translated by F. J. Langdon and J. L. Lunzer. London: Routledge and Kegan Paul, 1956.

Robinson, Arthur H., and Barbara Bartz Petchenik. *The Nature of Maps: Essays towards Understanding Maps and Mapping.* Chicago: University of Chicago Press, 1976.

Rödiger, Fritz. "Vorgeschichtliche Zeichensteine, als Marchsteine, Meilenzeiger (Leuksteine), Wegweiser (Waranden), Pläne und Landkarten." *Zeitschrift für Ethnologie* 22 (1890): Verhandlungen 504–16.

————. "Vorgeschichtliche Kartenzeichnungen in der Schweiz." *Zeitschrift für Ethnologie* 23 (1891): Verhandlungen 237–42.

————. "Erläuterungen und beweisende Vergleiche zur Steinkarten-Theorie." *Zeitschrift für Ethnologie* 23 (1891): Verhandlungen 719–24.

Savvateyev, Yury A. *Risunki na skalakh* (Rock drawings). Petrozavodsk: Karelskoye Knizhnoye Izdelstvo, 1967.

Tate, George. *The Ancient British Sculptured Rocks of Northumberland and the Eastern Borders, with Notices of the Remains Associated with These Sculptures.* Alnwick: H. H. Blair, 1865.

Taubner, Kurt. "Zur Landkartenstein-Theorie." *Zeitschrift für Ethnologie* 23 (1891): Verhandlungen 251–57.

Thrower, Norman J. W. *Maps and Man: An Examination of Cartography in Relation to Culture and Civilization.* Englewood Cliffs, N.J.: Prentice-Hall, 1972.

Ucko, Peter J., ed. *Form in Indigenous Art: Schematisation in the Art of Aboriginal Australia and Prehistoric Europe.* Australian Institute of Aboriginal Studies, Prehistory and Material Culture Series no. 13. London: Gerald Duckworth, 1977.

第二部分
古代欧洲和地中海的地图学

第五章　古代世界的地图学：引言

O. A. W. 迪尔克 (O. A. W. Dilke)
包　甦　译

大多数地图学通史都强调地中海和中东古代文明的制图遗产，但前几章已表明，我们必须为天体和陆地制图寻找史前的起源。不过，只有在历史时期的早期文明中，这些发展才能同更为可信的年表联系在一起，这一点仍然如此。并且，我们可以更有把握地确定这一时期地图的具体作用，并提出地图学是如何回应社会需求的。

接下来的章节涵盖早期地中海文明和希腊及罗马时期的地图学。它们覆盖近 4000 年的漫长时间跨度，从约公元前 2500 年的巴比伦行程录（itinerary），至公元 13 世纪拜占庭（Byzantine）的希腊人重建的托勒密地图学。因此，它们在年代顺序上——有许多重叠和间断——介于史前和中世纪西方世界的地图绘制传统之间。这一漫长时期所包含的许多不同文明的地图学之间的联系，绝没有被充分探究过。在地理范围上，这些制图实例占据了从西欧延伸至波斯湾的区域，以意大利、希腊、小亚细亚（Asia Minor）、埃及和美索不达米亚（Mesopotamia）为其重要的中心。

以下讨论中将出现的一条共同线索是，尽管文物的缺乏令人失望，但可以表明这些文明都制作、使用了种类繁多的地图。往往起源于神话且总是轮廓不清［如巴比伦世界地图和女神努特（Nut）的形象］的，涉及宇宙（cosmos）、天地万物（universe）和陆地世界（terrestrial world）的地图亦能在埃特鲁里亚（Etruscan）、希腊和罗马的地图绘制传统中找到。早期大比例尺制图的体现，在美索不达米亚为标明了水浇地（irrigated estate）的农村地区地图；在埃及，首当其冲的是都灵纸莎草纸，因其对矿井的标绘而无与伦比；在希腊，是几处对大比例尺地图的援引；在罗马，是百分田制（centuriation）产生的地籍图（cadastral map）和《罗马城图志》（*Forma Urbis Romae*），以及针对隧道、高架渠（aqueduct）和排水系统（drainage system）的工程平面图。如行程图（itinerary map）和军事地图一样，精心绘制的带防御工事的城镇或宫殿、神庙、花园的平面图在这些文化中也有不同程度的体现。因此，如果把希腊时期的制图特征概括为只关注地球大小和形状等较大的理论问题，而认为罗马地图完全是实用的，那就过于简单化了。

这组章节按大的年代顺序排列。不过，在此框架内，每种不同类型的制图，如希腊的数学地图学（mathematical cartography）传统，都被当作一个单元对待。同样的，对罗马土地测量师的地图和平面图的讨论被集成一章，理由是幸存的样本和文本出自现存的一部《土地测量文集》（*Corpus Agrimensorum*），尽管它们起源于不同时期。另一方面，将埃及和美索不达米亚制图分开来，并不意味着其间不存在重要的联系：这样的联系很多，纵然有些被保存方面的意外所掩盖。例如，虽然幸存的埃及测绘图（survey map）出自相对较晚的时期且非常罕见，但我们通过希罗多德（Herodotus）知道，埃及记录每年被尼罗河洪水淹没的田野边界的经验，对希腊的土地所有权制图产生了强大的影响。

到公元前 2 世纪前后，希腊和罗马的地图学传统已相互融合。诚然，有些类型的大比例尺或小比例尺制图只在两个社会的其中之一有所发现。整个希腊城邦的古典时期，罗马是相对不发达的，当时的文献没有提到过罗马地图。但到公元前 146 年，罗马已征服了整个希腊以及迦太基（Carthage），从那时起直到西罗马帝国的陨落，希腊和罗马的制图师同时在罗马的统治下工作，彼此之间相互学习或向希腊语和拉丁语作者学习。可惜的是，并非所有参与地图绘制的人都精通两种语言，罗马世界的东半部（希腊语为通用语）和西半部（主要的语言为拉丁语）之间存在一些理解障碍。

106

这一地图学时期的研究者面临一些重大困难。我们所掌握的，无论是作为原件还是复制品，只是古代制作和已知的众多地图中的很小一部分。因此，必须极大地依赖后来作者的二手（甚至是更多手的）记述，他们中的很多人在对待早期制图者时是高度选择性的，做出的解释也是主观的。于是，斯特拉波（Strabo）强调埃拉托色尼（Eratosthenes）的地图，老普林尼（elder Pliny）经常引用阿格里帕（Agrippa）的，托勒密（Ptolemy）则单挑马里纳斯（Marinus）的地图来批评。我们还了解到出自希腊和罗马远征的地图，无论是战争性的还是探险性的，以及无论是专门为个人用途构建的，还是为特定用途而改绘的总图（general map）。已经尝试过对特别是希罗多德、埃拉托色尼和阿格里帕的地图进行重建，但大多数这样的重建都纯属推测。在稿本抄写存在许多删减的情形下，个体副本对其原件的忠实度是非常多变的。西罗马帝国衰亡后，在拜占庭帝国或是西方，这样的删减往往由那些对自己所抄为何一无所知的僧侣所为。譬如，《拉文纳宇宙志》（Ravenna cosmography）稿本中的一些地名讹误，为这一事实提供了惊人的证据。最后，除了已提及的文献资料外，还可以从陆地和海上行程录中了解很多，其中许多行程录显然受了地图的影响，或其本身就是后来地图的资料来源。

古典时期以来地图丢失的原因是可以提出的。木头和纸莎草纸通常都已腐烂。我们可能寄希望于包含希腊化时期世界地图的纸莎草纸会在埃及的沙漠中出现，但事实是，大多数地图都是在潮湿的亚历山大（Alexandria）制作的，而且，此地的图书馆员可能已将那些被认为过时的地图丢弃。这里还有一个因素是，尤利乌斯·凯撒（Julius Caesar）封锁亚历山大时，主图书馆遭受了严重的损失。此外，在书籍被搬到塞拉皮斯（Serapis）神庙周围的回廊（cloister）后，大部分在公元 391 年基督徒袭击神庙时被毁。

除了地图之外，亚历山大在纸莎草纸方面的发现并不丰富。但即便使用青铜，也不能保证幸存；金属常常被熔掉。石头或马赛克地图（mosaic map，译者注：又译为镶嵌画地图）被盗窃、污损或覆盖。非常大的地图，难以纳入纸莎草纸卷或自公元 3 世纪起逐渐取代前者的羊皮纸手抄本（codices）中，往往会佚失，或者仅仅因为其大小，受到更多的损坏和随之而来的销毁。

当时或之后对人工制品的态度也会影响后人对其的保存。就地图而言，这些态度相差迥异。许多哲学家、统治者、将军和总督都非常重视地图。但也有一种态度认为任何技术性的事物都是"平庸的"（banausic，只与匠人有关）；柏拉图（Plato）等人则认为，体力工作是人类活动中低于哲学的一种形式。地图也有可能像柏拉图艺术理论中的图画和诗歌一样，被认为只是对生活的二手模仿，因此是不真实的，吸引的是人性中较基础、较不理性的部分。

　　某种程度上，至少，古代世界的地图所反映的知识质量的明显波动，可能是地图学记录不完善的结果。但在一定程度上，这些波动也反映了真实变化的历史条件。例如，古典时代和中世纪时期之间的连续性被打断，早期的智力与技术成就几乎丧失殆尽。尽管有这些观点，就像古代世界地图学史中的其他若干根本问题一样，在这些章节中会越发明朗的是，归根结底，是地图的缺乏而非假设的缺少，才有可能继续令我们对有关古典地图的性质、其制作工艺以及在当时社会中的作用和影响等问题的答案变得枯竭。

第六章　古代近东的地图学

A. R. 米勒德（A. R. Millard）
包 甦 译

"古代近东"一词涵盖伊拉克、叙利亚、黎巴嫩、约旦和以色列等现代国家。土耳其、沙特阿拉伯、海湾国家、也门和伊朗也可能包括在内。所涉及的时代自第一批城市定居点起（约公元前 5000 年），一直持续到亚历山大大帝击败大流士三世，正式在该地推行希腊化（Hellenism）为止（公元前 330 年）。如地图学史文献所定义的地图的实例很少，但余下的那些对帮助构建现有地理知识和相关成就的概念至关重要。

巴比伦的地理知识

巴比伦尼亚（Babylonia）向四面八方的旅行者敞开怀抱。底格里斯河（Tigris）与幼发拉底河（Euphrates）的河道提供了往返于北部和西北部的主要路线，通过波斯湾（Persian Gulf）建立了沿阿拉伯海岸及东至印度的海上联系（图 6.1）。因此，找到苏美尔人在公元前第 4 千纪发展起来的，通过贸易和征服传播至远方的城市文化也就不足为奇了。近期的考古发掘发现了幼发拉底河中游的一处大型定居点（哈布巴卡比拉［Khabuba Kabira］），那里的建筑和陶器都具有典型的南美索不达米亚风格。苏美尔人向东影响伊朗的证据也越来越多。可以说，该文化最大的成就是发明了书写，发展出了楔形文字，通常写于泥板上。

虽然公元前第 4 千纪期间，在这一地区没有什么可称得上明确的制图尝试，但发端于当时的抄写活动与传统，创造了可以储存地理知识和制作地图的环境。古代知识及其应用的现存实例是偶然发现的；新的发现或许会大大增加当前可取得的认知。

苏美尔书吏按类别编纂了长长的词汇列表供参考和教学，其中便包括城镇、山脉与河流的列表。在巴比伦尼亚尼普尔（Nippur）附近的阿布萨拉比（Abu Salabikh）和叙利亚北部的埃勃拉（Ebla）定居点，都出土过这类列表的较好实例，后者是意大利考古学家有着重要发现的地点，位于阿勒颇（Aleppo）以南 55 公里处。书写这些泥板的书吏，其工作时间是在公元前 2500 年至前 2200 年之间，但他们的列表参考了更早的资料来源，可追溯至公元前 3 千纪初。除了巴比伦尼亚的地名，叙利亚城镇的名字也出现在出自埃勃拉的列表中，包括地中海沿岸的乌加里特（Ugarit）（拉斯沙姆拉［Ra's Shamrah］）。[①] 这是巴比伦地理知识早

---

① Robert D. Biggs, "The Ebla Tablets: An Interim Perspective," *Biblical Archaeologist* 43, no. 2 (1980): 76 – 86, 尤其第 84 页; Giovanni Pettinato, "L'atlante geografico del Vicino Oriente antico attestato ad Ebla e ad Abū Salābīkh", *Orientalia*, n. s., 47 (1978): 50 – 73.

108

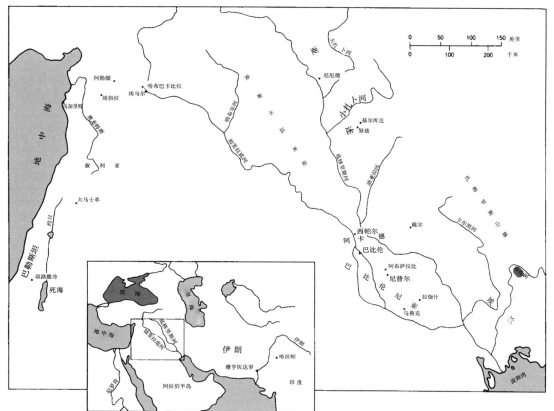

图6.1　与古代近东地图相关的主要地点

期所及水平的一个标志。为了支持这一点，可引用当时及传统的，关于阿卡德（Akkad）国 107
王萨尔贡（Sargon）及其孙子纳拉姆辛（Naram-Sin）在公元前2330—前2230年的百年间，
进入叙利亚北部乃至安纳托利亚（Anatolia）的军事行动的历史资料。地名列表在整个楔形
文字的历史中一直是抄写知识的一个元素。它们以一种修订后的形式，成为被反复抄写但有
一些细微变化和解释性补充的标准词汇信息简编的一部分。遗憾的是，公元前第2千纪和公
元前第1千纪的稿本不完整，其全部的范围仍属未知。不过，作为标准的、传统汇编的一部
分，它们没有反映当时的信息。②

　　军队向遥远目标的行进，以及商人为寻找贵重金属和石头、木材及其他物产的冒险，显
然是书吏们了解本土和外国土地的途径。从伊朗城镇与印度河流域（Indus Valley）文化中心
摩亨佐达罗（Mohenjo Daro）及哈拉帕（Harappa）联系的证据中可以清楚看出，他们所知道
的远远超出地名列表所体现的，这些联系至少有一部分是由经波斯湾的海路形成的。出自这 108
些地方的各种器物已在几处巴比伦遗址被发现，大多数属公元前第3千纪中后期水平。③

---

　　②　Benno Landsberger, *Materialien zum Sumerischen Lexikon: Vokabulare und Formularbücher* (Rome: Pontifical Biblical Insti-
tute Press, 1937 -), Vol. 11, *The Series HAR-ra = lzubullu: Tablets* XX - XXIV, ed. Erica Reiner and Miguel Civil (1974). (Se-
ries title after 1970: *Materials for the Sumerian Lexicon.*)

　　③　C. C. Lamberg-Karlovsky, "Trade Mechanisms in Indus-Mesopotamian Interrelations", *Journal of the American Oriental So-
ciety* 92 (1972): 222 - 29.

有时这类旅行的细节会保存在商业和行政记录中。最有用的具备行程录的形式，命名了到访过的地点，有些还注有从一地行至另一地要花的时间。行程最长的例子描述了从巴比伦尼亚南部到幼发拉底河中游埃马尔（Emar）（迈斯基奈［Meskene］）的一条路线。它似乎是一次军事远征，尽管其目的不明，每个地方停留的夜晚数都被仔细地记录在案。④ 其他的行程录涉及公元前 19 世纪从亚述（Assyria）到中安纳托利亚的路线，以及亚述军队在公元前第 1 千纪早期的行军。⑤ 在他们的编年史中，亚述国王们常常提及他们所穿越的地形，有时还包括当地的植被和其他地物。在装饰尼尼微（Nineveh）及其邻近城市的宫殿墙壁的一些浅浮雕上，可见对亚述军队某些行动的图画记录，艺术家们试图以此来表现当地的特征。此外，条约和其他文件可能会界定边界，命名城镇、村庄，或作为其标记的自然特征。⑥ 出于控制和征税的目的，领土或王国中的城镇也被列出。⑦

巴比伦的测定法和计算

巴比伦人根据旅行耗费的时间发展出了测量距离的方法，主要的单位是贝鲁（bēru），"两小时"，约 10 公里。对于较短的长度，使用的是约 50 厘米的腕尺（cubit）（ammatu），该长度单位可分为"指"（ubanu），通常是 30 指为 1 腕尺，但后期只有 24 指。古迪亚（Gudea）的雕像（见下文"巴比伦的平面图"）描绘了刻度尺，我们可以认为结绳是测量较长距离的方式。据说有一位女神携带着以腕尺和芦苇计量的绳子。⑧ 巴比伦的测量可以非常准确，各种数学题文本的证据表明，勘测和规划可以准确地进行。数学表和数学题文本体现了关于平方和立方根、倒数、二次及其他方程的解，矩形、圆形和不规则图形面积以及棱柱与圆柱体积的计算方法等广泛的知识。公元前 17 世纪，毕达哥拉斯（Pythagorean）定理在实践和理论中都能被理解，比毕达哥拉斯（Pythagoras）本人的出生还早一千年。对巴比伦计算至关重要的是六十进制（sexagesimal system），即以 60 个单位为基数（于是 $1+20=80$，$2+10=130$，以此类推）。巴比伦历史晚期，这种进位制使得圆周被分成了 360 度。

巴比伦的平面图

除了通常习惯在泥板上书写外，巴比伦的书吏还将泥板用作绘画的表面。从阿卡德的萨尔贡时代起（约公元前 2300 年），直到公元前第 1 千纪的中叶，这些绘画包括产业、土地、房屋和神庙的平面图。刻线（Incised line）表示墙壁、街道、河流与运河，偶尔以波

④ William W. Hallo, "The Road to Emar," *Journal of Cuneiform Studies* 18 (1964): 57 – 88.

⑤ Dietz Otto Edzard, "Itinerare," in *Reallexikon der Assyriologie und vorderasiatischen Archäologie*, ed. Erich Ebeling and Bruno Meissner (Berlin: Walter de Gruyter, 1932 –), 5: 216 – 20.

⑥ Jean Nougayrol, *Le palais royal d'Ugarit*, Ⅳ: *Textes accadiens des Archives Sud* (*Archives Internationales*), Mission de Ras Shamra, 9 (Paris: Imprimerie Nationale, 1956), 48 – 52, 63 – 70; Mervyn E. J. Richardson, "Hebrew Toponyms," *Tyndale Bulletin* 20 (1969): 95104, 尤其第 97—101 页。

⑦ Fritz Rudolf Kraus, "Provinzen des neusumerischen Reiches von Ur," *Zeitschrift für Assyriologie und vorderasiatische Archäologie*, n. s., 17 (1955): 45 – 75.

⑧ Ignace J. Gelb et al., eds., *The Assyrian Dictionary* (Chicago: Oriental Institure, 1968), Vol. 1, pt. 2, 448.

浪线（wavy line）表示水。有的平面图只是草图，或许为学校的练习，但其他一些则画得很仔细，建筑墙体宽窄均匀，房间的大小以腕尺精确标注。⑨ 最著名的是一尊拉伽什（Lagash）（特洛赫［Telloh］）王子古迪亚雕像上的平面图，约公元前2141—前2122年（图6.2和图6.3）。这尊坐像的双膝上放着一块泥板，上面刻有一道精美围墙的平面图，可能是一座神庙。在其旁边，放着一支尖头笔（stylus）和一把带刻度划分的尺子，损坏严重。同一 110位王子的另一尊雕像持有一块空白泥板，带一把完整的尺子。由于雕像不是真人大小（分别高93厘米和86厘米），很难找出长度单位的确切值。两尊雕像均藏于巴黎卢浮宫博物馆（Musée du Louvre）。大多数平面图描绘的是单体建筑，但有几幅展示了更多内容：一座城镇

109

图6.2　古迪亚雕像，约公元前2141—前2122年

这尊雕像描绘的是拉伽什王子古迪亚，其膝上有图6.3所示的神庙平面图。

原物高度：93厘米。Musée du Louvre，Paris 许可使用。

⑨　Ernst Heinrich and Ursula Seidl, "Grundriβzeichnungen aus dem alten Orient," *Mitteilungen der Deutschen Orient-Gesellschaft zu Berlin* 98（1967）：24 –45. 关于一处可能是皇宫的大型建筑的网格平面图，见 British Museum, *Cuneiform Texts from Babylonian Tablets*, *etc.*, *in the British Museum*（London：British Museum, 1906）, pt. 22, pl. 50, BM 68841 ＋ 68843 ＋ 68845 and 68840 ＋ 68842。

图 6.3　古迪亚雕像上的泥板

其上所示为一座神庙或其他大型建筑的围墙平面图。注意，上方边缘的刻度尺提供了有关比例尺的指示。

石板尺寸：12 × 24 厘米。Musée du Louvre, Paris 许可使用。

110　的形状，或者城镇的局部。一块残片表示了一座神庙和毗邻的街道，被认为是在巴比伦（图 6.4），⑩ 另一块展示了乌鲁克（Uruk）（埃雷克［Erech］）城的局部以及其内部的一栋建筑（图 6.5）。⑪ 大英博物馆的一块泥板一面是某城镇的局部，并有一条河流、一个大门和介于两者间的郊区。在其另一面，是似乎与巴比伦郊区某些部分相关的测量值（图 6.6）。⑫ 仍然不完整但更令人印象深刻的，是一块刻有尼普尔平面图的泥板，此地是巴比伦尼亚苏美尔人的宗教中心（图 6.7）。绘于约公元前 1500 年，该平面图标示了最重要的神庙、一座公园和另一个围场、幼发拉底河、通向城市一侧的运河，以及另一条穿过城中心的运河。环绕城市的城墙上开有七座城门，像所有其他特征一样，城门旁都写有其名字。如同在一些房屋平面图上那样，对几处建筑结构给出了测量值，显然是以 12 腕尺为单位（约 6 米）。将该地图和对尼普尔的现代勘测结果一同做仔细研究，得出的看法是，它是按比例绘制的。目前，由于考古发掘尚未发现平面图所示城镇的充足的遗迹，因此很难对其做详细核实。因为泥板受损，现在已无法得知尼普尔周围有多少地形被囊括其中，也没有任何关于该平面图用途的说明，尽管有人提出此图是出于修缮该城防御设施而绘。⑬

⑩　British Museum, *Cuneiform Texts*, pt. 22, pl. 49, BM 73319（note 9）.

⑪　H. J. Lenzen, Adam Falkenstein, and W. Ludwig, eds., *Vorläufiger Bericht über die von dem Deutschen Archäologischen Institut und der Deutschen Orient-Gesellschaft aus Mitteln der Deutschen Forschungsgemeinschaft unternommenen Ausgrabungen in Uruk-Warka*, Abhandlungen der Deutschen Orient-Gesellschaft, Winter 1953 – 54, Winter 1954 – 55（Berlin: Gebr. Mann, 1956）, 42, pl. 23c.

⑫　British Museum, *Cuneiform Texts*, pt. 22, pl. 49, BM 35385（note 9）（note 9）; Eckhard Unger, *Babylon, die heilige Stadt nach der Beschreibung der Babylonier*（Berlin: Walter de Gruyter, 1931）, 252 – 53.

⑬　Samuel Noah Kramer and Inez Bernhardt, "Der Stadtplan von Nippur, der älteste Stadtplan der Welt," *Wissenschaftliche Zeitschrift: Gesellschafts-und Sprachwissenschaftliche Reihe* 19（1970）: 727 – 30; Samuel Noah Kramer, *From the Tablets of Sumer*（Indian Hills, Colo.: Falcon's Wing Press, 1956）, 271 – 75; idem, *History Begins at Sumer*, 3d ed.（Philadelphia: University of Pennsylvania Press, 1981）, 37579; McGuire Gibson, "Nippur 1975: A Summary Report," *Sumer* 34（1978）: 114 – 21, 尤其第 118—120 页。

图 6.4 某城市地图残片，该城可能为巴比伦

这块楔形文字泥板所展示的可能是巴比伦的马尔杜克大神庙，毗邻的街道大概为通往神庙的神圣的游行大道。

原物尺寸：7.5×4.5 厘米。Trustees of the British Museum, London（BM 73319）；又见 British Museum, *Cuneiform Texts from Babylonian Tablets*, *Etc.*, *in the British Museum*, pt. 22（London：British Museum, 1906），pl. 49。

111

图 6.5 乌鲁克城市地图残片

1953—1955 年乌鲁克—瓦尔卡考古发掘发现的物品之一。遗憾的是，没有发现该地图的其他残片。

原物尺寸：8.1×11.2 厘米。Deutsches Archäologisches Institut, Abteilung Baghdad 许可使用。

可能绘于公元前 6 世纪的一座神庙的平面图，在标示墙体的单个砖块方面是独一无二的。其精确的测量值意味着，该平面图可能是缩尺图（scale drawing）。经过据当时的标准砖尺寸进行的计算，推算出其比例尺接近 1∶66 又 2/3，海因里希（Heinrich）和塞德尔（Seidl）称这是该时期建筑师常用的比例尺。⑭ 其他的神庙或房屋平面图或许也遵循了比例尺，但在图上并没有标明，而有的明显与给出的测量值不成比例。

产业交易、售卖或争议，或者产量估算，可能是在泥板上绘制农田平面图的原因。通常，会勾勒出一个地块，并沿地块边缘写上测量值。有几幅平面图体现了邻接地块和水道的关系（对巴比伦南部的农业至关重要）。这种类型的例子可追溯到公元前第 3 千纪以后。出自尼普尔的格外复杂的一例，与城镇平面图属同时代（约公元前 1500 年），示有某水道急弯周围几块田地和运河的位置（图 6.8）。⑮ 在一个路线通常沿河流或运河、明确的关口或者海岸线而设的地区，覆盖面更大的地图可能不那么必要，但有几块泥板的确拥有更大的范围和更广泛的意义。

图 6.6　一幅城市平面图残片，该城可能为图布（Tûbu）

此楔形文字的残片所示为一条运河或河流的河道，流淌于城墙之外，下方是城门之一沙马什门。

原物最大尺寸：10.5×7.5 厘米。Trustees of the British Museum, London 许可使用（BM 35385）；又见 British Museum, *Cuneiform Texts from Babylonian Tablets, Etc.*, *in the British Museum*, pt. 22（London：British Museum, 1906）。

---

⑭　见 Heinrich and Seidl, "Grundrigzeichnungen," 42（note 9）.

⑮　Stephen H. Langdon, "An Ancient Babylonian Map," *Museum Journal* 7（1916）：263－68；Jacob J. Finkelstein, "Mesopotamia," *Journal of Near Eastern Studies* 21（1962）：73－92, 尤其第 80 页及以后几页。对大英博物馆藏 70 幅巴比伦晚期农田平面图的描述，见 Karen Rhea Nemet-Nejat, *Late Babylonian Field Plans in the British Museum*, Studia Pohl：Series Maior 11（Rome：Biblical Institute Press, 1982）. 又见 Wolfgang Röllig, "Landkarten," in *Reallexikon*, 6：464－67（note 5）.

112

图6.7 尼普尔平面图，约公元前1500年

可能为最早按比例尺绘制的城镇平面图，此图于右侧边缘处体现了带围墙的恩利尔神庙，并显示有城墙、运河、仓库和一座公园。

原图尺寸：18×21厘米。Hilprecht Collection, Friedrich-Schiller-Universität, Jena 许可使用。

113

图6.8 尼普尔农田平面图，约公元前1500年

这些属于皇家和宗教地产的农田位于某水道急弯的两侧，由灌溉渠分隔。

原图尺寸：13×11厘米。The University Museum, University of Pennsylvania, Philadelphia 许可使用（CBS 13885）。

巴比伦的小比例尺地图

不时有人试图描绘相隔较远的地点之间的关系。出自尼普尔的一幅公元前第 2 千纪晚期的示意地图（diagrammatic map），体现了九个定居点以及其间的诸条运河和一条道路，没有注明任何的距离。⑯ 在大英博物馆的一块属公元前 1 千纪中叶的泥板残片上，用一个矩形标出了西帕尔（Sippar）城，其上方的平行线表示幼发拉底河，下方的平行线则表示河道蜿蜒的运河（图 6.9）。⑰

大英博物馆长期展出的著名的"巴比伦世界地图"（Babylonian World Map）绘于约公元前 600 年（图 6.10）。地图所附的文本提及了各种神兽，据说它们生活在环绕巴比伦世界的海洋以外的地区。几位古代英雄曾到过那些地方，受损严重的文本似乎描述的是那里的情形，对其中一个地区的形容是"不见天日的地方"。这幅地图其实是展示这些地方与巴比伦人世界的关系的图示。每处地方都被绘成一个三角形，矗立在代表咸海的圆环外。这些三角形最初可能有八个。每一个都按可能同下一个相距的一定距离标示。包围在盐海圆环内的，有一个表示"巴比伦"的长方形，两条平行线从外围边缘的山脉延伸到这里，并伸至圆环底部附近由两条平行线标示的一处沼泽。此沼泽为下伊拉克地区（lower Iraq）的沼泽，它的身份由其左端的名称比特雅金（Bit Yakin）锁定，已知是一块覆盖沼泽地的部落领地。喇叭形的狭长海湾弯曲着绕过沼泽的右端，使其颈部触及从巴比伦伸出的线条。尽管没有名字，但显然，出入巴比伦的平行线代表的是幼发拉底河。巴比伦右方的一个椭圆形表示亚述，其上方明显是乌拉尔图（Urartu）（亚美尼亚［Armenia］）。其他几座城市以小圆标示；喇叭形海附近的一座城市名为"神之堡"，可能是扎格罗斯山脉（Zagros Mountains）脚下的戴尔（Der）（拜德拉［Badrah］）。左上方的哈卜班（Khabban）一名似乎指的是扎格罗斯东南的埃兰（Elam）地区，但地理上位置不对（可能是另一座同名小镇，否则不详）。⑱ 显然，与其说这是一幅地形图（topographical map），不如说是为了说明所附文本表达的想法所做的尝试，其最关注的是遥远区域。与其他古代民族一样，巴比伦人显然认为地球是平的。⑲ 他们所指的"四方"（four quarters）与风向相关，不应被当作暗示他们认为其是方形的。［《以赛亚书》（Isa.）第 11 章第 12 节提到的"地的四方"（four corners of the earth）也是如此。］无论如何，没有理由像有的人那样，⑳ 认为这幅巴比伦世界地图所附文本描述的创造物是意在与黄道带相关的。末端是标题的一部分，可译作"［所绘这些是］全［世界］的四个区域（或'边缘'）"。

---

⑯　Albert Tobias Clay, "Topographical Map of Nippur," *Transactions of the Department of Archaeology, University of Pennsylvania Free Museum of Science and Art* 1, No. 3 (1905): 223 – 25.

⑰　British Museum, *Cuneiform Texts*, pt. 22, pl. 49, BM 50644 (note 9).

⑱　British Museum, *Cuneiform Texts*, pt. 22, pl. 48, BM 92687 (note 9); Unger, *Babylon*, 254 – 58 (note 12); A. Leo Oppenheim, "Man and Nature in Mesopotamian Civilization," in *Dictionary of Scientific Biography*, 16 Vols., ed. Charles Coulston Gillispie (New York: Charles Scribner's Sons, 1970 – 80), 15: 634 – 66, 尤其第 637—638 页。

⑲　Wilfred G. Lambert, "The Cosmology of Sumer and Babylon," in *Ancient Cosmologies*, ed. Carmen Blacker and Michael Loewe (London: George Allen and Unwin, 1975), 42 – 65, 尤其第 47—48 页。

⑳　Eckhard Unger, "From the Cosmos Picture to the World Map," *Imago Mundi* 2 (1937): 1 – 7, 尤其第 1—5 页。

图 6.9 西帕尔及其周边地区的地图，公元前第 1 千纪

长方形所标示的为这座城市，上方是幼发拉底河，下方是多条运河。

原图尺寸：8×9 厘米。Trustees of the British Museum, London（BM 50644）.

对地图学史同样重要的，是一块于 1930—1931 年在基尔库克（Kirkuk）附近的约尔干丘（Yorghan Tepe）出土的 7.6×6.8 厘米的泥板（图 6.11）。与它一同出土的还有阿卡德王朝时期的其他泥板，因此毫无疑问此块属于同一时期，约公元前 2300 年。当时这个地方被称作嘎苏尔（Gasur）；千年之后它便是努兹（Nuzi）。泥板表面有一幅某地区的地图，该地以两道山峦为界，并被一条水道一分为二。铭文确认了一些地物和地点。在其中心，标明了一处地块的面积为 354 伊库（iku，约 12 公顷），并书有其所有者的名字——阿扎拉（Azala）。除了左下角的地名，其他地点的名字都无法理解。此地名为马什坎—杜尔—伊卜拉（Mashkan-dur-ibla），是后来出自努兹的文本中提到的叫作杜鲁卜拉（Durubla）的一地。[21] 借助这一名字，辨认此地图为约尔干丘附近的一个区域，虽然其确切位置不详。地图显示的一条溪流是从山谷中流下汇入另一条，还是从那一条流出并一分为三，以及它们是河流还是运河，均无法判定。水道流向或从其流出的左侧的阴影地区有命名，但字迹难辨。几组重叠的半圆形表示山峦，这是当时及后来的艺术家所采用的一项惯例。最后，书吏为他的地图确定了方位，在底部写有"西"，顶部写有"东"，左侧写有"北"[22]。

---

[21] A. R. Millard, "Strays from a 'Nuzi' Archive," in *Studies on the Civilization and Culture of Nuzi and the Hurrians*, ed. Martha A. Morrison and David I. Owen（Winona Lake, Ind. : Eisenbrauns, 1981）, 433–41，尤其第 438 页和注释 5（contributed by Karl-Heinz Deller）。将此地同叙利亚北部著名的埃勃拉或 Ibla 相联系没有合理性，如 Nadezhda Freedman, "The Nuzi Ebla," *Biblical Archaeologist* 40, No. 1（1977）：32–33，44 提出的。

[22] Harvard University, Semitic Museum, *Excavations at Nuzi*, 8 vols.（Cambridge：Harvard University Press, 1929–62），Vol. 3, TheophiIe James Meek, *Old Akkadian, Sumerian, and Cappadocian Texts from Nuzi*, XⅦ ff., pl. 1; idem, "The Akkadian and Cappadocian Texts from Nuzi," *Bulletin of the American Schools of Oriental Research* 48（December 1932）：2–5.

有了这个已知最古老的定向实例，而且可能是尼普尔地图中的缩尺图，可以认为公元前第 3 千纪和第 2 千纪的巴比伦制图师已经实践了地理图绘制的两个基本原则。书面行程录和勘测情况证明他们已意识到更大的距离和空间关系，可能是在潮湿的黏土平面上绘图的困难，和泥板大小的限制（很少有超过 20 厘米见方的），成了更大范围制图的障碍。即便考虑到幸存的偶然性，地图绘制在古巴比伦尼亚的书吏中也不可能常见。除了数以千计的楔形文字的行政与法律文件外，房屋、产业和城镇平面图的数量很少，以几十而非几百计，而地图的数量则仅限于刚刚描述过的几幅。近期，一块源自公元前 6 世纪并保存于卢浮宫的泥板残片已为世人所知（图 6.12）。它展示的是一个山区，山脉以小方块标示，有一条贯穿其中的道路，一条河，以及一条有着次级溪流（secondary streams）的运河。[23]

图 6.10　巴比伦世界地图，约公元前 600 年

此地图体现了海洋以外的传说区域与巴比伦世界之间的关系。出入于巴比伦（细长矩形）的平行线代表的是幼发拉底河，而环形带则代表盐海。

原图最大尺寸：12.5×8 厘米。Trustees of the British Museum, London（BM 92687）。

---

[23]　D. Arnaud, *Naissance de l'écriture*, ed. Béatrice André-Leicknam and Christiane Ziegler（Paris：Editions de la Réunion des Musées Natianaux, 1982），243，No. 189.

图 6.11 约尔干丘出土的泥板地图

此为已知最早的地形图实例（约公元前 2300 年）的一个铸件，图上清晰标示了基本方位。

原图尺寸：6.8×7.6 厘米。Semitic Museum, Harvard University, Cambridge 许可使用（acc. No. SMN 4172）；又见 Theophile James Meek, *Old Akkadian, Sumerian, and Cappadocian Texts from Nuzi*, Vol. 3 of Harvard University, Semitic Museum, *Excavations at Nuzi*, 8 Vols. （Cambridge：Harvard University Press, 1929 – 62），tablet 1。

天体地理学

巴比伦人很早就对天体如何运行或者静止有所观察，在公元前第 2 千纪和第 1 千纪，他们便对此做了文字记录。其基本目标是针对历法和占星，不过他们持续地进行准确记录，这对科学家们仍然有价值。

调整历法的世纪问题激发了巴比伦观天者计算新月何时应出现在西方地平线上，以便他们在天气情况阻挡视线时能通过理论来开启新的一月。最终，可能在波斯时期（公元前 5 世纪），产生了数学预测，能针对全年给出月亮位置的表格。根据这些表格，便可计算出何时应在阴历（lunar calendar）中加入一个月，使其与太阳年（solar year）保持同步（每 19 年有 7 次）。

恒星被归入三条称作"路"的平行带，以主神恩利尔（Enlil）、安努（Anu）和埃阿（Ea）命名。穿过中间的"安努之路"的是赤道。对此概念做了描述但没有具体阐明。其他泥板对恒星之间的距离做了计算。与"路"的略图（scheme）相关的是一组现在被标注为"星盘"（astrolabe）或"平面天球图"（planisphere）的文本。已知最早的实例写于公元前 12 世纪。其中一些显示有三个同心圆，被径向划分为 12 段，每段表示一年中的一个月份。每个分段内都有一颗被命名的恒星，并有以线形"之"字形样式增加和减少的数字，这是后来计算可见期（periods of visibility）的基本概念。据信这些文本与日长和恒星位置有关。有的拥有星座（constellation）的线形图示，使其成为一种图式化的天体图（celes-

115

tial map）。其他一些泥板以"双时"（double hours）为单位列出了天体之间的距离，此方式有些类似于行程录。㉔

图 6.12　卢浮宫泥板地图

此公元前 6 世纪的残片，显示有山脉（多个小方块）及一条道路、一条河流和一条有着次级溪流的运河。

原图尺寸：12×7.5×2.9 厘米。Musée du Louvre, Paris（AO 7795）.

叙利亚和巴勒斯坦的地图学知识

在受巴比伦文化和书吏影响较大的地方，存在着绘制类似平面图和地图的可能。公元前第 2 千纪期间，叙利亚的大部分地区，以及在较小程度上的巴勒斯坦大部便是如此，并且，如埃勃拉文本所示，在上一个千纪也是这样。不过，迄今为止，在黎凡特（Levant）还没有

㉔　Ernst F. Weidner, *Handbuch der babylonischen Astronomie, der babylonische Fixsternhimmel*（Leipzig：Hinrichs, 1915；reprinted Leipzig：Zentralantiquariat, 1976）；B. L. van der Waerden, "Mathematics and Astronomy in Mesopotamia," in *Dictionary of Scientific Biography*, 15：667 - 80, 尤其第 672—676 页（note 18）。

发现这些时代的地图学实例。如同在巴比伦尼亚一样，存在能为构建示意地图提供依据的文字记录。除了楔形文字文本，还可以算上《旧约圣经》（Old Testament）中的行程描述（如《民数记》［Numbers］第 33 章），遵循的基本是相同的形式："他们从 A 处起行，安营在 B 处。"㉕ 同样出自《旧约圣经》的是对以色列的应许之地（Promised Land）边界的详细勾勒（《民数记》第 34 章第 2—12 节）："你们要从哈萨以难（Hazar-enan）划到示番（Shepham）为东界。这界要从示番下到亚延（Ain）东边的利比拉（Riblah），又要达到基尼烈湖（sea of Kinnereth）的东边；这界要下到约旦河（Jordan），通到死海（Dead Sea）为止，这四围的边界以内，要作你们的地"（《民数记》第 34 章第 10—12 节，译者注：此段译文摘自中国基督教协会《新旧约全书》1989 年版）。类似的还有按各种地形指示物对各部落领地的详细说明（《约书亚记》［Joshua］第 15—19 章）。《创世纪》（Genesis）第 10 章的"列国表"（Table of Nations）提供了更大的视野，其主要按照亲属关系的框架来安排已知世界的各个民族，但也有一些地理参照。㉖ 古以色列人的书吏，以及他们接受腓尼基语（Phoenician）和阿拉姆语（Aramaic）培训的同事，除了纪念性或临时的文件外，都效仿埃及的方式用纸莎草纸作为书写材料，因此，很难指望他们的制品能在潮湿的土壤中幸存下来，除非经历特殊的保存环境。

参考书目

第六章　古代近东的地图学

Davies, Graham I. *The Way of the Wilderness: A Geographical Study of the Wilderness Itineraries in the Old Testament.* Cambridge: Cambridge University Press, 1979.

Donald, Trevor. "A Sumerian Plan in the John Rylands Library." *Journal of Semitic Studies* 7 (1962): 184–90.

Edzard, Dietz Otto. "Itinerare." In *Reallexikon der Assyriologie und vorderasiatischen Archäologie*, ed. Erich Ebeling and Bruno Meissner, 5:216–20. Berlin: Walter de Gruyter, 1932–.

Heinrich, Ernst, and Ursula Seidl. "Grundrißzeichnungen aus dem alten Orient." *Mitteilungen der Deutschen Orient-Gesellschaft zu Berlin* 98 (1967): 24–45.

Meek, Theophile James. "The Orientation of Babylonian Maps." *Antiquity* 10 (1936): 223–26.

Nemet-Nejat, Karen Rhea. *Late Babylonian Field Plans in the British Museum.* Studia Pohl: Series Maior 11. Rome: Biblical Institute Press, 1982.

Neugebauer, Otto. *The Exact Sciences in Antiquity.* 2d ed. Providence: Brown University Press, 1957.

North, Robert. *A History of Biblical Map Making.* Beihefte zum Tübinger Atlas des Vorderen Orients, B32. Wiesbaden: Reichert, 1979.

Röllig, Wolfgang. "Landkarten." In *Reallexikon der Assyriologie und vorderasiatischen Archäologie*, ed. Erich Ebeling and Bruno Meissner, 6:464–67. Berlin: Walter de Gruyter, 1932–.

Unger, Eckhard. *Babylon, die heilige Stadt nach der Beschreibung der Babylonier.* Berlin: Walter de Gruyter, 1931.

———. "Ancient Babylonian Maps and Plans." *Antiquity* 9 (1935): 311–22.

Waerden, B. L. van der. "Mathematics and Astronomy in Mesopotamia." In *Dictionary of Scientific Biography*, 16 vols., ed. Charles Coulston Gillispie, 15:667–80. New York: Charles Scribner's Sons, 1970–80.

Weidner, Ernst F. *Handbuch der babylonischen Astronomie, der babylonische Fixsternhimmel.* Leipzig: Hinrichs, 1915; reprinted Leipzig: Zentralantiquariat, 1976.

———. "Fixsterne." In *Reallexikon der Assyriologie und vorderasiatischen Archäologie*, ed. Erich Ebeling and Bruno Meissner, 3:72–82. Berlin: Walter de Gruyter, 1932–.

㉕　Graham I. Davies, "The Wilderness Itineraries: A Comparative Study," *Tyndale Bulletin* 25 (1974): 46 – 81; idem, *The Way of the Wilderness: A Geographical Study of the Wilderness Itineraries in the Old Testament* (Cambridge: Cambridge University Press, 1979).

㉖　Donald J. Wiseman, ed., *Peoples of Old Testament Times* (Oxford: Clarendon Press, 1973), xvi – XVIII.

第七章　古埃及地图学

A. F. 肖尔（A. F. Shore）
包　甦　译

　　虽然关于某产金地区的所谓的都灵地图（约公元前 1150 年），是古埃及唯一一幅关注地形的地图，地图一词也被普遍应用于对宇宙和神话概念的呈现，比如对逝者通往死后世界所经过的想象中的土地的呈现。这些呈现的内容在约公元前 2000 年的少量彩绘木棺上有所发现，并以学术形式于 1903 年首次发表。① 埃及绘画的特点产生了某种类型的"图画式地图"（picture map），在古代和中世纪世界的其他语境下也有所发现，特别是神庙墙上的战斗场景、墓室墙面关于日常生活的风俗场景，以及对宇宙和神话概念的描绘。除了有关金矿地区的都灵地图，以及极少数的建筑平面图和地籍图，没有什么世俗地图存世。考虑到埃及古代文明的漫长跨度，这类资料的匮乏令人难以对古埃及人对地图学起源和长期发展的贡献与成就做出肯定的结论。

　　约公元前 3100 年时，埃及的土地，从三角洲南部到现在阿斯旺（Aswan）上方的第一大瀑布（cataract），在一位统治者的权威下统一起来，后来的传统将其名为美尼斯（Menes）。此后近 3000 年，埃及一直由国王统治，公元前 2 世纪早期，埃及祭司马涅托（Manetho，活跃于公元前 280 年）将这些国王划分至 30 个王朝。学者们采纳了这些王朝，将其作为埃及年表的基础。给出大致年代的主要历史时期见图 7.1。后来的编纂者将短暂的第二次波斯统治时期（Second Persian Period）称作第三十一王朝。这一被波斯人占领的时期之后，是马其顿和托勒密国王的统治。公元前 30 年，安东尼（Antony）与克莱奥帕特拉七世（Cleopatra Ⅶ）去世后，埃及作为一个行省被并入罗马帝国。

　　尼罗河流域（Nile valley）的人类定居史可以无间断地追溯到埃及统一前的 1000 多年（前王朝时期［predynastic period］）。最早可考的绘画出现在阿姆拉特（Amratian）（涅迦达文化 I 期［Negada Ⅰ]）时期的装饰陶器上。但是，这样的装饰都不能被明确地解释为地形绘图（topographical drawing）或原始的地图。② 属此前王朝时代接下来的格尔塞（Gerzean）时期（涅迦达文化 II 期［Negada Ⅱ]）的装饰陶器上，可能描绘有基本的地形（图 7.2）。

---

　　① Hans Schack-Schackenburg, ed., *Das Buch von den zwei Wegen des seligen Toten（Zweiwegebuch）: Texte aus der Pyramidenzeit nach einem im Berliner Museum bewahrten Sargboden des mittleren Reiches*（Leipzig: J. C. Hinrich, 1903）. 近期研究见下文注释 8。关于都灵地图，见注释 12 和图 7.7。关于古埃及及地图的简要概况，见 Rold Gundlach, "Landkarte," in *Lexikon der Ägyptologie*, ed. Wolfgang HeIck and Eberhard Otto（Wiesbaden: o. Harrassowitz, 1975 – ）, 3: cols. 922 – 23; Robert North, *A History of Biblical Map Making*, Beihefte zum Tübinger Atlas des Vorderen Orients, B32（Wiesbaden: Reichert, 1979）, 23 – 29。

　　② 关于阿姆拉特陶器地形解释的例子，见上文第四章、第 89 页和图 4.38。

其中体现了尼罗河的船只。上下皆为符号，可解释为树木和涉禽。更远处描绘的是沙漠，有示意性的山丘构造和羚羊。

118

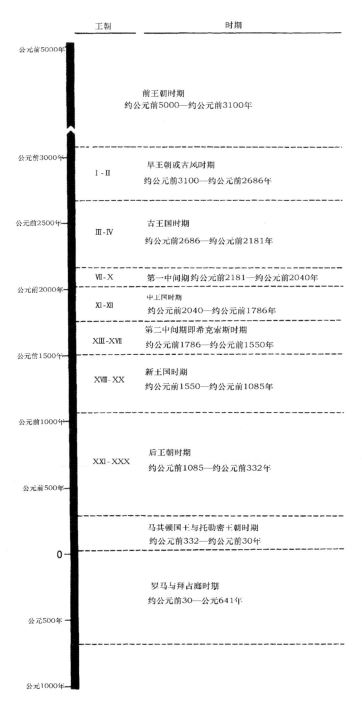

图7.1 埃及历史上主要的王朝与时期

古埃及与希腊史料认为，征服者美尼斯完成了我们称之为埃及的尼罗河流域的统一。公元前2世纪，用希腊文写作 118 的埃及祭司马涅托将埃及历史划分为30个王朝，在统治这些王朝的一长串国王中，美尼斯是第一位。随着公元前333年亚历山大大帝的到来，埃及便处在马其顿国王和托勒密王朝的统治之下，直到公元前30年安东尼和克莱奥帕特拉七世去世后才并入罗马帝国。埃及后来成为东罗马帝国（即拜占庭帝国）的一部分，直到公元641年被纳入伊斯兰世界。

117

地形绘图与宗教地图学

　　公元前3100年前后，上下埃及的统一开启了王朝或法老时期，同时有了文字的出现，用于工具的铜也更加可得，从而产生了古王国（Old Kingdom）的巨石墓碑。最早的埃及地图便可追溯到这一时期。装饰这些墓碑的过程中，发展出了一种富有特色的绘画与构图风格，墙面被划分成一系列分隔开的横带，称作"格层"（register），每层都有自己的基线。事物是从正面、侧面或二者结合的多种角度，并作为平面背景下的孤立图像被描绘出来的。③ 就地形的再现而言，其表现模式类似于鸟瞰图，并且从其绘画特征来看，表面上是一幅图画式地图。图像照惯例呈现，并以较现代的地图标准符号的方式放置，也就是说，是为

118 了指出某特征的存在而非其个体特性。景观一般只是粗略地标示。通过一棵树或一堆纸莎草纸将乡村与城镇区别开。同样，后来的全景式描绘也没有给出尼罗河流域外观的真实画面。④

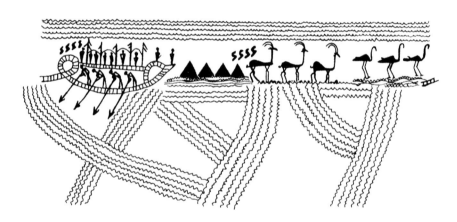

图 7.2　埃及装饰陶器上的基本地形图案

　　年代为约公元前3700—前3100年的前王朝格尔塞时期（涅迦达文化Ⅱ期），尼罗河船只出现在沙漠之中，山丘为示意性的呈现。

　　据 W. M. F. Petrie, *Prehistoric Egypt, Illustrated by over 1000 Objects in University College, London*（London：British School of Archaeology in Egypt, 1917）, pl. XXI. 中的重绘。

---

　　③　关于埃及绘画的性质，见 Heinrich Schäfer, *Principles of Egyptian Art*, ed. with epilogue by Emma Brunner-Traut, ed. and trans. with introduction by John Baines（Oxford：Clarendon Press, 1974）。第 160 页对"地图"做了评述。

　　④　关于景观，见 Joachim Selim Karig, "Die Landschaftsdarstellung in den Privatgräbern des Alten Reiches"（Ph. D. diss., University of Göttingen, 1962）; Helmut Pitsch, "Landschaft（-Beschreibung und -Darstellung），" in *Lexikon*, 3：cols. 923–28（note 1）。一幅来自古代世界的全景图，并非出自埃及但可能起源于亚历山大，在称作帕莱斯特利那（Palestrina）（普莱奈斯特［Praeneste］）或巴贝里尼（Barberini）镶嵌画（p. 246 n. 75）的尼罗河景观中得以幸存，大块的构图描绘了一处人烟密集的景观，上方巉岩林立，下方是沼泽风光，构成了尼罗河从其源头直抵大海的某种图画式地图。对镶嵌画的最新研究包括 Giorgio Gullini, *I mosaici di Palestrina*, Supplemento di Archeologia Classica 1（Rome：Archeologia Classica, 1956）; Helen Whitehouse, *The Dal Pozzo Copies of the Palestrina Mosaic*, British Archaeological Reports, Supplementary Series 12（Oxford：British Archaeological Reports, 1976）; and Angela Steinmeyer-Schareika, *Das Nilmosaik von Palestrina und eine Ptolemäische Expedition nach Äthiopien*, Halbelts Dissertationsdrucke, Reihe Klassische Archäologie 10（Bonn：Halbelt, 1978）。

不过，在底比斯（Thebes）的新王国（New Kingdom）壁画墓发现的花园绘图（约公元前1400年）则是没有透视法的地图式图示，描绘了两旁长着海枣树和桑叶无花果树的排列规整的小径，中轴线上的一片长方形或T形水面，莲花、鱼和鸟，以及有篱笆藤蔓的带围墙的果园（图7.3）。⑤ 总体印象是这是一处规整的园林；只是其平衡与形式可能产生误导，这大概是由于绘图者希望得到一种和谐的构图，而这样的构图或许能也或许不能反映真实世界。名为《亡灵书》（*Book of the Dead*）的咒语集中一种常见的小插图（插画），于公元前

119

图7.3　一座埃及花园的平面图

在涂覆石膏的木板上用红、黑色墨水描绘，出土于底比斯，年代为第十八王朝。

原图尺寸：32.5 × 23.5 厘米。Metropolitan Museum of Art, New York 许可使用（gift of N. de Garis Davies, 1914 ［14.108］）。

⑤　关于新王国花园的调查，见 Marie-Francine Moens, "The Ancient Egyptian Garden in the New Kingdom：A Study of Representations," *Orientalia Lovaniensia Periodica* 15（1984）：1153；Luise Klebs, *Die Reliefs und Malereien des Neuen Reiches*（Heidelberg：C. Winter, 1934），22 – 33；Alexander Badawy, *Le dessin architectural chez les anciens Egyptiens*（Cairo：Imprimerie Nationale, 1948），247 – 60；idem, *A History of Egyptian Architecture：The Empire（the New Kingdom）*（Berkeley：University of California Press, 1968），488 – 99；Leslie Mesnick Gallery, "The Garden of Ancient Egypt," in *Immortal Egypt*, ed. Denise Schmandt-Besserat（Malibu：Undena Publications, 1978），43 – 49；Dieter Wildung, "Garten," in *Lexikon*, 2：cols. 376 – 78, and Wolfgang Helck, "Gartenanlage, -bau," in *Lexikon*, 2：cols. 378 – 80（note 1）。

1400 年前后在纸莎草纸上刻绘，便是以奥西里斯（Osiris）神话王国为背景，对即将被逝者耕种的一块理想土地的呈现（图 7.4）。所描绘的地区呈长方形，被运河切割，色彩的使用提升了其地图外观。⑥

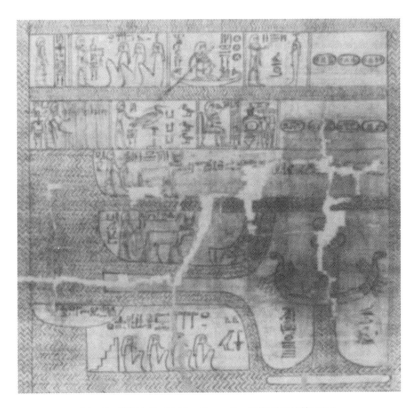

图 7.4　献祭之地（Sekhet-Hetepet），又称"和平的田野"

《亡灵书》第 110 篇咒语所附小插图，取自"Papyrus of Nebseny"，描绘的是奥西里斯神话王国中将被耕种的理想土地，约公元前 1400 年。

原图尺寸：31.5×33 厘米。Trustees of the British Museum, London（BM 9900, sheet 18）。

有证据表明，新王国时期人们对表现景观有了更大的兴趣，因为在第十九王朝和第二十王朝神庙的墙壁上，以浮雕形式创作的伟大的王室事迹的叙事场景中，其元素是按地图式的图像顺序排布的。例如，塞托斯一世（Sethos Ⅰ）沿沙漠干道经水站和边防要塞前往迦南（Canaan）的经过，就是按地图的方式绘制的。卡叠什（Kadesh）要塞，位于奥龙特斯河（Orontes）河谷，有一条支流在这里与它相会，按照惯例被表现为一座山坡上的堡垒。但在其继任者拉美西斯二世（Ramesses Ⅱ）攻打同一座小城的描绘中（保存有多个版本），绘图者试图通过对河流的描绘，更忠实地表现地形。河流环绕小城，并呈一条将两军隔开的蜿蜒

---

⑥　关于出版物的书目，见 Paul Barguet, *Le livre des morts des anciens Egyptiens*（Paris: Editions du Cerf, 1967），28–30。又见 Jean Leclant, "Earu-Gefilde," in *Lexikon*, 1: cols. 1156–60（note 1）。《亡灵书》是现代对写在纸莎草纸上、存放于从第十八王朝至罗马时期的陵墓中的多种丧葬咒语集副本的称呼。各副本中包含的咒语（又称篇章）数量以及它们的顺序因副本而异。咒语源于更早期的类似的集子——中王国的棺文（Coffin Texts）和古王国的金字塔铭文（Pyramid Texts）。

水流继续流淌，因为所表现的是涉及敌军渡河的连续战事。⑦

　　埃及地形绘图中地图性质最显著的一例，是同某些咒语一起发现的，这些咒语通常抄写在中王朝时期早期（约公元前 2000 年）的一系列彩绘棺椁的底板上，棺椁则出自中埃及贝尔沙（al-Bersha）的一处遗址。伴随这些咒语的，是一幅某长方形地区的插图，有两条用宽阔、蜿蜒的彩带描绘的路线：上面的路线是蓝色的，代表一条水路，下面的则为黑色，描绘的是一条陆路，占据了构图的三分之一左右（图版 2）。色彩的出现增强了此神话之地的地形描绘的地图性，因此这一咒语组合构成了某种神话地图（mythical map）的纲目，被现代学者称之为《两路之书》（*The Book of The Two Ways*）。⑧

　　这种特色的丧葬咒语必然是故弄玄虚的。文本没有对其所附景观做出清晰解释。对其包含的神话典故，我们不掌握完整或相关的记载。《两路之书》现存的三个版本，两版长一版短，将不同且矛盾的更早的阐述糅合在了一起。根据该文本，几乎不可能重建对逝者所经之路的系统叙述。如果认为咒语所附的地形绘图（仅出现在一组棺椁中）旨在为逝者提供指引，令其可选择死后的道路并找到去往理想目标的通途，那就错了。这一构图可以大致被比作护照或通关文牒。伴随小插画的咒语知识可以确保安全通过这片神话中的神秘土地，此地住着友好和不怀好意的神灵，灵魂在离开和重返保存在棺椁中的身体期间，将一直在这里穿行。这两条路线似乎不能被视作可彼此替代的路线。虽然它们被描述成奥西里斯的道路，但其似乎也是对太阳神拉（Re）昼夜旅行之路的描绘，两条路联结起来形成古埃及人所想象的太阳的环行。

　　埃及地图学往往更具图画性而非平面性，这一点得到了其他宗教地理学插图的证实。古埃及人所看到的宇宙结构的图画，其描绘的前往死后世界的想象中的路线和土地，甚至缺乏图示性的、地图式的特性。它们只出现在宗教和法术文本中，多以某人死后的旅行为背景，往往是作为太阳神的随从，且旅途中不乏人形或动物形状的神话人物。新王国时期，满天星斗的宇宙有时会用代表天空的女神努特的拱形形象进行描绘。画面中，她被代表天地之间空

---

⑦　关于这些叙事场景，见 Helene J. Kantor, "Narrative in Egyptian Art," *American Journal of Archaeology* 61（1957）：44 - 54; G. A. Gaballa, *Narrative in Egyptian Art*（Mainz：Philipp von Zabern, 1976），99 - 129; William Stevenson Smith, *Interconnections in the Ancient Near-East：A Study of the Relationships between the Arts of Egypt, the Aegean, and Western Asia*（New Haven：Yale University Press, 1965），168 - 79。

⑧　Spells 1029 - 1130, Adriaan de Buck, *The Egyptian Coffin Texts* Ⅶ, Oriental Institute Publications, Vol. 87（Chicago：University of Chicago Press, 1961），hieroglyphic texts 252 - 471, plans 1 - 15; 翻译并讨论, Leonard H. Lesko, *The Ancient Egyptian Book of Two Ways*, University of California Near Eastern Studies Publications, Vol. 17（Berkeley：University of California Press, 1972）; Alexandre Piankoff, *The Wandering of the Soul*, 由 Helen Jacquet-Gordon, Egyptian Religious Texts and Representations, Bollingen Series 40, Vol. 6（Princeton：Princeton University Press, 1974）完成并准备出版; Raymond O. Faulkner, ed. and trans. , *The Ancient Egyptian Coffin Texts*, 3 Vols.（Warminster：Aris and Phillips, 1978），3：127 - 69。关于文本释义的讨论，又见 Paul Barguet, "Essai d'interprétation du Livre des deux chemins," *Revue d'Egyptologie* 21（1969）：7 - 17; Wilhelm Bonacker, "The Egyptian *Book of the Two Ways*," *Imago Mundi* 7（1950）：5 - 17; Hermann Grapow, "Zweiwegebuch und Totenbuch," *Zeitschrift für Ägyptische Sprache und Altertumskunde* 46（1909）：77 - 81; Hermann Kees, *Totenglauben und Jenseitsvorstellungen der alten Ägypter*（Berlin：Akademie-Verlag, 1956），287 - 302; Leonard H. Lesko, "Some Observations on the Composition of the *Book of Two Ways*," *Journal of the American Oriental Society* 91（1971）：30 - 43; Jan Bergman, "Zum Zwei-Wege-Motiv：Religionsgeschichtliche und exegetische Bemerkungen," *Svensk Exegetisk Årsbok* 41 - 42（1976 - 77）：27 - 56, 尤其第 51 - 54 页; Hellmut Brunner, "Die Unterweltsbücher in den ägyptischen Königsgräbern," in *Leben und Tod in den Religionen：Symbol und Wirklichkeit*, ed. Gunter Stephenson（Darmstadt：Wissenschaftliche Buchgesellschaft, 1980），215 - 28。又见 Ursula Rössler-Köhler, "Jenseitsvorstellungen," in *Lexikon*, 3：cols. 252 - 67（note 1）。

间的人形神舒（Shu）的形象高高举起，下方是大地之神盖布（Geb）的卧像。在一副可追溯至第三十王朝（约公元前350年）的石棺棺盖上，以圆形（可能是受外来影响）在努特拱形人像的四肢下方和之间，对埃及的土地及其周边区域做了描绘。内侧的环形带被各种与古代埃及领土划分（诺姆［nome］，译者注：古埃及的州）相关的旗帜占据，这在当时仍具有重大的宗教意义。外侧圆环描绘有代表埃及邻国的各种民族与符号。外环圆周上左右分别是东方女神和西方女神，因此，图的上部代表南方（图7.5）。⑨

图7.5　宇宙图：埃及的土地与女神努特

这幅发现于萨卡拉（Saqqara）一座石棺棺盖上的宇宙呈现，其方向为南在上。它的年代为第三十王朝，约公元前350年。

内圆直径：72厘米。Metropolitan Museum of Art, New York 许可使用（gift of Edward S. Harkness, 1914 ［14.7.1］）。

天文天花板，已知最早的是哈特舍普苏（Hatshepsut）的大臣森穆特（Senmut）墓中的

---

⑨　C. L. Ranson，"A Late Egyptian Sarcophagus," *Bulletin of the Metropolitan Museum of Art* 9（1914）：112－20。关于第二块残片实例，见 J. J. Clère，"Fragments d'une nouvelle représentation égyptienne du monde," *Mitteilungen des Deutschen Archäologischen Instituts，Abteilung Kairo* 16（1958）：30－46。关于埃及的宇宙呈现，见 Heinrich Schäfer，*Ägyptische und heutige Kunst und Weltgebäude der alten Ägypter：Zwei Aufsätze*（Berlin：Walter de Gruyter, 1928），83－128。

（约公元前1470年），描绘了旬星（decans）（用于计算夜间度过的小时数的星图）、星座和行星。用诸如怀孕的河马立像或鳄鱼的形象来表现天体，往往会令其看上去与现代地图毫无相似之处。只有在描绘旬星的情况下，才会发现更多图表式的呈现。[10] 虽然在后期受巴比伦和希腊思想的相互滋养，占星必须要进行天文观察，同样的神话形象还是被保留了下来。一幅圆形的天空图，可追溯至托勒密时期末，其再现的行星和星座在彼此之间的关系上体现了某种程度的准确度，此图出现在丹德拉（Dendera）神庙屋顶奥西里斯堂的天花板上，现藏于卢浮宫。它描绘了天空的合成图像，其中传统的埃及星座和旬星，与自巴比伦尼亚引入但形式上已埃及化的黄道十二宫混杂在了一起（图7.6）。[11]

图7.6 行星、星座与黄道带的天体图

一幅晚期埃及天文描绘的实例，刻于丹德拉神庙奥西里斯堂的天花板上，属托勒密王朝末期（公元前1世纪）。

原图尺寸：2.55×2.53米。Musée du Louvre, Paris 许可使用。

都灵金矿地图

相较于在神庙与墓穴墙上或随葬纸莎草纸上发现的宗教或丧葬性质的文本数量，行政和商业文件的存世量相对稀少。除了拉美西斯（Ramesside）时期（第十九王朝至第二十王朝），在希腊罗马时期埃及和希腊的日常公文都激增之前，只有一些孤立的文件被保存了下

---

⑩ 在 Otto Neugebauer and Richard A. Parker, eds. and trans. , *Egyptian Astronomical Texts*, 3 Vols. （Providence and London: Lund Humphries for Brown University Press, 1960 – 69）中集合了涉及旬星、星钟（star clock）、黄道十二宫图和行星的文本与表现形式，并对其做了讨论；简要的记述，见 Richard A. Parker, "Ancient Egyptian Astronomy," *Philosophical Transactions of the Royal Society of London*, ser. A, 276（1974）：51 – 65。

⑪ Neugebauer and Parker, *Egyptian Astronomical Texts*, 3：7274, pl. 35（note 10）。

来。古代世界最著名的地图之一属拉美西斯时期，现保存在都灵的埃及博物馆（Museo Egizio）。这幅地图原本是1824年之前形成的贝尔纳迪诺·德罗韦蒂（Bernardino Drovetti）收藏的一部分，1852年塞缪尔·伯奇（Samuel Birch）率先鉴定其为古代金矿平面图，并认为金矿位于努比亚（Nubia）。此图发现时的情况不详，但由于德罗韦蒂的代理人粗心大意，导致纸莎草纸原件支离破碎并丢失了一部分。⑫

122

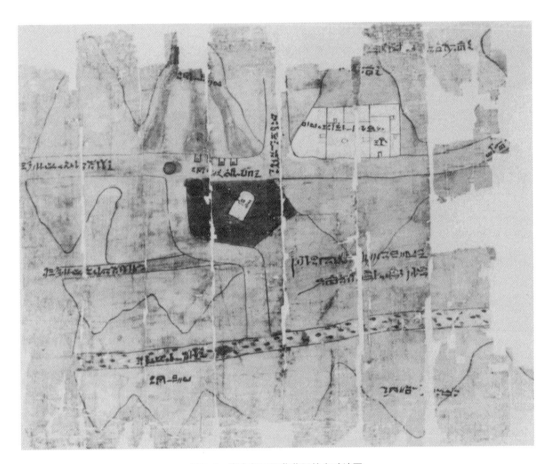

图7.7　出自都灵纸莎草纸的金矿地图

年代为拉美西斯时期，此部分显示了产金山脉、金匠定居点以及尼罗河与红海海岸间道路的位置。

纸莎草纸高度：41厘米。Soprintendenza per le Antichità Egizie, Turin 许可使用。

---

⑫　首次发表是作为某皇陵平面图，Richard Lepsius, *Auswahl der wichtigsten Urkunden des cegyptischen Alterthums: Theils zum erstenmale, theils nach den Denkmcelern berichtigt* (Leipzig: Wigand, 1842), pl. XXII. 又见 Samuel Birch, "Upon an Historical Tablet of Ramses II., 19th Dynasty, relating to the Gold Mines of Æthiopia," *Archaeologia* 34 (1852): 357–91。尤其第382—383页；François J. Chabas, *Les inscriptions des mines d'or* (Chalon-sur-Saône: Dejussieu, 1862), 又载于 *Bibliothèque Egyptologique* 10 (1902): 183–230; A. H. Gardiner, "The Map of the Gold Mines in a Ramesside Papyrus at Turin," *Cairo Scientific Journal* 8, No. 89 (1914): 41–46; G. W. Murray, "The Gold-Mine of the Turin Papyrus," *Bulletin de l'Institut d'Egypte* 24 (1941–42): 81–86; 以及 John Ball, *Egypt in the Classical Geographers* (Cairo: Government Press, Bulâq, 1942), 180–82 and pls. VII–VIII（彩色）中 G. W. Murray 的供稿。最近且最全面的对该纸莎草纸的论述是 Georges Goyon, "Le papyrus de Turin dit 'Des mines d'or' et le Wadi Hammamat," *Annales du Service des Antiquités de l'Egypte* 49 (1949): 337–92。对金矿地区的彩色照片呈现，见 Ernesto Scamuzzi, *Museo Egizio di Torino* (Torino: Fratelli Pozzo, 1964), pl. 88, 和 Georges Posener et al., *A Dictionary of Egyptian Civilization*, trans. Alix Macfarland (London: Methuen, 1962), 112。

这一现存的纸莎草纸由两大部分构成，先前认为分属两个不同的文献。最重要的部分为一残片，约 40 厘米高，通常称作"金矿地图"（图 7.7）。其描绘有两条宽阔的道路，彼此平行穿过粉红色的山地区域。它们跨纸莎草纸横向绘制，下部标示有岩石河床（rocky bed）或零星的植被，呈较大的干涸水道或干谷（wadi）的特征构成了穿越从尼罗河到红海的东部沙漠的自然路线。图例以当时的草书手写体僧侣体（hieratic）书写，解释了这些路线向左通向何处。一条与其交叉的宽阔、曲折的干谷连接起两条路线，从这里指出并标记了另一条备选路线，也通往左方。从上方路线垂直伸出的是又一条道路，用僧侣体文本给出了其目的地。该地区涂成红色的意义，由另一条图例做了解释，"开采黄金的山脉：它们被涂成红色"。这里所用的红色的埃及术语，*dšr*，最常用于表示所有的红色色调，是用来描绘红色花岗岩、砂岩和黄褐色调的沙漠的颜色。"金山"一词在涂红地区的其他地方重复出现，显然还有"金银山"的短语。有的地方，红色地区呈一个点，并被赋予了一个独特的名字，如"峰"或"阿蒙（Amun）所在的峰"。其意图显然是为了呈现平铺在山谷路线两侧的山脉的基本轮廓，而不是要准确无误地勾勒产金岩石的地区。

还有其他一些独特特征被加以勾勒、上色，并用僧侣体文字标注。在交叉谷与上方路线的交汇处附近，标有一个圆形的深色图像，并与第二个以深黑色线条绘成的图案部分重叠。该图形可能是为了表示一口井，不过没有文本对其予以说明。在此图案右下方不远处，有另一个偏长方形的图案，着以绿色，带有古埃及人惯常用来表示水的"之"字形线条。图案内部，有一组僧侣体文字的痕迹，显然可以读作"蓄水池"（cistern）、"水地"（waterplace）或之类的。同在地图中部，还用白色标示了一块圆顶石碑，并有图例指出其年代为第十九王朝塞托斯一世（Sethos Ⅰ）统治时期。该特征很可能与这位国王所立的某块石刻碑相吻合，其描绘的是阿蒙或另一位神祇，保存在干谷一侧的山壁上。

上方路线的上侧，还有两处人造特征。其中一个显然是一座大型建筑，包含几间庭院或房间，以门相连，被描述为"纯山的阿蒙"的"休息处"或"居所"（hnw）。还有三个小长方形，标注为"采金工聚居地的房屋"。

纸莎草纸的第二部分包含若干残片，基于对纸莎草纸纤维做仔细研究，这些残片的最终摆放尚待确定。其主要特征是一条夹杂着石块的宽阔、曲折的干谷路线的延续。这构成了另一部分的下方路线（图 7.8）。相较于金矿部分而言，道路两侧的地区均施以黑色，图例指出，在这一地区可发现古埃及人称之为贝克汉（bekhen）的岩石。这种黑色或深青色的岩石，一般被埃及考古学家称作片岩（schist），更确切地说应为杂砂岩（graywacke）。幸存的残片没有标示类似于在描绘金矿区域及其聚居地部分上可见的那些特征的确切位置。

都灵纸莎草纸残片长期以来被认为是迄今发现的埃及现存最早的地形图。该纸草所具备的特征，显然不同于发现于宗教艺术形式背景下的，关于宇宙、去往死后世界的路线或对死后世界进行描绘的宇宙绘图。制图师根据特定地区的现实情况布下鲜明的特征，并通过使用图例和对比色来增加明确性。文本表明，所描绘的地区一定是沿着从尼罗河的科普托斯（Coptos）（吉夫特［Qift］），经哈玛马特干谷（Wādī al-Ḥammāmāt）穿越东部沙漠，抵达红海古赛尔（Quseir）港的自然路线的。在古代，为向南抵达被埃及人称作蓬特（Punt 普韦内［Pwenet］）之地的贸易航行而远征红海的过程中，便会使用这条道路。蓬特之地的中心地区，位于哈玛马特井（Bīr al-Ḥammāmāt）与乌姆法瓦克井（Bīr Umm Fawākhir）之间，作为

123

124

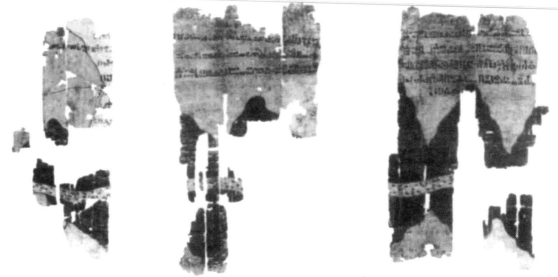

123 观赏石和黄金的产地被人造访，这里记录了采石探险的石板和古代黄金开采的考古证据都十分丰富。更精确的位置有赖于对地图方位的解释。这需要解决涉及第二部分的残片的摆放问题，并明确观者左侧的道路据称通往何处。晚期的产业描述中，给出的罗盘点（compass point）顺序为南、北、东、西，说明埃及人给自己的定向是面朝南方，背对北方，西在其右而东在其左。那么，他们将纸莎草纸的上部指定为南便是顺理成章的。这种观点似乎也得到了图例的支持，图例称金矿地图通向左侧的上方路线为"通往 *ym* 之路"，取 *ym* 最常见的意思，即通往"［红］海"。标记为从交叉谷出发通向左侧的道路也同样被描述成"另一条通往 *ym* 之路"。将第二部分放在金矿区域地图的右侧似乎是正确的，因为如此其便构成了纸草卷的起始部分，通常会遭到更大程度的损坏。于是，地图右侧（即西侧）应显示哈玛马特干谷主体部分较深的"片岩"地区，向东大概 25 公里处为乌姆法瓦克井区域的金矿。近期对地图所示特征与地面情况的比较，可将金矿地图中具体提及的各项特征，与哈玛马特

124 干谷中心地区和被视作北方的纸莎草纸的上部相匹配。[13] 如果这样的摆放正确，并将第二部分的残片放置于右侧，将需要现在这条道路向西（即回到尼罗河）通往的 *ym*，取除红海外的某种意义。这同样会把贝克汉岩地区置于哈玛马特干谷主采石场铭文位置的东侧。

　　将纸莎草纸上所描绘和标示的特征与地面上的相匹配的难度，因完全缺失关于比例尺的说明而更加困难重重。地图似乎是一张徒手画。唯一能表明其用途的，似乎是写在道路上下空白处的一系列僧侣体注记，和第二部分残片上描绘的黑色地区。与金矿地图上识别地理特征的僧侣体文本不同，这些文本提及的是一尊雕像的运输。共计五行字，其中前四行缺少开头，似乎反映了某位国王派人远征哈玛马特干谷，将一尊雕像运回底比斯的情况。据了解，这尊雕像曾存放于底比斯尼罗河西岸拉美西斯二世葬祭庙（拉美西姆［Ramesseum］）旁的一间作坊内，随后，在该王统治第 6 年被带往帝王谷（Valley of the Kings），但

---

⑬ Goyon, "Papyrus de Turin"（note 12）. 根据 Papyrus Lille 1 世俗体（demotic）文字的注记（见注释 26），似乎更有可能纸草上部表示南方。

图 7.8　都灵纸莎草纸的第二部分

目前陈列于埃及博物馆的样子，展示了图 7.7 部分以外的其他残片。

纸莎草纸高度：41 厘米。Soprintendenza per le Antiehità Egizie, Turin 许可使用。

半途而废。这样的移交记录一定是在底比斯写下的，纸莎草纸显然曾在某个时候，为附属于 124 负责建造并装饰帝王谷王室陵墓的工作队的其中一位书吏所有。纸草背面的随笔包含第二十王朝拉美西斯四世（Ramesses Ⅳ）雕像的内容，说明该第 6 年应指的是这位国王的统治时期。[⑭] 地图的用途仍然不清。纸草第二部分的注记表明，该文件的绘制与石料的开采和运输工作有关，这些石料最终要运往的可能是帝王谷的某座王室陵墓。其中一些注记似乎给出了石块的测量值；有一条好像提供了地图上各点之间实际距离的测量值。纸莎草纸或许是出于物流目的计算距离的结果。根据某位学生所抄范文（作为其抄写训练的一部分）包含的指示判断（这些指示所指的大体区域似乎与都灵地图相同），计算距离是书吏预计要做的工作类型。[⑮] 不同寻常的是，这里包括一张粗略的草图（sketch map）。勘测鲜少催生图形地图（graphic map），在这方面，古埃及与直到 14 世纪和 15 世纪的中世纪欧洲非常相似。

土地勘测、地籍图和建筑平面图

有关勘测实践方式的直接记录很少，尽管有人将希罗多德的一段话用作埃及勘测实践的早期证据：

⑭　Jaroslav Černý, *A Community of Workmen at Thebes in the Ramesside Period* (Cairo: Institut Français d'Archéologie Orientale, 1973), 61–62, 66–67.

⑮　Papyrus Anastasi Ⅵ (London, British Museum, Pap. BM 10245), lines 67–74, text by Alan H. Gardiner, *Late-Egyptian Miscellanies*, Bibliotheca Aegyptiaca 7 (Brussels: Edition de la Fondation Egyptologique Reine Elisabeth, 1937), 77; Ricardo A. Caminos, *Late-Egyptian Miscellanies*, Brown Egyptological Studies 1 (London: Oxford University Press, 1954), 296–98 nn. 70–71.

125 　　塞索斯特里斯（Sesostris）也是国王，祭司们继续说道，他负责将土地划分成一块块大小相等的正方形租种农田分配到埃及人中，并通过确定每块农田每年要缴的税额，让这些地块成为他收入的来源。如果河流侵占了任何一块田地，其所有者可以到国王那里报告发生了什么。国王会派人前去查看并测量耕地的损失，以便从那时起，可按报告的损失相应地免除部分税款。我将几何学的发明归结为此原因，它从埃及传到了希腊。⑯

　　木制和石制的测量杆得以幸存，但这些均为还愿的祭品而非实用器。按一定间隔打结的绳索——大概是为税收目的用于测量的——在出自底比斯新王国时期墓葬、体现未收割的庄稼地的农耕场景中有所描绘。还有打算放置在神庙或陵墓中的同时期高官雕像。在一种称作"拉绳"的活动中，他们坐在自己的脚后跟上，膝上放着盘起来的测量绳，象征测量师在神庙建造中的作用。绳索的末端是一个公羊的头，以纪念赫努姆－舒（Khnum-Shu）神。⑰ 基本的线性计量单位是不同标准的 1 腕尺。100 平方腕尺，约 1 英亩的三分之二，构成了面积的基本计量单位，埃及语作斯塔特（st3t），对应于希腊文献中的阿鲁拉（aroura）。

　　从后期与神庙建造奠基仪式相关的文本资料中，我们又知道了可以让建筑物方位非常准确的另两种用具。埃及文本中称它们作 merkhet，字面意思是"认知的工具"，和 bay，"棕骨"。每种工具的一例，于开罗购得，年代可能在公元前 600 年前后，由路德维希·博尔夏特（Ludwig Borchardt）在 1899 年做了鉴定。⑱ Merkhet，一种垂线瞄准器，借助 bay，即较宽的一头有 V 形槽开口的棕骨，来对准某物体。

---

　　⑯ Herodotus *History* 2. 109，笔者译。关于此段话，见 Henry Lyons，"Two Notes on Land-Measurement in Egypt，" *Journal of Egyptian Archaeology* 12 (1926)：242－44. 又见 *Herodotus，Book* Ⅱ：*Commentary* 99－182，Etudes Préliminaires aux Religions Orientales dans l'Empire Romain 43 (Leiden：E. J. Brill，forthcoming) 中 A. R. Lloyd 的评论。Strabo，*Geography* 17. 3 也说发明几何学是为了满足每年重新测量租种农田的需要；见 *The Geography of Strabo*，8 Vols.，ed. and trans. Horace Leonard Jones，Loeb Classical Library (Cambridge：Harvard University Press；London：William Heinemann，1917－32)。类似的，Diodorus Siculus，1. 81. 2；见 *Diodorus of Sicily*，12 Vols. trans. C. H. Oldfather，Loeb Classical Library (Cambridge：Harvard University Press；London：William Heinemann，1933－67)。关于古埃及的测量值与测量，见 Adelheid Schlott-Schwab，*Die Ausmaße Ägyptens nach altägyptischen Texten* (Wiesbaden：O. Harrassowitz，1981)。关于勘测和勘测用具的简要讨论，见 Somers Clarke and Reginald Engelbach，*Ancient Egyptian Masonry：The Building Craft* (London：Oxford University Press，1930)，64－68；O. A. W. Dilke，*The Roman Land Surveyors：An Introduction to the Agrimensores* (Newton Abbot：David and Charles，1971)，19－30；S. P. Vleeming，"Demotic Measures of Length and Surface，chiefly of the Ptolemaic Period，" in P. W. Pestman et al.，*Textes et études de papyrologie grecque，démotique et copte*，Papyrologica Lugduno-Batava 23 (Leiden：E. J. Brill，1985)，208－29.

　　⑰ 关于测量田地的场景，见 Suzanne Berger，"A Note on Some Scenes of Land-Measurement，" *Journal of Egyptian Archaeology* 20 (1934)：54－56. 关于这类雕像，见 Jacques Vandier，*Manuel d'archéologie égyptienne*，6 Vols. (Paris：A. et J. Picard，1952－78)，Vol. 3，*Les grandes époques：La statuaire* (1958)，476－77. 关于赫努姆－舒见 Paul Barguet，"Khnoum-Chou，patron des arpenteurs，" *Chronique d'Egypte* 28 (1953)：223－27.

　　⑱ Berlin 14084，14085：Ludwig Borchardt，"Ein altägyptisches astronomisches Instrument，" *Zeitschrift für Ägyptische Sprache und Altertumskunde* 37 (1899)：10－17；Staatliche Museen，Preußischer Kulturbesitz，*Ägyptisches Museum，Berlin* (Berlin：Staatliche Museen，1967)，54，带照片插图。针对埃及人确定建筑物方位的方法，最权威的论述见 Zbyněk Žába，*L'orientation astronomique dans l'ancienne Egypte et la précession de l'axe du monde*，Archiv Orientalni，suppl. 2 (Prague：Editions de l'Académie Tchécoslovaque des Sciences，1953)。又见 I. E. S. Edwards，*The Pyramids of Egypt*，new and rev. ed. (Harmondsworth：Viking，1986)，154－61，和 Günther Vittmann，"Orientierung (von Gebäuden)，" in *Lexikon*，4：cols. 607－9 (note 1)。

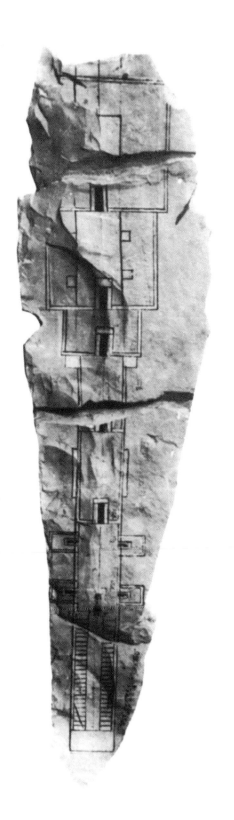

图7.9 帝王谷埃及陵墓平面图

这可能是拉美西斯九世陵墓某块陶片上的一幅工作平面图。

原图尺寸：83.5×14 厘米。Egyptian Museum, Cairo 许可使用（Ostraeon 25，184）。

开罗博物馆（Cairo Museum）的一块石灰石陶片（ostracon），用意不明，或许可追溯到第十九王朝，记有帝王谷陵墓之间的距离，并提到了重要的特征，其中显然包括一棵柳树和某种水的形式。[19] 该文本没有附带草图。不过，在许多记录帝王谷王室陵墓测量值的文献中，有两件带平面图。一件为开罗的一块陶片，可能是 6 号陵墓［拉美西斯九世（Ramesses IX）］的工作平面图；其僧侣体的图例已大量消退（图 7.9）。[20] 另一件是在纸莎草纸上精心绘制的更复杂的着色平面图，保存于都灵的埃及博物馆（图 7.10）。[21] 在岩凿墓的图案周围，纸莎草纸的表面被涂成棕色，并有围以红色轮廓的黑红色交替的折线，描绘的是沙漠山丘。陵墓平面图以平行的细黑线整齐绘制，仿佛表示的是一座建筑物的墙体而不是岩凿墓室的各面。一系列的房间和墓室是以平面形式描绘的，但施以黄色的房门为立面形式。僧侣体图例描述了工作的阶段和墓室的大小。绘图没有按比例尺，平面图只是粗略地估计了房间的真实形状与比例。平面图及测量值与拉美西斯四世的陵墓非常吻合。该文献包含一幅为围绕石棺的神龛所绘的图，其完成度说明该平面图是在下葬前不久绘制的最终稿。和金矿开采和采石区的地图一样，这幅图的用途也无法准确界定，但绘制这样的陵墓平面图很可能是视察工程进展后对其情况的记录。[22] 无论今后会发现其他怎样的土地地图（land map），这幅细致的拉美西斯四世陵墓平面图表明，埃及的绘图者虽然熟悉使用严格的比例规范来绘制，譬如人形等，但并没有试图刻意使用比例尺来表达距离，而是满足于大致准确的徒手绘图，如果需要，会写入精确的测量值。

127

已知有若干建筑画（architectural drawing）或建筑物和房屋的工作平面图。一幅是出自北方修道院（Dīr al-Baḥrī）一块陶制残片上的草图，描绘了一座神殿及围墙，带不按比例尺的测量值。该图有一处文本，如果保存完好的话，可以帮助确定平面图的方位（图 7.11）。[23]

---

[19] Elizabeth Thomas, "Cairo Ostracon J. 72460," in *Studies in Honor of George R. Hughes*, Studies in Ancient Oriental Civilization No. 39 (Chicago: Oriental Institute of the University of Chicago, 1976), 209–16.

[20] Georges Daressy, *Ostraca*, Catalogue Général des Antiquités Egyptiennes du Musée du Caire, Vol. 1 (Cairo: Institut Français d'Archéologie Orientale, 1901), 35, pl. XXXII (No. 25184); William H. Peck, *Drawings from Ancient Egypt* (London: Thames and Hudson, 1978), No. 130.

[21] Howard Carter and Alan H. Gardiner, "The Tomb of Ramesses IV and the Turin Plan of a Royal Tomb," *Journal of Egyptian Archaeology* 4 (1917): 130–58; Peck, *Drawings*, No. 129 (note 20); Clarke and Engelbach, *Ancient Egyptian Masonry*, 48–51 (note 16); Jaroslav Černý, *The Valley of the Kings* (Cairo: Institut Français d' Archéologie Orientale, 1973), 23–34. 与非王室陵墓工作有关的草图，见 William C. Hayes, *Ostraka and Name Stones from the Tomb of Sen-Mūt (No. 71) at Thebes*, Publications of the Metropolitan Museum of Art Egyptian Expedition, Vol. 15 (New York: Metropolitan Museum of Art, 1942), No. 31 and pl. VII.

[22] 见从事平面图绘制的一位书吏的报告，Černý, *A Community of Workmen*, 12 (note 14)。

[23] S. R. K. Glanville, "Working Plan for a Shrine," *Journal of Egyptian Archaeology* 16 (1930): 237–39. 关于房屋平面图见，例如，Clarke and Engelbach, *Ancient Egyptian Masonry*, 51–52 (note 16)，和 Norman de Garis Davies, "An Architect's Plan from Thebes," *Journal of Egyptian Archaeology* 4 (1917): 194–99. 另一例，出自 Hepusonb 的陵墓附近，见 Lydia Collins, "The Private Tombs of Thebes: Excavations by Sir Robert Mond, 1905 and 1906," *Journal of Egyptian Archaeology* 62 (1976): 1840，尤其第 36 页，显然是由 Černý 复制于开罗博物馆。麦罗埃时期（约公元前 200—公元 200 年）的一例，见 Jean Jacquet, "Remarques sur l'architecture domestique à l'époque méroïtique: Documents recueillis sur les fouilles d'Ash-Shaukan," in *Aufsätze zum 70. Geburtstag von Herbert Ricke*, ed. Abdel Moneim Abubakr et al., Beiträge zur Ägyptischen Bauforschung und Altertumskunde, No. 12 (Wiesbaden: F. Steiner, 1971), 121–31，尤其第 130 页和图版 19–20。

图 7.10 埃及陵墓的纸莎草纸平面图

虽然平面图并未按比例尺绘制，图例中的测量数据却同拉美西斯四世陵墓中的数值非常吻合。

原图尺寸：31.1×104.8 厘米。Soprintendenza per le Antichirà Egizie, Turin 许可使用。

图 7.11 出自北方修道院的建筑画

此陶制残片年代为公元前 12 世纪或 13 世纪，其上显示有一座神殿及一道围墙。

原图尺寸：9.5×9.8 厘米。Trustees of the British Museum, London 许可使用（BM 41228）。

目前没有农田或产业地图已知早于托勒密时期。㉔ 来自杰贝雷因（Gebelein）的残片，有希腊文和世俗体文字（demotic）的注记，出自一幅帕提里斯（Pathyris）及其周边地区的地

㉔ 农田草图收录在与计算土地面积有关的算数问题所附图表中，例如，在约公元前 1600 年抄写的林德数学纸草文卷（Rhind Mathematical papyrus）内，T. Eric Peet, *The Rhind Mathematical Papyrus* (Liverpool: University Press of Liverpool, 1923)；A. B. Chace, *The Rhind Mathematical Papyrus*, 2 Vols. (Oberlin, Ohio: Mathematical Association of America, 1927 – 29)。W. W. Struve, *Mathematischer Papyrus des Staatlichen Museums der Schönen Künste in Moskau* (Berlin: J. Springer, 1930). 发现的类似图表以世俗体书写，见 Richard A. Parker, *Demotic Mathematical Papyri* (Providence: Brown University Press, 1972)。

图，可能是为了官方行政目的，或作为构成某私人交易材料的地块图而绘制的。㉕ 除了河流
128 或运河显示为蓝色，几乎无法从中获取什么信息。该地区的大量档案年代在公元前 2—前 1
世纪初之间。两个较早的备忘录附图实例，发现于同管理阿波罗尼乌斯（Apollonius）的大
地产有关的卷宗内，此人是托勒密二世在法尤姆（Faiyum）的内务大臣。其中一幅是从法
尤姆古兰（Ghoran）大墓地的一具木乃伊棺材中寻回的，年代为公元前 259 年（图 7.12）。㉖
其显示的是被运河与堤坝纵横切割的一个地块的示意平面图（schematic plan）。图的方位用
希腊文（备忘录所用语言）和世俗体文字同时给出。希腊文本给出的西在图的上方。不过，
为了读取由世俗体文字作者起草的罗盘点，必须将纸草顺时针旋转 90 度好让南在上。第二
幅图发现于泽农（Zenon）的大量档案中的另一张纸草上，他代表阿波罗尼乌斯管理其地
产。图上显示了一条运河的河道，以及北面某位阿特米多鲁斯（Artemidorus）的房子和南面
阿蒙涅姆赫特（Poremanres）三世神庙之间一道栅栏的位置（图 7.13）。㉗ 设计栅栏是为了
保护猪和其他牲畜免受洪水侵袭。

虽然希腊罗马时期的埃及有大量涉及土地和建筑物售卖、租赁与抵押的私人文件得以
幸存，但这类图却非常稀少。公共地籍调查没有附带草图。两件法老时期的调查记录，维
布尔纸草（Papyrus Wilbour）与赖因哈特纸草（Papyrus Reinhart），也同样缺少草图。类似
的，底比斯西部两处命名的地点之间的"城镇登记簿"（town register）也不附带地图。该
登记簿，可追溯至拉美西斯时期末，保存在与盗墓调查有关的一张纸草背面，是一份由北
向南排列的 182 间房屋的清单，以僧侣体书写，约作七窄列。㉘ 考虑到土地评估对征税的重
要性，以及在一个每年洪水都会淹没农田的国度，划定土地边界的重要，我们会指望或许
会存在农田图。㉙ 它们的缺失可被解释成出于纸莎草纸幸存的偶然性，也可解释为希腊罗马
时期以前行政文件普遍缺乏使然。然而，鉴于很少有证据表明地图用于行政目的，这里也
许更有可能的是，如同古埃及人文化的其他方面一样，他们在取得一定程度的成就后，没
有表现出对变化或发展的巨大偏好。他们的绘图原则吸纳了地图绘制所需的一切，他们也
拥有测量、计算和登记面积的手段与官僚制度。然而，正如他们在其他地方早已发明完整
的字母书写系统之后仍不情愿接受该系统一样，鉴于其农业生活与经济状况，在我们看来
似乎是表现方式上的自然进步却没有得到进一步利用。开发地图绘制潜力之事便留给了
他人。

㉕　Cairo, Egyptian Museum, Pap. demo Cairo 31163, Wilhelm Spiegelberg, *Die demotischen Denkmäler*, 2 Vols.（Leipzig：
W. Drugulin, 1904 – 8），Vol. 2, *Die demotischen Papyrus*, 261 – 63, pl. cv; Greek text, Friedrich Preisigke, *Sammelbuch griechis-
cher Urkunden aus Ägypten*（Strasburg：K. J. Trübner, 1915），Vol. 1, No. 4474.

㉖　Paris, Institut Papyrologique, Papyrus Lille 1, 带全文注解的最新编辑，见 P. W. Pestman, *Greek and Demotic Texts from
the Zenon Archive*, Papyrologica Lugduno-Batava 20（Leiden：E. J. Brill, 1980），253 – 65 and pl. XXIX.

㉗　Campbell Cowan Edgar, *Zenon Papyri in the University of Michigan Collection*, Michigan Papyri Vol. 1（Ann Arbor：Uni-
versity of Michigan Press, 1931），162（No. 84）and pl. VI.

㉘　London, British Museum, Pap. BM 10068v; T. Eric Peet, *The Great Tomb-Robberies of the Twentieth Egyptian Dynasty*
（Oxford：Clarendon Press, 1930），83 – 87, 93 ff.

㉙　见上文注释 16。

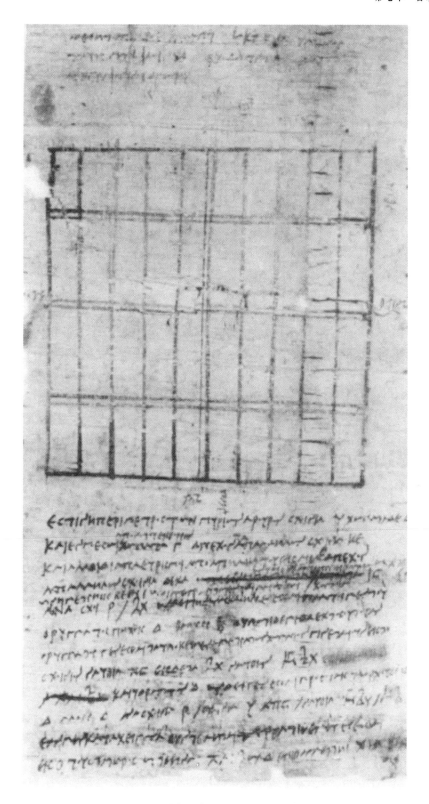

图 7.12　法尤姆的堤坝与运河平面示意图

公元前259年的纸莎草纸文件，出自托勒密二世的内务大臣阿波罗尼乌斯的地产。

纸莎草纸尺寸：61×31 厘米。Institut de Papyrologie de la Sorbonne，Paris（Papyrus Lille 1）。Samie Guilbert 拍摄照片。

129

图 7.13　运河与岩壁平面图

与给阿波罗尼乌斯的地产管理人泽农的备忘录有关（见图 7.12），这份未注明年代的文件发现于埃及菲拉德尔斐亚。

纸莎草纸尺寸：25.5×22 厘米。Department of Rare Books and Special Collections，University of Michigan Library 许可使用（P. Mich. Inv. 3110）。

　　如果能发现年代更为广泛的更多资料，我们很可能会认为古埃及人在地图学领域的成就，比目前偶然幸存的资料所表明的要大。埃及部分地区的保护上乘，令我们可以期待与该国民政相关的新的文献将曝光。这必定会有助于解读如都灵金矿纸草这样的重大发现。这幅独特地图的两部分的定本显然是众望所归。

参考书目

第七章　古埃及地图学

Goyon, Georges. "Le papyrus de Turin dit 'Des mines d'or' et le Wadi Hammamat." *Annales du Service des Antiquités de l'Egypte* 49 (1949): 337–92.

Gundlach, Rold. "Landkarte." In *Lexikon der Ägyptologie*, ed. Wolfgang Helck and Eberhard Otto, 3:col. 922–23. Wiesbaden: O. Harrassowitz, 1975–.

Lesko, Leonard H. *The Ancient Egyptian Book of Two Ways.* University of California Near Eastern Studies Publications, vol. 17. Berkeley: University of California Press, 1972.

Neugebauer, Otto, and Richard A. Parker, eds. and trans. *Egyptian Astronomical Texts.* 3 vols. Providence and London: Lund Humphries for Brown University Press, 1960–69.

North, Robert. *A History of Biblical Map Making.* Beihefte zum Tübinger Atlas des Vorderen Orients, B32. Wiesbaden: Reichert, 1979.

Peck, William H. *Drawings from Ancient Egypt.* London: Thames and Hudson, 1978.

Piankoff, Alexandre. *The Wandering of the Soul.* Completed and prepared for publication by Helen Jacquet-Gordon. Egyptian Religious Texts and Representations, Bollingen Series 40, vol. 6. Princeton: Princeton University Press, 1974.

Žába, Zbyněk. *L'orientation astronomique dans l'ancienne Egypte et la précession de l'axe du monde.* Archiv Orientální, suppl. 2. Prague: Editions de l'Académie Tchécoslovaque des Sciences, 1953.

130

第八章 古风与古典时期希腊的理论地图学基础

编者根据热尔梅娜·奥雅克
(Germaine Aujac) 提供的资料编写
包 甦 译

希腊文明始于米诺斯—迈锡尼时代（Minoan-Mycenaean age）（公元前 2100—前 1100 年），可以说一直延续到 15 世纪拜占庭和特拉布宗（Trebizond）帝国的衰落。在这约 3000 年的时间跨度里，希腊地图学的主要成就从公元前 6 世纪前后开始，到公元 2 世纪托勒密的著作达到巅峰。为方便起见，这一影响深远的时代可划分为几个时期，以下章节将围绕这些时期展开：古风与古典时期（至公元前 4 世纪），希腊化时期（公元前 4—前 3 世纪），早期希腊罗马时期（公元前 2—公元 2 世纪），以及托勒密的时代（公元 2 世纪）。[①]

常有人评论，希腊对地图学的贡献存在于猜想和理论领域而非实践领域，从最早期到古典时代结束，这种说法再正确不过了。尤其是大比例尺的陆地制图，缺乏坚实的勘测与一手观察的经验传统。即便在该时期末，已知世界或人类居住的世界（oikoumene）的地理轮廓也只得到过粗略勾勒。天文制图，虽然明显基于直接观察且为占星和历法的实用目的而发展起来，但其更依赖于抽象几何而非系统的测量技术。

并且，对地图学史学家而言，早期阶段由于证据太少且解读困难，造成了特别的问题。没有地图制品明确定义了这一时期的起始。例如，与前几章所描述的早期巴比伦与埃及地图学的联系，只能得到初步确立，而早期希腊人在多大程度上受这类知识的影响仍停留于猜测。尽管有一些间接证据支持与地图学相关的重要数学概念的传播

---

① 关于这一时期的一般性著作，见 G. E. R. Lloyd, *Early Greek Science: Thales to Aristotle* (New York: W. W. Norton, 1970); Armando Cortesão, *History of Portuguese Cartography*, 2 Vols. (Coimbra: Junta de Investigações do Ultramar-Lisboa, 1969 – 71), Vol. 1, chap. 2; Edward Herbert Bunbury, *A History of Ancient Geography among the Greeks and Romans from the Earliest Ages till the Fall of the Roman Empire*, 2d ed., 2 Vols. (1883; republished with a new introduction by W. H. Stahl, New York: Dover, 1959); J. Oliver Thomson, *History of Ancient Geography* (Cambridge: Cambridge University Press, 1948; reprinted New York: Biblo and Tannen, 1965); H. F. Tozer, *A History of Ancient Geography*, 2d ed. (1897; reprinted New York: Biblo and Tannen, 1964); D. R. Dicks, *Early Greek Astronomy to Aristotle* (Ithaca: Cornell University Press, 1970); Otto Neugebauer, *The Exact Sciences in Antiquity*, 2d ed. (Providence: Brown University Press, 1957); idem, *A History of Ancient Mathematical Astronomy* (New York: Springer-Verlag, 1975); G. S. Kirk, J. E. Raven, and M. Schofield, *The Presocratic Philosophers*, 2d ed. (Cambridge: Cambridge University Press, 1983); W. K. C. Guthrie, *A History of Greek Philosophy*, 6 Vols. (Cambridge: Cambridge University Press, 1962 – 81).

与接纳——甚至支持世界地图基本样式的承继——但此种联系的直接文献证据却是缺乏的。②

　　同样的，人们并不总能意识到，我们关于早期希腊地图学的知识，绝大部分都是通过二手或三手记述获知的。我们不掌握阿那克西曼德（Anaximander）、毕达哥拉斯或埃拉托色尼的原始文本——三位均是希腊地图学思想发展的支柱。尤其是，可被视作地图的图形表现形式的制品，现存相对较少。因此，我们的地图学知识必须大部分从文学描述中获取，而这些描述往往用诗歌语言表达，难以解读。此外，其他许多援引地图的古代文本由于写在其记录时期的数世纪之后，因而被进一步歪曲了；对这些文本也必须谨慎看待，因为它们同样既是解释性的也是描述性的。③尽管地图学思想和实践的某些方面具有显见的连续性，但我们必须对大的空白进行推知从而得出我们的结论。因此，在接下来的记述中，采用了一种基本上为经验性的方法，以便按年代顺序，从往往是遗失著作的残篇中最大限度地提取有关地图的信息，这些地图是以各作者个人的名义收集的。④

　　古希腊最早的地图学参考文献是难以解读的。其背景是荷马的《伊利亚特》（*Iliad*）（现代学者认为写于公元前 8 世纪）中，对阿喀琉斯（Achilles）之盾的描述。⑤由于斯特拉波（约公元前 64/63—公元 21 年）和斯多葛学派（Stoics）均称荷马是地理科学之父及奠基者，该科学通常被认为涉及地图和论著，因此，人们很容易用荷马对这副神话盾牌的描述来展开一部希腊理论地图学的历史。如果这种解释合理，那么也必须接受荷马是在描述一幅宇宙图。虽然自希腊化时期起，地理一词的原意是对地球（*gē*）的书面或绘画的描述（因此地图绘制和地理描述在希腊世界是不可分割的），但同样清楚的是，希腊制图不仅包括在平面或球仪上呈现地球，也包括对整个宇宙的勾画。荷马史诗中的盾牌，由火与冶炼之神赫菲斯托斯（Hephaestus）为阿喀琉斯制造，显然是古希腊人所构想并由诗人所表述的这样一幅宇宙的地图。

　　尽管为诗歌的文学形式，但它以明显的地图象征，让我们清楚地看到创造这一伟大作品的各个过程。它告诉我们，赫菲斯托斯是如何用五层金属层压，并用三层金属的镶边来锻造一副巨型盾牌。组成盾牌的五个圆盘包括中间的一块金盘，金盘两边各一块锡盘，最后是两块铜盘。据说，在前面的铜盘上，他设计的是同心圆纹样；图 8.1 提出了一种可能

131

　　② Otto Neugebauer, "Survival of Babylonian Methods in the Exact Sciences of Antiquity and the Middle Ages," *Proceedings of the American Philosophical Society* 107（1963）：528－35.

　　③ Lloyd, *Early Greek Science*, 10（note 1）.

　　④ 关于这些残篇的大部分，见 H. Diels and W. Kranz, eds., *Die Fragmente der Vorsokratiker*, 6th ed., 3 Vols.（Berlin：Weidmann, 1951－52），以及对 Diels and Kranz 书中残篇的英译，见 Kathleen Freeman, *Ancilla to the Pre-Socratic Philosophers*（Cambridge：Harvard University Press, 1948）。

　　⑤ P. R. Hardie, "Imago Mundi：Cosmological and Ideological Aspects of the Shield of Achilles," *Journal of Hellenic Studies* 105（1985）：11－31；Germaine Aujac, "De quelques représentations de l'espace géographique dans l'Antiquité," *Bulletin du Comité des Travaux Historiques et Scientifiques：Section de Géographie* 84（1979）：27－38，尤其第27—28页。对《伊利亚特》中阿喀琉斯之盾的描述，见 book 18, lines 480－610。现代翻译及全文注释，见 Richmond Lattimore, ed. and trans., *The Iliad of Homer*（Chicago：University of Chicago Press, 1951），388－91，411，以及基于此翻译的，Malcolm M. Willcock, *A Companion to the Iliad*（Chicago：University of Chicago Press, 1976），209－14。

的布局。⑥ 中间的天地，两座城市（一座处于和平，一座处于战争）的农耕活动和畜牧生活，以及环绕硬盾边缘的"海洋，那浩瀚且强大的河流"等场景，表明他有意将可居住世界的综合体表现为被水包围的一座岛屿。赫菲斯托斯在阿喀琉斯的盾牌上用袖珍图描绘了宇宙，而荷马在他的诗歌中，只是为这一图画呈现做了评述。如同与荷马史诗主题大致同时代的锡拉岛壁画（Thera）（下文将讨论）一样，将现实中不可能同时发生的场景和行动并置于盾牌之上，体现了艺术家想要表现人类活动融合在一起的愿望。

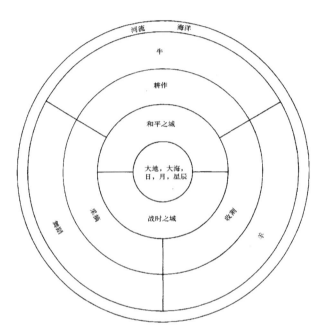

图 8.1　荷马史诗《伊利亚特》中阿喀琉斯之盾的重建

据 Malcolm M. Willcock, *A Companion to the Iliad* (Chicago：University of Chicago Press, 1976), 210。

据确定对荷马史诗产生影响的文化的考古发现来看，阿喀琉斯之盾的内容似乎并不那么非凡。⑦ 荷马写作的时间并不比被认为是希腊科学发端的首次出现早多少。他的诗歌可以被解读为对宏观与微观层面信仰的诗意表达，社会所持有的这些信仰寻求调和普遍的宇宙观和人在宇宙中的活动。匠神赫菲斯托斯被选来提供宇宙的完整图像——大地、海洋、天空，以及人类生活的场景。对主要星座——猎户座（Orion）、毕星团（Hyades）、昴星团（Pleia-

132

---

⑥　对星座的描述如下："他在盾面绘制了大地、天空和大海，不知疲倦的太阳和一轮望月满圆，以及繁密地布满天空的各种星座，有昴星座、毕宿团、猎户座，以及绰号为北斗的大熊星座，它以自我为中心运转，遥望猎户座，只有它不和其他星座为沐浴去长河 ［永不会落到地平线以下］。" Homer *Iliad* 18. 483 – 89；由 Lattimore, *Iliad*, p. 388 (note 5) 翻译。

对洋海（Ocean Sea）与奥克阿诺斯（Okeanos）那些水的神的描述如下："无论波涛汹涌的阿克洛伊奥斯河或是渊深无底的奥克阿诺斯的巨大力量，都不敌于宙斯，尽管他是各条河流和所有大海、一切泉流和深井的源泉；当伟大的宙斯从天宇放出可怕的闪电和霹雳时，他也禁不住惊恐惶栗。" Homer *Iliad* 21. 194 –99；由 Lattimore, *Iliad*, p. 423 (note 5) 翻译。（译者注：此注释两段译文摘自 ［古希腊］ 荷马《荷马史诗·伊利亚特》，罗念生、王焕生译，人民文学出版社 2003 年版）

⑦　这一时期发现有带类似同心圆环装饰的圆盾和花瓶。见 Willcock, *Companion*, 209 (note 5)。

des）和大熊座（Great Bear）——的描述表明，利用这些恒星群来辨认天空不同部分的传统已经形成。盾牌包括对日月同辉的呈现，同样是试图把对天空的一般知识整合到一幅描绘中。即便是以这种诗歌形式，我们也能窥见，地图的使用，几乎是作为一种启发式的工具，为概念和观察引入了某种秩序，并就古希腊人对其世界的性质与构成的思考做了整理。

与此同时，我们应该清楚，阿喀琉斯之盾上的地图，并不是为了传达古希腊人所知的世界地理知识的字面观点。盾牌表面排列的农村与城市生活场景，并没有明显的地理顺序。它们只是体现了有关人类活动以及人类之间深刻的相互依存（尽管其追求多样且各具特点）的概括和隐喻的观点。这样的人类整体，由环绕整副盾牌的海洋将世界表现为一座岛屿所强调。荷马在其社会缩影中没有描绘海洋活动：海洋似乎只是可供认知的人居世界的几何框架，W. A. 海德尔（W. A. Heidel）认为该框架是古希腊所有地图的基本特征。⑧

荷马的描述如此详细，以至于尽管阿喀琉斯之盾显然是一幅假想的地图，但它有助于一窥试图绘制世界的早期历史。可能其不少内容是传统的，但也有很多想象的成分。的确，它是后世作者们奚落的对象。斯特拉波总结了这一观点：

> 有些相信这些故事本身且认为诗人博学的人，实际已将荷马的诗歌用作其科学调查的基础……不过，其他人却如此激烈地回应所有这类尝试，以至于他们不仅将诗人……逐出这类科学知识的整个领域，还把所有着手这种任务的人都当作疯子。⑨

但该描述无疑反映了当时真实地图中存在的元素，其中的许多元素在后来广为使用。恒星被命名并归入星座；已知世界的界限通过环绕可居住世界的真实或虚构的海洋来确定；并且试图在这一世界场景中凸显人类活动。

与荷马史诗相比，从希腊世界幸存下来的已知最早具有地图学意义的图形呈现是锡拉岛壁画，其残片发现于 1971 年对桑托林岛（Santorini），锡拉岛旧称，阿克罗蒂里（Akrotiri）的海军上将官邸的考古发掘过程中（图版 3）。⑩ 它没有描绘阿喀琉斯之盾上所表现的宇宙，而是与被认为位于克里特（Crete）北部的某当地地区有关。其年代可能属米诺斯时代晚期，即锡拉岛被占领的时期，约公元前 1500 年。壁画具有图画般的品质，可通过现存残片全面重建。虽然其主要用途毫无疑问是装饰性的，但它包含被解释为地图部分的特征，涉及海岸线、港口、海滨村庄、有着牛和野生动物的大山，以及岸边有动植物的蜿蜒河流。海里显示有船只和鱼类。但除了这些地理特征外，还包括可能出自该社会历史过往的情节。显贵们的队列向着山坡行进，船只严阵以待停靠在岸边，内陆有战斗正在打响；还有海军的出征，以及随后在一片欢腾中凯旋回到自己的母港。如同埃及叙事绘画一样，实际上时间连续的事件

⑧　William Arthur Heidel, *The Frame of the Ancient Greek Maps*（New York：American Geographical Society, 1937）.

⑨　Strabo *Geography* 3. 4. 4；见 *The Geography of Strabo*, 8 Vols. , ed. and trans. Horace Leonard Jones, Loeb Classical Library（Cambridge：Harvard University Press；London：William Heinemann, 1917 – 32）.

⑩　Peter Warren, "The Miniature Fresco from the West House at Akrotiri, Thera, and Its Aegean Setting," *Journal of Hellenic Studies* 99（1979）：115 – 29, and Lajos Stegena, "Minoische kartenähnliche Fresken bei Acrotiri, Insel Thera（Santorini）," *Kartographische Nachrichten* 34（1984）：141 – 43. 壁画的首次发表，见 Spyridon Marinatos, *Excavations at Thera* Ⅵ（1972 *Season*）, Bibliothēkē tēs en Athēnais Archaiologikēs Hetaireias 64（Athens：Archailogikē Hetaireia, 1974）.

被描绘成同时发生。

圆形地图与平坦大地：公元前 6 世纪的
阿那克西曼德及其继承者

伴随希腊科学在公元前 6 世纪的出现，对世界进行描述的背景发生了变化。当然，很难说这时希腊社会较高的援引地图的频率，在多大程度上是由于文学文本留存得更为充分，而不是因为地图绘制理论与实践中的真正改变和技术进步。然而，尽管我们的结论仍必须基于文学资料（常常是间接地针对其所描述的实践）而非当时的地图制品，但有充分理由相信，自然哲学家们首次对整个世界提出了更系统的问题，并试图对他们观察到的现象给出自然主义而非超自然的解释。因此，米利都的（Milesian）自然哲学家们或许是试图根据可认知的科学原则，来绘制地球和天空的首批希腊人。

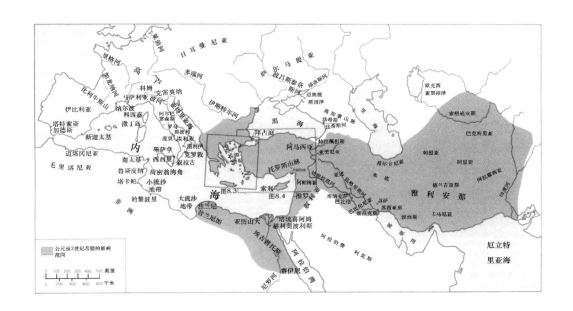

图 8.2　与希腊世界的地图相关的主要地点

在后来的希腊作者看来——他们倾向于采用一种英雄主义而非语境论的知识发展观——这些创新大多归功于阿那克西曼德（约公元前 610—前 546 年），他曾是小亚细亚城市米利都（Miletus）的泰利斯（Thales）的门徒（见图 8.2—8.4）。泰利斯（约公元前 624—前 547 年）为古希腊七贤之一，被后世评论者认为是一位杰出的天文学家。[11] 据说他可以预测交食，计算太阳年和太阴月的长短，从而确定二至点（solstices）与二分点（equinoxes）之

----

① 七贤为生活在公元前 620 年至前 550 年期间的政治家、君主等人，他们中每人都有一句为世人所公认的智慧格言。泰利斯一直在这七贤之中。见 John Warrington, *Everyman's Classical Dictionary*（London：J. M. Dent；New York：E. P. Dutton, 1961）。

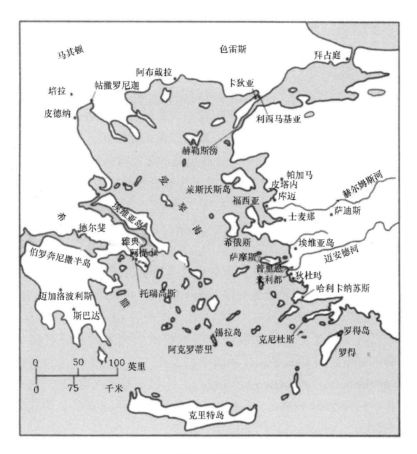

图8.3　爱琴海

图8.2中参考地图的细部图。

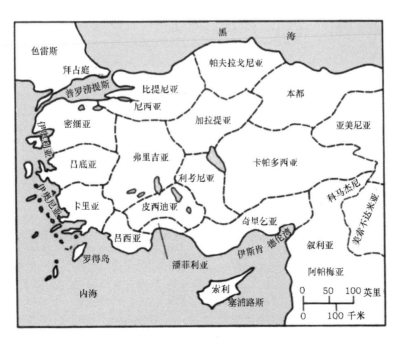

图8.4　公元前3世纪的小亚细亚

图8.2中参考地图的细部图。

134　间的间隔。[12] 据一则传说，泰利斯对天空如此着迷，以至于忽略了脚下的情形，在仰望星空时跌落到了井里。[13]

阿那克西曼德，也被称作杰出的天文学家，对该科学的技术方面格外感兴趣。据称，他发明了圭表（gnomon）并将其作为日晷（sundial）的一部分引入了斯巴达（Sparta）。[14] 事实上，按希罗多德所说，他可能只是借用了巴比伦人关于该仪器的想法。[15] 阿那克西曼德是否教导过地球是球形或圆柱形的，也是古典与现代作者之间的争论点——关于其宇宙学的间接证据是彼此矛盾的。[16] 无论如何，按照公元3世纪的编纂者第欧根尼·拉尔修（Diogenes Laertius）的说法，我们从他那里得到了许多关于古希腊哲学家的生平信息，阿那克西曼德"是画出陆地和大海轮廓并造出球仪的第一人"。[17] 同样的，公元3世纪的地理论著作者、许多否则已失传的著作来源的阿伽泰米鲁斯（Agathemerus）称，阿那克西曼德是首位"敢于在地图［pinaki］上画出可居住世界的人"[18]，斯特拉波称他是"发表了首张地理图［geographikon pinaka］"的作者。[19] 显然，阿那克西曼德是试图用图形形式表达概念的一长串希腊工匠—哲人中，第一位被记录下来的。球形的构建与地图的绘制将成为希腊人机械思维的特色产物，其经常的出现所揭示的，可能是比传统所展示的更实用的一面。

不确定阿那克西曼德是为他的地图还是其球仪的制造写过评述。历史学家、政治家、米利都人赫卡泰俄斯（Hecataeus，活跃于公元前500年），被认为是第一部《环行地球》（Circuit of the Earth，Periodos gēs）的作者。[20] 该书分作两部分：一部分涉及欧洲，另一部分涉及亚洲和利比亚（Libya，非洲）。赫卡泰俄斯的论著被认为在阿那克西曼德

---

⑫　由于我们关于泰利斯天文学的证据是间接的，因此必须谨慎对待。Neugebauer, *Exact Sciences in Antiquity*, 142（note 1），认为倘若泰利斯的确预测了公元前584年的日食，那么一定不是在科学基础上进行的，因为据说其基于的巴比伦理论在公元前600年并不存在。关于泰利斯的传说有时是矛盾的，要么强调其理论能力，要么是其实践能力。

⑬　关于这口井的故事见 Plato *Theaetetus* 174A；见 James Longrigg, "Thales," in *Dictionary of Scientific Biography*, 16 Vols., ed. Charles Coulston Gillispie（New York：Charles Scribner's Sons, 1970—80），13：297，尤其 n. 7。

⑭　Diogenes Laertius *Lives of Famous Philosophers* 2. 1；见 *Vitae philosophorum*, ed. Herbert S. Long, 2 Vols.（Oxford：Clarendon Press, 1964）；或者其英文译本，*Lives of Eminent Philosophers*, 2 Vols., trans. R. D. Hicks, Loeb Classical Library（Cambridge：Harvard University Press；London：William Heinemann, 1925—38）。

⑮　Herodotus *History* 2. 109；见 *The History of Herodotus*, 2 Vols., trans. George Rawlinson（London：J. M. Dent；New York：E. P. Dutton, 1910）。又见 Herodotus *Histoires*, 10 Vols., ed. P. E. Legrand（Paris：Belles Lettres, 1932—39）。阿那克西曼德科学知识的实际水平可能远不如二手及三手资料所间接表明的；见 D. R. Dicks, "Solstices, Equinoxes, and the Presocratics," *Journal of Hellenic Studies* 86（1966）：26—40。

⑯　Dicks, *Early Greek Astronomy*, 45—46 and n. 50（note 1）。

⑰　Diogenes Laertius *Lives* 2. 1（note 14）。又见 William Arthur Heidel, "Anaximander's Book：The Earliest Known Geographical Treatise," *Proceedings of the American Academy of Arts and Sciences* 56（1921）：237—88。

⑱　Agathemerus *Geographiae informatio* 1. 1, in *Geographi Graeci minores*, ed. Karl Müller, 2 Vols. and tabulae（Paris：Firmin-Didot, 1855—56），2：471—87，尤其第471页，翻译 O. A. W. Dilke；"在地图上"的希腊语在这里作 ἐν πίνακι。地图最常见的两个词，（gēs）periodos 和 pinax，可以有其他含义，分别是"对地球的环行"和"绘画"。因此，现代作者对希腊地图学的评价往往比较谨慎，此处出现的部分资料在已出版的记载中找不到；但其应该被严肃、科学地加以考虑。

⑲　γεωγραφικὸν πίνακα. Strabo *Geography* 1. 1. 11（note 9），由 O. A. W. Dilke 翻译。又见 Strabo, *Géographie*, ed. François Lasserre, Germaine Aujac et al.（Paris：Belles Lettres, 1966— ）。

⑳　περίοδος γῆς. 赫卡泰俄斯著作的题目有时会简写成 *Periodos* 或 *Periegesis*。大部分现存残篇出自拜占庭的斯特凡努斯，且大多是地名列表。不过，从斯特拉波和希罗多德书中的残篇来看，显然原著的内容是更广泛的。见 D. R. Dicks, "Hecataeus of Miletus," in *Dictionary of Scientific Biography*, 6：212—13（note 13），和 Tozer, *History of Ancient Geography*, 70—74（note 1）。

地图的基础上有了很大改进；阿伽泰米鲁斯认为其非常优异，比起后来莱斯沃斯岛的赫拉尼库斯（Hellanicus of Lesbos）的作品，甚至更喜爱此作。㉑ 图 8.5 是对赫卡泰俄斯世界观的重建。

这些古地图所使用的资料可能是大量的。*pinax* 一词，按后来作者的定义，可指用于书写铭文或绘制肖像、风光或地图的木板。㉒ 另一方面，希罗多德说起过一块铜板（*pinax*），　135
刻有对整个地球的环行（*periodos*）以及所有的河流与海洋，米利都的阿利斯塔戈拉斯（Aristagoras of Miletus）在公元前 500 年前后前往希腊寻求对付波斯人的盟友时，曾带着这块铜板。㉓ 希罗多德所提及的很重要，它表明地图可刻在便于携带的铜板上，在伊奥尼亚（Ionia）经常会制作可居住世界的总图，并且它们比同时代诸如巴比伦泥板一类简单的几何平面图更具信息量。事实上，阿利斯塔戈拉斯已能在该地图上显示从伊奥尼亚到波斯一路需穿越的地区，包括吕底亚（Lydia）、弗里吉亚（Phrygia）、卡帕多西亚（Cappadocia），延伸到塞浦路斯（Cyprus）海对面的奇里乞亚（Cilicia）、亚美尼亚、马铁纳（Matiena），以及有着苏萨（Susa）城的奇西亚（Cissia）。所有这些地方都铭刻在刻于板上的"环行地球"上。阿利斯塔戈拉斯携带的地图可能最初源自阿那克西曼德的地图，在古代备受推崇。但我们可以推测，它也借鉴了波斯人为其帝国御道编制的道路测量值。㉔

我们几乎没有阿那克西曼德地图的细节，但传统上认为"古代地图"（可能为出自伊奥尼亚的那些）是圆形的，希腊在中部，德尔斐（Delphi）位于中心。㉕ 希罗多德证实了这些地图形式的规律性："在这之前有多少人画过全世界的地图，但没有一个人有任何理论的根据，这一点在我看来，实在是可笑的。因为他们把世界画得像圆规画的那样圆，而四周则环绕着欧凯阿诺斯的水流，同时他们把亚细亚和欧罗巴画成一样大小（译者注：此段译文摘自希罗多德著，王以铸译，《希罗多德历史》，商务印书馆 1959 年版）。"㉖ 重要的是，希罗多德在这里指的是 *periodoi gēs*（环行地球），可能类似于赫卡泰俄斯的著作。这些著作应该是配有图示，或附以刻在青铜或绘于木头上的地图的。㉗

亚里士多德（Aristotle）曾嘲笑他同时代的人，在他们的"环行地球"中将可居住世界画成圆形，他称之为不合逻辑的。㉘ 在公元前 1 世纪，斯多葛派哲学家、帕奥西多尼乌斯（Posidonius）的学生杰米努斯（Geminus），抱怨仍在使用的圆形地图的人为性，并告诫说不

㉑　Agathemerus *Geographiae informatio* 1.1（note 18）。赫拉尼库斯（约公元前 480—前 400 年），与希罗多德同时代，较之地理学家，他更是一位历史学家。

㉒　πίνακι. 这些木板用于公共展览，被嵌入纪念碑的墙壁或门廊予以突出展示。

㉓　Herodotus *History* 5.49（note 15）。这里释义为"环行"的一词 *periodos*，字面意思是"绕着走"，因此可能暗示刻于板上的地图大致为圆形。

㉔　对波斯御道的描述，见 Herodotus *History* 5.52 – 54（note 15）。又见 Robert James Forbes, *Notes on the History of Ancient Roads and Their Construction*, Archaeologisch-Historische Bijdragen 3（Amsterdam：North-Holland, 1934），70 – 84。

㉕　在德尔斐的阿波罗神示所，有一个翁法洛斯（omphalos, 意为肚脐），是一块象征世界中心的石头。德尔斐位于中心的概念的起源（自希腊神话），以及对德尔斐翁法洛斯的一般性讨论，可见于 *Oxford Classical Dictionary*, 2d ed., s. v. "omphalos."见 Agathemerus *Geographiae informatio* 1.2（note 18）。

㉖　Herodotus *History* 4.36（note 15）。

㉗　见注释 22。

㉘　Aristotle *Meteorologica* 2.5.362b.13；见 *Meteorologica*, trans. H. D. P. Lee, Loeb Classical Library（Cambridge：Harvard University Press；London：William Heinemann, 1952）。

要接受这类地图中的相对距离。㉙ 他用 *geographia* 一词来指地图，说明该词的双重含义。因此，在人们早已知道可居住世界的长度（西到东）大于宽度（南到北）之后，简单的圆形地图仍在继续使用。

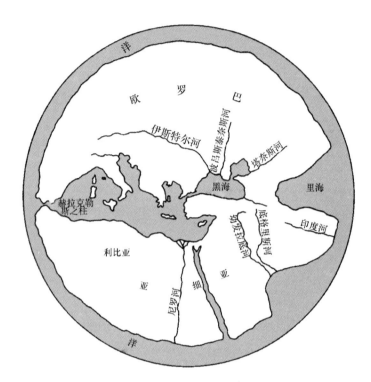

图 8.5　据赫卡泰俄斯重建的世界

据 Edward Herbert Bunbury，*A History of Ancient Geography among the Greeks and Romans from the Earliest Ages till the Fall of the Roman Empire*，2d ed. ，2 Vols. （1883；republished with a new introduction by W. H. Stahl，New York：Dover，1959），Vol. 1，map facing p. 148。

公元前 6—前 4 世纪新理论对地图学的影响：
毕达哥拉斯、希罗多德与德谟克利特

虽然将世界地图画成扁平圆盘的传统（反映了地球也是一个平面的理论），自荷马时代起就已根深蒂固，但资料显示，天地呈球形的概念出现的时间晚得多，这一概念最终催生了天球仪和地球仪形式的地图呈现。非常值得怀疑的是，大地为球形的理论会早于毕达哥拉斯，这位萨摩斯（Samos）人在公元前 530 年前后搬到了意大利南部的克罗敦（Croton）。第欧根尼·拉尔修（Diogenes Laetius）关于阿那克西曼德构造了一枚天球的说法是没有根据的。㉚

对恒星似乎绕固定点（后来被确认为天极［celestial pole］）有规律地旋转的观察，产生

㉙　Geminus *Introduction to Phenomena* 16. 4. 5；见 *Introduction aux phénomènes*，ed. and trans. Germaine Aujac（Paris：Belles Lettres，1975）。

㉚　Kirk，Raven，and Schofield，*Presocratic Philosophers*，104（note 1）。

了绕一根轴旋转、轴两端为天极的球形天空的概念。㉛ 对天空的球形性质的认可，回过头来可能引导了地球也是一个球体的推断。这一概念似乎率先由毕达哥拉斯派在意大利南部的大希腊（Magna Graecia）城市中传播并教授；对球形大地的首个描述有时归功于毕达哥拉斯本人（活跃于公元前 530 年），有时又被认为出自巴门尼德（Parmenides），意大利南部埃利亚（Elea，韦利亚［Velia］）人（活跃于约公元前 480 年）。此概念最早是作为一个简单假设提出的，没有经科学验证，但在神学上是合理的。在毕达哥拉斯派看来，圆和球的几何完美性足以构成接纳这些想法的理由。他们想象宇宙的所有部分都是球体（恒星、固定恒星的天空、地球［terrestrial globe］），并且，空中的一切运行都是圆形的（恒星的旋转、行星运行的组合圆周运动［circular motion］）。但是，这些理论并没有对地图学产生直接或巨大的影响。由于在单个平面上表现的球体为圆形，球形地球的假设便有可能通过对图形理解的曲解，来强化一个平坦的圆形人居世界的观念，并固化这种表现形式。

毕达哥拉斯的教学（没有留下著作）只是据其门徒或继承者所述而得知，他们倾向于将后来学派的一切思想都归功于这位老师。至于巴门尼德，他是哲学诗《论自然》（Concerning Nature）的作者，此诗仅余残篇。帕奥西多尼乌斯在 4 个世纪之后描述了促使天与地被划分成五个地带的过程，他认为巴门尼德是这种划分的始作俑者，并视该划分本身为天地的球形性质假设的直接结果。㉜

没有文献证明，毕达哥拉斯派所有人，特别是巴门尼德，是否将他们的假设应用于球仪形式的物质呈现，除了制作简单的几何图示外。但必须记住的是，公元前 3 世纪，因阿基米德（Archimedes）的天才发明的推动，机械球的制造或球仪制造（sphairopoiia）在整个该区域特别是西西里（Sicily）兴盛，并且，这可能代表了一个更悠久的传统的延续。㉝

直到公元前 5 世纪，传统的荷马圆盘形的世界观才系统地受到希罗多德的挑战（约公元前 489—前 425 年）。希罗多德是卡里亚（Caria）的哈利卡纳苏斯（Halicarnassus，博德鲁姆［Bodrum］）人，但自公元前 444 年以后一直生活在意大利南部的图利伊（Thurii），他是伯里克利（Pericles）和阿那克萨哥拉（Anaxagoras）的友人，并如我们所看到的那样，他抨击了被他视作具有误导性的传统的圆形地图。据他所说，人居世界四面环水还没有得到过证实。他很清楚，非洲除了与亚洲邻接的一侧外，其余均被大海簇拥，因为公元前 609—前 594 年的埃及国王奈寇斯（Necos）（尼科［Necho］）派来的腓尼基人（Phoenician），能够在三年之内乘船绕其一周。㉞ 亚洲最远只有印度有人居住，向东更远只有一片沙漠，人们对其一无所知。㉟ 同样，对于欧洲，无人知晓"它的东部和北部是不是为大海所环绕着（译者注：摘自王以铸译，《希罗多德历史》）"㊱。因此，希罗多德以科学谨慎的名义，拒绝在可

㉛　由于二分点岁差，相对于恒星的天极位置自那时起已发生变化。我们的极星，在小熊座尾部末梢，距喜帕恰斯时代的极有 12 度远。见 *The Geographical Fragments of Hipparchus*, ed. D. R. Dicks（London：Athlone Press, 1960），170.

㉜　Strabo *Geography* 2. 2. 1 – 2（note 9）。

㉝　*Sphairopoiia* 的意思是球仪的制造；它被认为是研究球体旋转的一个力学分支。见 Hans Joachim Mette, *Sphairopoiia*：*Untersuchungen zur Kosmologie des Krates von Pergamon*（Munich：Beck, 1936）。

㉞　Herodotus *History* 4. 42（note 15）。

㉟　Herodotus *History* 4. 40（note 15）。

㊱　Herodotus *History* 4. 45（note 15）。

居住世界轮廓如此不确定的情况下，为其制作一幅总图。他抨击那些仅以几何学为其思想基础的理论地图学家，并似乎督促回归到基于探索和旅行的经验地图学（empirical cartography）上来。在他看来，理论应让位于经验。

希罗多德对其同时代的地图提出的另一项反对是，他们将人居世界划分成大陆的方式："对于那些把全世界区划和分割为利比亚、亚细亚和欧罗巴三个部分的人，我是感到奇怪的。因为这三个地方的面积相去悬殊。就长度来说，欧罗巴等于其他两地之和；就宽度来说，在我看来欧罗巴比其他两地更是宽得无法相比（译者注：摘自王以铸译，《希罗多德历史》）。"㊲ 因此，希罗多德如果愿意绘制人居世界的总图的话，他会赋予其类似于古典时期晚期和中世纪的 T–O 地图的形式，㊳ 只不过欧洲（而非亚洲）会占据横向部分，而亚洲和利比亚会在竖线的两侧。㊳ 然而，尽管他已意识到当时无论是起源于伊奥尼亚还是别处的"几何"地图的缺陷，并且或许是因为他没能以图形形式表达自己的想法，希罗多德从未被其继承者认为是一名地理学家——更不用说是制图者了。

这与他同时代的德谟克利特（约公元前460—约前370年）的情形相去甚远，他因提出人居世界为长方形，以及世界地图更契合于椭圆形而非圆形框架的概念而广为人知。出生于色雷斯（Thrace）的阿布戴拉（Abdera），德谟克利特是一位有着求知欲的伟大的旅行家。像他的老师琉基普斯（Leucippus）一样，他也是一位哲学家兼原子论者（atomist），他同巴比伦博士（magi）、埃及祭司，甚至，至少据传统，与印度的天衣派苦行者（gymnosophist）一起学习。㊵ 他是一位多产的作家，但他的《宇宙学》（*Cosmology*）（被认为是一部物理学著作）、《星图学》（*Uranography*）、《地理学》（*Geography*）和《极谱》（*Polography*）（后三部被认为是数学著作，最后一部或许是对极的描述）如今均已遗失。

德谟克利特的观测工作，是从保存在杰米努斯《绪论》（*Isagoge*）和托勒密《恒星之象》（*Phaseis*）中的他的历法残篇得知的，其中给出了主要星座（昴星团、天琴座、天鹰座和猎户座）偕日升与偕日落的日期，以及与之相联系的天气预测。㊶ 对这些星座的描述与绘图可能是其《星图学》的主题。不过，在地理学和地图学方面，只能通过德谟克利特继承者的证词而不是其著作的实质来对他进行评价。斯特拉波在他的对地理学最大贡献者的名单上，将德谟克利特的名字列在紧随伊奥尼亚人阿那克西曼德与赫卡泰俄斯之后，并将其与尼多斯的欧多克索斯（Eudoxus of Cnidus）、狄凯亚库斯（Dicaearchus）和埃弗鲁斯（Ephorus）并提。㊷ 他认为这四位都是埃拉托色尼的最杰出的前辈。德谟克利特很可能提供了一幅地图，或者至少是一幅平面图，显示了他在自己的《地理学》一书中赋予世界的形状。正如

137

㊲ Herodotus *History* 4. 42 (note 15).

㊳ T–O 地图为圆形地图（因此有 O），在几何上被两条线分作了三部分（因此有 T）。见 Marcel Destombes, ed., *Mappemondes A. D.* 1200–1500: *Catalogue prepare par La Commission des Cartes Anciennes de l'Union Geographique Internationale* (Amsterdam: N. Israel, 1964)；又见下文，第 296—297 页和第 301 页。

㊳ 如 Bede's *De natura rerum*, Bayerische Staatsbibliothek, Munich (Clm. 210, fol. 132v) 的一份稿本，以及图 18. 38 和图 18. 55 所示。

㊵ 关于围绕德谟克利特的各种传统的概览，见 G. B. Kerferd, "Democritus," in *Dictionary of Scientific Biography*, 4: 30–35 (note 13).

㊶ Dicks, *Early Greek Astronomy*, 84–85 (note 1).

㊷ Strabo *Geography* 1. 1. 1 (note 9).

已提及的，该形状可能为长方形，长度是其宽度的一倍半。[43] 这一比例在 150 年后被狄凯亚库斯接受。凭借椭圆形而非圆形的人居世界的新观念，德谟克利特因此能在地图学史上占据一席之地——就像身居希腊世界的地理学家中一样，这种观念到公元前 3 世纪时将被纳入世界地图的设计之中。

虽然并不直接涉及地理学或这一时期希腊地图的描述，但柏拉图（约公元前 429—前 347 年）在其著作《斐多》（*Phaedo*）与《理想国》（*Republic*）（均成书于约公元前 380 年）中，都援引了与地图学大体相关的事项。在《斐多》中，苏格拉底（Socrates）被迫对地球的形状发表评论：

> 这个地球上有许多奇妙的地方呢。有些人大约是根据某某权威的话吧，说地球有多么大小呀，地球这样那样呀，我觉得都没说对。……如果地球是圆的，而且在天空的当中，我相信它不用空气或别的力量托着，它自有平衡力，借四周同等性质的力量，保持着自己的位置。（译者注：此段译文摘自［古希腊］柏拉图《斐多：柏拉图对话录之一》，杨绛译注，生活·读书·新知三联书店 2015 年版）[44]

鉴于柏拉图在后一段落中将大地比作球的明显的球形类比，περιφερής（*peripheres*，译作"圆"）一词是指圆形还是球形，一直是不大能完全理解的争议话题。[45]

然后，他透露了自己对地球大小的看法："第二，我相信这地球很大。我们住在赫拉克勒斯之柱（Pillars of Heracles）和法希斯河（Phasis River）之间的人，只是住在海边一个很小的地方，只好比池塘边上的蚂蚁和青蛙；还有很多很多人住在很多同样的地方呢。（杨绛译注，《斐多：柏拉图对话录之一》，2005）"[46] 接着有一段话，是他将地球比作由 12 片五角形面组成的皮球。这援引的是毕达哥拉斯的十二面体理论，十二面体作为最接近球体的立体，在古典时代被认为具有特别重要的意义。[47] 在这一点上，柏拉图还强调了从上方向下俯瞰地球时它的多彩：

> 据说地球从天上看下来，就像那种盖着十二瓣皮子的皮球。地球的表面，不同的区域有不同的颜色。我们这里看到的颜色，只好比画家用的颜色，只是那种种颜色的样品罢了。整个地球绚丽多彩，比我们这里看到的明亮得多，也清澈得多呢！有一处是非常美丽的紫色，一处金色，一处白色，比石灰或雪都白，还有各种颜色。我们这里看到的就没那么多，也没那么美。因为地球上的许多空间都充满了水和空气。水和空气照耀着各种颜色，也反映出颜色来，和其他的颜色混在一起，就出现了千变万化的颜色。（杨

138

㊼　Agathemerus *Geographiae informatio* 1.2（note 18）。

㊹　Plato *Phaedo* 108e–109a；见 David Gallop（Oxford：Clarendon Press，1975）的译本。《斐多》与《理想国》均属柏拉图中期著作，当时他同毕达哥拉斯派的阿尔库塔斯（Archytas）联系密切，此人被贺拉斯（Horace）称作"陆地与海洋的测量者"；见 Tozer，*History of Ancient Geography*，169（note 1）。

㊺　关于该争议，见 Gallop 译本第 223 页（note 44）。关于大地为球的提法，见注释 48。

㊻　Plato *Phaedo* 109b（note 44）。

㊼　Plato，*Phaedo*，ed. John Burnet（Oxford：Clarendon Press，1911），131（110b6）。

绛译注,《斐多:柏拉图对话录之一》)㊽

在《理想国》中,柏拉图简要描述了航海家的技能。他其实是在说明政府需要掌握在具备技能的"领航员"(哲学家)手中。我们或许可以将其解释成,这证实了他的读者已充分理解航海技术:"真正的航海家(译者注:本书原文用的 pilot 一词,即领航员)必须注意年、季节、天空、星辰、风云,以及一切与航海有关的事情,如果他要成为船只的真正当权者的话。(译者注:此译文摘自〔古希腊〕柏拉图著、郭斌和、张竹明译,《理想国》,商务印书馆 1986 年版)"㊾ 书中更直接的地图学性质的援引,是柏拉图在被称作厄尔(Er)神话的一段话中对宇宙模型的描述。厄尔被描绘成一名潘菲利亚的勇士,他复活后向人讲述死后的情形。柏拉图相信宇宙以地球为中心,恒星在外围的球体或环带上,太阳、月亮和行星的轨道在地球与恒星之间。在对宇宙的描述中,他用一个纺锤(必然之纺锤[Spindle of Necessity])和纺轮(whorl)来(不那么完美地)象征宇宙的运转。㊿ 纺轮的边缘——图 8.6 所示——旨在由外及内表现恒星以及土星、木星、火星、水星、金星、太阳和月亮的轨道。

尽管公元前 5 世纪和前 4 世纪的希腊地图学大部分是理论性的,且其主要是哲学家之间辩论的主题而非大多数实际制图的对象,但希腊人对地图的社会地位的认识似乎在这一时期有所提高。甚至有一些零星的证据表明,地图知识可能已渗透进普通公民的经验中。三个例子体现了地图或平面图在日常生活中发挥的作用。最引人注目的,大概是在阿里斯托芬(Aristophanes)前 5 世纪的喜剧《云》(The Clouds)中,我们遇到的一张舞台地图,就像莎士比亚(Shakespeare)的许多地图用典一样,这张舞台地图意味着观众是熟悉地图的形式与内容的。斯瑞西阿得斯(Strepsiades),一个被战争所迫移居雅典的老农,对哲学的一套很感兴趣,他向一位门徒提问:

斯瑞西阿得斯(指着一张图):以天的名义,那是什么?

门徒:那是用于天文学的。

斯瑞西阿得斯(指向测量仪器):那些又是什么?

门徒:那些是用于几何的。

斯瑞西阿得斯:几何? 有什么用处呢?

门徒:当然是测量咯。

斯瑞西阿得斯:测量什么呢? 要分配的土地吗?

门徒:不,测量整个世界。

斯瑞西阿得斯:多聪明的小玩意儿呀! 同爱国一般有益。

㊽ Plato *Phaedo* 110b – d(note 44).

㊾ Plato *Republic* 6.4;见 *Plato's Republic*, 2 Vols. , trans. Paul Shorey, Loeb Classical Library(Cambridge:Harvard University Press;London:William Heinemann, 1935 – 37).

㊿ Plato *Republic* 10.14(note 49). H. D. P. Lee 的译本, *The Republic*(London:Penguin Books, 1955),在第 402—405 页上有对"必然之纺锤"的描述和图示。该图示摘自 *The Republic of Plato*, ed. James Adam, 2 Vols. (Cambridge:Cambridge University Press, 1902), book 10, figs. iii and iv。

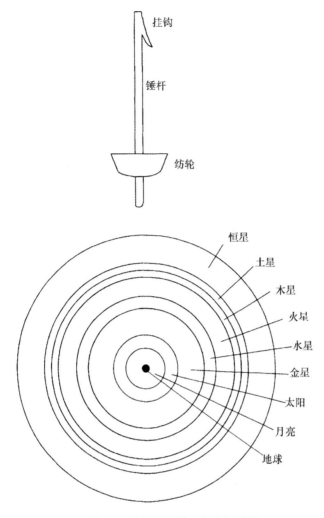

图8.6　再现柏拉图的"必然之纺锤"

柏拉图用一个纺锤来比喻宇宙，他认为宇宙是以地球为中心的。

据 Plato, *The Republic of Plato*, 2 Vols. , ed. James Adam（Cambridge：Cambridge University Press, 1902）, book 10, figs. iii and iv。

门徒（指着一幅地图）：那么现在，我们有一幅整个世界的地图。您看见那儿了 139
吗？那是雅典。

斯瑞西阿得斯：那吗，雅典？别开玩笑了。因为我连一处开庭的法院都没看到。

门徒：但这的确是真的。这真的是雅典。

斯瑞西阿得斯：那我喀铿那（Kikynna）的邻居们在哪儿呢？

门徒：他们在这儿啊。您看见这座被挤在海岸边的海岛了吗？那就是埃维亚岛
（Euboia）。

斯瑞西阿得斯：我太知道那个地方了。伯里克利（Perikles）把它给榨干了。但是
斯巴达又在哪儿呢？

门徒：斯巴达？就在这儿。

斯瑞西阿得斯：那可离得太近了！你最好把它挪远些。

门徒：但这是绝对不可能的。

斯瑞西阿得斯：不这么做你会后悔的，老天爷做证。(51)

这段话表明，大比例尺地籍图和世界地图已为前5世纪的雅典受众所知，人们对地图作为隐喻的力量已有所认识（斯瑞西阿得斯认为他能通过将地图上的斯巴达移得更远，来削减其威胁）。地图因此被用来关注时事的地理情况，并成为一种对某特定社会进行社会批评的手段。

一处更简短的援引——这次是关于地图作为宣传手段的价值——出现在普鲁塔克（Plutarch）的尼西亚斯（Nicias）传记中，当中提到众所周知的前5世纪希腊政治家兼将军阿尔西比亚德斯（Alcibiades），试图说服雅典人讨伐西西里：

集合之前，阿尔西比亚德斯已凭借他的乐观许诺腐蚀了众人，使其臣服于自己的权威，于是，他们的培训学校的年轻人，以及工坊和休闲场所的长者便成群结队地坐下来，绘制西西里的地图，其周围海域的海图，以及岛上冲利比亚方向的港口和城区的平面图。(52)

埃利亚努斯（Aelian）关于苏格拉底和他富有的门徒阿尔西比亚德斯的一则故事表明，任何一个雅典人都可以查阅世界地图。见阿尔西比亚德斯被财富蒙蔽了双眼、对他大量的地产夸夸其谈，苏格拉底将他带到（雅典）城里的一处地方，这里设有一幅世界地图（*pinakion*，是*pinax*的小称，译者注：指绘有图像或铭刻有文字的板子）。他让阿尔西比亚德斯寻找阿提卡（Attica），找到之后便让他仔细看看自己的田地。阿尔西比亚德斯回答说："可是图上并没有画啊。"苏格拉底说："那你为何要吹嘘那些连地球的一部分都不是的田地呢。"(53)

地图其他角色的定义则不那么雄心勃勃。在阿提卡的托利库斯（Thorikos），在紧挨3号矿井坑道上方的水平岩面的边缘，有一幅似乎是矿井的小型凿刻平面图（图8.7）。(54) 矿井于1982年由比利时考古团（Belgian Archaeological Mission）的成员在120米外发现，且所发现部分据说同图示吻合。图的年代可能为公元前4世纪。尽管这个孤立的样本很难令人印象深刻，但此例和其他对地图实际用途的初步认识或许表明，在将希腊地图学定义为以理论追求为主时，应当谨慎些。

---

(51) Aristophanes *The Clouds* 200 – 217；见 *The Clouds, by Aristophanes*, trans. William Arrowsmith (New York: New American Library, 1962), 30 – 32。

(52) Plutarch *Nicias* 7. 1 – 2 and *Alcibiades* 17. 2 – 3，均出自 *Plutarch's Lives*, 11 Vols., trans. Bernadotte Perrin, Loeb Classical Library, (Cambridge: Harvard University Press; London: William Heinemann, 1914 – 26)。

(53) Claudius Aelianus (Aelian) *Varia historia* 3. 28, translated by O. A. W. Dilke；见由 Mervin R. Dilts (Leipzig: Teubner, 1974) 编辑的版本；cf. Christian Jacob, "Lectures antiques de la carte," *Etudes françaises* 21, No. 2 (1985): 21 – 46，尤其第42—44页。

(54) H. F. Mussche, Thorikos: *Eine Führung durch die Ausgrabungen* (Ghent and Nuremberg: Comité des Fouilles Belges en Grèce, 1978), 44 and 48, fig. 53. 我们可比较另一处年代不详的铭文，其开头几个词可被译作"房屋和商铺的边界"，结尾作：，见 H. W. Carling, "Archaeology in Greece, 1979 – 80," *Archaeological Reports* 1979 – 80, No. 26 (1980): 12, col. 2。

图 8.7　出自阿提卡托利库斯的矿井图示

或许可追溯至公元前 4 世纪，似乎为一幅矿井平面图，是在该矿井前的岩石凿刻上发现的。

原图长度：35 厘米。Mission Archéologique Beige en Grèce，Ghent 许可使用。

希腊人在实际绘图方面具备天赋的另一处体现，是所发现的希腊建筑局部的详细建筑平面图。一直以来都认为没有这样的平面图留存下来，(55) 直到近期有人对米利都南部狄杜玛（Didyma）的阿波罗神庙一组相当可观的凿刻图做了分析。(56) 这座雄伟的神庙，规划于公元前 334 年以后，公元前 250 年前后有过大量的施工，但一直没有完工。实际上早就有人知道相关的刻画，但导游认为它们是建造者的涂鸦而不屑一顾。(57) 尽管可以很容易地看到柱座上晚期基督教的刻画，更早的图画却是在隧道旁幽暗的通道中，也许因此它们被忽略了这么长时间。 140

画面包含长达 10 米的直线和直径达 4.5 米的圆圈，最初填以染红的白垩粉末。这些刻画，大多为实际大小，体现了神庙及其室内微型神庙（*naiskos*）或者其局部的尺寸。通过对比柱础平面图和实物，可以看出这种对应关系非常准确，图上有两处做了修正，且未体现柱身上的凹槽，显然因为柱槽是在原地雕刻的。(58) 大型建筑构件（architectural member）的全尺寸平面图是水平而非垂直凿刻的，因为只有水平凿刻能保证在合适的平面上提供足够长度。但有一例，我们发现一根高约 18 米的柱子，是按一种不同寻常的比例竖着画的。宽度只显示了一半，但为实际大小，而高度却为 1/16 大，即 1 指（digit，指头的宽度；希腊语作 *daktylos*，1.85 厘米）比 1 希腊尺（29.6 厘米）。每一尺的高度用相隔一指的平行线表示。目的是要展现柱子上的凸肚或渐变式曲线这一标准的希腊特征，每尺高度线的末端代表柱子的直径。就此例而言，

(55) J. J. Coulton, *Ancient Greek Architects at Work: Problems of Structure and Design* (Ithaca: Cornell University Press, 1977), 53.

(56) Lothar Haselberger, "The Construction Plans for the Temple of Apollo at Didyma," *Scientific American*, December 1985, 126 – 32; idem, "Werkzeichnungen am jüngeren Didymeion," *Mitteilungen des Deutschen Archäologischen Instituts, Abteilung Istanbul* 30 (1980): 191 – 215.

(57) 信息来自 *Geographical Magazine* 的 J. Lidbrooke 女士。

(58) Haselberger, "Temple of Apollo," 128B (note 56).

为了画出曲线，先在平面图上柱身的顶部和底部之间刻出一条直线，然后以此线为弦以及估计为约3.2米的半径，画出一道圆弧。[59] 此图左侧是一个半圆，显示的是柱子的半剖面图（half-section），与两图重叠的是柱子的上四分之一部分，以水平方式绘出并显示有凸肚。在其他图上，只在室内微型神庙平面图和其实际大小之间发现过大的差异。关于地基的绘制，发现在其连续层的表面刻有细线。虽然这样的线条不同于其他，没有显示出高超的数学技巧，但同建筑立面图相比，它们更接近于地图学意义上的平面图。

类似的刻画，尽管少得多，发现于小亚细亚的另两处希腊建筑——普里恩（Priene）的雅典娜（Athena）神庙，和萨迪斯（Sardis）的阿耳忒弥斯（Artemis）神庙。它们意味着古典希腊对缩尺图的关注远比之前想象的要系统得多。

理论到实践：公元前4世纪新的天球仪和地图

公元前5世纪主要以理论方式表达的思想，在公元前4世纪开启了从经验上的修正。天体制图，尤其是天球仪的制造，以及在较小程度上对可居住世界的地理制图方面都取得了重大进步。不过，原始资料再一次反映出对个人科学成就的偏重（并且，许多现代评论家在评论这些文本的地图学意义时，也延续了这种偏重）。[60] 因此，就我们目前的知识状况来看，这一时期的地图学史仍必须从这些个人及其著作的角度来理解，而不是从根植其思想的更广泛的社会和知识环境的角度。

尼多斯的欧多克索斯（约公元前408—前355年），[61] 斯特拉波列入其从荷马到帕奥西多尼乌斯的一长串哲学家中的一位，[62] 显然在天空和大地制图两方面都开启了重大进展。关于欧多克索斯的灵感来源存在一些争议。他参加过柏拉图的讲座——尽管明显不属于其学派——并且，据说在埃及待了一年多时间，其中部分时间是同祭司一起在赫利奥波利斯（Heliopolis）学习。[63] 不管怎样，尼多斯的欧多克索斯以其地心同心球（以地球为中心的26个同心球）理论而著称，该理论旨在解释行星的运动。不过，他最伟大的地图学成就在于，他是在球仪上画星的第一人，球仪表现的天空是从天外向内看到的样子，而不是地球上的观察者看到的天空，球仪上还有主要的天球大圆的位置，包括天赤道、回归线、极圈（arctic circle）（恒显圈）、黄道和黄道带，以及分至圈（图8.8）。[64] 又见附录8.1。

141

---

⑤⑨　Haselberger, "Temple of Apollo," 131（note 56），给出的是3.2米，但这一数字可能被低估了。曲线并不是通常那样的抛物线状的；但用一条直线代替部分弧线，显然是设法让任何一段柱身的直径都不超过基座的直径。

⑥⓪　例如，Cortesão, *History of Portuguese Cartography*, 1：74–76（note 1）。

⑥①　有的学者倾向于约公元前400—前347年。如 G. L. Huxley, "Eudoxus of Cnidus," in *Dictionary of Scientific Biography*, 4：465–67，尤其第465页（注释13）。

⑥②　Strabo *Geography* 1.1.1（note 9）.

⑥③　Huxley, "Eudoxus," 466（note 61）. 不过，关于古典时期将知识归属于埃及祭司的告诫，见 Heidel, *Frame of Maps*, 100–101（note 8），和 Dicks, *Geographical Fragments*, 13（note 31）。

⑥④　Aratus, *Phaenomena* in *Callimachus：Hymns and Epigrams；Lycophron；Aratus*, trans. A. W. Mair and G. R. Mair, Loeb Classical Library（Cambridge：Harvard University Press；London：William Heinemann, 1955），185–299. 又见 Aratus, *Phaenomena*, ed. Jean Martin, Biblioteca di Studi Superiori：Filologia Greca 25（Florence：Nuova Italia, 1956）。

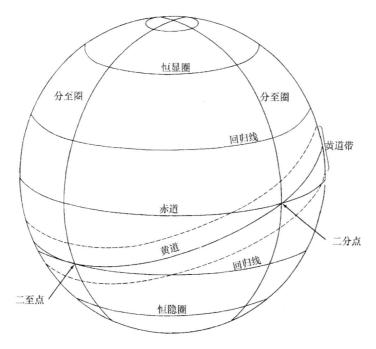

图 8.8　天球大圆

北极圈是为处在北纬 37° 的观察者构建的（又见图 10.6）。

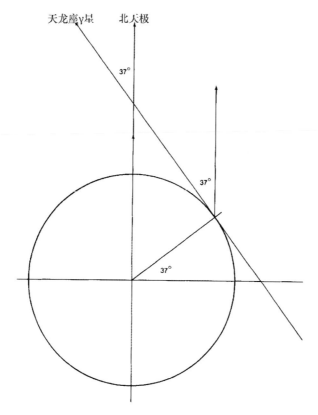

图 8.9　重建观察者的纬度

欧多克索斯球仪目标使用者的纬度，基于的是天龙座 γ 星（译者注：即天棓四）发出的光触及观察者地平线时对其的观测结果。

欧多克索斯撰有两部著作,《现象》(*Phaenomena*) 和《镜》(*The Mirror*),以配合他的天球仪并辅助其解释,但两者均已佚失。幸运的是,《现象》的一个诗体版得以幸存。这是诗人索利的亚拉图 (Aratus of Soli,约公元前 315—前 240/239 年) 应马其顿国王安提柯·戈纳塔斯 (Antigonus Gonatas,约公元前 320—前 239 年) 要求书写的,这位国王是其宫廷学者、诗人和历史学家的热心资助者。[65] 亚拉图在逗留培拉 (Pella) 期间进行了这项工作,他为欧多克索斯的文本增加了一小段纪念宙斯 (Zeus) 的序言,具有浓厚的斯多葛主义 (Stoicism) 色彩。这首诗对原文的准确反映,在喜帕恰斯 (Hipparchus) 的《评注》(*Commentary*) 中得到了确凿的证明。[66]

从亚拉图对天龙座 (Draco) 的描述来看,似乎观察者位于北纬 37°附近。最南端的恒星,天龙座 γ 星 (γ Draconis),即龙头,在当该星座看起来像是绕天空旋转时,会触及地平线。[67] 由于这颗星在当时的赤纬 (declination) 是 +53°,该星距天极的角距 (angular distance) 37°同观察者的纬度相等,即此例的北纬 37°,也即喜帕恰斯所说的雅典的纬度 (图 8.9)。

在亚拉图关于欧多克索斯《现象》的诗体版中,他不仅描述了与可见星座相关的天空几何,还将天球大圆比作可以于物理模型上连接在一起的环带。[68] 亚拉图将星座的人形和动物表现为呈动作和运动状,就像活着的生物一样,而它们在球仪上的位置——以及它们实际的详细轮廓——并非纯粹的幻想:它们提供了一种辨识星星并将天空拟人化的方式。[69] 亚拉图诗歌语言的背后是对星座的熟识。例如,对天龙座的详细描述表明,天空诸星得到了准确的观察;星座的设置彼此关联,对其排列方式也有清晰的解释。[70] 我们必须认定,欧多克索斯的天球仪,加上有对其进行描述的论著,是一个真实的仪器。它可能令星座的形象得以常规化,自欧多克索斯的时代起,这些形象只有些微调整,同时,它也让希腊人尝到了对宇宙做机械性解释的味道。

虽然欧多克索斯的球仪已不存世,但随着亚拉图的诗歌传至后世文化,通过一件几乎可以肯定的直接传承物,我们增强了对其在天体地图学 (celestial cartography) 发展上的贡献

[65] 见 G. R. Mai 对其翻译的亚拉图的 *Phaenomena in Callimachus: Hymns and Epigrams; Lycophron; Aratus*, 185 – 89 (note 64) 的介绍。

[66] 喜帕恰斯 (约公元前 190—前 126 年以后) 对欧多克索斯和亚拉图二人的《现象》写有评论;见 *In Arati et Eudoxi Phaenomena commentariorum libri tres*, ed. C. Manitius (Leipzig: Teubner, 1894)。

[67] Aratus, *Phaenomena*, Mair edition, 211 (note 64). 关于天龙座 γ 星的赤纬,见 U. Baehr, *Tafeln zur Behandlung chronologischer Probleme*, Veröffentlichungen des Astronomischen RechenInstituts zu Heidelberg No. 3 (Karlsruhe: G. Braun, 1955), 58。喜帕恰斯的评论,见 *In Arati et Eudoxi Phaenomena* 1. 3. 12 (note 66),和 Dicks, *Geographical Fragments*, 134 (note 31)。

[68] Aratus, *Phaenomena*, Mair edition, 249 (note 64). 关于古代天球仪的一般性讨论见于 Edward Luther Stevenson, *Terrestrial and Celestial Globes: Their History and Construction, Including a Consideration of Their Value as Aids in the Study of Geography and Astronomy*, 2 Vols., Publications of the Hispanic Society of America, No. 86 (New Haven: Yale University Press, 1921; reprinted New York and London: Johnson Reprint Corporation, 1971), 1: 14 – 25。史蒂文森一书主要基于的是 Matteo Fiorini, "Le sfere cosmografiche e specialmente le sfere terrestri," *Bollettino della Società Geografica Italiana* 30 (1893): 862 – 88, 31 (1894): 121 – 32, 271 – 81, 331 – 49, 415 – 35, 和 Fiorini's *Sfere terrestri e celesti di autore italiano oppure fatte O conservate in Italia* (Rome: Società Geografica Italiana, 1899)。对亚拉图的《现象》一书的详细分析,见 Manfred Erren, *Die Phainomena des Aratos von Soloi: Untersuchungen zum Sach-und Sinnverständnis* (Wiesbaden: Franz Steiner, 1967), 159 – 200。

[69] Dicks, *Early Greek Astronomy*, 158 ff. (note 1).

[70] Aratus, *Phaenomena*, Mair edition, 211 (note 64).

的理解。这一后世产物是保存在那不勒斯（Naples）的一件雕像肩上扛着的天球，称作法尔内塞的阿特拉斯（Farnese Atlas）（图 8.10 和图 8.11）。虽然雕塑的实际年代为公元 2 世纪晚期，但雕塑与星座的创作风格都表明，这是一件希腊化时期原件的复制品。以浅浮雕像形式（人物、动物和物体）展现的 43 星座源自亚拉图的诗歌；它们的图像（iconography）自此没有大的变化。单个的星星未予标注。南天——对于地中海世界来说是不可见的——被托举着球仪的阿特拉斯遮挡。同时，球仪的一个孔洞抹去了最北的星座。球仪的设计是为了从外部观看的，因此所有的形象均面向内部中心。如亚拉图诗中一样，球仪上也有一系列

图 8.10　法尔内塞的阿特拉斯

原属于法尔内塞家族，是描绘神话人物的雕塑类型中现存最好的实例。

原物高度：1.9 米。Museo Archeologico Nazionale，Naples 许可使用。

的圆：赤道，两个极圈（恒显和恒隐），以及两个分至圈。三个倾斜的平行圆代表黄道和黄道带，均分成十二分度（dodecatemory）或十二宫。此球仪上，极圈原定的位置，以及由此推断的球仪旨在使用的纬度，一直是争议的主题。各圆的位置已有精确测量，但争论在于这种雕像的原定精度，某些星（尤其是天龙座的和老人星）相对于极圈的位置，以及黄道星座相对于二分二至点的位置。为了解决这些问题，迫切需要对现有的球仪进行研究，连同对其详细的再现和仔细的分析做批判性的回顾。⑦

143

图 8.11　法尔内塞的阿特拉斯细部

该球仪可能是对欧多克索斯球仪的模仿，且可能用来诠释亚拉图的诗歌。

球仪直径：约 64 厘米。Museo Areheologieo Nazionale, Naples 许可使用。

法尔内塞的阿特拉斯所托举的球仪，可能是有意作为对亚拉图诗歌的诠释而雕塑的。由欧多克索斯发展的地图学概念，肯定会在古典世界产生广泛的影响：球仪被频繁复制，就像

---

⑦　Costanza Gialanella and Vladimiro Valerio, "Atlas Farnèse," in *Cartes et figures de la terre*, exhibition catalog（Paris: Centre Georges Pompidou, 1980), 84, 引述了几项基于 Valerio 未发表的摄影测量研究的测量值，具体如下：回归线标记在赤道两侧25°30′处，黄道带宽13°30′，极圈距赤道58°，说明球仪是为北纬32°（亚历山大的纬度）的观察者设计的。其他学者认为回归线应在24°处，距赤道54°的极圈指出，老人星——在阿尔戈号船的船舵（舵桨）尖——将将触到恒隐圈。这意味着，球仪针对的是36°处的观察者。关于球仪的更早的观点概述，见 Fiorini, *Sfere terrestri e celesti*, 9–25（note 68）。

诗歌本身一样，被多次译成拉丁文诗。⑫ 如同球仪的立体图形呈现一样，诗歌与雕塑一定有助于编纂各种星座图像，以及作为助记手段解释其在天空出现的图例。

欧多克索斯还著有一部《环行地球》，除留有少量残篇，此书现已佚失。⑬ 按照斯特拉波的说法，他被认为是图形（σχημάτων）和气候带（κλιμάτων；纬度）方面的权威；⑭ 这种对其数学训练和天文才能的赞誉无疑是完全合理的。有关他地图学贡献的线索在于"图形"一词的表述，这说明其文本附有几何性质的轮廓图（outline map）。经过深思熟虑，并修改了德谟克利特的估算，使得欧多克索斯认为可居住世界的长度是其宽度的两倍。⑮ 古代世界继他之后的大部分地图都采用了这一比例，或许正是对他影响力的一种衡量。⑯

公元前4世纪，可居住世界的新的地图图像正被一些地区所采纳，也得到了我们所掌握的关于历史学家埃弗鲁斯（约公元前405—前330年）地图的证据支持。他唯一已知的贡献是编绘了一幅地图，用来阐明世界各民族的理论地理学（theoretical geography），不过，尽管他与欧多克索斯处在同一时代，关于其地图构造和内容的确切性质，在一定程度上仍停留于猜测。埃弗鲁斯出生于伊奥利亚（Aeolis）的库迈（Cyme），后成为伊索克拉底（Isocrates）的门徒和一位颇具成就的作家。显然，在他三十卷本的《历史》（History）一书中讨论了许多地理问题，但这些卷册今已佚失。同样的，我们对其地图学思想的了解是通过后世作者的文本获取的，其中包括斯特拉波，以及更晚的，公元6世纪一位聂斯脱利派基督教作者，印度航行者科斯马斯（Cosmas Indicopleustes）的著作。⑰

因此，正是通过斯特拉波的《地理学》（Geography），我们开始窥见由埃弗鲁斯形成的可能的世界地图。在埃弗鲁斯《历史》第4卷，涉及欧洲的部分中，斯特拉波说，我们看到古人对埃塞俄比亚的看法："埃弗鲁斯也透露了关于埃塞俄比亚的古代信仰，因为他在自己的论著《论欧洲》（On Europe）中说，倘若我们将天地的区域分作四部分，印度人将占据亚贝里乌底（Apeliotes）吹拂的那部分，埃塞俄比亚人将占据诺托（Notus）吹拂的那部分，凯尔特人在西方那部分，斯基泰人所在部分则是北风吹起的地方。"⑱ 显然埃弗鲁斯还曾补充过，埃塞俄比亚和斯基泰（Scythia）为最大的地区，因为埃塞俄比亚人占据之处似乎从

144

⑫　诗歌翻译见 Cicero, Germanicus, and Avienius：Cicero, *Les Aratea*, ed. and trans. Victor Buescu（Bucharest，1941；reprinted Hildesheim：Georg alms，1966），和 Aratea：Fragments poétiques, ed. and trans. Jean Soubiran（Paris：Belles Lettres，1972）；Germanicus, *Les Phénomènes d'Aratos*, ed. André Le Boeffle（Paris：Belles Lettres，1975）；*The Aratus Ascribed to Germanicus Caesar*, ed. D. B. Gain（London：Athlone Press，1976）；和 Avienius, *Les Phénomènes d'Aratos*, ed. and trans. Jean Soubiran（Paris：Belles Lettres，1981）。

⑬　Eudoxus *Die Fragmente*, ed. F. Lasserre（Berlin：Walter de Gruyter，1966）。

⑭　Strabo *Geography* 9. 1. 2（note 9）。

⑮　Agathemerus *Geographiae informatio* 1. 2（note 18）。

⑯　这在公元前1世纪杰米努斯的著作中有所体现："可居住世界的长度正好是其宽度的两倍左右；那些按比例编写地理著作的人，会在长方形的板子上作图"；由 O. A. W. Dilke 译自 Geminus *Introduction*, 16. 3 – 4（note 29）。

⑰　Wanda Wolska, *La topographie chrétienne de Cosmas Indicopleustès：Théologie et science au VIe siècle*, Bibliothèque Byzantine, Etudes 3（Paris：Presses Universitaires de France，1962），and Cosmas Indicopleustes *Topographie chrétienne*, ed. Wanda Wolska-Conus in *Sources Chrétiennes*, nos. 141（1968），159（1970），and 197（1973）。又见第261—263页。

⑱　Strabo *Geography* 1. 2. 28（note 9）。

冬季日升延伸到冬季日落，而斯基泰人则占据了从夏季日升至夏季日落的地区。⑦

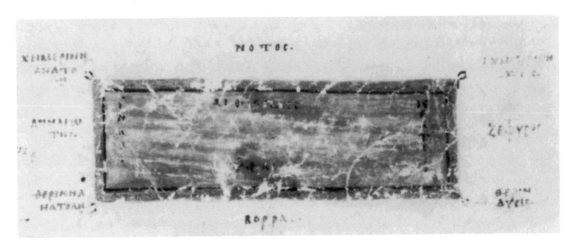

图 8.12　科斯马斯对地球的概略呈现

据埃弗鲁斯（约公元前 405—前 330 年）解释的原理，由印度航行者科斯马斯（公元 6 世纪）所绘地图的 8 世纪或 9 世纪版本。

照片出自 Biblioteca Apostolica Vaticana, Rome（Vat. Gr. 699, fol. 19r）。

　　印度航行者科斯马斯还全文引用了埃弗鲁斯第 4 卷的一段话，补充了一条极为有趣的细节：埃弗鲁斯曾"借助于所附的图纸"阐述了他的观点。⑧ 的确，科斯马斯的稿本配有一张矩形插图，展示了据上文所释原理呈现的地球（图 8.12）：南在矩形长边的上部，所示为埃塞俄比亚人；北在长边的下部，所示为斯基泰人；右侧宽边部分为徐菲罗（Zephyrus）和凯尔特人；左侧则为亚贝里乌底和印度人。显然，这张地图上矩形的中心——鉴于夏冬两季日出日落的位置在其四角——必定是希腊或爱琴海（Aegean）。

　　总而言之，埃弗鲁斯将已知世界的边缘民族纳入了他的理论地理学中。他们同爱琴海的距离，或者被认为所生活的气候带，令他们变得神秘甚至几乎成了神话。埃弗鲁斯提供的地图，由科斯马斯重建（尽管我们不太确定有多忠实），同样表现了可居住世界的偏远地带。它只不过是一幅几何草图，透露出对这些区域的普遍无知。它也让我们认识到，长久以来，地中海盆地在多大程度上一直是可居住世界最为人知晓且画得最准确的部分：遥远的土地只是被模糊地勾勒，靠着猜测插入世界地图中。

　　古典希腊时期的巅峰——至少在当时的地图学综合方面——可见于亚里士多德的著作（公元前 384—前 322 年），他是亚历山大大帝（Alexander the Great）的老师，也是逍遥学派（Peripatetic School）的创始者。尽管很少有人认为亚里士多德是地理学家或地图学思想家，但他对地球的形状和可居住世界的轮廓有着非常明确的看法。他的教学对地图学的发展具有根本性的重要意义，因为它不仅使得大地为球形的论证合理化，也无疑激励了对人类居住的世界的知识扩充，尤其是通过亚历山大大帝的亚洲之旅与征服。

145

⑦　在希腊或罗得岛本土作为传统观察地点的情况下，昼夜平分时的日升与日落为正东和正西；其夏季升起是在东北偏东；夏季落下是在西北偏西；其冬季升起是在东南偏东；冬季落下是在西南偏西。

⑧　Cosmas *Topographie chrétienne* 2. 80（note 77），translation by O. A. W. Dilke.

亚里士多德对地球为球形深信不疑。[81] 他用我们今天也能做出的观察证明了此点：月食中，地球在月球上的影子始终是圆形的，随着人从南往北移动，可以看到天极在地平线上越升越高。首要的观点是，土和水势必会向宇宙中心移动，因为它们是重的元素（与轻的元素气和火相反）。因此他认为地球的自然形状是球形。[82]

他还描述了巴门尼德早先把地球分为五个地带的系统，[83] 该系统将球体上的每个可居住地带比作一面鼓，并嘲讽其同时代人认为地球是圆的："因为地球表面有两个宜居的区域，一个是我们生活之处，朝向上方的球极，另一个朝向另一极，即南极。这些区域呈鼓形——因为从地球中心发出的线在其表面切割出了这一形状的图形。"[84]（图 8.13）他继续说道："因此，目前的世界地图的绘制方式是荒谬的。因为它们将可居住的大地表现为圆形，这在事实和理论方面都是不成立的。"[85] 他认为这一观点理论上不成立是因为球面几何，而经验上不可能是因为可居住世界的长度（从直布罗陀海峡或赫拉克勒斯之柱［Pillars of Hercules］到印度）与其宽度（从埃塞俄比亚到亚速海［Sea of Azov］，古代的迈奥提斯沼泽［Palus Maeotis］）之间的比例超过了 5：3。他认为，由于气候条件过热或极寒，可居住世界的宽度无法通过探索得到拓展，而在印度和直布罗陀海峡之间，"正是海洋断开了宜居之地，阻止其形成一条环绕地球的连续带"[86]。

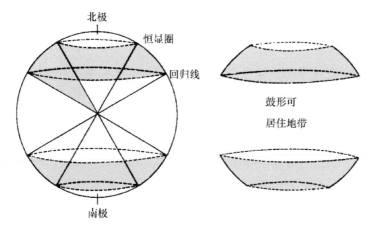

图 8.13　亚里士多德关于可居住世界位置和形状的概念
此重建图像显示了五个地带及相应的"鼓"。
据 Aristotle, *Meteorologica*, ed. H. D. P. Lee, Loeb Classical Library (Cambridge：Harvard University Press；London：William Heinemann, 1952), 181。

[81]　参考了亚里士多德的《天象论》（注释 28）和 *De caelo*；见 *On the Heavens*, trans. W. K. C. Guthrie, Loeb Classical Library (Cambridge：Harvard University Press；London：William Heinemann, 1939)。又见 Thomson, *History of Ancient Geography*, 118－21 (note 1)。

[82]　Aristotle *On the Heavens* 2. 14 (note 81)。

[83]　据 Dicks, *Geographical Fragments*, 23 (note 31), 关于巴门尼德对地球的地带划分存在一些疑点。

[84]　Aristotle *Meteorologica* 2. 5. 362a. 33 (note 28)。

[85]　Aristotle *Meteorologica* 2. 5. 362b (note 28)。

[86]　Aristotle *Meteorologica* 2. 5. 362b (note 28)。

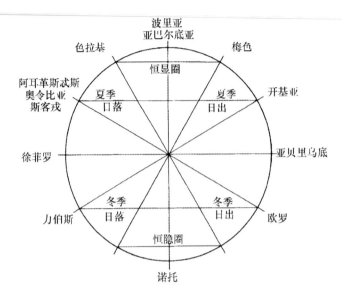

图 8.14　亚里士多德的风向系统

据《天象论》2.6 重建，显示了夏季和冬季日出日落处风向的位置，以及对于希腊或爱琴海的观察者而言的恒显圈和恒隐圈。

据 Aristotle，*Meteorologica*，ed. H. D. P. Lee，Loeb Classical Library（Cambridge：Harvard University Press；London：William Heinemann，1952），187。

《天象论》（*Meteorologica*）接下来的一章，也有助于我们概括性地理解那个时代地图构建的一些基本原则，在这章中，亚里士多德用一张图示（图 8.14）展示了风的相对位置："研究它们的位置必须借助图示。为清晰起见，我们画出了地平线之圆；这就是为什么我们的图形是圆的。而且，它应当代表地球表面我们所生活的部分；因为另一部分也可用类似的方式来划分。"[87] 圆代表的是北温带（northern temperate zone）；圆形的地平线有一个中心，是观察者所处位置，可能在希腊或爱琴海，如同埃弗鲁斯的矩形地图一样。在其圆周上标有他所设想的罗盘点：昼夜平分时的日升日落（东和西），夏冬两季的日升日落（约东北偏东，西北偏西，东南偏东，西南偏西），北和南。风据其吹来的方向命名，呈截然相反的方向。但亚里士多德还补充了两道风（约东北偏北和西北偏北），没有命名的对向风；两道风之间的弦几乎与"恒显圈"吻合。正如第十八章和第十九章所表明的，这样的风向图式经过多次修改，在后来甚至到文艺复兴时期，还应用于航海家和制图师的用具。

　　显然，亚里士多德的教学基于的是地心说：恒星天绕穿过地球的轴作规律运动，地球则充当了天球的中心。他坚持这一假说，反对已经提出的其他假说，称它们给出的是不太令人满意的结果。[88] 如同欧多克索斯，他赞成用同心球理论来解释行星明显的不规则运动，但他

146

---

⑧　Aristotle *Meteorologica* 2. 6. 363a（note 28）. 亚里士多德的现代版本通过其文本而非 12 世纪的一件马德里稿本重建了该图示，见 Charles Graux and Albert Martin，"Figures tirées d'un manuscrit des *Météorologiques* d'Aristote，" *Revue de Philologie*，de *Littérature et d'Histoire Anciennes*，n. s.，24（1900）：5 – 18. 关于该重建图示与佩萨罗风向仪之间的联系，见 p. 248 和 n. 81。

⑧　Aristotle *On the Heavens* 2. 13. 293a ff.（note 81）. 毕达哥拉斯派设想过一个以火为中心的宇宙系统；地球和太阳绕其运动。但地心说可以让人们参照天球，从几何学上来研究地球。见 Germaine Aujac，"Le géocentrisme en Grèce ancienne？" in *Avant*，*avec*，*après Copernic*：*La représentation de l'univers et ses conséquences épistémologiques*，Centre International de Synthèse，31ᵉ semaine de synthèse，1 – 7 June 1973（Paris：A. Blanchard，1975），19 – 28。

将客观现实归结于欧多克索斯的一般系统，在试图理解天体机制时，产生的问题同能回答的
一样多。

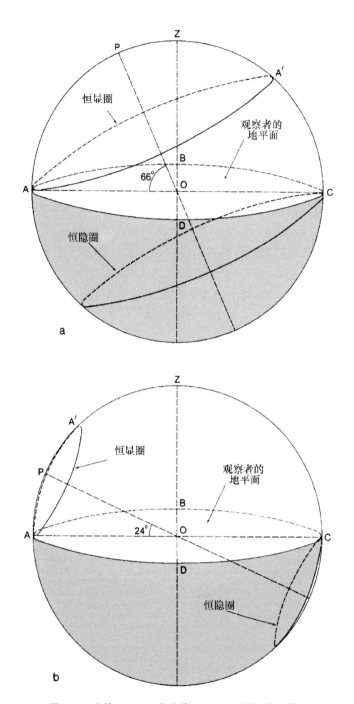

图 8.15　北纬 66°（a）与北纬 24°（b）处的"恒显圈"

地球是一个无穷小的点 O，该点亦对应于观察者的位置。Z 为观察者的天顶，ABCD 是观察者的地平。天空的阴影部分对观察者而言不可见。由于天球上的恒星绕天极 P 旋转，圆 AA' 以上的恒星不会擦过地平面，因此似乎就没有升起或下落。图（a）中，圆 AA' 为北纬 66° 北极圈处观察者的恒显圈。图（b）中，圆 AA' 为北纬 24° 处观察者的恒显圈（又见图 10.6）。

据 Geminus, *Introduction aux phénomènes*, ed. and trans. Germaine Aujac（Paris：Belles Lettres, 1975）。

附录8.1　与天球相关的一些基本术语的定义

天赤道是指其平面与地轴垂直的天球大圆；它是太阳在二分点（equinoxes）时做周日公转（diurnal revolution）看上去形成的轨迹。回归线是同赤道平行且与黄道正切的两个圆；它们是太阳在二至日做周日自转（diurnal rotation）的视轨迹（apparent path）。

黄道带——在古人看来——是一条宽12度的倾斜带，行星在其中运行；黄道，即黄道带的中间圆，是太阳在其周年运动（annual motion）时看上去形成的倾斜大圆。分至圈是经两极和二分或二至点画的两个大圆；它们互相垂直（见图8.8）。

147　　　古希腊意义上的极圈（arctic circle）不同于我们的北极圈（Arctic Circle），且视观察地纬度的不同而不同。它被定义为特定纬度恒显恒星的极限。根据推论，任何给定纬度的南极圈（antarctic circle）则是恒隐恒星的极限。可以看出，这两个圆距极点的角距都等于地球赤道距观察地的角距（即纬度）。在地球赤道处，恒显圈或极圈是没有半径的；因此，对那里的观察者而言，所有的恒星都会升起和下落。在北极处，恒显圈与观察者的地平线重合；因此，只有一半的天球总是可见的。对北极圈（北纬66°）上的观察者来说，极圈与天球的夏季回归线重合（图8.15a）。而对于处在回归线上的观察者（北纬24°）极圈距天极24°，并且同天球上的极圈（polar circle）重合（图8.15b）。[89]

参考书目

第八章　古风与古典时期希腊的理论地图学基础

Aratus. *Phaenomena.* In *Callimachus: Hymns and Epigrams; Lycophron; Aratus,* trans. A. W. Mair and G. R. Mair. Loeb Classical Library. Cambridge: Harvard University Press; London: William Heinemann, 1955.

———. *Phaenomena.* Edited by Jean Martin. Biblioteca di studi superiori: Filologia greca 25. Florence: La Nuova Italia, 1956.

Aristotle. *De caelo.* Edited by D. J. Allan. Oxford: Clarendon Press, 1936.

———. *Meteorologica.* Translated by H. D. P. Lee. Loeb Classical Library. Cambridge: Harvard University Press; London: William Heinemann, 1952.

Brancati, Antonio. *Carte e conoscenze geografiche degli antichi.* Florence: 3M Italia and La nuova Italia, 1972. Detailed notes for use with a set of color transparencies.

Bunbury, Edward Herbert. *A History of Ancient Geography among the Greeks and Romans from the Earliest Ages till the Fall of the Roman Empire.* 2d ed., 2 vols., 1883; republished with a new introduction by W. H. Stahl, New York: Dover, 1959.

Cary, M., and E. H. Warmington. *The Ancient Explorers.* London: Methuen, 1929.

Cebrian, Konstantin. *Geschichte der Kartographie: Ein Beitrag zur Entwicklung des Kartenbildes und Kartenwesens.* Gotha: Perthes, 1922.

Dicks, D. R. *Early Greek Astronomy to Aristotle.* Ithaca: Cornell University Press, 1970.

Diogenes Laertius. *Lives of Eminent Philosophers.* 2 vols. Translated by R. D. Hicks. Loeb Classical Library. Cambridge: Harvard University Press; London: William Heinemann, 1925–38.

———. *Vitae philosophorum.* 2 vols. Edited by Herbert S. Long. Oxford: Clarendon Press, 1964.

Heidel, William Arthur. *The Frame of the Ancient Greek Maps.* New York: American Geographical Society, 1937.

Herodotus. *The History of Herodotus.* 2 vols. Translated by George Rawlinson. London: J. M. Dent; New York: E. P. Dutton, 1910.

———. *Histoires.* 10 vols. Edited by P. E. Legrand. Paris: Belles Lettres, 1932–39.

Kish, George, ed. *A Source Book in Geography.* Cambridge: Harvard University Press, 1978.

Lloyd, G. E. R. *Early Greek Science: Thales to Aristotle.* New York: W. W. Norton, 1970.

Mette, Hans Joachim. *Sphairopoiia: Untersuchungen zur Kosmologie des Krates von Pergamon.* Munich: Beck, 1936.

Müller, Karl, ed. *Geographi Graeci minores.* 2 vols. and tabulae. Paris: Firmin-Didot, 1855–56.

Neugebauer, Otto. *The Exact Sciences in Antiquity.* 2d ed. Providence: Brown University Press, 1957.

Paassen, Christiaan van. *The Classical Tradition of Geography.* Groningen: Wolters, 1957.

Thomson, J. Oliver. *History of Ancient Geography.* Cambridge: Cambridge University Press, 1948; reprinted New York: Biblo and Tannen, 1965.

Tozer, H. F. *A History of Ancient Geography.* 1897. 2d ed.; reprinted New York: Biblo and Tannen, 1964.

Warmington, E. H. *Greek Geography.* London: Dent, 1934.

Wolska, Wanda. *La topographie chrétienne de Cosmas Indicopleustès: Théologie et science au VIᵉ siècle.* Bibliothèque Byzantine, Etudes 3. Paris: Presses Universitaires de France, 1962.

---

[89]　关于极圈，见 *The Geographical Fragments of Hipparchus,* ed. D. R. Dicks（London：Athlone Press, 1960），165–66。

第九章 希腊化时代希腊经验地图学的发展

编者根据热尔梅娜·奥雅克（Germaine Aujac）
提供的资料编写
包 甦 译

古典时期到希腊化时代的希腊地图学发展并没有全然中断。不同于古代和中世纪世界的许多时期，我们能够重建整个希腊时期——实际上直到罗马时期——地图学思想与实践的连续体。当然，公元前3世纪在亚历山大取得的成就为公元4世纪的科学进步做出了准备，并使之成为可能。如我们所见，欧多克索斯已在数学模型中提出了地心说；并且，他还将自己的概念付诸天球仪，可被认为是对球仪制造的预见。[①] 至希腊化时期初，不仅研制了各种天球仪，还形成了同心球系统，连同可居住世界的地图一道，培养了人们对基本的地图学问题的科学好奇心。譬如，人们已经对可居住世界的相对狭小（后来得到埃拉托色尼证明）有了朦胧的想象。这曾是柏拉图评论的主题，[②] 而亚里士多德则从"数学家们"那里引用了一个关于地球周长的数字，即40万斯塔德（stade）。[③] 他没有解释是如何得出这个数字的，该数字有可能是欧多克索斯的估算。亚里士多德还认为，只有海洋阻止了从直布罗陀海峡到印度向西环游世界的通道。

然而，虽然有这些猜想，倘若不是因为经验知识蓬勃且同步增长，希腊地图学可能在很大程度上仍停留在哲学范畴。的确，希腊化时代地图学史最突出的趋势之一，便是越来越倾向于将理论和数学模型同新获得的关于世界的事实相联系，尤其是那些在希腊探索过程中收集到的，或直接观察中体现的事实，如埃拉托色尼在对地球周长做科学测量时所记录的。尽管这一时期仍然缺乏存世的地图和原始文本——这继续限制了我们对地图学形式与内容变化的理解——但

---

① 见第八章，"古风与古典时期希腊的理论地图学基础"，p. 136 and n. 33。

② 柏拉图（约公元前429—前347年）意识到了地球表面可居住世界的相对狭小；见上文第137页。

③ Aristotle *On the Heavens* 2. 14. 298a. 15 ff；见 *On the Heavens*, trans. W. K. C. Guthrie, Loeb Classical Library（Cambridge：Harvard University Press；London：William Heinemann, 1939）和 *The Geographical Fragments of Hipparchus*, ed. D. R. Dicks（London：Athlone Press, 1960），24。

斯塔德，στάδιον，原意指犁一趟地覆盖的距离，共有600希腊尺；但在希腊世界，一尺的长度会有一些地方性变化。有的作者认为1斯塔德相当于现代的185米或607英尺；见 Jacob Skop, "The Stade of the Ancient Greeks," *Surveying and Mapping* 10（1950）：50 – 55, 和 Dicks, *Geographical Fragments*, 42 – 46（上文）。另一些作者则持不同意见，引述的是148—158米；见 Irene Fischer, "Another Look at Eratosthenes' and Posidonius' Determinations of the Earth's Circumference," *Quarterly Journal of the Royal Astronomical Society* 16（1975）：152 – 67, 和 Dennis Rawlins, "The Eratosthenes-Strabo Nile Map," *Archive for History of Exact Sciences* 26（1982）：211 – 19。鉴于这一争议，在本《地图学史》全书中，作者及编者刻意避免使用斯塔德的现代对应值。

可以看到，到该时期末，一种显著不同的可居住世界的地图图像出现了。

产生这样的变化，既有政治和军事因素，也有整个希腊社会内部文化发展的原因。关于后者，我们可以看到希腊地图学如何开始受一种新的学识基础建设的影响，这种基础建设对形式化知识的整体增长发挥了深远作用。对地图史来说格外重要的，是亚历山大作为主要的学术中心的发展，在这方面远超培拉的马其顿宫廷。正是在亚历山大，欧几里得（Euclid）著名的几何学派在托勒密二世菲拉德尔弗斯（Philadelphus）统治期间（公元前285—前246年）蓬勃发展。也是在亚历山大，这位托勒密，即托勒密一世索特（Soter）的儿子、亚历山大大帝的同伴，创办了图书馆，很快便名扬整个地中海世界。这座图书馆不仅积累了希腊化时期可寻获的最丰富的藏书，并且连同同样也是由托勒密二世创办的博物馆一道，构成了三大洲学者聚会的场所。雅典政治家、作家以及亚里士多德的门徒，法莱隆的德米特里乌斯（Demetrius of Phalerum）受命启动图书馆的工作，馆内获赠了许多科学著作且规模迅速扩
149 大。馆员们不仅将既有的文本汇集到一起，还对其做了校订以备出版，将其列入叙录并试图不断更新。④ 因此，亚历山大成了地图与地理知识的交换所；它是可以编纂并评价这类知识的中心，我们可以认为，伴随经验知识的增长，新的地图与文本也在这里产生。

世界地图革新中的探索与发现

希腊化时期可居住世界的地图变得日益真实的另一大因素，是希腊世界通过征服与发现而扩张，从而获取了新的地理知识。在强化地图的经验内容的过程中，马其顿国王亚历山大大帝（公元前356—前323年）的征战尤其关键，为希腊人提供了比以往任何时候都详细得多的东方知识。毫无疑问，亚历山大大帝受到过当时地理传说的影响，其中一些以地图的形式表达，对希腊人理解这一东方世界做出了重大贡献。在采取起初由其父亲腓力（Philip）构思的组织攻打波斯的计划时，他当然不是毫无准备。他受教于亚里士多德并从他那里得知，从直布罗陀海峡到印度的可居住世界相对狭小，且可能以海洋为界。这对当时的地理学家来说是很清楚的，正如已知世界的西部以大西洋为界这一事实一样。这种信念解释了为何亚历山大大帝不仅想探索爱琴海以东整个的可居住世界，还抱定希望要抵达东洋（Eastern Ocean），希腊人在那个时候还没有目睹过它的存在。

于是，他吩咐秘书们为这次旅行准备一份十分详尽的介绍，并收集有关他将经过的国家的一切信息。色诺芬（Xenophon）不久前曾对小亚细亚有过描述，尼多斯的克泰西亚斯（Ctesias of Cnidus）亦描述过波斯与印度。⑤ 毫无疑问，亚历山大大帝收集了各种地图，包括可居住世界的总草图，或者标明贯穿全国的主路的区域地图，尤其是波斯，这里的道路并

---

④ 这或许解释了以往时期科学著作的完全消失：它们被认为过时了，被较为近期的稿本取代。对该图书馆的描述，见 Edward Alexander Parson, *The Alexandrian Library: Glory of the Hellenic World* (Amsterdam, London, New York: Elsevier Press, 1952)。

⑤ 居鲁士（Cyrus）死于库纳克萨（Cunaxa）之后，色诺芬（约公元前430—前354年）曾执掌雇佣军；他率军队穿过小亚细亚抵达黑海。他的《远征记》（*Anabasis*）便是关于这次远征的故事。尼多斯的克泰西亚斯是阿塔薛西斯（Artaxerxes）的一名御医（在库纳克萨时跟随其身边），写了一部23卷本的关于波斯的历史——《波斯志》（*Persica*）和一部印度史——《印度志》（*Indica*），现均已散佚。

井有条，每隔一定距离便设有驿站。⑥

同样清楚的是，整个远征计划带有拓展原有地理知识的有意目的。亚历山大大帝将一大批学者带在身边——动物学家、医生、历史学家和测量师——以便针对途中观察到的所有有趣现象编纂完整的记述，并对他人提供的一切信息进行核实。于是卡狄亚的欧迈尼斯（Eumenes of Cardia）（约公元前 362—前 316 年）被委托保管远征的日常报告，并著有为后世历史学家所用的《起居注》（*Ephemerides*），但现已佚失。所谓的测地师（*bematistai*），⑦贝托（Baito）和狄奥格尼图斯（Diognetus），必须记录下停留地点之间的每一段距离，并描述每个国家的地理要素——动植物群、土壤性质和景观等。测地师对制图史的重要性在于，他们的《行程录》（*Itinerary*）可能配有草图或地方地图。事实上，整个远征成了新的地图数据的最重要的第一手来源。⑧ 其地形笔记为后来的地理学家所借鉴，如查拉克斯的伊西多鲁斯（Isidorus of Charax）（活跃于约公元 25 年）等。

亚历山大远征所收集的信息当然受其进程变化无常的巨大影响；无论如何都不能视作现代意义上，对所穿越地区系统性的甚至是侦察性的制图。事实上，亚历山大原定实施的计划受到了他的士兵的阻止，他们拒绝跨过印度河（Indus River）并继续东去外洋。但他决定至少探索一下印度（南）洋，于是他沿印度河而下航行至海。在那里，他将自己的部队分作三支分队：一支由尼阿库斯（Nearchus）率领，经印度洋和波斯湾向巴比伦航行；另一支由亚历山大亲自率领，沿海岸走陆路，以便在必要时支援舰队；剩下的军队沿更北的一条路线返回巴比伦。⑨ 因此，至少爱琴海、托罗斯山脉（Taurus Mountains）、印度河及印度洋之间的一些国家，因亚历山大远征而得到了探索。

后来的地理学家大量采用有关亚历山大旅行的记载来制作亚洲地图，并为可居住世界的 **150** 轮廓填充内容。埃拉托色尼打算据新的发现绘制一幅人居世界总图的雄心，也在一定程度上受了亚历山大探索的启发。⑩

与亚历山大同时代的人中，有一位来自马萨利亚（Massalia 马赛［Marseilles］）的航海家及天文学家，名叫皮泰亚斯（Pytheas），以一位普通公民的身份开启了对西欧洋岸的探索。在他的论著《论海洋》（*On the Ocean*）中，皮泰亚斯讲述了他的旅程，并提供了他所观察过的国家的地理与天文信息。这部论著现已失传，通过斯特拉波引述的几位后世作者的评论，我们只能知道其中一些片段。这些作者中有人，其中便有波里比阿（Polybius），认为皮泰亚斯是骗子，斯特拉波本人也持这种观点。⑪ 在皮泰亚斯的时代，人们已很清楚黑海以

---

⑥　Herodotus *History* 5. 52 – 54；见 *The History of Herodotus*, trans. George Rawlinson, 2 Vols. （London：J. M. Dent；New York：E. P. Dutton, 1910）。

⑦　测地师（*bematistai*）必须测量（*bematizein*）每日的行军进程，但这个词本身并未见于此语境。

⑧　关于亚历山大远征的详情，见 William Woodthorpe Tarn, *Alexander the Great*, 2 Vols. （Cambridge：Cambridge University Press；New York：Macmillan, 1948）。

⑨　尼阿库斯的周航记录在阿里安（Arrian）的《印度志》（*Indica*）中，其《远征记》（*Anabasis*）记录了整个这次远征。

⑩　Strabo *Geography* 1. 2. 1；见 *The Geography of Strabo*, 8 Vols. , ed. and trans. Horace Leonard Jones, Loeb Classical Library （Cambridge：Harvard University Press；London：William Heinemann, 1917 – 32）。又见 Strabo, *Géographie*, ed. Germaine Aujac et al. （Paris：Belles Lettres, 1966 – ）。

⑪　Strabo *Geography* 1. 4. 3, 2. 4. 1, 4. 2. 1 （note 10）。

北的欧洲内陆极其寒冷。鉴于此，皮泰亚斯给出的报告，说大西洋海岸高纬度地区适合居住肯定让人难以相信。

很难通过零星证据重建皮泰亚斯究竟寻访过哪里。尽管现代学者认同这次航行确有发生，但却不同意其范围，特别是不列颠群岛（British Isles）的北部。[12] 他们也不同意航行发生的确切时间，尽管证据似乎指向公元前325—前320年之间。[13] 不过在离开马萨利亚之后，皮泰亚斯似乎驶入了加德斯（Gades 加的斯 [Cádiz]），然后沿伊比利亚（Iberia）和法国海岸到了布列塔尼（Brittany），越过康沃尔（Cornwall），沿英格兰西海岸和苏格兰向北航行到了奥克尼群岛（Orkney Islands）。有的作者认为，从那里出发，他做了一次至图勒（Thule）（可能为冰岛）的北极航行，之后他便进入了波罗的海。[14] 他最感兴趣的，是确认锡的来源（在古代的卡斯特里德斯 [Cassiterides] 或锡岛 [Tin Islands]）和琥珀的产地（在波罗的海），以及为这些商品开辟的新的贸易路线。[15]

皮泰亚斯从马萨利亚到塔特索斯（Tartessus）的第一段航程，可能使用了古希腊对这些海岸做地理描述的某个版本，称作《马萨利奥特周航记》（*Massaliote Periplus*）——几乎可以肯定是在马萨利亚编纂的——年代大概可追溯到公元前500年前后。我们通过约900年后罗马博古学者鲁弗斯·费斯图斯·阿维阿奴斯（Rufius Festus Avienius）的《海岸》（*Ora Maritima*），得知此周航记（periplus）。阿维阿奴斯的著作可追溯至公元前2世纪的一个版本，与叫作托名斯库姆诺斯（Pseudo-Scymnus）的人相关，并且，从其古风时代的地名和遗漏了晚于修昔底德（Thucydides）的作者来看，此版本可进一步追溯至公元前5世纪。[16]

尽管皮泰亚斯关于北方土地的报告将其打上了骗子的烙印，但他的数学才能却得到了更为广泛的认可。埃拉托色尼和蒂迈欧（Timaeus）都很尊重他对世界地图的贡献，虽然他们的观点被斯特拉波带有偏见的记述淡化了。[17] 皮泰亚斯实际是一位极具才能的天文学家，他

⑫ 皮泰亚斯的标准版本为 *Fragmenta*, ed. Hans Joachim Mette（Berlin：Walter de Gruyter, 1952）。更近期的著作包括 C. F. C. Hawkes, *Pytheas*：*Europe and the Greek Explorers*, Eighth J. L. Myres Memorial Lecture（Oxford：Blackwell, 1977），对围绕皮泰亚斯航行的诸多问题做了出色的现代总结，并提供了有用的参考书目，以及 Roger Dion 的文章，尤其是 "Où Pythéas voulait-il aller?" in *Mélanges d'archéologie et d'histoire offerts à André Piganiol*, 3 Vols., ed. Raymond Chevallier（Paris：SEVPEN, 1966），3：1315 – 36。

⑬ Hawkes, *Pytheas*, 44（note 12）判定其年代为公元前 325 年。

⑭ 关于各种观点，见 J. Oliver Thomson, *History of Ancient Geography*（Cambridge：Cambridge University Press, 1948; reprinted New York：Biblo and Tannen, 1965），149, 和 Hawkes, *Pytheas*, 33 – 39 and map 9（note 12）。

⑮ Hawkes, *Pytheas*, 1 – 2（note 12）.

⑯ Hawkes, *Pytheas*, 17 – 22 and map 6（note 12）。阿维阿奴斯《海岸》的版本包括 *Avieni Ora Maritima（Periplus Massiliensis saec. Ⅵ. a. C.）*, ed. Adolf Schulten, Fontes Hispaniae Antiquae, fasc. 1（Barcelona：A. Bosch, 1922），以及其姊妹篇 *Tartessos：Ein Beitrag zur ältesten Geschichte des Westens*（Hamburg：L. Friederichsen, 1922）；*Ora Maritima*, ed. Edward Adolf Sonnenschein（New York：Macmillan, 1929）；*Ora Maritima*, ed. André Berthelot（Paris：H. Champion, 1934）；and *Ora Maritima, or a Description of the Seacoast from Brittany Round to Massilia*, ed. J. P. Murphy（Chicago：Ares, 1977）。关于此周航记的传播，Hawkes 同意 Schulten, *Avieni Ora Maritima and Tartessos* 的观点。关于 Schulten 著作的评论参考，见 Hawkes, *Pytheas*, 20 n. 52（note 12）。这一时期，迦太基人对直布罗陀海峡以西海岸的认识传给了希腊人，关于其影响，见 Jacques Ramin, *Le Périple d'Hannon/The Periplus of Hanno*, British Archaeological Reports, Supplementary Series 3（Oxford：British Archaeological Reports, 1976）。

⑰ 例如见脚注11，以及 Strabo *Geography* 3. 4. 4, 4. 2. 1, 7. 3. 1（note 10）。

成功地确立了天极的准确位置，是天空中没有恒星标记的一个点，但它和三颗暗星一起组成了一个矩形。[18] 他还准确地确定了马赛的纬度，指出在夏至日的正午，"日晷指数［圭表］与影子的比值……是120/（42－1/5）"[19]。我们可据此算出马赛和夏季回归线之间的纬度差是19°12′，而目前的测量值约为19°50′（图9.1）。[20]

151

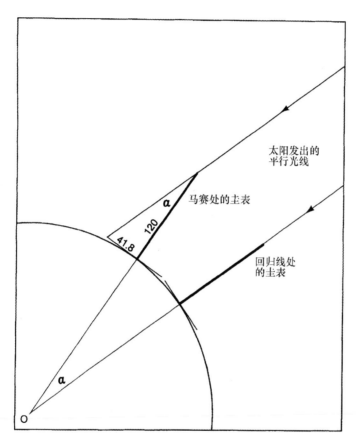

图9.1　皮泰亚斯对马赛纬度的观测

此图示中，O是地球的中心，α为19°12′。

　　他的路线穿越了宽阔的纬度范围，并且，在观察到天体现象与日长如何随着他北移而变化时，皮泰亚斯似乎是首位系统地将某地纬度同其最长一天的长度，或者同冬至时太阳的高

⑱ Hipparchus, *In Arati et Eudoxi Phaenomena commentariorum libri tres*, ed. C. Manitius（Leipzig：Teubner, 1894），1. 4. 1. 又见 Dicks, *Geographical Fragments*, 171（note 3）. Hawkes, *Pytheas*, 44－45（note 12）误解了 Dicks，认为极星（小熊座α星）是矩形中四星之一。

⑲ Strabo, *Geography* 2. 5. 41（note 10）.

⑳ 有必要意识到，皮泰亚斯不可能用图9.1示意的方法得出马赛纬度的真实值，因为在喜帕恰斯之前，还没有出现将圭表关系转换为度数所需的三角法。有的作者在当时计算的黄赤交角（24°）基础上增加了19°12′的数值，从而得出马赛的纬度为43°12′；但这忽略了古代和现在的黄赤交角值之间足足半度的差异。见 Dicks, *Geographical Fragments*, 178－79, 188（note 3）。

度联系起来的作者。㉑ 基于这样的观察结果，他还成为利用地球球面上画出的纬圈（parallel of latitude），来表示所有可以观察到相同天文现象的地点的第一人。不过，有可能皮泰亚斯不是通过观察，而是借助几何计算，指出了不同纬度冬至时的太阳高度。如果计算给出的结果至少有一个可做经验上的验证，那么同一系列的所有结果都会是可靠的。皮泰亚斯在北欧遭遇的十分短暂的夏夜，使他对纬度和二至日长度的联系充满信心。因此，一个地方的至日长度成了表明其纬度的常用方式。球面几何还告诉皮泰亚斯，地球上存在一道纬圈，在这道圈上，夏至时的一天有 24 小时长，且太阳不会消失在地平线下。他将图勒岛定位在这一特定的圈上，㉒ 在这里——按他的说法——"［天］极圈与［天］夏季回归线相重合"㉓。他毫不犹豫地将图勒放在温带北界，也就是北极圈上。

从已知的皮泰亚斯的旅行和兴趣来看，他开展北方海域的航行，部分原因是为了验证几何学（或者三维模型的实验）所教给他的知识。其结果是，他的观察不仅扩充了关于他到访之地的地理知识，还为地图编绘中纬圈的科学使用奠定了基础。但也必须承认，如霍克斯（Hawkes）所提出的，这次航行可能有着更广泛的经济和政治动机。北方土地上居民和资源的详情，会令诸如亚历山大这样的活动家感兴趣。公元前 323 年亚历山大的去世阻碍了这类信息被充分利用，㉔ 相反，此成果在很大程度上成了后来评论家们的笑柄。㉕

152　　　以亚历山大和皮泰亚斯的旅行为代表，理论知识与直接观察的结合，加上大量旅行带来的成果，逐渐为世界地图的编绘提供了新的数据。尽管我们可以先验地认为，这样的联系对希腊化时代地图学的发展至关重要，但就像其历史的许多其他方面一样，没有确凿的证据能让我们重建地图本身的技术工艺和物理特性。甚至经这些工艺产生的改进后的地图也没有留存下来，文献中提及的它们的存在（使其内容得以部分重建），整体上也只是涉及曾经制作并流通的地图数量的很小一部分。这种情况下，同样也是基于侥幸保存下来的作者个体对地图的提及，我们做了相应的概括。

此类别中的第一幅，且几乎与亚历山大和皮泰亚斯同时代，是由墨萨拿（墨西拿）的狄凯亚库斯（Dicaearchus of Messana [Messina]，活跃于约公元前 326—前 296 年）制作的。

㉑　据说，喜帕恰斯注意到，例如，在凯尔特人之地的纬度处和波吕斯泰奈斯河（第聂伯河）河口，太阳只升到 9 腕尺（18 度，1 天文腕尺为 2 度）：Strabo *Geography* 2.1.18（note 10）；cf. Dicks, *Geographical Fragments*, 188（note 3）。在该纬度，最长的一天有 16 个等分小时：Strabo *Geography* 2.5.42（note 10）。斯特拉波还报告了以下观察结果，体现冬至时最长一天的长度与太阳最大高度（以腕尺计）之间的关系：

17 小时	6 腕尺	（=12°）
18 小时	4 腕尺	（=8°）
19 小时	3 腕尺	（=6°）

Strabo *Geography* 2.1.18 及别处（注释 10）。

㉒　对于这时的希腊人来说，由于回归线被认为是在距赤道大概 24°处，北极圈（现代意义上的）便位于北纬 66°的纬线上。见 Thomson, *History of Ancient Geography*, 153（note 14）。Oenopides of Chio 是第一位提及黄赤交角为 1/15 圆（或 24°）的人；是在其被应用于地图学之前的一段时间提出的。

㉓　Strabo *Geography* 2.5.8（note 10）. Translation by O. A. W. Dilke.

㉔　Hawkes, *Pytheas*, 44（note 12）提到，发现于亚历山大身后的所谓的计划，是要征服迦太基并探索可居住世界的西部，经陆路和海路直到直布罗陀海峡（赫拉克勒斯之柱）和大西（西）洋。其他作者，包括 Tarn, *Alexander the Great*, 2：376（note 8）认为这些"计划"是后世的创造，以进一步美化其声誉。

㉕　Hawkes, *Pytheas*, 45（note 12）.

身为亚里士多德的门徒且与泰奥弗拉斯图斯（Theophrastus）同时代（约公元前370—前288/285年），狄凯亚库斯因其所做的重要贡献得到了古代作者和现代地图学、地理学史学家的认可。⑳斯特拉波将其同德谟克利特、欧多克索斯和埃弗鲁斯一道，列入推动了地理科学重大进步的第二代哲学家中。㉗我们知道，他一生中大部分时间在伯罗奔尼撒（Peloponnese），尤其是在斯巴达度过，著有关于政治、文学、历史和哲学的各种著作。

在他的现已佚失的《环行地球》中，狄凯亚库斯纳入了一幅地图，以及对可居住世界的描述。如同德谟克利特，他认为已知的可居住世界的长度也是其宽度的一半，比例是3：2。㉘斯特拉波，依照波里比阿，对狄凯亚库斯提供的一些距离做了批评，例如，从伯罗奔尼撒到直布罗陀海峡的1万斯塔德，或者从伯罗奔尼撒到亚得里亚海（Adriatic Sea）岬角1万多斯塔德的估算。㉙斯特拉波，质疑这些数字，批评狄凯亚库斯低估了可居住世界的长度同时高估了其宽度。

狄凯亚库斯引领的主要的地图学创新，似乎是在地图上（可能是首次）插入代表纬线和子午线的两条线，来划分已知的世界。㉚按照阿伽泰米鲁斯的说法，狄凯亚库斯所画纬线，尽管有些不完美，从直布罗陀海峡向东做了延伸。它经过撒丁岛（Sardinia）、西西里、卡里亚、吕西亚（Lycia）、潘菲利亚（Pamphylia）、奇里乞亚，并沿托罗斯山脉远至喜马拉雅山脉（Mount Himaeus [Himalayas]）（图9.2）。㉛多位作者指出，狄凯亚库斯将中隔（diaphragma）一词应用于这一编排，意思是将可居住世界划分为这条线的南北两部分。㉜这体现了一种尝试，即赋予其地图一条东西向的坐标轴，与大致穿过罗得岛的一条垂直子午线相交。正如我们将看到的，在一个世纪后展开工作的埃拉托色尼接受了这一想法，并对其做了进一步发展。

狄凯亚库斯地图所反映的迈向地理现实的另一步，是他沿纬线勾勒了托罗斯山脉向东延

---

⑳　例如，见 Armando Cortesão, *History of Portuguese Cartography*, 2 Vols. （Coimbra：Junta de Investigações do UltramarLisboa, 1969 – 71）, 1：76 – 77, 和 Thomson, *History of Ancient Geography*, 153 – 54（note 14）。

㉗　Strabo *Geography* 1.1.1（note 10）. 荷马、阿那克西曼德和赫卡泰俄斯被认为是第一代的代表，第三代则有埃拉托色尼、波里比阿和帕奥西多尼乌斯。

㉘　Agathemerus *Geographiae informatio* 1.2, in *Geographi Graeci minores*, ed. Karl Müller, 2 Vols. and tabulae（Paris：Firmin-Didot, 1855 – 56）, 2：471 – 87, 尤其第471页。

㉙　Strabo *Geography* 2.4.2（note 10）. 吕底亚的约翰（John of Lydia）批评说狄凯亚库斯让尼罗河从大西洋"往山上流"，可能是出于一个小的误解。John of Lydia *Liber de mensibus* 4；见 Richard Wünsch（Leipzig, 1898）的版本，147。关于斯塔德的现代值争议的解释，见注释3。

㉚　虽然有 Aubrey Diller, "Dicaearchus of Messina," in *Dictionary of Scientific Biography*, 16 Vols., ed. Charles Coulston Gillispie（New York：Charles Scribner's Sons, 1970 – 80）, 4：81 – 82 的观点，但无论是狄凯亚库斯还是欧多克索斯，都没有确凿证据证明他们测量了"从赛伊尼（阿斯旺）向北的一条长弧，并在其两端观察了天顶点"。毫无疑问，他提及的是克莱奥迈季斯关于赛伊尼和利西马基亚（靠近赫勒斯滂或达达尼尔海峡）之间距离的一段话：Cleomedes *De motu circulari* 1.8.44 – 43；见 *De motu circulari corporum caelestium libri duo*, ed. H. Ziegler（Leipzig：Teubner, 1891）。但是，William Arthur Heidel, *The Frame of the Ancient Greek Maps*（New York：American Geographical Society, 1937）, 113 – 19, 对这个问题做了全面总结，指出克莱奥迈季斯"并没有暗示我们，应该将这一估算记在谁身上"（p. 115）。

㉛　Agathemerus *Geographiae informatio* 1.5（note 28）.

㉜　Cortesão, *History of Portuguese Cartography*, 1：77（note 26）；Thomson, *History of Ancient Geography*, 134（note 14）. 按 Cortesão 指出的，Bunbury 没有发现狄凯亚库斯用过这一术语的证据；见 Edward Herbert Bunbury, *A History of Ancient Geography among the Greeks and Romans from the Earliest Ages till the Fall of the Roman Empire*, 2d ed., 2 Vols. （1883；republished with a new introduction by W. H. Stahl, New York：Dover, 1959）, 2：628 n. 6。

伸的部分，不同于较早的陆地图上山脉东部向北显著偏离的情况。㉝ 埃拉托色尼虽然想对这些早期地理图做全面修订，但还是会依照他的想法，让托罗斯山脉在雅典的纬线上呈一条直线延伸。㉞

153　　　狄凯亚库斯之后约半个世纪，罗得岛的提摩斯提尼（Timosthenes of Rhodes，活跃于公元前270年）表现出了同样的意愿，要对早期地图进行修改而不是一味地复制它们。提摩斯提尼作为托勒密二世菲拉德尔弗斯的海军将领，自然会在自己的岛屿之外广泛游历，并且他在地理史上也很著名。他著有十卷本的论著《论海港》（On Harbors）（已佚），被埃拉托色尼、喜帕恰斯和斯特拉波所用并批评。㉟ 后来被认为是风向（即方向或罗盘方位）权威的提摩斯提尼，在亚里士多德《天象论》中已经提及的十种风之外，㊱ 又增加了两种风或风向，从而得到了规律间隔的十二个方向，其依据的便是后来得到公认的罗盘的十二个点。

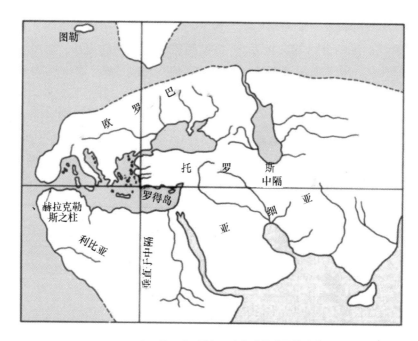

图9.2　公元前3世纪狄凯亚库斯世界地图的重建

可居住世界被中隔（约北纬36°）和罗得岛处与之垂直的线划分。

据 Armando Cortesão，*History of Portuguese Cartography*，2 Vols.（Coimbra：Junta de Investigações do Ultramar-Lisboa，1969－71），Vol. 1，fig. 16。

据阿伽泰米鲁斯所说，提摩斯提尼用这十二个方向来定位可居住世界遥远的民族或国度（图9.3）。㊲ 倒像是在他之前的埃弗鲁斯那样，他绘制了一种国家概图，可能是效法亚里士

<hr />

㉝ Strabo *Geography* 2.1.2（note 10）。

㉞ Strabo *Geography* 2.1.1－2（note 10）。

㉟ Strabo *Geography* 9.3.10（note 10）。

㊱ Aristotle *Meteorologica* 2.6.363a.21 H.；见 *Meteorologica*，trans. H. D. P. Lee，Loeb Classical Library（Cambridge：Harvard University Press；London：William Heinemann，1952），and pp. 145－46 above。

㊲ Agathemerus *Geographiae informatio* 2.7（note 28）。

多德《天象论》中的风向图。将直布罗陀海峡和巴克特里亚（Bactria）放置在东西线上，并将色雷斯以外的斯基泰和埃及以外的埃塞俄比亚放置在南北线上，表明风向的绘制是以罗得岛为中心的。于是，黑海与亚速海位于北和东之间（东北偏北），然后是里海（东北偏东）；东和南之间有印度（东南偏东）和红海及埃塞俄比亚（东南偏南）；南和西之间有加拉曼特人（Garamantes）（中北非）（西南偏南）和埃塞俄比亚西部（西北非）（西南偏西）；西和北之间有伊比利亚（西北偏西）和凯尔特人之地（Celtica）（西北偏北）。

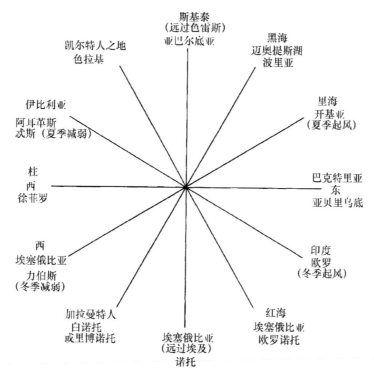

图9.3　提摩斯提尼（Timosthenes）的风向系统

罗得岛的海军将领提摩斯提尼（公元前3世纪）提出的风向、地区和民族之间的关系。

　　提摩斯提尼可能还绘有更详细的地图来阐释其论著。斯特拉波指责他完全不了解伊比利亚、法国、德国和英国，甚至对意大利、亚得里亚海和黑海一无所知，指出了其著作中至少两处重大错误。[38] 首先，他提到在莱斯沃斯岛（Lesbos）和小亚细亚之间的海峡内，有40座岛屿而非20座。[39] 其次，他将迈塔冈尼亚（Metagonium 梅利利亚［Melilla］）放在马萨利亚（马赛）对面（即在后者的子午线上），而斯特拉波的意见是它同新迦太基（Nova Carthago 卡塔赫纳［Cartagena］）在同一条子午线上，[40] 这更接近于（如果不是全然）其真实位置。提摩斯提尼的论著及所附地图虽可能对船员有用，却似乎缺乏科学的准确性。但他将罗得岛作为地图中心的想法被后来者普遍采用。

---

[38] Strabo *Geography* 2.1.41（note 10）.

[39] Strabo *Geography* 13.2.5（note 10）.

[40] Strabo *Geography* 17.3.6（note 10）.

埃拉托色尼对地球的测量及其世界地图

很少有人会反驳，无论是在理论还是实践意义上，希腊化时代的地图学在博学者埃拉托
色尼（约公元前275—前194年）的著作中达到了顶峰。他为制图的发展带来了持久的贡
献，并且，不无道理的是，他在地理学、地图学和大地测量学领域均被不同程度地赋予了奠
基的作用。[41] 虽然我们只是通过后来的作者而不是他的原文了解其贡献的，[42] 但绝对清楚的
是，在两项科学尝试上，他超越了他的前人和同辈。第一项是对地球周长的测量，其方法简
单但却精彩。[43] 第二项是他基于纬线和子午线对世界地图的构建，这不仅对后来地图投影的
发展，而且对最终地图的科学与实际应用都具有深远意义。这样的地图学发明既适用于方志
或区域制图，也适用于地理或世界地图绘制，因此需要充分说明其对地图史的关键意义。

埃拉托色尼是希腊人，出生在昔兰尼（Cyrene，北非）；年轻时去到雅典，一度师从斯
多葛学派并又花了些时间听取学园派（Academicians）的课程，这其中带给他较大影响的是
皮塔内（钱达尔勒）的阿克西拉斯（Arcesilas of Pitane [Candarli]），此人是数学家奥托吕科
斯（Autolycus）的门徒。在埃拉托色尼的工作中，如同其前人的工作一样，他对球面几何
与地心说的精通，为其地图学思想的发展提供了出发点及理论框架，其重要性怎样强调都不
为过。[44] 埃拉托色尼在科学上的不同凡响，后来吸引了公元前246—前221年埃及国王托勒
密三世欧尔革特斯（Euergetes）的注意。这位国王命其来到亚历山大，担任他儿子菲洛帕托
尔（Philopator）（生于约公元前245年）的教师，并在因长诗《阿尔戈英雄纪》（Argonauti-
ca）招致非难的阿波罗尼乌斯离职前往罗得岛时，接管了图书馆。在亚历山大，埃拉托色尼
将创作两部地理题材的作品：一部是《地球的测量》（Measurement of the Earth），解释了用

[41] Cortesão, *History of Portuguese Cartography*, 1: 78 – 79（note 26）; D. R. Dicks, "Eratosthenes," in *Dictionary of Scien-
tific Biography*, 4: 388 – 93（note 30）.

[42] R. M. Bentham, "The Fragments of Eratosthenes of Cyrene"（博士论文打字稿，University of London, 1948——作者在
论文提交前离世）；又见 *Die geographischen Fragmente des Eratosthenes*, ed. Hugo Berger（Leipzig: Teubner, 1898）. 我们知道
埃拉托色尼的《地理学》主要是通过斯特拉波。

[43] Gerald R. Crone, *Maps and Their Makers: An Introduction to the History of Cartography*, 5th ed.（Folkestone, Kent: Daw-
son; Hamden, Conn. : Archon Books, 1978）, 3.

[44] 在这方面，埃拉托色尼继承的是一个连续的数学学识传统，该传统至少可追溯至欧多克索斯，从其时代起，名
为 *Sphaerica* 的论著可能就已经存在了。皮塔内的奥托吕科斯（Autolycus of Pitane）（活跃于公元前310年）显然是这个作
者链条中影响埃拉托色尼的一环。尽管奥托吕科斯的教科书 *On the Sphere in Motion*, 成书于约公元前330年，并非其原
创，但该书很好地总结了涉及给定观察地点的天体现象的大量基本定理，并清晰地解释了天地之间的几何关系，以及需
要用天文学知识来确定任一观察地点在地球上的位置。见 Autolycus of Pitane, *La sphère en mouvement*, ed. and trans. Germaine
Aujac, Jean-Pierre Brunet, and Robert Nadal（Paris: Belles Lettres, 1979）. 也有可能埃拉托色尼是知道欧几里得（活跃于约
公元前300年的亚历山大）的著作的。*Elements* 成书于约公元前300年，但欧几里得也是一本名为 *Phaenomena* 的小型论
著的作者，该书将奥托吕科斯得出的关于球体旋转的一般性结论，特别运用到了天球上。在确立了旋转天球的几何后，
欧几里得研究了恒星的升落，作为测量夜间时间的手段；为此，他必须分析观察者地平线和天球上黄道的关系，该关系
对地球上每道纬线而言都是不同的。对该书的简要概述，见 Pierre Chiron, "Les Phénomènes d'Euclide," in *L'astronomie dans
l'antiquité classique*, Actes du Colloque tenu à l'Université de Toulouse-Le Mirail, 21 – 23 Octobre 1977（Paris: Belles Lettres,
1979）, 83 – 89. 关于早期的球面天文学，见 Otto Neugebauer, *A History of Ancient Mathematical Astronomy*（New York: Spring-
er-Verlag, 1975）, 748 – 67.

来得出地球周长的方法；另一部名为《地理学》（*Geographica*），共三册，给出了绘制可居住世界地图的说明。两部著作均已佚失，但斯特拉波，其自己的著作开篇便是对《地理学》的批评，为我们提供了对其内容的相当清晰的认知，此外，公元 2 世纪的克莱奥迈季斯（Cleomedes）对《地球的测量》做了简要概括。[45]

通过克莱奥迈季斯我们得知，埃拉托色尼用来估计地球周长的方法基于的是球面几何学。[46] 根据地心说，地球被缩小成一个点，[47] 太阳光线落在地球任何一点上时都是平行的。人们已知道，埃及的赛伊尼（Syene，即阿斯旺）位于回归线下；夏至正午时太阳正好在天顶处，因此没有影子。[48] 通过假设亚历山大与赛伊尼在同一条子午线上（相差仅 3°），埃拉托色尼在夏至正午的亚历山大测量了太阳方向和垂直方向的夹角。该夹角为 1/50 圆，同赛伊尼与亚历山大所定义的子午线弧线对向的地球中心角度相等。估计两城之间的距离大致为 5000 斯塔德，埃拉托色尼计算出总周长为 25 万斯塔德（图9.4）。他后来将数值扩大到 25.2 万斯塔德，使其可以被 60 整除。[49]

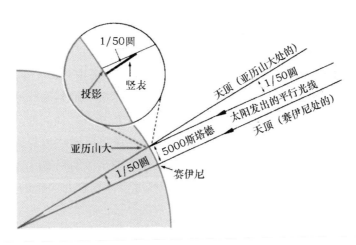

图 9.4　埃拉托色尼对地球的测量

埃拉托色尼以四个假设展开工作：赛伊尼处在回归线上（夏至时，太阳正对头顶）；赛伊尼与亚历山大都在同一条子午线上；两地之间的距离为 5000 斯塔德；且太阳光线是平行的。他清楚，亚历山大与赛伊尼之间的纬度差相当于太阳光线与亚历山大处天顶的夹角。通过竖表（主表）及其影子的长度，他计算出该夹角为圆的 1/50。因此，地球的周长估计为 25 万斯塔德。

据 John Campbell, *Introductory Cartography* (Englewood Cliffs, N. J.：Prentice-Hall, 1984)，fig. 1.7。

---

[45]　Cleomedes *De motu circulari*（note 30）. 原希腊文标题为 Κυκλικη. Θεωρία των Μετεωρων。

[46]　Cleomedes *De motu circulari* 1.10（note 30）. 第 1 册第 10 章的英文译文出现在 Cortesão, *History of Portuguese Cartography*, 1：141–43（note 26）中。

[47]　地心说中，按照欧几里得 *Phaenomena* 中的解释，恒星天被比作绕着叫世界之轴的一条直径旋转的球。中间，地球被缩小成一个点，充当这个球的中心；恒星沿平行圈（由于在旋转的球体上，它们都是垂直于旋转轴的球面圆）运行。这些平行圈中最大的，欧几里得认为是天赤道。不过另两个大圆很重要：黄道的斜圆（欧几里得称之为"黄道带"；见 Chiron, "Phénomènes d'Euclide," 85 ［note 44］）和可见地平的圆（将可见的天球半球同不可见的半球分开的天文地平），在天球的视运动期间始终保持不动（图8.8）. Euclid *Phaenomena* 1 and prop. 1, 见 Euclid, *Opera omnia*, 9 Vols., cd. J. L. Heiberg and H. Menge（Leipzig：Teubner, 1883–1916）, Vol. 8, *Phaenomena et scripta musica*［*and*］*Fragmenta*（1916）.

[48]　Strabo *Geography* 17.1.48（note 10）.

[49]　埃拉托色尼将地球划分成 60 份；对 360° 的使用是随着喜帕恰斯而来的。

埃拉托色尼计算地球周长的方法是合理的，但其可靠性取决于其基本测量值的准确度和其他的假设。两座城市之间的角距离相当准确（7°12′，实际为7°7′），但赛伊尼并非正好处在北回归线上，而是往北大约35′（使用现代的黄赤交角数字），且亚历山大和赛伊尼并不在同一条子午线上。不仅如此，亚历山大和赛伊尼之间的距离是按斯塔德给出的，其数值引发了相当大的争论，[50] 更何况还有如此记录的距离其经验来源问题。[51] 无论埃拉托色尼所用斯塔德的实际值或者得出的距离是多少——他清楚两座城市间的距离是非常粗略的估计，如同他对地球周长的评估一样——他的计算的重要性在于其影响。有可能测量完地球周长之后，埃拉托色尼便首先通过天文手段，或者参照球面几何（例如，赤道与回归线之间的距离被确定为大圆的4/60）确立了纬度上的任意距离，然后按斯塔德估算了这一距离。于是，之前从未被测量师测量过的赤道与回归线之间的距离，据称为16800斯塔德。

获得对地球周长这一估算的知识带来了三个突出结果。首先，这样一来便可通过几何学计算出地球上每个纬圈的长度。例如，雅典的纬线"一圈不超过20万斯塔德"。[52] 其次，通过圭表方式获得并以圆的分数表达的纬度差，可以容易地转换成斯塔德。最后，还可以确定可居住世界的大小，以及其在地球表面的位置。

希腊人对第三个问题——可居住世界的大小和位置——拥有强烈且持久的兴趣，埃拉托色尼构思了一种方法来回答这一问题，在其《地理学》一书中对此做了阐述。我们知道这部三卷本的著作主要是通过斯特拉波。该书旨在回顾并解决与绘制地球地图（gē-graphein），或者更确切地说，绘制地球表面可居住世界的地图相关的所有已知问题。[53] 以大地为球形的理论前提入手，尽管"表面有些不规则"[54]，埃拉托色尼将可居住世界完全定位在北半球，占据了北回归线与赤道间距离的北半部分，以及北回归线至极圈距离的全部。他沿穿过麦罗埃（Meroë）、亚历山大和罗得岛的子午线计算了可居住世界自北向南的宽度，得出的距离为38000斯塔德。斯特拉波形容，人类居住的世界的整体形状有点像一件短斗篷，可能类似于图9.5中马其顿斗篷的形状。[55] 不过，他按照既定概念确定的其从西到东的长度，是已知宽度的两倍多。

埃拉托色尼首先描述了从印度的海角到伊比利亚尽头的距离大约为74000斯塔德。然后（据斯特拉波所说），埃拉托色尼在东西两端均增加了2000斯塔德，以便令宽度不超过长度的一半。[56] 其总长因此变成了78000斯塔德。

确定可居住世界从印度到伊比利亚的长度，是沿雅典的纬线计算的。埃拉托色尼认为该纬线一圈不到20万斯塔德，"如此，要不是受浩瀚的大西洋阻碍，我们可以沿着一条同样的纬线从伊比利亚航行至印度，行完圆的余下部分，也就是说，减去上述距离后的剩余部

㊿ 关于斯塔德的现代值问题，见上文注释3。

51 Cortesão, *History of Portuguese Cartography*, 1：82（note 26）推测，埃拉托色尼在计算两个观察点之间的距离时已可接触到埃及的地籍测量。

52 Eratosthenes, in Strabo *Geography* 1.4.6（note 10）.

53 埃拉托色尼是首位做这方面尝试的作者。其著作开篇是自荷马及第一批制图者时代起的地理科学简史。

54 Strabo *Geography* 1.3.3（note 10）.

55 Strabo *Geography* 2.5.6（note 10）.

56 Strabo *Geography* 1.4.5（note 10）.

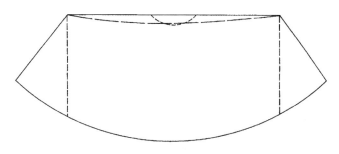

图9.5　短斗篷

此常见的马其顿斗篷样式的形式，可能是斯特拉波用来说明人类居住的世界之形状的。其顶部可以是平直或稍微弯曲的。

据 *The Geography of Strabo*, 8 Vols., ed. and trans. Horace Leonard Jones, Loeb Classical Library（Cambridge：Harvard University Press；London：William Heinemann，1917－32），2.5.6 and p.435 n.3 中的描述重建。

分，超过整个圆的三分之一"[57]。事实上，采用地球周长为 252000 斯塔德的值，所讨论的纬线上的 78000 斯塔德大致相当于 138°的经度，基本是西班牙西海岸与韩国而非印度之间的距离。

毫不奇怪的是，在以后的许多世纪里，表示纬度的值总是比表示经度的更为可靠。熟悉球面几何的希腊人，相当有能力从对太阳与恒星的直接观察中得出纬度。就此而言，可以展开简单的计算来检验旅行者的信息。经度方面的结果不太可靠，因为需要从不同地点同时观察月食或其他天体的交食，以获取两地之间的确切距离。取而代之，希腊人不得不接受行程录给出的距离，无法对其做天文上的验证。

据斯特拉波称，在《地理学》的第三册中，埃拉托色尼解释了如何绘制一幅世界地图：

　　埃拉托色尼在构建可居住世界的地图时，用一条东西向绘制的平行于赤道线的线条将其划分为两部分；作为这条线的两端，他在西端取的是赫拉克勒斯之柱［直布罗陀海峡］，东端取的是印度的岬角以及构成印度北部边界的山链的最远山峰。他从赫拉克勒斯之柱起经西西里海峡（Strait of Sicily 墨西拿海峡［Straits of Messina］），并经伯罗奔尼撒半岛（Peloponnesus）和阿提卡的南部岬角画了这条线，直到罗得岛和伊苏斯湾（Gulf of Issus 土耳其伊斯肯德伦湾［Gulf of Iskenderun, Turkey］）……然后，这条线大致呈直线绘制，沿整个托罗斯山脉（Taurus Range）直到印度，因为托罗斯山脉呈直线延伸与起于赫拉克勒斯之柱的海相接，将整个亚洲纵向分作两部分，从而令其一部分在北另一部分在南；这样，托罗斯山脉和起自赫拉克勒斯之柱直到托罗斯的海，都同样位于雅典的纬线上。[58]

从这段话我们可以看出，埃拉托色尼采纳了狄凯亚库斯提出的中隔的想法（如果不是术语的话），用平行于赤道的一条线划分已知世界，线条自西向东绘制，从直布罗陀海峡起经过

[57]　Eratosthenes, in Strabo *Geography* 1.4.6（note 10）.

[58]　Strabo *Geography* 2.1.1（note 10）.

雅典和罗得岛到印度。斯特拉波的其他段落也清晰表明，埃拉托色尼画了一条经过罗得岛的中央垂直子午线，因为他列出了这条线经过的地点以及各地之间的距离。[59] 埃拉托色尼所用为非常粗略的估算值和整数。他提供的以下区域或城镇间的南北向距离为：

起讫点	距离（单位：斯塔德）
肉桂之国和麦罗埃	3400
麦罗埃和亚历山大	10000
亚历山大和赫勒斯滂（Hellespontus）	约 8100
赫勒斯滂和波吕斯泰奈斯河（Borysthenes）	5000
波吕斯泰奈斯河和图勒的纬线	约 11500
总计	38000

（Strabo *Geography* 1.4.2）。

157　　　然而，必须记住的是，这些数字并不是埃拉托色尼一贯给出的（譬如，产肉桂的国家常常位于麦罗埃以南 3000 斯塔德）；但此处，埃拉托色尼想将可居住世界的南部界限设在赤道与回归线之间居中处。

埃拉托色尼针对下列区域或城镇使用的东西向分段距离是：

起讫点	距离（单位：斯塔德）
远东岬角和东印度	3000
东印度和印度河	16000
印度河和里海之门（Caspian Gates）	14000
里海之门和幼发拉底河	10000
幼发拉底河和尼罗河	5000
尼罗河和迦太基	15000
迦太基和赫拉克勒斯之柱	8000
赫拉克勒斯之柱和远西岬角	3000
总计	74000

（Strabo *Geography* 1.4.5）。

埃拉托色尼建议的绘制地图的下一步，是将地图的北半部和南半部细分为更小的分区，称作斯弗拉吉德斯（*sphragides*），字面意思是"印章"，但指的是类似文件印章形状的不规则四边形。其中，南部分区的前两个，带有各自的边界，如图 9.6 所示。[60] 斯特拉波只描述了地图南半部的前三分区，但这足以令我们知道埃拉托色尼是如何推进的。显然，他试图分辨每个国家的几何图形特征，从而能测量各图形的边长（或对角线），然后像对待拼图游戏的图块一样，将每个图形插入正确的位置。他必须让每个分区的边界和大小适合于可居住世界的总体轮廓和大小。就印度来说这相当容易，因为其形状十

---

[59]　Strabo *Geography* 2.5.42（note 10）.

[60]　Strabo *Geography* 2.1.22 – 23（note 10）.

分清晰；对于其他不太为人熟知，且没有以海洋、山脉或河流为界的国家，则要困难许多。

地图的北半部，至少就欧洲而言，埃拉托色尼基于向南伸入地中海，并将亚得里亚海和第勒尼安海（Tyrrhenian sea）包围起来的三个岬角，划分了：伯罗奔尼撒人的（希腊）、意大利人的（意大利）和利古里亚人的（科西嘉［Corsica］和撒丁岛）。[61] 但喜帕恰斯和斯特拉波曾尖锐批评埃拉托色尼过于笼统，例如，指出伯罗奔尼撒岬角实际是由许多小海角组成的。

据斯特拉波的记载中对埃拉托色尼地图的重建，如邦伯里（Bunbury）和科尔特桑（Cortesão）所做的，可能会产生误导。[62] 埃拉托色尼绘有中央纬线和子午线是毋庸置疑的。并且，他当然还可以画出其他纬线和子午线，所涉及的地点距经过雅典和罗得岛的基准线的斯塔德距离相同或基本相同。[63] 但斯特拉波没有说这些实际在埃拉托色尼的地图上有所体现，我们也不能像科尔特桑那样，从斯特拉波的证据中推断出，"他为由喜帕恰斯、马里纳斯和托勒密发展起来的地图学投影奠定了基础"[64]。因此，应该谨慎评价这些重建地图表面的精确度。

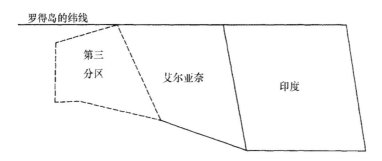

图9.6　埃拉托色尼的斯弗拉吉德斯的重建

此类似印章的南亚分区，是斯特拉波在其《地理学》（*Geography*）中描述的覆盖人类居住世界的系统的一部分。虚线是埃拉托色尼无法正确界定的地理区域之间的边界。

据 *The Geography of Strabo*, 8 Vols., ed. and trans. Horace Leonard Jones, Loeb Classical Library（Cambridge：Harvard University Press；London：William Heinemann, 1917 – 32），2.1.22 – 23 中的描述绘成。

地图学知识的传播

乍看起来，希腊化时期希腊地图学发展的资料给人传递的强烈印象是，其知识和实践只限于相对少数的受过良好教育的精英。当然，与制图史关联的名字，主要出自传统上与希腊科学史总体相关的少数杰出的思想家。然而，通过其他虽然零星的资料，可以得出一幅更大的图景，即制图的基础理论和地图本身都更广泛地为受教育阶层和主要城镇的公民所体验。

[61] Strabo *Geography* 2.1.40（note 10）。

[62] Bunbury, *History of Ancient Geography*, facing p. 660（note 32），和 Cortesão, *History of Portuguese Cartography*, 1：83 – 84 and fig. 19（note 26）。

[63] Dicks, *Geographical Fragments*, 159（note 3）。

[64] Cortesão, *History of Portuguese Cartography*, 1：84（note 26）。

三维宇宙模型以及球仪和地图在学校中得到使用，有时还会在公共场所展示；并且，鉴于地图被刻成硬币币面的标志，甚至可以说地图图像正在普及。

158 　　泰奥弗拉斯图斯，亚里士多德的门徒和继承者、狄凯亚库斯的同代人，提供了关于公元前 3 世纪初地图在雅典普及的一项有趣指标。他在遗嘱中要求 "重建的连接缪斯神殿的小门廊不能比之前的更糟，那些展示地球地图（gēs periodoi）的镶板（pinakas）应嵌在下方的回廊内"。⑥⑤ 该遗嘱，由第欧根尼·拉尔修逐字抄录，表明在木制镶板上绘制地图，并展示于公共或半公共场所告知信息的习俗已经确立。⑥⑥ 所述地图为已有的固定装置，像其他绘画作品一样容易移动；它们可以同其他类型的图画一起展示，与这些画一同出现令它们成为一种为人们所熟悉的图像类型。

　　这并非此类公共的地图展示的唯一例子。尽管相关援引是文献方面的，且涉及更早的时期，罗得斯的阿波罗纽斯（Apollonius Rhodius）（活跃于约公元前 267—前 260 年）史诗中的一段话，将这一实践延伸到了雅典之外，称黑海东南沿海的科尔基斯人（Colchian）最初为来自埃及的殖民者。"他们在柱子上保留着"，他说，"其祖先的雕刻，柱上标出了向四面八方旅行时所有的道路和海陆的界限"⑥⑦。所表述的 "雕刻" 一词，在荷马史诗中指的是 "划痕"——阿波罗纽斯经常从荷马那里撷取词汇——因此，这位诗人是在暗示一些粗糙的刻线。

　　另一种传播微型地图图像的媒介发现于伊奥尼亚的硬币（图 9.7），可能是由罗得岛的门农（Memnon of Rhodes）铸造的，此人在公元前 334 年亚历山大到来前，一直是以弗所（Ephesus）的一名波斯将军。在该系列的罗得岛重量四德拉克马中，正面样式为波斯王人像，作向右奔跑或跪膝状。反面为长方形铸印花纹，带不规则凸起部分，可辨认出是一幅地图，描绘的是以弗所内陆的自然地形。约翰斯顿（Johnston）如此描述道：

　　　　最能清晰辨认的特征是中央的环形，北面是特莫鲁斯山脉（Tmolus range），南面是梅索吉斯山脉（Messogis range），被奔向西面大海的凯斯特河（Cayster，今小门德雷斯河［Küçük Menderes］）河谷分开。同样东西流淌的河流有特莫鲁斯山脉以北的赫尔姆斯河（Hermus，今盖迪兹河［Gediz］），和梅索吉斯山脉以南的迈安德河（Maeander，大门德雷斯河［Büyük Menderes］）。迈安德河的支流，哈帕索斯河（Harpasus，阿克河［Ak］）与莫西纳斯河（Morsynas，汪达拉斯河［Vandalas］），将南部山区分成三条岭，在硬币背面下方可见。

---

　　⑥⑤ Diogenes Laertius *Lives of Famous Philosophers* 5. 51；translation by O. A. W. Dilke. 见 Diogenes Laertius, *Vitae philosophorum*, 2 Vols. , ed. Herbert S. Long（Oxford：Clarendon Press，1964）；英文译本见 *Lives of Eminent Philosophers*, 2 Vols. , trans. R. D. Hicks, Loeb Classical Library（Cambridge：Harvard University Press；London：William Heinemann，1925 – 38）。又见 H. B. Gottschalk, "Notes on the Wills of the Peripatetic Scholarchs," *Hermes* 100（1972）：314 – 42；John Patrick Lynch, *Aristotle's School：A Study of a Greek Educational Institution*（Berkeley：University of California Press，1972），9 ff. and map, p. 217。

　　⑥⑥ Désiré Raoul Rochette, *Peintures antiques inédites*, *précédées de recherches sur l'emploi de la peinture dans la décoration des édifices sacrés et publics*, *chez les Grecs et chez les Romains*（Paris：Imprimerie Royale，1836）。

　　⑥⑦ Apollonius Rhodius *Argonautica* 4. 279 – 81, translation by O. A. W. Dilke；见 *Argonautique*, 3 Vols. , ed. Francis Vian, trans. Emile Delage（Paris：Belles Lettres，1974 – 81），Vol. 3。

约翰斯顿又补充道：

倘若这样准确且详细的地图可被构思成硬币样式，那么供日常使用的地图一定是高度发达的技术的产物……整体的概念与现代塑料立体地图（relief map）十分相似。[68]

图9.7　伊奥尼亚硬币地图

此图案出现在数枚约公元前330年伊奥尼亚四德拉克马银币的背面，这里展示的是其中一枚。它描绘的是以弗所附近小亚细亚的一个地区。

原物直径：2.3厘米。Trustees of the British Museum, London 许可使用（BMC Ionia, 323 No. 1）。

虽然其他带地图或平面图的希腊硬币不属于该时期，但方便起见将它们归在此处。[69] 当然，这些地图图像没有实用目的，但它们具有象征或宣传价值。因此，墨萨拿人通过在他们的硬币上铸造地图标志，向为他们的城市带来发展的自然特征致谢。正是这里镰刀状的沙嘴保护了他们的港口，据说这座城市最初因此得名赞克尔（Zankle）。[70] 有的墨萨拿硬币体现了这一特征；在其中一些硬币上，发现有内部的长方形突起，被认为表现的是港口建筑。

更令人怀疑的一例，是在伊奥尼亚的士麦那（Smyrna，伊兹密尔 [Izmir]）以北福西亚（Phocaea，福恰 [Foca]）的一枚硬币上；这枚硬币的正面有一个港海豹的图案（动物；希腊语 phoke，其城市名称的起源）。[71] 但是在其背面，可能是一幅城市平面图，示有 3/4 的广场，以及可能为港口与河流的图案。福西亚的其他硬币都有完整的广场，尽管其布局与李维（Livy）后来对城镇平面的描述有些不同。[72]

159

---

[68] A. E. M. Johnston, "The Earliest Preserved Greek Map: A New Ionian Coin Type," *Journal of Hellenic Studies* 87 (1967): 86 – 94, quotation on 91.

[69] 不过，关于克诺索斯（Cnossos）的硬币，见下文第 251 页。

[70] George Francis Hill, *Coins of Ancient Sicily* (Westminster: A. Constable, 1903), 38 – 39 and pl. 1. 2; Charles Theodore Seltman, *Greek Coins: A History of Metallic Currency and Coinage down to the Fall of the Hellenistic Kingdoms* (London: Methuen, 1933; revised 1955), pl. 14. 5 (upper).

[71] William Smith, *Dictionary of Greek and Roman Geography*, 2 Vols. (London: J. Murray, 1870), 2: 603; S. W. Grose, *Fitzwilliam Museum: Catalogue of the McClean Collection of Greek Coins* (Cambridge: Cambridge University Press, 1929), 3: 143 and pl. 285. 22. 不过，与 F. Sartiaux, "Recherches sur le site de l'ancienne Phocée," *Comptes Rendus des Séances de l'Académie des Inscriptions et Belles-Lettres* (1914): 6 – 18，尤其第 6—7 页，给出的平面图存在一定的相似性。

[72] Livy [*History of Rome*] 37. 31. 7 – 10; 见 *Livy*, 14 Vols., trans. B. O. Foster et al., Loeb Classical Library (Cambridge: Harvard University Press; London: William Heinemann, 1919 – 59).

这种对地图的更普遍的认知，其另一个促成因素，如前所述，是早期希腊天文学家和哲学家所拥有的发达的机械天赋。他们没有将几何假设仅仅局限于在平整表面上绘制图示，而是用三维模型来予以表达，无论是球仪还是天体系统运作的机械呈现。尤其是对球仪制造（σφαιροποιία）的研究——力学的一个分支，其目的是表现天体自转[73]——在通过构建宇宙模型作为研究宇宙运动规律的方法的同时，也有助于以更为有形的形式来弥合纯理论猜想与更广泛的理解之间的差距。帕普斯（Pappus），一位杰出的亚历山大数学家（活跃于公元320年），将力学专家定义为"那些知晓球仪制造的人，这种技术通过水的规则运动和圆周运动，被用于构建动态天空的表现形式"。[74]

这些专家中的一位便是阿基米德（公元前287—前212年），埃拉托色尼的同辈和友人，他对天文学和地理学思想，以及体现这些理论的地图和模型均产生了影响。阿基米德出生于叙拉古（Syracuse），是天文学家菲迪亚斯（Pheidias）的儿子。他曾造访过亚历山大，在那里，他混迹在诸如萨摩斯的科南（Conan of Samos，活跃于公元前245年）及其学生培琉喜阿姆的多西泰乌斯（Dositheus of Pelusium，活跃于公元前230年）等天文学家和哲学家的知识圈中，[75] 并且还在那里遇见了埃拉托色尼，与他在后来建立了科学通信。阿基米德是叙拉古统治者希伦二世（Hieron Ⅱ，约公元前306—前215年）的宫廷宠臣，他因发明了各种机械而闻名，尤其是那些在叙拉古遭受围攻时用于击退罗马进犯者的机械。[76]

在众多的著作中，阿基米德撰写了一部关于球仪制造的论著（已佚），促使对宇宙的呈现有了极大改进。他的项目的确雄心勃勃——试图在地心说的基础上建造一个"地球系统"的模型，并使其像在现实中一样运行。其设计是让天球、行星和地球都成为一个复杂机械装置的零部件，可设置运动来模拟恒星球的视自转（apparent rotation）以及主要行星的各种运动。通过这部著作以及其他同时期和后世的资料，可以清楚看到在阿基米德的时代，制作模仿宇宙中各种运动的各类模型是相当寻常的。此外，像欧多克索斯介绍并由亚拉图推广的那类天球仪，经常展示于学校或公众场所。而如图8.8中重建的浑天仪，其恒星天被简化成其主圈（赤道、回归线、恒显圈及恒隐圈、黄道带、分至圈），且地球可被想象成在其中心，这样的浑天仪有助于向更多观众演示纬度对天体现象的影响。

阿基米德还构造了许多球仪。当中至少有两个在公元前212年叙拉古陷落后，被马库斯·克劳迪乌斯·马尔凯鲁斯（Marcus Claudius Marcellus）带到了罗马；西塞罗（Cicero）对其做了热情洋溢（但相当模糊）的描述。[77] 其中一个显然外观出众，为罗马人所熟知，并

---

[73] σφαιροποιία 一词由杰米努斯提及，见 Proclus *Commentary on the Elements of Euclid*；见 *In primum Euclidis Elementorum librum commentarii*, ed. G. Friedlein（Leipzig：Teubner, 1873），p. 41, 1. 16, 和 Geminus *Introduction to Phenomena* 12. 23, 12. 27, 14. 9, 16. 19, 16. 27, and 16. 29；见 *Introduction aux phénomènes*, ed. and trans. Germaine Aujac（Paris：Belles Lettres, 1975）。

[74] Pappus of Alexandria *Synagoge*（Collection）8. 2, translation by O. A. W. Dilke；见 *Collectionis quae supersunt*, 3 Vols., ed. F. Hultsch（Berlin：Weidmann, 1867 – 78），Vol. 3。

[75] 两位均是天文学家，萨摩斯的科南证认了一个新的星座，将其名为 Lock of Berenice；多西泰乌斯构建了一种天文历。见 Ivor Bulmer-Thomas, "Conon of Samos," and D. R. Dicks, "Dositheus," in *Dictionary of Scientific Biography*, 3：391 and 4：171 – 72, respectively（note 30）。

[76] 对阿基米德的发明的讨论，见 Aage Gerhardt Drachmann, *The Mechanical Technology of Greek and Roman Antiquity：A Study of Literary Sources*, Acta Historica Scientiarum Naturalium et Medicinalium, 17（Copenhagen：Munksgaard, 1961）。

[77] Cicero *The Republic* 1. 14；Edward Luther Stevenson, *Terrestrial and Celestial Globes：Their History and Construction, Including a Consideration of Their Value as Aids in the Study of Geography and Astronomy*, 2 Vols., Publications of the Hispanic Society of America, No. 86（New Haven：Yale University Press, 1921；reprinted New York and London：Johnson Reprint Corporation, 1971），1：15 – 17.

被放到了美德神殿。它可能是一个实心天球仪，展示了整个星座系列，或者说是代表这些星 160
座的人物和动物。这些类型的球仪通常都画风雅致，然后着以鲜亮颜色。第二个球仪，被认
为是阿基米德的杰作，乍一看似乎并不特别。马尔凯鲁斯将其保存在自家。它并非一个天球
仪，而是某种天象仪（planetarium）。尽管它缺乏美丽的图画和诱人的色彩，可能不似美德
神殿的球仪那般具有魅力，但它模拟了太阳、月亮和五大行星的运行，是对机械科学的重大
贡献。马库斯·法迪乌斯·伽卢斯（Marcus Fadius Gallus）在向西塞罗展示该球仪时称：
"阿基米德的发明令人钦佩之处在于：他让以不同速度在各种不等的轨道上运行的恒速运动
体产生了自转。"西塞罗接着说："当伽卢斯让这个球体动起来时，月亮在经过如天空中所
需数天的自转后，将自己置身在了太阳下方；如此，日食就像在天上那样在人造球体上发
生。而当阳光从正好相反的方向射来时，月亮也进入了由地球造成的阴影中。"[78] 这个天象
仪的建造让阿基米德在受过教育的罗马人中声名鹊起，他们为其所需要的高超知识和技能所
折服。[79] 此后，有些人——令西塞罗愤慨的是——甚至表达了模型胜过现实的观点："阿基
米德在模仿天球自转时，是一位比自然界本身更好的建造者……尽管（西塞罗断言）自然
界的运动比模仿的运动计划得更周密。"[80]

　　显然，这类模型的建造——如同它们在二维上的呈现一样——会引发根本性的问题，超
越了纯粹的天文学和地理学范畴，表达的是对人类在宇宙中探索关乎其最终目的和安排的位
置的关注。

参考书目

第九章 希腊化时代希腊经验地图学的发展

Aristotle. *Meteorologica*. Translated by H. D. P. Lee. Loeb Classical Library. Cambridge: Harvard University Press; London: William Heinemann, 1952.

Aujac, Germaine. *La géographie dans le monde antique*. Paris: Presses Universitaires, 1975.

Autolycus of Pitane. *La sphère en mouvement*. Edited and translated by Germaine Aujac, Jean-Pierre Brunet, and Robert Nadal. Paris: Belles Lettres, 1979.

Broche, G. E. *Pythéas le Massaliote*. Paris: Société Française d'Imprimerie, 1936.

Dicks, D. R., ed. *The Geographical Fragments of Hipparchus*. London: Athlone Press, 1960.

Diogenes Laertius. *Lives of Eminent Philosophers*. 2 vols. Translated by R. D. Hicks. Loeb Classical Library. Cambridge: Harvard University Press; London: William Heinemann, 1925–38.

———. *Vitae philosophorum*. 2 vols. Edited by Herbert S. Long. Oxford: Clarendon Press, 1964.

Dubois, M. *Examen de la Géographie de Strabon*. Paris: Imprimerie Nationale, 1891.

Eratosthenes. *Die geographischen Fragmente des Eratosthenes*. Edited by Hugo Berger. Leipzig: Teubner, 1898.

Hawkes, C. F. C. *Pytheas: Europe and the Greek Explorers*. Eighth J. L. Myres Memorial Lecture. Oxford: Blackwell, 1977.

Müller, Karl, ed. *Geographi Graeci minores*. 2 vols. and tabulae. Paris: Firmin-Didot, 1855–56.

Pytheas of Massilia. *Fragmenta*. Edited by Hans Joachim Mette. Berlin: Walter de Gruyter, 1952.

Thalamas, Amédée. *La Géographie d'Eratosthène*. Versailles: Imprimerie Ch. Barbier, 1921.

---

[78] Cicero *The Republic* 1.14.22, translation by O. A. W. Dilke；见 *La République*, 2 Vols., trans. Esther Bréguet（Paris：Belles Lettres, 1980），Vol. 1。

[79] 也参见 Cicero *Tusculan Disputations* 1.25.63；见 *Tusculan Disputations*, trans. J. E. King, Loeb Classical Library（Cambridge：Harvard University Press；London：William Heinemann, 1933）。

[80] Cicero *De natura deorum* 2.35.88, translation by O. A. W. Dilke；又见 *De natura deorum*［and］*Academica*, trans. H. Rackham, Loeb Classical Library（Cambridge：Harvard University Press；London：William Heinemann, 1924）。

第十章　早期罗马世界的希腊地图学

编者根据热尔梅娜·奥雅克（Germaine Aujac）
提供的资料编写
包　甦　译

罗马共和国为继续将希腊制图贡献当作古典地图学史的一个独立分支来对待提供了很好的一例。虽然希腊与罗马的概念和技能有着大量的融合和相互依存，但希腊的贡献往往是理论性的，而罗马人设计的地图则越来越实用，两者之间的根本区别令人熟悉却满意地划分出了其各自的地图学影响。当然，随着罗马的统治迅速扩展到整个地中海，其政治扩张并没有导致希腊影响的削弱。的确，在公元前221年托勒密三世欧尔革特斯去世后，亚历山大的文化至高地位已不再。知识生活转移到了更有活力的中心，如帕加马（Pergamum）、罗得岛和最重要的罗马，而这反倒促进了希腊地图知识的传播与发展，而不是导致其消亡。事实上，我们可以看到罗马扩张的条件如何对地图学在理论和实践意义上的发展和应用产生积极作用。通过罗马的征服，不仅已知世界得到了极大的拓展——由此新的经验知识必须针对已有的理论和地图做出调整，而且罗马社会为希腊人编纂的地图学知识提供了新的教育市场。无论是在共和国还是在早期帝国，自皇帝而下，许多有影响力的罗马人都是热情的亲希腊者（Philhellene），并且是希腊哲学家和学者的资助者。公元前2世纪中叶，一群著名的亲希腊者组成的西庇阿思想圈（Scipionic circle）促进了对希腊一切事物的研究；当公元前146年来自迦太基和希腊的军事对抗消除后，罗马掌握了政治权力，但希腊在罗马的统治范围内（且常常是代表其）提供了主要的知识输出。在整个公元前2—前1世纪及以后，正是出身于希腊并接受希腊教育的人——如波里比阿、马洛斯的克拉提斯（Crates of Mallos）、喜帕恰斯和斯特拉波——继续为科学制图的发展做出了根本性的贡献，并为希腊化世界的这些活动和其后来在克劳狄乌斯·托勒密（Claudius Ptolemy）的综合研究中达到顶峰提供了持续的联系。

理论地图学的延续与变化：波里比阿、克拉提斯和喜帕恰斯

公元前2世纪，新一代学者对希腊化时期文本、地图和球仪的熟悉程度，清楚地表明了地图学知识不间断的延续。这样的知识，与陆地和天体制图均相关，是通过一系列明确的师徒关系传授的，且图书馆的增长也有助于文本和三维模型的保存。然而，这类证据不应被解读成，希腊对早期罗马世界的地图学贡献仅仅只是对早期进步的实质做被动叙述。相反，新时代的一个主要特征是，在多大程度上对早期制图的尝试持公开批评。主要的文本，无论是

现存还是遗失（只是通过后世作者得知），其论证思路都具有强烈的修正论色彩，因此地图学史学家不得不单独看待对早期理论的实质性挑战，以及往往是这些理论在新地图中的重新阐述。

关于欧洲地理，波里比阿（约公元前 200 年至前 118 年以后）《历史》（*History*）中的地图学资料对这一趋势率先做了阐述。出生于伯罗奔尼撒的迈加洛波利斯（Megalopolis），波里比阿一直活跃于希腊的政治和军事生活。公元前 168 年他作为人质被带至罗马，他的职业生涯也证明了罗马的资助对希腊地图学的延续和传播的重要，因为他吸引了 L. 埃米利乌斯·保卢斯（L. Aemilius Paullus）的注意并成为西庇阿·埃米利亚努斯（Scipio Aemilianus）的密友，后者除了让波里比阿查阅公共档案外，还带着他一起参与了在西班牙和北非的一些征战。

波里比阿撰写的《历史》共有 40 册（现存前 5 册，其余是通过斯特拉波和其他资料得知的），描述了罗马在第二次布匿战争（Second Punic War）至皮德纳（Pydna）战役的 50 年间（公元前 218—前 168 年）的惊人崛起。[1] 波里比阿意识到与发生历史事件的国度密切相关的关键知识的重要性，他的部分工作便致力于对欧洲做地理描述。斯特拉波告诉我们，"波里比阿，在其对欧洲地理的记载中，称自己跳过了古代的地理学家，只对批评过他们的人，即狄凯亚库斯和埃拉托色尼做仔细考量，二人著有最新的关于地理学的论著；另外还有皮泰亚斯，许多人都被他误导了"[2]。然后，斯特拉波为我们提供了这类批评的一例，引述狄凯亚库斯沿中隔的距离（上文第 152 页）以及波里比阿使用的几何论证，来证明它们的错误。按照波里比阿的说法，狄凯亚库斯估算墨西拿海峡和直布罗陀海峡之间的距离为 7000 斯塔德。这条线可被看作以纳尔波（Narbo 纳博讷［Narbonne］）为顶点的钝角三角形的底边（图 10.1）。波里比阿认为，钝角的一边，从墨西拿海峡到纳尔波，测量值为 11200 斯塔德以上，另一边则不到 8000 斯塔德。由于从纳尔波到底边的垂线是 2000 斯塔德，"显然，从初等几何的原则来看，［墨西拿］海峡到赫拉克勒斯之柱的海岸线长度［经纳尔波；总长 19000 斯塔德］超过经公海的直线长度近 500 斯塔德"[3]。因此，沿中隔从墨西拿海峡到直布罗陀海峡的距离至少为 18700 斯塔德，而不是狄凯亚库斯给出的 7000 斯塔德。[4] 这个简短的例子清楚地表明了，几何推理在波里比阿对狄凯亚库斯所绘地图的评价中所起的作用。

------

[1] 波里比阿也接受了埃拉托色尼的观点，认为赤道附近的区域比回归线附近的气候更温和。波里比阿著有一本名为 *The Inhabited World below the Equator* 的书，我们是通过 Geminus, *Introduction to Phenomena* 得知的，他将球面几何的原理应用于这一问题；见 Geminus, *Introduction aux phénomènes*, ed. and trans. Germaine Aujac（Paris：Belles Lettres，1975），16. 32。支持埃拉托色尼假说的主要论据是，太阳在二至日前后于回归线上停留较长时间，炙烤着国土，而在二分日时则会迅速经过赤道。这种解释的依据是，在每年沿黄道的运动中，太阳虽然是恒速移动，但在我们看来，当其接近和离开某道回归线时是几乎静止不动的（几乎等于 40 天的长度，比赤道处的天数长）。这些结论很可能用图示做了说明。关于波里比阿的一般性著作，见 Frank William Walbank, *A Historical Commentary on Polybius*, 3 Vols.（Oxford：Clarendon Press，1957 – 79）。

[2] Strabo *Geography* 2. 4. 1；见 *The Geography of Strabo*, 8 Vols., trans. Horace Leonard Jones, Loeb Classical Library（Cambridge：Harvard University Press；London：William Heinemann，1917 – 32）。又见 Strabo, *Géographie*, ed. François Lasserre, Germaine Aujac, et al.（Paris：Belles Lettres，1966 – ）。

[3] Strabo *Geography* 2. 4. 2（note 2）。又见 Walbank, *Polybius*, 1：371（note 1）。

[4] 墨西拿海峡和直布罗陀海峡之间的实际距离大约为 1200 英里（1930 公里）。

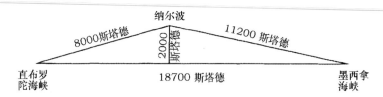

图 10.1 波里比阿对西地中海长度的估算

虽然狄凯亚库斯称直布罗陀海峡至墨西拿海峡的距离为 7000 斯塔德，波里比阿却用基本的几何学表明，该距离实际上至少有 18700 斯塔德。

　　而就欧洲整体而言，波里比阿也同样严厉地批评了埃拉托色尼的地图，称其对世界的西方地区一无所知，并引用了他本人在西班牙和北非的经历。首要的一点是，他批评其相信了皮泰亚斯，将可居住世界的边界置于北至图勒处。波里比阿拒绝相信这些高纬度地区会存在有人居住的地方，因此不打算将可居住世界的地图延伸到北极圈。于是，他将埃拉托色尼地图的北边裁掉，把可居住世界的北界设在爱尔兰（Ierne［Ireland］）的纬线上（北纬 54°），位于包含了总能从希腊大陆和罗得岛（北纬 36°）看见的恒星的极圈下。⑤

　　波里比阿的这些批评体现了埃拉托色尼的工作与方法对后来地图学和制图发展的影响。特别是，几何学的严格应用已被认为是按比例绘制地图所必不可少的。波里比阿在对欧洲展开描述时，曾将这些原则应用于埃拉托色尼的地图和测量值，并因此可能绘制了一幅缩减了纬度范围的新的地图。如希腊人所做的重新解释一样，希腊地图学在罗马社会新的框架下的持续影响，也通过对著名的马洛斯的克拉提斯（活跃于公元前 150 年）地球仪（我们通过斯特拉波得知）的提及而显示出来。⑥ 虽然出生在奇里乞亚的马洛斯，但克拉提斯的大部分人生都在帕加马度过，担任新成立的图书馆的负责人，这间图书馆是挑战亚历山大至高地位的机构之一。公元前 168 年前后，当波里比阿作为人质被带到罗马时，他正身处此地。克拉提斯因在察看下水道（马克西姆下水道［Cloaca Maxima］）时摔断了腿而滞留在罗马，在此期间他发表了一系列颇有影响的演讲。作为一名斯多葛学派哲学家及著名的学者，他因自己的博学和口才在罗马备受推崇。

163

---

⑤ 某给定地面纬度的极圈，指的是包括该纬度所有恒显拱极星（circumpolar star）的天球纬圈（celestial parallel circle）。它到天极的距离与地面纬圈到赤道的距离一致。

⑥ 虽然该地球仪已不复存在，但可通过文献资料予以重建。对克拉提斯的提及见 Strabo's *Geography*（note 2）include：1.1.7；1.2.24；1.2.31；2.5.10（globe）；3.4.4；13.55（date）；14.16（birthplace）. 克拉提斯的残篇，见 Hans Joachim Mette, *Sphairopoiia：Untersuchungen zur Kosmologie des Krates von Pergamon*（Munich：Beck, 1936），以及 J. Oliver Thomson, *History of Ancient Geography*（Cambridge：Cambridge University Press, 1948；reprinted New York：BibJo and Tannen, 1965），202 中的讨论。克拉提斯应该在公元前 150 年前后于帕加马展示过这个球仪。见 Edward Luther Stevenson, *Terrestrial and Celestial Globes：Their History and Construction, Including a Consideration of Their Value as Aids in the Study of Geography and Astronomy*, 2 Vols., Publications of the Hispanic Society of America, No. 86（New Haven：Yale University Press, 1921；reprinted New York and London：Johnson Reprint Corporation, 1971），1：7 – 8；Carl Wachsmuth, *De Crate Mallota*（Leipzig, 1860）；Hugo Berger, "Entwicklung der Geographie der Erdkugel bei den Hellenen," *Die Grenzboten：Zeitschrift für Politik, Literatur und Kunst* 39.4（1880）：403 – 17, 尤其第 408 页及以后几页；Karl Müllenhoff, *Deutsche Altertumskunde*, 5 Vols.（Berlin：Weidmann, 1890 – 1920），1：248。

图 10.2　约公元前 150 年马洛斯的克拉提斯球仪的重建

据 Edward Luther Stevenson，*Terrestrial and Celestial Globes*：*Their History and Construction*，*Including a Consideration of Their Value as Aids in the Study of Geography and Astronomy*，2 Vols.，Publications of the Hispanic Society of America，No. 86（New Haven：Yale University Press，1921；reprinted New York and London：Johnson Reprint Corporation，1971），Vol. 1，fig. 5。

克拉提斯在地图学史上的名气主要在于他建造了一个直径至少 10 英尺的大型地球仪，⑦用来说明自己对尤利西斯（Ulysses）漫游的解读。因此，其地图学的动机一定程度上是文学和历史方面的，而不是纯科学的。作为斯多葛学派，克拉提斯宣称荷马是地理学的奠基者，认为他有着球形大地的主张，并相应地评论了他的诗歌。为了解释荷马的这句"埃塞俄比亚人被分为两部分，最边远的人类（译者注：此译文摘自［古希腊］荷马《荷马史诗·奥德赛》，王焕生译，人民文学出版社 2003 年版）"⑧，克拉提斯认为在赤道海洋的两边都住着埃塞俄比亚人，由于被海洋分隔，一支在北半球，另一支在南半球，他们之间没有任何交流（图 10.2）。斯特拉波如此报告说：

> 克拉提斯单凭数学证明的形式，称大洋河（Oceanus）"占据"了热带（torrid zone），热带两边都是温带，一个在我们这边，另一个在其对面。这样一来，正如在大洋河我们这一侧的埃塞俄比亚人，他们在整个可居住世界的长度内都面向南方，被称作最遥远的一群民族，由于他们居住在大洋河的海岸上，因此克拉提斯也认为，我们必须设想在大洋河的另一面也有埃塞俄比亚人，是温带其他民族中最遥远的一群，因为他们

---

⑦　虽然 Strabo，*Geography* 2.5.10（note 2）在讨论一个 10 英尺球仪的建造时显然想到了克拉提斯，他并没有说克拉提斯的球仪是该大小。见 Thomson，*History of Ancient Geography*，202–3（note 6）。

⑧　Homer *Odyssey* 1.23；见 *The Odyssey*，2 Vols.，trans. A. T. Murray，Loeb Classical Library（Cambridge：Harvard University Press；London：William Heinemann，1919–31）。

居住在同一条大洋河的海岸上。[9]

支撑克拉提斯球仪上地理图形的科学思想直接源于埃拉托色尼关于已知世界相对大小的教学。通过结合前人的几何学方法与自己对荷马的解读，他在地球仪表面呈现了四个可居住世界。两个在北半球——即希腊人居住的地方，占据北半球远不到一半的大小，另一个则对称地位于另一半。还有两个可居住世界在南半球，与赤道以北的两个相对称。这四个世界被沿赤道（占据了热带，因高温而不适宜居住）和子午线的海洋所分隔。因此，可居住的地区都是岛屿，彼此之间没有交流。

显然，这种四个对称陆域的概念，是球面几何以及埃拉托色尼赋予可居住世界相对于整个地球的大小的直接结果。克拉提斯通过在其球仪表面绘出四个区域，并提出三个未知陆地164 可能与已知的这个相似来证明了此点。为了进一步确保其可信度，他还画有主要的纬圈，强调那些定义了地带的圆，其中有：两条回归线（距赤道 24°），其间流淌着如荷马所设想的海洋，以及两个极圈（与赤道相距 66°）。

因此，克拉提斯的球仪是理论数学地图学的产物，传达了一个与现实相差甚远的世界图像。我们对其物理特征的了解甚少，也没有证据表明它是如何或用什么材料制作的，但它对地图学思想史的影响很大。它受到广泛推崇，而四个可居住世界的可能性也被普遍承认。我们将在后面一章中看到，赤道海洋的概念经马克罗比乌斯（Macrobius）对西塞罗的《西庇阿之梦》（*Dream of Scipio*）的评注传到了中世纪的欧洲。后世的学者也争先恐后地为这些未知世界起了适当的名字，但总体上他们并没有怀疑过它们的存在。[10] 至少在受过教育的阶层中，每个人都习以为常的观念是在另一个温带有许多的对跖点（Antipode）。后来，罗马铸造的硬币表现了由四部分组成的地球，交叉着两根相互垂直的棍棒作为帝国的象征，如图 10.3 所示。[11]

图 10.3 公元前 44 年卢基乌斯·埃米利乌斯·布卡（Lucius Aemilius Buca）的硬币

这枚由一位罗马贵族铸造的硬币，其正面图案源自克拉提斯球仪，交叉的线条代表海洋。

原物直径：3.7 厘米。照片出自 Bibliothèque Nationale, Paris（A 12355）。

---

⑨ Strabo *Geography* 1.2.24（note 2），译文改编自 H. L. Jones 的版本。

⑩ 见 Stevenson，*Terrestrial and Celestial Globes*，1：13 n.26（note 6）。

⑪ L. 布卡的硬币（公元前 44 年），显示了一个被交叉的海洋划分成四部分的地球，与克拉提斯的球仪相似。

　　因此，波里比阿与克拉提斯的著作，尽管前者大部分为我们所知而后者则完全是经二手途径了解，可以被用来追踪一个变化过程，即在罗马的资助下，希腊地图学受到了怎样的挑战以及其希腊化时期的基础是如何得以调整的。然而，在公元前 2 世纪，正是他们同时代的喜帕恰斯（约公元前 190—前 126 年以后）的工作，才最清楚地证明了两者都得益于早期的遗产，且都有能力通过严谨的科学观察与推论对其予以改进。在托勒密看来，喜帕恰斯是"热情的工作者和真理的情人"[12]。现代科学史学家均认可他对天文学发展的重大贡献，包括他的星位表，他的数理地理学（mathematical geography）的著作确立了将圆周划分为 360 度（也是他仪器的基础），以及他使用天文观测纬度表来确定地球上的位置。[13]

　　喜帕恰斯出生于比提尼亚（Bithynia）的尼西亚（Nicaea 伊兹尼克［Iznik］），但他一生中大部分时间在罗得岛度过，据悉他于公元前 161 年至前 126 年在那里进行过天文观测。

　　作为一名天文学家，喜帕恰斯对天体地图学尤为感兴趣，他现存唯一的著作，《对欧多克索斯和亚拉图〈现象〉的评注》（*Commentary on Eudoxus's and Aratus's Phaenomena*），[14] 就与该主题相关。该书涉及的是天球，欧多克索斯曾对其做过详细描述，后经亚拉图的诗歌得到普及（见上文第 141—142 页）。喜帕恰斯旨在纠正欧多克索斯所犯的错误，这些错误被亚拉图重复，此后便为受过教育的人士所普遍采用。他的修改旨在防止天文学学生被诗歌的魔力带入歧途。于是，喜帕恰斯系统地更正了整首诗的错误，并由此修改了它所呈现的球仪。

　　首先，他批评欧多克索斯将天极定位在了一个由一颗恒星标记的错误地点，因为众所周知，天极处并没有恒星，如皮泰亚斯正确地指出的：此极是天上的一个点，靠近三颗恒星并与之构成了一个完整的矩形。[15] 第二项批评涉及欧多克索斯未能遵守绘制星座时常用的一般原则："所有星座都应从观察者的角度来画，仿佛正对着我们，除非它们是侧面的。"[16] 这是一条基本规则，因为在希腊，恒星只以它们在表现星座的图像上所占据的位置来区别。例如，我们称作猎户座 α 星（α Orionis）或参宿四（Betelgeuse）的恒星，被指示为"猎户座右肩上的恒星"，而我们的猎户座 β 星（β Orionis）或参宿七（Rigel）则被称作"猎户座左脚上的星"。如果把猎户座正对的方向画错，星座的图像也会颠倒。因此，当欧多克索斯和他之后的亚拉图宣称龙的喉咙和右边的神庙与熊的尾巴成一条直线时，[17] 喜帕恰斯纠正他们

　　⑫　Ptolemy *Almagest* 3.1, 9.2; 见 *Ptolemy's Almagest*, trans. G. J. Toomer（London：Duckworth, 1984）。"真理的情人"是托勒密对喜帕恰斯最常用的称呼；G. J. Toomer, "Hipparchus," in *Dictionary of Scientific Biography*, 16 Vols. , ed. Charles Coulston Gillispie（New York：Charles Scribner's Sons, 1970 – 80），15：220。

　　⑬　只有喜帕恰斯对亚拉图的评注得以幸存。然而，众所周知，喜帕恰斯的工作在天文学史上产生了深远影响：Toomer, "Hipparchus," 220（note 12）总结说，喜帕恰斯的"主要贡献是形成了让人能用几何模型做出实际预测的数学方法，并为模型赋予了数值参数"。这表现在喜帕恰斯对二分点岁差的发现、其星表、关于日月的理论，以及他的数理地理学等方面。Otto Neugebauer, *A History of Ancient Mathematical Astronomy*（New York：Springer-Verlag, 1975），274 – 343，将喜帕恰斯的贡献置于作为托勒密《天文学大成》（从中我们对喜帕恰斯有了许多了解）的前身的背景之下。

　　⑭　Hipparchus, *In Arati et Eudoxi Phaenomena Commentariorum libri tres*, ed. C. Manitius（Leipzig：Teubner, 1894）. 又见 *The Geographical Fragments of Hipparchus*, ed. D. R. Dicks（London：Athlone Press, 1960）。

　　⑮　Hipparchus *In Arati et Eudoxi Phaenomena* 1.4.1（note 14）.

　　⑯　Hipparchus *In Arati et Eudoxi Phaenomena* 1.4.5（note 14），translation by O. A. W. Dilke.

　　⑰　Aratus *Phaenomena* 59 – 60, in *Callimachus*：*Hymns and Epigrams*；*Lycophron*；*Aratus*, trans. A. W. Mair and G. R. Mair, Loeb Classical Library（Cambridge：Harvard University Press；London：William Heinemann, 1955）. 又见 Aratus, *Phaenomena*, ed. Jean Martin, Biblioteca di Studi Superiori：Filologia Greca 25（Florence：Nuova Italia, 1956）。

说，龙左边（而非右边）的神庙才与所讨论的恒星成直线。他愤然驳回了亚拉图的一位评注者的解释，后者认为龙的头是转向宇宙之外而不是朝向内部的。[18] 于是喜帕恰斯坚称：表现星座的图像，当画于实心球仪上时，必须以后视图的形式呈现，看向内部；而当画在平面的地图上时，它们当以前视图呈现，看向读图者。

除了阐明这些原则，喜帕恰斯还确定了大部分恒星在球仪上的精确位置。于是，在讨论亚拉图诗歌描述龙头擦过地平线的对句时，[19] 喜帕恰斯断言其口部尽头的恒星（天龙座 μ 星 [μ Draconis]）距天极 34 又 3/5°，其南面的眼睛（天龙座 β 星 [β Draconis]）距天极 35°，而其南面神庙（天龙座 γ 星 [γ Draconis]）的距离则为 37°。如此，在雅典（北纬 37°）的任何人都可以观察到龙头完全在球的恒显部分内转动，只有左侧的神庙在恒显圈上。[20] 这个例子不仅证实了喜帕恰斯的球仪上绘有各星座的轮廓，还证明了如此定位的恒星是尽可能精确地标示出来的。

在喜帕恰斯的《评注》中，恒星的纬度位置是由恒星距天极的距离来表示的。至于经度，其位置的注记则是相对于黄道十二宫的，也就是根据与恒星同在一道子午圈上的黄道宫的度数，或者有时也按极黄经（polar longitude）界定。[21]

在《评注》末尾，喜帕恰斯列举了根据这些原则构建的 24 个半圆上的主要恒星，从一极到另一极，每颗星以一个昼夜平分时的距离与下一颗分开。[22] 第一个是穿过夏至点的半圆，其上可见狗尾巴最末端的恒星（大犬座 η 星 [η Canis Majoris]）。[23] 此后每间隔一个昼夜平分时，相当于经度 15°。很可能，这 24 个半圆以及相应数量的纬圈，在喜帕恰斯的球仪上被画成了经纬网（graticule）。它们让球仪制造者更容易标记恒星，也让学生更容易找到每颗恒星的位置。天球仪成了一种科学工具，可用来计算夜晚的时间，或者弄清月食持续的时长。[24]

众所周知，遵循这些步骤，喜帕恰斯制作了一份列有至少 850 颗恒星的星表。[25] 此表肯定配有各种类型的恒星仪（stellar globe）来予以阐释，既有艺术性绘制的也有科学上准确的。还很有可能的是，至少对于部分天空或单个的星座，喜帕恰斯试图在平面的地图上呈现天空，按前视图的方式绘制星座。现存的一件同时期文物或许可以证明这样的可能性不是不

166

---

[18] Hipparchus *In Arati et Eudoxi Phaenomena* 1.4.5（note 14）.

[19] Aratus *Phaenomena* 60–62（note 17）.

[20] Hipparchus *In Arati et Eudoxi Phaenomena* 1.4.8（note 14）.

[21] Neugebauer, *History of Ancient Mathematical Astronomy*, 277–80（note 13）. 天文学上，黄道宫要么是黄道带上十二星座之一，要么是黄道圈的一段，长度为 30 度，以对应的星座命名。此处所用为第二种含义。

[22] 一个昼夜平分时是一天的 1/24。古人日常生活使用的是"短暂"或"不等"时，每小时为白昼的 1/12；这些小时随季节而变化。

[23] Hipparchus *In Arati et Eudoxi Phaenomena* 3.5.2（note 14）.

[24] Hipparchus *In Arati et Eudoxi Phaenomena* 3.5.1（note 14）.

[25] 星表没有保存下来，但关于它的信息已经从托勒密对其的提及和 Hipparchus 的 *In Arati et Eudoxi Phaenomena*（note 14）中获取。所记录的恒星数值为 850，可见于 F. Boll, "Die Sternkataloge des Hipparch und des Ptolemaios," *Biblioteca Mathematica*, 3d ser., 2（1901）: 185–95. 对重建喜帕恰斯星表的复杂性的总结，见 Neugebauer, *History of Ancient Mathematical Astronomy*, 280–88（note 13）。关于喜帕恰斯在表中使用坐标的情况，Toomer, "Hipparchus," 217（note 12）指出，没有证据表明，他为所有——或者事实上为任何——他列出的大量恒星分配了坐标。另一方面，在对亚拉图的评注中，喜帕恰斯混合使用了黄道和赤道坐标来表示恒星的位置。见 Toomer, "Hipparchus," 217–18（note 12）。

存在：这是一块公元前98年的浅浮雕，展示的是科马杰尼（Commagene）（叙利亚北部）安条克（Antiochus）的皇家天宫图。它示有黄道十二宫之一的狮子，以前视图雕刻，狮子的身体用恒星勾勒，上方还有三颗行星（图10.4）。[26] 此个案表明，其他单个的星座也是为特定的、想必是占星学的目的而绘制的。[27]

图10.4　科马杰尼的狮子

此图描绘的是科马杰尼国王安条克一世（Antiochus I）（生于公元前98年）的天宫图。原始的浅浮雕发现于其位于土耳其内姆鲁特山（Nimroud-Dagh）的陵墓。

原物尺寸：1.75×2.4米。据 A. Bouché-Leclercq, *L'astrologie grecque*（Paris：E. Leroux, 1899；reprinted Brussels：Culture et Civilisation, 1963），439 and fig. 41。

从地图学角度来看，同样有趣的是喜帕恰斯对改进地理图的关注。这取决于他对天球仪的研究，且与之密切相关。不过，就此而言，我们对其三卷本论著（现已佚失）《驳埃拉托色尼》（*Against Eratosthenes*）的了解，是通过斯特拉波间接得来的。[28] 在这部著作中，他批评埃拉托色尼的地图是在没有充分了解不同国家的确切位置的情况下绘制的。特别的，他反对仍按照狄凯亚库斯的想法，让托罗斯山脉沿地图的中央纬线出现：

由于我们无法判断沿着从奇里乞亚直到印度的山脉最长一天与最短一天的关系，或者圭表与影子的关系，我们也不能判断山脉的方向是否在一条平行线上，但是我们必须不去纠正这条线，令其保持早期地图给出的倾斜度。[29]

㉖　A. Bouché-Leclercq, *L'astrologie grecque*（Paris：E. Leroux, 1899；reprinted Brussels：Culture et Civilisation, 1963），439.

㉗　关于用于勋章上的以及为历法目的使用的单个星座的例子，见 Georg Thiele, *Antike Himmelsbilder*, *mit Forschungen zu Hipparchos*, *Aratos und seinen Fortsetzern und Beiträgen zur Kunstgeschichte des Sternhimmels*（Berlin：Weidmann, 1898），64–75。

㉘　Dicks, *Geographical Fragments*（note 14）.

㉙　Hipparchus, in Strabo *Geography* 2.1.11（note 2），译文改编自 H. L. Jones 的版本。

有些权威人士强调喜帕恰斯对埃拉托色尼的批评"有时是错误且不公的"[30]。但我们应当记住，作为一名数学家和天文学家，喜帕恰斯主要是从这两方面来构想地图学的价值的。他特别强调，需要用天文观测来准确定位地球上的任何地点，指出在对每个国家做出这样的观测前，绘制一幅可居住世界的总图是不可取的。斯特拉波如此说道：

> 喜帕恰斯在他的论著《驳埃拉托色尼》中，正确地表明了任何人，无论是外行还是学者，都不可能在不确定已观察到的天体和交食的情况下，获得必要的地理知识。例如，如果不通过"气候带"进行调查，就无法确定埃及的亚历山大是在巴比伦以北还是以南，或者它在巴比伦以北或以南多远处。同样的，我们无法准确确定距我们远近不同的点，无论是在东方还是西方，除非通过对日食和月食做比较。[31]

因此，喜帕恰斯的气候带似乎是一种以正确的纬度位置定位城镇或国家的系统方法。斯特拉波报告说，他记录了赤道和北极之间可居住世界各区域的不同天体现象。[32]虽然他接受了埃拉托色尼穿过麦罗埃和波吕斯泰奈斯斯河河口的子午线，他也面临着与埃拉托色尼同样的沿该子午线估算距离的问题。图 10.5 重建了该部分的子午线，并比较了沿该子午线的关键地点的经度与它们的实际值。[33]与纬度相关的天体现象包括，每个纬度距极（恒显）圈极点的距离（见注释 5），恒星位于极圈内还是在其圆周上，分、至日当天圭表与日影高度的关系，以及至日的长度。所有这些现象都可以在球仪或浑天仪上计算或观察到。

喜帕恰斯对地图投影史的贡献更具争议。虽然有的作者称，他将人类居住的世界描述成一个梯形，说明他试着改进埃拉托色尼的矩形系统，但没有直接证据表明，这并非如迪克斯（Dicks）指出的那样，仅仅指的是短斗篷形状的可居住世界。[34]相反，尽管有作者质疑喜帕恰斯是否知道球面投影（stereographic projection）（用于地面或天体）或星盘，但现在的观点倾向于认为他发明了两者。[35]

教育领域的地图和球仪

除了喜帕恰斯对支撑地图与球仪构建的既有理论带来的根本性挑战外，公元前 1 世纪还编纂有一些论著，这些论著与其说关乎新知识的创造，不如说关乎更广泛的教育功能。随着

⑩　Armando Cortesão, *History of Portuguese Cartography*, 2 Vols. （Coimbra：Junta de Investigações do Ultramar-Lisboa, 1969 – 71），1：85；Thomson, *History of Ancient Geography*, 321（note 6）. 斯特拉波为埃拉托色尼辩护，反对喜帕恰斯的许多批评，但也指出了埃拉托色尼在其《地理学》2.1.4 – 41（note 2）中的一些"错误"。

㉛　Strabo *Geography* 1.1.12（note 2），译文改编自 H. L. Jones 的版本。

㉜　Strabo *Geography* 2.5.34（note 2）.

㉝　Dicks, *Geographical Fragments*, 160 – 64（note 14）讨论了喜帕恰斯经纬度表的性质。

㉞　Dicks, *Geographical Fragments*, 148, 206（note 14）.

㉟　Dicks, *Geographical Fragments*, 207（note 14）. Toomer, "Hipparchus," 219（note 12）认为，"据盖然性平衡原则，喜帕恰斯用到了（且可能发明了）球面投影。倘若如此，就没有理由否认他发明了平面星盘"。Neugebauer, *History of Ancient Mathematical Astronomy*, 858, 868 – 79（note 13）对球面投影理论的资料，以及该投影在构造星盘时可能的用途进行了综述。

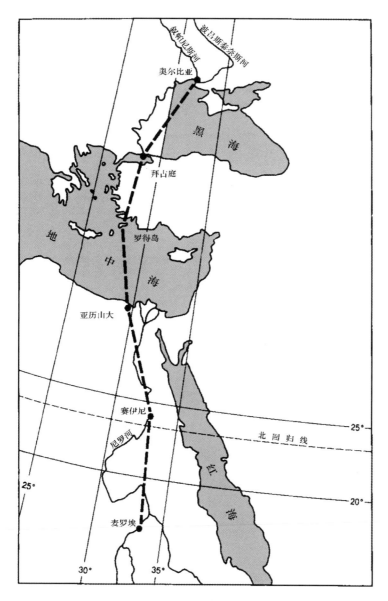

图10.5　亚历山大的子午线

　　如果斯特拉波关于喜帕恰斯反驳埃拉托色尼的记述正确，喜帕恰斯认为波吕斯泰奈斯河河口、亚历山大和麦罗埃位于同一条子午线上。此图显示了亚历山大与实际子午线的关系。出自 The Geographical Fragments of Hipparchus，ed. D. R. Dicks（London：Athlone Press，1960），p. 147, fig. 3。

　　罗马在可居住世界扩展其帝国范围，新的学校和图书馆相继成立。[36] 在希腊及别处，历史记载中出现的学者，为其罗马学生的利益，专注于理论和地理学新发现的选编。虽然区别没有现代社会中那么明显，但可以说，有些论著是针对教科书层面的。这些书比波里比阿或斯特拉波百科全书式的著作更为精简，呈现的是天文和地理知识的概略，有助于阐明我们对地图知识在希腊与罗马社会传播的理解。

---

　　[36]　Elmer D. Johnson, A History of Libraries in the Western World（New York and London：Scarecrow Press，1965）描述了伴随罗马的帝国扩张出现的新的学校和图书馆。

　　比提尼亚的狄奥多西（Theodosius of Bithynia）（约公元前150—前70年）的著作表明了这类教科书的性质。在他已知的论著中，其《球面几何学》（*Spherics*）（三卷本）是现存最早的这类教科书，而其著作《论可居住地》（*On Inhabitable Places*）则描述了在不同纬度可见的天体现象。[37] 两部论著都是纯几何学的：第一部隐晦地论述了天球及其各种圆；第二部明确地提到了天球中心的地球。演示图示有一个与天球直径正切的小圆（理论上无穷小），天球本身画作一个圆（图10.6）。平面ABCD旨在代表天文地平（astronomical horizon），小圆则代表地球。通过几何学，狄奥多西证明了已经为皮泰亚斯所知的现象：在极圈（当时认为在北纬66°）之下，最长一天持续24小时；[38] 在极点处，太阳年由6个月长的白昼和6个月长的夜晚组成；等等。因此，狄奥多西的图示显然呈现的是浑天仪，有表示主要的天球

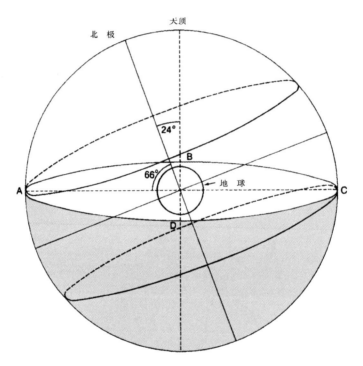

图10.6　狄奥多西的天球图

　　狄奥多西表明，若某观察者的恒显圈恰好与夏季回归线重合，那么该观察者便位于北极圈且其一天有24小时（见图8.8）。代表地球的内圈理论上是无穷小的。观察者的地平面为ABCD。

　　据Theodosius, *De habitationibus liber*: *De diebus et noctibus libri duo*, ed. Rudolf Fecht, Abhandlungen der Gesellschaft der Wissenschaften zu Göttingen, Philologisch-Historische Klasse, n. s., Vol. 19, 4（Berlin：Weidmann, 1927）中的描述绘成。

---

　　[37] Theodosius *On Inhabitable Places*；见 *De habitationibus liber*: *De diebus et noctibus libri duo*, ed. Rudolf Fecht, Abhandlungen der Gesellschaft der Wissenschaften zu Göttingen, Philologisch-Historische Klasse, n. s., Vol. 19, 4（Berlin：Weidmann, 1927）；和Theodosius's *Sphaerica*；见 *Sphaerica*, ed. J. L. Heiberg, Abhandlungen der Gesellschaft der Wissenschaften zu Göttingen, Philologisch-Historische Klasse, n. s., Vol. 19, 3（Berlin：Weidmann, 1927）.《球面几何学》译本的这个名字，"Theodosius Tripolites," 导致一些评论者认为狄奥多西来自的黎波里，尽管第XVI页上有勘误。Neugebauer 在 *History of Ancient Mathematical Astronomy*, 74851, 757–67（note 13）中讨论了狄奥多西著作的"教科书"风格以及其球面天文学的基本几何。

　　[38] 事实上，狄奥多西证实了在距赤道66°的地方，太阳在至日当天不会消失于地平线以下。但由于曙暮光的原因，在这些纬度大约有一个月的时间是白昼。

大圆的圆环（拉丁语 armillae［镯子］），以及在中心固定于自转轴上代表地球的小球。这样的模型在希腊被普遍使用。㊶

与狄奥多西同时代更为著名的是帕奥西多尼乌斯（Posidonius）（约公元前 135—前 51/50 年），通常与他对地球周长的测量联系在一起。在一些学者看来，制图史主要关注的是对提高准确性的判断，这种测量被"认为在地理学史上是灾难性的"㊵。取决于我们所采用的斯塔德的值，有可能确实是帕奥西多尼乌斯为了改进埃拉托色尼的成果，低估了地球的大小，这一测量值经托勒密的复制，在后来传到了文艺复兴时期的欧洲。

但帕奥西多尼乌斯显然不只是测量了地球：他作为教育家的名声，被斯特拉波描述为"我们这个时代最博学的哲学家之一"㊶。他出生于叙利亚的阿帕梅亚（Apamea）；在广泛游历西地中海国家并多次造访罗马之后，他在罗得岛立足，并开办了一间学校。学校受到了多位杰出访问者的资助，包括罗马将军及政治家庞培（Pompey）和西塞罗，通过后者，我们获得了一些对帕奥西多尼乌斯的认识。同样也是在罗得岛，他建造了一台阿基米德样式的天象仪，旨在向学生们传授宇宙定律。西塞罗描述说，"我们的朋友帕奥西多尼乌斯最近建造的太阳系仪（orrery），每次旋转时都会再现太阳、月亮和五大行星的运动，与每 24 小时在天上发生的运动一样"㊷。

除了以这种方式展示他的机械才能外，帕奥西多尼乌斯还致力于重新评价他那个时代流行的有关地球的一些理论。的确，在这方面，他的著作将在古代和中世纪世界的地图学之间起到重要的概念联系的作用。例如，在其论著《海洋》（*The Ocean*）（现已佚失，经斯特拉波为我们所知）中，他讨论了陆地地带（terrestrial zone）的问题，这与理解中世纪的分地带的《世界地图》（*zonal mappaemundi*）有关。㊸

在该文本中，受皮泰亚斯著作的启发，帕奥西多尼乌斯开篇便批评了通常对地球所作的 169 五个地带的划分——一个不可居住（热）带，两个可居住（温）带，和两个不可居住（寒）带——因为他认为这些地带之间的界限是不确定且不准确的。㊹ 他没有采用传统的基于温度或适居性的地带术语，而是提出了基于清晰定义的天文学标准的术语。他用回归线和极圈来划分地球，并如表 10.1 中所示为这些地带命了名。㊺

㊴ Strabo *Geography* 12.3.11（note 2）证实球仪在狄奥多西所活跃的地区存在。关于球仪制造传统，见上文第 136 页和注释 33。

㊵ Cortesão, *History of Portuguese Cartography*, 1：88（note 30）；Lloyd A. Brown, *The Story of Maps*（Boston：Little, Brown, 1949；reprinted New York：Dover, 1979），30－32；以及 E. H. Warmington, "Posidonius," in *Dictionary of Scientific Biography*, 11：104（note 12）。

㊶ Strabo *Geography* 16.2.10（note 2），由 O. A. W. Dilke 翻译。

㊷ Cicero *De natura deorum* 2.34.88, in *De natura deorum*［*and*］*Academica*, trans. H. Rackham, Loeb Classical Library（Cambridge：Harvard University Press；London：William Heinemann, 1924）。

㊸ 见第十八章，"中世纪的世界地图"。

㊹ 据 Strabo *Geography* 2.2.2（note 2），帕奥西多尼乌斯批评巴门尼德将地球划分为五个地带，是因为他所呈现的热带几乎是其实际宽度的两倍，并且，他还批评亚里士多德将回归线之间的区域称为"酷热的"，将回归线与极圈之间的区域称为"温和的"。帕奥西多尼乌斯对巴门尼德和亚里士多德的观点都存有异议，他问道："人们如何能通过既不是所有人都能看见也不是到处都一样的'极圈'，来确定不可变的温带的界限。"

㊺ Germaine Aujac, "Poseidonios et les zones terrestres：Les raisons d'un échec," *Bulletin de l'Association Guillaume Budé*（1976）：7478. Neugebauer, *History of Ancient Mathematical Astronomy*, 73646（note 13），讨论了日影列表。

表 10. 1   帕奥西多尼乌斯的陆地地带

地带	地区	含义
双影带（Amphiskian）	两条回归线之间（一个地带）	在这里，圭表的影子交替指向北和南
异影带（Heteroskian）	每条回归线和每个极圈之间（两个地带）	在这里，圭表的影子或指向北或指向南，取决于所在的半球
环影带（Periskian）	从每个极圈到每个极点（两个地带）	在这里，圭表的影子完整地转了一圈

注：希腊文 *skia* 指影子。

同时，帕奥西多尼乌斯意识到，如果他改变划分的标准，以便更充分地考虑温度分布，地球可以被划分成七个地带。据他的认定，两极周围是两个寒带，两个温带在其通常的位置，沿陆地回归线有两个狭窄的、极干旱的地带，每年约半个月的时间太阳直射头顶，最后是赤道带，比两个热带气候更温和湿润。[46] 帕奥西多尼乌斯还一度提出按照与赤道平行的圈划分可居住世界，标明动植物和气候的变化，而不是按照他那个时代同行的做法将其划分成大陆。然而，斯特拉波对这一创新想法的评价却是负面的。他说，这"只是一个争论点，不会有什么有用的结果"。[47]

同样具有修正论色彩的，是帕奥西多尼乌斯对埃拉托色尼测量的地球周长提出的挑战。我们对其方法的了解，与埃拉托色尼早期的推理一样，都来自克莱奥迈季斯，[48] 很明显，它是建立在有时错误的假设之上的。[49] 这些假设包括认为罗得岛和亚历山大位于同一条子午线上，以及两地之间的距离为 5000 斯塔德。然后，帕奥西多尼乌斯（据克莱奥迈季斯所说）注意到老人星（Canopus 船底座 α 星［α Carinae］）只在罗得岛的地平线上可见，但在亚历山大却上升到高出地平线四分之一个黄道宫（7 又 1/2°）的位置，于是得出结论，截取罗得岛—亚历山大子午线弧段的圆心角（center angle）为总圆的 1/48 或 7 又 1/2°（弧段实际为 5°14′）。因此，他认为，子午线的总长为罗得岛和亚历山大之间距离的 48 倍，并且，假设该距离为 5000 斯塔德的话，便能得出地球周长为 24 万斯塔德。[50]

然而，这只是与测量相关的混乱的部分历史。作为一名对促进讨论感兴趣的老师，帕奥西多尼乌斯似乎对他自己的假设也做了批评，[51] 特别是对从罗得岛到亚历山大的距离估算为 5000 斯塔德。显然，在某个时候的计算中，他采用了一个 3750 斯塔德的替代值，是从埃拉托色尼"借助捉影日晷"（shadow-catching sundial）所做的仔细估算中得出的。[52] 当该距离

[46] Strabo *Geography* 2. 2. 3（note 2）.

[47] Strabo *Geography* 2. 3. 7（note 2）.

[48] 见第九章，第 154—155 页。

[49] 见 Cortesão, *History of Portuguese Cartography*, 1：86 – 88（note 30），有更全面的讨论，以及一幅帕奥西多尼乌斯所用方法的图示。

[50] Cleomedes *De motu circulari* 1. 10；见 *De motu circulari corporum caelestium libri duo*, ed. H. Ziegler（Leipzig：Teubner, 1891）. 第 1 册第 10 章的英文翻译见 Cortesão, *History of Portuguese Cartography*, 1：141 – 43（note 30）.

[51] Strabo *Geography* 2. 2. 2（note 2）. C. M. Taisbak, "Posidonius Vindicated at All Costs? Modern Scholarship versus the Stoic Earth Measurer," *Centaurus* 18（1973 – 74）：253 – 69 将更精确的科学理论归功于帕奥西多尼乌斯，似乎不是我们所掌握的信息所能证明的。

[52] Strabo *Geography* 2. 5. 24（note 2）. Neugebauer, *History of Ancient Mathematical Astronomy*, 653（note 13）驳回了这点，因为日晷不能直接测量距离。

值按 1 : 48 的比例应用时，得出的地球周长的长度相应减少为 18 万斯塔德。(53)

对地图学史而言重要的是，正是这一测量——无论是直接的还是通过中间手段——后来 170
都被提尔的马里纳斯（Marinus of Tyre）和托勒密所采用。其主要的影响是极大地夸大了被可居住世界所占据的地球部分，于是沿罗得岛纬线从直布罗陀海峡到印度的长度，被认为是绕地球的整条纬线的一半。(54) 而正因为托勒密的权威，使得地理学家、宇宙志学者和制图师将这种错误概念带入了 16 世纪。研究地理大发现的史学家们指出，此错误概念长期影响着那个时代对世界未知部分大小的认知。(55)

公元前 1 世纪球仪和地图被用于教学的最后一例是由罗得岛的杰米努斯（Geminus of Rhodes）（活跃于约公元前 70 年）提供的。他关于天文学和数理地理学的初级教科书——《现象概论》（*Introduction to Phaenomena*）(56) ——留存了下来。它为地图学史学家指出了当时学校常用的天球仪和地球仪的一些确凿证据。(57)

为了向他的学生解释天体现象，杰米努斯使用了各种类型的三维模型：呈现所有星座的天球，只包含主要的天球大圆的较简化的理论天球，浑天仪和由一系列同心球组成的行星模型。关于第一类天球的特点，他最有发言权。他告诉我们，在实心的恒星球仪上，“布置了所有的星座。但不能认为所有恒星都在一个表面上；其中有的较高，另一些则较低，不过，由于我们的视觉只能延伸到一定的统一高度，高度差对我们来说是无法察觉的”(58)。这种球仪描绘了五个纬圈（赤道、两条回归线、两个极圈），两个分至圈，和三个代表黄道带的倾斜圈。(59) 但是观察地的地平线和子午线不能画在上面，杰米努斯解释说，因为这些圈是不动的，并不随球仪本身转动。他补充道，这种球仪的使用者可以据球仪所落座的支架自行想象地平线的位置。(60)

杰米努斯还明确指出，所有恒星仪，至少那些用于教学的，必须针对罗得岛的纬度，即北纬 36°构建，(61) 使极轴（polar axis）与地平面成 36°角。图 10.7 显示了纬圈之间的距离。(62) 黄道带宽 12°。其中间圆称作黄道，在夏至点（first point of Cancer）触及夏季回归线，在冬至点（first point of Capricorn）触及冬季回归线。这里，它在春分点（first point of Aries）和秋分点（first point of Libra）处将赤道分成相等的两部分。(63) 奇怪的是，夜空中唯一可见的圆——银河——却

---

(53) 见 Neugebauer, *History of Ancient Mathematical Astronomy*, 652 – 54（note 13）关于帕奥西多尼乌斯的测量值。

(54) 见第十一章关于托勒密的可居住世界大小的内容。

(55) 最著名的是哥伦布在向西航行时，坚信自己已处在印度附近；又见第十八章，第 354 页。

(56) Geminus *Introduction*（note 1）；又见 *Elementa astronomiae*, ed. C. Manitius（Leipzig: Teubner, 1898）.

(57) Germaine Aujac, “Une illustration de la sphéropée: L'*Introduction aux phénomènes* de Géminos,” *Der Globusfreund* 18 – 20（1970）: 21 – 26；和 Aujac, “La sphéropée ou la mécanique au service de la découverte du monde,” *Revue d'Histoire des Sciences* 23（1970）: 93 – 107。

(58) Geminus *Introduction* 1. 23（note 1），由 O. A. W. Dilke 翻译。

(59) Geminus *Introduction* 5. 50 – 51（note 1）.

(60) Geminus *Introduction* 5. 62 – 65（note 1）.

(61) Geminus *Introduction* 5. 48（note 1）. 这意味着恒显（或极）圈距极点 36°。

(62) 这种地带的划分让人联想到埃拉托色尼；见 D. R. Dicks, “Eratosthenes,” in *Dictionary of Scientific Biography*, 4: 388 – 93, 尤其第 391 页（note 12），和 Geminus *Introduction* 5. 46（note 1）。

(63) Geminus *Introduction* 5. 51 – 53（note 1）.

没有在天球仪上画出。杰米努斯解释说，它之所以缺席，是因为它整体的宽度不同。[64] 因此，他认为不能像对待其他天球圆圈那样对待银河。[65]

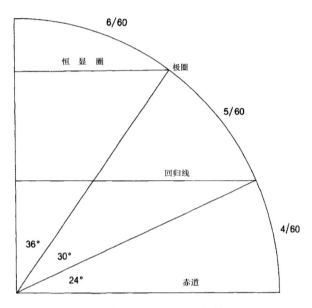

图 10.7 据杰米努斯所述纬圈间的距离

纬圈间距为：

分数	度数	区域
4/60 圈	24°	从天赤道到回归线
5/60 圈	30°	从回归线到极圈
6/60 圈	36°	从极圈到极

171   地球仪也经常用于教学。它仿天球仪而制，同样据罗得岛纬度，北纬 36°构建，以便将极圈固定在距极点 36°处。[66] 它显示了同样以回归线和极圈所做的地带划分，这些圆按照与天球仪上对应圆一致的相对距离而绘制。因此，以地球周长为 252000 斯塔德，直径为 84000 斯塔德（杰米努斯取 π＝3），圆被分成 60 个部分，每部分 4200 斯塔德。寒带占 6/60 或 25200 斯塔德，温带占 5/60 或 21000 斯塔德，而北半球的热带占 4/60 或 16800 斯塔德的宽度。南半球也是如此。因此，从一极到另一极的半圆总长是 126000 斯塔德。[67]

    在这样的三维球仪上，受过教育的希腊和罗马人还补充了二维地图的知识。杰米努斯告诉我们圆形和长方形地图经常会被绘制出来，并重申早期作者已确立的观点，认为长方形地图更可靠，同时还指出，由于可居住世界的长度是其宽度的两倍，相同面积的圆形地图会扭曲距离。[68] 因此，必须认识到，虽然至公元前 1 世纪时公众已能更广泛地接触到球仪和地图，但还

[64] Geminus *Introduction* 5. 68－69（note 1）.

[65] Geminus *Introduction* 5. 11（note 1）.

[66] Geminus *Introduction* 16. 12（note 1）；浑天仪也是按该纬度构建的。

[67] Geminus *Introduction* 16. 7－8（note 1）.

[68] Geminus *Introduction* 16. 4－5（note 1）.

没有标准的世界图像被希腊作者整体传播继而被普遍接受。事实上，我们通过杰米努斯的评论看出，除了基于埃拉托色尼及其修订者的测量值用数学方法构建的地图，还有更古老的前希腊化时期的地球图幸存了下来，这样的图以圆形绘制，仿佛表现的是一个扁平的圆盘。

与科学地图学的记载相比，这不应被解释为一种反常现象。在整个古典时期，如杰米努斯所著，显然，地图和球仪并不仅仅被视为传授天文或地理的媒介，力图表达对现实的字面观点；它们还经常被用作符号来传达其他含义。除了出现在一些论著中，它们还是绘画中的插图，被纳入其他艺术品中，以及，像早期的亚拉图诗歌那样，在诗句中得到描述。尤其是球仪，作为引人注目的器物，被用于符号表征（symbolic representation），而对其性质的普遍认知或许往往取决于它们此种方式的用途。天球仪，有时与日晷关联，可在各种罗马石棺上看到，作为帕耳开（Parcae 命运三女神［Fates］）的特征；[69] 而它们的流行程度也可以从其被纳入几幅大致与杰米努斯同时期的画作而得到证明。庞贝（Pompeii）威提乌斯宅（Casa dei Vettii）的一幅画作，表现了缪斯女神乌拉尼亚（Muse Urania）指着一个天球仪。在这个置于一小立方体底座的球仪上，绘有子午线、纬线和倾斜的黄道圆；极轴与底座的水平面成一定角度。[70] 类似的，在庞贝阿尔真塔里亚宅（Casa dell'Argentaria）的另一幅画中，阿波罗（Apollo）左手持有一个天球仪，上面清晰地画着两个大圆——赤道和黄道。[71] 从赤道的位置我们可以推断，两极的轴线是倾斜于阿波罗所处的水平面的。

在大都会艺术博物馆（Metropolitan Museum of Art）1903 年从庞贝附近博斯科雷亚莱（Boscoreale）的一栋别墅购得的一幅壁画上，发现了一个天球仪，可能也可作为日晷，年代大约为公元 50 年。它以逼真的视角展示了天球大圆（图版 4）。[72] 又或者说，针对我们对地图在罗马社会中的地位的解释，不同的媒介传达了类似的信息，我们在庞贝附近托雷安农齐亚塔（Torre Annunziata）著名的"哲学家"镶嵌画（mosaic）上，遇到了一处地图装饰图案。此处的图案像罗马阿尔瓦尼别墅（Villa Albani）类似的镶嵌画一样，可能也受到了希腊化时期绘画的启发，连同一个日晷，它展现了从由四条腿支撑的盒子里冒出来的一个球仪的一半，子午线与纬线画得有些粗糙且完全不准确。[73] 盒子的上半部分定义了地平线，将可见半球与不可见半球分开。

诗歌——有时也有地图插图——仍继续被当作记忆和普及在地图图像中所见知识或意义的方式。不过，这样的文学资料确实给人一种印象，即受教育阶层在很大程度上倾向于忽视新的发现，当早期希腊化时期的地理概念不再反映最新的知识之后，这样的概念仍然长期存在。较晚的一例由狄奥尼修斯（Dionysius）提供，他出生在亚历山大，并因其诗歌的题目被人们称作"旅行者"（Periegetes）[74]。与马里纳斯和托勒密同时代，他撰写有诗歌形式的对可居住世界的描述（公元 124 年），长期被用作学校的教科书。他将人类居住的世界表述为一座

---

⑥⑨ Otto J. Brendel, *Symbolism of the Sphere: A Contribution to the History of Earlier Greek Philosophy* (Leiden: E. J. Brill, 1977), 70 – 85 and pls. XXIII, XXVI, XXVIII – XXX.

⑦⓪ Brendel, *Symbolism of the Sphere*, pl. IX (note 69).

⑦① Brendel, *Symbolism of the Sphere*, pl. XVII (note 69).

⑦② Stevenson, *Terrestrial and Celestial Globes*, 1：21 (note 6).

⑦③ Brendel, *Symbolism of the Sphere*, pls. I – VI, VII (note 69).

⑦④ Dionysius *Periegesis*, in *Geographi Graeci minores*, 2 Vols. and tabulae, ed. Karl Müller (Paris：Firmin-Didot, 1855 – 56), 2：103 – 76. 其后，有 Avienius 翻译的拉丁文，177 – 89，并有欧斯塔修斯的 *Commentary*，201 – 407。

172 吊索形状的岛屿，完全在赤道以北，从图勒延伸到利比亚（图10.8）。他既没有提及阿吉辛巴（Agisymba），也没有提到普拉苏岬角（promontory of Prasum）。[75] 他把可居住世界限定在恒河东边，考虑进了赛里斯人（汉藏民族），但给他们的定位没有像马里纳斯那样在更远的东方。

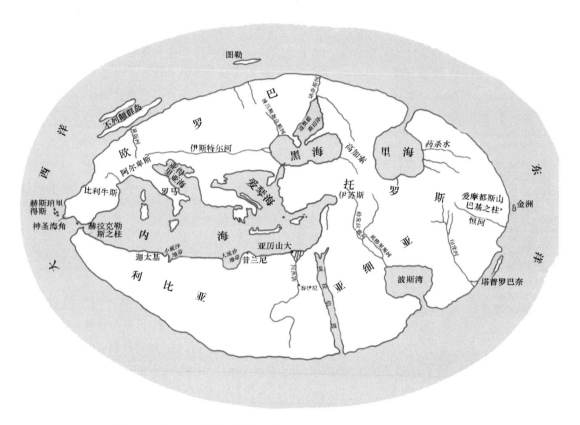

图 10.8　公元 124 年旅行者狄奥尼修斯（Dionysius Periegetes）的世界的重建

据 Edward Herbert Bunbury, *A History of Ancient Geography among the Greeks and Romans from the Earliest Ages till the Fall of the Roman Empire*, 2d ed., 2 Vols., (1883; republished with a new introduction by W. H. Stahl, New York: Dover, 1959), Vol. 2, map facing p. 490。

狄奥尼修斯的诗歌，像亚拉图的《现象》一样，获得了成功，部分原因是它总结了自埃拉托色尼以来的传统教学，使其更便于记忆。诗歌首先由鲁弗斯·费斯图斯·阿维阿奴斯（公元4世纪）翻译成拉丁文，此人也译过亚拉图的《现象》，然后由语法学家普里西安（Priscian）做了翻译，他于公元6世纪在君士坦丁堡（Constantinople）执教。在意大利南部建立了一所修道院的卡西奥多罗斯（Cassiodorus）（同属6世纪），要求年轻的修道士通过狄奥尼修斯的地图和托勒密的著作学习地理和宇宙学。[76] 随后，在12世纪，已评价过《伊利亚特》和《奥德赛》（*Odyssey*）的后来的帖撒罗尼迦（Thessalonica）大主教欧斯塔修斯

---

　　[75] 阿吉辛巴是一种泛称，指的是中非和埃塞俄比亚人的土地。普拉苏岬角在桑给巴尔（Zanzibar）附近某处，拉普塔（Rhapta）（可能是德尔加杜角 [Cape Delgado]）以南。

　　[76] Cassiodorus *Institutiones divinarum et saecularium litterarum* 1.25；见 *Institutiones*, ed. R. A. B. Mynors (Oxford: Clarendon Press, 1937)，或者英文译本，Cassiodorus Senator, *An Introduction to Divine and Human Readings*, ed. and trans. Leslie Webber Jones (New York: Columbia University Press, 1946)。

（Eustathius），为这首诗撰写了详细的评注，在整个中世纪仍经常被用到。

这首诗最初附有地图，可能是根据埃拉托色尼或斯特拉波的地图模型绘制的。保留在现存稿本页边空白处的各种注记，均提到了阐释这首诗的地图：其中一些指出地图上缺失某某地方，或者某某国家的轮廓不符合狄奥尼修斯的描述。这些注记似乎提供了证据，证明制图者们继续不加批判地复制他们的模型，很少试着根据要阐释的文字描述来改绘地图。

就狄奥尼修斯而言，地图和诗歌都落后于他们的时代，甚至落后于其创作的年代；但它们反映了普遍的知识水平。他对不列颠群岛的描述可以译成：

> 两座岛屿在那里，英国的，在莱茵河畔，
> 倚着大洋的北岸；因为那里的莱茵河
> 将它最远的旋涡送入大海。
> 它们面积巨大：没有其他岛屿
> 在规模上堪与不列颠群岛媲美。⑦

如此拙劣的描述，以及在其他地方缺乏修订，表明太过依赖埃拉托色尼。

虽然我们的资料零散，但从所有这些例子中，可以窥见地图更广泛的教育力量。球仪和地图，尤其是公开展示或纳入绘画、诗歌、镶嵌画和雕塑创作的，所传达的世界图像以希腊和罗马为中心，但之外可能有其他土地和地带——实际上是这个宇宙——并在一个连贯的系统中相互关联。

斯特拉波推荐的可居住世界地图

斯特拉波（约公元前64/63—公元21年或以后），是本都（Pontus）的阿马西亚（Amasia［Amasya］）人，一位身兼哲学家、历史学家和地理学家的伟大学者，⑧ 他的贡献概括了本章的主题。作为一名希腊人，他是希腊知识遗产及当时的实践，对早期罗马世界的地图学发展产生持续重要性的缩影。作为埃拉托色尼的修订者，他也诠释了后世在希腊化时代首次明确提出的地图学概念的基础上，持续发展的方式。

据说斯特拉波年轻时曾访问过罗马（他与奥古斯都［Augustus］完全同时代），他看起来游历广泛，收集了大量的地理知识。不过，普遍认为，他一定是在亚历山大的大图书馆编纂了大部分信息，在那里，他可接触到许多现已佚失的早期文本。他所有的著作都坚定地以前人的成果为背景，如果不是对其直接延伸的话。因此，他共47册的《历史回忆录》（*Historical Memoirs*），现已佚失，便是对波里比阿的延续。所幸，他在生命最后阶段撰写的共17册的《地理学》，完整流传至今（除了第7册只以缩影版存世）。⑦ 该著作于我们对希腊地图

---

⑦ Dionysius *Periegesis* 565–69（note 74），由 O. A. W. Dilke 翻译。

⑧ E. H. Warmington, "Strabo," in *Dictionary of Scientific Biography*, 13：83–86（note 12）；Germaine Aujac, *Strahan et la science de son temps*（Paris：Belles Lettres, 1966）.

⑦ Strabo *Geography*（note 2）.

173

学史和一般科学史的整体了解至关重要。[80] 已经表明，许多涉及地图的早期论著，我们是通过斯特拉波才知道的，而他对这些作者的评论兴趣在于对其理论进行批判，尽管有时他也未能通过这一过程推动真相。

在许多方面，斯特拉波的《地理学》中与地图学有关的最有趣的部分，是那些虽然不包含地图，但交代了（第一次在现存文本中）应当如何编纂对已知世界的描述的段落。但撰写这部地图学的动机（他是这样告诉我们的），是他迫切想要描述可居住世界，因为经过罗马人和帕提亚人（Parthian）的无数次战役，地理知识取得了长足的进步。[81] 世界地图必须进行调整，以纳入这些事实，因此，斯特拉波几乎可以肯定地将埃拉托色尼的地图，以及波里比阿、克拉提斯、喜帕恰斯和帕奥西多尼乌斯对其的批评，当作了自己推进工作的基础。[82]

在这项编纂任务中，斯特拉波似乎已系统地展开了工作。第一阶段是要在地球仪上定位已知可居住的部分。斯特拉波的推理是，它位于球仪的北部象限内，在以寒带、赤道和两侧的子午线为界的四边形中。[83] 在这一设计中，斯特拉波不仅受到埃拉托色尼地球测量的影响，也受到克拉提斯所阐述的已知和未知的四个可居住世界概念的影响，他对此有明确提及。[84] 到此时为止，斯特拉波一直依靠的是从权威来源中得出的理论观点。但他也为这种地图学推理列出了很好的经验依据。他继续说道：

174　　　　但是，倘若有人不相信理性的证据，那么从地理学家的角度来看，无论我们把可居住世界当作一个岛，还是单纯承认经验所告诉我们的，即除了中间几段外，有可能从东西两侧绕可居住世界航行，都不会有什么区别。并且，至于这几段，无论它们以海还是不可居住的土地为界，也没有什么差别；因为地理学家致力于描述可居住世界的已知部分，对其未知部分却不予考虑——就像他不考虑可居住世界的外部一样。用一条直线连接在可居住世界两侧海岸航行所及的最远点，就足以填补和完成我们称之为"岛屿"的轮廓。[85]

尽管自埃拉托色尼的时代以来，可居住世界的地理范围已有所扩大，但斯特拉波的人类居住的世界却较小。虽然皮泰亚斯、埃拉托色尼且可能还有帕奥西多尼乌斯已将其北界确定在经过图勒的纬线（北纬60°）上，但斯特拉波，像波里比阿一样，拒绝相信人类可以在如此遥远的北方生存，他还指责皮泰亚斯所声称的"夏季回归线"成了图勒岛处的"极圈"

---

⑧　因此，关于该书的价值，George Sarton 在其 *Introduction to the History of Science*, 3 Vols. （Baltimore：Williams and Wilkins, 1927 - 48）, 1：227 中写道，这是"首次尝试编写地理百科全书，囊括了数学、自然、政治和历史地理学"，并且科尔特桑称，作为资料，它是这一时期的"地理与地图学史中首屈一指的"；见他的 *History of Portuguese Cartography*, 1：89（note 30）。

⑧　Strabo *Geography* 1.2.1（note 2）。

⑧　Cortesão, *History of Portuguese Cartography*, 1：90 n. 3（note 30）。

⑧　斯特拉波将寒带，或极圈，定位在距赤道54°处。所谓的四边形，以此极圈的一半、赤道的一半，和两条子午线为界，是一个球面四边形，即球面的一部分。

⑧　Strabo *Geography* 2.5.10（note 2）。

⑧　Strabo *Geography* 2.5.5（note 2）。

误导了许多人。⑧ 同样，依照波里比阿，斯特拉波选择经过爱尔兰的纬线作为地图和可居住世界的北界，"该岛不仅位于英国外，而且由于寒冷，是一处如此恶劣的居住地，以至于比此岛更远的区域被认为是不适合居住的"⑧。这条纬线（北纬 54°）是为罗得岛纬度（北纬36°）构建的天球极圈的投影；它与杰米努斯提到的作为温带北界的那条纬线相吻合。可居住土地的南界，对斯特拉波和埃拉托色尼来说，都是经过"产肉桂国"（今埃塞俄比亚内）的纬线，在北纬 12°左右。他估算可居住世界的纬度范围不到 3 万斯塔德（与埃拉托色尼的38000 斯塔德相比），并将其长度减少到 7 万斯塔德，而不是埃拉托色尼的 78000 斯塔德。

为了避免平面地图的变形问题，斯特拉波表示，他倾向于在足够大的球仪上构建自己的地图，以显示所有需要的细节。⑧ 他建议球仪的直径至少为 10 英尺（约 3 米），并就此提到了克拉提斯。另一方面，如果不能建造这么大的球仪，斯特拉波通过埃拉托色尼已熟知在平面上进行绘制所需的转换。对于经纬网，斯特拉波采用了由经纬线构成的直截了当的矩形网。他为自己的投影进行辩护的理由是，如果地球上的圆用直线表示，只会产生轻微的差别，"因为我们的想象力可以轻松地将肉眼在平面上看到的图形或数量级，转移到球状和球形的表面上"⑧。这幅平面地图的尺寸也应该是极大的。斯特拉波设想它至少有 7 英尺长，大概 3 英尺宽，够容纳可居住世界的长度（7 万乘 3 万斯塔德），1 英尺相当于 1 万斯塔德（图 10.9）。

如同所有的希腊世界地图一样，对地图学史学家来说，研究的巨大障碍在于我们只掌握这些语言描述，没有图像本身。⑩ 然而，除了缩小了可居住世界的大小，斯特拉波设想的地图在总体形状上与埃拉托色尼所绘的相似。⑨ 但是，在描述其详细的地理时，斯特拉波没有采用，至少没有公开地采用埃拉托色尼将世界划分成不规则四边形或斯弗拉吉德斯的做法，而是常常用几何图形或对日常用品的比拟来描述一个国家的总体轮廓。比如，他说纳博讷高卢（Gallia Narbonensis）省呈现出平行四边形的形状；⑨ 加龙纳河（Garumna 加龙河［Garonne］）与里格河（Liger 卢瓦尔河［Loire］）同比利牛斯山脉（Pyrenaeus［Pyrenees］）平行，与海洋和塞文山脉（Cemmenus Mountains［Cevennes］）一起形成了两个平行四边形；⑨ 英国呈三角形；⑨ 意大利的形状有时像三角形，有时像四边形；⑨ 西西里其实是三角形的，⑨

---

⑧　Strabo *Geography* 2. 5. 8（note 2）.

⑧　Strabo *Geography* 2. 1. 13（note 2）.

⑧　Strabo *Geography* 2. 5. 10（note 2）.

⑧　Strabo *Geography* 2. 5. 10 and 2. 5. 16（note 2），其中斯特拉波说，纬线和子午线让人可以把平行的区域关联起来。

⑩　Désiré Raoul Rochette, *Peintures antiques inédites*, *précedées de recherches sur l'emploi de La peinture dans La decoration des édifices sacrés et publics*, *chez Les Grecs et chez les Romains*（Paris: Imprimerie Royale, 1836）提出，地理图，如同其他图画一样，是用蜡画法绘制的，先是在画架上，后来固定在门廊下或画廊内的适当位置。这为地图在希腊和罗马世界更广泛的传播提供了进一步的证据；见上文第 158 页。

⑨　Aujac, *Strabon*, 213（note 78）猜测，斯特拉波是否绘有一幅地图来配合文本，以及他是否面前有埃拉托色尼的地图作为模型。

⑨　Strabo *Geography* 4. 1. 3（note 2）.

⑨　Strabo *Geography* 4. 2. 1（note 2）.

⑨　Strabo *Geography* 4. 5. 1（note 2）.

⑨　Strabo *Geography* 5. 1. 2（note 2）.

⑨　Strabo *Geography* 6. 2. 1（note 2）.

只是一边凸起另两边略微凹陷。类似的，斯特拉波将伊比利亚的形状比作一张牛皮，[97] 将伯罗奔尼撒比作一片梧桐树叶，[98] 并将里海以东的亚洲北部比作一把菜刀，直的一边沿托罗斯山脉而弯曲的一边则沿北部海岸线。[99] 印度，相邻的两边（南边和东边）比另两边长出许多，他将其形容为菱形；[100] 底格里斯河与幼发拉底河之间的美索不达米亚，他把它看成一艘从侧面画的船，甲板在底格里斯河这边，龙骨则靠近幼发拉底河。[101] 斯特拉波重申，尼罗河被埃拉托色尼形容成一个反写的 N，[102] 其河口以希腊语大写字母 Δ（三角洲）命名。[103]

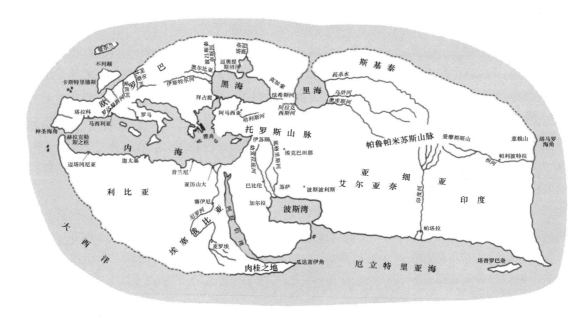

图 10.9　根据斯特拉波重建的可居住世界的形状

据 Edward Herbert Bunbury, *A History of Ancient Geography among the Greeks and Romans from the Earliest Ages till the Fall of the Roman Empire*, 2d ed. , 2 Vols. （1883；republished with a new introduction by W. H. Stahl, New York：Dover, 1959），Vol. 2, map facing p. 238。

　　我们不清楚应当如何解释斯特拉波采用的这些熟悉的图形比喻，来向他的读者描述世界地图上的陆地区域和其他特征。但它们的确意味着，他在写作时面前是有一幅地图的。某些情况下，如果提供了替代性的描述，他可能是在试着整理不止一幅地图的轮廓。也有可能是他期望学生们能借助地图查阅《地图学》的文本，所以如此列举的形状可能起到简单的助记作用。然而，如果这样的联想必须停留于猜测的话，那么毫无疑问的是，至罗马时期早期，希腊学者绘制的世界地图和球仪，正在激励一种思考世界的独特的地理学方式。而且很有可能，至少

[97]　Strabo *Geography* 2. 5. 27 （note 2）.

[98]　Strabo *Geography* 8. 2. 1 （note 2）.

[99]　Strabo *Geography* 11. 11. 7 （note 2）.

[100]　Strabo *Geography* 15. 1. 11 （note 2）.

[101]　Strabo *Geography* 16. 1. 22 （note 2）.

[102]　Strabo *Geography* 17. 1. 2 （note 2）.

[103]　Strabo *Geography* 17. 1. 4 （note 2）.

在受过教育的群体中，通过对这些地图的使用，一种越来越标准的可居住世界的图像已逐渐得到了更广泛的接纳。

参考书目

第十章 早期罗马世界的希腊地图学

Aujac, Germaine. *Strabon et la science de son temps.* Paris: Belles Lettres, 1966.

———. "Une illustration de la sphéropée: L'*Introduction aux phénomènes* de Géminos." *Der Globusfreund* 18–20 (1970): 21–26.

Brendel, Otto J. *Symbolism of the Sphere: A Contribution to the History of Earlier Greek Philosophy.* Leiden: E. J. Brill, 1977.

Dubois, M. *Examen de la Géographie de Strabon.* Paris: Imprimerie Nationale, 1891.

Fiorini, Matteo. *Sfere terrestri e celesti di autore italiano oppure fatte o conservate in Italia.* Rome: Società Geografica Italiana, 1899.

Geminus. *Elementa astronomiae.* Edited by C. Manitius. Leipzig: Teubner, 1898.

———. *Introduction aux phénomènes.* Edited and translated by Germaine Aujac. Paris: Belles Lettres, 1975.

Hipparchus. *In Arati et Eudoxi Phaenomena commentariorum libri tres.* Edited by C. Manitius. Leipzig: Teubner, 1894.

Mette, Hans Joachim. *Sphairopoiia: Untersuchungen zur Kosmologie des Krates von Pergamon.* Munich: Beck, 1936.

Neugebauer, Otto. *A History of Ancient Mathematical Astronomy.* New York: Springer-Verlag, 1975.

Prontera, Francesco. "Prima di Strabone: Materiali per uno studio della geografia antica come genere letterario." In *Strabone: Contributi allo studio della personalità e dell'opera.* Università degli Studi, Perugia. Rimini: Maggioli, 1984.

Stevenson, Edward Luther. *Terrestrial and Celestial Globes: Their History and Construction, Including a Consideration of Their Value as Aids in the Study of Geography and Astronomy.* 2 vols. Publications of the Hispanic Society of America, no. 86. New Haven: Yale University Press, 1921; reprinted New York and London: Johnson Reprint Corporation, 1971.

Strabo. *The Geography of Strabo.* 8 vols. Edited and translated by Horace Leonard Jones. Loeb Classical Library. Cambridge: Harvard University Press; London: William Heinemann, 1917–32.

———. *Géographie.* Edited by François Lasserre, Germaine Aujac, et al. Paris: Belles Lettres, 1966–.

Walbank, Frank William. *A Historical Commentary on Polybius.* 3 vols. Oxford: Clarendon Press, 1957–79.

第十一章　托勒密造就的希腊地图学巅峰

O. A. W. 迪尔克（O. A. W. Dilke）及编者提供的补充资料

包　甦　译

到提尔的马里纳斯（活跃于公元 100 年）和克劳狄乌斯·托勒密（约公元 90—168 年）时，希腊和罗马的地图学影响在相当大的程度上融合成了一种传统。于是，有种情形是，把它们当作一个已经统一的思想与实践流派的历史予以对待。然而，我们虽然认可这种统一的存在，但此处的讨论集中于马里纳斯和托勒密的地图学贡献，二人都是在罗马社会机构内用希腊文写作的。此两人都十分得益于罗马的信息来源以及在日益壮大的帝国之下地理知识的拓展；然而同样的，尤以托勒密为例，他们代表了希腊地图学的科学传统的巅峰和最终的综合，该传统已在前三章中通过一系列作者进行了追溯。

托勒密对欧洲、阿拉伯以及最终的世界地图学的非凡影响是不可否认的。[1] 通过《数学汇编》（*Mathematical Syntaxis*）（一部关于数学和天文学的论著，共 13 册，以下称作《天文学大成》[*Almagest*]）[2] 和《地理学指南》（*Geography*）（共 8 册），可以说托勒密近乎主导了天文学和地理学——以及相应的其地图学表现——逾十四个世纪。事实上，公元 2—15 世纪早期，托勒密的地理学著作对西方地图学的影响相对较小，尽管它们已为阿拉伯天文学家和地理学家所知。[3] 《天文学大成》虽然由克雷莫纳的杰拉德（Gerard of Cremona）在 12 世纪时翻译成了拉丁文，但它似乎没有对地图学的发展产生什么直接影响。然而，随着《地理学指南》的文本在 15 世纪早期被翻译成拉丁文，托勒密所带来的影响可谓直接构建了一个多世纪的欧洲地图学。在地图学思想的传播史中，的确是他横跨欧洲中世纪的著作，为古代和近代世界之间的制图知识链提供了最强有力的一环。

尽管托勒密在地图学史研究中极为重要，但他在许多方面仍是一位难以评价的复杂人物。许多关于其著作的问题仍然没有答案。对托勒密这个人我们知之甚少，他的出生地或生

---

① 现在的一些学术权威往往会过度称赞托勒密，脱离他所能获得的资料背景来看待他的著作。例如，见 Lloyd A. Brown，*The Story of Maps* (Boston：Little，Brown，1949；reprinted New York：Dover，1979)，chap. 3，尤其第 79—80 页。其他一些则批评他所犯下的"惊人错误"：见 R. R. Newton，*The Crime of Claudius Ptolemy* (Baltimore：Johns Hopkins University Press，1977)；cf. note 31 below。

② Ptolemy，*Ptolemy's Almagest*，trans. G. J. Toomer (London：Duckworth，1984)；Toomer 将希腊文标题译作"数学系统论"。阿拉伯文标题 al-mjsty（仅辅音主干）出自希腊语形式，μεγίστη，"至大 [论]"，见 Toomer *Almagest*，2。本文中出现的《天文学大成》的所有译文均取自 Toomer 的版本。

③ 见本《地图学史》第二卷。

卒年月也都没有得到明确。④ 此外，关于其著作中的地图学部分，我们必须记住，没有早于公元 12 世纪的稿本流传下来，《地理学指南》也没有足够的现代译本和评述本。⑤ 然而，对学习制图的学生来说，最需重视的问题也许是，围绕拜占庭稿本的几个版本展开的，关于其所附总图和区域地图真正作者及出处的整个争论（下文第 268—274 页）。虽然巴格罗 178（*Bagrow*）、克伦（*Crone*）和其他作者声称，无法确定公元 2 世纪是否绘制了与《地理学指南》有关的地图，但重读早期的希腊版本或许会证明这样的地图存在。⑥ 对于这个问题尚未达成普遍共识，这也说明了对于托勒密在地图学发展中的地位（在其长期影响下）的整个主题，应该如何谨慎对待。这里，我们试图绕过早期文献中的大量猜测，集中于直接通过文本证据重建托勒密的工作成果。我们将重点研究托勒密对提尔的马里纳斯制图的评论，他为绘制天球仪和陆地图提供的说明，以及根据十三四世纪希腊稿本中坐标表和地图证据的推断，他自己的地图（如果存在的话）中可能的内容。

更新世界地图：托勒密对提尔的马里纳斯的批评

随着公元 1 世纪罗马世界领土影响力的不断扩大，以及之前的成果被整合进帝国的行政管理，学者和行政管理者可能会面临一定的压力，需要更新那些被官僚机构所用或展示于公共场所的地图。新的地理知识的流动可追溯至军事和商业事业。格奈乌斯·尤利乌斯·阿格里古拉（*Gnaeus Iulius Agricola*）（公元 40—93 年）的舰队曾绕不列颠群岛航行，据称在不远处看到了图勒岛；⑦ 看到的实际上是梅恩兰岛（*Mainland*），设得兰群岛（*Shetland Isles*）中最大的岛屿。对德国或达契亚（*Dacia*）的战役，以及罗马人对中非或埃塞俄比亚境内尼罗河源头的探索，同样让先前被认为远在可居住世界之外的地区变得熟悉起来。或者又说，到了托勒密的时代，中国商人通过陆路经亚洲，或者海路经印度洋和波斯湾或红海，将丝绸出口到罗马

---

④ G. J. Toomer, "Ptolemy," in *Dictionary of Scientific Biography*, 16 Vols. , ed. Charles Coulston Gillispie（New York：Charles Scribner's Sons, 1970 – 80），11：186 – 206，尤其第 186—187 页。

⑤ 托勒密《地理学指南》的版本包括：*Claudii Ptolemaei Geographia*, 3 Vols. , ed. C. F. A. Nobbe（Leipzig：C. Tauchnitz, 184345），重印为一卷，由 Aubrey Diller 作序（Hildesheim：Georg alms, 1966）；*Claudii Ptolemaei Geographia*, 2 Vols. and tabulae, ed. Karl Müller（Paris：Firmin-Didot, 1883 – 1901）；*Claudii Ptolemaei Geographiae Codex Urbinas Graecus 82*, 2 Vols. in 4, ed. Joseph Fischer, Codices e Vaticanis Selecti quam Simillime Expressi, Vol. 19（Leiden：E. J. Brill；Leipzig：O. Harrassowitz, 1932）；和 *Geography of Claudius Ptolemy*, trans. Edward Luther Stevenson（New York：New York Public Library, 1932）。由于《地理学指南》的复杂性以及往往是技术性的内容，各版本在涵盖面和品质上都相差极大，因此没有单独选择某个版本供本《地图学史》所用。译文参考的是 Nobbe 和 Müller 的版本；Stevenson 的版本是唯一完整的英文版，但许多方面有所欠缺所以未被采用。除非另有说明，摘自《地理学指南》的所有引文的译者为威斯康星大学麦迪逊分校的博士生 James Lowe。在适当或必要时，脚注中会列举具体的版本。

⑥ 见下文第 189—190 页；Gerald R. Crone, *Maps and Their Makers：An Introduction to the History of Cartography*, 5th ed.（Folkestone, Kent：Dawson；Hamden, Conn. ：Archon Books, 1978），3；Leo Bagrow, *History of Cartography*, rev. and enl. R. A. Skelton, trans. D. L. Paisey（Cambridge：Harvard University Press；London：C. A. Watts, 1964），34 – 37.

⑦ Tacitus *Agricola* 10；见 *The Agricola [and] The Germania*, trans. Harold Mattingly, rev. S. A. Handford（Baltimore：Penguin Books, 1970）.

和欧洲其他地区。⑧ 制图者的潜在资料从而大大丰富。在罗马世界，就像在地理大发现时代一样，在一个已经熟悉地图的社会中（见下文第十二章），这种新的信息反过头来激励人们，根据新的现实知识修订地图。

正是在世界不断扩展开来的大背景下，我们才能讨论提尔的马里纳斯利用新的发现修改现有地图的尝试。关于马里纳斯人们知之甚少，但他的出生地繁忙的腓尼基（*Phoenician*）港口，同整个已知世界保持着广泛的商业联系，这意味着他可能通过某些渠道获得了新的知识。⑨ 托勒密在《地理学指南》中投入了大量篇幅对马里纳斯的工作进行了透彻的评价，形容他是"当代地理学家中""最新的"（最近的意义上），⑩ 并在后来编撰自己的《地理学指南》时广泛地借鉴了他的资料。在更新世界地图的过程中，马里纳斯的重要性在于，尽管他不是进行此尝试的第一人，但他以批判性的方式对待现有地图，甚至包括他自己编绘的地图，随着新的信息的出现，他对这些地图都做了修订。正如托勒密在《地理学指南》第一册中提出的，马里纳斯的大部分工作生涯都奉献给了这项任务："除了在他之前已知的记载外，他显然还囊括了许多。他还认为值得对那些他（最初）和其他人随便信以为真的记载进行纠正；这一点我们可从他对地图更正的版本（其中有许多版本）中看出来。"⑪ 这段话不应解读成暗示了托勒密对马里纳斯是不加批判的，随后的章节致力于纠正他所面对的文本，或让其更加易懂。然而，倘若马里纳斯有时是寂寂无闻的，托勒密则将自己展现为一名真正的地图学家（几乎就是按照这个词的现代定义），他重点关注的是地图的编绘技术，而不仅仅是其地理内容。于是，从托勒密对马里纳斯的批评中，我们可以清楚认知那个时代的制图者所面临的三大地图学问题。

第一个问题，在希腊著作的漫长谱系中，涉及可居住世界的大小和位置。对于这些计算，马里纳斯采用了（很大程度上不加批评地）18 万斯塔德作为地球周长的值。他只是说，"一段（即，度）只包含约 500 斯塔德"⑫，因此他的测量值与帕奥西多尼乌斯所做的估算中较小的值相同。

据马里纳斯的说法，可居住世界的南北宽度，从经过图勒的纬线（北纬 63°）延伸到了经过埃塞俄比亚人的国度（名为阿吉辛巴）和普拉苏岬角的纬线。⑬ 马里纳斯说的在冬季回归线下方的这条南部纬线，实际上是南回归线，在南纬 24°。至于皮泰亚斯和埃拉托色尼定位在北纬 66°极圈上的图勒岛，马里纳斯没有解释（或者至少托勒密没有告诉我们）他为何将其移到了北纬 63°。于是，马里纳斯认为已知世界的纬向宽度为 87°或 43500 斯塔德。他

179

---

⑧　John Ferguson, "China and Rome," in *Aufstieg und Niedergang der römischen Welt*, ed. Hildegard Temporini and Wolfgang Haase (Berlin: Walter de Gruyter, 1972 –), 2.9.2 (1978): 581 – 603; Manfred G. Raschke, "New Studies in Roman Commerce with the East," in *Aufstieg und Niedergang* (above), 2.9.2 (1978): 604 – 1361, 以及所附的地图附录。

⑨　除了托勒密，没有其他希腊作者也没有任何拉丁语作者提到过提尔的马里纳斯；关于阿拉伯文的参考文献见本《地图学史》第二卷。

⑩　Ptolemy *Geography* 1.6.1 (note 5).

⑪　Ptolemy *Geography* 1.6.1 (note 5).

⑫　Ptolemy *Geography* 1.7.1 (note 5, Müller edition).

⑬　如前面已经提及的，阿吉辛巴指的是中非，而普拉苏岬角在拉普塔（可能是德尔加杜角）以南桑给巴尔附近某处。

估算其长度为两条子午线之间 15 个小时的经度，⑭ 即沿北纬 36°罗得岛纬线的 225°或 9 万斯塔德，在该纬线的基础上，他假设 1 度的经度大约为 400 斯塔德。

所以按照马里纳斯的说法，可居住世界占据了地球的四分之一以上。他的地图在两个方面也与早期的地图有很大差异。首先，地图是画在两个半球上的，尽管大部分位于北半球。其次，可居住世界最远的东西两边之间的海洋范围被大幅缩减：它被描绘成沿罗得岛纬线的 135°经度或 54000 斯塔德，而相比之下，从西班牙到中国经陆路为 225°经度或 9 万斯塔德。

诚然，马里纳斯或其资料来源是做过一些天文观测的，托勒密在《地理学指南》1.7.4 及随后部分对此做了引述；但托勒密以这些都不是定论予以了驳回。马里纳斯的方法只是简单利用旅行者和商人的各种记录，将从一地到另一地经陆路或海路所需的天数换算成斯塔德。当估算距离显得过长时，他便武断地减少数量以符合他的构想。但是，马里纳斯是首位在其地图中纳入亚洲东部，"从石塔到赛里斯人的首都赛拉（Sera），历时七个月的旅程"，从而大大扩展已知世界的地理学家。⑮ 同样的，他将位于加拉曼特人（生活在撒哈拉沙漠[Sahara] 的一个民族）以南的非洲部分也纳入了世界图景，写下了关于远在南方、赤道以外的阿吉辛巴的内容。

托勒密与马里纳斯共同感兴趣的第二个地图学问题——且事实上可能建立在后者提供的基础上——是地图投影的问题。显然，马里纳斯从没完成他对世界地图的最终修订，托勒密如是说道，"他自己称，即便在最后一版中，他还没有触及纠正气候带和小时数的修订要点"⑯。而即使这种数理地理学的运用未能诉诸其最终的地图学表达，马里纳斯还是对在平面上呈现地球的一部分的问题做了认真研究。像埃拉托色尼和斯特拉波一样，他采用的是矩形投影（rectangular projection），其中纬线和子午线均画作平行的直线，子午线与纬线垂直。但与埃拉托色尼不同的是，埃拉托色尼只选择了间距不同的几条纬线和几条子午线，马里纳斯则似乎使用了一个完整的经纬线网，纬线与子午线彼此之间距离均匀（图 11.1）。在这个系统中，所有纬线长度相等：马里纳斯赋予它们的是经过罗得岛的纬线的长度。据托勒密所说："他只让经过罗得岛的纬线按大致 4∶5 的比例保持了与子午线的比例……他对其他任何纬线的比例或球面形状均不关心。"⑰ 结果，赤道上的距离比其正确的测量值少了五分之一，而经过图勒的纬线上的距离则增加了五分之四。⑱ 事实上，托勒密说："马里纳斯为此投入了

⑭　一小时为 15°经度；但 1°经度在赤道上等于 500 斯塔德（如果地球周长取 18 万斯塔德），而在罗得岛纬线上则只有 400 斯塔德。

⑮　Ptolemy Geography 1.11.3（Müller edition），1.11.4（Nobbe edition）（note 5）。赛拉是丝绸之国中国的首都。对于石塔的确切位置，即使在托勒密的著作内也存在一些差异；见 J. Oliver Thomson，History of Ancient Geography（Cambridge：Cambridge University Press，1948；reprinted New York：Biblo and Tannen，1965），307 – 9。

⑯　Ptolemy Geography 1.17.1（note 5，Müller edition）。

⑰　Ptolemy Geography 1.20（note 5）。Müller 在他的版本中，正确解释了此处的 ἐπιτέταρτος 为 4∶5。其字面意思（cf. ἐπίτριτος，ἐπίπεμπτος）是"另外四分之一"，可以指 1 又 1/4∶1，或者指此处的 1∶1 又 1/4。A Greek-English Lexicon，2 Vols.，compo Henry George Liddell and Robert Scott，rev. and augmented Henry Stuart Jones（Oxford：Clarendon Press，1940）将这个形容词错误地翻译成了"4∶3 的比例"。（不过，1968 年出版的这几卷的增补部分将该表述修改为"5∶4 的比例"；p. 61。）E. L. Stevenson 借鉴文艺复兴时期的拉丁文译本，引入了一个不存在的人物 Epitecartus。托勒密的意思是，马里纳斯为了简化，把整个世界当作罗得岛周围的地区加以对待，在罗得岛，1°经度取作 400 斯塔德，1°纬度取作 500 斯塔德。

⑱　Ptolemy Geography 1.20.7（note 5）；又见 Armando Cortesão，History of Portuguese Cartography，2 Vols.（Coimbra：Junta de Investigações do Ultramar-Lisboa，1969 – 71），1：98 n. 52。

大量关注，并发现所有系统的平面地图都普遍存在缺陷；但他还是使用了一种尤其不适合保持距
180 离比例的呈现系统。"[19] 其总体效果是令马里纳斯的可居住世界地图具有误导性，"并且，在许多
情况下，由于方向造成的麻烦和杂乱，正如任何有经验者都能看出的，他们［参考了马里纳斯著
作的编者］远远偏离了普遍的共识"[20]。

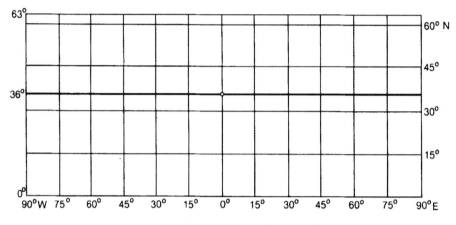

图 11.1　根据托勒密的描述重建的马里纳斯的投影

马里纳斯似乎用了一个完整的经纬线网，其中所有纬线的长度都与罗得岛的相同，由此引发了相当大的变形。

据 *Otto Neugebauer*，A History of Ancient Mathematical Astronomy（*New York*：*Springer-Verlag*，1975），*fig.*68。

　　马里纳斯地图中的第三个也是最后一个问题，涉及从书面评注中整理地理细节时积攒的
错误。托勒密曾发现，由于不加批判地抄袭，有的评注不能令人满意地与地图内容进行比
对。他解释道，"从早期模型不断转移［数据］到后期模型，带来了逐渐的变化，通常以巨
大的差异告终"，并补充说，许多用马里纳斯的地图工作的人，没有采用最新的版本。[21] 似
乎托勒密时期的制图者——就此而言不只是马里纳斯——通常都独立工作，随着地理知识的
增长，会随机地在他们的地图中加入所需的改动。

　　这种不准确的结合导致托勒密拒绝承认马里纳斯作为一名制图师的工作。如前所述，他
认为马里纳斯许多地图中的信息既不连贯也不实用。例如，在一件作品中，马里纳斯可能只
纠正了纬度，而在另一件中则只纠正了经度；但两件作品中所涉及的地点并不相同，因此很
难找到一处地点其两组坐标都是正确呈现的。因此，尽管托勒密显然大量利用了马里纳斯的
资料，他却认为根据马里纳斯的评注绘制地图是一项无望之举。

托勒密对地图绘制的说明

　　托勒密为地图学长期发展贡献的最关键的遗产，是他编纂的关于如何绘制各种类型的地
图的说明。这些说明散见于各种文本，但若将它们汇总在一起，可以说为将要成为制图师的

　　[19]　Ptolemy *Geography* 1. 20. 3（note 5）.

　　[20]　Ptolemy *Geography* 1. 18. 3（note 5）.

　　[21]　Ptolemy *Geography* 1. 18. 3（Müller edition），1. 18. 2 – 3（Nobbe edition）（note 5）.

人构成了一本具有一定复杂度的技术手册。此外，结合这种理论指导，托勒密还针对这类地图的内容详细汇编了经验依据。众所周知，这些成果以天体和地面位置坐标表的形式幸存了下来，因此，倘若托勒密没有亲自或让人为其绘制过地图，现在看来不大可能，[22] 他至少留下了充足的资料供他人构建地图。的确，他的工作具有如此明确的地图学意图，以至于在缺失图形记录的情况下，也丝毫不会减弱地图学史对它的兴趣。与现代地图学数据库做一个简单的类比，我们可以说，托勒密用数字而非图形形式传播了他的地图学知识，让后来者重现他所清晰设想的、作为制图过程最终成果的图像。

虽然通常认为托勒密出生于上埃及（*Upper Egypt*）后来住在亚历山大，但我们对他的了解主要是通过他的各种著作，首先是现存于许多拜占庭校订本中的。[23] 传统的地图学史文献——重点关注地理图——往往忽略了托勒密是一位博学家的事实，其涉猎范围包括天文学、数学、物理、光学和声学、年代学和地理学等多种课题。不过，正如科尔特桑所指出的，这些成果中有相当一部分包含与他的制图兴趣有关的资料。例如，托勒密的《日晷论》（Analemma）讨论的是圭表的理论和正射投影（*orthographic projection*）；《平球论》（Planisphaerium）研究的是球面投影；而大型占星术论著《占星四书》（Tetrabiblos）也有涉及地理的内容。[24] 然而，正是通过《天文学大成》和《地理学指南》（在拜占庭修订版的某些稿本中包含世界地图或区域地图，或者两者兼有），他对地图学发展的影响在很大程度上得到了传播。

最后这两部著作中的概念和事实是如此相互关联，以至于在地图学史上必须将两者放在一起研究。在《天文学大成》中，托勒密传授了天球仪的画法；在《地理学指南》中则传授了如何在球仪上（据说很简单，类似天球的制图）或者平面上绘制可居住世界的地图。两部著作中，他都提出了一系列完整的坐标。由于它们是从古典时代幸存下来的唯一成套的坐标，因此尽管存在一定的不完善，但完全可以说，它们在天体和陆地地图学的发展进程中，划出了一道至关重要的基准线。 181

《天文学大成》中的天球仪

托勒密在公元 127 年和 141 年之间于亚历山大进行过天文观测，他首先是一位天文学家。他主要的目的是尽可能多地收集信息，将其整理成一份详尽的综述，可用作该领域每个学生的基本工具。于是，他从撰写一部论著入手，其中，他研究了所有有关天体运动的问题，以及静止的地球与运动的天球之间的关系。

遵循一定技术规则的系统的星表，是绘制天体图或球仪所需要的。[25] 托勒密的星表源自喜帕恰斯的表格，同喜帕恰斯一样，据图默（*Toomer*）所说，托勒密描述的恒星"仿佛是画在球仪内部的，如位于该球仪中心的观察者所看到的样子，都面向他"[26]。天空中的所有已知恒星都被归入星座：21 个星座位于黄道带以北，12 个在黄道带上，15 个在其南面；于是整张表格列出了 48 个星座，包含 1022 颗恒星。对于每颗恒星，托勒密都标明了相对于黄道而非赤道的经纬度，这样

㉒　见下文第 189—190 页。

㉓　见下文第 268—272 页。

㉔　Cortesão, *History of Portuguese Cartography*, 1：92 – 93（note 18），和 Toomer, "Ptolemy"（note 4）。

㉕　Ptolemy *Almagest* 7. 5 – 8. 1（note 2）包含星座的表格式布局。

㉖　Toomer, *Ptolemy's Almagest*, introduction, p. 15（note 2）.

恒星的位置不会因二分点岁差而变化：纬度不变，只需加上任何时间的岁差值来确定经度。

在少数情况下，托勒密不得不修改星座内恒星位置的命名，使其与通常勾勒出来代表它们的人像或动物轮廓关系更紧密：

> 另外，我们对作为星座组成部分的单个恒星所应用的描述，并不是在所有情况下都与我们前辈的描述相同（就像他们的描述又与他们的前辈不同一样）：许多时候我们的描述不同，是因为其似乎更自然，为所描述的形象给出了比例更好的轮廓。因此，例如那些喜帕恰斯放在"室女（Virgo）肩上的"恒星，我们将其描述为"在她两侧"，因为它们与她头上恒星的距离似乎比距她手上恒星的距离要大，这种情况符合"在她侧面"的［位置］，但［位置］"在她肩上"则是完全不恰当的。㉗

因此托勒密给这些恒星起的名字，与在喜帕恰斯那里发现的形式略有不同。但正如托勒密的解释："人们有现成的方法来辨认那些［他人］描述得不同的恒星；只要比较一下记录的位置，就可立即做到这点。"㉘ 它们的相对位置，实际上在他的天球仪上是保持不变的，只是名字会有变化。

列出所有他要考虑的恒星之后，托勒密非常详细地解释了如何制作实心球，将其作为天空的图像。最好是选择一个深色的球仪，其颜色象征夜空，好让恒星清晰可见。两个直径相对的点将表示黄道的两极。然后可画出两个大圆，其中一个穿过这两极，另一个与之垂直，代表黄道带（选择其中一个交点作为黄道360度刻度的起点）。

托勒密也没有忽略为球仪制造者提供实用的机械说明。㉙ 他建议，在球仪上附加两个半圆（图11.2中的A和B环），这样便于演示赤道坐标与黄道坐标之间的关系。

定位好恒星的确切位置后，托勒密继续说，应当用黄色的点来标记，或者对于有的恒星，用星表中注明的颜色来标记，点的大小要与恒星的亮度或星等相称。至于星座的形象，应当示意性地浅浅勾画，在球面的深色背景下几乎看不出来，这样才不会掩盖恒星。㉚

因此，托勒密的天球仪与欧多克索斯或亚拉图描述的那些，或法尔内塞的阿特拉斯所托举的有很大的不同。在那些早期阶段，天文学家更喜欢将恒星归入星座，以便能对其命名和予以辨认，因此强调的是星座的轮廓。然而，到了托勒密的时代，恒星的证认已不太依赖星座了，因为可以通过给出各单个恒星的坐标位置，像在星表中一样在球面上为其定位。㉛

㉗ Ptolemy *Almagest* 7. 4（note 2）.

㉘ Ptolemy *Almagest* 7. 4（note 2）.

㉙ 关于托勒密所描述的仪器的完整记载，见 D. R. Dicks, "Ancient Astronomical Instruments," *Journal of the British Astronomical Association* 64（1954）：77 – 85。

㉚ Ptolemy *Almagest* 8. 3（note 2）. 有关此点的一些希腊文的详细技术解释，见 Toomer, *Ptolemy's Almagest*, 404 n. 179 and 405 nn. 180, 181（note 2）中的译文和注释。

㉛ 不同的学者，以及较后来的 Newton, *Crime of Claudius Ptolemy*（note 1），均指责托勒密没有进行过他所声称的观测，而且篡改了前人获得的记录以支持自己的理论。但在介绍自己的星表时，托勒密并没有掩饰他从前人（或者至少是从喜帕恰斯那里）获益，即便他声称已对他们的观测做了验证；毫无疑问，他使用了天球仪（在他的时代十分常见）来选择两套连贯的坐标。他的独创性在于倾向于黄道坐标而不是赤道坐标，并且提供了完整的两套坐标，使得任何人都应当能够在球仪上绘制星座。

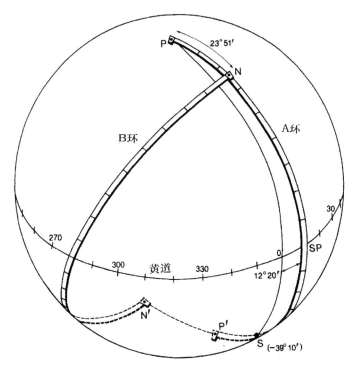

图 11.2　托勒密对构造恒星仪的说明

《天文学大成》中包含根据黄道坐标构造天球仪的清晰说明。*PP′*轴上的 *A* 环固定于至点，即天狼星（*Sirius*）子午线东经 12°20′处，代表其当时（安东尼努斯·皮乌斯统治元年，公元 137 年）的位置。这就确定了以天狼星作为参考星的恒星坐标系统的轴。赤道坐标可借助 *B* 环从黄道坐标机械地转换过来，*B* 环围绕 *NN′*轴自由旋转，该轴与 *PP′*轴相距 23°51′以顾及黄赤交角。

据 *Otto Neugebauer*, A History of Ancient Mathematical Astronomy（*New York：Springer-Verlag*，1975），*fig.* 79。

《天文学大成》中的气候带

在《天文学大成》的第 2 册中，托勒密转向了数理地理学中的一个标准问题：在地球上确立可居住世界的位置，以及其与天球的关系，还有气候带的分布。首先，他断言"可居住世界的我们这部分大约在两个北部象限其中一个的范围内"[32]。然后，他决定系统地计算与北半球几条纬线相关的天体现象，针对各纬线记录相应的数据，如地平线上极点的高度，二至二分日圭表与影子的比率，以及最长一天的长度。如托勒密在后面几章解释的，所有这些值都是通过计算（而不是通过观测）获得的。

托勒密的表格几乎可以肯定受到了喜帕恰斯所制气候带表格[33]的启发，在该表中可以找到类似的信息。但是，虽然喜帕恰斯处理的纬线以 1°（或 700 斯塔德）为间隔，托勒密在自己的计算中，针对纬线间隔，用的则是最长一天中四分之一小时（或者有时为半小时甚至一小时）的差值。这意味着，所采用的纬线可能不是等距的，因此托勒密不得不增加北方纬线的时间差。

奇怪的是，托勒密提到了沿地球赤道可能有一个可居住世界的传统假说，理由是这些纬度的气候比回归线附近地区的温和。而与此同时他也承认，"我们没有可靠的依据告诉大家

㉜　Ptolemy *Almagest* 2.1（note 2）.

㉝　Ernst Honigmann, *Die sieben Klimata und die πόλεις ἐπίσημοι*（Heidelberg：Winter，1929）.

这些可居住区域是什么。因为到目前为止，还没有我们这部分可居住世界的人对它们进行过探索，人们对它们的传言只能被当作揣测而不是报告。无论如何，这总之就是赤道下方纬线的特征。"㉞ 从赤道到极圈，托勒密列出了 33 条纬线：赤道是第一条，接着是最长日 12 又 1/4 小时的一条纬线，在北纬 4 又 1/4°处，分配给了塔普罗巴奈（*Taprobane* 斯里兰卡［*Sri Lanka*］）；这个系列的最后一条，为最长日 24 小时，在大约北纬 66 又 1/6°处，与已知的国家没有关联。与已知可居住世界有关的最后一条纬线，是 21 小时纬线，在北纬 64 又 1/2°处，位于不明的斯基泰部落所在之处；它挨着的，便是经过图勒的纬线（一天 20 小时，在北纬 63°）。24 小时纬线以外，托勒密提及的纬线表示按月间隔的一个月至六个月中最长的一天，最后一条当然是在极点之下。可以注意到，与每条纬线相关的国家或城镇，要么是地图中部传统的那些，要么是地图南部或北部难以辨认的地方。无论如何，这些地方仅用于与气候带有关的参考。

183   第 2 册的其他章中，托勒密只选择了几个气候带，按纬度制订了天文现象表。第 2 册第 8 章列举了 11 个气候带，从赤道（12 小时）到塔奈斯（顿）河（*Tanais*［*Don*］*River*）（17 小时），按最长一天中的半小时有规律地递增。后面在第 2 册第 12 章中，他把所选的气候带数量减少到了 7 个，这 7 个气候带在中世纪后期的《世界地图》（mappaemundi）上的确频繁出现：

——13 小时纬线，经过麦罗埃

——13 又 1/2 小时纬线，经过赛伊尼

——14 小时纬线，经过下埃及（*Lower Egypt*）

——14 又 1/2 小时纬线，经过罗得岛

——15 小时纬线，经过赫勒斯滂

——15 又 1/2 小时纬线，经过黑海中部

——16 小时纬线，经过波吕斯泰奈斯河

在对最后一个（天文）表（上面引自《天文学大成》的内容）的评论中，托勒密宣布了他要撰写一部 Geographike hyphegesis（《地理学指南》）的计划，现在通常称之为 Geography：

> 既然对［黄道和主圆之间的］角度已做了有条理的论述，那么［论著其余部分的］基础论题中，就只剩下确定值得注意的各省城镇的经纬度坐标了，以便针对这些城镇计算［天文］现象。然而，对这一主题的讨论属于单独的一部地理学论著，因此我们将［在这样一部论著中］对其另行介绍，其中，我们将尽可能利用那些对该领域进行过阐述的人的记载。我们将［在那里］列出沿赤道测量的，每个城镇所在子午线东距或西距经过亚历山大的子午线的度数（因为［亚历山大］是我们确立［天体的］位置时间的子午线）。㉟

托勒密要等上 20 年左右才能落实他的计划。

《地理学指南》

同《天文学大成》一样，《地理学指南》毫无疑问是有意为地图绘制者设计的一本手

㉞ Ptolemy *Almagest* 2.6（note 2）.

㉟ Ptolemy *Almagest* 2.13（note 2）.

册。托勒密在开篇部分解释了其范围，将"地理学"定义为"世界整个已知部分以及其中发生的事物的图形呈现"[36]。之后，他这样解释地理学和地志学（chorography）的区别："地志学的目的是对局部的考虑，就像有人只描绘［即绘画或画图］耳或眼一样；而地理学的目的是对整体的考虑，就像那些（用同样的比喻）描绘整个头部的人一样。"[37]

在制订星表时，托勒密只是简单收集了所有可用的信息，将其整理成一个系统的坐标表，让任何人都能制作天球仪。在《地理学指南》中，他也采取同样的方式，从其前辈，尤其是从最直接的提尔的马里纳斯那里收集信息，[38]将其编入一个系统的坐标表。因此，托勒密相信，任何人都能很容易地绘制出可居住世界的地图，或者带有各国主要城镇以及特色地物的区域地图。

在勾勒为制图者提供形式便捷的恰当工具的目标时，托勒密似乎已充分意识到他的一些信息的缺陷。这在他的声明中有所体现："但对于没有以这种方式考察过的地方［的经纬度］，由于记载的匮乏和不确定性，最好是更彻底地根据已知可靠的位置或布局的接近度进行计算，这样，插入进来填充整个世界的内容都不会有不确定的位置。"[39]显然，托勒密认为制图者最好能在已知世界中定位尽可能多的地方，即便是在这种定位的权威性还不牢靠的地方，也许他凭直觉感到，只有这样，这类地图才会最终受到挑战，变得更加完善。

《地理学指南》的内容如下：

第1册　引言，包括地图投影和对马里纳斯的批评。

第2册　爱尔兰、英国、伊比利亚半岛（Iberian Peninsula）、高卢（Gaul）、德国、多瑙河上游省份、达尔马提亚（Dalmatia）。

第3册　意大利及其邻近岛屿、欧洲的萨尔马提亚、多瑙河下游省份、希腊及毗邻地区。

第4册　北非（西—东）、埃及、利比亚内陆（非洲）、埃塞俄比亚。

第5册　小亚细亚、亚美尼亚、塞浦路斯、叙利亚、巴勒斯坦、阿拉伯行省（Arabia Petraea）、美索不达米亚、阿拉伯沙漠（Arabia Deserta）、巴比伦尼亚。

第6册　前波斯帝国，已涉及的地区除外（西—东）；该帝国边境的萨迦（Sacae）和斯基泰。

第7册　印度、秦尼（Sinae）、塔普罗巴奈，以及邻近地区。世界地图摘要。对包括可居住地球地图的浑天仪的描述。各区域部分摘要。

第8册　26幅区域地图的简要综述。

---

[36] Ptolemy Geography 1.1.1（note 5, Müller edition）.

[37] Ptolemy Geography 1.1.2（note 5）.

[38] Ptolemy Geography 1.6–7（note 5）.

[39] Ptolemy Geography 2.1.2（note 5）.

184

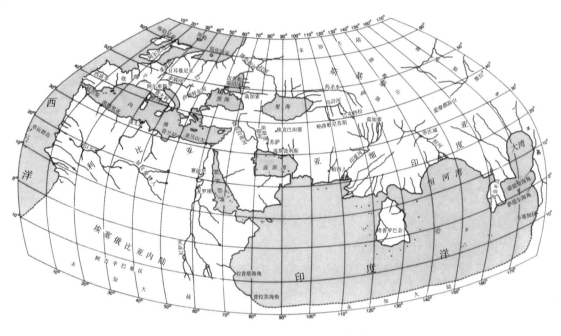

图 11.3　克劳狄乌斯·托勒密世界的重建

据 Edward Herbert Bunbury, *A History of Ancient Geography among the Greeks and Romans from the Earliest Ages till the Fall of the Roman Empire*, 2d ed., 2 Vols. (1883; republished with a new introduction by W. H. Stahl, New York: Dover, 1959), map facing p. 578。

就第 8 册中区域地图的综述而言，每张地图都给出了标准信息。继而，托勒密指出了所涉及的地图中央纬线上 1°与子午线 1°的比例；他对地图轮廓做了粗略描述；然后用成对的坐标定位了主要的城镇。但他用最长一天的长度来表示纬度，用亚历山大子午线以东或以西的小时数来表示经度。⑩

《地理学指南》中可居住世界的大小和范围

托勒密批评马里纳斯把可居住世界扩展得太远。他认可图勒纬线（北纬 63°）为北界，但反对南回归线（南纬 24°）为南界，并将已知最远的国家阿吉辛巴和普拉苏岬角的区域定位在经过麦罗埃的纬线对面的纬线上（可以称之为麦罗埃对面［Anti-Meroë］纬线），在南纬 16°25′或赤道以南约 8200 斯塔德处（图 11.3）。于是，整个可居住世界的纬度范围被缩减到了 79°25′或近 4 万斯塔德（托勒密借用了马里纳斯 18 万斯塔德的地球周长）。

同样的，可居住世界的长度从马里纳斯的 15 小时的经度缩减到了 12 小时或 180°，从最西端的幸运群岛（Fortunate Isles 加那利群岛［Canaries］）到最东端的赛拉和卡蒂加拉

---

⑩　在《天文学大成》2.13 中，亚历山大作为本初子午线提出，但当托勒密开始写作《地理学指南》时，又倾向于用幸运群岛（Fortunate Isles）最西端的子午线——至少第 2—7 册如此——好让所有的经度可表述为在这条线以东。《地理学指南》第 8 册中可看到早期系统残存的痕迹。见 Toomer, *Ptolemy's Almagest*, 130, n. 109（note 2）。

（Cattigara）。㊶ 托勒密声称是通过考查和比较陆海旅程来实现这一缩减的，但很可能他更多依赖的是猜测而不是合理的计算。于是，沿经过罗得岛的北纬36°纬线计算，他将可居住世界的长度定为72000斯塔德，在这条纬线上1°经度折合400斯塔德。㊷ 对于幸运群岛和幼发拉底河之间的距离，托勒密标示的是72°或28800斯塔德；㊸ 而从幼发拉底河经石塔到赛拉或卡蒂加拉的距离，为105°15′或42100斯塔德。㊹

通过《地理学指南》中这样的计算，托勒密由此认可可居住世界在纬度上延伸到了赤道以南；在经度上，正如帕奥西多尼乌斯提出的，它如今占了北半球的一半。㊺ 总的来说，尽管对马里纳斯的地图提出了批评，托勒密还是采用了他所传递的大部分信息，对一些必要部分做了修改，以符合他自己对可居住世界大小的概念："但是，倘若我们从他最后的编排中没有发现任何不足，我们将足以根据这些评注构建一幅可居住世界的地图，也就不会在其他事情上浪费时间了。"㊻

地图投影

由于在平面上绘制可居住世界的地图是惯常之事，托勒密研究了不同类型的地图投影及其保持球面特征的能力。过后来看，这或许可以说是他为制图数学基础的长期发展做出的最重要的贡献。托勒密对地图投影这一根本性问题有着概念清晰的见解，分别针对球仪和平面地图展开了书写，他说：

> 这些概念系统有其各自的优势。第一个系统将地图定位在球面上，显然保留了与世界形状的相似性，并排除了对其做任何操作的必要；另一方面，它很难提供所需的大小，以容纳大部分必须放置的事物，也不能让人从某个有利位置看全整个地图；相反，人们必须要么移动眼睛要么转动球面，才能看到余下的部分。
>
> 第二个系统，即平面上的呈现，避免了上述的全部缺点。但它缺乏某种能保持球面形状相似性的方法，从而让在其平面上记录的距离尽可能与真实距离成比例。㊼

《地理学指南》详细阐述了4种地图投影系统：（1）像马里纳斯那样的，以呈直线且相互垂直的经纬线构成的投影；（2）以呈直线汇聚的子午线和呈曲线的纬线构成的投影；

㊶ Ptolemy *Geography* 1.11（note 5）. 赛拉以南的卡蒂加拉，可能在现代城市河内（Hanoi）附近某处，但也提出过其他理论；见下文第198—199页。

㊷ Ptolemy *Geography* 1.11.1，1.12.10（note 5）.

㊸ Ptolemy *Geography* 1.12（note 5）.

㊹ Ptolemy *Geography* 1.12.9（note 5）.

㊺ Strabo *Geography* 2.3.6；见 *The Geography of Strabo*, 8 Vols. , trans. Horace Leonard Jones, Loeb Classical Library（Cambridge：Harvard University Press；London：William Heinemann, 1917 – 32）。又见 Strabo, *Géographie*, ed. François Lasserre, Germaine Aujac, et al. （Paris：Belles Lettres, 1966 – ）。

㊻ Ptolemy *Geography* 1.6.2（note 5）.

㊼ Ptolemy *Geography* 1.20.1 – 2（note 5）.

（3）以曲线汇聚的子午线和曲线纬线构成的投影；（4）从远处看到的球体的特殊投影。[48] 整个这一课题自 19 世纪以来产生了大量文献，其中大部分在数学上是令人困惑的，重点关注的是欧洲文艺复兴时期对托勒密地图投影的修改。[49] 托勒密的解释当然需要谨慎对待，并且如科伊宁（Keuning）所主张的，用更适合现代投影形式的术语对他的方法做过于字面的定义存在危险。[50]

马里纳斯的投影

马里纳斯为其世界地图选择了可以（用现代术语）定义为矩形投影的投影，以经纬网表示，由呈直线平行的子午线和与子午线垂直相交的直线纬线构成，形成了一种矩形网格。沿罗得岛纬线（北纬 36°）和沿所有子午线的比例尺是假定为恒定的。马里纳斯还假定罗得岛纬线——可居住世界的中央纬线——的长度大约是赤道长度（因此也是任何子午线大圆）的五分之四；托勒密对此稍作修改，将中央纬线上 1° 经度与子午线上 1° 纬度的长度比表示为 93∶115，非常近似于 $\cos 36° = 0.809$。

这种投影法将用于后来《地理学指南》文本所附的某些版本的区域或省区地图。但托勒密拒绝为世界地图使用该系统，理由是各种纬线在其构建中都呈相同长度，导致远离中央纬线部分的严重变形。例如，他计算图勒纬线的长度与赤道长度的比例是 52∶115（$\cos 63° = 0.454$），而在马里纳斯投影上则表现为与赤道等长的一条线。[51]

托勒密的第一种投影

为克服这一缺陷，托勒密设计了一种投影系统，通常称作他的第一种投影，其中，子午线从一个理论上存在的点（不是北极）出发被绘成直线，而纬线则是以同一点为中心的圆弧。这实际上是构建与后来稿本相关的可居住世界的地图所通常采用的投影。其优于马里纳斯的投影之处在于，不仅沿中央纬线（罗得岛）和子午线（同马里纳斯投影一样）保持了恒定的比例尺，而且图勒纬线的长度与赤道长度的比例也是正确的。当然，该比例尺不可能与沿罗得岛纬线的比例尺相同，但由于它代表了传统的中央纬线，且沿线有许多距离已知，于是托勒密将整张地图都按该比例尺缩放：

> 既然不可能让所有纬线都保持球面上的比例，那么观察穿过图勒的纬圈和昼夜平分线的比例就已相当足够了，可以让我们的地图上代表纬度的边与地球真实、自然的边成比例。
>
> 经过罗得岛的纬线必须插入图中，因为在这条纬线上已有许多距离的证据得到了记

[48] 在辨别这 4 种系统时，我们依照的是 Otto Neugebauer, *A History of Ancient Mathematical Astronomy*（New York：SpringerVerlag, 1975），879–959。又见 Cortesão, *History of Portuguese Cartography*, 1：97–109（note 18），对托勒密在《地理学指南》中的思想做了全面总结和大量引述。

[49] 这些投影将在本《地图学史》第三卷中全面论述。

[50] 见 Johannes Keuning, "The History of Geographical Map Projections until 1600," *Imago Mundi* 12（1955）：1–24，他写道（p.9），"托勒密的投影看上去很像圆锥投影，但它们不是。在古代，不存在向圆锥或圆柱上投影的问题。"

[51] Ptolemy *Geography* 1.20（note 5）.

录，并且要以同最大圆的周长的正确关系插入，在这点上，依照马里纳斯给出的赤道（与子午线）同罗得岛纬线的等圆周比为5∶4。通过这样做，我们将确保我们地球的经度，也就是更为熟知的经度，与纬度成正确的比例。(52)

地图的框架——遵循可居住世界的传统比例——应该是矩形的，代表纬线的圆的中心，在地图的这一框架之外（图11.4）。在其内部，应画出36加1条子午线，相隔三分之一小时的经度（5°）。对于赤道以南的地图部分，他建议除麦罗埃对面纬线（见上文第184页）外，只画一条纬线：经过拉普塔岬角（*Rhapta promontory*）和卡蒂加拉的纬线，距赤道半小时的距离，与其对面的北纬8°25′处的纬线等长（见下表11.1）。

为了在地图上标出将要放置的地点，托勒密继续说，制图者应当拿一把窄尺，长度等于用来绘制赤道的圆的半径。他应当让尺子贴在作为曲线纬线中心所取的点上，这样就可以令其与任何给定的子午线吻合。然后，利用刻在尺子上的纬度刻度和刻在赤道上的经度刻度，他应该能够很容易地将城镇或地理特征标记在其真实的位置上。(53) 通过这些细节我们可以看到，即便托勒密可能没有用实际的地图或经纬线图示的形式来说明他的投影，他对未来地图绘制者的指示还是相当清晰的。同时，很难想象，倘若不借助图形实验，如何能编制出如此精准的指示。

纬线	最长一天的长度	度数
	赤道以北	
1	12小时15分钟	北纬4°15′
2	12小时30分钟	北纬8°25′
3	12小时45分钟	北纬12°30′
4 麦罗埃	13小时	北纬16°25′
5	13小时15分钟	北纬20°15′
6 赛伊尼	13小时30分钟	北纬23°50′
7	13小时45分钟	北纬27°10′
8	14小时	北纬30°20′
9	14小时15分钟	北纬33°20′
10 罗得岛	14小时30分钟	北纬36°
11	14小时45分钟	北纬38°35′
12	15小时	北纬40°55′
13	15小时15分钟	北纬43°05′
14	15小时30分钟	北纬45°
15	16小时	北纬48°30′
16	16小时30分钟	北纬51°30′
17	17小时	北纬54°

(52) Ptolemy *Geography* 1.21.2（note 5），由O. A. W. Dilke翻译。Stevenson，*Geography of Claudius Ptolemy*（note 5）中的译文，依照拉丁文版本，给出了完全不正确的表述。Stevenson另一个让人无法认可的翻译实例，见注释103。

(53) Ptolemy *Geography* 1.24.7（note 5）.

续表

纬线	最长一天的长度	度数
18	17 小时 30 分钟	北纬 56°10′
19	18 小时	北纬 58°
20	18 小时 30 分钟	北纬 61°
21 图勒	19 小时	北纬 63°
赤道以南		
拉普塔	12 小时 30 分钟	南纬 8°25′
麦罗埃对面	13 小时	南纬 16°25′

托勒密的第二种投影

尽管是对马里纳斯投影的改进，但托勒密简单的第一种投影并非没有缺点。首先，子午线的南北部分在赤道处形成的是锐角；其次，图勒和赤道之间的纬线比例与球面上的并不相同。于是，托勒密提出了更进一步的投影——通常称作他的第二种投影——来缓解这些问题。[54] 该投影由呈曲线的纬线和子午线构建（图 11.5）。据托勒密所说，其目的是要让代表

187

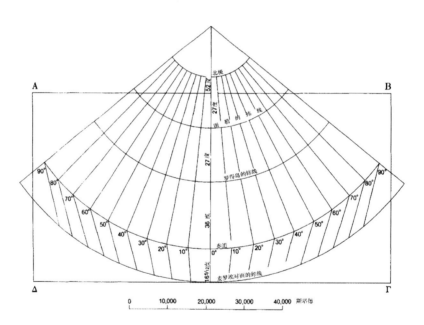

图 11.4　托勒密的第一种投影

可居住世界的框架（ABΓΔ）显示为叠加在一个圆锥形经纬网之上，呈直线的子午线于一头汇聚，纬线则为圆弧。虽然托勒密解释说，该投影比他的第二种投影（见图 11.5）更易构建和使用，但其并未有效反映地球的球形，且只有两条纬线（以及所有子午线）保持了它们的真实长度。

据 *Erich Polaschek*, "*Ptolemaios als Geograph*," in Paulys Realencyclopädie der classischen Altertumswissenschaft, *ed. August Pauly, Georg Wissowa, et al.*（*Stuttgart*：J. B. Metzler, 1894 – ），*suppl.* 10（1965）：680 – 833, *fig.* 4。

54　Ptolemy *Geography* 1. 24. 9 – 20（note 5）. Marie Armand Pascal d'Avezac-Macaya，在他的开创性研究 *Coup d'oeil historique sur la projection des cartes de géographie*（Paris：E. Martinet, 1863）中，将其命名为"组合投影"（homotheric projection）；它也可以被认为是彭纳投影（Bonne projection）的原型。D'Avezac-Macaya 研究的最初发表，"Coup d'oeil historique sur la projection des cartes de géographie," *Bulletin de la Société de Géographie*, 5th ser. , 5（1863）：257 – 361, 438 – 85。

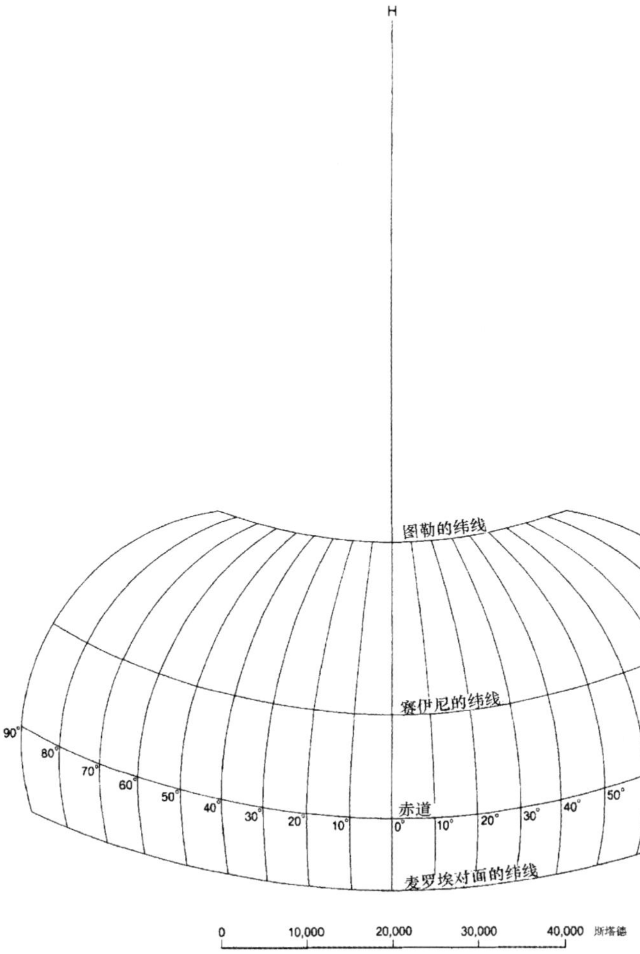

图 11.5 托勒密的第二种投影

以曲线的子午线和纬线构建，此投影旨在缓解与托勒密的第一种投影（见图 11.4）相关的一些问题。该投影尤其受后来文艺复兴时期《地理学指南》的编者的欢迎。

据 *Erich Polaschek*, "*Ptolemaios als Geograph*," *in* Paulys Realencyclopädie der classischen Altertumswissenschaft, *ed. August Pauly*, *Georg Wissowa*, *et al.* (*Stuttgart*: *J. B. Metzler*, 1894 –), *suppl.* 10 (1965): 680 – 833, *fig.* 5。

子午线的线条在被直视地图中心的观察者看到时，具有球面上的外观。(55)

地图的中央纬线被设计成经过赤道以北 23°50′处的赛伊尼。赛伊尼大致在图勒纬线（北纬 63°）和麦罗埃对面纬线（南纬 16°25′）的中间处。托勒密建议，从要绘制地图的矩形板外的一个中心（图 11.5 中的 *H*），标绘代表主要纬线，即图勒、赛伊尼和麦罗埃对面纬线的圆弧是很方便的。(56) 然后，将 36 条子午线画成圆弧，直线的中央子午线两边各 18 条，以 5°间隔（每 3 小时）。圆形子午线是可能的，因为只选择了 3 条纬线，沿这些纬线可保持距离的真实比例。后来的评论家才发现，如果这些弧段不是圆的，这种投影中的所有纬线——不

(55) Ptolemy *Geography* 1. 24. 9 (note 5).

(56) 这样绘制的纬线将近似以下比例：5（赤道纬线）、2. 25（图勒纬线）、4. 35（赛伊尼纬线）和 4. 4（麦罗埃对面纬线）。

仅是 3 条——都可以在保留其真实长度的情况下绘制出来。显然，第一位采用此步骤的人是亨里克斯·马特尔鲁斯·日耳曼努斯（*Henricus Martellus Germanus*），体现在其 1490 年前后的绘本世界地图上，现存于耶鲁大学。1514 年，约翰内斯·维尔纳（*Johannes Werner*），为他对《地理学指南》第 1 册的新译本加入了关于托勒密第二种投影的理论探讨。[57]

188 托勒密对其第二种投影的阐述，以非常务实的口吻结尾。虽然他认为这种投影提供了更好的理论解决方案，但绘制地图的任务却变得更加困难。特别是曲线的子午线意味着，地理细节不能再像第一种投影那样，通过直接使用尺子来进行标绘。托勒密因此保留了两种方法，"为了那些因怠惰而求助于更方便的方法的人"[58]。

认识到地图绘制者有时更愿意走捷径，这一点是有预见性的：试图根据托勒密的指导绘制世界地图的大多数早期学者，似乎都倾向于第一种投影。

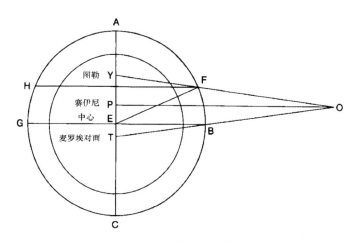

图 11.6 托勒密的第三种投影

此图示显示了观察者（*O*）相对于被浑仪环（*ABCG*）环绕的地球仪（中心 *E*）的位置。因此，此图证明了图勒纬线（*Y*）与麦罗埃对面纬线（*T*）之间的可居住世界，是如何通过代表赤道（*BG*）和夏季回归线（*FH*）的浑仪环观察到的。尽管所见到的浑天仪自身是呈透视的，人类居住的世界却不是。相反，纬度是沿中央子午线保留的。这就解释了为何线 *EF* 不像预期的那样，与 *PO* 在地球表面重合。

据 *Otto Neugebauer*，A History of Ancient Mathematical Astronomy（*New York：Springer-Verlag*，1975），*fig.* 78。

托勒密的第三种投影

托勒密所谓的第三种投影产生自他对浑天仪的描述。[59] 他提到，几位他的前辈曾试图做这个演示，结果徒劳无功。该投影似乎没有被用于实际地图绘制，也似乎没有（不像第一、二种投影）影响该主题的后续发展。正如托勒密所描述的："在这里补充可居住世界所在半球（半球本身被一个浑天仪环绕）如何能在平面上呈现，是合理的。"[60] 其目的是要提供一

---

[57] Ptolemy, *Geographia*, ed. and trans. Johannes Werner（Nuremburg, 1514）. 又见 Neugebauer, *History of Ancient Mathematical Astronomy*, 885－88（note 48）的讨论，但他没有提及马特尔鲁斯的地图。

[58] Ptolemy *Geography* 1. 24. 22（Müller edition），1. 24. 29（Nobbe edition）（note 5）.

[59] Ptolemy *Geography* 7. 6. 1（note 5）.

[60] Ptolemy *Geography* 7. 6. 1（note 5, Nobbe edition）. Otto Neugebauer, "Ptolemy's *Geography*, Book Ⅶ, Chapters 6 and 7," *Isis* 50（1959）：22－29 给出了最佳译文和评注。

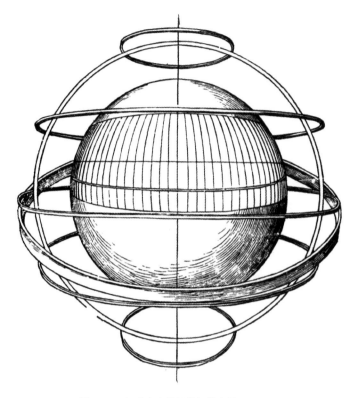

图 11.7　如观察者所见的托勒密第三种投影
浑仪环（包括赤道）的位置设置不会妨碍可居住世界的全景。

据 *Ptolemy*, Geographicae enarrationis libri octo（*Vienne*：*Gaspar Trechsel*, 1541）。

种某种程度上符合对地球仪的视觉印象的平面呈现，让可居住世界全部可见，不被浑天仪的圆环遮挡。后来的《地理学指南》稿本第 7 册中此投影的构造图，没有完全阐明文本中的复杂论述。[61] 而托勒密想象的是观察者的眼睛处于假想的浑天仪的圆环之外，其距离为，代表天球夏季回归线的环刚好可以不阻挡地球仪上的图勒纬线，而代表天赤道的环则恰好不阻挡可居住世界最南边的纬线（即麦罗埃对面纬线）。于是，图 11.6 中，观察者的位置由线段 *YF* 和 *TB* 的延长线的交点表示。观察轴在经过赛伊尼的水平面上。图 11.7 从观察者的位置说明了这一概念。在这两幅图示中我们都可以看到，为了让浑天仪上代表黄道的圆环不遮挡世界的可居住部分，黄道的南面部分应在观察者一侧进行调整。在他的例子中，为了让所有这些条件都得到满足，托勒密假定实心地球仪的半径为 90 份，浑天仪半径与地球仪半径的比必须是 4∶3，眼睛则必须处在上述的轴上。其结果是，一旦解决了这些细节，在可居住世界的这个投影中，赛伊尼的经纬线为直线，其他所有纬线和子午线则都是曲线，它们的凹侧朝向中央纬线和子午线。[62]

189

　　总而言之，我们可以强调，托勒密对地图投影的研究，为地图学的进一步发展产生了重大意义。即便他或他同时代的人没有根据这些原则构建地图（这一点不大可能），且尽管他

㊱　Ptolemy Geography 7. 6 and 7. 7（note 5）。

㊲　Neugebauer, *History of Ancient Mathematical Astronomy*, 883, 889（note 48）; idem, "Ptolemy's *Geography*," 25 − 29（note 60）; Cortesão, *History of Portuguese Cartography*, 1∶106（note 18）。

的指示沉睡了多个世纪，但正是在很大程度上通过《地理学指南》，希腊对科学构建地图的贡献首先传给了阿拉伯和拜占庭的制图者，然后又传向了文艺复兴时期欧洲的地图工坊。埃杰顿（*Edgerton*）认为，《地理学指南》第 7 册第 6、7 节也可能对文艺复兴时期透视理论的发展带来了影响。[63] 对托勒密指示的最好证明，便是它们得到了广泛的遵循。希腊抄本和早期拉丁文译本中的所有区域地图，都是在被马里纳斯采用、托勒密所描述的矩形投影的基础上绘制的。对于此项用途，该投影证明是方便的，并且，只要观察到了地图中央纬线上 1°经度与子午线上 1°纬度的比例（例如，对意大利是 3∶4，或者对英国是 11∶20），它也是足够准确的。然而，采用该投影的一个后果，便是无法通过将区域地图拼合在一起，得到整个世界的地图，制图者们不得不求助于托勒密的其他投影，来表现整个可居住世界。如前所述，他们似乎更倾向于托勒密的第一种投影。大多数早期抄本和《地理学指南》第一批印本中的世界地图，都是用的该投影。托勒密的第二种投影则很少使用[64]——例如，其中一例是伊斯坦布尔苏丹图书馆（*Sultan's Library*）13 世纪晚期 *Codex Seragliensis* 57 中的——但其在文艺复兴时期传播与修改的历史，再次表明他的思想的长期（尽管延迟了许久）重要性。

通过对可居住世界大小和位置的讨论，并通过他的投影，托勒密还为后人编纂了关于其轮廓和总体布局的图像。托勒密的地图，如在后来的稿本中重建或看到的，描绘的可居住世界不再是海洋中的一座岛（见图 15.5）。它向东受占据东亚民族领土的一片未知土地的限制；向南受限于印度海（*Indian Sea*）和利比亚以南称作阿吉辛巴的埃塞俄比亚部分区域周围一片同样未知的土地；向西受限于环绕利比亚的埃塞俄比亚湾（*Ethiopian Gulf*）的一片未知土地，以及利比亚和欧洲西部周围的西洋（*Western Ocean*）；向北则是连绵不绝的海洋，围绕着不列颠群岛和欧洲北部，还有一片沿亚洲北部、萨尔马提亚（*Sarmatia*）、斯基泰和丝绸之地延伸的未知土地。[65] 可居住世界里面，有两个内海，即里海[66]（或希尔卡尼亚海［*Hyrcanian*］）和印度海（有各种海湾，阿拉伯湾、波斯湾、恒河湾），以及一个通向大洋的海，即地中海。

托勒密作为地图绘制者：坐标表

托勒密制图指示的最后一个方面，涉及《地理学指南》中的坐标表——显然构成了编绘地理图的原料——和首次出现在《地理学指南》拜占庭稿本中的地理图之间的关系。这可以说是托勒密学术研究中的一个重大谜团。长期以来一直存在争论的是，托勒密本人或者他的某位同辈是否为《地理学指南》绘制过地图，这些地图是否是在罗马帝国统治下于他身后补充的，又或者我们所掌握的那些地图是否只能追溯到拜占庭时期。[67] 例如，对约瑟

[63]　Samuel Y. Edgerton, "Florentine Interest in Ptolemaic Cartography as Background for Renaissance Painting, Architecture, and the Discovery of America," *Journal of the Society of Architectural Historians* 33 (1974)：275–92. 又见 Neugebauer, *History of Ancient Mathematical Astronomy*, 890（note 48）.

[64]　Neugebauer, *History of Ancient Mathematical Astronomy*, 885（note 48）.

[65]　Ptolemy *Geography* 7.5.2（note 5）.

[66]　关于托勒密著作中里海作为内海的内容，见第 198 页。

[67]　关于争论双方作者的名单，见 Erich Polaschek, "Ptolemy's *Geography* in a New Light," *Imago Mundi* 14 (1959)：17–37。

夫·菲舍尔（*Joseph Fischer*）而言，梵蒂冈图书馆（*Biblioteca Apostolica Vaticana*）的 *Codex Urbinas Graecus* 82（13 世纪晚期）拥有与文本非常贴合的地图，这构成了一个论据，即其一定依据的是罗马帝国的地图学原型（*cartographic archetype*）。[68] 但是，如果我们把《土地测量文集》（*Corpus Agrimensorum*）中的地图作为类似物，我们发现它们距离原作越远，就呈现出越多讹误。因此，列奥·巴格罗怀疑，是否有任何现存的托勒密地图可追溯到早于 12 世纪前后的某个原型。[69]

《地理学指南》缺少严谨的评述本，显然是我们理解该问题的一个障碍。尽管在第 1、2 册中，托勒密谈及地图时只用了将来时，但在 8.2.1 中他却说"我们已有绘制好的地图"，*ἐποιησαμεθα*，具体所指为下文列出的 26 幅区域地图。他在这方面提到的不是经纬度，而是白昼长度和与亚历山大的距离。如果这段话是真的（似乎很可能），且如果第 1、2 册中未来时的使用可按字面意思理解，这表明，如波拉舍克（*Polaschek*）所认为的，托勒密修改了自己著作的早期内容，但没有修改后面部分；他决定满足于他已委托制作的区域地图，将基于他更准确的坐标系统、以度和分计的任何编绘工作留给他人。《地理学指南》第 1 部分，第 1、2 册当然如此。第 8 册可能是在不同的时间撰写的。结尾一句话，"这些事已事先得到解决，我们现在可以处理剩下的事了"，可能确实指的是将来的地图绘制，但并不排除这样的可能性，即有的地图或这些地图的投影已在先前完成。这句话也没有告诉我们，托勒密或者其他人是否在其有生之年完成了这项任务。无论如何，即便有人完成过，也没有确定是托勒密时期制作的地图幸存下来。马尔奇亚努斯（*Marcianus*）（公元 4/5 世纪）在更新可居住世界地图的东边部分时，可能在托勒密坐标的基础上增补了一幅地图。同样的，亚历山大的阿伽陀代蒙（*Agathodaimon of Alexandria*），据《地理学指南》绘有世界地图的一位技术人员记载——下文（第 271—272 页）有更充分的讨论——可能没有绘制过任何的区域地图。但遗憾的是，关于阿伽陀代蒙的信息并没有解决托勒密的文本是否在其生前伴有地图这个有争议的问题；虽然对我们而言，介词 *ἐκ*，"从，据"（*from*），在他据托勒密的《地理学指南》绘制地图的语境中，[70] 意味着该文本没有伴以地图。因此，没有确凿证据表明，现存附在后期《地理学指南》希腊校订本中的地图，有任何一幅是从罗马帝国时期流传的地图复制过来的。所有的特征，包括对部落地区地图符号（*cartographic sign*）等方面的完善，都或许是拜占庭学者（下文第 268 页）据《地理学指南》文本重建的。

在任何情况下，可以肯定的是，托勒密为未来制图者的工作提供了原始资料。关于地理图的内容——不同于其数学构建——《地理学指南》最重要的是包含坐标表的部分（第 2—7 册）。针对每个国家都选择了一定数量的城镇或地方，其位置由经纬度确切定义，若非总是精确的话。托勒密从可居住世界的西方部分开始，先是欧洲，然后是非洲，最后是亚洲。对坐标的表示，采用经过幸运群岛绘制的子午线（本初子午线）以东的经度，和赤道以北或以南的纬度（托勒密令经度在先，因为他期望制图者可以从左向右绘制地图）。他精心安排了 26 幅区域地图：欧洲 10 幅，非洲 4 幅，亚洲 12 幅。但坐标表意在供区域地图和世界

[68]　Fischer, *Urbinas Graecus* 82（note 5）.

[69]　见 Leo Bagrow, "The Origin of Ptolemy's Geographia," *Geografiska Annaler* 27（1945）: 318 – 87.

[70]　不是"……的"（of），如 Bagrow, "Origin," 350（note 69）给出的释义。

地图共同使用。[71]

出自托勒密地形学的地图学见解：坐标和区域地图

本《地图学史》的目的不是要重建特定地图的内容。[72] 就托勒密的《地理学指南》而言，对于寻求重建（往往是异想天开的）其已知世界不同部分地形学的大量文献，试图对它们进行概括是完全不妥当的。[73] 虽然该主题是古典历史学者首要关注的，但也可以被用来——通过有选择地评价坐标和地图中的地形学——为更广泛的地图学问题提供启发。例如，对拜占庭稿本中制图模式的了解，或许至少可以让我们设想托勒密面前可能有的地图类型（如马里纳斯那样的地图），即便我们不认可他本人绘制了这样的地图。此外，对坐标和地图的比较研究，可揭示出个别制图者大概是如何根据托勒密的指示和原始资料展开工作的（或者事实上也意味着，现代学者照此方法严格重建能实现什么）。[74] 在任何情况下，只有通过艰苦的地形研究，才有可能确认托勒密的资料来源，评估其可靠程度，衡量托勒密在调和这些常常矛盾的证据时施展的才能，并且，更是能破译托勒密时代希腊和罗马的地图使用者，以及后来拜占庭帝国的学者所掌握的已知世界的地图图像。

因此，本节将通过简要的区域实例，来说明这种地形研究的潜力。研究首先从坐标的证据入手，其次是希腊稿本中地图的证据。虽然两种资料来源都密切相关（尽管这取决于我们对其各自源头的看法），但它们有时可以对地图学问题产生不同影响。

托勒密坐标与地图中的地形学：一般考虑因素

托勒密的地名录（gazetteer）有三个资料来源：$\dot{\epsilon}\pi\iota\sigma\dot{\eta}\mu\omega\nu$ $\pi\dot{o}\lambda\varepsilon\omega\nu$（《重要地点标准名录》[Canon of Significant Places]）；[75]《地理学指南》第 2—7 册；和《地理学指南》第 8 册。其中，只有第二种给出了所有地名；第一和第三则只选择性地给出了托勒密基于种种原因认为重要的地点。此外，《地理学指南》第 1 册对提尔的马里纳斯的一些评价，也与地形有关。就地形细节而言，拉丁文文本中的地图大多可忽略，因为它们基于的是现存的希腊文地图。

---

⑦ 很明显，托勒密在建立这些坐标时，要么依据的是之前的资料，要么，且更有可能的，是从一张有经纬刻度的可居住世界的地图上读取出来的。他给出的坐标总体上一致，可以让任何人绘制地图；但这些坐标大多数并不准确，并且这意味着，他对自己或别人所做的观测均没有进行过核实。例如，他说撒丁岛的南部海岸在北纬 36°，可能依据的是狄凯亚库斯的估算，而且没有纠正拜占庭的纬度，喜帕恰斯将其错误地定在北纬 43°。在这方面，托勒密的《地理学指南》也许可以被视作 mechanikoi（制图者）绘制准确性不明的地图的有用工具，而不是完全的科学论著。

⑦ 见本《地图学史》序言第 xv—xxi 页，尤其第 xix 页。

⑦ 见每年的 L'Année Philologique: Bibliographie Critique et Analytique de l'Antiquité Gréco-Latine（1928 – ），pt. 1，"Auteurs et Textes，" S. v. "Ptolemaeus"；William Harris Stahl，Ptolemy's Geography: A Select Bibliography（New York: New York Public Library，1953）。

⑦ 地图学史学家很少考虑这类实验性方法；然而，它可以为拜占庭制图者所面临的托勒密稿本不含地图的问题提供大量启示。

⑦ Honigmann，Sieben Klimata（note 33）；Erich Polaschek，"Ptolemaios als Geograph，" in Paulys Realencyclopädie der classischen Altertumswissenschaft，ed. August Pauly，Georg Wissowa，et al.（Stuttgart: J. B. Metzler，1894 – ），suppl. 10（1965）: cols. 680 – 833，尤其第 681—692 页。

第2—7册的稿本均有坐标（除了少数在接近结尾处缺失坐标）。相当比例的稿本还有地图。当坐标表与地图在地名细节上存在分歧时，前者通常更为可靠，尤其是它们若与许多权威稿本中的坐标表相同。不过也有例外，少数情况下，*Codex Urbinas Graecus* 82 中地图上的名字比文本更正确，可能意味着抄写员手里还有另一份稿本。例如，在色雷斯的地图上所称的拜占庭，在托勒密的文本中也称作如此，在欧洲总图上发现的却是"君士坦丁堡"（*Konstantinupolis*）一名。此处，与其他地方一样，其解释可能是，该名字不是抄自任何古代稿本，而是由马克西姆斯·普拉努德（*Maximus Planudes*）或为他在据托勒密的文本制备地图时插入的。

在解释无论是坐标表还是地图的地名时，记住托勒密编纂《地理学指南》时的重点以及他作为语言学家的涉猎范围也是有帮助的。他对确立经纬度比地名更感兴趣；而他似乎并不熟悉拉丁文。有的情况下，我们不能确定某错误是否源自他，尽管有人很可能会误以为他把阿尔巴·富森斯（*Alba Fucens*，意大利）写成了阿尔法布森斯（*Alpha Bucens*），因为阿尔法比拉丁文阿尔巴，"白色"，更为人熟悉；富森斯或许意指"与染料有关"，而布森斯则没有意义。[76] 拉丁语的运用中最显眼的错误涉及他称之为夏图坦达（*Siatutanda*）的德国的一地。塔西佗（*Tacitus*）有一个指某德国部落的短语，ad sua tutanda，"保护他们的财产"[77]。托勒密将该短语的最后两个词讹变为 *Siatutanda*，并将其作为地名纳入德国部分。[78]

重建托勒密的地形学及其基础编制过程的另一个要素是，在某些情况下，他可能采用的是记号而非地名来定位地理特征。这可以被视作最终编制地图上所采用的地图符号的一步，这在文艺复兴时期将变得更为普遍；[79] 特别是在 *Codex Urbinas Graecus* 82 和佛罗伦萨老楞佐图书馆（*Biblioteca Medicea Laurenziana*）的托勒密稿本中（见附录15.1），小的记号被用来表示部落领地或各省分区。[80] 其中一些属天文记号；另一些则似乎是专门为此目的创造的。在爱尔兰、德国和多瑙河各省，没有任何记号，因为该系统在那里不适用；在阿奎塔尼亚（*Aquitania*）和卢格敦高卢（*Gallia Lugdunensis*），我们曾期待会有记号，但实际没有。在英国、西班牙和其他高卢省份，两份稿本中的记号不相一致，而在意大利，它们几乎都是一样的。*Codex Urbinas Graecus* 82 在利布尔尼亚（*Liburnia*）和达尔马提亚拥有记号；老楞佐图书馆的 *Plut.* 28. 49 稿本则没有。

如果综合考虑所有这些因素，研究托勒密地形细节和地名的最有用的希腊稿本如表11. 2 所列。[81]

---

⑯　Ptolemy *Geography* 3. 1. 50（Müller edition），3. 1. 57（Nobbe edition）（note 5）.

⑰　Tacitus *Annals* 4. 73；见 *The Annals of Tacitus*，trans. Donald R. Dudley（New York：New American Library，1966）.

⑱　Ptolemy *Geography* 2. 11. 27（note 5）. 托勒密和塔西佗之间的联系，虽然不能绝对肯定，但一般都是认可的。

⑲　见本《地图学史》第三卷中 Catherine Delano Smith 对地图符号的讨论。

⑳　Ptolemy，*Die Geographie des Ptolemaeus：Galliae，Germania，Raetia，Noricum，Pannoniae，Illyricum，Italia*，ed. Otto Cuntz（Berlin：Weidmann，1923），18 – 19.

㉑　此表的主要资料来源为：Lauri O. T. Tudeer，"On the Origin of the Maps Attached to Ptolemy's Geography，" *Journal of Hellenic Studies* 37（1917）：62 – 76；Cuntz，*Ptolemaeus*（note 80）；Fischer，*Urbinas Graecus* 82（note 5）；Paul Schnabel，*Text und Karten des Ptolemäus*，Quellen und Forschungen zur Geschichte der Geographie und Völkerkunde 2（Leipzig：K. F. Koehlers Antiquarium，1938）；Bagrow，"Origin"（note 69）；Polaschek，"Ptolemaios，" cols. 680 H.（note 75）；idem，"Ptolemy's *Geography*"（note 67）；Nobbe，*Claudii Ptolemaei Geographia*（note 5）。

表 11.1		托勒密《地理学指南》的希腊稿本选

192

贮存书库及收藏号	年代	地图
Rome, *Biblioteca Apostolica Vaticana*, *Vat. Gr.* 191	12—13 世纪	现已不存，但见第 268—269 页；5.13.16 省略了坐标[a]
Copenhagen, *Universitetsbiblioteket*, *Fragmentum Fabricianum Graecum* 23	13 世纪	残缺不全；原有世界地图和 26 幅区域地图
Rome, *Biblioteca Apostolica Vaticana*, *Urbinas Graecus* 82	13 世纪	世界地图和 26 幅区域地图[b]
Istanbul, *Sultan's Library*, *Seragliensis* 57	13 世纪	世界地图和 26 幅区域地图（保存状态不佳）[c]
Rome, *Biblioteca Apostolica Vaticana*, *Vat. Gr.* 177	13 世纪	无现存地图
Florence, *Biblioteca Medicea Laurenziana*, *Plut.* 28. 49	14 世纪	原有世界地图，1 幅欧洲地图，2 幅亚洲地图，1 幅非洲地图，63 幅区域地图（现存 65 幅地图；见第 270—271 页）
Paris, *Bibliothèque Nationale*, *Gr. Supp.* 119	14 世纪	无现存地图
Rome, *Biblioteca Apostolica Vaticana*, *Vat. Gr.* 178	14 世纪	无现存地图
London, *British Library*, *Burney Gr.* 111	14—15 世纪	地图源自 *Florence*, *Pluto* 28. 49
Oxford, *Bodleian Library*, 3376（46） – *Qu. Catal. i*（*Greek*），*Cod. Seld.* 41	14 世纪	无现存地图
Rome, *Biblioteca Apostolica Vaticana*, *Pal. Gr.* 388	15 世纪早期	世界地图和 63 幅区域地图
Florence, *Biblioteca Medicea Laurenziana*, *Plut.* 28. 9（*and related manuscript* 28. 38）	15 世纪	无现存地图
Venice, *Biblioteca Nazionale Marciana*, *Gr.* 516	15 世纪	原有世界地图和 26 幅区域地图（缺失世界地图、2 幅地图，和两个地图半幅）
Rome, *Biblioteca Apostolica Vaticana*, *Pal. Gr.* 314	15 世纪晚期	无现存地图；由 *Michael Apostolios* 在克里特岛书写

[a]*Alexander Turyn*, Codices Graeci Vaticani saeculis XIII et XIV scripti, *Codices e Vaticanis Selecti quam Simillime Expressi*, Vol. 28（*Rome*：Biblioteca Apostolica Vaticana，1964）．

[b]*Ptolemy* Claudii Ptolemaei Geographiae Codex Urbinas Graecus 82, 2 Vols. in 4, ed. Joseph Fischer, *Codices e Vaticanis Selecti quam Simillime Expressi*, Vol. 19（*Leiden*：E. J. Brill；*Leipzig*：O. Harrassowitz，1932）；Aubrey Diller，"*The Greek Codices of Palla Strozzi and Guarino Veronese*," Journal of the Warburg and Courtauld Institutes 24（1961）：313 – 21，尤其第 316 页．

[c]*Aubrey Diller*，"*The Oldest Manuscripts of Ptolemaic Maps*," Transactions of the American Philological Association 71（1940）：6267，pls. 1 – 3.

托勒密的坐标：不列颠群岛和意大利的例子

托勒密的坐标为制图提供了数据，且可能是据马里纳斯的地图修改得来的。虽然任何据其重建区域地图的人都无法，例如，判断海岸线原来趋势的走向，但基本的格局总是大致相同的。瞥一眼为说明《地理学指南》而绘制的地图，就会发现不列颠群岛和意大利等区域的部分地区发生了变形。这样的变形，以及对某些城镇的错置，在第一次尝试绘制地图时会变得很明显。下文的重点将放在托勒密区域章节的文本方面，通过以不列颠群岛和意大利为例，不仅作为其编纂方法的例子，也作为有的稿本在后来的抄写者手中讹变程度——或者甚至经历了非常初步的修改尝试——的例子。[82]

托勒密对英国的称呼是 *Aluion*，即阿尔比恩（*Albion*），[83] 这在他的时代是一个过时的希腊名。罗马人一直称它为不列颠尼亚（*Britannia*），托勒密本人称之为 *Aluion* 的不列颠岛屿（*Prettanic island*）。由于他列出的欧洲国家大致自西边起，因此以爱尔兰（*luernia*）打头。 193 英国周围的四面海被名为：英国海，指英吉利海峡（*Channel*）；德国海，指北海（*North Sea*）；爱尔兰海；以及苏格兰北部以外的杜卡莱佐尼奥斯（*Duekaledonios*）海。[84] 提及的另外两个海为西海，在爱尔兰西海岸外；和叙佩波莱安（*Hyperborean*）海，[85] 在爱尔兰北海岸外（图 11.8）。

像托勒密的校订本一样，地形测量局（*Ordnance Survey*）地图[86]和近期对地名的精湛处理，[87] 为每个自然地物和城镇也只给出一个纬度和一个经度。然而，有些证据表明，于稿本中发现的地名的变化形式，只在某些情况下指向讹误，而在另一些情况下，则属有意尝试略做修改。因此，在发生畸变的诺瓦泰人（*Novantae*）的岬角（加洛韦角［*Mull of Galloway*］），我们像大多数稿本一样给出阿布拉瓦诺斯河（*Abravannos*，被认定为卢斯河［*Water of Luce*］）的纬度为 61°，还是像 15 世纪老楞佐那组稿本那样为 60°15′，两者之间是有区别的，因为稿本本身在此处是有讹变的（图 11.9）。这可能是二者必有其一的有意纠正，因为对于邻近的威格顿（*Iena*）河口（无论是弗利特河［*Water of Fleet*］还是克里河［*river Cree*］），15 世纪老楞佐的这组稿本也有些微的纬度差异，为 60°20′而不是 60°30′。有时，纬度和经度都会不同；于是，泰马河（*river Tamar*）上的泰马（*Tamare*），据 *Codex Graecus* 191（梵蒂冈图书馆）和 15 世纪老楞佐组稿本，其经度为加那利群岛以东 15°30′，纬度为52° 194 40′，而据其他稿本，其数字分别是 15°和 52°15′。显然，这影响了对本例中一处不明地点的寻找。[88]

托勒密对不列颠群岛的两大误解在于苏格兰的方位，和爱尔兰与大不列颠岛（*Great Britain*）各自的纬度。关于后一点，虽然英国大陆实际位于北纬 49°55′至 58°35′之间，托勒密却让其从 51°30′延伸到了 61°40′；位于 51°30′至 55°20′之间的爱尔兰，则被托勒密定为从 57°延伸至 61°30′。这意味着，它被认为同苏格兰平行，且延伸出了一段不合理的距离。

⑧ A. L. F. Rivet, "Some Aspects of Ptolemy's Geography of Britain," in *Littérature gréco-romaine et géographie historique*：*Mélanges offerts à Roger Dion*, ed. Raymond Chevallier, Caesarodunum 9 bis（Paris：A. et J. Picard, 1974）, 55 – 81；A. L. F. Rivet and Colin Smith, *The Place-Names of Roman Britain*（Princeton：Princeton University Press, 1979）.

⑧ Rivet and Smith, *Place-Names*, 247 – 48（note 82）.

⑧ 预料其形容词会是 Kaledonios：due 是一个有疑义的前缀；Ammianus 的 Dicalydones 可能没有联系。也许 Duekaledonios 是 Deukalioneios 的讹误，源自米诺斯的儿子 Deucalion。他是阿尔戈英雄之一，据某个传统，曾绕爱尔兰航行。他还参加了卡吕冬的狩猎活动，而这个埃托利亚的形容词可能与加里东的混淆了。

⑧ "叙佩波莱安"通常与欧洲大陆北部的山脉和部落相关。对托勒密而言，它指的一定是"北方土地以外"，不可能像有的学者假设的北欧那样，与同地中海贸易往来的部落有任何联系。

⑧ Ordnance Survey, *Map of Roman Britain*, 4th ed.（Southampton：Ordnance Survey, 1978）, 15.

⑧ Rivet and Smith, *Place-Names*（note 82）. 又见 O. A. W. Dilke, *Greek and Roman Maps*（London：Thames and Hudson, 1985）, 190 – 92.

⑧ Rivet and Smith, 464（note 82）建议的是朗斯顿（Launceston）.

193

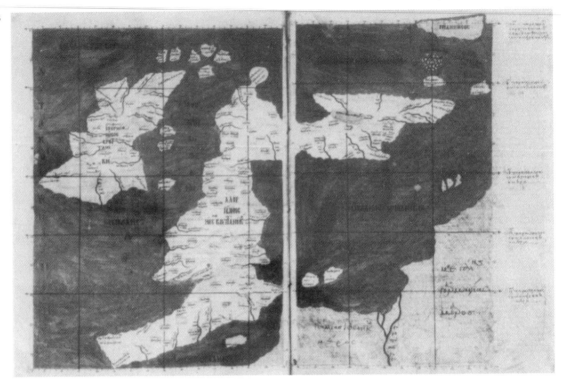

图11.8 据托勒密所描绘的英国

出自托勒密《地理学指南》的一份拜占庭稿本（13世纪晚期）（又见图11.11和图15.5）。

原图尺寸：41.8×57.5厘米。照片出自 *Biblioteca Apostolica Vaticana*，*Rome*（*Urbinas Graecus* 82，*fols.* 63*v* – 64*r*）。

194

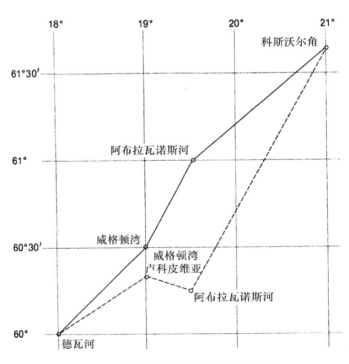

图11.9 托勒密著作不同版本中的加洛韦角

实线表示大多数《地理学指南》稿本中加洛韦的海岸线，虚线则依照的是15世纪老楞佐的修订稿本。一些稿本为威格顿湾（*Iena aest.*）（河口）与卢科皮维亚（*Loucopibia*）给出了相同的坐标。子午线与纬线的间距比为11∶20。

英国北部的“狗腿”外观是托勒密式的特征，在制图时变得最为显眼，且一直延续到了文艺复兴时期。许多因素可能导致了这种情况。首先，托勒密显然相信，此区域内北纬63°以北的地方均属未知之地。他必须将图勒安置在那个纬度上，在他看来，图勒就是设得兰群岛（*Shetland Islands*）。由于他知道英国在某个方向上呈4000—4500斯塔德的延伸，因此，他无法在不违背其63°规则的情况下，给出让该距离成直线的坐标。其次，埃拉托色尼或西西里的狄奥多鲁斯（*Diodorus Siculus*）所反映的其他一些希腊作者，曾认为英国呈图11.10中的这种钝角三角形。最后，加洛韦角作为苏格兰大陆最北端的奇怪特征需要一定的解释。里韦特（*Rivet*）的解释是，埃皮季翁（*Epidion*）岛（加那利群岛的东经18°30′，北纬62°）和埃皮季翁岬角（金泰尔角［*Mull of Kintyre*］）在托勒密的源地图（*source map*）上是相邻的，但托勒密为了说明上述困难，给出的坐标将英国北部顺时针旋转了360度的七分之一左右。(89) 最后，托勒密的第二种投影在用于世界地图学时，可能会造成人类居住的世界西北和东北的最远地区较大的畸变。

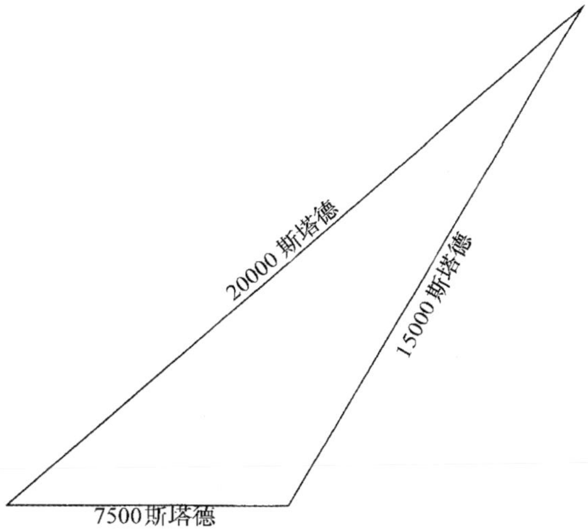

图11.10　呈现为一个钝角三角形的英国

根据西西里的狄奥多鲁斯记录的测量结果（又源自皮泰亚斯或埃拉托色尼），认为英国具有如此形状可能影响了托勒密本人针对该岛的独特版本。似乎狄奥多鲁斯将西海岸的众多锯齿纳入其中，导致整个西向测量更长，从而解释了苏格兰的东移。

托勒密的英国所体现的一些错误——像《地理学指南》全书的许多其他错误一样——一定出现在了马里纳斯的地图上，没有被托勒密所纠正。事后来看，与许多总体上描绘得很好的较近的省份相比，必须承认它有很多缺陷。这些缺陷根植于他的资料来源和编纂决定，反映了各种错误成因，可能包括他不愿意放弃如埃拉托色尼所做的早期地图学尝试，对马里 195
纳斯的修订不充分，以及不完整的更新等。

(89) A. L. F. Rivet, “Ptolemy's Geography and the Flavian Invasion of Scotland,” in *Studien zu den Militärgrenzen Roms*, Ⅱ, *Vorträge* des 10. Internationalen Limeskongresses in der Germania Inferior (Cologne: Rheinland-Verlag in Kommission bei Rudolf Habelt, 1977), 45 - 64.

托勒密为意大利给出的坐标，⑨对于这样一个众所周知的地区而言，并不像人们期待的
那么好（图11.11）。任何人试图用这些坐标绘制地图，似乎都不可避免地会在整个半岛的
方位上出现问题。意大利北部和中部必然主要是以西—东方位而非西北—东南方位来描绘
的。虽然这适用于整个这些地区，但波河河谷（Po valley）是对其最好的说明。如果我们沿
艾米莉亚大道（Via Aemilia）标绘城镇（托勒密没有给出道路的坐标），我们会发现其中许
多城镇都位于一条东西线上（图11.12）。其结果是，意大利南部出现在过于正南北的方位
上。此特征运用于那不勒斯—贝内文托（Benevento）—加尔加诺山（Monte Gargano）一线
以南，于是，根据托勒密的坐标，半岛呈现出一种不合理的弯曲。波河河谷的方位之所以如
此，可能是由于艾米莉亚大道上的城镇与百分田制方案有关，如果托勒密看到过百分田制地
图，他可能会得出结论，这些地图为北朝上，而事实上，它们往往遵循的是道路的方位
（图11.13）。就半岛总体而言，他可能依据的是对阿格里帕地图的一个版本的认知（下文第
207—209页），该地图是为了在柱廊展示，由于其北或南在上，因此很可能在东西方向的延
展上有更多空间。并且，托勒密的经度建立在帕奥西多尼乌斯的测量值基础上，相比于埃拉
托色尼的测量结果，这些值为每度经度给出了更大的相对宽度。

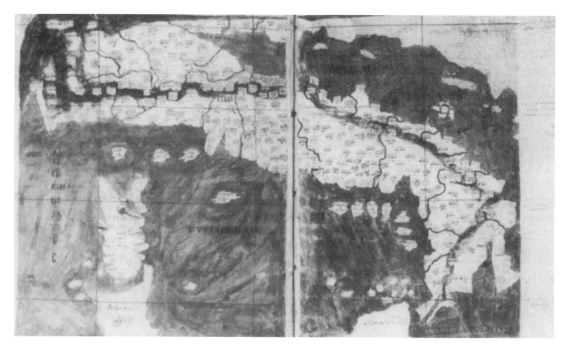

图11.11　托勒密的意大利地图

原图尺寸：41.8×57.5厘米。照片出自 *Biblioteea Apostoliea Vatieana*, *Rome*（*Urbinas Graecus 82*, *fols. 71v–72r*）。

⑨　O. A. W. Dilke and Margaret S. Dilke, "Italy in Ptolemy's Manual of Geography," in *Imago et mensura mundi*: *Atti del IX Congresso Internazionale di Storia della Cartografia*, 2 Vols., ed. Carla Clivio Marzoli（Rome: Enciclopedia Italiana, 1985）, 2: 353–60.

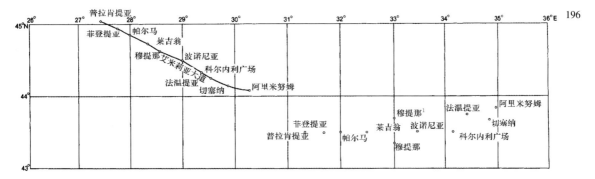

图 11.12　意大利北部艾米莉亚大道上各城镇的托勒密坐标与现代坐标的比较

方位的转变可能是由于基于艾米莉亚大道的百分田制，其方向通常垂直于道路的主要走向。与现代数字（左）相比，出自《地理学指南》第 3 册的托勒密坐标（右）假定道路是东西向的，可能依据的是这种百分田制得出的信息。穆提那[1]（*Mutina*[1]）更往北的位置出自 *Urbinas* 和 *Laur.* 28.49 稿本。这些城镇从西至东相当于现代的：皮亚琴察（*Piacenza*）；菲登扎（*Fidenza*）；帕尔马（*Parma*）；雷焦艾米利亚（*Reggio nell'Emilia*）；摩德纳（*Modena*）；博洛尼亚（*Bologna*）；伊莫拉（*Imola*）；法恩扎（*Faenza*）；切塞纳（*Cesena*）；里米尼（*Rimini*）。经度在加那利群岛（*Canaries*）以东。

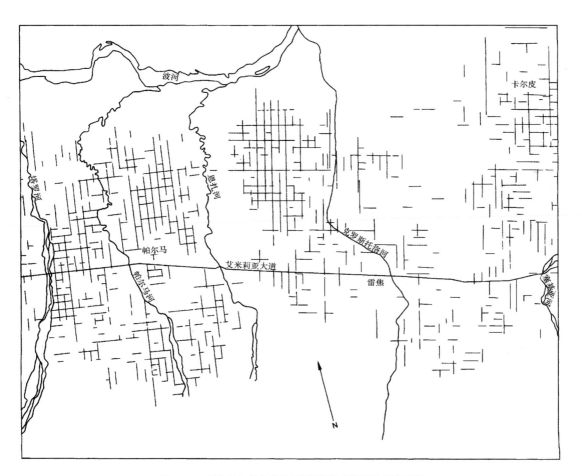

图 11.13　帕尔马与雷焦艾米利亚周围波河河谷的百分田制

该地区的百分田制，其方向与艾米莉亚大道的走向大致垂直，可能误导托勒密犯下图 11.12 所示的错误。

据 R. Chevallier, "*Sur les traces des arpenteurs romains*," Caesarodunum, *suppl.* 2 (*Orléans-Tours*, 1967)。

195　　这些决定对托勒密坐标的影响——以及对由此绘制的地图的影响——也在许多其他例子中得到证实。塔兰托湾（*Gulf of Taranto*）比意大利其他地区更服从于三种不同的稿本坐标校订本；⑨ 但在所有这些校订本中，它都太长太窄。从瓦尔河（*river Var*）（在今天的法国）到阿尔诺河（*river Arno*）的海岸过于笔直；亚得里亚海的北岸有不准确之处；波河之源拉琉斯湖（*Lake Larius* 科莫湖［*Lake Como*］），被定位在距科姆（*Comum*）（科莫［*Como*］）较远处；另外，几个重要城镇被严重错置。对"重要地点"的标绘显示了不同抄写者对一些

197　　坐标值所做的三次尝试，分别在《重要地点标准名录》第 3 册第 1 章和第 8 册中。意大利有 5 对城镇在所有或部分稿本中被赋予了相同的坐标。⑫ 主要的岛屿也缺乏准确性：科西嘉有两个北部岬角而不是一个；撒丁岛被放在了与西西里相同的纬度上；西西里北海岸的西部则向西南弯曲。

托勒密的地图：一些区域地图的例子

　　拜占庭稿本收录的地图，虽然在创作年代上较晚，但体现了托勒密的工作所带动的地图学过程其必然的最终产物。虽然总是可以据文本坐标绘制出区域地图，但正如不列颠群岛和意大利的例子所证明的，只有在托勒密的区域地图的帮助下，完整的地图学模式才会出现。这些地图也可接受地形审查；它们可用来评估托勒密的地图学原始资料（以及他对其继承者的指示）是否充分，还能让我们了解，这些地图可能有助于在其同时代的使用者脑海中形成的图像。地图可靠性的主题可通过三个区域——北欧、北非与埃及、亚洲——来说明，以补充源于坐标的对不列颠群岛和意大利的处理。

　　首先，托勒密对欧洲大陆北部地区的认识，反映了古希腊罗马文献和早期地图学中所流行的一些正确和错误的对北方的概念。⑬ 北纬 64 又 1/2°以北的所有地方都是未知大陆，而其以南的很多地方也都缺乏信息。像其他古典作者一样，托勒密并不知道挪威和瑞典构成了这片大陆的一部分。⑭ 德国与波兰的北海岸对他来说几乎是完全笔直的，就在 56°纬线附近。日德兰半岛（*Jutland*）以东和该海岸以北的波罗的海内，有一座大的和若干小的斯坎迪亚（*Skandia*）岛屿。⑮ 小斯坎迪亚岛屿的中心岛，经度为 41°30′，纬度为 58°。大斯坎迪亚岛在维斯图拉河（*Vistula*）河口的近海处，经度为 43°—46°，纬度为 57°40′—58°30′。托勒密

⑨　Polaschek, "Ptolemaios," plan opposite col. 728, with key in cols. 715–16（note 75）。

⑫　Polaschek, "Ptolemaios," cols. 719–20（note 75）。

⑬　Cuntz, *Ptolemaeus*（note 80）；D.（S. D. F.）Detlefsen, *Die Entdeckung des germanischen Nordens im Altertum*, Quellen und Forschungen zur Alten Geschichte und Geographie 8（Berlin：Weidmann, 1904）；Gudmund Schütte, *Ptolemy's Maps of Northern Europe：A Reconstruction of the Prototypes*（Copenhagen：Royal Danish Geographical Society, 1917）；E. Stechow, "Zur Entdeckung der Ostsee durch die Römer," *Forschungen und Fortschritte* 24（1948）：240–41；Joseph Gusten Algot Svennung, *Scandinavien bei Plinius und Ptolemaios*（Uppsala：Almqvist och Wiksell, 1974）；O. A. W. Dilke, "Geographical Perceptions of the North in Pomponius Mela and Ptolemy," in *Exploring the Arctic*, ed. Louis Rey（Fairbanks：University of Alaska Press, Comité Arctique International, and Arctic Institute of North America, 1984）, 347–51. 对 Svennung 一书的评论见 T. Pekkanen in *Gnomon* 49（1977）：362–66。

⑭　Svennung, *Scandinavien*（note 93）。

⑮　托勒密的著作中没有出现与波罗的海有词源关系的名称。关于其他古代作者作品中的这些名字，见 Joseph Gusten Algot Svennung, *Belt und Baltisch：Ostseeische Namenstudien mit besonderer Rücksicht auf Adam von Bremen*（Uppsala：Lundequistska Bokhandeln, 1953）。

列出了在这座岛上居住的七个部落；受篇幅限制，其稿本和印本并不总是包含这些内容。由于这些部落之间没有可靠的地形区分，他的研究应当基于的是词源和历史资料，包括几个世纪以来对部落迁徙的记载。[96] 最易辨认的名字是芬诺里（*Phinnoi*），被学者确认为属芬马克（*Finmark*）、拉普兰（*Lapland*）和芬兰各地。稿本中出现的一个部落名，*Daukiones* 或 *Dankiones*，或许是丹麦人的祖先。*Khaideinoi* 已与 *Heinnin* 画等号，而 *Goutai* 就是 *Gutar*。必须强调的是，托勒密对日德兰半岛以北地区的概念，就是只点缀有零星岛屿的海洋。如前所述，在托勒密眼中，图勒就是设得兰群岛，而不是斯堪的纳维亚（*Scandinavia*）的一部分；而说文艺复兴时期为托勒密的地图学补充斯堪的纳维亚，可能依据的是一个更早的传统，任何这样的提法都是完全没有证据的。[97]

在更北的纬度上，托勒密的波罗的海海岸正确地采取了向北弯曲。但在对波罗的海部落列举的结尾，他列出了许多其他的部落，这些部落显然是在朝南的方向上的。结果，拜占庭的重建使他们在一条南北线上相当靠近，[98] 而托勒密大概本打算让他们间隔大些的。总的来说，欧洲的萨尔马提亚部落，大致对应于苏联的欧洲地区，似乎由于名字的重复而在数量上被过度增加了。这些成对的名字中，有的完全相同，有的则很相似。有人试图说明托勒密如何能用两个具有不同方位的区域分组。[99] 其解释是，要么一组或两组部落都因其资料来源被错误放置，要么这些资料没有充分考虑部落的迁徙。

第二个例子，涉及托勒密对北非和埃及的描绘，在这个范围内，至少从理论上，他部分经由第一手经验掌握了更充分的信息。托勒密的北非海岸线，固然基于其家乡埃及大部分不准确的纬度（见下文），但除了突尼斯部分外，已足够接近现实。[100] 在这里，除了其他的不准确之处外，从邦角（*Cape Bon*）到莫纳斯提尔（*Monastir*）的海岸被描绘成大致呈东—东南走向，而不是南向，而从莫纳斯提尔到加贝斯（*Gabès*）的海岸也有类似的畸变。像以坐标展示的波河河谷一样，这可能也是由于突尼斯百分田制测量的土地，其主导方位与方位基点相距约45°而产生的。[101] 不过沿海航行必须避开大流沙地带（*Syrtis Major*）（锡德拉湾 [*Gulf of Sidra*]）和小流沙地带（*Syrtis Minor*）（加贝斯湾 [*Gulf of Gabès*]）的险恶沙洲，因

198

---

[96] Schütte, *Ptolemy's Maps* (note 93); Svennung, *Scandinavien* (note 93).

[97] Charles H. Hapgood, *Maps of the Ancient Sea Kings: Evidence of Advanced Civilization in the Ice Age*, rev. ed. (New York: E. P. Dutton, 1979), 124–40, 通过比较旨在夸大托勒密影响的 15 世纪梵蒂冈稿本，和 1380 年的芝诺（Zeno）地图（据 Hapgood，见下面第四点），得出了一个似乎很荒谬的结论："如果托勒密地图的原始资料出自冰河时代末，那么芝诺地图的来源可能更早"（p. 40）。然而，首先，如哈普古德（Hapgood）所坚持的，没有丝毫证据表明托勒密或这位"新托勒密"曾经哪怕远远触及过北极或南极的地图学。其次，如他所称的，"有的权威人士认为，它们 [托勒密的地图] 是……在 15 世纪据表格 [经纬度坐标] 重建的"（p. 133），这种说法是不对的。任何这样的重建应当在时间上更早；见第 268 页。再次，单凭托勒密的地图某些部分包含地名而其他部分没有，不能说明它们一定是出自不同人之手。最后，现在对芝诺地图的年代认定，不是如小 Nicolò Zeno 所说的为 1380 年，而是更晚。

[98] Müller, *Claudii Ptolemaei Geographia*, tabulae, Europae Tab. VIII (note 5).

[99] Schütte, *Ptolemy's Maps* (note 93).

[100] O. A. W. Dilke, "Mapping of the North African Coast in Classical Antiquity," in *Proceedings of the Second International Congress of Studies on Cultures of the Western Mediterranean* (Paris: Association Internationale d'Etude des Civilisations Méditerraneennes, 1978), 154–60.

[101] W. Barthel, "Römische Limitation in der Provinz Africa," *Bonner Jahrbücher* 120 (1911): 39–126; Institut Géographique National, *Atlas des centuriations romaines de Tunisie* (Paris: Institut Géographique National, 1954).

此往往要比海岸线轮廓所显示的要直得多，这也可能对制图产生了影响。

由于托勒密的大部分工作生涯在亚历山大度过，我们理当认为他是埃及地形方面的专家。诚然，在人口稠密的部分，大多数地形是合理准确的。但地中海的海岸线一开始便有一处细微的误差，其家乡亚历山大被标绘在31°而不是31°20′的纬度上，而其西面的海岸与这个纬度保持得太近。结果是，埃及和昔兰尼加（Cyrenaica）中间的边界出现在31°20′而非32°40′。上尼罗河的标绘不如下尼罗河的准确，苏伊士湾（Gulf of Suez）则变得太宽。

在第三个关于亚洲的例子中，我们可以察觉到同样的对旧的、且常常是不完善的资料拼凑的依赖。同样，这不应被理解为对托勒密的批评，而应当是对他工作所处的罗马时期地理传说的反映。亚洲较近的部分带给托勒密的是相对较少的问题。[102] 地图在波斯湾和里海的形状上有误。但尽管早期作者倾向于让里海向北流入斯基泰大洋（Scythian Ocean），托勒密则坚持认为它是内陆海。然而就此点而言，史蒂文森（Stevenson）的英译本让托勒密这样说道（但极不可能），"希尔卡尼亚海，也叫里海，四周被陆地包围，有着岛屿的形状"。他实际指的是"就像岛的反面"[103]。

更远的东边，随着资料来源变得稀少，印度被表现得太小，塔普罗巴奈（斯里兰卡）则又太大。如老普林尼的记述所反映的，这沿袭了先前作者的做法。对托勒密和赫拉克利亚的马尔奇亚努斯（Marcianus of Heraclea）的地形学也可做些比较。[104]

托勒密的东南亚海岸的轮廓引发了大量讨论。托勒密式的世界地图在恒河湾（Sinus Gangeticus）（孟加拉湾 [Bay of Bengal]）以东显示有黄金半岛（Golden Chersonnese），大致对应于马来半岛（Malay Peninsula），尽管比例尺有所缩小。[105] 半岛东北紧接着是托勒密称之为大湾（Great Gulf）的 Μέγας Κόλπος（大湾 [Sinus Magnus]）。由于他将其同中国人联系在了一起，通常的解释为它指的是北部湾（Gulf of Tonkin，译者注：旧称东京湾）。按照这个解释，该地区的沿海重镇卡蒂加拉，应当在河内（Hanoi）地区的某处。这或许体现了到公元2世纪中叶以前，西方的海上商人所能深入的最远点。马里纳斯的文本显然包含一位名叫亚历山大的希腊人的行程录，他曾航行到卡蒂加拉，他将这段行程描述为从扎拜（Zabai）（可能在柬埔寨 [Kampuchea]）出发的无数天。[106] 但是，在托勒密的世界概念中，向南的急转弯，止于印度洋以南的未知土地，绝不可能与北部湾吻合。出于这个原因，D. E. 伊瓦

199

[102] F. J. Carmody, *L'Anatolie des géographes classiques：Etude philologique*（Berkeley：Carmody, 1976）.

[103] Ptolemy *Geography* 7.5.4（note 5），νησω κατα τὸ ἀντίκειμενον παραπλησίως，由 O. A. W. Dilke 翻译。史蒂文森另一处相当不正确的译文是在第1册第20章，在翻译托勒密认可马里纳斯为罗得岛给出的36°纬度时，他让托勒密补充说道："在这一点上，他几乎完全依照的是 Epitecartus 的方法。"Epitecartus 这个人并不存在，希腊文本此处有一个形容词 ἐπιτέταρτος，指的是 4：5 的比例（见上文第179页，注释17）。

[104] 详见 Ptolemy, *La Géographie de Ptolérnée：L'Inde*（Ⅶ.1–4），ed. Louis Renou（Paris：Champion, 1925）；Ptolemy, *Ancient India as Described by Ptolemy*, ed. and trans. John Watson McCrindle（Calcutta：Thacker, Spink, 1885；reprinted Chuckervertty, Chatterjee, 1927）.

[105] 关于此问题的精妙诠释，见 Paul Wheatley, *The Golden Khersonese：Studies in the Historical Geography of the Malay Peninsula before A. D.* 1500（Kuala Lumpur：University of Malaya Press, 1961）.

[106] 很有可能马尔奇亚努斯影响了对托勒密《地理学指南》亚洲部分的坐标的读取：见 Polaschek, "Ptolemy's *Geography*," 35–37（note 67），他还将大概是马里纳斯文本中的探险者亚历山大，等同于约公元前105年在米利都出生的 Alexander Polyhistor。

拉·格拉索（*D. E. Ibarra Grasso*）在南美提出的理论，虽然乍看起来似乎很奇怪，却不能被完全排除在外。[107] 据他所言，托勒密的大湾其实是太平洋，而托勒密的卡蒂加拉周围的地区实际是在南美西海岸，其对应关系如下：

卡蒂加拉	=	秘鲁的特鲁希略（*Trujillo*）
拉瓦纳（*Rhabana*）	=	秘鲁的通贝斯（*Tumbes*）
萨提尔（*Satyrs*）的岬角	=	秘鲁的阿古哈角（*Aguja Point*）

他还坚持认为，距离上混乱的产生是因为，尽管马里纳斯将人类居住的世界向东延伸了很远，但托勒密决定不让其超过加那利群岛以东180°。有人可能会如此回应该理论：其一，没有确凿证据表明古代欧洲人曾抵达过南美；其二，如果托勒密认为已接近他自己为人类居住的世界分配的空间的尽头，他更有可能像对待苏格兰一样去扭曲方位，而不是将一片据信是在马里纳斯那里表现得如此广阔地区，挤进一个非常狭小的空间；其三，不应忽视与中国人的联系；其四，像伊瓦拉·格拉索这样，根据托勒密的早期印本进行论证并非总是保险的。[108] 诚然，包括克里斯托弗·哥伦布（*Christopher Columbus*）在内的15世纪及16世纪航海家，他们所使用的地图对大湾有着不同的解释，但没有理由认为古代航海家或制图者对世界有相似的看法。

参考书目

第十一章 托勒密造就的希腊地图学巅峰

Bagrow, Leo. "The Origin of Ptolemy's Geographia." *Geografiska Annaler* 27 (1945) 318–87.

Berthelot, André. *L'Asie ancienne centrale et sud-orientale d'après Ptolémée.* Paris: Payot, 1930.

———. "La côte océanique de Gaule d'après Ptolémée." *Revue des Etudes Anciennes* 35 (1933): 293–302.

———. "La carte de Gaule de Ptolémée." *Revue des Etudes Anciennes* 35 (1933): 425–35.

Carmody, F. J. *L'Espagne de Ptolémée.* Berkeley: Carmody, 1973.

———. *L'Anatolie des géographes classiques: Etude philologique.* Berkeley: Carmody, 1976.

Dilke, O. A. W. "Mapping of the North African Coast in Classical Antiquity." In *Proceedings of the Second International Congress of Studies on Cultures of the Western Mediterranean,* 154–60. Paris: Association Internationale d'Etude des Civilisations Méditerranéennes, 1978.

———. *Greek and Roman Maps.* London: Thames and Hudson, 1985.

Honigmann, Ernst. *Die sieben Klimata und die πόλεις ἐπίσημοι.* Heidelberg: Winter, 1929.

Hövermann, Jürgen. "Das geographische Praktikum des Claudius Ptolemaeus (um 150 p.C.n.) und das geographische Weltbild der Antike." *Abhandlungen der Braunschweigischen Wissenschaftlichen Gesellschaft* 31 (1980): 83–103.

Humbach, Helmut. "Historisch-geographische Noten zum sechsten Buch der Geographie des Ptolemaios." *Jahrbuch des Römisch-Germanischen Zentralmuseums Mainz* 19 (1972): 89–98.

Kubitschek, Wilhelm. "Studien zur Geographie des Ptolemäus. I: Die Ländergrenzen." *Sitzungsberichte der Akademie der Wissenschaften in Wien,* Philosophisch-historische Klasse, 215.5 (1935).

Neugebauer, Otto. "Ptolemy's *Geography,* Book VII, Chapters 6 and 7." *Isis* 50 (1959): 22–29.

———. *A History of Ancient Mathematical Astronomy.* New York: Springer-Verlag, 1975.

Newton, R. R. *The Crime of Claudius Ptolemy.* Baltimore: Johns Hopkins University Press, 1977.

Polaschek, Erich. "Noricum in Ptolemaios' Geographie." In *Festschrift für Rudolf Egger,* 2 vols., 2:247–56. Klagenfurt: Verlag des Geschichtsvereins für Kärnten, 1953.

———. "Ptolemy's *Geography* in a New Light." *Imago Mundi* 14 (1959): 17–37.

———. "Ptolemaios als Geograph." In *Paulys Realencyclopädie der classischen Altertumswissenschaft,* ed. August Pauly, George Wissowa, et al., suppl. 10 (1965): cols. 680–833. Stuttgart: J. B. Metzler, 1894–.

Ptolemy. *Claudii Ptolemaei Geographia.* 3 vols. Edited by C.F. A. Nobbe. Leipzig: C. Tauchnitz, 1843–45; reprinted in one volume with an introduction by Aubrey Diller, Hildesheim: Georg Olms, 1966.

---

[107] Dick Edgar Ibarra Grasso, *La representación de América en mapas romanos de tiempos de Cristo*（Buenos Aires：Ediciones Ibarra Grasso，1970）；Paul Gallez，"Walsperger and His Knowledge of the Patagonian Giants, 1448," *Imago Mundi* 33（1981）：91–93；Ptolemy *Geography* 1. 14. 1（note 5）；Hans Treidler，"Ζάβαι," in *Realencyclopädie,* 2d ser.，9（1967）：cols. 2197–220（note 75）；André Berthelot，*L'Asie ancienne centrale et sud-orientale d'après Ptolémée*（Paris：Payot，1930）.

[108] Ibarra Grasso, *Representación de America*（note 107）.

————. *Claudii Ptolemaei Geographia.* 2 vols. and tabulae. Edited by Karl Müller. Paris: Firmin-Didot, 1883–1901.

————. *Ancient India as Described by Ptolemy.* Edited and translated by John Watson McCrindle. Calcutta: Thacker, Spink, 1885; reprinted Chuckervertty, Chatterjee, 1927.

————. *Opera omnia.* Edited by J. L. Heiberg. Leipzig: Teubner, 1898–1907; revised, 1961. (Does not include the *Geography.*)

————. *Die Geographie des Ptolemaeus: Galliae, Germania, Raetia, Noricum, Pannoniae, Illyricum, Italia.* Edited by Otto Cuntz. Berlin: Weidmann, 1923.

————. *Claudii Ptolemaei Geographiae Codex Urbinas Graecus 82.* 2 vols. in 4. Edited by Joseph Fischer. Codices e Vaticanis Selecti quam Simillime Expressi, vol. 19. Leiden: E. J. Brill; Leipzig: O. Harrassowitz, 1932.

————. *Ptolemy's Almagest.* Translated by G. J. Toomer. London: Duckworth, 1984.

Richmond, Ian A. "Ptolemaic Scotland." *Proceedings of the Society of Antiquaries of Scotland* 56 (1921–22): 288–301.

Rivet, A. L. F. "Some Aspects of Ptolemy's Geography of Britain." In *Littérature gréco-romaine et géographie historique: Mélanges offerts à Roger Dion,* ed. Raymond Chevallier, 55–81. Caesarodunum 9 bis. Paris: A. et J. Picard, 1974.

————. "Ptolemy's Geography and the Flavian Invasion of Scotland." In *Studien zu den Militärgrenzen Roms, II,* 45–64. Vorträge des 10. Internationalen Limeskongresses in der Germania Inferior. Cologne: Rheinland-Verlag in Kommission bei Rudolf Habelt, 1977.

Rivet, A. L. F., and Colin Smith. *The Place-Names of Roman Britain.* Princeton: Princeton University Press, 1979.

Roscher, Albrecht. *Ptolemaeus und die Handelsstraßen in Central-Africa: Ein Beitrag zur Erklärung der ältesten und erhaltenen Weltkarte.* Gotha: J. Perthes, 1857; reprinted Amsterdam: Meridian, [1971].

Rosenkranz, Bernhard. "Zu einigen Flußnamen des nordwestlichen Sarmatiens bei Ptolemäus." *Beiträge zur Namenforschung* 4 (1953): 284–87.

Schmitt, P. "Recherches des règles de construction de la cartographie de Ptolémée." In *Colloque international sur la cartographie archéologique et historique, Paris, 1970.* Edited by Raymond Chevallier, 27–61. Tours: Centre de Recherches A. Piganiol, 1972.

————. *Le Maroc d'après la Géographie de Claude Ptolémée.* 2 vols. Tours: Centre de Recherches A. Piganiol, 1973.

Schnabel, Paul. *Text und Karten des Ptolemäus.* Quellen und Forschungen zur Geschichte der Geographie und Völkerkunde 2. Leipzig: K. F. Koehlers Antiquarium, 1938.

Schütte, Gudmund. *Ptolemy's Maps of Northern Europe: A Reconstruction of the Prototypes.* Copenhagen: Royal Danish Geographical Society, 1917.

Stahl, William Harris. *Ptolemy's Geography: A Select Bibliography.* New York: New York Public Library, 1953.

Svennung, Joseph Gusten Algot. *Scandinavien bei Plinius und Ptolemaios.* Uppsala: Almqvist och Wiksell, 1974.

Temporini, Hildegard, and Wolfgang Haase, eds. *Aufstieg und Niedergang der römischen Welt.* Berlin: Walter de Gruyter, 1972–.

Thouvenot, R. "La côte atlantique de la Libye d'après la Géographie de Ptolémée." In *Hommages à la mémoire de Jérome Carcopino,* ed. R. Thomasson, 267–75. Paris: Belles Lettres, 1977.

Tierney, James J. "Ptolemy's Map of Scotland." *Journal of Hellenic Studies* 79 (1959): 132–48.

Tudeer, Lauri O. T. "On the Origin of the Maps Attached to Ptolemy's Geography." *Journal of Hellenic Studies* 37 (1917): 62–76.

————. "Studies in the Geography of Ptolemy." *Suomalaisen tiedeakatemian toimituksia: Annales Academiæ Scientiarum Fennicæ,* ser. B, 21.4 (1927).

Vidal de la Blache, Paul. *Les voies de commerce dans la Géographie de Ptolémée.* Paris: Imprimerie Nationale, 1896.

第十二章　服务于国家的地图：至奥古斯都时代末的罗马地图学

O. A. W. 迪尔克（O. A. W. Dilke）
包　甦　译

　　尽管希腊人，特别是在早期的伊奥尼亚和希腊化时代的亚历山大，在宇宙学和地理学理论方面取得了空前进步，罗马人则关注于其实际应用。这样的对比有时会被放大，但在试图理解古典世界地图学发展总体格局，以及其为中世纪及以后留下的遗产时，这种概括很难避免。罗马作者并没有试图为诸如地图投影构建或气候带分布等主题做出原创性贡献；文献文本中的大多数地图学援引，以及现存的地图，都是与日常用途有关的。无论是用于旅行、贸易、战役规划、殖民地的建立、土地分配及再分割、工程用途，还是作为让罗马的领土扩张合法化的法律、教育和宣传工具，地图最终都与相同的整体组织目标相关。在地图学方面，如同在物质文化的其他方面一样，最初在希腊社会孕育的思想被发扬光大，以适应于为罗马国家服务。

　　因此，正是在道路组织、百分田制的土地测量和城镇规划三种特定的制图应用方面，罗马地图或其继承物得以幸存，这不仅仅是出于偶然。前两方面的制图，罗马在准确性和产出上都是卓越的。这类现存的地图，虽然比从古希腊幸存下来的数量更多，但也只是罗马时期最初制作量的一小部分。所使用的介质的性质——许多是以金属铸造或绘画、雕刻于石头上的——直接导致了它们的消亡。罗马陷落后，在不那么有序的生活方式中，为了其他用途金属被熔化，石头被重新利用。但是，尽管我们信息中的许多空白产生于这些因素，但罗马制图无论是在其推动力还是产物方面均足够独特，可以被视作古典时期地图学史的一系列独立篇章。

埃特鲁里亚的开端

　　尽管传统上认为，罗马的大部分地图学知识归功于希腊的影响，我们却不能排除这样的可能性，即它可能从埃特鲁里亚的宇宙学和方位概念，甚至是土地划分和测量的概念中获得了独立的思想与实践。[①] 埃特鲁里亚人是从小亚细亚来到了意大利中部，还是就是当地人，这在古代乃至现在仍存有争议。他们从自己的埃特鲁里亚（Etruria）家乡向南扩张，也向东北进入了波河河谷（图 12.1）。到公元前 500 年前后，他们已建立了一个庞大的帝

---

　　① 权威著作为 Massimo Pallottino, *The Etruscans*, ed. David Ridgway, trans. J. Cremona (London: Allen Lane, 1975).

国，但由于高卢人的入侵、内部纷争，以及他们的塔克文王朝（*Tarquin dynasty*）被逐出罗马而衰落。埃特鲁里亚人是有文化的民族，熟悉希腊神话，但他们的非印欧语言仍只有部分被理解。[②] 他们既具艺术天赋又有宗教信仰，相信占卜，十分关心来世，同时他们也有实际的一面，在城市规划、排水、隧道工程和行政管理方面均留下了印迹。埃特鲁里亚人规划能力的最佳实例是在北亚平宁（*Apennines*）的马尔扎博托（*Marzabotto*），这里街道的矩形网格格局让人联想起希腊在西方的殖民地。人们或许会推测，他们对宇宙学的兴趣反映在了城镇和神庙的规划中，当然，这些发展所需的建筑和营造技巧——如同其他早期社会一样[③]——可能需要简单的、类似用于制图的仪器和测量，即使没有证据表明地图绘制是设计过程的一部分。

或许同样需要指出的是，埃特鲁里亚文化的许多方面都要求方位的准确性。[④] 根据涉及的是天空还是大地，可能存在不同的用法。老普林尼这样写道："埃特鲁里亚人……将天空分为16部分：（1）从北到东；（2）到南；（3）到西；（4）余下的从西到北。然后他们再把这些部分的每一个细分为4部分，并称东边的8个细分部分为'左'，对侧的8个为'右'。"[⑤] 这意味着，例如，当一位占卜师根据闪电进行占卜时，他会面朝南方。显然，左边的闪电在埃特鲁里亚人看来是幸运的，尤其是如果闪电在占卜师的前后均可见。这种划分成16部分的做法有可能导致了后来16点而非12点风玫瑰的出现。

然而，当谈及土地划分时，埃特鲁里亚人的方位似乎是朝西的。弗隆提努斯（*Frontinus*）说："百分田制的起源，如瓦罗（*Varro*）所观察到的，是在埃特鲁里亚人的传说中，因为他们的占卜师将大地划分成了两部分，称北面的那部分为'右'，南面的为'左'。他们从东向西进行计算，因为太阳和月亮朝着那个方向（eo spectant）；正如有的建筑师曾写道，神庙应该正确面向西方。"[⑥] 如果我们认可百分田制（一种以矩形地块测量土地的系统）的某种形式已在埃特鲁里亚时期实行，[⑦] 那么一个必然的推论是，罗马社会如此典型的，并且导致土地测量师（agrimensores）兴起的土地测量法，也在罗马崛起之前就已发端。与此相反，对待书面陈述必须谨慎：就现存埃特鲁里亚神庙而言，许多都面向南方，而不是像瓦罗所认为的那样朝西。

对于从埃特鲁里亚文化幸存下来的地图制品完全缺失的情况，有一个例外，尽管极难解释。这便是皮亚琴察（*Piacenza*）的青铜肝，一件19世纪后半叶才为人所知的非同寻常的

---

② Giuliano Bonfante and Larissa Bonfante, *The Etruscan Language：An Introduction* (Manchester：Manchester University Press，1984)。

③ 将在本《地图学史》第二卷涉及南亚的部分讨论。

④ Carl Olof Thulin, *Die etruskische Disciplin...3* pts. (19069；reprinted Darmstadt：Wissenschaftliche Buchgesellschaft，1968)，pt. 2, *Die Haruspicin*, index s. v. "Orientierung"；Pallottino, *Etruscans*, 145 and fig. 5 (note 1)。

⑤ Pliny *Natural History* 2. 55. 143，笔者译；英文版见 Pliny *Natural History*, 10 Vols., trans. H. Rackham et al., Loeb Classical Library (Cambridge：Harvard University Press；London：William Heinemann，1940 – 63)。

⑥ Frontinus *De limitibus* (On centuriation), in *Corpus Agrimensorum Romanorum*, ed. Carl Olof Thulin (Leipzig, 1913；reprinted Stuttgart：Teubner，1971)，10 – 15, quotation on 10 – 11，笔者译；O. A. W. Dilke, "Varro and the Origins of Centuriation," in *Atti del Congresso Internazionale di Studi Varroniani* (Rieti：Centro di Studi Varroniani, 1976)，353 – 58。

⑦ O. A. W. Dilke, *The Roman Land Surveyors：An Introduction to the Agrimensores* (Newton Abbot：David and Charles, 1971)，33 – 34，以及关于百分田制的定义，15 – 16。

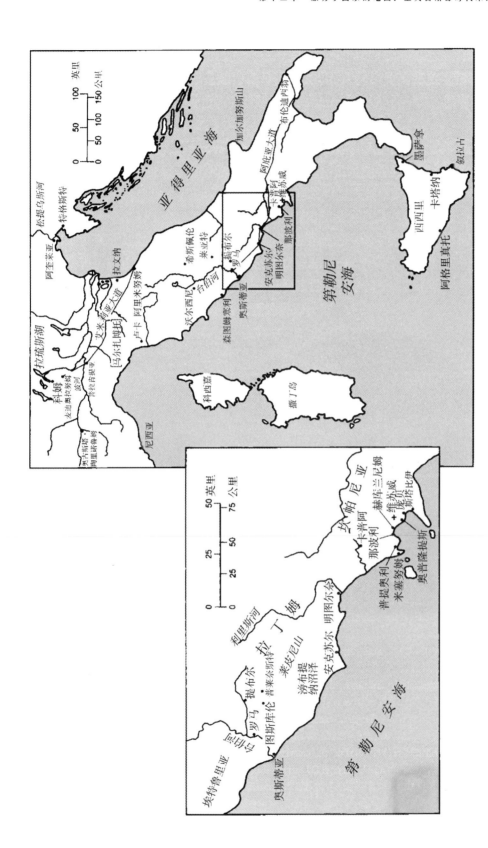

图12.1　与古代意大利和西西里地图有关的主要地点

宗教文物，在其部分表面纳入了一个类似地图的图像。这一长12.6厘米的羊肝造型的青铜件，于1877年在塞蒂玛（Settima）和戈索伦戈（Gossolengo）之间发现，现藏于皮亚琴察的市立博物馆（Museo Civico）（图12.2和图12.3）。⑧ 没有理由怀疑它的真实性；其年代可追溯至公元前3世纪前后，在20世纪已有学者称其为地图。其上面一侧的构成包括示意性地模仿羊肝的凸起物，以及划分成表示地带的方格的扁平部分。每个方格内都有带神祇名字的埃特鲁里亚铭文。⑨ 凸出的底面分为两部分，只刻有埃特鲁里亚语中表示太阳和月亮的词汇。此肝脏显然与埃特鲁里亚学（disciplina Etrusca）有关，凭借这种技术，他们的占卜师通过检查内脏来领悟神的意志。大英博物馆巴奇收藏（Budge collection）中的一件迦勒底人的（Chaldean）赤陶肝绘有类似图案。⑩

皮亚琴察肝上面右侧有代表肝脏锥突（processus pyramidalis）的一座金字塔。不同于左半部分（其扁平处呈放射状细分），金字塔下方是大致呈矩形的方格，有的学者将其与百分田制的南北测量线（cardines）和东西测量线（decumani）相联系，⑪ 瓦罗认为其有着埃特鲁里亚的起源。

图12.2　皮亚琴察青铜肝

公元前3世纪的宗教文物，表现的是一个绵羊肝脏，其表面的一部分有一处类似地图的图像。该人工制品极易被解释为一种宇宙图形式。

原物尺寸：7.6×12.6厘米。Museo Civico, Piacenza 许可使用。

---

⑧　G. Körte, "Die Bronzeleber von Piacenza," *Mitteilungen des Kaiserlich Deutschen Archaeologischen Instituts*, *Römische Abteilung* 20 (1905)：348–77；Thulin, *Die etruskische Disciplin*（note 4）；Massimo Pallottino, *Saggi di Antichità*, 3 Vols.（Rome：G. Bretschneider, 1979），2：779–90.

⑨　基于早期希腊语的埃特鲁里亚字母很容易辨认，其从右往左书写。然而，在 Otto-Wilhelm von Vacano, *The Etruscans in the Ancient World*, trans. Sheila Ann Ogilvie（London：Edward Arnold, 1960），22，和 Tony Amodeo, *Mapline* 14（July 1979）中，对皮亚琴察肝的插图方式令大多数铭文都上下颠倒了。James Weiland, *The Search for the Etruscans*（London：Nelson, 1973），146–47颠倒了图示，使文字看起来好像是从左往右书写的。

⑩　London, British Museum, Budge 89–4–26.238.

⑪　见 Pallottino, *Etruscans*, 164（note 1），关于埃特鲁里亚神圣空间的南北轴线（cardo）和东西轴线（decumanus）。

203

204

图 12.3　皮亚琴察青铜肝，侧面

原物高度：6 厘米。Museo Civico, Piacenza 许可使用。

　　在其他方面，这些经过划分的图像表明是对部分天空的宇宙学呈现。公元 5 世纪百科全　203
书式著作《墨丘利与文献学的联姻》（*De nuptiis Philologiae et Mercurii*）的作者马尔提亚努
斯·卡佩拉（Martianus Capella）告诉我们，古人把占卜师眼中的天空分为有利和不利的区
域，各由特定的神祇代表，他给出了相应的罗马神祇。[12] 皮亚琴察肝上的许多神祇确实可以
等同起来，比如 Tin 即朱庇特（Jupiter），Uni 即朱诺（Juno），Fufluns 即利贝尔（Liber），
Maris 即马尔斯（Mars）。但要让马尔提亚努斯的体系与肝脏的相吻合的尝试，并不完全令
人满意：假定北方在上的话，它将最符合马尔提亚努斯的文本，而带有"太阳"和"月亮"　204
的凸面则表明其西方在上。[13] 因此，必须说，此肝脏在宗教地图学史上的地位还没有完全获
得共识。但是，倘若在理解埃特鲁里亚空间表现方式的任何尝试中都不能对其予以忽视，那
么它也指出了制图的宇宙学用途，无论其实践基础如何，都是这种呈现形式背后的主要
动机。

---

　　⑫　Martianus Capella *De nuptiis Philologiae et Mercurii* 1. 45 ff.；见 *The Marriage of Philology and Mercury*, trans. William Harris Stahl and Richard Johnson with E. L. Burge（New York：Columbia University Press, 1977）；Vol. 2 of the series Martianus Capella and the Seven Liberal Arts.

　　⑬　Pallottino, *Saggi di Antichità*, 2：779–90（note 8）认为，肝脏的轴线并非为南北向，而可能是西北偏北—东南偏南向，对应某特定神庙的方位。

共和国时期的地理图与地籍图

古人认为罗马建立于公元前 753 年，⑭ 在从台伯河（Tiber）河口到内陆的盐路上发展成为一个牧区。两个半世纪中，它一直由国王统治，其中有几位与埃特鲁里亚人有着紧密联系；埃特鲁里亚的宇宙学和方位概念对罗马的潜在影响已做过论述。在随后的共和国时期初，罗马也开始与意大利南部的希腊海上贸易殖民地有了接触，而公元前 3—前 2 世纪罗马与迦太基的长期斗争则极大地拓宽了其视野。

罗马领土扩张的性质对其最终产生的地图类型带来了很大的影响。不同于希腊人——他们的地图学专长主要来自理论推导、天体观测和海上探险——罗马人首先是通过陆地进行扩张，我们可以推测，他们最早的初步计划，也许是在公元前 4 世纪通过土地分配建立小型海防殖民地，或者是建设主要道路，如率先（公元前 312 年）通向卡普阿（Capua）的阿庇亚大道（Via Appia）。这些道路设有里程碑，后来又以行程录的形式为其中多条道路编写了指南。

直到公元前 2 世纪，我们才听说了最早的两幅罗马地图。一幅涉及从迦太基帝国吞并撒丁岛；另一幅则是与坎帕尼亚（Campania）有关的土地勘测图，产生于卡普阿倒向汉尼拔（Hanniba）后土地的侵吞和再分配。这些文本资料中的最早援引立即表明了罗马制图的独特性质。它既具政治性又有实践性，而最重要的是，它以各种方式涉及地理扩张或定居地的组织与开发，从而让这些土地处于政治控制之下。

地理图

最早提到罗马地图的人是提比略·塞姆普洛尼乌斯·格拉古（Tiberius Sempronius Gracchus），格拉古兄弟（Gracchi）的父亲。⑮ 据说，在公元前 174 年他于撒丁岛取胜之后，向罗马玛图塔圣母（Mater Matuta）神庙内的朱庇特敬献了一块泥板（*tabula*），泥板包含一幅撒丁岛地图（*forma*）。这上面有一段铭文，也许原本为古代拉丁诗体（Saturnian verse），以及这位将军参加过的战斗的画面。玛图塔的神庙在屠牛广场（Forum Boarium），她本是曙光女神，但后来与被奉若神明的希腊女英雄琉科忒亚（Leucothea）联系在了一起，被视作海洋与港口的女神。宗教的内涵十分重要。通过展示象征着被占领的土地的图像，罗马人希望能安抚相应的神祇。同样的，敌国大河的化身被抬到凯旋而来的队伍中，好让朱庇特和其他神祇赞同罗马的军功。不应认为这样的地图包含惯常的地图学细节；它们是图画式地图，或许带有记录胜利的短句。⑯ 我们了解到，公元前 164 年，一位希腊 *topographos*（地形画师或

---

⑭ 该时间可能与解释地图学史的时间尺度有关，因为基于公元前年份的年代系统是相对较新的。由于公元前 753 年为第 1 年，其年代转化是通过与 754 相减来实现的；例如，公元前 100 年便是罗马纪元 654 年（*ab urbe condita*，即自罗马建城起）。该年表未被此处采用。

⑮ Livy［*History of Rome*］41. 28. 8 – 10, in *Livy*, 14 Vols. , trans. B. O. Foster et al. , Loeb Classical Library（Cambridge：Harvard University Press；London：William Heinemann, 1919 – 59）。

⑯ Roger Ling, "Studius and the Beginnings of Roman Landscape Painting," *Journal of Roman Studies* 67（1977）：1 – 16, 尤其第 14 页及注释 54—55。

风光插画师），亚历山大的德米特里乌斯（Demetrius of Alexandria）曾居住在罗马。这说明，当时已有一些擅长绘制这类地图的专业艺术家，这些地图尽管年代较早，但却带有强烈的宣传色彩。

地图也可能被作者用来帮助编纂同时期的历史，但我们还没有证据。例如，老加图（Cato the Elder，公元前234—前149年）写了一部关于意大利城市和部落起源的著作《创始记》（*Origines*），现除了一些残篇已经失传，其年代在公元前168—前149年之间。在其中一个残篇中，他说拉琉斯湖（科莫湖）的长度是60罗马里；[17] 但这很难证明他一定有地图可用。[18]

一个更具说服力的例子出自共和国时期晚期，在此期间，瓦罗在其漫长一生（公元前116—前27年）中对百科全书的兴趣，[19] 或许会让我们猜测他对地图非常熟悉。他将自己《论农业》（*De re rustica*）的背景设置在忒路斯（Tellus 地母［Mother Earth］）神庙，[20] 并给他的发言者起了与土地相关的名字。书中说他们 *spectantes……pictam Italiam*，字面意思是"看着（在这座神庙或其门廊墙上）所绘的意大利"。这肯定是一幅意大利地图，而不是关于其化身的一幅画作。他们就座后，其中的这位哲学家继续说："埃拉托色尼以一种本质上自然的方式划分了世界，朝北和朝南。毫无疑问，北部比南部更健康，同样也更肥沃。"[21] 然后他对意大利和小亚细亚做了比较，并从农业的角度讨论了意大利的各个区域。同样，我们会认为他正指向地图，而正如希腊资料所表明的，这样的地图被用作教学的常规辅助。[22]

然而，罗马地图学的发展进程中，一股甚至更强大的力量是地缘政治方面的。几乎没有疑问的是，到共和国时期晚期，罗马统治者及其顾问已意识到地理图在行政管理和宣传方面的价值。特别是，正是从这个角度，可以对尤利乌斯·凯撒（公元前100—前44年）发起的真正的帝国计划——对已知世界进行勘察——做出解释。即便该勘察没有附带地图，且直到奥古斯都时代才完成，但其原始资料却为阿格里帕的世界地图所借鉴。

我们通过三份晚期资料了解到凯撒的计划：其一，《尤利乌斯·凯撒宇宙志》（*Cosmographia Iulii Caesaris*）；其二，一部不具名的《宇宙志》（*Cosmographia*）；[23] 其三，赫里福德（Hereford）世界地图，这幅地图所示的登基的凯撒或奥古斯都，正授权对世界展开勘察（图12.4；又见下文第207页和第309页）。《尤利乌斯·凯撒宇宙志》告诉我们，公元前

⑰ Cato the Elder *Origines* 2, fro 7; 见 *Originum reliquiae in M. Catonis praeter librum de re rustica quae extant*, ed. H. Jordan（Leipzig: Teubner, 1860），10，和 Servius *Commentary on Virgil's Georgics* 2.159, in Vol. 3 of Ser Ⅶ *Grammatici qui feruntur in Vergilii carmina commentarii*, 3 Vols., ed. Georg Thilo and Hermann Hagen（Leipzig: Teubner, 1881–1902; reprinted Hildesheim: Georg Olms, 1961）.

⑱ 见 Jacques Heurgon 在其 *Varro's De re rustica: Economie rurale: Livre premier*（Paris: Belles Lettres, 1978），102 版本中的评论。

⑲ 瓦罗是一位多产的作家及编者，但大体上只有两部著作幸存下来：*Rerum rusticarum libri* Ⅲ 和 *De lingua Latina libri* XXV（第5—10册保存完整）。

⑳ Varro *De re rustica* 1.2.1（note 18）.

㉑ Varro *De re rustica* 1.2.3（note 18）. 笔者译。

㉒ 见第254—256页。

㉓ *Cosmographia Iulii Caesaris* 和 *Cosmographia*，均见 *Geographi Latini minores*, ed. Alexander Riese（Heilbronn, 1878; reprinted Hildesheim: Georg Olms, 1964），分别为第21—23页和第71—103页。关于前者的译文，见 O. A. W. Dilke, *Greek and Roman Maps*（London: Thames and Hudson, 1985），183。

206

44 年,四位地理学家被任命测量地球的四大部分;如果我们可以相信古代资料的话,他们分别耗费了 21 年半到 32 年的时间来完成其工作。这些地理学家的名字都是希腊文的,他们可能是自由民。㉔ 工作时期与完成年限不相一致,但从文本中并不能立刻看出差异,因为每个人的完成年限不是用罗马建城后的年份来表示的,而是用的执政官的名字,这是古典时代的习惯方式。不过,这四大区域的划界,可通过佚名的《宇宙志》进行猜测:小亚细亚以东全部为东方;整个欧洲除希腊、马其顿和色雷斯外为西方;北方包含这三个地区(希腊可能是因为它被马其顿所征服)和小亚细亚;南方为非洲。*provincia*(省)的定义在任何时期都与法律地位不符,并且该术语被延伸到了帝国之外。可能地理学家的名字和工作时期,以及四分的区域都来源于儒略周期的文件,㉕ 而凯撒的定义,如果是他的定义的话,则与瓦罗的定义有些不同,瓦罗把可居住世界划分成两部分,欧洲与亚非。

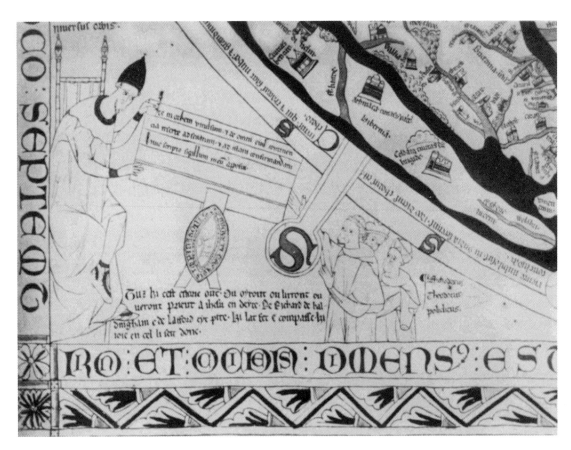

图 12.4　赫里福德世界地图上凯撒的敕令
　　在这幅出自 13 世纪《世界地图》的细部图上,可见奥古斯都·凯撒(Augustus Caesar)——敕令上有他的印章——下令对整个世界进行勘察,但他将此敕令交托给的三位地理学家属于尤利乌斯·凯撒的勘察传统。
　　原细部图尺寸:26.8×33 厘米。出自一份影印件,Dean and Chapter of Hereford Cathedral 许可使用。

㉔　*Cosmographia Iulii Caesaris* 1(note 23)。

㉕　《尤利乌斯·凯撒宇宙志》的一份稿本,*Cosmographia Iulii Caesaris*,Rome,Biblioteca Apostolica Vaticana,Vat. Pal. 73,实际上将该论著与尤利乌斯·凯撒发起的对世界的测量联系在一起;儒略周期其他稿本的文字也暗示了这样一种联系。

现存为数不多的前奥古斯都时期地理图中，其中一幅为近期偶然发现，[26] 可能与凯撒的高卢战役有关。1976 年，在瑞万库尔（Juvincourt）和埃纳河（river Aisne）之间的莫尚（Mauchamp）罗马兵营中心附近，发现了一块产自当地的砂岩石块，最大长度与宽度为56 × 207 47 厘米，平均厚度为 14 厘米，现在在布里孔特罗贝尔（Brie Comte Robert）（图 12.5）。它的两边显然是用凿子加工过，并且立起来时北大致在上。如果像其发现者所说的它是一幅高卢地图，那么它西侧的海岸线是可以辨认的，而其他几边则可以被认为是沿着高卢的边界。呈一条线的三个孔可以代表高卢的宗教中心多姆山省（Puy de Dome）、欧坦（Autun）和格朗（Grand）。

图 12.5 出自位于法国莫尚罗马兵营的砂岩"高卢地图"

据称为一幅罗马高卢地图，或许与凯撒的高卢战役有关，该省的西侧海岸线清晰可辨。三个醒目的、间距相等的孔——大致呈西南至东北的一条直线——可能表示的是高卢的宗教中心多姆山省（Puy de Dome）、欧坦（Autun）和格朗（Grand）。

原物尺寸：56 × 47 厘米。Heirs of the late Pierre Camus，Brie Comte Robert，France 许可使用。

㉖ Pierre Camus，*Le pas des légions*（Paris：Diffusion Frankelve，1974），封面，以及第 62 页，要塞平面图。

阿格里帕的世界地图

由凯撒下令进行的勘察与测量（但据我们的资料，只是在他去世那年才着手的），于是主要在其继任者奥古斯都皇帝在位期间（公元前27—公元14年）展开。据推测，这些勘测主要采取沿帝国路网测量行程的形式；并且如前所述，它们被用于编绘阿格里帕的地图。虽然像其他许多古典时期的地图一样，我们也只是通过文学文本得知这幅世界地图，但一些权威人士却称其为罗马地图学中最重要的地图。[27] 根据一些古代和中世纪作者的陈述，它被认为是后来一系列世界地图的源图，如13世纪的赫里福德《世界地图》等。[28]

奥古斯都统治下的政治发展有利于编绘这样一幅地图。公元前27年，元首制（principate），或者说皇帝拥有最高管理权的制度的有效建立，为文学和科学产出带来了重要影响。奥古斯都经常通过他的大臣们，确保这样的产出尽可能地与他颂扬罗马、帝国及其领袖的宣传相一致。作为长期内战后退伍军人安置的一部分，奥古斯都建立了殖民地，即拥有小块耕地的定居点，在意大利有28处，各省有80余处，不过其中有些是重建的而非真正意义上的新建。为了鼓励罗马帝国内外的贸易并促进殖民地的建立，他显然热切期望绘制一幅世界地图并能进行公开展示。被分配这项任务的人交游甚广。M. 维普萨尼乌斯·阿格里帕（M. Vipsanius Agrippa）（生于约公元前63年），曾在公元前31年的亚克兴（Actium）之战中任屋大维（Octavian）（后来的奥古斯都）的海军统帅，彻底击溃了安东尼（Antony）和克莱奥帕特拉（Cleopatra）；建立元首制之后，他成为奥古斯都的得力助手，娶奥古斯都的女儿尤利娅（Julia）为其第三任妻子，并有望接替他成为皇帝。

阿格里帕的世界地图被设置在以他的名字命名的柱廊内，维普萨尼亚柱廊（Porticus Vipsania），位于现在的罗马科尔索大道（Via del Corso）地区。该柱廊有时也被称作阿尔戈英雄柱廊（Porticus of the Argonauts）。阿格里帕死后，这项工作首先由阿格里帕的妹妹维普萨尼亚·波拉（Vipsania Polla）完成，然后是奥古斯都。[29] 老普林尼（公元23/24—79年）对该地图为南部的西班牙行省贝提卡（Baetica）给出的长度为475罗马里，宽度为258罗马里表示惊讶。[30] 他说，这只是在早些时候才正确，当时其边界一直延伸到了新迦太基（卡塔赫纳）。他补充道："谁会相信，在这项工作上格外谨慎且煞费苦心的阿格里帕，在打算要立起这幅地图供罗马市民观览时，竟犯下了这等错误，而同他一起犯错的还有被奉若神明的奥古斯都？因为正是奥古斯都，在阿格里帕的妹妹开始建造柱廊时，据M. 阿格里帕的意愿和笔记（commentarii）实施了这项工作。"[31] 此段评论认为，这位皇帝对地图的关注比看起来的更多。他很乐意让自己的名字同具有潜在宣传效应的工作联系在一起，但除了与近期出

---

[27] Armando Cortesão, *History of Portuguese Cartography*, 2 Vols.（Coimbra：Junta de Investigações do Ultramar-Lisboa, 1969 – 71），1：148. 又见 James J. Tierney, "The Map of Agrippa," *Proceedings of the Royal Irish Academy* 63, sec. C, No. 4 (1963)：151 – 66. Dilke, *Greek and Roman Maps*, pp. 41 – 54（note 23）。

[28] Gerald R. Crone, *Maps and Their Makers：An Introduction to the History of Cartography*, 5th ed.（Folkestone：Dawson; Hamden, Conn.：Archon Books, 1978）. 又见下文第二十章。

[29] Dio Cassius *Roman History* 55. 8. 4 称其在公元前7年时还没有完成；见 *Dio's Roman History*, 9 Vols., trans. Earnest Cary, Loeb Classical Library（Cambridge：Harvard University Press; London：William Heinemann, 1914 – 27），Vol. 6。

[30] Pliny *Natural History* 3. 1. 16 H.（note 5）.

[31] Pliny *Natural History* 3. 2. 17（note 5）——笔者译。

土于罗马的带球心投影（gnomonic projection）网格的大型方尖碑日晷相关外，[32] 他对科学研究的兴趣不如尤利乌斯·凯撒。

地图的尺寸不详，但它一定是矩形而非圆形的。[33] 人们认为其高度可能在两到三米之间，宽度则更大。像后来的托勒密和波伊廷格（Peutinger）的地图一样，很有可能这幅地图也是北在上。[34] 地图是刻于还是绘于大理石之上存在争议。

通过普林尼《自然史》（Natural History）的几个段落，人们认为，除了提及笔记外，阿格里帕的地图还附带有注记。德特勒夫森（Detlefsen）反对这种推断，但吉辛格（Gisinger）则对此表示支持。[35]《自然史》告诉我们："阿格里帕计算从直布罗陀海峡到伊斯肯德伦湾的同一段距离（地中海的长度）为3440里，但我倾向于认为这其中有误，因为他还给出了从墨西拿海峡到亚历山大的距离为1350里。"[36] 这段话最后一句中的"还"字意味着第二处阿格里帕的资料，而更适合于文本而非地图的动词 existimavit（认为），在阿格里帕的其他文献中被使用了两次。此外，阿格里帕所辑录的非洲西海岸的信息大多与动物有关，几乎不适合纳入官方的地图中。[37] 另一个这样有信息量的段落认为，是他书写了从加索河（river Casus）起的整个里海海岸由高耸的悬崖构成，使得在425里的范围内无法登陆。[38] 然而，由于阿格里帕在编绘这幅地图时去世，其注记可能是不完整的，且相关的摘录可能已纳入地图。

引用阿格里帕作为资料来源的主要作者是老普林尼。他把阿格里帕列为罗马帝国地理及以外地区的资料来源，引用时有时会提及他的名字，有时不会。他暗示道，到他的时代（《自然史》成书于公元77年），阿格里帕的地图很可能在某些方面已经过时。例如，就在阿格里帕测量了米底（Media）、帕提亚（Parthia）和波西斯（Persis）之后，他提到了美索不达米亚的查拉克斯（Charax）镇。[39] 据说此镇距波斯湾原本1又1/4里，阿格里帕将其置于波斯湾上；到朱巴（Juba）写作时，又说它在内陆50里处；到普林尼时，则在内陆120里处。

㉜　Pliny *Natural History* 36. 14. 71 – 72（note 5）. 出土的日晷是奥古斯都时期以后用奥古斯都时的材料做的修复。Edmund Buchner, "Horologium Solarium Augusti: Vorbericht über die Ausgrabungen 1979/80," *Mitteilungen des Deutschen Archäologischen Instituts, Römische Abteilung* 87（1980）: 355 – 73, 和该期刊的后续报道; idem, *Die Sonnenuhr des Augustus: Nachdruck aus RM 1976 und 1980 und Nachtrag über die Ausgrabung 1980/1981*（Mainz: von Zabern, 1982）. 见 Andrew Wallace-Hadrill in Journal of *Roman Studies* 75（1985）: 246 – 47 的综述。

㉝　Konrad Miller, *Mappaemundi: Die ältesten Weltkarten*, 6 Vols.（Stuttgart: Roth, 1895 – 98）, 6: 145 – 47 想象其为圆形，但这几乎不适合柱廊。

㉞　然而，如 F. Gisinger, "Geographie," in *Paulys Realencyclopädie der classischen Altertumswissenschaft*, ed. August Pauly, Georg Wissowa, et al.（Stuttgart: J. B. Metzler, 1894 – ）, suppl. 4（1924）: cols. 521 – 685, 尤其 col. 645 推断的，很可能是南在上。这是古典和非古典（如阿拉伯）世界地图的定向。见 Ferdinando Castagnoli, "L'orientamento nella cartografia greca e romana," *Rendiconti della Pontificia Accademia Romana di Archeologia* 48（1975 – 76）: 59 – 69。

㉟　D.（S. D. F.）Detlefsen, *Ursprung, Einrichtung und Bedeutung der Erdkarte Agrippas*, Quellen und Forschungen zur Alten Geschichte und Geographie 13（Berlin: Weidmann, 1906）; Gisinger, "Geographie," col. 646（note 34）. 最佳分析为 A. Klotz, "Die geographischen Commentarii des Agrippa und ihre Überreste," *Klio* 24（1931）: 38 – 58, 386 – 466。

㊱　Pliny *Natural History* 6. 38. 207（note 5）, 笔者译。

㊲　Pliny *Natural History* 5. 1. 9 – 10（note 5）.

㊳　Pliny *Natural History* 6. 15. 39（note 5）.

㊴　Pliny *Natural History* 6. 31. 137 – 38（note 5）. 这是地理学家伊西多鲁斯的家乡（勿与塞维利亚的伊西多尔［Isidore of Seville］混淆）。

后来的两篇论著显然受益于阿格里帕，它们是《寰宇划分》（*Divisio orbis terrarum*）与《各省测量》（*Dimensuratio provinciarum*）；[40] 两者的测量值有时与普林尼给出的一致，有时不一致。同样的，爱尔兰作者迪奎（Dicuil）（活跃于 814—825 年），尽管他视老普林尼和狄奥多西二世（Theodosius Ⅱ）的制图者为其权威来源，但也提到奥古斯都的"地志"（Chorographia），即阿格里帕的地图，是第一个把世界划分成欧洲、亚洲和非洲三部分的。[41] 通过这些论著的证据，德特勒夫森计算出阿格里帕的地图上，世界有 24 个区域。[42] 当斯特拉波引用"地志学者"（chorographer）作为其资料来源时，条目所用为罗马里而不是斯塔德，通常认为他参考的也是阿格里帕。这无疑符合斯特拉波身处罗马的时间，但测量值并不总是相符。表 12.1 给出的是以罗马里计的对西西里海岸长度的不同估算，说明了这些差异。由于托勒密扭曲了西西里的形状，我们可以想象阿格里帕所做的也差不多如此。普林尼关于西西里南海岸为 200 里的数字，对应上了阿伽泰米鲁斯给出的 1600 斯塔德；在此情况下，他不需要再求助于阿格里帕。但始终存在的可能性是，斯特拉波利用了尤利乌斯·凯撒创建的测量值。这些作者和他们所用地图之间的复杂关系，似乎证实了阿格里帕的地图为世界地图开辟了一个新的系列。但我们关于谱系的证据中有如此多的异常，以至于我们还必须得出结论，其传播链条中的许多环节如今都已永远丢失。

表 12.1 　　　　　　　　　　　**以罗马里计的对西西里的古代测量**

资料来源	东海岸	南海岸	北海岸	周长
阿格里帕（见普林尼《自然史》，3.86）	—	—	—	628[a]
斯特拉波，6.2.1，海上距离	159	165 余[b]	263	—
斯特拉波，6.2.1，陆地距离	168		235[c]	—
普林尼，《自然史》3.87，陆地距离	186[d]	200	142[e]	—

　[a] 德特勒夫森建议修订为 528。关于稿本读数，见 Pliny, *Naturalis historiae libri* XXXVII, ed. Carolus Mayhoff（Leipzig: Teubner, 1906），Vol. 1. Loeb 的文本在这方面不可靠。

　[b] 四段加起来为 165 里，但应当还有第五段需计算在内。斯特拉波还有据帕奥西多尼乌斯以斯塔德计的数字。

　[c] 经瓦莱里娅大道（Via Valeria）。

　[d] 被有的编者修订为 176。

　[e] 被有的编者修订为 242。

要么是阿格里帕的地图或其笔记，或者两者都有以罗马里计的每个区域的长、宽测量值。约 80 年后，老普林尼在他的写作中报告了这些测量值，并且有 18 例他特别提及这些测量值来自阿格里帕——更有可能是来自其地图而非笔记。很明显，其中一些测量结果是大致

　40　*Divisio orbis terrarum* 和 *Dimensuratio provinciarum*，均见于 Riese, *Geographi Latini minores*，分别在第 15—20 页和第 9—14 页（note 23）。

　41　Dicuil *De mensura orbis terrae*（关于地球测量）1.2；见 *Liber de mensura orbis terrae*, ed. and trans. James J. Tierney, Scriptores Latini Hiberniae, No. 6（Dublin：Dublin Institute for Advanced Studies, 1967）。

　42　Detlefsen, *Ursprung der Erdkarte Agrippas*，21－22（note 35）。

的四舍五入。于是，英国被引述为长 800 罗马里，宽 300 罗马里；爱尔兰为 600 × 300 罗马里。另一方面，当涉及高卢时，此地自凯撒的高卢战争起就更加为人所知，我们发现为纳博讷高卢给出的数值是 370 × 248 罗马里，其余则为 420 × 313 罗马里。[43] 就印度而言，3300 × 1300 里的测量值预示着我们可以从托勒密的坐标推断出的数字——北到南过于短小。重建阿格里帕世界地图的可能外观是可行的，并且目前正在做这样的尝试。[44] 但由于数据极其零散，这类重建的准确性始终会遭受严重怀疑。阿格里帕显然没有记录纬度和经度，我们也不能总是相信普林尼稿本中保存的数字，而后来的资料则远不够可靠。海上距离尤其不可信，因为近岸处的海上距离可能是从海角到海角，或者沿着海岸线的凹陷测量的。

　　尽管阿格里帕的世界地图存在明显缺陷，但它是代表了罗马实用类型的新作，该实用类型必然经常以发达的罗马路网的数据为基础。它持续了很长时间，可能有过修订，并且可能有在其他地方竖立的副本可得。在城市柱廊上竖立世界地图的做法似乎一直持续到了帝国晚期。许久以后，例如，生于公元 264 年前后的修辞学家欧迈纽斯（Eumenius），在谈到高卢奥古斯托杜努姆（Augustodunum 欧坦［Autun］）（他慷慨资助了战争损坏的学校重建）的学校时说："让男孩和女孩在柱廊上看见所有的土地和海洋……河流上涨的地方以及它们的河口，还有海湾的大小。"[45] 最后，在评价该地图对罗马世界地图学实践的影响时，可注意到，受狄奥多西二世之命迟至公元 5 世纪对"古代遗迹"所做的修订，也被认为是基于阿格里帕的地图的（见第 259 页）。

地籍图

　　有记载的第一张罗马土地测绘图可追溯至公元前 170—前 165 年。历史学家格拉纽斯·李锡尼亚努斯（Granius Licinianus）告诉我们，公元前 162 年的候补执政官（consul suffectus）普布利乌斯·科尔涅利乌斯·伦图鲁斯（Publius Cornelius Lentulus），在他还是城市副执政（urban praetor）时，元老院授权他在坎帕尼亚收回国有土地，这些土地曾全部被私人占用。[46] 于是，他为国家购回了 5 万尤格努姆（iugera）（12600 公顷）的土地，并将该地区的地图刻于青铜上，固定在罗马的自由大厅（Atrium Libertatis）内。格拉纽斯补充说，苏拉（Sulla）后来（公元前 82—前 79 年）让这幅地图产生了"讹变"，也就是说，大概为了政治目的对其做了相当大的改动。自由大厅[47]是元老院议事堂（Curia）附近的一座建筑，尤其与奴隶和自由民有关。这幅地图，由于是地籍调查的产物，除其材料外，很可能与罗马殖民地奥朗日（Orange 阿劳西奥［Arausio］）的地籍图相似（见下文第 220—225 页）。坎帕尼亚

210

---

⑬　420 这个数字太小了。

⑭　由 John H. Bounds, Sam Houston State University, Texas.

⑮　Eumenius *Gratia pro instaurandis scholis* 20.2，笔者译；见 9（4）in XII［*Duodecim*］*Panegyrici Latini*，ed. R. A. B. Mynors（Oxford：Clarendon University Press, 1964），242。

⑯　Granius Licinianus［*Handbook of Roman History*］28；见 *Grani Liciniani quae supersunt*, ed. Michael Flemisch（Leipzig：Teubner, 1904），9 - 10。关于这部分的一份有用稿件，见 Robert K. Sherk，"Roman Geographical Exploration and Military Maps," in *Aufstieg und Niedergang der römischen Welt*, ed. Hildegard Temporini（Berlin：Walter de Gruyter, 1972 - ），2.1（1974）：534 - 62，尤其第 558—559 页。但他将此归入军事地图可能是不正确的：伦图鲁斯的办公室是民用的。

⑰　Samuel Ball Platner, *A Topographical Dictionary of Ancient Rome*, rev. Thomas Ashby（London：Oxford University Press, 1929），56 - 57. 该建筑后用于由 C. Asinius Pollio 建立的罗马第一所公共图书馆。

的百分田制有几处在这片土地上保存良好，⑱ 主要反映了后来在格拉古的儿子们和尤利乌斯·凯撒治下的分配情况。已发现的百分田制刻石表明，至少在格拉古兄弟的分配中，调查工作是认真展开的。

国家对地图价值的认可也反映在为保存这些地图而制定的档案规定中。公元前78年，在共和国晚期，在卡皮托林山（Capitoline）的山坡上建造了罗马国家档案馆（tabularium），现在是保守宫（Palazzo dei Conservatori）的下层建筑。除其他建筑外，正是这座建筑充当了土地测量师（land surveyor）的青铜地图的贮存书库，其副本一份集中保存，一份存放在当地。这些地图是否像朱庇特神庙的泥板一样，在公元69年的内战中被毁，尚不能确定。⑲ 至少没有一幅幸存下来。有些情形下，这些地图似乎附带有一本称作 liber aeris 的分类账簿，其字面意思是"青铜之书"：它指的并不是账簿的物质实体，而是青铜地图的注记这一事实。以青铜为材料的一个有趣的优点是，当需要修改时，即需要扩大地图范围时，可以在旁边锤打上一片新的。⑳ 由于百分田制在意大利和罗马统治下的许多其他地区传播广泛，平面图的数量可能不计其数。

如同地理图一样，记录百分田制的地籍图在罗马统治者眼中成了一件重要的政府工具，就此而言，它支撑了一个有序的土地登记制度。须注意的是，据《土地测量文集》记载，尤利乌斯·凯撒是组织严密的罗马土地测量制度的奠基者。㉑ 该制度在奥古斯都的元首制下发展得更为完善。

于是，在整个奥古斯都时期，地图对于罗马高度法治型的社会来说变得越来越重要。公元前2世纪下半叶的一个套语强调了土地地图的法律约束性。公元前111年的耕地法，即格拉古兄弟时期的一条法律提到，凡土地专员（land commissioner）在意大利给予、分配、放弃或录入的土地，都应在地图（formae）或书板（tabulae）上登记。㉒ 这里，我们可以假定 formae（也称 formae publicae）指的是地图，tabulae 指地籍簿（land register）。一旦这些地图得到法律承认，它们就会被用作私人或法人团体所持有地区的证据。

许多相同的考虑也适用于高架渠平面图。高度组织化的给水，加上法律介入，势必为测量师提供了充分的空间来编制平面图；公元前1世纪就有零星证据证明此点。罗马高架渠主要用于城镇给水，但若给水充足，也可用于灌溉。为此，土地所有者可以申请相应的时间分配，如我们通过弗隆提努斯（Frontinus）和《民法大全》（Digest）（罗马法学论著）所了解到的。称作 calices（字面意思是"酒杯"）的出水口以适当的角度接入，这样可以在正确的

⑱ Julius Beloch, *Campanien*, 2d ed. （Breslau, 1890; reprinted Rome: Erma di Bretschneider, 1964）, pl. 12; Ferdinando Castagnoli, *Le ricerche sui resti della centuriazione*（Rome: Edizioni di Storia e Letteratura, 1958）, 13 – 14; Dilke, *Roman Land Surveyors*, 144（note 7）.

⑲ Suetonius *The Deified Vespasian* 8. 5; book 8 of *De vita Caesarum*（《罗马十二帝王传》）, in *Suetonius*, 2 Vols. , trans. J. C. Rolfe, Loeb Classical Library（Cambridge: Harvard University Press; London: William Heinemann, 1913 – 14）。

⑳ Hyginus Gromaticus *Constitutio limitum*（论百分田制的确立）, in *Corpus Agrimensorum*, 131 – 71, 尤其第167页，3—5行（note 6）。

㉑ Dilke, *Roman Land Surveyors*, 37（note 7）.

㉒ *Corpus Inscriptionum Latinarum*（Berlin: Georg Reimer, 1862 – ）, 1. 2. 1（1918）, 455 – 64, No. 585; C. G. Bruns, *Fontes iuris Romani antiqui*, 7th ed. （Tübingen: Mohr, 1909）, No. 11, para. 7.

时段开关水。[53] 为了解释时间的分配，要绘制出带铭文的平面图。这样的一例可参见弗拉斯卡蒂（Frascati）以东图斯库伦（Croce del Tuscolo［Tusculum］）附近的克拉布拉高架渠（Aqua Crabra）（图 12.6）。[54] 平面图一旁的铭文规定了土地所有者，包括 C. 尤利乌斯·凯撒（大概即这位独裁者）每天可取水的小时数。另一处出自提布尔（Tibur 蒂沃利［Tivo-li］）的铭文，现已遗失，有三行留白，显然也用于一幅类似的平面图。[55]

211

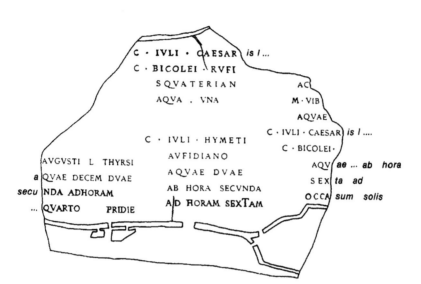

图 12.6　图斯库伦高架渠上的铭文

注释平面图的一例，旨在明确土地所有者可从图的上部和下部所示的高架渠取水的时间。

据 *Corpus Inscriptionum Latinarum*（Berlin：Georg Reimer, 1862 - ），6.1（1876），No.1261。

这样的平面图也用于工程目的。公元 2 世纪中叶，出自北非萨得（Saldae 贝贾亚［Bejaia］）的一段长篇幅的高架渠铭文，是由退伍的军团士兵诺米乌斯·达图斯（Nonius Datus）用拙劣的语法以第一人称书写的。他拥有作为一名解放者（*librator*）的专长，即水平测量；他解释了在被强盗洗劫后，他是如何设法拯救一条为水道服务的隧道的，该隧道从两头的挖掘先前没有对上。他解释道："我按照我给财政长官（*procurator*）佩特罗尼乌斯·切勒（Petronius Celer）的地图展开工作。"[56] 从这段铭文可以看出，尽管诺米乌斯·达图斯对拉丁文语法只是略知皮毛，他却能够绘制出一幅高架渠平面图（*forma*），并据此且可能借助了赫伦（Heron）的方法（第 230—232 页），找到正确的隧道挖掘方向。

[53]　J. G. Landels, *Engineering in the Ancient World*（London：Chana and Windus, 1978），47.

[54]　*Corpus Inscriptionum Latinarum*, 6.1（1876）：274，No.1261（note 52）。

[55]　*Corpus Inscriptionum Latinarum*, 8.1（1881）：448，No.4440（note 52）。

[56]　笔者译自 Nonius Datus；铭文可见于 *Corpus Inscriptionum Latinarum*, 8.1（1881）：323，No.2728（note 52）。

参考书目

第十二章　服务于国家的地图：至奥古斯都时代末的罗马地图学

Bunbury, Edward Herbert. *A History of Ancient Geography among the Greeks and Romans from the Earliest Ages till the Fall of the Roman Empire*, 2d ed., 2 vols. 1883; republished with a new introduction by W. H. Stahl, New York: Dover, 1959.

Castagnoli, Ferdinando. *Le ricerche sui resti della centuriazione*. Rome: Edizioni di Storia e Letteratura, 1958.

Detlefsen, D. (S. D. F.). *Ursprung, Einrichtung und Bedeutung der Erdkarte Agrippas*. Quellen und Forschungen zur Alten Geschichte und Geographie, 13. Berlin: Weidmann, 1906.

Dilke, O. A. W. "Illustrations from Roman Surveyors' Manuals." *Imago Mundi* 21 (1967): 9–29.

———. "Varro and the Origins of Centuriation." In *Atti del Congresso Internazionale di Studi Varroniani*, 353–58. Rieti: Centro di Studi Varroniani, 1976.

———. *Greek and Roman Maps*. London: Thames and Hudson, 1985.

Gisinger, F. "Geographie." In *Paulys Realencyclopädie der classischen Altertumswissenschaft*, ed. August Pauly, Georg Wissowa, et al., suppl. 4 (1924): cols. 521–685. Stuttgart: J. B. Metzler, 1894–.

Klotz, A. "Die geographischen Commentarii des Agrippa und ihre Überreste." *Klio* 24 (1931): 38–58, 386–466.

Körte, G. "Die Bronzeleber von Piacenza." *Mitteilungen des Kaiserlich Deutschen Archaeologischen Instituts, Römische Abteilung* 20 (1905): 348–77.

Miller, Konrad. *Mappaemundi: Die ältesten Weltkarten*. 6 vols. Stuttgart: J. Roth, 1895–98.

Pallottino, Massimo. *The Etruscans*. Edited by David Ridgway. Translated by J. Cremona. London: Allen Lane, 1975.

Sherk, Robert K. "Roman Geographical Exploration and Military Maps." In *Aufstieg und Niedergang der römischen Welt*, ed. Hildegard Temporini, 2.1 (1974): 534–62. Berlin: Walter de Gruyter, 1972–.

Thulin, Carl Olof, ed. *Corpus Agrimensorum Romanorum*. Leipzig, 1913; reprinted Stuttgart: Teubner, 1971

Uhden, Richard. "Die Weltkarte des Martianus Capella." *Petermanns Mitteilungen* 76 (1930): 126.

212

第十三章　罗马帝国早期的大比例尺制图

O. A. W. 迪尔克 (O. A. W. Dilke)
包　甦　译

我们已强调过，在帝国早期阶段，[1] 希腊对小比例尺制图的理论和实践的贡献，在托勒密的工作中达到顶点，很大程度上令罗马的贡献黯然失色。而对于大比例尺制图的历史，则必须采取不同的看法。透过罗马人的实用地图学天赋，我们可以寻见类似的卓然成就。如前所述，土地测量的专业基础奠定于奥古斯都统治时期。其发展则是先后由三头同盟（triumvirs）和奥古斯都本人于内战后实施的大规模殖民计划所促成的。《土地测量文集》中一篇测量论文的作者叙吉努斯·戈罗马提库斯（Hyginus Gromaticus）告诉我们，奥古斯都下令将测量所得的坐标刻在"百分田"（centuries）的四角，并规定了百分田制测量的地区内，主干道、中级和次级道路的宽度（图 13.1）。

早期帝国的特点是，为罗马国家效力的土地测量师（agrimensores），以及将大比例尺制图应用于城镇和工程项目的其他测量师的作用进一步扩大、法典化和提升。随着罗马影响力的扩散，更多的公共领域被分割，建立起了更多的殖民地。百分田制，即通过测量将土地按百分田划分的方法，早先专门运用于由小农定居点构成的殖民地，这些小农拥有被分配的土地。对土地测量师的巨大需求，可通过一些新的百分田制方案的规模来理解。提比略治下启动的最重要的方案——我们可以推测其促成了地图绘制——便是对罗马在北非相当于突尼斯中南部的广袤地区实施的百分田制。有关其规模的一些概念可从现存的百分田制刻石中获得，[2] 这些刻石远远延伸到了费贾杰盐沼（Chott el Fedjedj）、卜莱德塞吉（Bled Segui）和古赖伊拜（Graïba）。东西大道（decumanus maximus）右侧至少有 140 块百分田，南北大道（kardo maximus）之外至少有 280 块，这使得最远的百分田制刻石很可能被放置在南北轴线（kardo）以外将近 200 公里处。该方案没有发现有测绘图的遗存。

弗拉维家族（Flavians）实行的土地改革进一步刺激了早期帝国的大比例尺测绘实践。特别是，伴随苇斯巴芗（Vespasian）（T. 弗拉维乌斯·维斯帕西亚努斯［T. Flavius Vespasianus］，公元 69—79 年的罗马皇帝）的即位，行政管理和地图学都呈现出了新的前景。苇斯巴芗出生于莱亚特（Reate 列蒂［Rieti］）以北的丘陵地带，有着丰富且成功的军事经验，如征服英国南部等，并在公元 69 年激烈的内战中击败了他的对手。尼禄（Nero）的统治下，

---

[1] 宽泛地界定为包括从提比略皇帝（公元 14—37 年）到卡拉卡拉（Caracalla）皇帝（公元 211—217 年）的阶段。

[2] *Corpus Inscriptionum Latinarum*（Berlin: Georg Reimer, 1862 –), Vol. 8 suppl., pt. 4 (1916): nos. 22786 a-m, 22789.

国库已经枯竭，韦斯巴芗急于让国库资产充盈起来。弗隆提努斯是整个弗拉维时期（公元69—96年）的著名元老，他强调通过向殖民地出售被称作 *subseciva*（译者注：帝国或政府拥地）的土地来充实国库。这些土地有两种类型，要么是所分配的方形或矩形百分田土地，和其外部边界之间的剩余区域，要么是未分配的百分田部分。

　　韦斯巴芗类似的对土地规定的收紧，使得唯一一批罗马官方测量图流传下来，也就是阿劳西奥（奥朗日）的地籍册。还有人认为，弗拉维时期已有罗马官方平面图，即《罗马城图志》的前身，③ 而被称作《土地测量文集》的测量师手册集，虽然其包含的手册和摘录分属相当不同的时期，但其真正的起源应当是公元 1 世纪撰写的论著。如果我们把这些线索集中到一起，就可以看出帝国早期是我们理解古典大比例尺地图学史的关键时期。

213

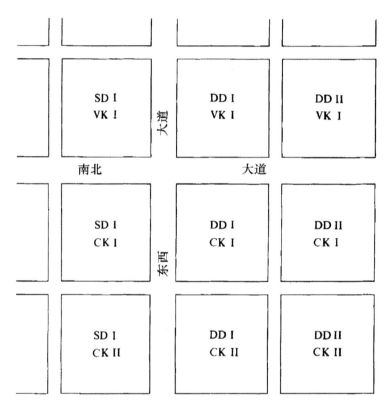

图 13.1　清点百分田的方法

SD = *sinistra decumani*（东西大道左侧），DD = *dextra decumani*（东西大道右侧），VK = *ultra kardinem*（南北大道外侧），CK 或 KK = *citra kardinem*（南北大道近侧）。这些缩略语刻在辨认这些场地的界石上。

据 After O. A. W. Dilke, *The Roman Land Surveyors：An Introduction to the Agrimensores*（Newton Abbot：David and Charles, 1971），92。

---

③　Gianfilippo Carettoni et al., *La pianta marmorea di Roma antica：Forma Urbis Romae*, 2 Vols.（Rome：Comune di Roma, 1960）.

土地测量师的测量方法④

罗马人最重要的测量仪器称作格罗马仪（groma）。⑤ 该仪器被用于军事和民用测量，其起源可追溯至埃及人的实践。⑥ 由于《土地测量文集》没有提供格罗马仪的图片，我们只能依靠其他的资料，例如罗马测量师卢修斯·埃布提乌斯·法乌斯图斯（Lucius Aebutius Faustus）的墓碑，年代为公元前1世纪，墓碑上的浮雕描绘了他的职业（图13.2）。铭文下方有一台拆卸开的格罗马仪或恒星仪，其竖杆长73厘米，横臂35厘米。然而其呈现只是示意性的，很难解读。唯一被认为是格罗马仪实物的例子，是在1912年对庞贝的发掘过程中发现的。其金属零件发现于一位名叫维鲁斯（Verus）的测量师的作坊内（图13.3）。⑦

格罗马仪是后来的十字直角器（surveyor's cross）的前身，⑧ 满足了百分田制对仪器的迫切需求，好让长线的布放能相互垂直。十字架被放置在一个托翼上，而不是直接置于竖杆上，以避免从一条铅垂线（plumb line）瞄向另一条时视线受阻。操作方法是，测量师 214 将格罗马仪插入地面，让十字架的中心与所需的测量中心保持一个托翼长度的距离。然后，测量师转动仪器，使其朝着他事先确定的所需方向，通过便携式日晷（图13.4和图13.5）或观察日影找到南面。⑨ 照准是通过从一条铅垂线看向其相对的数字完成的，铅锤被成对分组以避免混淆。瞄准器可设置在第二台格罗马仪上，先将此台仪器定位于大概1阿克图斯（actus，35.48米）开外，然后以相似的距离分别从两台格罗马仪定位出两条呈直角的线。正方形就此完成并进行交叉核验。因此，格罗马仪只有有限的用途：它可以测量直线、正方形和矩形。但这些正是土地测量师通常需要的，简单的测量不需要更复杂的设备。⑩

---

④　Carl Olof Thulin, ed., *Corpus Agrimensorum Romanorum*（Leipzig, 1913; reprinted Stuttgart: Teubner, 1971），仅出版了一卷；Friedrich Blume et al., eds., *Die Schriften der römischen Feldmesser*, 2 Vols.（Berlin: Georg Reimer, 1848–52; reprinted Hildesheim: G. Olms, 1967）; O. A. W. Dilke, *The Roman Land Surveyors: An Introduction to the Agrimensores*（Newton Abbot: David and Charles, 1971）.

⑤　Dilke, *Roman Land Surveyors*, 66–70（note 4），对该仪器有全面描述，并且还提到了手持式的希腊恒星仪（Grecian star［*stella*］）。

⑥　Edmond R. Kiely, *Surveying Instruments: Their History*（New York: Teachers College, Columbia University, 1947; reprinted Columbus: Carben Surveying Reprints, 1979），13–14.

⑦　更全面的描述，见 Dilke, *Roman Land Surveyors*, 69–70（note 4）.

⑧　见 P. D. A. Harvey, "Local and Regional Cartography in Medieval Europe," 本卷第二十章，pp. 464–501。

⑨　便携式日晷可能是在哈德良主政期间（公元117—138年）发明或完善的，旨在用于各种纬度的操作。虽然已发现的样本只是后来一些时期的，但在克劳狄奥波利斯（Claudiopolis 比提尼亚［Bithynium］）和米兰的徽章（medallion）上有对该仪器的描绘，每枚的正面都有哈德良皇帝最宠爱的比提尼亚青年安提努斯（Antinous）的形象；所说的前一枚硬币为私人收藏；复制品在 Landesmuseum, Trier. 见 Edmund Buchner, "Römische Medaillons als Sonnenuhren," *Chiron* 6（1976）：329–48。关于米兰硬币，见 Giorgio Nicodemi, *Catalogo delle raccolte numismatiche*, 2 Vols.（Milan: Bestetti, 1938–40），Vol. 2, *Le monete dell'Impero romano da Adriano ad Elio Cesare*, pl. XVI, 3849.

⑩　不过，罗马土地测量师还有其他的测量仪器以及绘制地图的工具，这一点从维鲁斯在庞贝的工坊陈设中可以看出。除便携式日晷外，这些仪器还包括一根测量杆的尾梢、一把折叠尺和青铜罗盘等：见 Dilke, *Roman Land Surveyors*, 73–81（note 4）.

213

图 13.2 一位罗马测量师墓碑上的铭文

年代为公元前 1 世纪，此墓碑通过铭文下方一台拆卸开的格罗马仪的示意图，表明了卢修斯·埃布提乌斯·法乌斯图斯的职业。Ivrea, Museo Civico.

出自 Hermann Schöne, "Das Visirinstrument der Römischen Feldmesser," *Jahrbuch des Kaiserlich Deutschen Archäologischen Instituts* 16 (1901): 127-32, pl. 2。

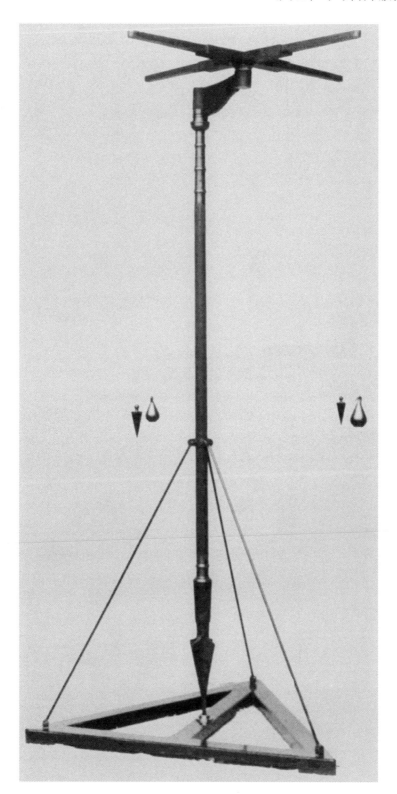

图13.3 一台复原的格罗马仪

　　这是现存唯一一台格罗马仪原件的复制品（原件收藏于那不勒斯的考古博物馆）。这台用来布放直角的罗马测量仪曾保存在庞贝一位名叫维鲁斯的测量师的作坊内。三角形的支架和底座为现代设计。

　　推测原物高度：2.06 米。Trustees of the Science Museum, London 许可使用。

215

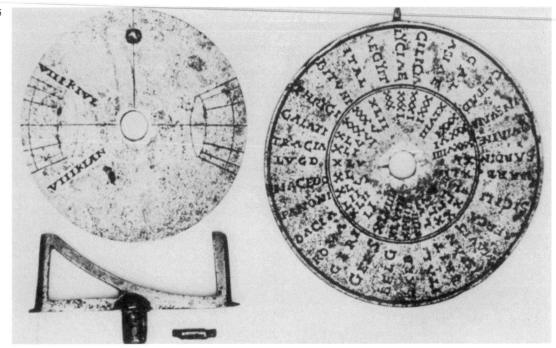

图 13.4 拆卸后的便携式日晷

此图展示了一件据说发现于布拉迪斯拉发（Bratislava）附近的青铜仪器的零部件。其年代在公元 120 年以后。
Museum of the History of Science, Oxford 许可使用（R. 40）。

图 13.5 组装好的便携式日晷

此处看到的是该仪器的实际形式。它可能被用来布置向南的百分田制方案。

原物直径：6 厘米。Museum of the History of Science, Oxford 许可使用。

假设这些基本仪器得到了使用，我们还可以重建实地测量是如何进行的。记录土地分配 214
的惯常方法是土地测量师对分配的土地进行划分，抽签决定土地所有权，然后将定居者带到
他们的土地上。测量师还需要为他划分好的土地绘制地图（forma），并为其登记造册。田地
笔记本肯定是会用到的，人们只能猜测草图和笔记是在蜡版或纸莎草纸（后来是在羊皮纸
或牛皮纸）上完成的：尺寸可能是决定性因素。青铜上的长期记录则是由适当的工匠制
作的。

测量单位为相当于120罗马尺的1阿克图斯，源自牛在犁夫让它们掉头前犁地的距离。
标准的1罗马尺是29.57厘米，因此标准的1阿克图斯为35.48米，但也有变化的情况。面
积的度量是：

1 平方阿克图斯（actus quadratus）＝14400 平方尺（罗马）＝0.126 公顷。
2 平方阿克图斯＝1 尤格努姆（iugerum）＝28800 平方尺（罗马）＝0.252 公顷。
2 尤格努姆＝1 赫瑞迪翁（heredium）＝0.504 公顷（实际少用）。 215
100 赫瑞迪翁＝1 百分田＝约50.4 公顷（图 13.6）。

这里所指的常规1百分田为200尤格努姆，但也发现了其他各种尺寸，有大也有小。这
些常规的方形边长为20阿克图斯，确切地说是709.68米，但也发现有从703—714米不等
的变化值。每对百分田之间是一道边界（limes），字面意思是"止步"（balk），这道边界拥
有适当的宽度；在一个方向上，每道这样的边界构成了一条南北轴线，与之成直角的为一条
东西轴线。

用于百分田命名的坐标系从一个百分田制地区的两条主干道，即南北大道和东西大道开
始。假设测量师从中心开始清点百分田，可分别将（a）citra kardinem，CK 或 KK，"南北轴
线近侧"同 ultra kardinem，VK，"南北轴线外侧"；（b）sinistra decumani，SD，"东西轴线
左侧"同 dextra decumani，DD，"东西轴线右侧"区分开来。这些区分后面紧跟的数字，表
示了从相交的主干道起计的特定百分田的编号。

叙吉努斯·戈罗马提库斯的三段话详细介绍了测绘制图的程序。他在其中一段评论道： 216

当我们为所有百分田立好刻石后，我们要围住分配给国家的有私人边界的土地，即
便这部分土地是经过百分田制测量的，我们还要将其适当地登记在地图上，如记作
"公共树林"或"公共牧场"或者两者皆有。我们要用铭文填满整个区域，这样在该地
区的地图上，更分散的文字排布可以显出更大的宽度。同样，我们也要为免税（excep-
ted）或赠予（granted）的农场划界，像对待公地一样为它们题写铭文。我们还将类似
地体现赠予农场，比如，"赠给塞乌斯（Seius）的儿子卢修斯·曼尼利乌斯（Lucius
Manilius）的塞乌斯农场"。在奥古斯都的土地分配中，免税农场和赠予农场的状况
不同。⑪

---

⑪ Hyginus Gromaticus *Constitutio limitum*（论百分田制的确立），in *Corpus Agrimensorum*，131－71（note 4），第159—
160 页的引文，笔者译。

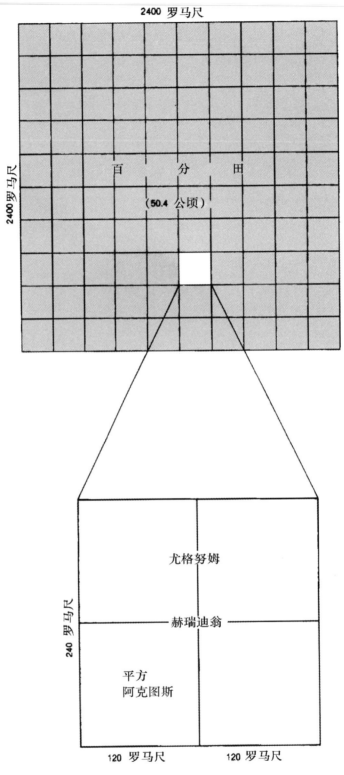

图13.6 罗马面积单位

上方图示显示的是200尤格努姆大小的一块常规的百分田，此处被细分为100赫瑞迪翁（尽管赫瑞迪翁并不用于计算）。下方图示表明，4平方阿克图斯＝2尤格努姆＝1赫瑞迪翁。

除了指出地图在土地分配和登记过程中的核心重要性，叙吉努斯·戈罗马提库斯在暗示文字间距也可反映所呈现的土地范围时，还表现出了一种近乎现代的地图学意识。接着，他继续阐述了地图是如何被用来记录各种合法的土地类别的：

> 我们要在地图和青铜板［tabulae aeris，即附在青铜地图上的铜板］上都写下所有的制图标示，"给予和分配""赠予""免税""归还，换成自有财产""归还给先前的所有者"，以及其他任何常用的缩略语，让它们都保留在地图上。我们要向皇帝的档案室提交制图登记簿［libri aeris］，以及整个被测量地区的平面图，平面图根据该地区特定的边界制度绘制线条，并添加近邻的名字。任何财产，无论是近邻的还是别的地方的，如果被给予了殖民地，我们要将其记入资产登记簿。其他任何与勘测利益相关的，则必须由殖民地和皇帝的档案室共同持有，由建立者签字。这便是我们应如何分配各省未开发的土地的方式。但如果一个市镇被改变成了殖民地，我们须对当地的情况予以审查。⑫

显然，地图在被转成青铜形式时，与之配套的登记簿都是一式两份的。每种文件的一份保存在殖民地当地；另一份则保存在罗马的中央档案室。因此，罗马的实践预见了现代的地籍调查。例如，在 18 世纪和 19 世纪欧洲与美国的地籍调查大时代，⑬ 地图为地方和中央政府提供了类似的土地分配记录，并服务于私人与公共财产的登记。并且，这样的调查，如同罗马模式一样，往往包含了书面和图形部分，有时也的确表现了它们从其古典谱系中所受益处。

《土地测量文集》

217

罗马人的土地测绘思想传播于后世的主要文本途径——也是重建上述技术的首要资料来源——被称作《土地测量文集》（以下简称《文集》）。⑭ 这些文献由现存的拉丁文短篇著作集组成，涉及相当不同的年代，被认为是罗马土地测量主要的书面记录。其中有一两部出自共和国时期，三四部出自早期帝国，还有不少属帝国晚期，有的稿本中甚至包括更晚时期的增补内容。《文集》可能编纂于公元 4 世纪中后期，⑮ 并不时有修订。

《文集》所涉及的作者，只有第一位是众所周知的。塞克斯都·尤利乌斯·弗隆提努斯（Sextus Julius Frontinus）是公元 74—77 年英国的总督，⑯ 其间，他在罗马人夺取威尔士中南

---

⑫　Hyginus Gromaticus *Constitutio limitum*, 165 – 67（note 11），笔者译。

⑬　这些调查将在本《地图学史》第四卷和第五卷中讨论。

⑭　除了注释 4 中的参考文献，见 James Nelson Carder, *Art Historical Problems of a Roman Survey Manuscript*: *The Codex Arcerianus A*, Wolfenbuttel（New York：Garland, 1978）；Hans Butzmann, ed., *Corpus Agrimensorum*: *Codex Arcerianus A der Herzog-August-Bibliothek zu Wolfenbüttel*, Codices Graeci et Latini 22（Leiden：A. W. Sijthoff, 1970）。

⑮　该年代与 *Libri Coloniarum* 相符，即殖民地清单，有殖民地建立者的姓名和其他数据，被一并纳入了《土地测量文集》；见 Blume et al., *Schriften der römischen Feldmesser*, 1：209 – 62（note 4）。

⑯　见 Anthony R. Birley, *The Fasti of Roman Britain*（Oxford：Clarendon Press, 1981），71, 77 – 78。

部控制权的过程中发挥了举足轻重的作用。完整保留下来他的著作有《谋略》（*Stratagems*）和《罗马的给水》（*Water Supply of Rome*）。《文集》中冠以他名字的著作——《论土地状况》（*On the Status of Land*）、《论土地纠纷》（*On Land Disputes*）和《论百分田制》（*On Centuriation*）——显然只是原著的一部分。⑰ 巴尔布斯（Balbus）关于测量的短篇论著得以保存，他本人似乎参加了图密善（Domitian）对抗北方部落的远征，是在公元 2 世纪早期进行写作的。两位托名叙吉努斯（pseudo-Hyginius）者似乎是这一时期后半段的不同作者，他们大概都各自宣称自己是论著的作者，即奥古斯都的图书馆员 C. 尤利乌斯・叙吉努斯（C. Julius Hyginus）。除此两人，还有一部也是托名叙吉努斯的关于营地测量的著作。⑱

这部合集只是非常粗略地以时间为序：阿根纽斯・乌尔比库斯（Agennius Urbicus），一位弗隆提努斯作品的评注者，非常合理地紧接弗隆提努斯出现，但有的文献的顺序却相当混乱。属早期帝国的论著中，弗隆提努斯和托名叙吉努斯的著作有插图；巴尔布斯的则包含几何图。很难说这些保存下来的图是否反映了作者的示例。弗隆提努斯、巴尔布斯和最早的托名叙吉努斯者，均没有提到过图，而叙吉努斯・戈罗马提库斯则用了副词 *sic*（即原文如此）来引起人们对这些图的注意。该合集显然旨在用于辅助土地测量教学，为此目的，文中穿插的插图体现了教学方法上的一大进步。⑲ 这可能是由常规书写材料从纸草逐渐转变为羊皮纸或牛皮纸所促成的。

含插图的重要稿本是藏于沃尔芬比特尔（Wolfenbüttel）奥古斯特公爵图书馆（Herzog August Bibliothek）的 Arcerianus A（以下简称 A），现在判定的年代在公元 500 年前后，⑳ 和罗马梵蒂冈图书馆的 9 世纪的 Pal. Lat. 1564（以下简称 P）。两份稿本中的袖珍图大都保存完好，沃尔芬比特尔的稿本近期已从艺术史的角度得到了研究。㉑ 有的情况下，A 和 P 的图示基本一致，而在另一些情况下，则体现出明显的差异。总的来说，当二者有差异时，A 展现的解释更为准确。

插图的主题涵盖测量技术、与百分田制和界石相关的材料、城镇及周边土地的地图，以及法律定义和其他理论问题的图示。㉒ 从惯例来看，这些插图也表明了，一种大比例尺制图的独特样式正在早期帝国形成。最简单的图示是浅棕色的单色图。但在较复杂的插图中，则采用了具有一定一致性的颜色。道路通常被描绘成红色或棕色，有时是绿色。水为蓝色或蓝绿色。建筑物多为淡褐色、黄色或灰色；屋顶的主体颜色为红色。山脉通常是淡紫色，或者如果有林木的话，为绿色；有时也呈棕色。

《文集》中出现的、有经百分田制测量过的土地的殖民地地图是教学地图，不同于土地测量师必须制作的大比例尺测量图（图 13.7—13.9）。许多殖民地，包括叙吉努斯・戈罗马

⑰ 关于可能的范畴及标题，见 Carl Olof Thulin, "Kritisches zu Iulius Frontinus," *Eranos* 11 (1911)：131 – 44。

⑱ 最佳版本为 Antonino Grillone, ed. , *De metatione castrorum liber* (Leipzig：Teubner, 1977)。

⑲ 与建筑手册的插图类似：Vitruvius *De architectura* 1. 1. 4；见 *On Architecture*, 2 Vols. , trans. Frank Granger, Loeb Classical Library (Cambridge：Harvard University Press；London：William Heinemann, 1931, 34)。

⑳ Carder, *Art Historical Problems*, 205 H. （note 14）。有的给出的年代为 6 世纪早期，如 Carl Nordenfalk, *Die spätantiken Zierbuchstaben* (Stockholm：published by the author, 1970)。

㉑ Carder, *Art Historical Problems* (note 14)。

㉒ 更完整的分类，见 O. A. W. Dilke, "Illustrations from Roman Surveyors' Manuals," *Imago Mundi* 21 (1967)：9 – 29。

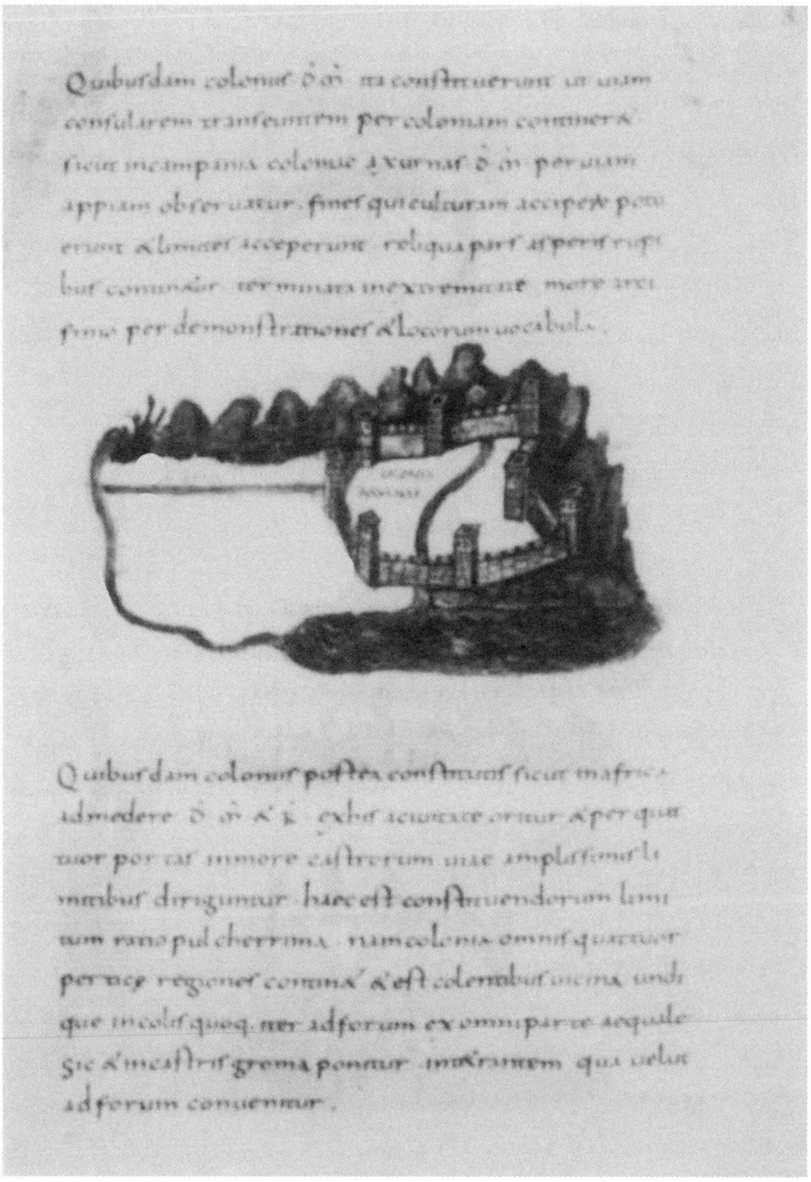

218

图 13.7 意大利塔拉奇纳周边百分田制的袖珍图

此图与图 13.8 和图 13.9 一样，是一幅说明罗马殖民地位置和与之相关的百分田制方案之间地理关系的图画式地图。塔拉奇纳殖民地，罗马人称之为安克苏尔—塔拉奇纳（Anxur-Tarracina），于公元前 329 年在坎帕尼亚建立。只有耕地得到了测量，采用的百分田制基于阿庇亚大道。

原图尺寸：28×19.6 厘米。照片出自 Biblioteca Apostolica Vaticana, Rome（Pal. Lat. 1564, fol. 89r）。

提库斯提到的五个，是肯定或有可能通过文本或地图，或者二者同时来确认的；有些殖民地 217
被称作尤利亚殖民地（Colonia Iulia），在没有进一步定义的情况下，可以指任何早期的帝国 218
建置；还有一些同样包含如山或海一类的地理特征，但无法予以辨认。最清晰可辨的（图
13.7）是安克苏尔纳斯殖民地（Colonia Anxurnas），沃尔西语的安克苏尔（Anxur），即后来
的塔拉奇纳（Tarracina），其文中说："在一些殖民地，他们建立的东西大道包含横穿殖民地
的干道，如同坎帕尼亚的安克苏尔那样。沿阿庇亚大道可以看到东西大道；耕地已通过百分

田制测量；余下部分为未经勘测的土地，由崎岖不平的岩石组成，以自然地标为界。"㉓ 塔拉奇纳的罗马殖民地建在海岸上，时间是公元前329年；300名定居者每人分到了很小一块地：2尤格努姆。如文中所示，这里的百分田制测量以阿庇亚大道为中心，至少是在公元前312年这条路建成后展开的。㉔ 插图中的沼泽（*Paludes*）指庞廷沼泽（Pomptine［Pontine］Marshes），阿庇亚大道穿过那里，但在古代只是部分干涸。山脉是莱皮尼山（Monti Lepini）；山与海之间，也在袖珍图上展现的，是穿过拉瓦莱（La Valle）平原的道路，在这里，百分田制事实上只能通过袖珍图所示内容的相反一侧得到印证。叙吉努斯·戈罗马提库斯的第二幅殖民地地图（图13.8），展现的是建立于公元前295年的明图尔奈（Minturnae 明图尔诺古城［Minturno Scavi］）。这幅地图显示了利里斯河（river Liris 加里利亚诺河［Garigliano］）两岸的殖民地，尽管事实上城墙只是在河的右岸，即袖珍地图的左侧。图上还有韦希尼山脉（Vescini Mountains）、奥古斯都新分配的土地、一尊铜像和大海。与塔拉奇纳的插图一样，这幅地图假设了一个从海面上看向山脉的视点。第三幅地图展现的是希斯佩伦（Hispellum 斯佩洛［Spello］），可能是在约公元前30年建立的一个殖民地（图13.9）。"*flumen finitimum*"两词指的是翁布里亚平原（Umbrian plain）上的一条河，这条河将希斯佩伦的领地（领地城墙环绕的一座小山可俯瞰这条河），同毗邻的一个定居点分隔开。这条河不容易辨认；㉕ 这样的地图并非总是对特定地点的精确描绘。它们不是直接来自勘测，而是为教学而设计的，因此其平面准确度可能会相差极大。

　　为了说明土地的法律界定，图画式地图和平面图（ground plan）都被用来表现较小的地区。其中有些是关于百分田制的，另一些则关于农场和公共牧场等特征。描绘农场的一例图画式地图，是弗隆提努斯的一处界定所附的袖珍图（图13.10）。文中说："未经测量的自然土地（*Ager arcifinius*），按照古代惯例，以河流、沟渠、山脉、道路、成行的树木、分水岭，以及任何能够从以前的占领中索回的地区为界。"㉖ 这些容易显示的特征都尽可能地被纳入了地图，连带一些额外的特征，如大概是充当边界的两座神庙等。地图右侧的方块可能是为了说明以前占领的地区。用来界定土地状况的平面图的一例，一幅简单绘制的袖珍图（图13.11），也说明了弗隆提努斯的文本："牧场也有财产归属，与农场相关，但为公共持有；所以，这些公共牧场在意大利许多地方被称作公有（*communia*），而在有的省份被叫作共有（*pro indiviso*）。"㉗

　　㉓　Hyginus Gromaticus, *Constitutio limitum*, 144（note 11），笔者译。

　　㉔　Focke Tannen Hinrichs, *Die Geschichte der gromatischen Institutionen*（Wiesbaden：Franz Steiner, 1974），怀疑这些尚可辨认的百分田制是否可追溯到公元前4世纪。见 O. A. W. Dilke and Margaret S. Dilke, "Terracina and the Pomptine Marshes," *Greece and Rome*, n. s., 8（1961）：172–78；Gérard Chouquer et al., "Cadastres, occupation du sol et paysages agraires antiques," *Annales*：*Economies, Sociétés, Civilizations*, 37, nos. 5–6（1982）：847–82，尤其 fig. 7c。

　　㉕　据 Adolf Schulten, "Römische Flurkarten," *Hermes* 33（1898）：534–65，这条河有可能是 Ose 河；见 O. A. W. Dilke, "Maps in the Treatises of Roman Land Surveyors," *Geographical Journal* 127（1961）：417–26。

　　㉖　Frontinus *De agrorum qualitate*, in *Corpus Agrimensorum*, 13（note 4），第2页引文，笔者译；Carder, *Art Historical Problems*, 44–46（note 14）。

　　㉗　Frontinus *De cantroversiis*, in *Corpus Agrimensorum*, 4–10（note 4），第6页引文，笔者译；又见 fig. 18（manuscript A）。

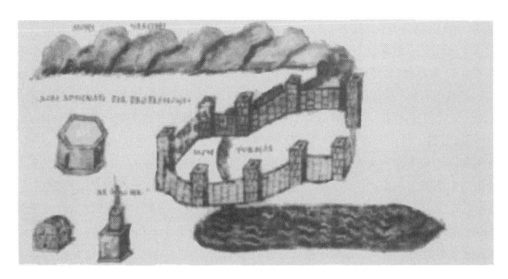

图 13.8　意大利明图尔奈周边百分田制的袖珍图

此殖民地于公元前 295 年在拉丁姆与坎帕尼亚的交界处建立，即现代的明图尔诺古城，此处所描绘的是从海面上看向韦希尼山脉的样子。

原细部图尺寸：8 × 14 厘米。照片出自 Biblioteca Apostolica Vaticana, Rome（Pal. Lat. 1564, fol. 88r）。

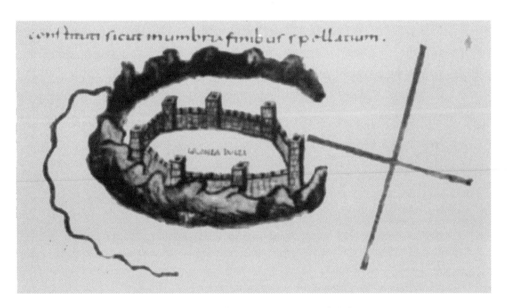

图 13.9　意大利希斯佩伦周边百分田制的袖珍图

约公元前 30 年在翁布里亚（Umbria）建立的斯佩洛殖民地领土，与毗邻定居点的边界示意图。边界沿左侧的河流而设。

原图细部尺寸：10.5 × 14.4 厘米。照片出自 Biblioteca Apostolica Vaticana, Rome（Pal. Lat. 1564, fol. 88v）。

　　最后，在归属帝国早期的论著中，很大一部分插图都是纯粹的百分田制图示，其中有些具有地图学意义，另一些则不然。因此，像在"奥朗日地籍册 A"（Orange Cadaster A）中发现的 40 × 20 阿克图斯的矩形，如图 13.12 所描绘的，[28] 南北大道和东西大道都标注为

---

[28]　Thulin, *Corpus Agrimensorum*, fig. 78（manuscript A）（note 4）.

KM：其中一条应当为 OM。在另一幅线条画中（图 13.13），[29] 展现了两个相邻的百分田制系统，一个可能是根据方位基点定位的方向，另一个则不是。[30] 然而，在一份晚期且有讹误的稿本中，却发现了最接近奥朗日地籍册的做法，尽管只体现了样本名称和耕地（图 13.14）；于是便有，"塞乌斯·阿吉里乌斯（Seius Agerius）的农场有 10 尤格努姆的自由保有的土地"，"色克蒂留斯（Sextilius）的农场有 30 尤格努姆"，"文尼乌斯（Vennius）的农场有 50 尤格努姆，已记在登记簿上"，等等。[31]

毫无疑问的是，这些文本和图示，特别是那些涉及百分田制的，对近代类似方案的采用和百分田制系统的发现都产生了影响。1833 年，曾读过罗马土地测量资料的丹麦船长 C. T. 法尔伯（C. T. Falbe）注意到，迦太基周围的方形地块边长有 2400 罗马尺；E. N. 勒尼亚奇（E. N. Legnazzi）于 1846 年在波河河谷，以及 P. 坎德勒（P. Kandler）在的里雅斯特（Trieste）地区做过类似的研究。[32] 从那时起，对百分田制的发现是如此之丰，让我们能体会到土地测量师在乡村规划和制图中发挥了何等重要的作用。

供测量师所用的教学地图，并不总像它们所要阐明的论著那样，一早就被设计出来了。220 伴随叙吉努斯·戈罗马提库斯的论著《论百分田制的确立》（Constitutio limitum）的插图中，有两幅区域地图，[33] 以两种不同形式出现：一种在 Arcerianus A（A）中，一种在 Pal. Lat. 1564（P）中。A 地图在每种情况下都很简单，用词少且所用为直线，而 P 地图则非常复杂，用词多且曲线、直线均有。曲线指道路与河流，尽管所标示的这些地区的罗马道路并非这样蜿蜒曲折。有一例中，看似单独的一个区域结果描绘的是相隔很远的多地，分别在坎帕尼亚、拉丁姆和波河河谷。[34] 另一幅地图[35]没有描绘分散的地区，但其定向很差，并且用了 ut 一词，意思是"例如"，表现的一座农场据说是由大概 600 年前的名将 P. 西庇阿（P. Scipio）所转让的。所以，这些地图很可能是用于教学的理论地图。因此，它们的年代可能是在公元 4 世纪或 5 世纪。

㉙　Thulin, *Corpus Agrimensorum*, fig. 74（manuscript A）（note 4）。

㉚　这种定向的冲突经常会在航空摄影中发现，Enfida, Tunisia 就是很好的一例。但在此类情况下，除非有考古或其他证据，否则通常都无法判断相邻系统是否属于同时代的：John Bradford, *Ancient Landscapes*（London：Bell, 1957）；Gérard Chouquer and Françoise Favory, *Contribution à la recherche des cadastres antiques*, Annales Littéraires de l'Université de Besançon 236（Paris, 1980）；Institut Géographique National, *Atlas des centuriations romaines de Tunisie*（Paris：Institut Géographique National, 1954）。又见 Monique Clavel-Lévêque, ed. , *Cadastres et espace rural：Approches et réalités antiques*（Paris：Centre National de la Recherche Scientifique, 1983）。关于百分田制的书目，见 O. A. W. Dilke, "Archaeological and Epigraphic Evidence of Roman Land Surveys," in *Aufstieg und Niedergang der römischen Welt*, ed. Hildegard Temporini（Berlin：Walter de Gruyter, 1972 – ）, 2. 1（1974）：564 – 92，尤其第 585—592 页。

㉛　笔者译自 16 世纪耶拿的弗隆提努斯稿本；见 Thulin, *Corpus Agrimensorum*, fig. 17（note 4）。

㉜　C. T. Falbe, *Recherches sur l'emplacement de Carthage*（Paris：Imprimerie Royale, 1833）；Pietro Kandler, *Indicazioni per ricanoscere le cose storiche del Litorale*（Trieste, 1855）；cf. G. Ramilli, *Gli agri centuriati di Padova e di Pola nell'interpretazione di Pietro Kandler*（Trieste：Società Istriana di Archeologia e Storia Patria, 1973）。

㉝　Dilke, "Treatises," 417 – 26（note 25）。

㉞　Thulin, *Corpus Agrimensorum*, fig. 136a（note 4）；Blume et al. , *Schriften der römischen Feldmesser*, Vol. 1, fig. 197a（manuscript P）（note 4）。

㉟　Thulin, *Corpus Agrimensorum*, fig. 135a（note 4）；Blume et al. , *Schriften der römischen Feldmesser*, Vol. 1, fig. 196b（manuscript P）（note 4）。

图 13.10　自然土地

一处农场的袖珍图画式地图，旨在说明附文对《罗马土地测量文集》（*Corpus Agrimensorum Romanorum*）中未经测量的农田的定义。

原图细部尺寸：4.5×21 厘米。Herzog August Bibliothek，Wolfenbüttel 许可使用（Codex Guelf. 36. 23 Aug. 2°, fol. 18r）。

阿劳西奥的地籍册

尽管没有青铜的测量图存世，但我们确实拥有在罗讷河谷（Rhone valley）的奥朗日（罗马的阿劳西奥）发现的石刻地籍图的大量残片。它们最初由几排石板组成，应当是固定在墙上供永久展示的。在这个意义上，"地籍册"一词意味着为税收目的开展的大比例尺精度的土地调查。[36] 遗憾的是，奥朗日博物馆（Orange museum）1962 年的一次楼板坍塌造成了大量损失，因此并非所有残片都幸存了下来。不过，现存的重要残片主要是在 1949—1951 年发现的，如今已很好地上墙展示，而丢失的碎片则由皮加尼奥尔（Piganiol）做了仔细记录。[37]

刻石分三类。第一类，有公元 77 年的铭文，解释苇斯巴芗皇帝一道敕令的目的；第二类，有现在被称作 A、B、C 三种地籍册的残片；第三类，有几块来自奥朗日公共档案室（*tabularium*）的刻石。

第一类的铭文在字母复原且缩略语完整后，可作如下释读：

> 苇斯巴芗皇帝在他行使保民官权的第八年［即公元 77 年］，为了恢复奥古斯都皇帝赐给第二高卢军团（second legion Gallica）士兵，但多年被私人占有的国有土地，下令创制一幅测量图，要有每块百分田年租情况的记录。这是由……纳博讷高卢省总督（proconsul）乌米狄乌斯·巴苏斯（Ummidius Bassus）落实的。[38]

221

---

[36]　其来源可能不是中世纪拉丁语词 *capitastrum*，而是拜占庭的希腊语词汇 κατα στίχον，"一行行"（的分类账）。

[37]　André Piganiol，*Les documents cadastraux de la colonie romaine d'Orange*，*Gallia*，suppl. 16（Paris：Centre National de la Recherche Scientifique，1962）；cf. Dilke，*Roman Land Surveyors*，159–77（note 4）。

[38]　笔者译。铭文记录见 Piganiol，*Documents cadastraux d'Orange*，fig. 11 and pl. 3（note 37）。

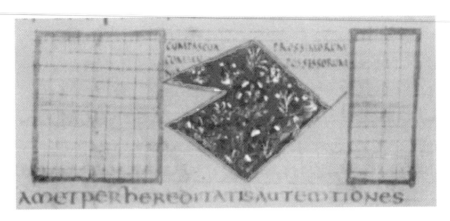

图 13.11　出自《土地测量文集》的一幅平面图

此袖珍图旨在说明土地的状况，此例为经百分田制测量的两地所共享的牧场。

原图尺寸：5.2×14.1 厘米。Herzog August Bibliothek，Wolfenbüttel 许可使用（Codex Guelf. 36. 23 Aug. 2°，fol. 18r）。

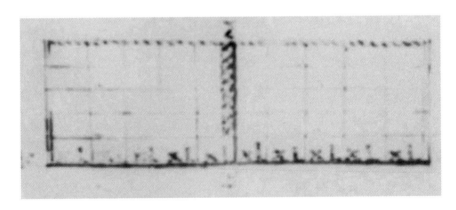

图 13.12　出自《土地测量文集》的袖珍图

　　对百分田制方案的描绘，40×20 阿克图斯（actus）。《文集》记载了西班牙梅里达（Mérida）附近两处不明地点实行此种量度的地籍册。

　　原图尺寸：2.4×7 厘米。Herzog August Bibliothek，Wolfenbüttel 许可使用（Codex Guelf. 36. 23 Aug. 2°，fol. 45r）。

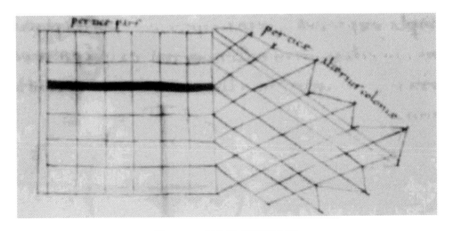

图 13.13　邻接的百分田制方案

此小插图出自《土地测量文集》，显示了两个相邻的不同定向的百分田制方案。

原图尺寸：6×11 厘米。照片出自 Biblioteca Apostolica Vaticana，Rome（Pal. Lat. 1564，fol. 84v）。

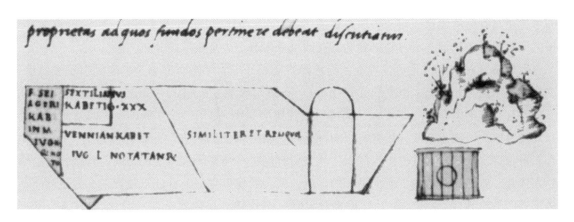

图 13.14 小块耕地的制图

此范例式的袖珍图是所有《土地测量文集》稿本中唯一一幅与实际的百分田制地图成果相似的。

出自 James Nelson Carder, *Art Historical Problems of a Roman Land Surveying Manuscript: The Codex Arcerianus A, Wolfenbüttel*（New York: Garland, 1978），ill. 22。Universitätsbibliothek, Friedrich-Schiller-Universität, Jena 许可使用（MS. Provo f. 156 [Apographon Jenense], fol. 77r）。

  涉及的领土属于公元前 35 年或之前不久在阿劳西奥建立的殖民地。该殖民地是为第二高卢军团的老兵规划的，此军团在公元前 35 年被第二奥古斯塔军团（second legion Augusta）取代，殖民地名为尤利亚塞昆达诺鲁姆殖民地（colonia Iulia firma Secundanorum）。每个老兵（除百夫长 [centurion] 外）得到的土地数量可能是 33 又 1/3 尤格拉姆——8.4 公顷或 20.8 英亩。对国有土地（*ager publicus*）的占用是一种罪行，因为这会侵占国家的税收。遭受公元 69 年的内战重创之后，韦斯巴芗急于重整罗马的财政资源，而这是一种简单易行的方式。

  虽然地籍册在某些方面与《土地测量文集》中的图示相似，但它们严格限于百分田制测量的土地。可以看出，《文集》插图表现的是除百分田制线条以外的地形特征，而且，它们往往延伸到已经过百分田制测量的地区以外，以图画形式展示其他的景观。这种风格在地籍册中没有发现，并且据我们所知，也不曾在测量师的青铜地图上得到过运用。在阿劳西奥，地籍册会列出资金需求和法律状态；在《文集》中，主要关注的是测量和法律状态。

  阿劳西奥的罗马殖民地建立在特里卡斯提尼（Tricastini）部落的领地上，[39] 在地籍册 B 中（最初是三种地籍册中覆盖面最广的），出现了短语 "TRIC RED"，*Tricastinis reddita* 的缩略语（意思是，归还给了特里卡斯提尼人）。尽管很可能归还给当地部落的有些是最贫瘠的土地，但此举可能与其都城圣保罗三城堡（St-Paul-Trois-Châteaux）在公元 97 年之前的某个时候，被升格为弗拉维亚特里卡斯提诺鲁姆殖民地（colonia Flavia Tricastinorum）的地位变化有关。

  所需的相当大的详细程度，只能靠这种类型的大比例尺平面图来记录，此例中，总的比例尺约为 1:6000，并以双倍宽度体现百分田制地区主要的交叉道路南北大道和东西大道。

222

---

  [39] Claude Boisse, *Le Tricastin des origines à la chute de l'Empire romain*（Valence: Sorepi, 1968）.

许多无法与百分田成直线相交的道路被恰当地注明，河流与岛屿也是如此，尽管没有名字。正方形和矩形的比例并不总是正确的；有的百分田看上去是矩形而非正方形。

地籍册 B 和 C 的方位可以确立，但地籍册 A 由于非常零散，其方位的问题引发了讨论。皮加尼奥尔认为北在上，但奥利弗（Oliver）和萨尔维亚（Salviat）都坚称就此例而言南在上，并且，在档案室的三面墙上，地籍册是按照测量图 A、B、C 分别以南、西、北在上的方式设置的，以便于查阅，尽管每张图都是由一名最初面朝西方的测量师构建的。[40] 我们是否能揣着萨尔维亚的观点进一步深入，认为所有这三种地籍册实际上都是同一时期的，这颇令人怀疑。如果我们看一下航空摄影的证据，就会发现只有一个百分田制方案是由矩形而不是正方形组成的。[41] 由于地籍册 A 由矩形组成（而 B 和 C 呈现的是正方形），因此认为其大致是奥朗日和卡庞特拉（Carpentras）之间的这个地区才是合理的，而不是，如萨尔维亚所言，更往南的某个地区。奥朗日和卡庞特拉之间的矩形与更北边的正方形的方位并不太一致，这也再次表明，这三种地籍册不是同一时期的。与罗马制图的许多其他方面一样，会有一个问题是，许多资料只是以其最终的、修订后的形式留存下来；如果接受其现状，它可能会透射出相当长的历史时期所发生的事情。[42]

地籍册 A 由萨尔维亚重建，如图 13.15，线条表示从测量中心向每个方向的大致延伸。百分田是矩形的，并且，由于所保留的最大的份地总面积是 330 尤格努姆，我们可以满怀信心地推测，每个矩形的大小为 400 尤格努姆，不同于地籍册 B 和 C 中的那些。显然，A 中的矩形东西长 40 阿克图斯，南北长 20 阿克图斯，从《土地测量文集》得知的尺寸已在西班牙存在。7 号残片（图 13.16）从地形学角度来看，是令皮加尼奥尔感兴趣的。它显示了在南北大道（以夸张的宽度表示）和东西大道的交叉处附近，有一条两岸都有道路的辫状河（braided river），这些道路的方位与百分田制方案的完全不同。这条河应当是罗讷河（Rhône）的一个支流，距其与主河的交汇处不远。

---

[40] J. H. Oliver, "North, South, East, West at Arausio and Elsewhere," in *Mélanges d'archéologie et d'histoire offerts à André Piganiol*, 3 Vols., ed. Raymond Chevallier (Paris: SEVPEN, 1966), 2: 1075–79; F. Salviat, "Orientation, extension et chronologie des plans cadastraux d'Orange," *Revue Archéologique de Narbonnaise* 10 (1977): 107–18.

[41] M. Guy in Raymond Chevallier, "Sur les traces des arpenteurs romains," *Caesarodunum*, suppl. 2 (Orléans-Tours, 1967), 16.

[42] 因此，在地籍册 A 上，土地持有者应付的年租是以第纳里（denarii）和阿斯（asses）来列举的。公元前 2 世纪 40 年代，阿斯兑换第纳里的数量从 10 变成了 16。在奥朗日，除阿斯（as）以外，还使用旧的十进制术语：10 *libellae* 或 20 *singulae* 或 40 *teruncii* 相当于 1 第纳里。缩略语如下：

X	1 *denarius*
S	1/2 *denarius*（*semis*）
—	1 *libella*
=	2 *libellae*
≡	3 *libellae*
⌐	1 *singula*
T	1 *teruncius*
AI	1 *as*

于是，11 阿斯表示为 S-TAI，即 1/2 + 1/10 + 1/40 + 1/16 = 11/16 第纳里。

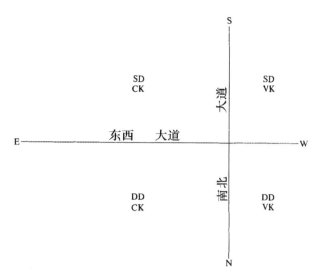

图 13.15　奥朗日地籍册 A 可能的图面配置

与奥朗日其他两种地籍册不同，此地籍册似乎由如图 13.12 所绘边长为 40×20 阿克图斯（*actus*）的矩形组成。

据 F. Salviat，"Orientation, extension et chronologie des plans cadastraux d'Orange," *Revue Archéologique de Narbonnaise* 10 （1977）：107 – 18，esp. 111。

223

图 13.16　奥朗日地籍册 A 的 7 号残片

此残片不仅体现了土地所有权，还显示了穿百分田制纹理而过的两道路间一条拥有一座岛屿的河流。此残片以及其他残片上使用的缩略语包括：EXTR，*ex tributario*——撤销纳贡义务（当地只有高卢人纳贡）；REL COL，*reliqua coloniae*——留给殖民地，即土地不分配给老兵而是由社区租用；RP，*rei publicae*——国有土地（仅出现在地籍册 A 中）；SVBS，*subseciva*——要么为经过测量的百分田和殖民地领土外部边界之间余下的地区，要么是某百分田以内不适合分配或找不到土地所有者的土地。

原物尺寸：29.5×36 厘米。Musée Municipal d'Orange，Vaucluse 许可使用（fragment 7 of Cadaster A）。

地籍册 B 在发现时，是当时三种地籍册中呈现得最佳的，其完成时，高度当有 5.5 米以上，长 7 米。它体现的正方形为标准大小的 200 尤格努姆，即 20×20 阿克图斯。体现图面配置的图 13.17 上，数字表示四个方向上每个方向最少的百分田数。因此，所测量地区的南北伸展至少占据了 63 块百分田，即超过 44 公里。它一定到达了北边的蒙特利马尔（Montélimar）附近某地；但百分田制似乎并没有延伸到罗讷河以西，而在东北方向上，并非所有的土地都适合分配。虽然这样的一个地区比突尼斯的一些地区要小，但却比欧洲除波河河谷外的常规地区要大得多。我们不能做的是通过这些测量值直接确定整个这一地籍测量的最小面积，因为有的百分田可能从未被纳入进来。皮加尼奥尔试图准确定位的测量情况是不确切的，[43] 因为在奥朗日以北的栋泽尔峡谷（Gorge de Donzère）地区，从岩层来看，会认为罗讷河的一条古河道过于偏东。通过微调一下方位，并稍稍缩减分配给每块百分田的空间，就能消除这一困难。地籍册 B 中最宽的河流只占据一块百分田边长的 20% 左右，也就是说大概 140 米，而罗讷河现在的宽度要大得多；即便如此，还是有理由相信其体现了罗讷河以及它的一些支流。[44] 归还给特里卡斯提尼的土地占据测量的最大部分，即东北部（DDCK），并不是特别肥沃的地区（图 13.18）。

比例尺约为 1∶6000 的地籍册 C 保存得不太好，但它似乎覆盖了奥朗日以南的一个地区。其西边部分包括罗讷河中被称作弗里恩奈岛（insulae Furianae）的岛屿，南北长至少 5 公里，东西宽 2 公里（图 13.19）。自罗马时代起罗讷河在奥朗日以南的河道改变，使得我们无法确定所显示的地区。西边部分引人关注之处在于，它是罗马覆盖范围最广、带岛屿的大比例尺河流地图。令人惊奇的是，这样一个只有部分可耕种土地且明显容易受河道变迁影响的地区，竟然用了与其余地区一样的坐标系来做百分田制的测量；这倒也反映了这些测量的彻底性和完整性。

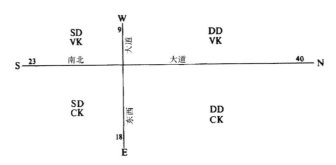

图 13.17　奥朗日地籍 B 可能的图面配置

数字表示的是每个方向上最少的百分田数，每块百分田为一个 20×20 阿克图斯的正方形。

据 O. A. W. Dilke, *The Roman Land Surveyors: An Introduction to the Agrimensores*（Newton Abbot: David and Charles, 1971），166。

---

[43]　O. A. W. Dilke, "The Arausio Cadasters," in *Akten des* Ⅵ. *internationalen Kongresses für griechische und lateinische Epigraphik, München*, 1972, *Vestigia* 17（Munich: C. H. Beck'sche Verlagsbuchhandlung, 1973），455－57。

[44]　见图示，据上条注释所引文章重印，见 O. A. W. Dilke, *Gli agrimensori di Roma antica*（Bologna: Edagricole, 1979），82, fig. 46 bis。

图 13.18 通过奥朗日地籍册 B 重新组装的饰板 III J（Plaque III J）
该地区在地籍测量的东北部（图 13.17 上的 DD CK），显示的是归还给特里卡斯提尼原住民的土地。
原物尺寸：121×58 厘米。Musée Municipal d'Orange，Vaucluse 许可使用。

三种地籍册的年代顺序存在争议。皮加尼奥尔认为，地籍册 A 与苇斯巴芗的敕令属同一时期，其余两种的年代则晚一些，B 在 C 之前。这似乎比已经提到的三者属同一时期的观点更具可能性。地籍册 A 是唯一将国有土地列入其中的；如果这些国有土地，像在其他某些殖民地发生的一样，是由图密善交予地方政府的，那就能解释为何它们没在另两个地籍册中出现。图密善可能还负责了将特里卡斯提尼的都城提升为"殖民地"，这意味着，此事件与地籍册 B 中归还给特里卡斯提尼的土地比例相对较高存在联系。

图 13.19　奥朗日地籍册 C

225　　对弗里恩奈岛的组装。这些如今已被冲走的罗讷河中的岛屿在地籍册的西部。

　　　　原图尺寸：109×54 厘米。Musée Municipal d'Orange, Vaucluse 许可使用。

大比例尺城镇地图：《罗马城图志》

　　考虑到城市在罗马人生活中的重要性——以及土地测量师所掌握的大比例尺测量技能——那么，大比例尺城镇平面图也在帝国早期出现就不足为奇了。有人指出，这类在比百分田制地区图更大的比例尺上构建的平面图，可能是由建筑师而非土地测量师绘制的；[45] 可以注意到，"*forma*"一词既可应用于测量师的地图，也可用于建筑师的房屋平面图。

对于城市和农村不动产，都只有少数可能源于（或基于）某种建筑图的详细平面图留存下来。有的平面图可能同奥朗日的地籍册一样，充当的是城镇地权的记录。罗马市政古物馆（Antiquarium Co-munale）所藏的一幅平面图的残片，[46] 题有私人不动产所有者的名字，并且，同奥兰治的一样，这些名字中还包括女性（图13.20）。不过，一幅年代不确定的，现藏于罗马保守宫的浴场平面图，则只局限于建筑细节。1872年当其在圣洛伦佐门大道（Via di Porta San Lorenzo）上被发现时，上面的数字被认为指的是军事单位；事实上，它们是以罗马尺为单位的测量值，其比例尺也相当一致（图13.21）。[47]

图 13.20　一幅罗马平面图的残片

这幅城市不动产平面图是现存的少数几幅之一，显示了带业主姓名（其中包括女性）的私人住宅。Antiquarium Co-munale, Rome。

原物尺寸：12×13厘米。Thames and Hudson 提供照片。

乡村地产平面图最重要的样本，是发现于罗马拉比卡纳大道（Via Labicana）上的"乌尔比诺平面图"（Urbino plan），现藏于乌尔比诺（Urbino）的总督宫（ducal palace）（图13.22）。[48] 它被认为是一处带墓碑并毗邻花园的地产。地产两侧沿私人道路测量的长度是 546罗马尺和524又1/2罗马尺。其特色是一条公共道路，测量值为1683罗马尺，通向此地 226

㊺　Dilke, *Roman Land Surveyors*, 112（note 4）.

㊻　Carettoni et al., *Pianta marmorea*, 207, No. 2 and pl. Q, fig. 47（note 3）; *Corpus Inscriptionum Latinarum*, 6.4.1（1894）: 2897, No. 29846（note 2）; P. D. A. Harvey, *The History of Topographical Maps: Symbols, Pictures and Surveys*（London: Thames and Hudson, 1980）, 130, fig. 75.

㊼　Carettoni et al., *Pianta marmorea*, 209, No. 7（note 3）; *Corpus Inscriptionum Latinarum*, 6.4.1（1894）: 2897, No. 29845（note 2）.

㊽　关于"乌尔比诺平面图"的更多信息，见 Carettoni et al., *Pianta marmorea*, 207-8, No. 3, and pl. Q, fig. 51（note 3）; *Corpus Inscriptionum Latinarum*, 6.4.1（1894）: 2897, No. 29847（note 2）。

产。《房产文集》（*Casae litterarum*）中还有一系列关于农场或别墅的大比例尺袖珍地图（图 13.23），[49]《房产文集》是收录在《土地测量文集》稿本中的一本晚期拉丁文论著。"casa"一词在这里不是指古典拉丁语中的小屋，而是指农场或别墅。[50] 这些袖珍地图的确切用途尚存争议，但却有一种有趣的可能为比例尺的标示。一套图的标题包含"*in pede V fac pede uno（pedem unum）*"的字样。如果 V 真的代表 V̄，也就是 5000，那么我们可以知道比例尺为 1∶5000。[51]

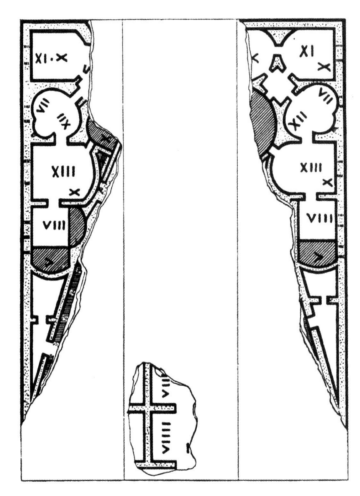

图 13.21　罗马浴场平面图

罗马圣洛伦佐门大道某热水浴场的彩色镶嵌画残片。

原图尺寸：1.62×1.15 厘米。出自 Gianfilippo Carettoni et al.，*La pianta marmorea di Roma antica*：*Forma Urbis Romae*，2 Vols.（Rome：Comune di Roma，1960），209。Musei Comunali di Roma 许可使用。

---

[49]　Åke Josephson，*Casae litterarum*：*Studien zum Corpus Agrimensorum Romanorum*（Uppsala：Almqvist och Wiksell，1950）；Blume et al.，*Schriften der römischen Feldmesser*，Vol. 1，figs. 254 ff.（note 4）。两份主要的稿本中，Wolfenbüttel Arcerianus A 只有拉丁字母；一件柏林残片同时包含了拉丁文和希腊文。

[50]　Adolf Schulten，"Fundus，"in *Dizionario epigrafico di antichità romane*，ed. E. de Ruggiero（Rome，1895 – ），3：347.

[51]　近期在流行媒体中反复出现的一个误解是，罗马人只能通过重复 M 来表达千位数；相反，他们经常在一个或多个数字上加一道杠来表示乘以千。在里程中，这样的惯例有时会被后来的作者误解，他们用数字的余数乘以千，得出的是完全错误的答案。

　　通过这种个别场所的详细平面图，迈向整座城镇的大比例尺呈现便是合乎逻辑的一步。尽管还不清楚这种地图如何以及在多大程度上被用于城镇规划，但截至帝国早期，它们已成为罗马大比例尺制图的既定组成部分。除了最著名的例子——将在下文介绍的《罗马城图志》——以外，其他古代定居点可能也有其各自的这种类型的平面图。可清晰辨认为此种类型的一幅罗马世界的详细城镇平面图，是保存在古奥斯蒂亚博物馆（museum of ancient Ostia）的一块出自圣岛（Isola Sacra）（奥斯蒂亚附近）的残片（图 13.24）。[52] 除了数字，该残片没有任何铭文，这些数字可能表示的是以罗马尺计的测量值。墙体用了双线表示，而在《罗马城图志》中用的则是单线。

227

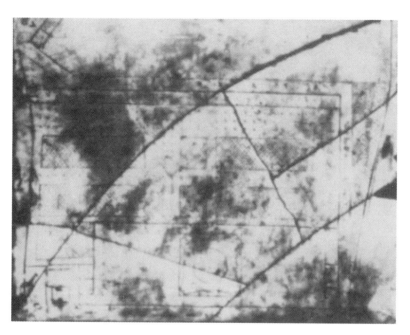

图 13.22　乌尔比诺平面图

　　罗马乡间地产的一幅平面图的实例。年代不确定，其特点包括一处种植芦苇的芦苇地（*harundinetum*），一道水渠（*fossa*），以及沿公共与私人（*via privata*）道路的测量数据。

　　原图尺寸：74×83.2 厘米。出自 Gianfilippo Carettoni et al., *La pianta marmorea di Roma antica*: *Forma Urbis Romae*, 2 Vols. (Rome: Comune di Roma, 1960), pl. Q, fig. 51。Musei Comunali di Roma 许可使用。

　　《罗马城图志》可以被当作一件举世无双的工艺品来研究，不仅因为其尺寸和大比例 226 尺，还因为有许多幸存的残片，使得详细的重建成为可能。[53] 它刻于大理石上，可以被视为罗马的官方平面图，涵盖了罗马城建造之日其范围内的确切区域。它原始尺寸高 13.03 米，宽度达到了 18.3 米，与其等大的复制品可在卡比托利欧博物馆（Musei Capitolini）的庭院中见到，反映了 1959 年时对其的认知且故意没有更新。现存残片在维托里奥·埃马努埃莱大街（Corso Vittorio Emanuele）的布拉斯奇宫（Palazzo Braschi），在这里，这些残片于近期得到了重新研究。[54] 平面图的完成时间是在公元 203—208 年：最后增加的两栋建筑是七节

[52]　Carettoni et al., *Pianta marmorea*, 208, No. 5 (note 3); Harvey, *Topographical Maps*, 130, fig. 76 (note 46)。

[53]　Carettoni et al., *Pianta marmorea* (note 3)。

[54]　Emilio Rodríguez Almeida, *Forma Urbis Marmorea*: *Aggiornamento generale* 1980 (Rome: Edizioni Quasar, 1981)。

楼（Septizodium）（建于公元 203 年的装饰性门楼）和铭识为“SEVERI ET ANTONINI AVGG NN”的一栋建筑物，大概的意思是“皇帝塞维鲁（Severus）和安东尼努斯（Antoninus 卡拉卡拉［Caracalla］）的无名建筑”。尚不确定这是原作还是修订版；如果是后者，它可能是对苇斯巴芗（公元 69—79 年在位）和提图斯（Titus）（公元 79—81 年在位）的城市平面图的修订，此二人在公元 74 年对罗马进行了测量。我们不知道二者测量师（*mensores*）
227 的工作是否以平面图的形式公开展示过。不过，公元 191 年，苇斯巴芗时期建造的和平神庙（Temple of Peace）失火，当塞普提米乌斯·塞维鲁（Septimius Severus）将其重新修复时，《罗马城图志》被固定在了附属神庙的图书馆的外墙上（图 13.25）。这面墙仍立于圣科斯马斯和达米安教堂（Church of Saints Cosmas and Damian）外，墙上用来固定平面图的孔依然可见。这些定位孔让考古学家能够推断出许多残片的原始位置。

首批残片发现于 1562 年，1590 年发表的一批被认为是马格努斯角斗士学校（Ludus Magnus）相当完整的平面图，该校由图密善在古罗马斗兽场（Colosseum）附近建立（图 13.26）。其他发现于文艺复兴时期但从此遗失的残片记录在了 Vat. Lat. 3439（罗马梵蒂冈图书馆）之中。自 1874 年 H. 约尔丹（H. Jordan）出版《罗马城图志》以来，发现的残片数量已经翻了一倍多。

显然，地图首先必须由测量师绘制并刻在不太永久的材料上，大概是在高级建筑师的指导下完成的。与土地测量师和营地测量员不同，城市测量师没有留下任何手册。但我们掌握他们所用的一些仪器（例如，近期在坎特伯雷［Canterbury］的沃特灵古道［Watling Street］遗址发现的一块有刻纹的三角板），(55) 并且我们可以猜测他们从最突出的建筑入手，因为下文将要提到的关于比例尺的检验，已显示出对许多这些建筑的特殊处理。地图最终的版本，需要 *lapicidae*，即石料切割机的帮助，既要用来在大理石上雕刻地图和文字，又要用于将大理石上墙。

罗马详图的一大优点是能提高城市管理效率。奥古斯都将罗马划分为 14 个区，每区又再细分为街区（*vici*）。这些区由每年选举的地方官员管理，下属有公职人员和公共奴隶。公职人员包括 *vigiles*，即警备队，也担任消防任务。行政管理的另一重要组成部分是给水，但不隶属于各区。作为可能使用地图的一例，如果警备队能从地图上看到最近的高架渠和 *castella*（当地蓄水池）的位置，他们便能更容易地扑火。出于这种目的，可能会在纸莎草纸或蜡版上制作《罗马城图志》相关部分的副本。奥古斯都城区行政体系的长期运行，可从两份现存的晚期地形手册中看到，即《城十四区志》（*Curiosum Urbis regionum* XIV）和《十四区名册》（*Notitia regionum* XIV），年代分别为公元 354 年和 375 年。

《罗马城图志》的方位大致朝向东南（南偏东约 43°，在 36°至 50°之间变化）。这样的图面配置可能承自先前的某幅地图，因为罗马的首个奥古斯都区在城南，而塔西佗提到的萨

(55) Hugh Chapman, “A Roman Mitre and Try Square from Canterbury,” *Antiquaries Journal* 59 (1979): 403 - 7; O. A. W. Dilke, “Ground Survey and Measurement in Roman Towns,” in *Roman Urban Topography in Britain and the Western Empire*, ed. Francis Grew and Brian Hobley, Council for British Archaeology Research Report No. 59 (London: Council for British Archaeology, 1985), 613, 尤其第 9 页和 fig. 13。

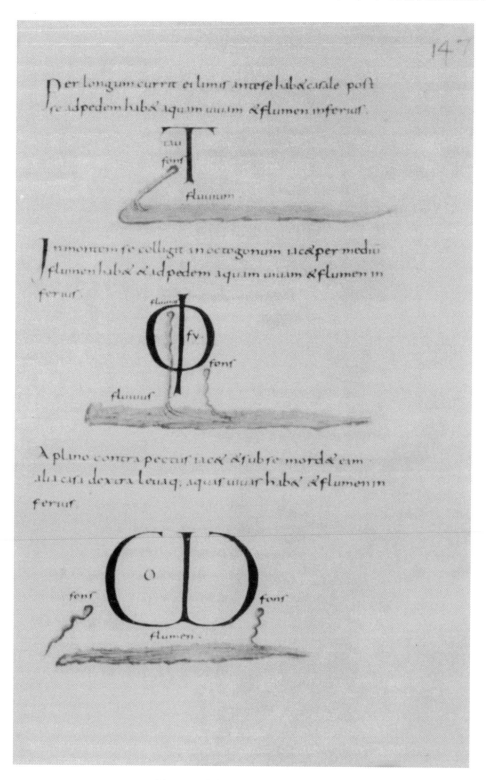

228

图 13.23 出自《房产文集》的小插图

晚期拉丁文论著中的一种风格示例，包含不同地形环境下的农田地图（为字母形式）。最下方袖珍图上方的描述性文字可翻译为："ω 位于远离平地处，靠着山脊，另一座别墅坐落于山下。其左右两侧都有清泉，下方还有一条河。"

原图尺寸：28×19.6 厘米。照片出自 Bibliotheea Apostoliea Vatieana, Rome（Pal. Lat. 1564，fol. 147r）。

229

图 13.24 圣岛残片

这显然是一幅罗马城镇平面图的局部，双线代表墙体。唯一的铭文是数字，可能表示测量值。Museo Ostiense，near Rome.

原物尺寸：14×17 厘米。Thames and Hudson 提供照片。

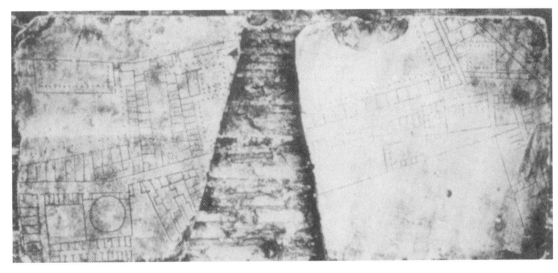

图 13.25 《罗马城图志》

在原墙面复原该平面图两块残片的位置。残片覆盖波图恩希大道（Via Portuense）的一个地区，左上角是台伯河的南岸。

原残片高度：74 厘米。出自 Gianfilippo Carettoni et al.，*La pianta marmorea di Roma antica：Forma Urbis Romae*，2 Vols.（Rome：Comune di Roma，1960），pl. N, fig. 37。Musei Comunali di Roma 许可使用。

卢斯特（Sallust）在城市左侧的花园，如果指的是平面图上的话，则适合于东或南在上。(56) 227
平均比例尺大致为 1∶240 或 1∶250，但有一种倾向是让重要的建筑物比它们应该呈现的更 228
大，因此现存部分的比例尺变化为 1∶189 到 1∶413 不等。而这幅平面图，在谅解其建筑轮廓的一些错误的情况下，体现的准确程度是 1500 多年当中罗马平面图所达到的高峰。(57) 229

比例尺畸变不仅由重要建筑的放大造成，也因为用立面或符号而非平面形式来表现特定特征所致。(58) 这其中首当其冲的是承托高架渠的拱门，如果不是用立面形式表现的话恐怕很难认出（图 13.27）。这些也许可以算作所使用的地图符号；其他还包括楼梯，值得注意的是，它们有时会被完整呈现出来，有时显示为内有台阶的三角，有时仅仅用两条线描绘，形成一个锐角，类似于锐角三角形。事实上，如哈维（Harvey）所指出的，让许多细节规约化，同时又保持其位置的准确度，正是地图最显著的特征之一。他写道：

> 墙体大多以单线显示，但在一些重要建筑上，会绘成双线，中间留空……单线也标示特定的边界。圆点标记柱子，有时也可能标记树木，并且，矩形内的圆点和单独的小矩形，要么带轮廓要么镂空，大概都标记的是广场基座上立着的柱子。更大的矩形和圆形用于雕像的基座、神庙前的祭坛、公共喷泉等等，大圆有时标记建筑物的红线……所有主要建筑物都有命名，而且很可能文字是有颜色的——也许平面图的其他部分也如此。(59)

因此，整幅地图代表了一项精妙的地图学成就，无论是在概念还是制作上，都与今天的 230
城镇平面图相差无几。它仍然是罗马测绘工作中最让人印象深刻的幸存遗迹。

如果说《罗马城图志》是早期帝国绝无仅有的，那么显然，并非所有的城镇平面图都是按如此大的比例尺绘制的，或者是服务于与财产或公民管理相关的实用目的的。有的以装饰性或象征性为目的。发现于罗马港口奥斯蒂亚（Ostia）的一幅地图式镶嵌画便属于此种类型。奥斯蒂亚是海外贸易的重要中心，尤其是为罗马进口粮油和圆形剧场的动物等。(60) 在许多的镶嵌画中，最为夺目的呈现之一，虽然简单，是一幅基本以平面形式表现的罗马遗址的镶嵌画，可在古奥斯蒂亚从遗址入口处到博物馆的道路附近看到（图 13.28）。(61) 这是与马

(56) Tacitus *Histories* 3. 82；见 *The Histories*, trans. Clifford H. Moore, Loeb Classical Library（London：William Heinemann；Cambridge：Harvard University Press, 1925 – 37 and later editions）。Ferdinando Castagnoli, "L'orientamento nella cartografia greca e romana," *Rendiconti della Pontificia Accademia Romana di Archeologia* 48（1975 – 76）：59 – 69 表明，在罗马世界，朝南定向比一般认为的更常出现。左和右可能并不指河岸。的确，Horti Sallustiani 在我们应当称之为左岸的一方；但古城 90% 的地方也是如此。

(57) Amato Pietro Frutaz, *Le piante di Roma*, 3 Vols.（Rome：Istituto di Studi Romani, 1962）；O. A. W. Dilke and Margaret S. Dilke, "The Eternal City Surveyed," *Geographical Magazine* 47（1975）：744 – 50. 近期研究表明，Campus Martius 地区某建筑物的形状比《罗马城图志》上的大部分都错得更多。

(58) Thomas Ashby, *The Aqueducts of Ancient Rome*（Oxford：Clarendon Press, 1935）.

(59) Harvey, *Topographical Maps*, 128（note 46）.

(60) J. H. D'Arms and E. C. Kopff, eds., *The Seaborne Commerce of Ancient Rome*：*Studies in Archaeology and History*, Memoirs of the American Academy in Rome, 36（Rome：American Academy in Rome, 1980）.

(61) 关于更晚些时候的镶嵌画，见下文第 263—266 页。

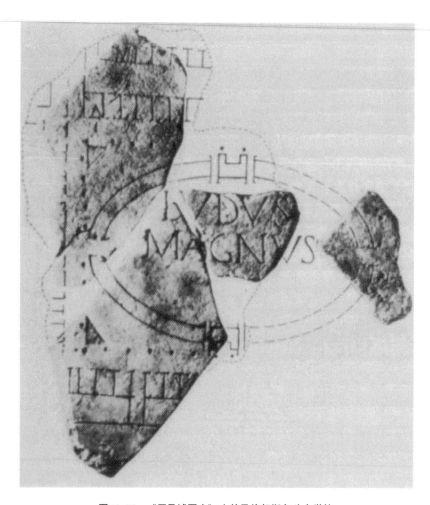

图13.26　《罗马城图志》上的马格努斯角斗士学校

此残片重组图，最早发表于1590年，体现了古罗马斗兽场附近的一所角斗士学校。

出自 A. M. Colini and L. Cozza, *Ludus Magnus*（Rome：Comune di Roma, 1962），8, fig. 8。Musei Comunali di Roma 许可使用。

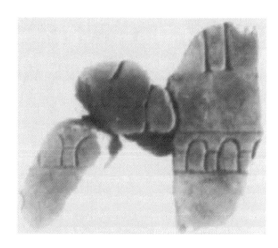

图13.27　《罗马城图志》上的高架渠拱门

高架渠立面的风格化描绘是《罗马城图志》上使用的典型的地图符号。Musei Comunali di Roma 许可使用。

231

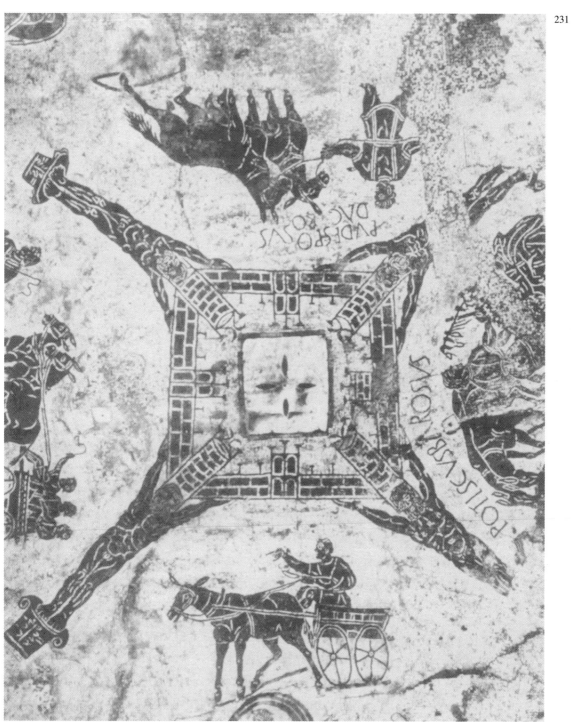

图 13.28 奥斯蒂亚马车夫镶嵌画

年代约公元120年，此镶嵌画展示了一座带围墙的小镇的装饰性平面图，城墙四角都有由巨人撑起的塔楼。Museo Ostiense, near Rome.

原物尺寸：8.7×8.7 米。出自 Giovanni Becatti, ed. , *Mosaici e pavimenti marmorei*, 2 pts. (1961)；均属 Vol. 4 of *Scavi di Ostia* (Rome：Istituto Poligrafico dello Stato, 1953 –), pt. 2, pl. CⅧ (No. 64)。

230　车夫（*cisiari*）会面的地点，他们的轻型车通常由骡子牵引，其年代暂定为公元 120 年前后。[62] 此镶嵌画的中心图案是一座方形的带围墙的小镇（非写实的，如果打算表现奥斯蒂亚的话），四个角上都有塔楼。这些塔楼不是以平面形式而是以立面显示的，每座都与城市中心正相反，并且被称作苔拉蒙斯（Telamones）的巨人支撑着。马车与马夫示于城外，马车的骡子有着具讽刺性的名字，如 Podagrosus（痛风）。

隧道和高架渠的工程平面图

　　早期帝国最后一类大比例尺测绘与各种类型的工程项目有关。特别是，隧道和高架渠的建造，可能会涉及大比例尺平面图的使用。在古代，可能会为了道路或高架渠开凿隧道。如果它们同时从两头开凿，结果可能会像西罗亚（Siloam）隧道发生的，[63] 或者诺米乌斯·达图斯提到的那样功败垂成。为了避免这种情况，希腊数学家亚历山大的赫伦（希罗）（Her-
232　on［Hero］of Alexandria）显然是在公元 62 年前后的某个时候进行着写作，[64] 他用一张平面图展示了他所主张的方法（图 13.29）。[65] 保持坡度一致的情况下，他沿山的一侧画线，然后以必要次数的直角到达山另一侧的适当点。至少在理论上，坡度可通过他的望筒（dioptra）得出，该仪器用于勘测或天文工作中的角度观测。然而，尽管此仪器极为巧妙且构造精巧，但对于大范围的实地测量来说，它显然太重太复杂，并且从未在《土地测量文集》中被提起过。[66]

　　关于罗马高架渠的勘测论著是由弗隆提努斯撰写的，他在公元 97 年被涅尔瓦（Nerva）皇帝任命为水道监察官。他的著作，如其流传下来的样子，没有配插图，但在一个段落中他说："我的热情并没有停留在对个别细节的考察上。我还要确保为高架渠绘制地图。通过这些地图，可以清楚了解河谷在哪里、有多大，河水在哪里交汇，山边建造的水渠哪里需要多加关注——不断检查并维修管道。这带给我的优势是，我能立刻对情况进行审查，并像身处

---

　　[62] Giovanni Becatti, ed. , *Mosaici e pavimenti marmorei*, 2 pts. （1961）；均为 *Scavi di Ostia*（Rome：Istituto Poligrafico dello Stato, 1953 - ）的第四卷，pt. 1, 42 - 44 and pt. 2, pl. CⅧ。

　　[63] 西罗亚铭文出自希西家王（King Hezekiah）时期的耶路撒冷，Istanbul Archaeological Museum。

　　[64] 赫伦与一本公元 62 年的交食回忆录有关；见下文注释 66 和 Otto Neugebauer, "Über eine Methode zur Distanzbestimmung Alexandria-Rom bei Heron," *Historisk-Filologiske Meddelelser udgivne af det Kongelige Danske Videnskabernes Selskab* 26（1938 - 39），nos. 2 and 7, 尤其 No. 2, pp. 21 - 24. 也有对其他年代的建议；例如，见 Dimitrios Sakalis, "Die Datierung Herons von Alexandrien," inaugural dissertation（Universiry of Cologne, 1972），他给出的年代是在公元 90—150 年，指出普罗克鲁斯（Proclus）（公元 5 世纪）将其列在墨涅拉俄斯（Menelaus）之后，墨涅拉俄斯的写作是在公元 98 年前后。

　　[65] Heron *On the Dioptra*, 见他的 *Opera quae supersunt omnia*, 5 Vols.（Leipzig：Teubner, 1899 - 1914），Vol. 3, *Rationes dimetiendi et commentatio dioptrica*, ed. and trans. Hermann Schöne（1903），238, fig. 95. Schöne 还提供了对望筒的重建。

　　[66] 关于对赫伦的望筒和其他水准仪的描述与重建，见 Kiely, *Surveying Instruments*, 20 - 27（note 6）。赫伦还设计了一种用他的望筒测量距离的方法，但似乎也没有在实践中被采用。如在他的 *On the Dioptra* 35（note 65）中所描述的，该方法涉及利用望筒和月食观测（喜帕恰斯已知道的理论），这样便能确立两地之间的距离。他选择的地点是亚历山大和罗马，他的方法被称作日行迹（analemma），字面意思是 "高高升起"。对望筒构造的解释，见 Otto Neugebauer, *A History of Ancient Mathematical Astronomy*（New York：SpringerVerlag, 1975），845 ff. , 1379, fig. 23, 总结了注释 64 中引述的他的文章。赫伦并不掌握关于这两个地点的数据；他似乎有公元 62 年交食时亚历山大的数据。他对时差的估计是两小时，实在是大错特错；亚历山大和罗马之间正确的时差是一小时十分钟。

现场一样对其展开讨论。"⑥ 这样的描述似乎暗示着某种接近立体地图的东西，远比《罗马城图志》上的高架渠更为详细。后者是图画式的展现，而弗隆提努斯拥有的是一张工作地图，可能有类似横断面（transverse profile）的内容。

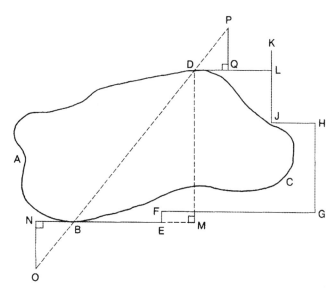

图 13.29　赫伦的山腰隧道开凿技术　　　　232

说明中指出，要从山体（平面图中）ABCD 两侧开凿一条隧道。从 B 画一条测试线（random line）BE，再画一条垂线 EF，以此类推绕着此山直到 K。构造一条从 D 出发与 JK 在 L 处垂直的线。绕山测量长度。计算直角三角形 BDM 两边 BM 和 DM 的长度。将 EB 延长至测试点 N，并构造点 O，使 BN：NO＝BM：MD。同样的，设定 Q 和 P 的位置令 DQ：QP＝BM：MD。隧道的方向便为沿 OB 和 PD 的瞄准线。

据 Heron of Alexandria, *Opera quae supersunt omnia* (Leipzig: Teubner, 1899 – 1914), Vol. 3, *Rationes dimetiendi et commentatio dioptrica*, ed. Hermann Schöne (1903), 238。

参考书目

第十三章　罗马帝国早期的大比例尺制图

Blume, Friedrich, et al., eds. *Die Schriften der römischen Feldmesser.* 2 vols. Berlin: Georg Reimer, 1848–52; reprinted Hildesheim: Georg Olms, 1967.

Butzmann, Hans, ed. *Corpus Agrimensorum: Codex Arcerianus A der Herzog-August-Bibliothek zu Wolfenbüttel.* Codices Graeci et Latini 22. Leiden: A. W. Sijthoff, 1970.

Carder, James Nelson. *Art Historical Problems of a Roman Land Surveying Manuscript: The Codex Arcerianus A, Wolfenbüttel.* New York: Garland, 1978.

Carettoni, Gianfilippo, et al. *La pianta marmorea di Roma antica: Forma Urbis Romae.* 2 vols. Rome: Comune di Roma, 1960.

Chevallier, Raymond. "Sur les traces des arpenteurs romains." *Caesarodunum,* suppl. 2. Orléans-Tours, 1967.

———, ed. *Colloque international sur la cartographie archéologique et historique, Paris, 1970.* Tours: Centre de Recherches A. Piganiol, 1972.

Clavel-Lévêque, Monique, ed., *Cadastres et espace rural: Approches et réalités antiques.* Paris: Centre National de la Recherche Scientifique, 1983.

Dilke, O. A. W. "Maps in the Treatises of Roman Land Surveyors." *Geographical Journal* 127 (1961): 417–26.

———. *The Roman Land Surveyors: An Introduction to the Agrimensores.* Newton Abbot: David and Charles, 1971.

---

⑥　Frontinus *De aquis urbis Romae* (Water supply of Rome) 1. 17，笔者译，见 Frontinus, *The Stratagems [and] The Aqueducts of Rome*, rev. Charles E. Bennett，基于 Clemens Herschel 的译文，ed. Mary B. McElwain, Loeb Classical Library (Cambridge: Harvard University Press; London: William Heinemann, 1925)。

————. "The Arausio Cadasters." In *Akten des VI. internationalen Kongresses für griechische und lateinische Epigraphik, München, 1972, Vestigia 17*, 455–57. Munich: C. H. Beck'sche Verlagsbuchhandlung, 1973.

————. *Greek and Roman Maps*. London: Thames and Hudson, 1985.

Frutaz, Amato Pietro. *Le piante di Roma*. 3 vols. Rome: Istituto di Studi Romani, 1962.

Hinrichs, Focke Tannen. *Die Geschichte der gromatischen Institutionen*. Wiesbaden: Franz Steiner, 1974.

Josephson, Åke. *Casae litterarum: Studien zum Corpus Agrimensorum Romanorum*. Uppsala: Almqvist och Wiksell, 1950.

Miller, Konrad. *Die Erdmessung im Altertum und ihr Schicksal*. Stuttgart: Strecker und Schröder, 1919.

Neugebauer, Otto. "Über eine Methode zur Distanzbestimmung Alexandria-Rom bei Heron." *Historisk-Filologiske Meddelelser udgivne af det Kongelige Danske Videnskabernes Selskab* 26 (1938–39), nos. 2 and 7.

Oliver, J. H. "North, South, East, West at Arausio and Elsewhere." In *Mélanges d'archéologie et d'histoire offerts à André Piganiol*, 3 vols., ed. Raymond Chevallier, 2:1075–79. Paris: SEVPEN, 1966.

Piganiol, André. *Les documents cadastraux de la colonie romaine d'Orange. Gallia*, suppl. 16. Paris: Centre National de la Recherche Scientifique, 1962.

Rodríguez Almeida, Emilio. *Forma Urbis marmorea: Aggiornamento generale 1980*. Rome: Edizioni Quasar, 1981.

Sakalis, Dimitrios. "Die Datierung Herons von Alexandrien." Inaugural dissertation. University of Cologne, 1972.

Salviat, F. "Orientation, extension et chronologie des plans cadastraux d'Orange." *Revue Archéologique de Narbonnaise* 10 (1977): 107–18.

Thulin, Carl Olof, ed. *Corpus Agrimensorum Romanorum*. Leipzig, 1913; reprinted Stuttgart: Teubner, 1971.

第十四章 罗马帝国早期和晚期的行程录与地理图

O. A. W. 迪尔克（O. A. W. Dilke）
包 甦 译

　　希腊人关于地图绘制的理论知识——以及对已知世界地图图像的认知——往往是在前人著作的基础上积累和发展起来的，而罗马人在小比例尺和大比例尺制图方面的努力则往往随着时间的推移而湮没。其记载也极为零散，且时间跨度有大约 500 年。本章中，我们将讨论帝国早期和晚期的行程录与小比例尺地理图，并在最后回顾整个罗马时期的地图使用情况。

　　罗马地图学理论方面的相对没落是无可争辩的。虽然像哈德良（Hadrian）和卡拉卡拉（M. 奥雷利尤斯·塞维鲁·安东尼努斯 [M. Aurelius Severus Antoninus]）这样的皇帝都是伟大的亲希腊者（且哈德良的元首制时期——公元 117—138 年与托勒密的工作生涯基本重合），但他们似乎没有鼓励罗马学者在希腊地理学和天文学的基础上有所建树。拉丁文作者如庞波尼乌斯·梅拉（Pomponius Mela）和老普林尼几乎没有修正过希腊化时期可居住世界的概念，相较于如喜帕恰斯或斯特拉波这样的希腊作者，他们著作中地图的地位是相对模糊的。

　　在帝国晚期，学者们甚至进一步脱离了希腊地理学文化的来源，以及该文化所蕴含的地图学知识。诚然，数学继续在亚历山大繁荣——4 世纪早期，帕普斯在这里不仅评论了托勒密的《天文学大成》和《平球论》，还基于托勒密的《地理学指南》撰写了一部《人居世界志》（*Chorography of the Oikoumene*）（已佚）[①]——但这并没有带动对地图的修订。继安东尼（Antonine）和塞维鲁（Severan）的王朝（公元 138—235 年）之后，有一段帝王迅速更迭的时期，除了法律著作外，艺术和科学——包括与地图有关的知识——不能说得到了多繁荣的发展。如果我们把准确性当作地理制图的准绳，与希腊影响的高潮相比，标准是在下降的。例如，虽然《波伊廷格地图》（*Peutinger map*）源于 4 世纪却受益于 1 世纪的地图，但更早期的地图对城镇和道路的定位或许更接近于现实。由于没有古罗马的道路手册（无论有插图与否）幸存下来，这一点很难探明。《百官志》（*Notitia Dignitatum*），一本官员和管理者的名录，其所附官僚地图依照的是文本而非地形的顺序，有时会产生混乱。即使是《土地测量文集》中的地图也往往因为反复复制而退化，特别是在其混乱的命名方面。

---

　　① Ivor Bulmer-Thomas, "Pappus of Alexandria," in *Dictionary of Scientific Biography*, 16 Vols., ed. Charles Coulston Gillispie (New York: Charles Scribner's Sons, 1970 – 80), 10: 293 – 304.

因此，地图学史学家常常对晚期帝国不屑一提，认为其无关紧要。标准性的权威机构对其不予理会；只有如杜拉欧罗普斯盾牌（Dura Europos shield）或《波伊廷格地图》这样的一两幅现存地图得到过描述。[2] 然而，一旦我们开始评估更广泛的证据，就会发现，地图的观念不仅在西欧和北欧保持着活力，而且在公元330年于拜占庭建立君士坦丁堡之后，也传到了东罗马帝国。相较于地图绘制方面明显缺乏科学进步的情况，关于地理图广泛使用的有力证据可在文学资料中发现，在硬币或纳入镶嵌画的图像中找到，甚至可以在灯饰中看到。如同在希腊化时期的希腊一样，这样的地图在罗马社会仍具意义。

行程录与《波伊廷格地图》

普遍认为，经过测量的行程录对地理图和海图的构建与发展至关重要。许多发展出这些地图的社会的确如此，[3] 罗马世界也不例外，但必须对书面行程录和行程图做明确区分。罗马时期，前者更普遍，被用于军事和民用目的——并且，加上便携式日晷，为见多识广的旅行者提供了主要帮助。现存最早的罗马行程录是维卡尔洛（Vicarello）高脚杯，列出了从加的斯途经波河河谷到达罗马的驿站，带有相继驿站之间的里程数。[4]

保存最佳的例子是《安东尼行程录》（Antonine itinerary）、《波尔多行程录》（Bordeaux itinerary），以及与拜占庭帝国有关的《拉文纳宇宙志》。前两者只是沿着路线的地点列表，给出了各地之间的距离，但因为它们与地理制图的密切关系，三者都将与《波伊廷格地图》一起被加以研究——《波伊廷格地图》仍然是罗马时期行程图的现存孤例，除非我们将杜拉欧罗普斯盾牌归入此类。

《安东尼行程录》

《安东尼行程录》是保存下来的最重要的古代列表式行程录（而不是地图或"彩绘行程录"［painted itinerary]），它分作两部分：陆地和海洋。[5] 这两部分完整的标题是《安东尼·奥古斯都各省行程》（ltinerarium provinciarum Antonini Augusti）和《安东尼·奥古斯都皇帝海上行程》（lmperatoris Antonini Augusti itinerarium maritimum）。这些标题表明，所提到的旅行，至少最初，是为安东尼王朝的某位皇帝计划或由其完成的；并且，普遍认为这位皇

② Armando Cortesão, *History of Portuguese Cartography*, 2 Vols. (Coimbra: Junta de Investigações do Ultramar-Lisboa, 1969 – 71), 1: 148 – 50; Leo Bagrow, *History of Cartography*, rev. and enl. R. A. Skelton, trans. D. L. Paisey (Cambridge: Harvard University Press; London: C. A. Watts, 1964), 37 – 38; Gerald R. Crone, *Maps and Their Makers: An Introduction to the History of Cartography*, 5th ed. (Folkestone: Dawson; Hamden, Conn.: Archon Books, 1978), 34.

③ P. D. A. Harvey, *The History of Topographical Maps: Symbols, Pictures and Surveys* (London: Thames and Hudson, 1980), 135 – 52.

④ Jacques Heurgon, "La date des gobelets de Vicarello," *Revue des Etudes Anciennes* 54 (1952): 39 – 50; Raymond Chevallier, *Les voies romaines* (Paris: Armand Colin, 1972), 46 – 49, 或者英译本，*Roman Roads*, trans. N. H. Field (London: Batsford, 1978), 47 – 50. O. A. W. Dilke, *Greek and Roman Maps* (London: Thames and Hudson, 1985), 122 – 24。

⑤ Otto Cuntz, ed., *Itineraria Romana* (Leipzig: Teubner, 1929), Vol. 1, Itineraria Antonini Augusti et Burdigalense; Konrad Miller, *Itineraria Romana* (Stuttgart: Strecker und Schröder, 1916), LV ff. and regional sections; Dilke, *Greek and Roman Maps*, 125 – 28 (note 4).

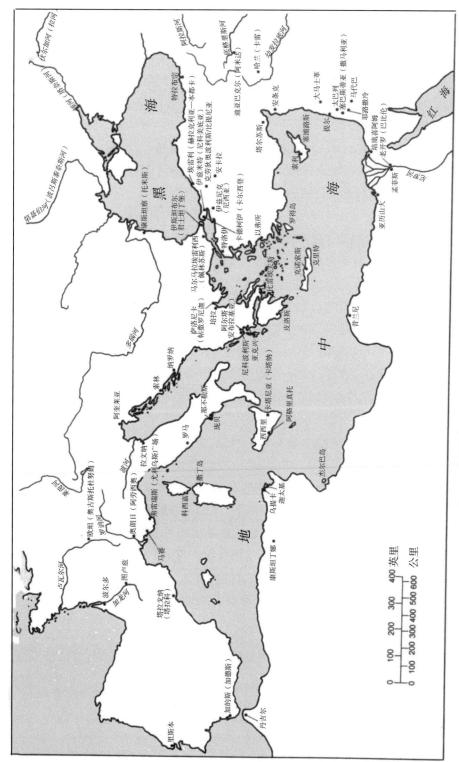

图14.1　与罗马帝国行程录和地理图相关的主要地点

又见图12.1。

帝是卡拉卡拉。由于最长的单程旅行是走陆路从罗马经博斯普鲁斯海峡（Bosporus）到埃及，因此似乎只有将其与卡拉卡拉在公元214—215 年完成的这样一次旅行联系起来才合理。[6] 皇帝一次长途的声望之旅需要文官们精心规划，要在适当的驿站安排补给、更换马匹等等。每种突发事件都必须预见到，地方代表抱怨说，他们常常不得不在一些地方准备好这些供给，但实际上皇帝从来没有在这些地方停留过。[7] 然而，《安东尼行程录》中存在晚于卡拉卡拉统治时期的地名形式，如用戴克里先城（Diocletianopolis）表示培拉，用赫拉克利亚（Heraclea）表示佩林苏斯（Perinthus 马尔马拉埃雷利西［Marmara Eregli］）则说明，这些路线得到了长期的重复利用，无论是否经过翻修（图14.1）。增补的一例是在西西里，在卡塔纳（Catana 卡塔尼亚［Catania］）和阿格里真托（Agrigentum［Agrigento］）之间给出了两条路线，第二条路线包含一条短语 mansionibus nunc institutis（经过现在设置的驿站）。《安东尼行程录》最终版的年代可能在公元 280 年至 290 年之间。

规划这类旅行的机构是公共邮政（cursus publicus），[8] 由奥古斯都创立，为的是运送官员及其家眷，以及传递官方信件。因此，公共邮政有其自己的列表，有的情况下，简单的旅行安排完全可能是从这些列表中直接抄录出来的。但是，《安东尼行程录》不可能只是这些列表的某个版本，因为这其中有大量的遗漏、重复和极其迂回的路线。所以，伯罗奔尼撒、克里特和塞浦路斯没有被体现，高卢、巴尔干半岛（Balkans）和小亚细亚的相当一部分地区则涉及得很少。迂回路线的一个很好的例子是在英国的第二次旅行——iter II——从比兰斯（Birrens）途经卡莱尔（Carlisle）、约克（York）、切斯特（Chester）和伦敦抵达里奇伯勒（Richborough）。[9] 这样的路线应当是为特定旅行量身定制的，以便在约克和切斯特等地的军团要塞停留。

《安东尼行程录》所用方式是列出每个旅程的起止点，以及以罗马里（如下所述，在高卢以里格［league］）计的总距离。然后列出各驿站，以及相应的里程。总里程数有时与各驿站里程相加的总和一致，有时不一致；尤其是在后一种情况下，其中一个或多个数字很可能有讹误。

《安东尼行程录》始于丹吉尔（Tangier），非常不系统地覆盖了帝国的大部分行省。英国部分，即海上路线之前的最后一部分，自成体系，由 15 道旅程组成，有的在相同或相反的方向上重合。[10] 除了明显存在讹误的情况，里程数是相当可靠的。然而，已有研究表明，与定居点的距离有时是从其中心，有时则是从郊外算起的。[11] 由于科尔切斯特（Colchester）在一个叫作坎姆洛敦努姆（Camulodunum）的地方，属另一个殖民地（它本身曾是罗马不列颠［Roman Britain］的四个殖民地之一），有人可能会怀疑这些路线并不都是同一时代的。

⑥ D. van Berchem, "L'annone militaire dans l'empire romain au IIIe siècle," *Bulletin de fa Société Nationafe des Antiquaires de France* 80（1937）：117 - 202.

⑦ Dio Cassius *Roman History* 78. 9. 3 and 78. 9. 6 - 7；见 *Dio's Roman History*, 9 Vols., trans. Earnest Cary, Loeb Classical Library（Cambridge：Harvard University Press；London：William Heinemann, 1914 - 27）的第 9 卷。

⑧ 参考文献见 Konrat Ziegler and Walther Sontheimer, eds., *Der kleine Pauly*, 5 Vols.（Stuttgart：Alfred Druckenmüller, 1964 - 75）, s. v. "cursus publicus," 以及 *Oxford Classical Dictionary*, 2d ed., s. v. "postal service（Roman）."

⑨ A. L. F. Rivet and Colin Smith, *The Place-Names of Roman Britain*（Princeton：Princeton University Press, 1979）, 157 - 60, fig. 12.

⑩ Rivet and Smith, *Place-Names*, 148 - 82（note 9）.

⑪ Warwick Rodwell., "Milestones, Civic Territories and the Antonine Itinerary," *Britannia* 6（1975）：76 - 101.

对《安东尼行程录》中高卢北部路线的解读遇到了两个难点。一是高卢的距离有时以罗马里计算，有时以里格计算，有时则两者并用（1.5 罗马里 =1 里格［leuga］）。[12] 二是在有的情况下，相同两地之间的里程相差极大，取决于依照哪一道旅程。因此，需要做更多的研究，不仅要研究现代地图上记录的距离，还要考虑考古与铭文证据，以及诸如海平面或河床走向变化等地理因素。[13]

帝国晚期的行程录

帝国的广袤，伴随其官僚体制的膨胀，激励了许多行程录的制作，由于带里程碑的道路仍继续保留，这些行程录提供了还算不错的准确度。[14] 当蛮夷从北方和东方逼来时，军事需求变得比以往更为迫切。文官维吉提乌斯（Vegetius）的军事手册大约成书于公元 383—395 年，但借鉴了很多年代更早的资料，他如此描写理想的将领：

> 首先，指挥官应当令所有战区的行程录都写得非常完备，以便他可以彻底熟悉其间的地形，不仅是熟悉距离，还有道路的规格，并且，还可以对有关捷径、歧路、山脉与河流的可靠描述进行研究。事实上我们确信，对于情况危急的省份，更为严谨的指挥官不仅会让行程录做好注记，甚至还会用颜色［picta］将其绘制出来，这样，出征的指挥官在选择其路线时，不仅靠的是一幅心象地图（mental map），而且还有一幅可供查阅的绘制好的地图。[15]

朝圣者和重新加入军团的士兵也会使用行程录；他们应当会保管好这些行程录，以免偏离路线，并且可以在标明的 mansiones（驿站）停留。[16]

公元 313 年对基督教堂的官方承认影响了地图学，正如对其他科学分支的影响一样；一个直接的结果是，前往基督教圣地的朝圣活动为地理行程录开创了新的用途。晚期帝国主要的行

237

---

⑫　高卢里格大约在公元 202 年被塞普提米乌斯·塞维鲁正式承认。

⑬　Francis J. Carmody, *La Gaule des itinéraires romains* (Berkeley：Carmody, 1977)，作者满意于对米勒早期认为下日耳曼尼亚（Germania Inferior）的维特拉（Vetera）是莱茵贝格（Rheinberg）的批评，他自己提出的是阿尔卑斯山（Alpen）。但事实上，多年以来一直没有争议的是，维特拉离前一个驿站图拉真殖民地（Colonia Traiana 克桑腾［Xanten］）相当近。可能有两处相继的遗址，一处在克桑腾东南 3 公里处，在 Birten 以北的菲尔斯滕贝格（Fürstenberg），另一处在罗马时代莱茵河对岸的土地上，在维特拉 I 的东北偏东方向上。见 H. von Petrikovits, "Vetera," in *Paulys Realencyclopädie der classischen Altertumswissenschaft*, ed. August Pauly, Georg Wissowa, et al. (Stuttgart：J. B. Metzler, 1894 –)，2d ser., 8 (1958)：cols. 1801 – 34，尤其 1813 – 14。

⑭　里程碑上出现的皇帝的名字，往往表示对道路所做的大量修缮或改进，而不是新建了一条道路。关于里程碑，见丛书 *Itinera Romana*, ed. Gerald Sicilia Verbrugghe, Ingemar König, and Gerold Walser, 3 Vols. (Bern：Kümmerly und Frey, 196776)；Jeffrey P. Sedgley, *The Roman Milestones of Britain：Their Petrography and Probable Origin*, British Archaeological Reports No. 18 (Oxford：British Archaeological Reports, 1975)。

⑮　Vegetius *De re militari* (Military Institutions of the Romans) 3.6，笔者译。现存没有带注记的行程录，但根据维吉提乌斯先前的文字，这些注记当是评注的路面质量等内容。"情况危急"用的是过去时 gerebatur，不过，这是对 Carl Lang 提出的现在的 geritur 一词的猜测，见其版本的 Vegetius, *Epitoma rei militaris*, 2d ed. (Leipzig：Teubner, 1885)，75. Pascal Arnaud (criticism at a seminar 12 December 1983 on "La Tabula Peutingeriana et le Corpus Agrimensorum" at Centre Jean Bérard, Institut Français de Naples) 对 picta 一词有不同解释，认为其指的是带画作的行程录。

⑯　Saint Ambrose (bishop of Milan) *Expositio in psalmum* 118 5.2；见 *Opera*, pars quinta (V)：*Expositio psalmi C XVIII*, ed. Michael Petschenig in *Corpus Scriptorum Ecclesiasticorum Latinorum*, Vol. 62 (Vienna：F. Tempsky；Leipzig：G. Freytag, 1913)，82 – 83。

程录是有关公元 333 年波尔多—耶路撒冷朝圣的，其最佳的稿本是 9 世纪的《菲德鲁斯寓言》（*Pithoeanus*）（无地图），现编号 Par. Lat. 4808。⑰ 至图卢兹（Toulouse）的距离以里格（2.22 公里）记载，然后便以罗马里（1.48 公里）记录。其中所附的另一个行程录记录了从圣地（Holy Land）到君士坦丁堡对面小亚细亚的卡尔西登（Chalcedon 卡德柯伊［Kadiköy］），然后经尼科美底亚（Nicomedia 伊兹米特［Izmit］）、安卡拉（Ancyra［Ankara］）、塔尔苏斯（Tarsus）和提尔（Tyre）返回的一道旅程。第三道旅程是从赫拉克利亚—本都卡（Heraclea Pontica 埃雷利［Eregli］）出发，途经马其顿（Macedonia）、阿尔巴尼亚（Albania）和意大利东海岸。除了这份重要文献，还有出自罗马帝国治下数处领土的不同时期碑刻上的行程录残片。⑱

第二类的书面行程录与海上旅程有关。已经指出，《安东尼行程录》的一部分由《海上行程》（*itinerarium maritimum*）组成，鉴于有理论认为这些周航记（periploi，译者注：periplus 的复数形式）与波特兰海图（portolan chart）的形成之间存在联系，⑲ 这类行程录在地图学史的文献中得到了广泛的讨论。公元 3 或 4 世纪前后的一本佚名且未完成的希腊周航记，称作《大海之距》（*Stadiasmus maris magni*）。⑳ 它以斯塔德为单位，记录了东地中海大部分地区港口和给水设施之间的距离，覆盖北非海岸，最西至乌提卡（Utica）。因此，即使是对突尼斯的杰尔巴岛（Djerba Island）这样小的地区，其条目也提供了相当多的细节。罗得岛的记载尤为详尽，有至东地中海和爱琴海的 27 个港口的距离。但在有的地区，如黎凡特等，则覆盖得一般。米勒（Müller）勉强将整部著作归为一个很晚的时期。㉑

很可能一些港口的作者专门制作这些文件来协助海员，比如一位希腊的周航记作者赫拉克利亚—本都卡的马尔奇亚努斯（Marcianus of Heraclea Pontica），他被认为同昔兰尼的辛尼西乌斯（Synesius of Cyrene）属于同时代，约 370—423 年。他在自己的资料来源中提到了"最神圣、睿智的托勒密"的《地理学指南》，他显然校订了托勒密的坐标。㉒ 他认可托勒密提出的地球的大小，而非埃拉托色尼对地球周长的测量。他的《外海周航记》（*Periplus*

---

⑰ Cuntz, *Itineraria Romana*（note 5）；P. Geyer and Otto Cuntz, "Itinerarium Burdigalense," in *Itineraria et alia geographica*, in *Corpus Christianorum*, Series Latina, Vols. 175 and 176（1965），175：XVIII 26；Henri Leclercq, "Itinéraires," in *Dictionnaire d'archéologie chrétienne et de liturgie*, 15 Vols., ed. Fernand Cabrol and Henri Leclercq（Paris：Letouzey et Ané, 1907 – 53），7.2（1927）：cols. 1841 – 1922，尤其第 1853—1858 页；Aubrey Stewart, trans., *Itinerary from Bordeaux to Jerusalem*："The Bordeaux Pilgrim," Palestine Pilgrims Text Society, Vol. 1, No. 2（London：Palestine Exploration Fund, 1896），15 H.，由 George Kish, ed., *A Source Book in Geography*（Cambridge：Harvard University Press, 1978），156 – 58 提炼。

⑱ Wilhelm Kubitschek, "Itinerarien," in *Realencyclopädie* 9（1916）：cols. 2308 – 63，尤其 2314 ff.（note 13）；Miller, *Itineraria Romana*, LIV ff.（note 5）；Leclercq, "Itinéraires," cols. 1841 H.（note 17）；Annalina Levi and Mario Levi, *Itineraria picta*：Contributo allo studio della Tabula Peutingeriana（Rome：Erma di Bretschneider, 1967），2728, n. 29. 其中两个是在壁柱上，一个在圆柱上，其他则在石板或赤陶板上。南斯拉夫索林（斯普利特戴克里先宫附近的小镇）的一处铭文列出了从那里出发的四条道路。三处高卢铭文中，欧坦的一处列出了从那里通向罗马的部分道路；出自瓦朗斯（Valence）的一处提到了通向维也纳（法国维埃纳［Vienne］）的道路；卢森堡的一处则涵盖了该地和（美因茨）之间的部分地区。维尼亚科迪尼（Vigna Codini）的一块骨灰瓮残片被认为提到了从奇里乞亚或叙利亚到罗马的干道。

⑲ 见本卷第十九章，"从 13 世纪晚期到 1500 年的波特兰海图"，第 371—436 页。最近一位讨论周航记的作者，Pietro Janni, *La mappa e il periplo*：Cartografia antica e spazio odologico, Università di Macerata, Pubblicazioni della Facoltà di Lettere e Filosofia 19（Rome：Bretschneider, 1984），恰当地强调了周航记中缺乏地图。

⑳ 见 Karl Müller, ed., *Geographi Graeci minores*, 2 Vols. And tabulae（Paris：Firmin-Didot, 1855 – 56），1：427 – 514.

㉑ Müller, *Geographi Graeci minores*, 1：cxxiii – cx XVIII（note 20）.

㉒ Marcianus *Periplus maris exteri* in Müller, *Geographi Graeci minores*, 1：515 – 62，第 516 页引文（note 20），笔者译。

maris exteri）的幸存部分㉓覆盖了亚洲的南部海岸（他用一幅基于托勒密坐标的地图对其做了很好的说明），以及欧洲不那么为人所知的地区的海岸；有的地方，如伊比利亚半岛等，比另一些地方要记载得更为详细。对于南亚，直到格德罗西亚（Gedrosia）（印度河以西的 238 巴基斯坦），他都给出了更为全面的测量值，然后就不那么详细了。

《波伊廷格地图》

　　被称作《波伊廷格地图》的道路图㉔（Codex Vindobonensis 324），最初是一条狭长的羊皮纸卷，有 6.75 米长但只有 34 厘米宽。它收藏在维也纳的国家图书馆，被分成了几部分进行保管。其誊绘的年代在 12 或 13 世纪早期，但它长期以来被认为是一幅古代地图的副本。维也纳人文学者康拉德·策尔蒂斯（Konrad Celtes）在他 1508 年的遗嘱中，将他称之为的《安东尼行程录》（*Itinerarium Antonini*）留给了康拉德·波伊廷格（Konrad Peutinger）（自之前一年起地图就一直在他手里）。以此为标题是不合理的：它的确是幅道路图，但与安东尼王朝的皇帝没有联系，且与上述《安东尼行程录》也不相同。它由波伊廷格家族的一位亲戚马库斯·韦尔泽（Markus Welser）于 1598 年首次发表，自 1618 年起，它就普遍被称作《波伊廷格地图》（*Tabula Peutingeriana*）或该短语的其他译名。㉕中世纪早期对其做誊绘时的原始长卷有 11 张图幅，但严格来说并不完整，因为在复制时，英国、西班牙和北非西部已经缺失；更早的原型版本中可能还含一张叙录性的图幅。它显然不是（尽管一度被认为）多明我会（Dominican）修士科尔马的康拉德（Konrad of Colmar）的作品，此人在 1265 年相当独立地制作了一幅《世界地图》，并称将这幅图抄录到了 12 张羊皮纸上；古文书学提示的年代更早。《波伊廷格地图》的第二张图幅仿佛被当作了第一张处理，缩写的名字的拼写包含错误的首字母大写（例如，原来的 Moriduno 被写成了 Ridumo）。因此，要解释抄录时共存在 12 张图幅，只有假设抄写者在提及该数字时，他包括了一张标题页才行。㉖

　　绘制《波伊廷格地图》主要是为了展示总长约 7 万罗马里（104000 公里）的多条干道，并描绘诸如驿站、温泉浴、驿站之间的距离、大河及森林（表现为一丛丛的树木）一类的特征。它不是军事地图，虽然可以用于军事目的，但上文引用的维吉提乌斯的文字（第 236—237 页）可以表明其可能的功用。有人认为，无论"彩绘行程录"（*itinerarium pictum*）这一术语是否在当时使用，对于这幅独特的地图来说，它都是一个方便用语。㉗距离通常用罗马里记录，但对高卢的距离用的是里格，对波斯土地的用的是帕勒桑（parasang），对印度的显然用的是印度里。

㉓　见注释 22。

㉔　Ekkehard Weber, ed., *Tabula Peutingeriana*：*Codex Vindobonensis* 324（Graz：Akademische Druck-und Verlagsanstalt, 1976）；Konrad Miller, *Die Peutingersche Tafel*（Stuttgart：F. A. Brockhaus, 1962）；Levi and Levi, *Itineraria picta*（note 18）；Luciano Bosio, *La Tabula Peutingeriana*：*Una descrizione pittorica del mondo antico*, I Monumenti dell'Arte Classica, Vol. 2（Rimini：Maggioli, 1983）。Dilke, *Greek and Roman Maps*, 113–20（note 4）。

㉕　*Tabula* 是表示地图的一个拉丁语词，但 *forma* 更为常用。让人费解的是，*tabula* 一词在流行的用法中被译成了"表格"（table）而非"图画"（picture）或"地图"（map）。现在是时候称它为"波伊廷格地图"了，以避免人们误以为原图是刻在桌上或像一张统计表似的。《波伊廷格地图》的另一种命名"Castorius 的世界地图"得到的支持极少。Castorius 是公元 4 世纪的地理作者，在《拉文纳宇宙志》中多次提及他为资料来源；但没有证据表明他和《波伊廷格地图》有直接联系。

㉖　20 世纪，地图的保存一直是个大问题，特别是羊皮纸上所用的绿色使得地图的海洋部分劣化。透过用于保存的玻璃罩拍摄地图，令一些图片再现产生了色差。

㉗　因此有了 Levi and Levi, *Itineraria picta*（note 18）的标题。关于另一种意见，见注释 15 末。

《波伊廷格地图》的比例是这样的，东西向距离所表现的比例尺要比南北向距离的大得多；例如，罗马距迦太基看起来比那不勒斯距庞贝更近。原型很可能绘在纸莎草纸长卷上，收在长卷匣（capsa）中以便携带。因此，其宽度会被严格限制而其长度则不会。现存地图中，南北向道路往往只显得与东西向道路的角度略微不同，距离不以地图的比例尺计算，而是通过累加相继驿站的里程。

原型的年代很可能在公元 335 年至 366 年之间。这样的断代是由置于罗马、君士坦丁堡（标为君士坦丁堡 [Constantinopolis] 而非拜占庭）和安条克（Antioch）的三个拟人形象所暗示的；且与地图上的圣经援引足够吻合。公元 330 年君士坦丁堡作为新罗马在拜占庭遗址上建立后，安条克被认为是对抗帕提亚人的重要堡垒。但有人认为这一 4 世纪的原型基于的是一幅更早的地图，这就可以解释为何会包括赫库兰尼姆（Herculaneum）、奥普隆提斯（Oplontis）和庞贝，这些地方在公元 79 年维苏威（Vesuvius）的火山爆发中被摧毁，除了庞贝的部分地区外没有重建。根据这个假设，也可能更容易理解为何某些道路被忽略了，例如在查拉克斯的伊西多鲁斯的《帕提亚驿站》（Mansiones Parthicae）中提到的穿越帕提亚帝国的主要路线。该著作被认为是在公元 1 世纪后期编纂的。[28]

239　　在罗马的拟人形象——一位宝座之上手持球仪、长矛和盾牌的女性——周围，有 12 条干道，每一条都附有名字，这是一种别处没有采用的做法（图版 5）。所示台伯河是正确的，城市的 90% 都在其左岸。但由于拟人形象的缘故，城市周边在形式上表现为一个圆，并据意大利半岛非常狭窄的宽度成比例放大。所标示的凯旋大道（Via Triumphalis）通向圣彼得的一座教堂；ad scm [sanctum] Petrum 几个字在中世纪的副本上是用大的小体字（minuscule）表示的。奥斯蒂亚所示海港占据了约三分之一的圆，样式类似于维吉尔（Virgil）《埃涅阿斯纪》（Aeneid）的早期稿本中的袖珍图。[29] 君士坦丁堡由一位坐于宝座之上，左手持长矛和盾牌的戴头盔的女性形象呈现（图 14.2）。近处是一根高大的柱子（而不是灯塔），[30] 顶上是一位勇士的雕像，大概是君士坦丁大帝（Constantine the Great）。安条克也有类似的女性拟人形象，可能源于这座城市的一尊命运女神（Tyche）像，还有高架渠或可能是一座桥的拱门。附近是达弗涅（Daphne）公园，供奉阿波罗和其他神灵，以其自然之美著称，是一处休闲中心（图 14.3）。即便阿波罗神庙在 362 年被烧毁，还有许多其他的神庙，因此这不一定能帮助确定年代。据称，在公元 365—366 年期间，这三座拟人化的城市都十分重要，因为僭主普洛柯比（Procopius）的权力中心在君士坦丁堡，瓦伦提尼安一世（Valentinian I）在罗马，而他的弟弟瓦伦斯（Valens）则驻安条克。[31] 而事实上，虽然瓦伦斯动身前往安条克，但他被调遣去攻打普洛柯比，他与最后命名的这座城市联系在一起并不恰当。[32]

---

[28]　关于查拉克斯的伊西多鲁斯的年代和重要性的讨论，见 Sheldon Arthur Nodelman, "A Preliminary History of Characene," *Berytus* 13（1960）：83 – 121，尤其第 107—108 页，和 Fergus Millar, "Emperors, Frontiers and Foreign Relations, 31 B. C. to A. D. 378," *Britannia* 13（1982）：1 – 23，尤其第 16 页。

[29]　例如，大约公元 420 年的罗马 Biblioteca Apostolica Vaticana, Vat. Lat. 3225；其袖珍图对地图学史的重要意义已得到公认。

[30]　后者是 Levi and Levi, *Itineraria picta*, 153 – 54（note 18）中的解读。

[31]　Levi and Levi, *Itineraria picta*, 65 ff.（note 18）。

[32]　Glanville Downey, *A History of Antioch in Syria: From Seleucus to the Arab Conquest*（Princeton：Princeton University Press, 1961），399 – 400.

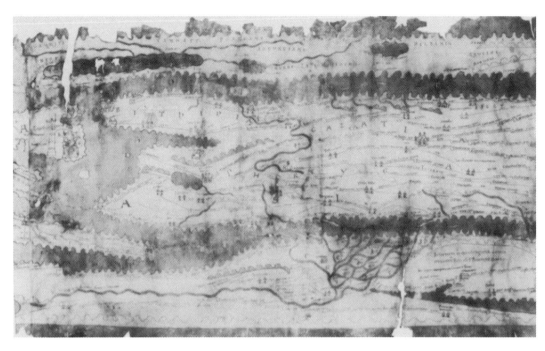

图 14.2 《波伊廷格地图》：小亚细亚西部和埃及

地图的拉长变形表现为（自上而下）对亚速湾（Gulf of Azov）、黑海、爱琴海、地中海和红海的带状呈现。君士坦丁堡如此命名而非拜占庭，证实了其原型年代在 5 世纪以前。其拟人化形象为一名女战士，手持盾牌和长矛即位。附近有一根柱子和一尊雕像，大概是君士坦丁大帝。

原图尺寸：33×56.3 厘米。Österreichische Nationalbibliothek, Vienna 许可使用（Codex Vindobonensis 324, segment Ⅷ）。

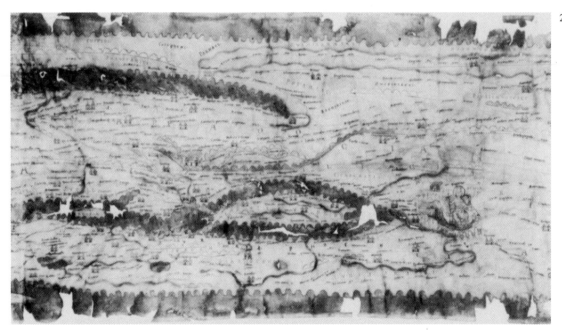

图 14.3 《波伊廷格地图》：东地中海

此处所示的叙利亚和圣地的南北轴线与小亚细亚和塞浦路斯的平行。塞浦路斯右侧突显的城市为安条克，是图上被拟人化为手持长矛和盾牌的坐像的第三座城市。

原图尺寸：33×61.4 厘米。Österreichische Nationalbibliothek, Vienna 许可使用（Codex Vindobonensis 324, segment Ⅸ）。

239　　整张地图上，山脉用浅褐色标记，主要的河流为绿色。国名和一些部落的名字有所记录。除了拟人形象，地图符号包括对港口、祭坛、粮仓、温泉浴和定居点的呈现。表示隧道的独特符号用在了波佐利（Pozzuoli）附近的奈阿波利塔那隧道（Crypta Neapolitana）。港口，若有标示的话，会被赋予与奥斯蒂亚相关的弓形。温泉浴的符号是一个表意符号，即带内部庭院的一个大致方形的建筑，近侧两端常常有山形塔。共有 52 个这样的建筑得到了呈现，其中 28 个在具体称作泉（Aquae）的地方；有的情况下，有理由认为如此标记的地方有著名的浴场。㉝《波伊廷格地图》中还有的地方有粮仓的地图符号，标记成带矩形屋顶的建筑。其中一地便是森图姆塞利（Centumcellae 奇维塔韦基亚［Civitavecchia］），这里有一座一定规模的谷物进口港。有的定居点用一种双山墙式建筑的变化形式描绘，但大多数的区分只是一个名字而已（图14.4）。在地图上区分不同类型的定居点并建立符号特征标准的尝试并不完全成功。特定的重要城市显示有城墙，如：阿奎莱亚（Aquileia）、拉文纳（Ravenna）、帖撒罗尼迦（萨洛尼卡［Salonika］）、尼西亚（伊兹尼克）、尼科美底亚和安卡拉。但为何三山墙的符号只出现在尤利

240

图 14.4　《波伊廷格地图》上的城镇符号

大多数城镇只标注名字，但较为重要的城镇则用符号表示。

据 Annalina Levi and Mario Levi, *Itineraria picta: Contributo allo studio della Tabula Peutingeriana*（Rome：Erma di Bretschneider, 1967），197 – 201。

㉝　与该惯例的使用最接近的是一件真实性可疑的作品，即所谓的 Bellori 图画，于 1668 年在 Esquiline 发现但现已佚失。该 *veduta prospettiva* 上意在表现哪个定居点无法确定；有可能是波佐利。见 Giovanni Pietro Bellori, *Ichnographia veteris Romae*（Rome：Chalcographia R. C. A., 1764），1 中 P. S. Bartoli 的图。*Ichnographia* 是 Vitruvius 在 *De architectura* 1. 2. 2 中用来指平面图绘制的一个词；见 *On Architecture*, 2 Vols., trans. Frank Granger, Loeb Classical Library（Cambridge：Harvard University Press；London：William Heinemann, 1931 – 34）。

乌斯广场（Forum Iulii 弗雷尤斯［Frejus］）、奥古斯塔·陶里诺鲁姆（Augusta Taurinorum 都灵 239
［Turin］）、卢卡（Luca［Lucca］）、纳罗纳（Narona）（在内雷特瓦河［Neretva River］上）和
托米斯（Tomis 康斯坦察［Constanta］）?[34] 有意思的是，正如西方有一个拟人形象而在东方有
两个一样，象征性地带城墙的二级城市在西方有两座，在东方有四座。像迦太基、以弗所和亚
历山大这样的重要城市，都没有示以明显的标志。

　　路网被认为是基于（至少在帝国范围内）公共邮政所掌握的信息，该机构负责组织奥
古斯都创建的官员差旅系统。[35] 该系统在帝国后期延伸到了军队调动，在很大程度上依靠规
律间隔的驿站；信使们平均日行 50 罗马里（74 公里）。

　　《波伊廷格地图》的英国部分幸存下来的非常零散，只覆盖了东南部的有限区域，甚至
不包括伦敦，而埃克塞特（Exeter）周围的区域就更小了。[36] 奇怪的是，没有为科尔切斯特
给出地图符号。英国现在最北的地方以"Ad Taum"出现；但它离泰河（river Tay）非常 240
远。然而，这个名字实际上由"［Ven］ta［lcenor］um"（挪威凯斯托圣埃德蒙［Caistor
Saint Edmund］）的词尾组成，唯一不寻常的特征是 ad，可能属于邻近一地的名字。

　　地图最重要的特征之一是它记录了如此多的小地方。这可以通过一个意大利的地名很好
地说明，否则该名字只会（以讹误的形式）记录在《拉文纳宇宙志》中。在那不勒斯湾
（Gulf of Naples），标记为距赫库兰尼姆 6 罗马里，距庞贝和斯塔比伊（Stabiae 斯塔比亚海堡
［Castellammare di Stabia］）均为 3 里，显示有一座名为 Oplont<i>s 的大型建筑。直到近期，
像其他若干名字一样，学者们还不能给这个名字定位。但自 1964 年以来，一座可能属于尼
禄的皇后波派娅（Poppaea）的大型宫殿在托雷安农齐亚塔被发掘，似乎证实了地图上的细
节。[37] 或者又一例是，1830 年在阿奎莱亚（Aquileia）附近一项更早的发现，似乎符合《波 241
伊廷格地图》上的一个条目。也被老普林尼提及的一座大型洗浴场所，在伊松佐河（river
Isonzo）的下游被发现。[38] 这可能是一处给出温泉浴地图符号的地点，有 Fonte Timavi（提马
弗斯河［river Timavus］的泉水）的字样。靠海的淡水被视作一种不同寻常的现象，显然值
得绘制到地图上。

　　由于地图的形状，倘若要让尼罗河整个河道向北流，就不能表现为一条长河。取而代
之，它被绘制成在昔兰尼加的山脉发源，"向东"流至三角洲上方的一点。三角洲自身从南
到北的压缩程度低于《波伊廷格地图》的大部分地区（见图 14.2）。尼罗河的支流显示为拥
有许多岛屿，其中三座岛屿标有塞拉皮斯的神庙，三座有伊西丝（Isis）的神庙，而道路则
有些断断续续。在西奈沙漠（Sinai desert）上，我们发现了 *desertum ubi quadraginta annis er-*

---

　　[34]　Levi and Levi, *Itineraria picta*, 92 – 93（note 18），将其与一个描绘 Bay of Naples 带三山墙的海边房屋的刻花玻璃烧杯
进行比较（New York, Metropolitan Museum）；R. W. Smith, "The Significance of Roman Glass," *Metropolitan Museum Bulletin* 8
（1949）：56。

　　[35]　见上文第 236 页和注释 8。

　　[36]　Rivet and Smith, *Place-Names*, 149 – 50（note 9）。

　　[37]　Alfonso de Franciscis, "La villa romana di Oplontis," in *Neue Forschungen in Pompeji und den anderen vom Vesuvausbruch
79 n. Chr. verschütteten Städten*, ed. Bernard Andreae and Helmut Kyrieleis（Recklinghausen：Aurel Bongers, 1975），9 – 38；Carlo
Melandrino, *Oplontis*（Naples：Loffredo, 1977）。

　　[38]　Luciano Bosio, *La "Tabula Peutingeriana"：Una carta stradale romana del IV secolo*（Florence：3M Italia and Nuova Ital-
ia, 1972），16（幻灯片所附文本）。

raverunt filii Israelis dueente Moyse（在摩西［Moses］指引下以色列人游荡了 40 年的沙漠）的字样，并且还有其他的圣经援引。中亚还有一地标注为 *Hic Alexander responsum accepit usq［ue］quo Alexander*（在这里，亚历山大得到了神谕般的应答："有多远，亚历山大？"）。或许，这些更丰富的描述，无论是基督教的还是异教的，都是在大约公元 5 世纪或 6 世纪时在空白处添加的。在几个地区，结合实地考察的《波伊廷格地图》研究和地名史研究正在进行。亚喀巴湾（Gulf of Aqaba）和大马士革之间的地区便是其中之一。[39] 出现的一个问题是，

242 我们可以在多大程度上从空白中论证：某条重要道路在《波伊廷格地图》上的缺席，是否意味着，对于不太熟悉的地区，也许属公元 4 世纪的制图者依照的是更早的 1 世纪或 2 世纪的地图，而那幅地图是在这条路建成之前绘制的？

拉丁文地理稿本及其地图

许多源自罗马的地理稿本对地图学的兴趣都不如其希腊的对应物。无论原因为何，用拉丁文书写这些主题的连续传统没有形成。通常很难判断罗马作者在创作时是否面前有地图，或者说是否真的绘制有地图来说明特定的文本。而在其他有地图的拉丁文稿本中，如《百官志》，这些地图表明，编纂者要么无法获得像阿格里帕或托勒密那样的标准地图，要么缺乏能恰当利用这些资料的地图学知识。

帝国早期的拉丁文地理作者

即使是在希腊影响达到顶峰的时候，这种忽视地图的倾向也可能表现在庞波尼乌斯·梅拉（活跃于公元 37—42 年）的著作中，他是早期帝国为数不多的拉丁文地理作者之一，其文本流传至今。梅拉出生在西班牙南部。他的共 3 册的《地志》（*Chorographia*），写于盖乌斯（Gaius）或克劳迪乌斯统治期间，是一部简明世界地理，但没有证据显示它曾包含地图。[40] 梅拉的世界被海洋围绕，分为两个半球，亚洲在东半球，欧洲和非洲在西半球。从北到南，就像埃拉托色尼的诗歌《赫尔墨斯》（*Hermes*）和维吉尔的《农事诗》（*Georgics*）那样，世界被划分成五个地带：两个寒带、两个温带和一个热带。

差不多同样的，老普林尼（公元 23/24—79 年）的地理纲要中，明确的地图学兴趣也相对很少，他是科莫人，在韦斯巴芗手下担任要职，但在任米塞努姆（Misenum）舰队上将

---

[39] University of Sheffield 的 D. L. Kennedy 博士正代表 Aerial Photographic Archive for Archaeology 在中东进行研究，另外，G. W. Bowersock 教授于 1980 年在 University of London 做过一次该主题的讲演。

[40] 见 Pomponius Mela, *De chorographia*, ed. Gunnar Ranstrand, Studia Graeca et Latina Gothoburgensia 28（Gothenburg：Acta Universitatis Gothoburgensis；distribution Stockholm：Almqvist och Wiksell, 1971），和新版的 Pomponius Mela, *De chorographia libri tres*, ed. Piergiorgio Parroni, Storia e Letteratura, Vol. 160（Rome：Edizioni di Storia e Letteratura, 1984）。又见 Nicolaus Sallmann, "De Pomponio Mela et Plinio Maiore in Africa describenda discrepantibus," in *Africa et Roma*：Acta omnium gentium ac nationum Conventus Latinis litteris linguaeque fovendis, ed. G. Farenga Ussani（Rome：Erma di Bretschneider, 1979），164–73。

时，于维苏威火山爆发中丧生。他的 37 卷本的《自然史》成书于公元 77 年。[41] 这是基于百位希腊与拉丁文主要作者和大量次要作者著作的一部百科全书。在每部分中，他列出了所参照的主要作者（通常是相当密切地参照，可从现存著作中看出），并对这些资料来源做了大量研究。普林尼的信息包括有用的最新资料和旅行者的老故事。拉丁文作者中，他引用得最多的是科尔奈利乌斯·奈波斯（Cornelius Nepos）（除传记外，一部佚失的地理著作的作者）和阿格里帕。他整合了出自铭文的信息、统计数据和各省部落与地点列表。[42] 这些列表有时按地理顺序（对于意大利，他遵照的是奥古斯都划分的 11 个区域），有时按字母顺序，但像古代那样，往往只有第一个字母是必须严格按顺序排列的。[43] 只有主要涉及宇宙（普林尼称之为不停转动的完美球体）的第 2 册，[44] 以及涵盖人居世界的地理的第 3—6 册，包含可能涉及地图学兴趣的资料。[45]

从这些书中可以看出，普林尼是地图的使用者，而不是关于地图构建或编绘理论的贡献者。可惜的是，在给出其资料来源时，他没有对地图和书面地理描述加以区分。因此，我们不得不通过间接方式来推断他对地图的使用，比如引述的地点间的测量值，或者他就其形状对国家和城市所做的描述。关于后者，例如，意大利不似今日所描述的那样是靴形，而被说成是像一片细长的橡树叶，顶端向左弯曲，"最后变成亚马逊（Amazon）的盾牌的形状"[46]（依照斯特拉波和埃拉托色尼）；伯罗奔尼撒有梧桐树叶的形状；等等。[47]

有两段话的语境可以被认为是完全地图学的。第一段，是他批评了阿格里帕的地图中给出并得到奥古斯都正式认可的，西班牙南部贝提卡的长度和宽度。[48] 第二段是他说道："地

243

---

[41] Pliny, *Naturalis historia*, 6 Vols. in 3, ed. D.（S. D. F.）Detlefsen（Berlin：Weidmann, 1866 - 82；reprinted Hildesheim：Georg Olms, 1982）；Pliny, *Natural History*, 10 Vols. , trans. H. Rackham et al. , Loeb Classical Library（Cambridge：Harvard University Press；London：William Heinemann, 1940 - 63）. 带 book 5, part 1, sections 1 - 46（关于北非）注释的法文译本，见 Pliny, *Histoire naturelle*, ed. and trans. Jehan Desanges（Paris：Belles Lettres, 1980）；带 book 6, part 2（关于中亚和东亚）注释的法文译本，见 Pliny, *Histoire naturelle*：*L'Asie centrale et orientale*, *L'Inde*, ed. Jacques André and Jean Filliozat（Paris：Belles Lettres, 1980）；带 book 7 注释的法文译本，见 Pliny, *Histoire naturelle*, livre Ⅶ, ed. and trans. Robert Schilling（Paris：Belles Lettres, 1977）.

[42] 这当中包括位于 La Turbie 的 Trophée des Alpes, 其位置在 Loeb translation by Rackham, *Natural History* 2：100, note g（note 41）中完全错误。

[43] 这 11 个区域以方便查询的方式列于 *Oxford Classical Dictionary*, 2d ed. , s. v. "Italy," sec. 6 中。

[44] Pliny *Natural History* 2. 64. 160（note 41）. 在涉及地球和水的部分（2. 66. 166）之后，他讨论了（未按特定顺序）海上探险。他说，亚速海（Palus Maeotis）当然存在，但它是洋湾还是海洋的溢出部呢？Hanno 和其他几人已绕非洲做过航行（2. 67. 167 ff. , 尤其第 169 页）。然后，他讨论了日晷和整个已知世界的白昼小时（2. 77. 186 ff. ）。还有一部分关于地震（2. 81. 191）和海岸线的变化；因此，在 Ambracia 和 Piraeus 的港口，海水分别退后了 10 里和 5 里（2. 87. 201）；没有给出日期，并且至少就 Piraeus 的例子而言，其测量与已知的地形不一致。已知许多岛屿或山脉出现或消失，且城镇也消失了；他引有其中的例子（2. 89. 202 ff. ）。之后在第 2 册中，他记录了海洋深度、地下河流和其他现象（2. 105. 224 ff. ）。该书结尾部分是一些总体测量值：据阿特米多鲁斯和（查拉克斯的）伊西多鲁斯，印度至加德斯分别是 8568 里或 9818 里（2. 112. 242 ff. ）。

[45] 资料是如此编排的：第 3 册，濒临地中海和北大西洋的西欧与中欧。第 4 册，希腊及其邻近地区；黑海和毗邻的欧洲地区；北欧。第 5 册，濒临大西洋和地中海的非洲，包括埃及全部；濒临地中海和爱琴海的亚洲。第 6 册，黑海和毗邻的亚洲地区；亚洲其他地区；埃塞俄比亚与上尼罗河流域。从这一概括中可以明显看出，黑海被讨论了两次。

[46] Pliny *Natural History* 3. 5. 43（note 41）. 形状像新月，但内侧有两条曲线，其间有一个海角。

[47] 见第十章，"早期罗马世界的希腊地图学"，尤其第 174—175 页。

[48] Pliny *Natural History* 3. 1. 16 - 3. 2. 17（note 41）；又见上文第 207—208 页。

球有许多线段，我们罗马人称之为圆，而希腊人则称它们作纬线。"⑭ 然后，他由南至北给出了我们可定义为的七个气候带（他没有用 *climata* 这个词），有圭影长度、最长日的小时数和主要的国家或城市。其范围从南印度和毛里塔尼亚（Mauretania）的两个省（后者的纬度实际上与南印度截然不同），到黑海和阿奎塔尼亚北部。普林尼把这些气候带归功于早期的希腊理论，但他还给出了额外三个北方地带，他说这是后来的希腊地理学家补充的。

其他证据不是太确凿；可能取决于我们对 *posuere*（他们放置）的解释。普林尼很可能想的是置于地图上，而我们对此没有把握。他曾这样写道："然后，那里伸向大海的一个有巨大喇叭的海角，有人称之为阿尔塔布鲁姆（Artabrum）[从罗卡角（Cape Roca）到里斯本]……从这里到比利牛斯山脉的距离，不少人给出的是 1250 里，并且，他们记录了那里一个不存在的阿尔塔布雷斯（Artabres）部落：他们用一种变化的字体，在这个地区放置 [*posuere*] 了我在凯尔特海岬（Celtic Promontory）[菲尼斯特雷（Finisterre）] 之前提到的阿罗特雷拜（Arrotrebae）。"⑤ 类似的在另一段中，"其他人把杰德鲁西（Gedrusi）和西雷斯（Sires）放置 [*posuere*] 在一片 138 里的地域上，然后是不讲印度语言的食鱼的奥里特（Oritae）族，占 200 里的地域"⑤。我们也可能觉得，当普林尼将阿拉伯半岛与意大利相比较，不仅因为都两面环海，还因为他所说的方位相同时，更像是在看一幅地图而不是书。⑤

帝国晚期的拉丁文地理作者

帝国晚期，拉丁文地理书写似乎只局限于相对少的传播渠道。实际上，尽管有其他带地图的稿本，只有三位主要作者——阿维阿奴斯、马克罗比乌斯和尤利乌斯·霍诺里乌斯（Julius Honorius）——可在此标题下提及。⑤ 其中只有第二位可以确切地说著有包含地图的著作。罗马传统中的这种匮乏，可部分反映这样一个事实，即一些更重要的涵盖地图学知识的文本是继续用希腊文而非拉丁文书写的。阿伽泰米鲁斯的著作体现了这点，其简明的散文手册总结了至公元前 1 世纪的希腊地图绘制。⑤ 鲁弗斯·费斯图斯·阿维阿奴斯（Rufus Festus Avienius），⑤ 来自埃特鲁里亚的沃尔西尼（Volsinii）的一位元老，在大约公元 380—400 年间用拉丁文诗歌的形式写了两篇地理著作。第一篇是六步格诗的一般性著作，《环球描述》（*Descriptio orbis terrae*），旨在作为对旅行者狄奥尼修斯的希腊著作的修订。第二篇是

⑭ Pliny *Natural History* 6. 39. 211 – 20，尤其第 212 页（note 41），笔者译。

⑤ Pliny *Natural History* 4. 21. 113 – 4. 22. 14（note 41），笔者译。

⑤ Pliny *Natural History* 6. 25. 95（note 41），笔者译。

⑤ Pliny *Natural History* 6. 32. 143（note 41）.

⑤ 还有几部现存的拉丁文地理稿本不带地图。例如，Vibius Sequester，*De fluminibus*，*fontibus*，*lacubus*，*nemoribus*，*paludibus*，*montibus*，*gentibus per litteras libellus*，ed. Remus Gelsomino（Leipzig：Teubner，1967），是一部按字母顺序排列的地名录，在不同的标题下列出了河流、泉水、湖泊、树林、沼泽、山脉和民族。同样的，基于阿格里帕的地图或某修订版：*Dimensuratio provinciarum* 和 *Divisio orbis terrarum*，均见于 *Geographi Latini minores*，ed. Alexander Riese（Heilbronn，1878；reprinted Hildesheim：Georg Olms，1964），分别在第 9—14 页和第 15—23 页，提供了关于各省边界和帝国以外各国的两项记载。

⑤ Agathemerus *Geographica antiqua*，ed. Jacobus Gronovius（Leiden：J. Luchtmans，1700）；和 *Geographiae informatio*，见 Müller，*Geographi Graeci minores* 2：471 – 87（note 20）.

⑤ Avienius 而非 Avienus 才是正确的形式：Alan Cameron，"Macrobius，Avienus，and Avianus，"*Classical Quarterly*，n. s.，17（1967）：385 – 99，尤其第 392 页及以后几页。

《海岸》（*Ora maritima*），包含仅 703 个抑扬格诗行，但被认为是不完整的。⑤

安布罗修斯·狄奥多西·马克罗比乌斯（Ambrosius Theodosius Macrobius）（活跃于公元 399—422 年）对西塞罗《西庇阿之梦》（*Somnium Scipionis*，收录于他的《论共和国》［*Republic*］）的评注，包含宇宙学和马克罗比乌斯对世界外观的印象。⑤ 虽然他认可埃拉托色尼 244 的球形（sphericity）与测量，但在海洋和大陆块（land mass）的概念方面，他转向了马洛斯的克拉提斯："海洋沿整个赤道流动，将我们同南半球的人分隔开；同样的，当它的水流伸向两个区域的尽头时，在地球的上方表面形成两座岛，下方表面也形成两座。"⑤ 之后他补充道："所附图示会将一切展现在我们眼前"，并且，"通过我们的图示，我们也将理解西塞罗的说法，即我们这部分区域上窄两侧宽"⑤。马克罗比乌斯的世界地图为圆形（2.5.13），北在上，有寒、温、热区域，虽然也许其赤道海洋的纬度比稿本和印本中所示的要窄。评注所附的稿本地图对中世纪的地带图有很大的影响。

尤利乌斯·霍诺里乌斯的《宇宙志》（*Cosmographia*）是 5 世纪前后不准确的汇编；只有节选存世。⑥ 其列表始于 *Seres oppidum*、*Theriodes oppidum*……完全混淆了定居点、部落甚至河流，把它们皆称为城镇。⑥ 他挑选了意大利北部几地，部分按地形顺序，部分不是，之后便突然转向达尔马提亚。最不正确的条目之一可译为："金河（river Chrysorroas）发源于叙利亚平原，流经叙利亚、安条克和巴勒斯坦，以及其余的叙利亚城市。其河口在爱琴海，塞浦路斯岛就在那里。它全长 830 里。"⑥

《百官志》

书名全称可译为"文职和军事官员及行政人员名录"⑥。最早的稿本在剑桥、法兰克福、慕尼黑、牛津和巴黎。⑥ 其中一些已知（且所有都被认为）是从施派尔（Spirensis）（即施派尔主教座堂［Speyer cathedral］）的一部写本复制而来的，该写本在 10 世纪写成但于 16

⑤ 见 Avienius, *Rufi Festi Avieni Carmina*, ed. Alfred Holder（Innsbruck, 1887; reprinted Hildesheim: Georg Olms, 1965），chap. 3 and chap. 4，包含两篇著作。对《海岸》的进一步参考，见 chapter 9, p. 150 and n. 16。

⑤ Macrobius, *Commentary on the Dream of Scipio*, ed. and trans. W. H. Stahl（New York: Columbia University Press, 1952）.

⑤ Macrobius *Commentary* 2. 9. 5（note 57）；又见 Kish, *Source Book in Geography*, 140–42（note 17）。

⑤ Macrobius *Commentary* 2. 9. 7–8（note 57）.

⑥ Julius Honorius *Excerpta eius sphaerae vel continentia*；见 *Iulii Honorii Cosmographia*, in Riese, *Geographi Latini minores*, 24–55（note 53）.

⑥ Julius Honorius *Excerpta* 6 H.（note 60）.

⑥ 笔者译, Julius Honorius *Excerpta* 10（note 60）.

⑥ Otto Seeck, ed., *Notitia Dignitatum*（Berlin: Weidmann, 1876; reprinted Frankfort: Minerva, 1962）; R. Goodburn and P. Bartholomew, eds., *Aspects of the Notitia Dignitatum*, British Archaeological Reports, Supplementary Series 15（Oxford: British Archaeological Reports, 1976）; Erich Polaschek, "Notitia Dignitatum," in *Realencyclopädie*, 17. 1（1936）: cols. 1077–116（note 13）.

⑥ 此稿本称作 Londiniensis by I. G. Maier, "The Giessen, Parma and Piacenza Codices of the 'Notitia Dignitatum' with Some Related Texts," *Latomus* 27（1968）: 96–141; 由 F. Wormald 教授呈交给 Fitzwilliam Museum。重要稿本包括: Oxford, Bodleian Library, MS. Canon. Misc. 378, A. D. 1436; Paris, Bibliothèque Nationale, MS. Lat. 9661, fifteenth century; Munich, Bayerische Staatsbibliothek, Clm. 10291, 1542–50; Cambridge, Fitzwilliam Museum, A. D. 1427; and Frankfort, Stadts-und Universitätsbibliothek, Lat. quo 76, fifteenth century。还有其他许多稿本，但没有地图，标注为 TridentinusVindobonensis 的两部稿本不在维也纳而是在特伦托。

世纪消失。这些稿本均配有插图,慕尼黑稿本有两套插图。⑥

著作主要分成东、西帝国,文职和军事官员。官员列表由西帝国的文职部门负责人保管,但现存的著作是政府的还是业余爱好者的副本存在争议。其年代在 395 年至 413 年之间,可能甚至在更晚的时候做过修订。

插图包括官员的徽章、各省的拟人形象、图画式地图和其他杂项。许多地图似乎是只有不熟悉那些地区的官僚才会如此制作的;并且可以认为,这其中有很多改动或增补。⑥ 因此,"不列颠代理官"(vicarius Britanniarum)标题下的英国地图有五个省,按从北(上)到南 1、2、2 的方式编排,"第一不列颠尼亚"(Britannia Prima)在东南(图版 6)。⑥ 但我们从一位总督的格律墓志铭得知,考里尼尤姆(Corinium 赛伦塞斯特[Cirencester])是第一不列颠尼亚的首府;并且,很可能马克西马·凯撒里恩西斯(Maxima Caesariensis)将最重要的定居点伦敦作为其首府,尽管该省在图上被放到了林肯(Lincoln)附近某处。或许,倘若编纂该列表或其官方对应物的文官去过地图部门,他便可以得到地图长官(comes formarum)的纠正,此人隶属罗马的市府长官,能提供罗马世界唯一的、一定是为公务地图及平面图部门工作的官员的记录。⑥

阿尔卑斯山附近的意大利地区受意大利长官(comes Italiae)指挥,但在《百官志》中只用了一幅带墙的山顶定居点的插图。奇里乞亚西部的伊索里亚(Isauria)也同样多山;对其的呈现接近透视地图(perspective map),南在上。托罗斯山脉,包括野牛的后躯,位于中间,背景中则是塔尔苏斯和地中海。美索不达米亚的底格里斯河与幼发拉底河处在正确的位置,卡雷(Carrhae)也是,但也有很多混乱之处。阿米达(Amida 迪亚巴克尔[Diyarbakir])和康斯坦丁娜(Constantina)各自被收录了两次,因其在军事单位列表中均有两个条目。

下埃及属埃及边防军长官(comes limitis Aegypti)的范围,其地图上的尼罗河呈一条水道(图 14.5)。对于孟菲斯(Memphis)周围的地区这是正确的,但对于培琉喜阿姆(Pelusium)则不是;而萨穆狄尼人(Thamudeni)应当在红海以东。上埃及,属底比斯统帅(Dux Thebaidos)管辖,尤其显得混乱,赛伊尼(阿斯旺)错误地出现在了一条支流上,而不是像应该的那样靠近边境。科普托斯出现在两个不同的地方,因为该处的一个军团和一支骑兵队被列在了不同的标题下。地图既未按地形顺序也未按官僚秩序,甚至不同于文本,错拼了著名的菲莱(Philae)神庙的名字,并将其置于错误的位置。这些缺陷并不意味着《百

---

⑥ 1548 年,Count Ottheinrich 请求暂借写本的 *alt Exemplar* 但遭到拒绝。Ottheinrich 显然对文本所附的原始插图感兴趣,并且不接受非摹绘的副本。1550 年,他获准让他的艺术家在 *geoldrenckt pappeir*(油纸)上制作原始插图的摹本——现已佚。见 I. G. Maier, "The Barberinus and Munich Codices of the *Notitia Dignitatum Omnium*," *Latomus* 28 (1969): 960 – 1035,尤其第 995—999 页和第 1024—1030 页。

⑥ Polaschek, "Notitia Dignitatum"(note 63)。

⑥ Seeck, *Notitia Dignitatum*, 171(note 63)。

⑥ Seeck, *Notitia Dignitatum*, 113(note 63)。

官志》是毫无用处的文献，但实际上有用的信息应当从文本中而非地图上收集。⑥

图 14.5　《百官志》：下埃及

示意性地呈现了由埃及边防军长官控制的地区，包括尼罗河、巴比伦、孟菲斯和金字塔等该地区的主要特征。

原图尺寸：31×24 厘米。Bayerische Staatsbibliothek，Munich 许可使用（Clm. 10291，fol. 113r）。

---

⑥　例如，关于英国，见 Rivet and Smith，*Place-Names*，216 – 25（note 9）。我们可将英格兰北部的堡垒标绘在 Dux Britanniarum 之下，并给出驻扎在每处的部队番号；我们可以用合理的可能性重建所有 Saxon Shore 堡垒的名称；我们还可以读到在 Vema 有一间 *gynaeceum*（帝国纺织厂），但问题是不清楚它是在 Vema Icenorum（Caistor Saim Edmund）还是在 Venta Belgarum（Winchester）。

作为装饰性和象征性图像的地图

与从整个古典世界起一样，自罗马时期以降的地图学记录，也延伸到了作为图像出现在各种器物上，以及文本以外其他资料中的地图。这些地图在文献中往往为人所忽视，但它们为理解古典时期的地图学增添了一个维度。例如，杜拉欧罗普斯盾牌上的著名地图，名为《佩萨罗风玫瑰图》（Pesaro wind rose map）的刻花铭文石，发现于硬币上、壁画中（作为镶嵌画图案的一部分）甚至罗马灯具上的地图图像。虽然这样的呈现或许对重构科学制图史来说无足轻重，但它们有助于考量罗马时期地图的传播（和理解程度）。像诗歌中所描述的地图一样，它们暗示了，在缺乏公认意义上的科学创新的时期，地图的概念（如若不是支撑地图构建的正统知识的话）得以延续的一种方式。然而，其背景通常是考古学的，其幸存与发现的偶然因素往往与文献记录无关，使得我们要按载有地图图像的器物类型来组织材料。

带罗马港口平面图的硬币

与更早的希腊时期一样，罗马也有将地图象征性地用于铸币的例子。[70] 在古奥斯蒂亚以北约 3 公里的台伯河河口，克劳迪乌斯与图拉真（Trajan）建造了新港。这些港口在硬币和徽章上得到纪念，有的呈现为图画形式，有的则是平面图。克劳狄安港口（Claudian harbor）以平面图的形式出现在一枚约公元 64 年的尼禄币上（图 14.6）。[71] 它的两座栈桥表现为圆

246

图 14.6　尼禄塞斯特斯（Sesterce）币所展示的奥斯蒂亚港（Ostia Harbor）

发行于约公元 64 年，该硬币展示了奥斯蒂亚的克劳狄安港口。两座栈桥表现为圆弧，还有一座顶部有雕像的灯塔、罗马船只和尼普顿（Neptune）。

原物直径：3.5 厘米。Trustees of the British Museum, London 许可使用（BMC Emp. I, Nero 132）。

---

[70]　见上文第 158 和第 164 页。

[71]　Russell Meiggs, *Roman Ostia* (Oxford: Clarendon Press, 1960), pl. XVIIIa.

弧，右侧栈桥的部分可能表现为架设于拱门上。港口在一座岛上，上有一座灯塔，顶上立有 245
一位皇帝的雕像；所示船只进进出出或停泊在港口内。图拉真的港口在一个边长 358 米的六
边形盆地中，其平面图出现在一枚图拉真币上，约公元 113 年或之后。[72] 右侧所示为仓库，
左侧被认为有一系列建筑（发掘于 19 世纪），包括一座神庙、一座小剧院和一个天井；但 246
细节远不如尼禄币上的精确。

镶嵌画中的地图

虽然许多地图学史的畅销著作中都出现过马代巴（Madaba）的拜占庭时代的马赛克地
图，但它绝不是最早在这种媒介中出现的地图。在奥斯蒂亚发现了一个可追溯到早期帝国的
例子，与那里原地保存的许多马赛克地板有关。[73] 这些地板在剧院旁边的"行会广场"（Fo-
rum of the Corporations）上，广场中间有一座切列斯（Ceres）神庙，四周是一系列属于贸易
行会的办事处。通过马赛克镶嵌画上外国港口的名字，可以重建许多罗马的贸易路线。这些
镶嵌画中只有一幅是地图形式，只可惜它没有铭文（图 14.7）。[74] 它显示了架有一座浮桥的
河流，有三条可能是支流或分支。浮桥由三艘船支撑，桥两端各有一道大门，战利品耸立其
上。尼罗河三角洲（Nile delta）似乎是最有可能的地点。同一广场上的另一间办事处被一
个亚历山大的行会占据，从埃及进口的谷物相当可观。如果这两间办事处有联系，那么很可
能的解释是，所描绘的是尼罗河的三条主要的古代支流，给出了比在马代巴镶嵌画中看到的
更为简化的三角洲版本。由于浮桥处在干流的最低点之上，人们可以猜测，这是在罗马帝国
统治下还有一定重要性的王朝都城孟菲斯和巴比伦（老开罗）之间。战利品对巴比伦来说
是适合的，在奥古斯都统治下，巴比伦是一个有防御工事的军团营地，而孟菲斯则是埃及向
罗马出口野生动物的中心。[75]

除了下文将描述的迷宫外，被认为是地图式的图案偶尔也会出现在晚期帝国的镶嵌画 248
中。这些图像中的一类，有庄园景观的镶嵌画，甚至很难被视为图画式地图：最引人注目的
是出自迦太基的 4 世纪镶嵌画，现藏于突尼斯的巴尔杜博物馆（Bardo Museum），展现了尤
利乌斯的庄园。[76] 但同样也出自迦太基的一个神庙场景，是部分以平面图的形式呈现的。这

　　[72] Meiggs, *Roman Ostia*, pl. XVIIIb（note 71）。

　　[73] Giovanni Becatti, ed., *Mosaici e pavimenti marmorei*; 2 pts.（1961）；均在 Vol. 4 of *Scavi di Ostia*（Rome：Istituto Poli-
grafico dello Stato, 1953 – ）。

　　[74] Foro delle Corporazioni, Statio 27：Becatti, *Mosaici*, 74, No. 108 and pl. CLXXXIV（note 73）。

　　[75] 上文第七章注释 4 提到的意大利中部普莱奈斯特（帕莱斯特利那）Fortuna Primigenia 神庙的镶嵌画，也给出了尼
罗河周围景象的图画式呈现。其年代说法不一，但有可能是在公元 2 世纪。用希腊文大写字母书写的铭文，详述了典型
的埃及动物。想要表明其为一幅倾斜透视的地图的尝试，对大多数艺术史学家来说并无吸引力，并且，在其完全的图画
性和部分的地图性之间，它必定要时常处于争议地带。参考文献见 Wilhelm Kubitschek, "Karten," in *Realencyclopädie*, 10
（1919）：cols. 2022 – 2149, 尤其 2023（note 13）; Levi and Levi, *Itineraria picta*, 44 n. 65（note 18）。黑白复制件见于 Moses
Hadas, *Imperial Rome*（Alexandria, Va.：Time-Life Books, 1979）, 70 – 71。关于亚历山大的风景画传统，可能影响了帕莱斯
特利那镶嵌画和其他作品，见 Roger Ling, "Studius and the Beginnings of Roman Landscape Painting," *Journal of Roman Studies*
67（1977）：1 – 16, with bibliography in note on p. 1, and p. 14 n. 53。

　　[76] 经常被复制：参考文献见 Levi and Levi, *Itineraria picta*, 68 n. 3（note 18）; Katherine M. D. Dunbabin, *The Mosaics of
Roman North Africa*：*Studies in Iconography and Patronage*（Oxford：Clarendon Press, 1978）, 119 – 21, pl. 109。

247

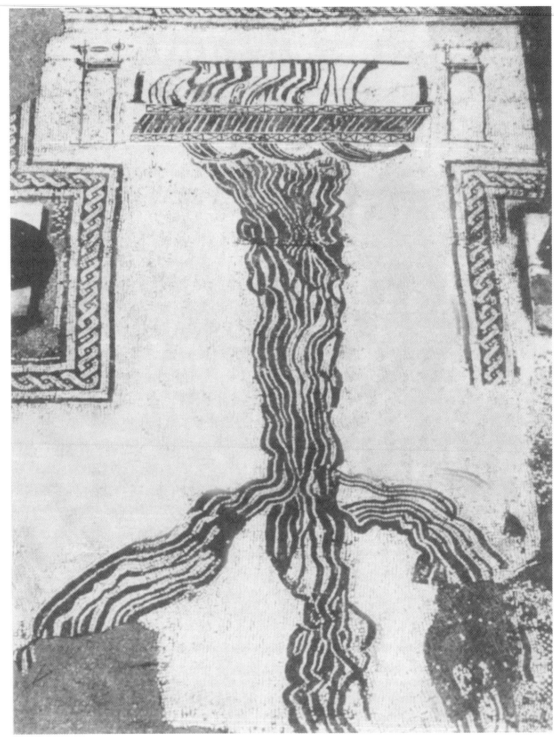

图14.7 奥斯蒂亚河流镶嵌画

保存于奥斯蒂亚的行会广场，这幅没有铭文的镶嵌画描绘了一条拥有三条支流的河，以及一座两头都有军用大门的浮桥。图示所处的位置有三个可能——尼罗河三角洲、台伯河下游和罗讷河三角洲——第一处似乎最有可能。Museo Ostiense, near Rome.

原物尺寸：7×3.5 米。出自 Giovanni Becatti, ed. , *Mosaici e pavimenti marmorei*, 2 pts. （1961）；均属 Vol. 4 of *Scavi di Ostia*（Rome：Istituto Poligrafico dello Stato, 1953 - ）, pt. 2, pl. CLXXXIV （No. 108）。

幅 4 世纪晚期或 5 世纪的镶嵌画被称为"鹤的献祭"（Offering of the Crane）。⑦ 画的中心是 248
一座神殿的正面，两根柱子间是阿波罗和狄安娜（Diana）；他们的脚下是献祭用的鹤，下面
是一连串的几乎同心的方块，显然表现的是同一神殿的平面图。

有的镶嵌画还包含黄道图形式的天体图。例如，最早的巴勒斯坦黄道镶嵌画，被认为属
公元 3 世纪，在太巴列南部哈马特（Hammath）的犹太教堂内。⑧ 它表现了围绕太阳的黄道
十二宫，四季的拟人形象占据了四角。此希伯来（Hebrew）镶嵌画的灵感来自希腊，太阳
是驾驶着四匹马战车的福玻斯·阿波罗（Phoebus Apollo），室女座是戴着面纱手持火炬的佩
尔塞弗涅（Persephone），天秤座（Libra）是一位国王，显然是米诺斯（Minos）或达拉曼提
斯（Rhadamanthys），手握权杖和天平。其他类似的镶嵌画年代非常晚，是在巴勒斯坦属拜
占庭帝国的一部分的时候。

《佩萨罗风玫瑰图》

有时，一件不同寻常的实物会带有地图，于是，尽管其图像也可能是其他资料来源所熟
悉的，但人们禁不住会从文物的角度将其描述为"独特的"。"博斯科维克"（Boscovich）风
向仪（anemoscope）便是这样一件物品，⑦ 它是一块圆饼状的卢纳大理石，直径 55.3 厘米、
厚 6.8 厘米，上面雕刻有一幅风玫瑰图（图 14.8）。⑧ 它于 1759 年在罗马的阿庇亚大道附近
被发现，在卡佩那门（Porta Capena）外。名称并不确切，因为天文学家 R. G. 博斯科维克
（R. G. Boscovich）只是在研究中帮助了其所有者 P. M. 帕西奥迪（P. M. Paciaudi）。该风向
仪现藏于佩萨罗（Pesaro）的奥里维里亚诺博物馆（Oliveriano Museum），年代被认为可追溯
至公元 200 年前后。它刻有 Eutropius feci（我，欧特罗庇乌斯 [Eutropius，希腊人名]，造）
的字样。

为了构建他的风玫瑰图，欧特罗庇乌斯刻了一条子午线，将其等分成六份，与亚里士

⑦ Dunbabin, *Mosaics*, 57 – 58, pls. 35 – 37 (note 76).

⑧ Michael Avi-Yonah, *Ancient Mosaics* (London：Cassell, 1975), 51 – 53. 关于基督教和犹太教镶嵌画师在手法上的差异，见 Dunbabin, *Mosaics*, 232 – 33 and n. 174 (note 76)，关于北非镶嵌画中的黄道带，见她的 Index IV, S. v. "Zodiac."

⑦ Italo Zicàri, "L'anemoscopio Boscovich del Museo Oliveriano di Pesaro," *Studia Oliveriana* 2 (1954)：69 – 75；Robert Böker, "Windrosen," in *Realencyclopädie*, 2d ser. , 8. 2 (1958)：cols. 2325 – 81, 尤其 2358 – 60 (note 13)；Antonio Brancati, *La biblioteca e i musei Oliveriani di Pesaro* (Pesaro：Banca Popolare Pesarese, 1976), 210 – 11；Dilke, *Greek and Roman Maps*, 110 – 11 (note 4)。

⑧ 风玫瑰图也可在文本资料中找到。例如，Vitruvius *De architectura* (note 33) 最古老的稿本中保存有一幅风玫瑰，这是稿本中唯一一幅插图 (1. 6. 4 ff.)。他在文本中说，它"作如此描绘以便清楚风来自哪里"：London, British Library, Harl. MS. 2767；见 O. A. W. Dilke, *Roman Books and Their Impact* (Leeds：Elmete Press, 1977), 26 – 27, 第 26 页上的引文。与博斯科维克风向仪类似的可能是一幅小型的希腊世界地图，可在对托勒密 *Handy Tables* 的旁注稿本中找到；见 Otto Neugebauer, "A Greek World Map," in *Le monde grec：Hommages à Claire Préaux*, ed. Jean Bingen, Guy Cambier, and Georges Nachtergael (Brussels：Université de Bruxelles, 1975), 312 – 17 and pl. III. 2. 稿本年代自 13 世纪起，但地图显然源于罗马帝国时期，可能是在埃及，因为其命名了某些南方的地点，如赛伊尼（阿斯旺）和 Hiera Sykaminos（尼罗河上赛伊尼上方）。这些都是可以进行天文观测的地方。托勒密对表格制作的说明后来由亚历山大的塞翁（Theon of Alexandria）（活跃于公元 364 年）加以撰述。与风向仪不同的是，该世界地图采取的是粗略草图的形式，没有将风点（wind point）与中心连接起来的线条。它可能要追溯到比塞翁更早的一个原型。

多德的相反,[81] 并从分界点画出五条与子午线成直角的线。这些线按降序标记为：TOTVS INFRA TERRA（M）（南极圈［Antarctic Circle］）；BRVMALIS（南回归线）；AEQVINOC-TIALIS（赤道）；SOLI（S）TITIALIS（北回归线）；TOTVS SVPRA TERRA（M）（北极圈）。子午线与每条线的两端都有用于青铜钉的小孔。从这十二个孔向中心画线，中心处有一个大的凹陷，大概是为了插入用于固定风玫瑰旗的金属旗杆底座。在小孔对面的轮边上，有十二道风的名字。

249   该略图可能产生于上文提及的对亚里士多德的一段话的解读（第145—146页），但没有借助于图示。[82] 北风神（亚巴尔底亚风［Aparctias］，北［Septentrio］）占据了比邻近的波里亚（Boreas）大得多的扇形；两者在亚里士多德那里是相同的。这倒不重要，因为在古代，

图14.8　佩萨罗风玫瑰图

刻于圆饼形大理石块上的风向图示，年代可能大致为公元200年。中央有一个孔用来插入撑起三角旗的旗杆，靠近轮边的小孔则是为指示风向的木钉准备的。

原物直径：55厘米。Museo Archeologico Oliveriano, Pesaro 许可使用（inv. 3. 302）。

---

[81]　但马德里 Royal Library 的亚里士多德《天象论》稿本中的一幅袖珍图，通过在周边刻画的小半圆上附加线条，让各地带的间距相当均匀：Charles Graux and Albert Martin, "Figures tirées d'un manuscrit des *Météorologiques* d'Aristote," *Revue de Philologie, de Littérature et d'Histoire Anciennes*, n. s., 24（1900）：5 – 18。

[82]　在对亚里士多德图示的现代重建中，欧特罗庇乌斯五条水平线中的四条均可见，尽管间隔不等。亚里士多德本人可能只插入了直径。Aristotle *Meteorologica* 2. 6；见 *Meteorologica*, trans. H. D. P. Lee, Loeb Classical Library（Cambridge：Harvard University Press；London：William Heinemann, 1952）。

风玫瑰上风的数量、名称和方向不尽相同。⑧ 然而，风向仪应当旨在作为一种气象装置，部　249
分是为了帮助旅行者，当其从罗马出发走在阿庇亚大道上时，将像地图那样面朝南方。旗子
会显示风的名称、来源和方向。

杜拉欧罗普斯盾牌

1923 年，在幼发拉底河上的杜拉欧罗普斯（Dura Europos）发掘出了一块羊皮纸残片，
现藏于巴黎的法国国家图书馆（Bibliothèque Nationale）。⑧ 在这张原本覆盖战士盾牌的羊皮
纸上，绘有一幅关于黑海和周边地区的粗略的地图，现存部分显示有西部与北部的海岸
（图 14.9）。虽然用词是希腊文，但盾牌当属一名罗马军队的士兵。其年代被认为是在公元
260 年前不久，即罗马人从杜拉欧罗普斯撤离的时间。所发现的部分尺寸为 45×18（原物约
65×18）厘米，地图方位大致是西南偏西在上。

其左侧蓝色的是黑（Euxine）海，有两艘大船和四个露出水面的头，可能是其他船只的

250

图 14.9　杜拉欧罗普斯盾牌上的地图

年代为公元 260 年罗马从杜拉欧罗普斯撤军前不久，此图发现绘于覆盖一位罗马士兵盾牌的羊皮纸上。它显示了从
拜占庭到多瑙河河口及更远处的沿海路线，包括驿站之间的里程数。

原图尺寸：18×65 厘米。照片出自 Bibliothèque Nationale, Paris（Gr. Suppl. 1354, No. 5）。

---

⑧　Vitruvius De architectura 1.6.4 ff.（note 33）讨论了四种、八种和十六种风，最后一种符合埃特鲁里亚的用法。在
其他的例子中，除了方位基点，夏季和冬季的日升与日落常常作为方向出现，尽管按斯特拉波的观察，这些现象随纬度
而变化：Strabo Geography 1.2.20 – 21；见 The Geography of Strabo, 8 Vols., ed. and trans. Horace Leonard Jones, Loeb Classical
Library（Cambridge：Harvard University Press；London：William Heinemann, 1917 – 32）。又见 Strabo, Géographie, ed. François
Lasserre, Germaine Aujac, et al.（Paris：Belles Lettres, 1966 – ）。但在希腊本土，夏冬季的日升与夏冬季的日落与东西轴都
大约成 30°角；亚里士多德很有可能将这些风置于距南北轴 30°处：Aristotle Meteorologica 2.6（note 82）。

⑧　Bibliothèque Nationale, Gr. Supp. 1354, No. 5. Franz Cumont, "Fragment de bouclier portant une liste d'étapes," Syria 6
（1925）：115 and pl. I; idem, Fouilles de Doura Europos（1922 – 1923）, text and atlas（Paris：P. Geuthner, 1926）, 323 – 37,
pls. CIX, CX.

水手的头。海滨用浅色的曲线标示，没有海岬或凹痕。沿海路线上示有驿站，每处均有一栋带浅绿色石板路的建筑作为地图符号。在每个地名后，都添加了从上一个驿站向北然后向东行进的罗马里数。这条沿海路线从拜占庭经托米斯到多瑙河河口及更远处。两条多瑙河的支流上写有伊斯特里奥斯河（Istros）与多瑙河（Danubis）的名字，而严格来说，伊斯特里奥斯河是希腊人给整个下多瑙河取的名字。

在一个难以辨认的条目之后，显示的驿站（有的保留有里程）有：奥德索斯（Odessos），毕博纳（Bybona［Byzone］），卡拉提斯（Kallatis），托米斯（Tomea［Tomis］）33，伊斯特里奥斯河（river Histros）40，多瑙河（river Danubios），泰拉（Tyra）84，波吕斯泰奈斯河（指奥尔比亚［Olbia］），克森尼索（Chersonesos），Trap……和阿尔塔（Arta）。克森尼索为陶里斯（Tauric）的克尔索内斯（Chersonese），即克里米亚（Crimea）（图14.10）。但接下来的两处则被误解了。Trap的确是代表特拉佩祖斯（Trapezus），但这并不是

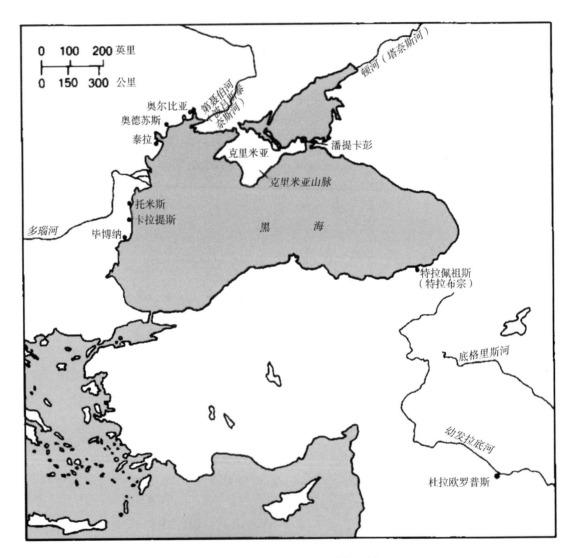

图 14.10　杜拉欧罗普斯盾牌上的主要地名

黑海南滨的特拉布宗，而是古代的"桌山"（Table Mountain），即克里米亚山脉（Krymskie Gory）。最后，阿尔塔不是完全不近黑海的亚美尼亚首都阿尔塔克萨塔（Artaxata），而是转写成希腊文的拉丁词 *arta*（海峡）。[⑧⑤] 这里显然指的是刻赤海峡（Straits of Kerch），其主要的古代定居点是潘提卡彭（Panticapaeum 刻赤［Kerch］）。我们因此可以认为这是一幅"彩绘行程录"（如果这不是一幅图，而是维吉提乌斯心目中其短语 *itineraria picta* 所指），指引士兵前往由当地的一个王子统治但有罗马驻军的潘提卡彭。

于是，像《波伊廷格地图》一样，这枚盾牌可被视为一件彩绘行程录。而与之不同的是，它具有合理的正形（orthomorphic）但有些过于简化。它在黑海西北海岸貌似有一定的可靠性，甚至在其以东比人们所认为的更可靠。从其装饰特征和对希腊文而非拉丁文的使用来看，它很可能是一件非官方的作品。

灯具上的平面图

罗马灯具上一系列不同寻常的图案，纳入了原始的平面图，在巴勒斯坦被发现，大概可追溯到公元4世纪早期。[⑧⑥] 出自撒马利亚（Samaria 塞巴斯蒂亚［Sebastye］）的一件显示的似乎是一座罗马堡垒，四面房屋围绕，并有交叉的中央道路（图14.11）。将其辨认为军事

251

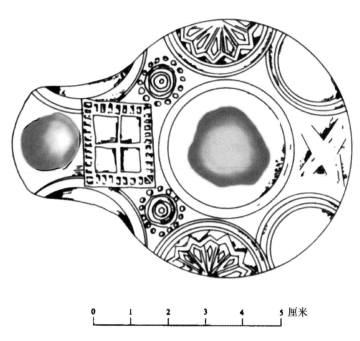

图14.11　一盏罗马灯具上的平面图

发现于巴勒斯坦的撒马利亚（塞巴斯蒂亚），年代为公元4世纪早期。此插图是俯视图。

原物尺寸：6.5×8.9×3.2 厘米。据 Mordechai Gichon, "The Plan of a Roman Camp Depicted upon a Lamp from Samaria," *Palestine Exploration Quarterly* 104（1972）：38–58, esp. 39（top）。

---

⑧⑤　Richard Uhden, "Bemerkungen zu dem römischen Kartenfragment von Dura Europos," *Hermes* 67（1932）：117–25. 这里给出的对 *arta* 的解释是笔者的建议。

⑧⑥　Mordechai Gichon, "The Plan of a Roman Camp Depicted upon a Lamp from Samaria," *Palestine Exploration Quarterly* 104（1972）：38–58, 还配有出自奥菲尔的灯具的插图。

250 图示的正确性，可由出自同一地区类似灯具上的两把交叉的剑的徽记表明。出自奥菲尔（Ophel）（耶路撒冷老城附近）的一件残破的灯具，似乎描绘了两处 L 形的罗马道路驿站，另外，还存在其他一些不太明确可辨的平面图。[87]

古典的迷宫平面图

与上述文物相关的地图表明，它们在不同的历史背景下被改绘成了装饰图案。这样的地图应当被认为与文本来源的正规地图不同，但从历史的角度来看并非不如其有趣。它们反映了对地图的另一种思考方式，并证实了它们在罗马社会中被更为普遍地接受。同时，这类证251 据对于说明某些地图如何成为古典世界反复出现的图案具有重要意义。这一点可用古典地图的一个常见类别——迷宫图——来说明，这类图与几种形式的象征性表现有关。

迷宫（maze 或 labyrinth）是王朝时期的埃及和其他地方众所周知的特征，在古典时代特别与克诺索斯（Cnossos）的米诺斯宫相关。[88] 阿瑟·埃文斯爵士（Sir Arthur Evans）认为那里的迷宫与双斧（labrys）有关，宫殿的一幅壁画上出现了迷宫图案。[89] 克诺索斯城以其米诺斯遗产为荣，在古典时期就铸造了带粗略的迷宫平面图的硬币，大多有直线的路径，但也存在圆形的一类（图 14.12）。[90] 示有迷宫的一件早期文物，是出自伯罗奔尼撒皮洛斯（Pylos）涅斯托尔（Nestor）宫的一块泥板。[91] 背面是一座迷宫，其刻绘被认为早于正面，当中包含一个十人名单，用的是与在克诺索斯出现的相同的线形文字 B（Linear B script）。希腊的另一例是出自雅典卫城的一块古典时期的瓦片，此处在更早以前曾是迈锡尼人的据点。[92]

发现于罗马附近特拉格利亚泰拉（Tragliatella）的一个埃特鲁里亚花瓶，[93] 除其他特征外，显示有正在跳舞的步兵，和标着 TPVIA（埃特鲁里亚的 Truia＝特洛伊［Troy］）字样的圆形迷宫旁的骑兵。此处我们不仅提到了一座早期宫殿，还显然有"特洛伊游戏"，不管归

[87] Robert Alexander Stewart Macalister, *The Excavation of Gezer*, 1902–1905 and 1907–1909, Palestine Exploration Fund, 3 Vols. (London: John Murray, 1911–12), 3: pl. LXXII, 18.9: 可能这里描绘了一处兵营。

[88] "Labirinto," in *Enciclopedia dell'arte antica, classica e orientale*, 7 Vols. (Rome: Istituto della Enciclopedia Italiana, 1958–66), W. H. Matthews, *Mazes and Labyrinths: A General Account of Their History and Developments* (London: Longman, 1922); Janet Bord, *Mazes and Labyrinths of the World* (London: Latimer New Dimensions, 1976); Karl Kerényi, *Labyrinth-Studien: Labryrinthos als Linienreflex einer mythologischen Idee* (Zurich: Rhein-Verlag, 1950).

[89] Arthur Evans, *The Palace of Minos*, 4 Vols. (London: Macmillan, 1921–35); Matthews, *Mazes*, 32, fig. 8 (note 88).

[90] Jean N. Svoronos (Ioannes N. Sborōnos), *Numismatique de la Crète ancienne accompagnée de l'histoire, la géographie et la mythologie de l'Àile*, 文本与图版分别出版 (Macon: Imprimerie Protat Frères, 1890; reprinted Bonn: R. Habelt, 1972), 65 ff. and pls. IV–VIII; Warwick Wroth, *A Catalogue of the Greek Coins of Crete and the Aegean Islands*, ed. Reginald Stuart Poole (Bologna: A. Forni, 1963), 18–19, pls. 5 and 6; Matthews, *Mazes*, figs. 20–31 (note 88).

[91] Mabel Lang, "The Palace of Nestor Excavations of 1957: Part II," *American Journal of Archaeology*, 2d ser., 62 (1958): 181–91. 泥板编号 Inventory Cn. 1287, 在第190页有讨论, 图片见图版46。

[92] Ernst Buschor, *Die Tondächer der Akropolis* (Berlin and Leipzig: Walter de Gruyter, 1929–33), 1.45 ff., K 108; Hermann Kern, *Labirinti: Forme e interpretazione, 5000 anni di presenza di un archetipo manuale e file conduttore* (Milan: Feltrinelli, 1981), German ed., *Labyrinthe: Erscheinungsformen und Deutungen, 5000 Jahre Gegenwart eines Urbilds* (Munich: Prestel-Verlag, 1982).

[93] Matthews, *Mazes*, figs. 133–35 and refs. (note 88).

属于该城市对错与否，维吉尔都将其描述为一种有迷宫运动的罗马游戏。[94]

图 14.12　克里特硬币上的迷宫图案
这些银币所示既有方形迷宫（约公元前 80 年），也有较为罕见的圆形迷宫（公元前 300—前 280 年）。
原物直径：分别为 2.3 厘米和 3 厘米。Trustees of the British Museum, London 许可使用（BMC Cnossus 24 and 41）。

最著名的罗马样本之一是庞贝的一处涂鸦（graffito），显示有一幅方形的镶嵌画，带 252
LABYRINTHUS：HIC HABITAT MINOTAURUS（迷宫：米诺陶洛斯［Minotaur］住在这里）
的字样，指的是克诺索斯宫殿。[95] 事实上，罗马时代最常用的装饰图案便是在镶嵌画中。[96]
这样的一例也是在庞贝，在迪奥梅德别墅（Villa di Diomede）内。萨尔茨堡（Salzburg）另
一幅保存特别完好的镶嵌画，显示了在方形迷宫的中央，提修斯（Theseus）正要杀死米诺
陶洛斯。在瑞士科莫罗得（Cormerod）的一幅镶嵌画上也发现了相同的主题，这次是在圆形

⑨④　Virgil *Aeneid* 5. 580 H. ；见 *The Aeneid of Virgil*, trans. Cecil Day-Lewis（London：Hogarth Press, 1952）。

⑨⑤　E. Pottier, "Labyrinthus," in *Dictionnaire des antiquités grecques et romaines*, 5 Vols. , ed. Charles Daremberg and Edmond Saglio（Paris：Hachette, 1877－1919），3. 2：882－83.

⑨⑥　Pliny *Natural History* 36. 19. 85（note 41）说，人们不应将克里特迷宫与"我们的马赛克路面或野外用来逗孩子玩的迷宫"相提并论；笔者译。

迷宫的中央，角落处有斜塔。[97] 在卡利恩（Caerleon 伊斯卡［Isca］）的墓地发现的一幅局部留存的方形镶嵌画，在迷宫周围有一个花瓶和数幅卷轴。[98] 突尼斯苏塞（Sousse 哈德鲁美特姆［Hadrumetum］）一件遗失的样本，包括提修斯的船和 HIC INCLUSUS VITAM PERDIT（围困在此处者将丢失性命）的字样。[99]

位于阿尔及利亚阿斯南（al-Aṣnam）的 4 世纪的圣雷帕拉图斯（Saint Reparatus）大教堂是早期基督教使用迷宫镶嵌画的一例，这里的方形迷宫中央有关于 SANCTA ECCLESIA（神圣教堂）的双关语。[100] 迷宫平面图的古典传统延续到了中世纪；迷宫与提修斯和米诺陶洛斯（有时被误解为半人马［centaur］）的联系，在中世纪的教堂装饰中并没有被遗忘。

罗马时期的地图使用

关于地图在罗马社会的广泛使用，已说了很多也提示了很多。与古代其他时期相比，罗马时期使用地图的证据更多，但这些证据在很大程度上仍然零散。这类证据部分出自文学或技术著作，部分出自铭文。它们表明，即使是在地图绘制缺乏明显技术或科学进步的时期，对地图的使用仍有所扩大。因此，作为整个这一时期的总结，这里试图对罗马社会的地图使用进行分类，当然这其中显然会有许多重叠。

作为地籍与法律记录的地图

罗马最早的工作地图可能是为土地测量而制作的，其中一件遗失的样本（第 209—210 页）可追溯到公元前 2 世纪。罗马土地测量专著提到，地图在罗马和地方都可得；除其他用途外，这些地图被律师（或在土地法方面经验丰富的测量师）用来在财产纠纷中主张权利，被皇帝用来调停与地方当局的边界纠纷，并用于征收中央或地区税。将两份测量图的副本各存一份在罗马和当地办事处的目的，是为了让使用者免去不必要的旅行。无论是在土地测量，还是在确定业主对高架渠的使用权限的过程中，地图最后都被公认为是一种法律文件。维特鲁威乌斯（Vitruvius）和弗隆提努斯两位撰写过给水专题的作者，都表现出对地图的熟悉：维特鲁威乌斯提及如世界宇宙志中所绘和所写的河源；[101] 关于弗隆提努斯提到的高架渠地图的使用，见第 232 页。

制图的另一项功能是由宗教和法律或测量方面所共享的：通常碑文上会给出墓地及其周围地块的尺寸。只有在极少数情况下附有与之相关的实际平面图。这种平面图可帮助律师处理相关纠纷，比如墓地周围的土地是否属于继承人等。《罗马城图志》的使用者一方面是

---

[97] C. Bursian, "Aventicum Helvetiorum," *Mittheilungen der Antiquarischen Gesellschaft zu Zürich* 16, No. 1（1867 – 70），尤其 pl. 29；Matthews, *Mazes*, fig. 36（note 88）。

[98] George C. Boon, *Isca*：*The Roman Legionary Fortress at Caerleon*, Mon., 3d ed.（Cardiff：National Museum of Wales, 1972）；Matthews, *Mazes*, 42（note 88）。

[99] Salomon Reinach, *Répertoire de peintures grecques et romaines*（Paris：E. Leroux, 1922），214. 1，fig. 1。

[100] Henri Leclercq, "Labyrinthe," in *Dictionnaire d'archéologie chrétienne et de liturgie*, 8. 1（1928）：cols. 973 – 82，尤其第 974—975 页和 fig. 6549（note 17）。

[101] Vitruvius *De architectura* 8. 2. 6（note 33）。

公共机构，另一方面则是居住在罗马的个人。尽管在帝国晚期有公务地图部门，但似乎新道路的建造者通常不会去查阅地图。[102]

作为战略文件的地图

与劳埃德·布朗（Lloyd Brown）的观点相反，一位腓尼基船长受到公开嘉奖的故事并没有显示出使用地图的迹象，这位船长让自己的船搁浅，以避免向尾随的罗马船只透露他从加德斯（加的斯）到卡斯特里德斯的航线。[103] 有人认为这指的是第一次和第二次布匿战争之间的时期，即公元前241—前218年。如果罗马船只的船长想要查阅有助于他们在直布罗陀海峡以外航行的著作，他们或许会诉诸托名西拉克斯（pseudo-Scylax）的周航记（第383页），尽管以它流传下来的形式来看，并没有包含任何关于加的斯以北海域的内容。

现存唯一对士兵使用地图的告诫出自晚期的军事作者维吉提乌斯。然而，由于尤利乌斯·凯撒和阿格里帕，一位是将军另一位是海军将领，都是地图的推动者，因此有充分的理由相信对这些地图以及行程录与周航记（见下文"用于旅行的地图"）的使用，在相对较早的时候便已确立。

奥古斯都时期也许是罗马世界第一次将普通人使用地图视为理所当然的时期。粗略的地图唾手可得。奥维德（Ovid）《拟情书》（*Heroides*）的第一首诗据说是珀涅罗珀（Penelope）给尤利西斯（Ulysses）的一封信，但通常，诗人会让他的特洛伊英雄像同时代人一样行事。其中一位，在洗劫特洛伊之后回到家中，他一边蘸着葡萄酒在桌上勾勒特洛伊地区，一边描述事件的经过："这是西摩伊斯河（river Simois）流过的地方；这是西盖翁（Sigeum）的土地；这里矗立着老普利阿姆（old Priam）的高大宫殿；那是阿喀琉斯扎营之处，那是尤利西斯之处；在这里，赫克托尔（Hector）的猛扑吓坏了飞奔的马匹。"[104] 普罗佩尔提乌斯（Propertius）（？公元前50—？前16年）也使用了书信的文学形式，是一位罗马女士给她远在军中的爱人的。他的阿雷特萨（Arethusa）在冬夜里研究地图："我知道了将被占领的阿拉克西斯河（river Araxes）在哪个地区流淌，帕提亚人的马没有水能跑多少里。我迫使自己通过地图［*tabula*］了解所描绘的世界……哪片土地上了冻，哪片土地遭受着热浪侵袭，船儿乘着哪道风能顺利航行至意大利。"[105] 编者大多将此处的 *tabula* 当作地图而不是图画，尽管其表述可能既包括地图也包括其评注。

_____

[102] 见本章前文第244页和注释68。

[103] 这则故事在 Strabo *Geography* 3.5.11（note 83）中。卡斯特里德斯是指一群岛屿，其名称源于希腊语中"锡"（tin）一词；通常认为它们是 Scilly Islands，但 Rivet and Smith, *Place-Names*, 42–43（note 9）倾向于将它们置于不列颠群岛以外。Lloyd A. Brown, *The Story of Maps*（Boston：Little, Brown, 1949；reprinted New York：Dover, 1979），9, 对该事件的叙述具有误导性：在斯特拉波那里，这位船长被称为腓尼基人而不是迦太基人，且斯特拉波没有提及任何航船日志或海图。

[104] Ovid *Heroides* 1.33 ff., 笔者译；见 *Heroides*［and］*Amores*, trans., Grant Showerman, Loeb Classical Library（Cambridge：Harvard University Press；London：William Heinemann, 1958）；cf. Tibullus *Elegies* 1.10.29–32；见 *Elegies*, trans. Guy Lee, Liverpool Latin Texts 3, 2d ed.（Liverpool：Francis Cairns, 1982）。

[105] Propertius *Elegies* 4.3.33–40, 笔者译，见 *Propertius*, trans. H. E. Butler, Loeb Classical Library（Cambridge：Harvard University Press；London：William Heinemann, 1912）。

253

罗马远征军在多大程度上会携带地图尚存争议。如果几处远征记载中的 forma 一词指的是"地图",其编绘和使用均得到了证实;但无论如何至少有一处,也可能是两处早期帝国的参考文献,提到了战场指挥官将远征地图送回罗马。[106] 老普林尼坚持认为,高加索之门(Caucasian Gates)关隘就应当如此称呼,而不是里海之门(Caspian Gates)。他说,该错误源于公元 58—63 年间多米提乌斯·科尔布罗(Domitius Corbulo)向东的远征;"为该地区[situs]描绘并送回家的地图上有他的名字"[107]。普林尼那里还有另一处可供参考,涉及一队禁卫军(Praetorian guards)探索喀土穆(Khartoum)以南的上尼罗河。[108] 遗憾的是,forma 一词模棱两可,既可指"形状"也可指"地图"。如果取后一种意思,那么这句话可译成:"如已提到的,埃塞俄比亚的地图已为人所知,当最近被呈交给尼禄皇帝时,它表明了从帝国边界赛伊尼到麦罗埃的 996 里范围内,几乎没有树木,且所有树木都是棕榈类。"[109] 由于树木通常都会绘于地图之上,尽管有时品种不正确,棕榈树可能已画到了远至赛伊尼处,其数量稀少可从那里上游树木极少的外观进行推断。

这类地图很可能是由军事测量员绘制的,而罗马的战略家在使用它们时却保持着谨慎。当然,到公元 2 世纪时,受过良好教育的罗马人已开始意识到,地图作为在未经探索的领土边缘采取行动的基础,是有局限性的。因此,普鲁塔克(约公元 46 年至 120 年之后)在将《希腊罗马名人传》(Parallel Lives)献给公元 98 年至 107 年期间四度任执政官(consul)的索西乌斯·赛尼斯(Sosius Senecio)时,有这样一段明喻:"正如历史学家一样,索西乌斯·赛尼斯,在他们的地理描述中,将不在其知识范围内的地球区域压缩到他们的地图[pinakes]边缘,并附有注释解释说'之外的一切是没有水,没有野生动物出没的沙漠',或者'无人涉足的沼泽',或者'斯基泰的天寒地冻',又或者'冰冻的海洋',因此,在写我的《名人传》时……我不妨也这样看待史前史:'之外的一切充满了奇观。'"[110]

这些参考文献表明,地图对国家及其将领的价值已广为认可。连同硬币,以及有着罗马的多瑙河战役图形呈现的图拉真柱等纪念碑,地图可拥有很大的宣传价值。但对专制制度而言,也存在反帝制运动从地图中获取知识的风险,因此,地图落入错误的人手中,可能会危及安全。公元 81 年至 96 年在位的皇帝图密善,本质上是独裁者,由于对先前的阴谋了然于胸,他很快便压制住了任何反对自己的迹象。梅提乌斯·庞普西阿努斯(Mettius Pompusianus)被图密善处死,除了因为出生在帝王星座之下并给自己的奴隶起了迦太基将领的名字,还因为他随身携带一幅羊皮纸的世界地图,并四处发表关于李维的国王与将军的演说。[111] 这

254

---

[106] Robert K. Sherk, "Roman Geographical Exploration and Military Maps," in *Aufstieg und Niedergang dey römischen Welt*, ed. Hildegard Temporini (Berlin: Walter de Gruyter, 1972 –), 2.1 (1974): 534 –62,尤其第 537—543 页。

[107] Pliny *Natural History* 6. 15. 40 (note 41),笔者译。

[108] Pliny *Natural History* 6. 35. 181 (note 41).

[109] Pliny *Natural History* 12. 8. 19 (note 41),笔者译。

[110] Plutarch *Theseus* 1. 1; cf. Christian Jacob, "Lectures antiques de la carte," *Etudes Françaises* 21. 2 (1985): 21 –46,尤其第 44—45 页。

[111] Suetonius *Domitian* 10. 3, book 8 of *De vita Caesarum* (The lives of the Caesars), in *Suetonius*, 2 Vols., trans. J. C. Rolfe, Loeb Classical Library (Cambridge: Harvard University Press; London: William Heinemann, 1913 – 14). Pascal Arnaud, "L'affaire Mettius Pompusianus, ou Le crime de cartographie," *Mélanges de l'Ecole Française de Rome: Antiquité* 95 (1983): 677 –99,倾向于采信 Dio Cassius 和 Zonaras 的叙述。据该叙述,庞普西阿努斯卧室的墙上绘有一幅世界地图。见 Dio Cassius *Roman History* 67. 12. 4 (note 7)。

是羊皮纸取代纸莎草纸被越来越多地使用的时期；[112] 其当然更便于携带。因疑心有间谍，图密善可能会将地图与对北非起义的担忧联系在一起；在一个扩张的帝国内，叛乱有着足够的空间。

用于旅行的地图

托勒密的《地理学指南》及其坐标表，从未打算要服务于旅行者；但有理由认为，便携式日晷背面罗马各行省的纬度得益于托勒密，而这些日晷为旅行者和测量师所用。

针对陆地旅行的行程录和海上旅行的周航记也是常用的。例如，公元 2 世纪的一名总督阿里安（Arrian）（也是一位文人），便为他绕黑海的航行编纂了一部增广的周航记。该周航记出现的拉丁文本可能服务于官方目的，而希腊文本则针对他自己的公众读者。[113] 我们无法肯定它是否基于一幅地图，但杜拉欧罗普斯盾牌证明至少该地区的道路图是存在的。同样也很难确立陆地行程录在多大程度上来源于地图；由于道路图被维吉提乌斯称为 itineraria pieta，即彩绘行程，其优先级可能正好相反。最著名的是安东尼陆海行程录（第 235—236 页）。这些并不代表旅行的公众所携带的类型。它们显然详述的是像卡拉卡拉皇帝这样的人物所做的特定旅行，而其他旅行者可能只需要其中一段的内容。在基督教行程录中，从波尔多到耶路撒冷的旅程（第 237 页），通过拓展基本的列表形式，旨在帮助朝圣者前往圣地。

显然，任何一个制定复杂的道路旅程的人都会从像《波伊廷格地图》原型那样的彩绘行程录中受益。但古代地图可能并不太适合于旅行，因为它们通常是以松散的形式携带的，没有放在像主人家里用来存放纸草手卷的 eapsa（圆柱形匣子）中。不过，也许随着羊皮纸使用的增加，帝国晚期地图的流动性得到了更大的促进。360—363 年的皇帝背教者朱利安（Julian the Apostate），这样感谢他的友人安条克的阿利皮乌斯（Alypius of Antioch）："你寄来地理信息时，我刚好从病中康复；我也很高兴收到你寄来的地图。不仅它的绘制［dia-grammata］比先前的都好，而且你还添加了抑扬格诗句让它更引人入胜。"[114] 这可能是一幅英国地图，因为阿利皮乌斯是（或曾经是）英国各省的代理官（viearius）。希腊文的诗句让我们想起《狄奥多西地图》（Theodosian map）所附的拉丁文诗句（见下文第 259 页）。

地图的宗教和宣传功能

我们所了解到的第一幅罗马地图，是公元前 174 年的撒丁岛地图（第 205 页），既是为了胜利感谢神明的一种形式，也是彰显罗马扩张的有用的宣传品，就像墨索里尼（Mussolini）展示罗马帝国的地图一样。奥斯蒂亚的镶嵌画（第 246—247 页）则宣传了航运公司或运输行会。在早期拜占庭首要的基督教地图，马代巴地图（第 263—265 页）中，可看到一种有些不同的公共关系元素，图中的耶路撒冷被特别放大并作了详细处理；地图的方位设置

⑫ C. H. Roberts, "The Codex," *Proceedings of the British Academy* 40 (1954)：169 – 204.

⑬ Arrian *Periplus Ponti Euxini*, in Müller, *Geographi Graeci minores*, 1：370 – 423（note 20）.

⑭ Julian *Epistles* 7，笔者译；见 *The Works of the Emperor Julian*, 3 Vols. , trans. Wilmer Cave Wright, Loeb Classical Library（Cambridge：Harvard University Press；London：William Heinemann, 1913 – 23）的第 3 卷。

是为了便于会众观看。

地图的教学和学术用途

通过瓦罗可以看出，至少意大利较为进步的土地所有者是被认为熟悉地图使用的。他和老普林尼都是吸收了大量希腊学术论述的百科全书式作者。瓦罗可能（也可能没有）引述过资料来源（其百科全书式的写作只以残篇存世）。普林尼在第一册中，列出了他所有的资料来源，此后还频繁予以提及，但他经常采取的方式是不告诉我们他指的是文本还是地图。于是，对于黑海的周长，除了阿格里帕的地图和评注（他简单地称之为阿格里帕），他还引用了从约公元前 50 年到公元 70 年前后的四种估算结果，可能均出自文本而非地图。就红海
255 海岸长度的例子而言，他的目的似乎是要纠正埃拉托色尼的制图，其制图参考的是以弗所的阿特米多鲁斯（Artemidorus of Ephesus，活跃于公元前 104—前 101 年）和阿格里帕给出的更大的数字。瓦罗自己的一些著作中配有插图，但没有一幅幸存下来；普林尼是否有过插图则不得而知。普林尼之后，直到公元 5 世纪及以后才有留存至今的百科全书（马尔提亚努斯·卡佩拉、波伊提乌 [Boethius] 和伊西多尔 [Isidore]），其中只有公元 602—636 年的塞维利亚（Seville）主教伊西多尔专门论述了地理。[115]

纯粹的拉丁文地理著作中，已佚的阿格里帕的评注（如许多残篇所示）意在解释他的地图；其主要吸引的是那些参观过他的柱廊的人，包括斯特拉波和普林尼。庞波尼乌斯·梅拉的《地志》（De chorographia）是为普通读者设计的，没有地图。但作者面前可能就有一幅地图，例如，他写到波罗的海时说："柯达努斯湾（Codanus Gulf，译者注：即波罗的海）……点缀着大大小小的岛屿。"[116]

在一名学生对尤利乌斯·霍诺里乌斯的《宇宙志》的补遗中，发现了关于用地球仪进行地理教学的一条有趣见解："为了避免错误，如老师所说，这本节选不应该同地球仪分开。"[117] 罗马陷落后，地图仍在学校中继续使用：卡西奥多罗斯（？490—？583 年）在意大利哥特（Goths）国王治下任重要行政官员多年后，投身基督教和教育，他建议出于教学目的，旅行者狄奥尼修斯的地理诗应附上 pinax（地图）。[118] 除学校中的地图外，引用的修辞学家欧迈纽斯的话表明，至少在公元 298 年的高卢，一位理想主义者想在遭受战争蹂躏后的年轻人中培养文化，他在楼厅墙面布置了一张大型地图，作为重要的教学工具。

地图绘制显然构成了罗马帝国晚期土地测量师培训的一个重要部分。首当其冲的是绘制百分田制地图，这些地图虽然在某种程度上是图示性的，但从法律和行政管理的角度来看却必须非常准确。为此，测量师学徒会参考官方副本；然而在《土地测量文集》中，我们发

---

[115] Isidore of Seville *Etymologies*；见 *Etymologiarum sive originum libri XX*, 2 Vols., ed. W. M. Lindsay（Oxford：Clarendon Press, 1911）；idem, *De natura rerum*, in *Traité de la nature*, ed. Jacques Fontaine, Bibliothèque de l'Ecole des Hautes Etudes Hispaniques, fasc. 28（Bordeaux：Féret, 1960）, 164 – 327。

[116] Pomponius Mela *De chorographia* 3. 31（note 40），笔者译。

[117] Julius Honorius *Excerpta* 50（note 60），笔者译。

[118] Cassiodorus *Institutiones divinarum et saecularium litterarum* 1. 25. 2；见 *Institutiones*, ed., R. A. B. Mynors（Oxford：Clarendon Press, 1937），或者英译本，*An Introduction to Divine and Human Readings*, ed. and trans., Leslie Webber Jones（New York：Columbia University Press, 1946）。关于旅行者狄奥尼修斯，见第 171—173 页。

现有的地图在地形方面并不符合实际。这应当体现了几十年的样本教学地图的传统，在该传统中，地形准确度和对真实景观的呈现是次要的。

　　然而必须承认，受过教育的罗马人虽然尊重希腊的科学研究，但并不总是理解其背后的数学原理。我们知道，公元前 168 年前后，马洛斯的克拉提斯在罗马举办了多场讲座，用了一座球仪加以说明（见上文第 162—164 页介绍）。即便如此，他的球仪没有在现存的共和国拉丁文著作中有过提及，反倒见诸斯特拉波的希腊地理学中。随着与希腊世界的接触与日俱增，天文和数学仪器被引入罗马。但是，人们往往要花很长时间才能领悟如何正确使用某种仪器，就像对日晷的使用那样。公元前 263 年，一个这样的日晷从卡塔纳被带到了罗马，设置在了广场上的演讲台附近。然而，由于没有按不同的纬度做必要的调整，它在随后的 99 年当中显示的都是错误的时间：直到公元前 164 年 Q. 马尔奇乌斯·菲利普斯（Q. Marcius Philippus）才在它旁边立起一个适合罗马纬度的日晷。[19] 卢克莱提乌斯（Lucretius）用拉丁文诗句阐述希腊物理理论属于例外。西塞罗在这种类型上的贡献只有对索利的亚拉图（生于约公元前 315 年）的气象学著作《现象》的翻译。他的确承诺他的友人阿提库斯（Atticus）要写一部地理著作，然而，尽管阿提库斯显然为此目的给他寄去了塞拉皮翁（Serapion）的数理地理学著作，其诺言终究没有兑现；[20] 西塞罗在感谢这位友人时说，"实不相瞒，一千句话中我一句不懂"[21]。然而，这并不是说西塞罗从未参考过地图；他可能至少在一例情况下参考过。当阿提库斯批评他所写的几乎所有伯罗奔尼撒城邦（city-state）都在海边时，[22] 他回答说，这是他从狄凯亚库斯的 *tabulae* 中了解到的。[23] 由于他接着提到狄凯亚库斯关于特弗尼乌斯（Trophonius）地下神谕的著作，最近期的编者沙克尔顿·贝利（Shackleton Bailey）怀疑这些 *tabulae* 是否即地图[24]；但西塞罗可能指的是狄凯亚库斯已佚的《环行地球》（*Gēs periodos*），即世界的"地理观光"。

　　总之，可以得出这样的结论，就我们迄今所知，到公元前 170 年前后，地图对大多数罗马人来说还比较陌生。从那时起，地图的使用稳步增长。到尤利乌斯·凯撒或奥古斯都时代，地图得到了广泛群体的使用，成为土地测量、公共建设和其他工程项目不可或缺的部分，并对法律、战略、旅行、学术和教学目的都具有重要意义。

256

---

⑲　Pliny *Natural History* 7. 60. 214；见 Schilling, *Histoire naturelle*, 261 – 62, 尤其 n. 214. 3（note 41）中相应的注释。甚至在古代便有这是否为最早竖立在罗马公共场所的日晷的争议；普林尼还提到了一个公元前 293 年的日晷（*Natural History* 7. 60. 213）；同样，见 Schilling, 261, n. 213. 1. Cf. Censorinus *De die natali* 23. 6 – 7（由 Schilling 引述）in *De die natali liber*, ed. F. Hultsch（Leipzig：Teubner, 1867）。

⑳　Cicero *Letters to Atticus* 2. 4. 3；见 *Cicero's Letters to Atticus*, 7 Vols., ed. and trans. D. R. Shackleton Bailey（Cambridge：Cambridge University Press, 1965 – 70）。

㉑　Cicero *Letters to Atticus* 2. 4. 1（note 120）。

㉒　Cicero *The Republic* 2. 4. 8；见 *La république*, 2 Vols., trans. Esther Bréguet（Paris：Belles Lettres, 1980）。

㉓　Cicero *Letters to Atticus* 6. 2（note 120）。

㉔　Shackleton Bailey, *Cicero's Letters*, 3：257（note 120）。

参考书目

第十四章 罗马帝国早期和晚期的行程录与地理图

Avienius. *Ora maritima*. Edited by André Berthelot. Paris: H. Champion, 1934.

Böker, Robert. "Windrosen." In *Paulys Realencyclopädie der classischen Altertumswissenschaft*, ed. August Pauly, Georg Wissowa, et al., 2d ser., 8.2 (1958): cols. 2325–81. Stuttgart: J. B. Metzler, 1894–.

Bosio, Luciano. *La Tabula Peutingeriana: Una descrizione pittorica del mondo antico*. I Monumenti dell'Arte Classica, vol. 2. Rimini: Maggioli, 1983.

Carmody, F. J. *La Gaule des itinéraires romains*. Berkeley: Carmody, 1977.

Castagnoli, Ferdinando. "L'orientamento nella cartografia greca e romana." *Rendiconti della Pontificia Accademia Romana di Archeologia* 48 (1975–76): 59–69.

Clemente, G. *La Notitia Dignitatum*. Saggi di Storia e Letteratura 4. Cagliari: Fossataro, 1968.

Cumont, Franz. "Fragment de bouclier portant une liste d'étapes." *Syria* 6 (1925): 1–15.

Cuntz, Otto, ed. *Itineraria Romana*. Vol. 1, *Itineraria Antonini Augusti et Burdigalense*. Leipzig: Teubner, 1929.

Dilke, O. A. W. *Greek and Roman Maps*. London: Thames and Hudson, 1985.

Elter, A. *Itinerärstudien*. Bonn: C. Georgi, 1908.

Finkelstein, I. "The Holy Land in the Tabula Peutingeriana." *Palestine Exploration Quarterly* 111 (1979): 27–34.

Frank, Johannes. "Beiträge zur geographischen Erklärung der *Ora maritima* Aviens." Dissertation, Würzburg. Sangerhausen: Schneider, 1913.

Gichon, Mordechai. "The Plan of a Roman Camp Depicted upon a Lamp from Samaria." *Palestine Exploration Quarterly* 104 (1972): 38–58.

Goodburn, R., and P. Bartholomew, eds. *Aspects of the Notitia Dignitatum*. British Archaeological Reports, Supplementary Series 15. Oxford: British Archaeological Reports, 1976.

Gross, H. *Zur Entstehungs-geschichte der Tabula Peutingeriana*. Bonn: H. Ludwig, 1913.

Itineraria et alia geographica. In *Corpus Christianorum*, Series Latina, vols. 175 and 176 (1965).

Janni, Pietro. *La mappa e il periplo: Cartografia antica e spazio odologico*. Università di Macerata, Pubblicazioni della Facoltà di Lettere e Filosofia 19. Rome: Bretschneider, 1984.

Kubitschek, Wilhelm. "Itinerarien." In *Paulys Realencyclopädie der classischen Altertumswissenschaft*, ed. August Pauly, Georg Wissowa, et al., vol. 9 (1916): cols. 2308–63. Stuttgart: J. B. Metzler, 1894–.

———. "Karten." In *Paulys Realencyclopädie der classischen Altertumswissenschaft*, ed. August Pauly, Georg Wissowa, et al., vol. 10 (1919): cols. 2022–2149. Stuttgart: J. B. Metzler, 1894–.

Levi, Annalina, and Mario Levi. *Itineraria picta: Contributo allo studio della Tabula Peutingeriana*. Rome: Erma di Bretschneider, 1967.

Maier, I. G. "The Giessen, Parma and Piacenza Codices of the 'Notitia Dignitatum' with Some Related Texts." *Latomus* 27 (1968): 96–141.

———. "The Barberinus and Munich Codices of the *Notitia Dignitatum Omnium*." *Latomus* 28 (1969): 960–1035.

Miller, Konrad. *Itineraria Romana*. Stuttgart: Strecker und Schröder, 1916.

———. *Die Peutingersche Tafel*. Stuttgart: F. A. Brockhaus, 1962.

Pliny. *Natural History*. 10 vols. Translated by H. Rackham et al. Loeb Classical Library. Cambridge: Harvard University Press; London: William Heinemann, 1940–63.

Polaschek, Erich. "Notitia Dignitatum." In *Paulys Realencyclopädie der classischen Altertumswissenschaft*, ed. August Pauly, Georg Wissowa, et al., 17.1 (1936): cols. 1077–116. Stuttgart: J. B. Metzler, 1894–.

Reed, N. "Pattern and Purpose in the Antonine Itinerary." *American Journal of Philology* 99 (1978): 228–54.

Riese, Alexander, ed. *Geographi Latini minores*. Heilbronn, 1878; reprinted Hildesheim: Georg Olms, 1964.

Rodwell, Warwick. "Milestones, Civic Territories and the Antonine Itinerary." *Britannia* 6 (1975): 76–101.

Seeck, Otto, ed. *Notitia Dignitatum*. Berlin: Weidmann, 1876; reprinted Frankfort: Minerva, 1962.

Stewart, Aubrey, trans. *Itinerary from Bordeaux to Jerusalem: "The Bordeaux Pilgrim."* Palestine Pilgrims Text Society, vol. 1, no. 2. London: Palestine Exploration Fund, 1896.

Temporini, Hildegard, and Wolfgang Haase, eds. *Aufstieg und Niedergang der römischen Welt*. Berlin: Walter de Gruyter, 1972–.

Uhden, Richard. "Bemerkungen zu dem römischen Kartenfragment von Dura Europos." *Hermes* 67 (1932): 117–25.

Van der Poel, Halsted B., et al., eds. *Corpus topographicum pompeianum*. Part 5, Cartography. Rome: Edizione dell'Elefante, 1981.

Ward, J. H. "The British Sections of the Notitia Dignitatum: An Alternative Interpretation." *Britannia* 4 (1973): 253–63.

Weber, Ekkehard, ed. *Tabula Peutingeriana: Codex Vindobonensis 324*. Graz: Akademische Druck- und Verlagsanstalt, 1976.

Zicàri, Italo. "L'anemoscopio Boscovich del Museo Oliveriano di Pesaro." *Studia Oliveriana* 2 (1954): 69–75.

第十五章　拜占庭帝国的地图学

O. A. W. 迪尔克（O. A. W. Dilke）及编者提供的补充资料

包　甦　译

古典世界所有的文明中，从地图学的角度来看，拜占庭可能是最不为人所知的。拜占庭是当时欧洲与中东地区最富有、强大、文明的国家。[1] 尽管其帝国的领土边界来回变动，[2] 但从公元 330 年君士坦丁堡建立到 1461 年特拉布宗陷落，即首都沦陷八年后，拜占庭的政治组织、文化影响和宗教信仰延续了 1000 多年。

然而，自相矛盾的是，作为希腊和罗马学识的继承者，这样一个识字社会竟然只留下了很少的对制图感兴趣的痕迹。至少，发展这种兴趣的一些必要条件是存在的。在罗马时代晚期，以君士坦丁堡为据点的东罗马帝国，可以获得罗马土地测量师的实用技能，包括制图。拜占庭皇帝在行政管理、军事征服和镇压、宣传、土地管理及公共建设方面的地图需求，显然与罗马自身的需求相似。此外，继希腊文学复兴后古典文化的复苏，为受过教育的阶层带来了古典希腊文和拉丁文的阅读知识。最后，众所周知，包含地图的天文与地理文本甚至在公元 10 世纪所谓的文艺复兴之前已流传开来。当然，这些文本在后来的拜占庭帝国时期可以获得，即马克西姆斯·普拉努德（约 1260—1310 年）能成功发起对托勒密《地理学指南》稿本的搜寻之时。[3]

与此同时，也有其他因素削弱了这种古典学识的连续性。这里面包括拜占庭帝国在 7、8 世纪的衰落；称作圣像崇拜（iconoclasm）的宗教运动，可能导致一些与地图学相关的图像被毁；1204 年十字军占领君士坦丁堡；以及难民学者将其他稿本转移至西欧。因此，历经多个世纪的希腊文与拉丁文原始稿本的传播，远非一个简单的过程。在诸如亚历山大、安条克、以弗所和帖撒罗尼迦等海上和商业中心——尤其是在君士坦丁堡——交融的文学与艺术潮流是纷繁复杂的。它们不仅是与旧古典世界心脏地带的接触，也是与伊斯兰及其他东方社会的联系。[4] 拜占庭城市成为集散地，天文与地理学识（包括地图知识）经这些地方传向了四面八方。

---

[1]　Robert Browning, *The Byzantine Empire*（New York：Charles Scribner's Sons, 1980），7. 直到公元 476 年西罗马帝国被推翻，拜占庭才能被认为是完全独立的。

[2]　最大范围时，拜占庭不仅继续拥有罗马帝国的东部行省，还在查士丁尼（Justinian）（527—565 年在位）统治时，占据了意大利、北非和西班牙的部分地区。

[3]　关于 9 和 10 世纪含天体图的希腊文与拉丁文稿本，见本《地图学史》第三卷及 Paul Lemerle, *Le premier humanisme byzantin*（Paris：Presses Universitaires de France, 1971）。

[4]　关于同拜占庭的阿拉伯联系，见本《地图学史》第二卷。

尽管这些条件很复杂，但其中一些应该有利于古典地图学知识的留存。因此，令人感到失望的是，整个千年拜占庭，流传下来的地图竟是如此之少。并且，少数流传下来的地图显然既不能代表希腊人发展起来的理论地图学，也不能代表罗马人所实践的应用制图。此外，拜占庭时期对地图的文献援引比罗马时期的还少，因此，我们的期望值再一次地无法与实际证据相匹配。⑤

罗马的影响：《狄奥多西地图》和《拉文纳宇宙志》

259　　尽管我们的知识存在空白，但没有理由认为，在5、6世纪，罗马帝国晚期制图和东帝国将发展的制图之间存在间断。相反，他们对罗马的一切进行有意识的保存。拜占庭人不称自己为拜占庭人而是罗马人（Romaioi），⑥ 他们愿意把自己看作罗马帝国的继承人。在地图学方面，对早期的一些地图存在刻意模仿，尤其当这些地图被认为能达到帝国的目的，譬如在人们仍相信有可能整体重建罗马帝国的时候赞美拜占庭的伟大。⑦

奉狄奥多西二世（408—450年东帝国的皇帝）之命发布的拜占庭帝国地图，便可从这个角度解释。地图本身没有幸存下来，但我们从其所附的一首诗中对其有所知晓。⑧ 虽然希腊语是东帝国的通用语，但这首诗为拉丁文的六步格诗，拉丁文是当时帝国东西两部分的官方语言。原始文本中，提到的年代是在狄奥多西第十五次束棒（fasces）时。这并不意味着，如爱尔兰地理学家迪奎（活跃于公元814—825年）所认为的，是狄奥多西统治的第十五年，⑨ 而是指他的第十五任执政期，即公元435年。因此，这首诗可译成：

> 这件著名之作——囊括世上所有，
> 大海、山川、港口、海峡与城镇，
> 还有不明之地——好让所有人知道，
> 我们著名的、高贵的、虔诚的狄奥多西
> 在他第十五任执政期伊始之年
> 下达了无上尊贵的命令。

---

⑤　鉴于拜占庭时期有大量现存文献，包括许多哲学和技术性的，我们可能寄希望于对地图学资料的详细搜索（迄今尚未展开），将涌现更多关于地图存在或使用的参考文献。

⑥　Browning, *Byzantine Empire*, 8（note 1）.

⑦　在一处帝国语境下对球体或球仪的呈现，与在 Barletta 竖立的某位皇帝的巨大雕像有关，发现于城外的大海里。它象征着拜占庭在西方的权力，是真人大小的 2.5—3 倍，皇帝的手中握有一个圆球。传统上认为它是希拉克略（Heraclius, 610—641 年在位）的肖像；但据另一种理论，它是瓦伦提尼安一世（364—375 年在位）。见 *Enciclopedia italiana di scienze, lettere ed arti*, originally 36 Vols.（［Rome］: Istituto Giovanni Treccani, 1929 – 39），6: 197, col. 2 and photo 196。

⑧　Emil Baehrens, ed., *Poetae Latini minores*, 5 Vols.（Leipzig: Teubner, 1879 – 83; reprinted New York: Garland, 1979），5: 84; Wanda Wolska-Conus, "Deux contributions à l'histoire de la géographie: I. La diagnôsis Ptoléméenne; Ⅱ. La 'Carte de Théodose Ⅱ,'" in *Travaux et mémoires*, Centre de Recherche d'Histoire et Civilisation Byzantines, 5（Paris: Editions E. de Baccard, 1973），259 – 79.

⑨　Dicuil *De mensura orbis terrae*（On the measurement of the earth）5.4; 见 *Liber de mensura orbis terrae*, ed. and trans. James J. Tierney, Scriptores Latini Hiberniae, No. 6（Dublin: Dublin Institute for Advanced Studies, 1967）; Tierney 在其序言中讨论了迪奎的解释错误, pp. 23 – 24。

我等皇帝的仆人（一人写，

一人画），循着古代制图者的作品

用时不到几月

对其修改完善，于有限的空间

拥抱整个世界。您的智慧，陛下，

导引我们完成这一重任。⑩

　　迪奎认为这些诗句表明，两名帝国雇员奉命周游了帝国。更恰当的解释是，这些指示是要编辑和更新一幅地图，或许还有一篇评注。后者几乎可以肯定源自阿格里帕，在拜占庭时期一直被认为是官方来源，而不是马里纳斯或托勒密的著作。拉丁文的使用可证明这点，以罗马里计的测量值也是如此。迪奎在 9 世纪早期进行写作时，地图本身仍然存世。迪奎还指出，地图作者计算从小亚细亚边界到阿拉伯和下埃及的叙利亚的长度为 470 罗马里。⑪

　　有可能狄奥多西的地图是个特例，与他名字相关的其他稿本不一定附有地图，即便它们涉及的主题适合有地图。献给狄奥多西二世的佚名论著《新罗马君士坦丁堡城》（*Urbs Constantinopolitana nova Roma*）当属此例。⑫ 某位马尔切利努斯（Marcellinus）对君士坦丁堡更详尽的描述——列举了该城的十四区及其最重要的建筑——也没有与任何可同《罗马城图志》相媲美的大比例尺平面图相联系。⑬ 此外，即使在皇帝处理帝国内部土地的法律组织和法典化的问题时，似乎也没有开展过地籍测量和制图，当然就谈不上以《土地测量文集》推荐的方式。有一部成文的财产法调查，据说是由狄奥多西二世制定的，不仅涉及对尼罗河流域的重新调查，⑭ 还包括罗马帝国其他行省的情况，但现存文本部分同样没有提及地图。

　　从这些零星证据中可以推断，虽然拜占庭皇帝保留地图以作宣传和（如将看到的）宗教之用，但西帝国制图方面如此典型的许多实际用途却逐渐减少。这样的解释得到了周航记，即航向书籍的证实，与罗马时期早期一样，这些书仍鲜少附图。一些现代学者具有一定误导性地将"波特兰"（portolan 或 portulan）一词用于这些书籍，但虽然已知有八部周航记，现存没有一部是有地图的。⑮ 一部佚名的黑海周航记——同样也没有地图——得以幸存，其开篇是对整个人类居住的世界的测量概述。⑯ 260

---

　　⑩　Dicuil *De mensura* 5. 4（note 9），由 O. A. W. Dilke 翻译。

　　⑪　Dicuil *De mensura* 2. 4（note 9）。

　　⑫　In *Geographi Latini minores*, ed. Alexander Riese（Heilbronn, 1878；reprinted Hildesheim: Georg Olms, 1964），133 – 39.

　　⑬　马尔切利努斯的宇宙志由 Cassiodorus *Institutiones divinarum et saecularium litterarum* 1. 25. 1 推荐；见 *Institutiones*, ed. R. A. B. Mynors（Oxford: Clarendon Press, 1937），或者英译本，*An Introduction to Divine and Human Readings*, ed. and trans. Leslie Webber Jones（New York: Columbia University Press, 1946）。

　　⑭　Text "Imperator Theodosius et Valentinianus," in *Die Schriften der römischen Feldmesser*, ed. Friedrich Blume et al. , 2 Vols. （Berlin: Georg Reimer, 1848 – 52；reprinted Hildesheim: G. alms, 1967），1：273 – 74.

　　⑮　Armand Delatte, ed. , *Les portulans grecs*（Liège: Bibliothèque de la Faculté de Philosophie et Lettres de l'Université de Liège, 1947）；G. L. Huxley, "A Porphyrogenitan Portulan," *Greek, Roman and Byzantine Studies* 17（1976）：295 – 300. 又见 pp. 237 and 383。

　　⑯　*De Ambitu Ponti Euxini*, in *Geographi Graeci minores*, 2 Vols. and tabulae, ed. Karl Müller,（Paris: Firmin-Didot, 1855 – 56），1：42426. 其定义的斯塔德不同于西帝国已公认的测量值。关于斯塔德的现代值的问题，见上文第九章，"希腊化时代希腊经验地图学的发展"，注释 3。

就拜占庭陆地行程录而言，同样，也没有已知的图形版本，没有彩绘行程录堪比罗马时期的《波伊廷格地图》。留存下来的主要的地理地点列表称作《拉文纳宇宙志》。[17] 虽然其明显受益于早期罗马模型，该著作为旅行者或其他感兴趣的读者延续了此类文献的书面而非图形形式。其名字来源于540—751年在拜占庭在意大利的权力中心。它是一份拉丁文的列表，大致按地形顺序编排了约5000个地理名称，这些名称从已知世界大部分地区的地图中收集而来，编纂进程大概自西向东。它不是拜占庭官僚机构的官方文件，而是由一位不为人所知的教士（现称拉文纳宇宙志家）为一位叫作奥多（Odo）的教士同人而制，也许是在公元700年之后不久。他给出的资料来源有卡斯托里乌斯（Castorius）（经常被引用），基督教历史学家如奥罗修斯（Orosius）（活跃于414—417年）和约达尼斯（Jordanes）（6世纪），以及多位哥特作者，但他的编纂方法似乎因地区而异。[18]

这位拉文纳宇宙志家显然没有系统地着手列出每个地区的所有主要地点（地市、城邦［civitates］），以及一些河流与岛屿。没有有条不紊地进行选择的迹象，因此，如果文本中提到某已知地点附近的一处未知地点，那么该未知地点很可能实际上就在附近，而若提到两个已知地点之间的某未知地点，则可相当有把握地认为是对其真实位置的说明。宇宙志家写道："在基督的帮助下，我们可以写下全世界的港口与岬角，以及各城镇之间的里程数"[19]，该评论意味着他的资料来源之一可能类似于《波伊廷格地图》。于是，这让一些现代作者试图将卡斯托里乌斯（被认为生活在公元4世纪）视为《波伊廷格地图》的制作者。[20] 然而，如果拉文纳宇宙志家的主要来源包含像《波伊廷格地图》那样的道路，他似乎不可能在地名排序上如此反复无常。还有人称，亚洲的部分地区和岛屿使用的是托勒密《地理学指南》的非常严重的讹变形式。不过，有人可能会认为，看起来像托勒密文本的讹误，兴许是讹变得不那么厉害的马里纳斯的版本，基于的假设是马里纳斯的地图事实上已在拉文纳可得。这样的问题很难解决，尤其是考虑到宇宙志家方法上的欠缺。这往往导致重要地点的遗漏或名称的重复，意味着作者不擅长阅读希腊文的地图名称。有时，他会给出一个当时的区域名（如勃艮第［Burgandia］），并与某古代部落的名字（如阿洛布罗基人［Allobroges］）关联在一起。

无论对《拉文纳宇宙志》的来源作何解释，显然，在拜占庭史上的这个时期，意大

⑰ Moritz Pinder and G. Parthey, eds., *Ravennatis anonymi Cosmographia et Guidonis Geographica* (Berlin: Fridericus Nicolaus, 1860; reprinted Aalen: Otto Zeller Verlagsbuchhandlung, 1962). 首要的稿本为 Urbinas Latinus 961 (Rome, Biblioteca Apostolica Vaticana), 14世纪; MS. Lat. 4794 (Paris, Bibliothèque Nationale), 13世纪; 和 Basiliensis F. V. 6 (Basel, Basel University Library), 14—15世纪。

⑱ Louis Dillemann, "La carte routière de la *Cosmographie de Ravenne*," *Bonner Jahrbücher* 175 (1975): 165–70; Ute Schillinger-Häfele, "Beobachtungen zum Quellenproblem cler *Kosmographie* von Ravenna," *Bonner Jahrbücher* 163 (1963): 238–51.

⑲ 由 O. A. W. Dilke 翻译, *Ravenna cosmography* 1.18.1015; 见 Pinder and Parthey, *Ravennatis anonymi Cosmographia*, 39 (note 17)。

⑳ Konrad Miller, *Itineraria Romana* (Stuttgart: Strecker und Schröder, 1916), xxⅦ–xxix; J. Schnetz, *Untersuchungen über die Quellen der Kosmographie des anonymen Geographen von Ravenna*, Sitzungsberichte der Akademie der Wissenschaften, Philosophisch-historische Abteilung 6 (Munich: Verlag der Bayerischen Akademie der Wissenschaften, 1942)。

利有一批希腊与罗马地图可供查阅。㉑ 因此，这份列表提供了关于地图的持续使用的重要证据（虽然是以一种非常没有技术性的方式），尽管早先制作新地图——或者随着新的信息来源的出现修订旧地图——的动力，在8世纪早期拉文纳的学者中似乎已不再被给予优先考虑。

宗教地图学：印度航行者科斯马斯与地图镶嵌画

基督教显然将拜占庭帝国同之前的罗马帝国区别开来。基督教既成了国教，也是其大多数公民的宗教信仰。到6世纪时，基督教的思想模式和基督教图像已渗透至社会的政治、知识和艺术生活中，并确实赋予其许多特有的品质。教堂在整个拜占庭世界的突出地位同样给这一时期的大部分地图学注入了宗教色彩。现存主要的地图——印度航行者科斯马斯的地图和尼科波利斯（Nicopolis）与马代巴的镶嵌画地图——以及后来西欧的《世界地图》，都反映了这些新思想在古典基础上的叠加，这一切并非偶然。尼科波利斯镶嵌画和印度航行者科斯马斯的一些地图，只有在宗教语境下才能理解。科斯马斯曾广游红海周边及其邻近地区，但他对神学的兴趣远大于地理学或地图学。马代巴地图也显示了它的宗教功能：曾被摆放在一座教堂内，对耶路撒冷给予了极大重视，并且还有圣经援引。

印度航行者科斯马斯

6世纪期间，传统教学在拜占庭世界仍方兴未艾，但已显露出衰落的迹象。一方面，有5世纪末对斯特拉波《地理学》的复制；副本遗存保留在一部重写羊皮书卷（palimpsest）内。后来，在意大利南部，基督徒卡西奥多罗斯（约公元487—583年）建议年轻的修道士通过狄奥尼修斯的地图和托勒密的《地理学指南》学习地理学和宇宙学。㉒ 在仍然作为晚期罗马世界最伟大的知识中心的亚历山大，另一位基督徒约翰内斯·菲罗波努斯（Johannes Philoponus）（约公元490—570年）评论亚里士多德的著作，并像他那样教导别人，大地是球形的，位于天球的中心。

但是，也有人认为亚里士多德和希腊化时代关于宇宙的教学同圣经相矛盾。在由此形成的一场论战中，科斯马斯（被称为印度航行者，字面意思是"印度海旅行者"，活跃于公元540年）是积极参与者。科斯马斯是亚历山大的一名商人，自学成才；他游历颇多，尽管可能并没有像其绰号所暗示的那样，到过印度那么远的地方。在波斯，他曾聆听过一位基督教教师帕特里基奥斯（Patrikios）的讲座，并皈依了基督教聂斯脱利派（Nestorian Christianity）。回到亚历山大后，希望传播他所认为的真正的基督教教义，他撰写了一部《地理学》，一部《天文学》（均已佚），以及一部共12卷本的《基督教地形志》（*Christian Topography*），其

㉑　例如，就英国而言，似乎用到了一幅除此以外别无记载的塞维鲁时期的地图。见 Louis Dillemann, "Observations on Chapter V, 31, Britannia, in the Ravenna Cosmography," *Archaeologia* (1979): 61–73; A. L. F. Rivet and Colin Smith, *The Place-Names of Roman Britain* (Princeton: Princeton University Press, 1979), 185–215。

㉒　Cassiodofus *Institutiones* 1. 25. 2 (note 13).

三部稿本被保存了下来。㉓

　　科斯马斯认为大地是平的，宇宙形状像一个巨大的带穹顶的长方形盒子。他尖锐地抨击了那些认为世界是球形的"外来人"（people from outside）（也就是说异教徒），并嘲笑他们对天空和大地的呈现。《基督教地形志》全书配有图示和画作，是他证明这些信仰的一部分。流传下来的稿本被认为相当忠实于原著，因此我们可以认为其中的插图与科斯马斯本人实际所绘的相似；不过，总的来说，他对宇宙志史的重要性被严重夸大了。㉔

　　在《基督教地形志》中，宇宙被示意性地表现为一个长方形的盒子，沿其长度带穹顶。宇宙被苍穹分成上下两部分，苍穹充当了分隔这两部分的屏障。下半部分代表可见的世界，人和天使生活在其中。上半部分代表不可见的世界，是上帝的领域。两幅图示说明了这一概念：一幅只画了盒子窄的一头，有半圆形的顶；另一幅则以倾斜透视展示了整个盒子（图15.1）。

262

图 15.1　印度航行者科斯马斯的宇宙

天空的穹顶呈现于平坦的、长方形的大地之上，太阳围绕北方的大山升起和落下。苍穹在穹顶与下方区域的相接处。

　　原图尺寸：10.2×13厘米。Biblioteca Medicea Laurenziana, Florence 许可使用（Plut. 9.28, fol. 95v）。

　　㉓　Cosmas Indicopleustes *Topographie chrétienne*, ed. Wanda Wolska-Conus, in *Sources Chrétiennes*, nos. 141（1968），159（1970），and 197（1973）；Wanda Wolska, *La Topographie chrétienne de Cosmas Indicopleustès：Théologie et science au VIe siècle*, Bibliothèque Byzantine, Etudes 3（Paris：Presses Universitaires de France, 1962）。科斯马斯的文本保存于 Vat. Gr. 699, Rome, Biblioteca Apostolica Vaticana（9世纪），在君士坦丁堡复制；the Sinaïticus Gr. 1186, Mount Sinai, Monastery of Saint Catherine（11世纪），写于 Cappadocia；以及 Pluto 9.28, Florence, Biblioteca Medicea Laurenziana（11世纪），复制于 Mount Athos。

　　㉔　见上文第348页。

文中的另一幅图则体现了科斯马斯的平坦大地的概念。这是一幅可居住世界的地图，画 261
成一个周围是海洋的长方形，有一个矩形框（图 15.2）。四个洋湾打破了可居住世界的规则
轮廓：北面的里海；南面的阿拉伯湾（红海）与波斯湾；以及西面的地中海（称作罗马湾
［Romaic Gulf］），所示的唯一大海。㉕ 在长方形世界狭窄的亚洲一侧之外，并且在海洋之外， 262
绘有一个估计是天堂的小长方形，花木繁茂。从天堂流入可居住世界的有四条河，从海洋底
下经过。其中一条，基训河（Gihon［尼罗河］），流进了罗马湾；其他三条，底格里斯河、
幼发拉底河与比逊河（Pishon［印度河］），则流入波斯湾。围绕长方形海洋的是"海洋之外
的大地"。在大洪水之前，人类曾在其上面部分居住。整体而言，科斯马斯的这幅地图是古
典与希腊化时代知识（四个洋湾，长度是宽度的两倍，矩形框架），与圣经教义（天堂及其
四条河，大地的四角，海洋之外的大地）的奇异混合。科斯马斯将这样一幅地图归功于历
史学家埃弗鲁斯（约公元前405—前330年），实际上他可能正是改绘的埃弗鲁斯之作。

263

图 15.2　据印度航行者科斯马斯所述的世界

科斯马斯结合希腊地理学与圣经地理学，设想了一个被海洋围绕的长方形可居住世界。东方的大洋彼岸是天堂。上
方（南）的海洋以外是无人居住的世界。

原图尺寸：23.3×31.5 厘米。照片出自 Biblioteca Apostolica Vaticana, Rome（Vat. Gr. 699, fol. 40v）。

㉕　如同埃拉托色尼和斯特拉波的地理学中的，里海被表现为一个洋湾。在他们之前的希罗多德和之后的托勒密，
认为里海是一个内陆海。12 世纪的泥金画师仍在用同样一种长方形大地的表现形式，周围是海洋，并被一道深深刺入的
海湾部分分割。它解释了宇宙的诞生，Gen. 1：1 - 24，见 Octateuch 稿本（Seragliensis 8, fol. 32v，和 Smyrnaeus A1, fol. 7v，
均在 Sultan's Library, Istanbul）。但对可居住世界（只有动物居住，因为它解释的是第六日的创造）的绘制远没有那么准
确，海洋上只有一个海湾。Wolska, *Topographie chrétienne de Cosmas*, 137 - 38（note 23）认为，科斯马斯的和 Octateuch 的
两种插图，都源于一幅早期源图。Cynthia Hahn, "The Creation of the Cosmos: Genesis Illustration in the Oetateuch," *Cahiers
Archéologiques* 28（1979）：29 - 40，提出了"Octateuch 袖珍图的地理构形源于《地形学》"（p. 35）的观点，插图者在《地
形学》袖珍图的地图结构中加入了动植物。这就解释了地图本身绘制的退化。

262　　科斯马斯在其他的插图中表达了自己对世界的概念，希望可以证明其正确性。一幅图示
263 显示了四个高大的男人彼此成直角站立于一个小的圆形地球之上；在科斯马斯看来，这足以
证明那些断定有可能甚至很可能存在对跖地的人的愚蠢。另一幅图示中，行星的轨道被绘成
以地球为中心的圆；在上面的圆上，黄道十二宫以粗略的图示表现。

　　对科斯马斯而言，绘图是教学的一部分。但他的绘图必然粗略；需要用头脑把图示转换
到复杂的现实中去。但似乎科斯马斯从未想过转换：平面的地图意味着平坦的大地；圣经教
义应该从字面上理解。尽管现代的历史文本作者认为科斯马斯的教学很重要，但是，其著作
似乎对中世纪思想的影响不大。希腊人（在该问题上还有罗马人）的球形世界从未被世人
遗忘。㉖

尼科波利斯与马代巴的地图镶嵌画

　　拜占庭艺术以宗教为主，正如地图装点了西欧许多基督教壁画的主题一样，在拜占庭帝
国，它们也被纳入了镶嵌画中。连同壁画一道，镶嵌画是拜占庭艺术最华丽的表达，这在该
时期的地图学中得到了明确体现。㉗ 除了尼科波利斯与马代巴的主要例子外，已知在其他地
方也有若干黄道镶嵌画。这些地图中的较大者——与《世界地图》一样——其作用无疑是
要通过展现圣经传说中的寓言来教导信徒。

264　　一幅不同寻常的拜占庭镶嵌画，可在伊庇鲁斯（Epirus）的普雷韦扎（Preveza）附近尼
科波利斯的拜占庭教堂遗迹原址看到（图 15.3）。㉘ 尼科波利斯（胜利之城）拥有希腊境内
最大、分布最广的罗马遗迹，是为纪念公元前 31 年奥古斯都在亚克兴一战中战胜安东尼和
克莱奥帕特拉而建的。尼科波利斯的镶嵌画显然是由一位迪米特里奥斯（Dometios）大主教
（有同名的两人，似乎都活跃于 6 世纪）设立的。镶嵌画中的希腊文诗句可译为：

> 这里，你可见无垠的海洋奔腾
> 中间承载着大地，那当中
> 一切喘气的会爬的都描绘在此
> 用的是巧妙的艺术图形。
> 　　　——高贵的大司祭迪米特里奥斯亲立㉙

　　镶嵌画本身是长方形（因此让人联想到科斯马斯的世界概念），其四周是一片海洋，有鱼
在里面游动。在中间的一块长方形中心饰品内，有些类似于尼博山（Mount Nebo）镶嵌画的，㉚

㉖　见本卷第十八章，"中世纪的世界地图"，第 286—370 页。

㉗　关于拜占庭镶嵌画，见 Otto Demus, *Byzantine Mosaic Decoration: Aspects of Monumental Art in Byzantium*（London:
Routledge and Kegan Paul, 1948）。

㉘　Ernst Kitzinger, "Studies on Late Antiquity and Early Byzantine Floor Mosaics. I. Mosaics at Nikopolis," *Dumbarton Oaks
Papers* 6 (1951): 81–122, figs. 18–19.

㉙　由 O. A. W. Dilke 翻译；见 Kitzinger, "Nikopolis," fig. 18（note 28）。

㉚　Sylvester J. Saller, *The Memorial of Moses on Mount Nebo*, 3 Vols., Publications of the Studium Biblicum Franciscanum,
No. 1 Oerusalem: Franciscan Press, 1941–50), Vol. 1, 230 ff., and Vol. 2, pls. 103.1, 106, 107.

有树木和鸟。如果没有铭文人们会认为其表现的是天堂，倘若这么说，也许会有损于这一解释：镶嵌画可能表现的是现在的大地，但也可能表现的是创造人类之前的大地，那时它曾是天堂。㉛ 无论是哪种情况，圣经概念与异教的希腊概念都杂糅在这幅镶嵌画中，其外缘反映了荷马时代或之后对围绕大地的海洋的呈现。㉜

图 15.3 尼科波利斯镶嵌画

出自希腊尼科波利斯大教堂 α（Basilica α，圣迪米特里厄斯大教堂［basilica of Saint Demetrius］）的房间 X，公元6 世纪。

原物尺寸：2.35×3.01 米。Marie Spiro, University of Maryland, College Park 提供照片。

马代巴地图——可能是拜占庭地图学最著名的例子——是一幅关于巴勒斯坦和下埃及的镶嵌画，有希腊文的图例。遗存部分保存良好。它于 1884 年在约旦马代巴的老教堂被重新发现（图版 7）。㉝ 1896 年，希腊东正教牧首（patriarch）的图书管理员克莱奥帕斯·科伊基利泽斯（Kleopas Koikylides）神父发现，新教堂的工程正在对镶嵌画造成损害，由此对其进行了保存，他和其他人对镶嵌画做了补绘。1965 年，海因里希·勃兰特（Heinrich Brandt）对其进行了修复，并移交给了希腊东正教牧首。

265

㉛ Kitzinger, "Nikopolis," 100（note 28）.

㉜ 此概念有时会通过艺术表达。因此，R. Hinks, *Myth and Allegory in Ancient Art*（London：Warburg Institute, 1939），30 and pl. Ib 认为，大英博物馆的一个青铜圆盘表现的是环抱三个大陆的奥克阿努斯（Oceanus）。

㉝ Herbert Donner and Heinz Cüppers, *Die Mosaikkarte von Madeba*, Abhandlungen des Deutschen Palästinavereins（Wiesbaden：O. Harassowitz, 1977）；Michael Avi-Yonah, *The Madaba Mosaic Map*（Jerusalem：Israel Exploration Society, 1954）；R. T. O'Callaghan, "Madaba（Carte de），" in *Dictionnaire de la Bible*：*Supplement*, ed. L. Pirot and A. Robert（Paris：Letouzey et Ane, 1928 -），Vol. 5（1957），627 - 704.

镶嵌画的年代可确定在公元542—565年（查士丁尼［Justinian］去世那年）之间。主要幸存的残片尺寸约10.5×5米，但整幅镶嵌画原本可容纳一幅24×6米大的地图。从地图上保存下来的马赛克方块有五六种绿色和蓝色，四种红色，还有其他的黑色、白色、棕色、紫色、黄色和灰色。地图被认为显示了从毕布勒斯（Byblos）和大马士革到埃及西奈山（Mount Sinai）和底比斯的区域，应当需要200多万块马赛克方块。

马代巴地图显然旨在教导信徒。它面对的是俗众会经常光顾的教堂空间，尽管他们要透过屏风才能看到。保存下来的部分从约旦河谷（Jordan valley）的哀嫩（Aenon）一直延伸到尼罗河的卡诺皮克（Canopic）支流。比例尺从犹地亚（Judaea）中部的约1∶15000到耶路撒冷的约1∶1600不等，耶路撒冷被给予了突出的位置和夸张的尺寸。地图的地中海海岸似乎相当平直，因此尽管在巴勒斯坦其东在上，但在埃及却是东南或南在上。考虑到介质的粗糙性，地名可谓是众多的。这些地名大多依据凯撒里亚的尤西比乌斯（Eusebius of Caesarea，约公元260—340年）的《圣经地名汇编》（Onomasticon），但部分地名，毫无疑问，还基于道路图，因为给出了耶路撒冷以外4里和9里处的道路驿站。在埃及，有的村庄以其希腊或罗马所有者的名字命名，如"尼西亚斯的［村子］"[34]。城镇或教堂的地图符号与《波伊廷格地图》中的有些相似。

很明显，编绘者急于用船只或树木的图像，或者历史解释来填充所有的空白空间。其中有的解释出自《旧约圣经》，有的出自《新约圣经》：例如，"恩赐地（Floor of Atath），今伯曷拉（Bethagla）"[35]；"盐湖或沥青湖（Pitch Lake）或死海"；"示罗（Selo），方舟曾在的地方"[36]；"以弗仑（Ephron）或以法莲（Ephraia），主去往之处"[37]；"亚雅仑（Ailamon），嫩（Nun）的儿子约书亚（Joshua）那时，某天月亮止住之处"[38]；"拉玛（Rama）：在拉玛听到一个声音"[39]；"圣腓力（Saint Philip）教堂，他们说是宦官坎戴斯（Candaces）受洗的地方"[40]；"埃及和巴勒斯坦的边界"；"扎布隆（Zabulon）应住在海边，其边界要到西顿（Sidon）"[41]；以及"撒勒法（Sareptha），一个长长的村落，那天某个孩子复活之处"[42]。

地图的部分再现有建筑细节。韦斯扎哈尔（Bethzachar）附近的圣扎卡里亚（Saint Zacharias）教堂轮廓十分醒目。它有带斜屋顶的门廊，顶上是有三扇窗户的一道正立面。大概在教堂后部的带柱子的半圆形庭院以倾斜透视显示，仿佛是在门廊和正立面之上。耶路撒冷被细致地描绘成一座椭圆形的有围墙的城市，其主要的城门在北面（图版8）。所示的中央街道，其东侧柱廊是正确朝上的，西侧柱廊却颠倒了。西面地区是从外面看的，而东面地区

---

[34] 此为正确形式，不是 Avi-Yonah, Madaba Mosaic 76，No. 133（note 33）中给出的 Nicius。

[35] Accad in Gen. 10：10.

[36] Shiloh in Josh. 18：l.

[37] John 11：54："Accordingly Jesus no longer went about publicly in Judaea, but left that region for the country bordering on the desert, and came to a town called Ephraim."

[38] Avi-Yonah, Madaba Mosaic（note 33）指出，Josh. 10：12 中，Aijalon 实际上是在 Yalu，离巴勒斯坦的尼科波利斯有3公里，如 Jerome 对 Onomasticon 的译文所指明的；但地图绘制者依照的是尤西比乌斯。

[39] Ramah in Jer. 31：15.

[40] 并非如此，他是埃塞俄比亚女王坎戴斯（Candace 坎达克［Kandake］）的宦官：Acts 8：26－27。

[41] Gen. 49：13："Zebulun dwells by the seashore."

[42] 以利亚（Elijah）在撒拉但（Zarethan），今撒拉方德（Sarafand）所行的奇迹，1 Kings 7：8 ff。

则是从里面看。前景中央是圣墓教堂（Church of the Holy Sepulcher）。像西侧的柱廊一样，它的显示也是颠倒的，楼梯在顶部，穹顶在底部。从镶嵌画上还辨认出了许多其他的拜占庭时期耶路撒冷的建筑。最近得到公认的，是东侧柱廊南端被认为是圣母新教堂（New Church［Nea］of the Theotokos）的建筑，于542年祝的圣。耶路撒冷以北是大马士革门（Damascus Gate）。其阿拉伯语名字为 Bābil'amūd（柱门），纪念的是附近广场上的一根拜占庭柱子。这根柱子上的皇帝雕像已被一个十字架所取代，在镶嵌画上对此柱有描绘。另一座显示有一定细节的城市，尽管镶嵌画只保存了一部分，是加沙（Gaza），背景中有看似希腊剧院的建筑。

山地的着色包括红色、粉色、绿色和深褐色，有大致呈平行曲线的深褐色的饰边。有可能打算用的是某种地形线（form line），其效果在某块现在认为已遗失的镶嵌画残片中显得最为逼真。1897年为该残片绘的一幅图显示有阿杰贝伦（Agbaron 阿赫贝雷［Akhbara］），左面两山之间有个村庄，其中一座山便有地形线或阶地。[43]

可追溯至拜占庭时期的第三种马赛克地图描绘了黄道带，延续了已提及的流行于罗马帝国时期的一个主题（第248页）。[44] 例如，在哈马特镶嵌画之后的时期，发展出了一种犹太教堂内部带希伯来语铭文的拜占庭镶嵌画传统（外部不允许装饰）。在哈非斯巴（Hefzibah）贝特—阿尔法（Beth-Alpha），一幅保存完好的公元6世纪早期的镶嵌画，描绘了以撒（Isaac）的献祭，以及黄道十二宫（图15.4）。[45] 它们以逆时针序排列在围绕太阳战车的一个圆上。四个角上是四季的拟人形象：春（左上）、夏、秋、冬（逆时针序）。艺术风格生动但也天真。太阳神（希腊罗马概念）以带日冕的头像出现；他的四匹马的头部和前腿都被表现了出来，但没有显示身体的其他部分。在太阳神周围有一轮新月和二十三颗星，间隔不规则。或者说，相同的拜占庭风格也体现在黄道十二宫的呈现上：例如，室女座显示为正身而坐，但她的双脚却转向了侧面。

在希伯伦（Hebron）附近的苏西亚（Susiya），原本有一幅类似的黄道镶嵌画，与之一起的，还有一幅表现但以理（Daniel）在狮穴的画。但由于犹太人不赞成将镶嵌画作为雕刻的偶像（graven image），两者都被移走了。其他出自圣地的拜占庭镶嵌画中，黄道带只用各黄道宫的名字而不是图形来呈现。

希腊的复兴与托勒密的《地理学指南》

拜占庭地图学不容易分类。已知出自这一时期早期的地图——从科斯马斯那里希腊、罗马和基督教思想的混合以及马代巴地图中可以清晰看出——可以被视作全部三种传统的综合。然而，后来发展出来的地图呈现的一脉，希腊的影响最终在其中占据了主导地位。虽然

㊸ Avi-Yonah, *Madaba Mosaic*, 76, fragment A（note 33）。

㊹ Michael Avi-Yonah, *Ancient Mosaics*（London：Cassell, 1975）；Michael Avi-Yonah and Meyer Schapiro, eds., *Israel Ancient Mosaics*, UNESCO World Art Series, No. 14（Greenwich, Conn.：New York Graphic Society, 1960）。关于希伯来稿本中的黄道十二宫，见 Bezalel Narkiss, *Hebrew Illuminated Manuscripts*（Jerusalem：Encyclopaedia Judaica, 1969），32－33。

㊺ Avi-Yonah, *Ancient Mosaics*, 56－59（note 44）；Avi-Yonah and Schapiro, *Israel Ancient Mosaics*, 7, 14, 25, pls. XI, XII（note 44）；Eleazar L. Sukenik, *The Ancient Synagogue of Beth Alpha*（Jerusalem：University Press, 1932）。

拜占庭人在其漫长历史的大部分时间中都没有自称为希腊人（Hellenes），但帝国的主导语言和主流文化始终是希腊的。⑯ 然而，到 9 世纪时，有意识地重新激活希腊化时代的传统——例如，通过恢复使用在 7、8 世纪几乎被遗忘的古雅典化的（Atticizing）文学希腊语——在统治阶层的学者中得到了更为积极的响应。在 10 世纪及以后，当这种风潮受到文学和语言学界更多的追捧时，许多希腊文本被复原并抄录成新书，其本身就是复兴古典文化这一方面的重要因素。⑰

267

图 15.4　贝特—阿尔法镶嵌画

拜占庭镶嵌画传统的一例，描绘的是黄道带与四季，有希伯来语的铭文。

出自 Michael Avi-Yonah and Meyer Schapiro, eds. , *Israel Ancient Mosaics*, UNESCO World Art Series, No. 14（Greenwich, Conn. : New York Graphic Society, 1960），7. Copyright UNESCO 1960；reproduced by permission of UNESCO。

---

⑯　Browning, *Byzantine Empire*, 8（note 1）.

⑰　见 L. D. Reynolds and N. G. Wilson, *Scribes and Scholars：A Guide to the Transmission of Greek and Latin Literature*, 2d ed. （Oxford：Clarendon Press, 1974），尤其第 50—53 页。关于拜占庭学术的发展，见 John Edwin Sandys, *A Short History of Classical Scholarship from the Sixth Century B. C. to the Present Day*（Cambridge：Cambridge University Press, 1915），92 – 110。

拜占庭学者对希腊化传统的复兴带给制图的短期意义不易评估。尽管我们可以假定希腊 266
天文学和地理学著作得到了拜占庭书吏的重新抄录，或在某些情况下，被吸纳进了百科全
书，[48] 鲜有证据表明这些活动很快激发了对地图绘制本身的新的兴趣。如果在普拉努德搜寻
托勒密之前有什么的话（下文将介绍），似乎便是地图绘制方面实践知识的持续减少。除了
也将在下文讨论的（第 271—272 页），关于阿伽陀代蒙据托勒密的指示绘制世界地图的零
星信息（即便认可其来源于拜占庭），我们已知的少数拜占庭地理文本作者所展示的对地图
编绘的兴趣微乎其微。9 世纪学者耶路撒冷的埃皮法纽斯（Epiphanius of Jerusalem）的情况
就显然如此。埃皮法纽斯写有一本前往叙利亚、耶路撒冷和幸存下来的圣地的指南。[49] 对君
士坦丁堡的欧斯塔修斯（Eustathius of Constantinople）（卒于约 1194 年）来说也如此，他在
1174—1175 年成为帖撒罗尼迦的都主教（metropolitan）时已著有大量学术著作。[50] 这些著作
中包括一部对旅行者狄奥尼修斯所描述的世界的评注。其中，引用了早期地理学家的著作，
有的已不存世，以及从斯特凡努斯（Stephanus）完整的《民族志》（*Ethnika*）中引述的内
容。欧斯塔修斯试图调和关于里海的两种不同叙述。他同意确实可以绕里海走一圈，但认为
它可能是通过一条暗河流入北方的海洋的。他将印度描述为菱形，如图 15.5 所示。事实上， 267
这只是狄奥尼修斯的菱形的一个变化形式，其中印度河在西边而不是西南，其他地方也相应
做了调整。但狄奥尼修斯的构思已不存有任何图示，并且，无论欧斯塔修斯查阅地图多寡，
他的海岸线，虽然是示意性的，却比托勒密的更为正确。

268

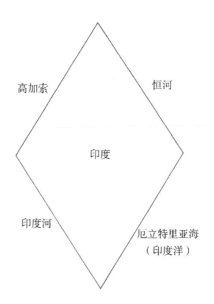

图 15.5 据拜占庭的欧斯塔修斯所述的印度
将印度表现为一个菱形，在很大程度上要归功于狄奥尼修斯且或许还有埃拉托色尼的思想（见图 9.6）。

---

[48] Fritz Saxl, "Illustrated Mediaeval Encyclopaedias. 1. The Classical Heritage; 2. The Christian Transformation," in his *Lectures*, 2 Vols. (London: Warburg Institute, 1957), 1: 228 – 54 (lectures delivered at the Warburg Institute, University of London, February 1939).

[49] Herbert Hunger, *Die hochsprachliche profane Literatur der Byzantiner* (Munich: Beck, 1978 –), 1: 517, n. 47.

[50] Eustathius *Commentary* (on Dionysius's *Periegesis*), in Müller, *Geographi Graeci minores*, 2: 201 – 407, 尤其第401 页关
于印度形状的部分（note 16）。

托勒密《地理学指南》的希腊稿本

鉴于这样的先例，拜占庭学者后来对托勒密《地理学指南》稿本的重要性的认可，既令人惊叹，也对制图的发展有着重大意义。没有早于 13 世纪的托勒密《地理学指南》的希腊稿本保存下来（附录 15.1）。[51] 在 13 世纪，马克西姆斯·普拉努德（约 1260—1310）正在复兴科学研究，为他在霍拉（Chora）的修道院图书馆收藏了许多珍贵的稿本。普拉努德是一位活跃的学者：[52] 他修订了亚拉图的诗歌，将其与托勒密的《天文学大成》关联起来；他修复了遭老鼠啃过的斯特拉波《地理学》的一个旧的副本（9 世纪，MS. Gr. 1397，法国国家图书馆）；他还购得了斯特拉波的另一个副本（13 世纪，MS. Gr. 1393，法国国家图书馆），并从中收集了摘录。这些保存在他生前完成的一部稿本中，称作 Pluto 69.30，佛罗伦萨老楞佐图书馆。

1295 年夏——普拉努德在一封信中告诉我们——他正在寻找长期被忽视的著作，即托勒密《地理学指南》的一个副本。当然，这是在阿拉伯人对托勒密的文本进行了长时间研究之后，拜占庭学者才对其给予了认真关注。我们或许只能猜测，正是因为看到了源自托勒密的阿拉伯地图，才激发起了普拉努德的兴趣。[53] 普拉努德对希腊数学和科学的全面研究——包括他对各种希腊文献的研究，对引入阿拉伯数字的主张，以及对托勒密的复兴等——似乎不可能是孤立完成的，至少当时存在一个对这些研究感兴趣的小的学术圈。[54] 最值得注意的也许是，在 15 世纪曼努埃尔·赫里索洛拉斯（Manuel Chrysoloras）和意大利学者的教学之前，普拉努德就将《地理学指南》确定为地理科学的关键文本。

无论如何，普拉努德似乎很快就发现了《地理学指南》的一个副本。这可从以下事实推断出来，一件 13 世纪末的希腊副本（Vat. Gr. 177，罗马梵蒂冈图书馆）包含一条注释，指出霍拉修道院的普拉努德是其上一位主人。稿本中添加的"英雄诗篇"描述了普拉努德为寻找这部著作所做的努力，以及他在遇到缺失地图的副本时的失望之情。[55] 这件副本没有

---

[51] 西欧对托勒密稿本的接纳，其对地图学的影响，以及通过其资料发展的天体图，将在本《地图学史》第三卷中讨论。传至阿拉伯世界的《地理学指南》副本有时绘有地图附于其中。例如，我们知道，通过曾生活在 10 世纪的阿拉伯历史学家马苏迪（al-Masūdī），至少有托勒密《地理学指南》的一个副本存世，且配有丰富的插图，为显示了城镇、河流、大海和山脉的彩色地图：见 Marcel Destombes, ed., *Mappemondes A. D. 1200 – 1500: Catalogue préparé par la Commission des Cartes Anciennes de l'Union Géographique Internationale* (Amsterdam: N. Israel, 1964); 和 al-Masūdī, *Les prairies d'or*, 9 Vols., trans. C. Barbier de Meynard and Pavet de Courteille, Société Asiatique Collection d'Ouvrages Orientaux (Paris: Imprimerie Impériale, 1861 –1917), 1: 76 –77。

[52] 关于普拉努德的活动，见 Carl Wendel, "Planudes, Maximos," in *Paulys Realencyclopädie der classischen Altertumswissenschaft*, ed. August Pauly, Georg Wissowa, et al. (Stuttgart: J. B. Metzler, 1894 –), 20.2 (1950): cols. 2202 –53。又见下文注释 54。

[53] Armando Cortesão, *History of Portuguese Cartography*, 2 Vols. (Coimbra: Junta de Investigações do Ultramar-Lisboa, 1969 –71), 1: 179 –85。

[54] "安德洛尼卡二世·巴列奥略统治时期（1282—1328）存在悖论性的对立面，这一时期，帝国在政治经济上无可救药的疲软迹象变得显而易见，而文化生活水平却上升到了一个前所未有的高度。" N. G. Wilson, *Scholars of Byzantium* (London: Duckworth, 1983), 229 –41，第 229 页上的引文。

[55] 见 MS. Gr. 43 (Milan, Biblioteca Ambrosiana)。

地图，但文本中指出了原定的数量：应有 26 幅地图。于是，普拉努德让人绘制了地图来配合文本，文和图都受到了皇帝安德洛尼卡二世·巴列奥略（Andronicos Ⅱ Palaeologus）（1282—1328）的赏识，他让阿塔纳修斯（Athanasius）（前亚历山大的牧首，后在君士坦丁堡卸任，1293—1308）为自己制作了一件副本。

这本身就说明了 13 世纪君士坦丁堡的地图学认知水平。能够让人按吩咐绘制一套地图的并非只有普拉努德一人。显然，君士坦丁堡的制图师具备充分的技能，能够按照托勒密的说明绘制地图，对相关地图投影有技术上的了解，能够将坐标转化为地图图像，并且能够照着希腊稿本中地图的风格运用地图符号（下文介绍）。

罗马梵蒂冈图书馆收藏的一件 13 或 14 世纪的珍贵稿本——Vat. Gr. 191——被普遍认为是安德洛尼卡（Andronicos）统治期间君士坦丁堡学术活动的证据。它包含各种天文、占星和地理文本。这其中有被称作《小天文学》（*Little Astronomy*）的集子，喜帕恰斯的《对欧多克索斯和亚拉图〈现象〉的评注》，以及托勒密的《地理学指南》。同样的，《地理学指南》缺失地图，但在对最后一幅地图的描述后跟有一条注释说："这件副本中有 27 幅地图而不是 26 幅，因为第 10 幅欧洲地图被分成了两部分，分别表现（1）马其顿，（2）伊庇鲁斯、阿凯亚（Achaea）、伯罗奔尼撒、克里特和埃维亚岛（Euboea）。"[56] 我们可由此推断，Vat. Gr. 191 稿本的原型是附有地图的。

有 27 幅地图的稿本：校订本 A[57]

通过上述援引可清楚看到，在 13 世纪晚期和 14 世纪早期的君士坦丁堡，流传并积极复制有托勒密《地理学指南》的多个版本。有的没有地图。[58] 但现存最古老的带托勒密《地理学指南》地图的三部稿本，年代也在 13 世纪末。这三部稿本是：罗马梵蒂冈图书馆收藏的 Urbinas Graecus 82；伊斯坦布尔苏丹图书馆所藏 Seragliensis 57；以及哥本哈根大学图书馆所藏 Fragmentum Fabricianum Graecum 23（只余一个对开页）。保罗·施纳贝尔（Paul Schnabel）指出，这三部稿本在大小、每页行数及地图编排方面均相似。[59] 迪勒（Diller）补充说，Seragliensis 57 的两种字迹中，一种与 Fragmentum Fabricianum Graecum 23 的一致，另一种则

---

[56] 由 O. A. W. Dilke 从 Vat. Gr. 191（Rome, Biblioteca Apostolica Vaticana）中翻译。事实上，从第 5 册到结束，所有城镇和地理地点都缺失坐标。

[57] Ptolemy, *Claudii Ptolemaei Geographiae Codex Urbinas Graecus* 82, 2 Vols. in 4, ed. Joseph Fischer, Codices e Vaticanis Selecti Quam Simillime Expressi, Vol. 19（Leiden: E. J. Brill; Leipzig: O. Harrassowitz, 1932），1: 208 – 415；Erich Polaschek, "Ptolemaios als Geograph," in *Realencyclopädie*, suppl. 10（1965）: cols. 680 – 833，尤其 734 – 53（note 52）；Leo Bagrow, "The Origin of Ptolemy's Geographia," *Geografiska Annaler* 27（1945）: 318 – 87。

[58] 此外，14 世纪的 Vat. Gr. 176（Rome, Biblioteca Apostolica Vaticana）稿本包含托勒密《地理学指南》的"校订"（*diorthosis*），由 Nicephoros Gregoras（约 1295—1360）撰写，此人是活跃于君士坦丁堡的一位学者。事实上，此校订只涉及第 1 册、第 2 册第 1 章，以及从第 7 册第 5 章起到第 8 册第 2 章，即仅在该稿本中复制的章节。Rodolphe J. Guilland, *Essai sur Nicéphore Grégoras*（Paris: P. Geuthner, 1926），27b 认为，此校订不是由 Gregoras 完成的，但稿本注释却如此说。稿本中还有由修道士 Isaac Argyros 撰写的关于托勒密提出的第一种投影的旁注。稿本结尾是托勒密的 *Harmonics*，由 Nicephoros Gregoras 校订，但因其离世而中断。

[59] Paul Schnabel, *Text und Karten des Ptolemäus*, Quellen und Forschungen zur Geschichte der Geographie und Völkerkunde 2（Leipzig: K. F. Koehlers Antiquarium, 1938）。

同巴黎 MS. Gr. 1393（普拉努德拥有的斯特拉波的一个副本）的一致。[60] 迪勒还指出，三部稿本某些共同的特征在 Urbinas Graecus 82 中非常清晰，在 Seragliensis 57 中不那么清晰，而在 Fragmentum Fabricianum Graecum 23 中则相当模糊。基于此，他得出结论，三部稿本是按照该顺序抄制的，而且，仿佛是由同一人（也许是普拉努德）推动的。迪勒猜测（有一定合理性），Urbinas Graecus 82 可能是为皇帝复制的，而 Seragliensis 57 则是为了普拉努德的个人用途。支持迪勒假设的一个补充论据是，尽管 Urbinas Graecus 82 与 Seragliensis 57 很相似，但它们至少有一处大的差别。在 Urbinas Graecus 82 中，可居住世界的地图基于托勒密的第一种投影绘制，有着笔直汇聚的子午线；在 Seragliensis 57 中，该地图据其第二种投影绘制，曲线的子午线要难画得多。这可以理解为暗示了前者是先画的，而普拉努德令更先进的投影被绘制出来供其个人使用。

Urbinas Graecus 82 是托勒密文本的一件精美副本。它很大（570×415 毫米），分两栏书写（一页 57 行），并多有旁注，其中许多提到了斯特拉波。在第 7 册末，于两页（fols. 60v – 61r）之上绘有可居住世界的综合地图（comprehensive map）；这之后（第 8 册，fols. 3 – 28）是 26 幅区域地图。第一种投影中，可居住世界被风（绘成吹着某种号角的人脸），和红色圆圈内的黄道十二宫所围绕。由曲线的纬线和直线的子午线构成的网画得十分仔细。山脉以彩色直线的特征表示，在亚洲部分，这样的特征标示出了邻国之间的界限。河流被绘成波浪形的蓝色线条；海洋也被施以蓝色（图版9）。

Urbinas Graecus 82 中的区域地图是在马里纳斯的矩形投影上绘制的。子午线与纬线构成了一个红色网。子午线按间隔每五度绘制（每度在外框上被分成两半）。纬线以最长日照的四分之一小时为间隔（但外框上记有纬度）。城镇名称题写在红色的小插图内，是否示以塔楼取决于城镇的重要性。海岸与河道的轮廓相当近似，只是示意性地画出。如该类型的其他稿本和托勒密的原始规格一样，Urbinas Graecus 82 中共有 27 幅地图：1 幅世界地图、10 幅欧洲地图、4 幅利比亚（非洲）地图和 12 幅亚洲地图。[61]

有 65 幅地图的稿本：校订本 B

托勒密《地理学指南》的第二组稿本，被菲舍尔称为"编校本 B"（B Redaction），其特点是包含分散于通篇的 65 幅地图，而不是校订本 A 稿本的 27 幅地图。B 类稿本的地图格式与编排都背离了托勒密最初对地图集的构思，人们对其兴趣在于，这类稿本指出了在公元 4 世纪到中世纪的传衍过程中，托勒密地图学思想及原始资料的不同谱系。事实上，A、

270

⑥　Aubrey Diller, "The Oldest Manuscripts of Ptolemaic Maps," *Transactions of the American Philological Association* 71 (1940): 6267. 又见 Fischer, *Urbinas Graecus 82* (note 57)。

⑥　例如，保存在 Mount Athos 和其他地方的 *Vatopedi* 655，是 14 世纪初在君士坦丁堡从 Urbinas Graecus 82 抄制的。托勒密的《地理学指南》（有地图，如 Urbinas Graecus 82 中那样）之后是小地图学家文集，从 10 世纪的 Pal. 398 的复制，现藏于 Universitätsbibliothek, Heidelberg，以及斯特拉波的《地理学》。见 *Géographie de Ptolémée*（对 Vatopedi 稿本的复制），ed. Victor Langlois (Paris: Firmin-Didot, 1867)；Fischer, *Urbinas Graecus 82*, 1: 234 – 43 (note 57)；Aubrey Diller, "The Vatopedi Manuscript of Ptolemy and Strabo," *American Journal of Philology* 58 (1937): 174 – 84。托勒密的可居住世界的地图（出自 Vatopedi 稿本），在其第一种投影上绘制，收录在了一部伦敦的稿本 British Library Add. MS. 19391 中。大英图书馆图录中列奥·巴格罗用铅笔留的一条批注说，该稿本的册页也见于 Leningrad："Einige Blätter von diese［m］MS. auch in Petersburg im Museum d. Gesellschaft Lyubetelei Drevney Pismennosti i Pechati"。

B 校订本是如此不同，以至于它们的差异几乎不能用文本的讹误来解释。撇开个别希腊稿本间的细微差异不谈，有的学者已开始提问，托勒密是否可能未曾在某个时候修改他的原始说明；现存稿本是否是在他去世后累积或零星增补的结果；而最根本的是，对于这些从拜占庭晚期幸存下来的变化形式的稿本，甚至是否可以认为托勒密是它们唯一的作者。[62] 由于缺乏证据，这些问题基本上仍未得到解决。然而，毫无疑问的是，至 14 世纪早期时（若不是更早的话），在 A、B 校订本体现出来的各自的谱系已经确立。

校订本 B 的稿本中，佛罗伦萨老楞佐图书馆的 Pluto 28.49 是最早的，年代可追溯至 14 世纪初。它是一部羊皮纸稿本，比校订本 A 的前三个稿本要小（340×260 毫米）。[63] 它按两栏仔细书写，每页有 49 行。从第 2 册到第 7 册都提供了地图。第 2 册有 13 幅地图，第 3 册有 12 幅，令欧洲部分共有 25 幅地图；第 4 册有 8 幅，针对的是非洲；第 5 册有 13 幅，第 6 册 15 幅，第 7 册有 3 幅（令亚洲部分总共为 31 幅地图）。在这 64 幅区域地图之后，是一幅在托勒密的第一种投影基础上绘制的可居住世界的综合地图，类似于 Urbinas Graecus 82 中的那幅。奇怪的是，与实际收录的地图数量不一致，其总结部分谈到了《地理学指南》的四册书，并且提的是校订本 A（不是校订本 B）中传统的地图数量。

Pluto 28.49 的区域地图为长方形，大小不同，每幅都包含在一个有刻度的框架内。城镇由小插图标示，有时上面带一个十字架（例如 Ierne island 即爱尔兰的伊乌尔尼斯［Iouernis］和雷巴［Rhaiba］），有时带一个或几个塔楼（伦敦带三个塔楼）。文本中（指示部落）的页边符号，作为定居点符号的一部分于相关地图上再现。海岸被绘成蓝色单线；山脉为长长的棕色矩形。当地图不按其常规顺序排列时（会发生几次），抄写者已指明可在哪里找到它们。可居住世界的地图（fols. 98v99r）接在最后一幅区域地图，即塔普罗巴奈（斯里兰卡）的地图之后。第 7 册结尾部分缺失。第 8 册从下一张对开页开始，但显然换了种字迹，且抄写得不太仔细。

这本佛罗伦萨稿本是年代在 14 和 15 世纪的一系列稿本中最古老的，该系列稿本的地图可能会显示出很大的变化。其中一部，Burney Gr. 111，现藏于伦敦大英图书馆，年代为 14 世纪末，有同样的 65 幅地图。[64] 但在米兰安布罗西亚纳图书馆（Biblioteca Ambrosiana）的 MS. Gr. 997 中（施纳贝尔判断其年代为 14 世纪），65 幅常规地图之后，是 4 幅现代地图，1 幅显示欧洲，1 幅非洲，以及两幅亚洲（北亚和南亚）。伊斯坦布尔苏丹图书馆的 Seragliensis 27（14 世纪晚期—15 世纪早期）是 MS. Gr. 997 的副本，只是缺失两幅地图，即伯罗奔尼撒地图和可居住世界的地图。而另一件副本，罗马梵蒂冈图书馆的 Urbinas Gr. 83（年代为 15 世纪中叶），有 64 幅区域地图和 4 幅现代地图，但为可居住世界的地图留白的空间尚未得到填补。在拥有相同的基本谱系的稿本之间，这些变化加在一起，有助于证实稿本时代

271

---

[62] Bagrow, "Origin"（note 57）最有力地论证了这一看法。

[63] 地图需要适应这种较小的规格，这可能是它们在校订本 B 中表现得分散的一个原因。

[64] Joseph Fischer, "Der Codex Burneyanus Graecus 111," in 75 *Jahre Stella Matutina*, 3 Vols., Festschrift (Feldkirch: Selbstverlag Stella Matutina, 1931), 1: 151–59. 事实上，Burney Gr. 111 包含 66 幅地图。这些地图列于 British Museum, *Catalogue of the Manuscript Maps, Charts, and Plans, and of the Topographical Drawings in the British Museum*, 3 Vols. (London: Trustees of the British Museum, 1844–61), Vol. 1 中，但有的页码给得不对。Burney Gr. 111 有两幅塔普罗巴奈岛（Taprobane Insula）地图。第一幅构成了卷首插图，无论从其绘画本身还是表现方式（例如，大海是全部施色的，而在其他所有地图上，只是海岸线用了明亮的蓝色勾勒）可以明显看出，该地图不属于原始的这一系列。

的传播过程中内在的不一致性和误差。如果这样的难点在 Pluto 28. 49 编纂之后的一个世纪左右出现，那么在托勒密死后到拜占庭晚期这段更长的时期内，类似变化的范围可能要大得多。

善神阿伽忒俄斯（AGATHODAIMON）之谜

指向中世纪早期稿本修改的现存零星证据很少，这进一步增加了重建托勒密文本在该时期传播的精确路径的难度。特别令人一筹莫展的是，在这个漫长的时期内，没有什么证据能阐明地图传衍与修改——以及对其或文本的增补——的关键进程。[65] 因此，正确解释乍看起来似乎相对次要的点滴证据——某些托勒密稿本上所谓的善神阿伽忒俄斯背书——成了我们重建工作的重要组成部分。

背书采用按语形式，附在某些稿本中《地理学指南》的第 8 册之后。可译为："阿伽忒俄斯善神"（Agathos Daimon）（或者"我，阿伽忒俄斯善神"），"亚历山大的一位技师[mechanikos]，据托勒密的《地理学指南》绘出了［已绘出］全世界"[66]。该声明可在托勒密《地理学指南》许多副本的末尾找到。例如，它出现于 13 世纪的 Vat. Gr. 177（没有地图）；13 世纪的 Urbinas Gr. 82（有 27 幅地图）；佛罗伦萨老楞佐图书馆藏 15 世纪的 Conv. Sopp. 626［Abbatiae］2380（27 幅地图）；以及法国国家图书馆藏 15 世纪的 MS. Gr. 1402（27 幅地图）中。在以 Urbinas Graecus 82 为模型的 15 世纪的巴黎稿本 MS. Gr. 1401 中，按语中混入了一点变化：其措辞是"已绘出"而不是"我已绘出"。校订本 B 的主要稿本 Pluto 28. 49，在第 8 册末尾有相同的按语，但用的是另一种动词形式，虽然也是以第三人称单数。一般认为，Agathos Daimon（善神）应当理解成是阿伽陀代蒙（Agathodaimon）（某位真的技师的名字）的变化形式，而不是一个幽默的称谓。[67]

倘若如此，便可提出三个问题：我们现在在幸存稿本中看到的地图是否为善神阿伽忒俄斯先前绘制的地图副本？善神阿伽忒俄斯生活在何时？他绘制了所有的区域地图还是只绘制了可居住世界的地图？第三个问题的答案似乎是最直接的。就是善神阿伽忒俄斯，稿本按语中描述为 mechanikos 的那位，只绘制了世界地图。正是这幅绘于可能为托勒密的第一种投影上的地图，需要这样一位"技师"所掌握的几何知识与绘图技巧，尽管善神阿伽忒俄斯可能实际上已满足于只是根据托勒密的说明，就绘制出了纬线与子午线的网。[68]

另两个问题只能靠猜测来回答。关于第二个问题，善神阿伽忒俄斯可能生活在托勒密生

65　Erich Polaschek, "Ptolemy's *Geography* in a New Light," *Imago Mundi* 14 (1959)：17 – 37，引述希腊地理学家赫拉克利亚的马尔奇亚努斯（约公元 400 年）的证据（已有人指出他修订了地图的东半部分），认为"在 4 世纪下半叶之前，托勒密的地理学著作正在进行改动"（p. 37）。

66　由 O. A. W. Dilke 翻译。载有善神阿伽忒俄斯按语的几部稿本中，有两部是巴黎的 MSS. Gr. 1401 与 1402（见附录 15. 1）。

67　Joseph Fischer, "Ptolemaeus und Agathodamon," *Kaiserliche Akademie der Wissenschaften in Wien*, Philosophisch-Historische Klasse, 59 (1916)：3 – 25；Polaschek, "Ptolemaios"（note 57）。

68　在 MS. Gr. 1402（Paris, Bibliothèque Nationale）中，有一个于地图绘制之前绘纬线与子午线网的突出例子：网是完整的，但地图甚至连一半都没有绘制出来。显然，可居住世界的总图需要特别熟练的绘图者；往往是在区域地图之后由不同的专业人员制作的。同样的，Urbinas Graecus 82 中，唯一缺少的便是可居住世界的地图，尽管它处在两套现存地图之间。

前至 13 世纪的任何时候。对于后古典时期的书吏而言，继续抄写这类性质的按语仿佛它们是原始稿本的一部分，此情况并不少见。从他是亚历山大人，而亚历山大在 6 世纪后没有希腊技师这一事实，可以推断出一些方向。由此可以合理猜测善神阿伽忒俄斯可能在 5 世纪或 6 世纪时还活着。[69] 如果是这样，他或许可能与若干可居住世界的小型地图的作者印度航行者科斯马斯，以及出色的图形技师兼亚里士多德著作的评述者约翰内斯·菲罗波努斯同处一个时代。对善神阿伽忒俄斯生活在相当早期的看法，得到了这样一个事实的强化，所讨论的这条按语出现在了不同谱系的稿本中，指出它是被插入《地理学指南》的一个早期副本中的，早在谱系分化之前，而该副本已有这位善神阿伽忒俄斯提供的一幅综合地图。

272

　　第一个问题，流传下来的地图是否复制的是善神阿伽忒俄斯的世界地图（若存在的话），引发了不同的问题。事实上，这种直接联系可否接受是值得怀疑的，即便现存的世界地图，很可能的确，同托勒密规划并由善神阿伽忒俄斯或某位"技师"绘制的非常相似。可以说，托勒密本意是要向任何人提供绘制某种特殊地图，或者说，两种类型的地图的方法。他知道其中一种投影比另一种更容易实施，而地图绘制者会选择较容易的那种。普拉努德便证明是这样一位充满激情的学者，对地理学兴趣益然，他似乎就是会命人据托勒密的不同指示重制地图的那种人。因此，便有了 Urbinas Graecus 82 与 Seragliensis 57 中对可居住世界不同的地图绘制；也因此，或许，有了校订本 A 和校订本 B 中对区域地图的不同编排。倘若这一解释可以接受，并且在无损于托勒密可能在其生前也绘制过地图这一看法的前提下，它所强化的结论就是，拜占庭地图作为一个整体，与其说是某种托勒密源图的直系后代，不如说是一个对地图同样感兴趣的社会中学者们的创造，受到了托勒密的地图制作说明的激发。

　　至 13 世纪，托勒密的《地理学指南》通过拜占庭帝国，重新汇入欧洲地图学史的主流。一个世纪后，它在意大利被翻译成拉丁文，在那里，其重要性得到了学者们的赏识，许多具有意大利文艺复兴时期特征的副本开始大量涌现。对托勒密的重新发现，可被视为拜占庭学界对地图绘制长期发展具有深远意义的贡献。

附录 15.1　托勒密《地理学指南》的希腊稿本

贮存书库与收藏编号	年代	描述（整个稿本涉及的册页数）
Bologna, Ecclesiae S. Salvatoris 305（目前下落不明）	1528	(C) 33×23 厘米，无地图
Chicago, Newberry Library, Ayer Collection, Ayer MS. 743	15 世纪	40×28 厘米，144 册页
Copenhagen, Universitetsbiblioteket, Fragmentum Fabricianum Graecum 23	13 世纪	(F, C) 残片，有 3 幅地图，56.5×42.5 厘米

　　69　Bagrow, "Origin," 350 ff.（note 57）似乎忽视了这样一个事实，即在亚历山大，整个的希腊科学书写在 6 世纪便终结了。更积极的探讨见 Polaschek, "Ptolemy's *Geography*," 17－37（note 65）。

贮存书库与收藏编号	年代	描述（整个稿本涉及的册页数）
El Escorial, Real Biblioteca, Gr. Ω 1. 1	16 世纪	（M）212 册页
Florence, Biblioteca Medicea Laurenziana, Pluto 28. 49	14 世纪	33. 5 ×26. 0 厘米，113 册页，64 幅地图和 1 幅世界地图；（C）34 ×27 厘米，64 幅地图
Florence, Biblioteca Medicea Laurenziana, Pluto 28. 42	1445	29 ×21 厘米，147 册页
Florence, Biblioteca Medicea Laurenziana, Pluto 28. 9	15 世纪	（C）29 ×22 厘米，132 册页，无地图
Florence, Biblioteca Medicea Laurenziana, Pluto 28. 38	15 世纪	（M）24 ×16 厘米，177 册页
Florence, Biblioteca Medicea Laurenziana, Conv. Sopp. 626（Abbatiae 2380）	15 世纪	（F）59. 5 ×44. 0 厘米，104 册页，27 幅地图
Istanbul, Sultan's Library, Seragliensis 57	13 世纪	（F）Reference A10
Istanbul, Sultan's Library, Seragliensis 27	14 世纪晚期/15 世纪早期	（F）Reference B5；（C）41 ×29 厘米，88 册页，books 2. 3 – 8
Leiden, Bibliotheek der Rijksuniversiteit, Voss. Gr. F. 1	16 世纪	54. 5 ×42. 5 厘米，仅地图
London, British Library, Burney Gr. 111	14 世纪晚期/15 世纪早期（F）；15 世纪（C）	43. 1 ×30. 4 厘米，115 册页，66 幅地图
London, British Library, Add. MS. 19391 最初在 Mount Athos, Vatopedi（见下文）	15 世纪；14 世纪（M）	（F）34. 5 ×25. 5 厘米，8 册页；（M）books 7 – 8, chap. 4
Milan, Biblioteca Ambrosiana, Codex D 527 info	14 或 15 世纪（F）；13 世纪（M）	（F）40. 3 ×28. 5 厘米，101 册页，69 幅地图
Milan, Biblioteca Ambrosiana, Codex N 289	15 世纪（M）；15 和 16 世纪（C）	（M）27 ×16 厘米，books 1 – 7, chaps. 1 and 2
Mount Athos, Vatopedi 9（655）	15 世纪（F）；13 世纪晚期/14 世纪早期（C）	（F）Reference A2, 58 册页，见 London, British Library, Add. MS. 19391；有的册页也见于 Leningrad. Facsimile by V. Langlois, *Géographie de Ptolémée*（Paris, 1867）。可能为 Rome, Vatican, Urbinas Graecus 82 的副本
Oxford, Bodleian Library, 3376（46）– Qu. Catal. i（Greek）, Cod. Seld. 41	14 世纪	（M）274 册页；25 ×16 厘米，books 1 – 8, chap. 28
Oxford, Bodleian Library, 3375（45）– Qu. Catal. i（Greek）, Cod. Seld. 40	1482	176 册页；（M）29 ×18 厘米
Oxford, Bodleian Library, Laud. 52	1568	（M）32 ×21 厘米，83 册页，books 1 – 7, chap. 5 和 book 8, chaps. 1 and 2
Paris, Bibliothèque Nationale, MS. Gr. 2423	13 世纪	（M）158 册页；25 ×16 厘米，book 1, chaps. 7 – 24, book 2, chap. 6, book 3 的开头
Paris, Bibliothèque Nationale, MS. Gr. 2399	13/14 世纪	（M）122 册页；book 8 的节录
Paris, Bibliothèque Nationale, Gr. Suppl. 119	14 世纪	（M）232 册页；20 ×14 厘米
Paris, Bibliothèque Nationale, Coislin 337	14/15 世纪	（M）278 册页；23 ×14 厘米，books 1 – 8, chap. 28

273

续表

贮存书库与收藏编号	年代	描述（整个稿本涉及的册页数）
Paris, Bibliothèque Nationale, MS. Gr. 1407	1438	（M）215 册页；27×19 厘米，book 8 的部分
Paris, Bibliothèque Nationale, MS. Gr. 2027	1449	（M）235 册页；20×14 厘米，book 1，chap. 22 和 chap. 23 的部分
Paris, Bibliothèque Nationale, MS. Gr. 1401	15 世纪	（F）101 册页；58.8×43.7 厘米，27 幅地图
Paris, Bibliothèque Nationale, MS. Gr. 1402	15 世纪	（F）72 册页，59.3×44.5 厘米，5 幅未完成的地图；（M）books 1－7 和 book 8 的章节
Paris, Bibliothèque Nationale, MS. Gr. 1403	15 世纪	（M）225 册页；28×19 厘米，books 1－8，chap. 27
Paris, Bibliothèque Nationale, MS. Gr. 1404	15 世纪	175 册页；30×22 厘米，books 1－7，chap. 5
Paris, Bibliothèque Nationale, Coislin 173	15 世纪	311 册页，books 1, 2 and 8
Paris, Bibliothèque Nationale, Gr. Suppl. 673	15 世纪	28 册页；books 1 and 7 的残片
Paris, Bibliothèque Nationale, MS. Gr. 1411	15 或 16 世纪	（M）585 册页，20×13 厘米，MS. Gr. 1407 的副本
Rome, Biblioteca Apostolica Vaticana, Vat. Gr. 191	12 世纪晚期/13 世纪早期	23.7×36.5 厘米，397 册页
Rome, Biblioteca Apostolica Vaticana, Urbinas Graecus 82	13 世纪；约 12 世纪（F）；11 世纪（C）	（F）57.5×41.8 厘米，111 册页，27 幅地图；由 J. Fischer 影印
Rome, Biblioteca Apostolica Vaticana, Vat. Gr. 177	13 世纪；14 世纪（C）	24×16 厘米，240 册页；（M）books 1－7，chap. 4 和 book 8 的部分
Rome, Biblioteca Apostolica Vaticana, Vat. Gr. 178	14 世纪	18.3×12.5 厘米，216 册页；（M）books 1－7，chap. 4 和 book 8 的部分
Rome, Biblioteca Apostolica Vaticana, Vat. Gr. 176	14 世纪	27.0×17.3 厘米，193 册页；（M）books 1－7，chap. 5，book 8，chaps. 1 and 2
Rome, Biblioteca Apostolica Vaticana, Vat. Gr. 193	15 世纪早期	29.2×20.0 厘米，181 册页；（M）（M）books 1－2.1，chap. 5，book 8，chaps. 1 and 2
Rome, Biblioteca Apostolica Vaticana, Pal. Gr. 388	15 世纪早期	（M）36×24 厘米，280 册页
Rome, Biblioteca Apostolica Vaticana, Barberinianus 163	15 世纪	24.7×15.6 厘米，233 页
Rome, Biblioteca Apostolica Vaticana, Barberinianus 128	16 世纪	（M）19×15 厘米
Rome, Biblioteca Apostolica Vaticana, Pal. Gr. 261	15 世纪	［Excerpta ex initio Ptolemaei Geographiae］
Rome, Biblioteca Apostolica Vaticana, Urbinas Graecus 83	15 世纪	42×29 厘米，118 册页（C）65 幅地图；（F）69 幅地图；Milan, Biblioteca Ambrosiana, Codex D 527 inf. 的副本
Rome, Biblioteca Apostolica Vaticana, Pal. Gr. 314	15 世纪晚期	28×19 厘米，224 册页，books 1－8，chap. 29；无地图

274

贮存书库与收藏编号	年代	描述（整个稿本涉及的册页数）
Rome，Biblioteca Apostolica Vaticana，Christinae Reginae 82	16 世纪	（M）22×22 厘米，166 册页，无地图
Rome，San Gregorio Magno al Celio，15（目前下落不明）	15 世纪	（M）40×28 厘米
Venice，Biblioteca Nazionale Marciana，Gr. 516	15 世纪（F）；14 世纪（C）	（F）33×22 厘米，138 册页，24 幅地图；（C）30×21 厘米，208 册页，22 幅地图和 2 张半幅地图
Venice，Biblioteca Nazionale Marciana，Gr. 103	15 世纪	（M）20×15 厘米，book 3，chap. 14
Venice，Biblioteca Nazionale Marciana，Gr. 388	15 世纪	（F）59.0×44.2 厘米，101 册页，27 幅地图
Vienna，Österreichische Nationalbibliothek，Vindobonensis historicus Graecus	1454	（F）59.5×44.0 厘米，99 册页，27 幅地图

基于 Douglas W. Marshall，"A List of Manuscript Editions of Ptolemy's *Geographia*，" *Bulletin of the Geography and Map Division*，*Special Libraries Association* 87（1972）：17–38。

其他来源：

（C）= Otto Cuntz, ed.，*Die Geographie des Ptolemaeus：Galliae Germania，Raetia，Noricum，Pannoniae，Illyricum，Italia*（Berlin：Weidmann，1923）。

（F）= Joseph Fischer, ed.，*Claudii Ptolemaei Geographiae Codex Urbinas Graecus 82*，2 Vols. in 4，Codices e Vaticanus Selecti Quam Simillime Expressi，Vol. 19（Leiden：E. J. Brill；Leipzig：O. Harrassowitz，1932）。

（M）= Karl Müller，"Rapports sur les manuscrits de la géographie de Ptolémée，" *Archives des Missions Scientifiques et littéraires*，2d ser.，4（1867）：279–98。

参考书目

第十五章　拜占庭帝国的地图学

Avi-Yonah, Michael. *The Madaba Mosaic Map.* Jerusalem: Israel Exploration Society, 1954.

Bagrow, Leo. "The Origin of Ptolemy's Geography." *Geografiska Annaler* 27 (1945): 318–87.

Browning, Robert. *The Byzantine Empire.* New York: Charles Scribner's Sons, 1980.

Cosmas Indicopleustes. *Topographie chrétienne.* Edited by Wanda Wolska-Conus. In *Sources Chrétiennes*, nos. 141 (1968), 159 (1970), and 197 (1973).

Delatte, Armand, ed. *Les portulans grecs.* Liège: Bibliothèque de la Faculté de Philosophie et Lettres de l'Université de Liège, 1947.

Dilke, O. A. W. *Greek and Roman Maps.* London: Thames and Hudson, 1985.

Dillemann, Louis. "La carte routière de la *Cosmographie de Ravenne*." *Bonner Jahrbücher* 175 (1975): 165–70.

Diller, Aubrey. "The Oldest Manuscripts of Ptolemaic Maps." *Transactions of the American Philological Association* 71 (1940): 62–67.

———. *The Tradition of the Minor Greek Geographers.* Philological Monographs, no. 14. Lancaster, Penn: American Philological Association, 1952.

———. "The Greek Codices of Palla Strozzi and Guarino Veronese." *Journal of the Warburg and Courtauld Institutes* 24 (1961): 313–21.

Donner, Herbert, and Heinz Cüppers. *Die Mosaikkarte von Madeba.* Abhandlungen des Deutschen Palästinavereins. Wiesbaden: O. Harrassowitz, 1977.

Huxley, G. L. "A Porphyrogenitan Portulan." *Greek, Roman and Byzantine Studies* 17 (1976): 295–300.

Kitzinger, Ernst. "Studies on Late Antique and Early Byzantine Floor Mosaics: I. Mosaics at Nikopolis." *Dumbarton Oaks Papers* 6 (1951): 81–122.

Kubitschek, Wilhelm. "Die sogenannte B-Redaktion der ptolemäischen Geographie." *Klio* 28 (1935): 108–32.

O'Callaghan, R. T. "Madaba (Carte de)." In *Dictionnaire de la Bible: Supplement*, ed. L. Pirot and A. Robert, vol. 5 (1957): 627–704. Paris: Letouzey et Ané, 1928–.

Pekkanen, T. "The Pontiac Civitates in the Periplus of the Anon. Ravennas." *Arctos* 13 (1979): 111–28.

Pinder, Moritz, and Gustav Parthey, eds. *Ravennatis anonymi Cosmographia et Guidonis Geographica*. Berlin: Fridericus Nicolaus, 1860; reprinted, Aalen: Otto Zeller Verlagsbuchhandlung, 1962.

Polaschek, Erich. "Ptolemy's *Geography* in a New Light." *Imago Mundi* 14 (1959): 17–37.

———. "Ptolemaios als Geograph." In *Paulys Realencyclopädie der classischen Altertumswissenschaft*, ed. August Pauly, Georg Wissowa, et al., suppl. 10 (1965): cols. 680–833. Stuttgart: J. B. Metzler, 1894–.

Richmond, Ian A., and Osbert G. S. Crawford. "The British Section of the Ravenna Cosmography." *Archaeologia* 93 (1949): 1–50.

Schillinger-Häfele, Ute. "Beobachtungen zum Quellenproblem der *Kosmographie* von Ravenna." *Bonner Jahrbücher* 163 (1963): 238–51.

Schnabel, Paul. *Text und Karten des Ptolemäus*. Quellen und Forschungen zur Geschichte der Geographie und Völkerkunde 2. Leipzig: K. F. Koehlers Antiquarium, 1938.

Schnetz, Joseph. *Untersuchungen über die Quellen der Kosmographie des anonymen Geographen von Ravenna*. Sitzungsberichte der Akademie der Wissenschaften, Philosophisch-historische Abteilung 6. Munich: Verlag der Bayerischen Akademie der Wissenschaften, 1942.

Stolte, B. H. *De Cosmographie van den anonymus Ravennas: Een studie over de bronnen van Boek II–V*. Zundert, n.d.

Wolska, Wanda. *La topographie chrétienne de Cosmas Indicopleustès: Théologie et science au VIᵉ siècle*. Bibliothèque Byzantine, Etudes 3. Paris: Presses Universitaires de France, 1962.

Wolska-Conus, Wanda. "Deux contributions à l'histoire de la géographie: I. La diagnôsis Ptoléméenne; II. La 'Carte de Théodose II.'" In *Travaux et mémoires*, 259-79. Centre de Recherche d'Histoire et Civilisation Byzantines, 5. Paris: Editions E. de Baccard, 1973.

第十六章 古代世界的地图学：结论

O. A. W. 迪尔克（O. A. W. Dilke）

包 甦 译

在对古代世界地图学的概念与实践状况做结论性评价时，涌现了几个主题。即便考虑到该时期地图文物的严重缺乏，通过文献证据也可得出结论，没有哪个文明垄断了地图的某特定种类或功能，而地图功能之多是相当可观的。在美索不达米亚和埃及，以及希腊和罗马的中心，都有天体图和陆地图存在。满足多种功能的大比例尺地图也能在所有这些社会中找到，尽管必须指出，罗马时期使用地图的证据要比其他古代时期的多。这些功能包括将地图用作地籍和法律记录，辅助旅行者，纪念军事与宗教事件，作为战略文件、政治宣传，以及用于学术和教育目的等。直到公元前170年前后，地图对大多数罗马人来说显然还比较陌生，而在那之后，他们对地图的使用开始逐步增长。但是，尽管罗马社会使用地图的证据比较丰富，也不应忘记，通常被认为不那么有实用倾向的文明，如古典希腊，也可能存在类似的使用。

地图在比例尺上差别很大，从描绘宇宙和天地万物的一端到另一端的大比例尺房屋或墓葬平面图。古代世界的地图绘制者在多大程度上对计量尺度（metrical scale）的概念有意识，这一点尚悬而未决。我们有显然准确的巴比伦房产、房屋、神庙、城市和田地的平面图，年代从公元前2300年到前500年，并且，在古迪亚雕像（约公元前2100年）的平面图上，有使用某种图形比例尺（graphic scale）的证据。但直到这段时期的后期，关于比例的明确概念才变得清晰，这时，《土地测量文集》中的一条说明，被认为是向测量师学徒指出1∶5000的比例尺相当于1罗马尺比1罗马里，而《罗马城图志》可能是有意识地按1∶240或1∶250的基本比例尺（general scale）设计的。我们现在知道，狄杜玛的阿波罗神庙，建筑师们是按照1∶16的比例尺展开工作的。

这些早期地图的定向不尽相同。不同于巴比伦的一幅地图（努兹的泥板），古典地图中没有明确的方位基点的标示，但在托勒密地图的原型和《波伊廷格地图》中，北一定在上。在希腊化时代的希腊，球仪的广泛使用，加上可居住世界占据上部象限，且气候带所在的平行地带与地轴垂直，可能激励了早期用北作为主定向方位。早在阿拉伯和基督教制图者采用南和东的既定用法前，这两个方位可能已在中东地区受到青睐。

早期地图的准确度有着明显的不同。希腊人是伟大的海员和天文学家，而罗马人则首先是道路建设者、战士和农民。或许如果有更多的希腊地图被保存下来，我们当至少能在其中一些地图上发现金字塔测量所彰显的准确程度。由于海路距离的计算始终比较困难，且天文方位也是很偶尔才用，我们可以料想罗马地图比希腊地图在这方面的准确度更高。文本中或地图上给出的距离通常表明了某省、地区或岛屿的最大长度与宽度。例如，马里纳斯纳入了一些陆地距离和坐标。他的坐标可能基于的是加那利群岛以东的一个经度，像托勒密那样，而所用纬度要么与托勒密的相似，要么基于的是罗得岛，尽管他在给出经纬度方面从未保持过一致。使用坐标的想法最早形成于天体地图学，该学问本身是希腊人而非罗马人所关注的，后被加以调整作陆地之用。然而，必须指出的是，托勒密的地点、河口和岬角坐标的精确性很大程度上是一种假象，因为很少对经度或者甚至还有纬度做过科学测量。大部分数字基于的都是对出自可靠性不一的资料的陆地或海上距离的估算。

直到希腊地图学的古典时期，我们才能开始追踪有关地球大小和形状的理论概念的连续传统。为了了解该时期是如何为随后希腊化时期的发展奠定基础的，如我们所看到的，277 有必要广泛借鉴提及地图的各种希腊文著作。某些情况下，这些文本的作者通常不是在地理学或地图学的语境下考虑问题的，但他们反映了对于这些问题，人们存在着广泛且常常是至关重要的兴趣。例如，亚里士多德的著作，总结了至希腊古典时代末，构成世界地图构建基础的理论知识。于是，当亚历山大大帝开始征服并探索亚洲，以及马萨利亚的皮泰亚斯（Pytheas of Massalia）展开对北欧的探索时，希腊世界的地理及地图学知识的总量已相当可观，并以各种有关天空和大地的图形与三维呈现得到了演示。

陆地图和天球仪被广泛用作教学和研究的仪器。事实表明，它们不仅对受过教育的少数群体的想象力具有吸引力——有时会成为这群人予以认真的学术评论的对象——而且还吸引了更广大的希腊公众，他们已学着通过地图这种媒介从物理和社会层面来思考世界。如果遵循字面解释，可居住世界的地图图像，如同宇宙整体的图像一样，往往具有误导性；它可能造成混淆，也可能会帮助建立并延续错误的观念。天球仪强化了人们对如亚里士多德所描述的宇宙为球形且有限的信念；然而，从观察点绘制圆形地平线，可能延续了可居住世界为圆形的想法，在平面上绘制球体也是如此。地图学理论家之间显然没有达成共识，特别是在接受最先进的科学理论，与将其转化为地图形式之间，存在脱节。尽管有德谟克利特、欧多克索斯和亚里士多德的主张，但可居住世界的地图仍然是圆形，其外部界限非常模糊。甚至关于地中海的知识也没有完全建立。虽然就在入侵西西里（公元前 415 年）之前，普通的雅典人大概已能够勾勒该岛的轮廓，并指出利比亚和迦太基相对于其的位置，但他们通常对这座岛的大小知之甚少。事后来看，可以说，到古典希腊时代末，迫切需要找到一种按比例尺绘制地图，并对可居住世界进行系统研究的方式。

于是，希腊化时期在古代世界地图学史上的重要性已能明确确立。其突出特点便是理论知识与经验知识带来丰硕成果的结合。毫无疑问已经得到证明的是，以定理和物理模型表达的对球面的几何研究，有着重要的实际应用，其原理奠定了应用于天体和地球现象的数理地理学与科学地图学的发展基础。天体制图方面，亚拉图关于恒星仪的诗歌（虽然时间上与欧多克索斯相去甚远），激励了更系统地研究真正的球仪，如以法尔内塞的阿特拉斯为原型的球仪，或者由阿基米德建造的那些。这些器物上的主要星座大多呈人或动物的形式，可与宗教信仰或传说相提并论。这一实践转而又刺激了对天空及其星群的更深入的研究。到希腊化时期末，天球仪，虽然用了艺术性的装饰，却被视作对天空的可靠的科学呈现，继而可在整个希腊社会被赋予占星用途，如对天宫图的编绘等。

在地理（或陆地）制图的历史上迈出的伟大实践的一步，便是在地球仪上确切定位可居住世界。埃拉托色尼显然是第一位做到此点的人，他的地图是最早的科学尝试，为在平面上呈现世界不同部分给出了大致真实的比例。并且，在他的地图上，人们可分清各国的几何形状，可将地图用作估算各地之间距离的工具。

于是，希腊化时代的希腊人正是在不同比例尺的制图过程中——从单纯的地点到对宇宙的呈现——提升并继而传播了地图知识。通过如此改进建立在合理的理论前提下的对世界的摹仿（mimesis）或模仿，他们让其他知识上的进步成为可能，并帮助将希腊人的视野远远拓展到了爱琴海以外。对罗马而言，希腊化时代的希腊为其留下了意义深远的地图学遗产——至少在最初的时候，几乎没有在罗马社会的知识中心遭遇挑战。

希腊地图学思想的巅峰体现于克劳狄乌斯·托勒密的著作，他是在早期罗马帝国的框架下进行工作的。我们对托勒密学术研究的回顾不会改变长期以来达成的共识，即他是科学制图长期进程中的一位关键人物。本《地图学史》并没有着手指认谁是引发制图"变革"的"地图学天才"。然而，托勒密——由于他的文本在如此多的其他文本消亡时得以偶然幸存和传播，同时也凭借他综合的制图方法——的确像巨人一样，跨步于后来的希腊罗马世界和文艺复兴时期的地图学知识之上。这一点或许更值得注意，因为他的工作主要是指导性和理论性的，他是否流传有一套图像，可以由未间断的彼此承继的稿本彩画师不假思索地复制，仍然有待商榷。因此，托勒密的主要遗产是地图学方法，《天文学大成》和《地理学指南》都可列为地图学史上最具影响力的著作。如果像许多地形文献倾向于做的那样，过分强调托勒密的"错误"目录，那就不对了：对地图学史学家而言至关重要的是，在关于坐标的事实内容因新的发现和探索而早已过时之后，他的文本仍是天体与陆地制图思想的载体。最后，我们的解释逐渐趋向这样一种观点，即托勒密或某位他同时代的人可能的确制有一些至少在其文本中如此清晰指明的地图。

在我们转向罗马地图学时会看到，到了奥古斯都时代末，其许多基本的特征已经存在。借鉴希腊学者和技术人员的理论知识，小比例尺的地理图和大比例尺的地籍图都得到了更常规的使用。对前者的主要促进因素似乎已为罗马统治者所认识，不仅地图对帝国的军事、政治和商业整合有实际的帮助作用，而且对于帝国子民而言，公开展示的关于其疆域的地图可以作为帝国现实和领土权力的象征。同样的，在这一时期末被赋予法律效力的地籍图，旨在记录并帮助维护国家掌握既得利益的产权和农业生产制度。因此，地图在许多领土范围内成了治国的工具。正是这些动机，而不是无利害关系的求知欲，在帝国从提比略到卡拉卡拉的这一时期得到进一步巩固时，带动了制图的扩展和多样化。

在早期帝国的进程中，大比例尺地图在许多明确定义的日常生活方面得到了利用。罗马测量师有能力按照一致的比例尺构建复杂的地图。这些地图特别用于为殖民地所属的土地，往往是为了给老兵提供小块耕地而设立的定居点。在乡下，虽然只有少数石刻地籍残片留存下来——且没有一幅记录了土地所有权的青铜地图——但成千上万的这类地图最初应当是为百分田制和其他方案而制的。同样的，在城镇，虽然我们详细了解的只有《罗马城图志》，但大比例尺地图被公认为记录如高架渠这样的公共设施管线，展示帝国和宗教建筑大小与形状，以及指示街道与私有财产布局的实用工具。某些类型的罗马地图已具备标准格式，以及描绘地面细节的常规比例尺和既定惯例。然而，或许正是因为地图被赋予作为财产——无论是国家还是个人持有——所有权或权利的永久记录的重要性，罗马大比例尺制图最为清晰地预见了现代世界。在这方面，罗马为地图使用提供了一种模式，而这种模式直到18、19世纪才在世界许多地方得到充分利用。

　　帝国衰落时期的地图及其在拜占庭文明中的延续，当然受了基督教的极大影响。其最明显的方面是，马代巴镶嵌画地图上耶路撒冷的大小被夸大了，这无疑是为了让圣城不仅显得突出，而且在这一难度较大的媒介上能够得到更准确的描绘。远道而来的朝圣者显然需要像那些始于波尔多、指示相当简练的行程录。但更为真实的地理图并非完全缺失：公元5世纪对罗马世界的描绘，或许可以在狄奥多西二世委托绘制的地图（可能是对阿格里帕地图的修订）和基于《波伊廷格地图》原型所绘的地图之间进行选择。

　　古典时期与后世之间的连续性被打断了，技术成就扰乱了旧的生活方式，而这也涉及地图绘制。不过，部分地图学遗产的某些方面是可以提出的。当我们探究中世纪西欧的小地区制图时，我们会发现圣加尔（Saint Gall）修道院地图（第466—468页）很容易让人联想起最佳的罗马大比例尺平面图。同样，我们也将清楚看到，《世界地图》在多大程度上受益于若干古典资料，包括显示气候带的希腊地图和简单的由三部分构成的T-O地图（可能起源于公元前1世纪涉及非洲的罗马著作），以及，可能还有作为共同原型的阿格里帕地图。然而，马里纳斯和托勒密的地图，后者中的某幅包含成千上万的地名，至少部分是为9—10世纪的阿拉伯地理学家所知的。但托勒密的《地理学指南》传至西方，首先是通过拜占庭学者的重建，其次才是通过将其翻译成拉丁文（1406年）并在佛罗伦萨和其他地方传播。就地中海海图而言，仍悬而未决的是，13世纪最早的波特兰海图是否拥有一个古典时期的前身。如果有，人们会认为它是一幅与周航记（海上行程录）有关的地图。但这些周航记中没有一部有地图，或者，就我们目前的知识状态而言，没有一部表现出曾经有过地图。

　　拜占庭帝国虽然提供了链条中的重要环节，但在地图学知识从古代向现代世界长期传播的历史中，仍然还呈一个谜团。在西欧和拜占庭，黑暗时代和中世纪早期的地图学几乎没有什么新的发展，尽管僧侣们仍在孜孜不倦地抄录并保存他们可以获得的过去多个世纪的书面成果。有的地图，与其他插图一道，便经由这一过程传播，但幸存下来的太少，无法说明拜占庭社会总体的地图学意识水平。虽然比起希腊罗马时期，几乎可以肯定制作的地图减少了，但古典世界发展起来的制图的关键概念在拜占庭帝国得以保留。现存最出色的拜占庭地图，马代巴的镶嵌画，显然更接近于古典传统，而不是后来任何时期的地图。但随着东方使用希腊文和西方用拉丁文的分化的加剧，拜占庭学者在延续具有地图学意义的希腊文本方面所起的特殊作用，就变得愈发明显了。拜占庭的机构，特别是在君士坦丁堡发展起来的，促进了地图学知识在西欧和阿拉伯世界以及之外的其他地区的流动。我们的资料仅指向了这类迁移的少数晚期片段——例如，当普拉努德在托勒密研究中起主导作用时。但为了形成对这一时期涉及的历史进程的理解，我们必须考查基督教、人文与科学思想的更广泛的渠道，而不是单一的某张地图，或者甚至是整个拜占庭地图学的资料集。从这一背景来看，15 世纪意大利文艺复兴时期的一些基本的地图学动力，在拜占庭社会晚期已显示出了活力。

第三部分
中世纪欧洲和地中海的
地图学

第十七章　中世纪的地图：导言

P. D. A. 哈维（P. D. A. Harvey）
成一农　译

中世纪欧洲绘制的地图数量很少。当然，我们今天所拥有的那些，仅仅是过去必定产生过的数量远远更多的地图中的一小部分幸存者。同样几乎可以肯定的是，并不是所有保存下来的地图都已经重见天日；例如，我们可能必须要更多的了解中世纪在西班牙、葡萄牙和意大利当地的地图绘制。但是，我们所知道的中世纪地图的模式清楚地表明，当时的地图根本不是出于它们可能被用作的多种日常目的而绘制的。相反，它们被局限于某些特定的区域，并且局限于特定的场合，而针对这些特定场合的用途是经由习惯已经建立的。很少能找到在这些局限之外的地图学；当我们这样做时，我们可能应该将其看作是一些特别富有想象力的个人所构想的一个大胆的概念。

事实就是，我们有一些差异极大的中世纪地图的传统，著名的世界地图（mappaemundi）、波特兰海图、区域和地方地图，以及相对数量较少的天体地图。前三者构成随后三章划分的基础；对天体图的分析则被推迟到本丛书的第 3 卷，在那里，它们将与文艺复兴时期的材料一起在一篇论文中单独描述。本部分对各章的三重划分不存在任何问题；这三种传统构成了相互分离的主要群体。我们在它们之间很少能发现联系：在埃布斯托夫（Ebstorf）世界地图中可能使用了来自赖兴瑙岛（Reichenau）的地方地图，以波特兰海图为基础构建的意大利的区域地图，以及波特兰海图与岛屿书之间的联系，都是交叉影响的例外情况。即使在三个主要分类——世界地图、波特兰海图以及区域和地方地图——的内部，我们通常面对的也是与其余部分分离发展的存在差异的地图子类。对世界地图的不同类别的划分指出了这一点。波特兰海图的发展也是如此，其从 14 世纪中期开始就不再具有单一的传统，而是由被汇集的信息构成的单一体，并且分裂为区域流派。在区域和地方地图中，在一幅地图与另一幅地图之间根本没有任何可发现的联系，我们发现的是某些特定类型地图的孤立的群体：意大利城市的平面图、来自意大利北部的区域地图、来自低地国家沿海地区的地方地图，还有少量其他的。鉴于这些地图类型中没有一种被广泛用于日常，因此一种有道理的认知就是，中世纪的学者应当不会将这些不同传统的产品、这些群体和子群体认为构成了一类目标对象——他们应当不会像我们一样，将它们视为一方面与图示不同，另一方面与图像不同的地图。

但是，如果在 15 世纪绘制的地图数量很少的话，那么 12 世纪绘制的地图就更少了。从 8 世纪起，世界地图似乎已经以相当稳定的速度产生了，但是大多数其他中世纪地图的时间基本是 14、15 世纪。幸存的波特兰海图没有一幅是早于 1300 年的，并且已知最早对它们的提及是在 1270 年。在区域和地方地图中，那些来自意大利或英格兰的地图，只有少量要早于 14 世纪，并且我们知道的所有来自法国、低地国家和德国的地图的时间要更晚。这不能简单地解释为后来的地图更容易保存下来；在 14、15 世纪，至少在一些特定情况下，西欧至少对于地图的价值和用途有着最为适合的接受。这是如何发生的？这是中世纪地图学中众多未解决的问题之一。另一个问题也是由于我们缺乏中世纪早期的地图而引起的，即其与古代地图学的关系。仅在世界地图上，尚存的例子才能将中世纪地图与希腊和罗马文化联系起来。在其他情况下，如果我们要看到任何联系的话，我们必须期待，或者古代地图的重新发现，尤其是与 13 世纪的托勒密《地理学指南》有关的，以及与更为有争议的 13 世纪的波特兰海图上所使用的海岸线轮廓有关的地图，或者假设由地图维持的一种脆弱联系现在已经基本丢失了，就像可能出现在意大利城市的平面图和圣地地图中的那样。当然，古典古代也对中世纪的地图学提供了唯一可能的外部影响：284 可能有着与阿拉伯地图学的一些联系，尽管现在比以往更难维持，而且不能完全排除存在与中国地图学之间的更为遥远的联系的可能性。

不仅是世界地图、波特兰海图，而且中世纪欧洲的区域和地方地图的大部分是在相当独立的传统下制作的，而且每一幅都服务于其独特的目的。在中世纪没有像被设计用来针对各种广泛用途的普通地图这样的事物。需要记住，任何一幅地图都是基于一个特定目的，甚至是为一个特定场合而绘制的。然后就是，如果我们要评估一幅中世纪地图的话，或者甚至去完全了解它的话，那么我们首先必须知道它是为什么被制造出来的。世界地图（*mappaemundi*）的目的是哲学的和教诲性的：对大地的一种概要性呈现，同时在更为详细的例子中通过扩展从而给出大量关于其居民以及他们与神的关系的信息。在编绘这些更为精致的世界地图的时候采用了众多的资料；如果被包括在世界地图（*mappam-undi*）上的地图中的这些资料，对地球表面某些部分的描绘超出了近似的概要性的轮廓的话，那么这是相当偶然的，而且这并不必然意味着详细的地理轮廓是编绘者的目的。这应当是与地图的目的无关的。这一点再次出现在将早期的波特兰海图与另外一幅 14 世纪的地图，即不列颠的高夫（Gough）地图进行比较的时候。其类似于波特兰海图，是绘制作为旅行指南的，并且类似于那些地图，其可能仅基于众多旅程中的对方向和距离的测量。但是，高夫地图是为了沿着主要道路的陆地旅行的，而虽然道路有着一个相当的网络，但仍然数量有限，但波特兰海图是用于海上旅行的，在海上，船只可以在无限多数量的航线上自由移动。由此可见，高夫地图实现其目的所需的只是一个道路网络的图示，显示路线是如何相互交织的，它们通过了哪些地点，并且通过标记里程显示地点之间的距离。要显示这些路线以外的地点之间的方向和距离，也就是去提供国家的一幅具有比例尺的地图，这与它想要做的事情无关。另一方面，波特兰海图，如果要在自由航行的船舶上有用的话，那么必须显示在无数多个点之间的方向和距离，而达成这一点的唯一方法就是使用一幅有着绘制的尽可能准确的海岸轮廓的比例尺地图。波特兰海图看起来类似于我们所知道的一幅地图应该的样子，而高夫地图则不能满足我们对地图应该是什么的现代期望。但是每一幅地图都以相同的效率服务于其特定的目的。因此，在评估中世纪地图时，我们应该总是去试图发现它们制造者的意图，并判断其实现的程度；如果将它们与以后几个世纪的地图进行比较的话，那么则是应用了一套非常不合适的标准。

　　中世纪地图学中的一些最为困难的问题，与看起来最为类似于 16 世纪或者更晚的普通地图的那些地图有关：注意轮廓的准确性和比例尺一致性的地图。问题就是那些关于概念的和执行的：这类地图的想法是如何产生或传播的，以及作为它们基础的测量是如何进行。我们已经看到，波特兰海图的海岸轮廓，可能或者也不可能源自古典时期；彼得罗·维斯孔特（Pietro Vesconte）14 世纪早期的意大利和圣地地图的起源也不为人知。15 世纪早期的维也纳（Vienna）比例尺地图的灵感来源同样是神秘的，并且是如何，以及甚至是在什么时候由何人，编制了被认为是库萨的尼古拉（Nicolas of Cusa）的地图的，同样疑云重重。这些问题中的至少最后两个的背后隐藏着中世纪对科学地理学、精确的定位地点的兴趣可能发挥的作用，这种兴趣，我们可以从 11 世纪的阿尔扎尔卡利（al-Zarkali）编纂的托莱多（Toledo）表到维也纳和克洛斯特新堡（Klosterneuburg）地理学家的作品中的地理坐标中看到。

　　甚至最近的研究者也倾向于怀疑地理学理论在中世纪地图绘制中发挥的作用；克洛斯特新堡曾经制作了一系列现已丢失的地图，对这一观点的批评，就是这种现象的一种展现。事实上，很少有学者以任何详细程度论述了中世纪地图学的所有方面；约阿希姆·勒莱韦尔（Joachim Lelewel）的通论性著作《中世纪地理学》（*Géographie du Moyen Age*，四卷本以及结语，1850—1757 年），以及约翰·K. 赖特（John K. Wright）的较为狭隘的编年体研究《十字军东征时的地理学知识》（*The Geographical Lore of the Time of the Crusades*，1925）都是例外。这部分反映了中世纪地图自然分裂成为几个完全不同的群组，但关于单一群组的工作仍然是不够充分的。即使马塞尔·德斯通勃（Marcel Destombes）主编的系统性的著作，《世界地图，公元 1200 年至 1500 年》（*Mappemondes A. D. 1200 – 1500*，1964），已被发现需要修订；关于波特兰海图有着众多研究，但这些被各个国家古怪的关注于对特定发明权的相互冲突的宣称所破坏；并且不存在涵盖了中世纪区域和地方地图绘制的完整领域的单一专著。遗憾的是，中世纪地图还没有得到更全面的研究，而它们大概有很多关于地图学史及其概念和技术发展的东西可以告诉我们。中世纪欧洲地图学的许多特征都可以与其他地方媲美：仅将地图用于特定目的或由特定的人所使用，以及精确比例尺的思想的发展，等等。中世纪的欧洲是一个相对有着较好文献记录的社会。然而，我们可以审慎地基于在证据中沉默的内容以及证据所能实际告诉我们的内容进行讨论。至少其向我们揭示的一些过程和发展，很可能也发生在其他我们证据不足的社会中。后面的三章很可能对于超出中世纪欧洲范围之外的地图学史也具有重要的意义。285

第十八章 中世纪的世界地图（*Mappaemundi*）[*]

戴维·伍德沃德（David Woodward）
成一农 译

在连接了古代世界和现代世界的一千年中，从基督诞生之后的大约 5—15 世纪中，产生了被基督教采纳的来源于古典传统的世界地图或者绘画地图（mappainting）的一种类型。这些世界地图（*mappaemundi*）的主要目的，就像它们被称为的，就是旨在教导信徒有关基督教历史上的重大事件，而不是记录它们的确切位置。它们很少有坐标网或被表示出来的比例尺，并且通常在特征和几何形状上是示意性的——通常在形状上是圆形或卵形的。尽管符合这一描述的一些地图也可以在中世纪的阿拉伯文化，或者这一时期的东南亚的宇宙志中找到（就像本书第二卷所述的那样），但西方的世界地图（*mappaemundi*）构成了一个有着明确定义的群体。它们提供了大量的文献，其形式、内容和含义反映了中世纪生活的众多方面。

世界地图（*Mappaemundi*）的背景和研究

地图和文本

在中世纪，词汇（特别是口语词汇）的主导地位是在图像之上，并且是由圣经叙事的性质和早期教会的先贤们的观点所规定的。圣大格列高利（Saint Gregory the Great）陈述道，图像是针对那些文盲的，而《圣经》是为那些可以阅读的人准备的[1]。那么，然后就是《世界地图》（*mappaemundi*）的作用，以及其所针对的受众是谁了？它们是否仅仅是插图，从属于文本，并且只是增加了很少的信息，还是它们有着独立的价值？

这些问题的回答在很大程度上依赖于正在讨论的世界地图（*mappaemundi*）的类型。世界地图的制作，在中世纪并不是一种可以明确辨识出来的独立活动。它们的制造者并不被称为地图学家，也没有形成一个有特色的群体，例如，就像波特兰海图的制作者似乎在 14 世纪就已经达成的那样。在保存下来的 1100 幅世界地图（*mappaemundi*）中，有大约 900 幅是在稿本书籍中发现的。而且，它们似乎不需要专门的抄写员提供的服务：例

* 作者非常感谢 Peter Arvedson，Tony Campbell，William Courtenay，O. A. W. Dilke，P. D. A. Harvey，Frank Horlbeck，George Kish，Mark Monmonier 和 Juergen Schulz 在本章的准备过程中给予的帮助。

[1] Sixten Ringbom, "Some Pictorial Conventions for the Recounting of Thoughts and Experiences in Late Medieval Art," in *Medieval Iconography and Narrative*: *A Symposium*, ed. Flemming G. Andersen et al. (Odense: Odense University Press, 1980), 38 – 69, esp. 38.

如，地图上的字母和相邻的文本，通常可以被认定出自同一人之手。保存下来的地图中的绝大多数实际上都是作为书籍插图而制作的。在 14、15 世纪的中世纪后期，存在这样一种趋势，即在一部抄本的第一或第二页放置地图，这可能反映了在给予读者一种对文本的概览中地图重要性的不断增长②。

地图和文本之间的关系还可以从对早期文本的频繁依赖中看出，后者是编绘世界地图（*mappaemundi*）的资料来源。这产生了一个普遍的问题，即基于语言指导绘制地图的效率如何，特别是在没有可以用于绘制位置的坐标列表的情况下。由地理学家和历史学家在 19、20 世纪尝试进行的，基于希罗多德（Herodotus）、埃拉托色尼（Eratosthenes）、斯特拉波、阿格里帕（Agrippa）、拉文纳宇宙志学者、马可·波罗（Marco Polo）和其他人的已经佚失的地图的文本资料进行的现代重建，展示了这种活动的潜在困难。

然而，大型的和详细的世界地图（*mappaemundi*），尤其是在中世纪后期，被作为单独的文献构思和绘制，尽管只有极少数保存了下来。由于这些地图包含大量的文字或对意图的说明，因此它们不太可能只是为文盲设计的。还有其他证据表明，这样的地图强烈吸引了有学识的受众。阿卡（Acre）13 世纪的主教雅克·德维特里（Jacques de Vitry）特别提到，他发现世界地图（*mappaemundi*）是一个有用的信息来源③。弗拉·保利诺·韦内托（Fra Paolino Veneto），一位 14 世纪早期的小兄弟会修士（Minorite friar），也明确阐述了它们的价值：

> 我认为，如果没有一幅世界地图的话，那么让［某人自己］去制作一幅无论是在圣经中的还是在世人的作品中的诺亚和四王国的子孙后代以及其他国家和区域的图像，乃至让头脑去掌握这些，不仅是困难的，而且是不可能的。而且，还需要一幅由绘画和文本构成的双重地图。并不会认为有了其中一种，由此没有另一种也是足够的，因为没有文本的绘画并不能清楚地指明区域或国家，［并且］在没有绘画帮助下的文本则确实无法足够［清楚地］标记出一个区域中各个省份各自部分的边界，因为它们被进行了几乎一目了然的描绘④。

术语

术语 *mappamundi*（复数 *mappaemundi*）来自拉丁语 *mappa*（一张桌布或餐巾）和

② Uwe Ruberg, "Mappae Mundi des Mittelalters im Zusammenwirkenvon Text und Bild," in *Text und Bild: Aspekte des Zusammenwirkens zweier Künste in Mittelalter und früher Neuzeit*, ed. Christel Meier and Uwe Ruberg (Wiesbaden: Ludwig Reichert, 1980), 550—92, esp. 558 – 60. 有些人认为文本比地图更为令人感兴趣，但这显然依赖于个人的情况。参见 Neil Ker, review of *Mappemondes A. D. 1200 – 1500: Catalogue préparé par la Commission des Cartes Anciennes de l'Union Géographique Internationale*, ed. Marcel Destombes, in *Book Collector* 14 (1965): 369 – 73, esp. 370。

③ Jacobus de Vitriaco, *Libri duo, quorum prior orientalis, sive Hierosolymitanae: Alter, occidentalis historiae nomine inscribitur* (Douai, 1597; republished Farnborough: Gregg, 1971), 215; John Block Friedman, *The Monstrous Races in Medieval Art and Thought* (Cambridge: Harvard University Press, 1981), 42.

④ Paolino Veneto, Vat. Lat. 1960, fol. 13, Biblioteca Apostolica Vaticana. 翻译自 Juergen Schulz, "Jacopo de' Barbari's View of Venice: Map Making, City Views, and Moralized Geography before the Year 1500," *Art Bulletin* 60 (1978): 425 – 74, 引文在第 452 页。

mundus（世界）⑤。因为它们的几何构造绝不一致，因此世界地图（*mappaemundi*）可以与平面球形图（意大利语 *planisfero*）区分开来，平面球形图通常指的是有意识地按照从一个球形到一个平坦表面的转换规则构建的世界地图，其主要目的与位置有关。就像托勒密（Ptolemy）的《平球论》（*Planisphaerium*）一样，早期对平面球形图的使用是在运用了球面投影的天文图中。

应该强调的是，术语 *mappamundi* 的这一相当严格的含义并不是同时代使用的。例如，13、14 世纪这个术语通常用来表示关于世界的任何地图，无论是否是波特兰航海图风格的。因此，在 1399—1400 年的巴塞罗那的关于世界地图的一份合同中，术语 *mapamundi* 或 *mappamondi* 以及 *carta da navigare*（航海图）或者 *charte da navichare*（航海图）都可以互换使用⑥。在现代意大利语中，术语 *mappamondo* 具有广泛的意义，甚至专门包括球仪。

这个词汇在罗马时代晚期的古典拉丁语中没有被使用，在那时偏好的是 *forma*（图形）、*figura*（图形）、*orbis pictus*（图像）或 *orbis terrarum descriptio*（地理描述）。*figura* 通常被保留用于稿本中的小的图示，就像科学插图。8 世纪的列瓦纳的贝亚图斯（Beatus of Liebana）使用了 *formula picturarum*（公式图）⑦。至于中世纪的拉丁语，杜·康热（Du Cange）将 "*mappa mundi*"（世界地图）定义为 "说明性的图表或地图，其中包含有对地球或世界的描述"⑧。在中世纪后期，还使用了其他一些术语，例如 *imagines mundi*（世界的图像）、*pictura*（图像）、*descriptio*（描述）、*tabula*（图表），或者甚至是赫里福德地图的 *estoire*，尽管 *mappamundi* 是最为最常见的。在埃布斯托夫（Ebstorf）地图中，我们发现了一段说明文字，其可以被解读为："一幅地图被称为图形，因而一幅世界地图（mappa mundi）是世界的一个图形。"⑨ *Imago mundi*（世界的图像）通常指的是宇宙志的理论陈述而非图形描述⑩。

假定世界地图（*mappamundi*）必然意味着是对世界的图形描述，这是非常不明智的⑪。经常可以发现就是，术语在隐喻的层面上被用于表示一种口头描述，非常类似于我们今天所说的 "绘制战略地图"。例如，当雷纳夫·希格登（Ranulf Higden）在《编年史》（*Polychronicon*）中写到 *mappamundi* 时，他所指的并不是经常附带在书中的世界地

---

⑤　按照 Thomas Phillipps, "Mappae Clavicula: A Treatise on the Preparation of Pigments during the Middle Ages," *Archaeologia* 32 (1847): 183 – 244 的观点，词汇 *mappa*，就像在 12 世纪晚期的技术论著 *Mappae clavicula* 中的那样，还可以表达绘画或者绘制。在古典拉丁语中，这一术语还意味着用于战车比赛的起始点的一块布。

⑥　R. A. Skelton, "A Contract for World Maps at Barcelona, 1399 – 1400," *Imago Mundi* 22 (1968): 107 – 13.

⑦　Richard Uhden, "Zur Herkunft und Systematik der mittelalterlichen Weltkarten," *Geographische Zeitschrift* 37 (1931): 321 – 40, esp. 322.

⑧　"Charta vel mappa explicata, in qua orbis seu mundi descriptio continetur." Charles Du Fresne Du Cange, "Mappa mundi," in *Glossarium mediae et infimae latinitis conditum a Carolo Du Fresne, domino Du Cange, cum supplementis integris D. P. Carpenterii*, 7 Vols. (Paris: Firmin Didot, 1840 – 50), 作者的翻译。

⑨　"Mappa dicitur forma. Inde mappa mundi id est forma mundi." Konrad Miller, *Mappaemundi: Die ältesten Weltkarten*, 6 Vols. (Stuttgart: J. Roth, 1895 – 98), 5: 8. 关于标题，参见参考书目，p. 369.

⑩　*Imago mundi*（或其对应的翻译）出现作为一些中世纪宇宙志著作的标题，包括那些奥诺里于斯（Honorius）、戈蒂埃·德梅斯（Gautier de Metz）和皮埃尔·德阿伊（Pierre d'Ailly）撰写的。

⑪　这一主题在 Ruberg, "Mappae Mundi," 552 – 55（note 2）中有着很好的发展。

图，而是对世界的一段口头描述[12]。大英图书馆中的一部稿本的标题为《世界地图或描述》（*Mappa mundi sive orbis descriptio*）也纯粹是一个文本记录[13]。博韦的彼得（Peter of Beauvais）是一首献给博韦主教德勒的菲利普（Philip of Dreux，活跃于 1175—1217 年）的法文诗 *mappemonde*（世界地图）的作者[14]。这个术语的使用在 18 世纪仍然很普遍：因此一部 13 世纪的西班牙地理学著作《世界的相似性》（*Semaiança del mundo*）的 18 世纪的稿本，被命名为 *Mapa mundi*[15]。12 世纪晚期至 13 世纪早期的编年史家坎特伯雷的杰维斯（Gervase of Canterbury）将一部关于在英格兰、威尔士以及苏格兰部分地区的修道院的地名录描述为 *mappa mundi*[16]。

288

现实主义与象征主义

自 19 世纪晚期以来，在文献中可以识别出两个与中世纪世界地图的地理用途有关的主题。一方面，比兹利（Beazley）渴望将世界地图（*mappaemundi*）看成对地球地理特征的呈现的逐渐改善的过程中的一个静态阶段，这来源于一个由众多学者所持有一个假设，即：地图的唯一功能就是提供地理特征的正确位置。在他关于中世纪地理学的基础作品中，他将两幅最为著名的世界地图（*mappaemundi*）用以下词汇进行了贬低，即："中世纪后期的非科学的地图……是完全徒劳无益……仅仅提一下赫里福德地图和埃布斯托夫地图这两个丑恶的怪物就足够了。"[17] 这个观点受到了约翰·K. 赖特（John K. Wright）的质疑，他指出，由于几何准确性不是世界地图（*mappaemundi*）的主要目标，所以缺乏这一点不应当受到批评[18]。我们现在已经习惯了这样的观点，即对于有序化我们关于空间的

---

[12] Churchill Babington and J. R. Lumby, eds., *Polychronicon Ranulphi Higden*, *Together with the English Translation of John Trevisa and of an Unknown Writer of the Fifteenth Century* (London：Long-man, 1865 – 86)。

[13] London, British Library, Harl. MS. 3373.

[14] 对博韦的彼得的诗的描述，参见 Charles Victor Langlois, *La vie en France au Moyen Age, de la fin du XIIe au milieu e du XIVe siècle*, 4 Vols. (Paris：Hachette, 1926 – 28), Vol. 3, *La connaissance de la nature et du monde*, 122 – 34。

[15] William E. Bull and Harry F. Williams, *Semeiança del Mundo*：*A Medieval Description of the World* (Berkeley and Los Angeles：University of California Press, 1959), 1.

[16] Gervase of Canterbury, *The Historical Works of Gervase of Canterbury*, ed. William Stubbs, Rolls Series 21 (London：Longman, 1879 – 80), 417 – 18.

[17] Charles Raymond Beazley, *The Dawn of Modern Geography*：*A History of Exploration and Geographical Science from the Conversion of the Roman Empire to A. D. 900*, 3 Vols. (London：J. Murray, 1897 – 1906), 3：528. 这一观点也被长期表达。例如 Abbé Lebeuf 于 1743 年，在他对一幅收录在 14 世纪的 Chronicles of Saint-Denis（1751 年出版）的稿本中的世界地图进行的描述中总结道："它的比例如此不精确，以至于只能显示出 14 世纪法国的地理状况是多么不完美。"参见 "Notice d'un manuscrit des Chroniques de Saint Denys, le plus ancien que l'on connoisse," *Histoire de l'Académie Royale des Inscriptions et Belles-Lettres* 16 (1751)：175 – 85，引文在第 185 页，作者的翻译。关于这一主题的发展，参见 David Woodward, "Reality, Symbolism, Time, and Space in Medieval World Maps," *Annals of the Association of American Geographers* 75 (1985)：510 – 21。

[18] John Kirtland Wright, *The Geographical Lore of the Time of the Crusades*：*A Study in the History of Medieval Science and Tradition in Western Europe*, American Geographical Society Research Series No. 15 (New York：American Geographical Society, 1925；republished with additions, New York：Dover Publications, 1965), 248. 对于世界地图（*mappaemundi*）的研究，到这一时期，通常不是地图学家的范畴。例如，Arthur Hinks 在 1925 年依然表达："他对 Mr. Andrews 给予的很多指导表示感谢，这些指导属于迄今被认为不在他自己研究领域内的一门学科，他自己的研究领域仅限于基于有着纬度和经度的地图"，参见 Michael Corbet Andrews, "The Study and Classification of Medieval Mappae Mundi," *Archaeologia* 75 (1925 – 26)：61 – 76，引文在 75。

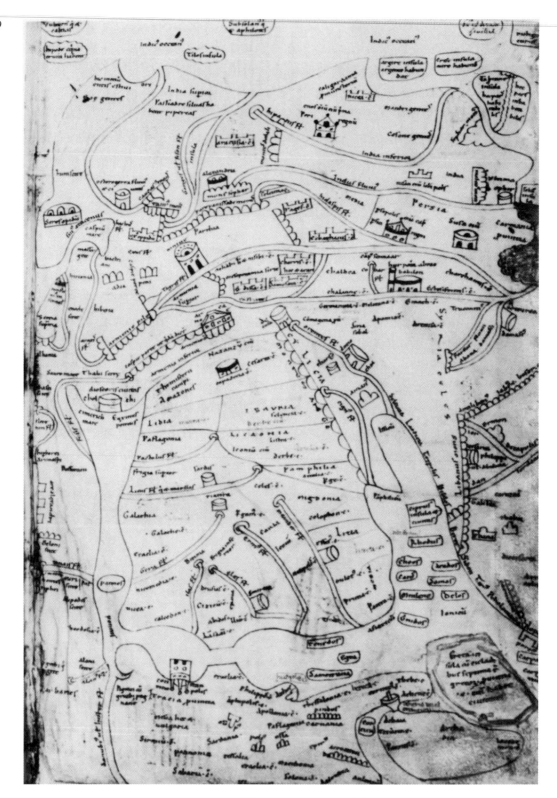

图 18.1　亚洲的"杰罗姆"（Jerome）地图

这一 12 世纪的展现了圣杰罗姆（Saint Jerome，14/15 世纪）著作的绘本地图，将其最感兴趣的区域，即小亚细亚进行了夸大，几乎与亚洲的剩余部分一样大。这种测量尺度上的变化在世界地图（*mappaemundi*）上非常常见。

原图尺寸：35.6×22.9 厘米。British Library, London（Add. MS. 10049, fol. 64r）许可使用。

思想而言，欧几里得几何绝不是唯一有效的图形结构：距离衰变图，其中对数的或其他 288
标量，修改了传统的纬度和经度，是数字地图学时代最早的产品之一，但这一概念并不
是什么新鲜事物。12 世纪的亚洲地图，也即被称为"杰罗姆"地图的两幅地图之一，它
将小亚细亚——它的主要兴趣点——进行了夸大，以至于与对亚洲其他地区的呈现几乎一
样大（图 18.1）⑲。马修·帕里斯（Matthew Paris）的不列颠地图的一个说明，也展示了
可以如何调整地图比例以适应情况："如果页面允许，那么整个岛屿应当更长。"⑳

　　然而，世界地图（*mappaemundi*）的地理内容并不总是只是象征性的和幻想的。克伦
（Crone）已经展示，在赫里福德地图的情况中，其内容不时地利用可用资源进行扩展，
提供了从罗马帝国到 13 世纪的一种或多或少连续的地图学的传统。赫里福德地图的抄写
员似乎已经将来源于各种文本的旅程指南的地名列表系统地绘制在地图上，试图满足世
俗的和精神的需要。这幅地图远不止是一个神话传说的选集，而且也是同时代的用于规
划朝圣路线和引诱意图朝圣的旅行者的地理信息的资料库㉑。

　　第二个主题，是贝文（Bevan）和菲洛特（Phillott）早在 1873 年就引入的，将注意
力集中在中世纪世界地图的历史的或叙事的功能上㉒。这个主题最近由安娜—多萝特·冯
登布林肯（Anna-Dorothee von den Brincken）在一系列论文中进行了发展，在这些论文中，
世界地图（*mappaemundi*）被视为是中世纪历史的文本编年史的图像版㉓。冯登布林肯通 290
过在一系列表格中列出出现在 21 幅选定地图上的地名来说明这一历史功能。除了那些被预
期频繁出现的基督教中心（耶路撒冷、罗马、君士坦丁堡、安条克［Antioch］和帕特莫斯
［Patmos］）之外，还发现有数量惊人的具有历史意义的世俗地名——例如奥林匹斯（Olym-
pus）、塔普罗巴奈（Taprobane）和帕加马（Pergamon），以及当时特别感兴趣的几个世俗地
点，如基辅、诺夫哥罗德（Novgorod）、撒马尔罕和格鲁吉亚㉔。对中世纪地图上地名的早期
出现进行的更为专门的研究证实了这一观点。例如，10 世纪的科顿地图（Cotton map）中包
含有对保加利亚的早期提及㉕。

⑲　London, British Library, Add. MS. 10049, fol. 64r.

⑳　"Si pagina pateretur, hec totalis insula longior esse deberet." London, British Library, Royal MS. 14. C. Ⅶ（a），
fol. 5v. 参见 Richard Vaughan, *Matthew Paris*（Cambridge：University Press, 1958），243。

㉑　Gerald R. Crone, "New Light on the Hereford Map," *Geographical Journal* 131（1965）：447 – 62；Woodward, "Real-
ity, Symbolism, Time, and Space," 513 – 14（note 17）。

㉒　W. L. Bevan and H. W. Phillott, *Medieval Geography：An Essay in Illustration of the Hereford Mappa Mundi*（London：E-
. Stanford, 1873）。

㉓　Anna-Dorothee von den Brincken, "Mappa mundi und Chronographia," *Deutsches Archiv für die Erforschung des Mittelalters*
24（1968）：118 – 86；以及她更为总括性的归纳 "Zur Universalkartographie des Mittelalters," in *Methoden in Wissenschaft und
Kunst des Mittelalters*, ed. Albert Zimmermann, Miscellanea Mediaevalia 7（Berlin：Walter de Gruyter, 1970），249 – 78。也可以参见
她的 "Europa in der Kartographie des Mittelalters," *Archiv für Kulturgeschichte 55*（1973）：289 – 304. Juergen Schulz 将这一思想应
用到了文艺复兴时期的城市图景中，见他的 "Jacopo de' Barbari's View of Venice：Map Making, City Views, and Moralized Geog-
raphy before the Year 1500," *Art Bulletin* 60（1978）：425 – 74. 这篇论文远远超出了对德巴尔巴里（de' Barbari）图景的论述，
并且其包含了关于世界地图（*mappaemundi*）、中世纪的测量和地图学的重要的总体性材料。

㉔　Von den Brincken, "Mappa mundi und Chronographia," 160 – 67（note 23）。

㉕　例如对于世界地图（*mappaemundi*）上特定区域的研究，参见 Peter St. Koledarov, "Nai-Ranni Spomenavanniya na
Bilgaritye virkhu Starinnitye Karty"（古代地图上最早对保加利亚人的提及），*Izvestija na Instituta za Istorija* 20（1968）：219 –
54；Kyösti Julku, "Suomen tulo maailmankartalle"（芬兰在中世纪世界地图上的出现），*Faravid* 1（1977）：7 – 41。

因而，世界地图（*mappaemundi*）可以被看作类似于叙述性的中世纪图画，描绘了按时间分隔并包含在同一场景中的多个事件。它们不是像楣板或卡通那样按顺序排列，而是被放在图像中它们的逻辑位置上。就世界地图（*mappaemundi*）而言，这意味着事件的大致地理位置或拓扑空间的位置。㉖

说教性世界地图的起源可以追溯到古代晚期。地图似乎在日常生活中占有一席之地。欧迈纽斯（Eumenius），一位老师和杰出的演说者，在公元 297 年发表了一场关于恢复高卢的奥古斯托杜努姆（Augustodunum）（现为欧坦 ［Autun］）的著名罗马学校的主题演讲。在各种忠告中，他建议学校的男生们学习地理学，还要进一步使用在欧坦学校门廊中可以找到的世界地图（*mappaemundi*）。㉗

中世纪的关于世界地图（*mappaemundi*）的观点似乎由圣维克托的休（Hugh of Saint Victor）在约 1126 年进行了表达，即：“我们必须收集所有事物的简要归纳……那些头脑可以抓住并轻松保留记忆的。头脑主要通过三件事来评价事件：做事的人、做事的地方以及做事的时间。”㉘

然而，不止有着助记的功能。这些世界地图中的一些的巨大尺寸和展示方式表明，还有着一个面向公众的图示的功能：因而，阿格里帕地图（Agrippa map，参见第 207—9 页）以及上文提到的欧迈纽斯谈及的地图，可能代表了罗马帝国在世界大部分地区的统治。中世纪的文学和世界地图（*mappaemundi*）都反映了这种古典的象征主义，并将这一功能用于宗教目的。中世纪的浪漫文学，特别是那些描述古典时代英雄功绩的，经常使用一幅世界地图（*mappaemundi*）作为军事统治的象征符号。在中世纪的宗教生活中，一幅世界地图（*mappaemundi*）可能会被作为对世界的呈现，代表着世俗生活的短暂、上帝的神圣智慧、基督的身体乃至上帝本身。在埃布斯托夫地图中可以清楚地看到类似于神的图像，其中基督的头、手和脚被呈现在四个基本方向上，而地图本身则代表着基督的身体（图 18.2 和 18.3）㉙。

㉖ 关于叙事性的绘画，世界地图（*mappaemundi*）似乎与其相似，参见 Ringbom，“Pictorial Conventions”（note 1）；Otto Pächt, *The Rise of Pictorial Narrative in Twelfth-Century England*（Oxford：Clarendon Press，1962）；以及 Henrietta Antonia Groene-wegen-Frankfort, *Arrest and Movement：An Essay on Space and Time in the Representational Art of the Ancient Near East*（Chicago：Uni-versity of Chicago Press，1951）。这一主题在 Woodward，“Reality, Symbolism, Time, and Space”（note 17）中得到了发展。

㉗ Eumenius *Oratio pro instaurandis scholis* 20，21；参见 9（4）in Ⅻ ［*Duodecim*］ *Panegyrici Latini*，ed. R. A. B. Mynors（Oxford：Clarendon Press，1964）. Crone，“New Light，”453（note 21）报告，欧迈纽斯提到的地图可能幸存直至 17 世纪，那时 C. M. Grivaud，“Sur les antiquités d'Autun（Ⅰ），”*Annales des Voyages, de la Geographie et de l'Histoire* 12（1810）：129 – 66 可能对其进行了描述。也可以参见 Gaston Boissier，“Les rhéteurs gaulois du Ⅳᵉ siècle，”*Journal des Savants*（1884）：1 – 18；Beazley, *Dawn of Modern Geography*，2：379（note 17），以及 Dilke（上文，p. 209）关于在公共场所的地图的其他经典提及。

㉘ Hugh of Saint Victor, *De tribus maximis circumstantiis gestorum*. 参见 von den Brincken，“Mappa mundi und Chronographia，”124（note 23），或她的 “Universalkartographie，”253（note 23）的转录，以及 Schulz，“Moralized Geography，”447（note 23）的翻译。

㉙ 对法国中世纪传奇故事中的世界地图（*mappaemundi*）的象征主义的完整归纳，参见 Jill Tattersall，“Sphere or Disc? Allusions to the Shape of the Earth in Some Twelfth-Century and Thirteenth-Century Vernacular French Works，”*Modern Language Review* 76（1981）：31 – 46，esp. 41 – 44。关于埃布斯托夫地图的象征主义，参见 Ruberg，“Mappae Mundi，”563 – 85（note 2）；Schulz，“Moralized Geography，”449（note 23）。

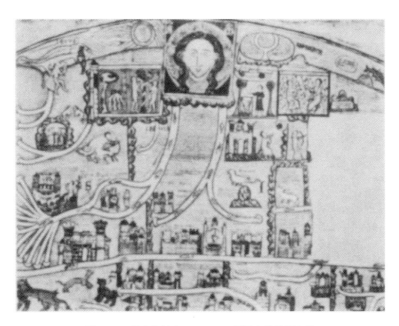

图 18.2　埃布斯托夫（Ebstorf）地图上的基督之首

被称为埃布斯托夫地图的 13 世纪的世界地图（*mappaemundi*）将世界呈现为基督的身体。在这一细部中，基督之首被显示在地图上部的伊甸园的东侧。关于整幅地图的插图，参见图 18.19。

来自 Walter Rosien, *Die Ebstorfer Weltkarte*（Hanover：Niedersächsisches Amt für Landesplanung und Statistik, 1952）。Niedersächsisches Institut für Landeskunde und Landesentwicklung an der Universität Göttingen 许可使用。

图 18.3　埃布斯托夫地图上的基督的左手

在埃布斯托夫地图上，基督的胳膊从北向南延伸。在这一细部上，他的左手聚拢在可怕的种族中。关于整幅地图的插图，参见图 18.19。

来自 Walter Rosien, *Die Ebstorfer Weltkarte*（Hanover：Niedersächsisches Amt für Landesplanung und Statistik, 1952）。Niedersächsisches Institut für Landeskunde und Landesentwicklung an der Universität Göttingen 许可使用。

类似隐喻的另外一种图示，可以在由三部分构成的球仪的众多图解中看到，这种由三部290 分构成的球仪被呈现为一名统治者、基督（作为救世主［*Salvator mundi*]），或者圣父左手中掌握的宝球。通常，这种三重分割是用透视的视角绘制的，以便与地球的形状一致，如图版10中所示。宝球的图像作为帝王或者皇权的象征，来源于罗马时期，在那里出现在很多罗马时期晚期的钱币中㉚。在对最后审判的呈现中，一个简单版本的球仪有时也出现在基督的脚下，就像图版11所示。在让·芒塞尔（Jean Mansel）的《历史》（*La fleur des histoires*）中大量复制的世界地图中，发现了较少示意性的但仍然具有装饰的和象征性的呈现，其显然代表的是诺亚的三个儿子之间对球形地球的划分（图版12）㉛。

世界地图（*mappaemundi*）与其他中世纪地图之间的关系

291　　除了在卡皮提里斯的奥皮奇努斯（Opicinus de Canistris）的奇特地图和稍后讨论的过渡地图中的明显例外之外㉜，大多数中世纪的世界地图（*mappaemundi*）与这一时期的其他地图，如波特兰航海图和区域、地形或者地籍图之间没有明显的形式或功能上的相似之处。13世纪晚期最早波特兰航海图上的地理内容与当时的世界地图（*mappaemundi*）的地理内容没有明显的关系㉝。非常难赞同比兹利（Beazley）的观点，即"黑暗时代地图制作的荒谬就是最早的准确的航海图和现代地图集的先驱"㉞，除非"先驱"一词只是简单地表达时间顺序。确实，这样的事实，即《比萨航海图》（Carte Pisane，比兹利提到的）和赫里福德地图是相同年代的产品，由此说明了两种地图学类型是如何可以并存的。这两幅地图显然是在不同环境下编绘的，因此可以认为它们具有完全不同的功能，并且是用不同的方式构造的。前者是有着商业的起源，而后者则来自僧侣。

292　　在中世纪晚期，三种不同的地图编绘方法并存。波特兰航海图似乎是逐步构建起来的（从内到外，在某种程度上），依赖于地中海海盆提供的自然的封闭，以及仅受绘制皮革的自然形状的限制。世界地图（*mappaemundi*）在编绘时似乎有着以下假定，即存在可以整合到预先确定的有着边框的形状，即矩形、圆形、卵形或其他可几何定义的图形中的有限数

㉚　Miller, *Mappaemundi*, 3: 129 – 31（note 9）。

㉛　Brussels, Bibliothèque Royale, MS. 9231. 参见 Marcel Destombes, ed., *Mappemondes A. D. 1200 – 1500: Catalogue préparé par la Commission des Cartes Anciennes de l'Union Géographique Internationale*（Amsterdam: N. Israel, 1964），179。

㉜　卡皮提里斯的奥皮奇努斯（1296—约1350年）的地图是世界地图（*mappaemundi*）与波特兰航海图之间不常见的混合体，有着来源于前者的象征性特点，以及来源于后者的准确的海岸线。它们由 Richard Georg Salomon 在他的 *Opicinus de Canistris: Weltbild und Bekenntnisse eines Avignonesischen Klerikers des 14. jahrhunderts*, Studies of the Warburg Institute, Vols. lA and 1B（text and plates）（London: Warburg Institute, 1936），以及后来他的 "A Newly Discovered Manuscript of Opicinus de Canistris," *Journal of the Warburg and Courtauld Institutes* 16（1953）: 45 – 57, pls. 12 and 13, 和他的 "Aftermath to Opicinus de Canistris," *Journal of the Warburg and Courtauld Institutes* 25（1962）: 137 – 46 and pls. 26d and 27 中进行了介绍。更近的就是，Jörg-Geerd Arentzen 将注意力集中在地图上，参见他的 *Imago Mundi Cartographica: Studien zur Bildlichkeit mittelalterlicher Weltund Ökumenekarten unter besonderer Berücksichtigung des Zusammenwirkens von Text und Bild*, Münstersche Mitteialter-Schriften 53（Munich: Wilhelm Fink, 1984）。

㉝　波特兰航海图在13世纪之前，似乎没有对其他地图产生任何视觉方面的影响，因而与其他强有力的证据一起，反驳了 Charles H. Hapgood, *Maps of the Ancient Sea Kings: Evidence of Advanced Civilization in the Ice Age*, rev. ed.（New York: E. P. Dutton, 1979）以及其他作者的假说，即波特兰航海图的起源可以追溯到前古典时代。

㉞　Beazley, *Dawn of Modern Geography*, 1: 18（note 17）。Armando Cortesão, *History of Portuguese Cartography*, 2 Vols.（Coimbra: Junta de Investigações do Ultramar-Lisboa, 1969 – 71），1: 151, 在这方面也遵循比兹利的观点。

量的信息。这一空间通常被示意性地分割成几个部分。第三个系统假设地理信息可以放置在由平行纬线和经线构成的规则网络中。尽管早在托勒密的《地理学指南》被西方所接受之前很久的中世纪，在天文学、星象学和几何学的背景中对此就已经进行了描述，但在 15 世纪之前，用于绘制陆地地图的球面坐标和矩形坐标都没有被完全接受。这三种地图学系统存在于基本独立的传统中，直到 14 世纪早期波特兰航海图开始对晚期的世界地图（*mappaemundi*）产生了影响，以及 15 世纪，托勒密《地理学指南》的稿本推翻了地图绘制的西方的理念。

然而，就是波特兰海图的实用价值，到 14 世纪，这些价值的影响力已在世界地图（*mappaemundi*）中体现出来了。因而，尽管地图通常的圆形的形式得到了保留，但传统的被发现于波特兰航海图上的地中海和其他区域的准确轮廓，以及它们有特点的恒向线，在 14 世纪开始经常被发现于世界地图（*mappaemundi*）上。在 15 世纪，甚至有时也添加了比例尺条。

世界地图（*mappaemundi*）与区域地图和旅行指南之间有着更近和更早的关系。区域地图也是由作者在修道院传统中编绘的，并且较大比例尺的地图毫无疑问被用作那些较小比例尺地图的材料，它们的风格和内容通常是相似的。在某些情况下，区域地图的范围同样是较大的，就像在亚洲的"杰罗姆"地图中那样，以至于它们被误认为是世界地图的残片[35]。朝圣者的和贸易路线的旅程指南，其中一些来自罗马时代，在编绘世界地图（*mappaemundi*）中对它们的使用也是常见的。例如，克伦仔细分析了赫里福德地图中对这些资料的使用[36]。

世界地图（*mappaemundi*）研究中的问题

就像地图学史的其他方面一样，希望研究中世纪世界地图（*mappaemundi*）的学者也遇到了很大的困难。这些困难中包括记录的不完整，编纂总结了来自众多领域的极为分散的文献的通论性著作的困难，准备出版由此可以进行比较研究的图目和复制品地图集所需的大量资金。随着充分认识到世界地图（*mappaemundi*）作为地图学、历史和艺术文献的价值，对这些工具的需求也被意识到了。这种情况延续到 19 世纪中叶，但是从那时起，已经有一些具有里程碑意义的文本改善了这种状况。

斯凯尔顿相信，直到 16 世纪，地图的消耗或损失比任何其他类型的历史文献都要严重[37]。尽管我们可能不太喜欢过于绝对，但有直接的文献证据表明，许多中世纪的地图没有留存下来。这些中的一些应当是大型的并且在当时被认为是相当重要的。附录 18.2 中的主要世界地图（*mappaemundi*）的列表提供了许多例子。我们通过那些奥罗修斯（Orosius）、伊西多尔（Isidore）和马克罗比乌斯（Macrobius）等世界地图的晚期版本推断，中世纪早期的那些关键的原型地图已经丢失。至于较晚的时期，已经公布的少量修道院图书馆的清单

㉟　Crone, "New Light," 453（note 21）.

㊱　Crone, "New Light," 451 – 55（note 21）.

㊲　R. A. Skelton, *Maps: A Historical Survey of Their Study and Collecting*（Chicago: University of Chicago Press, 1972）, 26.

显然是那些作为单独对象存在的世界地图（*mappaemundi*）的优秀的参考文献㊳。这些提及的频率表明，许多更大的世界地图（*mappaemundi*）其留存下来的数量要低于佚失的数量。这种情况强调，需要承认从这样一种不完整的样本中得出的结论的不完善或临时的性质㊴。

关于世界地图（*mappaemundi*）的最早的通论性研究是由曼努埃尔·弗朗西斯科·德巴罗斯·苏萨（Manuel Francisco de Barros e Sousa），第二任圣塔伦（Santarém，1791—1856）子爵做出的。虽然圣塔伦已经注意到了他的前辈，如威廉·普莱费尔（William Playfair，1759—1823）和普拉西多·祖拉（Placido Zurla，1769—1834）等对这个主题表现出不只是短暂兴趣的人，但正是圣塔伦本人首先对这一主题进行了通论性的综合。他的作品，附带有一部收录有 117 幅世界地图（*mappaemundi*）的宏大的复制品地图集，其中只有 21 幅在之前已经发表过，依然是一个有用的总结㊵。与圣塔伦同时代的（在某些情况下，他的对手）对中世纪世界地图的通史做出重大贡献的人包括埃德姆—弗朗索瓦·若马尔（Edme-François Jomard，1777—1862）、阿希姆·勒莱韦尔（Joachim Lelewel，1786—1861），以及玛丽·阿尔曼德·帕斯卡莱·德阿维扎克—马卡亚（Marie Armand Pascal d'Avezac-Macaya，1799 – 1875）。帝国图书馆（Bibliotheque Imperiale）地图部门的负责人若马尔的贡献是一套包含了 30 幅中世纪世界地图的竞争性的复制品地图集㊶。勒莱韦尔的作品，同样附带有一部小型的复制品地图集，强调了对这一类型的阿拉伯的而不是西方的贡献，对于这个时期而言，显然是一个不寻常的倾向。这是圣塔伦进行了详细评论的主题㊷。德阿维扎克—马卡亚，尽管公认他帮助圣塔伦制作了复制品地图集，但他以单幅地图和关于投影的历史的著作而著称㊸。然而，直到康拉德·米勒（Konrad Miller，1866—1944）的 6 卷本世界地图（*mappaemundi*）的研究出现之前，都没有在重要性上可以与圣塔伦的研究和地图集媲美的作品㊹。这一彻底

293

㊳ ［Leo Bagrow］，"Old Inventories of Maps," *Imago Mundi* 5 (1948)：18 – 20，以及在 Akademie der Wissenschaften, Vienna, *Mittelalterliche Bibliothekscataloge Österreichs* (Vienna, 1915 – 71)，以及 Akademie der Wissenschaften, Munich, *Mittelalterliche Bibliothekscataloge Deutschlands und der Schweiz* (Munich, 1918 – 62) 后来各卷中的增补；也可以参见 Schulz, "Moralized Geography," 449 – 50 (note 23)。

㊴ Skelton, *Maps*, 26 (note 37)。

㊵ Manuel Francisco de Barros e Sousa, Viscount of Santarém, *Essai sur l'histoire de la cosmographie et de la cartographie pendant Ie Moyen-Age et sur les progrès de La géographie après les grandes découvertes du XVe siècle*, 3 Vols. (Paris：Maulde et Renou, 1849 – 52)，以及 *Atlas composé de mappemondes, de portulans et de cartes hydrographiques et historiques depuis le VIe jusqu'au XVIe siècle* (Paris, 1849；Facsimile reprint, Amsterdam：R. Muller, 1985)。

㊶ Edme-François Jomard, *Les monuments de la géographie*；*ou, Recueil d'anciennes cartes européennes et orientales* (Paris：Duprat, etc.，1842 – 62)。

㊷ Joachim Lelewel, *Géographie du Moyen Age*, 4 Vols. and epilogue (Brussels：Pilliet, 1852 – 57；reprinted Amsterdam：Meridian, 1966)。圣塔伦的评论直至 1914 年才发表。参见 Cortesão, *History of Portuguese Cartography*, 1：38 (note 34)。

㊸ Marie Armand Pascal d'Avezac-Macaya, "Note sur la mappemonde historiée de la cathédrale de Héréford, détermination de sa date et de ses sources," *Bulletin de la Société de Géographie*, 5th ser.，2 (1861)：321 – 34；idem, "La mappemonde du VIIIe siècle de St. Béat de Liébana：Une digression géographique à propos d'un beau manuscrit à figures de la Bibliothèque d'Altamira," *Annales des Voyages, de la Géographie, de l'Histoire et de l'Archéologie* 2 (1870)：193 – 210；以及 idem, *Coup d'oeil historique sur la projection des cartes de géographie* (Paris：E. Martinet, 1863)，最初发表的题目为 "Coup d'oeil historique sur la projection des cartes de géographie," *Bulletin de la Société de Géographie*, 5th ser.，5 (1863)：257 – 361, 438 – 85。

㊹ Miller, *Mappaemundi* (note 9)。米勒这一作品的续作，*Mappae Arabicae*, 6 Vols.（Stuttgart, 1926 – 31），不太成功，就像将在《地图学史》的亚洲卷（第二卷）中讨论的那样。

和细致的工作得到了极好的接受，并迅速被接受为标准文本，就像评论所显示的那样㊺。

当米勒的各卷正在出版的时候，查尔斯·雷蒙德·比兹利（Charles Raymond Beazley，1858—1951）正在编制他 3 卷本的中世纪的地理旅行和探险的历史㊻。虽然比兹利并不总是能完全把握世界地图（*mappaemundi*）的全部意义，但他很好地意识到了在揭示时代的地理精神时，地图的重要性。他在一系列按照时间顺序组织章节和附录中全面的描述了该时代的几乎所有主要的世界地图，并且他的作品——与米勒的一起——仍然提供了其他地方无法提供的大量细节。

总而言之，比兹利的 3 卷本作品更多的是对地理探索史的贡献，而不是对地理学思想史的贡献。正是科学史家们为中世纪宇宙志观念的历史提供了框架。皮埃尔·迪埃姆（Pierre Duhem）的多卷本研究仍然是这一问题的标准资料㊼，尽管最近认为他的方法受到"先兆主义"的负面影响㊽。其他科学技术史的研究者，包括这一欧美现代研究领域的奠基者乔治·萨顿（George Sarton），在《科学史导论》（*Introduction to the History of Science*）中对这一主题做出了详尽而分散的贡献，在查尔斯·辛格（Charles Singer）的领导下，为 7 卷本《技术史》（*History of Technology*）工作的历史学家团队也是如此㊾。还必须特别提到哈佛大学科学史研究者查尔斯·哈斯金斯（Charles Haskins）的影响㊿：他的学生约翰·K. 赖特的博士论文导致了他的《十字军东征时的地理学知识》（*Geographical Lore*）一书，这是一部精湛的作品，包含了与该时期地图学有关的几章内容以及一个出色的参考书目(51)。然而，在对中世纪晚期地图学的研究做出的最为原创性的贡献中，达纳·贝内特·杜兰德（Dana Bennett Durand）的关于维也纳—克洛斯特新堡（Vienna-Klosterneuburg）地图资料的专著，是基于他提交给在萨顿领导下的哈佛大学历史系的博士毕业论文。杜兰德展示了以前未被认识到的一组 15 世纪地图的存在，这些地图部分独立于托勒密的以及中世纪的区域和世界地图的传统，并且似乎在中世纪和文艺复兴的地图学之间形成了一种过渡性的联系。他还对这些地图的文化背景进行了有益的总结。(52)

到目前为止，出现的对于比较中世纪的世界地图（*mappaemundi*）而言最为有用的参考 294
书目就是由王子优素福·卡迈勒（Prince Youssouf Kamal）发起，并由弗雷德里克·卡斯珀·维德尔（Frederik Caspar Wieder，1874—1943）编撰的 16 卷的复制品地图集(53)。尽管仅

㊺ 例如，那些 Charles Raymond Beazley, "New Light on Some Medireval Maps," *Geographical Journal* 14 (1899): 620－29; 15 (1900): 130－41, 378－89; 16 (1900): 319－29 的。

㊻ Beazley, *Dawn of Modern Geography* (note 17).

㊼ Pierre Duhem, *Le système du monde: Histoire des doctrines cosmologiques de Platon à Copernic*, 10 Vols. (Paris: Hermann, 1913－59).

㊽ David C. Lindberg, ed., *Science in the Middle Ages* (Chicago: University of Chicago Press, 1978), Ⅶ.

㊾ George Sarton, *Introduction to the History of Science*, 3 Vols. (Baltimore: Williams and Wilkins, 1927－48), 包含了一些关于中世纪地图学史的注释。在 Charles Singer et al., eds. *A History of Technology*, 7 Vols. (Oxford: Clarendon Press, 1954－78), Vol. 2, *The Mediterranean Civilizations and the Middle Ages, c. 700 B. C. to c. A. D. 1500* 中还有一个相关的部分。

㊿ 参见 Charles Homer Haskins, *Studies in the History of Mediaeval Science* (Cambridge: Harvard University Press, 1927), 以及他的 *Renaissance of the Twelfth Century* (New York: Meridian, 1957)。

(51) Wright, *Geographical Lore* (note 18).

(52) Dana Bennett Durand, *The Vienna-Klosterneuburg Map Corpus of the Fifteenth Century: A Study in the Transition from Medieval to Modern Science* (Leiden: E. J. Brill, 1952).

(53) Youssouf Kamal, *Monumenta cartographica Africae et Aegypti*, 5 Vols. in 16 pts. (Cairo, 1926－51). 关于完整的内容，参见 p. 40。

限于那些展示了对非洲的探索和发现的地图，但它包含了几乎所有主要的包括了非洲的中世纪地图，照相复制，使之成为这些地图的插图的唯一最有价值的资料。这项工作有两个主要的缺点：第一，除了与非洲的发现有关的部分，缺少对所复制地图的具体描述；第二，这些作品的发行量只有限于 100 份(54)。

除了关于完整性和准确性存在差异的地图学史的通论性著作中的众多叙述和章节之外，还有一些关于这个主题的杰出的百科全书式的论文(55)。最近的最有价值的通论性著作——对世界地图（*mappaemundi*）的历史编纂学、背景、形式以及寓意内容进行的篇幅很长的研究就是格尔茨·阿伦岑（Jörg-Geerd Arentzen）的博士论文。这一著作还有着尤其有价值的通论性的参考书目(56)。

关于世界地图（*mappaemundi*）的系统性比较工作依赖于一项全面的普查。各个国家图书馆中的一些地图目录以及在某些国家保存的地图（包括世界地图［*mappaemundi*］）的列表，例如那些由乌齐耶利（Uzielli）和阿马特·迪圣菲利波（Amat di San Filippo）为意大利的地图，以及鲁格（Ruge）为德国的地图而制作的，已于 1916 年出版(57)，但是直到 1949 年，马塞尔·德东布（Marcel Destombes）在里斯本召开的第十六届国际地理大会（Sixteenth International Geographical Congress）上才提出了关于中世纪地图的全面列表的想法，同时建立了早期地图委员会（Commission on Early Maps）以准备四卷本的中世纪地图的目录，如下：1. 世界地图（*mappaemundi*）；2. 航海图；3. 区域地图，包括托勒密的；4. 印刷地图。第 4 卷于 1952 年以初步的形式出现(58)，而增订版正在等待出版。1964 年出版了第 1 卷，

---

(54) Norman J. W. Thrower, "Monumenta Cartographica Africae et Aegypti," *UCLA Librarian*, suppl. to Vol. 16, No. 15 (31 May 1963): 121 –26.

(55) 尽管随后这些只是一小部分示例，但通论性的叙述包括 W. W. Jervis, *The World in Maps: A Study in Map Evolution* (London: George Philip, 1936), 68 –86; George H. T. Kimle, *Geography in the Middle Ages* (London: Methuen, 1938), 181 –204; Lloyd A. Brown, *The Story of Maps* (Boston: Little, Brown, 1949; reprinted New York: Dover, 1979), 81 –112; Gerald R. Crone, *Maps and Their Makers: An Introduction to the History of Cartography*, 5th ed. (Folkestone, Kent: Dawson; Hamden, Conn.: Archon Books, 1978), 5 –9, 19 –33; Joachim G. Leithäuser, *Mappae mundi: Die geistige Eroberung der Welt* (Berlin: Safari-Verlag, 1958), chaps. 2 and 3; Leo Bagrow, *History of Cartography*, rev. and enl. R. A. Skelton, trans. D. L. Paisey (Cambridge: Harvard University Press; London: C. A. Watts, 1964), 41 –73; S. M. Ziauddin Alavi, *Geography in the Middle Ages* (Delhi: Sterling, 1966); Cortesão, *History of Portuguese Cartography*, 1: 150 –215 (note 34)。百科全书式的论文包括那些由 *Paulys Realencyclopädie der classischen Altertumswissenschaft*, ed. August Pauly, Georg Wissowa, et al. (Stuttgart: J. B. Metzler, 1894 –) 中的不同作者所撰写的; Otto Hartig, "Geography in the Church," in *The Catholic Encyclopedia*, 15 Vols. (New York: Robert Appleton, [1907 –12]), 6: 447 –53; Giuseppe Caraci, "Cartografia," in *Enciclopedia italiana di scienze, lettere ed arti*, originally 36 Vols. ([Rome]: Istituto Giovanni Treccari, 1929 –39), 9: 232; Ernest George Ravenstein, "Map," in *Encyclopaedia Britannica*, 11th ed., 32 Vols. (New York: Encyclopaedia Britannica, 1910 –11), 17: 629 –63, esp. 633 –46; 以及 Vincent Cassidy, "Geography and Cartography, Western European," in *Dictionary of the Middle Ages*, ed. Joseph R. Strayer (New York: Charles Scribner's Sons, 1982 –), 5: 395 –99。

(56) Arentzen, *Imago Mundi Cartographica* (note 32).

(57) Gustavo Uzielli and Pietro Amat di San Filippo, *Mappamondi, carte nautiche, portolani ed altri monumenti cartografici specialmente italiani dei secoli* XIII –XVII, 2d ed., 2 Vols., Studi Biografici e Bibliografici sulla Storia della Geografia in Italia (Rome: Società Geografica 1882; reprinted Amsterdam: Meridian, 1967); Sophus Ruge, "Älteres kartographisches Material in deutschen Bibliotheken," *Nachrichten von der Königlichen Gesellschaft der Wissenschaften zu Gottingen*, Philologisch-Historische Klasse (1904): 1 –69; (1906): 1 –39; (1911): 35 –166; suppl. (1916).

(58) Marcel Destombes, ed., *Catalogue des cartes gravées au XVe siècle* (Paris: International Geographical Union, 1952). 扩展版是由 Tony Campbell of the British Library 主持的。

涵盖了绘本世界地图（*mappaemundi*）。其他各卷的工作还没有进行[59]。

分类系统

这些工作包含对世界地图（*mappaemundi*）进行分类的几种尝试，对此在表18.1中进行了总结。一个令人满意的分类，通过将注意力集中到形式和来源的差异上，以及通过提供令人满意的用于描述地图的词汇，从而对于那些对世界地图（*mappaemundi*）的各种图像进行整理的学者而言，应当是非常有用的。对于世界地图（*mappaemundi*）而言，国际地理联盟的普查的可用性使得这项任务更容易。可以通过检查由此建立的目录中的条目数量，与普查提供的目录中的条目不匹配的数量来测试分类的效用。之前提出的分类系统现在被进行了评论，且被建议的系统建议见表18.2。

表18.1　　　　　　世界地图（*mappaemundi*）分类的主要特征的对比　　　　　　295

西马尔[a]（1912）	安德鲁斯[b]（1926）	乌登[c]（1931）	德东布[d]（1964）	阿伦岑[e]（1984）	伍德沃德[f]（1987）
A 罗马[g]	I 涵盖全基督教的分成三部分的简单的	I 罗马	涵盖全基督教的 A 概要的 D 地理的	涵盖全基督教的范围的地图	分成三部分的概要的非概要的
B 希腊	III 半球的	II 克拉提斯	C 希腊	世界地图	地带的
AB 组合的	II 中间的	III 组合的	B 第四大陆		分为四部分的
					过渡的

[a] Théophile Simar, "La géographie de l'Afrique Centrale dans l'antiquité et au Moyen-Age," *Revue Congolaise* 3（1912 – 13）：1 – 23, 81102, 145 – 69, 225 – 52, 289 – 310, 440 – 41.

[b] Michael Corbet Andrews, "The Study and Classification of Medieval Mappae Mundi," *Archaeologia* 75（1925 – 26）：61 – 76.

[c] Richard Uhden, "Zur Herkunft und Systematik der mittelalterlichen Weltkarten," *Geographische Zeitschrift* 37（1931）：321 – 40.

[d] Marcel Destombes, ed., *Mappemondes A. D. 1200 – 1500：Catalogue préparé par la Commission des Cartes Anciennes de l'Union Géographique Internationale*（Amsterdam：N. Israel, 1964）.

[e] Jörg-Geerd Arentzen, *Imago Mundi Cartographica：Studien zur Bildlichkeit mittelalterlicher Welt- und Ökumenekarten unter besonderer Berücksichtigung des Zusammenwirkens von Text und Bild*, Münstersche Mittelalter-Schriften 53（Munich：Wilhelm Fink, 1984）, esp. 63 – 66.

[f] 现在的工作。

[g] 名称按照原来作者的那些。

将大量分散的制品分类为经验上令人满意的类别，这需要格外的小心。虽然圣塔伦可能 294 因为出版中世纪世界地图（*mappaemundi*）的大型复制品图集的思想且使得比较研究第一次成了可能而获得赞誉，但他只是按照时间顺序，而不是根据它们的资料来对地图进行分类[60]。康拉德·米勒没有提出了一个系统的分类，他的著作根据他希望强调的某些单幅地图

[59] Destombes, *Mappemondes*（note 31）.

[60] Santarém, *Essai*（note 40）.

或某位作者的地图而进行细分。因此，比如贝亚图斯（Beatus）地图、小型的 T - O 地图、赫里福德地图和埃布斯托夫地图都有着属于自己的卷[61]。比兹利没有对分类做任何尝试，而
295 是直截了当地按照时间顺序进行叙述。

表 18. 2　　　　　　　　被提议的世界地图（*mappaemundi*）的分类

分成三部分的	地带的	分为四部分的	过渡的
概要的 T - O 地图 　伊西多尔 　萨卢斯特（Sallust） 　戈蒂埃·德梅斯 　其他作者或者未知作者 反转的 T - O 地图 有着亚速海的 Y-O 地图 在正方形中的 V 和在正方形中的 T **非概要的** 奥罗修斯（Orosius） 奥罗修斯—伊西多尔 科斯马斯（Cosmas） 希格登（Higden）	马克罗比乌斯 马尔提亚努斯·卡佩拉· （Martianus Capella） 阿方斯（Alphonse） 和德阿伊（d'Ailly）	分成三部分的/ 地带的 贝亚图斯	波特兰航海图的影响 托勒密的影响

注：也可以参见附录 18. 1。

第一次理性的尝试是由泰奥菲勒·西马尔（Théophile Simar）于 1912 年进行的。他根据地图的主要来源提出了一个简单的三重分类，正如后来约翰·K. 赖特所完整解释的那样[62]。西马尔区分了两种主要类型：罗马的和希腊晚期的，以及包含两者特征的第三个中间类型。迈克尔·安德鲁斯（Michael Andrews）在 1926 年提出了他的分类[63]，来源于对大约 600 幅世界地图（*mappaemundi*）的系统分析。它的总体思路是基于西马尔的，但安德鲁斯将三个主要家族细分为属和种。另外一种分类，是由理查德·乌登（Richard Uhden）提出的，使用了相同的类目，但基于关键例证将它们进行了细分。然而，乌登并没有提到西马尔或安德鲁斯
296 斯的较早的工作，而且似乎对它们也不熟悉[64]。

安德鲁斯的分类被国际地理联盟的早期地图委员会所采纳，但进行了一处重要的修改：第四类，D，来自安德鲁斯的"覆盖全基督教地域的简单"类别。这一改变的基础是这些地图比那些分成三部分的概要性的（T - O 地图）地图显示了更多的地理信息，因此需要一个它们自己的类别。虽然这是一个可以理解的修改，但在这四个主要类别中对子组进行编号和标记的系统并不清晰，并且在书中也没有对此进行充分的解释[65]。

约尔格—格尔茨·阿伦岑（Jörg-Geerd Arentzen）已经指出，实际上只有两种根本不同

---

[61]　Miller, *mappaemundi*（note 9）.

[62]　Théophile Simar, "La géographie de l'Afrique Centrale dans l'antiquité et au Moyen-Age," *Revue Congolaise* 3（1912 – 13）：1 - 23, 81 - 102, 145 - 69, 225 - 52, 289 - 310, 440 - 41. Wright, *Geographical Lore*, 389 - 90, n. 114（note 18）.

[63]　Andrews, "Classification of Mappae Mundi," 61 - 76（note 18）.

[64]　Uhden, "Herkunft und Systematik"（note 7）.

[65]　Destombes, *Mappemondes*（note 31）. 例如，第 30、31、48 页上的注释 "AZ" 没有得到解释，第 29 页的符号说明中的 A1、A2 和 A3 的含义也没有得到解释。

的世界地图（*mappaemundi*）类型：那些基于希腊人对整个陆地半球的观点的地图（世界地图），以及那些描绘较小文化区域的，即已经有人居住的由三部分构成的世界的地图。这两种有着不同文化渊源的图像并存，并且不被认为是相互对立的(66)。他相信，传统上由贝亚图斯（Beatus）地图和在北半球结合了 T－O 模式的地带地图形成的中间类型应该被包含在“世界地图”的类目中。对于中世纪早期而言，这种简化无疑是有价值的。但是随着中世纪时期的来临，这两种传统地图类型的差异变得越来越不那么明显，并且后来对它们进行的深刻修改也应在任何分类中得到认可。

在附录 18.1 的开始部分归纳的本章提出的系统，因而确定了四种主要类型：分成三部分的、地带的、分成四部分的和过渡的（图 18.4—18.7）。图 18.8 和 18.9 显示了 8—15 世纪的每一类地图的绝对数量和相对数量。

297

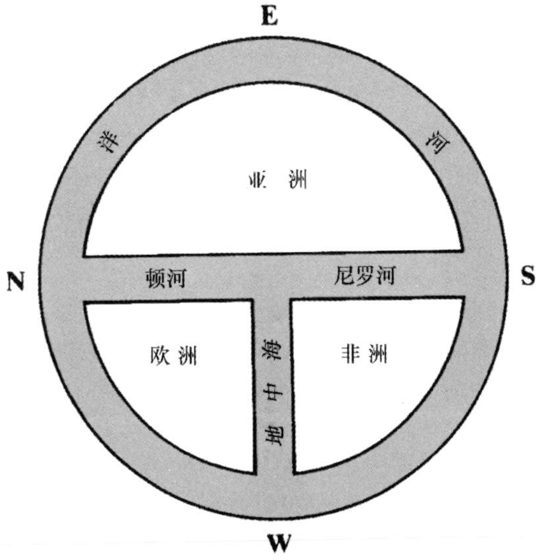

图 18.4 分成三部分的世界地图（*Mappamundi*）的类型

也被称为 T－O 地图，这一类型可以被进一步划分为概要图（就像这一图示所展示的）或者非概要图，在后者中，常见的分为三部分的布局被保留，但增加了相当的装饰性的内容。

分成三部分的 296

由于安德鲁斯的全基督教范围的类目中的所有地图基本都是由三部分构成的，因而这一术语被采纳。在这一类目中，可以识别出概要性的和非概要性的类别。后者是远远更为复杂的，并且承载了更为密集的地理信息，同时由此它们被改名为“非概要性的”，而不是安德鲁斯的具有误导性的术语“简单的”(67)。这一类目中的一些小类，同样可以基于它们主导性的资料，无论是奥罗修斯、科斯马斯或者希格登的而被识别出来(68)。因此，这里提出的分为

(66) Arentzen, *Imago Mundi Cartographica*, 321 (note 32).

(67) Andrews, “Classification of Mappae Mundi,” 69 (note 18).

(68) 参见 John B. Conroy, “A Classification of Andrews’ Oecumenical Simple Medieval World Map Species into Genera” (M. S. thesis, University of Wisconsin, Madison, 1975)，其同样强烈质疑了安德鲁斯的术语（pp. 209－16），但是在他的论文中，则遵从了这些术语。

三部分的类型，包括呈现了有着三块大陆的罗马时代晚期已经有人居住的世界的那些地图。同时每一类目还可以按照它们保留了三块大陆的总体位置的同时是否是明确的示意图而进一步划分类别，不过由此它们在本质上是非概要性的。

297

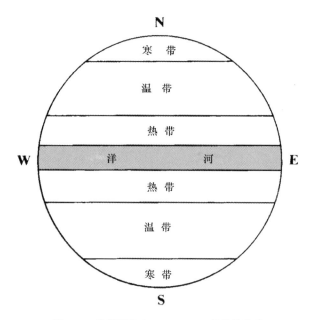

图 18.5　世界地图（*Mappamundi*）的地带类型

朝南或者朝北的地图显示了希腊的气候带的平行地带，这构成了世界地图（*mappaemundi*）的第二个类型。它们由中央无人居住的炎热的赤道带、两侧的两个可居住的温带，以及在极地区域的无人居住带构成。

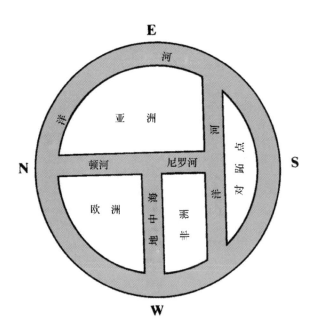

图 18.6　由四部分构成的世界地图（*Mappamundi*）的类型

这一类目包括了由三部分构成的以及条带类型的世界地图（*mappaemundi*）的特征，在北半球由三部分的模型构成，同时在南半球，一个第四大陆，无人居住或者已经由对跖点的居民（Antipodean）居住。

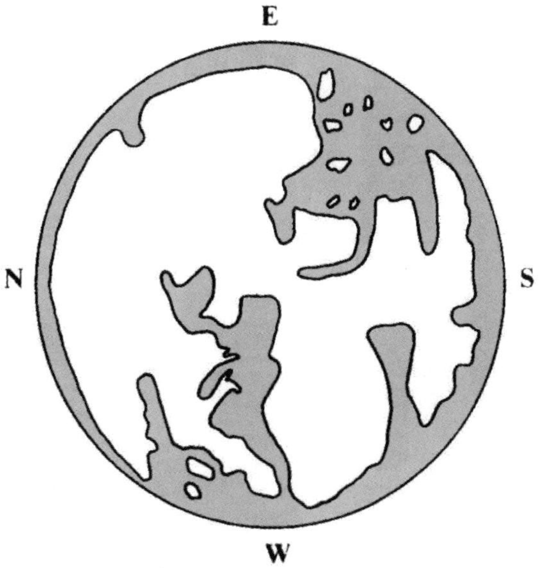

图 18.7 世界地图（*Mappamundi*）的过渡类型

这些地图非常不同于之前三个主要类型，由此也就构成了自己的类型。时间是在 14、15 世纪，它们显示了波特兰航海图的影响，尤其是在地中海，以及后来，随着《地理学指南》（*Geography*）被吸收到西方的地图学思想中，则又受到了托勒密世界图景的影响。

在这些 T－O 世界地图（*mappaemundi*）中，中世纪学者认为的由三大主要水体所代表的 T 将大地分为三部分：分割欧洲和亚洲的塔奈斯河（Tanais，顿河）；划分非洲和亚洲的尼罗河；以及分割欧洲和非洲的地中海(69)。在大多数情况下，用拉丁文标注了四个主要方向：Septentrio（北，*septemtriones*——来自大熊或小熊星座中的北斗七星）；Meridies（南，中午太阳的位置）；Oriens（东，来自太阳升起的方向）；以及 Occidens（西，来自太阳落下的方向）。 296

地带的

这一地图类目大体上与安德鲁斯的术语“半球”相对应。改变他的术语的理由就是，属于第一类型的一些分为三部分的地图同样呈现了南半球的部分。这一普遍的地图类型，其特点就是正方向为北或者南，同时呈现了基于纬度的地带或者气候带。

分为四部分的地图

在分为三部分的类型和地带的世界地图（*mappaemundi*）类型之间的中间类型就是第三类，这里被称为“分为四部分的”（大致对应于安德鲁斯的“中间的”），其中包含具有每类特征的地图。尽管这些地图不是很多，但是它们有足够的差异性从而确保可以作为单独的类别。

(69) 关于诺亚的三个儿子对世界的划分来源于圣经的描述，见 Genesis 10. Gervase of Tilbury 指出，作为长子，闪拥有最多的土地是适当的；参见 Gervase of Tilbury，*Otia imperialia* 2. 2；一个版本是 *Otia imperialia*，ed. Felix Liebrecht（Hanover：C. Riimpler，1856）。

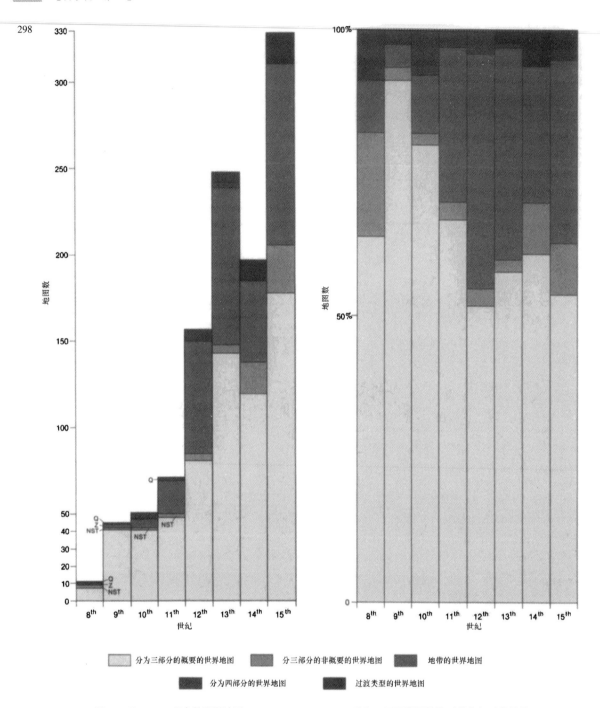

图 18.8 和 18.9　现存的世界地图（mappaemundi）：8—15 世纪，不同类型的绝对的和相对的数量

基于 Marcel Destombes，ed.，*Mappemondes A. D. 1200 – 1500：Catalogue préparé par la Commission des Cartes Anciennes de l'Union Géographique Internationale*（Amsterdam：N. Israel，1964），21 – 23 中的表格，有着修改。

296　**过渡的**

　　之前所有分类的一个缺点是它们无法容纳在这里被认为是 14、15 世纪在世界地图
299（mappaemundi）上发生的一个深刻的变化。包含在这个类别中的晚期地图与罗马晚期的世界地图的"马克罗比乌斯"或萨卢斯特的模式存在根本的不同，并且通过众多方式预示着

文艺复兴。它们以波特兰海图中常见的地中海的构造为基础，并且在一定程度上依赖于同时代的探险，尤其是在大西洋岛屿和沿非洲西海岸的葡萄牙人的航行。各种区域的或历史的传统，如加泰罗尼亚制图者或托勒密的影响，都可以为进一步的细分提供基础。

《世界地图》（*Mappaemundi*）的主要时期

早已认识到，在两个开化的文明时期之间的中世纪并不是一个完全无知和无序以及无差别的千年。在这个时期，不仅工程、建筑和机械学大为发展，而且希腊和罗马文化的人文遗产在每一个世纪中都有展现。然而，由于地图之间存在着的根本性的差异，因而使得地图学史家能够认识到世界地图（*mappaemundi*）的四个主要子时期，而其中后三个时期以他们自己的复兴为标志。与所有的历史时期一样，这些时期连接和重叠，而不是在共同的边界上被整齐地划分。第一个时期，从5世纪初到7世纪末，大约相当于从拉克坦提乌斯（Lactantius）（约240—320）到大格列高利（Gregory the Great）（约540—604）的教会教父的教父时期——有着三种基本的地图学传统，此处以使其流行的作者的名字命名，即：马克罗比乌斯（约395—436）、奥罗修斯（约383—417年之后）和伊西多尔（约560—636）。这三种地图类型在中世纪的其他时间继续产生巨大的影响，以衍生形式共存，直到文艺复兴时期。在第二个时期中，从8世纪初到第12世纪初，为教堂和修道院的学校生产书籍和稿本的速度加快了，8世纪的“加洛林文艺复兴”预示着巴格罗所称作的教会地图学的“黄金时代”(70)。第三个时期，从12世纪初到13世纪末，数十种阿拉伯和希腊经典进入了西欧，尤其是托勒密的《至大论》的涌入：哈斯金斯将其称为“12世纪的文艺复兴”(71)。最后，从14世纪到15世纪中叶，我们可以确定一个在中世纪与文艺复兴之间的过渡时期，而世界地图则具有两者的特征。

从马克罗比乌斯到伊西多尔：希腊—罗马晚期和教父时期（约400—约700年）

在公元4世纪罗马帝国的行政分裂，以及随后君士坦丁堡作为东罗马首都之后，希腊—罗马文化的世俗影响逐渐衰落，并且教会得到了正式的承认，且作为一种国家权威的力量稳定发展。这一最早时期的地图，是由两个相反的思想流派塑造而成：希腊—罗马的哲学传统和教父们的教导。拉丁晚期的作者马克罗比乌斯、马尔提亚努斯·卡佩拉和索里努斯（Solinus）的异教的地理学著作，属于西方世界最有影响力的作品，并且他们作品的基础在于那些普林尼和庞波尼乌斯·梅拉的著作，以及从毕达哥拉斯（Pythagorean）时代流传至帕奥西多尼乌斯（Posidonius）的一种希腊理论传统。马克罗比乌斯和马尔提亚努斯·卡佩拉都将这一传统的一部分传递给了中世纪后期。另一方面，索里努斯在他的《卓越事实汇编》（*Collection of Remarkable Facts*）中抄袭了普林尼和庞波尼乌斯·梅拉（没有丝毫的感谢），并为自己赢得了“普林尼之猿”（Pliny's ape）的绰号。尽管如此，《汇编》提供了可以在直至15世纪的世界地图（*mappaemundi*）上找到的大部分地理神话的简要汇编，并且这些神话

(70) Bagrow, *History of Cartography*, 42 (note 55).

(71) Haskins, *Renaissance of the Twelfth Century* (note 50).

还是众多印刷版的主题[72]。尽管它非常受欢迎，但《汇编》提供了一个令人震惊的例子，即通过不断借用和窃取，古典科学在中世纪是如何劣化的。

早期教会的教父关于异教对知识的渴求的态度是混杂的。教会在地理学或宇宙志方面没有具体的规定，最糟糕的也就是将它们认为这与基督徒的生活无关。拉克坦提乌斯（4世纪早期）宣称科学的追求是无益的，圣达米安（Saint Damian）问道："基督徒能从科学中获得什么？"[73] 另一方面，圣杰罗姆（Saint Jerome, 340—420），其以对异教的知识着迷且致力于此而著名，传统上被认为编绘了巴勒斯坦和亚洲的地图，然而这些只是从12世纪晚期的修订中才被知道的。当然他意识到地图是一种表达信息的简洁方式，因为他提到"那些在一个小平板上绘制世界的一个区域的人"[74]。

马克罗比乌斯

300

被称为马克罗比乌斯的或地带地图的世界地图（mappaemundi）类型源自马克罗比乌斯在5世纪早期对西塞罗的《西庇阿之梦》（Dream of Scipio，公元前51年）评注中的宇宙志部分。反过来其宇宙志则来源于帕奥西多尼乌斯（大约公元前135年至公元前51—前50年）、安蒂奇亚的塞拉皮翁（Serapion of Antiocheia，公元前2世纪或公元前1世纪）、马洛斯的克拉提斯（Crates of Mallos，公元前168年）、埃拉托色尼（Eratosthenes，大约公元前275—前194年），以及最终来自毕达哥拉斯的概念。这个序列中已知最早的阶段始于克拉提斯，他制造了有人居住的四个1/4部分的大型球仪，而四个有人居住的部分被两条洋带所分隔，且这两条洋带将两个半球分成北、南、东、西[75]。构成了已知半球的这两个大陆，被一条洋河（Alveus Oceani）隔开，其被认为是在海面下方流动。这个半球被分为五个气候带（如果中心带被认为由洋河流划分的话，那么就有六个），它们沿着纬度依次排列。每个地带的宽度都符合马克罗比乌斯规定的精确测量数据（图18.10）[76]。两个极地地区被认为是寒冷和不可居住的，而赤道地带，zona perusta，因为它的热度而不可穿越。这两个极端之间的温带地区是可居住的。根据最初的希腊的概念，南温带地区被认为是由对跖地的人居住的。在9—15世纪的《西庇阿之梦评注》（Commentary on the Dream of Scipio）的稿本中发现了超过150幅按照马克罗比乌斯的方案绘制的世界地图（mappaemundi），而且这类地图还出现在类似于圣奥梅尔的朗贝尔（Lambert of SainT-Orner）的《花之书》（Liber floridus）（约1120年）和孔什的威廉（William of Conches）的《哲学家的道德教义》（De philosophia）（约1130年）等一些作品中[77]。

---

[72] 索里努斯的标准版本就是 Gaius Julius Solinus, *Collectanea rerum memorabilium*, ed. Theodor Mommsen（Berlin：Weidmann, 1895）。也可以参见 William Harris Stahl, *Roman Science：Origins, Development, and Influence to the later Middle Ages*（Madison：Uni-versity of Wisconsin Press, 1962），和 Beazley, *Dawn of Modern Geography*, 1：248–73（note 17）。

[73] Bagrow, *History of Cartography*, 41（note 55）。

[74] "Sicut ii qui in brevi tabella terrarum situs pingunt..." St. Jerome, *Epistola* 60, pt. 7（336）。

[75] 参见前文第162–163页和图10.2。

[76] Jacques Flamand, *Macrobe et Ie néo-Platonisme latin, à la fin du IVᵉ siècle*（Leiden：E. J. Brill, 1977），464–82。

[77] William Harris Stahl, "Astronomy and Geography in Macrobius," *Transactions and Proceedings of the American Philological Society* 35（1942）：232–38，以及他的 Macrobius, *Commentary on the Dream of Scipio*, ed. and trans. William Harris Stahl（New York：Columbia University Press, 1952；second printing with supplementary bibliography, 1966）版本。

图 18.10　世界地图（*Mappamundi*）的马克罗比乌斯模型（Macrobian Model）

基于不同的希腊作者，这一世界地图显示了地球的五个地带或者气候带，其中热带被"洋河"所划分。地带的宽度符合马克罗比乌斯（Macrobius）所说的精确测量数值：36，30，24 + 24，30，36（从极地到极地的度数）。

原图的直径：14.3 厘米。来自 Macrobius's *In somnium Scipionis expositio*（Brescia，1485）的一个印刷本。The Huntington Library, San Marino, California（HEH 91528）许可使用。

与马克罗比乌斯经常存在联系的是 5 世纪的百科全书撰写者马尔提亚努斯·卡佩拉（活跃期，410—439 年），后者持续在他的《文献学与水银的婚姻》（*Marriage of Philology and Mercury*）中使得地带地图变得流行。这是关于七艺，即语法、辩论术、修辞和几何学、算术、天文学和音乐的寓言文集。马克罗比乌斯的宇宙志作品在《花之书》中被直接使用[78]。

奥罗修斯

这一时期的世界地图（*mappaemundi*）使用的第二个主要资料，就是保卢斯·奥罗修斯（Paulus Orosius）的《反异教史》（*History against the Pagans*）的文本。奥罗修斯的文本与马

---

[78]　William Harris Stahl, *The Quadrivium of Martianus Capella: Latin Traditions in the Mathematical Sciences, 50 B. C. – A. D. 1250*（New York：Columbia University Press，1971），以及 Martianus Capella, *The Marriage of Philology and Mercury*, trans. William Harris Stahl and Richard Johnson with E. L. Burge（New York：Columbia University Press，1977），Vols. 1 and 2，分别是 Martianus Capella 和 Seven Liberal Arts 的系列。关于圣奥梅尔的朗贝尔，参见 *Lamberti S. Audomari Canonici liber floridus*, ed. Albert Derolez（Ghent：Story-Scientia，1968），以及 Albert Derolez, ed., *Liber floridus colloquium*（Ghent：Story-Scientia，1973）。

克罗比乌斯和马尔提亚努斯·卡佩拉的文本之间的显著区别在于它是直接反对异教徒的作品。奥罗修斯所获得的最初的鼓励，似乎来自圣奥古斯丁（San Augustine，354—430），这本书是专门奉献给后者的[79]。

301　　　奥罗修斯并没有在他的文本中提到一幅地图，但是巴特（Bately）提出了一个理论，即在编纂他的历史时，除了更被预期的文本资源之外，他可能使用了一幅世界地图（*mappamundi*）[80]。但是，他继续表明，（在他的文本中）没有证据来支持这样的想法，即不可避免地需要使用一幅世界地图（*mappamundi*）[81]。

　　在整个中世纪中，奥罗修斯的文本被广泛使用。用科尔特桑（Cortesão）的话来说："实际上，在奥罗修斯之后，从圣伊西多尔到罗杰·培根（Roger Bacon）和但丁（Dante）等撰写了地理和历史方面作品的每一位作家，都将他的作品基于奥罗修斯的作品，或多或少地自由的使用或完全的借用。"[82]被认为至少受到奥罗修斯作品一些影响的地图包括，阿尔比地图（8世纪）、科顿的"盎格鲁—撒克逊地图"（"Anglo—Saxon map"，10世纪）、美因茨的亨利（Henry of Mainz）的世界地图（12世纪）、两幅马修·帕里斯地图（13世纪）以及赫里福德世界地图（*mappamundi*，13世纪）。然而，主要证据的模糊性应该始终牢记在心。因为没有任何已知奥罗修斯本人绘制的地图，因此不太可能确定就是，受到奥罗修斯作品影响的地图是否基于来自奥罗修斯时代的单一的地图传统，或者是否基于文本的后期版本的一些独立的地图传统。另外，许多其他地图可以说是部分来源于奥罗修斯，虽然也由其他作者进行了修改，特别是塞维利亚的伊西多尔。鉴于这些问题，奥罗修斯传统的资料来源的谱系，显然需要一项详细的独立研究。

伊西多尔

　　来源于这个时期的第三个也是最著名的世界地图（*mappaemundi*）的群组就是被称为T－O地图的分为三部分的概要性的世界图示。它们的名字源于在O中插入了大写字母T，并且这一名称显然是在《球体》（*La sfera*）中创造的："图中显示了一个位于'O'中的'T'，由此大地被分为三部分。"[83]

　　伊西多尔的两部主要著作提供了概要的T－O类别中的大部分地图。塞维利亚的伊西多

⑦⑨　Cortesão，*History of Portuguese Cartography*，1：151–64，在附录C，241—42（note 34）中有着对某些地理段落的翻译。对保卢斯·奥罗修斯的现代翻译，可以参见 *The Seven Books of History against the Pagans*，trans. Roy J. Deferrari（Washington，D. C.：Catholic University of America Press，1964）。

⑧⓪　Janet M. Bately，"The Relationship between Geographical Information in the Old English Orosius and Latin Texts Other Than Orosius，" in *Anglo-Saxon England*，ed. Peter Clemoes（Cambridge：Cambridge University Press，1972 – ），1：45 – 62，esp. 45 –46.

⑧①　Bately，"Orosius，" 62（note 80）。

⑧②　Cortesão，*History of Portuguese Cartography*，1：156（note 34）。

⑧③　"Un T dentro ad un O mostra il disegno-Chome in tre parte fu diviso il mondo." Leonardo di Stagio Dati，trans. Goro（Gregorio）Dati，*La sfera* 3. 11（ca. 1425）. 参见 *La sfera*：*Libri quattro in ottava rima*，ed. Enrico Narducci（Milan：G. Daelli，1865；reprinted［Bologna］：A. Forni，1975），在其中指出（p. vi）在 Biblioteca Nazionale，Florence 的一个稿本证实了 Leonardo 的兄弟 Goro 将其从拉丁语翻译为意大利语。这里的转写是按照 Roberto Almagià，*Monumenta cartographica Vaticana*，4 Vols.（Rome：Biblioteca Apostolica Vaticana，1944 – 55），Vol. 1，*Planisferi，carte nautiche e affini dal secolo* XIV *al* XVII *esistenti nella Biblioteca Apostolica Vaticana*，118。

尔（约560—636）是中世纪早期最重要的百科全书撰写者和历史学家之一。在大约公元600年前后，他接替他兄弟作为塞维利亚主教，并通过对罗马和基督教资料的广泛阅读，积累了无与伦比的知识储备。他将这些提炼为大致30部作品，尽管他的《关于词源的二十卷书》（*Etymologiarum sive originum libri* XX，622—633）和《论事物的本质》（*De natura rerum*，612—615）可能是最为重要的。关于他的地理学和宇宙志的知识，伊西多尔主要依赖罗马作家和早期基督教神父的那些流行作品，尤其是安布罗斯（Ambrose）、奥古斯丁（Augustine）、波伊提乌（Boethius）、卡西奥多罗斯（Cassiodorus）、卢克莱提乌斯（Lucretius）、卢肯（Lucan）、马克罗比乌斯、奥罗修斯、老普林尼，萨卢斯特、塞尔维乌斯（Servius），以及索里努斯的。伊西多尔应该不太了解希腊语，但是这并不妨碍他延续了通过历代编纂者流传下来的在拉丁文本中插入希腊文字和词汇的传统[84]。

　　从广义上讲，以及在后来多个世纪的衍生中，伊西多尔的图像被发现在由德东布列出的超过600个样例中。其出现在《关于词源的二十卷书》的众多印刷版，这进一步展现了它在中世纪的流行。最初的7世纪的伊西多尔的T-O地图没有保存下来，但是我们可以假设它应当是一幅分为三部分的图示。第二种类型的伊西多尔地图出现在8世纪，其中增加了亚速海（Meotides Paludes，古典的Palus Maeotis）。由于这两个版本都被发现于15世纪的伊西多尔的《关于词源的二十卷书》的印刷版中，因此我们可以假设两者在此期间作为平行的传统延续（图18.11和18.12）[85]。至少从13世纪开始的进一步发展，就是增加了在一个矩形中的对天堂及其四条河流的呈现。

　　伊西多尔的分为三部分的且有着对亚速海的呈现的世界与贝亚图斯地图（下面讨论）之间的中间类型，包含了加入了第四大陆的分为三部分的世界的图示，而第四大陆有时被显示为是有人居住的，有时则被显示为是无人居住的。这个第四大陆或者位于南半球，或者奇异地添加在代表传统已知世界的圆形的切线上，而没有考虑地理位置（图18.13）。米勒认为，这种类型的世界地图（*mappamundi*）已知最早的形式（图18.14），在一个重写本中有着7世纪晚期或者8世纪早期的痕迹，以及或者9世纪的内容。米勒将他的推论基于地图上字母的差异，声称质朴的大写字母要比其他字体早很多。如果这是正确的，那么这就是已知

302

---

[84]　Isidore of Seville, *Traité de la nature*，参见 *Traité de la nature*, ed. Jacques Fontaine, Bibliothèque de l'Ecole des Hautes Etudes Hispaniques, fasc. 28（Bordeaux：Féret, 1960）。Ernest Brehaut, *An Encyclopedist of the Dark Ages：Isidore of Seville*, Studies in History, Economics and Public Law, Vol. 48, No. 1（New York：Columbia University Press, 1912）。Clara LeGear, in *Mappemondes*, ed. Destombes, 54（note 31），谈到，伊西多尔非常擅长用希腊语、拉丁语和希伯来语作诗，但是 Haskins and Stahl 并不同意。参见 Haskins, *Mediaeval Science*, 279（note 50），和 Stahl, *Roman Science*, 216（note 72）。也可以参见 Jacques Fontaine, *Isidore de Séville et la culture classique dans l'Espagne visigothique*, 2 Vols.（Paris：Etudes Augustiniennes, 1959）；Fritz Saxl, "Illustrated Mediaeval Encyclopaedias：2. The Christian Transformation," in his *Lectures*, 2 Vols.（London：Warburg Institute, 1957），1：242-54；Wesley M. Stevens, "The Figure of the Earth in Isidore's 'De Natura Rerum,'" *Isis* 71（1980）：268-77；以及 Ingeborg Stolzenberg, "Weltkarten in mittelalterlichen Handschriften der Staatsbibliothek Preußischer Kulturbesitz," in *Karten in Bibliotheken：Festgabe für Heinrich Kramm zur Vollendung seines 65. Lebensjahres*, ed. Lothar Zögner, Kartensammlung und Kartendokumentation 9（Bonn-Bad Godesberg：Bundesforschungsanstalt für Landeskunde und Raumordnung, Selbstverlag, 1971），17-32, esp. 20-21。

[85]　Isidore of Seville, *Etymologies*；参见 *Etymologiarum sive originum libri* XX（Augsburg：Günther Zainer, 1472）以及一些其他摇篮本。参见 Rodney W. Shirley, *The Mapping of the World：Early Printed World Maps 1472-1700*（London：Holland Press, 1983），1，然而，其并没有描述或者复制有着亚速海的第二个版本。

图 18.11　伊西多尔（Isidorian）T-O 地图

塞维利亚的伊西多尔（Isidore of Seville）的这一概要世界地图（*mappamundi*）原始类型的最为简化的版本，复制自 15 世纪的印刷版。

原图直径：6.4 厘米。来自 Isidore of Seville, *Etymologiarum sive originum libri* XX（Augsburg：Gunther Zainer, 1472）。The Newberry Library, Chicago 提供照片。

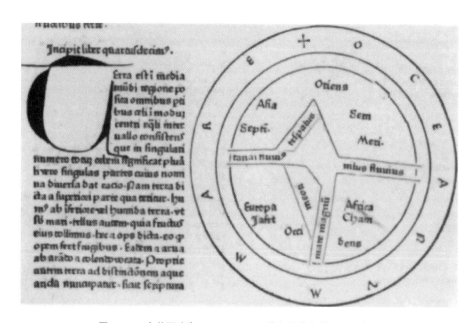

图 18.12　有着亚速海（Sea of Azov）的伊西多尔的 T-O 地图

伊西多尔的原始概图（图 18.11）的一个更为精致的版本，其中包括了增补的亚速海（Meotides Paludes）。

原图直径：11.1 厘米。来自 Isidore of Seville, *Etymologiae*（Cologne, 1478）。The Huntington Library, San Marino, California（HEH 89025）许可使用。

最早的中世纪的世界地图（*mappamundi*），并且将占据罗马与中世纪传统之间的一个重要的过渡位置[86]。

从比德到圣奥梅尔的朗贝尔（约700—约1100 年）

尽管在这个第二个子时期中对自然科学重新产生了兴趣，但这一时期的世界地图（*mappaemundi*）关注主要通过马克罗比乌斯、奥罗修斯和伊西多尔流传下来的希腊—罗马材料的二手版本。然而，这是整个欧洲地图学史中产生了一种明确的人工制品的样本的第一

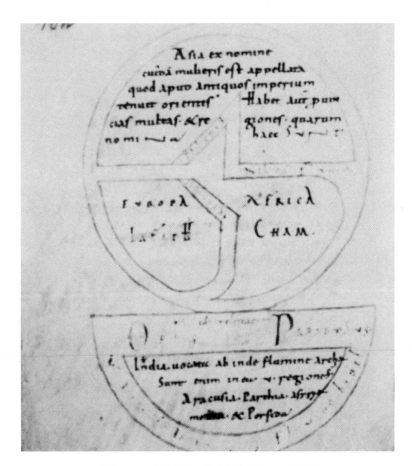

303

图 18.13　有着第四大陆的伊西多尔 T–O 地图

这一类型与众不同的特征就是将贝亚图斯地图（参见图版 13）风格的第四大陆增加到了伊西多尔概要 T–O 地图的某一变体中。在这一例子中，印度被显示在西部一个不寻常的位置上。

原图的直径：11 厘米。Stiftsbibliothek, Einsiedeln（Codex Eins. 263 [973], fol. 182r）许可使用。

86　Stiftsbibliothek St. Gallen, Codex 237. Miller, *Mappaemundi*, 6：57–58（note 9）将其时间定在 7 世纪，Destombes, *Mappemondes*, 30, map 1.6（note 31）将其时间确定在 8 世纪，而 Kamal, *Monumenta cartographica*（note 53），将其时间确定在 9 世纪。但就像 Ker 在他的 *Mappemondes*（note 2）的评论的第 370 页上所阐述的，"在没有提及 *Codices Latini Antiquiores* 的情况下，MSS 没有将时间定在 8 世纪：如果它们没有被收录在 *CLA* 的话，那么对于这个结论最好再考虑一下"。这幅地图没有被包括在 *CLA* 中。地图显然需要进一步的详细研究，但是按照米勒的观点，我们在图 18.15 的地图谱系中将其暂定于 7 世纪末。

图 18.14 来自伊西多尔的世界地图（*Mappamundi*）

按照米勒（Miller）的观点，这幅地图主要部分的时间是7世纪晚期或者8世纪早期，不过有着后来的增补。他因而相信其代表了现存已知最早的世界地图（*mappamundi*）。

原图的直径：13.5厘米。来自 Isidore 的 *Etymologies* 的一个9世纪的抄本。Stiftsbibliothek，Saint Gall（Codex 237，fol. 1r）许可使用。

302 个时期。已知有超过175种的从8—11世纪的世界地图（*mappaemundi*）保存了下来。它们大部分是在历史和地理文本、《诗篇集》的副本以及列瓦纳的贝亚图斯的《评注》中。而且，这个时期的图书馆目录中包含了对世界地图（*mappaemundi*）的频繁提及，且明显是作为单独的物品。在个别作者的文本中，可敬的比德（Venerable Bede，672/73－735）的三部作品中都包含有世界地图（*mappaemundi*）（现存有15例子）(87)。这段时期也不缺少对纪念性地图的提及，这些地图可能表明了人们将地理兴趣注入日常生活中的程度：例如，已知教皇撒迦利亚（Pope Zacharias，741—752年任教皇）在拉特兰宫（Lateran palace）墙壁上绘制的一幅世界地图(88)，以及在《查理的生活》（*Vita Karoli Magni*）中描述的查理曼（Charlemagne）拥有的三张银桌子：一张君士坦丁堡的，一张罗马的，以及第三张“对整

(87) Destombes, *Mappemondes*, 35－36（note 31）. 也可以参见 T. R. Eckenrode, “Venerable Bede as a Scientist,” *American Benedictine Review* 21（1971）：486－507。

(88) Schulz, “Moralized Geography,” 448（note 24）.

个世界的描绘"，其被埃斯蒂（Estey）和其他人重建并且解释为是一幅天体图[89]。

本笃会的修道院院长列瓦纳的贝亚图斯（活跃期 776—786 年）的《圣约翰的启示录的评注》的保存下来的稿本中的地图可能提供了唯一的创新火花[90]。可以在贝亚图斯的《圣约翰的启示录的评注》中找到两种主要的地图类型。最为著名的是大型的，通常是矩形的地图（其中 14 幅保存了下来）可以追溯到现在已经佚失的 776—786 年的原型。在附录 18.1 中，它们构成了一个有着明确界定的群组，并且属于过渡类型。它们的图形风格可以被描述为"莫扎勒布的"（Mozarabic），也即，显示了在西班牙的阿拉伯的影响，有着明亮的、不透明的颜色和阿拉伯式花纹的彩饰。它们的正方向都是为东，伊甸园被封闭在一个正方形的小插图中，有着四条从其流出的河流（图版 13）。环绕在边缘的洋海，包含着无疑是伊斯兰风格的对鱼的装饰性呈现。然而，它们的主要特点是除了传统的分为三部分的世界之外，还有对第四大陆的呈现。地图的背景是传道的，基于收录了它们的作品的主题：传道者要进入大地的每一个角落，包括第四大陆，而贝亚图斯认为这里是有人居住的。在这一大陆的呈现上有着各种不同的解说词，告诉观看者："在世界的三个部分之外，有着第四个部分，在世界的最远处，在大洋之外，由于太阳的炎热，因此不为我们所知。我们被告知，对跖地的人，生活在这一范围内，围绕着他们形成了众多的故事。"[91]

在《评注》的稿本中发现的地图的第二种类型，就是小型的伊西多尔地图，其同样显示了第四大陆。它们与大型的贝亚图斯地图同时出现在相同稿本中，由此导致梅嫩德斯—皮达尔（Menéndez-Pidal）推测后者可能来源于前者[92]。图 18.15 中提供了大型地图的一个大致的谱系。

圣奥梅尔的教士朗贝尔的《花之书》，标志着世界地图（*mappaemundi*）第二个时期的终结。1120 年的有着插图的原始稿本依然保存在根特（Ghent），并且是伊西多尔大型百科全书传统中的文本。尽管其所包含的知识的广度，但没有什么新奇的。朗贝尔的资料就像所可以预料的那样。他通常用名字来进行引用：普林尼、马克罗比乌斯、马尔提亚努斯·卡佩拉、拉丁神父、伊西多尔和比德[93]。

[89] Eckenrode，"Venerable Bede as a Scientist，" 486 – 507（note 87）。F. N. Estey，"Charlemagne's Silver Celestial Table，" *Speculum* 18（1943）：112 – 17. 埃斯蒂的解释基于众多作者，其中包括 Georg Thiele，*Antike Himmelsbilder*，*mit Forschungen zu Hipparchos*，*Aratos und seinen Fortsetzern und Beiträgen zur Kunstgeschichte des Sternhimmels*（Berlin：Weidmann，1898），141 n. 1，以及在 *Annales Bertiniani* 中有一段话描述了桌子及其在 842 年被毁坏：Georg Waitz，ed.，*Annales Bertiniani*，*Scriptores rerum Germanicorum*：*Monumenta Germanicae historica*（Hanover：Impensis Bibliopolii Hahniani，1883），4，27。

[90] 最近的作品就是 Peter K. Klein，*Der ältere Beatus-Kodex Vitro 14 – 1 der Biblioteca Nacional zu Madrid*：*Studien zur Beatus-Illustration und der spanischen Buchmalerei des 10. Jahrhunderts*（Hildesheim：Georg Olms，1976），但是地图没有得到着重强调。在某些作品中，如 Georgiana Goddard King，"Divagations on the Beatus，" in *Art Studies*：*Medieval*，*Renaissance and Modern*，8 Vols.，ed. members of Departments of Fine Arts at Harvard and Princeton universities（Cambridge：Harvard University Press，1923 – 30），8：3 – 58 中，有意避免了对地图的描述（与其他插图截然不同）。也可以参见 Destombes，*Mappemondes*，40 – 42 and 79 – 84（note 31），以及 Jesús Domínguez Bordona，*Die spanische Buchmalerei vom siehten bis siehzehnten Jahrhundert*，2 Vols.（Florence，1930）。

[91] Turin，Biblioteca Nazionale Universitaria，MS. L II. 1（old D. V. 39），作者的翻译。

[92] G. Menéndez-Pidal，"Mozárabes y asturianos en la cultura de la alta edad media en relación especial con la historia de los conocimientos geográficos，" *Boletin de La Real Academia de La Historia*（Madrid）134（1954）：137 – 291。

[93] Derolez，*Liher floridus colloquium*，20（note 78）。

从美因茨的亨利到哈丁汉的理查德（Richard of Haldingham）（约 1100—1300 年）

无论十字军东征（1096—1270）对中世纪欧洲可能产生的整体性影响究竟是什么，它们对世界地图（*mappaemundi*）的内容几乎没有什么直接影响。拉奇（Lach）可以写道，"十字军东征本身对欧洲的亚洲图形形象几乎没有任何改变"，并且对于其他大陆而言也是如此[94]。然而，关于圣地以及前往这里的朝圣路线的知识得到了极大的传播，这一知识已遍及人口的大部分，并反映在了地图学上，例如在马修·帕里斯的区域地图和旅程指南图上。

大约在同一时间，在 1100—1200 年之间，新知识涌入西欧，有些是通过意大利和西西里，但大部分是通过西班牙的穆斯林作者，阿拉伯语和希腊语经典著作的数十种译本，尤其是哲学、数学、天文学以及物理科学和自然科学的，为这点提供了便利[95]。除了一些重要的例外，西欧大多数学者对希腊语的忽视，使得中世纪早期和盛期对最为经典的著作封闭起来。对于地图学而言，这意味着非希腊的读者在 2—12 世纪都无法使用托勒密的《至大论》，同时在 2—15 世纪都无法使用托勒密的《地理学指南》。

表 18.3 总结了与宇宙志和地图学有关的文本的主要译本的时间。尽管早期的翻译是字面的，且被选择翻译的作品也是不系统的，但它们是合宜且流行的，并且最终刺激了原创性的思想。"12 世纪的文艺复兴"的主要遗产在于对经验科学原理的详细阐述。此后几个世纪中的如罗杰·培根（约 1214—94）、约翰·邓斯·斯科特斯（John Duns Scotus，约 1265—1306）和奥卡姆的威廉（William of Occam，约 1290—约 1349）等学者，都是方济各会修士，并且他们的作品是这场对自然世界充满了强烈好奇心的运动的哲学的自然产物。方济各会建立于 1209 年，培养了许多著名的实验科学家和旅行者，他们的兴趣常常转向宇宙志与地理学，包括编绘世界地图（*mappaemundi*），以一种耶稣会士在几个世纪之后几乎相同的方式。作为阿西西的圣弗朗西斯（Saint Francis of Assisi）的教友和门徒，普莱诺卡皮尼的约翰（John of Plano Carpini），作为教皇因诺森四世（Pope Innocent IV）的特使，进行了第一次前往亚洲的传教之旅（1245—1247）。旅行的既定目标的是揭示蒙古人的历史和习俗，让大汗皈依，并寻求与他建立一个针对共同敌人穆斯林的联盟。路易九世（Louis IX）派遣另一位方济会修士鲁布鲁克的威廉（William of Rubruck，大约 1200—1256）去执行同样的任务，并且他的观察的详细报告后来被罗杰·培根所使用。不幸的是，在这些报告中没有地图保存下来[96]。

在实际航行方面，主要的成就是由拉蒙·柳利（Ramon Lull，约 1233—1315）达成的，他是一位马略卡方济会修士，他根据自己在海上的直接经验撰写了关于航行科学方面的论著。他也是第一个描述了航海图的人。但正是在罗杰·培根的贡献之中，方济会修士的地图学能力是最为明显的，就像我们在他在《大著作》（*Opus majus*，1268）中对投影和坐标系统的讨论中看到的[97]。

305

---

[94] Donald F. Lach, *Asia in the Making of Europe*, 2 Vols. in 5（Chicago：University of Chicago Press, 1965 – 77），1：24.

[95] 关于阿拉伯科学的传播，参见 Haskins, *Renaissance of the Twelfth Century*（note 50），和 Richard Walzer, *Arabic Transmission of Greek Thought to Medieval Europe*（Manchester：Manchester University Press, 1945）。

[96] Cortesão, *History of Portuguese Cartography*, 1：191（note 34）.

[97] Roger Bacon, *The Opus Majus of Roger Bacon*, 2 vals., trans. Robert Belle Burke（1928；reprinted New York：Russell and Russell, 1962）. Cortesão, *History of Portuguese Cartography*, 1：193 – 98（note 34）. 也可以参见下文关于投影和坐标系统的部分。

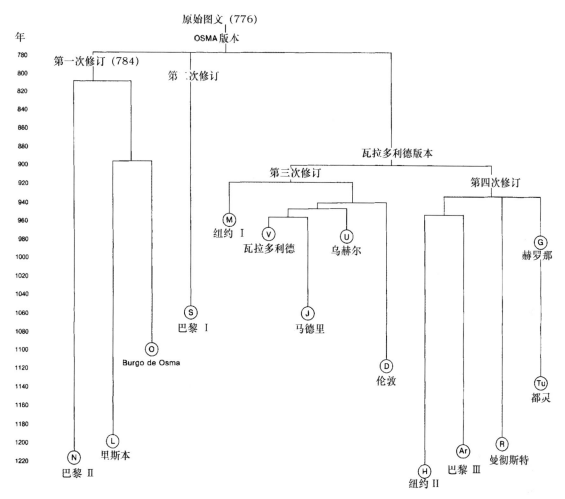

图18.15　大型贝亚图斯地图的谱系

　　这一谱系显示了现存的包含了整页地图的贝亚图斯稿本的谱系关系。显示了两个主要的版本，分别来自8和10世纪，每一个版本都有着两种修订版。用圆圈中的字母代表的对现存稿本的完整引用，参见附录18.2。圆圈并不意在表示地图的形状。括号中的名称是那些通常使用的。

　　改编自 Peter K. Klein, *Der ältere Beatus-Kodex Vitro 14 – 1 der Biblioteca Nacional zu Madrid: Studien zur Beatus-Illustration und der spanischen Buchmalerei des 10. Jahrhunderts* (Hildesheim: Georg alms, 1976)。

　　在 11 世纪的欧洲，知识和世界主义意识的兴起，自然而然地导致了几种永久性的有着较高实践和理论知识水平的机构的发展[98]。萨勒诺大学（University of Salerno，10 世纪）是这类机构中最早的：它专门从事医学。在学术公会的意义上，博洛尼亚、巴黎和牛津是现代大学 12 世纪的先辈，它们的名称不是来自普遍知识的想法，而是来源于一群涉及所有领域的教授和学生的联合。在中世纪大学的四门高级学科中教授的四门学科——算术、天文学、

306

---

　　[98]　Hastings Rashdall, *The Universities of Europe in the Middle Ages*, ed. F. M. Powicke and A. B. Emden (Oxford: Oxford University Press, 1936)，以及 Charles Homer Haskins, *The Rise of Universities* (New York: Henry Holt, 1923)。

几何学和音乐——地图学的活动与其中三个直接相关[99]。人类在大地、天体和精神世界中的地位，是中世纪哲学家关注的一个核心问题，并且类似于大地的性质、形状和大小等这样的地理问题，都是持续很久的兴趣之所在[100]。

表 18.3　　　　　　　主要的希腊和阿拉伯语的与地图学有关的稿本翻译的时间

作者	时间	著作	拉丁语译者	翻译的时间和地点
花剌子密	9 世纪	天文表	巴斯的阿德拉德	约 1126 年
亚里士多德	公元前 384—前 322 年	《关于天体》	克雷莫纳的杰拉德	托莱多，12 世纪
阿威罗伊斯	1126—1198 年	《关于天体》	迈克尔·斯科特	13 世纪早期
欧几里得	约公元前 330—前 260 年	《几何原本》	巴斯的阿德拉德	12 世纪早期
托勒密	约 90—168 年	《至大论》	克雷莫纳的杰拉德	托莱多，1175 年
托勒密	约 90—168 年	《地理学指南》	雅各布斯·安格鲁斯	佛罗伦萨，1406—1407 年
托勒密	约 90—168 年	《平球论》	卡林西亚的赫尔曼	图卢兹，1143 年

资料来源：改编自 Jean Gimpel, *The Medieval Machine：The Industrial Revolution of the Middle Ages*（New York：Penguin Books, 1977），176 – 77；G. J. Toomer, "Ptolemy," in *Dictionary of Scientific Biography*, 16 Vols., ed. Charles Coulston Gillispie（New York：Charles Scribner's Sons, 1970 – 80），11：186 – 206；和 George Sarton, *Introduction to the History of Science*, 3 Vols.（Baltimore：Williams and Wilkins, 1927 – 48），2：173。

　　牛津大学和巴黎大学是宇宙志和地理学文化尤其强大的中心，这一文化在 13 世纪在欧洲达到了其顶峰。萨克罗博斯科（Sacrobosco，也被称为霍利伍德的约翰［John of Holywood］或者哈利法克斯［Halifax］，去世于 1256 年），尽管出生在英格兰，并且可能在牛津受到的教育，但在 1221 年被接受为巴黎大学的成员。他以他的作品《球体》（*De sphaera*）而著名，其可能出现在 13 世纪 20 年代或者 30 年代。这是一本适合宇宙志初学者的教科书，用世界地图和图表进行了充分的展示，并且归因于其简洁和清晰，因此直至 17 世纪之前，其都以多种版本和印刷版而被广泛使用，也即被持续使用直至哥白尼理论被接受之后很久（图 18.16）。它几乎可以肯定早于罗伯特·格罗斯泰斯特（Robert Grosseteste）的《球体》（*De sphaera*，约 1175—1253），后者是牛津大学的第一任名誉校长和林肯主教[101]。

　　在不同寻常的环境下，13 世纪英国的地理文化也展现在了 4 幅 13 世纪的世界地图（*mappaemundi*）上——韦尔切利（Vercelli）、"康沃尔公爵"（Duchy of Cornwall）、埃布斯托

---

　　[99]　七艺概念的流行主要归功于马尔提亚努斯·卡佩拉（Martianus Capella）的 *De nuptiis Philologiae et Mercurii*（参见 note 78），而划分为三艺（语法、修辞和辩论）和更为高级的四艺（音乐、算术、几何和天文学），可以追溯到 Alcuin（735—804）。四艺提供了自然科学的轮廓，而该轮廓由 12 世纪文艺复兴时期的实验研究所填充。参见 Rashdall, *Universities*, 34 – 36（note 98）。

　　[100]　参见 Wright, *Geographical Lore*（note 18）。

　　[101]　对萨克罗博斯科生平的很好总结，参见 John F. Daly, "Sacrobosco," in *Dictionary of Scientific Biography*, 16 Vols., ed. Charles Coulston Gillispie（New York：Charles Scribner's Sons, 1970 – 80），12：60 – 63。也可以参见 Lynn Thorndike, ed. and trans., *The Sphere of Sacrobosco and Its Commentators*（Chicago：University of Chicago Press, 1949）。

夫（Ebstorf）和赫里福德地图——都是英国的，或者显示出与英国有着强烈的联系⑩。韦尔
切利地图（84×70—72 厘米）（图 18.17）是三者中最小的。它现在收藏在韦尔切利的宗教
档案馆（Architio Capitolare），由卡罗·卡佩罗（Carlo Capello）将时间确定在 1191—1218 年
之间。它的灵感可能是英国的。卡佩洛（Capello）认为，这幅地图是由瓜拉—比基耶里
（Guala-Bicchieri）在从英格兰返回时带到韦尔切利的，时间是大约在 1218—1219 年，当时
他作为被派往亨利三世的教皇特使⑩。他还认为，地图上在毛里塔尼亚（Mauretania）之上
的一个国王的形象被称为"菲利普"，意欲表示的是法国的菲利普二世（Philip II，1180—
1223）而不是菲利普三世（Philip III，1270—85）（图 18.18）。基于风格方面的原因，他同
样将地图的时间认定为是在 13 世纪早期，而不是晚期，并且尤其注意到以下事实，即地图
不像该世纪末的地图那样以耶路撒冷为中心。

307

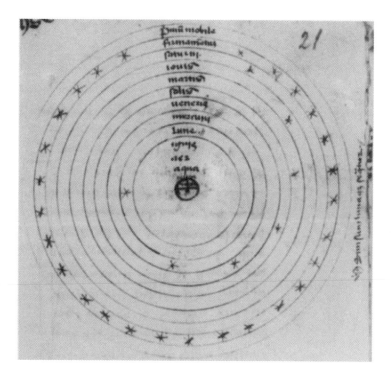

图 18.16　萨克罗博斯科（Sacrobosco）的论述

　　最初出现在 13 世纪早期，萨克罗博斯科的《球体》成为宇宙志的流行教科书，直至 17 世纪之前，被复制在了很多
稿本和印刷本中。因而他的以地球为中心的太阳系的图示，在它们被哥白尼理论替代之前，使用了很长的时间。来自一
部作品的 15 世纪的稿本。

　　原图细部的直径：10.3 厘米。Biblioteca Nacional, Lisbon（Codex ALe. 285, fol. 21）许可使用。

---

　　⑩　这一时期主要的英文图像被列在 Charles Singer, "Daniel of Morley: An English Philosopher of the XII th Century," *Isis*
3（1920）：263–69。欧洲大陆上除了重要的世界地图（*mappaemundi*）没有保存下来之外，还缺少能与大不列颠的马修·
帕里斯和高夫地图进行比较的区域地图。

　　⑩　Carlo F. Capello, *Il mappamondo medioevale di Vercelli（1191–1218?）*, Università di Torino, Memorie e Studi Geografici,
10（Turin: C. Fanton, 1976）。

308

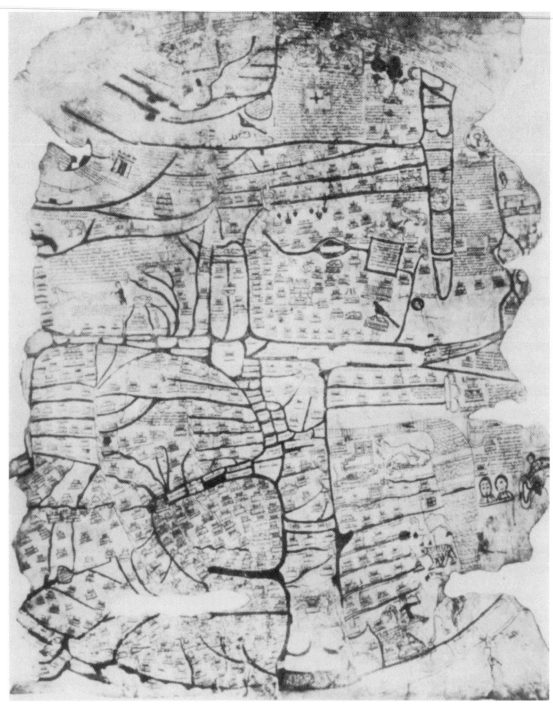

图 18.17　韦尔切利（Vercelli）地图

　　现存的两幅 13 世纪的大型世界地图（*mappaemundi*）之一（另外一幅就是赫里福德地图［Hereford map］），这幅地图可能同样来源于英国。其被认为在 1219 年被一名派往亨利三世（Henry Ⅲ）的教皇使者带到了意大利。

　　原图尺寸：84×70—72 厘米。来自 Marcel Destombes, ed. *Mappemondes A. D. 1200: Catalogue préparé par la Commission des Cartes Anciennes de l'Union Géographique Internationale*（Amsterdam: N. Israel, 1964）, pl. ⅩⅩⅢ. Archivio Capitolare del Duomo di Vercelli 许可使用。

最近在康沃尔公国的记录中发现了一幅世界地图 (*mappamundi*) 的羊皮纸残片。英国 307
牛津大学基于碳定年法，认为其最有可能的时间是在 1150—1220 年之间。该残片高 61 厘
米，宽 53 厘米。最初的圆形地图的直径约 1.57 米。保存下来的地图的残片，描绘了非洲的
部分，说明了一种与韦尔切利、赫里福德和埃布斯托夫地图类似的原物的形式。一些细节非
常类似于这些地图中的元素。例如，这个残片中包含了暗示着传统古典测量师的地名录，这
些信息被整合到赫里福德地图中。此外，地图边缘的文本与在赫里福德地图上发现的相似。
一些怪异的种族被显示在他们的传统位置上。沿着残片底部边缘形成的边界，是一系列精细
绘制的人物图像，显然描绘了生命的各个阶段；每个人物图像都提供了一条警语。其中包括
一名在晚祷的女人，一名因年龄而佝偻着的老人，在炼狱中拿着一碗火的人以及一位天使
（图版 14）[104]。

埃布斯托夫地图——尽管其与英国的联系充其量也是脆弱的——已经被与蒂尔伯里的杰
维斯 (Gervase of Tilbury, 约 1160—1235?) （图 18.19）联系了起来。杰维斯是博洛尼亚
(Bologna) 的一名教会法规的老师，他可能可以被认定为是 1235 年去世的埃布斯托夫修道
院的院长。在他的历史著作《奥托皇帝》(*Otia imperialia*, 1211) 中，他提到了一幅"世界
地图"，同时他的文本已经被认为是埃布斯托夫地图的作者可能从中获得信息的已知最晚的
资料[105]。

1830 年发现于埃布斯托夫的本笃会修道院，且于 1832 年发表在汉诺威 (Hanover) 的
一份报纸上的一篇文章中，1834 年埃布斯托夫地图被转移到汉诺威的下萨克森州 (Lower
Saxony) 历史学会博物馆 (Museum of the Historical Society)，在那里一直保存到 1888 年。其
然后被带到柏林进行修复，在那时，被分为三十张牛皮纸，并由索默布罗特 (Sommerbrodt)
为了编辑而拍摄了照片。这是保存下来的唯一的全尺寸照相复制品（不幸的是，不是彩色
的）[106]。它被送回了汉诺威，并于 1943 年的空袭中被毁坏。由于原件已经不存在了，所以现
存复制品的准确性是至关重要的。甚至早在 1896 年，米勒就已经指出了与索默布罗特的摄
影版相关的问题，在其上褪色的部分被修饰了[107]。米勒自己的版本是一个手绘的彩色副本，
并且在解释上也是很主观的。

阿伦岑很好地总结了与地图作者和时间有关的争议[108]。地图上用阿拉伯数字书写的时间
1284 年似乎是后来添加上的，并且其图面最早的时间可能是 1234 年，是在希尔德斯海姆 309

---

[104] 我非常感谢 Graham Haslam, archivist of the Duchy of Cornwall, 他为我提供了这一段落以及图版 14 的正片。我们期
待 Dr. Haslam 正在计划发表的关于地图的完整研究。

[105] Miller, *Mappaemundi*, 5：75 (note 9). 随后关于杰维斯与地图之间联系的争议，在 Arentzen, *Imago Mundi Carto-
graphica*, 140 (note 32) 中进行了归纳。杰维斯作者权的支持者，还有 Richard Uhden, "Gervasius von Tilbury und die Eb-
storfer Weltkarte," *Jahrbuch der Geographischen Gesellschaft zu Hannover* (1930)：185 – 200, 可能可以增加 Jerzy Strzelczyk, *Ger-
wazy z Tilbury: Studium z dziejów uczoności geograficznej w średniowieczu*, monograph 46 (Warsaw: Zaklad Narodowy
im. Ossoliiiskich, 1970)。

[106] 关于发现，参见 Arentzen, *Imago Mundi Cartographica*, 138 (note 32)。关于其修复和复制，参见 Ernst Sommer-
brodt, *Afrika auf der Ebstorfer Weltkarte*, Festschrift zum 50 – jährigen jubiläum des Historischen Vereins für Niedersachsen (Hano-
ver, 1885)。

[107] Miller, *Mappaemundi*, 5：3 (note 9).

[108] Arentzen, *Imago Mundi Cartographica*, 138 – 47 (note 32).

（Hildesheim）大教堂的主持牧师约翰内斯·马库斯（Johannes Marcus）去世之后，他可能已经订购了被绘制的地图[109]。

图 18.18　韦尔切利地图：菲利普的细部

这一人物，被放置在了毛里塔尼亚（Mauretania），其或是法兰西的菲利普二世（Philip II，1180—1223），或者是菲利普三世（Philip III，1270—85），但可能是前者。这一点提供了该图出现于 13 世纪早期的一个线索。

来自 Carlo F. Capello，*Ii mappamondo medioevale di Vereelli*（1191 – 1218?），Università di Torino，Memorie e Studi Geografi-ci，10（Turin：C. Fanton，1976），pl. 23. Archivio Capitolare del Duomo di Vercelli 许可使用。

　　尺寸为 3.58 × 3.56 米，埃布斯托夫地图是被记录下来的最大的世界地图（*mappamundi*）。虽然它主要的意图无疑是展示基督教的历史事件——例如，显示了马克（Mark）、巴塞洛缪（Bartholomew）、菲利普（Philip）和托马斯（Thomas）埋葬的地点——但作者的头脑中还有着一些更为直接的实用目的，正如同他自己清楚表达的。在地图的右上角，他写道："可以看出，［这个作品］对读者来说有不小的用处，为旅行者提供了指导，以及沿途最为令人愉悦的那些东西。"[110] 我们在其中还发现了来源于传统地图学的对尤利乌斯·凯撒（Julius Caesar）的提及："尤利乌斯·凯撒最初是如何为整个大地构建一幅（世界地图 ［*mappamundi*］）的，使徒们则被派遣，收集了各个地区、省份、岛屿、城市、流沙、沼泽、

[109]　Richard Drögereit，"Die Ebstorfer Weltkarte und Hildesheim," *Zeitschrift des Vereins für Heimatkunde im Bistum Hildesheim* 44（1976）：9 – 44，esp. 43.

[110]　"Que scilicet non parvam prestat legentibus utilitatem, viantibus directionem rerumque viarum gratissime speculationis directionem." 转写自 Walter Rosien，*Die Ebstorfer Weltkarte*（Hanover：Niedersächsisches Amt für Landesplanung und Statistik，1952），80。

平原、山脉和河流，就像在一页纸上可以看到的那样。"（作者的译文）⑪

310

图 18.19　埃布斯托夫（Ebstorf）地图

　　这一 13 世纪的世界地图（*mappamundi*，毁于第二次世界大战），将世界呈现为基督的身体。基督的头部被放置在伊甸园的旁边（关于这一细部，参见图 18.2），脚位于西方，握拢在一起的手位于北方和南方（关于细部，参见图 18.3）。耶路撒冷，世界的中心，位于地图的中央。

　　原图尺寸：3.56×3.58 米。来自 From Walter Rosien, *Die Ebstorfer Weltkarte*（Hanover：Niedersächsisches Amt für Landesplanung und Statistik, 1952）。Niedersächsisches Institut für Landeskunde und Landesentwicklung an der Universität Göttingen 许可使用。

---

　　⑪　同样在右下角，在注释 105 的引文之前："Quam Julius Cesar missis legatis per totius orbis amplitudinem primus instituit：regiones, provincias, insulas, civitates, syrtes, paludes, equora, montes, flumina quasi sub unius pagine visione coadunavit." Rosien, *Ebstorfer Weltkarte*, 80（note 10）。

311

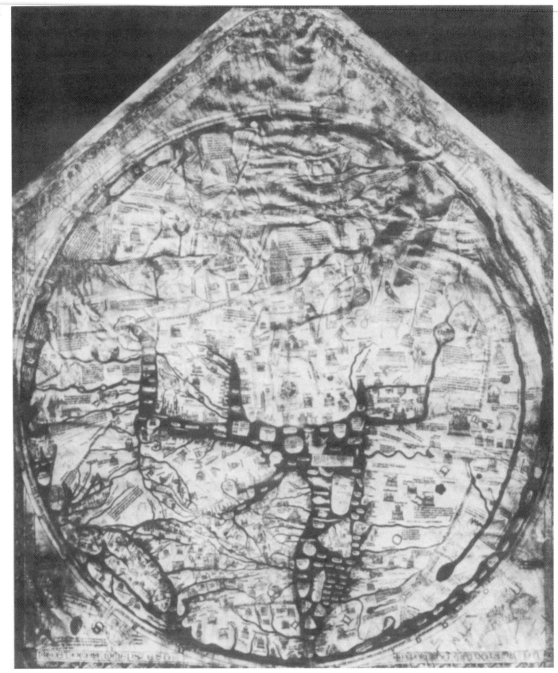

图 18.20　赫里福德地图，约 1290 年

这一收藏在赫里福德大教堂（Hereford Cathedral）的著名地图代表了基于保卢斯·奥罗修斯（Paulus Orosius）的历史（4世纪）的地图类型的巅峰。其编绘者，理查德·德贝洛（Richard de Bello）还采用了斯特拉波（Strabo）、普林尼（Pliny）、奥古斯丁（Augustine）、杰罗姆（Jerome）、《安东尼行程录》（Antonine itinerary）和伊西多尔的作品。也可以参见图 11.2。

原图尺寸：1.65×1.35 米；直径是 1.32 米。由 Royal Geographical Society, London 许可使用原件的一张底片制作。

　　正是众所周知的赫里福德地图，代表了奥罗修斯类型的巅峰（图 18.20）[112]。这幅地图包含 309
有对其起源的清晰和直接的提及："奥罗修斯对于世界历史（*ornesta*）的描述，就像地图内所展
示的那样。"[113] 部分由于其巨大的尺寸（1.65×1.35 米），它比任何其他保存下来的 15 世纪之前
的世界地图（*mappamundi*）包含有更多的信息。除了奥罗修斯以及圣经之外，其来源无疑包括
伊西多尔、奥古斯丁、杰罗姆、普林尼、斯特拉波和安东尼努斯的旅程指南。还存在对于——
就任何中世纪的世界地图而言，确实是不寻常的——其作者的提及，在左下角的一个注释中：

> 让所有拥有这一历史的人，
> 应听到，阅读或看到它，
> 基于其神性而向耶稣祈祷，
> 为了同情哈丁汉的理查德和拉福德（Rafford），
> 是谁绘制和规划的，
> 给谁在天堂的快乐。[114]

　　在地图左侧边缘附近，我们读到，世界开始由尤利乌斯·凯撒进行了测量。在左下角，我们
发现了颁布其诏书的皇帝奥古斯都（emperor Augustus）的一幅图像（见图 12.4）[115]。普林尼提到
在罗马展示的一幅维普萨尼乌斯·阿格里帕（Vipsanius Agrippa）的大型世界地图，时间是在皇
帝奥古斯都时期（约公元 14 年），这可能来源于传统归因于尤利乌斯·凯撒进行的省份测量[116]。
　　围绕地图的问题之一与其作者有关。大多数权威同意，这些诗文指向的是哈丁汉的理查 312
德，其曾经被认为是理查德·德贝洛（Richard de Bello），1277 年林肯教区的斯利福德
（Sleaford，拉福德）的牧师。然而，还有一位理查德·德贝洛于 1305 年任赫里福德教区的

---

　　[112]　赫里福德地图标准的复制件和描述，就是 Gerald R. Crone, *The World Map by Richard of Haldingham in Hereford Ca-
thedral*, Reproductions of Early Manuscript Maps 3（London：Royal Geographical Society, 1954）。进一步的研究可以在他的
"New Light," 447 - 62（note 21），以及他的 "'Is leigen fünff perg in welschen landt' and the Hereford Map," *Erdkunde* 21
（1967）：67 - 68 中找到。也可以参见 Destombes, *Mappemondes*, 197（note 31）。

　　[113]　"Descriptio Orosii de ornesta mundi sicut interius ostenditur." 转录自 Royal Geographical Society facsimile（note 112），
作者翻译。词汇"*ornesta*"被认为通常指的是中世纪的世界地图，来源于 *orosii mundi historia* 的缩写。参见 Crone, "New
Light," 448（note 21）。

　　[114]　Tuz ki cest estoire ont,
　　　　　Ou oyront ou lirront ou veront,
　　　　　Prient a ihesu en deyte,
　　　　　De Richard de Haldingham e de Lafford eyt pite,
　　　　　Ki lat fet e compasse,
　　　　　Ki ioie en celli seit done.
　　转录自 Royal Geographical Society facsimile（note 112），作者的翻译。也可以参见 Arthur L. Moir, *The World Map in Here-
ford Cathedral*, 8th ed.（Hereford：Friends of the Hereford Cathedral, 1977）。

　　[115]　诏书的文本，"Exiit edictum ab Augusto Cesare ut describeretur huniversus orbis"（Luke 2：1）位于凯撒的头部之上，
并且在图 12.4 中未能完整的展示。转写自 Royal Geographical Society facsimile（note 112）。然后是一幅小插图：*Biblia sacra
juxta vulgatam Clementinam*（Rome：Typis Societatis S. Joannis Evang., 1956）。现代的翻译是："那时，奥古斯都皇帝颁布法
令，要求在整个罗马世界进行一次登记。"词汇"*describeretur*"通常的含义不仅是简单的登记，而且是一次测量，可能导
致了赫里福德地图的作者对两个事件（以及两位凯撒）的混淆。

　　[116]　参见上文 p. 205，以及 Beazley, *Dawn of Modern Geography*, 1：382（note 17）。

诺顿牧师，并且活到 1326 年。一些学者，其中包括德诺姆—扬（Denholm-Young）和埃姆登（Emden），曾经因而争辩说，不太可能有着如此漫长的职业生涯，因此应当有着两位理查德·德贝洛[117]。耶茨（Yates）最近对这一问题进行了总结，倾向于一个推测性的结论，即只有一位理查德·德贝洛，并且就是他制作了赫里福德地图。耶茨还指出，对地图的进一步物理分析，特别是对其颜料和笔迹的分析，可能会很好地揭示对其进行增补的时间段，从而提高断定其内容所表明的时间的准确性[118]。

赫里福德地图与美因茨的亨利的 12 世纪早期的地图之间在内容上的密切联系，已经被多位作者进行了描述[119]。这幅地图的作者以及收录了这幅地图的《世界宝鉴》（Imago Mundi）稿本的作者似乎是一些混乱的源头。虽然目前普遍认为《世界宝鉴》的基本文本是由奥顿的奥诺里于斯撰写的[120]，但编者和受奉献者的名字都是"亨利"，这一认定有着更多的问题。这位编者基于内容的列表被确定为美因茨的亨利："这位编纂了这部著作的亨利，是一位在美因茨的圣玛丽教堂的教士"[121]，并且地图的编绘者也被认为是这位美因茨的亨利。而这本书所奉献给的亨利是一个更有争议的来源，但最近的研究指向了英国的联系[122]。

由本笃会僧侣雷纳夫·希格登（约 1299—1363）编辑的 14—15 世纪最为流行的拉丁语历史著作之一《编年史》（Polychronicon）中的地图，代表了 14 世纪英国的世界地图（mappaemundi）。在其第一书中找到了通常来自各种罗马资料的世界地图，并且大约 21 个现存的样本可以追溯到 1342 年的《编年史》的伦敦稿本，对于这一稿本的谱系是由米勒提供的，并且由斯凯尔顿进行了修订（图 18.21）[123]。

希格登的地图，虽然有着相似的地理内容，但它们框架的形状则存在非常大的差异。可以识别出三个类目：卵形的、圆形的和椭圆形的[124]。耶路撒冷和罗马通常是突出的，但是很少位于中心。

---

[117] Noël Denholm-Young, "The *Mappa Mundi* of Richard of Haldingham at Hereford," *Speculum* 32（1957）：307 – 14. A. B. Emden, *A Biographical Register of Oxford University to A. D. 1500*（Oxford：Clarendon Press, 1957 – 59）.

[118] W. N. Yates, "The Authorship of the Hereford Mappa Mundi and the Career of Richard de Bello," *Transactions of the Woolhope Naturalis's Field Club* 41（1974）：165 – 72. 但是耶茨对于地图"作者身份"的解释是令人费解的。虽然他将注意力集中在了词汇"*estoire*"和"*compasse*"可能的特定含义上，正确的认为"*estoire*"可以指的是或者一幅图像或者一部历史的设计，而"*compasse*"可以等同地表示实际做的或抽象的计划，但他忽略了翻译词汇 *ki lat fet*（*qui l'a fait*），其似乎意指"谁（也就是哈丁汉的理查德）制作了它"。

[119] 参见 Crone, *World Map*, 15（note 112）。

[120] Valerie I. J. Flint, "Honorius Augustodunensis Imago Mundi," *Archives d'Histoire Doctrinale et Littéraire du Moyen Age* 57（1982）：7 – 153. Miller, *Mappaemundi*, 3：22（note 9），认为这一认定"毫无疑问"，但是 Sarton, *Introduction to the History of Science*, 2：201（note 49）并不同意。

[121] 参见 Montague Rhodes James, *A Descriptive Catalogue of the Manuscripts in the Library of Corpus Christi College Cambridge*, 2 Vols.（Cambridge：Cambridge University Press, 1912），1：138 – 39。

[122] Flint, "Honorius," 10 – 13（note 120）.

[123] Miller, *Mappaemundi*, 3：95（note 9）；R. A. Skelton, in *Mappemondes*, ed. Destombes, 149 – 60, esp. 152 – 53（note 31）. 也可以参见 John Taylor, *The "Universal Chronicle" of Ranulf Higden*（Oxford：Clarendon, 1966）. 在 1985 年，一幅大约 25 × 15 厘米的涵盖了从小加那利群岛到圣地的地中海的牛皮纸残片被大英图书馆获得。其明显是一幅被用作墙壁地图的 14 世纪晚期的大型世界地图（mappamundi）的一部分，并且据推测，这一残片在 1483 年之后被用作一本诺福克（Norfolk）的出租书的装订材料之前，地图已经非常褪色了，而这一残片正是在此发现的。最初的轮廓显然是一个椭圆形，同时其信息与《编年史》中发现的希格登地图具有某种血缘关系，这可能说明，它类似于希格登以此为基础进行了缩减的在 14 世纪可以看到的墙壁地图之一。对于这条注释，我感谢 Peter Barber of the Department of Manuscripts, British Library。

[124] Skelton, in *Mappemondes*, ed. Destombes, 150 – 51（note 31）.

313

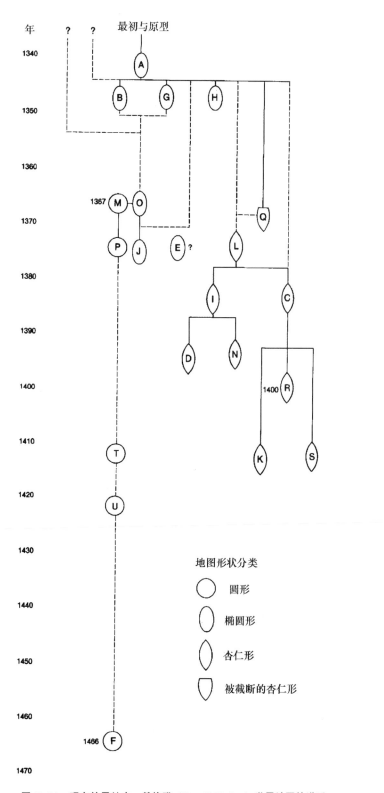

图 18.21 现存的雷纳夫·希格登 (Ranulf Higden) 世界地图的谱系

基于 Konrad Miller, *Mappaemundi: Die ältesten Weltkarten*, 6 Vols. (Stuttgart: J. Roth, 1895 – 98), 3: 95, 以及 Skelton in Marcel Destombes, ed., *Mappemondes A. D. 1200 – 1500: Catalogue préparé par la Commission des Cartes Anciennes de l'Union Géographique Internationale* (Amsterdam: N. Israel, 1964), 151 – 53 编制的暂定的谱系。

312　　大英图书馆的卵形地图被认为最接近最初就已经佚失的原型，尽管加尔布雷思（Galbraith）的主张，即他认为亨廷顿（Huntington，圣马力诺［San Marino］）的《编年史》的副本是作者亲自撰写的工作副本（图版15）[125]。圆形的希格登地图被认为是早期卵形地图的简化，并且就像从附录18.2的年表中可以看出的，它们一般出现在后期的稿本中。最后，杏仁形状的椭圆形地图（也称为 *vesica piscis*，鱼鳔）形成了第三组希格登地图（图18.22）。它们通常是后来的简化，并且斯凯尔顿认为，苏格兰国家图书馆（National Library of Scotland）的例子（见附录18.2），有着被截断的顶部和圆点，代表了向真正杏仁型的过渡[126]。

　　希格登地图的卵形及其简化，*vesica piscis*（鱼鳔），是希格登的一个特别的特征，但不是原创的。斯凯尔顿提到，一个已经佚失的原型（其可能是一个世纪前马修·帕里斯所提

313　到的大型世界地图）可能是圆形的，并且卵形是对抄本书页形状的适应。然而，更可能的是，卵形是来源于将——由圣维克托的休描述的——推测的诺亚方舟的形状用于地图绘制的实践[127]。

　　然后，在12、13世纪的这个时期中，尽管人们试图对自然界有着更为准确的理解，但是这种朝向现实主义的倾向却在《世界地图》（*mappaemundi*）中几乎看不到。大部分地图

314　继续反映了更早的来自罗马的材料与那些马克罗比乌斯和伊西多尔的遗存之间的一种混合。与此同时，可以窥见新的概念和新的技术，这些新概念和新技术将14、15世纪的世界地图（*mappaemundi*）转变为中世纪和现代世界的地图之间的一个杂交物。

从彼得罗·维斯孔特到弗拉·毛罗（Fra Mauro）：从1300—1460年的过渡时期

　　中世纪晚期，在世界地图（*mappaemundi*）中可以注意到几个趋势，尽管呈现的基本框架是中世纪的，但这些趋势给该时期的地图赋予了文艺复兴时期的特征。维斯孔特和弗拉·毛罗时代之间制作的世界地图（*mappaemundi*）的性质与早期的地图是非常不同的，因此它们需要进行单独处理，这一点也体现在附录18.1中提供的分类中。过渡当然不是突然的：我们已经看到，12、13世纪的实验哲学家预示着15、16世纪的思想，并且中世纪的作家如伊西多尔和萨克罗博斯科这样具有中世纪特色的作家的坚韧性表现在他们在文艺复兴时期依然流行上[128]。在欧洲的一些部分，中世纪时期（在地图学的语境下）似乎已经远远超出了其通常的时间范畴：例如，一幅17世纪上半叶绘制的俄罗斯的阔页地图，其直接来自中世纪的材料，且持续印刷直至19世纪[129]。

　　这一过渡的特点就是，以传统的、封闭的世界地图（*mappamundi*）为代表的世界地图、正在扩展的波特兰航海图，以及托勒密的坐标系统，这三个概念框架的一种结合。地图作为独立的人工制品出现的趋势也有所增加，而不再仅仅是对文本的补充。这起源于一个较早的

[125]　V. H. Galbraith, "An Autograph MS of Ranulph Higden's *Polychronicon*," *Huntington Library Quarterly* 34 (1959): 1–18.

[126]　Skelton, in *Mappemondes*, ed. Destombes, 153 (note 31).

[127]　Skelton, in *Mappemondes*, ed. Destombes, 150–51 (note 31). 关于圣维克托的休，参见下文 p. 334。

[128]　Elizabeth L. Eisenstein, *The Printing Press as an Agent of Change*: Communications and Cultural Transformations in Early Modern Europe, 2 Vols. (Cambridge: Cambridge University Press, 1979), 2: 510.

[129]　Leo Bagrow, "An Old Russian World Map," *Imago Mundi* 11 (1954): 169–74.

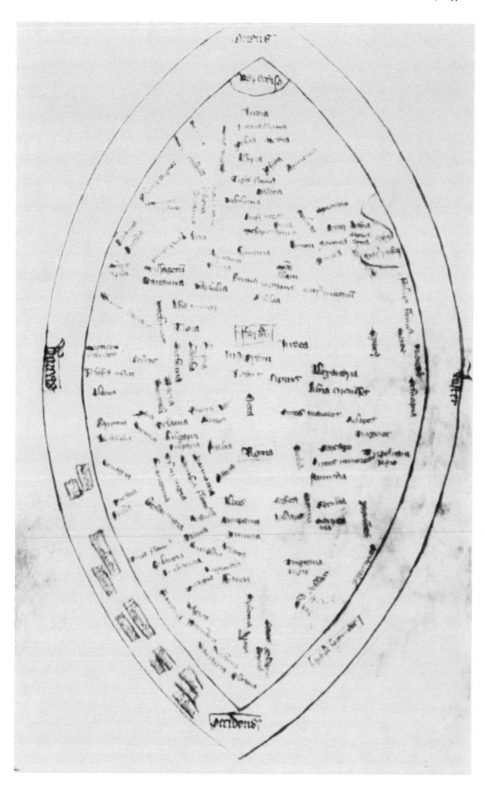

图 18.22　一幅希格登世界地图：杏仁形的类型，14 世纪中叶

　　杏仁形的希格登世界地图——可能代表了环绕基督的光环的一种常见的基督教符号——通常是椭圆形（参见图版 15）和圆形世界地图的晚期的简化版。

　　原图尺寸：35.5×21 厘米。British Library, London (Royal MS. 14. C. xii, fol. 9v) 许可使用。

314

图 18.23　一幅世界地图（*Mappamundi*）上的比例尺条

在晚期的世界地图上，波特兰海图和托勒密《地理学指南》的影响可以在其上添加的水手的辅助工具中看到，例如1457年热那亚世界地图上的两个比例尺条，图中展示了其中一个。

原图的比例尺图标：约 10 厘米。Biblioteca Nazionale Centrale, Florence（Port. 1）许可使用。

时期，但在文艺复兴时期获得了动力，因为地图和地图集本身就是为了获利而出版的。地图的这种新出现的身份反映在西欧第一个经常在他的作品上签名和注明时间的专业地图学家彼得罗·维斯孔特的作品中。虽然他主要是航海图的编绘者，但他所制作的世界地图是在马里诺·萨努多 (Marino Sanudo) 的《十字架信徒的秘密》(*Liber secretarum fidelium crucis super Terrae Sanctae recuperatiane et canservatiane*，1306—1321) 的稿本中发现的，这是一本意在唤起对十字军的兴趣的著作㉙。

基于维斯孔特的世界地图 (*mappaemundi*)，以及在方济会小兄弟会 (Franciscan Minorite) 修士弗拉·保利诺 (Fra Paolino) 编纂的编年史中发现的一些同时代的例子，波特兰航海图的影响显现在了三个主要特征中 (图版16)。首先，地中海的轮廓直接来源于这些航海图。其次，还提供了一个恒向线的网络，甚至扩展到了它们基本没有用处的陆地上。这些线条后来在那些表面上制作用于航海的世界地图上成为准确性的一个标志，但实际上没有实践用途。最后，在后来的世界地图 (*mappaemundi*) 中插入了图形比例尺，例如在1457年的热那亚世界地图 (图18.23) 或安德烈亚斯·瓦尔施佩格 (Andreas Walsperger) 的1448年的地图上。

波特兰航海图传统边界的地理扩张，由著名的加泰罗尼亚地图集 (1375) 给予了很好的展示，其可能是世界地图 (*mappamundi*) 在其最后过渡阶段中的最为精美的例子 (图版17)。归因于1381年法国查理六世 (Charles Ⅵ，纪尧姆·德库西 [Guillaume de Courcy]) 的一名特使向阿拉贡的佩德罗四世 (Pedro Ⅳ，1336—1387) 请求获得最新的世界地图的副本，因此与大多数地图集相比，我们对于这一地图集的制造有着更多的了解。从那时起，完成的作品一直留在法国皇家图书馆 (现在是巴黎国立图书馆 [Bibliothèque Nationale in Paris])。查理的要求也可以说明，在当时，加泰罗尼亚地图学家所得到的高度尊重，特别是克雷斯圭斯·亚伯拉罕 (Cresques Abraham，1325—1387) 和他的儿子耶富达·克雷斯圭斯 (Jefuda Cresques)㉚。

加泰罗尼亚地图集实际上是一幅多页的 "世界地图" (*mapamundi*)，其也是如此命名的。它由12片装在板上的页面组成，像屏风一样折叠。尽管东段显示出一个圆形的边缘，表明它中世纪的根源，但编绘者的主要兴趣显然是在地中海在东部和西部的延伸。这形成了从传统中世纪的圆形世界地图中提取的矩形部分。其他中世纪的残余包括耶路撒冷几乎居于中心的位置，以及北非的东西向的河流。地中海和黑海反映了一个标准的波特兰航海图的构架。

但在13世纪的旅行叙事中可以看到的关于中亚的信息是非常丰富的，这使得加泰罗尼

315

㉙　关于最好的通论性的研究，参见 Bernhard Degenhart and Annegrit Schmitt, "Marino Sanudo und Paolino Veneto," *Römisches Jahrbuch für Kunstgeschichte* 14 (1973): 1–137。也可以参见 Schulz, "Moralized Geography," 445 and 452 (note 24)。

㉚　Gonçal (Gonzalo) de Reparaz, "Essai sur l'histoire de la géographie de l'Espagne de l'antiquité au XVᵉ siècle," *Annales du Midi* 52 (1940): 137–89, 280–341, esp. 296, 307–9；并且也可以参见 *El atlas catalán de Cresques Abraham: Primera edición con su traducción al castellano en el sexto centenario de su realización* (Barcelona: Diáfora, 1975)，还发表在 Catalan; Georges Grosjean, ed., *The Catalan Atlas of the Year 1375* (Dietikon-Zurich: Urs Graf, 1978); Pinhas Yoeli, "Abraham and Yehuda Cresques and the Catalan Atlas," *Cartographic Journal* 7 (1970): 17–27, 以及下文第十九章坎贝尔的论文。

亚地图集成为特别令人感兴趣的对象。这是第一幅受到尼科洛（Nicolò）、马费奥（Maffeo）和马可·波罗（Marco Polo，1260—1269，1271—1295）旅行明确影响的地图，尽管其出现是在他们返回威尼斯之后超过四分之三个世纪。虽然马可·波罗是一个敏锐的观察者和记录者，也是第一个给欧洲以东亚的合理准确的描述的人，但是没有证据——如果我们忽略掉与东北亚有关的可能是伪造的地图的话——说明他绘制了任何记录了他经历的地图⑱。尽管马可·波罗在他的叙述中没有特别提到地图，但在三个段落中简要提到了印度洋水手的航海图，但没有任何进一步的细节。然而，他在文中确实提供了一些罗盘方位，还有在叙述中的其他一些地理信息，这些被后来的学者用于重建一幅地图⑲。很难找到他对维斯孔特和萨努多地图的影响，尽管卡尔皮尼（Carpini）和鲁布鲁克的威廉较早的旅行是后者所熟知的⑲。

除了其对加泰罗尼亚地图集的影响之外，似乎马可·波罗的叙述对当时的世界地图几乎没有影响——当然要远远少于其地理信息的新颖性所让我们期望的。有一些证据表明，一幅展示了马可·波罗的发现的地图被绘制在威尼斯公爵宫殿的盾室（Sala della Scudo，现在是两幅地图之厅［Sala delle Due Mappe]）的墙上。在1426年，葡萄牙的佩德罗（Don Pedro）收到了来自领主（Signoria）的一幅地图，可能是这样一幅地图的副本；这种地图或者与其类似的地图，一定存在于15世纪中叶，因为1459年参议院命令在墙上重新绘制这样的一幅地图。不幸的是，它在1483的大火中被烧毁了⑲。

在1459年由弗拉·毛罗制作的地图中，马可·波罗叙事的最大影响力在地图的印刷版开始传播之前就已经可以看到了（图版18）。这幅地图是中世纪地图学时代的顶峰，尽管当他称之为"教会地图学的顶峰"⑳ 时，巴格罗可能有所夸大，因为它在本质上比如埃布斯托夫地图更为世俗。其过渡性，表现在其包含了来自波特兰航海图、来自托勒密的《地理学指南》以及来自亚洲的新发现的信息。弗拉·毛罗，从在穆拉诺（Murneo）岛的卡马尔杜里安（Camaldulian）修道院工作开始，就已经是一位经验丰富的地图学家了。有关他地图制作活动的详细记录显示，他早在1443年就在伊斯特拉（Istria）制作了一幅地区地图，而在1448—1448年（译者注：原文如此），他显然是在从事绘制一幅世界地图（mappamundi）。两幅地图都没有保存下来。世界地图，现保存在威尼斯的马尔恰纳图书馆（Biblioteca Marciana）的，是葡萄牙国王阿方索五世委托制作的一幅地图的副本，于1459年4月在他的助手安德烈亚·比安科（Andrea Bianco）的帮助下完成。现存的副本是在领主（Signoria）

---

⑱　Leo Bagrow, "The Maps from the Home Archives of the Descendants of a Friend of Marco Polo," *Imago Mundi* 5 (1948)：3 – 13. 133.

⑲　Marco Polo, *The Book of Ser Marco Polo*, 3d ed. , 2 Vols. ed. and trans. Sir Henry Yule, rev. in accordance with discoveries by Henri Cordier (New York：Charles Scribner's Sons, 1903), 2：245 n. 7, 312, 424；Yule 重建的地图在 Vol. 1, facing *108*。

⑳　Cortesão, *History of Portuguese Cartography*, 1：279, 290 (note 34)。

㉑　Juergen Schulz, "Maps as Metaphors：Mural Map Cycles of the Italian Renaissance," in *Art and Cartography*：*Six Historical Essays*, ed. David Woodward (Chicago：University of Chicago Press, 1987). 也可以参见 Rodolfo Gallo, "Le mappe geografiche del palazzo ducale di Venezia," *Archivio Veneto*, 5th ser. , 32 (1943)：47 – 89；Jacopo Morelli, *Operette di Iacopo Morelli*, 2 Vols. (Venice：Tipografia di Alvisopoli, 1820), 1：299；以及 Polo, *Book of Marco Polo*, 1：111 (note 133)。由 Giacomo Gastaldi 在16 世纪中叶再次在其上绘制了 4 幅新的地图，并且由 Francesco Griselini 在总督 Marco Foscarini 的指示下于 1762 年再次进行了绘制，每次重绘都去掉了之前的版本，由此所有可以看到的残迹都属于 18 世纪的壁画。

㉒　Bagrow, *History of Cartography*, 72 (note 55)。

的要求下制作的，可以假定也是在 1459 年，可能是基于弗拉·毛罗和比安科所做的笔记制作的。在其显然是中世纪的圆形框架中，正方向朝南则显示了一些阿拉伯的影响，但地中海 316 的海岸是以波特兰航海图为模本的，并且有线索可以认为受到了托勒密传统的影响⑬。

马可·波罗旅行对后来的文艺复兴时期地图内容的影响是深刻的。关于印度洋的信息，他经由爪哇、苏门答腊（Sumatra）、锡兰（Ceylon）以及印度，从刺桐城（Zaiton）到霍尔木兹（Hormuz）的航行中所看到的，被收录到亨里克斯·马鲁什·德日耳曼努斯（Henricus Marus de Germanus）的地图、马丁·贝海姆（Martin Behaim）的地球仪以及 16 世纪早期的如 1507 年的勒伊斯（Ruysch）地图等印刷地图中。马达加斯加（Madagascar）也出现在这些地图上，非常近似于马可·波罗报告的样子：大约在索科特拉（Socotra）以南 1000 英里以及在其航线 4000 英里的位置上。

对这一过渡时期的世界地图（*mappaemundi*）的另外一个主要影响来自克劳狄乌斯·托勒密的《地理学指南》。在 1406—1407 年前后由雅各布斯·安格鲁斯翻译为拉丁语之后，这一著作在整个 15 世纪中的流行程度不断增加，就像自 1475 年之后印刷版的出现频率所反映的那样。一幅展现了这种影响的早期世界地图——显示了，例如，托勒密的封闭的印度洋——就是诺哈的皮尔斯（Pirrus de Noha）地图，其附带有一本庞波尼乌斯·梅拉（Pomponius Mela）在 1414 年前后撰写的稿本（参见图版 19 和图 18.19）⑬。

要理解托勒密的影响，那么首先必须要意识到一个科学学派，这是由维也纳大学的数学家和天文学家约翰内斯·德格蒙登（Johannes de Gmunden）以及现在位于维也纳郊区的克洛斯特新堡（Klosterneuburg）的奥古斯丁修道院的高级教士乔治·姆斯汀格（Georg Müstinger）领导的⑬。学派从 15 世纪 20 年代初开始兴盛直至 1442 年，当时这两位学者都去世了。其对地图学的贡献只是其科学手稿遗产中的一小部分，这些手稿包括天文学论著、恒星目录和行星运动表、蚀和合点的表格，以及关于数学的通论性著作，包括三角学。这些中的大部分是早期的中世纪作品的复制版，但克洛斯特新堡却是科学创新的温床。特别是与这一学派相关的地图和坐标表格，有助于填补大约 1425 年的克劳迪乌斯·克拉乌斯（Claudius Clavus）地图和后来的约 1450 年的托勒密稿本的现代地图（*tabulae modernae*）之间的一个地图学相对模糊的时期。最早的地图，收藏在梵蒂冈图书馆的，可能是在 1426 年由迪芬巴赫的康拉德（Conrad of Dyffenbach）编写的两个粗略的坐标图，是基于托莱多天文表（Toledo tables）的版本（这些地图中的第一幅的细节如图 18.24 所示）⑭。在 1425—1430 年间，姆斯汀格和他的合作者正在制作一种地图类型，它将以耶路撒冷为中心的中世纪世界地图与来自托勒密的和波特兰航海图中的元素进行了同化，当重建时，它们大致的地理构造与之前已经描述的圆形的维斯孔特—萨努多地图相似。

---

⑬　Tullia Gasparrini Leporace, *Ii mappamondo di Pra Mauro* (Rome：Istituto Poligrafico dello Stato, 1956). Bagrow, *History of Cartography*, 72 – 73（note 55）. 可以参见本书第十九章坎贝尔的论文。

⑬　Rome, Biblioteca Apostolica Vaticana, Archivio di San Pietro, H. 31. 这幅地图最初的作者未知；诺哈的皮尔斯（Pirrus de Noha）只是一位抄写员。参见 Destombes, *Mappemondes*, 187 – 88（note 31）。

⑬　Durand, *Vienna-Klosterneuburg*, 52 – 60（note 52）.

⑭　Durand, *Vienna-Klosterneuburg*, 106 – 13（note 52）.

　　尽管只有维也纳—克洛斯特新堡学派的这些早期圆形世界地图的最早版本的坐标表保存了下来，但杜兰德基于这些表格重建了地图，这些表格中的大多数被发现于巴伐利亚州立图书馆（Bayerische Staatsbibliothek）的一个 522 页的抄本中[141]。然而，杜兰德认为有两种尚存的原创地图是基于这种类型的：1448 年的瓦尔施佩格地图和约 1470 年的蔡茨（Zeitz）地图[142]。对此，还可以增加 1960 年由詹姆斯·福特·贝尔藏品（James Ford Bell Collection）获得的世界地图的残片[143]。

　　这一证据表明，15 世纪的地图学家显然对托勒密模型印象深刻，并竭力证明，尽管他们不同意托勒密的全部信息或使用坐标的方法，但仍需尊重这一传统。弗拉·毛罗觉得有必要对没有在他 1459 年的世界地图上遵照《地理学指南》的平行纬线、子午线和度数而感到抱歉，因为他发现它们过于局限，因而不能显示托勒密所不知道的发现（推测

317

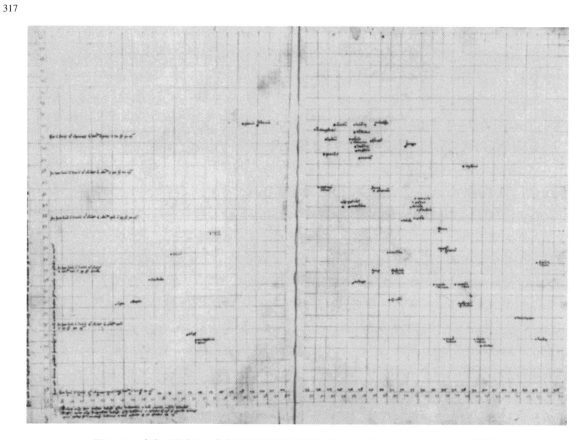

图 18.24　来自《维也纳—克洛斯特新堡地图汇编》（Vienna-Klosterneuburg Corpus）的草图

来源于《托莱多天文表》（*Toledo tables*）的版本，这一关于欧洲和北非地点的草图被绘制在一个经纬度坐标的框架中。其可能是在 1426 年由迪芬巴赫的康拉德（Conrad of Dyffenbach）制作的。

原图尺寸：39.4×58.6 厘米。图片来自 Biblioteca Apostolica Vaticana, Rome（Pal. Lat. 1368, fols. 46v – 47r）。

[141]　Durand, *Vienna-Klosterneuburg*, 174 – 208（note 52）. Munich, Bayerische Staatsbibliothek, Clm. 14583.

[142]　Durand, *Vienna-Klosterneuburg*, 209 – 15（note 52）. Rome, Biblioteca Apostolica Vaticana, Pal. Lat. 1362, 和 Zeitz, Stiftsbibliothek, MS. Lat. Hist. , fol. 497。

[143]　John Parker, "A Fragment of a Fifteenth-Century Planisphere in the James Ford Bell Collection," *Imago Mundi* 19（1965）: 106 – 7.

在亚洲）。安德烈亚斯·瓦尔施佩格（Andreas Walsperger）在他 1448 年的世界地图 316
（*mappamundi*）作品中表示，其是"基于经度、纬度和气候的划分，按照比例基于托勒密
的宇宙志而制作的"。他将早期地图上非洲大陆上的可怕种族流放到了南极洲[144]。后来，
在这一世纪，亨里克斯·马鲁什·德日耳曼努斯为他的世界地图以及为了将新发现填充
进入而使用了托勒密第二投影，但他的努力属于文艺复兴时期，还有马丁·贝海姆（Mar-
tin Behaim）的球仪[145]。

15 世纪中叶的威尼斯宇宙学者乔瓦尼·莱亚尔多的地图，提供了在西半球探险时代前
夕，以耶路撒冷为中心的一种中世纪晚期的世界地图（*mappaemundi*）的有用例证。除了他 317
的三幅保存下来的世界地图（所有都有着签名，日期分别为 1442 年、1448 年、1452 年），
以及对现在已经散佚的一幅地图的描述（也是由莱亚尔多签名，注明的日期为 1447 年）之
外，几乎对莱亚尔多一无所知。现存的三幅地图都有日历，显示了黄道带、复活节的日期，
以及在最大的两幅上（1448、1452 年）还标注了月相。尽管它们的尺寸各不相同，但地图
使用了类似的符号，而且热带和寒带被突出显示和正确的着色（图版 20）[146]。

这些地图将让位给那些将新发现融入托勒密的框架，且放弃将耶路撒冷置于圆形地图中
心的习惯的那些地图。由于传统的框架在 15 世纪不再可以容纳新的发现（安德烈亚·比安
科的 1436 年的世界地图确实在东亚违背了其圆形的边界），因此将地图的中心放在耶路撒冷
实际上也是不可能的。15 世纪中叶的一些世界地图（*mappaemundi*）反映了这一点，包括安
德烈亚·比安科的地图、约 1450 年的加泰罗尼亚世界（埃斯滕塞［Estense］）地图、1448
年的瓦尔施佩格地图、金属上的博尔贾（Borgia）地图、1457 年的热那亚地图，以及 1459
年的弗拉·毛罗地图[147]。

在这一部分中，我们试图表明，中世纪世界地图的特征有着明显的差异，这取决于它们 318
被创造的子时期；因此，不可能一概而论地准确归纳这一千年中的世界地图（*mappamun-
di*）。在教父时期，也即大致从 400—700 年，三种基本的地图学传统——马克罗比乌斯、奥
罗修斯和伊西多尔——被建立，并且这些传统在中世纪重复出现的。在第二个时期，大约从

---

[144] Friedman, *Monstrous Races*, 56 – 57（note 3）。也可以参见 Paul Gallez, "Walsperger and His Knowledge of the Patago-
nian Giants, *1448*," *Imago Mundi* 33（1981）：91 – 93。

[145] 尽管贝海姆的球仪，也即 Laon globe，以及 Martellus 的平面球形图，在德东布中被包括且作为 1500 年之前的地
图，它们属于文艺复兴时期，并且将在本《地图学史》的第三卷中处理。

[146] 关于莱亚尔多以及他的地图，参见 P. Durazzo, *Il planisfero di Giovanni Leardo*（Mantua：Eredi Segna, 1885），和 John
Kirtland Wright, *The Leardo Map of the World, 1452 or 1453, in the Collections of the American Geographical Society*, American Geo-
graphical Society Library Series, No. 4（New York, 1928），然而，其并没有提到 Durazzo 以及他对年份"1452"的清晰抄录。
关于保存在 Vicenza 的 1448 年地图，参见 *Teatro del cielo e della terra：Mappamondi, carte nautiche e atlanti della Biblioteca Civi-
ca Bertoliana dal XV al XVIII secolo：Catalogo della mostra*（Vicenza：Biblioteca *Civica* Bertoliana, 1984），16—17 以及未编号的
图版。

[147] 弗拉·毛罗，在他的 1459 年的（世界地图）上（Venice, Biblioteca Nazionale Marciana）通过说明他使用的是人
口中心，从而使得将耶路撒冷放置在地图中心之外的位置上变得合理。地图说明文字的转写，参见 Gasparrini Leporace,
Mappamondo di Pra Mauro, 38（note 137）。在 Woodward, "Reality, Symbolism, Time, and Space," 517（note 17）中对待安
德烈亚·比安科的态度是不正确的。然而，应当指出的就是，一些 15 世纪的地图，其中心在耶路撒冷，例如那些在 *Ru-
dimentum novitiorum*（1475）中的地图，Hanns Rust and Hanns Sporer 的世界地图，或者乔瓦尼·莱亚尔多（1442 年、1448
年和 1452 年）的三幅世界地图。但是这些，没有例外，都是基于较早的地图模板，而这些地图模板出现在以耶路撒冷为
中心是一种常见习惯的时代。

700—1100 年，期间首次出现了世界地图（*mappaemundi*）的一个合理的样本，除了贝亚图斯地图之外，很少存在创新，尽管人们对自然科学重新产生了兴趣。直到第三个时期，从大约 1100—1300 年，随着大量阿拉伯和希腊手稿，尤其是《至大论》的涌入和翻译，科学兴趣被重新唤醒。最后一个时期，从 1300—1460 年，与世界地图（*mappamundi*）的早期传统截然不同，并且是中世纪和现代世界之间地图绘制的过渡阶段。地图的三个框架——修道院的、航海图和托勒密的——在一段时间内各自独立和平行发展，但在 15 世纪汇聚在一起，为文艺复兴的技术进步奠定了基础。

世界地图（*Mappamundi*）研究中的主题

形式

关于世界地图（*mappaemundi*）构建方式的同时代的证据是极为缺乏的，圣维克托的休的简短描述是不寻常的[148]。这些制品本身经常雄辩地说明了它们是如何制造的，但是必须对原始制品进行更为透彻的分析。这一部分的目的是以主题方式来处理上文按照年代进行的调查中产生的一些问题。这将包括对如下问题的讨论：框架、大地形状的概念、投影和坐标系统，世界地图（*mappaemundi*）的制作（油墨和颜料、字母、符号和颜色），以及就像在它们地理的事实方面所揭示的地图的内容和意义、更带有幻想色彩的传奇故事的传统，以及它们复杂的象征主义。

世界地图（*mappaemundi*）的框架

我们已经提到，中世纪的世界地图是在预先设定的选择有限的几种几何形状中构思的：圆形、卵形、矩形或椭圆形，每种形状都有自己的符号含义[149]。圣维克托的休关于如何绘制方舟形状的世界地图（*mappamundi*）的描述证实了这一点，他的指示显然更多地涉及地图的神秘功能，而不是任何地理用途。在缺乏如赫里福德地图或埃布斯托夫地图这类尺寸和复杂度的地图的编绘方法的第一手描述的情况下，很难想象地点是如何被放入轮廓中的。由于没有绘制经纬网，因此必须假设，一旦建立了边界、中心和分为三部分的划分，那么就会粗略地勾勒出国家和其他细节并进行调整，直到它们符合设计者的意图为止。这一假设得到了大英图书馆的由希格登绘制的一对卵形世界地图上未完成的伊甸园的支持。未着色的部分显示出一个模糊的位于下层的素描（图 18.25）[150]。

[148] 参见下文圣维克托的休的描述，p. 334。

[149] 这一主题由 Arentzen, *Imago Mundi Cartographica*, 29–37（note 32）进行了详细的讨论。世界地图（*mappaemundi*）的结构形状也是以下三篇论文的主题：Osvaldo Baldacci："Ecumene ed emisferi circolari," *Bollettino della Società Geografica Italiana* 102（1965）：1–16；"Geoecumeni quadrangolari," *Geografia* 6（1983）：80–86；以及 "L'ecumene a mandorla," *Geografia* 6（1983）：132–38。在第一篇论文中，Baldacci 强调了有人居住的世界（oikoumene）的圆形形状与地带的半球图系统所暗示的球体之间的根本性差异。在第二篇和第三篇论文中，他主张斯特拉波和提尔的马里纳斯对中世纪世界地图（*mappaemundi*）的矩形和椭圆形都有影响，但是由于马里纳斯的思想通过托勒密的《地理学指南》流传下来，而后者在西方直至 15 世纪才可以使用，因而马里纳斯的影响至少难以被接受。

[150] British Library, Royal MS. 14. C. ix, fols. 2v, 3r, and 3v。

对大量原始文献进行仔细的物理检查，可能会为这些框架提供进一步的证据，就像书法家现在考虑通过运用此类技术检查中世纪手稿来找到有关其工艺历史的详细线索一样[51]。对地图的这类研究还没有系统地进行，但必须承认，缺乏大型的世界地图（*mappaemundi*）是这一研究路径的主要障碍。如果基于这一点对埃布斯托夫地图进行了检查，并且在其于1943年毁坏之前妥善记录下来的话，那么可能会揭示一些进一步的重要线索。

大地形状的概念

在地理学和地图学中，古典希腊知识在中世纪时期的持续影响，部分表现在地球球面概念的坚韧性方面，尽管现代流行作家认为中世纪（甚至文艺复兴早期）的人相信地球是平坦的[52]。这种神话可能是由一些历史学家所坚持的，他们倾向于强调这一时期不寻常的信仰，并且甚至接受这些作为标准。例如，许多通史都过度考虑了来自6世纪印度航行者科斯马斯（Cosmas Indicopleustes）的《基督教地形志》（*Christian Topography*）的一个平坦的、矩形的有着四个角的大地且有着穹顶的天空的概念[53]。重要的是，要认识到科斯马斯的文本，现在只是保存在两部稿本中，除了君士坦丁堡的弗留斯（Photius of Constantinople）之外，没有一个中世纪的评论家认为其是值得一提的，且弗留斯不仅提到该书"风格很差，而且其组织也

319

图 18.25　一幅希格登世界地图上的伊甸园

与希格登地图的众多例子类似，在这一例子中，呈现了伊甸园的草图是未完成的。

原图细部的尺寸：4.75×5 厘米。British Library, London（Royal MS. 14. C. ix, fol. 2v）许可使用。

---

[51]　Michael Gullick 的作品，就像反映在 Donald Jackson, *The Story of Writing*（New York：Taplinger, 1981）中的，为此提供了一个具体的例子。

[52]　对问题复杂性的一个归纳，参见 Woodward, "Reality, Symbolism, Time, and Space," 517–19（note 17）。这一研究中使用的最新材料，包括在 W. G. L. Randles, *De la terre plate au globe terrestre*：*Une mutation épistémologique rapide*（*1480–1520*），Cahiers des Annales 38（Paris：Armand Colin, 1980），以及 Tattersall, "Sphere or Disc?"（note 29）。

[53]　科斯马斯的概念来源于以下圣经经文：《以西结书》40：22 "他铺张穹苍如幔子"；Matt. 24：31 "他要差遣使者，用号筒的大声，将他的选民，从四方（方：原文是风），从天这边到天那边，都招聚了来"；以及 Rev. 7：1，"此后，我看见四位天使站在地的四角，执掌地上四方的风，叫风不吹在地上、海上，和树上"。Charles W. Jones, "The Flat Earth," *Thought*：A *Quarterly of the Sciences and Letters* 9（1934）：296–307, esp. 305, 将科斯马斯置于真实的视野中。

基本不符合普通标准"，而且"他可能被公认为是寓言家，而不是可信赖的权威"⑬。

对跖地的概念与地球球体的概念之间的关系曾经是一个混乱的来源。教会的神父为一种教义感到尴尬，该教义暗示存在着非亚当的后代的种族。但是从理论上讲，有可能相信地球是一个球体，而无须赞同对跖地的概念。关于后者，萨尔茨堡的维吉尔（Virgil of Salzburg）和教皇撒迦利亚在9世纪的时候相互对峙，但争论的并不是大地是不是球形。大地的形状似乎已不再是争论的话题⑮。

圣经资料的字面解释所造成的进一步混乱，来源于地球的圆形和圣经中所提到的四个角两者之间明显的不相容。例如，德国的百科全书作者拉巴纳斯·莫鲁斯（Rabanus Maurus，约776—856 年）询问，圆形和方形在形状上如何可以达成一致，然后将这一问题与欧几里得的化圆为方的问题联系起来⑯。中世纪地图学家的解决方案就是，或者在一个正方形中绘制一个圆形的大地，在角落处留出合适的空间以显示在图符上恰当的图像，例如四位传道者的符号，或者将一个正方形放置在一个圆形中，由此四个正方向和圆形的大地可以被结合起来。

尽管在字面意义上解释圣经的困难，但教会的大多数早期神父都同意大地是一个球体。奥古斯丁至少两次特别提到了这一点⑰。如普林尼、马克罗比乌斯和乌尔提亚努斯·卡佩拉等流行的世俗作家的作品同样包含了对其球体的提及⑱。可能在对这些"异教徒"的作品采取过度反映的过程中，塞维里安努斯（Severianus）和拉克坦提乌斯采取了相反的观点，但是他们作品的重要性被夸大了，其之所以引起了历史学家的兴趣，也许是因为它们有争议的性质⑲。

320

---

⑬ Photius of Constantinople *BibJiotheca* 36；参见 *The Library of Photius*, trans. J. H. Freese（London：Macmillan, 1920），1：31 – 32。例如，Randall 写到科斯马斯"在那些受过教育的人中流行直至 12 世纪"。也可以参见 John Herman Randall, Jr., *The Making of the Modern Mind*：A Survey of the Intellectual Background of the Present Age（Boston：Houghton Mifflin, 1926），23。

⑮ 这一问题已经由 F. S. Betten, "St. Boniface and the Doctrine of the Antipodes," *American Catholic Quarterly Review* 43（1918）：644 – 63 进行了总结。教皇撒迦利亚写出的威胁将维吉尔逐出教会的信件，是在 *Monumenta Germaniae historica*：*Epistolarum*, 8 Vols.（Berlin：Wiedmann, 1887 – 1939），3：356 – 61, esp. 360。

⑯ Cortesão, *History of Portuguese Cartography*, 1：172（note 34）. G. L. Bertolini, "I quattro angoli del mondo e la forma della terra nel passo di Rabano Mauro," *Bollettino della Società Geografica Italiana* 47（1910）：1433 – 41.

⑰ Saint Augustine, *De civitate Dei* 16.9："他们未能观察到，即使世界是球形的或圆形的……位于对侧的大地依然不一定未被大量水体所覆盖", trans. Eva Matthews Sanford and William McAllen Green, Vol. 5 of Saint Augustine, *The City of God against the Pagans*, 7 Vols., Loeb Classical Library（Cambridge：Harvard University Press, 1965），5：51。也可以参见 Saint Augustine *De genesi ad litteram libri duodecim* 1.10, in *Corpus scriptorum ecclesiasticorum Latinorum* 28（1894）：15, I.6, 和 Saint Augustine *Quæstionum evangelicarum libri* 2.14, in *Patrologiæ cursus completus*, 221 vots. and suppls., ed. J. P. Migne（Paris, 1844 – 64；suppls., 1958 – ），35：1339。

⑱ 关于球体地球的思想的古典资料已经在上文 p. 145 进行了讨论。不太知名的就是 Ovid 在 *Metamorphoses 1. 32 – 36* 中的描述：

无论神是什么，其排除混乱，
给宇宙带来了秩序，并将其
划分，再划分，他将大地塑造
在最初，一个巨大的球体，
甚至在每一侧。

参见 Ovid, *Metamorphoses*, trans. Rolfe Humphries（Bloomington：University of Indiana Press, 1957），4。

⑲ Jones, "Flat Earth"（note 153）. Anna-Dorothee von den Brincken, "Die Kugelgestalt der Erde in der Kartographie des Mittelalters," *Archiv für Kulturgeschichte* 58（1976）：77 – 95，总结了大地球体形状概念的历史，但是回避了围绕伊西多尔观点的争论。

塞维利亚的伊西多尔的例子也许值得特别关注，因为他的著作，尤其是《词源学》和《论事物的本质》的影响力十分广泛。伊西多尔对于宇宙的球形是清楚的："天球是圆的，并且其中心是地球，在四面八方都是对等的封闭起来的。他们说，这个球体既没有开始，也没有结束，因为圆形就像一个圆周，其不容易被人觉察到它从哪里开始，哪里结束。"[160] 虽然他在《论事物的本质》中，在与月亮或者行星存在关联的地方多次使用了"*globus*"（球）这个词汇[161]，但他忽略了对地球本身球形的直接评论，但以下段落除外："海洋散布在球体的外围区域，沐浴了几乎整个球体的外侧。"[162] 似乎伊西多尔倾向于相信地球是个球体得到了《西塞布之书》（*Epistula Sisebuti*）的支持，这是由西塞布（Sisebut），哥特（Goths）国王作为一封信撰写给伊西多尔的天文诗，而伊西多尔曾将他的《论事物的本质》奉献给这位国王[163]。在解释日月食的时候，西塞布使用"*globus*"代表行进到月亮和太阳之间的地球[164]。

他的文本中的其他段落已被用来支持伊西多尔认为世界是平坦的思想。在一个地方，他将大地描述为一个车轮："大地的圆形（orbis），如此称呼，来源于其圆形的形状，就像一个车轮，由此一个小车轮被称为 orboculus（球体）。"[165] 在另外一个段落中，他似乎误解了来自他对叙吉努斯（Hyginus）"天文诗"（*Poeticon Astronomicon*）的解读的希腊的平行纬度带的概念。他从字面上陈述，分隔地带的线在一个球体上应当被绘制为圆形，同时则忽略了这样的可能性，即当绘制在一个平面上的时候，这些可能看起来是不同的。因此，这些地带显示为被机械地放置在一个圆盘之上的五个圆圈（图18.26）："在描述宇宙时，哲学家提到了五个圆圈，希腊人称之为平行纬线，也即地带，也就是这些圆形陆地被分割而成的……现在让我们以我们右手来想象它们，由此拇指可能被称为北极圈，因为寒冷而不可居住……彼此紧邻的北方和南方的圆圈，由此也是不能居住的，因为它们位于远离太阳光线的位置。"[166] 这样的解释很难被看作是伊西多尔信仰一个平坦大地的证据，然而这反映了他无法掌握希腊气候带的基本几何概念。

在另外一个段落中，伊西多尔似乎说，当它升起的时候，太阳对于东西方的人来说同时可见："在看到其升起的同一时刻，对于印第安人和布列塔尼人（Bretons）而言，太阳是相似的。当其落下的时候，对于东方人而言，其并没有显得小一些；同时，对于西方人而言，

---

[160] Brehaut, *Isidore of Seville*（note 84）.

[161] Isidore, *Traité de la nature*, ed. Fontaine, 223（行星）and 231, 239and 277（月亮）（note 84）。

[162] "Oceanus autem regione circumductionis sphaerae profusus, prope totius orbis adluit fines." Isidore, *Traité de la nature*, ed. Fontaine, 325（note 84）.

[163] Isidore, *Traité de la nature*, ed. Fontaine, 151（note 84）.

[164] Isidore *Epistula Sisebuti*, in *Traité de la nature*, ed. Fontaine, 333 line 40（note 84）.

[165] Isidore *Etymologies* 14.2.1: "*Orbis a rotunditate* circuli dictus, quia sicut rota est; unde brevis etiam rotella *orbiculus* appellatur," in *Patrologiæ cursus completus*, ed. Migne, 82: 495（note 157），作者的翻译。

[166] "In definitione autem mundi circulos aiunt philosophi quinque, quos Graeci parallelois, id est zonas uocant, in quibus diuiditur orbis terrae... Sed fingamus eas in modum dexterae nostrae, ut pollex sit circulus arcticos, frigore inhabitabilis; ... At contra septentrionalis et australis circuli sibi coniuncti idcirco non habitantur quia a cursu solis longe positi sunt." Isidore, *Traité de la nature*, ed. Fontaine, 209 – 11（note 84），作者的翻译。这一对最初气候带概念的蜕化，被传播到了伊斯兰世界，但是有着7个圆圈。参见 George Sarton, review of Ahmed Zeki Valīdī Togan, "Bīrūnī's Picture of the World," *Memoirs of the Archaeological Survey of India* 53［1941］in *Isis* 34（1942）: 31 – 32。

当其升起的时候，也没有发现其比东方人看到的小。"⑯ 对于"在看到其升起的同一时刻"
这一短语的有着两种可能的解释。其意味着，正在升起的太阳对于东方和西方的人而言在同
一时刻都是可见的，这暗示的是一个平坦的大地。其也可以被解释为意味着当其升起的时
候，对于东方和西方的人而言，大小是相同的。

尽管这些段落揭示出伊西多尔对大地形状的认知有着明显的混乱，但证据证实他认为大
地，类似于宇宙，是一个球体。其他有影响力的基督教作者也同意他的观点，其中一些对原
321 因进行了彻底的解释。比如，可敬的比德（672/3—735）在他的解释中小心翼翼地说："白
昼不等长的原因就是大地球体的形状，圣经和世俗的文字将大地的形状说成是球体并非没有
道理，因为这样的事实，即大地被放置在宇宙的中心，不仅是类似于盾一样的圆形，而且在
任何方向上都是如此，类似于一个操场上的球，不管以哪种方式转动。"⑯ 圣托马斯·阿基
纳（Saint Thomas Aquinas，约1227—1274）认为大地必须是球形的，因为当某人在地球表
面移动时，会发生星座位置的变化⑯。

图 18.26　伊西多尔的地球的五个地带的图景

伊西多尔没有将关于地带的希腊概念运用到一个球体上，而是运用到了一个平坦和圆形的大地上，但这可能是由于
他对概念的本质有误解，而并不意味着他对地球球形的无知。

原图的直径：13.5 厘米。据 George H. T. Kimble, *Geography in the Middle Ages* (London：Methuen, 1938)。

⑯　"Similis sol est et Indis et Brittanis；eodem momento ab utrisque uidetur cum oritur, nee cum uergit in oeeasu minor apparet Orien-talibus, nee Occidentalibus, cum oritur, inferior quam Orientalibus extimatur." Isidore, *Traité de la nature*, ed. Fontaine, 231 (note 84)，作者的翻译。

⑯　Bede *De temporum ratione* 32，作者的翻译；参见 *The Complete Works of Venerable Bede*, 12 Vols. , ed. John Allen Giles (London：Whittaker, 1843 – 44)，6：210。

⑯　Saint Thomas Aquinas *Summa theologica* 1. 47. 3. 3；参见 *Summa theologica/St. Thomas Aquinas*, 5 Vols. , trans. Fathers of the English Dominican Province (New York：Benziger Brothers, 1947 – 48)。

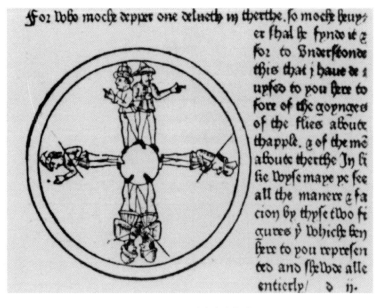

图 18.27　13 世纪对地球球体的展示

　　戈蒂埃·德梅斯（Gautier de Metz）的解释提到，如果两位旅行者以相反的方向从同一个地方离开的话，那么他们将在地球的另一侧相遇。

　　原图细部的直径：8.2 厘米。源自 *Image du monde*（London：Caxton，1481）的一个印刷版。Huntington Library，San Marino，California 许可使用。

　　中世纪晚期的评论家普遍认为大地是一个球体。亚里士多德对地球球形的三部分的实证，以及托勒密的天文学作品——对于这个概念至关重要——在 12 世纪之后，就被西方人很好的了解了。加泰罗尼亚地图集的文本［1375］清楚地表明，世界是一个周长 180000 斯塔德的球形。除了一些与该思想存在争论的著作之外——例如，扎卡里亚·利利奥（Zachariah Lilio）的《反对对跖地》（*Contra Antipodes*）——中世纪的学者应当都会赞同戈蒂埃·德梅斯（Gautier de Metz）的观点："一个人可以环游世界，就像一只苍蝇能够游览苹果。"[170]（图 18.27）同样的主题在海因茨的孔什的威廉、宾根的希尔德加德（Hildegard of Bingen）、不莱梅的亚当（Adam of Bremen）、圣奥梅尔的朗贝尔、博韦的樊尚（Vincent of Beauvais）、阿尔贝图斯·马格努斯（Albertus Magnus）、罗伯特·格罗斯泰斯特、萨克罗博斯科、罗杰·培根等其他大量人的作品中得到了回应[171]。但丁使用了球形地球的想法来为他的《神曲》（*Divine Comedy*）设置背景，可能是传播最广泛的这种类型的本地语言的作品。而且，他显然没有丝毫感觉到需要为他的观点辩护[172]。即使是约翰·曼德维尔（John Mandeville），

　　[170]　加泰罗尼亚地图集中相关文本的翻译，参见 Grosjean，*Catalan Atlas*，40（note 131）。关于戈蒂埃·德梅斯的引文，参见 William Caxton（after Gautier de Metz），*Mirrour of the World*，Early English Text Society Extra Series 110（London：Kegan，Paul，Trench，Triibner，1913），52。

　　[171]　对这些学者观点的总结，可以在 Sarton，*Introduction to the History of Science*，Vols. 2 and 3（note 49）中找到。对于希尔德加德概念的讨论，参见 Charles Singer，*Studies in the History and Method of Science*，2 ed.，2 Vols.（London：W. Dawson，1955），1：1－55。

　　[172]　参见 Mary Acworth Orr，*Dante and the Early Astronomers*（New York：A. Wingate，1956）。Arthur Percival Newton，*Travel and Travellers of the Middle Ages*（New York：Alfred A. Knopf，1926），9。

其《游记》（*Travels*，约 1370）非常受欢迎（尽管后来被嘲笑），解释说，大地是球形的，并且对跖地确实存在[173]。

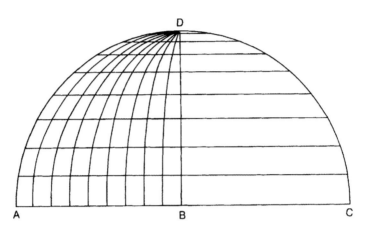

322

图 18.28　罗杰·培根（Roger Bacon）地图投影的复原

在这一 13 世纪的地图投影中，培根通过距离赤道和一条中央经线的距离来确定一个点的位置。通过该地点在分至圈（AD 和 DC）上的纬度将纬度的平行线绘制为是笔直的，且平行于赤道。子午线被呈现为通过极点和位于赤道上的地点的经度的弧线，除了笔直的中央经线之外。

作者的重建基于来自 Bacon's *Opus majus* 的文本。

投影和坐标系统

从最广泛的意义上说，从一个表面到另一个表面，以及因而从一个球体到一个平面的任何转换，都涉及我们所说的投影过程[174]。例如，即使是简单的马克罗比乌斯的图示，其有着被绘制在一个圆周上的平行的气候带，也是用一种大致近似于斜轴正射（赤道面）的投影绘制的。因而，在球体上环形的气候带，当被绘制在一幅平坦的地图上时，有着笔直平行的边界线。可以将这个论点扩展到所有的世界地图（*mappaemundi*），并且指出，例如，马修·帕里斯的世界地图和亚洲的"杰罗姆"地图似乎是用方位对数"投影"构建的，其中最令人感兴趣的地图的中心部分在比例尺上被扩大了[175]。托布勒（Tobler）将我们的注意力集中到了赫里福德地图相似的变形上[176]。

德阿维扎克—马卡亚（d'Avezac-Macaya）也展示了对这方面的兴趣，他描述了被称为"拉文纳的宇宙志学者"（Ravenna cosmographer）的公元 7 世纪的作家显然使用作为他地图基础的投影系统。很难视觉化这个系统，因为它只能从作者的口头描述中重建，但是德阿维扎克—马卡亚认为它是一个卵形地图，有着从拉文纳放射出的 12 个条带。每个条带对应于白昼中每间隔一小时太阳在头顶上的位置，从在清晨的印度到在夜间的法国（布列塔尼），就像将一架日晷叠加在一幅世

[173]　John Mandeville, *Mandeville's Travels*, 2 Vols., ed. Paul Hamelius（London：Published for the Early English Text Society by K. Paul et al., 1919 – 23），1：120 – 24. Newton, *Travel*, 12 – 13（note 172）.

[174]　Waldo R. Tobler, "Medieval Distortions：The Projections of Ancient Maps," *Annals of the Association of American Geographers* 56（1966）：351 – 60, esp. 351.

[175]　London, British Library, Cotton Nero MS. D. V., fol. lv, 以及 British Library, Add. MS. 10049。

[176]　Tobler, "Medieval Distortions," 360（note 174）.

界地图上⑰。这个系统所暗示的是一种方位角投影，尽管投影的中心仍然是讨论的一个要点⑱。

　　然而，直到罗杰·培根时代，在中世纪才出现了精心设计的投影系统，这些投影系统揭示了它们的编绘者关于坐标位置转换的有意识的知识。培根在他的《大著作》（1268）中描述了一幅现在已经散佚的他附加在作品上的地图，其似乎表明他对于使用系统的坐标系来变换和列出地点位置的价值有着非常清楚的认知："由于这些气候带以及位于其中的著名城市，不能仅仅用文字的方式加以理解，我们的感官必须有着图形的帮助。首先，我将绘制这一部分的一幅图像，有着其上的气候，并用它们与赤道圆周的距离通过位置来标记著名的城市，这被称为城市或地区的纬度；当然在确定位置时还要通过其与西方或东方的距离，即该地区的经度。"⑲然后，他继续描述一个投影系统（他称之为一种"工具"），在其中，通过它们与赤道和中央子午线的距离可以知道地点的位置。在中央子午线向东或向西90°的那条子午线的四分之一圆周上，平行纬线等距分布（并不在中央子午线本身之上；图18.28）。这意味着中央子午线上的平行纬线的间距朝向两极的会逐渐减小。子午线在赤道上的间隔相等。从这样的描述中可以清楚地看出，培根的"工具"当然不是科尔特桑所说的正射投影⑱。

　　大多数现代地图不仅基于特定的投影，而且还基于一个数学构建的坐标系统。然而，由于世界地图（*mappaemundi*）的主要功能不是用来确定位置（除了最粗糙的拓扑意义之外），因而复杂的坐系是不被预期的。在中世纪的欧洲，它们并没有被以任何方式广泛使用，直到12世纪托勒密的《至大论》被翻译成拉丁文，以及15世纪《地理学指南》的翻译。这两个文本可能通过使用两种独特的坐标，为中世纪的地图制作者提供了有序空间的关键思想。在这样的一幅图形上，有关天空和大地的信息可以被系统地列出。这些中最早的一个，时间可以追溯到11世纪的头25年，是一个有趣的图像，显示了太阳和行星穿过黄道带的路径（图18.29）。这里，存在一种可能来源于普林尼的百科全书的天经和天纬的清晰认知的证据。它包括黄道带内的经度的30个部分和纬度的12个部分⑱。

323

　　图形的含义超出了单纯的罗列功能。尼科尔·奥雷姆（Nicole Oresme，约1320—1382）、乔瓦尼·德卡萨利（Giovanni de Casali）和其他数学家对时间、速度、距离和瞬时的图形呈现，对于理解这些概念至关重要。用一位现代数学史家的话来说："图形呈现的发展在自然现象引起的数量不断变化的直观概念与希腊人的几何学之间建立了联系。"⑱图形概念与地图学之间的联系，在奥雷姆使用术语"经度"和"纬度"来表示绘制在图表上的独立和依赖变

　　⑰　D'Avezac-Macaya, "Projection des cartes," 289 – 91（note 43）。

　　⑱　其他权威将地图的中心定在其他地点，例如君士坦丁堡、罗德兰或者耶路撒冷。参见 Beazley, *Dawn of Modern Geography*, 1：390（note 17）。

　　⑲　Bacon, *Opus Majus*, 1：315（note 97）。

　　⑱　对于投影的描述，其重建部分基于柯尔特桑的翻译，参见他的 *History of Portuguese Cartography*, 1：194 – 98（note 34）。

　　⑱　Harriet Pratt Lattin, "The Eleventh Century MS Munich 14436: Its Contribution to the History of Coordinates, of Logic, of German Studies in France," *Isis* 38（1947）：205 – 25. 她在其中讨论了 Siegmund Günther 的贡献，"Die Anfänge und Entwicke-lungsstadien des Coordinatenprincipes," *Abhandlungen der Naturhistorischen Gesellschaft zu Nürnberg* 6（1877）：1 – 50, esp. 19, 以及 H. Gray Funkhouser, "Notes on a Tenth-Century Graph," *Osiris* 1（1936）：260 – 62。

　　⑱　Margaret E. Baron, *The Origins of the Infinitesimal Calculus*（Oxford：Pergamon Press, 1969）, 5。

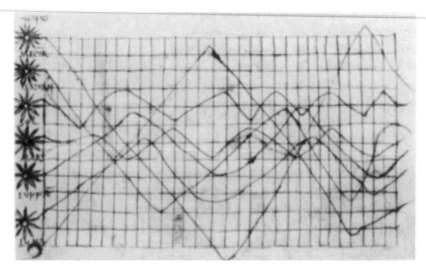

图 18.29　一幅 11 世纪的图表

这一时期的众多图表之一，图示显示了太阳和行星环绕黄道带的路径。

原图尺寸：13×22 厘米。Bayerische Staatsbibliothek，Munich（Clm. 14436，fol. S8r）许可使用。

量时可以看出来。一旦这些想法与代数符号相关联，那么 17 世纪的数学家勒内·笛卡尔（Rene Descartes）和皮埃尔·德费马（Pierre de Fermat）也就能够以今天熟悉的形式提出解析几何了[183]。

　　尽管在 12 世纪之前，西方中世纪世界对《至大论》和《地理学指南》依然是未知的，但经度和纬度的概念，在 11 世纪早期之前就已经渗透到了西北欧，主要是通过与在西班牙的穆斯林科学家的接触。例如，来自科尔多瓦（Cordova）的西班牙穆斯林扎尔卡利（al-Zarkali，约 1029—约 1087），其是托莱多天文表的主要编纂者。这些表格包含了基于通过加那利群岛的中央子午线的一长串地理坐标列表。地中海的长度第一次被正确地确定为经度的 42°[184]。

　　在 11 世纪和 12 世纪，也存在测量经度的尝试。佩特鲁斯·阿方萨斯（Petrus Alphonsus，1062—1110）在他的《与裘德的对话》（Dialogi cum Judae）中解释了时间和经度之间的关系。在 1091 年 10 月 19 日、1092 年 10 月 19 日，以及在 1107 年至 1112 年之间，瓦尔歇（Walcher）对月食的观察表明了这样一种清晰的理解，即经度可以被表示为两地之间的时间差：在黎明前不久，在意大利就看到了月食，而在英格兰却在半夜被观察到[185]。这一世纪的后期，赫里福德的罗杰（Roger of Hereford）报告说，1178 年 9 月 12 日的蚀在赫里福德、马赛和托莱多被同时进行了观测，并计算出这些地方相对于阿林（Arin）的子午线的经度，阿林是伊斯兰世界神话的中心[186]。

---

[183]　Howard Eves, *An Introduction to the History of Mathematics*（New York：Holt, Rinehart and Winston, 1969），281.

[184]　托莱多天文表是在 12 世纪由马赛的雷蒙德（Raymond of Marseilles）基于马赛（Marseilles）的位置进行的调整。（Paris, Bibliothèque Nationale, MS. Lat. 14704, fol. 119v）。也可以参见 Haskins, *Mediaeval Science*, 96 – 98（note 50）。

[185]　John Kirtland Wright, "Notes on the Knowledge of Latitudes and Longitudes in the Middle Ages," *Isis* 5（1922）：75 – 98；Wright, *Geographical Lore*, 244 – 56（note 18）；Cortesão, *History of Portuguese Cartography*, 1：182 – 83（note 34）.

[186]　参见下文，附录 18.1。

正如杜兰德所表明的，无论奥雷姆的坐标的图形呈现的早期技术，还是测量作为两地之间时间差异的经度的能力，都没有对中世纪的地图学产生直接的影响。坐标，例如，被专门用来计算占星术所需的地点之间相对时间的差异，而不是帮助将它们在一幅地图或一架球仪上进行定位。尽管从罗杰·培根至约 1425 年的第一批维也纳—克洛斯特新堡地图之间，缺乏在欧洲使用地理坐标的明显证据，但这些原则一定是潜在的。因此，在这一时期缺乏用这一原则绘制的地图，可能更多的是与可靠的位置数据的可用性有关，而不是与存在一种绘制其的方法有关[187]。

世界地图 (*mappaemundi*) 的制作：牛皮纸、颜料、颜色和书写字母

324

世界地图 (*mappaemundi*) 在中世纪早期被认为是绘画。由于它们的制作者是地图绘画者，而不是现代意义上的地图学家，因此用于这些地图的方法、工具和材料都是所有中世纪艺术家所使用的。尤其是，由于绝大多数这些地图都是为稿本书籍而制作的，因此所涉及的技术与那些用于手稿彩饰的是无法区分的。尽管在 12 世纪期间它作为主要艺术的地位让位给了建筑和雕塑，但书籍的彩饰对于很多中世纪的主流艺术家而言是关注的焦点，并且可以说是中世纪早期艺术中最伟大的[188]。

稿本书籍并不是世界地图 (*mappaemundi*) 唯一的载体。图像以各种形式和材质出现。可以在彩色玻璃窗、壁画和地板马赛克上看到它们，出现在祭坛背后的有装饰的屏风和楣上拱形面的装饰中，作为雕塑，甚至被雕刻在长椅上[189]。然而，最常见的是，它们出现在百科全书、圣经和诗篇集的稿本中。因此，绝大多数是在羊皮纸上用各种墨水和颜料绘制的[190]。

关于世界地图 (*mappaemundi*) 或者它们绘制所用材料的成本的记录很少。克洛斯特新堡修道院的账簿中提到了用于支付一系列"地图"的付款。杜兰德相信，这幅地图 (30 弗洛林) 的高花费——以及可能提到了为此制作的一个盒子 (支付锁匠的 6 泰勒 [taler])——说明这幅地图是大型和精美的[191]。相关信息的其他资料，现在不幸已经佚失的就

---

[187] Durand, *Vienna-Klosterneuburg*, 94 – 105 (note 52). Wright, *Geographical Lore*, 246 (note 18)，在他的陈述中，地理坐标对 12、13 世纪的地图学的影响"绝对是零"，这可能过于武断了。

[188] Daniel V. Thompson, *The Materials and Techniques of Medieval Painting* (New York: Dover, 1956), 24.

[189] [Uohn K. Wright?], "Three Early Fifteenth Century World Maps in Siena," *Geographical Review* 11 (1921): 306 – 7; Giuseppe Caraci, "Tre piccoli mappamondi intarsiati del sec. XV nel Palazzo Pubblico di Siena," *Rivista Geografica Italiana* 28 (1921): 163 – 65; Bernhard Brandt, *Mittelalterliche Weltkarten aus Toscana*, Geographisches Institut der Deutschen Universitat in Prag (Prague: Staatsdruckerei, 1929).

[190] 羊皮纸 (Parchment) 是指准备用于书写和绘画的任何动物皮。其是用于表示这类材料的一个通用词汇，并没有特指任何动物，无论是绵羊、小牛还是山羊等。牛皮纸 (Vellum) 有时用来指小牛皮和上好的羊皮纸，但是最近，这种区别变得不太明显。胎羔皮——来自流产的动物，极为罕见。羊皮纸和牛皮纸之间的差异也由 W. Lee Ustick, "Parchment and Vellum," *Library*, 4th ser., 16 (1935): 439 – 43 进行了讨论。也可以参见 Daniel V. Thompson, "Medieval Parchment-Making," *Library*, 4th ser., 16 (1935): 113 – 17。

[191] Durand, *Vienna-Klosterneuburg*, 123 – 24 (note 52)，同样引用了关于这些账目的原著，即 Berthold Cernik, "Das Schrift- und Buchwesen im Stifte Klosterneuburg während des 15. Jahrhunderts," *Jahrbuch des Stiftes Klosterneuburg* 5 (1913): 97 – 176. 对技术细节的其他描述——来自一份 14 世纪末的关于世界地图的合同——参见 Skelton, "Contract," 107 – 13 (note 6)，和本卷第十九章坎贝尔的论述。

是穆拉诺的圣米歇尔修道院（San Michele di Murano）的账簿，在其中发现了一个关于复制和运送在弗拉·毛罗的作坊的世界地图（mappamundi）的通知（大概是为葡萄牙的阿方索五世国王），但没有费用的详情[192]。

中世纪艺术家对待不完美的态度似乎经常是随意的，无论是对羊皮纸还是对地图的图像。例如，在亚洲的"杰罗姆"地图上，在绘制地图之前，牛皮纸上的一个洞（约 3×5 厘米）用另外一块小牛皮纸缝上了。然后这块补丁被用作绘制克里特，其形状由材料中的缺陷预先注定（图 18.30）。在同一片页面的反面，绘制了巴勒斯坦地图，这块补丁的边缘成为高加索山脉，而恒河、印度河和底格里斯河正是被显示从这里涌出[193]。

关于中世纪书籍彩饰者使用的材料和颜料的一些专论可以帮助重建世界地图（mappaemundi）技术创新中使用的方法。有三部在细节方面是突出的："绘图要点"（Mappae clavicula，12 世纪后期的）、《书籍彩饰的艺术》（De arte illuminandi，14 世纪后期），以及琴尼诺·琴尼尼（Cennino Cennini）的《艺术之书》（Libro dell'arte，14 世纪后期)[194]。这些论述是关于绘画的制作方法的著作；它们描述了用于制备颜料的天然元素、矿物质和植物提取物，以及人造盐。

两种类型的墨水在中世纪都是已知和使用的。一种是碳的悬浮液，另一种是铁的黑色有机盐悬浮液。那些用墨水绘制和书写文字的世界地图（mappaemundi），就像其他任何稿本那样，含铁的墨水成为更为通常的书写媒介。有时将它们与从橡树汁液中获得的没食子酸和单宁酸混合，提供了随着时间而不断加深的深紫色墨水[195]。

现代地图学中使用的复杂的地图符号体系在古典时期和中世纪都不太成熟。相反，地图上的地理特征经常用标题或文字说明进行描述，其中一些可能会非常长。因此，世界地图（mappaemundi）上的书写与绘画可能一样多。书法风格遵循当时文本中的主流风格，因此至少可以为地图的起源和年代提供非常粗略的指导。例如，6—9 世纪的有着民族特点的手写风格（虽然从这一时期保存下来的地图很少），8—12 世纪的加洛林的草写小字，以及 12—15 世纪的各种形式的哥特体或黑色字母。在世界地图（mappaemundi）上也常见的是半正式的各种流行字体的混杂，也即被称为 littera bastarda，草书的日常的秘书体和更正式的黑体字的组合[196]。

文字通常不是通过一种系统的方式在世界地图（mappaemundi）上进行布局的，通常也不会试图制定准则。在某些情况下，在地图绘制之前，牛皮纸按照惯例会为了文本而进行布局，有时会试图基于一些线条。例如，这可以在大英图书馆的雷纳夫·希格登的一幅地图，或者在科顿的"盎格鲁—撒克逊"地图上看到，在那里，地图被绘制在画有线条的页面的

---

[192] Gasparrini Leporace, *Mappamondo di Pra Mauro*, 15 n. 2（note 137）. 这份通知的一个转写，参见 Antonio Bertolotti, *Artisti veneti in Roma nei secoli* XV., XVI e XVII：*Studi e ricerche negli archivi romani*（Venice：Miscellanea Pubblicata dalla Reale Deputazione di Storia Patria, 1884, reprinted Bologna：Arnaldo Forni, 1965），8。

[193] London, British Library, Add. MS. 10049, fols. 64r–64v。

[194] Franco Brunello, "*De arte illuminandi*" e altri trattati sulla tecnica della miniatura medievale（Vicenza：Neri Pozza Editore, 1975），收录了关于这一主题的最新文献的有价值的参考书目。

[195] Thompson, *Medieval Painting*, 81–82（note 188）。

[196] David Woodward, "The Manuscript, Engraved, and Typographic Traditions of Map Lettering," in *Art and Cartography*（note 135）。

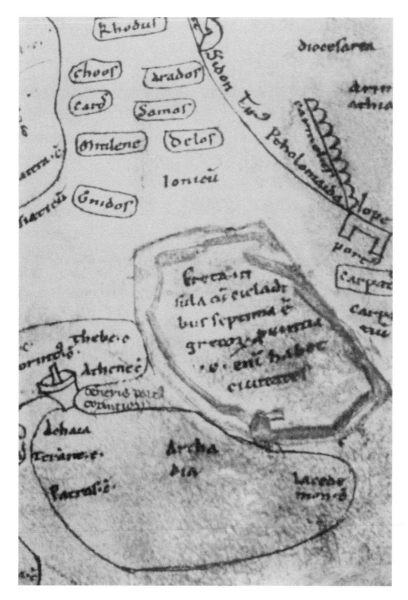

图 18.30　有着修复痕迹的牛皮纸上的地图

这一 12 世纪地图的牛皮纸被用呈现了克里特岛的补丁巧妙地修复了。

补丁的长度：5.3 厘米。来自 "Jerome" map。British Library, London（Add. MS. 10049, fol. 64r）许可使用。

背面[197]。被画出的线条会透过页面显示出来，同时艺术家显然做出了有意识的尝试，将字母排成一行或避开了它们。在科顿地图的一些复制品中，比如那些在比兹利的或米勒的，可以看到这些线条，但是意识到它们是什么并且没有实质意义是非常重要的[198]。这一点提醒我们，为了避免得出毫无根据的结论，检查原件的重要性。

在地图的图面上加上解释性的内容，消除了对单独的符号图例的需要。冯登布林肯

---

[197]　希格登地图是 British Library, Add. MS. 10104, fol. 8r。科顿地图是 British Library Cotton MS. Tiberius B. V., fol. 56v。

[198]　Beazley, *Dawn of Modern Geography*, 2：560（note 17）。Miller, *Mappaemundi*, 1, pl. 10（note 9）。

（von den Brincken）和德拉诺·史密斯（Delano Smith）最近探讨了这个话题[199]。所谓的缺乏任何图面文字的"无声地图"的出现，在世界地图（*mappaemundi*）中是极其罕见的。冯登布林肯只是引用了一个例子，对此她进行了详细的讨论，即布鲁内托·拉蒂尼（Brunetto Latini）的《宝藏之书》（*Livre dou trésor*）中的 14 世纪的世界地图。她有趣而有说服力地提出，其缺乏图面文字，是因为拉蒂尼可能使用的是一个阿拉伯语的模型，在其上图例是用阿拉伯文撰写的，但这是一种他无法转写的语言[200]。在中世纪晚期，对地图画家意图的解释有时会在地图上找到，就像安德烈亚斯·瓦尔施佩格（Andreas Walsperger）的世界地图（1448）。瓦尔施佩格解释了他用于区分基督教和伊斯兰教城市的系统："地球确实是白色的，绿色的海洋，蓝色的河流，山脉的颜色则丰富多彩，同时红点是基督徒的城市，黑点实际上是异教徒在陆地上和海上的城市。"[201]

326　　在世界地图（*mappaemundi*）上，颜色的使用存在广泛的变化，但是一些根深蒂固的惯例，例如用蓝色或者绿色代表水体，用红色绘制红海等，通常会被遵守。偶尔会看到不同寻常的颜色，比如贝亚图斯地图上明亮的莫扎勒布（Mozarabic）的颜色或科顿"盎格鲁—撒克逊"地图上灰色的海洋和橘红色的河流（图版 22）。表 18.4 提供了基于冯登布林肯的经过挑选的其上颜色保持不变且没有褪色的 30 幅地图的列表。可以注意到有着相当大的变化，除了在用红色表示红海这样的惯例方面。

　　必须设计在世界地图（*mappaemundi*）代表城镇和山脉的符号，以克服以平面呈现某些东西的问题。山脉由一串曲线或尖峰、锯齿、堆、圆形的突出物或瓣状饰物（扭索纹建筑装饰）表示。城镇通过从侧面看去的一组建筑的风格化图像进行区分。它们的现实主义的变化程度，取决于地图制作者对这个地方的熟悉程度。阿拉伯的世界地图在使用符号方面通常更为抽象，使用圆圈来代表城市[202]。

内容和含义

　　世界地图的内容可以方便地在三个标题下讨论：历史的和地理的事实；奇迹、传说和传统；以及象征性的内容。其中，正如本章已经指出的那样，传统上在文献中最为强调的就是前两个类目，尤其——通常似乎是——为了展示中世纪知识的缺陷，例如地点位置上的和关于地球地理特征的错误，以及与中世纪寓言和传说有关的新奇事物。第三个类目，即象征性的内容直到最近才受到关注，但它在理解世界地图（*mappaemundi*）的含义和历史意义方面的重要性将在这里展现出来。

---

[199]　Anna-Dorothee von den Brincken, "Die Ausbildung konventioneller Zeichen und Farbgebungen in der Universalkartographie des Mittelalters," *Archiv für Diplomatik; Schriftgeschichte Siegel- und Wappenkunde* 16 (1970): 325 - 49; Catherine Delano Smith, "Cartographic Signs on European Maps and Their Explanation Before 1700," *Imago Mundi* 37 (1985): 9 - 29.

[200]　Von den Brincken, "Zeichen und Farbgebungen" (note 199). 应当指出的就是，从风格上讲，拉蒂尼地图的日期被认为晚于拉蒂尼在流亡期间（1260—1266）编纂的作品的日期，但它可能早于 1320 年。

[201]　Von den Brincken, "Zeichen und Farbgebungen," 345 (note 199). 也可以参见本卷第 19 章坎贝尔的论文。中世纪地图学中对于颜色的使用，也可以参见 Ulla Ehrensvärd, "Color in Cartography: An Historical Survey," in *Art and Cartography* (note 135)。

[202]　Von den Brincken, "Zeichen und Farbgebungen," 336 (note 199).

历史的和地理的信息

中世纪世界地图上与事实有关的信息是历史事件和地理位置的混合，一种将历史放置在地理框架中的投影[203]。与中世纪的流行插图一样，在其中，通过在一个框架中同时描绘叙事的各个阶段来讲述一个故事，一幅世界地图（*mappamundi*）不仅呈现了静态的地理，而且也是地图制作者认为对于观众来说重要的历史信息的汇集，而没有试图去分离或识别这两种类型的信息。这种在世界中的人的状态的双重问题——贝特兰德·鲁塞尔（Bertrand Russell）称之为"年代地理学"（chronogeography）——是中世纪哲学家的一个主要问题[204]。

世界地图（*mappaemundi*）的制作者可获得的历史和地理信息的来源是古典和圣经的。对于后者的强调在中世纪末期增加了。这两个传统都有丰富的历史和地理知识——对著名事件和地方的纪念有时是密不可分的。世界地图（*mappaemundi*）中的圣经传统通常来自《旧约》而不是《新约》。在早期的犹太教中，强调的是事件发生的位置的重要性，但是早期基督教对这些事情几乎没有兴趣，除了一些重要的例外，比如圣保罗的旅程[205]。基督教义强调的是精神的而不是物质的世界[206]。此外，尽管圣经中充满了对当地地点的提及，但其中与宇宙志有关的典故并不多：在其中没有发现地理学意义上的词汇：球体、球仪或者半球[207]。

作为对古典地理学家的反应，教会的早期神父也急于强调关于大地的知识对基督教的重要性是完全次要的，他们所关注的应该是更高的精神层面。圣奥古斯丁在勾勒一位真正信徒的特征时评论说："一个对你有信心的人……虽然他可能不知道大熊星座的踪迹，但总体而言，比另一个可以测量天空、计数星辰和称重元素的人要好得多。"[208]

表 18.4　　　　　　　　　对被选择的中世纪地图的呈现风格的分析　　　　327

时间	作者	海洋	红海	河流	地形的呈现	聚落
8—9 世纪	科斯马斯	蓝	蓝	绿	没有	没有
约 775 年	伊西多尔	蓝/绿	红	蓝/绿	锯齿链	六个八角星
10 世纪	盎格鲁—撒克逊	灰	红	橘黄	绿色的锯齿链	双塔圆形建筑

---

[203]　Von den Brincken, "Mappa mundi und Chronographia," 118 ff.（note 23）.

[204]　Bertrand Russell, *Philosophy*（New York：W. W. Norton, 1927），283.

[205]　Robert North, *A History of Biblical Map Making*, Beihefte zum Tübinger Atlas des Vorderen Orients, B32（Wiesbaden：Reichert, 1979），76："最早的基督徒对他们自己最神圣事件的确切位置没有表现出感情上的兴趣。"

[206]　John 4：19 - 24. 在回答是否要在 Gerizim 或耶路撒冷建造圣殿的问题时，基督的回答是，一个人应该少关心地点，多关心动机。

[207]　在 Ps. 83：11 中的段落，"球面"，现在认为没有地理学的意义。参见 *The Anchor Bible*（New York：Doubleday, 1964 - ），Vol. 17, Mitchell Dahood, trans. , *Psalms* Ⅱ：*51 - 100*, 275 n. 11。此外，在 *Book of Common Prayer* 的原本（16 世纪）中经常提到的"圆形世界"，就像 Ps. 89：12, 96：10, 98：8（Psalms 88, 95, and 97 in the Bible）中表达的是圆而不是球体，来自拉丁文圣经 *orbis terrae*。我们可以在圣经中找到的，唯一一次提到一幅"地图"（或者至少一次城镇图景），是在《以西结书》4：1："人子啊，你要拿一块砖，摆在你面前，将一座耶路撒冷城画在其上。"同样可能的是，就像 Menashe Har-El 相信的，地图被用于对以色列部落进行普查（登记），发现在 Joshua 13 - 19，尤其是 Josh. 18. 5。参见 Menashe Har-El, "Orientation in Biblical Land," *Biblical Archaeologist* 44, No. 1（1981）：19 - 20。

[208]　Saint Augustine, *Confessions*, trans. R. S. Pine-Coffin（London：Penguin Books, 1961），95.

续表

时间	作者	海洋	红海	河流	地形的呈现	聚落
约 1050 年	Beatus-Saint Sever	蓝	红	蓝	锯齿状和拱形链	黄色城垛建筑
1055 年	Theodulf	蓝/绿	红	蓝/绿	棕色锯齿线	正方形的石头建筑
约 1109 年	Beatus-Silos	蓝	红	蓝	绿色和红色的拱形簇	只有文字说明
约 1110 年	Henry of Mainz	绿	红	紫罗兰	红色的圆形突出物的链条	双塔，城墙
1119 年	Guido of Pisa	蓝	红	绿	双叶，内部为绿色	只有说明文字
13 世纪	Psalter map	绿	红	蓝	自然色的圆形突出物的链条	赭石色的三角形
1342 年之后	Higden	绿	红	绿	绿/红，绿/黑山链	大型插图
约 1430 年	Borgia map	没有颜色			多排"齿"状物	三座塔
1448 年	Andreas Walsperger	绿	红	蓝	棕色或绿色的形状	红色或黑色圆圈；单独的建筑
1452 年	Giovanni Leardo	蓝	红	绿	红/绿，三重的山脉	一堆建筑
1457 年	Genoese map	蓝	红	绿	绿色的小块土地，灰/白山形图像	一堆红色、粉色和白色的塔
1459 年	Fra Mauro	蓝	蓝	蓝	绿/蓝山形图像	一堆红色、绿色和蓝色的塔

资料来源：来自 Anna-Dorothee von den Brincken，"Die Ausbildung konventioneller Zeichen und Farbgebungen in der Universalkartographie Mittelalters," *Archiv für Diplomatik: Schriftgeschichte Siegel- und Wappenkunde 16* (1970)：325 – 49。

328　　　　在缺乏经纬度网格的情况下，世界地图（*mappaemundi*）的主要位置结构是由突出的水文特征而提供的。这些中的三个，顿河、尼罗河或红海，以及地中海，在分为三部分的世界内提供了边界。环绕整个世界的是围绕在周围的海洋，这是自荷马时代以来的一个持久的传统。缩进圆形世界边缘的是红海和地中海的突出的海湾；里海也经常表现为位于东北部的一个小海湾。亚速湾（Gulf of Azov）——古典时代的 Palus Maeotis，在世界地图（*mappaemundi*）上称为 Meotides Paludes——有时也被表现为环绕在周围的海洋的一个小海湾，就像牛津的科珀斯·克里斯蒂学院（Corpus Christi College）希格登地图的一个版本或者比萨的圭多（Guido of Pisa）世界地图（1119）上的那样[209]。这个想法似乎源于《以斯拉记》2（*2 Esdras*）中的一个段落，它规定大地上的所有水道都必须以某种方式连接起来，就像圣巴西尔（Saint Basil）认为的[210]。

　　　　尽管伊甸园中的四条河流——底格里斯河、幼发拉底河、基训河和比逊河——通常被显示在世界地图（*mappaemundi*）上，以简单的、程式化的方式从天堂的位置留出，但它们也代表了真正的河流：底格里斯河、幼发拉底河、恒河和印度河，就像在巴勒斯坦的"杰罗姆"地图上的那样（图 18.31）[211]。尼罗河有时等同于基训河，并被显示为是这条河的延伸，

[209]　Miller，*Mappaemundi*，3：97 – 98（note 9）。Beazley，*Dawn of Modern Geography*，2：632（note 17）。

[210]　Saint Basil *Homily* 4. 2 – 4；参见 *Exegetic Homilies*，trans. Sister Agnes Clare Way，The Fathers of the Church，Vol. 46（Washington，D. C.：Catholic University of America Press，1963）。Kimble，*Middle Ages*，33 – 34（note 55），以及艾斯德拉二书（2 Esd.）6：42："在第三天，您命令水应当汇集到大地的第七部分；您将其他六个部分制变成了干燥的陆地。"

[211]　Miller，*Mappaemundi*，2，pl. 12（note 9）。

就像在伊西多尔作品的一个10世纪手稿中发现的一幅地图那样（图18.32）[212]。哥伦布展示了人们对伊甸园中河流正确位置的困惑的持续存在，在1498年进行的第三次航行中，当听到在帆船邮件号（*Correo*）上的手下报告在帕里亚湾（Gulf of Paria）的顶部看到四条河流后，他认为它们是伊甸园的河流[213]。

329

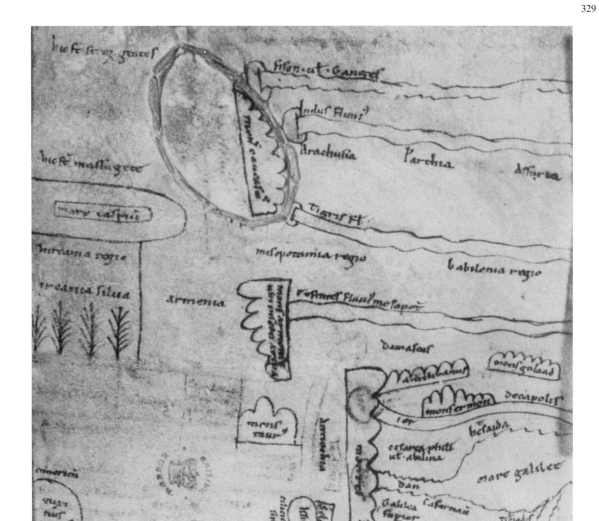

图18.31　伊甸园的河流

　　来自12世纪的巴勒斯坦的"杰罗姆"地图的这一细部，显示了被呈现为真实河流的四条伊甸园的河流。这些河流是（从上往下），恒河（Ganges）、印度河（Indus）、底格里斯河（Tigris）和幼发拉底河（Euphrates）。

　　原图细部的尺寸：15.7×15.7厘米。British Library, London（Add. MS. 10049, fol. 64v）许可使用。

---

　　[212]　Madrid, Biblioteca de la Real Academia de la Historia, Codex 25, fol. 204. Kamal, *Monumenta cartographica*, 3.2：667（note 53）.

　　[213]　Samuel E. Morison, *Admiral of the Ocean Sea：A Life of Christopher Columbus*, 2 Vols.（Boston：Little, Brown, 1942），2：283.

328　　　众多14、15 世纪的世界地图（mappaemundi）包含了对黄金河（River of Gold），斯特拉波的帕克托洛斯河（Pactolus）以及中世纪的金河（Rio del Oro）的呈现[214]。黄金河被认为是尼日尔河（Niger）在廷巴克图（Timbuktu）以上的泛滥河道，并且在 14 世纪，有几次尝试从西非沿海开辟一条通往它的路线。它出现在加泰罗尼亚地图集、博尔贾地图、加泰罗尼亚（埃斯滕塞）地图以及弗拉·毛罗的 1459 年的地图上（仅引用了较为知名的世界地图），通常以河道中膨胀的湖泊的形式出现，四到五条从月亮山西侧流出的河流汇入这里[215]。

330

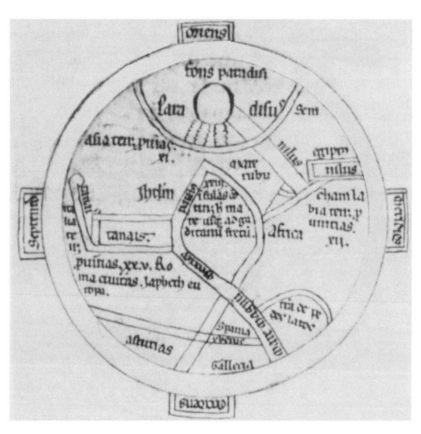

图 18.32　作为伊甸园的四条河流的扩展的尼罗河

这一概要性的 T－O 地图，来自一部 10 世纪的塞维利亚的伊西多尔的稿本，显示了尼罗河及其两个源头：其中之一在伊甸园，另一个在非洲。

原图直径：11.5 厘米。Biblioteca Medicea Laurenziana, Florence（Plut. 27 sin. 8, fol. 64v）许可使用。

328　　　关于地图上人类聚落的信息，也是来自古典和圣经资料的一种混合[216]。古典时代的民

　　[214]　斯特拉波：“帕克托洛斯河……在古代，人们获得了大量的金沙，由此克罗伊索斯和他祖先的财富广为人知。”参见 Eva G. R. Taylor, "Pacolus: River of Gold," *Scottish Geographical Magazine* 44（1928）: 129 – 44。

　　[215]　Kimble, *Middle Ages*, 107 – 8（note 55）. Charles de La Roncière, *La découverte de l'Afrique au Moyen Age: Cartographes et explorateurs*, Mémoires de la Société Royal de Géographie d'Egypte, Vols. 5, 6, 13（Cairo: Institut Français d'Archeologie Orientale, 1924 – 27）是最为完整叙述，有着优秀的参考书目。

　　[216]　这一部分我应当感谢 George Kish 的帮助。也可以参见 von den Brincken, "Mappa mundi und Chronographia," 169（note 23），他对经过选择的世界地图（mappaemundi）上的地名进行了一个非常有用的系统调查，提供了在 21 幅地图上发现的地名的 7 个地名表。

族、部落、区域和城市的名称与欧洲东部和北部新近形成的毗邻国家的名称一起出现。例如，斯拉夫（Slavs）、保加利亚（Bulgaria）、挪威（Norway）和冰岛（Iceland）的区域都出现在 10 世纪科顿的"盎格鲁—撒克逊"地图上。美因茨的亨利的地图上包括了丹麦和俄罗斯。《诗篇集》地图显示了匈牙利和俄罗斯、波希米亚，而波兰和普鲁士则首先出现在埃布斯托夫地图上，然后在赫里福德地图上，以及在希格登和弗拉·保利诺的地图上。瑞典首先出现在圣奥梅尔的朗贝尔的地图上，芬兰被发现于维斯孔特和弗拉·保利诺的世界地图上，以及在《初学者手册》（*Rudimentum novitiorum*）中的印刷世界地图上。尽管它的出版日期是 1475 年，但最后的这一作品来源于更早的资料。

相似的，与如高卢（Gallia）、日耳曼尼亚（Germania）、阿凯亚（Achaea）和马其顿（Macedonia）等古典时代的地区一起，更为最近组织的省份和具有商业价值的国家的名字也被插入，就像意大利的热那亚、威尼斯和博洛尼亚，或者西班牙的巴塞罗那（Barcelona）和加的斯（Cadiz）的出现。一些城市早在地图绘制之前就已经不复存在了，但它们的历史重要性使得它们值得一提，如小亚细亚的特洛伊（Troy），北非的大莱普提斯（Leptis Magna）和迦太基（Carthage）等。其他城市被包括在地图上，是因为同时代的政治重要性，其中如罗马和君士坦丁堡。

随着古典传统影响力的下降，圣经的资料变得更加突出。尽管起源于罗马，但分为三部分的图示的基本结构，它们的形态现在归因于诺亚的后裔在大地上繁衍的结果。闪、含和雅弗的家族有时候被完整地列在地图上，这来源于《创世记》的段落（图 18.33）[217]。诺亚方舟、西奈山、巴别塔、巴比伦、死海、约旦河、撒马利亚（Samaria）和以色列的十二部落也显示出来。尽管到中世纪后期，《新约》为世界地图（*mappaemundi*）提供的内容较少，但那些令人想起基督和使徒生平的地方往往是有标记的。除了耶路撒冷之外，我们还发现了伯利恒（Bethlehem）、拿撒勒（Nazareth）、加利利海（Sea of Galilee）、大马士革、以弗所（Ephesus）、安条克（Antioch）、尼西亚（Nicaea），甚至圣托马斯（Saint Thomas）、圣菲利普（Saint Philip）和圣巴塞洛缪（Saint Bartholomew）的墓地也被标记在的贝亚图斯（圣塞韦尔［Saint Sever]）和埃布斯托夫地图上[218]。

朝圣之旅的目的地往往在世界地图（*mappaemundi*）上得到了强调，并且与此有关的旅行指南为众多地名提供了资料来源，正如克伦（Crone）为赫里福德地图所展示的那样[219]。西班牙的圣地亚哥—德孔波斯特拉（Santiago de Compostela）和布列塔尼的圣米歇尔山（Mont Saint-Michel）也被经常的显示。毫不奇怪，罗马几乎出现在每一幅地图上，反映了它作为西方古老的帝王首都、教皇所在地以及有着众多为朝圣者提供了赦免的教堂的城市的多种角色。对于作为所有基督教朝圣者最伟大目标的耶路撒冷的重要性的强调，不仅是因为它出现在大多数的世界地图（*mappaemundi*）上，而且因为同一时期的圣地平面图，就像哈维在本卷第 20 章所描述的那样。

330

---

[217]　Gen. 10.

[218]　Von den Brincken 在 "Mappa mundi und Chronographia"（note 23）中的表格，允许读者将这些地名以及其他地名追寻到各自的地图上。

[219]　Crone, "New Light," 451 – 53（note 21）.

331

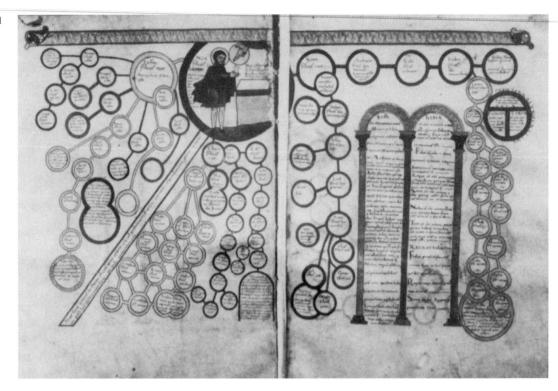

图 18.33 诺亚（Noah）的后代

诺亚的三个儿子闪、含和雅弗（也即 Shem, Ham and japheth）的家族，被显示在这一来自 11 世纪绘制的列瓦纳的贝亚图斯（Beatus of Liebana）的《圣约翰启示录的评注》（*Commentary on the Apocalypse of Saint John*）稿本的谱系图中。世界地图（*mappamundi*），上右（细部，图 18.52），被用来展示三个儿子之间对世界的划分。

原图尺寸：37×55.3 厘米。图片来自 Bibliotheque Nationale, Paris（MS. Lat. 8878, fols. 6v–7r）。

330

奇迹与传说

在世界地图（*mappaemundi*）上对可怕的种族和历史传说的呈现，反映了中世纪对奇异和奇幻的渴望[220]。在古典时代，尤其是在希腊，这样的一种需求已经被表达在与宗教存在联系的神话动物的发明中，比如半人马、塞壬（siren）和撒梯（satyrs）。非宗教的图像是由随着人类对大地的所知越来越多从而居住在越来越偏远地区的可怕人种构成的。这些思想中有许多来源于经验观察——例如下嘴唇突出的巨唇人（Amyctyrae），很可能是基于与乌班吉（Ubangi）部落的远距离接触[221]。表 18.5 总结了出现在世界地图（*mappaemundi*）上的半神话种族的主要群体。

可怕种族的来源至少可以追溯到公元 5 世纪的希罗多德、塞西亚斯的尼多斯（Cnidos of Cesias，活跃期公元前 398 年）和麦加斯梯尼（Megasthenes，约公元前 303 年）等作家。后两者显然前往过印度旅行，在那里大部分的奇迹都假定被发现了[222]。随着公元前 326 年，亚

[220] Rudolf Wittkower, "Marvels of the East：A Study in the History of Monsters," *Journal of the Warburg and Courtauld Institutes* 5（1942）：159–97, esp. 159.

[221] Friedman, *Monstrous Races*, 24（note 3）.

[222] Wittkower, "Marvels," 160（note 220）. 也可以参见 Jean Céard, *La nature et les prodiges：L'insolie au 16ᵉ siècle*, Travaux d'Humanisme et Renaissance, No. 158（Geneva：Droz, 1977）。

历山大大帝入侵印度，由他的旅程产生出了大量传奇，而这些在中世纪时期以亚历山大的传奇故事的形式复苏。尽管希腊地理学家斯特拉波（公元前64/63—公元21）蔑视这些奇迹和怪异种族的报道，"厌倦了那些对提升和改善生活没有贡献的毫无价值的著作"，而老普林尼对此的批评稍微少一些，并且他的著作对中世纪思想的影响要大得多。他的《自然历史》（*Historia naturalis*，大约公元77年）汇编了来自数百种资料的大量地理知识。普林尼的百科全书式著作中的大部分都具有非常重要的描述价值，但是传到中世纪的大都是那些怪诞的东西。例如盖乌斯·朱利叶斯·索里努斯（Gaius Julius Solinus，公元前3世纪）的《大事汇编》（*Collectanea rerum memorabilium*），强调的是奇迹，之外的则很少。像马克罗比乌斯和马尔提亚努斯·卡佩拉这样的通俗作家，虽然在地球的球体和地带的概念等诸多问题上具有启蒙意义，但也使得在中世纪后期，关于怪物的传说长期存在。所有伟大的中世纪晚期的百科全书都提到了怪物：伊西多尔、拉巴努斯·毛鲁斯（Rabanus Maurus）、奥诺里于斯、戈蒂埃·德梅斯、蒂尔伯里的杰维斯、英国人巴托洛缪斯（Bartolomeus Anglicus）、布鲁内托·拉蒂尼、博韦的樊尚和皮埃尔·德阿伊（Pierre d'Ailly）。不可避免的是，被整合到这些作品中的地图也受到了它们的影响，直到15世纪㉓。然而，也有怀疑的和可能的怀旧的观点，例如弗朗索瓦·拉伯雷（François Rabelais，约1495—1553）所说："我看到无数细心的男男女女……他们举着一幅世界地图（*mappamundi*），并且雄辩地谈论着惊人的事物……金字塔和尼罗河……以及穴居人，人鱼和无头人……食人族……在那里我看到了希罗多德、普林尼、索利努斯……以及许多其他古人……所写的所有美丽的谎言。"㉔

表 18.5　　　在世界地图（*mappaemundi*）上发现的主要的半神话种族的列表

名字	特点	位置	地图
巨唇人	上唇或下唇突出		埃布斯托夫
嗜人猿	吃人的；用人的头盖骨喝水	斯基泰，非洲	瓦尔施佩格；埃布斯托夫
对跖地的居民	倒立的	对跖地	贝亚图斯
佝偻怪人	用四肢走路		诗篇集
无须吃喝的阿斯托米人	无嘴的；喜欢闻苹果	恒河	瓦尔施佩格
巨耳人	脸长在胸上；没有脖子，也被称为 Acephali	利比亚（非洲）	瓦尔施佩格
独眼巨人	一只眼睛，也被称为 Monoculi	西西里；印度	瓦尔施佩格
犬头人	狗头	印度	博尔贾；赫里福德；埃布斯托夫；瓦尔施佩格；诗篇集
眼睛长在肩膀上的怪物	眼睛长在肩膀上，类似于巨耳人		诗篇集
马腿人	马的蹄子		埃布斯托夫
海怪	拿着弓箭（四只眼睛）	非洲	诗篇集；埃布斯托夫

332

331

㉓　奇迹持续出现在印刷的有插图的历史和宇宙志著作中，例如那些 Hartmann Schedel, Sebastian Münster, Andre Thevet, Sebastian Franck 以及其他文艺复兴时期的人物的。

㉔　François Rabelais, *Pantagruel*, 5.31, in *Oeuvres complètes*, ed. Jacques Boulenger（Paris: Gallimard, 1955），844.

续表

名字	特点	位置	地图
食人兽	有着人头的四只脚的野兽		赫里福德；埃布斯托夫
伞足人	用脚来遮蔽自己（有时也被称为 Monocoli，来自希腊，与上面的 Monoculi 造成混淆）	印度	贝亚图斯；赫里福德；诗篇集
穴居人	居住在洞穴中	埃塞俄比亚	瓦尔施佩格；诗篇集

332

图 18.34 博尔贾地图（Borgia Map）上的狗头人身者（Cynocephali）

一位有着狗头的人，与伊斯兰联系了起来，被认为存在于埃塞俄比亚，其是中世纪传教士用来表示改宗的主要标志，并且因而经常出现在带有说教意味的世界地图（mappaemundi）上，就像此处右上角所展现的那样。

原图细部的尺寸：12×7.2 厘米。图片来自 Biblioteca Apostolica Vaticana, Rome（Borgiano XVI）。

　　怪异的种族给教会的神父带来了大量的问题。如果它们存在——并且普遍认为它们确实存在——那么是否是人类？如果他们是人类，那么他们是否是亚当和诺亚的后裔，拥有可以拯救的灵魂？圣经中的一些段落说，福音必须传给所有人，而其中也包括了这些怪物。因此，中世纪传教士的主要目标是犬头人（Cynocephali）——犬头人有时被与伊斯兰联系起来——其皈依，那么将会创造一个福音力量的具有说服力的展示[25]。这些生物因而可以在说教性的世界地图（*mappaemundi*）中找到。例如，博尔贾地图中在如下标题下包含了对狗头的萨拉森人（Saracen）的呈现："埃比尼基贝尔（Ebinichibel）是萨拉森人的埃塞俄比亚国王，有着他狗头的臣民。"（图 18.34）

　　世界地图（*mappaemundi*）上对怪异种族的放置，按照三种主要的地图类型而变化。在分为三部分的地图中，种族通常拥挤在非洲最南部分的一个地带中，没有特别尝试将这些人的位置与气候或其他自然因素联系起来。这代表了一个来源于普林尼的位置。在中世纪教会的眼中，这样还有一个额外的优势，就是它们被显示的尽可能远离尘世文明的中心——耶路撒冷——但是，就像埃布斯托夫地图如此生动地显示的，仍然在基督左胳膊的范围内[26]。

　　在地带地图中，对跖地被作为对怪异种族进行定位的指南，因为通常只有很少的描述——语言的或图形的——被放置在地图之上。相反，那些显示了第四大陆的地图，特别是贝亚图斯的地图类型，其旨在说明教会在世界各民族皈依中的使命，包含了现存最早的对怪异种族的呈现，以及详细的文字说明[27]。

　　对基督教世界以外的种族和精神力量的恐惧，引发了另外两个传说，这些传说经常出现在世界地图（*mappaemundi*）上，所以它们值得单独进行解释。这两者就是神话的基督教国王祭司王约翰的传说，以及被认为与歌革（Gog）和玛各（Magog）的名字有着联系的国度。歌革及其臣民玛各，出现在《以西结书》和《启示录》中，在那里被描述为敌基督者的力量，其将在审判日被释放出来，从而占领文明的尘世[28]。亚历山大大帝据说建造了一道在高加索山中的有着一个巨大铜门的高墙，以遏制他们。在世界地图（*mappaemundi*）上，歌革和玛各被用两个拟人化的巨人的形象绘制在亚洲北部或者东北部的某个地方。有时它们被显示为由亚历山大修建的高墙所包围，而这道墙常被误认为是对中国的万里长城的呈现（图 18.35）[29]。 333

　　科尔特桑所谓的"地理学史上最大的骗局"[30]祭司王约翰的传说，是关于一个神话的基督教国王的。祭司王约翰，其被希望能成为基督徒在与伊斯兰帝国斗争中的防御性的

[25]　Friedman, *Monstrous Races*, 59 – 86（note 3）.

[26]　"Ebinichibel rex est sarracenos ethiopicos cum populo suo habiens caninam." Almagià, *Vaticana*, 1：27 – 29 and pl. XI（note 83）.

[27]　Friedman, *Monstrous Races*, 50（note 3）.

[28]　Ezek. 38：1 – 9, Rev. 20：7 – 8.

[29]　Andrew R. Anderson, *Alexander's Gate, Gog and Magog, and the Inclosed Nations*（Cambridge, Mass.：Medieval Academy of America, 1932）. 亚历山大大帝的旅行有着巨大的传奇色彩，并通过亚历山大传奇故事的形式进入中世纪思想，并由此进入了世界地图（*mappaemundi*）。也可以参见 W. J. Aerts et al., eds., *Alexander the Great in the Middle Ages：Ten Studies on the Last Days of Alexander in Literary and Historical Writing*, Symposium Interfacultaire Werkgroep Mediaevistiek, Groningen, 12 – 15 October, 1977（Nijmegen：Alfa Nijmegen, 1978）. Friedman, *Monstrous Races*, 33（note 3）.

[30]　Cortesão, *History of Portuguese Cartography*, 1：255 – 75（note 34）.

图 18.35 玛各（Magog）王国周围的墙体

这一围墙的目的——来源于亚历山大的传奇故事——就是容纳歌革（Gog），其在玛各王国中迁移，被认为在审判日的时候将会蔓延到全世界。由于其被定位在亚洲，因而这一描绘被误认为是中国的万里长城。这一细部来自 13 世纪的普萨特尔（Psalter）地图。

原图细部的尺寸：3.3 × 2.5 厘米。British Library, London（Add. MS. 28681, fol. 9r）许可使用。

盟友[231]。

　　根据科尔特桑的观点，这个故事直到大约 1307 年的卡里尼亚诺（Carignano）的航海图之后才出现在地图上，那幅航海图在埃塞俄比亚有着国王，尽管相当的模糊不清。在约 1320 年的维斯孔特和萨努多世界地图上，祭司王约翰被显示在了印度。在那之后直至 16 世纪的几幅地图上，这位国王被绘制在了印度、中国和非洲的一些部分，通常是一位坐在宝座上拿着一个其顶部有着十字架的权杖的国王。由于前后相继的探险未能发现他，所以可以选择的地点逐渐狭窄，同时他的形象也相应地发生了迁移（图 18.36）。

　　[231]　祭司王约翰的故事始于 12 世纪早期的罗马。一封伪造的 1163 年的信，使这一故事获得了信任，该信声称是从印度神秘的祭司—国王约翰送给君士坦丁堡的 Emmanuel 和 Frederick Barbarossa 的，描述了他王国的财富和力量。Pope Alexander Ⅲ 在 1177 年回复了这封信，询问祭司王约翰是否保证他支持为了全世界的基督教国家而重新征服伊斯兰。信件的原件（就我们所知其有着 100 种稿本以及众多 15、16 世纪的印本），影响了多次找到这位神秘的国王并与其进行政治接触的尝试。航海者亨利王子的努力在这方面是尤其值得注意的；他派出了他的侍从，Antão Gonçalves 在 1441 年前往西非海岸探险，有着这样的指示，即"他不仅希望了解那片土地，而且还希望了解印度群岛和祭司王约翰的土地"。参见 Cortesão, *History of Portuguese Cartography*, 1：264（note 34）。

图 18.36　祭司王约翰（Prester John）

一位神秘的基督教国王，祭司王约翰最早出现在亚洲。但是随着后续的探险没有发现这个西方在与伊斯兰的斗争中的可能盟友的蛛丝马迹之后，他被挪到了非洲的不同部分。

来自约 1565 年的 Diogo Homem 的地图集。British Library，London（Add. MS. 5415a）许可使用。

象征主义：历史、权力和正方向

334

中世纪世界地图（*mappaemundi*）的功能基本上是寓教于乐的，象征主义和寓言在它们的概念中扮演着重要的角色。这是当时公认的。圣维克托的休（约 1097—1141）将一个符号定义为"用于展示不可见的事物的可见形式的汇集"[222]。从这一论述可以推断，休正在假设符号具有图形的形式，而中世纪的历史和文献的现代作家则倾向于从严格的口头而非图形意义来提到象征意象。研究中世纪的现代历史学家也更关心象征主义的抽象的、神秘的含义——例如，十字架作为耶稣受难的象征——而不是与十字架的形状有关的空间象征，即代表发现上帝在宇宙中的影响的四个方向：高度，深度，长度和宽度[223]。但是，支持这样一种观念，即中世纪的人除了神秘和寓意之外，还以具体的和字面的方式思考。拉德纳（Ladner）指出，尼萨的圣格列高利（Saint Gregory of Nyssa，4 世纪）甚至将十字架的空间比喻延伸到了二维的图景中：世界的四个 1/4 部分和四个基本方向，以及甚至被钉死在十字架上之后基督的衣服的四个部分[224]。

许多呈现了基督教教会精神概念的可见形式在世界地图（*mappaemundi*）上都很明显。

---

[222]　Gerhart B. Ladner，"Medieval and Modern Understanding of Symbolism：A Comparison，" *Speculum* 54（1979）：223 – 56，引文在 225。圣维克托的休的图形倾向，也通过他的指示展现了出来，即当他寻求一段经文的含义时，他曾经通过绘制图表来帮助自己。参见 Beryl Smalley，*The Study of the Bible in the Middle Ages*，2d ed.（Oxford：Blackwell，1952），96。

[223]　Eph. 3：18.

[224]　Gerhart B. Ladner，"St. Gregory of Nyssa and St. Augustine on the Symbolism of the Cross," in *Late Classical and Mediaeval Studies in Honor of Albert Mathias Friend，Jr.*，ed. Kurt Weitzmann（Princeton：Princeton University Press，1955），88 – 95，esp. 92 – 93. John 19：23.

有时候整幅地图都被呈现为基督教真理的一个符号。中心主题是尘世作为一系列神意计划的历史事件的舞台，这些事件从世界的创造，通过耶稣基督受难而得到救赎，直至最后审判日。这样的解释证明了冯登布林肯的观点，即地图既是历史年表，也是地理信息的列表㉓。

在这样的地图中，世界的创造是通过分为三部分的图案的方式来象征的，这种图案被用于将大地分为诺亚的后代所居住的三大洲。因此，三部分的结构象征着人类尘世历史的开始。根据圣经在《创世记》中对他们的记载，在各个地图上分别描绘了闪、含和雅弗家族，只是细节上存在差异，而闪的家族所占比例最大（亚洲），反映了他所拥有的长子继承权。闪米特人（Semitic）、含米特人（Hamitic）和贾菲斯人（Japhetic）都来自这个划分。

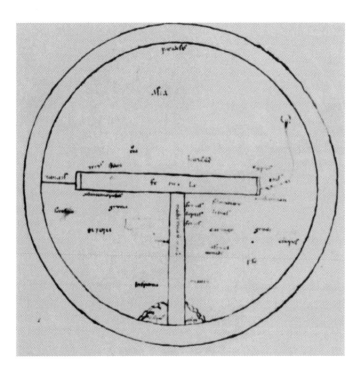

图 18.37　有着希腊文第十九个字母（τ）的 T – O 地图

这样的图像强化了 T – O 模式中固有的基督受难的象征意味，T – O 代表了希腊文第十九个字母（τ，*crux commissa*）。这里显示的地图的时间是 11 世纪的。

原图的直径：16.2 厘米。来自 Sallust, *De bello Jugurthino* 的稿本。Universitätsbibliothek Rostock, GDR（Codex Philol. 27, fol. Iv）许可使用。

但是 T – O 地图也可以被看作是基督受难的一种象征符号。正如兰曼（Lanman）所说，可能的就是，T – O 模式中的 T 代表了一个十字架，且是希腊语第十九个字母 τ 的变体（即 *crux commissa*）。当上部横线的两端倾斜或截断时，这一点尤其明显，就像图 18.37 所示㉔。

㉓　参见前文 pp. 288 – 90。

㉔　Jonathan T. Lanman, "The Religious Symbolism of the T in T – O Maps," *Cartographica* 18, No. 4（1981）: 18 – 22. 这点得到了其中 T 上有着一个被钉死在十字架上的人物形象的小型世界地图（*mappamundi*）的有力证明。Florence, Biblioteca Medicea Laurenziana, Conventus soppressus 319, fol. 90v. 参见 Arentzen, *Imago Mundi Cartographica*, 235 – 36 and pl. 79（note 32）。

当基督的身体像埃布斯托夫地图那样，以一种无所不包的垂死的姿势叠加在大地的地图上的时候，该地图本身就成了世界救赎的明确的象征符号。即使是24个可怕的种族，也被基督的双臂所拥抱，尽管是象征性的，但它们是在他左手的世界的最末端。

将"荣耀基督"包含在一些世界地图（*mappaemundi*）的标题中，展示了基督教史的第 335
三个象征主义的阶段，即末日审判的阶段。基督或者圣父的形象可以由从人像周围放射出来的柔和的光以及光环包围着，这是用来象征圣洁的，在从5世纪直至文艺复兴时期的基督教艺术中是常见的。希格登的地图和1457年的热那亚世界地图的杏仁形因而可能并不是偶然的。它反映了这一广泛传播的符号被用于表示整个世界都是基督的领域[㉗]。

因此，一幅世界地图（*mappamundi*）可以同时呈现基督教世界的完整历史：它的创造、救赎和末日审判。这样一个强大的信息，不会被那些看到修道院文本中的小地图或悬挂在教堂和宫殿中的大型墙壁地图[㉘]——没有保存下来，但我们有着众多的线索——的人们忽略。

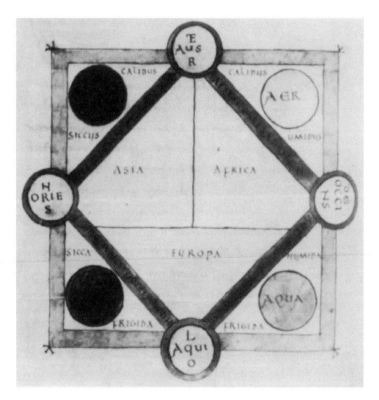

图 18.38　数字四的符号体系

来自公元9世纪的比德（Bede）的《物质的本质》（*De natura rerum*）的一部稿本，这一图示标明了中世纪感知到的四个主要方向（和三块大陆）、四个季节、四大元素和四种物质特性（热、冷、湿、干）之间存在的关系。

原图细部的尺寸：24平方厘米。Bayerische Staatsbibliothek, Munich (Clm. 210, fol. 132v) 许可使用。

㉗　关于黄金色的光环或者祥云，包括从人像周围放射出来的柔和的光的各种形式的图示，参见 F. R. Webber,
Church Symbolism (Cleveland：J. H. Jansen, 1927), 154。

㉘　例如，马修·帕里斯在他的"世界"地图中提到了三幅这类地图的线索，见 *Chronica majora* (British Library, Cotton MS. Nero D. V., fol. Iv)。

宗教符号的空间意义的一个特殊例子就是十字架与四个主要方向之间的联系，最常见的就是教堂的十字形平面布局，同时后堂和祭坛位于东侧。基督教文献中的数字 4 的符号体系其根源在于古典时代，就像比德的"自然哲学"（*de natura rerum*）中的一个图示所展示的。比德所展现的四个基本方向、四个季节与四种气候之间的关系，可以追溯到亚里士多德的思想（图 18.38）[229]。在这里，人与天之间的密切关系，占星术的根源，也由亚里士多德学派的四元素——火、水、气和土——与人的四种体液的对应所展示，而人体本身就是宇宙的缩影[240]。伊西多尔提出了元素及其与基本方向和气候之间关系的一个相似的图示（图 18.39）[241]。表 18.6 总结了基本方向与古典和中世纪对其赋予的各种属性之间的关系。

圣维克托的休对这种象征主义的重要性进行了最具体的论述。休的《关于神秘的诺亚方舟》（*On the Mystical Noah's Ark*），不仅为我们提供了对如何制作一幅世界地图（*mappamundi*）非常罕见的描述，而且也表明了象征性的意义是如何被有意识地融入的：

> 完美的方舟被一个椭圆形所环绕，后者触碰到了方舟的每个角落，同时其圆周所囊括的空间代表着大地。在这一空间里，以如下方式绘制了一幅世界地图：方舟的前面朝东，后面朝西……在椭圆和方舟的前端之间形成的位于东方的顶点是天堂……另一个顶点，其向西凸出，就是末日审判，上帝的选民在右边，被抛弃的则在左侧。在这个顶点的北部角落是地狱，在那里，被诅咒的人的叛教的灵魂被抛弃。在上述圆周周围绘有一个稍微宽一点的区域，以便可以有效地看到这些区域。大气就是在这个空间中。在这第二个空间中，呈现了大地的四个部分以及四季：东方为春季，南方为夏季，西方为秋季，北方为冬季[242]。

336　　　　数字 4 的意义超出了天和地的物质特征。由于在《启示录》中，他们与在大地的四个角落传福音之间的联系，因此四部福音书的作者被通常显示在世界的东北、东南、西南和西

---

[229]　Karl A. Nowotny, *Beiträge zur Geschichte des Weltbildes* (Vienna: Ferdinand Berger, 1970), 26. 对元素图示的归纳，参见 John Emery Murdoch, *Antiquity and the Middle Ages*, Album of Science (New York: Charles Scribner's Sons, 1984), 346–59. 作为对季节、气候、元素、伊甸园的河流和其他宇宙志主题之间的相互联系的宏伟的图像说明，几乎没有什么可以与 Lausanne cathedral 的彩色玻璃窗媲美的。参见 Ellen Judith Beer, *Die Glasmalereien der Schweiz vom 12. bis zum Beginn des 14. Jahrhunderts*, Corpus Vitrearum Medii Aevi, Schweiz, Vol. 1 (Basel: Birkhäuser, 1956).

[240]　Ernst Cassirer, *The Individual and the Cosmos in Renaissance Philosophy* (Oxford: Clarendon Press, 1963). Leonard Barkan, *Nature's Work of Art: The Human Body as Image of the World* (New Haven: Yale University Press, 1975).

[241]　Isidore, *Traité de la nature*, ed. Fontaine, fig. 2, 202 ff. (note 84).

[242]　Hugh of Saint Victor *De arca Noe mystica* XIV, in *Patrologice cursus completus*, ed. Migne, 176: 700 (note 157), 作者的翻译。"Adjecimus tamen quaedam, quae breviter commemorabimus. Hoc modo arca perfecta, circumducitur et circulus oblongus, qui ad singula cornua earn contingat, et spatium quod circumferentia ejus includit, est orbis terrae. In hoc spatia mappa mundi depingitur ita ut caput arcae ad orientem convertatur, et finis ejus occidentem contingat, ut mirabili dispositione ab eodem principe decurrat situs locorum cum ordine temporum, et idem sit finis mundi, qui est finis saeculi. Conus autem ille circuli, qui in capite arcae prominet ad orientem, Paradisus est, quasi sinus Abrahae, ut postea apparebit majestate depicta. Conus alter, qui prominet ad occidentem, habet universalis resurrectionis judicium in dextra electos, in sinistra reprobos. In cujus coni angulo Aquilonari est infernus, quo damnandi cum apostatis spiritibus de-trudentur. Post haec supradicto circulo alter paulo laxior circumdu-citur, ut quasi zonam videatur efficere, et hoc spatium aer est. In quo spatio secundum quatuor partes mundi quatuor anni tempora disponuntur, ita ut ver sit ad orientem, ad austrum aestas, ad occidentem autumnus, ad aquilonem hiems."

表 18.6　　　数字 4 及其与中世纪世界地图（*mappaemundi*）之间象征性方面的联系

	基本方向			
	北	东	南	西
世界主要地区				
大陆	欧洲	亚洲	非洲	第四大陆
民族	雅弗	闪	含	对跖地的居民
天文学和占星术				
风（伊西多尔）	Septentrio	Subsolanus	Auster	Favonius
风（亚里士多德）	Boreas	Apeliotes	Notos	Zephyros
季节	冬季	春季	夏季	秋季
一天的时间	午夜	清晨	中午	傍晚
元素	土	气	火	水
气候	冷湿	热湿	热干	冷干
体液	黑胆汁	血液质	黄胆汁	黏液质
古典神话				
人格	Vulcan	Flora/Nenus	Ceres	Bacchus
行星	木星	金星	火星	海王星
圣经				
传福音者	马修	马克	卢克	约翰
福音是如何开始的	天使	荒野中的声音	祭祀	意味深长的话
形式	人	狮子	公牛	鹰
属性	智慧	力量	忍耐	自由
沙特尔教堂南侧的玻璃	以赛亚	丹尼尔	耶利米	以西结
教会的神父	安布罗修斯	杰罗姆	奥古斯丁	格列高利
伊甸园的河流	比逊河	底格里斯河	基训河	幼发拉底河
代表的河流	恒河	底格里斯河	尼罗河（印度河）	幼发拉底河
颜色				
波斯	黑	红	白	黄
以色列	黑	红	绿	白
希腊	黑	蓝绿	红	白
罗马战车比赛	白	绿	红	蓝
亚里士多德	黑	红	黄	百

北角，就像 1452 年的莱亚尔多地图上的那样（图 18.40）。自从里昂（Lyons）主教的艾雷尼厄斯（Irenaeus）时代（约 180 年）之后，上述每位作者都与《启示录》中的四个有翼生物之一存在联系[243]。

---

[243]　Irenaeus, *Five Books of S. Irenaeus, Bishop of Lyons, against Heresies*, trans. John Keble（Oxford：J. Parker, 1872），125. 也可以参见 James Strachan, *Early Bible Illustrations：A Short Study Based on Some Fifteenth and Early Sixteenth Century Printed Texts*（Cambridge：Cambridge University Press, 1957）。有时候，每位布道者都被显示拿着一艘船，这是从伊甸园流淌出的四条河流的象征性的源头。

即使是世界地图（*mappamundi*）的正方向也有着一种象征意义。术语"正方向"（orientation）一词本身来自原始社会对东方的专注，以作为有序化空间的一种方式。四个基本方位在世界地图（*mappamundi*）的突出，以及相应的象征性的风头像，因而无疑具有比仅仅向读者显示地图的阅读方式有着更为深刻的意义。以四个方向为正方向的地图都可以找到，但按照顺序，以东、北、南为正方向的是最常见的。正方向为东，通常，但并不意味着绝对如此，发现于分为三部分的世界地图（*mappamundi*）上，并且其遵照着被基督教世界采纳的罗马晚期的萨卢斯特的传统。正方向为北的可以在其他大类的世界地图（*mappamundi*）中找到，可以追溯到古典希腊时代早期的文献，其几何形状以地轴和气候为中心。以南为正方向，可能来源于阿拉伯的影响，因为阿拉伯文化的世界地图的特征就是正方向为南。这可能有两个原因。首先，早期被阿拉伯人征服的民族是琐罗亚斯德教教徒（Zoroastrians），对他们而言，南方是神圣的。其次，那些早期的文化中心位于麦加以北这一新征服的领土上，因此当时所有穆斯林祈祷时朝圣的方向为南[24]。

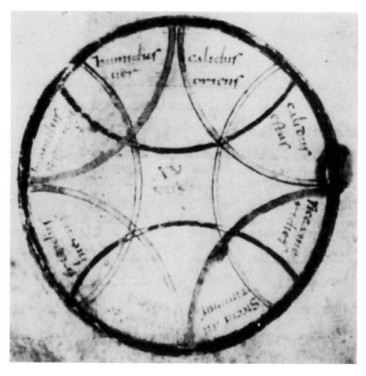

图 18.39　来自伊西多尔的元素图示

类似于比德的呈现（参见图 18.38），这幅图示再次表明了四大元素的特性的组合。因而，火是热的和干的，气是热的和湿的，水是冷的和湿的，土是冷的和干的。伊西多尔对于圆形的使用反映了他对大地气候带的误解（参见图 18.26）。来自时间大约为 850 年的关于天文学和年代学的各种论文的一部稿本。

原图直径：14 厘米。Bibliotheque Municipale, Rouen（MS. 524, fol. 74v）许可使用。

---

[24]　B. L. Gordon, "Sacred Directions, Orientation, and the Top of the Map," *History of Religions* 10 (1971)：211 – 27, esp. 218. 当然，后来，阿拉伯文化习惯中的展望方向是印度洋，因此确认了南是一个受到偏好的方向。也可以参见 Salvatore Cusa, "Sulla denominazione dei venti e dei punti cardinali, e specialmente di nord, est, sud, ovest," *Terzo Congresso Geografico Internazionale, Venice, 1881*, 2 Vols.（Rome：Società Geografica Italiana, 1884），2：375 – 415。

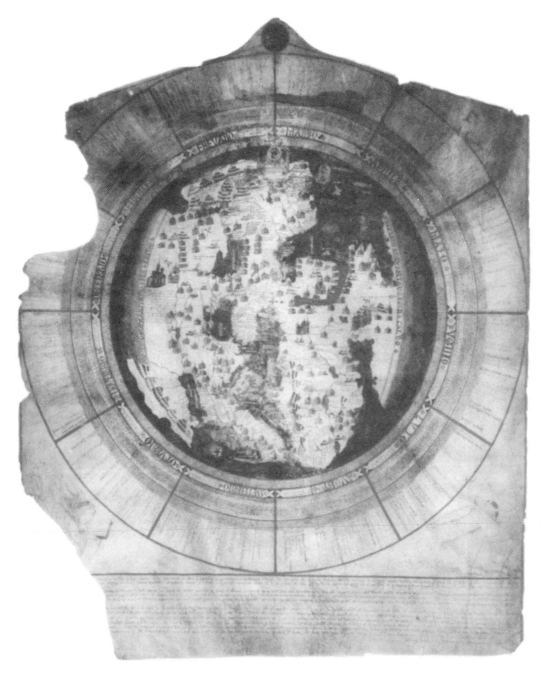

图 18.40　莱亚尔多世界地图（Leardo World Map），1452 年

按照《启示录》中他们与大地四个角落的福音方面的联系，四福音书的作者被显示在这幅地图的四角。

原图尺寸：73×60 厘米。American Geographical Society Collection, University of Wisconsin, Milwaukee 许可使用。

因此，基本方向不仅有着一种抽象的正方向的含义，而且其自身也变成了一种神秘的存 337
在[245]。正如文献中有着良好记载的，日出的位置，然后是日落的位置，是根深蒂固的人类好
奇心的对象。据观察，东方和西方，在早期语言中，获得名称通常是在南方和北方之前。这

---

[245]　Cassirer, *Individual and the Cosmos*, 98（note 240）.

两个词汇，东方的词汇通常先于那些表示西方的词汇㉔。东方在社会和宗教实践中的重要性也体现在众多语言中基本方向词的起源上。例如，"北"是由它在东方"左"的位置所描述的，因而其与不吉利的行为、左撇子以及邪恶联系在一起。在凯尔特语中，表示"北"和"左"的词汇是密切相关的㉔。

世界地图（*mappaemundi*）也成为皇室和帝国权力的象征符号，因而反映了创造它们背后的世俗影响。宝球和权杖不仅在仪式和艺术上，而且在领土内的钱币上都被作为皇权的代表而被普遍接受。一些现存最早的分为三部分的和球形地球的图像被发现于钱币之上㉔。在罗马钱币上将大地呈现为一个球体的传统可以追溯到公元前 1 世纪，还有着一个在其背面有着代表了分为三部分的世界的三个圆环的金牌㉔。考虑到其他关于罗马时代地球球形知识的参考文献很少，因此这些尤其重要。在整个中世纪，持续将世界地图或球仪象征性地整合为一种御用物品。其被延伸到荣耀上帝的统治的绘画中，被描绘为握着其顶端有着一个十字架的宝球，通常是左手。

339 　　世界地图（*mappaemundi*）的另一个象征主题就是将地球作为徒劳追求的一个场景。正如艺术史学家所称的，虚荣（*vanitas*）的符号在后文艺复兴时期已经有着很好的文献记载，但它的来源始于更早的时候㉕。在罗马硬币上可以找到有着一个车轮或站在一架球仪上的命运女神（Fortuna）的寓意画。在中世纪时期，命运女神的车轮被结合到现在都灵的市立博物馆（Museo Civico）收藏的 12 世纪的地板马赛克上的一幅世界地图上（图 18.41）㉕。这里，中央的圆圈寓意着命运女神的车轮，而环绕边缘的图像显然是地图学的。亨利三世（Henry Ⅲ）在温切斯特（Winchester）城堡大厅的装饰中包括了一幅世界地图（1236）和一个命运之轮（1239）㉕。布尔格伊的博德里（Baudri de Bourgueil，约 1100）的一首诗提到了布卢瓦（Blois）伯爵夫人阿德拉（Adela）的房间地板上的一幅世界地图（*mappamundi*），可能也是意图作为一种虚荣的符号。但这一地图没有任何残迹保存下来，但博德里详细描述了这幅地图，由此其不太可能仅仅只是想象的产物：他甚至提到在上面盖了一片玻璃以防止灰尘㉕。

㉔ Cecil H. Brown, "Where Do Cardinal Direction Terms Come From?" *Anthropological Linguistics* 25 (1983): 121 – 61. 但是参见 Gordon, "Sacred Directions," 211 (note 244), 其指出了日出和日落的位置随季节和纬度的变化。

㉔ Brown, "Cardinal Direction Terms," 124 (note 246). 康沃尔语中表示左和北的词汇都是 *cleth*；威尔士语中表示左的词汇是 *cledd*，表示北的词汇是 *gogledd*。

㉔ Miller, *Mappaemundi*, 3: 129 – 31, fig. 66 (note 9).

㉔ Miller, *Mappaemundi*, 3: 131 (note 9) 将其时间定为公元前 22 年。如果如此的话，那么在金牌上的名字——M. Cocceius Nerva——显然指的并不是同一名字的生活在公元 35—98 年的皇帝。

㉕ 标准的巴洛克后期的资料是 Cesare Ripa, *Iconologia* (3d ed., 1603; facsimile reprint, Hildesheim and New York: Georg Olms, 1970)。也可以参见 James A. Welu 的作品，最近的是 "The Sources of Cartographic Ornamentation in the Netherlands," in *Art and Cartography* (note 135)。

㉕ Ernst Kitzinger, "World Map and Fortune's Wheel: A Medieval Mosaic Floor in Turin," *Proceedings of the American Philosophical Society* 117 (1973): 344 – 73.

㉕ 参见 H. M. Colvin, ed., *History of the King's Works*, 6 Vols. (London: Her Majesty's Stationery Office, 1963 – 82), 1: 127, 497, 2: 859, 861。

㉕ Baudri de Bourgueil, *Les oeuvres poétiques de Baudri de Bourgueil* (*1046 – 1130*), ed. Phyllis Abrahams (Paris: Honoré Champion, 1926), lines 719 – 948 (pp. 215 – 21). O. A. W. Dilke 教授，基于他对 Baudri 的含义不清的拉丁语的解读，相信地图并不像被报告的那样是一幅马赛克，而可能为一幅绘制在大理石上的绘画，或者是覆盖在大理石上的丝绸上刺绣（私人通信）。玻璃盖子在第 727—28 行进行了描述："Ne vero pulvis picturam laederet ullus, Tota fuit vitrea tecta superficie"（由此，灰尘将不会损坏图像，其表面被玻璃完全覆盖了——作者的翻译）。

图 18.41　命运女神（Goddess Fortuna）的马赛克图案

这一 12 世纪的地板马赛克由一幅世界地图构成，地图中有着将命运之轮作为中央圆环的图案，这是中世纪艺术中的一个常见主题，即将尘世呈现为徒劳追求的场所。

原物尺寸：6.5×7 米。Museo Civico, Turin 许可使用。

世界地图（*mappaemundi*）也可以反映中世纪时期个人被认为与宇宙存在联系的两种 340 主要方式。微观和人类中心的概念都是中世纪宇宙志思想中无处不在的主题。按照微观宇宙的主题，人体被看作是宇宙的一个缩影，其中元素、体液和身体的器官（微观世界）被与宇宙直接联系起来，并且受到后者的控制（宏观宇宙）。占星术的核心目的就是解释这些联系[29]。

世界地图（*mappaemundi*）自身就是大地的缩影，并且地球和宇宙之间的物理关系也被很好地展示，例如在伊西多尔的图示中。其他图示中显示了处于杏仁形框架中的人体，框架四周是黄道带或者大地的划分，而这一框架本身也被作为代表了元素的四个同心圆之一。因此，世界地图（*mappaemundi*）属于在建筑学和地图学中发现的空间呈现和思想的一个非常广泛的家族。拜占庭式的教堂通常将其主要大门布置为朝东，并且在中世纪晚期，尤其是在北欧，建筑被如此确定朝向，由此集会的教众面对位于东方的祭坛。代表着

[29]　Yi-Fu Tuan, *Topophilia: A Study of Environmental Perception, Attitudes, and Values* (Englewood Cliffs, N. J.: Prentice-Hall, 1974), 以及 idem, *Space and Place: The Perspective of Experience* (Minneapolis: University of Minnesota Press, 1977). Barkan, *Nature's Work of Art* (note 240). Cassirer, *Individual and the Cosmos* (note 240).

位于大地的四个方向之上的天堂的穹顶，通常建造在交叉通道和中殿的交叉处之上。以这种方式，建筑物表达了与世界地图（*mappamundi*）相同的象征性的空间概念，即地球和天堂的缩影[255]。

第二个概念，即人类中心主义者，将个人置于一个抽象的基本方向的几何系统的中心，或者与地理景观中的一些显著特征（如河流）相关联的几何系统的中心。这是在生活极大地依赖直接可见的环境的那些社会中的一种自然世界观，并且在其中，日月星辰日常的和季节性的位置对于确定方向有着强烈的影响力。然而，在中世纪，人不在世界的中心。至少在中世纪的欧洲，与奥古斯丁的上帝之城（City of God）相对，人之城（City of Man）的想法仍有待于欧洲的文艺复兴。如果有什么应当被描述在世界地图（*mappaemundi*）的中心的话，那么并不是绘制了地图的那些宗教中心，而是像耶路撒冷或西奈山那样的象征性的圣经的中心，或者是诸如提洛岛（Delos）的神圣岛屿或罗马（Rome）这类古典的中心。对基督徒来说，将耶路撒冷定位在地图的中心有着明确的来自圣经的合理性[256]。《旧约》中对空间也有着敏锐的意识，这使得位置在犹太历史的事件中起着不可或缺的作用[257]。爱奥纳（Iona）的修道院院长阿达姆南（Adamnan），在他的"本地文献"（*De locis sanctis*）中提到："一个非常高的立柱，立在城市的中心……值得注意的是，该立柱……在夏至期间的中午，当太阳到达天空的中心时，没有影子……因此，这一立柱证明耶路撒冷位于世界的中心。"[258]

耶路撒冷位于北回归线以北约10°的地方，因此对太阳的这种观测在天文学上是不可能的（除非柱子向南倾斜10°）。然而，用科学观察来证明传统概念的尝试，反映了新建立的对科学的尊重。智者伯纳德（Bernard the Wise，约870）的描述中也发现了这种科学的精确性，其报告说，耶路撒冷四座主要教堂的墙体封闭了一个没有屋顶的门廊，在其上，每个教堂都系起了四个链条，以连接到一个位于世界中心之上的点[259]。

尽管这样的信仰，但是耶路撒冷在大多数中世纪的世界地图（*mappaemundi*）上并没有被显示在中心[260]。在那些不属于图示性 T－O 类别的地图中，这是显而易见的，例如贝亚图斯、奥罗修斯或希格登，或类似于美因茨的亨利那样的重要的 12 世纪的地图（图18.42）。确实，三幅非常著名的世界地图——埃布斯托夫、赫里福德和诗篇地图——都精确地以耶路撒冷为中心，并且正是这一点可能导致历史学家和地理学家将其过于普遍化。同样还被错误假设的就是，由于在概要性 T－O 地图中的 T 代表着地中海与顿河—黑海—爱琴海—尼罗河

[255] Mieczyslaw Wallis, "Semantic and Symbolic Elements in Architecture: Iconology as a First Step towards an Architectural Semiotic," *Semiotica* 8 (1973): 220–38, esp. 224–28; Mircea Eliade, *The Sacred and the Profane: The Nature of Religion* (New York: Harcourt Brace Jovanovich, 1959).

[256] "这就是耶路撒冷。我曾将他安置在列邦之中；列国都在他的四围。"（《以西结书》5: 5）

[257] 也可以参见 Eliade, *Sacred and Profane*, 42–47 (note 255)。Robert L. Cohn, *The Shape of Sacred Space: Four Biblical Studies* (Chico, Calif.: Scholars Press, 1981), 2. 对犹太哲学中空间和地点概念的总体讨论，参见 Israel Isaac Efros, *The Problem of Space in Jewish Mediaeval Philosophy* (New York: Columbia University Press, 1917)。

[258] 被引于 Friedman, *Monstrous Races*, 219 n. 23 (note 3)。

[259] J. H. Bernard, trans., *The Itinerary of Bernard the Wise*, Palestine Pilgrims Text Society 3 (London, 1893; reprinted New York: AMS Press, 1971), 8.

[260] Beazley, *Dawn of Modern Geography*, 1: 339 (note 17)。

轴线的汇合，圣地据此足够接近，由此使得耶路撒冷位于地图中心的交点。但是，不仅有许多例子表明 T 的茎与横杆的交点位于远高于中心的位置，而且在许多地图上，耶路撒冷被放置在距离这一交点有着一定距离的地方[261]。

341

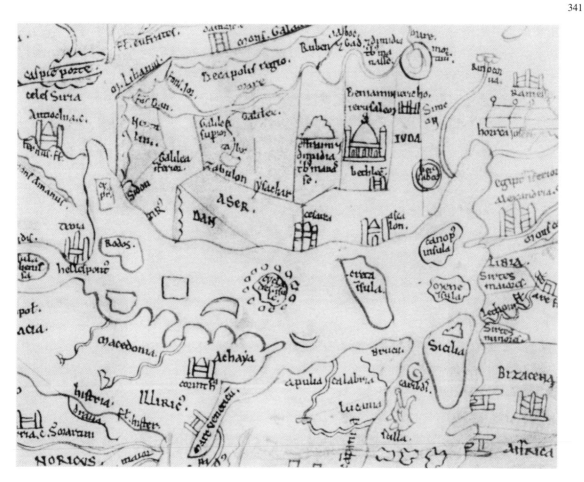

图 18.42　美因茨的亨利（Henry of Mainz）的 12 世纪世界地图

代表了一类世界地图（*mappaemundi*），这类地图没有将耶路撒冷放置在中心。这幅地图被认为对同一类型的晚期地图有着影响。来源于古希腊的传统，中心是基克拉泽斯（Cyclades），这一细部显示的是环绕着提洛圣岛的岛屿。

原图细部的尺寸：约 8×11 厘米。Master and Fellows of Corpus Christi College, Cambridge（MS. 66, p. 2）许可使用。

　　因而，在这些地图将耶路撒冷放置在中心有着一个清晰的来源于圣经的正当性，以及如此做的一种经验原因（它确实大致位于当时已知的世界中间）的同时，这个想法似乎并没有像以前认为的那样被直接接受。不将地图的中心放置在耶路撒冷的原因之一，来源于最初使用的并不是一种基督教的模型，而是在世界地图（*mappaemundi*）中使用的希腊罗马的模型，而这是通过奥罗修斯的传统得以延续的。耶路撒冷作为精神中心，这一思想的强化，是十字军东征的一种自然结果，而这可能是从 1100—1300 年，世界

---

　　[261]　例如，Paris, Bibliotheque Nationale, MS. Lat. 7676（Reg. 6067），fol. 161. Destombes, *Mappemondes*, 63（28. 13）and fig. II b（note 31）。

地图 (*mappaemundi*) 的结构中心显著朝向耶路撒冷迁移的原因。尽管众多前往圣地的朝圣之旅发生在中世纪时期的早期——归因于圣海伦娜 (Saint Helena) 的努力，大量发生在 4 世纪——但只是在十字军之后，广泛大众的注意力才聚焦于耶路撒冷的中心位置。当我们比较位于这一时期开始和结尾的美因兹的亨利的世界地图 (约 1110) 和赫里福德世界地图 (约 1290) 时，就会看到集中化的趋势。这一特点已经被用于将韦尔切利 (Vercelli) 地图的时间 (其并未将中心定在耶路撒冷) 确定为 13 世纪早期，与后来的赫里福德和埃布斯托夫地图 (两者的中心都在耶路撒冷) 形成对照。到 14、15 世纪，将耶路撒冷放置在中心的习惯变得常见，但是这对于中世纪而言，并不正确，或者甚至对于中世纪的大部分时间来说也是如此[202]。

342

结 论

传统的地图学史包含了一些与世界地图 (*mappaemundi*) 有关的错误概念。其中最重要的三个就是，假设地理准确性是世界地图 (*mappaemundi*) 的主要功能 (并且因此它们的目的完全没有达成)；假设耶路撒冷几乎总是被置于地图的中心；以及世界地图 (*mappaemundi*) 展示并且证明了在中世纪流行的观点就是大地是个平坦的盘子。

尽管克伦将注意力集中到他认为的一些世界地图的规划路线的功能上，例如在赫里福德地图上对朝圣路线的表示，但 20 世纪的历史编纂的创造力抵消了关于世界地图 (*mappaemundi*) 的主要功能在于说教和道德教化而不是在地理事实的交流的压倒性的证据。类似于科学史，地图学史正在从主要寻求先驱者的研究方向转移开，并试图以各个时期自身的语境来理解各个时期的发展。鉴于这种解释方面的转变，阅读地理学史的较老研究者的观点会感到似乎有些奇怪，如查尔斯·比兹利 (Charles Beazley) 的，他们简单地拒绝描述如赫里福德和埃伯斯托夫地图这类地图学对中世纪文化的明确展现，理由就是它们是作为不断完善的世界地理图像的倒退而出现的。在比兹利看来，地图唯一的目的正是为了在一个日益"正确"的大陆轮廓中提供对地点和事件分布的一种准确的呈现。

现在已经确定了世界地图 (*mappaemundi*) 的象征性内容的重要性。这一象征性是历史和地理的一种融合。地图是由基督教和世界的世俗传奇史中的主要事件的汇总和累积的列表构成的，尤其是前者的。基督教世界史中的三件大事——它的创造、基督的救赎和末日审判——通常在地图上或通过地图自身而被象征性地描绘出来，就像在埃布斯托夫地图上那样，在那幅地图中将世界清晰地呈现为基督的身体。也有很多例子，其中 1000 多年的宗教的和世俗的历史细节被显示在一幅地图上，而没有对历史信息和地理信息之间进行任何区别。它们是放置在一个地理基础上的历史的投影。

同样被显示的还有，将耶路撒冷置于世界地图 (*mappaemundi*) 中心的做法在整个中世纪绝不是一个普遍的惯例，而主要局限于 13、14 世纪后十字军东征时期。一旦在十字军东征的主要时期之后，对耶路撒冷产生了特别的兴趣，那么就在这个方向上产生出一种趋势，

---

[202] 这一点也由 Wright, *Geographical Lore*, 259 (note 18) 得出。将耶路撒冷放置在世界中心的概念，似乎是在 7 世纪引入的，但是直至 12 世纪或者甚至 13 世纪都没有被普遍确立。

直至中世纪末，当时对来自托勒密《地理学指南》的框架和地理信息、波特兰航海图的发展，以及文艺复兴时期的发现的吸收，导致了对世界地图外缘的重新界定和传统中心的置换。

普遍存在的假设还有，最有名的世界地图（*mappamundi*）的形式，T－O地图，有着对已经有人居住的世界的三部分的划分以及环绕在周围的洋河，是中世纪对一个平坦大地的普遍信仰的主要的明确证据，在哥伦布发现新世界的背景下，一些学校的历史教科书中仍然存在这样的误解。相反，已经显示，有影响力的塞维利亚的伊西多尔，尽管在他的作品中含糊不清，不过可能他非常清楚地认识到了大地的球形，并且从5—15世纪几乎每个世纪中都有着大量中世纪的教会神父、学者和哲学家对此进行了非常明确的陈述。而且，到14世纪，罗杰·培根等思想家不仅知道大地是球形的，而且还描述了地图投影的必要性，以便将地球的弯曲令人满意地换成为一个平面。

世界地图（*mappaemundi*）的研究——与其他中世纪地图的类型相比——得到了普遍性的列表和复制品地图集的很好支持。令人遗憾的是，缺乏对个别地图和地图组在其文化背景下的详细研究，就像杜兰德对15世纪的维也纳—克洛斯特新堡地图资料进行的研究那样。显而易见的优先事项应当包括对13世纪英格兰地理文化与世界地图（*mappaemundi*）之间联系的区域性研究，或对中世纪方济各会士在系统的地图学发展中的普遍作用的研究。还有提出一种谱系解释的需求，以显示8世纪及其之后的地图谱系。对于选定的地图类型，例如那些本章中所包含的地图（贝亚图斯、希格登），谱系图可能有助于阐明影响和延续的脉络，但需要进行更为详细的工作，以便更准确地确定这些地图的时间和地位。

具有讽刺意味的就是，对于单幅中世纪世界地图——文兰（Vinland）地图——最为全面的研究之一，处理是一幅涉嫌伪造的地图。对中世纪世界地图（*mappaemundi*）的羊皮纸、颜料和墨水，使用现代物理分析技术的重要性不能被过于强调。这种分析将为关键地图的制作时间及其定位提供一些急需的基准。这方面的一个例子就是，呈现了一个第四大陆和亚速海（Meotides Paludes）的T－O地图的模糊起源，这是可能包括了现存最早的世界地图的一种类型，其起源的时间从7—9世纪之间变动（Saint Gall Stiftsbibliothek Codex 237）。对这幅地图与在贝亚图斯的《圣约翰启示录》的众多稿本中发现的T－O图示之间关系的研究，可能会提供关于7、8世纪世界地图（*mapppaemundi*）中地图学思想的传播的重要见解。这一主题，与本章中提出的其他主题一起，呼吁对历史学和地理学的学术研究进行不同寻常的融合，并与一种对图形制品在中世纪文化研究中的重要性的意识结合起来。

附录18.1　世界地图（*Mappaemundi*）类型的参考指南

本附录是根据表18.2所列分类方式勾勒的世界地图（*mappaemundi*）主要类型的图形参考指南。它提供了每种类型的图示，并简要描述了它的特征和背景。

概要性的分成三部分的地图

伊西多尔 T - O 类型

德东布列出了这一类型的超过 200 个例子①。它们被发现于塞维利亚的伊西多尔的两部主要著作中（Isidorus Hispalensis，约 560—636）：*Etymologiarum sive originum libri XX*（622—633）和 *De natura rerum*（612—615）。

地图可能是纯粹图示式的，有着少量的或者没有地名。在其他例子中，添加了诺亚儿子的名字，或者有着描述了三个主要地带每一个中的国家的数量。其他地图包括了地理特征，如地名或者水体。例如，一些来自伊西多尔的《论事物的本质》的地图中出现了突尼斯湾（Gulf of Tunis）（图 18.43）。

图 18.43　伊西多尔 T - O 地图

来自一部 9 世纪晚期的伊西多尔的《物质的本质》的稿本。

原图直径：12.5 厘米。Burgerbibliothek, Bern（Codex 417, fol. 88v）许可使用。

萨卢斯特 T - O 类型

在盖厄斯·撒路斯提乌斯·科里斯普斯（Sallust，公元前 86—前 34 年）的《朱古达战

---

① Marcel Destombes, ed. , *Mappemondes A. D. 1200 - 1500：Catalogue prepare par la Commission des Cartes Anciennes de J'Union Geographique Internationale*（Amsterdam：N. Israel, 1964）, 29 - 34 and 54 - 64.

争》（*De bello Jugurthino*）的大致 60 种稿本中发现了这一地图的各种版本，这些稿本的时间从9—14 世纪[②]。其在 15 世纪的流行，得到了在 1470—1500 年之间出现的大约 55 种印刷本的证实。

与伊西多尔著作中的地图相比，萨卢斯特地图通常不太是图示式的。顿河和尼罗河经常被弯曲以更为近似地反映这些河流假定的路线，并且地图通常包括设防城镇或象征着主要城市的教堂的图像。正方向通常是朝东，但也可能是朝南或朝西的，如图 18.44 和 18.45 所示。在正方向朝南的情况下，非洲可能占据了圆形中的一半，亚洲和欧洲分享另一半（图 18.46），在中世纪的一些传世故事史中也提到过这种布局，例如 *Sone de Nansay*（13 世纪后期）[③]。T 的横线的末端可以如图 18.47 所示那样以某个角度被截断。

344

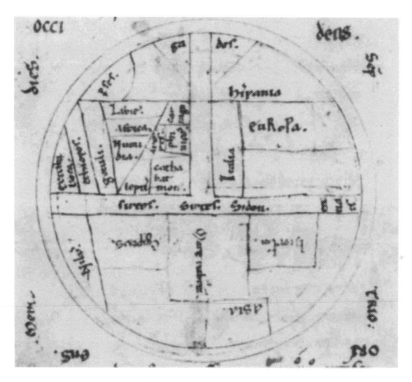

图 18.44　萨卢斯特（Sallust）T - O 地图，朝西

来自萨卢斯特的《朱古达战争》的一部稿本。

原图尺寸：6.8 厘米。图片来自 Bibliotheque Nationale, Paris（MS. Lat. 6253, fol. 52v）。

② Destombes, *Mappemondes*, 37 - 38 and 65 - 73（note 1）. 也可以参见 A. D. Leeman, *A Systematical Bibliography of Sallust*, *1879 - 1950*（Leiden: E. J. Brill, 1952）; Bernhard Brandt, "Eine neue Sallustkarte aus Prag," *Mitteilungen des Vereins der Geographen an der Universität Leipzig* 14 - 15（1936）: 9 - 13; Johannes Keuning, "XVIth Century Cartography in the Netherlands（Mainly in the Northern Provinces）," *Imago Mundi* 9（1952）: 35 - 64; 以及 Ingeborg Stolzenberg, "Weltkarten in mittelalterlichen Handschriften der Staatsbibliothek Preußischer Kulturbesitz," in *Karten in Bibliotheken: Festgabe für Heinrich Kramm zur Vollendung seines 65. Lebensjahre*, ed. Lothar Zögner, Kartensammlung und Kartendokumentation 9（Bonn-Bad Godesberg: Bundersforschungsanstalt für Landeskunde und Raumordnung, Selbstverlag, 1971）, 17 - 32, esp. 21 - 22。

③ Jill Tattersall, "Sphere or Disc? Allusions to the Shape of the Earth in Some Twelfth-Century and Thirteenth-Century Vernacular French Works," *Modern Language Review* 76（1981）: 31 - 46.

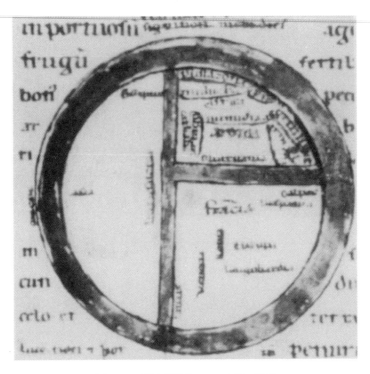

图 18.45　萨卢斯特的 T - O 地图，朝南

来自萨卢斯特的《朱古达战争》的一部 13 世纪的稿本。

原图直径：4.3 厘米。图片来自 Photograph from the Bibliothèque Nationale, Paris（MS Lat. 6088［Reg. 5974］, fol. 33v）。

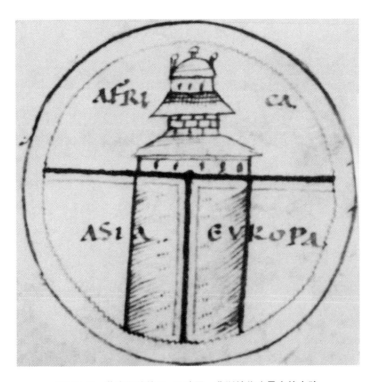

图 18.46　萨卢斯特的 T - O 地图，非洲被作为最大的大陆

来自萨卢斯特的《朱古达战争》的一部 12 世纪的稿本。

原图直径：4 厘米。图片来自 Photograph from the Bibliothèque Nationale, Paris（MS. Lat. 5751, fol. 18r）。

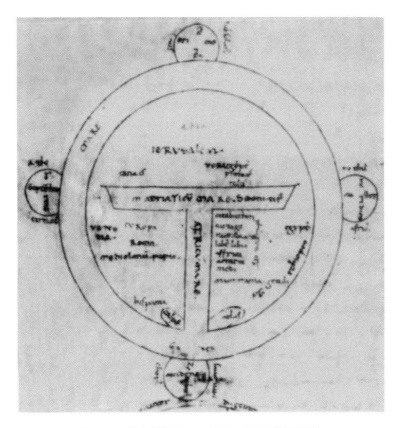

图 18.47　萨卢斯特的 T－O 地图，有着被截断的河流

来自萨卢斯特的《朱古达战争》的一部 13 世纪的稿本。

原图直径：16.5 厘米。Biblioteca Medicea Laurenziana, Florence（Plut. 16. 18, fol. 63v）许可使用。

戈蒂埃·德梅斯 T－O 类型

戈蒂埃·德梅斯，我们对其知之甚少，其被认为是一部百科全书诗《世界的图像》（*L'image du monde*）的作者，该诗超过 6000 个诗节，以洛林方言的形式撰写，时间大约在 1245 年。诗文形式的两种修订版和散文形式的两种修订版，保存在 100 多份手抄本中④。

在这些手稿中发现的两类世界地图（*mappaemundi*）来源于伊西多尔的《词源学》第 14 书。第一种是正方向朝东的圆形的形式，用一条简单的南北向线条将圆分成相等的部分。显示了四个主要方向，有着词汇"Aise la grant"（亚洲的大部分）。第二个类型是一幅更为完整的 T－O 地图，类似于伊西多尔的版本，但用法文撰写，且偶尔周围环绕有风的名称（图 18.48）。

混杂的和未知作者的

标准的伊西多尔 T－O 地图的一些修订是这一类目中地图的特征，其包括了众多作者绘制的 T－O 地图，例如卢肯、马克罗比乌斯（排除了地带地图，它们构成了自己的类目）、可敬的比德、比萨的圭多和的黎波里的威廉（William of Tripoli），他们的作品数量不够充

345

---

④　Destombes, *Mappemondes*, 117－48（note 1）。

分，由此可以构成一个单独的类目⑤。修改包括使用"Libya"（利比亚）一词来表示非洲，Y 字形的河流（图 18.49），被截断的和有着刻痕的 T，增加了两条对称的河流（图 18.50），尼罗河以一种经过修改的形式呈现（图 18.51），以及 T 字的横线比通常的情况稍高由此大地的三个部分的面积几乎相同（图 18.52）。

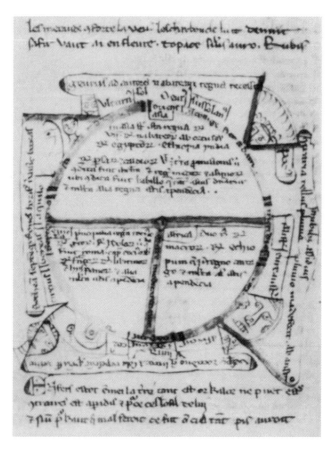

图 18.48 戈蒂埃·德梅斯（Gautier de Metz）的 T－O 地图

来自戈蒂埃·德梅斯《世界的图像》（*L'image du monde*）的一部 13 世纪的稿本。原本，之前是在 Bibliothèque Municipale, Verdun，现在已经佚失。

原图直径：6.6 厘米。来自 Marcel Destombes, ed., *Mappemondes A. D. 1200 – 1500: Catalogue préparé par La Commission des Cartes Anciennes de L'Union Géographique Internationale* (Amsterdam: N. Israel, 1964), pl. Va。

反转的 T－O 地图

在传统的 T－O 图示上的非洲和欧洲的名称在此处被颠倒了，德东布将此解释为是草率书写的错误⑥。然而，史蒂文（Steven）提出，基于一种有意地颠倒，这一地图类型构成了一个被良好定义的子类⑦。颠倒 T－O 的基本原理在于对三部分划分的不同的几何学观点。传统的形式当然代表了位于它们正确的地形位置上的三块大陆，当从上方观看或者正方向朝

---

⑤ Destombes, *Mappemondes*, 39, 46 – 49, 74 – 78 and 164 – 90（note 1）.

⑥ Destombes, *Mappemondes*, 67（note 1）.

⑦ Wesley M. Stevens, "The Figure of the Earth in Isidore's 'De Natura Rerum,'" *Isis* 71 (1980): 268 – 77, esp. 275 n. 24.

东的时候。但是如果三部分的划分被投影在天堂，而观看者面向西且从地球之外观看的时候，亚洲将依然位于顶部，但非洲和欧洲将是反转的。然而，在赫里福德地图的例子中，非洲和欧洲名字的位置变换，显然是一种草率书写的错误：这些大陆剩下的名称和地理细节并没有被反转（图 18.53）。

有着亚速海的 Y-O 地图

这些地图，通常被与传统的 T－O 地图一起发现于自 9 世纪之后的伊西多尔《词源学》的稿本中，图中包含了对亚速海或者亚速湾的呈现，并且其被以某个角度作为顿河的两臂的沼泽或者湖泊（或者 Meotides Paludes）所环绕。在古代，亚速海被认为在范围上比今天的尺寸宽广大约 150×200 英里⑧。其出现在这一类目中的众多地图上，强调了其在的划分三块大陆时的一个地理特征的重要性。修改包括增加了伊甸园的四条河流，其中一条有时与尼罗河连接起来⑨。梅嫩德斯—皮达尔（Menéndez-Pidal）相信，这些版本都与贝亚图斯地图在 9、10 世纪的发展存在直接联系⑩。

346

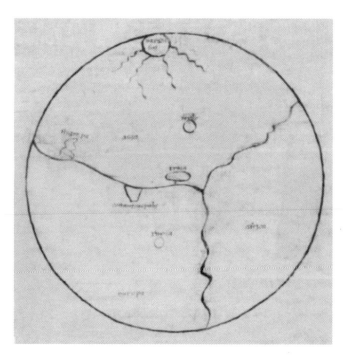

图 18.49　混杂的 T－O 地图，Y-O 的变体
来自马克罗比乌斯（Macrobius）的《西庇阿之梦评注》（*Commentarium in somnium Scipionis*）的一部 12 世纪的稿本。原图直径：8.7 厘米。图片来自 Bibliothèque Nationale, Paris（MS. Lat. 16679, fol. 33v）。

---

⑧　Roger Bacon, *The Opus Majus of Roger Bacon*, 2 Vols. , trans. Robert Belle Burke（1928；reprinted New York：Russell and Russell, 1962）, 375.

⑨　Destombes, *Mappemondes*, map 26.9（note 1）.

⑩　G. Menéndez-Pidal, "Mozárabes y asturianos en la cultura de la alta edad media en relación especial con la historia de los conocimientos geográficos," *Boletin de la Real Academia de la Historia*（Madrid）134（1954）：137－291.

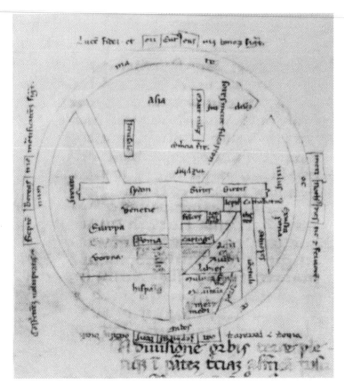

图 18.50 混杂的 T-O 地图，对称的河流

来自一部萨卢斯特的 13 世纪的稿本。

原图直径：10.5 厘米。Master and Fellows of Gonville and Caius College, Cambridge（MS. 719/748, fol. 37v）许可使用。

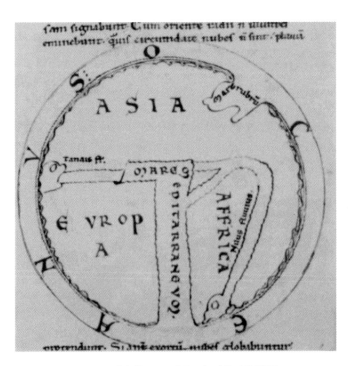

图 18.51 混杂的 T-O 地图，经过修改的尼罗河

来自比德的《物质的本质》的一部 12 世纪的稿本。

原图直径：8.1 厘米。图片来自 Bibliothèque Nationale, Paris（MS. Lat. 11130, fol. 82r）。

图 18.52　混杂的 T－O 地图，T 的横线有着较高的位置

来自列瓦纳的贝亚图斯的《圣约翰启示录的评注》的一部 11 世纪的稿本。也可以参见图 18.33。

原图直径：4.7 厘米。图片来自 Bibliothèque Nationale, Paris（MS. Lat. 8878, fol. 7r）。

347

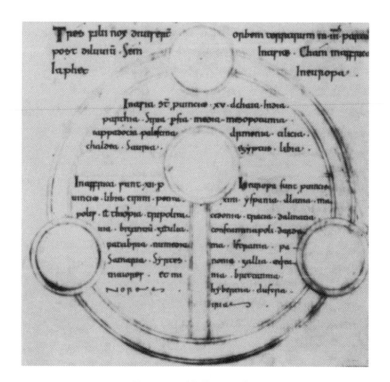

图 18.53　反向的 T－O 地图

来自伊西多尔的《物质的本质》的一部 12 世纪的稿本。

原图直径：19 厘米。Dean and Chapter of the Cathedral Church of Exeter（MS. 3507, fol. 67r）许可使用。

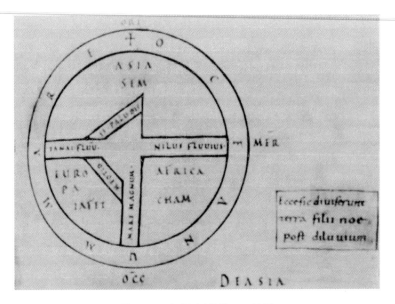

图 18.54　有着亚速海的 Y-O 地图

来自伊西多尔的《词源学》（*Etymologies*）的一部 10 世纪的稿本。

原图直径：9.7 厘米。Stiftsbibliothek, Saint Gall（Codex 236, fol. 89r）许可使用。

V 在正方形中的地图和 T 在正方形中的地图

这些 T-O 图形的变体出现在各种作品中；它们可能在一个正方形中包括了一个 V 或者一个 T，且正方向朝东或者朝南（图 18.55）。T 在正方形中的地图的杰出例子被发现于比德的《物质的本质》的一个稿本中，其中元素和季节被与来自托勒密的占星术著作《占星四书》（*Quadripartitum* or *Tetrabiblos*）的四个基本方位联系起来（图 18.38）[11]。

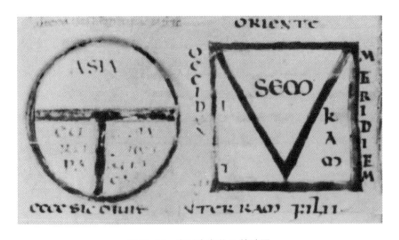

图 18.55　方形中有着 V 的地图

来自一部 10 世纪的有着各种论述的稿本（也可以参见图 18.38）。

原图尺寸：4.8 平方厘米。Bibliothèque Municipale, Rouen（MS. 524, fol. 74v）许可使用。

---

[11]　Destombes, *Mappemondes*, map 6.1, p. 36（note 1）．也可以参见 Karl A. Nowotny, *Beiträge zur Geschichte des Weltbildes*（Vienna：Ferdinand Berger, 1970），26。

非概要性的分为三部分的地图

这一组中包括保留了三个有人居住的大陆的通常分为三部分的分布，但并不严格地按照 T - O 的图形绘制的那些地图。在这里按照它们内容的历史起源而被进一步的划分。

奥罗修斯的

这些地图直接基于保卢斯·奥罗修斯（Paulus Orosius）的《反异教史》（*Historia adver-sum paganos*）[12]。它们通常强调了地中海，并且它们的海岸线几乎总是被概括为波浪起伏的风格。属于这一群组的地图，包括阿尔比地图（图 18.56）[13]、科顿的"盎格鲁—撒克逊"地图（图 18.57）[14]、两幅马修·帕里斯的地图（图 18.58）[15]、美因茨的亨利的世界地图（图 18.59）[16]，以及赫里福德世界地图（图 12.4、18.20、18.60）[17]。

奥罗修斯—伊西多尔的

这些地图，尽管它们最终来源于奥罗修斯，但受到了塞维利亚的伊西多尔地图的影响而被修改。例如，当比较图 18.61 中的卵形的伊西多尔地图与赫里福德地图（图 18.20 和图 18.60）的时候，我们可以看到谱系中的差异：耶路撒冷并不位于中心，伊甸园并未坐落于正东，同时图形概括是远为生硬和概要性的。托罗斯—高加索山被极为强调，其构成了一条容纳了亚洲东北部的歌革和玛各区域的链条。在总体概念上相似的，就是 1119 年的比萨的圭多的世界地图（*mappamundi*）（图 18.62）——除了奥罗修斯和伊西多尔的遗产之外，——还包括了来源于《安东尼行程录》、拉文纳的宇宙志以及《城市的信息》（*Notitia Urbis*）的信息[18]。

属于这一群组的还有所谓的诗篇集地图（图 18.63）[19]、威斯巴登残片（图 18.64）[20]、韦尔切利地图（图 18.17）[21]，以及埃布斯托夫地图（图 18.65）[22]。

348

---

[12]　保卢斯·奥罗修斯作品的现代翻译，参见 *The Seven Books of History against the Pagans*, trans. Roy J. Deferrari（Washington, D. C.：Catholic University of America Press, 1964）。

[13]　Destombes, *Mappemondes*, 22.1（note 1）. 也可以参见 Charles Raymond Beazley, *The Dawn of Modern Geography：A History of Exploration and Geographical Science from the Conversion of the Roman Empire to A. D. 900*, 3 Vols.（London：J. Murray, 1897 – 1906）, 2：586；以及 Y. Janvier, *La géographie d'Orose*（Paris：Belles Lettres, 1982）。

[14]　Destombes, *Mappemondes*, map 24.6（note 1）.

[15]　Richard Vaughan, *Matthew Paris*（Cambridge：Cambridge University Press, 1958）.

[16]　Destombes, *Mappemondes*, map 25.3（note 1）.

[17]　Destomhes, *Mappemondes*, 197 – 202（note 1）.

[18]　Beazley, *Dawn of Modern Geography*, 2：632 – 33（note 13）.

[19]　London, British Library, Add. MS. 28681, fol 9.

[20]　Destombes, *Mappemondes*, 202 – 03（note 1）.

[21]　Destombes, *Mappemondes*, 193 – 94（note 1）, 和 Carlo F. Capello, *Il mappamondo medioevale di Vercelli（1191 – 1218?）*, Università di Torino, Memorie e Studi Geografici, 10（Turin：C. Fanton, 1976）。

[22]　Destombes, *Mappemondes*, 194 – 97（note 1）.

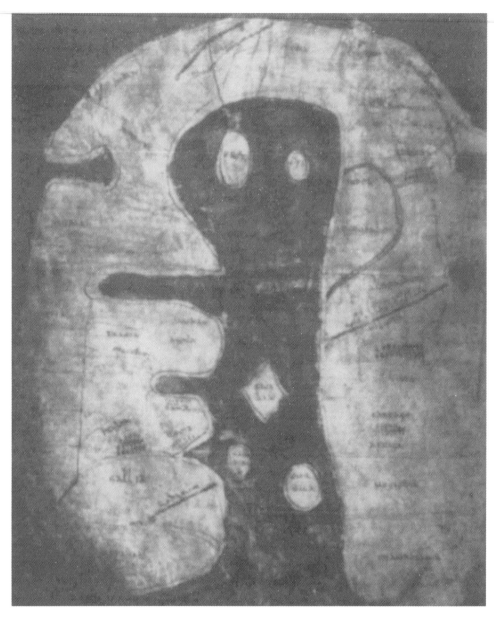

图 18.56　阿尔比（Albi）地图

来自一部公元 8 世纪的杂记稿本。

原图尺寸：29×23 厘米。Bibliothèque Municipale d'Albi（MS. 29 Albi, fol. 57v）许可使用。

印度航行者科斯马斯

印度航行者科斯马斯的《基督教地形志》（*Christian Topography*）的插图，构成了一个小的、定义明确的中世纪世界地图的单独类型，因为其奇异的原教旨主义的偏好，曾经被认为是中世纪时期的特征，由此倾向于对其重要性进行夸大。它们本质上是寓教于乐的和说教的基督教的，但被视为本卷第十五章中讨论的希腊—罗马的拜占庭传统的延伸（图 15.2 和 18.66）。

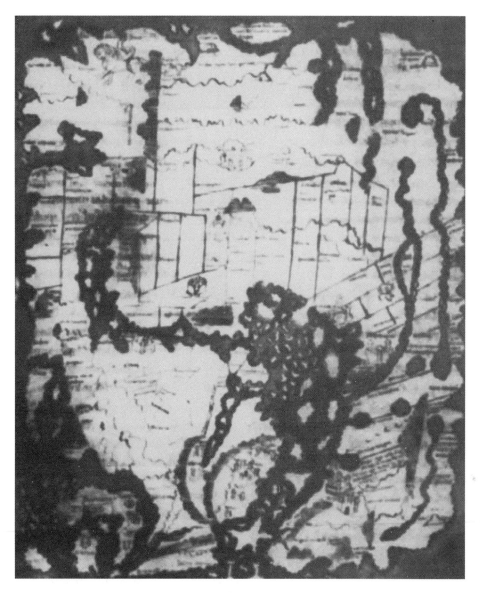

图 18.57　盎格鲁—撒克逊（Anglo-Saxon）地图

　　来自普里西亚（Priscian）的《大地巡游记》（*Periegesis*）的一部 10 世纪的稿本，收录在一部有着多位作者的作品的抄本中。也可以参见图版 22。

　　原图尺寸：21×17 厘米。British Library, London（Cotton MS. Tiberius, BV, fol. 56v）许可使用。

雷纳夫·希格登

　　雷纳夫·希格登的世界地图（*mappaemundi*）被发现于《编年史》的第一书中[23]。在英国图书馆中的大型卵形世界地图（图 18.67）被认为是最接近已经最初散佚的原型的。这幅圆形地图，其构成了最小的一个群组（图 18.68），被认为是卵形地图晚期的简化。杏仁形的地图（同样是晚期的变体）构成了第三个群组（图 18.69）。

---

[23]　R. A. Skelton, in Destombes, *Mappemondes*, 149–60（note 1）.

349

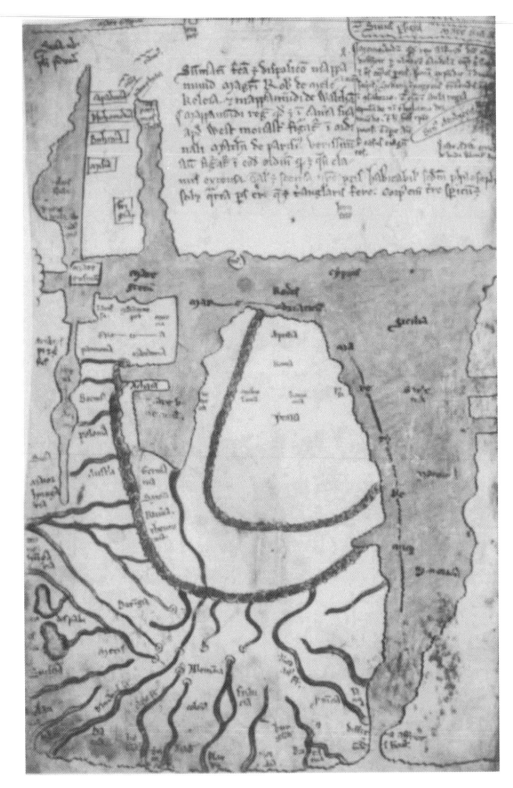

图 18.58　马修·帕里斯（Matthew Paris）的世界地图（*Mappamundi*）

来自马修·帕里斯的《世界大事录》（*Chronica majora*）的一部 13 世纪稿本的第一部分。

原图尺寸：35.4×23.2 厘米。Master and Fellows of Corpus Christi College, Cambridge（MS. 26, p. 284）许可使用。

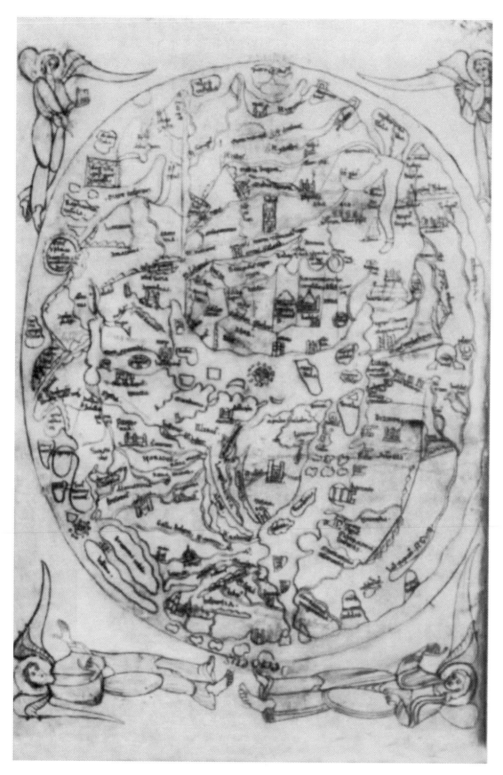

图 18.59　美因茨的亨利的世界地图

来自奥顿的奥诺里于斯（Honorius of Autun）的《世界宝鉴》（*Imago Mundi*）的一部 12 世纪稿本。关于细部可以参见图 18.42。

原图尺寸：29.5×20.5 厘米。Master and Fellows of Corpus Christi College, Cambridge（MS.66，p.2）许可使用。

350

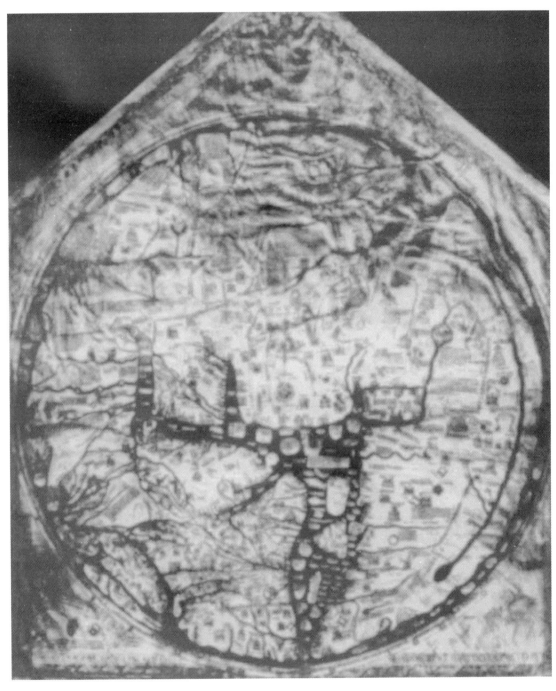

图 18.60 赫里福德地图，约 1290 年

也可以参见图 12.4 和 18.20。

原图直径：1.32 米。Royal Geographical Society, London 许可使用。

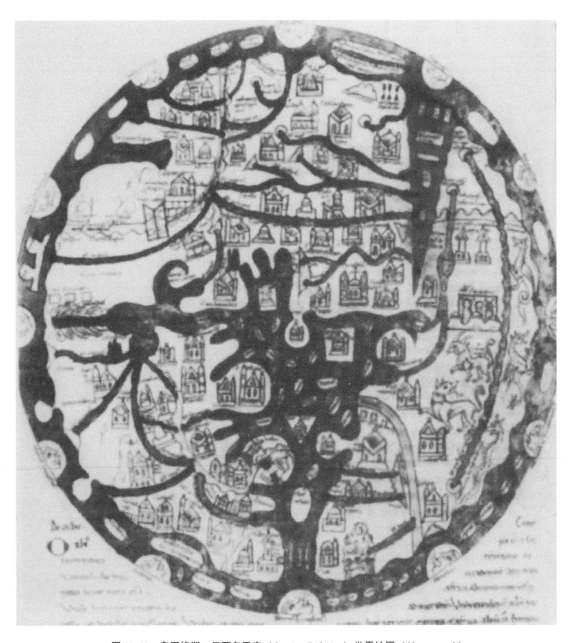

图 18.61 奥罗修斯—伊西多里安 (Orosian-Isidorian) 世界地图 (*Mappamundi*)

来自伊西多尔的《词源学》的一个 11 世纪的副本。

原图直径：26.5 厘米。Bayerische Staatsbibliothek，Munich (Clm. 10058, fol. 154v) 许可使用。

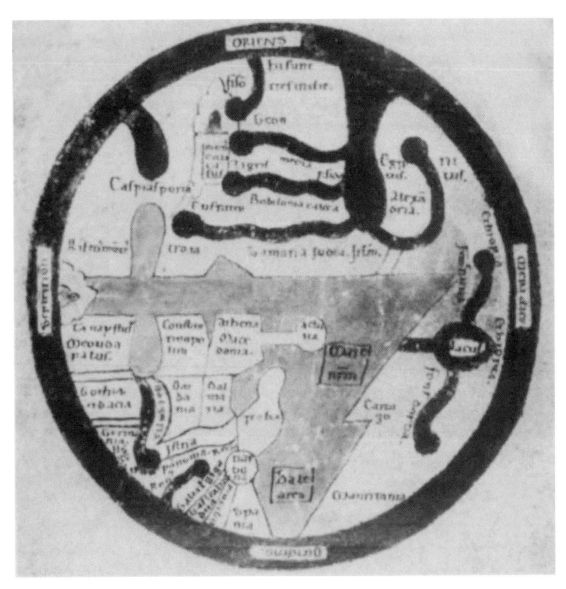

图 18.62 比萨的圭多（Guido of Pisa）的世界地图（*Mappamundi*），1119 年

原图直径：13 厘米。Bibliothèque Royale Albert Ier, Brussels（MS. 3897 – 3919［cat. 3095］, fol. 53v）版权所有。

图 18.63 普萨特尔（Psalter）地图，13 世纪

关于细部可以参见图 18.35。

原图尺寸：14.3×9.5 厘米。British Library, London（Add. MS. 28681, fol. 9r）许可使用。

351

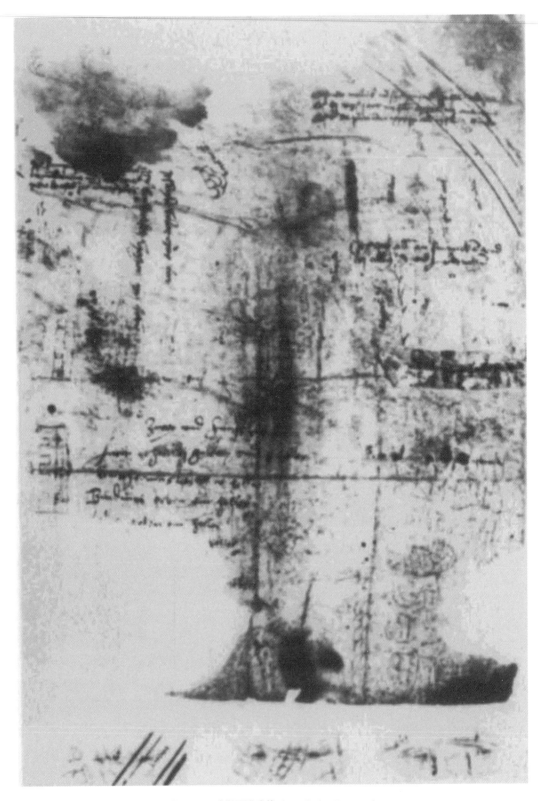

图 18.64　威斯巴登残片（Wiesbaden Fragment）

原图尺寸：75×59 厘米。Hessisches Hauptstaatsarchiv，Wiesbaden（MS. A. 60）许可使用。

图 18.65 埃布斯托夫地图

也可以参见图 18.2、18.3，以及 18.19。

原图尺寸：3.56×3.58 米。来自 Walter Rosien, *Die Ebstorfer Weltkarte* (Hanover: Niedersächsisches Amt für Landesplanung und Statistik, 1952)。Niedersächsisches Institut für Landeskunde und Landesentwicklung an der Universität Göttingen 许可使用。

图 18.66 来源于《基督教地形志》(*Christian Topography*) 的印度航行者科斯马斯 (Cosmas Indicopleustes) 的地图

也可以参见图 15.2。

原图尺寸：23.3×31.5 厘米。图片来自 Biblioteca Apostolica Vaticana, Rome (Vat. Gr. 699, fol. 40v)。

352

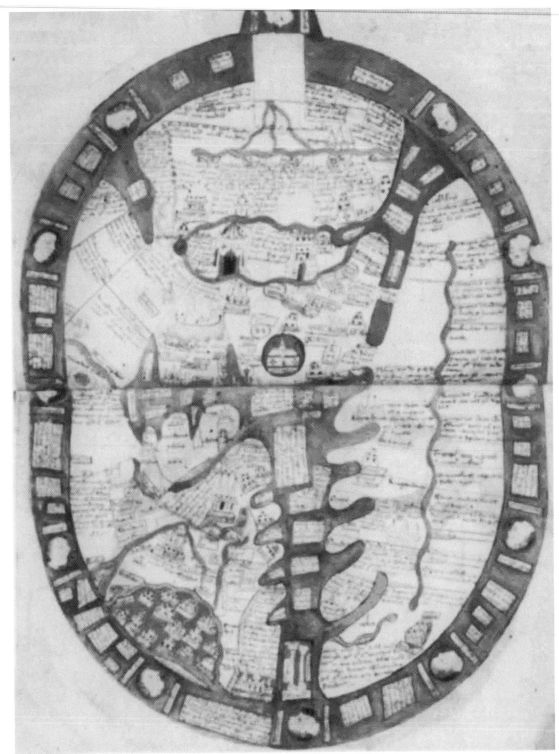

图 18.67 希格登的卵形世界地图（*Mappamundi*）

来自希格登的《编年史》（*Polychronicon*）的一部 14 世纪的稿本。

原图尺寸：46.5×34.2 厘米。British Library, London（Royal MS. 14. C. ix, fols. 1v–2r）许可使用。

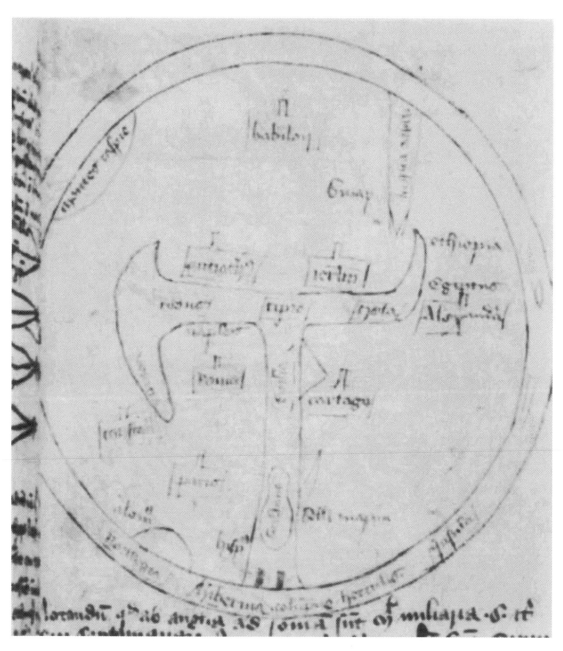

图 18.68　希格登的圆形世界地图（*Mappamundi*）

来自一部时间为 1466 年的杂记稿本。

原图直径：14 厘米。British Library，London（Harl. MS. 3673, fol. 84r）许可使用。

353

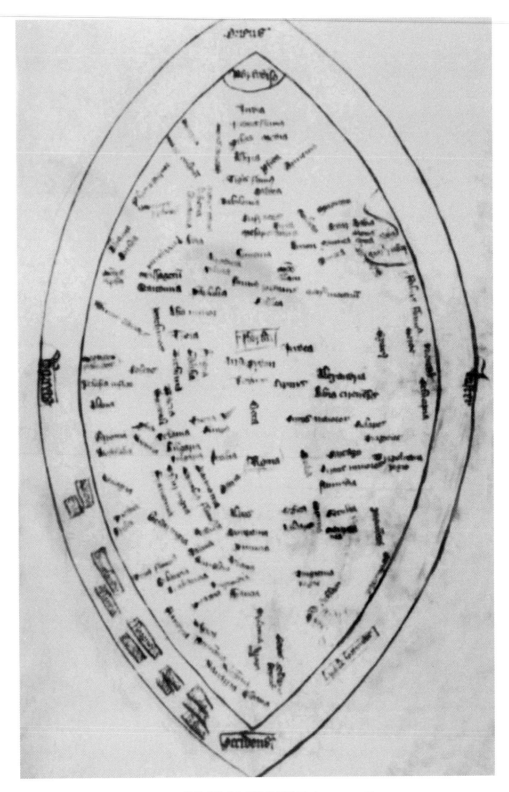

图 18.69 希格登的杏仁形的世界地图（*Mappamundi*）

来自希格登的《编年史》的一部 14 世纪稿本。

原图尺寸：35.5×21 厘米。British Library, London（Royal MS. 14. C. xii, fol. 9v）许可使用。

地带的地图

这一类目中的地图是对已知半球的圆形呈现，通常正方向为北，包含了按照平行纬线划分的 5 或者 7 个气候带。存在三个主要类型：直接来源于马克罗比乌斯的一个中世纪早期的类型；来源于马尔提亚努斯·卡佩拉的作品的第二个类型；在中世纪时期出现较晚的第三个类型，显示了通过托勒密和阿拉伯世界流传下来的地带概念的影响。

马克罗比乌斯

马克罗比乌斯的地图来源于马克罗比乌斯 15 世纪早期的对西塞罗的《西庇阿之梦》（公元前 51 年）的评注的宇宙志部分[24]。在从 9—15 世纪的《西庇阿之梦评注》的稿本中发现了按照马克罗比乌斯的方案绘制的超过 150 幅的地图[25]。

这些地图有着五个气候带。洋河（Alveus Oceani）将半球分为两个相等的部分，且由洋海（Mare Oceanum）所环绕（图 18.70）。奥克尼（Orcades，Orkney）岛有时被呈现在西侧。通常提到埃拉托色尼测量的地球的周长（252000 斯塔德）以及不可能穿过中央地带。

源自马尔提亚努斯·卡佩拉的类型

这一类目中的地图主要发现于圣奥梅尔的朗贝尔（Lambert of Saint – Omer，约 1050—1125?）《花之书》的一些版本中，始于 1120 年的根特稿本（图 18.71）[26]。它们来源于马尔提亚努斯·卡佩拉（活跃期 410—439）的作品，《文献学与水银的婚姻》，一部 5 世纪的关于七艺的百科全书[27]。相似的地图被发现于孔什的威廉（约 1010—约 1154 年）的《哲学家的道德教义》（约 1130?）（图 18.72）中[28]。

马尔提亚努斯·卡佩拉地图同样包含有一片位于赤道的海洋，但与马克罗比乌斯地图在风格上非常不同。通常显示了黄道，有着黄道十二宫的符号，并且对海岸线的概括在本质上是圆形的。地图的特点就是正方向朝东（尽管有些正方向朝南），并且在南方大陆上有着大量的文本。可以有或者没有明确的显示地带。在环绕北方大陆的大洋中通常会发现规则形状的岛屿。

---

[24] Macrobius, *Commentary on the Dream of Scipio*, ed. and trans. William Harris Stahl（New York：Columbia University Press，1952；second printing with supplementary bibliography，1966）. 也可以参见 Carlos Sanz，"El primer mapa del mundo con la representacíon de los dos hemisferios，" *Boletín de la Real Sociedad Geográfica* 102（1966）：119 – 217，其提供了马克罗比乌斯的《评注》的印刷版的列表，有着这些版本中的地图的索引。

[25] Destombes，*Mappemondes*，85 – 95（note 1）.

[26] Destombes，*Mappemondes*，96 – 116（note 1）.

[27] William Harris Stahl，*The Quadrivium of Martianus Capella：Latin Traditions in the Mathematical Sciences*，50B. C. – A. D. 1250（New York：Columbia University Press，1971），以及 Martianus Capella *The Marriage of Philology and Mercury*，trans. William Harris Stahl and Richard Johnson with E. L. Burge（New York：Columbia University Press，1977），Vols. 1 and 2，分别是马尔提亚努斯·卡佩拉的系列和七艺的。

[28] Lambert of Saint – Orner，*Liber floridus*；参见 *Liber floridus colloquium*，ed. Albert Derolez（Ghent：Story-Scientia，1973）；和 *Lamberti S. Audomari Canonici liber floridus*，ed. Albert Derolez（Ghent：Story-Scientia，1968）.

阿方萨斯和德阿伊绘制的晚期地图

　　佩特鲁斯·阿方萨斯（1062—1110）是一位有学识的西班牙天文学家和地理学家，其地图出现在《十二使徒与犹太人摩西的对话》中。皮埃尔·德阿伊（1350—1420）是一位法国的枢机主教，其《世界宝鉴》出现在了众多的稿本中，以及出现在1480年或1483年的一个印刷版中。在某些方面，这本书在中世纪和文艺复兴时期之间架起了一座桥梁，在这一时期，它直接将罗杰·培根的思想传递给了哥伦布，即从葡萄牙朝西向印度的航行距离仅是从葡萄牙朝东向印度的相应陆地距离的一半㉙。

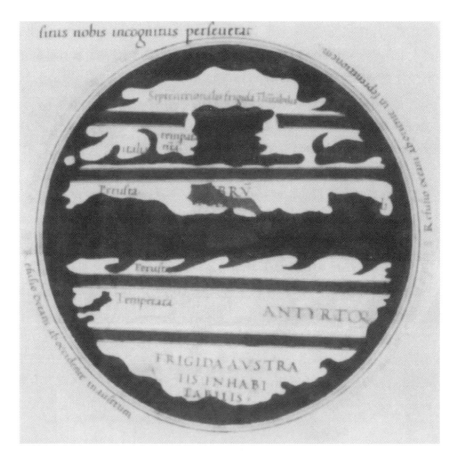

图 18.70　马克罗比乌斯的地带世界地图（*Mappamundi*）

　　来自马克罗比乌斯的《西庇阿之梦评注》的一部15世纪的稿本。

　　原图直径：12.5厘米。图片来自 Biblioteca Apostolica Vaticana, Rome（Ottob. Lat. 1137, fol. 54v）。

　　㉙　Destombes, *Mappemondes*, 161 – 63（note 1）. 也可以参见 Armando Cortesão, *History of Portuguese Cartography*, 2 Vols.（Coimbra：Junta de lnvestigações do Ultramar-Lisboa, 1969 – 71），1：195 – 98。在其他著作中，哥伦布在 D'Ailly 的 *Imago Mundi*［Louvain：1480 or 1483］的一个副本上进行了大量注释，这一副本现在收藏在 Biblioteca Colombina, Seville。对于这一联系的讨论，以及对哥伦布地理概念的其他提及，参见 Pauline Moffitt Watts, "Prophecy and Discovery：On the Spiritual Origins of Christopher Columbus's 'Enterprise of the Indies,'" *American Historical Review* 90（1985）：73 – 102, esp. 82。

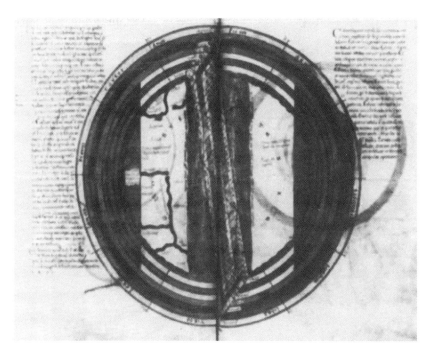

图 18.71　圣奥梅尔的朗贝尔（Lambert of Saint – Omer）的地带世界地图（*Mappamundi*）

来自圣奥梅尔的朗贝尔的《花之书》（*Liber floridus*）的 12 世纪稿本的地图。

原图直径：41.3 厘米。Herzog August Bibliothek，Wolfenbüttel（Codex Guelf. 1 Gud. Lat. ［cat. 4305］，fols. 59v – 60r）许可使用。

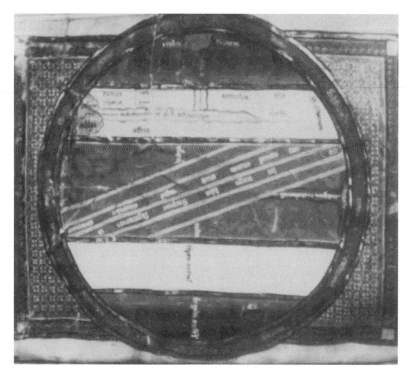

图 18.72　孔什的威廉（William of Conches）的地带世界地图（*Mappamundi*）

来自孔什的威廉的《哲学家的道德教义》（*De philosophia mundi*）的一部 12 世纪的稿本。

原图尺寸：12.8 厘米。Bibliothèque Sainte-Geneviève，Paris（MS. 2200，fol. 34v）许可使用。

355

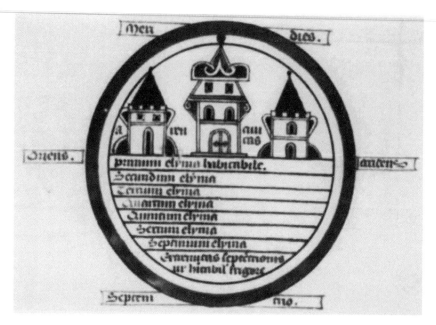

图 18.73 佩特鲁斯·阿方萨斯（Petrus Alphonsus）的地带世界地图（*Mappamundi*）

来自他的《十二使徒与犹太人摩西的对话》（*Dialogi duodecim cum Moyse Judaeo*）的一个 15 世纪早期的稿本。

原图直径：9 厘米。Bodleian Library, Oxford（Laud. Misc. 356, fol. 120r）许可使用。

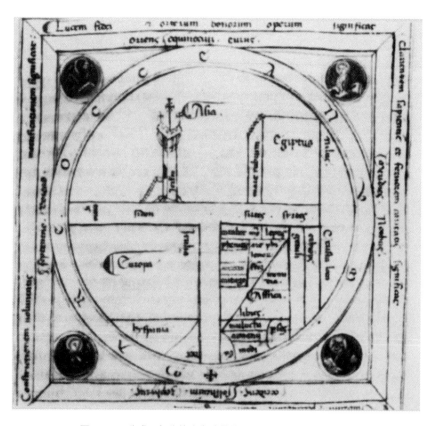

图 18.74 分成三部分的或者地带的世界地图（*Mappamundi*）

来自萨卢斯特的《歌剧》（*Opera*）的一部 14 世纪的稿本。

原图尺寸：13 平方厘米。Biblioteca Nazionale Marciana, Venice（Lat. Z. 432,［MS. 1656］, fol. 40r）许可使用。

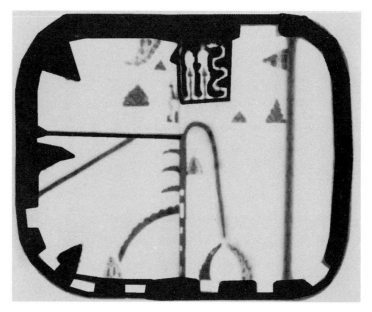

图 18. 75　分为四部分的世界地图（*Mappamundi*）：贝亚图斯类型

来自《圣约翰的启示录的评注》的一个 12 世纪的稿本。也可以参见图版 13。

原图尺寸：32 × 43 厘米。British Library, London（Add. MS. 11695, fols. 39v – 40r）许可使用。

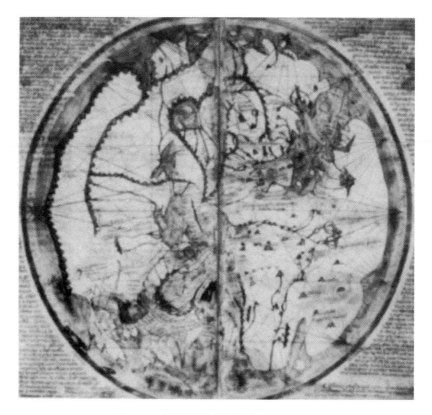

图 18. 76　维斯孔特的世界地图（*Mappamundi*）

来自马里诺·萨努多（Marino Sanudo）的《十字架信徒的秘密》（*Liber secretorum fidelium crucis*）的一个 14 世纪的稿本。也可以参见图版 16。

原图直径：35 厘米。British Library, London（Add. MS. 27376 *, fols. 187v – 188r）许可使用。

356

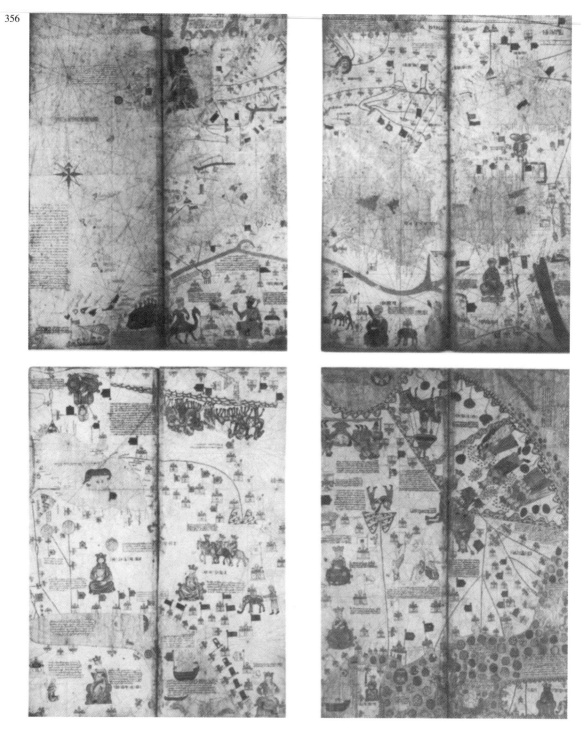

图 18.77 　《加泰罗尼亚地图集》（Catalan Atlas），[1375]

也可以参见图版 17。

原图尺寸：65×50 厘米。图片来自 Bibliothèque Nationale，Paris（MS. Esp. 30）。

357

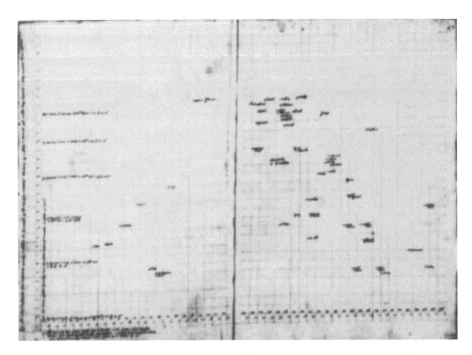

图 18.78 来自维也纳—克洛斯特新堡学派（Vienna-Klosterneuburg School）的
世界地图（*Mappamundi*）

也可以参见图 18.24。

原图尺寸：39.4×58.6 厘米。图片来自 Biblioteca Apostolica Vaticana, Rome（Pal. Lat. 1368, fols. 46v–47r）。

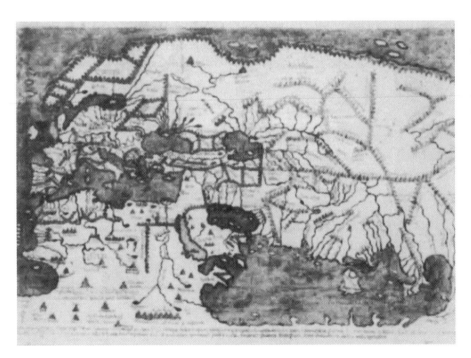

图 18.79 展现了托勒密的影响的世界地图（*Mappamundi*）

来自诺哈的皮尔斯（Pirrus de Noha）制作的庞波尼乌斯·梅拉（Pomponius Mela）的《宇宙志》（*De cosmographia*）
的 15 世纪早期的手抄本。也可以参见图版 19。

原图尺寸：18×27 厘米。图片来自 Biblioteca Apostolica Vaticana, Rome（Archivio di San Pietro H. 31, fol. 8r）。

这些地图显示了通过托勒密流传下来的，以及由阿拉伯地理学家进行修订的地带概念的影响。突出的就是神话中的城镇阿林（Aryn，Arin，Arym 等），伊斯兰教中大地的中心，位于将人类世界一分为二的中央子午线上。没有绘制位于中部的大洋。佩特鲁斯·阿方萨斯和皮埃尔·德阿伊绘制的两个版本可以被识别出来。阿方萨斯的版本正方向朝南，并且在南部包含了代表"Aren civitas"（阿林城）的三个城镇符号（图 18.73）。在德阿伊的地图中，北部的三块大陆被标注了名称，阿林的子午线被突出标注，并且地图的正方向是朝北。

分为四部分的地图

这些地图有着分为三部分的和地带类目的地图的特征。第一类包括基于有人居住的世界的有着清晰的 T－O 图案的地图，且在南半部分增加了地带或第四大陆。也可以识别出第二类，其中的地图来源于现在已经佚失的贝亚图斯的 8 世纪的世界地图（Mappamundi）。

分为三部分/地带类型
这些地图在北半部分遵循着分为三部分的结构，但是在南半部分或留作空白或包含有气候带。一个位于中央的洋河可能存在或者可能不存在，并且一些在周围描绘了黄道十二宫的符号（图 18.74）。

这些地图通常被发现于萨卢斯特和伊西多尔著作的稿本中。圣加尔（Saint Gall）地图（图 18.14）被米勒认为是已知最早的世界地图（Mappamundi）[30]。冯登布林肯描绘了在《沃灵福德的约翰的编年史》（Chronicle of John of Wallingford）中的一幅奇特的混杂地图，其在北半球包含了对大陆的 Y 字形划分，其上叠加了 7 个地带，同时在南半球则有着一段文本描述[31]。

贝亚图斯类型
14 幅现存的大型的贝亚图斯地图，都被认为来源于一幅已经佚失的 8 世纪的列瓦纳的贝亚图斯在他的《圣约翰的启示录的评注》中的原型[32]。地图展示了使徒的使命是要将福音传遍世界各地（图 18.75）。在图 18.15 中提供一个标明了有着插图的稿本之间关系的谱系图。在贝亚图斯抄本中发现的较小的地图可以追溯到伊西多尔的模型。

圆形的、卵形的和矩形的贝亚图斯地图，有着一些共有特征。它们的正方向朝东，并且通常有着丰富的绘画，以及西班牙—阿拉伯风格的彩饰。环绕在周围的洋海，包含有对鱼的呈现，以及被呈现在一个正方形插图中的伊甸园，偶尔包括了其四条河流。也显示有一条洋河，有时被与红海（Mare Rubrum）连接起来。在这一障碍之外，一段文字说明告知读者，

㉚　Konrad Miller, *Mappaemundi*: *Die ältesten Weltkarten*, 6 Vols. （Stuttgart: J. Roth, 1895 － 98），Vol. 6, *Rekonstruierte Karten* （1898），57.

㉛　Anna-Dorothee von den Brincken, "Die Klimatenkarte in der Chronik des Johann von Wallingford-ein Werk des Matthaeus Parisiensis?" *Westfalen* 51 （1973）: 47 － 57.

㉜　Destombes, *Mappemondes*, 40 － 42 and 79 － 84 （note 1）.

在世界的三个已知部分之外，还有着第四个部分，不过由于太阳的热量而未知，但被对跖地的居民所居住。

过渡的类型

一些晚期的世界地图（*Mappaemundi*）明确显现了波特兰航海图在 14 世纪最初的影响，以及然后在 15 世纪托勒密世界地图的影响，构成了一种单独的位于中世纪和文艺复兴之间的过渡类目。

波特兰航海图的影响

波特兰航海图的最初影响可以在 14 世纪 20 年代的弗拉·保利诺和彼得罗·维斯孔特的世界地图（*Mappaemundi*）中看到（图 18.76）[33]。航海图制作者的加泰罗尼亚和意大利的传统反映在了这一类目的地图中，其包括了美第奇地图集中的世界地图、阿尔伯廷·德维尔加（Albertin de Virga）的地图[34]、托普卡珀图书馆（Topkapi Library）的残片、1375 年的加泰罗尼亚地图集（图 18.77）、1420 年的布翁代尔蒙蒂（Buondelmonti）地图，以及 1436 年的安德烈亚·比安科地图、乔瓦尼·莱亚尔多地图（图版 20 和图 18.40）、加泰罗尼亚（埃斯滕塞）地图、博尔贾地图、1457 年的热那亚地图（图 18.23），以及弗拉·毛罗绘制的地图（图版 18）。

这一类型的地图通常是圆形的，有着一个清晰勾勒的地中海和黑海区域，这直接来源于波特兰航海图。准确性在地中海海盆之外急剧下降。地图学符号和概括，在风格上类似于那些波特兰航海图，就像从地图中心放射出的恒向线网格那样。圣经的资料占据主导，尤其是在朝向地图边缘的陆地区域。13 世纪在亚洲的探险，以及 15 世纪西班牙人沿着西非海岸的扩张，也反映在了一些后期的地图上。

托勒密的影响

圆形的或者矩形的地图反映了托勒密《地理学指南》的影响（封闭的印度洋、长约 20 度的地中海，月亮山脉［Mountains of the Moon］等），这些出现在 15 世纪早期这一著作被在西欧引入和翻译之后。一些属于一个地图的子群体，其被称为维也纳—克洛斯特新堡地图群，其世界地图是在坐标的帮助下编绘的（图 18.78）。其他例子包括约 1414 年的诺哈的皮尔斯地图（图版 19 和图 18.79），詹姆斯·福特·贝尔图书馆中的残片，以及 1448 年的安德烈亚斯·瓦尔施佩格绘制的世界地图。

[33] Bernhard Degenhart and Annegrit Schmitt, "Marino Sanudo und Paolino Veneto," *Römisches Jahrbuch für Kunstgeschichte 14* (1973): 1–137.

[34] Destombes, *Mappemondes*, 205–7 (note 1).

358

359

附录 18.2　主要的中世纪世界地图（*Mappaemundi*）的编年表，公元 300 年至 1460 年

图面内容的时间[a]	制品的时间	描述	收藏地	参考			
				Miller[b]	Uhden[c]	Kamal[d]	Destombes[e]
4世纪							
	297	Eumenius reference	†		3		
	ca. 1150	Jerome[f]	London, British Library, Add. MS. 10049	2, pl. 12			
	4th century	Julius Honorius	†	6:69	5		
5世纪							
	418	Paulus Orosius	†	6:61	6		
	12th century	Martianus Capella (Lambert of Saint-Omer)	Ghent, Rijksuniversiteit, MS. 92	3:45	4		43.1
	12th century	Lambert of Saint-Omer	Wolfenbüttel, Herzog August Bibliothek, Codex Guelf. 1 Gud. Lat. (cat. 4305), fols. 69v–70r				43.2
	13th century	Lambert of Saint-Omer	Paris, Bibliothèque Nationale, MS. Lat. 8865 (Suppl. 10–2)	3:46			43.3
	14th century	Lambert of Saint-Omer	Leiden, Rijksuniversiteit, Codex Voss. Lat., fol. 31	3:45 and pl. 4			43.4
	14th century	Lambert of Saint-Omer	Genoa, Biblioteca Durazzo				43.5
	14th century	Lambert of Saint-Omer	Chantilly, Musée Condé				43.6
	15th century	Lambert of Saint-Omer	The Hague, Koninklijke Bibliotheek MS. 72.A.23 (old Y392)	3:45			43.7
6世纪							
	8th–9th century	Cosmas	Rome, Biblioteca Apostolica Vaticana, Vat. Gr. 699, fol. 40v	3:60		2.3:370	22.5
	11th century	Cosmas	Florence, Biblioteca Medicea Laurenziana, Plut. 9.28, fol. 92v	3:60		2.3:371	24.3
7世纪							
	7th century	Isidore	Saint Gall, Stiftsbibliothek, Codex 237, fol. 1r	6:57	7	3.1:512	1.6

图面内容的时间[a]	制品的时间	描述	收藏地	参考			
				Miller[b]	Uhden[c]	Kamal[d]	Destombes[e]
	ca. 775	Isidore	Rome, Biblioteca Apostolica Vaticana, Vat. Lat. 6018, fols. 64v–65				
	11th century	Isidore	Munich, Bayerische Staatsbibliothek, Clm. 10058, fol. 154v			3.3:694	4.6
	ca. 650	Ravenna cosmographer	†	6:5	8		
8世纪	ca. 750	Pope Zacharias	†	3:151	9		
	ca. 730	Merovingian map	Albi, Bibliothèque Municipale, MS. 29 (old 23), fol. 57v	3:57	10	3.1:500	22.1
	ca. 950–60	Beatus (M)[g]	New York, Pierpont Morgan Library, MS. M644, fols. 33v–34	1:12		3.1:563	17.1
	10th century	Beatus (U)	Urgel, Archivo Diocesano, Codex 4	1:18			17.2
	970	Beatus (V)	Valladolid, Biblioteca Universitaria, MS. 1789, fols. 36v–37	1:14		3.2:640	17.3
	970	Beatus[h]	†				
	975	Beatus (G)	Gerona, Museo de la Catedral, MS. 10	1:16		3.2:641	17.5
	ca. 1047	Beatus (J)	Madrid, Biblioteca Nacional, Vitr. 14.2 (old B.31), fols. 63v–64	1:15			17.6
	ca. 1050	Beatus (S)	Paris, Bibliothèque Nationale, MS. Lat. 8878 (S. Lat. 1075), fol. 45	1:11	11	3.3:709	17.7
	ca. 1086	Beatus (O)	Burgo de Osma, Archivo de la Catedral, MS. 1, fols. 35v–36	1:12		3.3:744	17.8
	ca. 1109	Beatus (D)	London, British Library, Add. MS. 11695, fols. 39v–40	1:15		3.3:766	17.9
	ca. 1100–1150	Beatus (Tu)	Turin, Biblioteca Nazionale Universitaria, MS. I.II.1 (old D.V.39) fols. 38v–39	1:17		3.3:752	17.10
	1189	Beatus (L)	Lisbon, Arquivo Nacional da Torre do Tombo, Codex 160			3.3:745	17.11

图面内容的时间[a]	制品的时间	描述	收藏地	参考			
				Miller[b]	Uhden[c]	Kamal[d]	Destombes[e]
	12th–13th century	Beatus (N)	Paris, Bibliothèque Nationale, NAL 1366, fols. 24v–25	1:11		3.4:918	17.12
	12th–13th century	Beatus (R)	Manchester, John Rylands Library, MS. Lat. 8, fols. 43v–44			3.4:871	17.13
	1220	Beatus (H)	New York, Pierpont Morgan Library, MS. 429, fols. 31v–32			3.5:947	35.1
	13th century	Beatus (Ar)	Paris, Bibliothèque Nationale, NAL 2290, fols. 13v–14	1:17		3.4:919	35.2
9 世纪							
	ca. 800	Charlemagne[i]	†	3:151	12		
	1055	Theodulf	Vatican		13		24.11
	ca. 840	Author unknown	Saint Riquier†	3:151	14		
	842	Author unknown	Reichenau†	3:151	15		
	ca. 870	Author unknown	Saint Gall†§	3:151	16		
10 世纪							
	983	Gerbert (Sylvester II)	†	3:151	17		
	10th century	Anglo-Saxon	London, British Library, Cotton MS. Tiberius B.V., fol. 56v	3:29	18	3.1:545	24.6
11 世纪							
	11th century	Authors unknown	Tegernsee (2 maps)†	3:151			
	ca. 1050	Asaph Judaeus	Paris, Bibliothèque Nationale, MS. Lat. 6556 (Reg. 4764)	3:150	19	3.3:820	50.17
12 世纪							
	ca. 1100	Adela, countess of Blois	[In poem of Baudri de Bourgueil: see above, p. 339]†		20		
	ca. 1110	Henry of Mainz	Cambridge, Corpus Christi College, MS. 66, p. 2	3:21	21	3.3:785	25.3
	1112–23	Authors unknown	Bamberg (3 maps)†				

图面内容的时间[a]	制品的时间	描述	收藏地	参考			
				Miller[b]	Uhden[c]	Kamal[d]	Destombes[e]
	1119	Guido of Pisa	Brussels, Bibliothèque Royale Albert Ier, MS. 3897–3919 (cat. 3095), fol. 53v		22	3.3:774	25.2
	1120	Henry of Huntingdon	Oxford, Bodleian Library, MS e Musaeo 223 (S.C. 3538)				49.13
	ca. 1150	Author unknown	Northeim†		23		
	1195	Author unknown	Durham†				
	12th century	Author unknown	Lincoln Cathedral†				
	12th century	Author unknown	Muri†				
	12th century	Authors unknown	Göttwieg (2 maps)†				
	12th century	Author unknown	Elno, Saint Amand†§				
	12th century	Author unknown	Weihenstephan†§	3:151	24		
13 世纪							
	ca. 1214	Gervase of Tilbury	†		25		
	ca. 1200	Vercelli map	Vercelli, Archivio Capitolare			3.5:997	52.1
	13th century	Psalter map	London, British Library, Add. MS. 28681, fol. 9r	3:37	26	3.5:998	49.8
	ca. 1235	Ebstorf map	Hanover†	5: whole vol.	27	4.1:1117	52.2
	1236	Henry III[i]	†				
	ca. 1250	Matthew Paris	Cambridge, Corpus Christi College, MS. 26, p. 284	3:71		3.5:1000	54.2
	ca. 1250	Matthew Paris	London, British Library, Cotton MS. Nero D.V., fol. 1v	3:70	28		54.1
	ca. 1250	Robert of Melkeley	†	3:72	29		
	ca. 1250	Robert of Melkeley	Waltham†	3:72	30		
	ca. 1250	Matthew Paris	†	3:72	31		
	1265	Conrad of Basle	†	3:151	32		
	1268	Roger Bacon	†				

图面内容的时间[a]	制品的时间	描述	收藏地	参考			
				Miller[b]	Uhden[c]	Kamal[d]	Destombes[e]
	ca. 1290	Richard de Bello	Hereford Cathedral	4: whole vol.	33	4.1:1077	52.3
	13th century	Albertus Magnus	†	3:151			
	1299	Edward I inventory[k]	†				
	13th century	Wiesbaden fragment	Wiesbaden, Hessisches Hauptstaats-archiv, MS. A.60				52.4
14 世纪							
	ca. 1337	Romance map	†				
	ca. 1320	Fra Paolino	Rome, Biblioteca Apostolica Vaticana, Vat. Lat. 1960, fol. 264v	3:132			54.3
	ca. 1320	Fra Paolino[l]	Paris, Bibliothèque Nationale, MS. Lat. 4939, fol. 9	3:132			54.10
	ca. 1321	Pietro Vesconte	Brussels, Bibliothèque Royale Albert Ier, MS. 9347–48, fols. 162v–163	3:132			54.4
	ca. 1321	Pietro Vesconte	Brussels, Bibliothèque Royale Albert Ier, MS. 9404–5, fols. 173v–174	3:132			54.5
	ca. 1321	Pietro Vesconte	Florence, Biblioteca Medicea Laurenziana, Plut. 21.23, fols. 138v–139				54.6
	ca. 1321	Pietro Vesconte	London, British Library, Egerton MS. 1500, fol. 3				54.7
	ca. 1321	Pietro Vesconte	London, British Library, Add. MS. 27376*, fols. 8v–9				54.8
	ca. 1321	Pietro Vesconte	Oxford, Bodleian Library, Tanner 190, fols. 203v–204	3:132			54.9
	ca. 1321	Pietro Vesconte	Rome, Biblioteca Apostolica Vaticana, Pal. Lat. 1362A, fol. 2	3:132			54.11

图画内容的时间[a]	制品的时间	描述	收藏地	参考			
				Miller[b]	Uhden[c]	Kamal[d]	Destombes[e]
ca. 1321	Pietro Vesconte	Rome, Biblioteca Apostolica Vaticana, Reg. Lat. 548, fols. 138v–139					54.12
ca. 1321	Pietro Vesconte	Rome, Biblioteca Apostolica Vaticana, Vat. Lat. 2972, fols. 112v–113					54.13
1329–39	Author unknown	Venice, Palazzo Du-cale†					
1335–36	Opicinus de Canistris	Rome, Biblioteca Apostolica Vaticana, Vat. Lat. 1993					
1341	Opicinus de Canistris	Rome, Biblioteca Apostolica Vaticana, Vat. Lat. 6435					
After 1342	Higden (A)[m]	London, British Library, Royal MS. 14.C.ix, fols. 1v–2r	3:95		4.2:1265	47.1
After 1342	Higden (B)	London, British Library, Royal MS. 14.C.ix, fol. 2v	3:96		4.2:1266	47.2
After 1377	Higden (C)	London, British Library, Royal MS. 14.C.xii, fol. 9v	3:97		4.2:1269	47.9
After 1377	Higden (D)	London, British Library, Add. MS. 10104, fol. 8					47.10
14th century	Higden (E)	London, Lambeth Palace, MS. 112, fol. 2v					47.15
1466	Higden (F)	London, British Library, Harl. MS. 3673, fol. 84r			4.3:1382	47.21
ca. 1350	Higden (G)	San Marino, Huntington Library, HM 132, fol. 4v					47.3
After 1347	Higden (H)	Oxford, Bodleian Library, Tanner 170 (S.C. 9996), fol. 15v					47.4
14th century	Higden (I)	Oxford, Magdalen College, MS. 190, fol. 1v					47.8
14th century	Higden (J)	Oxford, Corpus Christi College, MS. 89, fol. 13v	3:97		4.2:1267	47.13

图面内容的时间[a]	制品的时间	描述	收藏地	参考			
				Miller[b]	Uhden[c]	Kamal[d]	Destombes[e]
early 15th century	Higden (K)	Oxford, Bodleian Library, Digby 196 (S.C. 1797), fol. 195v					47.17
early 15th	Higden (L)	Warminster, Library of the Marquess of Bath, Longleat House, MS. 50, fol. 7v					47.5
1367	Higden (M)	Cambridge, University Library, Add. MS. 3077, fol. 11	3:98				47.6
14th century	Higden (N)	Cambridge, Corpus Christi College, MS. 21, fol. 9v	3:97				47.12
After 1367	Higden (O)	Paris, Bibliothèque Nationale, MS. Lat. 4922, fol. 2	3:96		4.2:1268	47.7
14th century	Higden (P)	Paris, Bibliothèque Nationale, MS. Lat. Lat. 4126, fol. 1v			4.3:1381	47.14
14th century	Higden (Q)	Edinburgh, National Library of Scotland Adv. MS. 33.4.12, fol. 13v	3:97			47.11
1400	Higden (R)	Winchester College, MS. 15, fol. 13r	3:99			47.16
15th century	Higden (S)	Rome, Biblioteca Apostolica Vaticana, Reg. Lat. 731				47.18
15th century	Higden (T)	Glasgow, University Library, MS. T 3.10, fol. 15r				47.19
15th century	Higden (U)	Lincoln, Cathedral Library, MS. A.4.17				47.20
1344	Ambrogio Lorenzetti[n]	Siena†				
ca. 1350	Johannes Utinensis	Stuttgart, Württembergische Landesbibliothek, Theol. Fol. 100 fol. 3v	3:146	36		51.29
ca. 1350	Johannes Utinensis	Munich, Bayerische Staatsbibliothek, Clm. 721, fol. 3v				51.14
ca. 1370	Saint-Denis Chronicles	Paris, Bibliothèque Sainte Geneviève, MS. 782, fol.374v	3:136	37	4.2:1270	50.19

图面内容的时间[a]	制品的时间	描述	收藏地	参考			
				Miller[b]	Uhden[c]	Kamal[d]	Destombes[e]
	1363–81	Author unknown	Heiligenkreuz†§				
	[1375]	Catalan atlas	Paris, Bibliothèque Nationale, MS. Esp. 30. See above, pp. 314–15.				
	ca. 1380	Catalan fragment	Istanbul, Topkapi Sarayi, Kutuphané no. 1828 (old 2758, 49361)				52.5
15世纪	1405	Author unknown	Bourges†§				
	15th century	Medici atlas	Florence, Biblioteca Medicea Laurenziana, Gad. Rel. 9				
	1410–12	Author unknown	Library of Amplionus von Rotinck†§				
	ca. 1411–15	Albertin de Virga	Location unknown			4.3:1377	52.6
	1414?	Pirrus de Noha	Rome, Biblioteca Apostolica Vaticana, Archivio di San Pietro H.31, fol. 8r				
	1416	Authors unknown	Duc de Berry (3 maps)†				
	1417	Pomponius Mela	Reims, Bibliothèque de la Ville, MS. 1321, fol. 13	3:138	38		51.27
	ca. 1430	Borgia map	Rome, Biblioteca Apostolica Vaticana, Borgiano XVI (galerie)	3:148		5:1493	53.1
	15th century	Anonymous Venetian	Rome, Biblioteca Apostolica Vaticana, Borgiano V				52.15
	15th century	Catalan (Estense)	Modena, Biblioteca Estense, C.G.A. 1				52.12
	15th century	Author unknown	Minneapolis, University of Minnesota, James Ford Bell Collection				52.11
	15th century	Bartholomaeus Anglicus	Wolfenbüttel, Herzog August Bibliothek, Codex Helmstedt 422 (cat. 477)		39		51.39

图面内容的时间[a]	制品的时间	描述	收藏地	参考			
				Miller[b]	Uhden[c]	Kamal[d]	Destombes[e]
15th century	Circular Ptolemy		Zeitz, Stiftsbibliothek, MS. Lat. Hist., fol. 497, fol. 48				54.17
15th century	Author unknown		Venice, Palazzo Ducale, Sala dello Scudo†				
15th century	Jan van Eyck[o]		†				
1436	Andrea Bianco		Venice, Biblioteca Nazionale Marciana, MS. Fondo Ant. It. Z.76	3:143			54.16
1440?	Vinland map[p]		New Haven, Beinecke Library, Yale University				
1448	Andreas Walsperger		Rome, Biblioteca Apostolica Vaticana, Pal. Lat. 1362b	3:147			52.10
1442	Giovanni Leardo		Verona, Biblioteca Comunale				52.7
1443	Fra Mauro		†				
1447	Giovanni Leardo		†				
1448	Giovanni Leardo		Vicenza, Biblioteca Civica Bertoliana	3:145			52.8
1448–49	Fra Mauro		†				
1452	Giovanni Leardo		Milwaukee, University of Wisconsin, American Geographical Society Collection				52.9
1457	Genoese map		Florence, Biblioteca Nazionale Centrale, Port. 1			5:1494	52.13
1459	Fra Mauro		[To Portugal]†				
1459	Fra Mauro		Venice, Biblioteca Nazionale Marciana			5:1495	52.14

注：由马克罗比乌斯、萨卢斯特和其他人绘制的小型的 T‑O 地图没有收录到本列表中。

† 不存在

§ 由 Leo Bagrow, "Old Inventories of Maps," *Imago Mundi* 5 (1948)：18－20 提到的地图。

[a] 这一列按照地图内容涉及的世纪排序。

[b] Konrad Miller, *Mappaemundi*：*Die ältesten Weltkarten*, 6 Vols. (Stuttgart：J. Roth, 1895－98).

[c] Richard Uhden, "Zur Herkunft und Systematik der mittelalterlichen Weltkarten," *Geographische Zeitschrift 37* (1931)：321－40.

[d] Youssouf Kamal, *Monumenta cartographica Africae et Aegypti* 5 Vols. in 16 parts (Cairo, 1926－51).

[e] Marcel Destombes, ed., *Mappemondes A. D. 1200－1500*：*Catalogue préparé par la Commission des Cartes Anciennes de l'Union Géographique Internationale* (Amsterdam：N. Israel, 1964).

[f] 这一亚洲地图在严格意义上是一幅区域地图，但是包含了世界如此多的范围，由此其被包括在这里。在对页上的另外一幅"杰罗姆"地图是一幅巴勒斯坦的区域地图，没有被包括在这里。

[g] 这里指的是图 18.17 中赋予贝亚图斯谱系图中的稿本的名称。

[h] 在 Madrid, Archivo Histórico Nacional, MS. 1240 的大型地图已经佚失。

[i] 这幅地图被一些人解释为是一幅天文图。参见前文 p. 303。

[j] Ernest William Tristram, *English Medieval Wall Painting*, 2 Vols.（London：Oxford University Press, 1944－50）, Vol. 2, *The Thirteenth Century*, 180, 610.

[k] Otto Lehmann-Brockhaus, *Lateinische Schriftquellen zur Kunst in England, Wales und Schottland, vom Jahre 901 his zum Jahre 1307*, 5 Vols.（Munich：Prestel, 195560）, 3：No. 6261.

[l] Bernhard Degenhart and Annegrit Schmitt, "Marino Sanudo und Paolino Veneto," *Römisches Jahrbuch für Kunstgeschichte* 14（1973）, 1－137, esp. 107, pl. 145.

[m] 字母是图 18. 21 的谱系图中提到的副本的指定名称。

[n] Aldo Cairola and Enzo Carli, *Il Palazzo Pubblico di Siena*（Rome：Editalia, 1963）, 139－40.

[o] Charles Sterling, "Le mappemonde de Jan van Eyck," *Revue de l'Art* 33（1976）：69－82.

[p] 文兰地图的真实性一直是众多依然持续的争议的来源。地图的内容已经由斯凯尔顿在 R. A. Skelton, Thomas E-. Marston, and George D. Painter, *The Vinland Map and the Tartar Relation*（New Haven：Yale University Press, 1965）, 107－239 进行了全面的研究；他的结论就是，地图是在 15 世纪的第 2 个 25 年中绘制的（p. 230），并且是"现存的美洲土地的最为古老的地图"（p. 232）。这一出版物引发了众多对其内容和实体形态的研究，这些由 Helen Wallis et al. ,"The Strange Case of the Vinland Map：A Symposium," *Geographical Journal* 140（1974）：183－214 进行了总结。由 Walter McCrone Associates 进行的墨水测试，说明时间大约为 1920 年，并且似乎也就终结了这一问题，但最近由 Thomas A. Cahill 及其同事在 Crocker Nuclear Laboratory, University of California-Davis 进行的质子数分析，对 McCrone 的分析提出了质疑，由此再次引发的争论。他们的发现将出版在即将发表的期刊 *Analytical Chemistry* 上。

参考书目

第十八章　中世纪的世界地图（*Mappaemundi*）

Almagià, Roberto. *Monumenta cartographica Vaticana*. Vol. 1, *Planisferi, carte nautiche e affini dal secolo XIV al XVII esistenti nella Biblioteca Apostolica Vaticana*. Rome: Biblioteca Apostolica Vaticana, 1944.

Andrews, Michael Corbet. "The Study and Classification of Medieval Mappae Mundi." *Archaeologica* 75 (1925–26): 61–76.

Arentzen, Jörg-Geerd. *Imago Mundi Cartographica: Studien zur Bildlichkeit mittelalterlicher Welt- und Ökumenekarten unter besonderer Berücksichtigung des Zusammenwirkens von Text und Bild*. Münstersche Mittelalter-Schriften 53. Munich: Wilhelm Fink, 1984.

Bagrow, Leo. *History of Cartography*. Revised and enlarged by R. A. Skelton. Translated by D. L. Paisey. Cambridge: Harvard University Press; London: C. A. Watts, 1964.

Barkan, Leonard. *Nature's Work of Art: The Human Body as Image of the World*. New Haven: Yale University Press, 1975.

Beazley, Charles Raymond. *The Dawn of Modern Geography: A History of Exploration and Geographical Science from the Conversion of the Roman Empire to A.D. 900*. 3 vols. London: J. Murray, 1897–1906.

———. "New Light on Some Mediæval Maps." *Geographical Journal* 14 (1899): 620–29; 15 (1900): 130–41, 378–89; 16 (1900): 319–29.

Bevan, W. L., and H. W. Phillott. *Medieval Geography: An Essay in Illustration of the Hereford Mappa Mundi*. London: E. Stanford, 1873.

Brehaut, Ernest. *An Encyclopedist of the Dark Ages: Isidore of Seville*. Studies in History, Economics and Public Law, vol. 48, no. 1. New York: Columbia University Press, 1912.

Brincken, Anna-Dorothee von den. "Mappa mundi und Chronographia." *Deutsches Archiv für die Erforschung des Mittelalters* 24 (1968): 118–86.

———. "Die Ausbildung konventioneller Zeichen und Farbgebungen in der Universalkartographie des Mittelalters." *Archiv für Diplomatik: Schriftgeschichte Siegel- und Wappenkunde* 16 (1970): 325–49.

———. "Zur Universalkartographie des Mittelalters." In *Methoden in Wissenschaft und Kunst des Mittelalters*, edited by Albert Zimmermann, 249–78. Miscellanea Mediaevalia 7. Berlin: Walter de Gruyter, 1970.

———. "Europa in der Kartographie des Mittelalters." *Archiv für Kulturgeschichte* 55 (1973): 289–304.

———. "Weltbild der Lateinischen Universalhistoriker und -Kartographen." In *Popoli e paesi nella cultura altomedievale*, 2 vols., Settimane di Studio del Centro Italiano di Studi sull'alto Medioevo, 19, 1:377–408 and plates. Spoleto: Presso la Sede del Centro, 1983.

Cortesão, Armando. *History of Portuguese Cartography*. 2 vols. Coimbra: Junta de Investigações do Ultramar-Lisboa, 1969–71.

Crone, Gerald R. *The World Map by Richard of Haldingham in Hereford Cathedral*. Reproductions of Early Manuscript Maps 3. London: Royal Geographical Society, 1954.

———. "New Light on the Hereford Map." *Geographical Journal* 131 (1965): 447–62.

———. *Maps and Their Makers: An Introduction to the History of Cartography*. 5th ed. Folkestone, Kent: Dawson; Hamden, Conn.: Archon Books, 1978.

Destombes, Marcel, ed. *Catalogue des cartes gravées au XVᵉ siècle*. Paris: International Geographical Union, 1952.

Friedman, John Block. *The Monstrous Races in Medieval Art and Thought*. Cambridge: Harvard University Press, 1981.

Glacken, Clarence J. *Traces on the Rhodian Shore*. Berkeley and Los Angeles: University of California Press, 1967.

Gordon, B. L. "Sacred Directions, Orientation, and the Top of the Map." *History of Religions* 10 (1971): 211–27.

Isidore of Seville. *Traité de la nature*. Edited by Jacques Fontaine. Bibliothèque de l'Ecole des Hautes Etudes Hispaniques, fasc. 28. Bordeaux: Féret, 1960.

Jomard, Edme-François. *Les monuments de la géographie; ou, Recueil d'anciennes cartes européennes et orientales*. Paris: Duprat, 1842–62.

Jones, Charles W. "The Flat Earth." *Thought: A Quarterly of the Sciences and Letters* 9 (1934): 296–307.

Kamal, Youssouf. *Monumenta cartographica Africae et Aegypti*. 5 vols. in 16 pts. Cairo, 1926–51.

Kimble, George H. T. *Geography in the Middle Ages*. London: Methuen, 1938.

Klein, Peter K. *Der ältere Beatus-Kodex Vitr. 14–1 der Biblioteca Nacional zu Madrid: Studien zur Beatus-Illustration und der spanischen Buchmalerei des 10. Jahrhunderts*. Hildesheim: Georg Olms, 1976.

Leithäuser, Joachim G. *Mappae mundi: Die geistige Eroberung der Welt*. Berlin: Safari-Verlag, 1958.

Lelewel, Joachim. *Géographie du Moyen Age*. 4 vols. and epilogue. Brussels: J. Pilliet, 1852–57; reprinted Amsterdam: Meridian, 1966.

Menéndez-Pidal, G. "Mozárabes y asturianos en la cultura de la alta edad media en relación especial con la historia de los conocimientos geográficos." *Boletin de la Real Academia de la Historia* (Madrid) 134 (1954): 137–291.

Migne, J. P., ed. *Patrologiæ cursus completus*. 221 vols. and suppls. Paris, 1844–64; suppls. 1958–.

Miller, Konrad. *Mappaemundi: Die ältesten Weltkarten*. 6 vols. Stuttgart: J. Roth, 1895–98. Vol. 1, *Die Weltkarte des Beatus* (1895). Vol. 2, *Atlas von 16 Lichtdruck-Tafeln* (1895). Vol. 3, *Die kleineren Weltkarten* (1895). Vol. 4, *Die Herefordkarte* (1896). Vol. 5, *Die Ebstorfkarte* (1896). Vol. 6, *Rekonstruierte Karten* (1898).

Murdoch, John Emery. *Antiquity and the Middle Ages*. Album of Science. New York: Charles Scribner's Sons, 1984.

North, Robert. *A History of Biblical Map Making*. Beihefte zum Tübinger Atlas des Vorderen Orients, B32. Wiesbaden: Reichert, 1979.

Santarém, Manuel Francisco de Barros e Sousa, Viscount of. *Atlas composé de mappemondes, de portulans et de cartes hydrographiques et historiques depuis le VIᵉ jusqu'au XVIIᵉ siècle*. Paris, 1849. Reprint, Amsterdam: R. Muller, 1985.

———. *Essai sur l'histoire de la cosmographie et de la cartographie pendant le Moyen-Age et sur les progrès de la géographie après les grandes découvertes du XVᵉ siècle*. 3 vols. Paris: Maulde et Renou, 1849–52.

Sanz, Carlos. "El primer mapa del mundo con la representacíon de los dos hemisferios." *Boletín de la Real Sociedad Geográfica* 102 (1966): 119–217.

Sarton, George. *Introduction to the History of Science*. 3 vols. Baltimore: Williams and Wilkins, 1927–48.

Schulz, Juergen. "Jacopo de' Barbari's View of Venice: Map Making, City Views, and Moralized Geography before the Year 1500." *Art Bulletin* 60 (1978): 425–74.

Shirley, Rodney W. *The Mapping of the World: Early Printed World Maps 1472–1700*. London: Holland Press, 1983.

Simar, Théophile. "La géographie de l'Afrique Centrale dans l'antiquité et au Moyen-Age." *Revue Congolaise* 3 (1912–13): 1–23, 81–102, 145–69, 225–52, 289–310, 440–41.

Skelton, R. A. "A Contract for World Maps at Barcelona, 1399–1400." *Imago Mundi* 22 (1968): 107–13.

Skelton, R. A., Thomas E. Marston, and George D. Painter. *The Vinland Map and the Tartar Relation*. New Haven: Yale University Press, 1965.

Stahl, William Harris. *Roman Science: Origins, Development, and Influence to the later Middle Ages*. Madison: University of Wisconsin Press, 1962.

Tattersall, Jill. "Sphere or Disc? Allusions to the Shape of the Earth in Some Twelfth-Century and Thirteenth-Century Vernacular French Works." *Modern Language Review* 76 (1981): 31–46.

Thompson, Daniel V. *The Materials and Techniques of Medieval Painting*. New York: Dover, 1956. Unabridged and unaltered republication of the first edition, 1936, titled *The Materials of Medieval Painting*.

Tobler, Waldo R. "Medieval Distortions: The Projections of Ancient Maps." *Annals of the Association of American Geographers* 56 (1966): 351–60.

Uhden, Richard. "Zur Herkunft und Systematik der mittelalterlichen Weltkarten." *Geographische Zeitschrift* 37 (1931): 321–40.

Wittkower, Rudolf. "Marvels of the East: A Study in the History of Monsters." *Journal of the Warburg and Courtauld Institutes* 5 (1942): 159–97.

Woodward, David. "Reality, Symbolism, Time, and Space in Medieval World Maps." *Annals of the Association of American Geographers* 75 (1985): 510–21.

Wright, John Kirtland. "Notes on the Knowledge of Latitudes and Longitudes in the Middle Ages." *Isis* 5 (1922): 75–98.

———. *The Geographical Lore of the Time of the Crusades: A Study in the History of Medieval Science and Tradition in Western Europe*. American Geographical Society Research Series no. 15. New York: American Geographical Society, 1925; republished with additions, New York: Dover, 1965.

第十九章 从 13 世纪晚期到 1500 年的波特兰海图

托尼·坎贝尔 (Tony Campbell)

孙靖国 译

引 言

对于研究中世纪晚期和近代早期欧洲地图学史的历史学家来说，[①] 波特兰海图是基本史料，尽管其起源非常神秘，而且有着超越时代的精确性。它们的重要性早已为世人所认可，查尔斯·雷蒙德·比兹利 (Charles Raymond Beazley) 1904 年的一篇文章用了"第一幅真正的地图"这样热情洋溢的标题。[②] 再晚近一些，阿曼多·科尔特桑 (Armando Cortesão) 认为："波特兰海图的出现……是整个地图学史上最重要的转折点之一。"[③] 阿尔贝托·马尼亚吉 (Alberto Magnaghi) 则更进一步，将它们描述为不仅仅在航海史上，乃至在整部文明史中都是一项独一无二的成就。[④] 对于莫妮克·德拉龙西埃 (Monique de La Roncière) 来说，第一位知名的实践者彼得罗·维斯孔特 (Pietro Vesconte) 的作品是如此精确，以至于直到 18 世纪地中海的轮廓才得以有所改进。[⑤] 从地图学的经济史角度而言，根据一位近人貌似可

＊我希望对以下人士的慷慨相助表示感谢，他们阅读了本文的初稿，提出了很多改进意见，并发现了很多错误，当然，其他任何错误的责任并不由他们承担：Janet Backhouse、Peter Barber 和 Sarah Tyacke（都供职于 British Library），P. D. A. Harvey (University of Durham)，Thomas R. Smith (University of Kan-sas) 和 David W. Waters（原供职于 National Maritime Museum）。还要感谢在这些注释中未曾专门提及的人：Dudley Barnes（巴黎）借了了维斯孔特海图的放大照片；William Crampton (Flag Institute, Chester) 借了了一些无法获得的旗帜复制品；O. A. W. Dilke (University of Leeds) 就波特兰海图起源的古典一面发表了评论；J. P. Hudson (British Library) 提供了古文书学方面的帮助；Georges Pasch（巴黎）慷慨地分享了其多年来关于波特兰海图旗帜的研究成果；Vladimiro Valerio (University of Naples) 提供了关于晦涩难懂的意大利语的参考资料。此外，我还从诸位图书馆员和策展人那里得到了宝贵的帮助，可惜，由于帮助我的人太多，我无法一一枚举。

① 之所以采用 1500 年作为终止时期，主要出于两个原因：第一，向南和向东延伸，包括好望角和通往印度群岛的路线，都发生在该时期前后，第一幅表现哥伦布探险的地图也是如此；第二，现存最早的包含纬度刻度的海图（因此，某些人认为"波特兰海图"这个词已经过时了）也可以追溯到 16 世纪的最初几年，见下文，p. 386。

② Charles Raymond Beazley, "The First True Maps," *Nature* 71 (1904): 159 – 61, esp. 159.

③ Armando Cortesão, *History of Portuguese Cartography*, 2 Vols. (Coimbra: Junta de Investigações do Ultramar-Lisboa, 1969 – 71), 1: 215 – 16.

④ Alberto Magnaghi, "Nautiche, carte," in *Enciclopedia italiana di scienze*, *lettere ed arti*, originally 36 Vols. ([Rome]: Istituto Giovanni Treccani, 1929 – 39), 24: 323 – 31, esp. 330b.

⑤ Monique de La Roncière, "Les cartes marines de l'époque des gran des découvertes," *Revue d'Histoire Economique et Sociale* 45 (1967): 5 – 28, esp. 18. 其他作者甚至更强烈地提出了同样的观点。Bojan Beševliev, "Basic Trends in Representing the Bulgarian Lands in Old Cartographic Documents up to 1878," *Etudes Balkaniques* 2 (1980): 94 – 123, esp. 100, 发现"即使到上世纪中叶，也没有比波特兰（即海图）上对黑海的表现更精确的了"；而 Luigi Piloni, *Carte geografiche della Sardinia* (Cagliari: Fossataro, 1974)，图版 5 中的未加渲染的标题认为《比萨航海图》上的撒丁岛轮廓如此精确，以至于与相等比例的现代地图差别不大。

信的说法，维斯孔特和他同时代的人可能是首批"将绘制地图作为一种专职的商业技艺来从事"的人。⑥

从现存最早的副本来看，1300年稍前，它们给出的地中海的轮廓惊人的精确。另外，它们丰富的地名构成了重要的历史资源。与托勒密地图相比，它们的进步是一目了然的，而带有清晰勾勒的"Syrtes"（即锡德拉）的北非海岸是最显著的进步。此外，到了15世纪，托勒密地图才开始在欧洲广泛传播，而那时波特兰海图已经很完善了。尽管托勒密地图上的经度和纬度网格隐含了线性的比例尺，但中世纪的海图才是最早正式地显示线性比例尺的地图文献。⑦ 这应该与欧洲地形图的历史形成鲜明对比，地形图的历史表明，自罗马时代以降，第一步明确按照比例绘制的地方地图作品是1422年前后的维也纳平面图。⑧ 正如P. D. A. 哈维（P. D. A. Harvey）进一步指出的那样，实际上，没有一幅在我们所讨论的这一时期内——也就是1500年以前——所制作的地方地图"试图进行了在比例上保持一致的哪怕是最微小的尝试"⑨。

一条更大的鸿沟将波特兰海图与中世纪的"世界地图"（mappaemundi）分隔开，后者的地图内容在很大程度上是由其神学信息塑造的。值得一提的是，已知最早的波特兰海图被认为几乎是与赫里福德世界地图同时代的。当然，不能说波特兰海图完全摆脱了我们今天所说的迷信，但中世纪的水手也概莫能外。然而，在一些海图上，我们发现了祭司王约翰（Prester John）、天堂四河、神话中的大西洋岛屿以及其他传说中的特征，都被放在了鲜为人知的内部或围绕在外围地区周围。构成海图主要用途的大陆海岸线丝毫不受影响。1457年热那亚世界地图的作者究竟是谁，并不清楚，⑩ 但他以波特兰海图为基础对地中海进行了描绘，他巧妙地总结了海图制图师的态度："这是宇宙学家对世界的真实描绘，它适用于海洋［海图］，里面已经删掉了无聊的故事。"⑪

中世纪的海图是对当时可以获得的地中海地理知识和地图知识最清晰的陈述。有时候，它们也会将覆盖范围扩大到东方，正如加泰罗尼亚地图集（Catalan atlas）一样。然而，在14世纪中叶以后，随着曾令波罗家族惊叹的鞑靼帝国轰然倒塌，与中国的接触也就停止了。但是，在西方，14和15世纪的波特兰海图提供了文艺复兴时期地理大发现的最初章节——即对大西洋岛屿的探索和非洲全部西海岸的测绘制图——的最佳记录，有时也是唯一的记录。由克里斯托弗·哥伦布（Christopher Columbus）和瓦斯科·达伽马（Vasco da Gama）奠定了基础的西班牙和葡萄牙海上帝国就是这些初步航行的成果。

372

⑥ John Noble Wilford, *The Mapmakers* (New York：Alfred A. Knopf；London：Junction Books, 1981), 50.

⑦ Eva G. R. Taylor, *The Haven-Finding Art：A History of Navigation from Odysseus to Captain Cook* (London：Hollis and Carter, 1956), 111.

⑧ P. D. A. Harvey, *The History of Topographical Maps：Symbols, Pictures and Surveys* (London：Thames and Hudson, 1980), 80.

⑨ Harvey, *Topographical Maps*, 103 (note 8).

⑩ Florence, Biblioteca Nazionale Centrale, Port. 1；见 Marcel Destombes, ed., *Mappemondes A. D. 1200-1500：Catalogue préparé par la Commission des Cartes Anciennes de l'Union Géographique Internationale* (Amsterdam：N. Israel, 1964), 222。

⑪ "Hec est vera cosmographorum cum marino accordata des ［crip］ cio quorundam frivolis naracionibus rejectis." 译文来自 Gerald R. Crone, *Maps and Their Makers：An Introduction to the History of Cartography*, 5th ed. (Folkestone, Kent：Dawson；Hamden, Conn.：Archon Books, 1978), 28。

中世纪的"世界地图"（*mappaemundi*）是善于思考的陆地居民的宇宙学成果。相比之下，波特兰海图保存了地中海水手对自己海域的第一手经验，以及他们不断丰富的对大西洋的了解。它们的原创性令人惊讶，正如杰拉尔德·R. 克伦（Gerald R. Crone）所指出的那样，这标志着"与传统的彻底决裂"⑫。无论其前身为何，今天都没有任何把握对其进行识别；但这只是这些文献所提出的诸多未解之谜之一。其原型是如何制造的？何时制造的？如何在大约 400 年的时间里制作副本，但并没有逐渐失真？究竟是加泰罗尼亚人影响了意大利人，还是意大利人影响了加泰罗尼亚人？最根本的问题是，它们的功能是什么？

人们已经对"世界地图"（*mappaemundi*）进行了全面的研究，⑬ 但是从 1897 年诺登舍尔德（Nordenskiöld）的研究以来，还没有使用英文的学者对哥伦布之前时代的波特兰海图进行过广泛的调查。⑭ 由于缺乏近期的重新评估，这意味着波特兰海图从同时代学术研究更为严格的分析方法中获益甚微。过去关于波特兰海图的讨论倾向于两个极端：要么是基于先验推理的一概而论，要么是对个别作品的一孔之见。第一种方法倾向于将现有有限的可用证据延伸到临界点之外，而第二种方法则错过了用大多数比较分析的机会，从而对特殊特征和典型特征等量齐观。本文试图实施一条中间路线，即将散布在诸多详细具体研究中的线索整合到一起，并编织成一条单一的线索——尽管此线索经常很脆弱——这在这些海图的历史中鲜为人知。我们将依次考虑各个方面：它们的起源问题、它们的绘制方法、它们不断变化的内容、它们创制者的社会地位、最初拥有者可能的身份，以及绘制这些海图的目的。但是，海图本身就是比任何次要的部门更重要、更可靠的见证者。通过对现存海图的仔细比较研究，关于一位海图制图师与另一位之间的关系，以及他们对不断变化的外界现实情况的反映，涌现出新的令人信服的证据。

用这种方法进行特别仔细研究的特征，是早期海图的地名。与诺登舍尔德等人强烈主张的几百年来波特兰海图基本保持不变的观点相反，最近对其上地名的调查显示，至少到 15 世纪中期，地名的变化就已经非常广泛了。⑮ 那些商船很少光顾的地区，地名标记得很少，但在地中海北部沿岸地区（尤其是在亚得里亚海）则非常明显，这些不断变化的地名格局在早期的海图中显示出一种迄今为止前所未有的生命力。对诺登舍尔德及其追随者们而言，373 "中世纪最完美的地图、地图学中的伊利亚特"是一次性创作活动的成果，也就是第一幅海图（他的"正规波特兰海图"［normal portolano］）⑯。既然我们可以指出这一地名持续复兴的过程——这一过程在 14 世纪就已非常显著，那么即使在 15 世纪有所淡化，也必须将波特兰海图重新解释为地中海自我知识的活生生的记录，并且在不断地进行修改。这是这次调查中所浮现的最重要的一个发现。

通过对地名的分析，也证明了推测出一些未署名作品的更可靠的日期是可行的。被认为是 1500 年以前的地图集和海图中，有大约一半没有署名，也没有日期。就这些文献的

---

⑫　Crone, *Maps and Their Makers*, 11（note 11）。

⑬　Destombes, *Mappemondes*（note 10）. 关于"世界地图"（*mappaemundi*）的编年史，见 pp. 292 – 99。

⑭　A. E. Nordenskiöld, *Periplus*: *An Essay on the Early History of Charts and Sailing-Directions*, trans. Francis A. Bather（Stockholm: P. A. Norstedt, 1897）。

⑮　Nordenskiöld, *Periplus*, 45, 56（note 14）. 另见 pp. 415 – 28。

⑯　Nordenskiöld, *Periplus*, 45（note 14）。

日期达成一致意见，是把它们引入波特兰海图历史的必要前提。但是很遗憾的是，这一要求没有得到满足。一些重要海图的推测日期波动非常大，而任意使用不可靠且彼此抵牾的日期标准，也导致许多研究人员采用了站不住脚的立场。一旦得出某日期的结论，后来的评论者往往会重复这一结论，而不加解释。因此，今天的学者继承了一个遗留问题，也就是大量无根据的对日期的推测，以及在其基础上的不明智的结论，已经被视为公认的智慧。[17]

虽然肯定不是一种完美的方法，但地名列表提供的日期系统，比以前所设计的任何一种日期都要好得多，并且使得我们可以放心地将未注明日期的作品与普遍的历史记述结合起来。[18] 在广泛修订的14世纪和15世纪海图年表的基础上，我们可以得出这些海图发展阶段，以及加泰罗尼亚、热那亚和威尼斯的从业者之间相互关系的新结论。

保存情况

现在认为是14世纪和15世纪的大约180份海图和地图集，一定是最初所制作作品的一小部分，并且不一定具有代表性。[19] 任何基于现存海图的结论都必须承认这种不完整性。很少有海图能像加布里埃尔·德巴尔塞卡（Gabriel de Valseca）的1439年装饰性作品[20]（见图版24）那样受到高度重视，为了这份作品，亚美利哥·韦斯普奇（Amerigo Vespucci，1454—1512）准备支付一笔130 "ducati di ora di marco" 的可观金额。[21] 尽管如此，在1384—1404年之间，热那亚遗嘱认证文件所附的清册中，有十多处提到波特兰海图，这表明当时人们认为这些海图具有一定的重要性，即使在其中一个案例中，波特兰海图被描述为已经过时。[22] 这些文献还提供了关于几个世纪以来损耗程度的线索。

导致在海上使用的海图遭到损坏的因素是显而易见的，但是也不能保证在陆地居民手里的海图可以保存下来。阿纳托尔·法郎士（Anatole France）笔下的《鹅掌女王烤肉店》（La rôtisserie de reine Pédauque）中的书商承认 "在门上钉上了旧的威尼斯地图"[23]，当然这一情节可能是虚构的，但在现实世界中，过时海图的遭遇一般也好不到哪里去。当托马斯·菲利普斯（Thomas Phillipps）爵士在19世纪孜孜不倦地收集各类手稿时，他常常发现

---

[17] 朱塞佩·卡拉奇（Giuseppe Caraci）是少数质疑这些假设的人之一；见 "A proposito di alcune carte nautiche di Grazioso Benincasa," *Memorie Geografiche dall'Istituto di Scienze*, *Geografiche e Cartografiche* 1 (1954): 283-90。

[18] 在未标明日期的地图集和海图中，有太多重要的作品，所以将这种说法限制在标明日期的例证上是不可行的。

[19] 180份海图和地图集这一数字来自对早期波特兰海图进行的普查，这一普查目前正在进行，而且将在 *Imago Mundi* 上发表。其总数一定只能是近似数字，因为迄今为止还没有可靠的判断标准来区分15世纪和16世纪的未经装饰的作品。

[20] 关于在本文中随后提到的巴尔塞卡海图，以及所有有署名的、标明日期的或经过命名的海图，见附录19.2、19.3及19.4。1430年之前未署名作品的位置，见表19.3（pp.416-420）。关于本文中提及的地图集的重制的参考文献，见附录19.2和19.3。

[21] Nordenskiöld, *Periplus*, 62 (note 14). Cortesão, *History of Portuguese Cartography*, 2: 148-149 (note 3), 详细介绍了乔治·桑德（George Sand）的溢墨事件，在这张海图上留下了损毁的痕迹。

[22] Paolo Revelli, *Cristoforo Colombo e La scuola cartografica genovese* (Genoa: Consiglio Nazionale delle Ricerche, 1937), 452-58, esp. 453 (No. XVIII).

[23] Ruthardt Oehme, "A Cartographical Certificate by the Cologne Painter Franz Kessler," *Imago Mundi* 11 (1954): 55-56, quotation on 56.

自己的竞争对手不是其他藏书家，而是金箔匠、制胶工和裁缝，所有这些人都通过破坏犊皮纸手稿获得了一些好处。㉔ 许多未经装饰的海图都被屈辱地大卸八块，用作书籍装订。有几块上面有时会显现出残留的针孔就证明了这一点。有一位律师甚至把一幅海图裁碎做成书签。㉕ 可悲的是，这些海图仍在亡佚和损毁。1930 年，伦敦皇家陆军医疗队图书馆（Royal Army Medical Corps Library）中收藏的 1463 年的格拉齐奥索·贝宁卡萨（Grazioso Benincasa）地图集被盗，威尼斯州档案馆（Archivio di Stato）中的地中海东部地区残片在战后也亡佚了。㉖ 第二次世界大战也造成了损失：乔瓦尼·达卡里尼亚诺（Giovanni da Carignano）地图被彻底摧毁，在 1944 年的安科纳（Ancona）轰炸中，1490 年安德烈亚·贝宁卡萨（Andrea Benincasa）地图被部分烧毁——格拉齐奥索·贝宁卡萨手绘的波特兰海图也是如此。㉗

除此之外，还有大量的参考文献提及很久以前就已亡佚的海图。㉘ 这一点尤其适用于葡萄牙的作品。"虽然这是毋庸置疑的"，科尔特桑和特谢拉·达莫塔（Teixeira da Mota）在 1960 年写道，"葡萄牙的许多海图是在王子（即航海家亨利王子，Prince Henry the Navigator）时代和稍后绘制而成的，有些可能早在 14 世纪，但事实上，只有一幅这样的海图和另一幅海图的残片保存下来，这一点确实非常奇怪"㉙。尽管发表了这样的言论，但科尔特桑确实没能在 1443 年之前的葡萄牙记录中找到任何关于海图的参考资料，而已知最古老的葡萄牙海图，要么是赖内尔（Reinel）的一幅 1483 年前后的海图，要么是收藏于摩德纳（Modena，Biblioteca Estense，CGA5c）的一份未署名作品，此图被认为是绘制于 15 世纪的最后 25 年。㉚ 但是，如果把马赛（Marseilles）旗帜上的鸢尾花形的纹章，看作这一城市从普罗旺斯转归法国的佐证的话，那么以前认为赖内尔海图绘制于 1483 年的结论可能就需要修正。这种不寻常的旗帜形式代替了正常的蓝十字，在一些一个世纪甚至更久之后的海图中也能找到。㉛ 1492 年的若热·德阿吉亚尔（Jorge de Aguiar）海图和在里斯本的一块残片，其日期可以追溯到"1493 年以后，也许是在该世纪

㉔　Armando Cortesão, *The Nautical Chart of 1424 and the Early Discovery and Cartographical Representation of America*：*A Study on the History of Early Navigation and Cartography*（Coimbra：University of Coimbra, 1954），4.

㉕　Paris, Bibliothèque Nationale, Rés. Ge. D 3005；见 Ernest Theodore Hamy, "Note sur des fragments d'une carte marine catalane du XVᵉ siècle, ayant servi de signets dans les notules d'un notaire de Perpignan（1531–1556），" Bulletin du Comité des Travaux Historiques et Scientifiques：Section de Géographie Historique et Descriptive（1897）：23–31, esp. 24；reprinted in Acta Cartographica 4（1969）：219–27。

㉖　关于贝宁卡萨地图集，见其未署名注释 "Der gestohlene Gratiosus Benincasa," *Imago Mundi* 1（1935）：20；位于威尼斯的国家档案馆（Archivio di Stato）以前所收藏的残片上的信息，来自主管 Maria Francesca Tiepolo 的私人通信。

㉗　Cortesão, *History of Portuguese Cartography*, 1：219, 2：193（note 3）. Paolo Revelli（第二次世界大战之后，他向意大利的各个机构发送了调查问卷）松了一口气，发现损失比他预料的要小得多；见 "Cimeli geografici di biblioteche italiane distrutti 0 danneggiati dalla guerra," *Atti della* XIV *Congresso Geografico Italiano*, *Bologna*, *1947*（1949）：526–28；and idem, "Cimeli geografici di archivi italiani distrutti 0 danneggiati dalla guerra," *Atti della XV Congresso Geografico Italiano*, *Torino*, *1950*, 2 Vols.（1952），2：879。

㉘　例如，见 Julio Rey Pastor and Ernesto García Camarero, *La cartografía mallorquina*（Madrid：Departamento de Historia y Filosofía de la Ciencia, 1960），59–60, 63, 65–66, 84–86。

㉙　Armando Cortesão and Avelino Teixeira da Mota, *Portugaliae monumenta cartographica*, 6 Vols.（Lisbon, 1960），1：xxxiv.

㉚　见 Cortesão, *History of Portuguese Cartography*, 2：118 and 211（note 3），and Cortesão and Teixeira da Mota, Portugaliae monumenta cartographica, 1：3–4（note 29）。

㉛　这一点我要感谢 Georges Pasch。

晚期之前",使得人们已知的 1500 年之前制作的葡萄牙作品的数量达到了 4 幅。阿吉亚尔海图的存在是在 1968 年葡萄牙的一次会议上首次公布的,当时,亚历山大·O.维托(Alexander O. Vietor)对其进行了描述。㉜

至于提及的那些已经亡佚的葡萄牙人在西部非洲和大西洋地区进行探索的海图,它们的实质内容确实已经反映在波特兰海图上,显然是由那些曾受雇于葡萄牙人的意大利人担任中介。㉝ 作为法国早期活动的一个标志,德拉龙西埃将注意力引向 1476 年委托两位画家:让·罗贝尔(Jehan Robert)和让·莫雷尔(Jehan Morel)来"描绘"塞纳河口周边海岸的地图之事。㉞ 此图可能是一幅全景图,因此没有打破这一规律,也就是在 16 世纪之前,在南欧和穆斯林世界之外,我们不知道有任何一个地方制作过波特兰海图(1448 年安德烈亚·比安科 [Andrea Bianco] 在伦敦制作的不在此列)。㉟ 除了保存下来的少数阿拉伯作品的原作之外,还保留下一幅早期的西方海图,即 1482 年的波尔特兰(Bertran)海图,图上有阿拉伯字母的注释。㊱ 另一方面,事实证明,第戎(Dijon)的未标明日期的海图上的阿拉伯字母是虚构的。㊲ 除了穆斯林的作品外,杰胡达·本·扎拉(Jehuda ben Zara)在亚历山大和加利利(Galilee)绘制了三幅海图(见附录 19.2)。巴塞洛缪·哥伦布(Bartolomeo Colombo)在英格兰所绘制的现已亡佚的海图(1488 年 2 月 13 日,他把其中一幅献给了亨利七世)可能需要与比安科的 1448 年海图放在一起,成为英格兰早期地图绘制的证据。㊳

375

㉜ 此处引自 Cortesão, *History of Portuguese Cartography*, 2:218(note 3)。见 Alexander O. Vietor, "A Portuguese Chart of 1492 by Jorge Aguiar," *Revista da Universidade de Coimbra* 24(1971):515–16,另见 Cortesão, *History of Portuguese Cartography*, 2:212–16(note 3)。Cortesão and Teixeira da Mota, *Portugaliae monumenta cartographica*, 5:187(note 29)中描述为出自葡萄牙人之手的第戎海图,在科尔特桑后来的 *History* 中并未提及;科尔特桑并不认为所谓的哥伦布海图(收藏于 Paris, Bibliothèque Nationale, Rés. Ge. AA 562)出自葡萄牙人之手,见其 Cortesão, *History of Portuguese Cartography*, 2:220;在此论著中,认为慕尼黑海图的年代为 16 世纪(见 p. 386)。

㉝ Alvise da Cadamosto 是一位为葡萄牙效力的威尼斯人,1468 年,格拉齐奥索·贝宁卡萨记载了他发现佛得角群岛的事迹,弗拉·毛罗在其 1459 年世界地图上,宣称自己拥有葡萄牙海图;见 Cortesão, *History of Portuguese Cartography*, 2:85, 176(note 3)。

㉞ Charles de La Roncière, *Les portulans de la Bibliothèque de Lyon*, fasc. 8 of Les Portulans Italiens in Lyon, Bibliothèque de la Ville, Documents *paléographiques*, *typographiques*, *iconographiques*(Lyons, 1929), 793.

㉟ 一幅被推测为 15 世纪法国海图,但实际上是出自 16 世纪意大利人之手的海图,对其描述见 Gustavo Uzielli and Pietro Amat di San Filippo, *Mappamondi, carte nautiche, portolani ed altri monumenti cartografici specialmente italiani dei secoli XIII–XVII*, 2d ed., 2 Vols., Studi Biografici e Bibliografici sulla Storia della Geografia in Italia(Rome:Società Geografica Italiana, 1882;重印于 Amsterdam:Meridian, 1967), Vol. 2, No. 403。另见 Roberto Almagià, *Monumenta cartographica Vaticana*, 4 Vols.(Rome:Biblioteca Apostolica Vaticana, 1944–55), Vol. 1, Planisferi, carte nautiche e affini dal secolo XIV al XVII esistenti nella Biblioteca Apostolica Vaticana, 84。

㊱ 见 Theobald Fischer, Sammlung mittelalterlicher Welt-und Seekarten italienischen Ursprungs und aus italienischen Bibliotheken und Archiven(Venice:F. Ongania, 1886;重印于 Amsterdam:Meridian, 1961), 95(在 Uzielli 之后,它被误认为是一幅 1491 年的海图)。

㊲ Paul Gaffarel, "Etude sur un portulan inédit de la Bibliothèque de Dijon," *Mémoires de la Commission des Antiquités de la Côted'Or* 9(1877):149–99, esp. 160. 关于纠正,见 Roberto Almagià, "Una carta nautica di presunta origine genovese," *Rivista Geografica Italiana* 64(1957):58–60, esp. 59, and Isabelle Raynaud-Nguyen, "L'hydrographie et l'événement historique:Deux exemples"(为航海科学和水道测量学历史的第四次国际会议所撰写的论文,Sagres-Lagos, 4–7 July 1983)。

㊳ Fernando Colombo, Historie del Signor Don Fernando Colombo:Nelle quali s'hà particolare, & vera relatione della vita, e de' fatti delt Ammiraglio Don Christoforo Colombo, suo padre(Venice, 1571), fol. 31 v.

术语

在理想状态下，一个学科的术语应该为从事这一学科研究的人员提供一个普适的平台。然而，对于波特兰海图而言，基本的术语仍继续存在分歧；这本身就是争议的一部分。大多数用英语写作的人使用术语 "portolanchart"（有时也使用其变体 "portolan chart"）。这一术语源自意大利语的单词 "portolano"，是指一套书面航海指南，它（无论是有意或者无意）强调海图被认为是对书面记述进行补充的方式。"portolan chart" 这一术语的日期最早可以追溯到 19 世纪 90 年代。[39] 较早的不正确的速记形式 "portolan" 则继续在海图与书面航海指南之间制造不必要的混淆。大英博物馆在其 1844 年印刷的绘本地图目录中提到了 "波特兰海图（portolano）或者海图集（collection of see charts）"。[40] 自此以后，这种模棱两可的用法便经常反复出现。

科尔特桑和特谢拉·达莫塔总结出一种普遍的感觉，也就是说虽然 "波特兰海图"（portolan chart）这一名称远远没有达到理想的程度，但现在已经根深蒂固，无法再更改了。[41] 然而，也有人持不同意见。1925 年，马克斯·埃克特（Max Eckert）提议将其称作 "斜航线海图"（rhumb line charts）[42]，很明显，是阿图尔·布罗伊辛（Arthur Breusing）于 1881 年首次提出了 "恒向线海图"（loxodromic charts）这一充满感情的术语。[43] 恒向线是一条具有恒定罗盘方位的线；因此，它在此种意义上的应用引发了关于磁罗盘在设计与使用海图中所发挥作用的许多问题。从此之后，"恒向线海图" 几乎找不到拥护者。类似的一个术语 "罗盘海图"（compass charts）[44] 已经存在了一个多世纪，但它也有同样的缺点。为了避免所有这些弦外之音，法国、意大利、葡萄牙（没有用英语书写时）和西班牙的学者通常

[39]　"Portolankarte." Franz R. von Wieser, "A. E. v. Nordenskiöld's Periplus," *Petermanns Mitteilungen* 45 (1899)：188 – 94，在一篇评论中使用了这个术语 30 多次。尽管诺登舍尔德习惯于把海图称为 "航海表"（portolani），但他确实起码在一部早期的著作中使用过一次这个术语 "portolano maps" – 见 A. E. Nordenskiöld, "Résumé of an Essay on the Early History of Charts and Sailing Directions," *Report of the Sixth International Geographical Congress*, London, 1895 (1896)：685 – 94, esp. 694；reprinted in *Acta Cartographica* 14 (1972)：185 – 94, esp. 194（感谢 Francis Herbert 提供的第二种参考文献）。Hans-Christian Freiesleben 在一篇译文中论述 "'波特兰海图'（portolan chart）这个术语第一次是 13 世纪的意大利出现的"，但显然没有什么根据；见其 "The Still Undiscovered Origin of the Portolan Charts," *Journal of Navigation* (formerly *Navigation*：*Journal of the Institute of Navigation*) 36 (1983)：124 – 29, esp. 124。

[40]　British Museum, *Catalogue of the Manuscript Maps, Charts, and Plans, and of the Topographical Drawings in the British Museum*, 3 Vols. (London, 1844 – 61), 1：16，提到了 1467 年的贝宁卡萨地图集。一份关于波特兰海图的总体研究的原本标题是 *Les portulans*，其副标题是 *Cartes marines du XIIIe au XVIIe siècle* (Fribourg：Office du Livre, 1984)。其英文版本引用于这篇文章：Michel Mollat du Jourdin and Monique de La Roncière with Marie-Madeleine Azard, Isabelle Raynaud-Nguyen, and Marie-Antoinette Vannereau, *Sea Charts of the Early Explorers：13th to 17th Century*, trans. L. le R. Dethan (New York：Thames and Hudson, 1984)。

[41]　Cortesão and Teixeira da Mota, *Portugaliae monumenta cartographica*, 1：xxvi (note 29)。

[42]　"Rhumbenkarten." 见 Max Eckert, *Die Kartenwissenschaft：Forschungen und Grundlagen zu einer Kartographie als Wissenschaft*, 2 Vols. (Berlin and Leipzig：Walter de Gruyter, 1921 – 25), 2：59。

[43]　Arthur A. Breusing, "Zur Geschichte der Kartographie：La Toleta de Marteloio und die loxodromischen Karten," *Kettlers Zeitschrift für Wissenschaft：Geographie* 2 (1881)：129 – 33, 180 – 95；reprinted in *Acta Cartographica* 6 (1969)：51 – 70。

[44]　Sophus Ruge, *Ueber Compas und Compaskarten*, Separat Abdruck aus dem Programm der Handels-Lehranstalt (Dresden, 1868)。

将其简单地称为"航海图"（*nautical charts*），或者是其他变体。[45] 虽然避免了不必要的歧义，但这个术语实在太宽泛了，无法将波特兰海图与其他任何一种类型的海图（包括今天绘制的海图）区分开来。

同时代的用法几乎起不到帮助的作用。伊娃·G. R. 泰勒（Eva G. R. Taylor）对当时使用的这些术语进行了分类：*carta de Navegar*，*carta pro Navigando*，*mappamundi*，*mappae maris*，甚至是令人困惑的 *compasso*，它同样可以指波特兰海图（*portolano*）。[46] 彼得罗·维斯孔特在其海图中使用了拉丁文的"carta"和"tabula"这两个词；1354 年的加泰罗尼亚法令和 1443 年的葡萄牙官方文件中提到了"carta de marear"；1459 年，安东尼奥·佩莱钱（Antonio Pelechan）将他绘制的亚得里亚海专题海图的主题改写成了对其绘在其上的图幅的描述，并将其命名为"cholfo"（即海湾）。[47] 尽管有这些称呼，但"波特兰海图"（Portolan Chart）这一术语似乎是目前最方便使用的，所以本文将通篇使用这一术语。

特征与定义

波特兰海图的诸多特征将其自身与一般海图区分开来，尽管这些特征并不一定在所有情况下都存在。我们正在关注的两个世纪的海图（也就是 1500 年以前）几乎都是用墨水在犊皮纸上绘制的。[48] 尽管较大的海图可能需要不止一张犊皮纸，但大多数海图都使用单个动物的皮。其"颈部"有时已经被修剪成形，通常在一侧清晰可见。[49] 海图通常卷起来[50]——当然后来很多已经拉平了——但仍有一些卷在可能是最初的木制卷轴上。可能会用皮制的带子把海图系紧，有时会用皮带穿过成对的切口，一些保存至今的海图颈部一般能看到这样的穿口——其中包括彼得罗·维斯孔特的 1311 年作品。[51] 地图集一般相当于分切为几张图幅的

[45]　*Cartes nautiques*，*carte nautiche*，and *cartas nauticas*。

[46]　Taylor，*Haven-Finding Art*，115 – 17（note 7）。

[47]　关于维斯孔特使用的"carta"和"tabula"这两个词，见 Lelio Pagani，*Pietro Vesconte：Carte nautiche*（Bergamo：Grafica Gutenberg，1977），7；关于加泰罗尼亚法令，见 Ernest Théodore Hamy，"Les origines de la cartographie de l'Europe septentrionale，" *Bulletin du Comité des Travaux Historiques et Scientifiques：Section de Géographie Historique et Descriptive* 3（1888）：333 – 432，esp. 416；关于葡萄牙档案，见 Cortesão，*History of Portuguese Cartography*，2：118（note 3）；关于佩莱钱所使用的"cholfo"这个词，见本书 pp. 433 – 34 and note 433。

[48]　康拉德·克雷奇默（Konrad Kretschmer）预言了任何画在纸上的都是罕见的；见 *Die italienischen Portolane des Mittelalters：Ein Beitrag zur Geschichte der Kartographie und Nautik*，Veröffentlichungen des Instituts für Meereskunde und des Geographischen Instituts an der Universität Berlin，Vol. 13（Berlin，1909；reprinted Hildesheim：Georg Olms，1962），35。迄今为止，只有两部受到注意：Rome，Biblioteca Apostolica Vaticana，Rossi，676 和所谓的莱西纳里海海图（Lesina chart of the Caspian，其年代可能是 16 世纪前 25 年）；见 E. P. Goldschmidt，"The Lesina Portolan Chart of the Caspian Sea"（附有 Gerald R. Crone 的注释），*Geographical Journal* 103（1944）：272 – 78。只有到了 15 世纪早期，欧洲才大批量生产纸张；见 Janet Backhouse，*The Illuminated Manuscript*（Oxford：Phaidon，1979），7 – 8。尽管如此，1398 年，Luca del Biondo 从布鲁日写信给马略卡岛上的一位佛罗伦萨记者，索取一幅画在纸上的海图；见 Charles de La Roncière，"Une nouvelle carte de l'ecolé cartographique des Juifs de Majorque，" *Bulletin du Comité des Travaux Historiques et Scientifiques：Section de Géographie* 47（1932）：113 – 18，esp. 118。

[49]　关于交替的西部和东部的颈部，见下文的第 444 页。

[50]　1404 年，一位评论者描写了水手是如何"展开海图"的；见 Gutierre Díaz de Gámez，*The Unconquered Knight：A Chronicle of the Deeds of Don Pero Niño，Count of Buelna*，trans. 并被 Joan Evans from El Vito rial（London：Routledge，1928），97 所选取。

[51]　Pagani，*Vesconte*，20（note 47）。

一张海图，其处理方式必然有所不同。虽然单张的犊皮纸可以像书一样处理，并进行典型的装订，但彼得罗·维斯孔特从一开始就意识到将犊皮纸粘贴到木板上的好处——这一工序可以避免在盐水中变形或者收缩。尽管其 1313 年地图集中已经没有这些木板，但在他于 1318 年绘制的两部地图集中明显还有。[52] 厚纸板很适合用来替代木板，15 世纪 60 年代，格拉齐奥索·贝宁卡萨发现了这一点（图 19.1）。

图 19.1　波特兰海图集的实体特征

可以把犊皮纸的海图装裱在木头上，但格拉齐奥索·贝宁卡萨在这部 1469 年地图集中使用的是硬纸板。如通常情况一样，图背彼此相连。

原物高度：32.7 厘米。British Library, London 许可使用（Add. MS. 31315）。

谈到单幅海图和地图集，将保存下来最早的（比萨航海图）和保存至今的几个世纪之后海图联系起来的最明显的共同特征是它们都具有相互连接的斜航线网格。[53] 乍看之下，很容易认为是一团糟，但经过仔细研究，就能证明它们是以一种连贯的方式排列的。围绕着一个或者有时是一对切线的"隐藏"的圆（通常占据最大的可用面积）的周围，有 16 个

---

[52]　关于 1313 年地图集用板，见 Myriem Foncin, Marcel Destombes, and Monique de La Roncière, *Catalogue des cartes nautiques sur vélin conservées au Département des Cartes et Plans*（Paris：Bibliothèque Nationale, 1963），10；关于 1318 年各地图集的板子，见 Pagani, Vesconte, 20, 27（note 47）。

[53]　为了方便起见，本文中还是保留了历史悠久的术语"斜航线"（rhumb line）。不应该认为这种做法意味着认为这些斜航线是真正意义上的恒向线（关于这一点的讨论，见上文第 385 页）。

距离相等的交点或者"次等中心"[54]，每一个点都与大部分或者全部的其他的点相连，以提供 32 个方向，因此，这 32 个方向在海图上重复了许多次。[55] 这个网格和沿岸的轮廓线具有相同的方向，但在其他方面与它们并无关系。其标准做法是将 8 个"风"（wind）（即北、东北、东等）绘为黑色或棕色，接下来的 8 个"半风"（half-wind）（东北偏北、东北偏东等）绘为绿色，16 个"四分之一风"（quarter-wind）（北偏东、东北偏北、东北偏东等）绘作红色。这种一致的通行做法使得导航员可以选择风向或者方向，而不必从一个可识别的主要方向开始计数。[56]

就其地理范围而言，波特兰海图通常至少会覆盖诺登舍尔德所说的"正规波特兰海图"的区域——地中海和黑海——有时还会增加从丹麦到摩洛哥与不列颠群岛的大西洋海岸地带（图版 23）。海图之间的比例尺差别非常大。粗略估算的话，一幅典型的海图的尺寸可能为 65 × 100 厘米，按大约 1 : 6000000 的比例绘制。[57] 早期的海图上没有画线，纬度最初是在 16 世纪标出的。通常会有一条比例尺栏，其数目不等的较大部分中，一个或更多的会再划分为 5 个部分，每个部分代表 10 米格利亚（miglia）。[58] 遗憾的是，没有提供测量单位的图例，这引发了针对其所涉及比例的大量讨论。[59]

从《比萨航海图》开始，沿海地图中有明显的简化和夸张的迹象。由于岛屿和海角在航行方面具有更大的意义，所以往往会被扩大绘制。在某些地区，海角之间的延伸已经被画成模式化的弧线，这更多是出于几何学和美学的考虑，而非水文意义上的现实情况。[60] 海角

---

[54] 关于大英图书馆收藏的科尔纳罗地图集（Cornaro atlas, Egerton MS. 73；见图版 23）中总海图上不令人满意的 24 个交叉点的网格是对总体规则的一种例外，是出于节省空间的目的，根据小型的 Luxoro 和 Pizigano 地图集设计出的简化版网格。关于早期海图制图师为双圆海图上的两个垂直系统的连接而设计的各种安排，见 Thomas R. Smith, "Rhumb-Line Networks on Early Portolan Charts: Speculations Regarding Construction and Function"（为 1983 年在都柏林举办的地图学史第 10 次国际研讨会而撰写的论文）。

[55] 在早期的某些海图上，斜航线止于交叉点，这使得这些海图与后来的海图明显不同，后者的斜航线一直继续延伸到海图的边缘。这一点不应该有特别的意义。后来的大多数海图制图师都会把斜航线穿过交叉点，以便使所有的海域都标满风向，但是在每种情况下所采用的特点模式，很可能是由对数学平衡的渴望和航行方面的考虑决定的。

[56] Bartolomeo Crescenzio 在他的 Nautica Mediterranea（Rome, 1602）中，对这些和其他的通行做法进行了描述。Nordenskiöld, Periplus, 18（note 14），给出了一份摹本；一份英文译本则出现于 Peter T. Pelham, "The Portolan Charts: Their Construction and Use in the Light of Contemporary Techniques of Marine Survey and Navigation"（master's thesis, Victoria University of Manchester, 1980），8 – 9. Silvanus P. Thompson, "The Rose of the Winds: The Origin and Development of the Compass-Card," Proceedings of the British Academy 6（1913 – 14）: 179 – 209，引用了大量印刷于 1561—1671 年的著作，它们制定了斜航线所使用的颜色（p. 197）。

[57] Hans-Christian Freiesleben, "Map of the World or Sea Chart? The Catalan Mappamundi of 1375," Navigation: Journal of the Institute of Navigation 26（1979）: 85 – 89, esp. 87. 另见 Nordenskiöld, Periplus, 24（note 14）。

[58] James E. Kelley, Jr. , "The Oldest Portolan Chart in the New World," Terrae Incognitae: Annals of the Society for the History of Discoveries 9（1977）: 22 – 48, esp. 32.《比萨航海图》则是一个例外，共分成 10 小块，每块都相当于 5 米格利亚。卡里尼亚诺地图上的一处注释解释了比例尺是如何运作的；关于其文字的各种各样的抄录，见 Bacchisio R. Motzo, "Note di cartografia nautica medioevale," Studi Sardi 19（1964 – 65）: 349 – 63, esp. 357 – 58。

[59] Pagani, Vesconte, 14 n. 32（note 47）；又见 Kelley, "Oldest Portolan Chart," 36 – 39, 46 – 48（note 58）以及下面的 pp. 388 – 89。

[60] Magnaghi, "Nautiche, carte," 324b（note 4）. 在这些海图上以这种方式加以强调的同样类型的特征，充当了在 13 世纪中期的《罗盘导航》中描绘过的直接航行的目的地；见 Massimo Quaini, "Catalogna e Liguria nelLa cartografía nautica e nei portolani medievali," in Atti del 1° Congresso Storico Liguria-Catalogna: Ventimig-lia-Bordighera-Albenga-Finale-Genova, 14 – 19 ottobre 1969（Bordighera: Istituto Internazionale di Studi Liguri, 1974）, 549 – 71, esp. 558 – 59。

自身常常符合多种重复的类型：尖的、圆的或者楔形的。河口通常被画成通向内陆的短平行线。在地中海以外的，没有或几乎没有第一手材料的地区，例如大西洋、波罗的海和内陆地区，简化的趋势则更加明显。虽然这些沿海地区通行画法的人为性降低了我们对非常细微的水文细节的准确性的信心，但它表明制图师的主要关注点是确定海角（一定是圆形的）和河口（提供淡水和进入内陆的通道）的位置。[61] 有了这些特征作为固定点，至少在对早期的尝试有所改进之后，地中海的整体面貌就得到了非常准确的描绘。这些不断重复的海岸线及其不断发展演变的地名序列，为波特兰海图提供了两个最显著的特征。

有些惯例是标准的。为了不干扰海岸线的细节，尤其是近海的危险，地名要写在内陆处，与海岸线形成直角。这种做法意味着这些地名没有固定的方向，而是以整齐划一的顺序环绕整片大陆的海岸线。为避免产生歧义，附近岛屿的地名与大陆地名的方向相反。地图建立在以北为正方向的基础上，例如，意大利和达尔马提亚的方向是"正确的"，而意大利的亚得里亚海海岸线则是"颠倒的"。这里的引号是对 20 世纪的态度的一种警示。波特兰海图是旋转的，没有顶部与底部。只有当从某个特定的方向观看某些非水文的细节时，我们才能得出相关海图的明确方向。例如，维斯孔特某些地图集中的角落里的圣徒像（包括 1318 年地图集、未标明日期的里昂地图集和苏黎世的彼得罗·维斯孔特地图集）——这表明它们是以南为正方向的——及其 1311 年海图上两个签名中较小的一个。从卡里尼亚诺地图上表示大陆的大写字母中也可以得出类似的结论（与达洛尔托［Dalorto］地图和杜尔切特［Dulcert］地图上的大写字母及注释不同，它们被方便地布置成面对最接近的外部边缘）。然而，对于大多数早期的海图（包括《比萨航海图》在内），我们无法分辨它们主要是从哪四个主要方向（如果有的话）来审视的。也无法轻易确定哪一个是地图集的正面，以及其海图的正方向朝向何方。[62]

更多的迹象表明波特兰海图属于一个有自我意识的谱系，拥有一系列一致的颜色惯例（图版 24）。前面已经提到，斜航线按惯例使用三种墨水。除此之外，还可以加上用红色来挑选重要的位置。这些并不是像人们通常推测的那样都是港口：[63] 例如，用红色标明的地名有毕尔巴鄂、比萨和罗马等城市，它们都有自己的命名渠道（图 19.2）。

378

---

[61]　在葡萄牙海图（收藏于 Modena, Biblioteca Estense e Universitaria, C. G. A. 5c）中的沿岸描绘中发现了一种新的现实主义风格，其日期在 1471 年至 1485 年间；见 "Influence de la cartographie portugaise sur la cartographie europeenne à l'époque des découvertes," in *Les aspects internationaux de la decouverte oceanique aux* XV*ᵉ et* XVI*ᵉ siècles: Actes du* V*éme Colloque Internationale d'Histoire Maritime*, ed. Michel Mollat and Paul Adam (Paris: SEVPEN, 1966), 223–48, esp. 227。

[62]　既然出于宗教原因，中世纪的"世界地图"（*mappamundi*）通常以东为正方向，那么在 1300 年，也就没有一种已经确立的传统将北放在地图的上方。许多后来的地图，例如 1459 年的弗拉·毛罗地图和艾尔哈德·埃茨劳布的 1500 年地图，都以南为正方向，正如比安科的 1436 年地图集中的图幅和一幅收藏在罗马的海图（Rome, Biblioteca Apostolica Vaticana, Borgiano V）一样。在一部波特兰地图集中的不同图幅有时也会朝向不同的罗盘点，这样可以更好地符合所涉及的形状。关于这个问题，另见 Cornelio Desimoni, "Elenco di carte ed atlanti nautici di autore genovese oppure in Genova fatti 0 conservati," *Giornale Ligustico* 2 (1875): 47–285, esp. 283–85。

[63]　例如，Nordenskiöld, *Periplus*, 18 (note 14); Crone, Maps and Their Makers, 12 (note 11); Derek Howse and Michael Sanderson, *The Sea Chart* (Newton Abbot: David and Charles, 1973), 19。

379

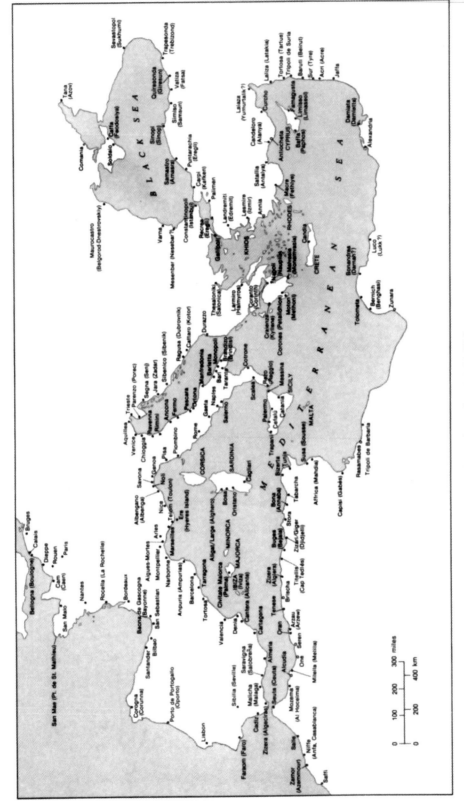

图19.2 中世纪波特兰海图上的主要地名

这幅地图显示了按照14和15世纪波特兰海图的惯例,用红色标绘以凸显其重要性的那些地名。同一位置的现代地名用括号注出,有争议的地点则用空心圆表示。

* 此图中引入了大量古地名,相当多的古地名没有引介入中文论著中,如果按音节译为汉语,不利于作者按图查询,所以此图保持原书原貌,一一译者注。

岛屿通常会用不同颜色，以便将它们与相邻的大陆区分开来，重要的河流三角洲（尤 378
其是罗纳河、多瑙河和尼罗河）也往往以同样的方式处理。[64] 这种醒目的处理方法也起到了
更加实际的强调作用。一些特别选出的岛屿进行了特殊处理。从第一次在安杰利诺·杜尔切
特（Angelino Dulcert）海图上出现开始，加那利群岛（Canaries）中的兰萨罗特岛（Lanzar-
ote）上就覆盖了一个红色的十字架，其下可能是银色的地面。尽管杜尔切特认为是热那亚
的兰扎罗托·马罗切洛（Lanzarotto Malocello）发现了它，而且有圣乔治的红色十字架，但
似乎热那亚从未宣称对该岛拥有主权。[65] 希俄斯岛（Khios）偶尔也会覆盖上圣乔治的热那
亚十字架。最早的一例是 1439 年和 1447 年巴尔塞卡（Valseca）在马略卡岛绘制的两幅海
图，以及三部未注明日期或者日期有争议的地图集中，这些地图集可能绘制于 15 世纪上半
叶。[66] 罗得岛（Rhodes）从 1309 年开始就是医院骑士团的根据地，通常用在红色底色上的
白色或银色十字架来表示。[67] 尽管骑士们被迫在 1523 年离开了罗得岛，但在很长一段时间
内仍延续这一习俗。后来也将其应用于他们的新根据地马耳他岛。

稍后会提到在更加华丽的加泰罗尼亚风格的海图中发现的其他惯例。然而，它们与意大
利人的作品有相同之处，那就是对航海符号的一致处理方法。用十字或一系列黑点表示岩
石，用红点表示沙质浅滩。[68] 这些倾斜的参考资料提供了仅有的有关水深的信息。[69]

必须承认，这种对典型的波特兰海图的描述缺乏那种无懈可击的定义；从某种意义上来
说，它只是一系列表面特征的罗列。把海图联系起来的是模仿；然而，正如稍后将要阐明的 379
那样，这种持续的复制并没有遏制持续、广泛的发展。因此，海图在某些基本方面可能发生
变化，这些变化几乎不可察觉。16 世纪增加的纬度刻度并不一定标志着新型海图的出现。

---

[64] 关于岛屿，见 Magnaghi, "Nautiche, carte," 324b（note 4）。Georges Pasch 指出艾格莫尔特（Aigues-Mortes，罗纳
河三角洲）周围的岛屿一般着以黄色和蓝色；见其 "Drapeau des Canariens: Témoignage des portulans," *Vexillologia: Bulletin
de l'Association Française d'Etudes Internationales de Vexillologie* 3, No. 2（1973）: 51。

[65] Cortesão and Teixeira da Mota, *Portugaliae monumenta cartographica*, 1: xxix（note 29）. 1492 年，阿吉亚尔还在福洛
雷斯岛（Flores，属于亚速尔群岛）上放置了一个十字架。

[66] London, British Library, Add. MS. 19510（"Pinelli-Walckenaer atlas"）；Lyons, Bibliothèque Municipale, MS. 179；Ven-
ice, Biblioteca Nazionale Marciana, It. Ⅵ, 213（"Combitis atlas"）. 关于其年代，见表 19.3, pp. 416 - 20。这一通行做法一
直延续到 16 世纪晚期，但是随着热那亚人在 1566 年被驱赶出去而告终，当时他们已经控制希俄斯岛两个世纪了。

[67] 1980 年，阿姆斯特丹的尼科·伊斯雷尔（Nico Israel）在苏富比拍卖场得到了这幅海图，临时将其年代定为 1325
年，并给了这座岛屿一个不同寻常的绿色衬背；Sotheby's *Catalogue of Highly Important Maps and Atlases*, 15 April 1980, Lot
A；Nico Israel, Antiquarian Booksellers, *Interesting Books and Manuscripts on Various Subjects: A Selection from Our Stock...*, cata-
log 22（Amsterdam: N. Israel, 1980）, No. 1。

[68] 尽管《比萨航海图》有许多十字符号的实例，但是，直到 1311 年的维斯孔特海图，才出现了用点画表现浅滩的
做法。马尼亚吉提出了一个不太有说服力的说法，即从《比萨航海图》的时代开始，在深水区中发现的简单的孤立十字
符号，是为了表示局部和最新的磁偏角；见 Magnaghi, "Nautiche, carte," 328a（note 4）。然而，在《比萨航海图》上的
意大利南部海岸以外的十字符号旁边，写了两处 "Guardate"（当心），很明显，这是为了标示出岩石。关于早期海图的
水文符号，见 Mary G. Clawson, "Evolution of Symbols on Nautical Charts prior to 1800"（master's thesis, University of Maryland,
1979）。

[69] References to depths stated in parmi（palms）in Magnaghi, "Nautiche, carte," 325 a（note 4）中提到的手掌（parmi）
所代表的水深，似乎更适用 16 世纪或者更晚。关于早期的水深点，见 Marcel Destombes, "Les plus anciens sondages portes
sur les cartes nautiques aux XⅥe et XⅦe siècles," *Bulletin de l'Institut Océanographique*, special No. 2（1968）: 199 - 222。

的确，在整个 17 世纪，仍在制作那些被强烈宣称是波特兰海图的草图。[70]

另一个复杂的问题是海图与一些当时的世界地图的重叠，但是，尽管后者的作者经常采用波特兰海图的轮廓，但其规模很少足以容纳稍多的地名。[71] 这些地图不足以应用于任何可能的航海行为。从波特兰海图中辑录出来的简化、变形的部分也是如此，这些海图装饰了 15 世纪莱昂纳多·达蒂（Leonardo Dati）的《球体》（La sfera）手稿的页边缘。[72] 更值得怀疑的是那些借用了波特兰海图轮廓和地名，却没有借用它们的斜航线的手稿。在克里斯托福罗·布翁代尔蒙蒂（Cristoforo Buondelmonti）和亨里克斯·马特尔鲁斯·格耳曼努斯（Henricus Martellus Germanus）所创作的 15 世纪的《岛屿书》（isolarii）中找到例子（图版 25）。[73] 这些例子有时被看作海图，尽管它们显然没有导航功能。[74] 托勒密抄本中所记载的"海图"也是如此。[75]

380

如果我们坚持其定义至少要有潜在的海洋方面的用途，这样也将排除乔瓦尼·达卡里尼亚诺地图（佛罗伦萨，国家档案馆，CN2，于 1943 年损毁）。它绘制于 14 世纪初期的某个时候，被很多评论家视为继《比萨航海图》之后最重要的波特兰海图。尽管如此，卡里尼亚诺地图仅有的少数地名大多写在海域中，并且其方向与其他所有保存下来的海图中的地名方向相反。例如，它几乎是意大利的《比萨航海图》的一半。因此，岛屿与海岸地带的特征因此混淆不堪，而其身为牧师的作者很少会考虑到水手的需要。[76]

[70] 见 1677 年法国领航员 Dechales 的描述，他说没有纬度刻度的海图仍然适用于地中海，引自 Avelino Teixeira da Mota，"L'art de naviguer en Mediterranee du XIII e au XVII e siècle et la création de la navigation astronomique dans les océans," in Le navire et l'économie maritime du Moyen-Age au XVIII e siècle principalement en Méditerranée：Travaux du II éme Colloque Internationale d'Histoire Maritime，ed. Michel Mollat（Paris：SEVPEN, 1958），127 – 54，esp. 139。

[71] 例如，摩德纳的加泰罗尼亚世界地图、佛罗伦萨的热那亚世界地图，以及乔瓦尼·莱亚尔多（Giovanni Leardo）、弗拉·毛罗、诺哈的皮尔斯（Pirrus de Noha）和阿尔贝廷·德维尔加（Albertin de Virga）广为人知的作品中都包含了海图轮廓。关于这些，见 Destombes，Mappemondes（注释 10 和上面的第 18 章）。帕维亚（Pavia）人 Opicinus de Canistris（1296—约 1350）在阿维尼翁的教廷工作，绘制了一系列的图像式地图，我们知道他在 1334—1338 年的一篇文章中使用了航海图；见 Roberto Almagià，"Intorno alia pili antica cartografia nautica catalana," Bollettino della Reale Società Geografica Italiana，7th ser.，10（1945）：20 – 27，esp. 23 – 25；以及 Motzo，"Cartografia nautica medioevale," 349 – 59（note 58）。

[72] Almagià，Vaticana，1：128 – 29（note 35）. 阿尔马贾还讨论了诺登舍尔德的看法，即达蒂的设计直接绍自详细的船长海图，后者被认为是波特兰海图的起源；见 Nordenskiöld，Periplus，45（note 14）；idem，"Dei disegni marginali negli antichi manoscritti della Sfera del Dati," Bibliofilia 3（1901 – 2）：49 – 55。

[73] 爱琴海和黑海的图幅重制于 The Netherlands-Bulgaria：Traces of Relations through the Centuries-Material from Dutch Archives and Libraries on Bulgarian History and on Dutch Contacts with Bulgaria，ed. P. Kolev et al.（Sofia：State Publishing House "Septemvri," 1981），pls. 4 and 5。一幅爱琴海插图见 Pietro Frabetti，Carte nautiche italiane dal XIV al XVII secolo conservate in Emilia-Romagna（Florence：Leo S. Olschki, 1978），pl. VII。关于 Buondelmonti's isolario，已知最早的讨论，见 below，chap. 20，pp. 482 – 84。

[74] 例如，它们作为航海图处理，见 Frabetti，Carte nautiche italiane，33（note 73）。

[75] 例如，Paris，Bibliothèque Nationale，Département des Manuscrits，MS. Lat. 4801，and Rome，Biblioteca Angelica，MS. 2384。

[76] 这可有些令人吃惊，卡里尼亚诺是滨海地区（San Marco al Molo）一座教堂的牧师，1314 年，他与其主教发生了冲突，因为他把船帆和其他的航海设备藏在了教堂和僧侣住宅附近；见 Arturo Ferretto，"Giovanni Mauro di Carignano Rettore di S. Marco，cartografo e scrittore（1291 – 1329），" Atti della Società Ligure di Storia Patria 52（1924）：33 – 52，esp. 43。Arthur R. Hinks 指出，卡里尼亚诺地图的用色惯例也是不典型的；见其 Portolan Chart of Angellino de Dalorto 1325 in the Collection of Prince Corsini at Florence，with a Note on the Surviving Charts and Atlases of the Fourteenth Century（London：Royal Geographical Society, 1929），8。然而，在波特兰海图的历史中忽略掉卡里尼亚诺地图，是不必要的迂腐。

波特兰海图的起源与编绘

在与波特兰海图相关的研究问题中，其起源问题也许是最棘手的。[77] 尽管许多相互矛盾的理论都有自己坚定的拥护者，但持怀疑论者很可能占多数，尤其是在现代的学者中。最近有一篇很有分量的文章，其标题为"波特兰海图的起源仍然尚未发现"，就是典型的一个例子。[78] 尽管在这个问题上花费了成千上万的学术词汇，但关于波特兰海图起源的大多数假设仍停留在这一层面。在缺乏确凿数据的情况下，它们往往显得比创世神话还难以解释。科尔特桑在15年前对波特兰海图起源发表的评论为："还没有达成令人满意的解决方案"，这则判断到今天仍然有效。[79] 与其简单地支持任何一种单一的现有理论（无论其多么古老），还不如简单地总结一下之前争论的主要论点，这样似乎更加可取。与古代和中世纪起源的理论进行对比，并审视假定磁罗盘参与海图编绘的观点，以及其他相关问题：任何可辨识的投影的性质、最初的区域海图可能采用的各种构造方式，以及波特兰海图最可能的起源地。

最早的有可靠记载的波特兰海图的参考资料可以追溯到13世纪后期，其中第一份的年代是1270年（请参见下文第439页）。尽管这一年代几乎与通常认为现存最古老的海图《比萨航海图》的年代相重合，但许多人都试图证明应该有一个更早的开始时期。[80] 例如，科尔特桑提出了13世纪早期的说法，而理查德·奥尔德姆（Richard Oldham）则主张再向前追溯到12世纪，甚至是11世纪。[81] 然而，尽管这些理论在细节上存在着差异，但它们仍然都属于中世纪肇始的观点。另一方面，过去的一个多世纪以来，有相当多的学者发表了看法，他们认为波特兰海图是复活的古代世界的杰作。

古代起源说

即使是在所谓"古代"而非"中世纪"起源的学派中，也存在着很大的意见分歧。从年代和可信度而言，最极端的是哈普古德（Hapgood）的观点，他认为波特兰海图的起源应该追溯到新石器时代。[82] 科尔特桑进一步提出腓尼基人或埃及人对海图的发展亦有贡献，尽管 381 这与他认为海图起源于中世纪的观点存在矛盾，这一观点争议较少，但仍很少有人支持。[83]

---

⑰　尽管我们不必对解决这个问题的机会抱持悲观态度，正如 Youssouf Kamal, Hallucinations scientifiques（les portulans）（Leiden：E. J. Brill, 1937），2。

⑱　Freiesleben, "Still Undiscovered Origin," 124 – 29（note 39）。

⑲　Cortesão, *History of Portuguese Cartography*, 1：223（note 3）。

⑳　关于受海图启发的 Brunetto Latini 世界地图的年代可能是1260—1269年的说法，是无效的，见上文 p. 325 n. 200。

㉑　Cortesão, *History of Portuguese Cartography*, 1：229（note 3）。Richard D. Oldham, "The Portolan Maps of the Rhône Delta：A Contribution to the History of the Sea Charts of the Middle Ages," *Geographical Journal* 65（1925）：403 – 28. 另一位支持波特兰海图起源的日期为11世纪的人是 George Sarton, *Introduction to the History of Science*, 3 Vols.（Baltimore：Williams and Wilkins, 1927 – 48），Vol. 2, *From Rabbi ben Ezra to Roger Bacon*, 1047，他增加了一个奇怪的说法，认为可能源自斯堪的纳维亚半岛——基于几乎不相关的不莱梅的亚当（Adam of Bremen）的航行表。

㉒　Charles H. Hapgood, *Maps of the Ancient Sea Kings：Evidence of Advanced Civilization in the Ice Age*, rev. ed.（New York：E. P. Dutton, 1979）。

㉓　Cortesão, *History of Portuguese Cartography*, 1：223 and 229（note 3）。

但是，我们经常被指引去搜寻，以求解决这一谜团的，是古代希腊和罗马的世界。斯特拉博、阿伽泰米鲁斯（Agathemerus）和普林尼（Pliny）都被作为古代曾使用海图的史料被引用。[84] 有一人在中世纪的海图上发现了埃拉托色尼作品的痕迹。[85] 然而，最常被提及的名字是提尔的马里纳斯（Marinus of Tyre），我们通过与其同时代的托勒密的著作而知道他。正是马里纳斯在公元 100 年前后将投影技术引入了地图绘制中；根据《地理学指南》中一篇有争议的文章的某些记载，马里纳斯的著作被解释为海图。[86] 根据这一单一的参考文献，人们反复断言，中世纪的海图不过是他作品的复生，[87] 拉瓜尔达·特里亚斯（Laguarda Trías）特别宣称，所谓的 15 世纪伊斯坦布尔地中海海图（Topkapi Sarayi, Deissmann 47）无非是已经亡佚的马里纳斯海图的复制品。[88] 如果按照他的说法，如果用斜航线系统取代了原来的方格网，那么，按照天文学确定的方格网将指向真北，而非磁北。但是，有充分的论据认为波特兰海图是受罗盘的启发（如上文所讨论，第 384 – 385 页）。拉瓜尔达·特里亚斯进一步声称：非典型的而且并非特别早的伊斯坦布尔图幅反映了原型海图的外观，他也没有任何理由。[89]

人们试图弥合托勒密之论与中世纪海图之间一千多年的差距，但并不能令人信服，因为 10 世纪时，阿拉伯人提到马里纳斯，其关注重点显然是世界地图，而非海图。[90] 在这种情况下，也不容易把古代世界与中世纪之间的中介角色赋予阿拉伯人。[91] 保存下来的少数早期阿拉伯海图缺乏原创性，最好的阿拉伯作品（即伊德里西［al-Idrīsī］的作品）与最早的西方海图之间存在着诸多的差异之处。[92] 也没有任何影响可以追溯到描绘得很不精确的印度洋海图，也就是 13 世纪晚期向马可·波罗展示的那种。[93]

然而，乔治·格罗让（Georges Grosjean）最近重新提起了一种罗马起源的理论。[94] 他的

[84] Richard Uhden, "Die antiken Grundlagen der mittelalterlichen Seekarten," *Imago Mundi* 1 (1935): 1 – 19, esp. 2 – 4.

[85] Rolando A. Laguarda Trías, *Estudios de cartología* (Madrid, 1981), 29 – 41.

[86] 托勒密在与马里纳斯以及沿袭其体例的其他制图师联系时，使用了单词 "*pinax*"（《地理学指南》，1.17.1），这个词的意思只是 "地图"，而不是 "海图"。关于此，感谢 O. A. W. Dilke 教授。

[87] 例如，Nordenskiöld, *Periplus*, 48（note 14）也重复了这一说法；另见 Laguarda Trías, Estudios de cartología, 22 – 28（note 85）。关于否认古代的航行表和中世纪的波特兰海图之间存在明显的联系的反对意见，见 O. A. W. Dilke, Greek and Roman Maps (London: Thames and Hudson, 1985), 143。

[88] Laguarda Trías, Estudios de cartología, 24（note 85）。

[89] Laguarda Trías, Estudios de cartología, 24 – 25（note 85）。

[90] 关于马里纳斯的参考资料，见 Manuel Francisco de Barros e Sousa, Viscount of Santarém, *Essai sur l'histoire de la cosmographie et de la cartographie pendant le Moyen-Age et sur les progrès de la Géographie après les grandes découvertes du XVᵉ siècle*, 3 Vols. (Paris: Maulde et Renou, 1849 – 52), 1: 337。

[91] Cortesão, *History of Portuguese Cartography*, 1: 224 (note 3)。

[92] Kamal, *Hallucinations*, 15 – 16 (note 77)。

[93] Marco Polo, *The Travels of Marco Polo*, trans. Ronald Latham (London: Folio Society, 1968; reprinted Penguin Books, 1972), 240, 259, 303. 更具推测性的是一种未经证实的假设，即认为波特兰海图是于 12 世纪在中国南方发展出来的，经过日本的中介，随后再经由波斯传到欧洲；见 *Imago Mundi* 12 (1955): 160 的一份编者按。

[94] Georges Grosjean, ed., *The Catalan Atlas of the Year 1375* (Dietikon-Zurich: Urs Graf, 1978), 17 – 18 (also an edition in German). 类似的观点，在格罗让的参考书目中没有提到的一部著作中曾提到过: Attilio Mori, "Osservazioni sulLa cartografía romana in relazione colLa cartografía tolemaica e colle carte nautiche medioevali," in *Aui del III Congresso Nazionale di Studi Romani*, 5 Vols. (Bologna: Cappelli, 1934), 1: 565 – 75。这在 *Geographical Journal* 的每月记录部分中进行了讨论: *Geographical Journal* 87 (1936): 90 – 91。

论点不是罗马人绘制了此类海图，而是可靠的按比例绘制的地中海地图是罗马百分田制（centuriation）的间接结果。但是，除了缺乏无可辩驳的证据外，此假说还有两个主要弱点。首先，目前的考古发现表明，罗马帝国只是部分地区推行了百分田制，[95] 其次，哪怕本人也承认在波特兰海图的地名中，实际上没有罗马影响的痕迹。[96]

中世纪起源论

在简要地讨论了另外两个观点：一个是拉韦纳（Ravenna）宇宙学家所使用的一幅已经亡佚的地图（公元 700 年之后不久）可能提供了缺失的一环，[97] 另一个是认为 1000 年以后的拜占庭人绘制了波特兰海图之后[98]，争论进入中世纪。"中世纪"派普遍认为：波特兰海图起源于 13 世纪晚期首次有文献记录的时期。尽管在问题的"何时"方面达成了广泛的共识，但对同一问题的"如何"和"何处"的组成部分的答案却大相径庭。首先，为了方便起见，我们可以把这一组互相抵牾的观点分为两部分：一是认为只有一部主要副本，另一则是提出渐进式或合作起源的理论。

在单一起源的假说中，毫无疑问，最令人感兴趣的是德东布（Destombes）的暗示，即圣殿骑士团可能亦参与其中。[99] 在 1312 年被镇压之前，这个强大社团的成员肯定对近东地区拥有着广泛的了解。尽管有人提及他们的红十字与安杰利诺·德达洛尔托（Angelino de Dalorto）的 1325/1330 年海图上用来表现东方的十字有相似之处，但这与其他许多建议一样，一定因为缺乏证据而被搁置。

有人甚至试图通过名称来确定这些早期海图的假定创始者。德拉龙西埃注意到，热那亚的海军上将贝内代托·扎卡里亚（Benedetto Zaccaria）从 1261 年起曾在地中海和黑海为不同的上司效劳，其任务范围最北端曾远至苏格兰和法兰西以北，德拉龙西埃想知道责任人是不是他。[100] 然而，这一理论假设了从航海经验到水文创新的关键步骤，却没有做出证明。德拉龙西埃声称扎卡里亚对《比萨航海图》和维斯孔特海图之间时代的大西洋地名的进展做出了贡献，但这并不能证明这位海军上将的水道测量能力。[101]

---

[95] O. A. W. Dilke, *The Roman Land Surveyors：An Introduction to the Agrimensores*（Newton Abbot：David and Charles, 1971），134 – 58.

[96] Grosjean, *Catalan Atlas*, 18（note 94）.

[97] Giovanni Marinelli, "Venezia nella storia della geografia cartografica ed esploratrice," *Atti del Reale Istituto Veneto di Scienze*, *Lettere ed Arti*, 6th ser., 7（1888 – 89）：933 – 1000, esp. 946 – 47；Uhden, "Die antiken Grundlagen," 10 – 12（note 84）.

[98] Matteo Fiorini, *Le projezioni delle carte geografiche*（Bologna：Zanichelli, 1881）, 648.

[99] Marcel Destombes, "Cartes catalanes du XIVe siècle," in *Rapport de la Commission pour la Bibliographie des Cartes Anciennes*, 2 Vols., International Geographical Union（Paris：Publié avec le concours financier de l'UNESCO, 1952）, Vol. 1, *Rapport au XVIIe Congrès International*, *Washington*, *1952 par R. Almagià：Contributions pour un catalogue des cartes manuscrites*, *1200 – 1500*, ed. Marcel Destombes, 38 – 63, esp. 38 – 39.

[100] Charles de La Roncière, *La decouverte de l'Afrique au Moyen Age：Cartographes et explorateurs*, Mémoires de la Société Royale de Géographie d'Egypte, Vols. 5, 6, 13（Cairo：Institut Fran \ ais d'Archeologie Orientale, 1924 – 27）, 1：40. 然而，Roberto Lopez 在对扎卡里亚的一项专门研究中，未能找到任何可以支持德拉龙西埃理论的实际证据；见 Roberto Lopez, *Genova marinara nel duecento：Benedetto Zaccaria ammiraglio e mercante*（Messina-Milan：Principato, 1933）, 202 – 3, 212 n. 106。

[101] De La Roncière, *Afrique*, 1：41 – 42（note 100）. 另见 Pagani, *Vesconte*, 17（note 47）。最早的维斯孔特海图上发现的地名经过改进之后，影响到了地中海的所有地区，而不仅仅是据称扎克利亚拥有特殊知识的法国沿岸。

诺登舍尔德提出了另一种想法：拉蒙·柳利（Ramón Lull）"就算不是作者，至少也提供了编纂这部杰作的指导精神"（这部杰作指原型海图）。[102] 这一推测自然源自诺登舍尔德的信念，即波特兰海图源自马卡略岛；然而这一点并不能得到证实。另一方面，1947 年，莫特佐（Motzo）提出了一项主张，即他在总体上确定了单一原型海图的作者，这一主张获得了好评。[103] 莫特佐在其对 13 世纪中叶的《航海手册》（Lo compasso da navigare）这一现存最古老的地中海系统性航海手册或航海指南集的评论中，[104] 得出了这样的结论：《航海手册》和原型海图（并不一定是《比萨航海图》）构成了同一作品的一部分。在他看来，它们是由同一个人根据相同的数据编纂而成。[105] 他提出，可以在莱奥纳尔多·皮萨诺（Leonardo Pisano，即费波那契［Fibonacci］）的数学学派或其学生坎帕诺·达诺瓦拉（Campano da Novara）的数学学派中寻找海图的作者。[106]

对《航海手册》中地名的研究表明，其编纂年代是在 1232 年——即西西里岛上的阿戈斯塔（Agosta，或 Augusta）重建的年份（或者可能是 1248 年，在这段时间前后，在艾格莫尔特［Aigues-Mortes］修建了一座港口）——和曼弗雷多尼亚（Manfredonia）建立的 1258 年之间。[107] 然而，对从《航海手册》和《比萨航海图》中提取出的地名列表进行彻底比较的话，就会发现显著的差异，这些都降低了莫特佐的论点的说服力。如果将黑海排除掉的话，我们会发现《比萨航海图》上大约 40% 的大陆地名在《航海手册》上找不到。[108] 这是出乎人们意料的，因为《航海手册》的作者没有受到《比萨航海图》编纂者所施加的空间限制，而且通常在细节上要比在海图上详细得多。

383 《航海手册》上奇怪的缺损，涉及了整条延伸的海岸线——从曼弗雷多尼亚到费尔莫（Fermo），从威尼斯到的里雅斯特（Trieste）（以及一些零散的例外，到都拉斯［Durazzo］），从发罗拉（Valona）到莫顿（Moton），从兰德里米蒂（Landrimiti）到博德鲁姆（Bodrum），以及从托洛梅塔（Tolometa）到的黎波里（Tripoli）之间的利比亚海岸线——只能部分地解释两部作品之间的分歧。即使将《航海手册》中缺失的海岸线排除在比较范围之外（这是建立在这些部分可能已经存在于原始的绘本地图中，然后在随后的复制过程中丢失了的说法的基础上），《比萨航海图》上也有大约 30% 的地名是来自《航海手册》之外的独立来源的。考虑到热那亚在当时的重要性，《航海手册》上竟然没有绘出萨沃纳（Savona）和热那

[102] Nordenskiöld, *Periplus*, 34 (note 14).

[103] Bacchisio R. Motzo, "Ⅱ Compasso da navigare, opera italiana della metà del secolo ⅩⅢ," *Annali della Facoltà di Lettere e Filosofia della Università di Cagliari* 8 (1947): 1 - 137.

[104] 一块早期的残片，覆盖了阿科和威尼斯之间的一段旅程，保存在 Venice, Biblioteca Nazionale Marciana, It. ⅩⅠ, 87。Kretschmer, *Die italienischen Portolane*, 200 (note 48)，尽管它属于 13 世纪；关于其誊抄，见 pp. 235 - 37。

[105] Motzo, "Compasso da navigare," ⅩⅬⅧ (note 103).

[106] Motzo, "Compasso da navigare," ⅬⅩ - ⅬⅣ (note 103).

[107] Matzo, "Compasso da navigare," ⅩⅩⅦ, ⅩⅩⅩ (note 103). 关于《航海手册》的日期的其他估计，其他见出版日期：约 1250—1265 年（p. v），以及 1245 年前后和 1255 年前后（p. Ⅷ）。当路易九世得到艾格莫尔特时，这一地区无人居住，也没有人工港口。然而，路易九世开发的天然避难所在 1226 年的一份文件中已经被称作港口；因此，《航海手册》中提到的艾格莫尔特未必提供了 1248 年的时间上限。见 Jules Papezy, *Mémoires sur le port d'Aiguesmortes* (Paris：Hachette, 1879)，36，84 - 90。

[108] 黑海被认为是后来才增补到《航海手册》里面的，尽管肯定在 1296 年之前，而且这一区域在《比萨航海图》中大面积湮灭了。

亚之间的港口，这实在令人惊讶，因为这两个港口的名称总是会在海图上标注出来。在《航海手册》中，值得注意的个别遗漏有：阿尔勒（Arles）、阿马尔菲（Amalfi）、里米尼（Rimini）和突尼斯的苏塞（Sousse）。所有这些都在《比萨航海图》中用红色标出。西莫内塔·孔蒂（Simonetta Conti）通过分析西班牙和威尼斯之间的沿海地名，得出了类似的结论。[⑩] 她还将《航海手册》中的纯意大利语与《比萨航海图》中的各种方言进行了对比。简而言之，我们很难不得出这样的结论：由于这两部作品只隔了一代，抑或最多两代人，所以它们的不同之处指向了不同的起源，而不是单一起源发展的渐进式阶段。

人们通常认为海图是为了配合文字的航海手册（portolano）而设计的，甚至认为海图是由一系列的航海指南衍生而来的。当然，仅仅用《航海手册》来构建一幅海图，是一项严苛的考验。最近，有人尝试过使用这种方法。然而，为了克服手稿的缺点，也允许偶尔进行调整，这就带来了风险：尽管是无意的，但后见之明却会将研究人员的手引向熟悉的地中海形状。[⑩] 第一幅海图的创造者脑中没有地图来检验航海手册的不足，并且他会不知不觉地留下不可避免的错误。当他在海岸地区一带工作时，这些都会导致累积的变形。进一步来说，《航海手册》不过是通过简单的距离[⑪]和方向的说明把一个地方和另一个地方联系起来，因此，可以预见，这种尝试性重建所产生的棱角和简化的轮廓明显不同于在现存最早的海图上所发现的复杂沿海格局。[⑫]

任何对《航海手册》在这方面的潜能的怀疑，都一定远远大于之前关于航海指南的主张。尽管它们都适当地属于先前有关古代世界的评述，但涉及了一种与莫特托所做类似的推断，因此，在这里考虑更加方便。这些最早的航海表（periploi），被称作古代的航海指南，是一种地中海的领航手册，据称是由公元前 6 世纪晚期的海军上将卡里安达的斯库拉克斯（Scylax of Caryanda）编纂的，但实际上写于公元前 4 世纪。有人认为，这"可能是对地中海和黑海地图或海图的说明文字，然而，这些地图或海图已经不复存在，文字中也没有明确提及"[⑬] 尽管当时没有提供风向，而且大部分距离也只是凭借所需的航行天数来粗略地表示的，但一些学者还是假设存在这种假想的航海图。[⑭] 另一份希腊的航海表《大海之距》（*Stadiasmus*），或者是大海（即地中海）的测量法，是在大约公元 3 世纪或者 4 世纪编纂

---

⑩ Simonetta Conti, "Portolano e carta nautica: Confronto toponomastico," in *Imago et mensura mundi: Atti del IX Congresso Internazionale di Storia delLa cartografia*, 2 Vols., ed. Carla Clivio Marloli (Rome: Enciclopedia Italiana, 1985), 1: 55-60.

⑩ 对这一操作的理论性讨论，见 Eva G. R. Taylor, "Early Charts and the Origin of the Compass Rose," *Navigation: Journal of the Institute of Navigation* (now *Journal of Navigation*) 4 (1951): 351-56, esp. 355. 实际的尝试是由 Jonathan T. Lanman, "On the Origin of Portolan Charts" (为 1985 年在渥太华举办的第十一届国际地图学史会议准备的论文) 做出的。例如，Lanman 指出，其中有 12 项指示遗漏了方向，2 项忽略了距离；他还指出了奥特朗托（Otranto）海峡和直布罗陀海峡之间的缺口。

⑪ 距离是四舍五入的，一般来说归入最接近的 10 英里中，而且常常被低估了；见 Taylor, "Early Charts," 355 (note 110)。

⑫ 关于此，希腊和小亚细亚是非常好的例子；见 Lanman, "Origin of Portolan Charts," figs. 3a and 3b (note 110). 凯利表达了相反的观点，使从 portolano 到波特兰海图的假定发展过程颠倒过来了，见 Kelley, "Oldest Portolan Chart," 47 (note 58)，认为领航员手册中的某些信息来自海图，反之则不然。

⑬ Nordenskiöld, *Periplus*, 5 (note 14). 另见 Dilke, *Greek and Roman Maps* 130-44, esp. 133-37 (note 87)。

⑭ For example, Lloyd A. Brown, *The Story of Maps* (Boston: Little, Brown, 1949; reprinted New York: Dover, 1979), 120.

的。[115] 重复了关于附带地图的未经证实的同样的主张。[116]

从单一或受航海表启发的理论出发，我们可以进入最后一组主要的主张中去：将最早的波特兰海图看作零星创作的论点。对多重起源论的信仰使得许多过去和现在的学者团结在一起。然而，具体细节仍存在争议。诺登舍尔德认为地中海和黑海的圆形地图（他的"正规波特兰海图"）是由许多单独编绘的"船长的草图和报告"拼凑而成的。[117] 遗憾的是，他继续将 15 世纪的达蒂插图视为这些船长海图的复兴——这一主张已被彻底驳倒。[118] 诺登舍尔德指出了在比达蒂的小部分所涉及的更广泛的地理剖面中的区域差异。在他看来，"好像一副地中海东部地区的地图和一幅西部地区的地图已经与黑海、英格兰、直布罗陀周边国家的海岸地图连接起来了"[119]。凯利（Kelley）根据更可靠的比例尺变化证据，而非诺登舍尔德提出重视的不同的斜航线网格（或"恒向线网"）的差异，修正了有关区域，并参照了相互矛盾的比例尺，证明了大西洋、地中海和黑海的测量明显是独立起源的。[120]

罗盘和磁变

关于中世纪起源论的争论的中心，是罗盘在此过程中所发挥或未发挥的作用。关于它的参与，既有理论上的假设，也有理论上的否定，而且根据推测，是在地图测量分析中发现的。对于围绕磁罗盘的争论的简要回顾，也是对与磁变相关的任何问题进行讨论的必要序言。

海员罗盘被认为是 13 世纪在地中海地区开始使用的，但是可以追溯到一个世纪之前的一种简化的罗盘，它是用一根磁化的针穿过一块漂浮的木头。[121] 尽管阿马尔菲所声称的罗盘发明于 12 世纪初的证据非常有限，但英格兰僧侣亚历山大·内克姆（Alexander Neckham）的著作证实了罗盘在该世纪最后 20 年的存在。[122] 除了内克姆的叙述之外，还有一些关于现存最早海图之前时代的其他参考资料，表明了海上使用磁罗盘的情况并不罕见。一位评论者——阿科（Acre）的主教雅克·德维特里（Jacques de Vitry）甚至在 1218 年谈到了导航的必要性。[123] 海图上的斜航线网格使得它们可以与罗盘配合起来使用，但是在波特兰海图的最初构建时，是否使用了这种仪器，至今仍有争议。[124] 然而，在某种程度上，人们已知认

---

⑮ Nordenskiöld, *Periplus*, 10 – 14（note 14）.

⑯ 例如，Brown, *Story of Maps*, 120（note 114）。

⑰ Nordenskiöld, *Periplus*, 45（note 14）.

⑱ 见注释 72。

⑲ Nordenskiöld, *Periplus*, 56（note 14）.

⑳ Kelley, "Oldest Portolan Chart," 48（note 58）. 见 Magnaghi, "Nautiche, carte," 326a（note 4），他指出，15 世纪的 Pietro de Yersi 的 portolano 用里格给出了大西洋的距离，并用米格利亚给出了地中海的数字，另见 Laguarda Trías, *Estudios de cartologia*, 3 – 11（note 85）。

㉑ Joseph Needham, *Science and Civilisation in China*（Cambridge：Cambridge University Press, 1954 – ），Vol. 4, *Physics and Physical Technology*（Part 1：Physics），245 – 49.

㉒ Taylor, *Haven-Finding Art*, 92, 95（note 7）.

㉓ 关于 de Yitry，见 Taylor, *Haven-Finding Art*, 94 – 95（note 7）。

㉔ 在那些认为罗盘与海图的构建有关的人中，就包括 Fischer, *Sammlung*, 56（note 36）；Cortesão, *History of Portuguese Cartography*, 1：230（note 3）；and Crone, *Maps and Their Makers*, 16（note 11）。在那些否认这些联系的人中，有 Nordenskiöld, *Periplus*, 47（note 14）；Eckert, *Kartenwissenschaft*, 2：59（note 42）；Uhden, "Die antiken Grundlagen," 5（note 84）；Kamal, *Hallucinations*, 15（note 77）；and Frederic C. Lane, "The Economic Meaning of the Invention of the Compass," *American Historical Review* 68, No. 3（1963）：605 – 17, esp. 615 – 17。

为，分为 16 个点或其倍数的罗盘，大约出现在 1300 年。[125] 甚至有人提出，这种罗盘是模仿了海图上的系统，而不是其灵感来源。[126]

为了支持早期的海图是"罗盘海图"的论点，一些学者声称，海图的整体失真是与其所推测的当时磁变一致的。直到 15 世纪，这种现象似乎才得到重视，[127] 而在海图最初编制过程中所测到的任何方位肯定都来自磁北。[128] 遗憾的是，关于最早的海图的失真程度，以及 13 世纪后期的磁场变化程度，目前并没有达成一致意见。根据海图自身重复的南北向斜航线，一些评论者已经在海图上发现了存在着东向变化，但估计其范围在 4 度到 11 度之间。[129]

要重建真正的中世纪磁变，是充满困难的，尽管最近有人计算了历史上磁偏角的变化，比如在埃特纳火山（Mount Etna）。[130] 如果进一步的研究能够更明确地确定海图中所体现的变化的度数——一方面是海图中所体现出的，另一方面则是 13 世纪不同时期地中海地区的变化——就可能证明可以为波特兰海图的最初编绘确定一个更坚实的日期。从这一角度来看，尽管校准工作还尚未完成，但长期的磁变在地图学史上的潜在价值可能与考古学中的放射性碳定年法相侔。[131] 此外，研究人员还发现，地中海各盆地之间存在着差异，而且这些差异彼此之间保持着恒定的关系。[132] 如果要进行全面的地图测量分析，证实最早的海图上的局部失真与区域的磁变模式相一致的话，[133] 那么就可以确定罗盘在波特兰海图编绘中所起到的作用。[134]

投影

与许多关于波特兰海图起源的争论相关的是构建这些海图所依据的投影的形制。这是一场持续了一个半世纪之久的争论，没有任何迹象表明会产生任何一种能够被普遍接受的理

[125] Kretschmer, *Die italienischen Portolane*, 74（note 48）.

[126] Pelham, "Portolan Charts," 110（note 56）.

[127] David W. Waters, *Science and the Techniques of Navigation in the Renaissance*, 2d ed., Maritime Monographs and Reports No. 19（Greenwich：National Maritime Museum, 1980）, 4.

[128] Taylor, *Haven-Finding Art*, 102（note 7）.

[129] A. Clos-Arceduc, "L'énigme des portulans：Etude sur le projection et le mode de construction des cartes à rhumbs du XIVe et du XVe siècle," *Bulletin du Comité des Travaux Historiques et Scientifiques：Section de Géographie* 69（1956）：215 – 31, esp. 225, 发现范围从 4°到 9°；Hapgood, *Sea Kings*, 98（note 82）, 估计 1339 年杜尔切特海图的误差在 6°；Magnaghi, "Nautiche, carte," 327b（note 4）, 辨别出第勒尼安海（Tyrrhenian Sea）的变动为从 6°到 7°, 以及地中海东部地区 11°的变化；以及 Heinrich Winter, "A Late Portolan Chart at Madrid and Late Portolan Charts in General," *Imago Mundi* 7（1950）：37 – 46, esp. 40, 引用了 10°的变动。

[130] Pelham, "Portolan Charts," 84（note 56）, citing J. C. Tanguy, "An Archaeometric Study of Mt. Etna：The Magnetic Direction Recorded in Lava Flows Subsequent to the Twelfth Century," *Archaeometry* 12（1970）：115 – 128; idem, "L'Etna：Etude pétrologique et paléomagnetique, implications volcanologiques"（Ph. D. diss., Universite Pierre et Marie Curie, Paris, 1980）. 关于古地磁学，另见 Robert W. Bremner, "An Analysis of a Portolan Chart by Freduci d'Ancone"（为 1985 年在渥太华举办的第十一届国际地图学史会议而准备的论文）。

[131] Clos-Arceduc, "Enigme des portulans," 226（note 129）, 假设制作原型海图的过程不超过 20 年，并且最终的成品中所包含的磁变（在此之后也没有变化），那么平均来说，可以追溯到 10 年前。

[132] Clos-Arceduc, "Enigme des portulans," 222（note 129）.

[133] 如 Magnaghi, "Nautiche, carte," 327b（note 4）所言。

[134] Heinrich Winter, "Scotland on the Compass Charts," *Imago Mundi* 5（1948）：74 – 77, esp. 74 n. 3, 发现欧洲的大西洋沿海地区并没有像地中海沿海地区一样表现出磁变的影响。

论。那些主张波特兰海图的作者是提尔的马里纳斯的人坚持认为，绘制海图所应用的正是他的圆柱投影，尽管经线和纬线都已被弃用。[135] 就菲奥里尼（Fiorini）而言，他相信自己可以检测到等距方位投影；而最近的葡萄牙历史学家安东尼奥·巴尔博扎（Antonio Barbosa）则在没有澄清这一点的情况下，断言经度和纬度的线都是弯曲的。[136]

上述理论的前提是存在一种有意为之的投影，最早的海图就是根据这种投影绘制出来的。然而，大多数人的意见都否定了这一观点，认为波特兰海图的投影较少，或者这些投影都是偶然的。陆地地图上的投影通常可以通过对经线和纬线的处理加以确认。但是，除了从海图本身所得的信息之外，别无其他任何证据，学者们不得不在现存的案例上加上一个经纬度网格；然而，这些海图并没有显示出对天文学所确定的此类信息的认识。但是，如果把已知位于同一条经线或纬线上的地方连接起来，在早期的海图上铺设一个变形的网格，可能会揭示出潜在的投影；但它也将发现沿海轮廓的误差，无论是局部的还是普遍的。由于失真的性质和程度取决于被认为其所涉及的投影，所以解读这两个元素就会带来一个循环问题。

大多数评论者得出结论，早期海图中固有的经线和纬线都是直线。不过，关于经纬度网格所构建的模式是正方形还是长方形，学者们仍存在分歧。那些赞成前者的人认为波特兰海图类似于平面海图，当然，作为一种有意识的投影，平面海图（又称为 plate carree 和 carta plana quadrada）被看作葡萄牙在 15 世纪后半叶的发明。[137] 鉴于这些海图是根据观测得到的距离绘制而成的，其方向是通过磁罗盘获取的，这种解释否认了对大地的球形形态的任何补偿。

如果要将波特兰海图上常见的斜航线网格当作真正的恒向线（即罗盘方位恒定的线），唯一的方法就是按墨卡托投影来绘制海图。[138] 在 1569 年墨卡托世界地图上，第一次向水手们展示了这一点，它使得任何罗盘航向都可以显示为一条直线；但随着它们向两极移动，纬度之间的差距不断扩大，导致距离越来越夸张。有些人按照他们认为海图上的直线斜航线代表罗盘方位的逻辑，声称波特兰海图是根据墨卡托投影或者是类似的东西绘制的，尽管这是无意识的。诺登舍尔德早在 1897 年就已经得出了这一结论，但更全面地对此进行探索的是克洛斯—阿塞杜克（Clos-Arceduc），他把按照墨卡托投影绘制的现代轮廓叠加在最早海图的海岸形状上。[139] 两者之间令人惊讶的紧密匹配让他确信，波特兰海图中的地中海和黑海部分是根据墨卡托投影绘制的，而覆盖大西洋的部分是一幅平面海图。[140] 克洛斯·阿塞杜克甚至发现，如果把 1339 年的杜尔切特海图按照根据墨卡托投影绘制来处理的话，它的地中海轮

386

[135] Laguarda Trías, *Estudios de cartologia*, 25（note 85）.

[136] Fiorini, *Projezioni*, 689 – 96（note 98）; António Barbosa, *Novos subsídios para a história da ciência nautica portuguesa da época dos descobrimentos*（Oporto, 1948）, 179 ff. 关于这一参考文献和关于这一投影的讨论的其他几点，感谢 Luís de Albuquerque. 关于投影，另见 Johannes Keuning, "The History of Geographical Map Projections until 1600," *Imago Mundi* 12（1955）: 1 – 24, esp. 4 and 15 – 17.

[137] Charles Cotter, "Early Tabular, Graphical and Instrumental Methods for Solving Problems of Plane Sailing," *Revista da Universidade de Coimbra* 26（1978）: 105 – 22.

[138] 关于恒向线的定义，见 David W. Waters, *The Art of Navigation in England in Elizabethan and Early Stuart Times*（London: Hollis and Carter, 1958）, 71 – 72。

[139] Nordenskiöld, *Periplus*, 16 – 17（note 14）; Clos-Arceduc, "Enigme des portulans," 217 – 228（note 129）.

[140] Clos-Arceduc, "Enigme des portulans," 223（note 129）.

廓要比墨卡托自己的 1569 年世界地图上的还要精确。[141]

　　然而，克洛斯—阿塞杜克并没有试图解释最初的波特兰海图（或其各个部分）假定的 13 世纪编纂者们是如何设法克服了直线罗盘方向和汇集一起的经线之间相互矛盾的需求所引起的制图技术问题。要找到完整的数学解决方案，必须要等到 16 世纪晚期才能实现。从本质上讲，墨卡托投影假说试图包含两个相互矛盾的原则：一方面是有意识的且非常复杂的制图操作，另一方面则是纯粹的观察。克洛斯—阿塞杜克将其解释为不等纬度系统，有可能反而反映了制图错误。当然，格罗让（Grosjean）为加泰罗尼亚地图集所设计的变形网格[142]没有显示出明显的墨卡托投影的迹象，尽管该图解的小比例尺和所涉及的 2 度的间隔可能导致了过度简化。在早期的海图中，地中海和黑海的失真元素可能或者是由于他们的编绘者在试图调和由于经线的意外汇聚而产生的差异时，所不可避免地被迫做出的妥协。

　　尽管葡萄牙人显然在 1485 年前后开发了一种新的海图，即以纬度为刻度的海图，但现存的纬度刻度没有能够令人信服地追溯到 16 世纪之前的。[143] 然而，科尔特桑和谢特拉·达莫塔将收藏于慕尼黑的未署名葡萄牙海图的时代追溯到 1500 年前后，这幅海图上展示了纬度刻度。不过，从它们的复制品来看，似乎西班牙国旗被放置在奥兰（Oran）和布日伊（Bougie，即 Bejaia）的上方。[144] 然而，这些地方分别是在 1509 年和 1510 年 1 月才落入西班牙手中，而 1510 年 7 月被攻占的阿尔及尔却仍然保留着阿拉伯的旗帜。关于保存在慕尼黑的另一件作品（Universitätsbibliothek, 8° Codex MS. 185, sheets 2 and 3），我们也可以做同样的评论，这部作品再次在奥兰的上方展示了西班牙国旗。无论如何，它前两张图幅上的纬度刻度似乎是后来添加上去的，就像亨利·E. 亨廷顿图书馆中据称为 15 世纪晚期的海图（HM 1548）和耶鲁大学收藏的 1403 年的弗朗切斯科·贝卡里（Francesco Beccari）海图一样。

　　最早的带有纬度刻度的海图可能被认为是 16 世纪头十年的那些未标明日期的作品之一，例如 1504 年前后的阿米（Hamy）国王海图（Henry E. Huntington Library, HM 45）或者 1505 年前后的卡韦廖（Caverio）海图（Bibliothèque Nationale, Département des Cartes et Plans, S. H. Archives No. 1）。未经重置的加普（Gap）海图上也出现了一个纬度刻度，但这必然会引发人们对查尔斯·德拉龙西埃（Charles de La Roncière）所提出的年份在 1453 年之前说法的怀疑，因为在君士坦丁堡上方仍悬挂着拜占庭的旗帜，所以这一说法并不可靠。[145] 值得注意的是，16 世纪之时，当纬度刻度被添加到那些地中海轮廓基本上是早期模本副本的海图上时，这些纬线是等距的。[146]

---

[141]　Clos-Arceduc, "Enigme des portulans," 225（note 129）。

[142]　Grosjean, *Catalan Atlas*, 16 – 17（note 94）。

[143]　见 Teixeira da Mota, "Art de naviguer," 134（note 70）。

[144]　见 Cortesão and Teixeira da Mota, *Portugaliae monumenta cartographica*, 1：23 – 24, pl. 7（note 29）。Munich, Bayerische Staatsbibliothek, Codex Icon. 138/40, fol. 82。

[145]　见 Charles de La Roncière, "Le portulan du XVe siècle découvert à Gap," *Bulletin du Comité des Travaux Historiques et Scientifiques：Section de Géographie Historique et Descriptive* 26（1911）：314 – 18。关于贝宁卡萨在其 15 世纪下半叶的海图上引入了纬度比例尺的谣言，见 Alexander von Humboldt, *Examen critique de l'histoire de la Géographie du nouveau continent et des progrés de tastronomie nautique au XVe et XVIe siècles*, 5 Vols.（Paris：Gide, 1836 – 39）, 1：291。

[146]　例如，见 Nordenskiöld, *Periplus*, pls. x XVIII – xxxi（note 14）。

波特兰海图之前的地中海航行

要对像《比萨航海图》这样的海图被构建成复合拼图的可能性进行评估的尝试，都必须考虑到当时的航海技术。[147] 遗憾的是，有关 13 世纪所进行实践方法的文献资料就像海图本身一样难以捉摸。然而，可以确定的是，天文导航科学是由葡萄牙人在 15 世纪引入的，主要是为了应对在地中海以外地区遇到的问题。[148] 因此，我们必须假设，在第一幅波特兰海图出现之前，航行几乎完全取决于领航员的经验。航位推测法——对距离和方向的估算——几乎不需要任何仪器的帮助，也许除了用于测量速度的航海日志、用于计算时间的沙漏、磁石以及铅碇和线以外。[149] 像其他在不同时间、不同地点的水手一样，这些 13 世纪早期的地中海航海家可能会在脑中携带了他们常去的地区的海图。毫无疑问，对于他们的目的来说，这已经足够了，就像杰弗里·乔叟（Geoffrey Chaucer）笔下的 14 世纪的"船夫"无须借助海图就知道从哥得兰岛（Gotland）到菲尼斯特雷（Finisterre）的所有避风港一样。[150]

显然，如果我们接受中世纪起源的理论，至少在 13 世纪中叶，一些地中海水手的航海能力必须和早期的波特兰海图的制图精度一样精密。如果一位领航员不能有把握地航行，比如说从帕尔马到阿科，那么他可能不会对最早的海图做出任何贡献，也不会对完成的海图有多大作用，至少在船上看不到陆地的时候是这样。如果 13 世纪早期的法国法律可以规定对因疏忽而导致其船舶失事的领航员判处死刑，[151] 那么在法国大西洋沿岸运营的领航员一定具备相当程度的航海专业知识。我们可以公平地假设，在地中海地区航行的领航员必定具有同等的技能，因为那里的条件比大西洋、北海或波罗的海要更加容易。例如，许多地中海的船只都是大帆船，它们可以沿着直线航行，这样就可以更加容易地估算位置。[152] 地中海地区的潮汐变化范围有限，进一步简化了问题。在夏季里通常晴朗的空气也是如此，在 13 世纪晚期罗盘所引发的革命爆发之前，几乎所有的航行都是在夏季进行的。[153] 所有这些因素，再加上频频有高地在海岸上隆起，使得顺利登陆的机会大增。[154] 中世纪的船舶经常沿着岸边航行

---

[147]　关于与海图的使用而非其起源相关的导航技术的讨论，见下文，pp. 441－444。

[148]　Cortesão, *History of Portuguese Cartography*, 2：221 ft.（note 3）。

[149]　而某些评论者认为，经验丰富的海员可以相当准确地估算海上的距离，例如，Taylor, *Haven-Finding Art*, 121（note 7），and Freiesleben, "Catalan Mappamundi," 87（note 57），others deny this-for instance, Grosjean, *Catalan Atlas*, 17（note 94）。

[150]　Geoffrey Chaucer, *Prologue to the Canterbury Tales*, lines 401－9；see *The General Prologue to the Canterbury Tales*, ed. James Winny（Cambridge：Cambridge University Press, 1965）。

[151]　David W. Waters, *The Rutters of the Sea：The Sailing Directions of Pierre Garcie-A Study of the First English and French Printed Sailing Directions*（New Haven：Yale University Press, 1967），36－39, 122, 385. 奥莱龙（Oléron）法规编撰于 13、14 世纪，但毫无疑问，它的年代要早得多。

[152]　Pagani, *Vesconte*, 9（note 47）。由于帆船每划一桨所走的距离是已知的，所以只需要计算划桨的次数就可以测量船的航程。巴尔托洛梅奥·克雷申齐奥在 1602 年讲述了这种方法；见其 *Nautica Mediterranea*, 245－53（note 56）。

[153]　Lane, "Invention of the Compass," 608（note 124）；关于大气条件，见 Fernand Braudel, *The Mediterranean and the Mediterranean World in the Age of Philip Ⅱ*, 2 Vols., trans. Sian Reynolds（London：Collins, 1972－73），1：232－34。

[154]　Vincenzo Coronelli, *Specchio del mare*（Venice, 1693），chap. 3。

的这种说法也不能再继续下去了。[155] 恰恰是近岸的水域,最容易潜藏岩石和浅滩,才是航行的最大危险。此外,正如可以引用斯库拉克斯的航海表作为证据,表明古代人经常直接在远海航行,甚至是在夜间航行一样,[156] 因此,在《航海手册》中对长途航行 (peleggi) 的描述也表明,这种航行实际上是确实进行过的,而且其导航精度非常高。[157]

编绘的方法

有能力成功地在地中海和黑海周边航行并横渡,并不一定意味着有意愿或技巧来用海图形式记录经验。然而,最近的一位作者提出,可以使用简单的一种三角测量法 ("后方交会测量和交会测量") 来控制运行中的测量。[158] 这种解释的问题在于,无论几何方法如何基础,无论所涉及的 "平板仪、六分仪或类似的仪器" 多么简单,[159] 直到 13 世纪很久以后,才有史料证明这些仪器存在。

地中海的特殊情况可能催生了另一种关于波特兰海图起源的理论,但有待于检验。[160] 正如布罗代尔所详细阐述的那样,地中海的实体结构,与其说是一片连续的海域,不如说是由半岛分隔开的一系列盆地更好理解。[161] 地中海西部和东部之间最清晰的分界线是从突尼斯到西西里岛,跨过一条只有 90 英里宽,具有重要战略意义的通道 (西西里海峡) ——潘泰莱里亚岛和马耳他岛守卫着这条通道。这两个区域倾向于成为截然不同的地缘政治实体。在西部,有三块盆地:西班牙和北非之间的阿尔沃兰海 (Alboran Sea);巴利阿里海 (Balearic Sea);以及第勒尼安海 (Tyrrhenian Sea)。东部则包括亚得里亚海、伊奥尼亚海 (Ionian Sea) 和爱琴海,最东边的盆地则是被小亚细亚、叙利亚、圣地和埃及所包围。黑海经常出现在波特兰海图上,提供了另一个自成一体的水域,亚述海属于它的子盆地。

在这些盆地中,几个世纪以来的沿岸航运和其他航运中积累的经验可能催生了对传统上 [388] 已知距离的独立记录。在中世纪晚期和文艺复兴时期,地中海上的航海家很可能同时使用了沿着海岸线和跨越盆地的航线。然后,从海岸和跨海的这些航行中得出的港口之间的平均距离,可以用来绘制一系列单独盆地的海图。如果在上面列出的每个盆地中绘出这些路线,形成网格,每个网格可能会采用了近似于各个盆地形状的自校正闭合导线形式。然而,这种结构的刚性取决于作为框架支撑的跨越盆地距离的可用程度。因此,我们假设,可以使用一些经验或者逐步图解的方法来修正这些框架,以获得一个 "最小二乘法"。把这些分散的数据汇编起来,就可以合并出整个地中海的海图。

但是,必须强调的是,这一理论并不要求在 13 世纪就可以使用现代的三边测量或三角测量的方法与仪器。事实上,直到 15 世纪,才有证据表明这种技术是可用的。这些术语只

---

[155] Lane, "Invention of the Compass," 607 (note 124).

[156] Nordenskiöld, Periplus, 8 n. 3 (note 14).

[157] Pagani, Vesconte, 14 (note 47). 《航海手册》中描述过的几次航行的距离是 500 米格利亚 (大约 600 公里),有一些的距离是 700 米格利亚 (大概 900 公里);人们希望的着陆点通常是一个海角或者一座小岛。

[158] Pelham, "Portolan Charts," 104 (note 56).

[159] Pelham, "Portolan Charts," 109 (note 56).

[160] 本节关于横移三边测量理论的其余部分 (到 p. 388) 是由戴维·伍德沃德撰写的。

[161] Braudel, Mediterranean, 1: 103–38 (note 153).

是为了对支撑海图的自然结构进行类比。

如果仅仅利用距离，这种系统就可以独立于磁罗盘运行。它也可能导致早期海图的轴线相对于罗德岛的纬线偏移了 4°—11°。地中海的纵向范围使得任何精确的制图都必须考虑到地球的曲率。如果这些海图是由不同的盆地自校正汇编逐块拼凑而成的，那么，随着继续积累，整个框架将进一步向北倾斜。

此外，这一理论还可以用来解释在那些缺乏盆地一侧或多侧经验信息的地区，如比斯开湾或北海，这些海图的结构精确度迅速下降的情况。在通过这种方法构建海图的过程中，我们也会发现，一些单独的盆地（例如黑海）可能会以不同的角度与相邻的盆地相连，同时仍然保持其个体的完整性，或者盆地之间的陆地区域可能会变得狭窄。乍一看似乎是这种情况，但仍需进行实证研究，以在选定的海图上检测这些变形。[162] 最后，如果使用这种方法，则可能是与其他一些技术结合使用的。例如，它并不排除使用罗盘，因为仅仅是增加了地中海各个盆地的方向稳定性，无论有多么粗略。

海图的原产地

即使我们假设波特兰海图起源于 13 世纪，那么依然存在问题，地中海的哪个中心应该被视为波特兰海图的摇篮？这可能是最棘手的问题。没有比民族主义更为强大的力量了，20 世纪的动荡丝毫没有减弱民族主义对这一学科历史编纂产生的影响。很少有意大利作者不坚持意大利起源论，而西班牙学者的反应自也在意料之中。在那些天生中立的人中，诺登舍尔德和温特（Winter）致力于加泰罗尼亚起源说，而诸如菲希尔（Fischer）和克雷奇默等学者则支持意大利起源的理论。[163] 卡迈勒（Kamal）没有排除葡萄牙人参与其中的可能性;[164] 然而，这并没有导致科尔特桑或其他葡萄牙历史学家严肃地声称是卢西塔尼亚人发明的。

尽管这场民族主义的争论时间漫长而激烈，却几乎没有带来持久的价值。13 世纪晚期的马略卡岛博物学家拉蒙·柳利的著作经常被引用以支持早期的加泰罗尼亚海图绘制。然而，没有任何迹象表明他所指的海图出自加泰罗尼亚人之手。在意大利方面，也没有任何迹象表明西西里岛的诺曼王国在阿拉伯世界和基督教世界之间起到了催化剂的作用，这必然有助于帮助我们更接近于解决这一问题。[165] 13 世纪的西西里岛上确实存在着一种有利于波特兰海图创作的氛围，但这本身并不能证明它们实际上确实得以绘制出来。

在这一论证中，利用了两个特殊的特征：第一，比例尺单位的值；第二，被认为在最早
的海图地名中占主导地位的语言或者方言。如果"波特兰里"的长度可以确定，如果能显示出它近似于哪种已知的度量单位，那么这就可以成为指向海图最早起源地的有用指针。例

389

⑯　这类研究成为最近的一篇博士学位论文（由威斯康星大学麦迪逊分校的 Scott Loomer 撰写）的主题。

⑯　Nordenskiöld, *Periplus*, 47（note 14）；海因里希·温特在他关于这一主题的诸多论著中都坚持加泰罗尼亚的立场；Fischer, *Sammlung*, 81 – 97（note 36）；Kretschmer, Die italienischen Portolane, 103 – 4（note 48）。

⑯　Youssouf Kamal, *Quelques éclaircissements épars sur mes Monumenta cartographica Africae et Aegypti*（Leiden：E. J. Brill, 1935），188.

⑯　例如，Grosjean, *Catalan Atlas*, 15（note 94）。最近的一篇文章声称，波特兰海图的起源应该在霍恩施陶芬（Hohenstaufen）王朝的皇帝腓特烈二世（Frederick Ⅱ）统治时期（1194—1250 年）的西西里去寻找，但没有提出令人信服的证据；见 Hans-Christian Freiesleben, "The Origin of Portolan Charts," *Journal of Navigation* 37（1984）：194 – 99。

如，诺登舍尔德认为海图是按照加泰罗尼亚里格（*legua*）的比例绘制的，这就很容易地符合了他关于加泰罗尼亚发明论的普遍观点。[166] 然而，无论是他的，还是凯利的解释都没有成功地把多种不同的解释编排出任何顺序。[167] 虽然众所周知，波特兰海图上的每个较小比例尺的划分都代表着 10 米格利亚（*miglia*，有时拼作 *mia* 或 *milliaria*），[168] 但这是一致的程度。诺登舍尔德认为 1 加泰罗尼亚里格相当于 5.83 千米，他认为每 10 米格利亚相当于 2 波特兰里，得出了每个米格利亚等于 1.16 千米（5.83÷5）的数字。然后他提出，这是意大利绘图师试图"用意大利的里数测量与波特兰的比例尺相适应"所造成的错误，而米格利亚更正确的值应该是 1.457（5.83÷4）。[169] 诺登舍尔德的后继者用不同的方式支持 5 米格利亚和 4 米格利亚波特兰里数。[170]

因为人们对基本原理存在分歧，而且普遍否定了所谓加泰罗尼亚里格的相关性，所以对波特兰里长度的估计存在很宽泛的余地。尽管大多数人的意见已经确定为 1.25 千米左右，但这个问题仍远未解决。抛开海图中地中海、黑海和大西洋地区各部分比例尺的明显差异不谈（参见下文，p.414），各种计算方法中仍存在差异，[171] 其重要性可能由于平均计算而被忽略。另外，这些数字上的差异可以被解释为米格利亚值的地区差异的佐证，从而导致总体比例尺的波动。无论如何，在制作方法不清楚，精确度明显不均匀的海图上，要准确估计出其上未曾说明的计量单位的值，几乎是不可能的。如果可以证实其内部的不一致性，那么将所述的比例尺单位与单一的波特兰里数单位相匹配的任务就会变得无关紧要，这也就证实波特兰海图起源的"马赛克"理论。

在意大利与加泰罗尼亚的特定争议中，语言发挥了重要的作用，这一争议与卡拉奇（Caraci）和温特的名字联系得最为紧密。[172] 其内容是，如果最早的海图显示出某一特定语言的清晰痕迹，这就可以确定其起源地。同样，相同的数据也有不同的解释。[173] 温特辨别出了加泰罗尼亚语的名称形式，"表现出起源自加泰罗尼亚"，而纪廉·Y. 塔托（Guillén y Tato）则认为这种模式是坎塔布里亚—卡斯蒂利亚（Cantabrio-Castilian）式的。[174] 尽管雷帕拉斯（Reparaz）自己是西班牙人，但他还是在加泰罗尼亚的海图上发现了意大利的风格，甚至在

---

[166]　Nordenskiöld, *Periplus*, 24（note 14）. 关于对此的批评，见 Salvador García Franco, "The 'Portolan Mile' of Nordenskiöld," *Imago Mundi* 12（1955）: 89 – 91。

[167]　Kelley, "Oldest Portolan Chart," 46 – 48（note 58）.

[168]　在卡里尼亚诺地图上的一份图例中讲述及此；见 Nordenskiöld, *Periplus*, 22（note 14），并见注释 58。

[169]　Nordenskiöld, *Periplus*, 22 – 23（note 14）.

[170]　Magnaghi, "Nautiche, carte," 325a（note 4），支持 5 米格利亚说；Kelley, "Oldest Portolan Chart," 47（note 58），支持 4 米格利亚说。Armando Cortesão, "The North Atlantic Nautical Chart of 1424," *Imago Mundi* 10（1953）: 1 – 13, esp. 2, 提到 1 里格相当于 4 英里，在这种情况下，"里格""波特兰里"是可以互换的。

[171]　例如，Nordenskiöld, *Periplus*, 20（note 14）。

[172]　见注释 201。

[173]　例如，见关于一块收藏于罗马的残片的国籍问题的无结果的讨论: Rome, Biblioteca Apostolica Vaticana, Vat. Lat. 14207，见 Destombes, "Cartes catalanes," 63（note 99）。

[174]　Heinrich Winter, "Catalan Portolan Maps and Their Place in the Total View of Cartographic Development," *Imago Mundi* 11（1954）: 1 – 12, esp. 5, 7; Julio F. Guillén y Tato, "A propos de l'existence d'une cartographie castillane," in *Les aspects internationaux de la découverte océanique aux XVe et XVIe siècles: Actes du Vème Colloque Internationale d'Histoire Maritime*, ed. Michel Mollat and Paul Adam（Paris: SEVPEN, 1966）, 251 – 53, esp. 253.

西班牙沿岸地图亦是如此，卡拉奇也深信其名称形式是意大利的。[175] 这个问题已经超出了简单的加泰罗尼亚和意大利的区别，而是涵盖了意大利的不同城市的矛盾说法。尽管在传统上认为《比萨航海图》的构建方式属于热那亚的，但至少有一位论者更倾向于把它看作是威尼斯式的。[176] 支持热那亚起源论的一个强有力的证据是，关于波特兰海图最早的参考文献发生在 1270 年的一艘热那亚的船上。[177] 孔蒂认为《比萨航海图》的地名隐含了一系列的语言和方言，这或许可以解释为什么意大利历史学家对早期海图地名中所显示的方言的解释并不总是令人信服。[178] 这种不确定性为一种观点增添了实质性内容，即波特兰海图应该按不同区域来源来寻找其源头。

390　**对争论的总结**

鉴于这些有时是模棱两可，而且常常相互抵牾的证据，过去许多很有把握的主张是否大大推动了事实，这是很值得怀疑的。由于缺乏任何令人信服的理论，我们必须权衡各种可能性。试图确定海图不是源自 13 世纪，这与现有的信息是背道而驰的。根据被确认为最早的波特兰海图的文字参考资料和现存最古老的波特兰海图——都是在该世纪晚期大致同时期的——有 30 多种海图和地图集可认为绘制于 14 世纪，而近 150 种则可能源自 15 世纪。沿着这种稳步扩展的模式回溯至其肇端的时代，很难找到进一步扩大其消失点的理由。如果波特兰海图在 13 世纪就存在，那么它们就没有留下任何可以辨识的痕迹。那些提出跨越一千年回到古罗马世界的人必须找到一个解释，来说明一个问题：即《比萨航海图》中的地中海部分最惊人的错误，当与其后继者进行比较时，所涉及的地区并不亚于意大利。无独有偶，由于最早的加泰罗尼亚海图是由四名或五名意大利从业者所编绘的，因此，对于加泰罗尼亚起源的说法，似乎没有什么实质性的意义。[179]

即使是所提出的众多解释中最合理的一个（即《比萨航海图》的地中海和黑海代表了一种马赛克状态，其中保存了各个不同盆地中各自不同的航行经验），仍然遗留了许多悬而未决的问题。是谁提供了必要的制图技巧，在不留下任何可见的连接痕迹的情况下，制作出如此自信的拼接图？即使将三边测量法作为海图的构建基础，但考虑到从西西里岛到圣地的航行可能要花费几个星期，那么如何避免从一个海岸到另一个遥远的海岸的关系中出现巨大的错误呢？[180] 是否有证据表明一个盆地和另一个盆地之间存在局部的变形和比例尺的变化，

[175] Gonçal（Gonzalo）de Reparaz, "Essai sur l'histoire de la Géographie de l'Espagne de l'antiquite au XVᵉ siècle," *Annales du Midi* 52（1940）：137 - 89，280 - 341，esp. 303；Giuseppe Caraci, *Italiani e Catalani nella primitiva cartografia nautica medievale*（Rome：Istituto di Scienze Geografiche e Cartografiche, 1959），83 - 187，302 - 7，英文总结在 351 - 53。另见注释 329。

[176] Motzo, "Compasso da navigare," LXIII（note 103）. 关于热那亚实例，见 O. Pastine, "Se la più antica carta nautica medioevale sia di autore genovese," *Bollettino Ligustico* 1（1949）：79 - 82。

[177] De La Roncière, *Afrique*, 1：39（note 100）.

[178] Conti, "Portolano e carta nautica"（note 109）；见下文，p. 424（note 364），而卢克索洛地图集被认为具有威尼斯血统，这部作品至今还被当作系热那亚人所绘制。

[179] 最早的加泰罗尼亚海图是 1325/1330 年的达洛尔托海图，这是根据它的语言判断，也暂且不谈作者可能来自意大利的争议。先前的意大利从业人员包括《比萨航海图》和科尔托纳海图的不知名作者、彼得罗和佩里诺·维斯孔特，以及乔瓦尼·达卡里尼亚诺，见下文，pp. 406 - 407，关于认为只有一位维斯孔特参与的说法；以及上文，p. 380，关于乔瓦尼·达卡里尼亚诺的"地图"不是一幅真正波特兰海图的判断。

[180] Taylor, *Haven-Finding Art*, 109（note 7）.

是否仍隐藏在表现为平均值的测量值背后？在这种情况下，我们可以从失真的网格（例如格罗让和罗马诺［Romano］所编制的网格）中学到什么？[181] 人们早就应该普遍认识到这些问题的极端重要性，以及开发系统针对技术来测试这些地图测量点。

　　毫无疑问，总有一天，这些问题将得到最终解决。在此之前，作为对整个起源问题的一个间接评论，尤其值得注意的是从现存最早的海图中可以发现的显著发展。这些问题将在适当的时候进行讨论。无论是意大利形状的变化，还是大西洋海岸线的增补或修正，抑或是对地名不断的更新，都显示出非凡的活力。如果不能准确地确定波特兰海图诞生的时刻，那么在 14 世纪初就可以清楚地看到其创造过程。

绘　图

　　没有任何迹象表明，制作海图所涉及的基本技术在 1300 年和 1500 年有很大差异——尽管至今还没有人研究过波特兰海图绘制的技术。遗憾的是，由于没有关于海图是如何绘制的当时的记述保存下来，我们只能从海图本身来对其程序进行推断。用来在其上绘制海图的犊皮纸应该是从专业的犊皮纸制造商那里购买来的，并做了充分的准备。[182] 关于接下来会发生什么，学者的意见几乎有同样的分歧：第一步究竟是确定斜航线网格还是海岸的轮廓线。[183] 为了检验这一点，通过显微镜对大英图书馆的四份海图（两份来自 14 世纪，两份来自 15 世纪）进行了检查。在三个实例中，叠加的顺序明确地表明斜航线在海岸线和地名之下，而第四个实例中则是不清楚的，但所指的方向则相同。[184]

　　关于这种斜航线网格是如何精确构建起来的，目前仍有很多猜测。大多数 14 世纪和 [391] 15 世纪的海图——但很明显不是全部——都显示了用圆规针尖刮入犊皮纸，形成的一个"隐藏圆圈"。这个圆圈的唯一功能是确定 16 个交叉点，这些交叉点随后的连接形成了斜航线网格。马丁·科尔特斯（Martin Cortés）在其 1551 年的《航海技艺》（*Arte de navergar*）中写道，他主张用铅笔在圆圈中画画，这样以后可以把铅笔的痕迹擦掉。[185] 这可能正确地反映了 16 世纪的用法，但没有迹象表明之前两个世纪的有条件可以使用可擦除的铅笔。贝宁卡萨的作品可以追溯到 15 世纪下半期，但在他作品中肯定没有这种痕迹。一把

[181]　Grosjean, *Catalan Atlas*, 16 – 17（note 94）; Virginia Romano, "Sulla validità della Carte Pisana," *Atti dell' Accademia Pontaniana* 32（1983）: 89 – 99, esp. 96 – 97.

[182]　Daniel V. Thompson, *The Materials of Medieval Painting*（London: G. Allen and Unwin, 1936）, 24.

[183]　Kretschmer, *Die italienischen Portolane*, 39（note 48）, 引用了有斜航线但没有轮廓的图幅。来自里昂的维斯孔特地图集中的一份实例，收入 Mollat du Jourdin and de La Roncière, *Sea Charts*, 12（note 40）。然而，有几位评论人确信，轮廓是先画出来的。Thompson, "Rose of the Winds," 194（note 56）, 提出了一个令人吃惊的主张，即先画出黑色和绿色的斜航线，红色的斜航线通常是在轮廓之后才添加上去的。

[184]　London, British Library, Add. MS. 27376 *（Vesconte）, Add. MS. 25691（Dulcert-type）, and Egerton MS. 2855（Benincasa, 1473）. 那则令人质疑的实例是 Add. MS. 18665（被认为是吉罗尔迪绘制）。用光纤灯发出的低角度光线下对地图进行了检查。关于这些评论，感谢大英图书馆 Department of Manuscripts 的高级保护员 A. E. Parker 的协助和专业知识。

[185]　Thomas R. Smith, "Manuscript and Printed Sea Charts in Seventeenth-Century London: The Case of the Thames School," in *The Compleat Plattmaker: Essays on Chart, Map, and Globe Making in the Seventeenth and Eighteenth Centuries*, ed. Norman J. W. Thrower（Berkeley: University of California Press, 1978）, 45 – 100, esp. 90, 引用了 Martin Cortés, *The Arte of Navigation*, trans. Richard Eden（London: Richard Jugge, 1561）.

格尺、一副圆规、一支笔和各种墨水，似乎都是早期海图制图师的标准装备。[186] 如果要绘出对称的图形，那么关键就是必须要精确确定 16 个交叉点（或者当涉及两个网格时，交叉点的数量就要翻倍）。从通常可见的每个交叉点的孔来看，很可能先用一条垂直和一条水平线将圆分成四份，再使用一副圆规将其进一步细分为十六份。[187] 随后再将这样形成的孔通过直线连接起来。[188]

复制

显而易见，四个世纪以来，波特兰海图上的地中海轮廓是相互复制的。但是这种说法回避了一个问题：早期的海图制图师究竟是如何根据现有海图进行复制的?[189] 西班牙人科尔特斯在其 1551 年的《航海技艺》中的另一篇文章中，描述了如何将涂了油的描图纸与烟熏的碳纸结合起来使用。[190] 然而，半个世纪以后，意大利人巴尔托洛梅奥·克雷申齐奥（Bartolomeo Crescenzio）撰文，指出了两种截然不同的备选方案。[191] 第一种方法是在纸上打孔，用一系列紧密排列的针孔来确定海岸线。然后在打了孔的图幅上擦上一层细粉（pounce），这样就在下面的犊皮纸上留下细小的沉积物。以此为依托，就可以用墨水勾勒出海岸线。克雷申齐奥的第二种方法是把模型和新鲜的犊皮纸一起拉伸挂在一个框架上，后面放上光源，然后徒手绘制副本。

我们有理由推测，从一开始就应用了这三种方法中的一种。然而，这种解释有一个重大的缺陷。所有描绘的过程都会产生直接的复制品，其覆盖范围和比例尺都与其模型完全相同。但是，显而易见，事实并非如此。例如，尽管诺登舍尔德和凯利发现他们论及的很多海图具有大致相同的比例尺，[192] 但显然无法辨识出任何一种通用的单一比例尺。在最近的一份目录中，彼得罗·弗拉贝蒂（Pietro Frabetti）估算了 8 种 14 世纪和 15 世纪作品的代表性比

---

[186] 关于这一点，见 H. W. Dickinson, "A Brief History of Draughtsmen's Instruments," *Transactions of the Newcomen Society* 27 (1949 – 50 and 1950 – 51): 73 – 84；重印于 *Bulletin of the Society of University Cartographers* 2, No. 2 (1968): 37 – 52。

[187] Cortés, *Arte of Navigation*, fol. 1vi verso (note 185), gives instructions for the quadrants to be divided "in the middest with a pricke or puncte."

[188] 大英图书馆收藏的科尔纳罗地图集（Egerton MS. 73）的海图，在很多方面来看，就波特兰海图作品而言，都是不同寻常的，它们是通过在一份主要副本上打孔，扎出交叉点来构建的。这些孔可以在一张上面没有地图的空白图幅上打出来。

[189] 在这里，我们可以对诺登舍尔德关于 1417 年格拉齐奥索·贝宁卡萨地图集的毫无根据的猜测加以处理，"这些注文部分是通过印刷或者盖章等机械手段制作出来的，这种制作方法自然是为诸如贝宁卡萨这样多产的波特兰海图制造商之手准备的"，*Periplus*, 126 (note 14)。诺登舍尔德可能被后来使用手工印章的一些装饰性功能所误导。感谢 Christopher Terrell 提供 1548 年维斯孔特·马焦洛海图使用印章来印制帐篷、动物、君主、城镇和一艘船的信息（National Maritime Museum, G. 230/10 MS）。在 1520 年的 Juan Vespucci 海图（私人收藏）上，也可以看到用印章盖上的城镇符号，但 15 世纪的实例尚未有记录。另一方面，诺登舍尔德被 Uzielli and Amat di San Filippo, *Mappamondi*, 92 (note 35) 带着走进了这条死胡同，后者莫名其妙地在 1490 年的安德烈亚·贝宁卡萨海图方面使用了"印刷"（impressa, 即 printed）这个词。诺登舍尔德的进一步主张也不应该相信："在萨努多和维斯孔特名下的海图上，可能使用了机械手段来复制陆地轮廓"，*Periplus*, 126 (note 14)。关于这一点，另见 Cortesão, *History of Portuguese Cartography*, 2: 94 – 95 (note 3)。

[190] 见 Smith, "Thames School," 90 (note 185)。

[191] Crescenzio, *Nautica Mediterranea* (note 56)。译文见 Pelham, "Portolan Charts," 27 – 28 (note 56)。

[192] Nordenskiöld, *Periplus*, 24 (note 14); Kelley, "Oldest Portolan Chart," 38 (note 58)。

例，发现它们从 1∶450 万到 1∶800 万不等。[193] 哪怕是在同一部地图集中，甚至是单幅的图幅上也会遇到比例尺的变化。[194]

犊皮纸在潮湿时容易变形和起皱，[195] 这一倾向使得面对这些困难而获得的许多波特兰海图的测量结果需要打上一个问号。但是，这种明显的比例尺波动似乎并不正常，因为放大或者缩小总是比复制相同比例的副本更为复杂。也许格拉齐奥索·贝宁卡萨的资料库为我们提供了部分解释。将大英图书馆所收藏的他的 5 部地图集和一幅单独的散页地图进行比较，并结合法国国家图书馆中他的两部地图集（请参阅附录 19.2 "传记索引"，pp. 449 – 456）所引用的测量值一起考虑，就会发现这八部作品显然都是按照两种不同比例尺中的一种绘制的。五种主要的比例尺刻度的尺寸约为 52 毫米或 64 毫米。尽管这些差异使得贝宁卡萨能够让客户选择地图集的尺寸，但这种明显使用两种特定比例尺的做法（也可以扩展到独立的图幅）很可能反映了尽可能制作尺寸为 1∶1 的副本的愿望。需要进一步的测量来验证这一假说，并解释在其他地方遇到的各种各样的比例尺。

过去改变地图比例尺的标准方法是方格网法。将网格放置在原件上面，就可以把每个方格里面的内容依次复制到新的犊皮纸上的相应方格（现在放大或缩小）上。之后，将网格线擦掉。不过，在石墨铅笔出现之前，如何画出临时网格，这一点还有待于解释。[196] 关于这一点，有时要引用《比萨航海图》，但它所有的小方格都处于隐藏的圆圈之外，因此与海图的整体构造没有任何关系，网格和圆圈都用难以褪色的墨水绘制。[197]

基础网格的另一个早期例证，是在 1320 年的萨努多—维斯孔特地图集（Biblioteca Apostolica Vaticana, Pal. Lat. 1362A）中发现的但它在巴勒斯坦地图上的应用知识强调了此特定图幅的非波特兰海图特征。一个更加相关，但也模棱两可的例证是位于伊斯坦布尔的托普卡珀宫（Topkapi Sarayi）中所收藏的未标明日期和作者的地图集。这部地图集的总体上覆盖着一个小方块组成的网格，但没有斜航线。[198] 然而，这项工作有着太多的不确定性，因而无法得出任何结论。[199] 最后一种可能性，也就是斜航线网格自身可能是一种替代性的

页边 392

---

[193]　Frabetti, *Carte nautiche italiane*, 1–40 (note 73)。

[194]　后者的实例是 1313 年维斯孔特地图集中的爱琴海图幅和 1373 年皮齐加诺地图集中的意大利和亚得里亚海图幅。

[195]　Ronald Reed, *Ancient Skins, Parchments and Leathers* (London：Seminar Press, 1972), 123。

[196]　Cortés, *Arte of Navigation* (note 185)，描述了正方形网格法，Smith, "Thames School," 90 (note 185)，在 17 世纪的英格兰海图上发现了一些地方，"在那里，粗心的手留下了一点没有覆盖到的（海岸）的痕迹"。但是所有这些都与后来石墨可以普遍使用的时代有关。最近，一位评论者在 1409 年的维尔加海图上监测到了 "最初的干点草图"，但最终的海岸线轮廓却并不总是与之相一致。这个耐人寻味的观察结果值得进一步研究；见 MoUat du Jourdin and de La Roncière (i. e., Isabelle Raynaud-Nguyen), *Sea Charts*, 204 (note 40)。

[197]　圆圈和方格网是红色的，而方格网的对角线则是绿色的；见 Mollat du Jourdin and de La Roncière, *Sea Charts*, 198 (note 40)。这与 Motzo, "Compasso da navigare," LXXI (note 103) 的解释相冲突。

[198]　G. Adolf Deissmann, *Forschungen und Funde im Serai, mit einem Verzeichnis der nichtislamischen Handschriften im Topkapu Serai zu Istanbul* (Berlin and Leipzig：Walter de Gruyter, 1933), No. 47, 这部地图集的作者被认为是格拉齐奥索·贝宁卡萨。

[199]　这幅海图的重制见 Marcel Destombes, "A Venetian Nautical Atlas of the Late Fifteenth Century," *Imago Mundi* 12 (1955)：30。德东布将伊斯坦布尔海图上的网格解释为："仅仅是延伸到整幅地图表面的里数的比例尺"，但请另见上文，p. 381。在大英图书馆收藏的科尔纳罗地图集的一张图幅上，可以找到另一个使用打底方格的实例，但这属于一组图幅，很明显，绘图员在上面试验了常规的斜航线网格的备选方法。

复制网格，但在其他相同的海图上，斜航线位置并不一致，所以也排除在外。^⑳目前，还没有任何评论者能够在任何早期的波特兰海图上找到复制方法的痕迹。同样，这仍然是今后研究的一项挑战。

风格内容

加泰罗尼亚与意大利的差异

一旦完成了斜航线、海岸轮廓和地名，就可以用内陆的细节和装饰来对海图进行美化。这一点意义非常重大，因为它定义了地理事实让位于艺术表现的阶段，也标志着意大利的朴素和加泰罗尼亚的华丽之间的分野。但是，此处必须要谨慎对待。在围绕波特兰海图的一个多世纪以来的诸多争论中，最激烈的是国籍问题。西班牙人（有时还包括拥护他们的外国人）怀着满腔的爱国热忱，宣称某些实践者或创新者是加泰罗尼亚人，但意大利学者却提出了反驳。^⑳葡萄牙人也没有袖手旁观。这些争论往往是情绪化，而非实质性的；对历史的贡献微乎其微。因此，使用"加泰罗尼亚风格"和"意大利风格"这两个术语。这并非简单的回避妥协；它反映了加泰罗尼亚与意大利作品之间的重叠程度，这是大多数早期论者没有充分认识到的因素。

意大利风格的海图可能会显示多瑙河的一部分；除此之外，它们的内陆地区通常付之阙₃₉₃如。它们往往实际上几乎（如果不是完全的话）没有任何功能上的需要（图版26）。相形之下，河流、山峦和一系列装饰性特征使得标准的加泰罗尼亚海图一眼就能辨认出来（图版27）。这些元素大多出现在现存的最古老的加泰罗尼亚风格的海图上：1325/1330年的达洛尔托海图（关于其年代，见下文 p. 409）、杜尔切特的1339年海图，以及大英图书馆所收藏的与它们密切相关的未署名海图。^⑳

许多加泰罗尼亚风格的惯例已经程式化了，在我们所讨论的整个时期和以后，都继续存在，仅仅做了一些小的修改。河流穿过内陆，有时被画成从杏仁形的湖泊中伸出的细长的螺旋。用绿色标出的山峦也被赋予了独特的形状。其中最大的一个是阿特拉斯山系（Atlas chain），看起来像一条鸟腿，在东端有两只爪子，后来有三只爪子，^⑳中间还有一根尖刺，而波西米亚通常被包围在马蹄形的绿色山脉中。红海被涂以适当的颜色，其西北角被切割开，以表现以色列人奇迹般的穿越；海洋本身可能被平行的波浪线所覆盖。重要的圣地用简化的教堂图像来表示，而更重要的城镇则会赋予一个独特的标志，由一个鸟瞰视角显示的内部涂以红色的圆形城堡来表现。马略卡岛通常用

---

⑳ Nordenskiöld, *Periplus* 17 (note 14), and Motzo, "Compasso da navigare," LXXV (note 103). 然而，最近在 MoUat du Jourdin and de La Roncière, *Sea Charts*, 12 (note 40) 中，又重新提出了斜航线网格"是绘制海岸线的框架"的说法。

⑳ 例如，朱塞佩·卡拉奇把其 *Italiani e Catalani* (note 175) 中的大部分篇幅都用来反对海因里希·温特的主张，主持加泰罗尼亚说。关于达洛尔托的争论，另见 Alberto Magnaghi, "Alcune osservazioni intorno ad uno studio recente suI mappamondo di Angelino Dalorto (1325)," *Rivista Geografica Italiana* 41 (1934): 1 – 27, esp. 6 – 14. Quaini, "Catalogna e Liguria," 551 n. 3 and 563 – 66 (note 60), 对民族主义的争论进行了罕见的矫正。

⑳ London, British Library, Add. MS. 25691; Heinrich Winter, "Das katalanische Problem in der älteren Kartographie," *Ibero-Amerikanisches Archiv* 14 (1940/41): 89 – 126, esp. 89.

⑳ Youssouf Kamal, *Monumenta cartographica Africae et Aegypti*, 5 Vols. in 16 pts. (Cairo, 1926 – 51), 4. 4: 1469.

纯金色作为主色调，有时会绘出阿拉贡（Aragon）颜色的条纹，[204] 而特内里费岛（Tenerife，Inferno）则偶尔会在其中心显示一块白色的圆盘，这可能是指被白雪覆盖的泰德峰（Pico de Teide）。

散乱离题的注释是加泰罗尼亚风格海图的另一个特征，[205] 各省份和王国的名称也是如此。散布在此类海图上的许多其他设备不仅大大增加了海图的美感，而且还传达了广泛的进一步的信息。悬挂在帐篷或城镇标志上方的旗帜，即使并非总是准确，但却能识别出当时的统治王朝，就像头戴王冠的人物表示真正国王一样。偶尔出现的船只和鱼类也意在传达某种特定的信息，比如 1413 年梅西亚·德维拉德斯特斯（Mecia de Viladestes）海图上的北大西洋捕鲸场景和 1482 年格拉齐奥索·贝宁卡萨海图上漂亮的小插图（但后者似乎是后来加上去的）。在这些加泰罗尼亚海图的周边，通常会有圆盘来定位八个主要风向。

应该始终牢记，这些装饰元素可能是专业艺术家的作品。1399 年，海图制图师弗朗切斯科·贝卡里与耶富达·克雷斯圭斯（Jefuda Cresques）合作，签订协议，为一位佛罗伦萨商人绘制了一系列的世界地图一事，就是如此。[206] 贝卡里负责地图的装饰，他甚至单独收取了地图上的人物和动物、船舶和鱼类、旗帜和树木的费用。

在大多数情况下，加泰罗尼亚人和意大利人绘制的海图之间的划分符合适才描述的风格差异。但是，也有足够的例外来证明另一种风格可以轻而易举地得以采用。海图制图师经常证明自己的多才多艺和对多样性的渴望。显而易见，吉列尔莫·索莱尔（Guillermo Soler）曾在马略卡岛工作过，在两幅保存至今的海图上签署了自己的名字。一幅上没有注明日期，是典型的加泰罗尼亚风格。1385 年的另一幅则是意大利的风格，几乎没有内陆的细节和装饰。其他未曾署名和未经装饰的加泰罗尼亚海图则从世纪晚期保存下来，只有它们特有的城镇标志才能让人一眼看出其与意大利作品的区别。[207] 威尼斯的皮齐加尼（Pizigani）兄弟用加泰罗尼亚的风格装饰了他们的 1367 年海图；而仅仅六年之后，弗朗切斯科·皮齐加尼（Francesco Pizigani）单独署名的地图集就淡化了这一风格，而且具有典型的意大利风格。多产的格拉齐奥索·贝宁卡萨用朴素的意大利风格绘制了至少 17 部地图集；但他最晚近的作品，一幅 1482 年的海图，则完全是加泰罗尼亚的风格。如果这些例证推翻了加泰罗尼亚和意大利作品之间的沿革区分，那么其他的例子，例如 1447 年的巴尔塞卡海图（图 19.3）则呈现了一种介于这两个极端之间的风格。因此，说加泰罗尼亚语的马略卡海图制图师和他们的意大利同行之间存在着一种常态化的风格交流。这一点在热那亚从业人员对加泰罗尼亚装饰装置的方式所进行的模仿中最为显见。下文将讨论的地名借用也证实了这一点。

尽管如此，加泰罗尼亚的绘图员始终有一种重要的方式，与他们的意大利同行存在差异。加泰罗尼亚的海图制图师（或者是他们的客户）显然不需要装订成册的海图卷帙。[208] 相

---

[204]　这一惯例首先出现在 1375 年的加泰罗尼亚地图集中。

[205]　与非洲相关的这些已经被 Kamal, *Monumenta cartographica*, 4.4: 1472 – 77（note 203）转抄、翻译和分析。

[206]　R. A. Skelton, "A Contract for World Maps at Barcelona, 1399 – 1400," *Imago Mundi* 22（1968）: 107 – 13, esp. 107 – 9.

[207]　Florence, Biblioteca Nazionale Centrale, Port. 22; Venice, Biblioteca Nazionale Marciana, It. Ⅳ, 1912.

[208]　所谓的加泰罗尼亚地图集也不例外，因为它最初安装在六块木板上; *Grosjean, Catalan Atlas*, 10（note 94）。然而，有两部已经亡佚的 14 世纪的作品似乎也是加泰罗尼亚地图集; 见 Rey Pastor and García Camarero, *Cartografía mallorquina*, 66（note 28）。

反，14 世纪和 15 世纪的意大利人似乎从来没有用加泰罗尼亚的风格来装饰地图集（尽管他们可能在没有装饰的海图上加上角饰），把这些繁茂的装饰留给那些在单一皮革上绘制的海图。至少在这里，这些区别还是普遍存在的。

394

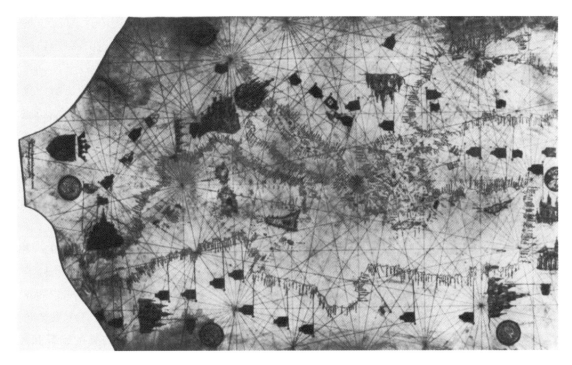

图 19.3　一幅过渡风格的海图

　　由马卡略人加夫列尔·德巴尔塞卡（Gabriel de Valseca）于 1447 年绘制，这种风格介于加泰罗尼亚的华丽和意大利的朴素这两个极端之间。旗帜、城镇装饰图和风盘都是典型的加泰罗尼亚风格，而缺乏内陆的细节，则是典型的意大利风格。请注意位于罗盘方位线网格中心和顶端的罗盘玫瑰。很明显，巴尔塞卡恢复了这一最早在加泰罗尼亚地图集中的出现的惯例（见图 19.5）。这幅海图颈部上的盾徽属于劳里亚（Lauria）家族，也许就是指弗朗切斯科·德劳里亚（Francesco de Lauria），他的名字出现在 15 世纪 40 年代的阿拉贡档案中。

　　原图尺寸：59×94 厘米。Bibliothèque Nationale, Paris 提供照片（Rés. Ge. C 4607）。

　　加泰罗尼亚风格的海图关注于揭示内部的本质，所以它们同时也是陆地地图。因此，一些加泰罗尼亚绘图员把他们的作品向东延伸到那些海岸线和腹地都鲜为人知的地区，也就不足为奇了。这实际上指的就是里海和波斯湾以外的国家。前者在美第奇地图集中，得到了写实的处理，这对于意大利人是司空见惯的；正如马可·波罗曾告诉过我们的那样，他们甚至把船开到了那里。那些在里海以东地区冒险的加泰罗尼亚作品有一些融入了"世界地图"（*Mappaemundi*）[209]。它们走得越远，沿海信息就越不可靠，因为在亚洲，对内部细节的重视程度更高，对航海信息重视度更低。很难想象以粗略的方式表现实际上的海岸轮廓的意大利

　　[209]　Reparaz, "Essai," 300（note 175）强烈主张，两图幅的 1339 年杜尔切特海图原本是有更靠东的部分。尽管 Destombes, "Cartes catalanes," 51（note 99）否认了这一可能性，Cortesão, *History of Portuguese Cartography*, 2：40（note 3），最近提出，杜尔切特地图在制作时，本来还有两张东部的图幅，其总体覆盖范围与加泰罗尼亚地图集类似。Hinks, *Dalorto*, 9（note 76），推测在 Florence, Biblioteca Nazionale Centrale, Port. 16 中收藏的加泰罗尼亚海图上也有类似的东部区域。

风格的波特兰海图是如何以这种投机的方式扩展的。意大利的世界地图可能会借鉴海图中的地中海轮廓，但在其他方面，它们又属于不同的传统。[210] 加泰罗尼亚海图的整体风格一致性可能会掩盖那些基于波特兰海图信息的区域和来自旅行者叙述或者理论制图的区域之间的连接，但必须强调的是，向东方延伸与波特兰海图没什么关系。这类加泰罗尼亚的世界地图，在关于中世纪的"世界地图"（*Mappaemundi*）那一章中已经进行了适当的讨论，属于欧洲人的地理发现和东方知识的一部分。

样式的发展

令人遗憾的是，还没有人尝试提供一份波特兰海图的共同特征和显著特征的通用索引（最好是可视化索引）。很显然，风格具有很大的潜力，可以用来探索匿名作品的正确作者，或者，如果做不到的话，可以找到最合乎逻辑的"学派"。然而，迄今为止，对这种方法的有限使用是高度选择性的。海因里希·温特（Heinrich Winter）比其他任何人都更关注波特兰海图的装饰和设计，他意识到风格内容的变化可以成为一种有用的年代判断辅助工具。例如，某些特征是最早的海图所特有的。在《比萨航海图》、科尔托纳（Cortona）海图、彼得罗·维斯孔特的 1311 年海图以及后者的 1312 年地图集中，比例尺都被放在图中的一个圆圈内（图 19.4）。这些可能是保存下来的四种最早的，这种圆圈装置在后来也没有发现。而且，正如凯利所指出的，由反复出现的 V 形凸岸构成的边界，只在 14 世纪上半叶的海图上出现。[211]

温特认为，罗盘玫瑰的出现正是"最重要的要素之一，在海图没有署名的情况下，它可以确定其来源于哪个国家，并在某种程度上确定其年代"[212]。遗憾的是，他的调查因依赖未标明日期的海图而受到损害，他认为海图属于某一特定时期的结论可能会受到质疑。罗盘玫瑰的设计说明了其制造的地点和实践，但我们只能在这里关于似乎是主要发展的东西做一下暗示。

首先需要对术语进行解读。许多论者混淆了"风玫瑰"和"罗盘玫瑰"这两个术语。[213] 如果要完全使用"风玫瑰"的话，那么它应该只使用于未加修饰的斜航线交叉点，而"罗盘玫瑰"则应表示圆形罗盘设计，其上的交叉点有时会详细说明（图 19.5）。所有的波特兰海图上都有风玫瑰，虽然不一定是完整的 32 个点；但罗盘玫瑰似乎是加泰罗尼亚人的创新。从《比萨航海图》开始，意大利的海图通常会显示出 8 个主要风向，[214] 但加泰罗尼亚的制图师更喜欢在周边放置圆盘。在他们所使用的符号中，有一颗指向北方的八角的北极星。仅仅多一个额外的小步骤，就可以把这颗星从包围它的圆盘中拿走，放大，然后放在海图的显著

---

[210] *Rome*，*Biblioteca Apostolica Vaticana*，Borgiano V（曾经认为作者是弗拉·毛罗），确实向着里海以东延伸了一些，但它远非一幅简化的意大利海图，其内部充满了注释和细节。伊斯坦布尔的意大利残片也是如此；见 Marcel Destombes，"Fragments of Two Medieval World Maps at the Topkapu Saray Library，" *Imago Mundi* 12（1955）：150 – 52，esp. plate facing p. 150，被错误地标注为"加泰罗尼亚"；见 *Imago Mundi* 13（1956）：193。

[211] 卡里尼亚诺地图、某些维斯孔特作品、达洛尔托和杜尔切特海图，以及三部未完成的匿名海图：Rome，Biblioteca Apostolica Vaticana，Vat. Lat. 14207；Washington，D. C.，Library of Congress；以及阿姆斯特丹的尼科·伊斯雷尔于 1980 年所获（见注释 67）。见 Kelley，"Oldest Portolan Chart，" 32（note 58）。

[212] Winter，"Late Portolan Charts，" 37（note 129）；page 38 举例说明不同的风玫瑰类型，Thompson，"Rose of the Winds，" pls. I – V（note 56）亦是如此。

[213] 例如，见 Nordenskiöld，*Periplus*，47（note 14）和脚注。

[214] 通过名称、首字母或者 1327 年佩里诺·维斯孔特海图上的案例——通过风向。

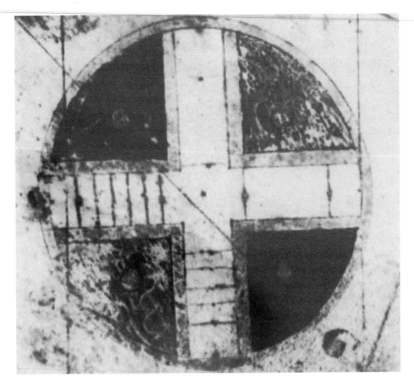

图 19.4　早期波特兰海图上的比例尺

　　圆圈内的比例尺仅仅出现在最早的有日期的海图上。此例取自 1313 年彼得罗·维斯孔特的地图集，是关于这一惯例已知的四则范例中最晚的一个。

　　原图细部直径：6.3 厘米。Bibliothèque Nationale, Paris 提供照片（Rés. Ge. DD 687, pl. 5）。

位置上。这种情况最早一例出现在 1375 年的加泰罗尼亚地图集中（见图 19.5）。在这种情况下，仅仅是这一项，就使得罗盘玫瑰被放到了斜航线系统中，而不是从一个预先存在的交叉点上自然地生长出来。因此，只有四根斜航线，也就是方位基点线，穿过了罗盘玫瑰的中心。这种尴尬的情况强烈地表明，加泰罗尼亚地图集的实例是第一次，或者起码是非常早期的尝试。此后，罗盘玫瑰将与斜航线系统完全整合起来，当然，直到 15 世纪后半叶，罗盘玫瑰才变得司空见惯，随后其数量和复杂程度都有所增加。[215] 更进一步的发展则是在罗盘之外添加了一个指向北方的鸢尾花，这首次是在葡萄牙人的作品中发现的，特别是 1492 年的若热·德阿吉亚尔海图（图 19.6）。[216]

---

　　[215]　康比提斯地图集和皮内利—瓦尔肯纳尔地图集，过去曾被看作是与加泰罗尼亚地图集大致同时的作品，它们展示了简化的罗盘玫瑰，但在本章中，它们被重新归到 15 世纪初期（见表 19.3, pp. 416–420）。罗盘玫瑰第二次可以确定日期的出现是在 1404 年森图佐·蓬杰托无法确定位置的海图上。见 Weiss und Co., Antiquariat, *Codices manuscripti incunabula typographica, catalogus primus*（Munich: Weiss, 1926）, No. 55. 中的重制。（非常感谢彼得·巴伯，他让我注意到大英图书馆 Department of Manuscripts 的参考书阅览室中的这一现在非常稀少的副本）然而，应该指出的是，朱塞佩·卡拉奇仅仅根据 Weiss 的描述和部分复制品，就对蓬杰托海图的真实性表示了怀疑；见 Giuseppe Caraci, "Carte nautiche in vendita all'estero," *Rivista Geografica Italiana* 34（1927）: 135–36, esp. 135。1409 年的阿尔贝廷·德维尔加海图在许多交叉点上引入了一个三叶草形的装置，但是直到 1439 年及以后的加布里埃尔·德巴尔塞卡海图上才重新出现正规的罗盘玫瑰。

　　[216]　Cortesão, *History of Portuguese Cartography*, Vol. 1, frontispiece（note 3）.

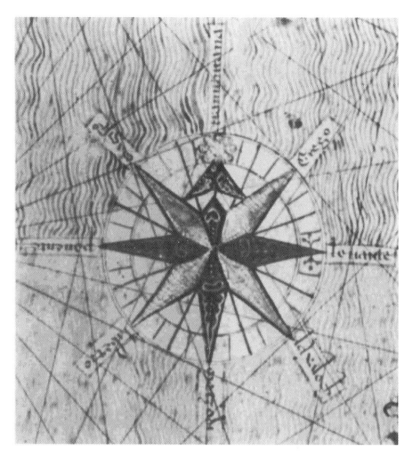

图 19.5　取自加泰罗尼亚地图集的罗盘玫瑰

加泰罗尼亚地图集（1375）提供了最早的罗盘玫瑰的实例，但是它的位置远离任何一个交叉点，这也是独一无二的。

原图细部直径：5.6 厘米。Bibliothèque Nationale, Paris 提供照片（MS. Esp. 30）。

在我们这一时期的后半部分，展示了可以详细阐释斜航线网格的第二种方法。在早期的海图上，只有 16 条线从隐藏的圆心（系统的核心）延伸出来，并将其与圆周上的每个次要中心连接起来。似乎是彼得鲁斯·罗塞利（Petrus Roselli）决定增加 16 根红线，加上原有的，这样使得从中心辐射出去的辐条数量增加了一倍。这些红线一直延伸到海图的边缘，避开了所有的次要中心。罗塞利最早的三幅海图（两幅 1447 年海图和一幅 1449 年海图）采用了这种基本形式；他后来的 6 幅作品（1456—1468）则显示了扩展的网格（图 19.7）。[217] 在这里，这一特征被认为是在"样式的发展"的背景下，因为在复制现有的罗盘方向时，所增加的线没有明显的实用功能。[218] 然而，后来，正如 1487 年的匿名海图和 1492 年的阿吉亚尔海图所显示的那样，扩大后的中心可以更容易地设计成一个 32 点的罗盘玫瑰。罗塞利的 397 创新在其他 15 世纪的海图上也重复地出现，但在 1500 年之前的意大利作品中却没有观察

---

[217]　见附录 19.2。这一点无法由 1469 年海图来确定，众所周知，这幅海图在 1935 年归 Otto H. F. Vollbehr 所有。

[218]　N. H. de Vaudrey Heathcote, "Early Nautical Charts," *Annals of Science* 1 (1936): 1–28, esp. 21, 在其印象中，所有 15 世纪中叶的海图都具有 32 个点中心。他还奇怪地断言：这一扩展了的网格对于海图的使用至关重要。

到。因此，这有助于确定日期。[29]

396

图 19.6　若热·德阿吉亚尔（Jorge De Aguiar）1492 年海图中的罗盘玫瑰

显然，它是最早在罗盘盘面之外画出一朵指向北方的鸢尾花的罗盘玫瑰。

原图细部直径：6.5 厘米。Beinecke Rare Book and Manuscript Library, Yale University, New Haven 许可使用。

---

[29]　例如，它增加了对诺登舍尔德所提出自己的海图和在乌普萨拉的海图的日期的进一步怀疑。见 *Periplus*, pls. XIX and XXIII（note 14），见注释 357。它还必须在收藏于 Bibliothèque Nationale 的残片（Rés. Ge. 03005）旁边打上一个问号；见 Foncin, Destombes, and de La Roncière, *Catalogue des cartes nautiques*, 18（note 52），尽管地名证据证实了他们提出的 15 世纪初期的日期说法；见表 19.3（pp. 416 – 420）。

（a）　　　　　　　　　　　　　　　　（b）

图 19.7　罗盘方位线的中心

　　15 世纪中期，从波特兰海图主要中心辐射出的罗盘方位线的数量从 16 条增加到 42 条。从彼得鲁斯·罗塞利（Petrus Roselli）的 1449 年（a）和 1456 年（b）地图集中这些细部所显示来看，他似乎是第一位这样做的海图制图师。

　　1449 年海图由 Badische Landesbibliothek，Karlsruhe 许可使用（MS. S6）；1456 年海图由 Edward E. Ayer Collection，The Newberry Library，Chicago 提供照片（MS. Map 3）。

　　大约和罗盘涌现同一时间，波特兰海图上出现了写实的城镇景观。虽然基本的城市符号已经成为 1327 年彼得罗·维斯孔特海图和最早的加泰罗尼亚作品的特征之一，但最早透露出实际观察的绘图是意大利海图上的意大利城镇。[20] 威尼斯的皮齐加尼兄弟在其绘制的 1367 年海图上的威尼斯附图中，绘出了一个明确无误的钟楼，而鲜为人知的 1404 年森图佐·蓬杰托（Sentuzo Pongeto）海图中也是如此。波特兰地图集中第一次尝试描绘热那亚，可能是在 1373 年的弗朗切斯科·皮齐加尼地图集的日历中发现的。正如与之相配的威尼斯景象一样，这是真实与幻想的混合体（图 19.8）。[21] 由热那亚人弗朗切斯科·贝卡里所绘制的 1403 年海图中，包括了一幅小附图，毫无疑问，它描绘了贝卡里的家乡城市的月牙形的港口，在西臂的末端，是灯塔。[22] 这些简化的水手视角的景观图的模型还没有最后确定，它们可能是

---

　　[20]　在达洛尔特海图上，已经使用了城市符号标志，用十字架来标示基督教城镇，而加泰罗尼亚地图集则为穆斯林中心添加了圆顶。早期的加泰罗尼亚海图强调的是神庙，而不是商业中心。在罗马地图和中世纪早期的世界地图（map-paemundi）上，已经出现了简化的城镇标志。

　　[21]　重制于 Nordenskiöld，*Periplus*，51（note 14）。Paolo Revelli，*La partecipazione italiana alia Mostra Oceanografica Internazionale di Siviglia*（1929）（Genoa：Stabilimenti Italiani Arti Grafiche，1937），183，在视图中凸显了圣洛伦索（San Lorenzo）的大教堂。Carlo Errera，"Atlanti e carte nautiche dal secolo XIV al XVII conservate nelle biblioteche pubbliche e private di Milano，" *Rivista Geografica Italiana* 3（1896）：91–96，重制于 *Acta Cartographica* 8（1970）：225–52，指出有问题的轮廓线是在不早于 1381 年的原始海图背面绘制的。然而，对属于同一增补的海图地名内容进行检查，并没有发现任何后来的地名。因此，这部地图集的两个元素可能在日期上非常接近。

　　[22]　在 13 世纪中叶的《航海手册》中，就已经提到灯塔了；见 Taylor，*Haven-Finding Art*，107（note 7）。

398

图 19.8　14 世纪日历图中的热那亚和威尼斯

摘自 1373 年弗朗切斯科·皮齐加诺 (Francesco Pizigano) 地图集中的两幅小插图。左图是热那亚的灯塔和大教堂，右图是威尼斯的钟楼和圣马可教堂。

Biblioteca Ambrosiana, Milan 许可使用 (S. P. , 10, 29)。

海图制图师自己的作品。[223] 尽管写实地描绘热那亚和威尼斯的趋势越来越大，但还是有一些 15 世纪和 16 世纪的海图制图师坚持绘制虚构的城镇景观图。

在温特看来，1426 年的巴蒂斯塔·贝卡里 (Batista Beccari) 海图是第一种用颜色来强调海岸的海图。[224] 同一篇文章还提请人们注意另一项可确定年代的发展：在海图的颈部放置圣母玛利亚和圣子的小插图。[225] 温特所知道的迄今为止最早的一例是 1464 年的罗塞利 (图版 28)，尽管两年前的尼科洛·菲奥里诺 (Nicolo Fiorino) 海图中就已经包括了 HIS 的交织字母组合图案。然而，这两位海图制图师都不是第一个公开表示虔诚的人。彼得罗·维斯孔特和佩里诺·维斯孔特 (Perrino Vesconte) 的 14 世纪初期的四部地图集中，在图幅的各个角落里都填满了各种圣人的肖像。[226] 这些角画也反复出现在另一部 (匿名) 里昂地图集 (根据其中的地名，判断其年代在 15 世纪初期)、贾科莫·吉罗尔迪 (Giacomo Giroldi) 式样的地图集和科纳罗地图集中。这种在波特兰地图集中增加角画的做法似乎是威尼斯的一种特

　　[223] 尽管在 1400 年前后的 Giovanni Sercembi’ 的 "Chronicles" 中，就已经包括了类似的热那亚景观图，见 Luigi Volpicella, "Genova nel secolo XV: Note d'iconografia panoramica," *Atti della Società Ligure di Storia Patria* 52 (1924): 255 – 58 中的重制。Volpicella 确定热那亚景观图最古老记录的日期被认为是在 1365 年 (p. 254)。

　　[224] Heinrich Winter, "Petrus Roselli," *Imago Mundi* 9 (1952): 1 – 11, esp. 4.

　　[225] Winter, "Roselli," 6 (note 224).

　　[226] 彼得罗的 1318 年地图集和里昂的无日期卷帙，以及佩里诺的 1321 年苏黎世地图集。关于这些缩微画的艺术史阐释，见 Bernhard Degenhart and Annegrit Schmitt, "Marino Sanudo und Paolino Veneto," *Römisches Jahrbuch für Kunstgeschichte* 14 (1973): 1 – 137。

点。当然，维斯孔特就在这里工作，吉罗尔迪是土生土长的威尼斯人，科纳罗地图集也是在这座城市中制作而成的。

旗帜

如果对波特兰海图风格和装饰进行系统研究能有所收获的话，那么目前的迹象表明，对现存的 14 世纪和 15 世纪海图中约三分之一的旗帜进行排列和比较研究，可能会令人失望。[㉗] 这一悖论需要解释，因为体现在城市旗帜或者国家纹章上的政治声明正是提高人们对准确性和时代性的期望的那种。在大量的文献中，有无数的案例表明，一份未经署名的海图被赋予了一个明确的年代下限，理由是它没有提及特定年份里发生的变化，或者是因为它显示了当时被取代的旗帜。然而，没有进行系统地检查来确定标明日期的海图在那方面是否准确。说到达洛尔托海图，它的日期有不同的解读，有 1325 年说，有 1330 年说（见下文 p. 409），杰罗拉（Gerola）支持后一种说法，他的理由是卡利亚里上飘扬着代表阿拉贡的颜色，这是指 1326 年对撒丁岛的征服。但是，这一判断基于另一个令人质疑的假说，即海图制图师只承认事实上的统治，而不承认法律上的规则，因为自从 1297 年以来，撒丁岛名义上一直属于阿拉贡。[㉘]

诸如此类的假说需要针对波特兰海图标志的整体模式进行检验。遗憾的是，尽管这些醒目的彩色旗帜是海图上清晰可见的元素，但在复制的时候却往往会变得模糊不清，难以辨认。另一个问题是特定地点的特殊旗帜的发展在何种程度上与海图本身的发展相符。[㉙] 在当时，哪怕是设计滞后的标准化也尚未进行；因此，不同的早期海图制图师采用了多种形式，这也就不足为奇了。设计会被简化或者随意更改，颜色也会切换。[㉚] 例如，新月形经常会被用于标注北非穆斯林城市，尽管一些 14 世纪的海图已经给出了这些城市自己的独特标识。同时，由于指向相关地名的标识标准往往定位不准确，所以对于研究人员来说，也很难确定具体的地点。当这些标识标注在未注明名称的小镇的小插图上时，这个问题就更为严重了。

㉗ 关于这一主题的主要研究如下。首先，两篇见 Giuseppe Gerola："L'elemento araldico nel portolano di Angelino dall'Orto," *Atti del Reale Istituto Veneto di Scienze*, *Lettere ed Arti* 93, pt. 1（1933 – 34）：407 – 43；and "Le carte nautiche di Pietro Vesconte dal punto di vista araldico," in *Atti del Secondo Congresso di Studi Coloniali*, *Napoli*, *1 – 3 October 1934*, 7 Vols.（Florence：Leo S. Olschki, 1935），2：102 – 23。其次，三篇见 Georges Pasch in *Vexillologia*：*Bulletin de l'Association Française d'Etudes Internationales de Vexillologie*："Les drapeaux des cartes-portulans：L'atlas dit de Charles V（1375），" 1, nos. 2 – 3（1967）：38 – 60；"Les drapeaux des cartes-portulans：Drapeaux du 'Libro del Conoscimiento,'" 2, nos. 1 – 2（1969）：8 – 32；"Les drapeaux des cartes-portulans［portulans du groupe Vesconte］," 3, No. 2（1973）：52 – 62. Finally, Anna-Dorothee von den Brincken, "Portolane als Quellen der Vexillologie," *Archiv für Diplomatik*：*Schriftgeschichte Siegel-und Wappenkunde* 24（1978）：408 – 26。

㉘ Gerola, "Dall'Orto," 423（note 227）. 但是，见 Magnaghi, "Alcune osservazioni," 23 – 27（note 201），杰罗拉的理论遭到了很多人的反对，支持 1325 年说的人认为，该旗帜的用意是指整座岛屿，而不仅仅是卡利亚里。

㉙ 旗帜是由旌旗（gonfanon，一种挂在长矛上的战旗）和飘扬在船只的桅顶上的飘带发展而来的。纹章符号的普遍采用，可以追溯到 13 世纪中叶。见 von den Brincken, "Vexillologie," 409 – 10（note 227）。另见 E. M. C. Barraclough and W. G. Crampton, *Flags of the World*（London：Warne, 1978），12 – 14。

㉚ Pasch, "Libro del Conoscimiento," 10（note 227），and Pasch, "Atlas de Charles V," 44（note 227），他谈到了"颜色的精神生理学"。

在维斯孔特的四幅作品（图版29）、卡里尼亚诺地图（尽管是非典型的简化圆盘形式）、三幅达洛尔托/杜尔切特的海图、14世纪中叶的《知识之书》（*Libro del conoscimiento*）以及一些后来的作品中，都发现了旗帜。[221] 在那些可以追溯到14世纪和15世纪的地图集和海图中，可能有70多种（约占40%）与其有关，有时会在一份作品上发现60种标志。这些问题尚待全面研究；同时也可以提出一些临时性的意见。首先，尽管某些旗帜会经常性地出现，但在选择特定地点方面有许多不同之处，甚至在同一个从业者的作品中也是如此。在某些情况下，一种明显被取代的形式在很久以后又重新出现了。[222] 这种不一致的情况限制了目前可以做出的有效概括。然而，表19.1（p.400）中所选的实例可能是最具有启发性的。

从这些实例中，能最清楚地看出，海图制图师对胜利和失败的态度不同。无论他们出自哪一国籍，没有人会嫉妒葡萄牙人在休达（Ceuta）的成功，因为这是基督教对伊斯兰教的胜利。然而，奥斯曼帝国取道小亚细亚（最终占领了君士坦丁堡）和黑海周边地区向欧洲的扩张却被忽略了。取而代之的是，海图制图师用他们的旗帜来否认令人不愉快的现实。这告诉我们的是心理态度，而非历史事件。因此，当我们试图从即将被奥斯曼土耳其人占领的城镇上空飘扬的旗帜来推断其年代的时候，就会产生奇怪的结果。[223] 用这种方法，就会产生至少一个世纪的偏差。另一方面，人们普遍认为休达被攻占的速度非常之快，这就为把早期的阿拉伯记号视为1415年的终止日期提供了一些理由。同样，1492年以后，西班牙的旗帜似乎迅速地插在了格林纳达的上空，并且，在1509—1510年征服利比亚的奥兰、布日伊（即Bejaia）和的黎波里之后，西班牙的旗帜也迅速插在这些城镇的旁边。[224] 如果这些旗帜的出现导致一些海图被移出了15世纪，[225] 那么没有绘制它们就为1510年之前的日期提供了合理的（尽管并无定论）的依据。[226]

---

[221] 维斯孔特的作品是1320年和1321年的梵蒂冈地图集、1325年前后的大英图书馆地图集和1327年的佩里诺·维斯孔特海图；达洛尔托/杜尔切特海图是达洛尔托（1325/1330年）、杜尔切特（1339年）和大英图书馆，Add. MS. 25691；《知识之书》是由一名西班牙修士（1304年出生）所编撰的。他的书面调查显然是凭借一幅加泰罗尼亚世界地图完成的。在它们之间，有三种现存的手稿修订本中包括了大约110面不同的旗帜。文中提到了1348年发生的一场战斗，但试图进一步缩小其构建日期的尝试并不能令人信服。见 Clements R. Markham, ed. and trans., *Libro del Conoscimiento*: *Book of the Knowledge of All Kingdoms*（London: Hakluyt Society, 1912），2d ser., 29 and Pasch, "Libro del Conoscimiento"（note 227）。而他们都复制了旗帜。

[222] 例如，1421年的弗朗切斯科·德塞萨尼斯海图中，有几种形式与一个世纪之前的维斯孔特家族有关。

[223] 尽管1882年 Amat di San Filippo 在 Uzielli and Amat di San Filippo, *Mappamondi*, iv（note 35）的序言中给出了警告。例如，Gaffarel, "Dijon," 166（note 37），从萨洛尼卡上空没有新月来看，认为第戎海图一定是在1429年之前绘制的；然而，格拉纳达（1492年从摩尔人手中夺取）和加那利群岛（1493—1496年被征服）所附的西班牙旗帜最早可以追溯到15世纪晚期。关于此，另见 Raynaud-Nguyen, "Hydrographie"（note 37）。罗德岛在1523年之前一直被医院骑士团占领，在一个多世纪之后绘制的某些海图上还保留了红色十字，例如1665年的加洛伊罗海图；见 Frabetti, *Carte nautiche italiane*, pl. xxxⅦ（note 73）。

[224] 例如，关于1512年马焦洛地图集，见 Georges Grosjean, ed., *Vesconte Maggiolo: J "Atlante nautico del 1512": Seeatlas vom Jahre 1512*（Dietikon-Zurich: Urs Graf, 1979）。

[225] 见 p.386。

[226] 例如，在 Edward Luther Stevenson, *Facsimiles of Portolan Charts Belonging to the Hispanic Society of America*, Publications of the Hispanic Society of America, No. 104（New York, 1916），pl. V 中重制的海图，和 E. P. Goldschmidt, Booksellers, *Manuscripts and Early Printed Books（1463–1600）*, catalog 4（London: E. P. Goldschmidt, [1924–25]），No. 125，和 Ludwig Rosenthal, Antiquariat, catalog 163, No. 1237 中连续描述的海图。关于后者，另见 Caraci, "Estero," 136（note 215）。

表 19.1　　　　　　　　　　　　　　旗帜和海图制图师对政治变动的响应　　　　　　　　　　　　　　　400

地点	历史事件	海图制图师的响应
英格兰	从 1340 年爱德华三世宣称得到法国王位开始，鸢尾花就与三只狮子共同驻扎了。	这种形式出现在《知识之书》（14 世纪中叶）中，在巴黎的索莱尔（Soler）海图以及此后的大多数海图中。15 世纪晚期，葡萄牙海图用圣乔治十字取代了纹章
塞维利亚（或西班牙）	1479 年，在斐迪南和伊莎贝拉的领导下联合起来。	在之前，西班牙的纹章中狮子和城堡共存，而 14 世纪晚期的大多数海图似乎都加入了阿拉贡的饰带[a]
格兰纳达	1492 年，从摩尔人手中夺过来。	可能立即得到了认可
巴伦西亚（Valencia）	阿拉贡于 1238 年获得；邻近 15 世纪晚期时转入卡斯蒂利亚（Castile）之手。	14 世纪的海图上有阿拉贡的交叠饰带。15 世纪的海图往往也包括一个王冠[b]
蒙彼利埃（Montpellier）	1349 年，从阿拉贡转属法国。	占据了旗帜一半的阿拉贡的饰带被鸢尾花所取代。1426 年的贝卡里海图是较晚出形式的第一个实例
马赛	1486 年，从普罗旺斯转属法国。	在［1483 年?］的赖内尔海图上出现了鸢尾花，取代了普通的蓝色十字，见 p. 374
罗马	在不同时期多次建立共和国，比如在科拉·迪里恩佐（Cola di Rienzo）统治下（1347 年和 1353—1354 年间）。	在匿名的科尔西尼（Corsini）海图[c] 和《知识之书》中都能发现 SPQR，取代了常见的十字形交叉钥匙。博洛尼亚的 1473 年贝宁卡萨地图集中包括了这两种形式[d]
萨洛尼卡（Salonika，即帖撒罗尼迦［Thessalonica］）	在拜占庭帝国、威尼斯和奥斯曼土耳其之间多次易主，直到于 1430 年最终落入土耳其人手中。	拜占庭皇帝的巴列奥略（Paleologue）纹章（两侧各有 4 个 B）显然在整个 15 世纪都得以保留
君士坦丁堡	1453 年被奥斯曼土耳其攻陷	随后的海图要么保留了巴列奥略的形式，要么就完全省略了旗帜
楚科（在小亚美尼亚）	1375 年被奥斯曼人占领	它的旗帜——蓝底的白色十字——至少延续了一个世纪
休达	1415 年被葡萄牙占领	除了 1421 年的塞萨尼斯（Cesanis）海图外，没有发现任何 1451 年以后的实例，能够显示被征服前的设置（双钥匙）

[a] 一些海图上所描绘的统治者也会显示政治形势的变化。然而，一位评论者试图用这种方式在两幅波尔特兰海图上表现出西班牙君权的行使，这是无法令人信服的，因为西班牙的统一和对格兰纳达的征服都没有发生在所讨论的时期（1482—1489 年），而这两件事本来是应该得到反映的。见 Niccolò Rodolico, "Diuna carta nautica di Giacomo Bertran, maiorchino," in *Atti del III Congresso Geografico Italiano*, Florence, 1898, 2 Vols. (1899), 2: 544–50, esp. 545。

[b] 乔治·帕施注意到 15 世纪的饰带是水平的，而到了 16 和 17 世纪，则变成了垂直的；见 *Vexillologia: Bulletin de l'Association Française d'Etudes Internationales de Vexillologie* 2, No. 6 (1972): 19。19 世纪晚期的葡萄牙海图又回到了早期的形式，这一点令人疑惑。

[c] 由于这个原因，其日期被认为是在 14 世纪中期；见 Pietro Amat di San Filippo, "Recenti ritrovamenti di carte nautiche in Parigi, in Londra ed in Firenze," *Bollettino della Societa Geografica Italiana*, 3d ser., 1 (1888): 268–78, esp. 273；其重印见 Acta Cartographica 9 (1970): 1–11。

[d] Marina Emiliani (later Marina Salinari), "Le carte nautiche dei Benincasa, cartografi anconetani," *Bollettino della Reale Societa Geografica Italiana* 73 (1936): 485–510, esp. 498–99.

401　一旦承认了事实经过选择的情况，就可能不再把旗帜看作是"给来访的船只提供有价值的信息"[237]。如果基督教水手依靠手里的海图来区分朋友和敌人的话，最后就会沦为船上的奴隶。当然，无论如何，我们可以肯定的是，中世纪的水手会了解那些在地中海或者黑海的港口所发生的政治事态进展对他们的影响。

即使我们同意乔治·帕施（Georges Pasch）的观点（他是关于这个问题最孜孜以求的现代评论者），但波特兰海图的旗帜学也并不比那个时期的其他文献更好或者更差，[238] 这也强调了它对地图学史专家的价值是有限的。旗帜通常被解释为政治现实转变的直接说明。然而，由于奥斯曼土耳其人的军事扩张，热那亚和威尼斯的殖民地的命运起伏不定，所以它们对有关世纪的动荡所做出的反映非常有限。尽管霸主的位置有了更迭，但许多城镇仍原封不动地继续展示着原有的旗帜，大概是因为这种设计属于城镇，而不是统治它的皇权。其他因素有时可能会压倒对政治准确性的考虑：审美或者实用性的判断在旗帜的选择中一定发挥了作用。如果地名留下的空间有限，那么可以省略亚得里亚海东部的旗帜，以及罗马和佛罗伦萨的旗帜，以免显得过于局促。[239] 有时也会涉及一些更积极的原因，比如当海图制图师把旗帜用于自己的政治目的时。这方面最好的例子，莫过于热那亚的制图师阿尔比诺·达卡内帕（Albino da Canepa），他在其 1489 年绘制的海图上，在黑海周围悬挂了十几面热那亚的旗帜。中世纪的这场挥舞旗帜的运动把黑海变成了热那亚湖，在大概 15 年前，经历了一个收缩过程，此过程随着其最后的据点卡法（Caffa，即费奥多西亚 [Feodosiya]）的陷落而达到了顶点。[240]

古文字学的证据

书法作为风格的指标并不太明显，但是这个始终存在的元素一定代表了反映海图制作地点和实践的最重要指标之一。一份忠实再现古人手迹的仿制品可能是在很长实践之后才制作出来的，其结果就是有时海图的编制日期和执行日期之间可能存在相当大的差异。一个著名的案例是大英图书馆的科纳罗地图集（Egerton MS. 73），它似乎没有试图掩饰使用了过时的海图。尽管它的 34 张海图显然是出自同一人之手[241]（其中一张的日期为 1489 年），但大多数被公认为更早的海图制图师作品的副本。在其所引用的作者中，有弗朗切斯科·贝卡里和尼科洛·德帕斯夸利尼（Nicolo de Pasqualini），其单独签名作品的年份分别为 1403 年和 1408 年。同样有意地复制过时的海图可能有助于解释美第奇地图集中关于亚得里亚海的互402　相矛盾的草图（见附录 19.1 和图 19.19）。

诺登舍尔德对古文字在海图年代测定中的应用太过不屑一顾了，他宣称："完全不可能

---

[237]　Taylor, *Haven-Finding Art*, 113（note 7）. 也不应该接受相反的观点，即认为波特兰海图上的旗帜通常只是次要的，只有装饰的意义；见 Magnaghi, "Alcune osservazioni," 19（note 201）。

[238]　Pasch, "Vesconte," 56（note 227）。

[239]　当弗朗切斯科·贝卡里在大型世界地图上插上 340 面旗帜时，一定牵涉审美价值。因为这是他工作的模型中可用总数的三倍，因此添加的旗帜一定只是现有旗帜或者假想旗帜的重复；见 Skelton, "Contract," 108（note 206）。

[240]　Magnaghi, "Alcune osservazioni," 3（note 201），引用了 16 世纪中期几则在黑海港口保留热那亚旗帜的实例。

[241]　但是，关于相反观点的注解，见 Cortesão, *History of Portuguese Cartography*, 2：196（note 3）。

通过风格来确定海图（portolanos）的年龄，因为即使是手写的文字也都只是一味地抄袭的。"[242] 但是，必须承认的是，基于文字进行年代测定只能是近似的。此外，由于空间的限制，迫使制图人使用被压缩的书法字体，导致风格变化缓慢。科尔托纳海图的综合轮廓、地名和风格都一致表明，它的年代要早于 1311 年的彼得罗·维斯孔特海图，然后我们是否应该遵循阿米纳科（Armignacco）的做法，纯粹以古文字为根据，将这幅海图的年代定在 1350 年前后？[243] 科尔特桑和谢特拉·达莫塔报告了书写和内容之间的另一种冲突。他们根据内部证据，将位于里斯本的国家档案馆中的一幅葡萄牙海图的年代定在 15 世纪晚期，但他们也承认"地名的手写文字可能暗示了更早的日期"[244]。

由适当的专家对所有被认为是 14 世纪和 15 世纪的波特兰海图上的文字进行系统的研究，这一工作显然早就应该进行了。如果已知的海图制图师的特点被汇编成册，那么就有可能检验数量众多且经常互相冲突的未署名作品的作者，这些作品经常仅仅是基于古文字学的研究就确定了作者。在对此类证据进行彻底调查之前，必须谨慎处理（图 19.9 和 19.10 展示了古文字学如何证实地名分析，另见 p. 424）。

水文学的发展

有两种风格类型：一种是朴素（意大利式通常如此），一种是繁复（加泰罗尼亚式通常

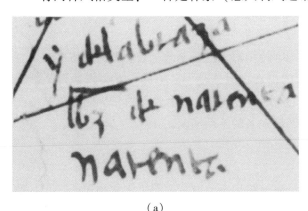 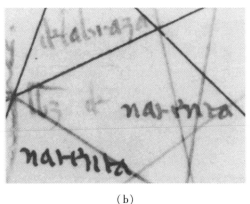

（a）　　　　　　　　　　　　　　　（b）

图 19.9　古文字学的对比（1）

在康比提斯（Combitis）地图集（a）和皮内利—瓦尔肯纳尔（Pinelli-Walckenaer）地图集中，都将"gulf"（海湾）缩写成"lbz"，这种缩写方式非常罕见，这是表明它们出自同一作者之手的证据之一。图中所示的两部地图集中的部分是达尔马提亚（Dalmatia）海岸的"lbz de Narenta"。

（a）由 Biblioteca NazionaleMarciana, Venice 许可使用（It. Ⅵ, 213 [MS. 5982J]），（b）则由 British Library, London 许可使用（Add. MS. 19510, fol. 5r）。

---

[242] Nordenskiöld, *Periplus*, 58（note 14）.

[243] Vera Armignacco, "Una carta nautica della Biblioteca dell'Accademia Etrusca di Cortona," *Rivista Geografica Italiana* 64 (1957)：185 – 223, esp. 192. 阿米纳科和其他人争辩，科尔托纳海图可能是比《比萨航海图》还要早的海图的副本。1258 年建立的曼弗雷多尼亚并没有出现在《比萨航海图》上，已经被引用来支持这一点。在 Caraci, Italiani e Catalani, 275 – 79, esp. 278（note 175）中，也对这幅重要海图的年代进行了讨论，但是没有解决。卡拉奇提出，在海图背面用旧时笔迹书写的关于巴勒斯坦的叙述，让人想起 1274 年在里昂会议上提出的十字军东征的提议。如果此论得到证实，将可能对科尔托纳海图的年代确定产生重要影响，进而扩大到《比萨航海图》。

[244] Cortesão and Teixeira da Mota, *Portugaliae monumenta cartographica*, 1：5（note 29）.

403

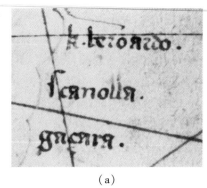
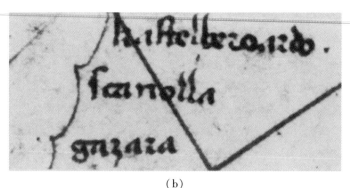

（a）　　　　　　　　　　　　　　（b）

图 19.10　古文字学的对比 （2）

作为一名绘图师，弗朗切斯科·德塞萨尼斯（Francesco de Cesanis）在大多数地名之后都使用了句号，并把"l"写成波浪形，这一点非常独特。此处对比了摘自 1421 年塞萨尼斯海图（a）和卢克索洛（Luxoro）地图集（b）中巴勒斯坦沿岸的地名 "scanolla" 和 "kastelberoardo"。其他的共同特征，尤其是地名的模式，显示出二者很可能出自同一人之手。因此，卢克索洛地图集应该是 15 世纪初期的威尼斯人的作品，而非通常认为的是出自 14 世纪初期的热那亚人之手。

（a）由 Civico Museo Correr, Venice 许可使用（Collezione Correr, Port. 13）；（b）由 Biblioteca Civica Berio, Genoa 许可使用。

402　如此），二者之间非常明显的视觉差异很容易引起人们的重视。实际上，这两种类型之间的差异可能会引发人们的疑问，即二者是否真的属于同一谱系。然而，如果不考虑加泰罗尼亚式的装饰，那么这些海图无论在何处制作，相同年代的作品上蕴藏的水文内容大体上是一致的，这一点显而易见。虽然不同区域可能导致海图的呈现形式有所差异，但由于水文学共同发展所产生的一致效应，这些差异（至少在较早阶段）并不突出。

毫无疑问，人们总是认为波特兰海图制图师特别擅长进行摹绘。人们普遍地将这一观点进行引申，认为他们只是在一味地摹绘不变的模本，但这是不公道的。下文将通过三个命题，对 14 和 15 世纪波特兰海图持续且广泛的发展予以阐述：已有海岸线轮廓的变化；地中海以外地区新信息的增加；波特兰海图核心区域地名的不断演变。

变动的海岸轮廓

403　人们普遍认为，波特兰海图上所呈现的沿海地貌形态的改变表明了水文测量的进步。但是，这一点所依赖的是毫无依据的进化假说，而且复制在塑造特定地貌特征中所产生的偶然效应，这方面的作用还没有得到充分的考虑。无论是借助计算机、照相机，还是通过多种测量手段，㉕ 这些更严格的图形绘制方法都是最近才发展起来的，还没有系统地应用于早期的海图。取而代之的是，我们得到了一些特定特征的精选轨迹以供比较，并受邀去检测假定的相似性和发展阶段。然而，这种方法的主观性是与生俱来的，已经证明了只有有限的价值。其差异是显而易见的。它们的重要性只是一种推测。R. A. 斯凯尔顿警告说：把"繁重的理

㉕　关于电脑辅助方法，见 Joan M. Murphy, "Measures of Map Accuracy Assessment and Some Early Ulster Maps," *Irish Geography* 11 (1978)：88 – 101, and Jeffrey c. Stone, "Techniques of Scale Assessment on Historical Maps," in *International Geography 1972*, ed. W. P. Adams and F. M. Helleiner (Toronto：University of Toronto Press, 1972), 452 – 54；关于照相机方法，见 Harry Margary, "A Proposed Photographic Method of Assessing the Accuracy of Old Maps," *Imago Mundi* 29 (1977)：78 – 79；关于多重方法，见 Elizabeth Clutton, "Some Seventeenth Century Images of Crete：A Comparative Analysis of the Manuscript Maps by Francesco Basi-licata and the Printed Maps by Marco Boschini," *Imago Mundi* 34 (1982)：51 – 57。

论……建立在视觉印象上"是危险的。㉔

　　在用这种方式研究过的许多具体的沿海轮廓中，可以提到这几个：罗纳河三角洲和多瑙河三角洲，以及锡德拉（由凯利负责）；克里米亚半岛、尼罗河河口、马略卡海峡和直布罗陀海峡（由诺登舍尔德和卡拉奇负责）、北爱尔兰海岸外的拉斯林（Rathlin）岛（由 M. C. 安德鲁斯负责）和法国（由尼马·布罗克［Numa Broc］负责）。㉔ 除了这些以外，雷伊·帕斯特（Rey Pastor）和加西亚·卡马雷罗（García Camarero）还提供了加泰罗尼亚地图上各种山脉和河流的对比草图。㉔ 在这方面最彻底的调查是由安德鲁斯进行的，他在三篇重要的文章中分析了不列颠群岛的形状。㉔ 根据这三个世纪海图所展示的"类型"，他对它们进行了分类，并能辨识出苏格兰的 13 种、英格兰的 12 种和爱尔兰的 7 种变体形状。㉔ 安德鲁斯教给我们很多关于一名海图制图师对另一位的影响的知识，但是这种方法存在一个基本的弱点：在将海图确定为一种或另一种已确认的类型时，必须忽略无数（可能是重要的）细微的变化。尽管安德鲁斯能够记录频繁的变化，但他强调这很少涉及内容的改进。他的某些类型已经使用了一个世纪甚至更长的时间，而且发现其中有几种类型是共存的。因此，他的分析更多的是对谱系的指导，而不是对日期的。然而，尽管这种方法存在不完善之处，但仍可以在最早的时期看出一些新的信息注入。其所涉及的领域足够大，变化也足够明显，因此在解释时几乎不存在主观性的危险。

404

　　在理想情况下，下一步是按照时间顺序排列最早的海图，检查它们内容上的变化。然而，在尝试这样操作之前，有必要厘清一些基本问题。首先，我们必须确定哪些海图属于 14 世纪初期这一关键的形成时期。其次，我们必须弄清哪些作品的作者可以确定为这一时期最为多产的一批从业者（或者某位从业者），即彼得罗·维斯孔特和佩里诺·维斯孔特。遗憾的是，许多被认为是最早的海图恰恰是关于其日期争议的对象，并且，由于仍有不少作品仍未公开，所以很难就这一点的早期判断进行检验。此外，1311 年的维斯孔特海图和美国国会图书馆收藏的海图都只描绘了地中海东部地区，㉕ 科尔托纳海图的西侧被修剪过，而其他的一些海图甚至更加不完整。㉕ 所有这些都使得在一个按时间顺序排列的框架内确定波

　　㉔ R. A. Skelton, *Looking at an Early Map* (Lawrence：University of Kansas Libraries, 1965), 6.

　　㉔ Kelley, "Oldest Portolan Chart," figs. 2 – 4（note 58）；另见 Oldham, "Rhône Delta," 403 – 28（note 81）；Nordenskiöld, *Periplus*, 23（note 14）；Giuseppe Caraci, "The Italian Cartographers of the Benincasa and Freducci Families and the So-Called Borgiana Map of the Vatican Library," *Imago Mundi* 10（1953）：23 – 49, esp. 41；Michael Corbet Andrews, "Rathlin Island in the Portolan Charts," *Journal of the Royal Society of Antiquaries of Ireland* 55（1925）：30 – 35, esp. 30；Numa Broc, "Visions Médiévales de la France," *Imago Mundi* 36（1984）：32 – 47, esp. 40, 42.

　　㉔ Rey Pastor and García Camarero, *Cartografía mallorquina*, 26 – 28（note 28）.

　　㉔ Michael Corbet Andrews, "The Boundary between Scotland and England in the Portolan Charts," *Proceedings of the Society of Antiquaries of Scotland* 60（1925 – 26）：36 – 66；idem, "The British Isles in the Nautical Charts of the XIVth and XVth Centuries," *Geographical Journal* 68（1926）：474 – 81；idem, "Scotland in the Portolan Charts," *Scottish Geographical Magazine* 42（1926）：129 – 53, 193 – 213, 293 – 306.

　　㉕ Andrews, "Scotland in the Portolan Charts," 132（note 249）.

　　㉕ 关于 1311 年维斯孔特海图，见 Nordenskiöld, *Periplus*, pl. V（note 14）。国会图书馆海图复制于 Kelley, "Oldest Portolan Chart," 22（note 58），其着色见 Charles A. Goodrum, *Treasures of the Library of Congress*（New York：H. N. Abrams, 1980）, 93。

　　㉕ 如 Rome, Biblioteca Apostolica Vaticana, Vat. Lat. 14207 和 1980 年尼科·伊斯雷尔（Nico Isreal）所得海图（见注释 67）。

特兰海图的第一次重大改进变得更加困难。

《比萨航海图》（图版30）被认为是现存最古老的波特兰海图。它的名称是若马尔（Jomard）所起的，他认为这幅海图来自比萨的一个家族。尽管如此，这幅海图通常被认为是热那亚人的手艺，并且可以追溯到13世纪晚期。[23] 第一部是将它的轮廓与假定的最接近它的继任者的轮廓进行比较：科尔托纳海图（图19.11）、卡里尼亚诺地图以及从1911年开始的彼得罗·维斯孔特的大量作品。这些都没有重复《比萨航海图》对西班牙地中海轮廓的扭曲。欧洲西南部大西洋海岸完全不真实的轮廓，可能在科尔托纳海图上重复出现了。虽然其西班牙部分已经被裁掉了，但比利时和法国沿岸现存的一小部分非常接近《比萨航海图》的风格。它显然是现存第二早的海图（就编撰而言，但不一定是绘图时间），它值得进一步研究。[24]

405

图19.11 科尔托纳海图

这幅鲜为人知的波特兰海图很可能实际上是现存第二古老的一例。很不幸的是，西侧的大部分已经被裁掉了，但是比利时和法国沿岸地带的残余部分显示出其与比萨航海图的轮廓非常相似。

原图尺寸：47×60厘米。Pubblica Biblioteca Comunale edell'Accademia Etrusca, Cortona (Portolano) 许可使用。

---

[23] 经常给其近似值"约1275年"和"约1300年"。更精确的"约1290年"则做了一个毫无意义的假设，即土耳其人于1291年攻占阿科之后，不会在其旁边放置一个十字架。更加精确的"约1284年"（1931年一次巴黎的展览中用于说明《比萨航海图》）似乎来自 de La Roncière, *Afrique*, 1: 41（note 100）中一段话的粗心解读。关于最后这一点，我要感谢 Mireille Pastoureau。最近的一位评论者曲解了地名的证据，得出了一个毫无根据的结论，即《比萨航海图》绘制于1265年前后；见 Romano, "*Carte Pisana*," 89–90（note 181）。另一个人得出结论说，它不可能在1275年之前绘制，但这种说法没有得到所引史料的支持见 Mollat du Jourdin and de La Roncière, *Sea Charts*, 16（note 40）。关于《比萨航海图》的日期的各种观点的一份书目说明，请参阅 Revelli, *Partecipazione italiana*, 1xix–1xx（note 221）。并非所有的意大利学者都对《比萨航海图》出自热那亚的说法深信不疑；见上文 p. 389 和注释176。

[24] 见上文 p. 402 和注释243。

乔瓦尼·达卡里尼亚诺地图是一幅在几乎所有关于早期海图的讨论中都占据显著位置的 404
作品。由于它毁于 1943 年，现在只能通过复制品来了解它，而这些复制品都不是特别清
楚。㉕ 可以肯定地说，唯一能确定的就是其作者的说明中所说的内容，也就是说它是由位于
热那亚港口的圣马可教堂的牧师乔瓦尼所绘制的。㉖ 除此之外，我们就没有坚实的证据了。
关于其日期，人们提出了各种各样的说法，其范围从 1291 年到 1400 年不等，㉗ 但费雷托
（Ferretto）认为卡里尼亚诺死于 1329 年 9 月至 1330 年 5 月之间，这就降低了其可能性。㉘
尽管如此，长达 40 年这样的时间差仍然存在着这样的可能性，即卡里尼亚诺地图可能会早
于《比萨航海图》，或者属于达洛尔托海图和全部的维斯孔特作品产出之后的一段时期。

尽管卡里尼亚诺的名字相当频繁地出现在热那亚的档案中，但没有提到他对绘制地图的
兴趣。㉙ 我们是从后来的一位编年史家——贝加莫的雅各布·菲利波·弗雷斯蒂［Jacopo
Filippo Foresti of Bergamo，以贝加门尼斯（Bergomensis）名世］那里了解到这些的。1306
年，埃塞俄比亚大使率领的使团从阿维尼翁（Avignon）和罗马返程途中，在热那亚停留。㉚
他们在那里会面，并接受了圣马可教堂一位不知名牧师的采访，后者把所听到的都记录了下
来，还包括一幅"世界地图"（Mappamudi）。㉛ 由于人们普遍认为，最近被毁的佛罗伦萨地 405
图不应该与这幅明显接近于 1306 年绘制的"世界地图"（Mappamundi）等量齐观，㉜ 因此，
贝加门尼斯的描述无助于确定前者的年代。可以引用权威人士关于把佛罗伦萨地图的绘制年
代缩小到 1321—1326 年之间的说法，但这并不能完全让人信服。巴尔达奇（Baldacci）断
言，这幅地图不可能是在 1321 年之前绘制的，因为在撒丁岛上空绘出了阿拉贡的饰带，这
种说法依赖于一种已经受到质疑的证据。㉝ 无独有偶，菲舍尔认为这幅地图一定是在 1326 406
年之前绘制的，因为布尔萨（Bursa）不像土耳其西北部其他落入奥斯曼帝国之手的城镇那
样被着以黑色，这也取决于不存在的特征——这是众所周知的可疑论点。㉞

㉕ Ferdinando Ongania, *Raccolta di mappamondi ecarte nautiche del* XIII *al* XVI *secolo*（Venice, 1875 – 81），pt. 3;
Nordenskiöld, *Periplus*, pl. V（note 14）；Kamal, *Monumenta cartographica*, 4. 1：1138（note 203）.

㉖ "Johannes presbyter, rector Sancti Marci de portu Janue me fecit. "

㉗ Revelli, *Partecipazione italiana*, 1xx, 1xXVIII – 1xxx（note 221）.

㉘ Ferretto, "Carignano," 45（note 76）. 这纠正了之前认为他死于 1344 年的说法。

㉙ Ferretto, "Carignano," 36 – 45（note 76）.

㉚ R. A. Skelton, "An Ethiopian Embassy to Western Europe in 1306," in *Ethiopian Itineraries circa 1400 – 1524*, *Including
Those Collected by Alessandro Zorzi at Venice in the Years 1519 – 24*, ed. Osbert G. S. Crawford, Hakluyt Society, ser. 2, 109（Cam-
bridge：Cambridge University Press for the Hakluyt Society, 1958），212 – 16, esp. 212.

㉛ Skelton, "Ethiopian Embassy," 214（note 260），指出 Forestri 的第一版文本中有一个奇怪的说法（从拉丁文翻译而
来），即圣马可的校长"发表了一篇论文，他也称之为地图"。

㉜ 尽管有些论者表达了这种观点，以及 Cortesão, *History of Portuguese Cartography*, 1：220（note 3）将这幅现存地图
的日期定在 1307 年前后。Paolo Revelli, "Cimeli cartografici di Archivi di Stato italiani distrutti dalla guerra," *Notizie degli Archivi
di Stato* 9（1949）：1 – 3, esp. 1, 也认为地图的建构似乎要比 1307 年教皇前往阿维尼翁更早，因为罗马的旗帜上仍然展示
着教皇的钥匙。然而，这一论点是无效的，因为在整个 14 世纪，波特兰海图上的罗马上空一直飘扬着教皇的旗帜。

㉝ Osvaldo Baldacci, "La cartonautica medioevale precolombiana," in *Atti del Convegno Internazionale di Studi Colombiani 13
e 14 ottobre 1973*（Genoa：Civico Istituto Colombiano, 1974），123 – 36, esp. 125. 关于 14 世纪初期撒丁岛的纹章，见 Gerola,
"Dall'Orto," 423（note 227），以及上文 p. 399。

㉞ Fischer, *Sammlung*, 119（note 36）. Kamal, *Monumenta cartographica*, 4. 1：1139（note 203），誊抄并翻译为法文的
卡里尼亚诺关于非基督教城镇的着色的拉丁文注释。

必须得出的结论是，迄今为止，无论是从传记的角度还是历史角度来看，关于卡里尼亚诺地图编制年代的说法都没什么说服力。因而，我们不会对其年代进行武断的假设，然而据此对波特兰海图的演变过程编织一个阐述，而是试图把图中的地理内容的成熟程度与 14 世纪早期具有可靠日期的海图中所能看出的任何发展进行比较。

那些试图把卡里尼亚诺地图的年代追溯到 14 世纪初的人，[265] 必须要解释这样一个问题：一位牧师是如何利用来自海图中的二手信息来呈现出在 20 或 30 年之后的可确定日期的海图上都未能实现的轮廓的。虽然海图所经历的最早的可见变化包括（尤其是）对《比萨航海图》上所描绘的意大利形状的改进，但所有随后的这些发展（其中有一些已经反映在卡里尼亚诺地图上）都发生在海格力斯之柱之外。第一个受到影响的地区是不列颠群岛，我们实际上可以观察到像卡里尼亚诺地图一样成熟的轮廓逐渐出现在维斯孔特的连续作品中。

如果不了解地中海的海图制图师是通过何种机制得到稳定可靠的不列颠群岛图像的话，我们就无法确定维斯孔特海图和卡里尼亚诺地图之间的关系——如果确实存在这一关系的话。尽管如此，后者包含了爱尔兰（但很粗略），其布里斯托尔（Bristol）海峡与 1325 年前后稳定发展的维斯孔特海图所达到的阶段大致相当。推测出的卡里尼亚诺地图的较早日期，如诺登舍尔德提出的"1300 年前后"[266]，肯定应该废弃。关于不列颠群岛的证据，必须要把卡里尼亚诺地图置于维斯孔特作品的阴影之下，并置于牧师生命的最后阶段（他去世于 1329 或 1330 年）。[267]

彼得罗·维斯孔特是我们所熟稔的第一位中世纪海图制图师，和卡里尼亚诺一样，他声称自己是热那亚人，但在其作者说明中提到制作地点时，两次都是在威尼斯工作。[268] 尽管在学术上存在一定程度上的分歧，但似乎很清楚哪些著作可以归到其名下。1311 年海图、1313 年地图集、1318 年的海图和地图集、1320 年梵蒂冈地图集（Pal. Lat. 1362A）以及里昂的地图集全都有他的签名。另一部梵蒂冈地图集（Vat. Lat. 2972）上并无署名，但有足够的共同特征来证实早先的观点，也就是说它也是维斯孔特的作品——至少就严格意义上的海图方面而言。[269] 在这两部梵蒂冈的作品中，地中海海图都构成了马里诺·萨努多题为《十字架信徒的秘密》（Liber secretorum fidelium crucis）手稿的地图附录的一部分。Vat. Lat. 2972 被认为是萨努多于 1321 年 9 月呈给教皇的论文的两份副本之一，此文敦促进一步的十字军东征。[270] 这一日期使得稍欠进展的 Pal. Lat. 1362A 更有可能属于 1320 年，而不是更晚的年份——被细致剪裁的罗马日期 MCCCXX 显示出这一可能性。[271] 大英图书馆收藏的萨努多的

⑳　例如，Nordenskiöld, *Periplus*, 20（note 14）。

⑳　Nordenskiöld, *Periplus*, 20（note 14）。

⑳　见注释 258。同样值得注意的是，卡里尼亚诺在博哈多尔角（这里是维斯孔特不变的西非终点站）下面列举了四项额外的地貌特征。

⑳　收藏于威尼斯的 1318 年地图集和里昂的未注明日期的地图集。他总是在自己的作者图例中加入 "*de janua*" 这个词。佩里诺·维斯孔特的两份亲笔签名作品也签署来自威尼斯，他和彼得罗可能是同一个人。

⑳　Almagià, *Vaticana*, 1：18b（note 35）；Degenhart and Schmitt, "Sanudo und Veneto," 66–67（note 226）.

⑳　Almagià, *Vaticana*, 1：17a（note 35）.

⑳　Almagià, *Vaticana*, 1：14b（note 35）. 见 Kamal, *Monumenta cartographica*, 4.1：1161（note 203）中的重制。然而，Revelli, *Partecipazione italiana*, 1xxxi–1xxxii（note 221），发现了对这幅世界地图的修订，这幅地图他认为在维斯孔特手中，日期为 1321 年。

《十字架信徒的秘密》（Add. MS. 27376*）所附的航海图上也没有署名，但可以肯定这些海图是由维斯孔特所绘制。[272]

因此，彼得罗·维斯孔特的作品显然包括一幅地中海东半部地区的海图和 7 部地图集。[273] 有人认为，在 1321 年苏黎世地图集和 1327 年威尼斯海图上签名的佩里诺·维斯孔特（Perrino Vesconte）与彼得罗是同一个人——佩里诺是彼得罗的昵称。[274] 对维斯孔特所有已署名或被认为出自其手的作品的字迹进行比较的话，可以发现它们之间存在着很大的相似之处，但由此得出结论是很危险的，因为在当时通常都会使用这种正式的手写体。与彼得罗后来署名为佩里诺的说法相抵触的是，年代非常模糊的里昂地图集可以放在两部署名为佩里诺作品之间的发展基础上。然而，无论涉及是一个人还是同一家族中的两位合作的成员，相关的海图和地图集都比它们之前的作品有所改进，其地理知识也随着稳步增长。不列颠群岛就是这一点最好的证明。

不列颠群岛

无论是科尔托纳海图还是维斯孔特的 1311 年海图，都没有向西延伸到足以容纳不列颠群岛；因此，维斯孔特的 1313 年地图集可以直接拿来与《比萨航海图》进行比较。后者将不列颠描绘成一个位于东西轴线上的畸形矩形，伦敦（仅有的 6 个地名之一）被放置在南海岸的中部（图 19.12）。而维斯孔特的 1313 年地图集则能够更正确地将不列颠群岛的南北走向对齐。某些地理特征清晰可辨：例如，康沃尔半岛（Cornish peninsula）和南威尔士（图 19.13）。[275] 到此时已经有了 36 个地名。到了 1320 年，也就是 Pal. Lat. 1362A 的年代，这一数字增长到了 46 个，而爱尔兰也首次出现在有日期的波特兰海图上（图 19.14）。[276] 据推测，要么是维斯孔特在 1318 年之后收到了信息，要么就是对该岛商业重要性的新认识。[277]

407

---

[272] Degenhart and Schmitt, "Sanudo und Veneto," 24（note 226）. Andrews, "Scotland in the Portolan Charts," 136（note 249），同样有理由主张其海图可能是佩里诺·维斯孔特的作品。

[273] Revelli, *Colombo*, 80, 235–36, 250–51（note 22）中认为维斯孔特是卢克索洛地图集（Genoa, Biblioteca Civica Berio）作者的说法，很明显是没有根据的。这涉及完全不同的一个人，无论如何，根据它的地名，卢克索洛地图集都应该定为 15 世纪上半叶（见表 19.3, pp. 416–420），可能出自弗朗切斯科·德塞萨尼斯之手；见 p. 424。Almagià, *Vaticana*, 1：20b（note 35），对 Revelli, *Colombo*, 241（note 22）认为萨努多的另一部手稿中的地图（Rome, Biblioteca Apostolica Vaticana, Reg. Lat. 548）作者是维斯孔特的说法提出了质疑。也不应相信康比提斯地图集（Venice, Biblioteca Nazionale Marciana, It. Ⅵ, 213）是与维斯孔特的 1318 年地图集类似的作品；见 Guglielmo Berchet, "Portolani esistenti nelle principali biblioteche di Venezia," *Giornale Militare per la Marina* 10（1865）：1–11, esp. 5。康比提斯地图集大概是在 15 世纪；见表 19.3, pp. 416–420。

[274] Nordenskiöld, *Periplus*, 58（note 14）. 然而，Revelli, *Colombo*, 268（note 22），推测佩里诺可能是彼得罗的儿子或者侄子。根据这一解读，佩里诺应该可以说是 "小彼得罗"。尼科·伊斯雷尔于 1980 年获得的部分海图（见注释 67）也被认为是佩里诺的作品，但它有一些非维斯孔特的特征。绿色的罗德岛上的白色十字架、划分为间隔区域的比例尺栏，以及在非洲西部的摩加多尔下面增补进来的地名 "cauo ferro" 都是此类例证。其地名在维斯孔特作品中也不典型，从表 19.3, pp. 416–420 中可以看出。

[275] Crone, *Maps and Their Makers*, 17（note 11），指出，在 1327 年佩里诺·维斯孔特海图的背景下，"由于英格兰南部与该国其他地区相比太小，很明显，一份相对准确的调查结果和比较旧的、高度概括的整个岛屿的轮廓拼在了一起"。

[276] 有人争辩说，在早期地图集的相关图幅上没有足够的空间容纳爱尔兰。不过，似乎可以肯定的是，制图师会仔细规划其图幅的布置，以便为他想要展示的东西留出空间。

[277] 见 Thomas Johnson Westropp 的两篇文章，收入 *Proceedings of the Royal Irish Academy*, Vol. 30, sect. C（1912–13）："Brasil and the Legendary Islands of the North Atlantic: Their History and Fable. A Contribution to the 'Atlantis' Problem," 223–60; idem, "Early Italian Maps of Ireland from 1300 to 1600 with Notes on Foreign Settlers and Trade," 361–428。二文均重印于 *Acta Cartographica* 19（1974）：405–45, 446–513。

408

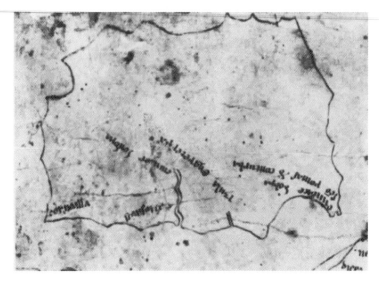

图19.12 不列颠群岛外形的变化（1）

在《比萨航海图》中，大不列颠岛被表现为一个单独的畸形矩形，只标注了六处地方，其中包括位于南部海岸中央的"civitate londra"（伦敦）。

Bibliothèque Nationale, Paris 提供照片（Rés. Ge. Blll8）。

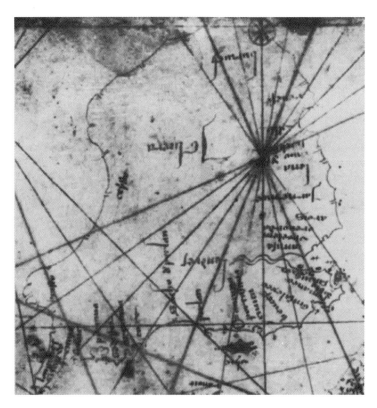

图19.13 不列颠群岛外形的变化（2）

到了1313年彼得罗·维斯孔特地图集的时代，大不列颠岛的形状表现有了进步，被绘为一个排列更加准确的岛屿，并有一些可以辨认的特征，比如康沃尔半岛（Cornish peninsula）。与《比萨航海图》上仅标出6个地名相比，这幅海图列出了36个地名。

Bibliothèque Nationale, Paris 提供照片（Rés. Ge. DD 687, pl. 5）。

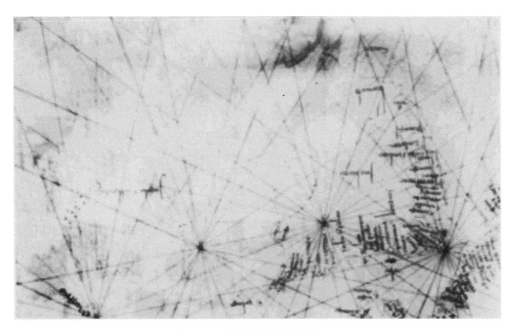

图 19.14　不列颠群岛外形的变化（3）

　　标有日期的波特兰海图上第一次出现爱尔兰，是在彼得罗·维斯孔特的 1320 年海图上。尽管爱尔兰上没有地名，但大不列颠岛的地名总数已经增加到了 46 个。

　　Biblioteca Apostolica Vaticana, Rome 提供照片（Pal. Lat. 1362A, fol. 7r）。

409

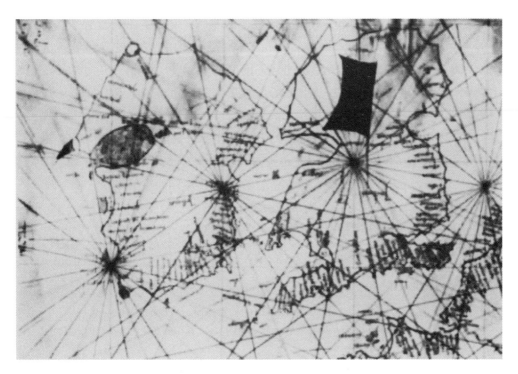

图 19.15　不列颠群岛外形的变化（4）

　　这部地图集中的海图被认为是彼得罗·维斯孔特所绘，其年代可以追溯到 1325 年，揭示了对爱尔兰海岸线进一步的了解。例如，邓多克湾就已经有了更明晰的界定。

　　British Library, London 许可使用（Add. MS. 27376 *, fol. 181r）。

407　　　到了 1319 年，就可以在 Vat. Lat. 2972 和佩里诺·维斯孔特署名的苏黎世地图集上查到，爱尔兰已经被彻底重新绘制。与此同时，它已经标出了多达 40 个以前没有收录过的地名。[278] 在大英图书馆收藏的未标明日期的萨努多地图集和 1327 年佩里诺·维斯孔特海图（图 19.15）上，可以看到对爱尔兰东海岸的进一步的改善。例如，邓多克（Dundalk）湾的凹陷和康索尔角（Carnsore Point）的东南角到此时都已经清楚标出。

　　因此，维斯孔特家族作品中不列颠群岛的复杂程度越来越高，使我们能够按照一个确定的时间顺序来排列有日期和未注明日期的作品。除了其他的创新，1321 年的梵蒂冈和苏黎世地图集还引入了一个未命名的马恩岛（Man），这是 1320 年地图集中所没有的。这与爱尔兰的 1321 年形式在年代不确定的里昂地图集中重复出现，因此最早可以定在 1321 年。[279] 维斯孔特对不列颠群岛地图绘制的最后贡献，几乎是以相同的方式出现在大英图书馆收藏地图集和 1327 年佩里诺海图上。马恩岛的名称已经标出，爱尔兰的几个岛屿也是如此，并且首次显示出了比利斯托尔海峡。不列颠海岸地带的已标名地物也从里昂地图集中的 49 个增加到 60 多个。爱尔兰则由 40 个增加到 54 个。

　　维斯孔特在 1320、1321 和 1327 年对不列颠群岛的轮廓和地名的连续改进，是很容易记
408　录下来的；但要确定这些信息是通过何等机制传到他（大概是在威尼斯）手里，则是另一回事。由于这一过程似乎与早期的不列颠地图无关（尽管最后的维斯孔特地图中的比利斯托尔海峡的形势显示出与 1350 年前后的高夫大不列颠地图有相似之处），因此可以合理地将其归于返回威尼斯的商船船员之手。诚然，从 1314 年开始，由国家控制的威尼斯舰队，即所谓的佛兰德船队，从 1314 年起定期造访佛兰德的港口，但事实证明这是一个令人失望的领先优势。[280] 据悉这支舰队被派往英格兰是在 1319 年，但在南安普敦（Southampton）发生的一场暴力冲突导致威尼斯人把下一次的到来推迟了 20 年。[281] 因此，佛兰德大帆船既不能对 1313 年维斯孔特地图集的改进做出贡献，也没有为 14 世纪 20 年代的进一步更新做出贡献。[282]

　　保存下来的维斯孔特作品数量，可以确定的年代的可信度以及所涉及的狭窄时间范围（仅仅 15 年，就有 10 部），足以充分证明维斯孔特家族对不列颠群岛的了解在日益增长。

---

[278] 第二种类型最显著的特征是位于西海岸的大型岛屿和拥挤的海湾。很有可能是克卢湾（Clew Bay），其上有一个向西凸出的岛屿，可能是阿基尔（Achill）；见 Michael Corbet Andrews, "The Map of Ireland: A. D. 1300 – 1700," *Proceedings and Reports of the Belfast Natural History and Philosophical Society for the Session 1922 – 23* (1924): 9 – 33, esp. 17 and pl. II, 1. 安德鲁斯关于波特兰海图上岛屿形状的分析强调了维斯孔特在这方面的重要性，他于 1321 年引入的轮廓在一个半世纪之后，仍然为格拉齐奥索·贝宁卡萨所重复。

[279] Almagià, *Vaticana*, 1: 15 (note 35), and Mollat du Jourdin and de La Roncière (i. e., Isabelle Raynaud-Nguyen), *Sea Charts*, 199 (note 40), 支持这一推断。然而，de La Roncière, *Lyon*, 8 (note 34) 将其定在 1319 年（？）。

[280] Alwyn A. Ruddock, *Italian Merchants and Shipping in Southampton*, *1270 – 1600* (Southampton: University College, 1951), 22.

[281] Ruddock, *Italian Merchants*, 25 – 27 (note 280).

[282] 维斯孔特曾经担任第一支佛兰德舰队的顾问，这一事实似乎也与此无关。如果说把有关不列颠群岛的地理信息传递到地中海海图制图师那里的通信渠道不是威尼斯人，那么很可能是热那亚人或者马略卡人。热那亚人的帆船至少从 1278 年开始就抵达英格兰了，三年后，在伦敦就有了一艘马略卡帆船的记录；见 Ruddock, *Italian Merchants*, 19, 21 (note 280)。鉴于热那亚和加泰罗尼亚的行动各自为政，而且记录也很草率，所以这种探险活动对地图制作的贡献肯定仍然还需要进一步推敲。

尽管本文没有足够的篇幅来分析 14 世纪和 15 世纪波特兰海图内容的每一个其他变化，但可以勾勒出后来向地中海之外地区扩张的大致轮廓。受影响的地区是波罗的海、大西洋中部的　409岛屿群、非洲西海岸线和北大西洋的岛屿。

波罗的海

波特兰海图还扩展到包括北海和波罗的海，标志着其发展的下一个重大步骤。在这方面，毫无疑问，卡里尼亚诺地图是重要的见证者，但还不能确定地说究竟是它还是由安杰利诺·杜尔切特署名的海图才应该被视作第一幅把斯堪的纳维亚半岛纳入图中的海图（图 19.16）。关于卡里尼亚诺地图年代的争议中，现在应该增加对达洛尔托海图上日期的不同解读。这幅图保存在佛罗伦萨的科尔西尼亲王私人图书馆中，并有一个模糊的罗马日期，被读作 MCCCXXII、MCCCXXV 和 MCCCXXX。其中最早的一种可能性是在 1322 年，几乎找不到支持者，但在其他两种观点之间也存在强烈的分歧。[283] 为了强调这种持续的不确定性，在下文中将达洛尔托海图的日期定为"1325/1330 年"。

因此，至迟到 1330 年，波特兰海图已经向北延伸到日德兰半岛西海岸以外的地方，以确认波罗的海及其以北陆地的存在，尽管还不完善。1320 年前后的马里诺·萨努多世界地图的一个版本已经被证明是波特兰海图轮廓的前身，而其直接前身是弗拉·保利诺（Fra Paolino，即 Paolino Veneto）。[284] 不过，与卡里尼亚诺和达洛尔托版本上所显示的轮廓明显不明，它们显然来自完全不同的来源，后者将波罗的海从萨努多的南北向旋转开来，以使其更准确地堆砌。考虑到海图并不是北方水域标准导航设备的一部分，[285] 这代表了一个重大的进　410步。日德兰半岛与东边的丹麦群岛一起，守卫着波罗的海的入口，波罗的海的形状也没有丝毫波的尼亚湾（Gulf of Bothnia）的影子。波罗的海最显著的特点是被扩大了的哥得兰（Gotland），其首府维斯比（Visby）是北欧的主要贸易中心之一。虽然挪威没有出现在卡里尼亚诺地图上，但达洛尔特海图已经给了它阴影浓厚的轮廓（就像一个倾斜的、倒立的大写字母 A），这在后来的许多海图上都能找得到。

14 世纪早期的斯堪的纳维亚半岛的图景应该在波特兰海图上一直持续到下个世纪，这一点已经通过汉萨同盟的影响来解释了。[286] 汉萨同盟本身没有绘制海图的传统，因此即使他们想提供波罗的海的水文细节，他们也做不到。[287] 另外，1323 年在布鲁日（Bruges）建立了一个主要基地，[288] 导致南方的船只无法直接进入波罗的海，其领航员也就没有机会进行第一手观察。由此推断，由卡里尼亚诺和达洛尔托给出的波罗的海轮廓大概是在 1323 年之前收

㉓　请特别参阅 Magnaghi, "Alcune osservazioni," 20 – 23（note 201）。

㉔　Almagià, *Vaticana*, 1：15b（note 35）；Heinrich Winter, "The Changing Face of Scandinavia and the Baltic in Cartography up to 1532," *Imago Mundi* 12（1955）：45 – 54, esp. 45 – 46。

㉕　16 世纪中叶，威廉·伯恩（William Bourne）在评论北方水手的做法时，有理由抱怨那些嘲笑别人使用海图的"古代的船主"——引自 Waters, *Navigation in England*, 15（note 138）。然而，据巴塞罗那档案记载，1390 年，商人多梅内克·普霍尔向佛兰德发送了八份"航海图"（*cartes de navegar*）的货物；见 Claude Carrère, *Barcelone：Centre économique à l'époque des difficultes 1380 – 1462*, Civilisations et Societes 5, 2 Vols.（Paris：Moulton, 1967），1：201 n. 4。

㉖　Anna-Dorothee von den Brincken, "Die kartographische Darstellung Nordeuropas durch italienische und mallorquinische Portolanzeichner im 14. und in der ersten Halfte des 15. Jahrhunderts," *Hansische Geschichtsblätter* 92（1974）：45 – 58, esp. 54。

㉗　Von den Brincken, "Nordeuropas," 46（note 286）。

㉘　Von den Brincken, "Nordeuropas," 54（note 286）。

409

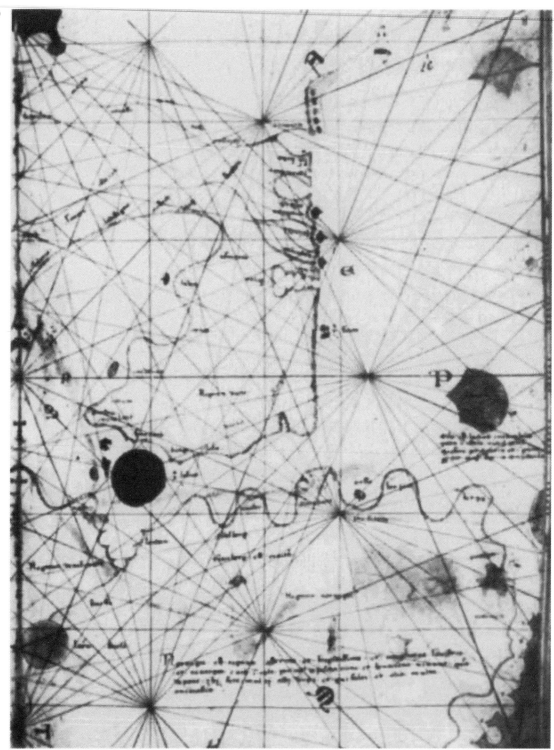

图 19.16 比安科的斯堪的纳维亚

14 世纪 20 年代之后，由于无法进入波罗的海，地中海的水手只能通过二手资料获取关于此地的有限信息。许多海图制图师，尤其是意大利的，完全忽略了北欧。安德烈亚·比安科是一个例外，很值得注意，他的 1436 年地图集包括了这幅关于此区域的非常详细的专门海图。

原图尺寸：37.3×26.5 厘米。Biblioteca Nazionale Marciana, Venice 许可使用（It. Z. 76, c. 6）。

集的。不仅这些轮廓没有什么改进，而且后来的许多海图都完全忽略掉了北欧。[289] 一般而　410
言，是维斯孔特开始的意大利海图制图师更是经常忽视斯堪的纳维亚半岛，而加泰罗尼亚人
则更倾向于效仿达洛尔托的做法，将其画在图中。

大西洋诸岛

在 14 世纪和 15 世纪的大部分时间里，波特兰海图上关于北欧的信息是保持不变的，但
在同一时期，人们对西方和南方的知识却正在稳步增长。诚然，海图本身在传播有关大西洋
诸岛和非洲西海岸的知识或理论方面起到了重要的作用。由于海图上所描绘的岛屿是后来航
道到美洲的踏脚石，或者被视作前哥伦布时代发现新大陆的证据，此主题的这一方面比其他
任何方面都引发了更多的评论。要总结关于马恩、巴西、安提利亚（Antilia）以及其他显然
是虚构的岛屿的复杂而矛盾的争论，需要整整一本书才能完成。[290]

14 世纪和 15 世纪的海图上的大西洋岛屿，越来越多的地名是由阿曼多·科尔特桑进行
制表排列的，他是这一领域最孜孜不倦的工作者。[291] 但是，将这些地名与今天的岛屿进行识
别，是一个需要解释的问题，科尔特桑的一些结论也受到了质疑。即使现代和中世纪的岛屿
名称都相同，这也不能证明其身份。正如莫里森（Morison）将军所观察到的那样："亨利王
子用传说中的岛屿的名称来命名其部下所发现的实际的岛屿，这是很自然的。"[292] 因此，我
们应该相当谨慎地对待大西洋中部四个主要群岛的海图：加那利群岛、马德拉群岛（Madei-
ras）、亚速尔群岛和佛得角群岛（Cape Verde Islands）。

在这方面，加那利群岛的问题最少。毫无疑问，由于它们的形状和位置，兰萨罗特岛和
富埃特文图拉岛（Fuerteventura）的真实性是毋庸置疑的，它们在 1336 年有据可查的发现的
三年后，都出现在了杜尔切特的海图上（因此命名）。[293] 科尔特桑声称，其他三组岛屿在档
案记录上首次提到之前的相当长一段时间，就已经在海图中描绘出来了，但这一说法并没有
那么容易地被接受。他坚持认为，尽管马德拉群岛直到 1418—1419 年才被发现，但在杜尔
切特海图上已经进行了表现。[294] 关于亚速尔群岛，科尔特桑认为 1367 年皮齐加尼海图中的

[289]　不过，比安科 1436 年地图集中专门表现这一地区的图幅尤其值得一提；见 R. A. Skelton, Thomas E. Marston, and
George D. Painter, *The Vinland Map and the Tartar Relation*（New Haven：Yale University Press, 1965），116, 164。

[290]　例如，见 Cortesão, Nautical Chart of 1424（note 24）；idem, *History of Portuguese Cartography*, 2：52 – 73（note 3）；
James E. Kelley, Jr., "Non-Mediterranean Influences That Shaped the Atlantic in the Early Portolan Charts," *Imago Mundi* 31
（1979）：18 – 35, esp. 27 – 33；Samuel Eliot Morison, *The European Discovery of America：The Northern Voyages*（New York：Ox-
ford University Press, 1971），81 – 111；idem, *Portuguese Voyages to America in the Fifteenth Century*（Cambridge：Harvard Univer-
sity Press, 1940）。

[291]　Cortesão, *History of Portuguese Cartography*, 2：58 – 59, table I（note 3）. This is a significantly reworked version of simi-
lar tables published earlier by Cortesão.

[292]　Morison, *Portuguese Voyages*, 13（note 290）。

[293]　Cortesão, *History of Portuguese Cartography*, 2：72（note 3）。

[294]　Cortesão, *Nautical Chart of 1424*, 47（note 24）；Cortesão, *History of Portuguese Cartography*, 2：55, 58（note 3）. 第
一次在档案中提到马德拉，是在 1418—1419 年，这并不能为假设帕斯夸利尼地图集的第 2 页一定晚于其所说的 1408 年提
供充分理由，因为它是这样命名马德拉的，而不是使用它较早的名称 "*do legname*"；见 Petar Matkovioc, "Alte hand-
schriftliche Schifferkarten in der Kaiserlichen Hof-Bibliothek in Wien," *Programm des königlichen kaiserlichen Gymnasiums zu Wras-
din*（Agram：L. Gaj, 1860），9。帕斯夸利尼的地名通常是超前于其时代的。

411 "insula de Bracir" 指的就是特塞拉岛（Terceira），他进一步解释了美第奇地图集（因此他将其追溯到1370年）中的其他几则实例，作为该群岛中其他岛屿的参考。[295] 但是，对亚速尔群岛最早的认识可以追溯到1427年。[296] 由于距离葡萄牙太近，这些14世纪的实例被批评科尔特桑的人斥为"伪亚速尔群岛"[297]。最后是佛得角群岛，该群岛发现于1455—1456年，但在科尔特桑看来，在1413年的梅西亚·德维拉德斯特斯海图中，就显示了部分岛屿。[298] 它们最早明确出现是在1468年的两部格拉齐奥索·贝宁卡萨地图集中。

更具争议的依然是安提利亚岛，这座岛屿最早出现在1424年的扎奥内·皮齐加诺（Zuane Pizzigano）海图上，科尔特桑专门对其进行了单独的研究。[299] 他声称安提利亚及其附近岛屿（萨塔纳泽斯〔satanazes〕、伊马纳〔ymana〕和萨亚〔saya〕）"旨在表现美洲半球的最东端"，这一主张在葡萄牙之外几乎没有得到认可。[300] 在这种情况下，考虑其他15世纪的海图制图师的态度也许更加有帮助。许多20世纪的历史学家都被安提利亚及其附近岛屿迷住了，但其同时代的海图制图师却往往忽略了它们。例如，格拉齐奥索·贝宁卡萨在空间允许的情况下会显示这些传说中的岛屿（比如在其1470年和1482年海图中），但1463年他将这些岛屿插入早期的地图集中之后，未能在后来的卷帙中为其留出空间。[301] 然而，贝宁卡萨是葡萄牙人地理发现的细节进入波特兰海图的主要渠道之一。

西非

与近海岛屿相比，绘制非洲西海岸的海图更为简单。历任的葡萄牙船长沿着海岸边通过一系列有计划的耐心的跳跃式航行的过程，经常被人们提起。1415年以后，航海家亨利王子也起到了重要的作用，尤其是在激励他的士兵通过可怕的博哈多尔角（Cape Bojador）方面。

---

[295] Cortesão, *History of Portuguese Cartography*, 2: 58（note 3）.

[296] Cortesão, *Nautical Chart of 1424*, 47（note 24）. 证据来自1439年巴尔塞卡海图上的一条注释。然而，F. F. R. Fernández-Armesto, "Atlantic Exploration before Columbus: The Evidence of Maps," *Renaissance and Modern Studies*（forthcoming），发现有利于亚速尔群岛的14世纪说。

[297] Heinrich Winter, "The Fra Mauro Portolan Chart in the Vatican," *Imago Mundi* 16（1962）: 17–28, esp. 18 n. 5.

[298] Cortesão, *Nautical Chart of 1424*, 47–48（note 24）.

[299] Cortesão, *Nautical Chart of 1424*（note 24）. Reactions to its claims were discussed by Cortesão in two later works: *History of Portuguese Cartography*, 2: 134–39（note 3）; and "Pizzigano's Chart of 1424," *Revista da Universidade de Coimbra* 24（1970）: 477–91. 尽管这是在现存的海图上第一次提及安提利亚，但佩德罗·德梅迪纳（Pedro de Medina）在呈给教皇乌尔班（Urban）——显然是乌尔班六世（1378—1389年）——的一份托勒密手稿中，提到了安提利亚的存在；Cortesão, "North Atlantic Nautical Chart," 8（note 170）. 收藏于明尼阿波利斯（Minneapolis）的詹姆斯·福特·贝尔图书馆（James Ford Bell Library）1424年海图，不要与收藏于魏玛（Weimar）的德意志古典中央图书馆（Zentralbibliothek der Deutschen Klassik）中的海图混淆，通常认为后者的作者是孔特·赫克托马诺·弗雷杜奇，一度被认为日期为1424年，并在此基础上被引入有关安提利亚的讨论中。

[300] Cortesão, *Nautical Chart of 1424*, 3（note 24）. 关于更近的一份解释（它也把安提利亚和其他大西洋岛屿看作美洲大陆的一部分），见Kelley, "Non-Mediterranean Influences," 27–33（note 290）.

[301] 贝宁卡萨对安提利亚的轻描淡写的处理方式，与他在1468年以后绘制的地图集中总会出现佛得角群岛的做法形成鲜明对比。安提利亚偶尔会出现在16世纪的海图上——例如，苏格兰国家图书馆中收藏的1560年乔治·卡拉波达（Georgio Calapoda）海图——凸显了地图学史专家过度进行字面解读的危险，因为卡拉波达的1552年地图集中已经对美洲进行了充分的描述；Nordenskiöld, *Periplus*, pl. XXVI（note 14）. 对于卡拉波达来说，安提利亚可能只不过是属于传统海图的特征之一。

首次有文献记载的环绕博哈多尔角探险的是 1434 年的吉尔·埃亚内斯（Gil Eanes）；然而，这一毛里塔尼亚角以外地区的信息在波特兰海图上已经出现了一个世纪了。与大西洋诸岛一样，很难说这究竟是源自实际航行、二手信息，还是纯粹的猜测。显而易见的是，在最早的海图上，对非洲西北部海岸线的覆盖范围在稳步增长。[302]

表 19.2 显示了历次探险所到达的最远地点。它的右栏显示了最早记录这些点的海图，从而为地理知识的传播提供了一个索引，尽管这个索引并不完善。

《比萨航海图》在大约北纬 33° 的地方结束，维斯孔特地图集（1318）又向南延伸了 2° 左右，[303] 而 1325/1330 年的达洛尔托海图又向南延伸了 2°。[304] 而 1339 年的杜尔切特海图则纳入了一些额外的地名，尽管今天还无法识别它们。杜尔切特将加泰罗尼亚地图集和后来的海图中所称的 "cabo de buyetder" 称为 "caput de non"。尽管位置有些错误，但这显然是针对博哈多尔角的；它清楚地表现了 14 世纪海岸知识的局限性。[305] 除此之外，早期的海图还提

表 19.2　　　　　　　　　　　　　　　　**非洲西海岸的地图记录**　　　　　　　　　　　　　　　412

纬度	经度	现代名称	海图上名称	第一次观测记录		收入的首部海图或地图
				日期	发现者	
北纬 33°17′ᵃ		艾宰穆尔（Azemmour）	Zamor			比萨航海图
北纬 31°31′		索维拉（Essaouira）	Mogador			1318 年维斯孔特海图
北纬 29°05′		农河（Oued Noun River）	[Aluet Nul]ᵇ			[1325/1330 年达洛尔托海图]
北纬 28°44′		德拉河（Cap Drâa, Cabo Noun）				
北纬 27°57′		朱比角（Cap Juby）	[Cauo de Sabium]			[1375 年加泰罗尼亚地图集]
北纬 26°08′		博哈多尔角（Capo Bojador）	Buyetder	1434	埃亚内斯	1375 年加泰罗尼亚地图集（但 1339 年杜尔切特地图集将此称作 "caput de Non"，包括了此海角外的四个地名）
北纬 24°40′		Angra de los Ruivos（Gurnet Bay）		（1435）	埃亚内斯和巴尔达亚（Baldaia）	
[北纬 23°36′]		金河（Rio de Oro）		1436	巴尔达亚	在 1339 年杜尔切特海图上的一处注释中提及
北纬 22°11′		Ilha Piedra Galha		1436	巴尔达亚	
北纬 20°46′		卡普布朗（Cap Blanc/Capo Blanco）		1441	特里斯唐（Tristão）	

---

[302] 见 Kamal，*Monumenta cartographica*，4.4：1468（note 203）中对非洲地名的分析。

[303] 1313 年地图集是他关于非洲西北部最早的作品，目前还不完整。

[304] 现在无法根据现有的复制品中确定卡里尼亚诺地图的范围。

[305] 尽管 Paolo Revelli，"Una nuova carta di Batista Beccari（'Batista Becharius'）？" *Bollettino della Società Geografica Italiana* 88（1951）：156–66，esp. 156–57 n.1，主张热亚亚人在 14 世纪绕过了博哈多尔。他引用了康比提斯地图集作为证据（仅仅述及 Biblioteca Nazionale Marciana MS Ⅵ.213），其推测的日期为 1368 年，取自对关于 368 个岛屿的爱尔兰参考文献的一份误读；见 Fiorini，*Projezioni*，676（note 98）. Hinks，*Dalorto*，12（note 76），订正了这一错误。关于 Combitis 地图集的日期，见表 19.3，pp. 416–20。

纬度	经度	现代名称	海图上名称	第一次观测记录		收入的首部海图或地图
				日期	发现者	
北纬 20°40′		Baie d' Arguin（越过 Baiede Saint-Jean，北纬 19°27′）	Terra dos Negros	1443	特里斯唐	
北纬 14°43′		佛得角（CapVert）		1444	迪亚斯（Dias）	1448 Bianco
北纬 14°32′		内兹岬（Cap de Naze）	Cabo dos Mastos	1445	费尔南德斯（Fernandes）	
北纬 12°20′		罗舒角（Cabo Roxo）		1446	费尔南德斯	［1448 年比安科海图］、1463 年贝宁卡萨海图、1459 年毛罗世界地图、摩德纳藏加泰罗尼亚世界地图（Estense C. G. A. 1）
北纬 12°16′		巴雷拉角（Ponta Varela）	Cabo Vela	1446	费尔南德斯	
北纬 11°40′		Canal do Gêba	Rio Grande	1446	特里斯唐	
北纬 9°31′		科纳克里（Conakry）		1447	费尔南德斯	
北纬 8°30′		塞拉利昂角（Cape Sierra Leone）	Capo Liedo	1460	辛特拉（Sintra）	
北纬 6°19′		梅苏拉多角（Cape Mesurado）		1461	辛特拉	
北纬 6°06′		巴萨角（Bassa Point）	Cauo de Sancta Maria	1461	辛特拉	1468 年贝宁卡萨海图（大不列颠，私人收藏）
北纬 4°22′	西经 7°44′	帕尔马斯角（Cape Palmas）		1470	科斯塔（Costa）	
	西经 3°44′	科莫埃河（Komóe River）	Rio de Suero	1470	科斯塔	
	西经 1°38′	沙马（Shama）		［1470—1471］	圣塔伦（Santarém）和埃斯科瓦尔（Escobar）	1492 年阿吉亚尔海图
	东经 3°23′	拉各斯河（Lagos River）	Rio de Lago	1471	圣塔伦和埃斯科瓦尔	摩德纳藏葡萄牙海图（Estense C. G. A. 5c）
赤道				1473	贡萨尔维斯（Gonçalves）	
南纬 1°52′		圣凯瑟琳角（Pointe Sainte-Catherine）		1474	贡萨尔维斯和塞凯拉（Sequeira）	
南纬 6°05′		刚果河河口（Mouth of the Congo River）		1483	康（Cão）	波尔多藏赖内尔海图
南纬 13°25′		圣玛利亚角（Cabo deSanta Maria）	Cabo Lobo，以及 Pradro	1483	康	［1489 年］科尔纳罗（Cornaro）地图集

续表

纬度	经度	现代名称	海图上名称	第一次观测记录		收入的首部海图或地图
				日期	发现者	
南纬 21°47′		开普克罗斯 （Cape Cross）		1485	康	
南纬 34°21′	东经 18°28′	好望角 （Cape of Good Hope）		1488	迪亚斯	1492 年贝海姆（Behaim） 球仪、马特鲁斯 （Martellus）世界地图
南纬 33°29′	东经 27°08′	大鱼河 （Great Fish River）				

ᵃ 此表中的坐标和现代地名取自华盛顿特区内政部地理办公室美国地名委员会发布的系列地名录。

ᵇ 对于西非的一些发现以及推动这些发现的航程，至今仍存在疑问。这张表格并不自诩为这方面的权威。也不清楚 14 世纪的海图上摩加多尔（Mogador）和博哈多尔之间的真正地理特征。关于航行，大量使用了阿曼多·科尔特桑的两卷本《葡萄牙地图学史》（Coimbra：Junta de Investigações do Ultramar-Lisboa, 1969—71），以及 Boies Penrose, *Travel and Discovery in the Renaissance, 1420 – 1620*（Cambridge：Harvard University Press, 1952）。关于地名，见 Avelino Teixeira da Mota, *Topónimos de origem Portuguesa na costa ocidental de Africa desde o Cabo Bojador ao Cabo de Santa Caterina*, Centro de Estudos da Guiné Portuguesa No. 14（Bissau：Centro de Estudos da Guine Portuguesa, 1950）。

ᶜ 此说法见 Paolo Revelli, ed., *La partecipazione italiana alla Mostra Oceanografica Internazionale di Siviglia*（*1929*）（Genoa：Stabilimenti Italiani Arti Grafiche, 1937），xciii，即毛罗地图注意到葡萄牙在 1458 年的发现似乎缺乏依据。

供了一个不明确的东南或南方轮廓，而真正的海岸则是向西南方向发展的。出现在此海角之外的各种各样的 14 世纪名称（在任何海图上最多只有 4 个）都没有什么说服力。其中就有戈佐拉角（Cape Gozola），[306] 它通常被认为是非洲的终点。

在某些海图的南端发现的另一个传说元素是所谓的尼罗河西支。如图所示，这条河流入了博哈多尔下方的大海，有时（例如在卡里尼亚诺地图上）被称作"金河"。1346 年，加泰罗尼亚地图集中记载了一名叫雅依梅·费雷尔（Jaime Ferrer）的人出发寻找此河。[307] 90 年后，当阿丰索·贡萨尔维斯·巴尔达亚（Afonso Gonçalves Baldaia）发现了现在的金河时，他用这个名字命名了一个根本没有河流流入的海湾。

虽然波特兰海图提供的证据并不多，但人们还是提出了某些广泛的主张：几内亚湾在 1470—1472 年间有记载的发现之前，就在地图上出现了，甚至还预见到了 1488 年对好望角的绕行。[308] 人们引用了美第奇地图集（见附录 19.1）和各种各样的 15 世纪世界地图来支持这些理论，但是，可靠的记录表明，西非的发现和近海岛屿的成体系的殖民活动都只是在 1415 年占领休达之后才开始的。

尽管众所周知，葡萄牙人把他们的发现记录在海图上，但现存最早的葡萄牙作品要追溯到 15 世纪晚期。[309] 我们必须转而求诸安德烈亚·比安科和格拉齐奥索·贝宁卡萨等外国人制作的

---

[306]　Revelli, *Colombo*, 371 – 75（note 22）。

[307]　Kamal, *Monumenta cartographica*, 4. 2：1235（note 203）。

[308]　关于几内亚湾，见 Destombes, *Mappemondes*, 220（note 10），引用了 Eva G. R. Taylor, "Pactolus：River of Gold," *Scottish Geographical Magazine* 44（1928）：129 – 44，关于好望角，见 Nordenskiöld, Periplus, 122（note 14）。

[309]　见上文，p. 374。

海图。只有在两种情况下，海图的日期是有问题的。事实上，正式因为其所包含的发现，大多数海图都被赋予了一个确定的日期——确切地说，这不过是一个最早时间。因此，关于在葡萄牙境外获得新信息所花费的时间，我们知之甚少。然而，如果说 1448 年的比安科和 1468 年的格拉齐奥索·贝宁卡萨在任何意义上都是典型的话，那么新闻传播似乎非常迅速，因为比安科把 4 年前（或者可能只有 2 年）的发现和贝宁卡萨 7 年前的发现合并到了一起。[310]

据称，官方的保密政策（sigilo）禁止海图制图师展示后来在非洲的发现。人们经常引用曼努埃尔（Manuel）国王 1504 年的法令，该法令要求对刚果河下游的海岸走向保持沉默。然而，这一说法受到了挑战，[311] 如果保密政策在 15 世纪生效，那么它似乎没有导致地图绘制有明显的延迟。1483 年迪奥戈·康（Diogo Cão）在刚果南部的发现出现在威尼斯的副本海图收藏中，其中一张日期为 1489 年（科尔纳罗地图集）。无独有偶，巴尔托洛梅奥·迪亚斯（Bartolomeo Dias）的航行结果很快就出现在亨里克斯·马特尔鲁斯·日耳曼努斯和马丁·贝海姆的 1492 年地球仪的世界地图上。

北大西洋

15 世纪时期，当绘制非洲西海岸地图时，北大西洋方面也在发展。可以说，14 世纪初以来，对波特兰海图最重要的调整，是纠正了地中海和大西洋地区之间长期存在的比例不匹配问题。这是弗朗切斯科·贝卡里在其 1403 年海图上宣布的。大西洋的距离在以前被低估了 16%—30%。[312] 贝卡里之后的海图制图师之中，究竟有哪些采用了修正后的大西洋比例尺，这还有待于检验。[313] 尽管有了这样的进步，但从佛兰德到日德兰半岛北段海岸线的主要走向一直到 15 世纪中也才得到正确的理解。A. W. 朗（A. W. Lang）指出，罗塞利的 1462 年海图是第一部引入新轮廓的海图。[314]

同样的道理，波特兰海图是了解大西洋诸岛知识发展的重要见证（尽管是模棱两可的），因此经常被引用作为地中海人对大西洋岛屿部分认识的史料。在此过程中，他们引发了更多的争议。温特认为冰岛最早出现在 1482 年雅克梅·贝尔特兰（Jacme Bertran）的海图上，尽管雷韦利（Revelli）认为该岛是巴尔托洛梅奥·德帕雷托（Bartolomeo de Pareto）

---

⑩　需要强调的是，这些发现对贝宁卡萨的意义，显然不如对 20 世纪历史学家的意义大。在 1468 年的一部地图集中，他记录了远到 "cauo de sancta maria" 的非洲西海岸，他经常将其后来的地图集的北端放置在更北 1 又 1/2°的谢尔布罗河（river Sherbro，又作 rio de palmeri）处。

⑪　Bailey W. Diffie, "Foreigners in Portugal and the 'Policy of Silence,'" *Terrae Incognitae* 1 (1969): 23 – 34.

⑫　Kelley, "Non-Mediterranean Influences," 22 (note 290)，指出大约低估了 16%；Clos-Arceduc, "Enigme des portulans," 228 (note 129)，提出的数字则为 30%。

⑬　早在 1403 年弗朗切斯科·贝卡里海图及其解释性注释被发现之前很长时间，赫尔曼·瓦格纳（Hermann Wagner）就已经注意到了 1436 年（即 1435 年）的巴蒂斯塔·贝卡里海图的改进；见 Herman Wagner, "The Origin of the Mediaeval Italian Nautical Charts," in *Report of the Sixth International Geographical Congress, London, 1895* (London: Royal Geographical Society, 1896), 695 – 702, esp. 702；重印于 *Acta Cartographica* 5 (1969): 476 – 83。另见 Kelley, "Non-Mediterranean Influences," (note 290)。

⑭　Arend Wilhelm Lang, "Traces of Lost North European Sea Charts of the Fifteenth Century," *Imago Mundi* 12 (1955): 31 – 44, esp. 36 – 37.

1455 年海图中的早期的"archania"所在地。⑮ 其他人则认为，从最早的加泰罗尼亚海图开始，在苏格兰北部发现的椭圆形"stillanda"就预示了这一创新。⑯ 更多的意见倾向于把冰岛与神秘的弗里斯兰（Frisland, frixlanda）岛区分开来。⑰ 在对 14 世纪晚期尼科洛·泽诺（Nicolò Zeno）前往大西洋的可疑航行的技术中，提及了弗里斯兰，它似乎在 1500 年首次出现在一幅标明日期的海图上。⑱ 这必然引起人们对包括它在内的被认为是 15 世纪的拟名海图的日期产生怀疑。⑲

保守性

在分离 14 世纪和 15 世纪海图的风格和水文内容的特定元素，并试图确定这些元素首次出现的时间时，有可能在前面几节传达出一种不断演进的错误印象。⑳ 必须强调的是，许多海图都忽略了新的信息，而如果把波特兰海图的历史单纯地看成连续的创新和不懈的进步，那是大错特错的。就轮廓而言，一些 16 世纪的海图制图师继续创作的作品与其前辈而言并无多大区别。㉑ 以知识为货币的学者们倾向于用对地图学的无知来解释这些失误。但事实可能更加平淡无奇：海图制图师们经常忽略新的发现，因为这些发现与自己和客户相关性很低，或者是受他们所使用的工作材料的实际限制。

对许多地图学史专家来说，地理上的创新似乎具有重大意义。如果这些海图与贸易活动的相关性（见上文讨论，pp. 444–445）被接受的话，那么当时这些海图的用户可能会认为将他们不太可能前去的地方纳入海图并不重要。从大多数地中海海员的商业角度来看，在大西洋沿岸，他们只会对摩洛哥和佛兰德之间的区域感兴趣；事实上，有许多海图都在地中海出口处戛然而止。用这种方法可以解释 14 世纪和 15 世纪的海图中经常漏掉斯堪的纳维亚半岛的情况；当然，一些海图制图师拒绝把遥远的大西洋岛屿或非洲西部海岸线纳入图中，因为在 1481 年之后，控制该地的葡萄牙用死亡来威胁闯入者。㉒

⑮ Winter, "Catalan Portolan Maps," 4 (note 174); Paolo Revelli, ed., *Elenco illustrativo della Mostra Colombiana Internazionale* (Genoa: Comitato Cittadino per le Celebrazioni Colombiane, 1950), 151.

⑯ Harald Sigurðsson, *Kortasaga Islands frá öndverðu til loka 16. aldar* (Reykjavik: Bókaútgáfa Menningarsjóðs og Þjóðvinafélagsins, 1971), 258 (English summary on pp. 257–67). 冰岛第一次出现在地图上，是在 1000 年前后的盎格鲁—萨克森地图上（p. 257）。

⑰ Skelton, Marston, and Painter, *Vinland Map*, 166 (note 289). 另见 Oswald Dreyer-Eimbcke, "The Mythical Island of Frisland," *Map Collector* 26 (1984): 48–49。

⑱ Ernesto García Camarero, "Deformidades y alucinaciones en la cartografía ptolemeica y medieval," *Boletín de la Real Sociedad Geográfica* 92. (1956): 257–310, esp. 289. Revelli, *Colombo*, 339 (note 22), 在 1480 年卡内帕海图上看到了弗里斯兰（其图版 80），但斯提里兰特（Stililant）岛仍在存疑。

⑲ 例如，Paris, Bibliothèque Nationale, Département des Cartes et Plans, Rés. Ge. AA 562, and Département des Manuscrits, Ital. 1704。包括 Sigurðson, *Kortasaga Islands*, 258 (English summary), n. 241 (note 316) 在内的若干论者，将米兰的安布罗西亚纳图书馆（Biblioteca Ambrosiana）中收藏的无日期的加泰罗尼亚海图的日期定为 15 世纪下半叶，菲克斯兰达（Fixlanda）亦属此列。它的各种复制品，例如 Sigurðsson, p. 61 中所做的，仅限于欧洲西北部的细节，而忽视了海图的手稿编号。尽管很清楚，所涉及的是 S. P. 2, 36（之前为 S. P. II, 5）；但因为马耳他的红色十字，所以此图不应早于 1530 年。

⑳ Michael J. Blakemore and J. B. Harley, *Concepts in the History of Cartography: A Review and Perspective*, Monograph 26, *Cartographica* 17, No. 4 (1980): 17–23, 警告不要做出进化式的假设。

㉑ 例如弗雷杜奇家族；见 Caraci, "Benincasa and Freducci," 42 (note 247)。

㉒ John Horace Parry, *Europe and a Wider World, 1415–1715*, 3d ed. (London: Hutchinson, 1966), 30.

即使这仅仅是一种假设，也就是说某些海图的明显缺点反映了其最初购买者的利益，但单张皮革的尺寸所带来的限制这一点则是毫无疑问的。在此，海图的形式一定经常决定了其内容。虽然有时候会将部分犊皮拼接起来以提供更大的面积，但大多数海图仅仅使用一张皮革。对于一名15世纪的海图制图师来说，要把稳定增长的非洲西部海岸线纳入图中，就意味着要缩小地中海的比例，而后者是其海图的传统核心和目的。[223] 他显然不准备这样做。格拉齐奥索·贝宁卡萨的地图集中经常包括一张非洲西部的专图；其单独海图止步于博哈多尔。因为加泰罗尼亚的绘图员没有制作地图集，所以剥夺了自己展示葡萄牙人地理发现的最佳机会。

这些都是简单的疏漏。正如几位论者所指出的那样，许多海图根本就不是最新的。[224] 他们有时会继续使用过时的形式，甚至像彼得鲁斯·罗塞利的情况一样，重新采用早期的设计。[225] 诺登舍尔德认为1339年的杜尔切特海图在某些方面比一个世纪之后的比安科作品更胜一筹。[226] 充其量，地中海的轮廓通常没有明显的改善。这使得权威人士海因里希·温特得出结论：波特兰海图在1367年的皮齐加尼海图上到达了巅峰，此后情况开始恶化。[227] 这一严厉的判断并不是没有受到质疑。例如，科尔特桑和谢特拉·达莫塔认为，海图显示出"连续的改进"而非衰退。[228] 检验这些矛盾观点的最好方法是检查地中海的地名。

地名学的发展

地名是波特兰海图的命脉，它提供了无与伦比的判断来源，而且可以轻松地进行量化处理。地名的密度及其在海图各部分的分布，从而可以得出结论，在结论中，偶然性和局部的因素被中和了。如果说在过去人们已经认识到地名分析的潜在价值，那么这项任务的艰巨程度相比已经阻碍了它的系统化应用。[229]

然而，正如科尔特桑和卡拉奇所警告的那样，这种分析不可避免地存在内在风险。[230] 尽

420

---

[223] 大英图书馆收藏的科尔纳罗地图集（Egerton MS. 73）中的海图总图阐明，如果要把非洲西部囊括进去，就需要很不同的格式。

[224] 在"Boundary," 46（note 249）和"Map of Ireland," 14 – 15（note 278）中，安德鲁斯发现对不列颠群岛的表现没有进步。

[225] 在 Andrews, "Scotland in the Portolan Charts," 142（note 249）和 Lang, "Lost North European Sea Charts," 40 n. 1（note 314）中分别指出。

[226] Nordenskiöld, Periplus, 58（note 14）.

[227] Winter, "Catalan Portolan Maps," 7（note 174）.

[228] Cortesão and Teixeira da Mota, Portugaliae monumenta cartographica, 1：xxvi（note 29）.

[229] 例如 Cornelio Desimoni 就很欣赏地名学定年的潜力，即使他对少数利古里亚地名的解释现在无人支持。见 Atti della Società Ligure di Storia Patria 3（1864）：CⅦ中的"Rendiconto"部分。卡拉奇也深谙地名的根本重要性，以及对地名进行仔细分析的必要性。不过，他更加关注的不是地名出现的频率，而是其形式，他利用观察到的语言差异来论证意大利海图制图师优于加泰罗尼亚制图师；见 Giuseppe Caraci, "A proposito di una nuova carta di Gabriel Vallsecha e dei rapporti fra La cartografía nautica italiana e quella maiorchina," Bollettino della Società Geografica Italiana 89（1952）：388 – 418, esp. 393 – 99。在后来的 Italiani e Catalani（note 175）中，卡拉奇展开了这一主题。

[230] Cortesão, "North Atlantic Nautical Chart," 6（note 170）; Caraci, "Benincasa and Freducci," 34 – 35 and 39 n. 5（注释247）。

管有这些限制，但地名还是一幅海图与另一幅之间关系的最佳证据。它们在揭示不那么明显的进步或者倒退的模式，以及帮助确定缺少作者图例的海图日期方面，也发挥着重要作用。

过去经常会犯的一个错误，是未能区分有可靠日期的海图和那些所表现的日期仅仅是估计出来的海图。从包含第二类海图的数据中得出的任何结论在本质上都是不可靠的，所谓的塔马尔·卢克索洛（Tammar Luxoro）地图集（以前所有者的名字命名，现在保存在热那亚的 Biblioteca Civica Berio 中）提供了关于此种情况的一个很好的例子。诺登舍尔德根据四部著作的抄本[331]被认为提供了长达三个世纪的有益传播，因为他把其中的第一本，即卢克索洛地图集的年代追溯到 14 世纪初期。凯利最近对亚得里亚海顶端的一些地名进行了比较，[332]其中也包括卢克索洛地图集，现在认为此图年代为 1350 年。从对其名称的全面考查可以看出，这部作品几乎可以肯定属于 15 世纪（见表 19.3，pp. 416 – 420）。显而易见，把论点建立在过去经常修订的海图上是非常危险的，因为它们可能会根据新的信息而在此变动。几乎所有未注明日期（但据推测较早）的海图和地图集都是以这种方式被滥用的。

下面的结论是基于对从敦刻尔克向南到直布罗陀，然后绕地中海和黑海到达摩洛哥的摩加多尔（索维拉［Essaouira］）的大陆地名新的分析。其发现（总结在表 19.3 中，并在附录 19.5 中进行了解释）有一些是意料中的，有一些则出乎意料，这些都促使人们对波特兰海图的性质和演进进行彻底的重新评估。在确定或者据推测是在 1430 年之前的 57 份海图和地图集中，总共有 47 份得到了详细的研究。这样，就避免了此类研究中经常采用的任意选择数据的做法。过去，对波特兰海图的地名分析通常包括从少数作品中提取出的一系列地名，或者只对有限的海岸线进行比较。无论是因为海图不足，还是区域有限，以前的尝试始终留下两个悬而未决的问题：同样的结论是否适用于其他制图师的工作，以及是否可以将这些结论用于其他领域。

这项新的调查解释了所研究区域的不同地区地名发展的不同模式，这就表明了过去从小样本中得出的推断不具备代表性，而且经常会误导别人。[333]在一些较早期的研究中，人们无意中强调了标准名称偶尔的遗漏，这可能是海图制图师粗心的结果。分析进一步表明，单一海图制图师产出的不一致之处，甚至可以在单一地图集的重叠部分中得到匹配。

不过，可以肯定的是，在 14 世纪初期以后，敦刻尔克和摩加多尔之间列出的地名总数几乎没有增加。例如，维斯孔特最晚的作品之一，即 1325 年前后的大英图书馆地图集，其所包含的地名比半个世纪之后的加泰罗尼亚地图集，甚至比温琴佐·迪德梅特里奥·沃尔乔（Vincenzo di Demetrio Volcio）的 1593 年地图集中所包含的地名还要多。[334]因此，除了最早时期定期的增加之外，简单的地名总数并不可以直接指示编撰的日期。

㉛　Nordenskiöld, *Periplus*, 25 – 44（note 14）。

㉜　Kelley, "Oldest Portolan Chart," 42（note 58）。

㉝　William C. Brice, "Early Muslim Sea-Charts," *Journal of the Royal Asiatic Society of Great Britain and Ireland* 1（1977）：53 – 61, esp. 60，被认为是布日伊（Bejaia）和安纳巴（Annaba，Bône）之间海岸线上比较静态的部分。这使他得出了一个错误的总体结论："意大利—加泰罗尼亚地名保持得非常一致。"

㉞　Nordenskiöld, *Periplus*, 25 – 44（note 14），给出了作者名字的拉丁形式。敦刻尔克和摩加多尔之间连续海岸线的总数分别是 1191（晚期维斯孔特）、1121（加泰罗尼亚地图集）和 1076（沃尔乔）。

416 表 19.3　　　　　　　　　在未注明日期的地图集和海图上添加来自注明日期作品的重要地名

上述 21 部作品代表了 1313—1426 年之间制作的有日期或者可以确定日期的海图和地图集。[a]它们按时间顺序排列，并注明其起源（加泰罗尼亚的、热那亚的、意大利的或威尼斯的）。每部作品还提供了一个数字，表明其引入的"重要"新名称的数量（关于此术语的解释，见附录 19.5）。

左侧的第一列按数字列出了 24 份据说是同一时期制作的未注明日期的作品。[b]对每个未注明日期的案例都进行了检查，以确定有多少地名创新可以归入连续的注明日期的作品中。数字栏表示在顶部列出的总数之外出现的新地名的数量。

标明日期或可以确定日期的作品

	维斯孔特	维斯孔特（威尼斯和维也纳地图集加起来）[e]	维斯孔特（梵蒂冈,Pal. Lat. 1362A）	维斯孔特（梵蒂冈,Vat. Lat. 2972和苏黎世地图集加起来）	维斯孔特（里昂）	维斯孔特-伦敦	维斯孔特	达洛尔托（按1327年之后处理）	杜尔切特	皮齐加尼	皮齐加诺
	1313	1318	(1320)	1321	约1322	约1325	1327	1325/1330	1339	1367	1373
	意	意	意	意	意	意	意	加	加	威	威
	24	39	8	5	4	36	3	70	20	25	23
阿拉伯											
1		3/10				1/11		4/17	1/10		
加泰罗尼亚											
2	12	21	3	2	1	15	1	72	19		
3	4	16	1	1	1	14	2	40/41	17		
4	14	20	3	1	1	12	1	75	17	1	1
5	15	23	3	2	1	15	2	76	20		
6	15	22	3	2	1	14	1	68	19	1	
7	12	22	3	1	1	13	1	76	19	1	
8	3/4	1/4	1/1	1/1				13/15	3/3		
9	11	21	2	2		16	1	62	20	4	3
意大利											
10	5	2	1			1		1		1	1
11	4/6	2/6	1/2			1/14		10/14			
12	2/11	13/27	1/7			5/30	1/1	11/44	1/15		1/19
13	11	11	3		1	3		26			2
14	14	21	3	2	1	15	1	74	19		
15	4/8	7/10	3/5	1/2	1/3	8/10	1/1	11/44	1/15		1/19
16	3/3	1/3				7/11		9/13	1/2	3/3	2/6
17	16	19	2	2	3	20	2	41	4	16	14
18	15	19	3	2	1	17	2	49	5	5	5
19	1/3	7/9	4/5	2/2	3/3	5/7	1/1	4/6	3/5	10/16	7/11
20	18	24	5	4	2	24	3	57	9	21	15
21	17	26	5	4	3	29	3	54	19	19	17
22	9	24	2	2	2	16		38	4	3	4
23	10	22	2	2	3	18		38	4	5	8
24	13/15	11/12	4/5	2/2	3/3	9/10	1/1	9/12	3/4	17/18	13/15

日期和相互关系的指南［考虑到敦刻尔克（Dunkirk）和摩加多尔之间连续的海岸线］　　

如果海图非常不完整，会添加第二个数字，以显示该海图缩减范围内此年度新增的数量。[c]

　　如果考虑到加泰罗尼亚和意大利作品之间的显著差异，这些数字通过参考标注日期的案例中发现的 415 个地名创新，指出了每部未注明日期的作品最有可能的时间段。在下面的图表列表中，将过去提出的日期与本段分析认为的日期进行了对比。必须强调的是，这些数据本身不能提供可靠的构建日期，只是为其地名内容提供了更可信的日期。[d]

加泰罗尼亚地图集	索莱尔	贝卡里	帕斯夸利尼	维尔加（Virga）	塞萨尼斯	维拉德斯特斯	皮齐加诺	贝卡里	吉罗尔迪	1430 年之后添加	总数
1375	1385	1403	1408	1409	1421	1423	1424	1426	1426		
加	加	热	威	威	威	加	意	热	威		
11	10	50	17	1	1	1	9	17	1	31	415
4	1										
7	1										
9	4										
8	4										
9	9					1					
1/1		3/10									
8	5	7				1	3	4		2	
1		1	1[f]								
		3/28									
			1								
2		1									
		3/10									
	1	4	4	1							
	1	7	3								
			2/7		1						
2	1	7	15		1						
		2	10	1	1						
1	2	3	2	1				1		1	
1	2	5	2	1				1		1	
		1/6	7/9		1						

a. 由于这项研究由维斯孔特肇端，并且关注的是记录地名的增加，所以 1313 年地图集被认为仅仅对他最早的 1311 年海图所覆盖的地区（即黑海和地中海东半部）的地名进行了创新。分析中省略了两张标有日期的海图：无迹可寻的 1404 年蓬杰托海图和 1413 年的阿拉伯卡蒂比（Katibi）海图。另外三幅海图被认为没有重要的补充：1413 年和 1428 年的维拉德斯特斯海图和 1430 年的布里亚蒂绍（Briaticho）海图。

b. 未能纳入此分析中的未标明日期的海图为：卡里尼亚诺地图；之前由开罗的优素福·卡迈勒王子收藏的海图（重制于 Kamal, Monumenta cartographica Africae et Aegypti, 5 vols. in 16 pts. (Cairo, 1926–51), 4. 2: 1206；以及收藏于 Public Record Office, London, MPB 38 中的残片 [此三种都基于可读性]）；从 Archivio di Stato, Venice 偷来的加泰罗尼亚残片；以及佛罗伦萨科尔西尼（Corsini）收藏中的无署名海图。（感谢 Geraldine Been，他提醒我注意 Public Record Office 海图）。

Hispanic Society, New York 的海图（海图 1）被认为是吉罗尔迪绘制的，日期在 1425 年前后，通过史蒂文森的复制品只能看出部分内容。然而，它的地名符合 1426 年吉罗尔迪海图的模式。以前的研究人员认为其他很多作品的年代是在 1430 年之前，这实在令人难以置信。有人认为，Venice, Museo Civico Collezione Correr, Port. 40 (Morosini Gatterburg 469) 中的海图的年代应该是在 1400 年前后，其理由是它与 1367 年和 1409 年的皮齐加尼以及维尔加海图有相似之处，但当人们注意到这一观点时已经太晚了，以至于无法将其纳入这一系列之中去；请参阅 Marcel Destombes, "La cartographie florentine de la Renaissance et Verrazano," in Giornate commemorative di Giovanni da Verrazzano, Istituto e Museo di Storia della Scienza, Biblioteca 7 (Florence: Olschki, 1970), 19–43, esp. 23–24 （其中提到了它以前的编号"Correr 38"）。德东布没有提到的更早一些的收藏目录把这幅海图的年代定在 16 世纪，但没有说明原因；请参阅 Lucia Casanova, "Inventario dei portolani e delle carte nautiche del Museo Correr," Bollettino dei Musei Civici Veneziani 3–4 (1957): 17–36, esp. 32, 34.

c. 例如，达洛尔托海图中的 79 个地名只有 4 个在阿拉伯马格里布海图中标出，4/17 这样的分数表明它依然包含了其范围内的大约四分之一的地名。因此，为了不完全掩盖其整体模式，第二个数字通常被省略。在海图不完整或者部分难以辨识的情况下，数字不可避免地产生扭曲的情形。

d. 同样必须把非地名因素考虑在内。由于加泰罗尼亚地图在 1385—1430 年之间缺乏地名的创新，那么为马略卡作品提出的年代可能还是太早了。例如，被认为是 14 世纪末期的第一幅加泰罗尼亚海图的地名概况与 1423 年维拉德斯特斯海图非常相似。

e. Paolo Revelli, La partecipazione italiana alia Mostra Oceanografica Internazionale di Siviglia (1929) (Genoa: Stabilimenti Italiani Arti Grafiche, 1937), lxxvi 中讨论了关于 1318 年维斯孔特地图集是否优先于另一地图集的矛盾观点。由于地名分析无法将二者分开，因此，把他们作为一体来看待，是合乎逻辑的。

f. 这幅海图和其他未标明日期的海图上明显的"怪现象"应该被解释为未获认可的创新。这些都将标明，重要的内容增加未必是新的地名；它们可能是不太重要的自然特征的传统名称。每幅海图都有其特征，有些地名在很长一段时间内不稳定地出现，而且在每一个海图制图师的作品中也都存在许多不一致之处。

未标明日期作品及其最新推测日期

阿拉伯

1. Milan, Biblioteca Ambrosiana, S. P. 2, 259 (Maghreb chart).

先前认为的日期：13 世纪晚期至 16 世纪。

表 19.3 中的最早日期：14 世纪上半叶。关于其重制，见 Youssouf Kamal, Monumenta cartographica Africae et Aegypti, 5 Vols. in 16 pts. (Cairo, 1926–51), 4.3: 1336, 以及 Juan Vernet-Ginés, "The Maghreb Chart in the Biblioteca Ambrosiana," Imago Mundi 16 (1962): 1–16, esp. 1.

加泰罗尼亚

2. London, British Library, Add. MS. 25691.

先前认为的日期：约 1320—1350 年。

表 19.3 中的最早日期：约 1339 年。

关于其重制，见 Kamal, Africae et Aegypti, 4.3: 1334 (1 above)。

3. Florence, Biblioteca Nazionale Centrale, Port. 22.

原先认为的日期：14—16 世纪。

表 19.3 中的最早日期：14 世纪后期。

4. Venice, Biblioteca Nazionale Marciana, It. Ⅳ, 1912.

原先认为的日期：约 1330 年至 15 世纪。

表 19.3 中的最早日期：14 世纪后期。

5. Naples, Biblioteca Nazionale Vittorio Emanuele Ⅲ, Sala dei MSS. 8. 2.

原先认为的日期：约 1390—1429 年。

表 19.3 中的最早日期：14 世纪后期。

关于其重制，见 Kamal, *Africae et Aegypti*, 4. 3：1331 （1 above）。

6. Paris, Bibliothèque Nationale, Rés. Ge. AA 751.

原先认为的日期：14 世纪晚期至约 1416 年。

表 19.3 中的最早日期：14 世纪后期。

关于其重制，见 Kamal, *Africae et Aegypti*, 4. 4：1396 （1 above） 与 Armando Cortesão, *History of Portuguese Cartography*, 2 Vols. （Coimbra：Junta de Investigações do Ultramar-Lisboa, 1969 – 71），2：51。

7. Paris, Bibliothèque Nationale, Rés. Ge. B 1131 （Soler）.

原先认为的日期：约 1380—1390 年。

表 19.3 中的最早日期：14 世纪后期。

关于其重制，见 *Kamal, Africae et Aegypti*, 4. 3：1322 （1 above）。

8. Paris, Bibliothèque Nationale, Rés. Ge. D 3005 （fragments）.

原先认为的日期：从肇端至 15 世纪中叶。

表 19.3 中的最早日期：15 世纪早期，但见注释 219。

9. Florence, Biblioteca Nazionale Centrale, Port. 16.

原先认为的日期：14 世纪中叶至约 1439 年。

表 19.3 中的最早日期：15 世纪上半叶。

休达上空的葡萄牙旗帜证明其最早时间为 1415 年，如果我们忽略这个旗帜是后来添加的所以没有说服力这样的一个观点的话。见 Alberto Magnaghi, "Alcune osservazioni intorno ad uno studio recente suI mappamondo di Angelino Dalorto （1325），" *Rivista Geografica Italiana* 41 （1934）：1 – 27, esp. 5。关于其重制，见 Kamal, Africae et Aegypti, 4. 4：1463 – 64 （1 above），与 Charles de La Roncière, *La découverte de t'Afrique au Moyen Age：Cartographes et explorateurs*, Mémoires de la Société Royale de Géographie d'Egypte, Vols. 5, 6, 13 （Cairo：Institut Français d' Archéologie Orientale, 1924 – 27），pl. XⅧ。

意大利

10. Cortona, Biblioteca Comunale e dell'Accademia Etrusca （Cortona chart）.

原先认为的日期：14 世纪中叶。

表 19.3 中的最早日期：14 世纪早期。

关于其重制，见 Vera Armignacco, "Una carta nautica della biblioteca dell'Accademia Etrusca di Cortona," *Rivista Geografica Italiana* 64 （1957）：pls. Ⅰ – Ⅲ。见图 19.11。

11. Rome, Biblioteca Apostolica Vaticana, Vat. Lat. 14207 （fragment）.

原先认为的日期：14 世纪。

表 19.3 中的最早日期：14 世纪上半叶。

罗伯托·阿尔马贾 （Roberto Almagià） 对其地名进行了讨论，指出所有的地名都是用黑墨水书写的，并且缺少几个 419 重要的城镇；见 *Monumenta cartographica Vaticana*, 4 Vols. （Rome：Biblioteca Apostolica Vaticana, 1944 – 55），Vol. 1, *Planisferi, carte nautiche e affini dal secolo* XⅣ *al* XⅦ *esistenti nella, Biblioteca Apostolica Vaticana*, 24 – 26。他和朱塞佩·卡拉奇 （Giuseppe Caraci） 的 *Italiani e Catalani nella primitiva cartografia nautica medievale* （Rome：Istituto di Scienze Geografiche e Cartografiche, 1959), 312 - 13, 都没有提到经过我个人检查所证实的这幅严重损毁的海图上重要地名所使用的红色颜料很有可能已经磨灭。还有其他几例也肯定发生过这种情况：例如，在 1413 年和 1423 年的梅西亚·德维拉德斯特斯海图与大英图书馆收藏的 1469 年贝宁卡萨地图集中。因为梵蒂冈海图并不完整，也并不十分好读，无法对杜尔切特的地名是否存在进行评论，所以，关于阿尔马贾认为这一残片是加泰罗尼亚作品现存最早的一例的主张（p. 24）亦无法评论。阿尔马贾关于海图来源于加泰罗尼亚的坚定信念后来被修正为作者可能来自热那亚；见 Marcel Destombes, "Cartes catalanes du XIVᵉ siècle," in *Rapport de la Commission pour la Bibliographie des Cartes Anciennes*, 2 Vols. , International Geographical Union (Paris: Publié avec Ie concours financier de l'UNESCO, 1952), 1: 38 - 63, esp. 38 - 39。这一观点尚有待于解决。

12. Amsterdam, Nico Israel.

原先认为的日期：约 1320—1325 年。

表 19.3 中的最早日期：数据不足以判断。

这幅海图已卖给旧书商尼科·伊斯雷尔，并出现在其 1980 年秋季的目录中：*Interesting Books and Manuscripts on Various Subjects: A Selection from Our Stock. . .* , catalog 22（Amsterdam: N. Israel, 1980），No. 1, 以及 Sotheby 的 *Catalogue of Highly Important Maps and Atlases*, 15 April 1980, lot A。这两份目录上都复制了此海图。另见注释 274。

13. Washington, D. C. , Library of Congress, vellum chart 3.

原先认为的日期：约 1320—1350 年。

表 19.3 中的最早日期：14 世纪中叶。

关于其重制，见 Charles A. Goodrum, *Treasures of the Library of Congress*（New York: H. N. Abrams, 1980），93。

14. Florence, Biblioteca Medicea Laurenziana, Gaddi 9（Medici atlas-except larger-scale Adriatic and Aegean）.

原先认为的日期：1351 to post - 1415.

表 19.3 中的最早日期：约 1351 年。

关于其重制，见 Kamal, *Africae et Aegypti*, 4. 2: 1246 - 48（1 above），以及 A. E. Nordenskiöld, Periplus: *An Essay on the Early History of Charts and Sailing-Directions*, trans. Francis A. Bather（Stockholm: P. A. Norstedt, 1897），115, pl. X。

15. Milan, Biblioteca Ambrosiana, S. P. 10, 29（Pizigano atlas 1373-larger-scale Adriatic and Aegean）.

原先认为的日期：1381 年以后。

表 19.3 中的最早日期：约 1373 年。

16. Venice, Museo Storico Navale（fragments）.

原先认为的日期：13 世纪至约 1400 年。

表 19.3 中的最早日期：15 世纪初期。

17. Lyons, Bibliothèque de la Ville, MS. 179.

原先认为的日期：14 世纪至约 1400 年。

表 19.3 中的最早日期：15 世纪初期。

关于其重制，见 Charles de La Roncière, *Les portulans de la Bibliothèque de Lyon*, fasc. 8 of *Les portulans Italiens*, in Lyon, Bibliothèque de la Ville, *Documents paléographiques*, *typographiques*, *iconographiques*（Lyons, 1929），pls. X - XIV。

18. Barcelona, Archivo de la Corona de Aragon, Caja Ⅱ.

原先认为的日期：14 世纪至约 1550 年。

表 19.3 中的最早日期：15 世纪早期。

尽管此图被认为出自加泰罗尼亚人之手 ［例如，Julio Rey Pastor and Ernesto García Camarero, *La cartografía mallorquina*（Madrid: Departamento de Historia y Filosofia de la Ciencia, 1960），51］，其名称的模式在意大利的海图中可以找到。它奇怪的（且可能具有误导性的）特征之一是缺少了加那利群岛，而在达洛尔托 1325/1330 年海图之后的所有海图中，只要有空间都会将其绘出。

19. Florence, Biblioteca Medicea Laurenziana, Gaddi 9（Medici atlas-larger-scale Adriatic and Aegean）.

原先认为的日期：1351 年至 1415 年以后。

表 19.3 中的最早日期：15 世纪上半叶。

20. London, British Library, Add. MS. 18665（Giroldi?）.

原先认为的日期：约 1425 年。

表 19.3 中的最早日期：15 世纪上半叶。

21. Genoa, Biblioteca Civica Berio（Luxoro atlas）。

原先认为的日期：13 世纪晚期至约 1350 年。

表 19.3 中的最早日期：15 世纪上半叶。

关于其重制，见 Kamal, *Africae et Aegypti*, 4. 2：1245（1 above）；Cornelio Desimoni and Luigi Tommaso Belgrano，"Atlante idrografico del medio evo，" *Atti della Società Ligure di Storia Patria* 5（1867）：5 – 168, pls. X – Ⅷ（重新雕刻的副本）；以及 Nordenskiöld, *Periplus*, pl. XⅧ（14 above）。

22. Venice, Biblioteca Nazionale Marciana, It. Ⅵ, 213（Combitis atlas）。

原先认为的日期：1368 年至约 1400 年。

表 19.3 中的最早日期：15 世纪上半叶。

关于其重制，见 Kamal, *Africae et Aegypti*, 4. 3：1333（1 above）。另见注释 305。

23. London, British Library, Add. MS. 19510［皮内利—瓦尔肯纳尔地图集（Pinelli-Walckenaer atlas）—除了比例尺较大　420
的亚得里亚海和爱琴海］。

原先认为的日期：1384 年。

表 19.3 中的最早日期：15 世纪上半叶。

关于其重制，见 Kamal, *Africae et Aegypti*, 4. 3：1316 – 19（1 above），以及 Nordenskiöld, *Periplus*, pIs. XV – XVI（14 a-bove）。

24. London, British Library, Add. MS. 19510（皮内利—瓦尔肯纳尔地图集—比例尺较大的亚得里亚海和爱琴海）。

原先认为的日期：1434 年。

表 19.3 中的最早日期：15 世纪上半叶。

关于其重制，见 Nordenskiöld, *Periplus*, pl. XⅦ（14 above）。

　　这种笼统的断言仍有几个基本问题没有得到解答。一部按照更大比例尺绘制的作品，其所显　420
示的地名难道不会相应增加吗？如果一张 1330 年的海图和一幅 1530 年的海图在简单地名总数方
面无法区分，那么通过研究单独地名的出现和形式，我们能学到什么有价值的东西吗？从这些问
题的答案中，我们可以对有关早期海图的发展、日期及其相互关系产生了新的重要见解。　　　421

比例尺与地名密集度的关系

　　有理由认为，海图越大，地名就越密集。但这种假设不仅被证明有失偏颇，而且几乎可
以肯定它颠倒了比例尺和地名之间正确的优先顺序。目前还尚未遇到海图制图师减少地名数
量以适应较小尺寸的实例。[333] 的确，大多数绘图员不大可能拥有这种编辑技能。[334] 更可能的
推论是，为了满足呈现全部地名这一压倒性的需要，对比例尺施加了自己的最低限度。当
然，这些限度不是绝对的，而是与字迹的大小息息相关。反过来，一张特定海图上文字的大
小也随着可用空间的大小而波动。

　　特殊地名密度区域有时候会成为这一规则的例外，因为大字和小比例尺会导致一些遗

---

　　[333]　除非米兰的安布罗西亚纳图书馆中的字母又小又稀疏的阿拉伯海图（马格里布海图）可以这样解释。

　　[334]　值得注意的是，《球体》（*La Sfera*）（被认为出自莱昂纳多·达蒂之手）中的边缘插图仅仅是从波特兰海图中摘
取了红色的地名（代表更重要的地方），而忽略了更多的黑色地名；见 Almagii, *Vaticana*, 1：128（note 35），另见注释
72。

漏。比如意大利和希腊南端半岛和海岸的急剧转弯，就是这样的一个例子。但是，在土耳其的黑海沿岸或者北非这样并不复杂的海岸线上，就可以有把握地说，比例尺会受到地名的限制，反之则不然。即使是最小的地图集，比如塔马尔·卢克索洛地图集和1318年（维也纳）维斯孔特地图集，也遵循了这一模式，尽管其中的海图尺寸分别只有11×15厘米和19×20厘米。一般来说，地图集的尺寸越小，需要的图幅就越多。因此，卢克索洛地图集有8张，维也纳的维斯孔特地图集则有9张。

虽然地名的必要性确定了比例尺的最小限度，但没有上限。比例尺与地名密度之间的关系可以通过另一种方法来检验，也就是考虑那些用扩大的比例尺来绘制的实例。与海图不同，地图集可以按照不同比例尺来构建。维斯孔特经常这样操作，尽管他现存最早的1313年地图集中所绘制的爱琴海比例尺是其他图幅的两倍，但他的地图集中，没有哪个地区一贯地受到青睐。后来的绘图员开始使用比例尺来强调亚得里亚海、爱琴海和黑海。在某些情况下，这可能是不经意的——例如，无论地中海是如何划分的，黑海都自然地自己占据一张图幅。从1373年弗朗切斯科·皮齐加诺地图集开始，就有迹象表明，人们有意识地操控了比例尺。通过这些手段，皮齐加诺地图集扩大了亚得里亚海和爱琴海的，就像美第奇、皮内利—瓦尔肯纳尔和1426年的吉罗尔迪等地图集一样。这两片海域对于热那亚和威尼斯向东方的贸易和殖民活动具有重要意义。

然而，几乎没有证据表明，波特兰图集中比例尺较大的图幅包含更多的地名，[337] 尽管，正如对波特兰海图的许多概括一样，这也可能需要限定。一些现存的15世纪实例表明，有时会创作出更专业的海图，仅限于通常覆盖区域的一小部分。[338] 1424年海图似乎是其中的第一部。它以其上的安提利亚而闻名，同时对法国和伊比利亚半岛地名而做出的贡献也应当得到重视。在1459年的安东尼奥·佩莱钱绘制的被人遗忘的亚得里亚海海图上，也发现了一些不寻常的地名。[339] 无独有偶，阿尔马贾也将1470年尼科洛绘制的关于亚得里亚海和爱琴海海图描述为"地名丰富"。[340] 从这些实例中可以明显看出，较大比例尺的详细单独海图中可以容纳额外的空间，偶尔也被用来增加地名的数量。

然而，在格拉齐奥索·贝宁卡萨于1472年绘制的亚得里亚海海图中，这种情况却没有发生。[341] 在图中的166个地名中，只有16个在1473年的地图集的相关图幅中找不到；而地

---

[337] 美第奇地图集更大的亚得里亚海图幅有多得多的地名，但可以证明是后来的；分别见附录19.1和表19.3，pp. 446 – 48 和 416 – 20。

[338] 小型的马格里布海图不应被视为这种情况的一个例子（见 p. 445 和注释533），也不是威尼斯的 Museo Storico Navale 中所收藏的图幅那样的，后者明显是一部地图集唯一保存下来的一张。

[339] 尽管 Uzielli and Amat di San Filippo, *Mappamondi*, 75（note 35）中指出，此后，这幅重要的海图一直被评论者所忽视。

[340] Roberto Almagià, "Intorno ad alcune carte nautiche italiane conservate negli Stati Uniti," *Atti della Accademia Nazionale dei Lincei：Rendiconti*, *Classe di Scienze Morali*, *Storiche e Filologiche*, 8th ser., 7（1952）：356 – 66, esp. 360. 因为尼科洛海图显然是无法复制的，所以这一点无从证实。

[341] 保存于 Museo Correr, Venice, Marina Salinari（之前的 Marina Emiliani），"Notizie su di alcune carte nautiche di Grazioso Benincasa," *Rivista Geografica Italiana* 59（1952）：36 – 42 对此进行了讨论。她抄录了这些地名，并与1473年地图集中的地名进行比较。Caraci, "Grazioso Benincasa," 287（note 17），所得出的地名总数与我们的略有不同。他还认为这幅图幅已经成为地图集的一部分（p. 286），但所有的迹象都与之相反。

图集中的 9 个地名在海图中没有出现。然而，更大的比例尺无疑使得错综复杂的达尔马提亚 422
海岸线的轮廓更加写实[342]——这表明了需要在水文和地名发展之间做出区分。[343]

添加上的重要地名

1325 年前后，海图上的地名总数相对稳定，因此，既没有随着时间的推移而增加，（通常）也没有随着比例尺的扩大而增加。但是，一旦对这些地名进行逐一考查，就会出现一种变化的模式，而这种模式是以前大多数论者一直并未怀疑过的。温特所说的"海图制图师一致的保守主义"概括了一种普遍的态度。[344] 诺登舍尔德发现维斯孔特的作品与"14—17 世纪所有正常形类型的 portolanos"之间完全一致。[345] 最近，R. A. 斯凯尔顿得出结论说，原型海图"在近四个世纪内没有结构上的改动，依然得以复制"。[346] 稳步变化的地名模式通常可能不会被认为是构成一类地图"结构"的一部分。但考虑到在波特兰海图上使用了地中海和黑海之名来应用于大体不变的海岸线，这表明了当时人们对这一特定要素的重视。诺登舍尔德和其他许多追随他的人，把他们对地名保守主义的概括建立在公认的静态多数的基础上。然而重要的是，现在揭示的数量巨大的不断变化的少数：500 多个海岸线的地名，而平均海图上地名的总数达不到这个数字的三倍。[347] 这些地名变化的范围和频率要求人们对早期的波特兰海图有一种新的尊重，并对它们所代表的活的，而非一成不变的传统的新的认识。[348]

人们可能已经预料到，新的地名不会经常增加进去，偶尔会把传递新信息的波特兰海图标记为重要的原型。诚然，在这方面，有些比其他更重要。但是特别令人惊讶的是，至少对

---

[342] Salinari, "Notizie," 38 – 39 (note 341). 她认为这种水文观测的进步并不完全是因为比例尺的扩大，这一观点很难被接受，也受到了 Caraci, "Grazioso Benincasa," 286 (note 17) 的质疑。1472 年海图证实了 Salinari 早先的结论，也就是说格拉齐奥索·贝宁卡萨的海图与他在 1435—1445 年期间制作的亚得里亚海和指向东方的航向之间不存在料想中的联系；见 Marina Emiliani（后来的 Marina Salinari），"L'Arcipelago Dalmata nel portolano di Grazioso Benincasa," *Archivio Storico per la Dalmazia* 22 (1937): 402 – 22, esp. 407。

[343] 此处还应该提及另外两张未标明日期的海图：一幅据说是 15 世纪的群岛海图，一个世纪之前由托尔纳（Tortona）私人收藏［见 Uzielli and Amat di San Filippo, *Mappamondi*, 101 (note 35)］，另一幅是莱西纳里海海图，尽管其年代可能是 16 世纪的前 25 年，但可能还是基于一份更早的模本上；见注释 48 与 Renato Biasutti, "Un'antica carta nautica italiana del Mar Caspio," *Rivista Geografica Italiana* 54 (1947): 39 – 42。

[344] Heinrich Winter, "The True Position of Hermann Wagner in the Controversy of the Compass Chart," *Imago Mundi* 5 (1948): 21 – 26, esp. 22。

[345] Nordenskiöld, *Periplus*, 56 (note 14). Page 45 包含了一份非常清楚的"保守"派的观点陈述。根据 Taylor, *Haven-Finding Art*, 113 (note 7) 的观点，"似乎从一开始就有一份主要副本，此后所有的副本都只是在细节上有所不同"。

[346] R. A. Skelton, *Maps: A Historical Survey of Their Study and Collecting* (Chicago: University of Chicago Press, 1972), 8.

[347] 见注释 334。

[348] 具有讽刺意味的是，较早的一项研究旨在试图通过强调 16 世纪和 17 世纪海图上的地名学发展来证明这一点，但经过仔细研究后，需要重新进行解释。Giuseppe Caraci, "Inedita cartografica - 1, Un gruppo di carte e atlanti conservati a Genova," *Bibliofilia* 38 (1936): 170 – 78，考虑了 1563—1676 年之间的六部作品中的马赛与卡塔罗［Cattaro，即科托尔（Kotor）］之间的 301 个大陆地名。将这些与 *Die italienischen Portolane* (note 48) 中给出的 1500 年以前地名列表相对比，卡拉奇发现，他所考虑的地名中，有大约 14% 没有出现在克雷奇默的目录中，他得出结论说，这些地名的大多数都指的是新的或者是扩展的定居点 (p. 170)。遗憾的是，克雷奇默遗漏了许多早期的地名，而对卡拉奇本应富有创造力的大陆地名进行检查之后，可以发现，只有 6% 没有出现在 14 和 15 世纪的海图与 1512 年的维斯孔特·马焦洛地图集中。因此，与早期的情况相反，表明 16 和 17 世纪的海图在地名方面是静态的。

于早期的海图而言，所有 1408 年以前的标明日期或可以标明日期的海图都是创新者。每一幅都向公共资料库注入了至少几个会在以后的作品中出现的名称。⑲

表 19.3 中的第三行可以单独阅读，以提供在连续的标明日期或者可标明日期的海图上发现的重要地名增加的总数。这一发展在早期阶段最为明显，尤其是彼得罗·维斯孔特和佩里诺·维斯孔特的作品中（表 19.3 中确定他们是意大利人，因为他们虽然是热那亚人，但他们部分甚至全部工作都在威尼斯）。彼得罗最早的作品，即 1311 年的地中海东部的海图，带来了很多在《航海手册》（现存最早的地中海航海指南）或者《比萨航海图》中没有发现的地名。⑳ 但是，当人们的注意力完全集中在两位维斯孔特对自己作品的改进上——换句话说，从 1313 年地图集来涵盖 1311 年所覆盖的区域，以及 1318 年地图集来涵盖剩余地 423 区——我们发现它们总共贡献了不少于 119 项重大的增补。它们散布在不同的作品中，顺便证实了早先由不列颠群岛不断发展的地图所显示的维斯孔特作品的年代顺序。㉑ 这里没有任何证据支持辛克斯的判断，即维斯孔特的作品几乎没有原创性。㉒

在这些创新被效仿之前，插入新地名对当前的分析并无意义。从发展的角度来说，独特的地名可以忽略。通过对新地名的引入和之后被重复的方式进行调查，可以得两个重要的、互补的见解。首先，从历时的角度来看，这一分析确定了地名最初出现的日期，这些地名注定会在以后定期重复出现。这纯粹是一种确定日期的辅助手段。另一方面，当采用同步方法处理这些数据时，通过强调那些包含或遗漏表示某一特定"学派"的名字，这些数据显示出加泰罗尼亚、热那亚和威尼斯的海图制图师之间的相互依赖或相互隔离。这两个方面将依次加以考虑。

作为确定日期工具的地名学

一旦系统地分析了从《比萨航海图》到 1430 年的可确定日期的波特兰海图的地名发展状况，就有可能更有信心地处理未标注日期的海图。正如詹姆斯·E. 凯利（James E. Kelley）所指出的那样，过去的尝试提供了有益的警告。㉓ 他指出，在米兰的安布罗西亚纳图书馆（Biblioteca Ambrosiana）中的阿拉伯海图（马格里布［Maghreb］海图）上，存在着两个半世纪的差异。1882 年，乌齐耶利（Uzielli）将其定为 13 世纪晚期，诺登舍尔德则是在 1897 年将其追溯到 16 世纪中期，其他的研究人员则将其定在介于两者之间的不同时期。㉔ 乌齐耶利甚至在同一部著作的 10 页纸中提出了相隔 200 年的日期。㉕

尽管看起来很不寻常，但这种差异并非没有可比性。对于前几代人来说，没有任何海图可以不标注日期（或者通常未经授权）。当没有证据可用的情况下，猜测就占据了上风。在

---

⑲　新地名的增补似乎与静态的总数发生了冲突。对此的解释是，一些新地名替代了现有的地名，而另一些则仅仅是某个特定制图中心的专用地名。

⑳　《航海手册》（1250 年前后——但请参见注释 107）、《比萨航海图》（13 世纪晚期）和 1311 年维斯孔特海图中地名差异非常大，使得在一般地名分析中纳入前两个是不切实际的。

㉑　见上文，pp. 407 –9。关于在连续的维斯孔特作品中所引入的大量增补，见表 19.3 的第一行。

㉒　Hinks, *Dalorto*, 3（note 76）.

㉓　Kelley, "Oldest Portolan Chart," 25（note 58）.

㉔　Uzielli and Amat di San Filippo, *Mappamondi*, 229（note 35）；Nordenskiöld, *Periplus*, 46 –47（note 14）.

㉕　Uzielli and Amat di San Filippo, *Mappamondi*, 229, 237（note 35）.

1907 年的一次展览中，将威尼斯的国家档案馆有一块匿名的加泰罗尼亚残片的日期确定为 1490—1502 年，但马塞尔·德东布（Marcel Destombes）不得不将其重新定在 14 世纪上半叶。遗憾的是，它后来被偷走了，而且显然从未完整复制过。[57] 乌普萨拉（Uppsala）的海图和法国国家图书馆所藏的所谓黎塞留地图集（Departement des Manuscrits，Français 24909）都在不同时期分别被定为 14、15 和 16 世纪。[57] 最极端的例子是位于卡瓦—德蒂雷尼（Cava de' Tirreni）的国家古籍图书馆（Biblioteca Monumento Nazionale）中的马泰奥·普吕那（Matteo Prunes）海图。该作品虽然有这位 16 世纪的海图制图师的亲笔签名，但仍被认为是 15 和 14 世纪，甚至是 13 世纪初的作品。[58] 显然，必须找到一种比这更科学的方法。

地名数据第一次为确定早期的地中海和黑海海图的年代提供了一个客观的标准——这些工作很少能与有记录的发现联系起来。这些信息可以应用于其他无法确定日期的海图的方式只能提供近似值，而不能提供精确或万无一失的答案。像其他所有此类练习一样，它只能在假设有关文献是其典型时期的典型问题的前提下工作。所以，每一份未注明日期的海图都被分配到最符合逻辑的日期顺序，以记录在有日期的海图上发现的地名的演变过程。

当然，这种方法无法区分以后的副本及其模型，也无法轻易地对未注明日期的海图上可能出现的任何创新给予赞赏。[59] 如果不加批判地使用这种方法，而又不考虑任何其他因素，那么可能会产生误导性的结果，这意味着对一份盲从的副本来说日期太早，而对一份超前的副本来说日期又太晚了。为了避免在新提出的日期中出现错误，可能还必须用到古文字学的专业知识（尽管我们必须记注，抄写员有时甚至还会模仿他们正在抄写的手稿的笔迹）。

424

将地名分析应用于未标明日期的海图或地图集的过程中，要逐一记录下它们所包含的重要新增地名的数目。由于每一个重要的新名称都在其后括注首次出现的年份，因此就可以为未注明日期的作品撰写单独的"地名简介"（见附录 19.5）。[60] 在表 19.3 上，列出了传统上被划分到 1430 年以前的作品的结果，其中将每份海图或地图集过去认为的日期与其地名组成所显示的日期进行了比较。

在许多案例中，早期的说法（或者也许是一系列备选方案中的一个）得到了强化。但是，有几个案例对长期存在的假设提出了挑战。海因里希·温特认为，大英图书馆的达洛尔托/杜尔切特类型海图（Add. MS. 25691）要早于达洛尔托海图，实际上包含了在后来的杜

[57] *Catalogo delle Mostre Ordinate in Occasione del VI Congresso Geografico Italiano*（Venice, 1907），73；Destombes，"Cartes catalanes，" 53 – 54（note 99）.

[57] 两者的日期都被重新定在 16 世纪：关于乌普萨拉，见 Kretschmer，*Die italienischen Portolane*，148（note 48）；关于黎塞留地图集，见 Winter，"Late Portolan Charts，" 39（note 129）.

[58] 在 Manuel Francisco de Barros e Sousa，Viscount of Santarém，*Estudos de cartographia antiga*，2 Vols.（Lisbon：Lamas，1919 – 20），1：52 中，将这幅海图的日期定在了 13 世纪初。14 世纪的说法来自 Giuseppe de Luca，"Carte nautiche del medio evo disegnate in Italia，" *Atti dell'Accademia Pontaniana*（1866）：3 – 35，esp. 11；重印于 *Acta Cartographica* 4（1969）：314 – 48。关于 Biblioteca Monumento Nazionale 中的海图，Rey Pastor and Garcia Camarero，*Cartografia mallorquina*，（note 28），提供了三个不同的条目（pp. 86 – 87，96，97），此图书馆位于 La Trinità della Cava 修道院，毗邻卡瓦—德蒂雷尼（Cava de' Tirreni，位于那不勒斯和萨莱诺 [Salerno] 之间）。然而，这些粗略而清晰的转述（其中两处提到了 15 世纪下半叶），都可以适用于褪色的普吕纳海图，后者重制于 "Mostra cartografica" in *Atti del XI Congresso Geografico Italiano*，Naples，1930（1930），4：32 – 42，reproduction facing 326。图书馆的负责人承认只涉及一份海图。

[59] 科尔纳罗地图集就是这一古老工作的最佳范例；1403 年弗朗切斯科·贝卡里海图是这一创新的最突出实例。

[60] 关于"重要"这个词的特殊用法的解释，见附录 19.5。

尔切特类型海图上所出现的尽可能多的地名。[360] 对地名的分析也与人们 5 幅早期意大利地图集的看法相矛盾。例如，它表明被认为是统一的美第奇地图集包含了两张图幅，其中有在推测的制作日期——1351 年时没有流行的地名（见附录 19.1）。相反，将同样的数据应用于 1373 年的弗朗切斯科·皮齐加诺地图集时，发现这部作品的核心部分与比例尺较大的图幅之间存在着显著的相似性，而后者通常被认为是晚出的版本。更为激烈的是，有明显的迹象表明，三部 "14 世纪" 的地图集——康比提斯（Combitis）、卢克索洛和皮内利—瓦尔肯纳尔等卷帙——应该从那个世纪中全部删除。

在这种情况下，表 19.3，pp. 416 – 420 中总结的信息可以发挥更大的作用。常见的重要添加方式凸显了特定海图之间的联系，并且可以揭示出海图制图师隐藏的签名。例如，皮内利—瓦尔肯纳尔和康比提斯地图集在这些方面有着密切的相关性。这证实了它们风格的密切匹配。诚然，笔迹中的特异之处几乎可以肯定，两者都出自同一人之手（见图 19.9）。[362] 无独有偶，从卢克索洛地图集和 1421 年弗朗切斯科·德塞萨尼斯海图中提取出的地名特征有着惊人的一致性，这也促使我们通过复制品对它们进行更加仔细的比较（见附录 19.2 和 19.3）。尽管前者的日期通常被认为是 14 世纪初期（见上文 p. 420），但其文字与有可靠日期的塞萨尼斯海图有着许多共同之处（见图 19.10）。[363] 虽然两者的比例尺和笔迹都有所不同，不可避免地导致了差异，但可以相当有把握地把卢克索洛地图集的作者确定为塞萨尼斯。[364]

作为海图之间相关关系指南的地名学

表 19.3（pp. 416—420）中显示的数据可以用另一种方式加以使用，来解释一名海图制图师或者一个生产中心对另一个所施加的影响。通过对这些证据进行解读，所得出最惊人的结论是，直到 1350 年前后，不同的海图制图师之间才有了自由的信息交流。在第一个时期，从业者可以被描述为同一个学派的成员，尽管非常松散，他们至少部分地共享相同的、不断

---

[360]　温特将达洛尔托海图的日期解读为 1330 年，见 Winter，"Catalan Portolan Maps，" 7（note 174），并认为大英图书馆海图的日期为 "在 1324 之前，因为在海图上，阿拉贡的颜色还没有出现在撒丁岛上"，Winter，"Fra Mauro，" 17n.（note 297）。大英图书馆的海图包括了杜尔切特 20 项创新中的 19 项；第 20 项（Gux）落在摩洛哥西海岸的地方是难以辨认的。朱塞佩·卡拉奇对 Add. MS. 25691 与达洛尔托以及杜尔切特海图之间的关系得出了类似的结论；见 Giuseppe Caraci，"The First Nautical Cartography and the Relationship between Italian and Majorcan Cartographers，" *Seventeenth International Geographical Congress*，*Washington D. C.，1952 – Abstracts of Papers*，International Geographical Union（1952）：12 – 13。然而，他主张 Add. MS. 25691 是意大利的，这一点无法得到接受。

[362]　尽管皮内利—瓦尔肯纳尔地图集的日历的起始日期是 1384 年（参见附录 19.1），而康比提斯地图集假想的日期为 1368 年（见注释 305），但根据这两部地图集中的地名，它们都可以追溯到 15 世纪上半叶（见表 19.3，pp. 416 – 420）。这两部地图集具有相同的作者，这一点似乎以前没有人提出过，尽管 Cortesão，*History of Portuguese Cartography*，2：50（note 3）已经很接近了。

[363]　例如，每个单词后面都有一个句号，并且有一个断断续续的波浪形 "l"。以前的论者曾将卢克索洛地图集的年代推迟到 15 世纪。Cesare Paoli，"Una carta nautica genovese del 1311，" *Archivio Storico Italiano*，4th ser.，7（1882）：381 – 84，esp. 382，认为其笔迹比一般认为的要晚；更新的 Quaini，"Catalogna e Liguria，" 554（note 60）把它定在 15 世纪中叶；and Revelli，*Colombo*，251 – 52（note 22），指出这部著作的装订让人想起了 15 世纪。

[364]　既然塞萨尼斯是威尼斯人，这一判定推翻了人们以前认为卢克索洛地图集是热那亚作品的推论。例如，见 Giuseppe Piersantelli，"L'Atlante Luxoro，" in *Miscellanea di geografia storica e di storia della geografia nel primo centenario della nascita di Paolo Revelli*（Genoa：Bozzi，1971），115 – 41，esp. 127 – 29。不过，早在 1864 年，就有人提出过作者是威尼斯人了；见 "Rendiconto，" C V – C VI（note 329），and Marinelli，"Venezia，" 954（note 97），他们明确提出了威尼斯的主张。

更新的地名信息来源。有几份意大利海图似乎属于这一时期，至少受到了加泰罗尼亚地名创新的影响，这种影响不亚于来自维斯孔特的。自此之后，地方主义（在开始时就已经有了一些苗头）逐渐变得日益明显，到了 1375 年前后，它已经成为主导趋势。 425

　　这种转变可以通过下文来进行说明。维斯孔特和达洛尔托所引入的地名在波特兰海图中赢得了持久的位置。即使意大利的海图上会出现更高比例的维斯孔特地名，但达洛尔托的地名则出现在马略卡的作品中，在 1430 年之前绘制的海图显然大多数都是从这两个来源处获得的。然而，杜尔切特在 1339 年的 20 项创新却没有得到意大利海图制图师的青睐，后者通常只采纳了不到三分之一的创新。㊹ 然后，在 1367 年恢复标明日期的海图之前，经历了 30 年的中断。现在，独立的地区地名"词汇"的发展变得更加明显，后来的加泰罗尼亚海图制图师几乎完全忽略了皮齐加尼的 48 个创新，而加泰罗尼亚地图集和索莱尔海图上引入的 21 个地名对后来的意大利作品产生的影响同样渺小。诚然，当地的影响是如此之大，以至于"意大利"成了一个错误的称呼。热那亚人巴蒂斯塔·贝卡里创新性的 1426 年海图采用了几乎所有的 1375—1385 年加泰罗尼亚人做的增补，但少于威尼斯的皮齐加尼所传播海图的一半（1367—1393）。至于地名和装饰，热那亚人把目光投向了马略卡岛，而不是他们更遥远的竞争对手威尼斯。由威尼斯人吉罗尔迪（也是在 1426 年）绘制的一张在很大程度上没有创意的海图显示了相反的模式，皮齐加尼的地名占据了优势，而加泰罗尼亚的地名则处于弱势。

　　到了 14 世纪晚期，至少到 1430 年，新地名的存在与消失为推测制图地点提供了一个指导思路。由于那些海图制图师对从其他中心引进的地名大多一无所知（或者不为所动），这使我们有信心把杜尔切特的创新定为来自加泰罗尼亚，把皮齐加尼添加的地名定为来自威尼斯，把贝卡里的定为来自热那亚，等等。由于现存的海图数量非常稀少，因此很有可能一些早已亡佚的作品也将一些地名引入了波特兰海图。换句话说，我们对许多新地名的定年可能太过晚近。但是，区域模式的一致性可以确定大多数创新是正确的制图中心的作品，这一点毋庸置疑。例如，如果"威尼斯"的地名实际上是从已经亡佚的加泰罗尼亚海图中借来的，它们就应该出现在之后的加泰罗尼亚作品中。然而，这并没有发生。因此，很明显来自马略卡岛的动力，在达洛尔托/杜尔切特身上是如此强烈，在此后逐渐消失了。在接下来的 100 年里，只有 21 个地名（1375—1385 年）可以归到这一来源，相形之下，意大利海图制图师则增加了 135 个地名。㊺ 因此，梅西亚·德维拉德斯特斯在 1423 年制作的加泰罗尼亚海图根本没有纳入 15 世纪的创新，因为这些创新都是意大利的。㊻

　　如果某张海图的作者图例亡佚了，那么仅仅凭借地名证据就可以就其年代确定为 1380 年前后。因此，至关重要的是，必须将三个主要的制作中心（马略卡岛、热那亚和威尼斯）的海图，与其原制作地的独特地名模式联系起来，然后再试图确定年代。直到 1430 年，还没有确定任何无署名的热那亚海图的年代。如果有任何作品出现的话，其上的地名似乎可能比现存的任何作品更接近贝卡里海图上的地名。

㊹ 除了热那亚的贝卡里家族和美第奇地图集的匿名编撰者之外。

㊺ 1380 年前后雅典和底比斯的加泰罗尼亚公国的消亡，标志着加泰罗尼亚人开始从地中海东部地区撤退，这有可能与地图绘制灵感的衰落有关。

㊻ 这一结论与 de La Roncière, *Afrique*, 1：139（note 100）相反，后者认为 1426 年巴蒂斯塔·贝卡里海图的地名学只是这一时期加泰罗尼亚作品稳定发展的一个回声。这是通过肤浅的地名比较所产生的误导性结果的众多实例之一。

尽管尚有待于研究，但区域孤立的趋势有可能在以后得到扭转。马略卡人罗塞利和安科纳人格拉齐奥索·贝宁卡萨的1468年作品被专门选作试验性的地名研究，以揭示15世纪中叶马略卡与意大利作品之间地名差异的程度（见附录19.5）。事实证明它们非常相似。

尽管已经找到了许多地名出现在其他中心制作的海图上的模式（当然有些姗姗来迟），但有些地名仍然是某个特定的"学派"几乎独有的标志。列出几个涵盖了1430年以前的实例就足以说明问题了。在希贝尼克（Sibenik）附近的"l'ospital 港""阿塔杜尔"（artadur）和"扎罗纳"（zarona）等地名仅出现在加泰罗尼亚海图上（美第奇地图集除外，在前两例中，1403年和1426年的贝卡里海图也属于例外）。希腊的勒潘陀（Lepanto）港（即纳夫帕克托斯［Nafpaktos］）在最早的意大利海图上被称为"nepanto"，加泰罗尼亚绘图员又将其写作"lepanto"（1403年的贝卡里海图是此处唯一的意大利实例）。另一方面，亚得里亚海提供了一些被早期的加泰罗尼亚海图制图师完全忽视的地名的实例。在曼弗雷多尼亚（Manfredonia）和里米尼（Rimini），可以举出以下几例：莱斯纳（lesna）、福尔托（fortor）、萨林内（salline）、切拉诺（cerano）以及图米斯诺（fumissino）（附近几乎只有加泰罗尼亚的"波滕西亚"［potencia］）。[568]"诺维格拉迪"（Novegradi，克罗地亚的诺维港［Novi］）[569]也没有出现在加泰罗尼亚海图中。

426　地名变化的意义

迄今为止，已经对这些地名进行集体处理，以构建一个发展框架，根据这个框架，可以对未注明日期的海图进行评估，并显示区域之间的相互关系。如果单独来看，每一个添加或放弃的地名对地中海历史都做出了小小的贡献。积累起来，就形成了至关重要但很少应用的资源。[570] 由于中世纪区域或地方地图非常稀少，[571] 所以波特兰海图是现存最早的地图文献，可以用来命名诸多定居点和大量的自然特征。我们已经表明，和预期的相反，波特兰海图的制图师对地中海的地名进行了不断的研究。今天已经可以识别出足够多的地名，或者与当时的文献联系起来，明确了大多数地名源自可靠的权威资料。[572] 在确定其地名学依据之后，可以把波特兰海图作为原始文献进行参考，但必须要非常谨慎。它们所表现的内容和它们所忽略的内容都应该被视作对中世纪世界各个方面的重要描述。如果新地名的涌入和过时地名的删除只是在间隔很长时间后发生的，那么波特兰海图对地中海沿岸定居点的发展和衰退的记录就没多大用处，也不会令人信服了。比如说，在15世纪的一份标明日期的海图上首次发现了一个地名，那么它就有额外的重要

---

[568] 在国会图书馆和 Nico Isreal 海图以及美第奇地图集中，都可以找到波滕西亚的非加泰罗尼亚实例。

[569] Kretschmer, *Die italienischen Portolane*, 627（note 48）. 此文关于新地名的引入和地名列表的区域组成部分的结论，在对塞浦路斯这一小区域的详细研究中得到了普遍的佐证，尽管这座岛屿独特的历史——尤其是它在1489年被威尼斯占领——具有特殊的地图学意义。见 Tony Campbell, "Cyprus and the Medieval Portolan Charts," *Kupriakai Spoudai: Deltion tēs Etaireias Kupriakōn Spoudōn, Brabeuthen upo tēs Akadēmias Athēnōn* 48（1984）: 47–66, esp. 52–58 and the tables.

[570] 但是，请参阅 Quaini, "Catalogna e Liguria," 551–53（note 60）。

[571] Harvey, *Topographical Maps*, 88（note 8）.

[572] 见 Kretschmer, *Die italienischen Portolane*, 559–687（note 48）。

意义，因为更早的连续海图上没有将其显示出来。[563]

在波特兰海图地名能够提供关于不同地方持续变化的政治、商业、航海乃至宗教的重要性的见解之前，我们需要对所涉及的时间滞差有所了解，也就是历史事件与其以地图形式的再现之间的差距。遗憾的是，沿海的村庄很少是有意识创造的结果（尽管它们的第一座教堂的日期有时候可能是一项有用的指标），而且无法确定它们从默默无闻到重要的那一刻。尽管如此，仍然有若干城镇的起源被记录下来，当地历史学家的努力可能会使这一数字增加。

曼弗雷多尼亚的普利亚港（Apulian port）是由曼弗雷德（Manfred）国王于 1258 年建立的，他把西蓬托（Siponto）的人转移到附近一个干净而健康的地方。尽管这个旧地名在海图上存活了几个世纪，但新的形式已经记录在《比萨航海图》上（尽管在《航海手册》或者科尔托纳海图上没有明显的记录）。[564] 顾名思义，贝尔福特（Belforte，位于亚得里亚海顶端）的起源绍自 1274 年威尼斯人在此地修建的要塞。[565] 其最早出现在波特兰海图上的日期，并不是像人们所预料的那样是在维斯孔特的威尼斯作品中，而是出现在 1339 年杜尔切特在马略卡岛上绘制的海图中。莫拉·迪巴里（Mola di Bari）城堡的历史可以追溯到 1278 年，距离 1373 年的弗朗切斯科·皮齐加诺地图集对其命名，已经早了一个世纪。克雷奇默用"naue gradi"来标注的克罗地亚村庄诺维（Novi）建于 1288 年，在 1325 年前后首次由维斯孔特加入海图中。[566] 尽管维勒弗朗什（Villefranche）在 1295 年建于奥利维勒（Olivule）的位置，[567] 但在波特兰海图上，它一直没有取代其前身，直到 15 世纪中叶。维科埃昆塞（Vico Equense，位于那不勒斯南部）重建于 13 世纪晚期，也被海图忽略了长达一个半世纪。像诺维一样，毕尔巴鄂（Bilbao）的情况也表明了海图制图师吸收新信息的速度之快。它始建于 1300 年，位于内陆 8 英里左右的地方，1339 年，杜尔切特已经注意到了它及其港口波图加莱特（Portugalete，"galleta"）。

1348 年以后席卷了西欧的黑死病使得情况更加严重，14 和 15 世纪是人口和经济急剧衰退的时期。总体来说，一直到 16 世纪初，欧洲的人口数量才会恢复到 1300 年的水平。[568] 所以，我们应该将下一例转向人口再度增长的 15 世纪晚期，就不足为奇了。朱利亚诺瓦（Giulianova，安科纳以南）建于 1470 年，而皮佐（Pizzo）城堡（意大利靴尖附近）是阿拉贡的斐迪南于 1486 年修建的。其中只有后者被收入维斯孔特·马焦洛（Vesconte Maggiolo）的 1512 年地图集。遗憾的是，这一公认的零星样本参差不齐，使我们只能得出一个关于波

⑤⑥③　然而，过时的地名可能因为惯性而留存得更久。关于这种情况的实例，见 Kretschmer's *Die italienischen Portolane*（note 48）篇末的术语表。

⑤⑥④　Motzo, "Compasso da navigare," XXX（note 103）; Armignacco, "Carta nautica," 197（note 243）.

⑤⑥⑤　Kretschmer, *Die italienischen Portolane*, 625（note 48）.

⑤⑥⑥　Kretschmer, *Die italienischen Portolane*, 627（note 48）. 大英图书馆收藏的萨努多—维斯孔特地图集（Add. MS. 27376 *）最有可能的日期是 1325 年。

⑤⑥⑦　Motzo, "Compasso da navigare," XXVIII（note 103）.

⑤⑥⑧　M. M. Postan, E. E. Rich, and E. Miller, eds., *The Cambridge Economic History of Europe*, 3 Vols.（Cambridge: Cambridge University Press, 1963）, Vol. 3, *Economic Organization and Policies in the Middle Ages*, 37. 另见 J. C. Russell, "Late Ancient and Medieval Population," *Transactions of the American Philosophical Society*, n. s. 48, pt. 3（1958）: 5 – 152。

特兰海图上地名吸收速度的结论：不可预测，而且不稳定。⑲

427 除了那些可以确定的起源之地外，还有其他一些更为重要的地方，在 14 和 15 世纪，无论在实际尺寸还是在感知的意义上，都得到了充分的增长，使得海图制图师注意到了它们。其中有许多甚至在首次记录的时候就用红色对其凸显。⑳ 下面列出了几个最著名的地方。括号中给出了它们在海图上的呈现形式以及首次确认的日期。

> 阿夫勒尔（Harfleur）（*arefloe*，1385）
> 瑟堡（Cherbourg）（*ceriborg*，1318）
> 希洪（Gijón）（*gigon*，1426）
> 维亚雷焦（Viareggio）（*viaregio*，1512）
> 里窝那（Livorno）（*ligorna*，1426）
> 波佐利（Pozzuoli）（*potçuol*，1403）
> 蒙法尔科内（Monfalcone）（*montfarcom*，1339）

早在 10 世纪初，里窝那就以此名被记录下来，但是直到热那亚的短暂统治时期（1407—1421），它才取代了邻近的比萨诺港（Porto Pisano），成为阿尔诺河（Arno）河口的主要港口。里窝那之名在 1426 年首次出现在保存至今的海图上，这并不是巧合，这是在其新的统治者——佛罗伦萨承认该城镇胜过比萨诺港的 5 年之后。㉑ 所以，之所以在地图上得以认可，不是因为里窝那的创建，而是它的时代已经到来。可以援引很多类似的例子。自 10 世纪以来，巴斯克的海港帕萨赫斯（Pasajes）一直就是捕鲸业的中心，但它是很晚才出现在海图上的。希洪和塔贾（Taggia）都有中世纪早期的建筑，而且（起码是后者）有一定的罗马起源的背景，但它们都没有在早期的海图上出现过。

在试图把地图绘制于历史现实进行匹配时，需要强调的是，尽管对波特兰海图地名采取非地图学方法可能会发掘出有价值的证据，但这种方法必须始终从属于从海图本身获得的证据。对一个特定地点，是收录还是省略，是否真实地反映了此地在当时的重要性，这是当地历史学家的事情。对于地图学史专家来说，地名信息具有内在价值。它是不同时期的地中海海员可以掌握的知识的主要记录。扭曲的，抑或是虚构的地名，与那些清晰可辨的地名一

---

⑲ 13 世纪的《航海手册》中出现的许多地名（note 103）在海图上是找不到的，直到 15 世纪甚至更晚，这警示着文字记录与地图记录之间的存在分歧。其例子有：*capo de lardiero* 和附近的 *san trope*，and *capo de sancta maria*（位于意大利的鞋跟）另一个是位于博思普鲁斯海峡入口处的 *fanaro*；维斯孔特重复了这一做法，但随后中止了一个世纪；见 Elisaveta Todorova，"More about 'Vicina' and the West Black Sea Coast," *Etudes Balkaniques* 2（1978）：124 – 38，esp. 129，认为 Fanaro 最早出现于 15 世纪的海图上。

⑳ Nordenskiöld, *Periplus*, 18（note 14）推断，几个世纪以来，红色地名的列表一直保持不变的说法是不正确的。然而，从黑白复制品入手，就不可能对这一具有同时代意义的重要晴雨表进行系统的检查。

㉑ Giuseppe Gino Guarnieri, *Il porto di Livorno e la sua funzione economica dalle origini ai tempi nostri*（Pisa：Cesari, 1931），32. 第一份表现里窝那的标明日期的海图是巴蒂斯塔·贝卡里的 1426 年海图。它被收入皮内利—瓦尔肯纳尔地图集中，这是后者传统的日期——1384 年受到质疑的另一个原因（见表 19.3，pp. 416 – 420）。直到 15 世纪，皮萨诺港一直都是一个繁荣的港口；因此，Nordenskiöld, *Periplus*, 46（note 14）试图将波特兰海图原型的建构日期定在据称其被毁灭的 1290 年之前，这是没有说服力的。

样，都是这一模式的一部分。诚然，对一个地区的地名不熟悉，可能反映出那些提供海图原始数据的人很少联系，因此为指示后者的身份提供了指针。

为海图制图师提供信息的人

马可·波罗的游记在一些中世纪地中海世界地图的亚洲部分留下了非常明显的印记，但地中海地区的变化确非常细微，而且没有署名。那些可能为海图制图师提供信息的人，其中可能有旅行者，他们中的一些人是去朝圣的。例如，1306 年，威尼斯人马里诺·萨努多从巴勒斯坦回到威尼斯，彼得罗·维斯孔特为他绘制了几部地图集。[82] 然而，如果他的第一手知识可以提供给维斯孔特，它并没有导致地中海东部地区地名的增加。[83] 如果弗朗切斯科·贝卡里没有决定"公布他最近对柏准的波特兰海图所做的改进，以消除所有人的疑问"，我们就应该猜测大多数新的信息是如何传到海图制图师手里的。[84]

我们所讨论的弗朗切斯科·贝卡里海图（现在收藏在耶鲁大学）的日期为 1403 年。在其长篇的"致读者"中，作者解释了他是如何在 1400 年以来自己所绘制的所有海图上拉长大西洋的距离的（图 19.17，以及见上文，p. 414）："通过许多人的有效经验和最为可靠的报告，发现了关于上述这些（事物）真相的精髓，例如西班牙海域和这些区域的船长（master）、船主、船长（skipper）和领航员，还有许多在海上执行任务的经验丰富的人，他们经常在这些区域和海域进行长期的航行。"[85] 还有一点，"老船长的形式和痕迹"曾把他引入歧途。他继续说道："许多精通航海技艺的船主、船长和水手……多次向我报告，他们说，上面提到的船长并没有把位于海中的撒丁岛放在海图中的适当位置上。因此，我以基督的名义，听取了上述诸人的意见，把提到的岛屿放在这张海图中它应该位于的适当位置上。"[86]

图 19.17　1403 年贝卡里海图上给读者的献词

弗朗切斯科·贝卡里提出了他延长大西洋距离和调整撒丁岛位置的原因。他解释道，在这两种情况下，修改都是在收到海员本人的投诉和建议后进行的。

Beinecke Rare Book and Manuscript Library, Yale University, New Haven 许可使用。

---

[82] De La Roncière, *Lyon*, 11（note 34）。

[83] 亚历山大勒塔（Alexandretta，即伊斯肯德伦 [lskenderun]）和亚历山大之间的海岸地名是波特兰海图上最静态的一段。维斯孔特的 1311 年和 1327 年的海图之间也没有区别。萨努多波特兰海图也没有为这一部分增添任何地名；关于一份抄录，见 Kretschmer, *Die italienischen Portolane*, 237 – 46（note 48）。

[84] Francesco Beccari, "Address to the Reader." 此处和下面的两段引文都是得到宽容的许可引自 H. P. Kraus, Booksellers, *Twenty-five Manuscripts*, catalog 95（New York：H. P. Kraus, [1961]），63 – 64 中给出的译文的。

[85] Beccari, "Address to the Reader," 63 – 64（note 384）。

[86] Beccari, "Address to the Reader," 64（note 384）. Wagner, "Italian Nautical Charts," 479（note 313），观察到在贝卡里海图被发现之前，在早期的海图上，撒丁岛的位置距离非洲太近了。

在这篇宝贵的陈述中，我们了解到海图制图师贝卡里与各种各样的船长（master）、船主、船长（skipper）、领航员和水手之间的频繁接触，他对他们的批评做出了回应。他的意思毫不含糊：改进是那些在海上使用过海图的人的意见的结果，他们发现了海图的不足。这篇文字非常重要，而且相当独特，因为它既解释了海图的实际用途，又解释了海图内容更改的机制。[887] 贝卡里特别提到了两项地图绘制的要素：被低估的大西洋的距离和撒丁岛的位置。这两点都足够重要，值得一提。对于较小的变化，他保持沉默，例如那些影响地名的变动。但这不足为奇；正如我们所表明的那样，地名几乎是在不断的检查之中。不过，我们可以有把握地推测，贝卡里和他的海图制图师同侪们用同样的方式，从同样的航海资料中获得了这类信息。[888] 诚然，没有合理的替代方案，因为假设中世纪的探险队都要被派遣去核对地中海的水文或者地名细节，这是一种不合时宜的幻想。如果海图制图师通过口耳相传的方式从航海归来的水手那里获得了新地名，那么就可以预料地名的传入可能会反映当时的贸易模式。一些新增的地名出现在重要商业中心——例如，塞维利亚（Seville）、巴伦西亚、热那亚、罗马、希贝尼克、塞瓦斯托波尔（Sevastopol）、伊兹密尔（Izmir）、亚历山大和阿尔及尔等——的附近，这一现象支持了此种观点。

海图绘制产业

誊抄传统

到了 14 世纪，修道院的缮写室已经失去了对严格按照商业路线运营的作坊的垄断地位。威尼斯艺术家公会成立于 1271 年，从本质上来讲是一个由独立的师傅和跟随他们的工匠与学徒组成的组织。[889] 但是，如果说最早的海图制作和修道院的缮写室之间不存在有记录的联系，那么有迹象表明，某些海图制作的惯例代表了旧习惯的新用途。考虑到最早的从业者应该是接受过抄写员训练的，这就不足为奇了。例如，使用红色来强调重要的词源，或者 429 "红字日"（red letters days），是中世纪的一种既定的传统，由海图制图师在对比较重要的地名进行处理中延续下来。再者，许多礼仪作品和几乎所有的时辰书，都会包括一部日历来计算逾越月。正如预测未来的满月对于确定复活节的日期（因此也就确定了教会的大部分时间）至关重要，同样的月球信息对于水手来说也是生死攸关的。凭借对月龄的了解，他可以计算出高水位的时间，这对于在地中海以外地区的安全航行至关重要。[890] 因此，从最早的 1313 年保留至今的一部开始，波特兰地图集通常以一份阴历开始（另见附录 19.1）。

---

⑧⑦ Kelley, "Non-Mediterranean Influences," 18（note 290），从地图测量的角度出发，对波特兰海图上的变化机制做出了非常相似的解释。

⑧⑧ 当然海盗在信息传播中发挥了重要的作用；关于"圣尼古拉"事件，见下文，pp. 439 – 40 和注释 485。

⑧⑨ Elena Favaro, *L'arte dei pittori in Venezia e i suoi statuti*, Università di Padova, Pubblicazione della Facoltà di Lettere e Filosofía, Vol. 55（Florence: Leo S. Olschki, 1975），25.

⑨⑩ 1375 年的加泰罗尼亚地图集包含了现存最早的绘出了布列塔尼和英吉利海峡沿岸各种标出地名的港口的海图，显示了"港口的确立"：换句话说，就是有关日期高水位和低水位时新月的方位。关于解释，见 Taylor, *Haven-Finding Art*, 137 – 38（note 7），与 Grosjean, *Catalan Atlas*, 38（note 94）。

正如凯利所观察到的，最古老的海图比后来的海图含有更多的地名缩写（尽管 15 世纪的康比提斯和皮内利—瓦尔肯纳尔地图集的作者是这一规则的一个例外），并且他令人信服地将其解释为"从高度简略的拉丁文文本的速记法继承下来的"[91]。这是延续传统的又一证据，而非一个新的开始。混合彩色墨水并将其应用于准备好的皮纸上，用整齐统一的笔迹仔细地抄写单词，这都是那些制作书籍的人已经具备的技能。毫无疑问，海图提出了一些特殊的要求：例如，精确而重复地绘制海岸的轮廓，有时要改变比例尺。但就贸易工具及其应用而言，波特兰海图的绘图员显然继承了一种现有的传统。我们也不应该假设海图绘制与其他相关的活动完全分开。克雷斯圭斯·亚伯拉罕（Cresques Abraham）既被称为"世界地图大师"，又是一位罗盘制作师，就像梅西亚·德维拉德斯特斯于 1401 年被列为罗盘制作师一样，这比他最早的海图日期早了 12 年[92]。因此，我们可以合理地预计，以后还会发现海图制图师的其他非地图文献，比如阿纳尔多·多梅内奇（Arnaldo Domenech）的度量衡表格[93]。

工作坊还是个人？

正如伊娃·G. R. 泰勒所承认的那样，"可以说，关于一名专业的海图制图师如何组织他的业务和管理工作坊，几乎没有什么可说的"[94]。然而，人们通常认为波特兰海图是在工作坊里制作的，即使没有文献证据可以支撑。[95] 也没有对特定的海图或地图集进行详细的古文字检验，以查清其出自个人之手还是成自众手。此外，由于是工作坊的形式而非单独的制图师，这样就消弭了判断作者的主要理由之一，即某一特定个人的独特笔迹。[96] 所涉及的是个人还是多人，以及海图制图师的签名作品是否具有一致而鲜明的特征，这些都是可以解决的问题。毫无疑问，总有一天会做到。在这一阶段，我们只是想提醒大家，不要想当然地认为没有哪个制图师是独自工作的。

偶尔也会有公开承认某种形式的合作的情况。这一点在两份海图上表现得非常明确，作者的图例中包括了两位海图制图师的名字：第一份是由皮齐加尼兄弟在 1367 年制作的，第二份是 1456 年的波尔特兰和里普罗尔（Riproll）海图。在这两种情况下，都没有说明合作的性质。确实，这两份作者图例都很奇怪，因为他们采用了单数形式的"composuit"。更让人困惑的是，1367 年海图上措辞的不同解读没有解决弗朗切斯科·皮齐加诺的合作者的名字，甚至没有搞清楚是否有两个以上的兄弟参与其中。[97]

---

[91] Kelley, "Oldest Portolan Chart," 43（note 58）.

[92] Grosjean, *Catalan Atlas*, 13（note 94）. 正如格罗让所指出的那样，在这种情况下，"罗盘制造师"不是指精密仪器制作者，而是指绘制装饰性罗盘的艺术家。关于维拉德斯特斯，见 de La Roncière, *Afrique*, 1：126-27（note 100）。在 16 世纪的葡萄牙，把海图制造师和航海仪器制造商的工作结合起来的情况是很常见的；见 Teixeira da Mota, "Influence," 228（note 61）。另一个稍后的例子是由 16 世纪英格兰罗盘制作师和海图制图师罗伯特·诺曼（Robert Norman）提供的；见 Eva G. R. Taylor, *The Mathematical Practitioners of Tudor and Stuart England*（Cambridge：Cambridge University Press, 1954）, 173-74。

[93] Walter W. Ristow and R. A. Skelton, *Nautical Charts on Vellum in the Library of Congress*（Washington, D. C.：Library of Congress, 1977）, 3-4.

[94] Taylor, *Haven-Finding Art*, 113（note 7）.

[95] 例如，见 Almagià, *Vaticana*, 1：43b（note 35）；Cortesão, *History of Portuguese Cartography*, 2：216（note 3）。

[96] 彼得罗·维斯孔特被认为在热那亚和威尼斯都工作过（没有任何理由）。关于热那亚，见 Revelli, *Colombo*, 237（note 22）；关于威尼斯，见 Degenhart and Schmitt, "Sanudo und Veneto," 6, 67（note 226）。

[97] Cortesão, *Nautical Chart of 1424*, 20 n. 1（note 24）.

虽然一份有插图的手稿可能是由一个人制作的，但这项工作通常会分配给一名抄写员、一名润色员以及一名或多名画家。因此，例如，在维斯孔特的地图集中，角落里的缩微画就很可能是其他人的作品。弗朗切斯科·皮齐加诺的合作者也很有可能负责 1367 年海图的艺术装饰，因为仅仅他自己署名的 1373 年地图集就非常朴素。阿尔马贾也提出了类似的说法，来解释梵蒂冈的未署名海图 Borgiano V 上某些注录没有首字母或者首字母不正确。[398] 遗憾的是，迄今为止所发现的有关功能在实践中如何划分的唯一清楚叙述应该是描述一组世界地图，而非典型的波特兰海图。但是，它使得对当时作品方法的太多见解被忽略掉。

从现存的法律文件中，我们得知，1399 年，佛罗伦萨商人巴尔达萨雷·德利·乌布里亚基（Baldassare degli Ubriachi）受耶富达·克雷斯圭斯和弗朗切斯科·贝卡里（这两人当时都在巴塞罗那）的委托，绘制了四幅精致的大型世界地图，献给欧洲各国君主。耶富达·克雷斯圭斯是克雷斯圭斯·亚伯拉罕的儿子（他被认为是加泰罗尼亚地图集的作者）。这几幅 1399 年的世界地图很可能与这部作品类似，当然要大得多，而且像加泰罗尼亚地图集一样，是围绕着波特兰海图的核心建立起来的。R. A. 斯凯尔顿对这些文献进行了解释，[399] 明确区分了两者的贡献。马略卡的犹太人耶富达·克雷斯圭斯（这里给出了他改宗后的名字：豪梅·里韦斯［Jaume Ribes］）被冠以"航海图大师"的称号，负责绘制基本地图；贝卡里则负责进行装饰。由于乌布里亚基的经纪人受命从克雷斯圭斯那里收集未完成的地图并将其交给贝卡里，所以非常明显，这两人是分开工作的。另一篇文章推测，贝卡里可能需要一名助理艺术家，由他自己来决定。正如斯凯尔顿所指出的那样，这件事提供了"在加泰罗尼亚可能暂时构建的关于一名热那亚制图师与马略卡制图师合作的记录，从而体现了地中海西部地区的文化连续性"[400]。

正是当我们从这些成熟的海图制图师之间的临时合作的已经充分证实的案例出发，去思考永久性的工作坊的可能性时，我们就离开了坚实的大地。工作坊意味着由几个人组成的单位和将技能代代相传的学徒制度。为了评估在工作坊中进行海图绘制工作的可能性，我们不得不采用一种间接的方法，因为没有一位早期的海图制图师留下了自己的操作记录。

前面已经提到的 13 世纪威尼斯艺术家行会里面包括了广泛的手艺人。它提供了关于学徒制和工作坊的章程方面的一个相关的类比。[401] 事实上，彼得罗·维斯孔特和其他活跃于威尼斯的海图制图师很可能都是该组织的成员，因为从 14 世纪初开始，所有从事艺术活动的人都必须加入这个组织。[402]

这个行会的章程是意大利同类组织中最早的，[403] 它表明小型工作坊是正规的生产单位，正式规定店主只能雇用两名合格的助理和一名学徒，尽管他可以申请一份特别许可证来超过这个

---

[398] Almagià, *Vaticana*, 1: 32 – 33（note 35）.

[399] Skelton, "Contract"（note 206）. 之所以使用克雷斯圭斯·亚伯拉罕和耶富达·克雷斯圭斯这样的形式，是因为犹太人在这一时期使用的是父名而非姓氏。

[400] Skelton, "Contract," 109（note 206）.

[401] 关于章程的讨论见 Favaro, *Arte dei pittori in Venezia*（note 389）.

[402] Favaro, *Arte dei pittori in Venezia*, 26（note 389）. 不幸的是，只有与 1530 年之后时期的从业者相关的记录保存下来。

[403] Favaro, *Arte dei pittori in Venezia*, 15, 27（note 389）.

数字。^⑩如果这就是我们将维斯孔特设为背景的话，15 世纪热那亚的一个实例就说明其操作的规模更小。虽然在任何现存的海图上都找不到阿戈斯蒂诺·诺利（Agostino Noli）的名字，但从 1348 年写给总督和长老会的一封请愿书中我们了解到了他，他在原书中声称自己是当时热那亚唯一一名活跃的海图制图师。^⑩他请求减免税额的要求得到了批准，但有一个附带条件，就是他要教他的兄弟学习制作海图的奥秘。如果诺利属于一个工作坊，或者他已经有了学徒，那么热那亚当局很难会做出这样的规定。仅仅十五年以后，我们又遇到了另一个类似的情况。在 1453 年的一份文件中，热那亚神父巴尔托洛梅奥·德帕雷托被描述为这种城市最有经验的海图制图师。^⑩我们已经得到了他手中的一幅 1455 年的海图。然而，他的登记在册的神职职位，包括在罗马担任教皇侍从的经历，很难与长期经营的制图工作坊的想法协调起来。^⑩

学徒制

1400 年前后，琴尼诺·琴尼尼（Cennino Cennini）描述了一名艺术家所期望的各种惊人的成就。^⑩就他而言，花费了 12 年的时间才得到这些成就。^⑩一位海图制图师的入门可能不 431 会那么严格，即使我们还记得，有几位以朴素的意大利风格工作的人，在场合需要的时候，也会表现出自己有能力用加泰罗尼亚的风格来进行艺术创作（除非装饰是由别人做的）。然而，有迹象表明，对海图制图师来说，已经涉及了某种形式的学徒活动。

在罗塞利的 1447 年海图（保存在沃尔泰拉）的作者图例中，这一点被视为直接证据。罗塞利宣称他已经将此画出，"de arte Baptista Beccar"——指的是这位热那亚海图制图师，他的 1426 年和 1435 年海图保存至今。这一至关重要的短语一直是许多争论的主题：例如，温特将其解释为"表达敬意"，而雷韦利（Revelli）则认为是对老师的认可。^⑩这场争论构成了有关国籍的广泛争议的一部分。西班牙和意大利都宣称罗塞利是本国人，尽管他现存的所有海图都是加泰罗尼亚风格，并且署名了来自马略卡岛。^⑪现在还不清楚贝卡里的手艺是在哪里训练的，但是他的 1426 年海图证明了他按照加泰罗尼亚方式工作的能力，而罗塞利

---

⑩　Favaro, *Arte dei pittori in Venezia*, 26（note 389）.

⑩　Marcello Staglieno, "Sopra Agostino Noli e Visconte Maggiolo cartografi," *Giornale Ligustico* 2（1875）：71–79；以及更通俗易懂的，Revelli, *Colombo*, 460–61（note 22）. Revelli, *Mostra Colombiana*, 39（note 315），在没有证据支持的情况下，提出诺利可能绘制了热那亚的世界地图（Florence, Biblioteca Nazionale, Port. 1）。

⑩　"Pro Bartolomeo Pareto," *Atti della Società Ligure di Storia Patria* 4（1866）：494–96, esp. 495. 相关的句子为："Hac itaque animadversione commoti erga egregium presbiterum Bartolomeum de pareto peritum in arte ipsa conficiendarum cartarum navigabilium et quod alius nullus sit in hac urbe huius ministerii edoctus quodque predictum hoc eius ingenium ars et ministerium non modo utile verum etiam necessarium sit Januensibus navigantibus"（考虑到这一想法，他们将注意力转向了著名的牧师巴尔托洛梅奥·德佩雷托，他在制作航海图方面经验丰富，这即是因为在这座城市［热那亚］里没有其他人如此熟练地掌握这门手艺，也是因为上面所提到过的他的专业技能，对于热那亚水手来说不仅有用，而且是真正的必需品——作者的译文）。

⑩　关于他的神职职务，见 Michele G. Canale, *Storia del commercio dei viaggi, delle scoperte e carte nautiche degflItaliani*（Genoa：Tipografia Sociale, 1866），456–57。

⑩　Cennino d'Andrea Cennini da Colle di Val d'Elsa, *Il libro dell'arte：The Craftsman's Handbook*, trans. Daniel V. Thompson, Jr.（New Haven：Yale University Press, 1933）.

⑩　Cennini, *Libro dell'arte*, 2（note 408）.

⑩　Winter, "Roselli," 4（note 224）；Revelli, *Colombo*, 312（note 22）.

⑪　最近发现的一份 1447 年海图用加泰罗尼亚语记录了作者图例；见 Kenneth Nebenzahl, *Rare Americana*, catalog 20（Chicago：Kenneth Nebenzahl, 1968），No. 164。

后来也进行了重复。可能是同一学徒链条中的第三个环节——如果是这样的话——出现在阿纳尔多·多梅内奇（Arnaldo Domenech）的 148 - 年（最后的数字并不清楚）海图的注记中，他在上面签署了自己的名字"dizipolus petri Rossel"[412]。

有时，海图本身就显示出了学徒制。偶尔会出现的笨拙——例如，在大英图书馆中的一本格拉齐奥索·贝宁卡萨地图集（Add. MS. 6390）中几次试图刮掉的隐藏的圆圈，或者 1424 年海图上的被废弃的圆圈——都表明了出自一位缺乏经验的学徒之手。凯利也注意到了草率的作品，"几乎就像是把工作丢给了初级工作人员"[413]。然而，总体来说，波特兰海图表现了其创作者的能力，用整齐一致的字体插入数百个地名，可能是培训中最困难的部分。尽管可以通过把犊皮纸表皮刮擦掉的方法来消除错误，但在实践中很少有人尝试这样做[414]。一旦地名写错了，就会被划掉、废弃，或者与正确的地名合并。在大多数海图中都可以找到这种注意力不集中所导致的失误，不过不经常出现。由于任何瑕疵都是永久性的，所以对于新手绘图员来说，准确性一定是最基本的技能之一。

14 世纪和 15 世纪关于学徒制的确凿证据非常稀少，以至于我们有理由简单地援引 17 世纪记录详细的伦敦呢绒商（Drapers'，或泰晤士）学校进行类比[415]。为了用手工绘制复杂程度大致介于早期意大利和加泰罗尼亚风格之间的海图，英格兰的学徒至少要服务 7 年。尽管这个例子揭示了在单一组织内的学徒制是如何创建一个海图制图师的"学派"，但如果认为 1500 年以前也有类似的机制运作，那是不明智的。

首先，在通过伦敦城的呢绒商公司发现英格兰海图制图师之间的相关关系之前，他们的共同风格已经使得他们被称为一个"流派"[416]。在 14 世纪和 15 世纪的地中海作品中，偶尔会有共同风格的痕迹。在 1408 年的帕斯夸利尼地图集和吉罗尔迪的作品中，对内陆湖泊的处理方式惊人地相似，正如第三位威尼斯人弗朗切斯科·德塞萨尼斯，在他的 1421 年海图的颈部上画了一个十字，这正是吉罗尔迪在次年所采用的方式。如果这表明存在一个威尼斯学派，那么类似的共同风格特征也暗示了在马略卡岛（或者更严格地说是帕尔马）也可能有一个类似的组织。

432　在两份署名的索莱尔海图、加泰罗尼亚地图集和那个时期的其他加泰罗尼亚作品之间，

[412] 有一种未经证实的说法，宣称贝伦格尔·里波尔（Berenguer Ripoll）——他与雅依梅·贝尔特兰联合在 1456 年海图上署了名——可能曾经是后者的学徒，这种说法的提出者是 Rey Pastor and Garcia Camarero, *Cartografia mallorquina*, 82 (note 28)。

[413] Kelley, "Oldest Portolan Chart," 38 (note 58).

[414] 这幅第戎海图是迄今为止唯一的一个例子，在其上，地名被刮掉了，并重新写上；见 Raynaud-Nguyen, "Hydrographie" (note 37).

[415] Tony Campbell, "The Drapers' Company and Its School of Seventeenth Century Chart-Makers," in *My Head Is a Map: Essays and Memoirs in Honour of R. V. Tooley*, ed. Helen Wallis and Sarah Tyacke (London: Francis Edwards and Carta Press, 1973), 81–106; Smith, "Thames School," 45–100 (note 185). 当这篇文章付梓之时，一部学徒档案得以发表；见 Giovanna Petti Balbi, "Nel mondo dei cartografi: Battista Beccari maestro a Genova nel 1427," in Universita di Genova, Facolta di Lettere, *Columbeis I* (Genoa: Istituto di Filologia Classica e Medievale, 1986), 125–32. 在 1427 年 8 月 17 日的协议中，九岁的男孩 Raffaelino Sarzana（他的父亲是一名水手［"领航员"］），要给巴蒂斯塔·贝卡里做 8 年的学徒，来学习制作海图的技艺（"artem faciendi cartas et signa pro navigando"）。这条注释要感谢 Corradino Astengo。

[416] Ernesto García Camarero, "La escuela cartográfica inglesa 'At the Signe of the Platt,'" *Boletín de la Real Sociedad Geografica* 95 (1959): 65–68.

肯定存在相似之处。德拉龙西埃指出，这些从业者大多是犹太人，他们几乎垄断了马略卡的海图制作业。[417] 他称之为"马略卡的犹太人制图学派"，包括了克雷斯圭斯·亚伯拉罕和他的儿子耶富达·克雷斯圭斯、雅依梅·贝尔特兰以及改宗了的梅西亚·德维拉德斯特斯和加布里埃尔·德巴尔塞卡。雷帕拉斯（Reparaz）还暗示佩特鲁斯·罗塞利（Petrus Roselli）可能也有犹太人血统。[418] 他把 1387 年提到的"基督教大师"解释为表明当时只有一名非犹太的制图师在马略卡工作，他也许就是奎莱尔莫·索莱尔（Guilermo Soler）。通过选择"耶路撒冷"而不是"圣墓教堂"作为圣城小附图的标签——例如，在加泰罗尼亚地图集中——德拉龙西埃发现了一位犹太制图师的隐藏签名。[419]

另一方面，这一时期署名的意大利作品在风格上的差异性更为明显。格拉齐奥索·贝宁卡萨飘忽不定的生涯引发了另一个问题。在其保存至今作品（时间范围 1461—1482 年）的作者图例中，记录了他的活动：热那亚（1461）、[420] 威尼斯（1463—1466）、罗马（1467），然后再来到威尼斯（1468—1469）、安科纳（他的家乡，1470 年），又一次来到威尼斯（1471—1474），再次来到安科纳（1480—1482）。[421] 这样忙碌的行程，怎么可能有哪怕一个学徒跟随他呢？

无论对学徒制有什么疑问，都可以公平地假设，海图制作技艺通常是在一个家族内部传承的。[422] 所有同姓的人可能都是这种情况；它肯定适用于韦斯康泰家的彼得罗和佩里诺（除非只有一个人参与进去）、格拉齐奥索·贝宁卡萨及其儿子安德烈亚、克雷斯圭斯·亚伯拉罕和他的儿子耶富达。这种模式在 16 世纪由加洛伊罗·Y. 奥利瓦（Caloiro y Oliva）、弗雷杜奇（Freducci）、马焦洛、奥利瓦、奥利韦斯（Olives）和普吕纳（Prunes）等家族延续下去。孔特·赫克托马诺·弗雷杜奇（Conte Hectomano Freducci）对贝宁卡萨风格的模仿非常相似（和他们一样，他也来自安科纳），所以很有可能，他是从贝宁卡萨家族中的某一或某几个人那里学习技能的，然后大概又反过来把这些技能教给了自己的儿子安杰洛（Angelo）。

从业者

目前，我们已经知道活跃于 14 和 15 世纪的海图制图师大约有 46 人。[423] 附录 19.2 中列

[417] De La Roncière, *Afrique*, 1：121 –41, esp. 126 –28（note 100）.

[418] Reparaz, "Essai," 322（note 175）.

[419] De La Roncière, "Une nouvelle carte," 117（note 48）. 另见 Oton Haim Oren, "Jews in Cartography and Navigation（from the XI th to the Beginning of the X V th Century）," *Communication du Premier Congrès International d'Histoire de l'Océanographie* 1（1966）：189 –97; reprinted in *Bulletin de l'Institut Océanographique* 1, special No. 2（1968）：189 –97.

[420] 根据 1460 年的一份法律文件，他已经在热那亚定居；见 Marina Emiliani（later Marina Salinari）, "Le carte nautiche dei Benincasa, cartografi anconetani," *Bollettino della Reale Società Geografica Italiana* 73（1936）：485 –510, esp. 486.

[421] 其他记录在册的早期海图制图师的实例有：热那亚的维斯孔特家族在威尼斯工作过；1399—1400 年，热那亚人弗朗切斯科·贝卡里在巴塞罗那；15 世纪 80 年代的某个时候（其海图的日期的最后一个数字难以辨认），马略卡人多梅内奇在那不勒斯。卡里尼亚诺和梅西亚·德维拉德斯特斯曾前往西西里——前者于 1316 年（Ferretto, "Carignano," 44 [note 76]），后者于 1401 年（Reparaz, "Essai," 325 [note 175]）。其他人在职业生涯的某个阶段曾当过水手。

[422] 威尼斯的法令中积极地鼓励这种自然的倾向：收留亲属的师傅可以免除通常的费用，而如果儿子自立门户，那么必须支付税金；见 Favaro, *Arte dei pittori in Venezia*, 25（note 389）.

[423] 这个数字包括了乔瓦尼·达卡里尼亚诺，其著名的作品更准确地说是一幅陆地地图，而不是海图。它还推测达洛尔托和杜尔切特是一个人，而且有两个叫维斯孔特的人。

出了这些制图师及其作品。除了从他们海图上的作者图例中所收集到的信息之外，没有关于这些人中的大多数的详细资料。如果不是科纳罗地图集（大英图书馆，Egerton MS. 73）中确认了其中 5 个人的作品的副本：阿尔维谢·塞萨尼斯（Alvixe Cesanis）、那不勒斯（Zuane di Napoli）、克里斯托福罗（Cristoforo）和祖阿内·索利戈（Zuane Soligo），以及多梅尼科·德祖阿内（Domenico de Zuane）。阿戈斯蒂诺·诺利是另一位在我们这个时代有微弱的回声，但却没有实质性遗产留下来的人，而尼科洛·德帕斯夸利尼自称为"尼科洛之子"——可能他是指同样担任海图制图师的父亲。[424] 其他 15 人的名字，只是通过在一部独特的波特兰地图集或者海图上提及，才得以流传下来的，这表明，在被人了解和遗忘，只在一线之间。然后，当然，还有一部分人决定匿名，或者他们的作品未能保存下来（起码就作者的图例而言）。

　　到目前为止，有关已知的海图制图师的生平资料非常零碎，更加使得人们难以够勾勒一幅完整的社会图景。其中一些人是水手，或者曾经做过水手，这一点不足为奇。例如，安德烈亚·比安科在 1448 年海图上特地将自己描述为"comito di galia"（帆船上的高级军官），而现存的官方文件将他与整个 1437—1451 年之间几乎每年一次的帆船航行联系起来。[425] 比安科在伦敦签署了他的 1448 年海图。在 1445—1451 年之间这段时期内，只有这一年他的目的地没有单独的记录。毫无疑问，与 1446 年、1449 年和 1450 年一样，他是佛兰德战舰上的一名军官。1448 年 2 月，威尼斯元老院肯定装备了三艘舰只，其中两艘准备停靠伦敦。据推测，比安科在制定的装货和清关的三个半月的时间内，在岸上绘制了海图。[426] 据记载，比安科还与弗拉·毛罗合作绘制了著名的世界地图，1448—1459 年期间支付给他的款项可以证明这一点。[427] 虽然他的遗嘱保存了下来，其中一份是 1435 年 9 月 15 日订立的，也就是

433

　　[424]　Almagià，"Stati Uniti，" 360（note 340），推测尼科洛·德帕斯夸利尼可能就是尼科洛·德尼科洛（Nicolo de Nicolo），尽管他们各自海图的日期（1408 年和 1470 年）使得这一说法非常不可能。

　　[425]　Cornelio Desimoni，"Le carte nautiche italiane del Medio Evo-a proposito di un libro del Prof. Fischer，" *Atti della Società Ligure di Storia Patria* 19（1888–89）：225–66，esp. 260，把 comito 解释为副指挥官；Revelli，Mostra Colombiana，174（note 315），把比安科描述为一名船舶指挥官，又补充了一项未经证实的叙述，即他曾沿着非洲西海岸航行。Pompeo Gherardo Molmenti，*Venice：Its Individual Growth from the Earliest Beginnings to the Pall of the Republic*，6 Vols. in 3 pts. ，trans. Horatio F. Brown（London：J. Murray，1906–8），pt. 1，The Middle Ages，134，注意到，船舶指挥官从 13 世纪开始被称作"comiti"，他们的头衔在 15 世纪变为"sopra-comiti"。1428 年，Andrea Mocenigo 起草了这些条例，并在 1489 年前后的科尔纳罗地图集中进行了复制，这些条例是写给 patronj e sora chomiti de galie 的。见 British Museum，*Catalogue of the Manuscript Maps*，1：20（note 40）。如果这使得比安科的地位受到质疑（另见注释433），另一条史料表明，至少到了 1460 年，他确实升到了指挥官的职位。Freddy Thiriet，ed. ，*Délibérations des assemblées vénitiennes concernant la Romanie*，2 Vols. （Paris：Mouton，1966–71），2：221，记载了在这一年六月，比安科是塞浦路斯舰队司令这一职位的九个候选人之一。尽管没有成功当选，但被任命为新任舰队司令的顾问，这也说明他的品质得到了认可。关于比安科的船舶航行，见 Biblioteca Nazionale Marciana and Archivio di Stato，*Mostra dei navigatori veneti del quattrocento e del cinquecento*，exhibition catalog（Venice，1957），nos. 180–89。

　　[426]　见 Rawdon Brown et al. ，eds. ，*Calendar of State Papers and Manuscripts，Relating to English Affairs，Existing in the Archives and Collections of Venice，and in Other Libraries of Northern Italy*，38 Vols. ，Great Britain Public Record Office（London：Her Majesty's Stationery Office，1864–1947），1：67–71。

　　[427]　见 Tullia Gasparrini Leporace，*Il Mappamondo di Pra Mauro*（Rome：Istituto Poligrafico dello Stato，1956），5（"Presentazione" by Robert Almagià）and 11.

他保存至今的两部作品的前一年，但遗憾的是，这份遗嘱对他的职业活动只字未提。[428]

　　另一位海图制图师——格拉齐奥索·贝宁卡萨虽然在其海图的签名上没有提到这一点，但在 1461 年，他曾是一名船主或者担任船长（*padrone*），之后才在 1461 年制作出他保留至今的第一份海图和地图集。他的船被热那亚的海盗夺走（如 1460—1461 年的法律文件所示），这件事显然结束了他的船上生涯。[429] 贝宁卡萨至少有四分之一世纪的实践航海经验，这一点从他的家乡安科纳保存下来（直到第二次世界大战）的出自其手的一系列笔记中可以清楚地看到。1435—1445 年，他的航迹遍及亚得里亚海、爱琴海和黑海，"都是我的亲眼所见"。[430] 格拉齐奥索·贝宁卡萨的儿子安德烈亚似乎紧随父亲的脚步，积极活跃于海图制图师和帆船指挥员的工作领域。[431] 在这份简短的名单中，还可以加上第四位具有实际航海经验的海图制图师。科尔特桑提出对若热·德阿吉亚尔（1492 年海图的作者，该海图是现存的第一份由葡萄牙人署名并标明日期的作品）与一位同名的贵族航海家进行初步识别，后者于 1508 年在去印度的航行中失踪。[432]

　　一幅很少有人讨论的 15 世纪海图的作者图例告诉我们，其编辑者安东尼奥·佩莱钱虽然是在陆地上担任行政职务，但也与海洋有关。佩莱钱自称为 "*armiraio de Rutemo*"。[433] 在那时，1459 年，克里特岛的雷蒂莫（Retimo，即 Rethymnon）被威尼斯统治，其 *armiraio* 受命 434

⑱　Venice, Archivio di Stato, *Notarile Testamenti*, folder 1000, testament 303. 感谢戴维·伍德沃德提供这条参考资料。感谢 Archivio di Stato 的负责人 Maria Francesca Tiepolo 抄录了论及的艰涩的威尼斯手迹，感谢大英图书馆 Department of Manuscripts 的 Timothy Burnett，帮助我们做了翻译工作。

⑲　Emiliani, "Carte nautiche," 486（note 420）. Revelli, *Mostra Colombiana*, 92（note 315），指出，贝宁卡萨最早的海图来自热那亚，因为未完成的诉讼迫使他留在该城。

⑳　"Tochate chon mano, et vegiute cholli occhi." 见 Ernesto Spadolini, "Il portolano di Grazioso Benincasa," *Bibliofilia* 9（1907 - 8）：58 - 62，103 - 9，205 - 34，294 - 99，420 - 34，460 - 63, esp. 104；重印于 *Acta Cartographica* 11（1971）：384 - 450。Spadolini 也处理了经常被重复的假想说法，即贝宁卡萨的航海手册里包括海图（p. 61）。

㉑　Spadolini, "Benincasa," 60（note 430），引用了一条无法证实的资料来源，称威尼斯当局授予安德烈亚·贝宁卡萨 "一艘正在航行中的两桅帆桨战船"（una galera per andare in corso）的指挥权。Revelli, *Mostra Colombiana*, 70（note 315），补充了一种没有获得支持的说法，说此事发生在威尼斯和土耳其之间的战争期间（大概是 1463—1479 年的第一次战争，或者是 1499—1503 年的第二次战争）。

㉒　Cortesão, *History of Portuguese Cartography*, 2：212（note 3）. 一个假设性更强的判断是由 *Diccionari biogràfic*, 4 vols 中的一则为署名的条目提出的。（Barcelona：Alberti, 1966 - 70），Vol. 1, s. v. "Jaume Bertran." 这位波尔特兰是一名水手，1453 年，他在马略卡岛附近抓获了一名海盗。另一位学者记录下，同年和 1455 年，雅克梅·波尔特兰（Jacme Bertran）是马略卡船只的赞助人；见 Carrère, *Barcelone*, 2：638，926 n. 1（note 285）。大概在 15 世纪中叶，雅克梅前往热那亚居住，他属于定居在马略卡岛和巴伦西亚的一个改宗的犹太人家族（Carrère, *Barcelone*, 2：584）。1456 年，"雅各布"（Jachobus）·波尔特兰在已知其三幅海图中的第一张上署名。虽然这个姓氏在当时是很常见的，但罗多利科（Rodolico）认为，1489 年海图上的前缀 "Mestra" 可能代表了（就像 1500 年的胡安·德拉卡萨［Juan de la Cosa］一样）领航员的身份，这就与这位海图制图师可能是一名海员的说法形成了呼应。见 Niccolò Rodolico, "Di una carta nautica di Giacomo Bertran, maiorchino," *Atti del III Congresso Geografico Italiano*, Florence, 1898, 2 Vols.（1899）2：544 - 50, esp. 545。在 *Enciclopedia universal ilustrada Europeo-Americana*, 70 vols 和年度增补（Madrid and Barcelona：Espasa-Calpe, 1907 - 83），68：1187 中的一则未署名条目中也提出了类似的说法，即 1415 年，马蒂亚斯·维拉德斯特斯（Matias Viladestes）曾指挥了一艘属于 Francés Burgés 的船，他可能就是在 1413 年海图上署名的梅西亚·德维拉德斯特斯。在同一部著作（66：838 - 39）中，也把加布里埃尔·巴尔塞卡叫作一名 "海员"（*navegante*）。

㉓　Venice, Archivio di Stato. Uzielli and Amat di San Filippo, *Mappamondi*, 75（note 35），把作者的名字误读为 Antonio Pelegan e Miraro of Resina. 对作者图例的正确转录——此处要感谢 Maria Francesca Tiepolo 的帮助——应该是："antonio pelechan armiraio/de rutemo o fato questo chollfo 1459 adi 4 luio." 16 世纪的一位海图制图师 Antonio Millo 提供了一份类似的实例，他把其 "Arte del navegar" 签了 "Armiraglio del Zante"；见 Uzielli and Amat di San Filippo, *Mappamondi*, 216（note 35）。关于把 *armiraio* 解释为船上或者一支舰队的首席航行官，这样这一词也就适用于安德烈亚·比安科，见 Fred-eric C. Lane, *Venice：A Maritime Republic*（Baltimore：Johns Hopkins University Press, 1973），169，277，343 - 44。

负责港口的实际管理。这一职位需要在航海技术和航行技术方面都有经验。他手中只有一张朴实无华的亚得里亚海海图。佩莱钱的地位与 1496 年安德烈亚·贝宁卡萨的极为相似。作为安科纳的港口指挥官，他负责港口的防御工事。[434] 结合他所担任的其他官职来看，安德烈亚 1476 年地图集和 1490 年及 1508 年海图表明他一定并非全职工作。[435]

佩莱钱和安德烈亚·贝宁卡萨并不是仅有的享有特权地位的海图制图师。14 世纪初期，组建第一支佛兰德舰队时，威尼斯当局就征询了维斯孔特的意见。[436] 阿拉贡国王赋予了克雷斯圭斯·亚伯拉罕（他被认为是加泰罗尼亚地图集的作者）特殊权利，这也反映了他的能力，因为和其他犹太人一样，他一开始也遭受过歧视。[437] 一个更突出的例子出现在这段时间之后，1519 年，热那亚当局用 100 里拉的年薪把维斯孔特·马焦洛从那不勒斯引诱回来。[438]

这些例子都是对技能的奖励；它们很少告诉我们有关这些个人的社会出身。另一方面，格拉齐奥索·贝宁卡萨出身贵族家庭，而彼得罗·维斯孔特明显属于热那亚的统治家族之一。[439] 因此，早期海图制图师唯一记录下来的肖像与这两个人有关，这可能并非巧合。彼得罗·维斯孔特的 1318 年（威尼斯）地图集中黑海图幅的一个角落里，画着一个男人坐在一张倾斜的桌子前，正在绘制海图（图版 31）。[440] 人们很自然地推测，这幅画作的主题就是维斯孔特本人。第二个实例则是由格拉齐奥索和安德烈亚·贝宁卡萨的肖像组成的，放在一幅世界地图中。遗憾的是，1536 年曾提及这幅地图，但没有保存下来。[441]

如果认为我们根据这个简短的目录，就可以为这一时期所有其他有名字或者无名字的制

[434] Emiliani, "Carte nautiche," 488 (note 420).

[435] 其他 "业余爱好者" 的工作也是如此，就像佩雷托神父和的黎波里医生易卜拉欣·穆尔西（Ibrāhīm al-Mursī）一样——关于后者，见 Ettore Rossi, "Una carta nautica araba inedita di Ibrahim al-Mursi datata 865 Egira = 1461 Dopo Christo," in Compte rendu du Congres Internationale de Géographie 5 (1926): 90 – 95 (11th International Congress, Cairo, 1925)。

[436] 还不清楚此处是指哪位维斯孔特：彼得罗还是佩里诺；见 de La Roncière, Afrique, 1: 43 (note 100), and Crone, Maps and Their Makers, 17 (note 11)。

[437] Grosjean, Catalan Atlas, 13 (note 94).

[438] Revelli, Colombo, 472 – 78 (note 22)。1650 年，这笔钱还在支付给维斯孔特的继承人。

[439] 关于贝宁卡萨，见 Emiliani, "Carte nautiche," 485 (note 420)；关于维斯孔特，见 Revelli, Colombo, 237, 418 (note 22)。Matkovic, "Wien," 7 (note 294)，述及其家人于 1270—1339 年在威尼斯担任重要职务。最近发表的一份文件宣称表明维斯孔特是一名外科医生；见 Piersantelli, "Atlante Luxoro," 135 – 38 (note 364)。从 1326 年或 1327 年的威尼斯法律纠纷记录中得知，有一位来自热那亚的 "彼得鲁斯·维斯孔特"（Petrus Visconte）被认为是一位外科医生，考虑到维斯孔特海图的熟练程度，这实在令人惊讶。一位特雷维索（Treviso）的律师彼得罗·弗洛尔（Pietro Flor）被认为罹患急性水肿而濒临死亡，把他请去，并支付给他一大笔钱。然而，这份由皮耶尔桑泰利（Piersantelli）全文抄录的拉丁文文件并没有提供关于外科医生与海图制图师之间关系令人信服的证据。首先，彼得罗·维斯孔特和佩里诺·维斯孔特在其现存的 8 份作品上都签了名，写明他们的姓氏是 "Vesconte" 或 "Vessconte"，从来没有拼作 "Visconte"。文件中也没有提到海图制作，除非其中一位为他作证的人 "Rigo da Ie Carte" 的名字是这样解释的。根据皮耶尔桑泰利引用的另一份文件，最后一次提到彼得罗·维斯孔特，是 1347 年在热那亚（pp. 137 – 38）。

[440] Pagani, Vesconte, 20 (note 47), and Mollat du Jourdin and de La Roncière, Sea Charts, 14 (note 40).

[441] Emiliani, "Carte nautiche," 489 (note 420)。一个稍晚的例子是让·罗茨的自画像，初步确认这幅画插在一部海洋地图集中；见 Helen Wallis, ed., The Maps and Text of the Boke of Idrography Presented by Jean Rotz to Henry VIII, Now in the British Library (Oxford: Viscount Eccles for the Roxburghe Club, 1981), 38; idem, "The Rotz Atlas: A Royal Presentation," Map Collector 20 (1982): 40 – 42, esp. 42.

图师勾勒出一道出身高贵、社会地位显赫的相似的轮廓，那就大错特错了。历史记住的恰恰是像贝宁卡萨这样的贵族；他卑微的同侪除了自己的海图之外，没有留下任何纪念物。[442] 在 1438 年阿戈斯蒂诺·诺利的请愿书中，或许可以更公正地描绘出海图制图师真实的社会地位。诺利自称"非常贫穷"，设法说服了热那亚当局免除了他 10 年的税务——其中一个原因是，他们承认他的工作虽然非常耗时，但利润并不高。

海图贸易

我们对海图制图师普遍无知，与之相符的是，我们对他们客户的信息也非常有限。许多海图一定是为航海使用而绘制的，因此水手也会得到这些海图，这将在后面的章节中讨论。但是，具体的文献史料涉及的往往主要是更为华丽的作品，尤其是加泰罗尼亚风格的世界地图。前面已经提到了 1339 年由耶富达·克雷斯圭斯和弗朗切斯科·贝卡里受委托献给皇室的那些地图。1375 年的加泰罗尼亚地图集可能是为法国国王制作的；还有些例子（后来消失了）是由阿拉贡王室订购的。[443] 还可以辨识出一份可能是有王室委托制作的不太明显的王室作品。1426 年巴蒂斯塔·贝卡里海图上凸显的卡斯蒂利亚和莱昂（Leon）的纹章，使得温特推测这可能是为"西班牙王权"（更确切地说，是为卡斯蒂利亚国王）而制作的。[444] 然而，毫无疑问，彼得罗·维斯孔特为马里诺·萨努多绘制的未署名的梵蒂冈地图集是 1321 年献给教皇约翰二十二世的两部地图集之一。[445] 帕雷托的 1455 年海图，虽然现在不在梵蒂冈，但很可能是为同一年去世的教皇尼古拉五世（Nicholas V）制作的。[446] 他们俩都是热那亚人，帕雷托是罗马教皇的一位助手。另一位教会亲王——红衣主教拉法埃洛·里亚里奥（Raffaello Riario）接受了贝宁卡萨异常华丽的 1482 年海图。[447]

435

---

[442]　当然 Desimoni，"Elenco，"48（note 62）提到了贝卡里家族在热那亚的坟墓。热那亚的牧师乔瓦尼·达卡里尼亚诺和巴尔托洛梅奥·德帕雷托都提供了例外。1291—1329 年，卡里尼亚诺在当时的记录上出现了十多次；见 Ferretto，"Carignano，"36 – 45（note 76）。关于与帕雷托有关的文件，见 Canale，*Storia del commercio*，88，457（note 407）。迄今为止，1960 年开始出版的 *Dizionario biografico degli Italiani*（Rome：Istituto della Enciclopedia Italiana）中提到的海图制图师仅有巴蒂斯塔·贝卡里、两位贝宁卡萨和比安科（在 Angela Codazzi 所做的注释中）。与此类似的四卷本加泰罗尼亚的 *Diccionari biografic*（note 432）中，有仅关于杜尔切特和梅西亚·维拉德斯特斯的无署名的简短注释。*Enciclopedia italiana di scienze，lettere ed arti*（note 4）有仅关于格拉齐奥索·贝宁卡萨和彼得罗·维斯孔特的分别的标题（两者都是出自罗伯托·阿尔马贾之手）；*Enciclopedia universal ilustrada*（note 432）有仅关于巴尔塞卡和梅西亚·维拉德斯特斯的无署名注释。

[443]　关于完整的抄录，Reparaz，"Essai，"293 – 97（note 175）引用了 Antoni Rubió y Lluch，*Documents per l'historia de la cultura catalana mig-eval*（Barcelona：Institut d'Estudis Catalans，1908 – 21）。另见 Rey Pastor and Garcia Camarero，*Cartografía mallorquina*，66（note 28）。

[444]　Winter，"Roselli，"2（note 224）.收藏于 Bibliothèque Nationale，Département des Manuscrits，MS. Lat. 4850 中的意大利地图集属于路易十二世（1499—1515）；见 Georges Deulin，*Répertoire des portulans et pièces assimilables conservés au Département des Manuscrits de la Bibliothèque Nationale*（typescript，Paris，1936），20。

[445]　Rome，Biblioteca Apostolica Vaticana，Vat. Lat. 2972，见 Almagià，*Vaticana*，1：17 a（note 35）。

[446]　Uzielli and Amat di San Filippo，*Mappamondi*，74（note 35）．

[447]　里亚里奥的名字并没有被特别提及，但其家族纹章在海图上出现了三次，上面有一顶红衣主教的帽子；见 Emiliani，"Carte nautiche，"501（note 420）。圣塔伦子爵 Manuel Francisco de Barros e Sousa 声称苏黎世的 1321 年佩里诺·维斯孔特地图集是为威尼斯总督而绘制的；见其"Notice sur plusieurs monuments Géographiques inédits du Moyen Age et du XVIͤ siècle qui se trouvent dans quelques Bibliothèques de l'Italie，accompagné de notes critiques，"*Bulletin de la Société de Géographie*，3d ser.，7（1847）：289 – 317，esp. 295 n. 1；重印于 *Acta Cartographica* 14（1972）：318 – 46。然而，这是由于对后来添加在作者图例下面的注释的误读。

根据作者的图例，我们了解到贝宁卡萨所绘制的 1468 年地图集（大英图书馆，Add. MS. 6390）的一位委托人，他是热那亚医生、外交官普罗斯佩罗·达卡莫格里（Prospero da Camogli）。[448] 很有可能，巴蒂斯塔·贝卡里的 1426 年海图中的作者图例已经解决了对其原拥有者的疑问，因为在其变得完全难以辨认之前，最后的文字被解读为 "mense novembris ad requisicionem et nominee"。[449]

当时装帧的纹章是判断有关地图集最初接收人身份的另一种指标，尽管并不一定明确。威尼斯的科纳罗家族的纹章出现在两部匿名的地图集上：一个是在里昂收藏的地图集的封面上，另一个则是在大英图书馆的科纳罗地图集的藏书票中。[450] 另一部未注明日期的地图集，见于 19 个世纪文蒂米利亚的记录中，上面有著名的乌索迪马雷（Usodimare）家族的纹章。[451] 在 1447 年巴尔塞卡海图的边缘，有一个类似的个人戳记，阿米（Hamy）认为此人是弗朗切斯科·德劳里亚（Francesco de Lauria）。[452] 有一份纹章（后来被涂抹）表明 1466 年前后的托勒密手稿交给了博尔索·德埃斯特（Borso d'Este）（卒于 1471 年），这部手稿的最后一张对开页里面有一幅波特兰海图，被认为是该作品的一个组成部分。[453]

此外，根据记载，目前我们知道的最早收藏那些已经公开的海图和地图集的一些意大利家族，这些作品本身就很可能是由他们实际委托制作的。[454] 遗憾的是，目前还没有证据证明这一点，以及所附的无价的商业文献。在更普遍的迹象中，我们可以举科尔托纳海图的一个实例为例，这幅海图凸显了那个城镇的地名，使得阿米纳科怀疑是由科尔托纳委托制作的。[455]

436   这些早期的海图制图师是如何运作的——他们是一直接受委托工作，还是会画好存起来——在很大程度上还是一个猜测的问题。[456] 根据 1399 年的合同，克雷斯圭斯和贝卡里受雇专门为乌布里亚基工作，在任务完成后才能离开巴塞罗那。[457] 除了酬金之外，贝卡里至少还得到了生活费。然而，这种无所不包的赞助很可能并不典型。

---

[448] 这是 1500 年以前，在上面真正拼出了呈现对象的名字的海图或地图集，"Prospera Camulio Medico." 关于 Camogli，见 Revelli，*Colombo*，354，469（note 22）。

[449] Desimoni，"Elenco，" 48（note 62）。

[450] 关于里昂地图集，见 de La Roncière，*Lyon*，15（note 34）；关于科尔纳罗地图集（Egerton MS. 73），见 British Museum，*Catalogue of the Manuscript Maps*，1：17（note 40）。

[451] Uzielli and Amat di San Filippo，*Mappamondi*，101（note 35）。

[452] Foncin，Destombes，and de La Roncière，*Catalogue des cartes nautiques*，23（note 52）。

[453] Paris，Bibliothèque Nationale，Département des Manuscrits，MS. Lat. 4801. 见 Elisabeth Pellegrin，"Les manuscrits de Geoffroy Carles，président du Parlement de Dauphiné et du Sénat de Milan，" in *Studi di bibliografia e di storia in onore di Tammaro de Marinis*，4 Vols.（Verona：Stamperia Val don ega，1964），3：313 – 17。感谢首席策展人 Denise Bloch 提供此参考文献和其他观察。

[454] 此说的提出与 1447 年罗塞利地图集有关，这部地图集之前由佛罗伦萨的马尔泰利（Martelli）家族所有；见 Nebenzahl，*Rare Americana*，No. 164（note 411）。

[455] Armignacco，"Una carta nautica，" 192（note 243）。

[456] 1379 年，当未来的阿拉贡的胡安一世向马略卡索要一幅世界地图时，他表示愿意买一份现有的，或者委托制作一份最新的；见 Rubió y Lluch，*Documents*，2：202（note 443）。

[457] Skelton，"Contract，" 108（note 206）。

海图的制作与"中世纪晚期的畅销书"——时序表的制作之间似乎有许多相似之处。[458] 事实上，它们的历史大致上是同时代的，因为现存最早的时序表可以追溯到 13 世纪中叶。[459] 就像没有两幅海图是相同的一样，时序表的文字和装饰的区域或者区域变化，也往往反映出大多数时序表是为特定客户量身定做的事实。[460] 由于委托制作时序表的客户从店主到国王，[461] 因此其质量从普通到豪华各不相同。对于海图来说，如果一名特定的从业者只使用一种风格（无论是普通的还是华丽的），那么这种选择的广泛程度可能就不复存在了。但是，如果排除掉这种可能性，也就是装饰的程度，或者完全没有装饰，有时反映了顾客钱包的大小，那就大错特错了。

有了时序表和海图，更奢华的作品虽然代表了金字塔的顶峰，从一开始就被视为艺术品，因此必须合理地假设它们保存至今的数量不成比例。朴实无华的用于实际宗教用途的时序表，与用于导航功能的海图，这些几乎都没有保存下来，但它们是当时制作出来的绝大多数。波特兰海图的历史应该与这些日常使用的海图相关，一旦含盐的海水和不断的舒卷湮没了它们的轮廓，那就注定会被随意丢弃。但是，那些保存下来，充满魅力，偶尔在其侧旁还配有文字的豪华制作的产品会不可避免地得到更多的评论。[462]

在中世纪的意大利，艺术家和赞助人之间的契约关系是标准的程序。遗憾的是，除了重大事项之外，口头协议被认为足以解决所有事情。[463] 经过公证的合同往往会规定费用和完成日期，但这种潜在的有价值的信息来源经常被忽视。可能由于正是出于这一原因，迄今为止，只发现了一份涉及海图制图师的合同。由于 1399 年由克雷斯圭斯和贝卡里委托制作的世界地图尺寸大得异乎寻常，后者宣称在这两幅作品上花费了 11 个月的时间，[464] 但这对于计算绘制哪怕是最精致的波特兰海图所需的时间也没有什么用处。更为相关的是 17 世纪中叶一位英格兰海图制图师所引用的三个星期时间。[465]

尽管每幅海图都需要花费几周或者几个月的时间，但许多 14 世纪和 15 世纪的有签名的作品都注明了特定的日期。[466] 犹太制图师杰胡达·本·扎拉（Jehuda ben Zara）于 1497 年在亚历山大港绘制的海图就极好地说明了这一点。此图的日期为 2 月 8 日，作者图例中提到了几天前开罗苏丹被废黜一事（图版 19.18）。[467] 如果这些海图通常是为存货而制作的，但最终却未能卖出，那么这种日期的精确程度可能会令人尴尬。然而，在找到买家之前，让他们不署名，这本来就是件很简单的事了。

---

[458] L. M. J. Delaissé 的用词，引用于 John Harthan, *Rooks of Hours and Their Owners* (London: Thames and Hudson, 1977), 9。

[459] Harthan, *Books of Hours*, 13 (note 458)。

[460] Harthan, *Books of Hours*, 12 (note 458)。

[461] Harthan, *Books of Hours*, 31 (note 458)。

[462] 还可以补充一点，那就是复制的问题。哈森（Harthan）对于时序表也有类似的观点；见其 *Books of Hours*, 31 (note 458)。

[463] Hannelore Glasser, *Artists' Contracts of the Early Renaissance* (New York: Garland Publishers, 1977), 1。

[464] Skelton, "Contract," 108 (note 206)。

[465] Nicholas Comberford; 见 Smith, "Thames School," 91–92 (note 185)。

[466] 这在当时的手稿书籍中很是常见；见 Andrew G. Watson, *Catalogue of Dated and Datable Manuscripts c. 700–1600 in the Department of Manuscripts, the British Library* (London: British Library, 1979)。

[467] Almagià, *Vaticana*, 1: 47 (note 35)。

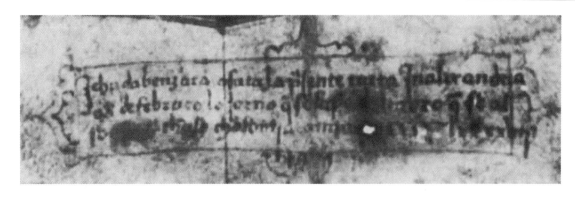

图 19.18　波特兰海图上的实时附记

由杰胡达·本·扎拉（Jehuda ben Zara）所写，这一图例的时间为 1497 年 2 月 8 日，提到了开罗的苏丹在几天前被推翻的事。然而，如此的精确度在保存下来的海图中非常少见，即使有日期的话，通常也只是提到年份。

Biblioteca Apostolica Vatican a, Rome 提供照片（Borgiano Ⅶ）。

437　　　巴塞罗那一系列 14 世纪晚期的文件提供了对海图贸易的宝贵一瞥。在每一个案例中，都提到了商人多梅内奇·普霍尔（Domenech Pujol），它们描述了在 1390 年和 1392 年的几次交易中，多梅内奇是如何把《航海图》（*cartes de navegar*）分四批委托水手佩雷·福尔奇（Pere Folch）或佩雷·雅尔贝（Pere Jalbert），让他们在地中海各地出售的。[68] 亚历山大、热那亚、那不勒斯、比萨和西西里岛全都提及。这些文件在两个方面令人惊讶。首先，在 14 或 15 世纪，巴塞罗那并非著名的制图中心，而且在作者图例中唯一提及这座城市的，是 60 多年之后的 1456 年波尔特兰和里波利（Ripoll）海图。其次，这些记录在显示中世纪商人关于海图的活动方面是独一无二的，表明这种做法非常普遍。普霍尔自己是不可能绘制海图的，而且他处理这些海图的方式似乎与处理其他商品一样。例如，雅尔贝收到指示，要他在亚历山大以货易货交易胡椒，然后可能轮到收货人来卖出海图。因此，在海图制图师和海图用户之间，也许有三个或者更多的中间人。

　　波特兰海图对地中海和黑海所有海员来说都息息相关，而且实用，这大概可以解释普霍尔冒着没有预先确定的订单的风险将海图运出去的原因。例如，福尔奇在 1392 年 10 月 23 日的最后一次委托中，按要求在西西里岛或者比萨出售其海图。普霍尔文件还记述了寄售海图的价值。[69] 这四组的四张海图的价格范围从 8 镑（*libra*）16 苏埃尔多（*sueldo*），到 7 镑 17 苏埃尔多。因此，每份海图的价值约在 2 镑左右。这个数字可以与弗朗切斯科·贝卡里在大约 10 年后为与耶富达·克雷斯圭斯合作制作的大型世界地图（也是在巴塞罗那）所商定的金额进行比较。尺寸较小的（150 × 310 厘米）需要 60 阿拉贡弗洛林（florin），较大的（368 × 368 厘米）则需要 60 弗洛林。

　　从布尔戈斯（Burgos）大教堂记录的数据中，我们可以把这三个数字与当时的工资和物价联系起来。例如，一名工人需要工作 26 天左右才能挣到一幅普霍尔海图的价格，而较小的贝卡

---

　　[68]　Carrère, *Barcelone*, 1：201 n. 4（note 285）．最早的参考资料是一组 8 张海图，通过一位不知名的代理人发送到佛兰德。

　　[69]　见 Carrère, *Barcelone*, 1：201 n. 4（note 285）。

里—克雷斯圭斯世界地图大约需要 480 天，较大的则需要 800 天。世界地图的尺寸分别是海图平均尺寸（65×100 厘米）的 7 倍和 21 倍左右。虽然大概只用到一张皮革，但每幅普霍尔海图的价格相当于 20 张未使用过的皮纸。如果这表明原材料成本只构成了海图售价的一小部分，那么贝卡里提出的费用大约相当于日常劳动工作的三倍，这证明海图制图师的薪酬相当丰厚。[470]

这 24 份海图应该是由一个人在两年内从一个本来不知道有一名常驻海图制图师的城市中运出，[471] 这表明了完全依靠保存下来的作者图例来获取有关各制作中心的信息，是多么的不明智。然而，如果谨慎处理的话，这一证据还是有价值的。在标明其绘制地点的 16 世纪和 15 世纪作品中，约有三分之一是在马略卡岛制作的，另外三分之一则是在威尼斯。[472] 威尼斯的实力和重要性毋庸置疑，但马略卡岛的主导地位似乎令人惊讶。但是，根据 13 世纪中叶的《航海手册》中所描绘的路线编制出的一幅现代地中海地图，表明巴利阿里（Balearic）群岛在海上交通方面作为十字路口的作用。[473] 这就使帕尔马成为讲加泰罗尼亚语的世界中海图绘制活动的天然中心。在已知海图的作者图例中，亚历山大、安科纳、热那亚和罗马全都被提及过不止一次，但是像巴塞罗那—里斯本、伦敦、那不勒斯、雷蒂莫、萨沃纳和的黎波里一样，它们的名称都只在一份文件中被提及。[474] 这些数字都是扭曲的，因为像罗塞利这样的人总是要把完整的作者图例写进去，而其他人都会忽略掉。其中总数的三分之一，是由漂泊不定的贝宁卡萨单独贡献的。   438

尽管有一种倾向，认为波特兰海图的前两个世纪在马略卡岛、热那亚和威尼斯三地平均分布，但热那亚的贡献有时被夸大了。[475] 这主要是因为热那亚的历史学家在这一领域比威尼斯的历史学家更加活跃。事实上，威尼斯的档案馆里几乎没有关于海图绘制的信息（但是很难相信根本不存在）。实际上，正是在热那亚档案馆发现的文件中，我们可以看到，海图绘制在这座城市几乎完全消失了，正如前面提到的 15 世纪的诺利和帕雷托文献所证实的那样。1392 年普霍尔从巴塞罗那发到热那亚的四份海图也不能说明在前 1 世纪晚期，当地的制图业是繁荣的。在所涉及的其他五名热那亚人中（不包括可能的达洛尔托/杜尔切特），乔瓦尼·达卡里尼亚诺严格说来不属于波特兰海图传统，彼得罗或者佩里诺·维斯孔特、巴

---

   [470]　关于贝卡里—克雷斯圭斯的合同，见上文，p. 430。来自下面的关于货币和价值的信息，我是在 Angus MacKay 的指导下了解到的；见其 *Money*, *Prices and Politics in Fifteenth-Century Castile*（London：Royal Historical Society，1981），141，144，150；另见 Peter Spufford and Wendy Wilkinson，*Interim Listing of the Exchange Rates of Medieval Europe*（North Staffordshire：Department of History，University of Keele，1977），189。这些数字是基于以下的货币等值得出的：关于 1390 年，1 弗洛林 = 0.55 镑 = 23 *maravedíes*；关于 1400 年，1 弗洛林 = 48 新 *maravedíes*。

   [471]　不过，普霍尔自己也不是不可能把海图从马略卡岛引进到巴塞罗那。

   [472]　当提到作者的出生地（例如 "de Janua"）时，有时会被误解为制作地点（例如 "in Janua"）。个别实例参见附录 19.2 和 19.4。关于 Majorca："Civitate maioricarum，"每当宣布这座城镇时，指的就是帕尔马。

   [473]　Quaini，"Catalogna e Liguria，"569；另见 560（note 60）。

   [474]　关于那不勒斯，应该提到那不勒斯的祖阿内，他是只有通过科尔纳罗地图集才知道的人之一。在穆尔西海图的作者图例中，提到了的黎波里，但不确定所说的这座城市指的是利比亚的还是黎巴嫩的。Rossi，"Carta nautica araba，"91（note 435），发现了马格里布的手迹，似乎认为这幅海图是在北非绘制的。值得注意的是，弗朗切斯科·贝卡里在他的 1404 年海图的注释中，提到了杰出的加泰罗尼亚、威尼斯和热那亚的从业者，"以及其他在过去时代曾经制作航海图的人 "（见注释 384）。

   [475]　甚至有人声称，14 世纪初期，热那亚是海图制作的中心，有自己的官方市政工作坊；见 Laura Secchi，*Navigazione e carte nautiche nei secoli* XIII – XVI，在热那亚的红宫（Palazzo Rosso）举办的一次展览的名录，从 1978 年 5 月到 10 月，第 38 页，引用了 Giuseppe Piersantelli，*L'atlante di carte marine di Francesco Ghisolfi e la storia della pittura in Genova nel Cinquecento*（Genoa，1947），1–7。在这种情况下，需要区分 "热那亚 " 和 "热那亚人 "。

蒂斯塔或者弗朗切斯科·贝卡里都从来没有在热那亚工作过，只有阿尔比诺·达卡内帕似乎对他的家乡城市表现出了全心全意的忠诚。前面提到过的维斯孔特·马焦洛的案例也说明了热那亚海图制图师的迁出意愿。

几份毫无疑问的热那亚海图的出现，进一步证实了这座城市存在独特而持续的海图制作传统。马略卡模式的强大影响是显而易见的。如果有人反对说加泰罗尼亚的精美装饰风格最早出现在达洛尔托/杜尔切特的海图上，并声称其起源于热那亚，因此马略卡人是模仿者，这一说法遭到了强烈的反驳。首先，任何一份比 1455 年帕雷托更早的海图能真正表明它是在热那亚绘制的（如果我们不包括卡里尼亚诺地图的话），其次，已知的热那亚海图制图师的作品仅仅包含了加泰罗尼亚的某些特征。就装饰元素而言，把热那亚作品视为加泰罗尼亚风格的模仿或浓缩，是最合理的做法。[476]

热那亚的微薄贡献（起码在最早时期之后）必须与 1500 年威尼斯在波特兰海图建设中所发挥的卓越作用形成鲜明对比。除了在热那亚签署的 21 件作品之外，还有几件作品被认为是威尼斯从业者的风格。[477] 在大多数情况下，除了航海必备的细节之外，威尼斯人的作品没有任何其他细节，独特的朴素性是它的标志。如果未来的研究能够在文体和正字法的基础上，成功地把大量未署名的作品与某个特定的起源地联系起来，那么马略卡岛（可能就是帕尔马）和威尼斯很可能将被视为这一时期有能力支撑现有海图绘制学派的唯一中心。

波特兰海图的功能

我们可以断言，波特兰海图在到达其第一个所有者手中之后，就会引发更大的兴趣，这不无道理。毋庸置疑，无论将其作为手艺制品还是制图记录，海图都可以因其使用方式而变得更为重要。实际上，功能问题可以说是所有问题中最关键的。

档案方面的用途

教学和实践这两个维度需要分开，尽管它们不可避免地会倾向于发生重叠。收藏于大英图书馆的《科纳罗地图集》是用于教学而非船上使用的最好例子。它的 34 张图幅包括 8 个版本的标准波特兰海图（其图幅有 1 张、2 张或 3 张不等）。[478] 在专门针对特定区域的海图中，爱琴海被处理了 5 次，黑海被处理 4 次。这种重复延伸到了黑海和亚得里亚海的多种轮廓，可以在单张图幅上配对比较。

对于这种奇怪的威尼斯收藏，最有可能的解释是，其中包括了被认为是意大利、加泰罗尼亚和葡萄牙最好作品的档案副本。有充分的迹象表明，地图集的历史可以追溯到 1489 年

---

[476] 当然它推翻了 Andrews, "Scotland in the Portolan Charts," 138 (note 249) 中的判断。然而，在此处应该强调巴蒂斯塔和弗朗切斯科·贝卡里的地名原创性（见表 19.3, pp. 416 – 420）。1399 年，弗朗切斯科·贝卡里出现在巴塞罗那（见 p. 430），也强调了热那亚与加泰罗尼亚之间地图制作的联系，正如 Quaini 的标题与主题："Catalogna e Liguria"（注释 60），以及 1392 年从巴塞罗那运到热那亚的海图，见上文，p. 437。

[477] 例如，Andrews, "Rathlin Island," 33 – 34 p. 1 (note 247)，认为出自吉罗尔迪之手。

[478] British Museum, *Catalogue of the Manuscript Maps*, 1：17 – 20 (note 40).

前后。[479] 它将葡萄牙人在此仅仅六年前于安哥拉的发现与地中海的海图（其中一些模型是该
世纪初绘制的）并列起来，表明人们依然尊重那些我们原本认为已经过时了的工作。[480] 439
P. D. A. 哈维指出，在15世纪晚期的威尼斯，地图对行政机构的价值得到了独特的赞赏。[481]
我们是否可以在这里看到这种地图绘制意识的航海方面？

　　也许可以对其他一些现存的地图集进行类似的档案解读。在美第奇地图集（见附录
19.1）中发现的亚得里亚海的备选草图，可能与科纳罗卷帙中的草图（图19.9）的解释相
同。除了为记录而制作的副本之外，我们还可以指出，在皮内利—瓦尔肯纳尔和皮齐加诺地
图集中插入其他材料，可能反映了类似的文献目的。[482] 科尔托纳海图北面有一则关于到圣地
朝圣的注释，[483] 让人们注意到海图可能发挥的另一种功能：规划或者记录航行。

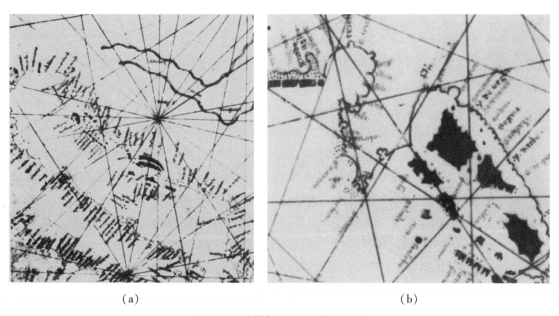

(a)　　　　　　　　　　　　　　　(b)

图19.19　美第奇地图集中的伊斯特拉

在这部看似统一的地图集中，出现了明显不同的亚得里亚海草图，表明它们本来是档案的副本。两幅小比例尺海图
之一（a）上的伊斯特拉部分的细部显示了典型的14世纪中叶的地名范围。相比之下，比例尺更大的图幅（b）包括了
诸如"san iacomo"（最早发现于1367年的一幅标明日期的海图上）和"setrenice"（最早发现于1408年）此类的地名，
而较早的"cauo de osero"则已被删除。

Biblioteca Medicea Laurenziana, Florence（Gaddi 9, charts 6 and 3 respectively）许可使用。

---

[479]　在其 *History of Portuguese Cartography*, 2：195 - 200（note 3）之中，科尔特桑给出了对这部作品的完整校对，并讨
论了早期对它的描述。

[480]　所附文本还包括14世纪和15世纪初期的材料；见 Revelli, *Colombo*, 351（note 22）。

[481]　Harvey, *Topographical Maps*, 60 - 61（note 8）. 关于在15世纪中期的热那亚也有的类似的赞赏，见 p. 430提到的
诺利的请愿书。

[482]　关于皮内利—瓦尔肯纳尔地图集，见 Marie Armand Pascal d'Avezac-Macaya, "Fragments d'une notice sur un atlas
manuscrit de la Bibliothèque Walckenaer：Fixation des dates des diverses parties dont il se compose," *Bulletin de la Societe de
Géographie*, 3d ser., 8（1847）：142 - 71, esp. 171。关于皮齐加诺，见 Errera, "Atlanti," 91 - 96（note 221）。

[483]　Armignacco, "Una carta nautica," 186（note 243）, and Caraci, *Italiani e Catalani*, 278（note 175）。

船上使用

然而，这些实例只能给我们提供一小部分的信息，因为在船上使用波特兰海图的证据是压倒性的。最早发现的有关中世纪海图的参考文献已经清楚地表明了这一点。1270 年，法国国王路易九世（Louis Ⅸ，即圣路易）从艾格莫尔特（Aigues-Mortes）出发前往突尼斯，一场暴风雨迫使他前往卡利亚里（Cagliari）。为了让国王确信他们已经接近陆地，船长给他看了一张地图，该图肯定是海图，尽管这次航行的记录是用拉丁文书写的，而且用的是"mappâ mundi"这样的词。[484] 同样模棱两可的说法在 1294 年在此出现，当时阿拉贡王子要求归还一所被意大利海盗劫持的船——墨西拿（Messina）的"圣尼古拉"（San Nicola）号。[485] 如果文本解释正确的话，清单中列出了不少于三份海图。更具说服力的是 1354 年的阿拉贡法令，该法令规定每艘帆船都应该携带一对海图。[486] 如果这要求看起来有点过高的话，在三年后缴获的热那亚船只上至少有四份海图。[487] 在 15 世纪还可以找到在船上使用的更多证据。弗朗切斯科·贝卡里在其 1403 年海图上特别提到了"所有在海洋中航行或者将要航行的人"，[488] 诺利和帕雷托提交给热那亚当局的文件中都强调了海图的航海价值——事实上，也是必要性，并将其与磁罗盘紧紧联系在一起。

因此，要证明早期的波特兰海图已经成为公认的航海设备一部分的书面证据，必须与上一节中同样清晰的迹象相一致，也就是说其他例子的制作是为了满足陆地居民的娱乐和启发需要。[489] 但是，关于这两种类型之间的分界线和如何根据推测出的导航功能或者装饰功能来区分现存的海图，现在还没有现成的一致意见。目前最激进的解释，认为所有实用的探路图都已经不复存在（除了偶尔发现的残片之外）。目前可供研究的那些海图上面都缺少航行标记（这一点在下一节中讨论），这进一步证明了几乎所有现存的实例都应视为与船上所用的海图不同的类型。[490] 对那些上面有明显水渍的海图进行系统性的化学分析，以测试是否存在盐分痕迹，将为这些主要是理论性的讨论注入一些必要的数据。

例如，人们普遍认为，更精细的作品都不会带到海上去，而在船上所使用的都是意大利风

[484] Guillaume de Nangis, "Gesta Sanetre Memorire Ludovici" (Life of Saint Louis), in *Recueil des historiens des Gaules et de la France*, 24 Vols., ed. J. Naudet and P. Daunou (Paris: Imprimerie Royale, 1738 – 1904), 20 (1840): 309 – 465, esp. 444.

[485] Charles de La Roncière, "Un inventaire de bard en 1294 et les origines de la navigation hauturiere," *Bibliothèque de l'Ecole des Chartes* 58 (1897): 394 – 409.

[486] Hamy, "Origines," 416 (note 47). 一些专家引用了此法令的其他日期: 1352 年: ——例如, Reparaz, "Essai," 286 (note 175); 以及 1359 - Clements R. Markham, *The Story of Majorca and Minorca* (London: Smith Elder, 1908), 172。值得注意的是, 1331 年的一类类似法令并没有提到海图; 见 José Maria Madurell y Marimon, "Ordenanzas maritimas de 1331 y 1333," *Anuario de Historia del Derecho Espanol* 31 (1961): 611 – 28。

[487] De La Roncière, *Afrique*, 1: 123 n. 2 (note 100).

[488] 见注释 384。

[489] Giuseppe Caraci, "Un'altra carta di Albertin da Virga," *Bollettino della Reale Società Geografica Italiana* 63 (1926): 781 – 86, esp. 783, 使用了 *carta d'uso* 这一术语, 用于第一种类别中的那些; Mollat du Jourdin and de La Roncière (i. e., Isabelle Raynaud-Nguyen), *Sea Charts*, 200 (note 40), 把第二种类别的实例描述为"艺术品、收藏家的作品"。需要强调的是, 这两种类型的作品在水文和地名内容方面没有区别。

[490] 例如, Giuseppe Caraci, "An Unknown Nautical Chart of Grazioso Benincasa, 1468," *Imago Mundi* 7 (1950): 18 – 31, esp. 20, 谈到了"到这个时期为止所知的真正使用的航海地图的例子非常罕见"。

格的普通海图，而且通常都是磨损得破旧不堪。尽管没有确凿的证据来支持这个论点，而且在中世纪的语境中，功能和艺术的区分没有什么意义，但这似乎确实是一个合理的解释。为了符合阿拉贡法令的要求，或者仅仅是为操作需要而拿到船上的海图，本来应该是廉价的，因此也就不做装饰，这就与著名的 1439 年巴尔塞卡海图的奢华制作形成了鲜明对比。但是，必须重申先前的警告，不能按照民族主义的路线将问题过于简单化。每个主要的海图制作中心，也许大部分个体从业者，可能都有能力根据需要制作航海用图或者奢华海图。

如果对单独海图的功能存在分期，通常认为大量的波特兰海图一开始就打算放在图书馆的书架上的。[491] 但是，这个理论有几项缺点。首先，地图集为水手提供了许多优于海图的实际优势。例如，在正常海图上无法适当地体现葡萄牙人在大西洋诸岛和非洲西海岸一带的发现。[492] 此外，一系列重叠的海图，有时要固定在坚硬的木板上，并用皮革装订保护，这样既容易使用，又更加耐用，因为这样的话这些海图就不容易起皱，也不容易变形，并且可以为使用平行的尺子提供平坦的表面。在某些地图集中发现的逾越节历可能有纯粹的宗教意义，但如果要准确地预测大西洋的潮汐，那么更频繁地出现在这些书卷之前的阴历则是导航设备的重要组成部分（有关日历，见附录 19.1）。

然而，必须承认的是，有关"建设港口"的最早记录的解释是在加泰罗尼亚地图集中发现的，而最广泛的一套导航规则和航海指南都是记录在科纳罗地图集中[493]——这两部地图集都保存了下来，正是因为它们没有在海上冒险。第一部可以解释为宇宙学纲要，第二部可以解释为档案副本的集合；但是，我们有充足的理由认为，这些作品中包含的基本航海信息以不太张扬的形式进入了大海。最有可能的工具是一部波特兰地图集，1436 年由帆船军官安德烈亚·比安科所绘的就是一个很好的例子，因为它开篇是一张包含数学表格的册页，被称作"数学表格"（*Toleta*）（在下文会进行讨论）。我们只能推测，比安科的地图集带到了海上；但是在另一种情况下，有充分的迹象表明，事实确是如此。 441

在梵蒂冈的藏品中，有一部匿名的地图集，其日期为 1452 年。[494] 阿尔马贾认为它出自威尼斯人之手，可能来自吉罗尔迪的工作坊。他还在一些不同的后来的手迹中发现了几处重要的增补。阴历表（其 19 年的周期可以无限循环）已经加以注释，以辨识 1561 年、1571 年和 1618 年的相关字母；在帕克西（Paxos）的旁边有一条注文，可能写自 16 世纪；并用三种不同的 16 世纪笔迹，添加了 4 条注释，描述了通往各个港口的途径。因此，超过一个半世纪的时间以来，这部地图集（19 世纪才入藏梵蒂冈）一直在更新实用的航海信息。[495] 与其他论点结合起来，梵蒂冈地图集证明了一种可能性（如果不是概率的话），像波特兰海图一样，一些波特兰地图集被带到了海上，即使受其额外成本所限，只能用于更大的船只上。

---

[491] Almagià, *Vaticana*, 1：Ⅷ（note 35）.

[492] 加泰罗尼亚人的解决方案是制作一幅世界地图，但这些地图不可能带到海上去。

[493] Derek Howse, "Some Early Tidal Diagrams," *Revista da Universidade de Coimbra* 33（1985）：365–85, esp. 366–68. British Museum, *Catalogue of the Manuscript Maps*, 1：20–21（note 40）.

[494] Rome, Biblioteca Apostolica Vaticana, Vat. Lat. 9015. Discussed in Almagià, *Vaticana*, 1：43–44（note 35）.

[495] 后来在一些早期海图中插入的纬度比例尺，也应该从同样的角度来看待；见上文，p.386。

航海实践

尽管上述内容至少明确地指出了一些波特兰海图和地图集在航海中所起到的实际作用，但并没有说明它们的确切作用。为此，有必要对当时的航海做一个简要的回顾。面对它们看起来很接近现代的海岸轮廓，人们很容易想当然地以为中世纪海图的使用与现代海图的功能相似。通过对早期航海方面的一些了解，建议在这方面要保持谨慎。[496] 至少在 14 世纪早期，像十字测天仪和象限仪等工具就可以使用了，[497] 但是一直到三百年以后，它们仍然没有对地中海航行产生任何明显的影响。针对有人声称葡萄牙人只是为了自己的使用而将地中海已经使用的天文导航技术据为己有的各种说法，特谢拉·达莫塔进行了驳斥，令人信服地证明，地中海水手直到 18 世纪才采用了科学技术。[498] 在此之前，事实证明，带有斜航线的海图足以用于传统的航位推测法（根据行进的方向和距离来估算位置）。

关于此，有两个主要原因。首先，因为地中海的距离相对较小，这就意味着一艘船离开陆地的视线超过一周以上时间，是极不寻常的；[499] 事实上，在各独立的地中海盆地中，每天都能看到海岸线，误差绝不会累积。[500] 其次，早期的星盘最多精确到接近纬度的六分之一（约 18 千米），虽然可以用于远洋航行，但对于航程较短的地中海来说，就太不精确了。[501] 被特谢拉·达莫塔引用的权威人士是在 16、17 世纪写就的，但没有理由怀疑他们对地中海航行方法的一致描述同样适用于中世纪。尤为重要的是安东尼奥·德纳涅拉（Antonio de Naiera）在 1628 年发表的评论，即地中海领航员没有注意到罗盘的变化，因为这揭示了它与 14、15 世纪的不间断的联系，而早期海图的使用者显然没有意识到这种现象。

现存最早关于地中海航行实践的记载是由诗人撰写的，所以不如后来经验丰富的水手的描述可靠，但证实了这种连续性。弗朗切斯科·达巴贝里诺在他创作于 14 世纪初期（接近最早的海图的时间）的《博爱》（Documenti d'amore）中，只提到了三种导航辅助工具：海图、磁石（磁化针）和沙漏（larlogio）。[502] 尽管达巴贝里诺没有对此提出确凿佐证，但可以想象，到这一较早的时期，水手们已经意识到有这样一种计算工具，用于计算船只被迫离开其直线航向（比如因为逆风）时在海上获得的有效距离，以及新的最佳方向。

就目前所知，这种方法最早是在《科学树》（Arbre de Sciencia）中进行了描述，这部著作是拉蒙·柳利于 1295—1296 年撰写的作品。[503] 这种方法被后人称作"Raxon de marteloio"，

---

[496] 关于在波特兰海图发展起来之前地中海航行的叙述，见上文 pp. 386 – 387。

[497] George Sarton, *Introduction to the History of Science*, 3 Vols. （Baltimore：Williams and Wilkins, 1927 – 48），Vol. 3, *Science and Learning in the Fourteenth Century*, 600 – 601, 696.

[498] Teixeira da Mota, "Art de naviguer," 140 (note 70).

[499] Teixeira da Mota, "Art de naviguer," 137 (note 70), 引用了 Alonso de Santa Cruz, 约 1555 年。

[500] Teixeira da Mota, "Art de naviguer," 138 (note 70), 引用了 Antonio de Naiera, 1628 年。

[501] Teixeira da Mota, "Art de naviguer," 130 (note 70).

[502] Francesco Egidi, ed., *I Documenti d'amore di Francesco da Barberino secondo i MSS originali*, 4 Vols., Società Filologica Romana：Documenti di Storia Letteraria 3 (Rome：Presso la Società, 1905 – 27), 3：125 – 26.

[503] Cortesão, *History of Portuguese Cartography*, 1：205 (note 3), 然而，有人认为，意大利水手在 13 世纪下半叶使用了这种方法，而数学表格（*Toleta*）的创造被认为是出自与莱奥纳尔多·皮萨诺和他的学生坎帕诺·达诺瓦拉有关的数学学派之手，见 Motzo, "Compasso da navigare," LI (note 103)。

并附有数学表格（*Toleata*），可以在海上实际使用。[504] 现存最古老的两个数学表格（*Toleta*）的例子都来自威尼斯，并且可以追溯到 15 世纪：一例是在 15 世纪后期的科纳罗地图集中复制的（图 19.20），另一例是在 1436 年的比安科地图集中复制的。[505] 然而，在 1390 年的热那亚的一份库存清单中，提到了一份殉道者名册（martilogium），[506] 而且，1382 年，克雷斯圭斯·亚伯拉罕呈给国王"某些表格"[507]——这似乎被解释为数学表格（*Toleta*），尤其是"导航表"和世界地图在九年后的一次请求中被联系在一起。[508] 尽管如此，数学表格（*Toleta*）的起源似乎可以再向后推迟一个世纪，因为柳利的《科学树》中的一段话虽然有歧义，但包含了"仪器"这个词，有人认为这是指说明性的表格。[509]

如果只靠数学表格（*Toleta*），导航员就会参与到柳利和比安科所提到的乘法计算中。[510] 为了避免这种情况，人们设计了"圆形和正方形"图。比安科的地图集中就有这样一个适当的示例。[511] 一旦他吸收了"Raxon"，并自己装备了数学表格及其图形解决方案，那么任何领航员都应该能够"解决横移问题"：换句话说，在改变航向或者被吹离航线时进行必要的调整。但数学表格的有效性取决于对初始位置的正确判断和对航行路线的准确估计。同样，最重要的元素是导航员的技能和经验，因此在这一点上，数学表格是不可替代的。

如果数学表格用于地中海航行——肯定是从 15 世纪早期开始的，也可能从 13 世纪晚期开始——它将与现存的从那个时候到 1500 年的大多数海图共存，如果不是全部的话。但是，当试图确认这些表格实际上是与波特兰海图一起使用的话，就出现了相互矛盾的证据。尤其是在使用圆规时存在混淆。比安科特别指出：数学表格的使用既没有标尺也没有圆规。[512] 但

[504]　关于 *Raxon de marteloio* 的正确翻译，意见并不一致。Nordenskiöld, *Periplus*, 53（note 14）在找加泰罗尼亚灵感的证据时，用西班牙语的"计数"和"锤子"这两个词来搜索解答，他认为这是用敲钟来标记手表；另一些人则认为这个词来自意大利，第一个单词被解释为"规则"，第二个则仍然是个谜。关于数学表格（Toleta）是如何运作的详细解释，见 Cotter, "Problems of Plane Sailing," 5–11（note 137）；Nordenskiöld, *Periplus*, 53（note 14）；and Taylor, *Haven-Finding Art*, 118–21（note 7）。导航员估算了航程与实际航向和期望航向之间的距离和角度（用风速的四分之一来表示），然后就可以从表格中读出船只偏离航线的距离以及航线的长度。令人困惑的是，最近有一本书使用"marteloio"一词来描述标准波特兰海图的基本斜航线网格，而不是"圆形与正方形"图；对 Mollat du Jourdin and de La Roncière, *Sea Charts* 12（illustration），276–77（glossary）（note 40），and Taylor, *Haven-Finding Art*, pl. Ⅷ（note 7）进行比较。

[505]　关于科尔纳罗地图集（Egerton MS. 73），见 British Museum, *Catalogue of the Manuscript Maps*, 1：20（note 40）。标题为"La Raxom del Marteloio"的一节没有标明日期，而且，没有明显的理由将其与下一段结合起来，后者包括"Hordeni e chomandamenti"，由 Andrea Mocenigo 发行于 1428 年，正如 Revelli, *Colombo*, 351（note 22）一样。关于比安科的地图集，见 Nordenskiöld, *Periplus*, 53（note 14）。

[506]　Revelli, *Colombo*, 453（note 22）.

[507]　"Quasdam tabulas in quibus est figura mundi"；见 Rubio y Lluch, *Documents*, 2：253（note 443）。Taylor, *Haven-Finding Art*, 117（note 7），将其解释为对航海表格的参考。

[508]　"Nostre mapa mundi e les taules de navegar"；见 Rubió y Lluch, *Documents*, 1：364（note 443）.

[509]　Cortesiio, *History of Portuguese Cartography*, 1：206–7（note 3）；Taylor, *Haven-Finding Art*, 118（note 7）.

[510]　On Lull see Cortesiio, *History of Portuguese Cartography*, 1：206（note 3）. 关于比安科，见 Cotter, "Problems of Plane Sailing," 11（note 137）；Taylor, *Haven-Finding Art*, 116（note 7）. Lane, *Venice*, 169（note 433）引用了伊娃·G. R. 泰勒的话："水手是第一个在日常工作中使用数学的专业群体。"

[511]　Vincenzio Formaleoni, *Saggio sulla nautica antica de' Veneziani con una illustrazione d'alcune carte idrografiche antiche della Biblioteca di San Marco, che dimostrano l'isole Antille prima della scoperta di Cristoforo Colombo*（Venice：Author, 1783），30.

[512]　"Senca mexura e senca sesto"；见 Formaleoni, *Saggio*, 30（note 511）。

442

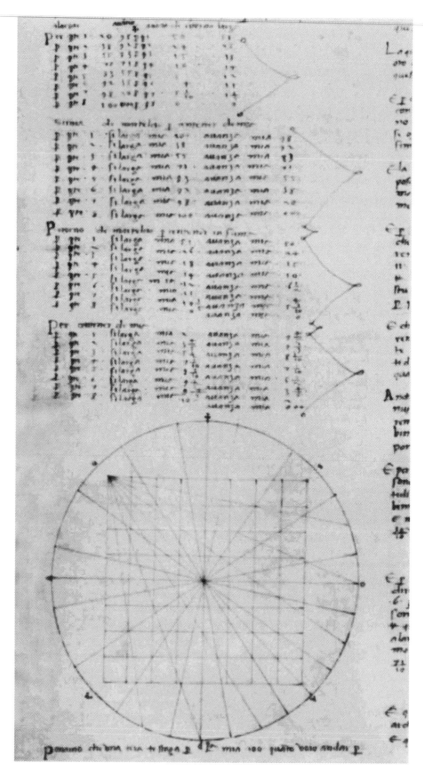

图 19. 20 数学表格（Toleta）

此类数学表格有时会收入波特兰海图集中，以帮助水手们计算出当船只被迫偏离航道时所获得的有效距离以及最佳新航向。这是现存最古老的一例，在 15 世纪末的科纳罗地图集（Cornaro atlas）中得以复制。然而，到了 14 世纪末期，似乎数字表格就已经存在了。

原图尺寸：41.8×14.5 厘米。British Library, London 许可使用（Egerton MS. 73, fol. 47v）。

是，与之对应的柳利段落中包括一个短语，此短语已经被解释专指圆规；[513] 在 14 世纪晚期 443 的热那亚人的清单中列出的几张海图都附有一到两副圆规；[514] 收藏于苏黎世的 1321 年佩里诺·维斯孔特的小型地图集的皮箱上有环，可以在其中插入一副圆规。[515] 这种海图和圆规的共同放置几乎不可能是偶然的。圆规确实在中世纪的航海中发挥了作用，这一点也被其他类型的文献所证实。

15 世纪的两位陆地居民留下了他们在船上经历的记录，尽管需要考虑到他们在技术方面的无知，但两人都清晰地表明，在航行计算中，用某种方式在海图上做了标记。佩德罗·尼尼奥（Pedro Niño）的传记作者在 1404 年撰写的事件记录中，描述了水手们是如何"展开海图，并开始用罗盘（也就是圆规）打孔和测量"[516]。德意志牧师费利克斯·法布里（Felix Fabri）在其 1483 年所撰写记述的细节有所不同，但也证实了海图上是有注释的。他说道，海员们"即使看不见陆地，即使星星被云层遮蔽，也可以看到自己的位置。他们通过在海图上画曲线，从一条线到另一条线，从一个点到另一个点，来发现这一点，煞费苦心"[517]。然而，无论这两个段落如何解读，它们都将海图描述为工作文件。无独有偶，让·罗茨（Jean Rotz）在 1542 年献给亨利八世的航海著作中，规定使用两副圆规直接在海图上绘出位置。[518]

从这些文字的描述中，我们很自然地期望现存的海图能够显示出应用于航海的痕迹，要么是法布里的刻痕圆圈，要么是尼尼奥和罗茨说的圆规打出的孔。然而，显然还没有现代学者能够在 16 世纪之前制作的任何现存海图上面识别出这类标记。[519] 马尼亚吉断言，根据 16 和 17 世纪的记载，任何航线图都是用铅笔完成的，然后再擦掉，以扩大这一昂贵设备的用途，这在早期是无法令人信服的。[520] 正如上文所讨论的，没有证据表明可擦除的铅笔在 16 世纪之前已经成为海图绘制工艺的一部分；因此，没有任何理由假设其存在于

---

[513] "Carta e compàs"；见 Cortesão, *History of Portuguese Cartography*, 1：207（note 3），尽管 Taylor, *Haven-Finding Art*, 118（note 7），将此翻译为"（航海）海图［和］罗盘"。

[514] Revelli, *Mostra Colombiana*, 36 – 37（note 315）。

[515] Leo Cunibert Mohlberg, *Katalog der Handschriften der Zentralbibliothek Zurich*, 2 Vols.（Zurich：Zentralbibliothek Zürich, 1951），1：89.

[516] Díaz de Gámez, *Unconquered Knight*, 97（note 50）。除了英语，磁罗盘（magnetic compass）和圆规（compasses）之间的混淆还存在于其他语言中。

[517] Felix Fabri, *The Wanderings of Felix Fabri*, circa 1480 – 1483 A. D. , trans. Aubrey Stewart, Palestine Pilgrims' Text Society, Vols. 7 – 10（London：Palestine Exploration Fund, 1897），1：135. 对于 15 世纪的航海实践，在最近发现但尚未印刷的《航海技艺》（*Arte del navigare*）中，对此给出了更为可靠的叙述，此书收藏在佛罗伦萨的 Biblioteca Medicea Laurenziana 中。这是在 1464 年由一位身份不明的海军军官编撰的，他从 1434 年起就在海上工作；因此，他的背景和经历与格拉齐奥索·贝宁卡萨是平行且同时代的。关于手稿航海内容的提要，见 Claudio de Polo, "*Arte del navigare*：Manuscrit inedit date de 1464 – 1465," *Bulletin du Bibliophile* 4（1981）：453 – 61。

[518] Wallis, *Jean Rotz*, 81（note 441）。1551 年，马丁·科尔特斯描述了类似的过程；关于其手册 1561 年英文版本的摘要，见 Waters, *Navigation in England*, 75 – 76（note 138）。

[519] 如果我们把比例尺上或者通过交叉点的分隔孔视为无关紧要的东西，那么这两者都可以被引用为航行使用的证据；见 Cortesão and Teixeira da Mota, *Portugaliae monumenta cartographica*, 5：3（note 29），以及现在在阿姆斯特丹的尼科·伊斯雷尔的海图的描述（见注释67）。Pelham, "Portolan Charts," 26（note 56），在欧洲各大图书馆专门寻找此类证据，却未能找到航行标志。

[520] Magnaghi, "Nautiche, carte," 324a（note 4）。

船上。尼尼奥、法布里和罗茨都没有提到铅笔,以及一副可能代替绘图工具的圆规。

那些暗示波特兰海图会用圆规打孔的说法和现存的海图上却没有这些损毁的事实,这两者很难调和。一种可能的解释是,打孔的时候使用尖锐的圆规,这样孔就会很小,不会被看到。此外,新的犊皮纸足够柔韧,在圆规针尖穿透之后针孔会闭合。另外,这些孔可能在随后的皮革老化过程中消失了。[520] 考虑到这一点,对现存海图进行微观检查,只是未来研究人员需要完成的众多任务之一。如果研究结果是肯定的,那么可以根据刺痕的图案来重建实际的航程。当然,中世纪的许多航行都是在视线不脱离陆地的情况下进行的。在近海航行中,海图可以提供有价值的信息,比如海岸地貌特征序列、近海岛屿的位置、爱琴海岛屿之间关系等。但是以这种方式使用,并不会留下任何痕迹。

与贸易的联系

除了海员之外,对于那些从事海上贸易的人[522]或者在管理诸如威尼斯这样的殖民强国的管理机构工作的人来说,他们是唯一能感受到波特兰地图集或海图信息有意义的群体。无论他们操纵的船运是从事货物运输还是战争,所有这些最终都是为了同一个主人服务,那就是商业。热那亚和威尼斯的殖民地本质上都是贸易转口港,由军舰进行保护,就像威尼斯人前往北海的护航队一样。在商业公司中使用波特兰海图作为备忘录,并未被记录下来,但似乎很有可能。[523] 航行和贸易之间的必然联系是不可避免的,首先,在科尔纳罗地图集的航海附录中纳入了亚历山大港的关税表;[524] 其次,由海图制图师阿纳尔多·多梅内奇制作的度量衡指南,都说明了这一点。[525] 一些文章甚至将波特兰海图的创建看作对商业刺激的回应。[526] 科尔特桑和特谢拉·达莫塔则更为具体,他们指出,早期的波特兰海图的地区"大致上对应于热那亚人和威尼斯人通过海洋扩展贸易的区域"[527]。那些追随诺登舍尔德,认为波特兰海图源自加泰罗尼亚的人自然不会同意。那么,在中世纪晚期的贸易模式和同时代的波特兰海图之间,可以看出什么样的匹配呢?

要仔细检验波特兰海图既是商业设备又是导航工具这样一种假说,就需要对其进行专门研究。目前我们只能提供一些一般性意见。如果要简要总结影响地中海和黑海沿岸贸易模式的主要变化,那么,就要对奥斯曼土耳其人在东方的无情推进和基督教徒在西方获得的具有一定补偿性质的胜利进行对比。在后者中值得注意的是葡萄牙人于 1415 年占领了摩洛哥的据点休达,并于 1421 年将摩尔人驱逐出格林纳达。由于穆斯林控制着北非、巴勒斯坦、小亚细亚、黑海以及巴尔干半岛大部分地区,那么地中海西部和大西洋对于基督教贸易国家的重要性越来越大,也就不足为奇了。

---

[520] 在我的要求下,现代装订工人约翰·卢埃林(John Llewellin)做了一项实验,其结果表明,如果犊皮纸保持轻微的潮湿,就像船上的情况一样,那么两年以后,就看不到任何痕迹了,而干燥犊皮纸上穿过的孔则依然清晰可见。

[522] 在 1457、1472 年的巴塞罗那商人的物品清单中,出现了海图;见 Carrère, *Barcelone*, 1：201 n. 2(note 285)。

[523] 尽管 1432 年,热那亚公司向其驻米兰的代表寄送了一幅"精美的海图",此例与之接近;对其重新叙述见 Revelli, *Colombo*, 459 – 60(note 22)。

[524] British Museum, *Catalogue of the Manuscript Maps*, 1：20(note 40)。

[525] Ristow and Skelton, *Nautical Charts*, 3 – 4(note 393)。

[526] For instance, Kamal, *Eclaircissements*, 186(note 164)。

[527] Cortesão and Teixeira da Mota, *Portugaliae monumenta cartographica*, 1：xxvi(note 29)。

凯利认为，波特兰海图上的颈部可能就是为了应对这一商业变化而从东转而向西。[528] 当然，在 14 世纪的海图上可以找到大部分的在东方的颈部；但这从向南的角度来解释会更好。[529] 还有人反对凯利的理论。历史学家德尼斯·海（Denys Hay）在写道，"商业中心从地中海开始向大西洋沿岸转移"时，总结道："这在 1500 年之前，肯定没有发生。"[530] 然而，一份限制区域海图的清单——也就是说，虽然完整，但没有覆盖地中海和黑海全境——似乎记录了 15 世纪自东向西的摆动，这一摆动，凯利认为是在 14 世纪，而海则认为是在 16 世纪。

1311 年维斯孔特和（14 世纪中叶?）国会图书馆的海图都局限在地中海东半部地区。[531] 像大部分意大利海图一样，它们把黑海的东侧作为其右边的图缘，并向西延伸至所需之地，或者到达皮纸的边缘。为了节省空间，一些海图制图师（1409 年的阿尔贝廷·德维尔加明显是第一个）甚至把黑海分开，并将其向西移动，使之与黎凡特海岸对齐。[532] 为了澄清他们所做的事情，他们把博思普鲁斯海峡展示了两次（图 19.21）。

445

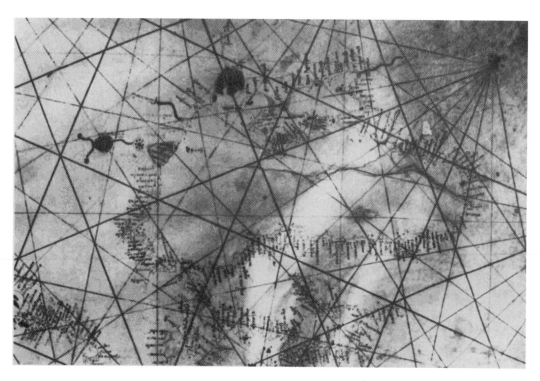

图 19.21 阿尔贝廷·德维尔加 1409 年海图上的黑海

通过将黑海从其他的轮廓中分离出来（重复了博思普鲁斯海峡），海图制图师可以将黎凡特海岸推得更靠近犊皮纸的右侧，从而为大西洋的更多细节留出空间。似乎维尔加是第一位这样做的人。

原图细部尺寸：15 × 24 厘米。Bibliothèque Nationale, Paris 提供照片（Rés. Ge. D 7900）。

---

[528]　Kelley, "Oldest Portolan Chart," 24（note 58）.

[529]　见注释 62。

[530]　Denys Hay, *Europe in the Fourteenth and Fifteenth Centuries*（London：Longmans, 1966），388.

[531]　Cortesão, *History of Portuguese Cartography*, 1：220（note 3），相信维斯孔特可能提供了一张与西部相匹配的海图，但没有任何多部分的意大利海图从这一时期保存下来。

[532]　Caraci, "Virga," 784（note 489），显然是第一个注意到这一点的。他还引用了 16 世纪晚期的一则英格兰实例。另一例则是 1421 年的弗朗切斯科·德塞萨尼斯海图。

另一方面，如果把马格里布海图正确地定在 14 世纪初期，它就是第一部专门关注地中海西部地区的海图。[53] 但是，这似乎很有可能是地图集中的一幅图，或者是一份副本。因此，祖阿内·皮齐加诺绘制的 1424 年海图是现存最早的专注大西洋沿岸地区的年代久远的海图。佛罗伦萨收藏的未标明日期的海图（Biblioteca Nazionale Centrale，Port. 22）可能是在 1380 年之后的某个时间绘制的，它也许是第一张排除掉地中海东部地区和黑海的完整海图。在 15 世纪的过程中，其他几位海图制图师也效仿了这个例子。1413 年梅西亚·德维拉德斯特斯海图虽然不属于这种类型，但也有类似的偏向，它在捕鲸场景中反映了大西洋欧洲人的商业利益（图 19.22）。

446

图 19.22 捕鲸场景

从 15 世纪开始，偶尔出现的海图开始强调表现大西洋，而忽略了地中海东部地区。这幅从由梅西亚·德维拉德斯特斯（Mecia de Viladestes）所绘制的 1413 年海图中摘取的插图描绘了冰岛沿海的捕鲸船只，阐明了商业利益从地中海向大西洋转移。

原图细部尺寸：约 12×13 厘米。Bibliothèque Nationale，Paris 提供照片（Res. Ge. AA 566）。

㊽ 14 世纪初期的说法是由 Juan Vernet-Ginés，"The Maghreb Chart in the Biblioteca Ambrosiana," *Imago Mundi* 16（1962）：1–16，esp. 4 提出的，并用地名分析进行证实（见表 19.3，pp. 416–20，另见上文，p. 423）。马格里布海图是所有现存海图中最古老的，这一点很少有现代的支持，正如 Ernest Théodore Hamy，*Etudes historiques et Géographiques*（Paris：Leroux，1896），31 所提出的。由于斜航线网格的两侧并不完整，海图不可能是通过正常方式，在一个隐藏圆圈的基础上构建而成的，而一定是直接复制的，更不是从一个稍大一点的作品随意模仿——见对 Vernet-Ginés' 文章的说明。

结　论

早期波特兰海图的重要性可以归纳为如下几点。首先，可以毫无争议地说，它们是当时地理学角度最真实的地图。在许多方面，早期的波特兰海图都非常现代。地中海的真实形状可以在最早的海图上立即辨认出来，但在与其同时代的赫里福德世界地图（*mappamundi*）却很难这么说。在已知最古老的海图上，如此接近地中海和黑海的真实轮廓，这绝非偶然。

其次，对现实世界几乎是无所不包的兴趣，使得波特兰海图与中世纪的其他制图活动相去甚远。大多数海图通常是为水手制作的（有时是由水手制作的），一定是为了满足商业需求。尤其是对水手而言，距离和方向至关重要。由于学者、统治者或者行政管理人员对这些内容的需求较少，因为在不受波特兰海图影响的地图上，很少使用罗盘或比例尺。从现存最古老的海图来看，它们已经非常精确，这些海图显示出较早阶段水文测量的重大进步，以及以后对沿海地名的持续调整。16 世纪中叶以后，轮廓和地名的退化证实了它们早期生命力在很大程度上取决于其实用功能。到了后来，它们不再是不可或缺的了。在对现有海岸线的认识不断完善的同时，海图的范围也在稳步扩大，以容纳最新的信息。这些海图及其 16 世纪的后继者几乎是仅有的提供文艺复兴之前和文艺复兴时期所发行的制图记录的人，这构成了他们对历史重要性的第三个主要主张。

海图准确，对变化反应迅速，对于航海来说必不可少，这些都是中世纪生活中不可或缺的专业元素。像笔、胸甲抑或马镫一样，它们并不起眼，因此通常不为人所注意。从某种意义上来说，本文是献给成千上万的普通海图的，这些海图发挥了自己的作用，然后消失了。一张装饰丰富的海图所具有的明显美感，并不如保存在未经修饰的海图上两个多世纪的海岸线的精确度那样值得注意。

附录 19.1　作为确定日期指南的日历：以美第奇和皮内利—瓦尔肯纳尔地图集为例

很多地图集之前都附有天文表。无论是为了显示每个新月的精确时间，还是为了便于计算复活节及其相关节日的日期，这些都是围绕以 19 年为一循环的莫冬周期（metonic cycle）而设计的。其将阴历月份和太阳年联系了起来。将 1—19 视为"黄金数字"，并用它们进行连续编年，构成一个无休止的循环序列。[1] 例如，一个周期是从 1368 年开始，所以 1375 年是第 8 年，加泰罗尼亚地图集的作者对此进行了解释（图版 32）。[2] 由于一些日历规定了一个世界甚至更长的时间内的黄金数字，海图制图师可以直接复制现有日历的文字，而不必更新黄金数字，这样文件就不会过时。因此，我们看到的日历所标示的起始年份，可能与它所属地图集的绘制年份相差很大。

---

[1] 关于日历，见 Christopher R. Cheney, *Handbook of Dates for Students of English History*（London：Royal Historical Society，1945），另见位于伦敦的皇家地理学会（Royal Geographical Society）M. C. Andrews 收藏中的大量手稿笔记。

[2] Georges Grosjean, ed. , *The Catalan Atlas of the Year 1375*（Dietikon-Zurich：Urs Graf, 1978），38.

　　例如，格拉齐奥索·贝宁卡萨的四部地图集中就收入了一部阴历和一份复活节表格（图 19.23）。③ 然而，这两张表格有时有不同的起始点，如果作者的图例亡佚，那么这 8 份表格中没有一张能为地图集提供正确的日期。1468 年地图集上的签名已经不存，根据其中的阴历，可以推测其年份为 1451 年。虽然 141 - 年的阿尔贝廷·德维尔加世界地图并非波特兰地图，但它提供了一个更令人震惊的例子，即复活节表格的开始日期比其所述的制作日期要早一百多年。④ 然而，在某些情况下，日历中的日期确实证实了主要文件中的日期，而且偶尔也可以把日历日期放心地推广到全部工作中。例如，加泰罗尼亚地图集中的解释性注释用现在式时态表示 1375 年。⑤ 无独有偶，梵蒂冈一部未署名的地图集在其月表中提到了"今年"（el presente ano）是 1452 年。⑥

447

448　　　面对通过几乎相同的测量来提供日期（这些日期要么可以证实其所附作品，要么与其相矛盾）的表格和日历，我们显然应该谨慎对待那些年代完全取决于其日历的地图集。美第奇和皮内利—瓦尔肯纳尔地图集是其中最重要的。它们的日历分别从 1351 年和 1384 年开始，许多过去的评论者在没有充分理由的情况下，都将其假设为制作日期。

　　美第奇地图集开篇的世界地图引发了相当大的兴趣，因为它可能暗示了南部非洲。许多文章认为，这幅地图是后来重新制作的，但对于它最初制作日期的意见有很大分歧，有些人支持的日期为 1351 年。但是，如前所述，日历通常始于一个世纪或半个世纪的第一年。⑦ 无论如何，在维泽尔（Wieser）看来，1351 年是指已经过去的一年。⑧ 其他学者遵循维泽尔的看法，认为地图集的日期在 15 世纪初。由于没有人认为这部作品是出于众手（除了可能重绘的南部非洲之外），因此，世界地图的这些日期也必须适用于其所附的波特兰地图集。检验 1351 年日历日期是否有效的一个方法是寻找区域海图中的日期迹象。

　　科尔特桑是少数考虑过美第奇地图集中海图的人，他提出的日期是 1370 年前后，这纯

　　③　1468 年、1469 年、1473 年和 1474 年作品，分别收藏在 London, British Library (Add. MS. 6390)；Milan, Ambrosiana；London, British Library (Egerton MS. 2855)；以及 Budapest。

　　④　Marcel Destombes, ed., *Mappemondes A. D. 1200 - 1500: Catalogue préparé par la Commission des Cartes Anciennes de l'Union Géographique Internationale* (Amsterdam: N. Israel, 1964), 205.

　　⑤　Grosjean, Catalan Atlas, 38 (note 2). However, Gonçal (Gonzalo) de Reparaz, *Catalunya a les mars: Navegants, mercaders i cartògrafs catalans de l'Edat Mitjana i del Renaixement* (*Contributo a l'estudio la història del comerç i de la navegació de la Mediterrània*) (Barcelona: Mentova, 1930), 83, and Giuseppe Caraci, Italiani e Catalani nella primitiva cartografia nautica medievale (Rome: Istituto di Scienze Geografiche e Cartografiche, 1959), 315, 333, 引用论据来支持 1377 年日期的说法。更近的说法是 Caraci 提出的，他推测这部地图集可能是在 1377 年之后的几年完成的；见其 "Viaggi fra Venezia e il levante fino al XIV secolo e relativa produzione cartografica," in *Venezia e illevante fino al secolo XV*, 2 Vols., ed. Agostino Pertusi (Florence: L. S. Olschki, 1973 - 74), 1: 147 - 84, esp. 178 (foot-note)。这些都没有得到格罗让（Grosjean）或者最近的一部论文集的各位作者的青睐：*L' atlas Catalá de Cresques Abraham: Primera edició completa en el sis-cents aniversari de la seva realització* (Barcelona: Diafora, 1975)，也以西班牙文出版。对轮盘图中央的 1376 年的解释，见 Grosjean, *Catalan Atlas 9* (note 2)，或者是地图集完成的年份，或者是下一个闰年。

　　⑥　Roberto Almagià, Monumenta cartographica Vaticana, 4 Vols. (Rome: Biblioteca Apostolica Vaticana, 1944 - 55), Vol. 1, *Planisferi, carte nautiche e affini dal secolo XIV al XVII esistenti nella Biblioteca Apostolica Vaticana*, 43a.

　　⑦　Biblioteca Nazionale Marciana and Archivio di Stato, Venice, *Mostra dei navigatori veneti del quattrocento e del cinquecento, exhibition catalog* (Venice, 1957), 91 - 92.

　　⑧　Franz R. von Wieser, *Die Weltkarte des Albertin de Virga aus dem Anfange des xv. Jahrhunderts in der Sammlung Figdor in Wien* (Innsbruck: Schurich, 1912), 12; reprinted in *Acta Cartographica* 24 (1976): 427 - 40.

447

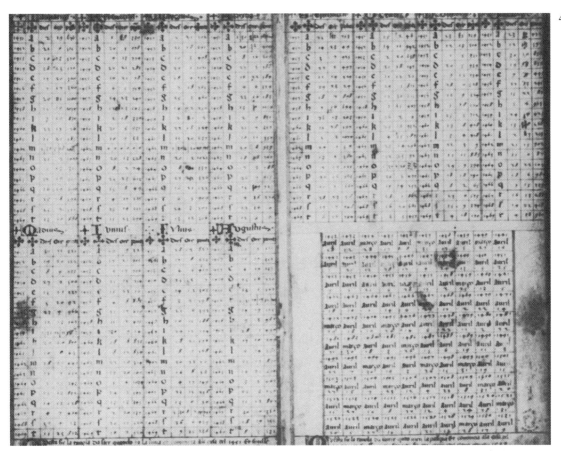

图 19.23　摘自波特兰海图集中的阴历和复活节组合表格

　　格拉齐奥索·贝宁卡萨在他的四部地图集中都纳入了此类的表格。这张图幅的四分之三被一部日历所占据，凭借它可以计算出任何新月的精确时间，以及涨潮的时间。每一列表均包括 19 个黄金数字（这里是字母 a-t），后面是 1451 年到 1469 年之间的日期、小时和点数（每一点相当于 3.3 秒）。1432 年以后整整一百年的复活节日期的计算表格填满了图幅的右下角。当在未标明日期的地图集中发现此类日历和表格时，一定要谨慎使用。如果贝宁卡萨没有明确标注其作品的年份为 1468 年，那么此例很可能暗示其日期为 1451 年。

　　原物尺寸：27.4×33.9 厘米。British Library, London 许可使用（Add. MS. 6390, fol. 3r）。

粹是因为加那利群岛和马德拉群岛（Madeira archipelagoes）相对复杂。⑨ 运用地名分析，现 448 在可以看出，圣塔伦（Santarém）在 1852 年断言美第奇地图集包括"不同时期的海图集合"时，是距离事实最为接近的。⑩

　　除了日历和世界地图之外，这部地图集还包括三份小比例尺的地中海海图，以及覆盖亚得里亚海、爱琴海和黑海的大比例尺图幅。还有一份重要的半图幅专门介绍里海。鉴于 1339 年杜尔切特海图和 1367 年皮齐加尼海图之间没有保存下来的带有日期的海图，因此无

　　⑨　Armando Cortesão, *History of Portuguese Cartography*, 2 Vols.（Coimbra：Junta de Investigações do Ultramar-Lisboa, 1969–71），2：58.

　　⑩　Manuel Francisco de Barros e Sousa, Viscount of Santarem, *Essai sur l'histoire de la cosmographie et de la cartographie pendant le Moyen-Age et sur les progres de la Géographie apres les grandes découvertes du xv siècle*, 3 Vols.（Paris：Maulde et Renou, 1849–52），3：LXIX（author's translation）.

法推测 1351 年的海图上可能有哪些地名。然而，地中海的三张总图上并没有首次出现于 1367 年或之后的"重要的"附加地名。⑪ 因此，从严格意义上的地名来看，其日期在 1351 年前后，这是相当合理的。这可能也适用于爱琴海和黑海的扩展草图。尽管还是有一些额外的地名，但从 1367 年开始，这些地名之间只有三个重要的补充，这并不意味着有任何值得注意的新地名的增补。但是，当将详细的亚得里亚海海图与两份类似但比例尺较小的版本进行比较时，很明显，涉及了截然不同的几代地名。

表 19.3（pp. 416 - 420）中分别列出了美第奇地图集的两个元素，显示了较大比例尺的亚得里亚海地图集的地名特征如何显示出其日期为 15 世纪上半叶。表 19.4 考虑了亚得里亚海的三种美第奇地图集处理的严格数值关系。这张大比例尺地图比其他两幅的地名要多出 50%。为了避免将其解释为仅仅是由于尺寸增加的结果，应该注意的是，较小版本之一中有 20% 的地名被较大版本忽略了。当这些图幅被认为是对亚得里亚海地名的更广泛分析的一部分时，发现它们反映了 14 世纪中叶和 15 世纪初期流行模式的广泛差异。

如果美第奇地图集的图幅都是同时绘制的（当然有些可能是早期作品的副本），那么就必须遵循地名证据，也就是放弃通常接受的 1351 年日期说（因为其海图和世界地图一样），转而支持 15 世纪上半叶说。同样，对表 19.3 中的皮内利—瓦尔肯纳尔地图集地名的分析表明，应将其日历的 1384 年说改为同一总体时期的一个日期。

表 19.4　美第奇地图集的三张相关图幅上的奥特朗托（Otranto）和发罗拉（Vlorë，又作 Valona）之间的亚得里亚海地名（见图 19.19）

	较大比例尺的亚得里亚海（1）	较小比例尺的欧洲西北部（2）	较小比例尺的地中海东部地区（3）
总数	151	106	91[a]
不在（1）上		22	15
不在（2）上	66		
不在（3）上	74[a]	14	
不在其他两张图幅上	63	6	0

[a] 没有包括威尼斯周边的一小块部分，可能忽略了 6 个地名。

附录 19.2　1500 年以前所制作地图集和海图的传记索引

	日期	地图集（A）还是海图（C）	绘制地点	保存地点	复制	
					Kamal[a]	选出可以阅读的作品
ABENZARA. 见 Jehuda ben Zara AGUIAR, Jorge de（葡萄牙）下	1492	C	里斯本	New Haven, Beinecke Library, Yale University		Cortesão, *History of Portuguese Cartography*, Vol. 1, frontispiece; Vol. 2, fig. 90[b]

---

⑪　关于对地名分析的解释，见附录 19.5。

续表

日期	地图集（A）还是海图（C）	绘制地点	保存地点	复制	
				Kamal[a]	选出可以阅读的作品
BECCARI, Batista[c]（误读为 Beclario, Bedrazius, Bescario）（热那亚）	1426	C		Munich, Bayerische Staatsbibliothek, Codex Icon. 130	4.4：1453	De La Roncière, *Afrique*, Vol. 6, pl. XXII[d]
	1435	C[e]		Parma, Biblioteca Palatina, II, 21, 1613		Frabetti, *Carte nautiche italiane*, pl. 2（note e）
被认为是[f]		C		[London, Christie's, 2 December 1964, lot 77, ex Rex Beaumont]		
		C		[Genoa, Amedeo Dallai-in 1951]		Revelli, "Beccari," 162 – 63[g]
BECCARI, Francesco（Bechaa, Ircharius）（热那亚）在巴塞罗那工作，1399—1400 年	1403	C	萨沃纳（Savona）	New Haven, Beinecke Library, Yale University		
被承认的副本	[1489]	C		London, British Library, Egerton MS. 73		
BENINCASA, Andrea（安科纳），Grazioso 之子	1476	A5[h]		Geneva, Bibliothèque Publique et Universitaire, MS. Lat. 81		Atlantic：Cortesão, *Nautical Chart of 1424*, pl. XV；Lelewel, *Geographie*, pls. 34 – 35[i]
	1490	C		Ancona, Museo Nazionale, 253		Revelli, *Partecipazione italiana*, No. 35[j]
	1508	C	安科纳	Rome, Biblioteca Apostolica Vaticana, Borgiano VIII		Almagià, *Vaticana*, Vol. 1, pl. XX[k]
BENINCASA, Grazioso（安科纳）	[1461?]	C	热那亚	Florence, Archivio di Stato, CN6		
	1461	C	热那亚	Florence, Archivio di Stato, CN5		
	1463	A5	威尼斯	London, British Library, Add. MS. 18454		Atlantic：Cortesão, *Nautical Chart of 1424*, pl. XII（note i）
	1463	A4	威尼斯	London（Royal Army Medical Corps-stolen 1930）		
	1465	A5	威尼斯	Vicenza, Biblioteca Civica Bertoliana, 598b		
	1466	A5	威尼斯	Paris, Bibliothèque Nationale, Rés. Ge. DD 2779		
	1467	A5	罗马	London, British Library, Add. MS. 11547		Eastern Mediterranean：Stylianou and Stylianou, *Cyprus*, 177 – 78[l]
	1467	A5	罗马	Nogent-sur-Marne, Bibliothèque Nationale Annexe		Nordenskiöld, *Periplus*, pls. XXXIII, XL[m]

	日期	地图集（A）还是海图（C）	绘制地点	保存地点	复制	
					Kamal[a]	选出可以阅读的作品
	1467	A5	罗马	Paris, Bibliothèque Nationale, Rés. Ge. DD 1988	5.1：1497［Atlantic］	
	1468	A7	威尼斯	Great Britain, private collection-ex Lanza di Trabia and Kraus		
	1468	A6	［热那亚］	London, British Library, Add. MS. 6390		Atlantic：Cortesão, *History of Portuguese Cartography*, Vol. 2, fig. 83（note b）
	1468	C	威尼斯	Palma de Mallorca, Fundacion Bartolome March Servera		Caraci,"Grazioso Benincasa," 18[n]
	1469	A6	威尼斯	London, British Library, Add. MS. 31315		
	1469	A6	威尼斯	Milan, Biblioteca Ambrosiana, S. P., 2, 35		Atlantic：Cortesão, *History of Portuguese Cartography*, Vol. 1, fig. 84（note b）
	1470	C	安科纳	London, British Library, Add. MS. 31318A		Atlantic：Cortesão, *Nautical Chart of 1424*, pl. XIII（note i）
	1471	A6	威尼斯	Rome, Biblioteca Apostolica Vaticana, Vat. Lat. 9016		Almagià, *Vaticana*, Vol. 1, pl. XVII–XVIII（note k）；Santarem, Atlas, pls. VIII–IX[o]
	1472	A8		［Milan, Luigi Bossi-before 1882］		
	1472	C	威尼斯	Venice, Museo Civico Collezione Correr, Port. 5		Salinari,"N otizie," 40[p]
	1473	A6	威尼斯	Bologna, Biblioteca University-sitaria, MS. 280		North Atlantic：Frabetti, *Cartenautiche italiane*, pl. III（note e）
	1473	A6	威尼斯	London, British Library, Egerton MS. 2855		
	1474	A6	威尼斯	Budapest, Magyar Nemzeti Muzeum, Codex Lat. M. A. 353		
	1480	A6	安科纳	Vienna, Österreichische Nationalbibliothek, MS. 355		
	1482	C	安科纳	Bologna, Biblioteca Universitaria, Rot. 3		Frabetti, *Cartenautiche italiane*, pl. IV（note e）
被承认的副本	［1489］	C2		London, British Library, Egerton MS. 73		
被认为是		C	［威尼斯?］	Florence, Archivio di Stato, CN9		Western section：Cortesão, *Nautical Chart of 1424*, pl. XIV（note i）
		A5		Milan, Biblioteca Trivulziana, Codex 2295		

续表

	日期	地图集（A）还是海图（C）	绘制地点	保存地点	复制	
					Kamal[a]	选出可以阅读的作品
BERTRAN, Jaime（巴塞罗那），犹太人	1456	C	巴塞罗那	Greenwich, National Maritime Museum, G230：1/7 MS-cosigned with Ripoll		Howse and Sanderson, *Sea Chart*, 18[q]
	1482	C	马略卡	Florence, Archivio di Stato, CN7	5.1：1503	Western section：Cortesão, *Nautical Chart of 1424*, pl. XVII（note i）；Winter,"Catalan Portolan Maps,"4[r]
	1489	C	马略卡	Florence, Biblioteca Marucelliana		
BIANCO, Andrea（威尼斯），舰船军官	1436	A7		Venice, Biblioteca Nazionale Marciana, It. Z. 76		Nordenskiöld, *Periplus*, 19, pls. XX – XXII（note m）
	1448	C	伦敦	Milan, Biblioteca Ambrosiana, F. 260, info（1）	5.1：1492	Cortesão, *History of Portuguese Cartography*, 2：143（note b）
BOSCAINO, Ponent[s] BRIATICHO, Cola de	1430	A3		Siena, Biblioteca Comunale, SV2	4.4：1460 – 61	Atlantic：Cortesão, *Nautical Chart of 1424*, pl. IV（note i）
BUONDELMONTI（见 pp. 379 – 80）CANEPA, Albino da（热那亚）	1480	C	热那亚	Rome, Società GeograficaItaliana		Revelli, *Colombo*, pl. 80[t]
	1489	C	热那亚	Minneapolis, University of Minnesota, James Ford Bell Collection, B1489mCa		Cortesão, *Nautical Chart of 1424*, pl. XVI – 错置于 1480 年下（note i）
CARIGNANO, Giovanni da（热那亚）CESANIS, Alvixe 神父（Aloyse, Luigi）（Cexano）	14 世纪初期	地图	热那亚	Florence, Archivio di Stato, CN2 – destroyed 1943	4.1：1138 – 39	Nordenskiöld, *Periplus*, 19, pl. V（note m）
被承认的副本	［1489］	C		London, British Library, Egerton MS. 73		
CESANIS, Francesco de（Cexano）（威尼斯）	1421	C		Venice, Museo Civico, Collezione Correr, Port. 13	4.4：1417	
被承认的副本	［1489］	C		London, British Library, Egerton MS. 73		
被认为是		A8		Genoa, Biblioteca Civica Berio – the Luxoro atlas	4.2：1245	（见 p. 420 和注释 273、363 和 364），以及附录 19.3 中"卢克索洛地图集"下
COLUMBUS, Christopher						
被认为是(但没有得到普遍接受)	15 世纪末或 16 世纪初期	C		Paris, Bibliothèque Nationale, Rés. Ge. AA 562		Bagrow, *History of Cartography*, pl. LIV；[u] de La Roncière, *Afrique*, Vol. 13, pl. XXXVIII（note d）

452

	日期	地图集（A）还是海图（C）	绘制地点	保存地点	复制	
					Kamal[a]	选出可以阅读的作品
CONPIMENTO DEL-CEXANO[v] CRESQUES ABRAHAM（马略卡），犹太人						
被认为是[w]	［1375]	6 板		Paris, Bibliothèque Nationale, MS. Esp. 30 – the Catalan atlas		4.3：1301 – 3（见附录 19.3 中"加泰罗尼亚地图集"下）
DALORTO，Angelino de – 可能与 Dulcert	1325/30	C		Florence, Prince Filippo Corsini	4.2：1197 – 98	Hinks, Dalorto[x]
DOMENECH，Arnaldo 相同	［148 –]	C	那不勒斯	Naples Greenwich, National Maritime Museum, G230：1/9 MS		
（度量衡指南，而不是海图）	1484			Washington, D. C., Library of Congress, vellum chart 4		Ristow and Skelton, *Nautical Charts on Vellum in the Library of Congress*, 3[y]
DULCERT，Angelino（被误读作 Dolcedo）– 可能与 Dalorto 相同	1339	C	帕尔马	Paris, Bibliothèque Nationale, Rés. Ge. B 696	4.2：1222	Nordenskiöld, *Periplus*, pls. Ⅷ – Ⅸ（note m）；Putman, *Early Sea Charts*, pl. 1[z]
被认为是		C		London, British Library, Add. MS. 25691	4.3：1334	Winter, "Das katalanische Problem"[aa]
FLORINO，Nicolo（威尼斯）	1462	A2		Vienna, Osterreichische Nationalbibliothek, K. Ⅱ. 100. 725		
被承认的副本	［1489]	C		London, British Library, Egerton MS. 73		
FREDUCCI，Conte Hectomano[bb]（安科纳）	1497	C		Wolfenbüttel, Herzog August Bibliothek, Codex Guelf 99		Nordenskiöld, Periplus, pl. ⅩⅫ（note m）
被认为是		C		Weimar, Zentralbibliothekder Deutschen Klassik		Bagrow, *History of Cartography*, pl. ⅩLⅤ（note u）；Cortesão, *Nautical Chart of 1424*, pl. Ⅷ（note i）
GIOVANNI，Giorgio（威尼斯）	1494	C	威尼斯	Parma, Biblioteca Palatina, Ⅱ, 30, 1622		Frabetti, *Carte nautiche italiane*, pl. 5（note e）
GIROLDI，Giacomo（Zeroldi）（威尼斯）	1422	C		Paris, Bibliothèque Nationale, Rés. Ge. C 5088	4.4：1420	
	1426[cc]	A6		Venice, Biblioteca Nazionale Marciana, It. Ⅵ, 212	4.4：1452	Nordenskiöld, *Periplus*, pl. Ⅳ（note m）
	1443	A6		Milan, Biblioteca Ambrosiana, S. P., 2, 38		

453

续表

	日期	地图集（A）还是海图（C）	绘制地点	保存地点	复制	
					Kamal[a]	选出可以阅读的作品
	1446	A6		Florence, Accademia Toscana di Scienze e Lettere " La Colombaria," 229		
被认为是		A6		Chicago, Newberry Library, Ayer Collection, MS. Map 2		
		A5		London, British Library, Add. MS. 18665		
		A6		Milan, Biblioteca Ambrosiana, S. P. , 2, 39		
		C		New York, Hispanic Society of America, K4		Stevenson, *Facsimiles*, pl. 1 dd
		A5		Rome, Biblioteca Apostolica Vaticana, Rossiano 676		Almagià, *Vaticana*, Vol. 1, pl. XVI (note k)
	1452	A3		Rome, Biblioteca Apostolica Vaticana, Vat. Lat. 9015		
JEHUDA BEN ZARA (Abenzara, Ichidabruzara)	1497	C	亚历山大	Rome, Biblioteca Apostolica Vatican a, Borgiano VII		Almagià, *Vaticana*, Vol. 1, pl. XIX (note k)
	1500	C	亚历山大	Cincinnati, Klau Library, Hebrew Union College		Durst, *Iehuda ben Zara*, 11; Kraus, *Remarkable Manuscripts*, 83; Roth, "Judah Abenzara"[ee]
	1505	C	加利利（Galilee）采法特（Safed）	New Haven, Beinecke Library, Yale University		
KĀTIBĪ, Tunuslu Ibrāhīm[ff]	[1413]	C		Istanbul, Topkapi Sarayi		
MARCH/MARE, Nicolo[gg]						
MARTELLUS GERMANUS, Henricus 见 pp. 379 – 80 MIRARO[hh]						
AL-MURSĪ, Ibrāhīm (的黎波里), 医生	[1461]	C	Tripoli (Libya?)	Istanbul, Deniz Muzesi		Rossi, "Carta nauticaaraba"[ii]
NICOLO, Nicolo de	1470	C		New York, Hispanic Society of America, K6		
NOLI, Agostino (热那亚), 见 pp. 430 和 434						

	日期	地图集（A）还是海图（C）	绘制地点	保存地点	复制	
					Kamal[a]	选出可以阅读的作品
PARETO, Bartolomeo de（热那亚），牧师	1455	C	热那亚	Rome, Biblioteca Nazionale, CN1		Revelli, *Colombo*, pl. 79（note t）
PASQUALINI, C.[jj] Nicolo de Pasqualini 之父						
PASQUALINI, Nicolo de（Pasqualin, G. – 误作 Nicolo Pasqualini）	1408	A6		Vienna, Österreichische Nationalbibliothek, Codex 410 *	4. 3：1349	
被承认的副本	［1489］	C		London, British Library, Egerton MS. 73		
PELECHAN, Antonio（克里特岛雷蒂莫的 armiralo）	1459	C	雷蒂莫	Venice, Archivio di Stato, LXXXV No. 1		
PESINA, Benedetto	1489	C	威尼斯	London, British Library, Egerton MS. 73		
PIZIGANO, Domenico 或 Marco	1367	C	威尼斯	Parma, Biblioteca Palatina, Parm. 1612 – signed with Francesco	4. 2：1285 – 86；4. 4：1483	
PIZIGANO, Francesco（Piçegany）（威尼斯）	1367	C	威尼斯	Parma, Biblioteca Palatina, Parm. 1612 – signed with Domenico or Marco	4. 4：1483	
	1373	A5	威尼斯	Milan, Biblioteca Ambrosiana, S. P. , 10, 29	4. 2：1289	Nordenskiöld, *Periplus*, 29, 31, 51, 55（note m）
［PIZZIGANO, Zuane］	1424	C		Minneapolis, University of Minnesota, James Ford Bell Collection, B1424mPi		Cortesão, *Nautical Chart of 1424*（note i）; Cortesão, *History of Portuguese Cartography*, 2：126 – 27（note b）
PONGETO, Sentuzo	1404	C		［Munich, Weiss und Co. , in 1926 – 见 p. 396 and note 215］		（Partial）in Weiss und Co. , *Codices*[kk]
REINEL, Pedro（葡萄牙人）	［1483?］	C		Bordeaux, Archives Departementales de Gironde, 2 Z 1582 bis.		Cortesão, *History of Portuguese Cartography*, Vol. 2, frontispiece（note b）; Cortesão and Teixeira de Mota, *Portugaliae monumenta cartographica*, 5：521 11
RIPOLL, Berenguer	1456	C	巴塞罗那	Greenwich, National Maritime Museum, G230：1/7 MS – co-signed with Bertran		Howse and Sanderson, *Sea Chart*, 18（note q）
ROSELLI, Petrus（Pere Rossell）	1447	C	马略卡	North America, private collection-ex Nebenzahl, Chicago		Nebenzahl, *Rare Americana*[mm]

续表

	日期	地图集（A）还是海图（C）	绘制地点	保存地点	复制	
					Kamal[a]	选出可以阅读的作品
	1447	C	帕尔马	Volterra, Museo e Biblioteca Guarnacciana, MS. C. N. 1BG		Revelli, Colombo, pl. 35（note t）
	1449	C	帕尔马	Palma Karlsruhe, Badische Landesbibliothek, S6		
	1456	C	帕尔马	Chicago, Newberry Library, Ayer Collection, MS. Map 3		
	1462	C	帕尔马	Paris, Bibliothèque Nationale, Rés. Ge. C 5090		
	1464	C	帕尔马	Nuremberg, Germanisches Nationalmuseum, Codex La. 4017		Cortesão, Nautical Chart of 1424, pl. X（note i）; Winter, "Roselli," 1[nn] 455
	1465	C	帕尔马	London, British Library, Egerton MS. 2712		
	1466	C	帕尔马	Minneapolis, University of Minnesota, James Ford Bell Collection（note i）		Cortesão, *Nautical Chart of 1424*, pl. XI
	1468	C	帕尔马	New York, Hispanic Society of America, K35		Stevenson, Facsimiles, pl. 2（note dd）
	1469	C	马略卡	Washington, D. C., Otto H. F. Vollbehr-in 1935]		
被承认的副本	［1489］	C		London, British Library, Egerton MS. 73		
被认为是		C		Modena, Biblioteca Estense e Universitaria, C. G. A. 5b		
		C		［Munich, Ludwig Rosenthal, catalog 167］		
		C		Paris, Bibliothèque Nationale, Rés. Ge. C 5096		
RUSSO, Pietro[oo]						
SOLER, Guilermo	1385	C		Florence, Archivio di Stato, CN3	4.3: 1320	Nordenskiöld, *Periplus*, pl. XVIII（note m）
		C		Paris, Bibliothèque Nationale, Rés. Ge. B 1131	4.3: 1322	

	日期	地图集(A)还是海图(C)	绘制地点	保存地点	复制	
					Kamal[a]	选出可以阅读的作品
SOLIGO，Cristoforo						
SOLER，Guilermo	1385	C		Florence, Archivio di Stato, CN3	4.3: 1320	Nordenskiöld, *Periplus*, pl. XVIII (note m)
		C		Paris, Bibliothèque Nationale, Rés. Ge. B 1131	4.3: 1322	
SOLIGO，Cristoforo						
被承认的副本	[1489]	C		London, British Library, Egerton MS. 73	5.1: 1510	
SOLIGO，Zuane						
被承认的副本	[1489]	C		London, British Library, Egerton MS. 73		
VALSECA，Gabriel de（马略卡），改宗的犹太人	1439	C	马略卡	Barcelona, Museo Maritimo, inv. No. 3236	5.1: 1491	De La Roncière, *Afrique*, Vol. 5, pl. XII（note d）
	1447	C	马略卡	Paris, Bibliothèque Nationale, Rés. Ge. C 4607		Kish, *Carte*, pl. 43[pp]; Putman, *Early Sea Charts*, pl. 2（note z）
	1449	C	马略卡	Florence, Archivio di Stato, CN22		
VESCONTE，Perrino（热那亚），可能与 Pietro 相同	1321	A4	威尼斯	Zurich, Zentralbibliothek, R. P. 4		
	1327	C	威尼斯	Venice Florence, Biblioteca Medicea Laurenziana, Med. Pal. 248	4.2: 1205	Nordenskiöld, Periplus, pl. VII A（note m）
被认为是		C		Amsterdam, Nico Israel – 但是见注释274		Sotheby's *Highly Important Maps and Atlases*; N. Israel, *Interesting Books*[qq]
VESCONTE，Pietro（热那亚）可能与 Perrino 相同	1311	C		Florence, Archivio di Stato, CNl	4.1: 1140	Nordenskiöld, *Periplus*, pl. V（note m）
	1313	A6		Paris, Bibliothèque Nationale, Rés. Ge. DD 687	4.1: 1147–49	
	1318	A6	威尼斯	Venice, Museo Civico, Collezione Correr, Port. 28	4.1: 1154	
	1318	A10		Vienna, Österreichische Nationalbibliothek MS. 594		Nordenskiöld, *Periplus*, pl. VI（note m）; Pagani, *Vesconte*[rr]

456

续表

日期	地图集（A）还是海图（C）	绘制地点	保存地点	复制	
				Kamal[a]	选出可以阅读的作品
［1320?］	A5		Rome，Biblioteca Apostolica Vaticana，Pal. Lat. 1362A	4.1：1160 – 61	Almagià，*Vaticana*，Vol. 1，pls. Ⅳ – Ⅷ（note k）
约 1322	A7	威尼斯	Lyons，Bibliothèque de la Ville，MS. 175		De La Roncière，Lyon，pls. Ⅰ – Ⅸ[ss]
被承认的副本（可能出自 Perrino 之手） ［1321］	A5		Rome，Biblioteca Apostolica Vaticana，Vat. Lat. 2972	4.1：1170	Almagià，*Vaticana*，Vol. 1，pls. Ⅷ – Ⅸ（note k）
	1325		London，British Library，Add. MS. 27376 *		
VILADESTES，Johanes de	1428	C	帕尔马	Istanbul，Topkapi Sarayi，1826	4.4：1457	Winter，"Catalan Portolan Maps," 1（note r）
VILADESTES，Mecia de（Matias）（马略卡），改宗的犹太人	1413	C	Paris，Bibliothèque Nationale，Rés. Ge. AA 566	4.3：1368	Western section：Cortesão，*Nautical Chart of 1424*，pl. Ⅲ（note i）
	1423	C	帕尔马	Florence，Biblioteca Medi-cea Laurenziana，Ashb. 1802		
VIRGA，Albertin de（热那亚），是标有日期的 141 – 年世界地图的作者。见 p. 357 和注释 34	1409	C	威尼斯	Paris，Bibliothèque Nationale，Rés. Ge. D 7900	4.3：1350	
ZUANE，Domenico de（Zane，误读为 Dezane）					
被承认的副本	［1489］	C	London，British Library，Egerton MS. 73		
ZUANE DI NAPOLI					
被承认的副本	［1489］	C	London，British Library，Egerton MS. 73		

[a]Youssouf Kamal，*Monumenta cartographica Africae et Aegypti*，5 Vols. in 16 pts.（Cairo，1926 – 51）. 关于按卷排列的内容目录，见 p. 40。

[b]Armando Cortesão，*History of Portuguese Cartography*，2 Vols.（Coimbra：Junta de Investigações do Ultramar-Lisboa，1969 – 71）.

[c]关于此名字与其他名字应该如何拼写，目前还没有达成共识。此处所使用的形式遵循了每一情况下的最佳和最新的权威。

[d]Charles de la Roncière，*La découverte de l'Afrique au Moyen Age：Cartographes et explorateurs*，*Mémoires de la Société Royale de Géographie d'Egypte*，Vols. 5，6，13（Cairo：Institut Français d'Archéologie Orientale，1924 – 27）.

[e]在这种情况下，海图制图师的名字已经消失，但它最后一个字母 a 还是可以读出，所以此海图作者总是被定为巴蒂斯塔；见 Pietro Frabetti，*Carte nautiche italiane dal* Ⅻ *al* ⅩⅦ *secolo conservate in Emilia-Romagna*（Florence：Leo S. Olschki，1978），8。

457

[f] 作者身份的推测比这个列表中所提到的要多得多。此处只列出了可信的主张。

[g] Paolo Revelli, "Una nuova carta di Batista Beccari ('Batista Becharius')?" *Bollettino della Società Geografica Italiana* 88 (1951): 156 – 166.

[h] 在附录 19.2、19.3 和 19.4 中, 该数字表示收入海图的图幅数。

[i] Armando Cortesão, *The Nautical Chart of 1424 and the Early Discovery and Cartographical Representation of America: A Study on the History of Early Navigation and Cartography* (Coimbra: University of Coimbra, 1954); Joachim Lelewel, *Géographie du Moyen Age*, 4 Vols. and epilogue (Brussels: J. Pilliet, 1852 – 57; reprinted Amsterdam: Meridian, 1966).

[j] paolo Revelli, *La partecipazione italiana alla Mostra Oceanografica Internazionale di Siviglia (1929)* (Genoa: Stabilimenti Italiani Arti Grafiche, 1937).

[k] Roberto Almagià, *Monumenta cartographica Vaticana*, 4 Vols. (Rome: Biblioteca Apostolica Vaticana, 1944 – 55), Vol. 1, *Planisferi, carte nautiche e affini dal secolo XIV al XVII esistenti nella Biblioteca Apostolica Vaticana* (1944).

[l] Andreas Stylianou and Judith A. Stylianou, *The History of the Cartography of Cyprus*, Publications of the Cyprus Research Centre, 8 (Nicosia, 1980).

[m] A. E. Nordenskiöld, *Periplus: An Essay on the Early History of Charts and Sailing-Directions*, trans. Francis A. Bather Stockholm: P. A. Norstedt, 1897.

[n] Giuseppe Caraci, "An Unknown Nautical Chart of Grazioso Benincasa, 1468," *Imago Mundi* 7 (1950): 18 – 31.

[o] Manuel Francisco de Barros e Sousa, Viscount of Santarem, *Atlas composé de mappemondes, de portulans et de cartes hydrographiques et historiques depuis Ie vIᵉ jusqu'au XVIIᵉ siècle* (Paris, 1849; facsimile reprint Amsterdam: R. Muller, 1985).

[p] Marina Salinari (formerly Marina Emiliani), "Notizie su di alcune carte nautiche di Grazioso Benincasa," *Rivista Geografica Italiana* 59 (1952): 36 – 42.

[q] Derek Howse and Michael Sanderson, *The Sea Chart* (Newton Abbot: David and Charles, 1973).

[r] Heinrich Winter, "Catalan Portolan Maps and Their Place in the Total View of Cartographic Development," *Imago Mundi* 11 (1954): 1 – 12.

[s] 大英图书馆收藏的科纳罗地图集中一张图幅的标题, 被解释为一个人的名字。

[t] paolo Revelli, *Cristoforo Colombo e la scuola cartografica Genovese* (Genoa: Consiglio Nazionale delle Ricerche, 1937).

[u] Leo Bagrow, *History of Cartography*, rev. and enl. R. A. Skelton, trans. D. L. Paisey (Cambridge: Harvard University Press; London: C. A. Watts, 1964).

[v] 大英图书馆收藏的科纳罗地图集中一张图幅的标题, 其意思可能是"对 Cexano 海图的补充", 而不是一个人的名字。

[w] 尽管加泰罗尼亚地图集的作者习惯上被认为是克雷斯圭斯·亚伯拉罕, 但也有人对此表示怀疑。其作者评论见 Georges Grosjean, *The Catalan Atlas of the Year 1375*, in *Imago Mundi* 33 (1981): 115 – 16, esp. 116。

[x] Arthur R. Hinks, *Portolan Chart of Angellino de Dalorto 1325 in the Collection of Prince Corsini at Florence, with a Note on the Surviving Charts and Atlases of the Fourteenth Century* (London: Royal Geographical Society, 1929).

[y] Walter W. Ristow and R. A. Skelton, *Nautical Charts on Vellum in the Library of Congress* (Washington, D. C.: Library of Congress, 1977), 3.

[z] Robert Putman, *Early Sea Charts* (New York: Abbeville Press, 1983).

[aa] Heinrich Winter, "Das katalanische Problem in der älteren Kartographie," *Ibero-Amerikanisches Archiv* 14 (1940/41): 89 – 126.

[bb] 弗雷杜奇的大部分作品的日期都是 16 世纪。关于此, 见 Giuseppe Caraci, "The Italian Cartographers of the Benincasa and Freducci Families and the So-Called Borgiana Map of the Vatican Library," *Imago Mundi* 10 (1953): 23 – 49, 给出了更多的参考资料。

[cc] Though the date is normally read as 1426, 尽管其日期经常被解读为 1426 年, 但阿曼迪·科尔特桑认为更可能是 1427 年或 1432 年; 见 *History of Portuguese Cartography*, 2: 124, n. 87 (note b)。

[dd] Edward Luther Stevenson, *Facsimiles of Portolan Charts Belonging to the Hispanic Society of America*, Publications of the His-

panic Society of America, No. 104 (New York：Hispanic Society of America, 1916)。

ᵉᵉ阿瑟·蒂尔斯特 (Arthur Dürst) 认为实际上有两幅 1497 年的海图，这一论点无法令人信服；见 *Seekarte des Iehuda ben Zara*：(*Borgiano* Ⅶ) 1497, 附有海图影印版本的小册子 (Zurich：Belser Verlag, 1983), p. 2 and n. 7。1847 年，圣塔伦 (实际上是 Hommaire de Hell) 在 Collegio di Propaganda Fide 发现的现在已经无迹可寻的海图，显然能清晰地辨认出 Borgiano Ⅶ, 正如早期的权威学者所指出的，包括 Roberto Almagià, *Vaticana*, 1：47 (note k)。众所周知，博尔贾 (Borgia) 的材料是通过传信部到达梵蒂冈的。蒂尔斯特的另一个主张——还有两幅 1500 年的海图——可以很快否定。"Kraus" 和 "Cincinnati" 海图的照片表明，它们是一张地图，而且是相同的；见 H. P. Kraus, Booksellers, *Remarkable Manuscripts*, *Books and Maps from the IXth to the XVIIIth Century*, catalog 80 (New York：H. P. Kraus, 1956), and Cecil Roth, "Judah Abenzara's Map of the Mediterranean World, 1500," *Studies in Bibliography and Booklore* 9 (1970)：116 – 20)。

ᶠᶠ关于阿拉伯的海图制图师，另见 pp. 374 – 375, 本附录中 al-Mursī 项下的条目，以及附录 19.3 中马格里布海图项下的条目。

ᵍᵍ解读 1487 年佛罗伦萨藏海图 (Archivio di Stato, CN8) 上难以分辨的作者图例的尝试。

ʰʰMisreading of in the author's legend to Pelechan's chart；佩莱钱海图中作者图例里面对 aermiralo 的误读，见佩莱钱项下的条目和注释 433。

ⁱⁱEttore Rossi, "Una carta nautica araba inedita di Ibrāhīm al-Mursī datata 865 Egira = 1461 Dopo Cristo," in *Compte rendu du Congres Internationale de Geographie* 5 (1926)：90 – 95 (Eleventh International Congress, Cairo, 1925)。

ʲʲ首字母 C 是在 1408 年地图集中的注文 "Nicollaus fillius de Pasqualini Nicollai..." 中的单词 "de" 的误读——可能，这暗示出有两名叫作 "Nicolo de Pasqualini" 的海图制图师。

ᵏᵏWeiss und Co., Antiquariat, *Codices manuscripti incunabula typographica catalogus primus* (Munich：Weiss und Co., 1926), No. 55.

ˡˡArmando Cortesão and Avelino Teixeira da Mota, *Portugaliae monumenta cartographica*, 6 Vols. (Lisbon, 1960)。

ᵐᵐKenneth Nebenzahl, *Rare Americana*, catalog 20 (Chicago：Kenneth Nebenzahl, 1968), No. 1.

ⁿⁿHeinrich Winter, "Petrus Roselli," *Imago Mundi* 9 (1952)：1 – 11.

ᵒᵒ有人认为 Pietro Russo of Messina 可能在 15 世纪制作了海图，但在这次普查中并未提及。见 Julio Rey Pastor and Ernest Garcia Camarero, La cartografia mallorquina (Madrid：Departamento de Historia y Filosofia de la Ciencia, 1960), 92。他现存作品的日期没有在 1508 年之前的。关于他的制作，见 Roberto Almagià, "I lavori cartografici di Pietro eJacopo Russo," *Atti della Accademia Nazionale dei Lincei* 12 (1957)：301 – 19。

ᵖᵖGeorge Kish, La carte：*Image des civilisations* (Paris：Seuil, 1980)。

�q�q Sotheby's, *Catalogue of Highly Important Maps and Atlases*, 15 April 1980, lot A. 这幅海图卖给了旧书商尼科·伊斯雷尔，也出现在其 1980 年秋季的目录中，*Interesting Books and Manuscripts on Various Subjects*：*A Selection from Our Stock*, catalog 22 (Amsterdam：N. Israel, 1980), No. 1。

ʳʳLelio Pagani, *Pietro Vesconte*：*Carte nautiche* (Bergamo：Grafica Gutenberg, 1977)。

ˢˢCharles de La Roncière, *Les portulans de la Bibliothèque de Lyon*, *fasc. 8 of Les Portulans Italiens* in Lyon, Bibliothèque de la Ville, *Documents paléographiques*, *typographiques*, *iconographiques* (Lyons, 1929), 793。

458

附录 19.3　已知名称的地图集和海图

459

名称	地图集(A)还是海图(C)	保存地点	复制	
			Kamalᵃ	选出可以阅读的作品
Atlante Mediceo 见 Medici atlas				

名称	地图集（A）还是海图（C）	保存地点	复制	
			Kamal[a]	选出可以阅读的作品
Carte Pisane/Carta Pisana	C	Paris, Bibliothèque Nationale, Rés. Ge. B 1118	4.1: 1137	Bagrow, *History of Cartography*, pl. XXXII
Catalan atlas	6 板	Paris, Bibliothèque Nationale, MS. Esp. 30	4.3: 1301 – 3	*Atlas Catalá*；Grosjean, *Catalan Atlas*；Nordenskiöld, *Periplus*, pls. XI – XIV；c Bagrow, *History of Cartography*, pls. XXXVII – XL, （注释 b）
Combitis atlas	A4	Venice, Biblioteca Nazionale Marciana, It. VI 213 ［MS. 5982］	4.3: 1333	
Cornaro atlas	（A34）	London, British Library, Egerton MS. 73	5.1: 1508 – 12	
Cortona chart	C	Cortona, Biblioteca Comunale edell' Accademia Etrusca		Armignacco, "Una carta nautica," pls. I – III
Laurentian portolano/ Portolano				
Laurenziano-Gaddiano See Medici atlas				
Lesina chart	C	亡佚？		Goldschmidt, "Lesina Portolan Chart"[c]
（Tammar）Luxoro atlas	A8	Genoa, Biblioteca Civica Berio	4.2: 1245	Desimoni and Belgrano, "Atlante idrografico," pls. I – VIII （重新雕刻的副本）；[f] Nordenskiöld, *Periplus*, pl. XVIII （note c）
Maghreb chart/Carta Mogrebina	C	Milan, Biblioteca Ambrosiana, S. P. II, 259	4.3: 1336	Vernet-Gines, "The Maghreb Chart," 1[g]
Medici/Medicean atlas	A6	Florence, Biblioteca Medicea Laurenziana, Gaddi 9	4.2: 1246 – 48	Nordenskiöld, *Periplus*, 21, 115, pl. X （note c）; Bagrow, *History of Cartography*, pl. XXXVI （world map）（note b）
Pinelli-Walckenaer atlas/Portolano Pinelli	A6	London, British Library, Add. MS. 19510	4.3: 1316 – 19	Nordenskiöld, *Periplus*, pls. XV – XVII （note c）

[a] Youssouf Kamal, *Monumenta cartographica Africae et Aegypti*, 5 Vols. in 16 pts. （Cairo, 1926 – 51）.

[b] Leo Bagrow, *History of Cartography*, rev. and enl. R. A. Skelton, trans. D. L. Paisey （Cambridge：Harvard University Press；London：C. A. Watts, 1964）.

[c] *L'atlas catala de Cresques Abraham：Primera edició completa enel sis-cents aniversari de la seva realització* （Barcelona：Diáfora, 1975）, 也是用西班牙文出版的；Georges Grosjean, ed. , *The Catalan Atlas of the Year 1375* （Dietikon-Zurich：Urs Graf, 1978）；A. E. Nordenskiöld, *Periplus：An Essay on the Early History of Charts and Sailing-Directions*, trans. Francis A. Bather （Stockholm：P. A. Norstedt, 1897）。

[d] Vera Armignacco, "Una carta nautica della Biblioteca dell'Accademia Etrusca di Cortona," *Rivista Geografica Italiana* 64 （1957）：185 – 223.

[e] E. P. Goldschmidt, "The Lesina Portolan Chart of the Caspian Sea" （附有 Gerald R. Crone 的评论）, *Geographical Journal* 103 （1944）：272 – 78, 在 274 和 275 之间重制。

[f] Cornelio Desimoni and Luigi Tommaso Belgrano, "Atlante idrografico del medio evo," *Atti della Societa Ligure di Storia Patria* 5 （1867）：5 – 168.

[g] Juan Vernet-Ginés, "The Maghreb Chart in the Biblioteca Ambrosiana," *Imago Mundi* 16 （1962）：1 – 16.

附录 19.4　1500 年以前制作的标明日期和可确定年代的 地图集和海图目录（按时代先后排序）

460

日期（年）		地图集（A）或海图（C）	绘制地
1311	彼得罗·维斯孔特	C	
1313	彼得罗·维斯孔特	A6	
1318	彼得罗·维斯孔特	A6	威尼斯ª
1318	彼得罗·维斯孔特	AI0	
[1320?]	彼得罗·维斯孔特	A5	
[1321]	[彼得罗·维斯孔特]	A5	
1321	佩里诺·维斯孔特	A4	威尼斯
约 1322	彼得罗·维斯孔特	A7	威尼斯
约 1325	[维斯孔特]	A5	
1327	佩里诺·维斯孔特	C	威尼斯
1325/30	达洛尔托	C	
1339	杜尔切特	C	帕尔马
1367	F. 皮齐加诺（与 D. 或者 M. 皮齐加诺）	C	威尼斯
1373	F. 皮齐加诺	A5	威尼斯
[1375]	加泰罗尼亚地图集	6 板	
1385	索莱尔	C	
1403	F. 贝卡里	C	萨沃纳
1404	蓬杰托	C	
1408	帕斯夸利尼	A6	
1409	维尔加	C	威尼斯
1413	M. 德维拉德斯特斯	C	
[1413]	卡蒂比（Katibi）	C	
1421	F. 德塞萨尼斯	C	
1422	吉罗尔迪	C	
1423	M. 德维拉德斯特斯	C	帕尔马
1424	[Z. 皮齐加诺]	C	
1426	B. 贝卡里	C	
1426ᵇ	吉罗尔迪	A6	
1428	J. 德维拉德斯特斯	C	帕尔马
1430	布里亚蒂绍（Briaticho）	A3	
1435	[B.] 贝卡里	C	
1436	比安科	A7	
1439	Valseca	C	马略卡
1443	吉罗尔迪	A6	

日期		地图集（A）或海图（C）	绘制地
1446	吉罗尔迪	A6	
1447	罗塞利	C	马略卡
1447	罗塞利	C	帕尔马
1447	巴尔塞卡	C	马略卡
1448	比安科	C	伦敦
1449	罗塞利	C	帕尔马
1449	巴尔塞卡	C	马略卡
1452	［吉罗尔迪？］	A3	
1455	帕雷托	C	热那亚
1456	波尔特兰和里波尔	C	巴塞罗那
1456	罗塞利	C	帕尔马
1459	佩莱钱	C	雷蒂莫，克里特岛
1461	G. 贝宁卡萨	C	热那亚
［1461］	伊德里西	C	的黎波里［利比亚？］
1462	弗洛利诺（Florino）	A2	
1462	罗塞利	C	帕尔马
1463	G. 贝宁卡萨	A5	威尼斯
1463	G. 贝宁卡萨	A4	威尼斯
1464	罗塞利	C	帕尔马
1465	G. 贝宁卡萨	A5	威尼斯
1465	罗塞利	C	帕尔马
1466	G. 贝宁卡萨	A5	威尼斯
1466	罗塞利	C	帕尔马
1467	G. 贝宁卡萨	A5	罗马
1467	G. 贝宁卡萨	A5	罗马
1467	G. 贝宁卡萨	A5	罗马
1468	G. 贝宁卡萨	A6	
1468	G. 贝宁卡萨	A7	威尼斯
1468	G. 贝宁卡萨	C	威尼斯
1468	罗塞利	C	帕尔马
1469	G. 贝宁卡萨	A6	威尼斯
1469	G. 贝宁卡萨	A6	威尼斯
1469	罗塞利	C	马略卡
1470	G. 贝宁卡萨	C	安科纳
1470	尼科洛	C	
1471	G. 贝宁卡萨	A6	威尼斯
1472	G. 贝宁卡萨	A8	
1472	G. 贝宁卡萨	C	威尼斯

续表

日期		地图集（A）或海图（C）	绘制地
1473	G. 贝宁卡萨	A6	威尼斯
1473	G. 贝宁卡萨	A6	威尼斯
1474	G. 贝宁卡萨	A6	威尼斯
1476	A. 贝宁卡萨	A5	
1480	G. 贝宁卡萨	A6	安科纳
1480	卡内帕	C	热那亚
1482	G. 贝宁卡萨	C	安科纳
1482	波尔特兰	C	马略卡
1487ᶜ		C	马略卡
1489	波尔特兰	C	马略卡
1489	卡内帕	C	热那亚
1489	佩西纳（Pesina）	C	威尼斯
148 –	多梅内奇	C	那不勒斯
1490	A. 贝宁卡萨	C	
1492	阿吉亚尔	C	里斯本
1494	乔瓦尼	C	威尼斯
1497	弗雷杜奇	C	
1497	耶富达·本·扎拉	C	亚历山大
1500	耶富达·本·扎拉	C	亚历山大

请注意：关于今天的位置和重制的注释，见附录 19.2 和 19.3。

ᵃ威尼斯的岁首为三月一日；所以一些由威尼斯签署的海图实际上属于下一年。

ᵇ尽管其日期通常被识读为 1426 年，但阿曼多·科尔特桑却认为可能是 1427 年或 1432 年；见其 *History of Portuguese Cartography*, 2 Vols. (Coimbra：Junta de Investigações do Ultramar-Lisboa, 1969 – 71), 2：124 n. 87。

ᶜFlorence, Archivio di Stato, CN8. 重制于 Youssouf Kamal, *Monumenta cartographica Africae et Aegypti*, 5 Vols. in 16 pts. (Cairo, 1926 – 51), 5. 1：1506, 其西侧部分见 Armando Cortesão, *The Nautical Chart of 1424 and the Early Discovery and Cartographical Representation of America：A Study on the History of Early Navigation and Cartography* (Coimbra：University of Coimbra, 1954), pl. XVIII。

附录 19.5　地名分析的方法论

表 19.3（pp. 416 – 420）中列出的地名分析，以前从未发表过，也没有在其他地方解释过其方法。由于其调查结果是本文许多新结论的基础，所以有必要对其程序进行简要解释。尽管排除了敦刻尔克以北和摩加多尔以南的所有地名（这些地名常常被排除在海图之外），岛屿也常常被遗漏，① 但在一幅典型的海图上，仍有 1200 个地名（其可读性程度不尽相

---

① 尽管在一般地名分析中没有考虑岛屿，但对塞浦路斯地名的一项专门研究考虑了 13 世纪末期到 1497 年之间的 43 部海图和地图集；见 Tony Campbell,"Cyprus and the Medieval Portolan Charts,"*Kupriakai Spoudai：Deltion tēs Etaireias Kupriakōn Spoudōn, Brabeuthen upo tēs Akadēmias Athēnōn* 48（1984）：47 – 66, esp. 52 – 58 and the tables。

同）。如果要对较多的海图进行比较分析，那么显然需要一种研究技术，把减的地名减少到可以管理的比例。所采用的方法包括下面四个阶段。

1. 选取了七部作品进行试点研究，以表现不同时期和各个制作中心。对敦刻尔克和摩加多尔之间的大陆地名进行了完整的抄录：

			出版副本
a	1311 年	彼得罗·维斯孔特海图（因为西方部分被省略掉，取代了 1313 年地图集）	
b	约 1325 年	维斯孔特地图集, British Library, Add. MS. 27376 *	
c	1375 年	加泰罗尼亚地图集	Grosjean, *Catalan Atlas*, 53 – 77[2]
d	1426 年	贾科莫·吉罗尔迪地图集	Nordenskiöld, *Periplus*, 25 – 44[3]
e	1468 年	格拉齐奥索·贝宁卡萨地图集, British Library, Add. MS. 6390	
f	1468 年	佩特鲁斯·罗塞利海图[4]	
g	1512 年	维斯孔特·马焦洛地图集	Grosjean, *Maggiolo*[5]

2. 对试点研究列表的平行栏目进行了比较，并在所添加或删除地名，以及地名形式发生重大变化时做了记录。在作品（b）至（f）中首次记录，并在其后至少重复一次的地名，被称为"重要地名"。算上 1512 年马焦洛地图集中首次发现的 18 个地名，总数达到了出乎意料的 415 个。除了最后一项研究之外，这一试点研究中，所有作品里凡是独一无二的地名都被排除在外；我们关心的是信息的传递，而非独特性。在这种情况下，我们也没有考虑拼写差异（因为这可能是写错了或者是方言），明显不同的拼法，在这里被视作单独的地名，即使它们似乎指的是同一个地方。在同一时期，大约有 100 个地名显然已经过时，但需要更长的时间跨度，来检查它们稍后是否会被重新使用，这种情况有时会发生（关于这方面的例子，见脚注 379）。

3. 列出了重要的增补内容，并在 1430 年之前的标有日期和可确定日期的海图与地图集中核对其是否存在（波特兰海图复制结束的大约时间点，见 Kamal, *Monumenta cartographica*, 4.1 – 4 and 5.1）。[6] 一旦这项工作完成，每个重要的地名都可以与它在波特兰海图上首次出现的有日期的作品一一对应。

---

[2] Georges Grosjean, ed. , *The Catalan Atlas of the Year 1375* (Dietikon-Zurich: Urs Graf, 1978).

[3] A. E. Nordenskiöld, Periplus: *An Essay on the Early History of Charts and Sailing-Directions*, trans. Francis A. Bather (Stockholm: P. A. Norstedt, 1897).

[4] Edward Luther Stevenson, *Facsimiles of Portolan Charts Belonging to the Hispanic Society of America*, Publications of the Hispanic Society of America, No. 104 (New York: Hispanic Society of America, 1916), pl. 2.

[5] Georges Grosjean, ed. , *Vesconte Maggiolo "Atlante Nautico del 1512"*: *Seeatlas vom Jahre 1512* (Dietikon-Zurich: Urs Graf, 1979).

[6] Youssouf Kamal, *Monumenta cartographica Africae et Aegypti*, 5 Vols. in 16 pts. (Cairo, 1926 – 51). 所涉及的 28 份作品中，除了两份以外，其余所有作品都直接或者通过副本进行了检查——表 19.3 的注释 b (pp. 416 – 420) 解释了为什么会有遗漏。

4. 然后将（3）中的结果应用于那些过去实际上被认为是 1430 年的未标明日期的作品。[7]通过这种方式，每份海图都有了一个"地名概况"（如附录 19.3 中的表格所示），它标明了每组可以确定日期的创新中出现的地名数量。地名概况是一种广义和量化的记录，通过与可以确定年代的作品的类似概况进行比较，就可以指出有关海图最可能出现的时间范围。

参考书目

第十九章 从 13 世纪晚期到 1500 年的波特兰海图

Almagià, Roberto. *Monumenta cartographica Vaticana*. 4 vols. Rome: Biblioteca Apostolica Vaticana, 1944–55.

Andrews, Michael Corbet. "The Boundary between Scotland and England in the Portolan Charts." *Proceedings of the Society of Antiquaries of Scotland* 60 (1925–26): 36–66.

———. "The British Isles in the Nautical Charts of the XIVth and XVth Centuries." *Geographical Journal* 68 (1926): 474–81.

———. "Scotland in the Portolan Charts." *Scottish Geographical Magazine* 42 (1926): 129–53, 193–213, 293–306.

Armignacco, Vera. "Una carta nautica della Biblioteca dell'Accademia Etrusca di Cortona." *Rivista Geografica Italiana* 64 (1957): 185–223.

L'atlas català de Cresques Abraham: Primera edició completa en el sis-cents aniversari de la seva realització. Barcelona: Diáfora, 1975. Also published in Spanish.

Brincken, Anna-Dorothee von den. "Die kartographische Darstellung Nordeuropas durch italienische und mallorquinische Portolanzeichner im 14. und in der ersten Hälfte des 15. Jahrhunderts." *Hansische Geschichtsblätter* 92 (1974): 45–58.

Canale, Michele G. *Storia del commercio dei viaggi, delle scoperte e carte nautiche degl'Italiani*. Genoa: Tipografia Sociale, 1866.

Caraci, Giuseppe. *Italiani e Catalani nella primitiva cartografia nautica medievale*. Rome: Istituto di Scienze Geografiche e Cartografiche, 1959.

Clos-Arceduc, A. "L'énigme des portulans: Etude sur le projection et le mode de construction des cartes à rhumbs du XIVe et du XVe siècle." *Bulletin du Comité des Travaux Historiques et Scientifiques: Section de Géographie* 69 (1956): 215–31.

Cortesão, Armando. *The Nautical Chart of 1424 and the Early Discovery and Cartographical Representation of America: A Study on the History of Early Navigation and Cartography*. Coimbra: University of Coimbra, 1954.

———. *History of Portuguese Cartography*. 2 vols. Coimbra: Junta de Investigações do Ultramar-Lisboa, 1969–71.

Crone, Gerald R. *Maps and Their Makers: An Introduction to the History of Cartography*. 1st ed., London: Hutchinson University Library, 1953; 5th ed., Folkestone, Kent: Dawson; Hamden, Conn.: Archon Books, 1978.

Desimoni, Cornelio. "Elenco di carte ed atlanti nautici di autore genovese oppure in Genova fatti o conservati." *Giornale Ligustico* 2 (1875): 47–285.

———. "Le carte nautiche italiane del Medio Evo—a proposito di un libro del Prof. Fischer." *Atti della Società Ligure di Storia Patria* 19 (1888–89): 225–66.

Destombes, Marcel. "Cartes catalanes du XIVe siècle." In *Rapport de la Commission pour la Bibliographie des Cartes Anciennes*. 2 vols. International Geographical Union. Paris: Publié avec le concours financier de l'UNESCO, 1952. Vol. 1, *Rapport au XVIIe Congrès International, Washington, 1952 par R. Almagià: Contributions pour un catalogue des cartes manuscrites, 1200–1500*, ed. Marcel Destombes, 38–63.

Emiliani, Marina (later Marina Salinari). "Le carte nautiche dei Benincasa, cartografi anconetani." *Bollettino della Reale Società Geografica Italiana* 73 (1936): 485–510.

Fiorini, Matteo. *Le projezioni delle carte geografiche*. Bologna: Zanichelli, 1881.

Fischer, Theobald. *Sammlung mittelalterlicher Welt- und Seekarten italienischen Ursprungs und aus italienischen Bibliotheken und Archiven*. Venice: F. Ongania, 1886; reprinted Amsterdam: Meridian, 1961.

Foncin, Myriem, Marcel Destombes, and Monique de La Roncière. *Catalogue des cartes nautiques sur vélin conservées au Département des Cartes et Plans*. Paris: Bibliothèque Nationale, 1963.

Frabetti, Pietro. *Carte nautiche italiane dal XIV al XVII secolo conservate in Emilia-Romagna*. Florence: Leo S. Olschki, 1978.

García Camarero, Ernesto. "Deformidades y alucinaciones en la cartografía ptolemeica y medieval." *Boletin de la Real Sociedad Geográfica* 92 (1956): 257–310.

Grosjean, Georges, ed. *The Catalan Atlas of the Year 1375*. Dietikon-Zurich: Urs Graf, 1978.

Guarnieri, Giuseppe Gino. *Il Mediterraneo nella storia della cartografia nautica medievale*. Leghorn: STET, 1933.

———. *Geografia e cartografia nautica nella loro evoluzione storia e scientifica*. Genoa, 1956.

Hinks, Arthur R. *Portolan Chart of Angellino de Dalorto 1325 in the Collection of Prince Corsini at Florence, with a Note on the Surviving Charts and Atlases of the Fourteenth Century*. London: Royal Geographical Society, 1929.

Kamal, Youssouf. *Monumenta cartographica Africae et Aegypti*. 5 vols. in 16 pts. Cairo, 1926–51.

———. *Hallucinations scientifiques (les portulans)*. Leiden: E. J. Brill, 1937.

Kelley, James E., Jr. "The Oldest Portolan Chart in the New World." *Terrae Incognitae: Annals of the Society for the History of Discoveries* 9 (1977): 22–48.

———. "Non-Mediterranean Influences That Shaped the Atlantic in the Early Portolan Charts." *Imago Mundi* 31 (1979): 18–35.

---

[7] 可以考虑在 27 项相关作品中选择 21 项，关于那些没有进行检查的作品的详细信息，见表 19.3 的注释 a。

Kretschmer, Konrad. *Die italienischen Portolane des Mitte-lalters: Ein Beitrag zur Geschichte der Kartographie und Nautik.* Veröffentlichungen des Instituts für Meereskunde und des Geographischen Instituts an der Universität Berlin, vol. 13. Berlin, 1909; reprinted Hildesheim: Georg Olms, 1962.

Laguarda Trías, Rolando A. *Estudios de cartologia.* Madrid, 1981.

Lane, Frederic C. "The Economic Meaning of the Invention of the Compass." *American Historical Review* 68, no. 3 (1963): 605–17.

La Roncière, Charles de. *La découverte de l'Afrique au Moyen Age: Cartographes et explorateurs.* Mémoires de la Société Royale de Géographie d'Egypte, vols. 5, 6, 13. Cairo: Institut Français d'Archéologie Orientale, 1924–27.

Longhena, Mario. "La carte dei Pizigano del 1367 (posseduta dalla Biblioteca Palatina di Parma)." *Archivio Storico per le Province Parmensi,* 4th ser., 5 (1953): 25–130.

Magnaghi, Alberto. "Il mappamondo del Genovese Angellinus de Dalorto (1325)." *Atti del III Congresso Geografico Italiano, Florence, 1898.* 2 vols. (1899) 2:506–43.

———. "Sulle origine del portolano normale del Medio Evo e della cartografia dell'Europa occidentale." *Memorie geografiche pubblicate come supplemento alla Rivista Geografica Italiana* 8 (1909): 115–87.

———. "Nautiche, carte." In *Enciclopedia italiana di scienze, lettere ed arti,* originally 36 vols., 24:323–31. [Rome]: Istituto Giovanni Treccani, 1929–39.

Marinelli, Giovanni. "Venezia nella storia della geografia cartografica ed esploratrice." *Atti del Reale Istituto Veneto di Scienze, Lettere ed Arti,* 6th ser., 7 (1888–89): 933–1000.

Mollat du Jourdin, Michel, and Monique de La Roncière, with Marie-Madeleine Azard, Isabelle Raynaud-Nguyen, and Marie-Antoinette Vannereau. *Les portulans: Cartes marines du XIIIᵉ au XVIIᵉ siècle.* English edition, *Sea Charts of the Early Explorers: 13th to 17th Century.* Translated by L. le R. Dethan. New York: Thames and Hudson, 1984.

Motzo, Bacchisio R. "Il Compasso da navigare, opera italiana della metà del secolo XIII." *Annali della Facoltà di Lettere e Filosofia della Università di Cagliari* 8 (1947): I–137.

Nordenskiöld, A. E. *Periplus: An Essay on the Early History of Charts and Sailing-Directions.* Translated by Francis A. Bather. Stockholm: P. A. Norstedt, 1897.

Oldham, Richard D. "The Portolan Maps of the Rhône Delta: A Contribution to the History of the Sea Charts of the Middle Ages." *Geographical Journal* 65 (1925): 403–28.

Pagani, Lelio. *Pietro Vesconte: Carte nautiche.* Bergamo: Grafica Gutenberg, 1977.

Pelham, Peter T. "The Portolan Charts: Their Construction and Use in the Light of Contemporary Techniques of Marine Survey and Navigation." Master's thesis, Victoria University of Manchester, 1980.

Piersantelli, Giuseppe. "L'Atlante Luxoro." In *Miscellanea di geografia storica e di storia della geografia nel primo centenario della nascita di Paolo Revelli,* 115–41. Genoa: Bozzi, 1971.

Quaini, Massimo. "Catalogna e Liguria nella cartografia nautica e nei portolani medievali." In *Atti del 1° Congresso Storico Liguria-Catalogna: Ventimiglia-Bordighera-Albenga-Finale-Genova, 14–19 ottobre 1969,* 549–71. Bordighera: Istituto Internazionale di Studi Liguri, 1974.

Reparaz, Gonçal (Gonzalo) de. *Catalunya a les mars: Navegants, mercaders i cartògrafs catalans de l'Edat Mitjana i del Renaixement (Contribucío a l'estudi de la història del comerç i de la navegació de la Mediterrània).* Barcelona: Mentova, 1930.

———. "Essai sur l'histoire de la géographie de l'Espagne de l'antiquité au XVᵉ siècle." *Annales du Midi* 52 (1940): 137–89, 280–341.

Revelli, Paolo. *Cristoforo Colombo e la scuola cartografica genovese.* Genoa: Consiglio Nazionale delle Ricerche, 1937.

———. *La partecipazione italiana alla Mostra Oceanografica Internazionale di Siviglia (1929).* Genoa: Stabilimenti Italiani Arti Grafiche, 1937.

———. *Elenco illustrativo della Mostra Colombiana Internazionale.* Genoa: Comitato Cittadino per le Celebrazioni Colombiane, 1950.

Rey Pastor, Julio, and Ernesto García Camarero. *La cartografía mallorquina.* Madrid: Departamento de Historia y Filosofía de la Ciencia, 1960.

Santarém, Manuel Francisco de Barros e Sousa, Viscount of. "Notice sur plusieurs monuments géographiques inédits du Moyen Age et du XVIᵉ siècle qui se trouvent dans quelques bibliothèques de l'Italie, accompagné de notes critiques." *Bulletin de la Société de Géographie,* 3d ser., 7 (1847): 289–317; reprinted in *Acta Cartographica* 14 (1972): 318–46.

———. *Essai sur l'histoire de la cosmographie et de la cartographie pendant le Moyen-Age et sur les progrès de la géographie après les grandes découvertes du XVᵉ siècle.* 3 vols. Paris: Maulde et Renou, 1849–52.

———. *Estudos de cartographia antiga.* 2 vols. Lisbon: Lamas, 1919–20.

Skelton, R. A. "A Contract for World Maps at Barcelona, 1399–1400." *Imago Mundi* 22 (1968): 107–13.

Stevenson, Edward Luther. *Portolan Charts: Their Origin and Characteristics with a Descriptive List of Those Belonging to the Hispanic Society of New York.* New York: [Knickerbocker Press], 1911.

Taylor, Eva G. R. *The Haven-Finding Art: A History of Navigation from Odysseus to Captain Cook.* London: Hollis and Carter, 1956.

Teixeira da Mota, Avelino. "L'art de naviguer en Méditerranée du XIIIᵉ au XVIIᵉ siècle et la création de la navigation astronomique dans les océans." In *Le navire et l'économie maritime du Moyen-Age au XVIIIᵉ siècle principalement en Méditerranée: Travaux du IIᵉᵐᵉ Colloque Internationale d'Histoire Maritime,* ed. Michel Mollat, 127–54. Paris: SEVPEN, 1958.

Uhden, Richard. "Die antiken Grundlagen der mittelalterlichen Seekarten." *Imago Mundi* 1 (1935): 1–19.

Uzielli, Gustavo, and Pietro Amat di San Filippo. *Mappamondi, carte nautiche, portolani ed altri monumenti cartografici specialmente italiani dei secoli XIII–XVII.* 2d ed., 2 vols. Studi Biografici e Bibliografici sulla Storia della Geografia in Italia. Rome: Società Geografica Italiana, 1882; reprinted Amsterdam: Meridian, 1967.

Wagner, Hermann. "Historische Ausstellung, betreffend die Entwickelung der Seekarten vom XIII.–XVIII. Jahrhundert oder bis zur allgemeinen Einführung der Mercator-Projektion und der Breitenminute als Seemeile." *Katalog der Ausstellung des XI. Deutschen Geographentages,* part of the *Verhandlungen.* Bremen, 1895.

———. "The Origin of the Mediaeval Italian Nautical Charts." In *Report of the Sixth International Geographical Congress, London, 1895*, 695–702. London: Royal Geographical Society, 1896; reprinted *Acta Cartographica 5* (1969): 476–83.

Winter, Heinrich. "Das katalanische Problem in der älteren Kartographie." *Ibero-Amerikanisches Archiv* 14 (1940/41): 89–126.

———. "Petrus Roselli." *Imago Mundi* 9 (1952): 1–11.

———. "Catalan Portolan Maps and Their Place in the Total View of Cartographic Development." *Imago Mundi* 11 (1954): 1–12.

Wuttke, Heinrich. *Zur Geschichte der Erdkunde im letzten Drittel des Mittelalters: Die Karten der seefahrenden Völker Südeuropas bis zum ersten Druck der Erdbeschreibung des Ptolemäus.* Dresden, 1871.

Zurla, Placido. *Di Marco Polo e degli altri viaggiatori veneziani più illustri.* 2 vols. Venice, 1818.

第二十章 中世纪欧洲的地方和区域地图绘制

P. D. A. 哈维（P. D. A. Harvey）[*]

孙靖国 译

范围和特点

本章的内容涵盖了中世纪基督教世界所有的陆地地图，但这些地图既不是世界地图，也不是波特兰海图，更不是重新发现的托勒密地图。① 它们的数量相对较少，但特点却千差万别。它们所覆盖的范围非常广泛，从根据测量网格精心绘制的巴勒斯坦全境地图，到位于勃艮第边界的三个村庄及其周围地区的彩绘图；从弗朗切斯科·罗塞利（Francesco Rosselli）的佛罗伦萨详密景观图，到用寥寥几笔勾画的表现英格兰东部田野地带的草图。尽管它们种类繁多，却有共同之处。无论它们显示的面积是大或小，它们都被认为是从上方进行审视的，或是垂直角度，或是斜视视角，从一个通常在现实中无法达到的位置来观察；这被认为是从我们的意图出发来绘制地图。这些地图是中世纪欧洲的产物，从类型、历史或概念的角度来讲，它们都是 16 世纪及以后的地形图的前身。只有极少数是表现整个国家的地图：巴勒斯坦地图、马修·帕里斯和高夫的不列颠地图、库萨的尼古拉（Nicolas of Cusa）和埃哈德·埃茨劳布（Erhard Etzlaub）的德意志与中欧地图。但是大多数都是小区域地图：覆盖一个区域的地方地图，无论是单一地域还是半个省份，都在个人的正常经验范围内。在这些地图显示地面上的特征之处，它们几乎总是采用图像形式；正如罗塞利的佛罗伦萨地图，是直接的鸟瞰图，从高处看到的是逼真的纤毫毕现的景观图像，事实上，中世纪的地方地图与鸟瞰图之间的联系，和它们与后来的几个世纪的大比例尺地图一样息息相关（图 20.1）。如果我们把这些多种多样的景观表现形式结合到一起并称其为地图，那是基于后来地图学发展的后见之明；在中世纪，没有人会把它们视作同一类东西，而且在中世纪欧洲的语言中，甚至都没有一个词能与我们所说的"地图"完全对应。这种表现无论如何都相当不寻常。

实际上，中世纪的欧洲社会对地图知之甚少。这不只是因为政府或企业对地图和平面图的常规用途仅限于极少数特定的领域和工艺上。在中世纪，很少有人会想到随便画一幅草图来表现某种地形关系——从一个地方到另一个地方的道路、田野的布局、街道上房屋的顺序

---

* 伊丽莎白·克拉顿（Elizabeth Clutton）关于 *Isolarii* 亦有贡献，pp. 482 – 484。

① 在 P. D. A. Harvey, *The History of Topographical Maps：Symbols，Pictures and Surveys*（London：Thames and Hudson，1980）中，尤其是第 3—5 章和第 9 章中，对中世纪的地形图进行了详尽的叙述，并附有很多插图。我对 Thames 与 Hudson 先生允许我重复他们在那本书里提出的关于中世纪地图的证据和结论致以最大的谢意。

465

图 20.1　罗塞利的佛罗伦萨图（约 1485 年）

弗朗切斯科·罗塞利绘制的这幅"链式地图"是 15 世纪以降保存至今的最好的倾斜绘画景观图作品之一，从西南方向的视点表现了这座城市。如同中世纪时期的许多地图一样，建筑物是用立面进行表示的。

原图尺寸：58.5×131.5 厘米。Staatliche Museen zu Berlin，DDR，Kupferstichkabinett 许可使用。

等。事实就是如此，到了 16 世纪，人们突然意识到地图的价值，这一点可以通过从中世纪 464 的英格兰保存下来的地方地图（各种形式的地图，甚至是最粗糙的草图）的数量上看出来。从 12 世纪中叶到 14 世纪中叶，总共只有 3 种，从 1350 年到 1500 年之间，每半个世纪大约有 10 种，从 1500 年到 1550 年这半个世纪，有 200 种左右。[2] 这些数字表明地图的实际制作和使用发生了变化，而并非仅仅是随着时间的推移，地图保存下来的概率提高了：中世纪英格兰的其他类型文献的保存情况则遵循着完全不同的模式。[3] 中世纪的小区域或地区地图在当时是非常不寻常的展品，往往表现出绘图员极大的独创性和想象力，他们也许从来没有见过其他人绘制的地图。在中世纪，描绘和记录地形关系的惯常方式是书写，因此我们有文字描述来替代地图：行程记、城市调查、地籍册等。这些内容可能会非常复杂；地籍册可能会在一组田畴中列出数百块甚至上千块单独的土地，并给出每块土地的确切位置，[4] 所以正如丹维尔（Dainville）所指出的那样，这确实是一份名副其实的"会说话的地图"[5]。但是，465 比起用图形的方式在地图上显示信息，这种方式更加可取，它表明了一种与我们自己完全不同的思维方式。有鉴于此，我们应该审视我们现有的那些中世纪的区域和地方地图以及平面图。

②　P. D. A. Harvey, "The Portsmouth Map of 1545 and the Intro duction of Scale Maps into England," in *Hampshire Studies*, ed. John Webb, Nigel Yates, and Sarah Peacock（Portsmouth：Portsmouth City Records Office, 1981），33–49, esp. 35.

③　R. A. Skelton and P. D. A. Harvey, eds., *Local Maps and Plans from Medieval England*（Oxford：Clarendon Press, 1986），4, 34–35.

④　例如，Catherine P. Hall and J. R. Ravensdale, eds., *The West Fields of Cambridge*（Cambridge：Cambridge Antiquarian Records Society, 1976），一份 14 世纪中叶的地籍册。

⑤　François de Dainville, "Rapports sur les conferences：Cartographie Historique Occidentale," in Ecole Pratique des Hautes Etudes, IVe section：*Sciences historiques et philologiques. Annuaire 1968–1969*（Paris, 1969），401–2.

随着人们对地图价值认识的不断增强，地图绘制也不是一个渐进而稳步增长的问题。站在后来者的角度，我们可以看到在 15 世纪出现了一些小的迹象，预示着 16 世纪即将发生的变化。但是不外乎如此；1500 年以后，地图绘制的发展既突如其来，又突飞猛进。英格兰保存下来的地方地图的数量对此意义重大：在 1350 年至 1500 年之间，所制作地图的数量似乎没有增加。但是，同样重要的是，在 1350 年之前，几乎没有任何英格兰的地方地图。事实上，如果说我们很少有中世纪欧洲小区域的地图，那么 14 世纪中叶之前的地图也确实不多：几乎所有的地图都可以追溯到 1500 年之前的 150 年之内。大概可以肯定的是，这不仅是一种保存模式的改变，而且是制作模式的变迁，反映了地图绘制思想的某种适度和有限的传播。但是，我们只能猜测这一情形是如何发生，抑或是为什么会这样的。关于这一问题，正如其他与中世纪小区域地图相关的问题一样，迄今为止，对它们所做的研究过于零散，以至于对我们产生了阻碍。一些地图的集群，如低地国家和英格兰的地图，或者意大利北部地区的区域地图，已经得到了较为系统的记录和研究，因此我们可以进行全面的考查。其他的，例如那些法国和德国的地图，或多或少地披露了，因此我们不能确定已知的这些是否能代表整个现存资料库的典型情况。在某些地区，如西班牙和葡萄牙，还没有关于中世纪小区域地图的报道，但这并不意味着没有地图存在。在那里或其他地方，许多这样的地图可能没有得到人们的普遍关注而导致忽略，这仅仅是因为人们没有意识到，在 16 世纪之前，哪怕是任何类型的地图都是何等的不寻常，即使是在后世多么不重要的简单的草图，如果可以追溯到中世纪，那么都可能具有重大的意义。因为我们的知识是如此的零碎，导致我们很难对中世纪欧洲小区域地图得出普遍的结论：未来的发现可能会从根本上彻底改变这一局面。

466　　　　然而，从现有的史料中可以得出一个有把握的结论。比例尺，也就是对地图上的距离和地面实际距离之间固定比例的规定，在中世纪的小区域地图上几乎没有发挥什么作用；它们几乎从来没有以测量过的调查作为基础。有时候，我们确实发现地图与实际地形的形态和距离有相当的对应关系。但在通常情况下，制图师往往只关心显示那些沿着极少数路线的地理特征的排列，或者是用图解方式排列表现的一些其他的地形关系，而根本不考虑比例尺。有时候，会故意忽略掉比例上的一致性，比如在意大利北部的一些区域地图中，中心城市的比例就绘制得远比地图其他部分要大得多，以强调其重要性。除了一些意大利的城市平面图之外，在我们所讨论这一时期的大部分时间内，小区域的比例尺地图是不为人知的，也许只是谈到其肇始自 9 世纪的圣加尔平面图，终于 15 世纪之时，才会隐约出现。从概念上来讲，与缺乏比例尺有关的事实是，这些地图从本质上来讲都是图画式地图：地面以上的任何细节都是用图形方式显示出来的，而不是用平面图来表现。这种图形元素的形式和艺术性多种多样。在极端的情况下，它可能只有一个单一特征的粗略的轮廓或者透视图，通常是用传统方式甚至只是用符号来显示：比如用一座教堂表示一个村庄，用一道墙垣表示一个城镇。在另一种极端情况下，整幅地图可能是一幅写实且准确的鸟瞰图，始终用严格的透视法绘制。中世纪的图画式地图不仅仅是 16 世纪以及以后的大比例尺地图的起源，鸟瞰图也可以远绍于此，人们觉得最好是把它们都看作一种特殊种类的地形图画，似乎是从高于地面的某个视点来进行描绘的（但实际上，经常是不止一个视点）。当然，我们在中世纪图画式地图中看到的许多变化仅仅是艺术风格和技术上的发展。⑥

起源与发展

早在公元 1—3 世纪期间，罗马的测量师所绘制的比例尺地图极为精良且复杂；而中世纪欧洲却几乎找不到用比例尺绘制的地图，这一点实在令人惊讶。⑦ 中世纪的小区域地图绘制相对于罗马古典先例的倒退（如果存在的话）很难确定。如果某些中世纪的意大利城市平面图的绘制是基于经过测量的调查（这一点还远不能确定），那么我们就不应该排除他们是直接继承罗马测量师传统的可能性。但是，似乎更有可能性的是，罗马传统的比例尺地图已经完全消失了，其保存下来的最晚的遗物是阿尔丘夫（Arculf）的圣地平面图和收藏在圣加尔修道院图书馆的修道院平面图。这两幅地图都很像罗马测量师的地图，与其他中世纪地图的不同之处在于，它们都只是简单地用轮廓平面来表现建筑，也可能是按照固定的比例来绘制。⑧法兰克的主教阿尔丘夫的平面图所描绘的是圣地的四座建筑物：圣墓教堂（图 20.2）、锡安山教堂、耶稣升天小堂和位于纳布卢斯（Nablus）的雅各井教堂。它们说明了 670 年他在圣地朝圣的经历，此记叙是由爱奥那（Iona）修道院院长阿达姆南（Adamnan）为后人所写，据说阿尔丘夫的船在返回高卢的航路上偏离航线后曾在爱奥那居留。据描述，这些平面图是由阿尔丘夫在蜡版上绘制的，但并非现存的所有中世纪手稿都对其进行复制，目前发现其中最早的可追溯到 9 世纪。由于复制得并不精确，导致我们无法辨别该平面图原图是否按比例绘制。⑨ 另一方面，我们只有一份圣加尔的平面图的原件（图 20.3），正如其献辞铭文告诉我们的，是送给戈兹伯特（Gozbert）的，他于 816—837 年之间担任那里的修道院院长。对于这一平面图，有很充分的学术研究，在霍恩（Horn）和博恩（Born）的最新著作中达到顶峰，他们展示了其所描绘的建筑物和地块是如何符合单一的长度单位，从而使它们的排列方式与构成整幅平面图的基础的网格相符的。⑩ 这些建筑物和地块是一座修道院教堂及其辖区，其中有僧侣及其仆人的住处、回廊、花园以及庄园工人和牲畜的居所。这究竟是一处已经存在的修道院，还

467

---

⑥　Harvey, *Topographical Maps*, 48（note 1）.

⑦　Gianfilippo Carettoni et al., *La pianta marmorea di Roma antica*: *Forma Urbis Romae*, 2 Vols.（Rome: Comune di Roma, 1960）; 除了作为这一作品主题的罗马平面图之外，对其他按比例尺绘制的罗马平面图的讨论和翻印见第 207—210 页和图版 Q。André Piganiol, *Les documents cadastraux de la colonie romaine d'Orange*, Gallia suppl. 16（Paris: Centre Nationale de la Recherche Scientifique, 1962）.

⑧　Harvey, *Topographical Maps*, 131 – 32（note 1）.

⑨　Titus Tobler and Augustus Molinier, eds., *Itinera Hierosolymi tana et descriptiones Terrae Sanctae*（Paris: Société de l'Orient Latin, 1879）, xxx – xxxiii, 149, 160, 165, 181; 与之相关的平面图收藏在 manuscripts of Bede's De locis sanctis, 例如, London, British Library, Add. MS. 22653, fols. 44 – 46v; 见 Reinhold Rohricht, "Karten und Plane zur Palastinakunde aus dem 7. bis 16. Jahrhundert, Ⅱ," *Zeitschrift des Deutschen Palästina-Vereins* 14（1891）: 87 – 92, esp. 91 – 92。

⑩　Walter Horn and Ernest Born, *The Plan of St. Gall*: *A Study of the Architecture and Economy of, and Life in, a Paradigmatic Carolingian Monastery*, 3 Vols.（Berkeley: University of California Press, 1979）. 给出了构成地图基础的网格的不同解释的，是 Eric Fernie, "The Proportions of the St. Gall Plan," *Art Bulletin* 60（1978）: 583 – 89。关于平面图上的早期书写，Walter Horn and Ernest Born, "New Theses about the Plan of St. Gall," in *Die Abtei Reichenau*: *Neue Beiträge zur Geschichte und Kultur des Inselklosters*, ed. Helmut Maurer（Sigmaringen: Thorbecke, 1974）, 407 – 76, 是对近期讨论的入门著作，而 Hans Reinhardt, Der St. Galler Klosterplan（Saint Gall: Historischer Verein des Kantons St. Gallen, 1952）, 则是对这幅平面图有用的简介文章。

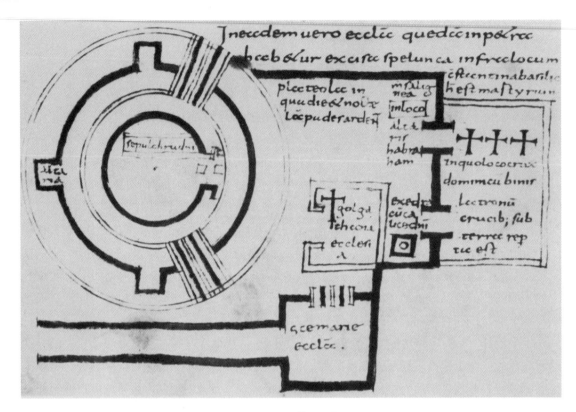

图20.2 圣墓平面图

这幅图和其他的圣地平面图都是由法兰克主教阿尔丘夫绘制的，用以诠释他于670年去耶路撒冷的朝圣之旅。像圣加尔（Saint Gall）修道院平面图一样，它属于罗马的测绘师平面图传统。

原图尺寸：11.5×17.5厘米。Bibliothèque Nationale, Paris 提供照片（MS. Lat. 13048, fol. 4v）。

是一个正在规划建造的计划图，抑或仅仅停留在理想的方案层面，已经成为诸多争论的焦点。它是否按比例绘制，目前也不能确定；在地图上表现的某些特征的测量值与地图本身的比例也并不完全一致。[11] 无论如何，它都是加洛林时期艺术和思想令人印象深刻的丰碑，也是中世纪欧洲杰出的地图作品之一。但它没有直接的衍生品。对圣加尔平面图的了解甚至有可能隐藏在坎特伯雷大教堂及其修道院的平面图中，此平面图绘制于12世纪中叶——铭文的风格尤其暗示其间存在联系——但如果是这样的话，那么其间传递的只是平面图的概念，而非其制图理念或方法，因为坎特伯雷平面图是一幅图画式地图，显示了建筑物的立面，而非轮廓平面图（图20.4）。[12] 圣加尔平面图所联系的，是过去，而非未来。这是已知保存至今的最后一幅遵循罗马测量师传统绘制的地图。

如果按比例绘制地图的理念没有能从古代罗马流传到中世纪的欧洲，地图学的其他方面是否取得了更多的成就？古典时代的地图绘制传统有没有保存下来？查理曼大帝的朝臣和传 469 记作者艾因哈德（Einhard）告诉我们，在查理曼大帝去世的时候，他的财产中有黄金和白

---

[11] 例如，见 David Parsons, "Con sistency and the St. Gallen Plan: A Review Article," *Archaeological Journal* 138（1981）: 259–65 中所表示的怀疑。

[12] Cambridge, Trinity College, MS. R. 17. 1, fols. 284v–285r; William Urry, "Canterbury, Kent, circa 1153×1161," in Skelton and Harvey, *Local Maps and Plans*, 43–58（note 3）。

468

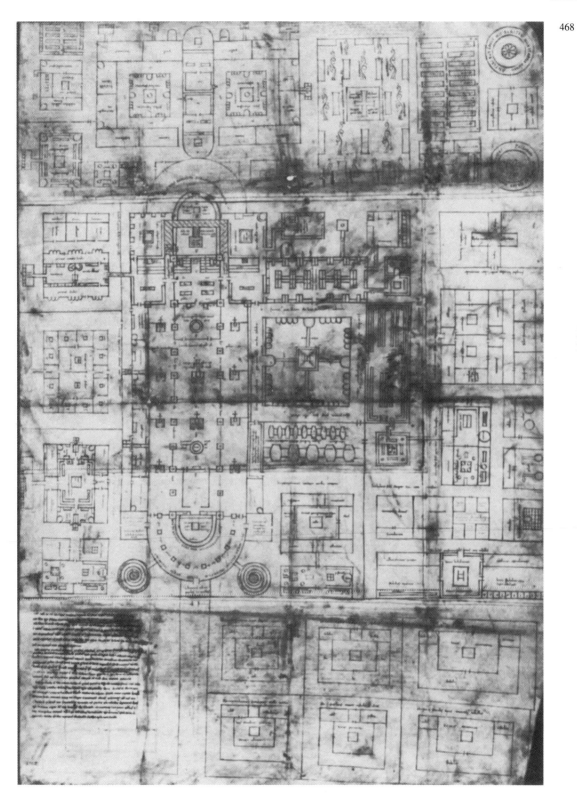

图 20.3　圣加尔修道院平面图

　　这幅理想化的修道院及其附属建筑物的建筑平面图的日期为 816—837 年，其统一的长度单位和平面风格给人以深刻印象，让人更多地联想起罗马而非中世纪的地图学。

　　原图尺寸：114 × 74.5 厘米。Stiftsbibliothek, Saint Gall 许可使用（Codex 1092）。

469　银制作的桌子，上面雕刻着世界、罗马和君士坦丁堡的地图。[13] 这两座城市的平面图可能一直延续着传统，但那些保存下来的中世纪平面图却丝毫没有留给我们古典时代祖本的任何蛛丝马迹。更有可能的是，我们有一个巴勒斯坦地图的延续传统。从 12 世纪开始，我们就有了在西欧绘制的各种各样的圣地地图；既然我们在早期也有覆盖同一地区的书面路线记和地图（波伊廷格地图、马代巴镶嵌画［Madaba Mosaic］），很有可能我们可以发现它们所能追溯到祖本的痕迹。[14] 当然，6 世纪的马代巴镶嵌画和中世纪的传统之间至少在表面上有相似之处，后者包括威尼斯的彼得罗·维斯孔特的 14 世纪早期地图。但是，即使是中世纪地图之间的确切关系都还没有完全弄清楚——这不是一个简单的问题——这将是与以前的资料进行详细比较的重要基础。耶路撒冷的中世纪平面图也可以追溯到 12 世纪，也许可以追溯到古典传统，尽管这很难确定。有一幅耶路撒冷图，上面有阿尔丘夫的 7 世纪的文本，但除此之外，唯一一幅较早的平面图是马代巴镶嵌画上所表现的城市。

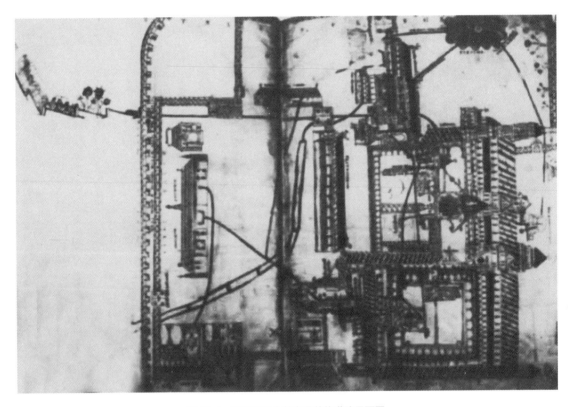

图 20.4　坎特伯雷大教堂及其修道院平面图

　　这幅地图绘制于 12 世纪中叶，是一幅描绘了高于地面以上的地貌特征的绘画式立面地图。平面图中只显示了供水系统，该系统由引水管道组成，但所引的泉水未出现在图中。

　　原图尺寸：45.7×66 厘米。Master and Fellows of Trinity College, Cambridge 许可使用（MS. R. 17.1, fols. 284v – 285）。

---

　　[13]　Einhard, *Early Lives of Charlemagne*, ed. and trans. A. J. Grant (London：Moring, 1905), 54, 但是，见 F. N. Estey, "Charlemagne's Silver Celestial Table," *Speculum* 18 (1943)：112 – 17，他将世界地图解释为天堂的存在。

　　[14]　Otto Cuntz, ed., *Itineraria Romana* (Leipzig：Teubner, 1929 –)，Vol. 1, *Itineraria Antonini Augusti et Burdigalense*；Ekkehard Weber, ed., *Tabula Peutingeriana：Codex Vindobonensis* 324 (Graz：Akademische Druck-und Verlagsanstalt, 1976)；Michael Avi-Yonah, *The Madaba Mosaic Map* (Jerusalem：Israel Exploration Society, 1954)。

所以，很有可能，巴勒斯坦和其他地区的中世纪地图源自罗马的模本，但尚远未能确定。然而，只有当我们审视中世纪地图的细节特征时，我们才能发现一种元素，可以令人信服地证明它直接来自古典时代的传统。这是一种通过用鸟瞰来审视城墙的程式化图画来表现城镇的方法，通常会绘出塔楼，有时会画出城镇内的一个或多个建筑物。这是一种非常自然的通行做法；实际上，在中国和欧洲的地图绘制中都曾出现。[15] 但它可以追溯到各种类型的背景，从古希腊一直到中世纪的鼎盛时期，而且，似乎毫无疑问，它是通过持续的古代艺术传统传到中世纪地图中的。[16] 拉夫当（Lavedan）恰如其分地将其命名为城市表意图（l'idéogramme urbain），我们发现它为中世纪欧洲一些城镇绘制更为详细的平面图奠定了基础。

如果中世纪欧洲绘制的小区域地图没有受到过去的古典传统的影响，那么，它们的灵感汲取自何处呢？有一个答案是来自中世纪作家用来说明各种关系的图解——哲学、科学、行政等。许多地图，尤其是最早的那些，只不过是把同一种绘制方法应用到了地形关系上。一幅13世纪初的英格兰平面图展示了位于沃姆利（Wormley，位于赫特福德郡［Hertfordshire］）的沃尔瑟姆（Waltham）修道院的供水系统（图20.5），它和马修·帕里斯在大约相同时间在圣奥尔本斯修道院（Saint Albans Abbey）为占星学和其他方面著作所绘制的插图非常类似，其间的直接联系也并非不可能存在。[17] 一幅早期的巴勒斯坦地图将耶路撒冷描绘为一系列大的同心圆，周围是很多小圆圈，彼此用直线连接，代表其他城镇、道路、约旦河和海岸线。[18] 目前已知最古老的尼德兰地图，其日期为1307年，仅仅由地名和其他注释组成，依照其在地面上的位置进行排列，并绘出山墙的截面，代表两座教堂（图20.6）。[19] 也不难发现后来的地图，这些地图同样清楚地显示了图解技术在地形图方面的应用。1414年的一例显示了斯特拉斯堡以北的旺策诺（Wantzenau）莱茵河两岸的一处地产：用红色和黑色墨绘制，将其描绘为一个正方形，由代表河流的波浪线将其隔开，再细分为若干个长方形，来标记各个单独的农场。[20] 有一幅英格兰的地形图，是1455年格洛斯特（Gloucester）所有房屋的列表，这些房屋在每条街道的两侧排成两列，并在适当的地方画出主要建筑物和其他地标的缩略图。[21] 在此处，地图与非地图图表之间的界线很难勾勒出来，我们可以看到，出于完全不同目的而使用图解，很容易催生地形图和地图。

470

⑮ 例如，Harvey, *Topographical Maps*, pls. Ⅴ，Ⅵ（note 1）。

⑯ Pierre Lavedan, *Représentation des villes dans l'art du Moyen Age*（Paris：Vanoest, 1954），33 – 35, pl. XⅦ；Carl H. Kraeling, ed. , *Gerasa*, *City of the Decapolis*（New Haven：American Schools of Oriental Research, 1938），341 – 51.

⑰ London, British Library, Had. MS. 391, fo! '6r；P. D. A. Harvey, "Wormley, Hertfordshire, 1220 × 1230," in Skelton and Harvey, *Local Maps and Plans*, 59 – 70（note 3）；Richard Vaughan, *Matthew Paris*（Cambridge：Cambridge University Press, 1958），254 – 55, 257 – 58, pls. XX, XXlb.

⑱ London, British Library, Harl. MS. 658, fol. 37v；Reinhold Rohricht, "Karten und Plane zur Palastinakunde aus dem 7. bis 16. Jahrhundert, Ⅲ," *Zeitschrift des Deutschen Palästina-Vereins* 14（1891）：137 – 141, esp. 140 – 41, pl. 5.

⑲ LilIe, Archives Départementales du Nord, B 1388/1282 bis；M. K. Elisabeth Gottschalk, *Historische geografie van Westelijk Zeeuws-Vlaanderen*, 2 Vols.（Assen：Van Gorcum, 1955 – 58），Vol. 1, *Tot de St-Elizabethsvloed van 1404*, 148 – 49；Harvey, Topographical Maps, 89（note 1）.

⑳ Strasbourg, Archives Departementales du Bas-Rhin, G 4227（8）；Franz Grenacher, "Current Knowledge of Alsatian Cartography," *Imago Mundi* 18（1964）：60 – 61.

㉑ Gloucester, Gloucestershire Records Office, GDR 1311；W. H. Stevenson, ed. , and Robert Cole, comp. , *Rental of All the Houses in Gloucester A. D. 1455*（Gloucester：Bellows, 1890）；Harvey, Topographical Maps, 90 – 91（note 1）.

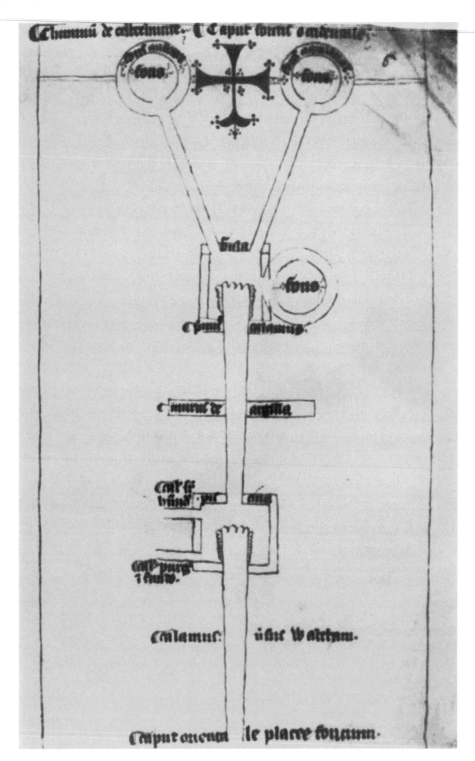

图 20.5 供水平面图

这幅 13 世纪早期的概要式平面图显示了位于赫特福德郡的沃姆利的沃尔瑟姆修道院供水系统的水源。南北泉水旁的十字架有一只张开的脚，表示着东方，这可能是已知地图上最早的方向指针。很有可能，这幅平面图的风格受到了附近的圣奥尔本斯修道院（Saint Albans Abbey）的马修·帕里斯的作品的启发，帕里斯绘制了很多示意图来阐释当时的各种哲学关系。

原图尺寸：21.8×14.7 厘米。British Library，London 许可使用（Harl. MS. 391，fol. 6r）。

471

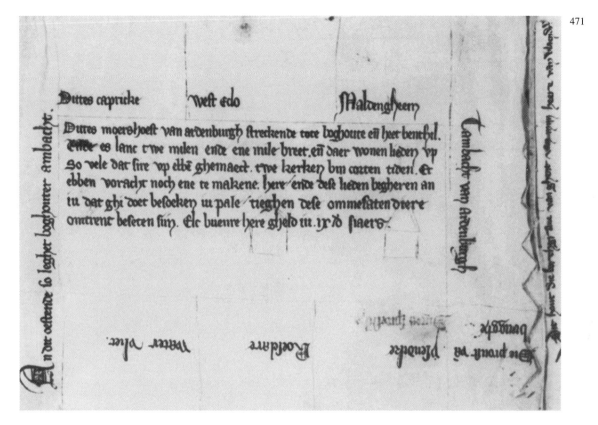

图 20.6　泽兰（Zeeland）的斯勒伊斯（Sluis）附近地区图

现存最古老的低地国家地图，年份为 1307 年，使用了按地理位置编排的地名和注文。表示教堂的两座山墙截面图依稀可见。

Archives Départementales du Nord, Lille 许可使用（B 1388/1282 bis）。

　　建筑规划也很可能导致产生绘制地图的想法。我们有充足的史料标明，在皮纸或纸张上 470
绘制平面图是中世纪晚期建筑师或者建筑商很常见的一种技术——实际上，从 15 世纪开始，
我们就有大量的平面图保存下来。其中非常值得注意的一份藏品来自维也纳的圣斯蒂芬大教
堂（Saint Stephen），但它也包括其他建筑的平面图，甚至远到莱茵河，这些可能是由在各
地流动工作的石匠带到维也纳的。[22] 早在 13 世纪，维拉尔·德霍内库特（Villard de Honne-
court）的笔记证实了建筑师喜欢根据画好的实地轮廓平面图来考虑问题。[23] 只有一幅中世纪
的英格兰建筑平面图保存了下来，这幅地图表现了温彻斯特学院的一部分，其日期可以追溯
到 1390 年（图 20.7），但我们在 1380 年以后的建筑合同文本中也提到了这些平面图。[24] 我 471
们发现，英格兰的地图制作从 14 世纪中叶开始稳步增长，这如果不是引入了作为建筑师的
一种技艺的平面图绘制，至少可以反映出一种日益发展的向客户展示这些平面图的习惯，意

　　[22]　Hans Koepf, *Die gotischen Planrisse der Wiener Sammlungen*（Vienna：Böhlau, 1969）.

　　[23]　Paris, Bibliothèque Nationale, fro 19093；H. R. Hahnloser, ed., *Villard de Honnecourt：Kritische Gesamtausgabe des
Bauhüttenbuches*, 2d ed.（Graz：Akademische Druck-und Verlagsanstalt, 1972）.

　　[24]　Winchester, Winchester College Muniments, 22820, inside front and back covers；John H. Harvey, "Winchester,
Hampshire, circa 1390," in Skelton and Harvey, *Local Maps and Plans*, 141 - 46（note 3）；Louis Francis Salzman, *Building in
England down to 1540*（Oxford：Clarendon Press, 1952）, 14 - 22.

味着更多的人熟悉了这种表示方法。无论是有意还是无意，建筑平面图都很可能激发了中世纪的小区域地图绘制。

472

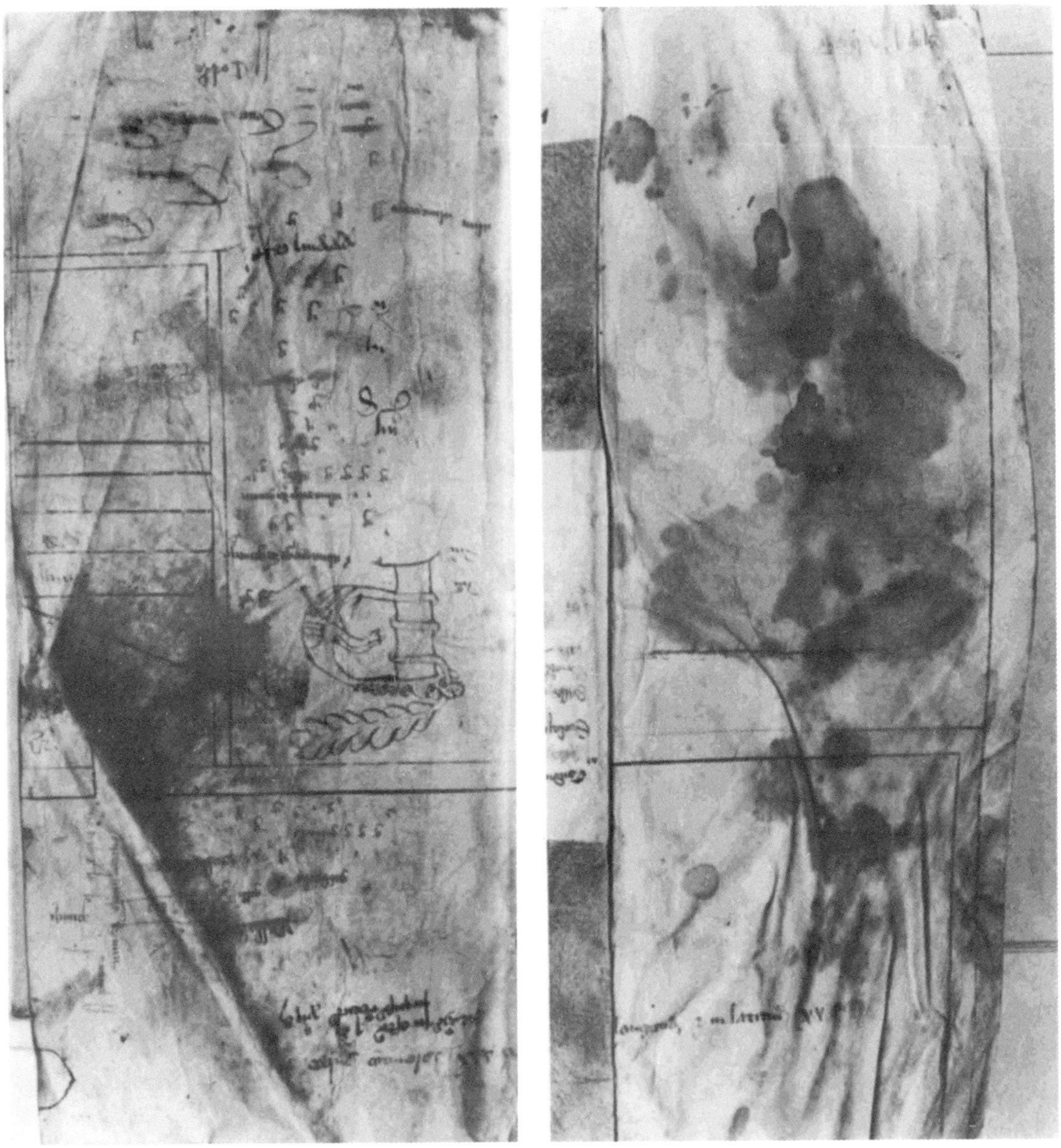

图 20.7 温彻斯特公学（Winchester College）的平面图

尽管我们提及了从 1380 年以降在建筑合同中的平面图，但这幅 1390 年前后的平面图似乎是这一英格兰传统保存下来的唯一一份。

原图尺寸：31.2×26.0 厘米。Warden and Fellows of Winchester College 许可（Winchester College Muniments, 22820，内封面和封底）。

471 人们很自然地要问，这些小区域地图的是否与其他类型的中世纪地图有关：世界地图、波特兰海图，抑或在 15 世重新引入西方的托勒密地图。正如许多较小区域地图一样，几乎所有种类的世界地图，从最简单的，到最复杂的，都属于中世纪的图解绘制传统。有几幅精心制作的平面图以耶路撒冷为中心，这可以认为是出自城市地方地图的传统。㉕但是，除此之外，这两种类型的地图之间似乎没有任何联系；世界地图的起源和概念都与其差异很大，以至于很难看出它们对较小区域的地图绘制产生了什么影响。另一方面，私人的联系表明至少有些中世纪的制图师并不认为这两种类型的地图是完全不相干的。13 世纪，圣奥尔本斯修道院的马修·帕里斯绘制了一幅世界地图，还绘制了不列颠、圣地以及从英格兰到意大利南部的地图，正如我们所见到的那样，这些地图可能激发了英格兰地方地图的绘制。㉖ 14 世纪初期，来自热那亚，但在威尼斯工作的彼得罗·维斯孔特不仅绘制了波特兰地图，还为马里诺·萨努多（Marino Sanudo）的《十字架信徒的秘密》一书提供了一幅世界地图、一幅圣地地图以及阿科（Acre）和耶路撒冷的平面图；不久以后，为彼得罗·维斯孔特的《大编年史》（*Chronologia magna*）作为插图绘制的类似的系列地图包括一幅世界地图、一幅波特兰海图、意大利和圣地的地图、一幅波河（Po）下游地区的区域地图，以及意大利和巴勒斯坦的各城镇平面图。㉗ 当然，15 世纪的"岛屿书"（isolarii）表明了波特兰海图与小区域地图之间存在着清晰的联系，但是从 14 世纪早期以降，在意大利半岛的地图中就可以发现更早的这种联系，尽管这两种情况的确切关系仍需要证明。至少在意大利，波特兰海图很有可能是其他较小区域地图的模本或者灵感来源；就算没有直接借用信息，一些城市平面图和意大利北部地区地图的部分内容也可能追溯到它们。在意大利以外的地区，波特兰海图与小区域地图绘制之间似乎找不到可以联系的蛛丝马迹，而且它们也不太可能有助于在欧洲的其他地方哪怕是仅仅传播绘制地图的理念。15 世纪中叶，英格兰的地方地图突然开始显示出以北为正方向的决定性偏好；可以想象，这反映出的是受到了托勒密地图的影响，但更有可能是因为带有指北针的陆地罗盘的使用越来越广泛。㉘ 15 世纪晚期的德意志是地方地图和大区域地图之间的另一个接触点。在纽伦堡的内科医生、仪器制造师埃哈德·埃茨劳布的作品中，我们看到了这两个类型的地图，他不仅绘制了从波罗的海到罗马的中欧总图，还绘制了纽伦堡周边地区的区域地图，很有可能，他还绘制了当地的地产地图（可是没有一幅保存下来）。㉙ 在更早的时期，1422 年前后绘制的维也纳和布拉迪斯拉发（Bratislava）的按比例尺绘制的平面图（图 20.8），与克洛斯特新堡（Klosterneuburg）修道院的地理工作（可能包括地图绘制）之间可能存在联系；㉚然而，这幅平面图可能源自意大利当时正在绘

473

㉕　即使只是在其圆形的有城垛的城墙中，就像在埃布斯托夫地图（Ebstorf map）上那样。

㉖　Vaughan, *Matthew Paris*, 235 – 50, pls. XII – XVII (note 17).

㉗　Bernhard Degenhart and Annegrit Schmitt, "Marino Sanudo und Paolino Veneto," *Römisches Jahrbuch für Kunstgeschichte* 14 (1973): 1 – 137, esp. 60 – 87, 105 – 30.

㉘　P. D. A. Harvey 的引介见 Skelton and Harvey, *Local Maps and Plans*, 36 – 37 (note 3)。

㉙　Fritz Schnelbogl, "Life and Work of the Nuremberg Cartographer Erhard Etzlaub (†1532)," *Imago Mundi* 20 (1966): 11 – 26.

㉚　Vienna, Historisches Museum, I. N. 31. 018; S. Wellisch, "Der älteste Plan von Wien," *Zeitschrift des Oesterreichischen Ingenieurund Architekten-Vereines* 50 (1898): 757 – 61; Max Kratochwill, "Zur Frage der Echtheit des 'Albertinischen Planes' von Wien," *Jahrbuch des Vereins für Geschichte der Stadt Wien* 29 (1973): 7 – 36; Harvey, *Topographical Maps*, 80 – 81 (note 1); Dana Bennett Durand, *The Vienna-Klosterneuburg Map Corpus of the Fifteenth Century: A Study in the Transition from Medieval to Modern Science* (Leiden: E. J. Brill, 1952); Ernst Bernleithner, "Die Klosterneuburger Fridericuskarte von etwa 1421," in *Kartengeschichte und Kartenbearbeitung*, ed. KarlHeinz Meine (Bad Godesberg: Kirschbaum Verlag, 1968), 41 – 44; Fritz Bonisch, "Bemerkungen zu den Wien-Klosterneuburg-Karten des 15. Jahrhunderts," in *Kartengeschichte und Kartenbearbeitung* (above), 45 – 48.

474

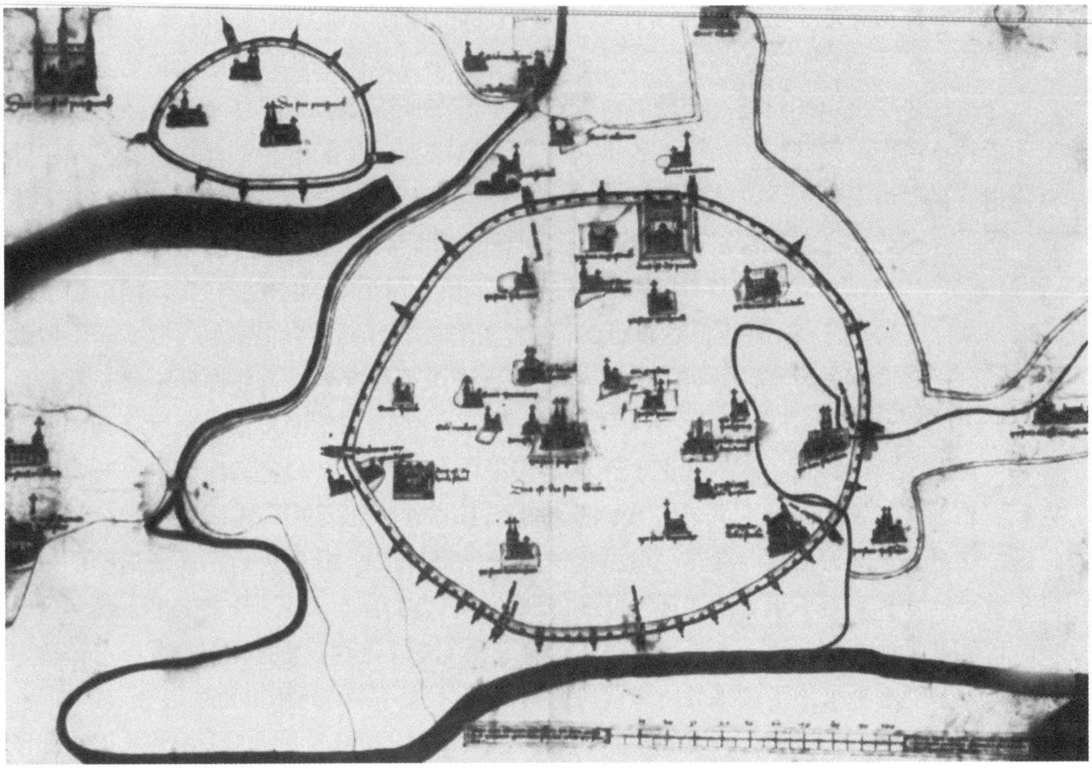

图 20.8 维也纳和布拉迪斯拉发平面图

这是最早的明确按比例绘制的欧洲地方地图，即所谓的"阿尔贝蒂尼舍平面图"（Albertinischer plan），它是 1421—1422 年原图的一份 15 世纪中期副本。图形比例尺（右下角）是按步数来进行计量的。在图中，布拉迪斯拉发在左上方，旁边是它的城堡，其风格让人联想起意大利的城市平面图。

原图尺寸：39.7×57.6 厘米。Historisches Museum der Stadt Wien 许可使用（LN.31.018）。

473 制的城市平面图。

　　这一切似乎都证明了小区域地图和其他类型的中世纪地图之间存在的紧密联系，甚至表明中世纪的地方和区域地图绘制是小比例尺地理制图工作的一个分支。这可能会产生误导。这两种地图之间最明晰的联系存在于一些杰出人物的作品中：马修·帕里斯、彼得罗·维斯孔特、埃哈德·埃茨劳布。地理图的传统和概念都只不过是少数小区域地图的基础，在两者之间进行明确区分既不武断也非人为。大多数小区域地图的灵感来自其他来源；我们可以合理地假设其中包括图解和建筑平面图，但其他仍有待发掘。

巴勒斯坦及其城市地图

　　许多中世纪的小区域地图似乎都是单独制作的，为某种出自首要原则的特定目的而绘制，完全没有先例或实例。然而，我们可以分辨出几种明晰的制图传统。其中，圣地和耶路撒冷的地图出现得最早。的确，正如我们所见，它们很可能绍自古典模本，而且在耶路撒冷和圣地的平面图中就有中世纪传统的早期先驱，这些平面图是 670 年阿尔丘夫朝圣之旅记载的附图。但是，只有在 1099 年占领耶路撒冷，建立十字军国家之后的 12 世纪，才开始出现有规律的序列。这座城市保存下来的最早的平面图可以追溯到12世纪40年代，也是令人印象最深刻的平面图之一，因为它显然是建立在直接的知识基础之上的。它用菱形轮廓表现城墙，标注了城门、一些塔楼和其他地理特征的名称。它显示城内的几条主要街道，但只标注了主要建筑物和教堂，因此大部分区域都付之空白。墙垣、建筑物和山丘都以图像的形式用立面表现。③ 耶路撒冷另一幅杰出的平面图，相当精准地绘出了中世纪城墙的不规则轮廓，并且与12世纪40年代的平面图相比，它表现出了更多的街道，但建筑物要更少，这一定能 474
追溯到1244年十字军最终失去这座城市之前，但只有在马里奥·萨努多著作（其中附有同样令人印象深刻的阿科平面图，而且在保利诺·韦内托［Paolino Veneto］的作品中附有安条克［Antioch］的平面图）中的14世纪初副本中才为人所知。③ 但是，大多数耶路撒冷的中世纪地图——有数十幅保存下来——将其形状绘为圆形，尽管表现出其城墙和一些主要的古迹，但在外观上更加程式化与图解化（图20.9）。③ 当人们以鸟瞰图的形式绘制更详细、更写实的意大利城镇平面图的时候，基督徒早已失去了圣地，但我们有一幅在贝尔纳德·冯·布雷登巴赫（Bernard von Breydenbach）于1486年出版的圣地之旅纪行中的耶路撒冷景观图，它与更早的平面图毫无关系；这幅地图是随同布雷登巴赫前往圣地的乌得勒支的埃哈德·罗伊维希（Erhard Reuwich）绘制的。③

　　布雷登巴赫作品中的耶路撒冷景观图虽然比例大为失调，但却是根据圣地总图绘制的。 475
一幅耶路撒冷的13世纪图解式地图显示了从地中海到约旦河的其他地方。马修·帕里斯绘制的两幅圣地地图中，一幅是以阿科平面图（绘出城墙和主要建筑物）为主，并按照惯例显示了其他少数几处带有标记的区域，而且使用了完全不同的比例尺。③ 但是，这些都是非同一般的作品：巴勒斯坦的城镇平面图和圣地地图属于完全独立的中世纪传统。在早期的巴勒斯坦总图中，马修·帕里斯的另一幅地图尤其引发关注，尽管我们见到的似乎只是一幅草图（图20.10）；圣地的大多数地图都是以东为上方，这是朝圣者沿海路到达的方向，但这幅地图是以北为上方的，沿着海岸线，用旅程的天数或里格，标出了城镇之间的距离。③ 然而，最详尽的中世纪圣地地图来自意大利，并且已知有多个版本。第一份存在于佛罗伦萨的

③ Cambrai, Bibliothèque Municipale, MS. 466, fol. 1r; LudwigH. Heydenreich, "Ein Jerusalem-Plan aus der Zeit der Kreuzfahrer," in *Miscellanea pro arte*, ed. Joseph Hoster and Peter Bloch (Cologne: Freunde des Schnütgen-Museums, 1965), 83–90, pls. LXII–LXV; Harvey, *Topographical Maps*, 70–71 (note 1).

③ Reinhold Röhricht, "Marino Sanudo sen. als Kartograph Palastinas," *Zeitschrift des Deutschen Paliistina-Vereins* 21 (1898): 84–126, pis. 2–11; Degenhart and Schmitt, "Sanudo und Veneto," 78–80, 105, 120–22 (note 27).

③ 例如，那些翻印于 Reinhold Röhricht, "Karten und Plane zur Palästinakunde aus dem 7. bis 16. Jahrhundert, Ⅳ," *Zeitschrift des Deutschen Palästina-Vereins* 15 (1892): 34–39, and esp. pls. 1–5 中的地图。

③ Bernard von Breydenbach, *Peregrinatio in Terram Sanctam* (Mainz: Reuwich, 1486); Reinhold Röhricht, "Die Palastinakarte Bernhard von Breitenbach's," *Zeitschrift des Deutschen Palästina-Vereins* 24 (1901): 129–35; Ruthardt Oehme, "Die Palästinakarte aus Bernhard von Breitenbachs Reise in das Heilige Land, 1486," *Beiheft zum Zentralblatt für Bibliothekswesen* 75 (1950): 70–83; Harvey, *Topographical Maps*, 82–83 (note 1).

③ 例如，London, British Library, Royal MS. 14. C. Ⅶ, fols. 4v–5r（其他3个版本保存下来）；Charles Raymond Beazley, "New Light on Some Medireval Maps Ⅳ," *Geographical Journal* 16 (1900): 319–29, esp. 326; Vaughan, *Matthew Paris*, 241, 244–45, pl. XVI (note 17); Harvey, *Topographical Maps*, 56–57 (note 1)。

③ Oxford, Corpus Christi College, MS. 2, fol. 2v; Vaughan, *Matthew Paris*, 245–47, pl. XⅦ (note 17).

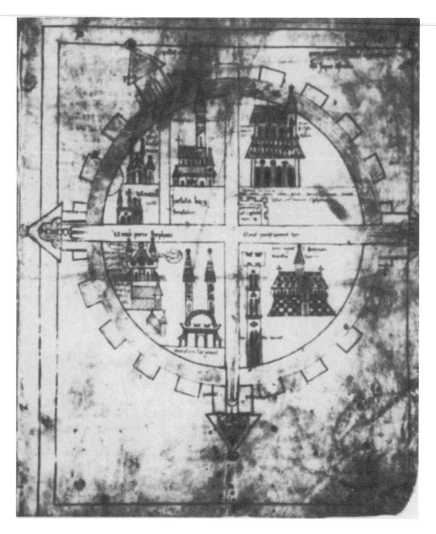

图 20.9　耶路撒冷

这幅程式化的耶路撒冷地图是一幅 1180 年前后原始版本的 14 世纪副本，是许多保存下来的中世纪地图的典型代表：在圆形的图式化的墙垣内，显示了用十字架的形式表现的两条主要通道和选择出来的一些地标。

原图尺寸：26.2×21.7 厘米。Arnamagnxan Commission，Copenhagen 许可使用（MS. 736 I, 4to, fol. 2r）。

一份 13 世纪晚期的副本中；㊲ 关于第二份，在马里诺·萨努多和保利诺·韦内托的 14 世纪早期作品中约有 9 份副本，它可能源于彼得罗·维斯孔特的工作室。㊳ 第二种版本比第一种标记的地方更多，而且（这是一个很有意思的特点，我们稍后再谈）将整幅地图置于等距线的网格中（图 20.11）。同时，这两份版本有着密切的关联：其上的山丘和河流的形态非常相似，而且图上都标出了十二个部落的名称。与它们相关的还有威廉·韦伊（William Wey）于 1457—1458 年和 1462 年前往圣地之旅纪行所附的地图，以及一些其他的 15 世纪

476

㊲　Florence，Archivio di Stato；Reinhold Röhricht，"Karten und Pläne zur Palästinakunde aus dem 7. bis 16. Jahrhundert, I," *Zeitschrift des Deutschen Palästina-Vereins* 14（1891）：8 – 11, pl. 1.

㊳　Röhricht，"Marino Sanudo，" 84 – 126，pls. 2 – 11（note 32）；Degenhart and Schmitt，"Sanudo und Veneto，" 76 – 78，105，116 – 19（note 27）. 关于对维斯孔特地图的一份较大版本的描述，见 Frederick B. Adams，*Seventh Annual Report to the Fellows of the Pierpont Morgan Library*（New York：Pierpont Morgan Library，1957），14 – 17.

地图。③ 这些地图上的一些注记在布雷登巴赫于 1486 年出版的书中所附地图上得到了呼应，不过这似乎是罗伊维希新汇编的，大部分与早期模本无关。④ 当然，存在一个明晰的中世纪圣地地图传统，而且也许不止一个传统，尽管它们之间以及与其他来源之间的关系尚未完全理清。

475

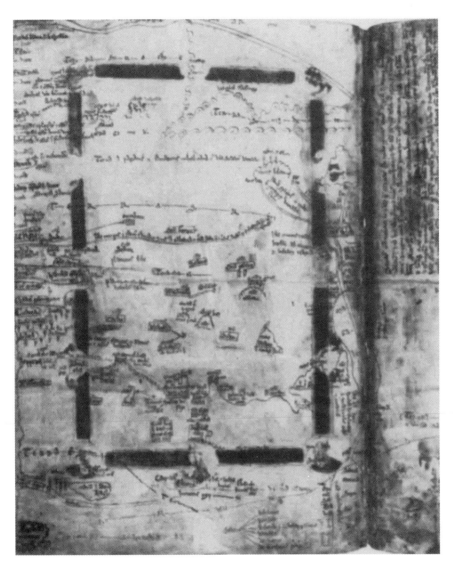

图 20.10 巴勒斯坦

与大多数以东为正方向的圣地总图不同，这幅由马修·帕里斯绘制的 13 世纪地图的顶部为北方。沿着海岸线的测量以旅行的天数或里格为单位。

原图尺寸：47.5×35.0 厘米。President and Fellows, Corpus Christi College, Oxford 许可使用（MS. 2, fol. 2v）。

③ Röhricht, "Marino Sanuda," 101 – 4, pl. 6（note 32）; idem, "Die Palästinakarte des William Wey," *Zeitschrift des Deutschen PaliistinaVereins* 27（1904）: 188 – 93; Adams, *Annual Report*, 16 – 17（note 38）; Sotheby and Company Sale Catalogue, 11 July 1978, lot 34（in a manuscript of Gabriele Capodilista, *Itinerario di Terra Santa*, ca. 1475; 感谢 M. Henri Schiller 告知）。

④ Röhricht, "Die Palästinakarte Bernhard von Breitenbach's," 131 – 32（note 34）。

图 20.11　维斯孔特绘制的巴勒斯坦图

这幅地图的 9 个版本可以在 14 世纪的马里诺·萨努多（Marino Sanudo）和弗拉·保利诺·韦内托（Fra Paolino Vene-to）的作品中找到，可能是由彼得罗·维斯孔特所绘制。这一版本的一个突出特点是使用等距网格作为整幅地图的基础。

原图尺寸：51×81 厘米。Bibliothèque Nationale，Paris 提供照片（MS. Lat. 4939, fols. lOv–11）。

意大利城市地图

476　　除了这些似乎在西欧全境广为人知的巴勒斯坦及其城市的地图和平面图的传统之外，还有若干截然不同的局限于意大利的小区域地图传统。最早的是城市平面图，非常有可能是以耶路撒冷的平面图为模本的。它们大多数属于单一的类型——鸟瞰景观图。其肇端于 13 世纪之前保留下来的三幅意大利城镇平面图中的两幅；它们从城墙的鸟瞰视角显示了 10 世纪的维罗纳（Verona）和 12 世纪的罗马——这是起源于古代的城市表意方式——每个城市的

477　城墙中和周围都挤满了该城市的主要古迹，清晰可辨（罗马有 7 处，维罗纳有 20 多处；图 20.12）。[41] 在这一序列的最后，15 世纪晚期，有逼真的鸟瞰图全面而准确地展示了整座城市的细节：弗朗切斯科·罗塞利于 15 世纪 80 年代制作的罗马和佛罗伦萨鸟瞰图（除了佛罗伦萨景观图的残片外，我们只能从衍生版本中了解这两幅图；他绘制的比萨和君士坦丁堡地图已经完全亡佚了），以及 1500 年雅各布·德巴尔巴里（Jacopo de' Barbari）绘制的威尼斯鸟

---

④　Verona, Biblioteca Capitolare, MS. C XIV, fol. 187（已亡佚原本的 18 世纪副本）；Vittorio Cavallari, Piero Gazzola, and Antonio Scolari, eds., *Verona e il suo territorio*, 2 Vols.（Verona: Istituto per gli Studi Storici Veronesi, 1964），2: 39–42, 232–33, 481–85, pl. opp. 192；Vittorio Galliazzo, "Il ponte della pietra di Verona," *Atti e Memorie della Accademia di Agricoltura, Scienze e Lettere di Verona* 146（1968–69）: 533–70, esp. 564. Milan, Biblioteca Ambrosiana, MS. C246 Inf., fol. 3v；Annalina Levi and Mario Levi, "The Medieval Map of Rome in the Ambrosian Library's Manuscript of Solinus," *Proceedings of the American Philosophical Society* 118（1974）: 567–94.

瞰图，这是一幅杰出的作品。[42] 在这些极端之间，出现了一系列的表现形式，在艺术性和准确程度上存在很大的差异，它们唯一的共同之处在于都是从高处审视的角度来表现城市，至少可以看到城墙内的几座最具特色的建筑物。其中包括 1328 年首次使用的皇帝巴伐利亚的路德维希（Ludwig the Bavarian）的印玺上的罗马景观图，[43] 另一幅则更为精致，大约在同一时间出现在保利诺·韦内托的《大编年史》中，但它比同一作品中的耶路撒冷和阿科的平面图要粗糙得多。[44] 其中还包括佛罗伦萨的第一幅平面图（这是画于碧加洛凉廊［Loggia del Bigallo］的一幅 14 世纪 50 年代的湿壁画）、[45] 根据弗拉维奥·比翁多（Flavio Biondo）于 1444—1446 年所撰罗马城古迹记录而绘制的罗马平面图、[46] 托勒密《地理学指南》的各种手稿中所包括的一整套平面图，这些手稿是于 15 世纪晚期在彼得罗·德尔马赛奥（Pietro del Massaio）位于佛罗伦萨的工作室中制作的：罗马（图版 33）、佛罗伦萨、米兰、沃尔泰拉（Volterra）、耶路撒冷、大马士革、君士坦丁堡、哈德良堡（Adrianople）、亚历山大和开罗。[47] 同样，一些较大区域的地图也会包括这种风格的城市平面图的微缩版；例如，一些波特兰海图上就有热那亚和威尼斯的微缩平面图。[48] 14 世纪出现了转折，当时意大利绘画的新现实主义开始应用于表现地形；一幅由朱斯托·德梅纳博伊（Giusto de' Menabuoi）于 1382 年绘制的景观图似乎从一个不高的视点表现了帕多瓦，这可能标志着它引入了城市平面图的传统，[49] 但一百年之后的平面图仍然用旧的程式化模式绘制。在遵循这一传统的所有平面图中，罗马比其他任何城市都要多。但是正如我们所见到的，意大利制图师为意大利和地中海东部地区周围的许多其他城市都绘制了此类平面图。 478

　　但是，并非所有中世纪意大利的城镇平面图都符合这种习以为常的模式或者写实的鸟瞰视角。保存下来的 13 世纪之前的第三幅威尼斯平面图就与罗马及维罗纳的平面图大不相同。

㊷　L. D. Ettlinger, "A Fifteenth-Century View of Florence," *Burlington Magazine* 94 (1952): 160 – 67; Marcel Destombes, "A Panorama of the Sack of Rome by Pieter Bruegel the Elder," *Imago Mundi* 14 (1959): 64 – 73; Roberto Weiss, *The Renaissance Discovery of Classical Antiquity* (Oxford: Blackwell, 1969), 92 – 93; Juergen Schulz, "Jacopo de' Barbari's View of Venice: Map Making, City Views, and Moralized Geography before the Year 1500," *Art Bulletin* 60 (1978): 425 – 74.

㊸　Wilhelm Erben, *Rombilder auf kaiserlichen und päpstlichen Siegeln des Mittelalters*, Veröffentlichungen des Historischen Seminars der Universität Graz, 7 (Graz: Leuschner und Lubensky, 1931), 57 – 83, pl. Ⅲ; Harvey, *Topographical Maps*, 74 (note 1).

㊹　G. B. de Rossi, *Piante iconografiche e prospettiche di Roma anteriori al secolo* XⅥ (Rome: Salviucci, 1879), 81 – 83, 139 – 41, pl. Ⅰ; F. Ehrle and H. Egger, *Piante e vedute di Roma e del Vaticano dal 1300 al 1676*, illus. Amato Pietro Frutaz (Rome: Biblioteca Apostolica Vaticana, 1956), 9, pls. Ⅰ, Ⅱ; Degenhart and Schmitt, "Sanudo und Veneto," 86 – 87, 105, 125 – 27 (note 27); Harvey, *Topographical Maps*, 72 – 73 (note 1).

㊺　Rodolfo Ciullini, "Firenze nelle antiche rappresentazioni cartografiche," *Firenze* 2 (1933): 33 – 79, esp. 35; Schulz, "Moralized Geography," 462 – 63 (note 42).

㊻　Gustina Scaglia, "The Origin of an Archaeological Plan of Rome by Alessandro Strozzi," *Journal of the Warburg and Courtauld Institutes* 27 (1964): 137 – 63；然而，比翁多自己制作原型的景观图受到了质疑，见 Weiss, Renaissance Discovery, 92 (note 42)。

㊼　De Rossi, *Piante di Roma*, 90 – 92, 144 – 46, pls. Ⅱ, Ⅲ (note 44); Scaglia, "Origin of an Archaeological Plan," 137 – 40 (note 46).

㊽　Paolo Revelli, "Figurazioni di Genova ai tempi di Colombo," *Bollettino del Civico Istituto Colombiano* 3 (1955): 14 – 23, esp. 21 – 22.

㊾　Schulz, "Moralized Geography," 462 – 63 (note 42).

477

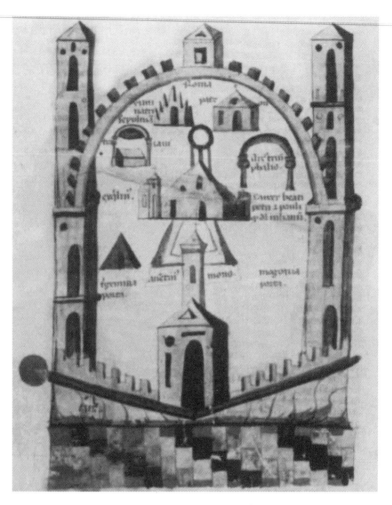

图 20.12　罗马鸟瞰景观图

这幅 12 世纪的鸟瞰景观图是古罗马地图传统的肇始，显示了程式化的城墙和城墙内的 7 座主要的名胜古迹。

原图尺寸：20.8×13.9 厘米。Biblioteca Ambrosiana, Milan 许可使用（MS. C246 Inf., fol. 3v）。

478　我们只能通过 3 份 14 世纪的副本来了解它，⑤⓪ 但早在 1781 年，就有内部证据表明，它的基本轮廓可以追溯到 12 世纪上半叶，而且在图上出现的较晚的特征是摹绘者补上去的。⑤① 这一结论已经得到了普遍的接受，有意思的是，在一幅地图的副本上，有一处 16 世纪的注释，谓其是为总督奥德拉福·法列尔（Ordelaffo Falier, 1102—1118）而绘制。在制图学上，它是一幅相对进步的作品；它用小草图标出了教堂（以及其他建筑物），但它并按照假想或者实际的鸟瞰视角对其进行设置，而是在城市主要和次要水道的轮廓中进行设置。这一轮廓平面图的准确程度令人吃惊；绘图员清晰地掌握了统一比例的概念，并且提出了一种非常有趣的可能性，也就是要基于经过测量的调查。另一方面，它的精确性没有到这一程度，另一种

---

⑤⓪　Juergen Schulz, "The Printed Plans and Panoramic Views of Venice (1486 – 1797)," *Saggi e Memorie di Storia dell' Arte* 7 (1970): 9 – 182, esp. 16 – 17; Degenhart and Schmitt, "Sanudo und Veneto," 83, 86, 105, 124 (note 27); Harvey, *Topographical Maps*, 76 – 79 (note 1).

⑤①　Tommaso Temanza, *Antica pianta dell' inclita città di Venezia delineata circa la metà del ⅩⅡ. secolo* (Venice: Palese, 1781).

可能性，这一轮廓是在长期的逐步调整并校正官方保存的地图基础上才完成的。(52) 此类平面图来自威尼斯，也许可以排除掉复制古典时代的罗马测量师的比例尺平面图这样的简单做法，因为这座城市一直到7世纪才完全修建起来。如果有测量的话，那也是在中世纪才进行的。意大利城市的地图可能是在地面测量的基础上绘制的，关于这一点，佛罗伦萨的律师拉波·迪卡斯蒂格利翁基奥（Lapo di Castiglionchio）于1377年至1381年（值得注意的是，这是在250年后）间写的一封信也证实了这一点，这封信里面描述了一位名叫弗朗切斯科·达巴贝里诺（Francesco da Barberino）的年轻法官是如何绘出整座城市的地图的，其中还包括"所有的城墙及其尺寸"（*tutte le mura e la lora misura*）。(53) 当然，按照统一的比例尺绘制地面平面图的理念似乎与15世纪意大利北部某些地区表现其中心城市的方式相一致；这在维罗纳的一幅图上显示得尤为明显（图版34和图20.13）。(54) 在所有这些情况下，测量调查需要的只是用步行确定关键距离。也许我们应该把圣地的某些城市平面图（尤其是马里诺·萨努多和保利诺·韦内托的著作中的耶路撒冷和阿科的那些平面图）以及1422年前后维也纳

479

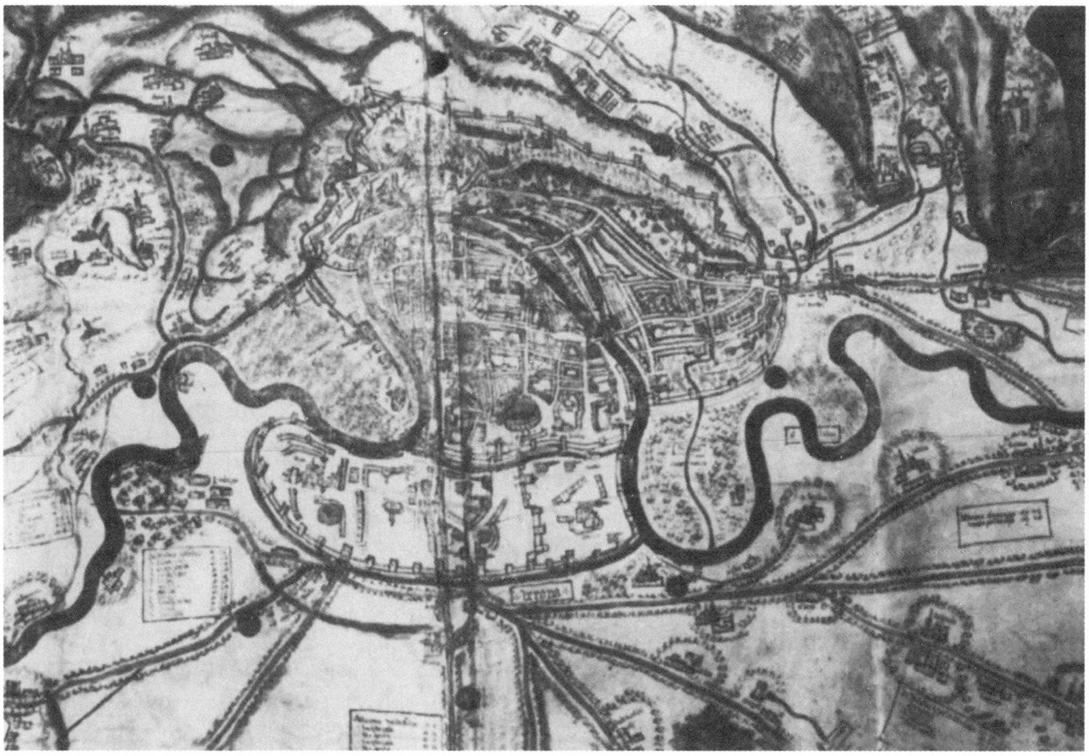

图20.13 维罗纳

这是图版34的一处细部，似乎对城镇本身的表现采用了统一的比例，但并没有应用到周边的乡村地区上。

细部尺寸：110×160厘米。Archivio di Stato，Venice许可使用。

---

(52) Schulz, "Moralized Geography," 440-41, 445 (note 42).

(53) Attilio Mori, "Firenze nelle sue rappresentazioni cartografiche," *Atti della Societàö Colombaria di Firenze* (1912): 25-42, esp. 30-31; Harvey, *Topographical Maps*, 78 (note 1).

(54) Venice, Archivio di Stato; Harvey, *Topographical Maps*, pl. Ⅳ (note 1).

478　和布拉迪斯拉发的按比例尺绘制的平面图都视作意大利传统的一部分。这些平面图之所以如此吸引人，不是因为它们所使用的技术；这些都只能是初步的。相反，这显然是因为它们接受了按比例绘制地图的基本制图理念。在这些平面图中，我们可能发现一个大比例尺地图的悠久传统。意大利最早的按比例绘制的城镇平面图是 1502—1503 年莱昂纳多·达芬奇（Leonardo da Vinci）绘制的伊莫拉（Imola）城市平面图；[55] 如果说他可能只是在意大利已有的轮廓城市平面图的传统上进行改进，这绝不是对他成就的贬低。

意大利北部地区的地图

从皮埃蒙特（Piedmont）到威尼斯，意大利北部特定地区的地图形成了一个传统，我们可以将其追溯到 13 世纪（这些地图列在附录 20.1 中）。在一份 1291 年的手稿中，有一幅描绘阿尔巴（Alba）和阿斯蒂（Asti）周围地区的地图，这幅地图已经严重损毁，但我们有一份 14 世纪的完整副本；它标出了 160 多个定居点。[56] 我们有关于帕多瓦周边地区和伦巴第全境的 14 世纪地图的同时代参考文献，[57] 但目前唯一保存下来的只有加尔达湖（Lake Garda）地图，详细显示了湖边的村庄和防御工事。[58] 这一地区地图绘制传统的其他保存下来的例子（总共 11 份）的日期可以追溯到 15 世纪（列在附录 20.1 中）。一幅是 1440 年的，另一份时间与之大体相近，都覆盖了伦巴第全境（图 20.14），[59] 第三幅则是 20 世纪晚期威尼斯大

479　陆疆域的程式化地图，只表现了主要河流、山脉、城镇和防御工事，其中大多数或多或少都是城市表意图。[60] 所有其他的都在中心有一个特定的城市，并在其区域中对该城市进行展示；因此，1469—1470 年的布雷西亚地图就包括了加尔达湖和伊塞奥湖（Lake Iseo），并标注了大约 280 个地方的地名。[61] 它们是彩色地图，制作得非常精细，展示了当地大量地形细节：树林、山脉、桥梁、磨坊等。这些 15 世纪的地图中有三幅有作者的签名；其中一幅是帕多瓦周边地区的地图，是由著名的帕多瓦画家弗朗切斯科·斯夸尔乔内（Francesco Squarcione）绘制的（图 20.15）。[62] 几乎所有的地图上都突出表现了防御工事和道路，各地之间的距离要么沿着道路本身，要么在中心城市旁边的表格中标出。还有一些显示了其他具

[55] Windsor, Royal Library, MS. 12284; John A. Pinto, "Origins and Development of the Ichnographic City Plan," *Journal of the Society of Architectural Historians* 35, No. 1 (1976): 35–50, esp. 38–42, fig. 1; Harvey, *Topographical Maps*, 155 (note 1).

[56] Roberto Almagià, "Un'antica carta del territorio di Asti," *Rivista Geografica Italiana* 58 (1951): 43–44.

[57] Almagià, "Antica carta del territorio di Asti," 44 (note 56).

[58] Verona, Biblioteca Civica; Roberto Almagià, *Monumenta Italiae cartographica* (Florence: Istituto Geografico Militare, 1929), 5, pl. Ⅶ; Harvey, *Topographical Maps*, 59 (note 1).

[59] Paris, Bibliothèque Nationale, Rés. Ge. C. 4990; Treviso, Museo Comunale; Almagià, *Monumenta*, 9, pl. Ⅷ (note 58).

[60] Istanbul, Topkapi Sarayi Muzesi; Rodolfo Gallo, "A Fifteenth Century Military Map of the Venetian Territory of *Terraferma*," *Imago Mundi* 12 (1955): 55–57; Harvey, *Topographical Maps*, 60–61 (note 1).

[61] Modena, Biblioteca Estense; Mario Baratta, "Sopra un'antica carta del territorio bresciano," *Bollettino della Reale Società Geografica*, 5th ser., 2 (1913): 514–26, 1025–31, 1092.

[62] 其他两幅是 1440 年的伦巴第地图，由 Ioanes Pesato 绘制，和 1449 年帕多瓦地图，由 Annibale de Maggi of Bassano 绘制；Almagià, *Monumenta*, 9, 12 (note 58)。

图20.14 伦巴第地图

这是两幅均绘制于1440年前后，覆盖了伦巴第全境的地图之一。与这一时期意大利北部地区大多数现存的地区图不同，这两幅地图都没有以某一特定城市作为其焦点。

原图尺寸：38.5×55厘米。Bibliothèque Nationale，Paris提供照片（Rés. Ge. C 4990）。

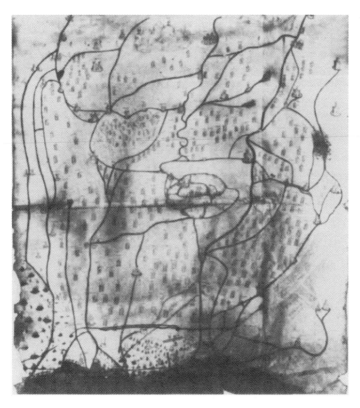

图20.15 帕多瓦地区

这是已经署名的三幅15世纪意大利地区图之一，由著名的帕多瓦画家弗朗切斯科·斯夸尔乔内绘制。

原图尺寸：115×100厘米。Museo Civico，Padua许可使用。

479 有军事意义的特征：标志着贝加莫（Bergamo）和米兰土地边界的“贝加莫壕沟”（Fossa Bergamasca），或者是1437—1441年米兰和威尼斯战争中所发生事件的图片，当时威尼斯人沿陆路把6艘船从阿迪杰河（Adige）运到了加尔达湖。(63)

这些意大利北部的地图形成了一种单一的传统，但在某种意义上，它们并不是直接彼此相承的。可以看到一些小的联系；例如，两幅1440年前后的伦巴第地图在总体风格和一些
480 细节（包括一些［并非全部的］距离图）方面都有相似之处。但是，只有在两幅早期的阿尔巴和阿斯蒂地区地图上，我们才发现其中一幅地图是从另一幅复制而来的。这一传统更主要是来自这种地图的理念，也就是认为地图可以在行政管理和政府中起到实际作用。我们没有中世纪后期意大利其他地区的类似地图，这表明这一传统的独特性（以及在地图学史上的重要性）。这些地图对防御工事和其他具有军事意义的地理特征的凸显，表明人们特别理解这些地图在战争中的价值，而且，似乎到了15世纪中叶，威尼斯对此尤为重视。在后来的地图中，明显地强调了威尼斯；它们与威尼斯的战争或疆域有关——这些地图上的所有城市都处于威尼斯的统治之下，只有帕尔马除外。1460年，威尼斯的十人理事会命令各地总督绘制其控制地区的地图，然后送到威尼斯；到此时为止，没有一幅以城市为中心的地图标注日期，但历史学家将其中几幅地图与这条法令联系到了一起。(64) 似乎是出于官方目的，威尼斯发展了意大利北部地区的地图绘制传统，从而成为15世纪欧洲唯一在政府工作中经常使用地图的国家。

另一幅可能被认为属于同一意大利北部地区传统的地图是14世纪早期的一幅地图，它展示了波河三角洲及其后的土地。它发现于保利诺·韦内托的《大编年史》的两份手稿中，其中一份中的标题是“伦巴第和费拉拉地图”（Mapa Lombardie et Ferrarie）。(65) 实际上，它属于中世纪意大利地图学一种非常独立的传统——地图以衍生自波特兰海图的海岸轮廓为基础，但通常在沿海和内陆地区都添加了详细的内容。另一幅中世纪的意大利区域地图也属于同一个传统。此图表现了托斯卡纳（Tuscany）；最早的版本在托勒密《地理学指南》的1456年稿本中，由彼得罗·德尔马赛奥所绘制。(66) 除此之外，这一传统也包括了意大利全境
481 的地图。最早的这两例都是在14世纪早期保利诺·韦内托作品的手稿中发现的。一幅占据整个图幅，另一幅则用更大的比例显示了半岛，被分为两幅（图20.16）。这份手稿被认为是保利诺献给那不勒斯国王罗伯托的，15世纪作家弗拉维奥·比翁多在写到由罗伯托国王和他的朋友弗朗切斯科·彼特拉克（Francesco Petrarch）所绘制的一幅意大利地图（*pictura*

---

(63) Almagià, *Monumenta*, 9 (note 58); Roberto Almagià, “Un'antica carta topografica del rerritorio veronese,” *Rendiconti della Reale Accademia Nazionale dei Lincei: Classe di Scienze Morali, Storiche e Filologiche* 32 (1923): 63 – 83, esp. 74 – 75.

(64) 然而，对于哪些地图与之相关，还不是很确定。Cf. Almagià, *Monumenta*, 11, 12 (note 58); Gallo, “Fifteenth Century Military Map,” 55 (note 60); Roberto Almagià, *Scritti geografici* (Rome: Edizioni Cremonese, 1961), 613。

(65) Venice, Biblioteca Marciana, Lat. Z 399, and Rome, Biblioteca Apostolica Vaticana, Vat. Lat. 1960; Almagià, *Monumenta*, 4 – 5 (note 58); Degenhart and Schmitt, “Sanudo und Veneto,” 83 – 84, 105 (note 27).

(66) Roberto Almagià, “Una carta della Toscana della meta del secolo XV,” *Rivista Geografica Italiana* 28 (1921): 9 – 17; idem, *Monumenta*, 12, pl. XIII (note 58); Lina Genoviè, “La carrografia della Toscana,” *L'Universo* 14 (1933): 779 – 85, esp. 780.

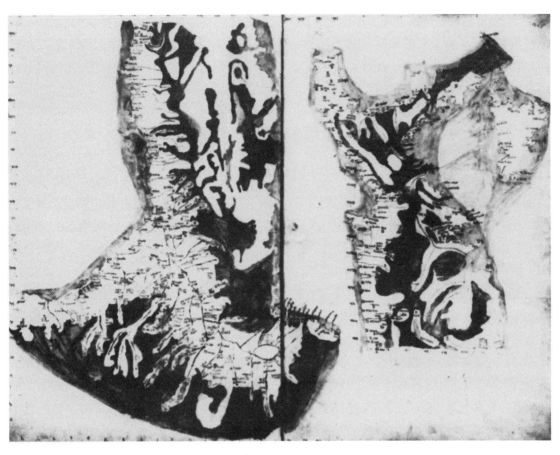

图 20.16　意大利地图，约 1320 年

　　这是在保利诺·韦内托的作品中找到的两幅意大利地图中，较大且较详细的一幅。其沿海地区的信息似乎来自同时代的波特兰海图，并增加了意大利内陆的细节。两幅地图都以南为正方向，而且都使用了想象中的网格。

　　原图尺寸：34 × 74.5 厘米。Biblioteca Apostolica Vaticana, Rome 提供照片（Vat. Lat. 1960, fols. 267v − 268r）。

Italiae）时，有可能想到了它。[67] 这两幅地图都基于想象的等距线网格（在每幅地图的边缘都对其位置进行标记和编号），而且它们的风格和内容都非常相似，当然较大的地图提供了更多的细节；甚至有人认为它是不完整的。[68] 它们显示了整个国家的地形和河流，但只标出了沿海地区和意大利北部平原的定居点和地名。这凸显了这些地图源自航海图，但也表明它们借鉴了已经十分成熟的意大利北部地区地图的绘制传统。我们在若干 14 世纪的意大利沿海地区的波特兰海图上发现了一些内部的细节，尤其是主要河流，但一直到 15 世纪，我们才找到反映意大利全境的更详细地图。其中有两幅作品似乎是独一无二的，但另外五幅则构成了一个由密切相关的地图组成的单一系列，在 16 世纪初期，确实有更多的地图是从这些地图中衍生出来的。这五幅地图中有三幅出现在托勒密《地理学指南》的副本中，其　482
中一幅（由三个版本）是由彼得罗·德尔马赛奥绘制的，收入与托斯卡纳地图的同一部手

---

　　[67]　Rome，Biblioteca Apostolica Vaticana，Vat. Lat. 1960，fols. 266v，267v，268r；Almagià，*Monumenta*，4 − 5（note 58）；Degenhart and Schmitt，"Sanudo und Veneto，" 81 − 85，105，128 − 30（note 27）. Almagià 认为更有可能的是献给国王罗伯托的是一幅根据古代罗马资料的图像地图。

　　[68]　Almagià，*Monumenta*，4 − 5（note 58）.

稿中。[69] 所有这些地图在制图方面都比本章所讨论的任何其他地图都要先进；在概念和起源方面，它们与波特兰海图和地理图之间的关系，比与其他中世纪小区域地图的联系要更加密切。它们来自意大利，这一点意义非常重大，因为到当时为止，意大利是中世纪欧洲最具地图意识的地区。

"岛屿书"：布隆戴蒙提的《爱琴诸岛图志》

有一种独特的地图现象，起源于这一时期，它就是"岛屿书"（isolario，复数形式是isolarii），或者拼作 island book。顾名思义，"岛屿书"实质上就是岛屿资料的集合，每座岛屿一般来说都有其地图和相关文字。一些"岛屿书"中还有世界地图或区域地图，表现岛屿之间以及和邻近大陆之间的相对位置。有些对个别岛屿还有额外的阐释性资料，例如透视图、城市和堡垒平面图，或穿着当地服装的居民的图画。

至少有20种不同的"岛屿书"保存下来；确切的数字取决于使用定义的精确程度。地图与文字的风格、内容及准确性依作品而大不相同。有些"岛屿书"具有原型地图集的特征，有些的性质更接近百科全书，而另一些则是由海员和旅行者（有时是为海员和旅行者）拼凑而成的，这就使得一些作者把"岛屿书"的地图看作海图。"岛屿书"的存在年代可以追溯到15世纪早期到16世纪和17世纪。只有一部明确地属于1470年之前。所以，对"岛屿书"的主要叙述见本书第三卷。在那里对定义问题做了较为全面的考虑，列出了主要的"岛屿书"，对它们的内容进行了分析，并讨论了它们之间可能存在的关系。此处简要的介绍仅限于对我们所知最早的"岛屿书"的总体性描述：克里斯托福罗·布隆戴蒙提（Cristoforo Buondelmonti）在1420年前后撰写的《爱琴诸岛图志》（Liber Insularum Arcipelagi）。

显然，这部《爱琴诸岛图志》是15世纪欧洲广受欢迎的一部作品。此书最初由布隆戴蒙提撰写，送给他的赞助人罗马枢机主教乔达诺·奥尔西诺（Giordano Orsini），这本书经常被复制，并广为流传。很多手稿的副本保存至今，其日期和风格各不相同，内容也有所差异。[70] 布隆戴蒙提还撰写了一部关于克里特岛的详细记叙，《克里特岛记》（Descriptio insule Crete），他在《爱琴诸岛图志》中对克里特岛的描述也正是出自此处。[71]

在《爱琴诸岛图志》的序言中，布隆戴蒙提如此描述其作品："一本有插图的书，关于基克拉泽斯群岛（Cyclades）及散布在周边的其他岛屿，以及关于从古至今发生在其上的行为（的记叙）"。书中收录的79座岛屿与其他地方以及它们的顺序，很可能反映了作者几年来的旅行情况。这篇文字是用水平很低的拉丁文写的，杂乱地混合了事实、虚构和幻想，是根据个人观察、传闻以及各种历史和史料来源汇编而成，经常会提到这些资料的作者。在所有的文本中，都没有提到地图的来源。如果这些都是布隆戴蒙提自己的作品，那么从风格上

---

⑥⑨ Almagià, *Monumenta*, 7, 9 – 11（note 58）；Roberto Almagià, "Nota sulla cartografia dell'Italia nei secoli XV ᵉ XVI," *Aui della Accademia Nazionale dei Lincei*：*Rendiconti*，*Classe di Scienze Morali*，*Storiche e Filologiche*，8th ser.，6（1951）：3 – 8，esp. 4 – 5.

⑦⓪ 见本书第三卷中的讨论。

⑦① Cristoforo Buondelmonti, "*Descriptio insule Crete*" HLiber Insularum, cap. XI：Creta, ed. M. – A. van Spitael（Candia, Crete：Syllagos Politistikēs A 厅 naptyxeōs Herakleiou, 1981）.

来讲，岛屿的轮廓线至少有一部分来源于他旅行所乘坐的船只上的航海图。在轮廓线内，用图画的方式显示地形的细节：它们可能代表实际看到的东西；它们也可能是汇编在文本中的信息的视觉化阐释；或者它们也可能是两者的混合（图 20.17 和 20.18）。当然，个别地图上显示的细节和相关文本中所描绘的细节之间有着极为密切的联系。

当思索《爱琴诸岛图志》的内容时，重要的是记住它是由谁和为谁而编写的。布隆戴蒙提是"一位爱好古文物的传教士"[72]，他是代表赞助他的一位教会亲王兼学者去旅行的。据说他的主要目的是搜寻早期的希腊手稿。[73] 尽管还无法确凿证明这一点，但这样的目标可能影响了他在爱琴海的旅行方式，其中包括在偏远的岩石小岛上的修道院隐居静舍以及拜占庭文明的伟大城市知识宝库。在布隆戴蒙提的旅行记录中，他不厌其烦地展示他的勤奋，但他的主要目的是让自己的赞助人感兴趣和愉快。由此而催生的对历史和自然奇观的描述，夹杂着海上风暴和断粮的故事，再辅以诗人和历史学家的名言，这对于现代游记的读者来说是很熟悉的。《爱琴诸岛图志》就是这种体裁的早期范例，它是为了某一特定的神游旅行家的兴趣而写作的。正如布隆戴蒙提写给枢机主教奥尔西尼所说的那样："我希望把这本书送给你……这样，当你疲倦的时候，可以用这本书给你的心灵带来愉悦。"

尽管《爱琴诸岛图志》是写给一个人的，但从保存下来的大量不同日期的手稿来讲，还是可以明显看出其广泛的吸引力。还有一份翻译为希腊文的手稿。[74] 此作品在当时的流行不但保证其能够保存下来，而且使它成为后来的"岛屿书"的范本，其中很多都是它的衍生品，并且在结构、文字和地图方面都表现出密切的相似性。文艺复兴时期开阔的视野使得很多新材料添加进来，但是在一段时间内，这不过是围绕布隆戴蒙提"岛屿书"的中世纪内核的微不足道的增补。

如此，就不可避免地出现这样的问题：布隆戴蒙提的作品是第一部"岛屿书吗"？抑或它仅仅是在 15 世纪早期就已经确立的传统中为我们所知的最早一例？必须要承认可能存在这种传统，甚至可能性非常大。岛屿有一种独一无二的魅力，吸引着人们对它特殊对待。更具体地说，许多世纪以来，爱琴海和亚得里亚海的众岛屿一直是一系列文明活动的自然焦点，也是建立在海上贸易基础上的帝国和王国的跳板。航海表（periploi）、航海日志（portolani）和早期的波特兰海图都见证了已经积累的详细岛屿知识。海图中绘出了岛屿海岸，岛屿的历史也被记录下来：如我们所知，"岛屿书"所需的数据早已存在。只需要一个汇编的工作，就可以将数据组织成特有的"岛屿书"格式，其中包括从岛—岛和文字—地图的顺序。布隆戴蒙提可能是这样做的第一人；或者，他的"岛屿书"也可能有其前身。

483

484

---

[72]　Benedetto Bordone, *Libro... de tutte l'isole del mondo*，由 R. A. Skelton（Amsterdam：Theatrum Orbis Terrarum, 1966），V 引介。

[73]　例如，见 A. E. Nordenskiöld in *Periplus：An Essay on the Early History of Charts and Sailing-Directions*, trans. Francis A. Bather（Stockholm：P. A. Norstedt, 1897），59。

[74]　Cristoforo Buondelmonti, *Description des îles de l'archipel*, ed. and trans. Emile Legrand, L'Ecole des Langues Orientales, ser. 4, 14（Paris：Leroux, 1897）.

483

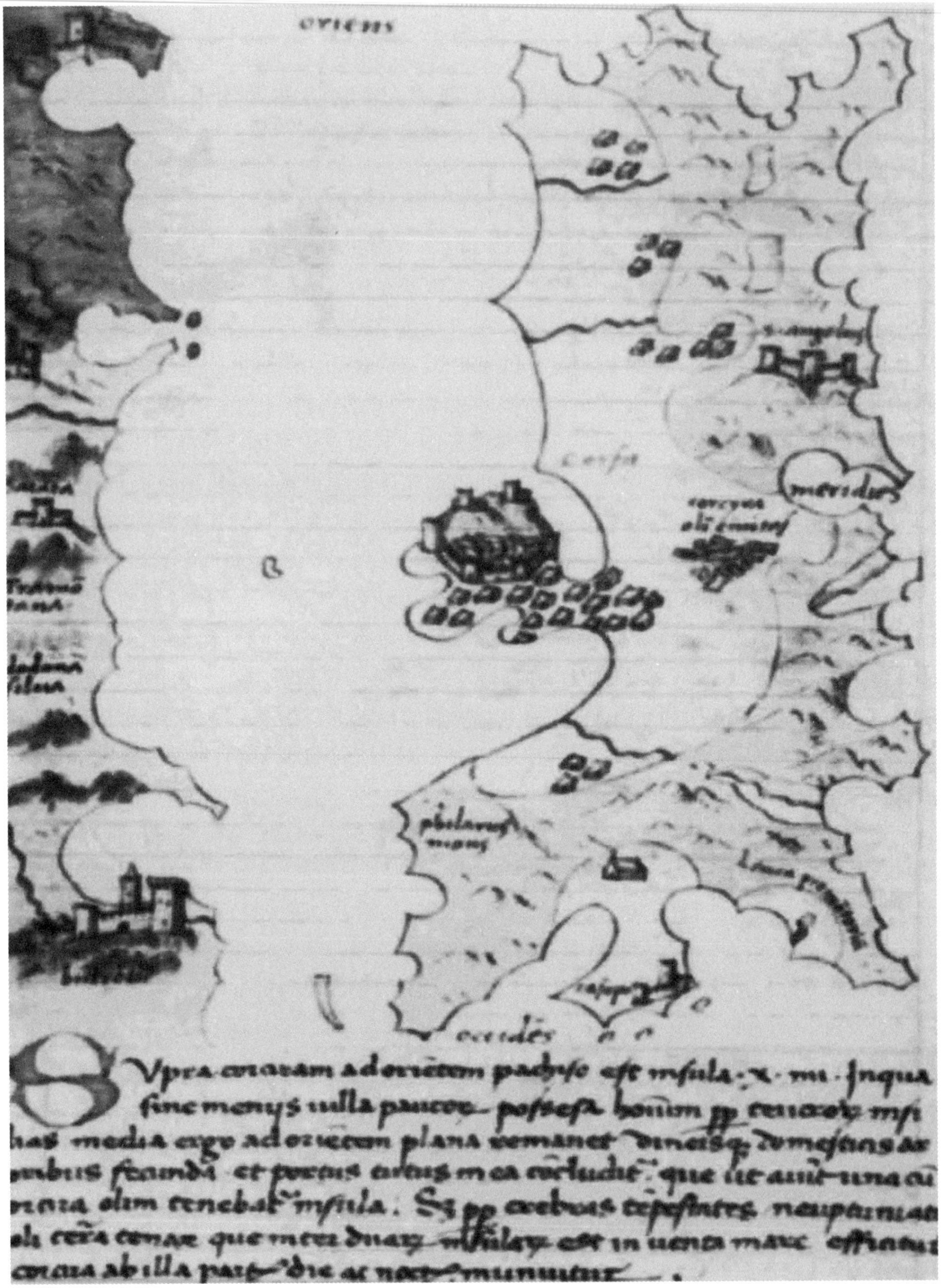

图 20.17　克里斯托福罗·布隆戴蒙提绘制的《科孚岛》（Corfu）

布隆戴蒙提写于 1402 年前后的《爱琴诸岛图志》是现存的 1470 年之前岛屿书唯一现存一例。此书描述了地中海东部地区和爱琴海一带的 79 座岛屿，用小插图来阐释这些叙述。用来描绘海岸的样式源自波特兰海图。

原图尺寸：20.6×14 厘米。Bibliteca Apostolica Vatieana, Rome 提供照片（Rossiano 702, fol. 2r）。

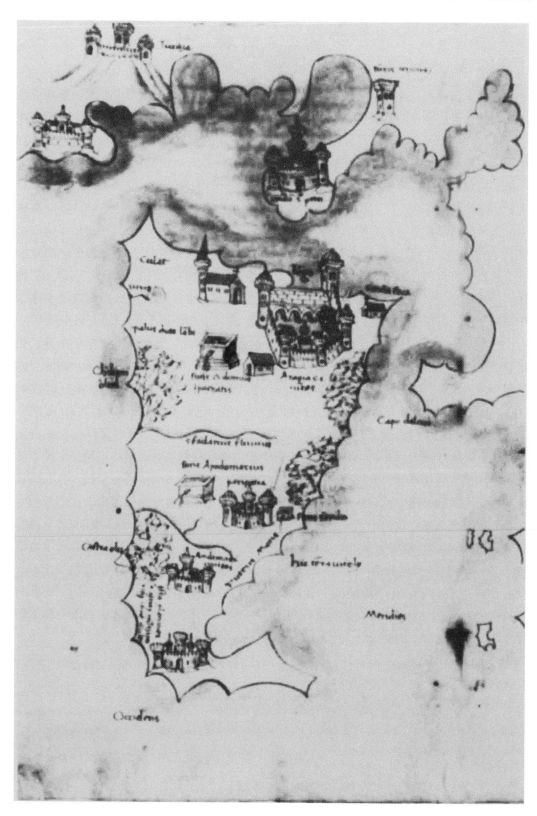

图 20.18　克里斯托福罗·布隆戴蒙提的《科斯岛》

位于爱琴海中的科斯岛（Cos）地图，摘自《爱琴诸岛图志》。

原图尺寸：25×14.6 厘米。Biblioteea Apostoliea Vatieana, Rome 提供照片（Chigiano F. V. ll0, fol. 31v）。

484

其他地方地图

迄今为止，我们一直在关注自觉绘制地图的传统。这些可能是更早期地图的副本或改进版本，当然也可能是完全原创作品的汇编，但是无论如何，它们都在遵循公认的先例。在研究这些既定传统之外的小区域中世纪地图时，我们一定要记住，通常，不仅没有任何特定地方的地图范本，而且根本没有绘制地图的理念的先例。

撇开阿尔丘夫著作和圣加尔平面图所表现的古代地图学的余绪不谈，再撇开巴勒斯坦和意大利的地图传统不谈，只有在英格兰才有 14 世纪之前的小地区地图（图 20.19）。英格兰最早的地图是已经提到过的科特博雷大教堂及其附属修道院的平面图，其历史最早也许可以追溯到 12 世纪 50 年代（见图 20.4）。[75] 严格说来，这是一套平面图；在一张单独图幅上的续页上表现了供水的水源，其在大教堂区的分布是主平面图的主要特征之一。这是一幅精心制作的详尽作品，展示了所有建筑物的立面图。13 世纪英格兰的两幅平面图就没有这么令人印象深刻了。其中一幅前面已经提到，是位于沃姆利（赫特福德郡）的温泉平面图（见图 20.5）；有一个有趣的细节是图上有一个十字形的方向指针，针脚张开以标记东方，但这可能证明了图解绘制的独创性，而不是任何其他类型地图的影响力。另一幅是小型的类似图解的平面图，显示了林肯郡（Lincolnshire）的怀尔德莫尔沼泽（Wildmore Fen）的牧场布局。[76] 中世纪英格兰的所有其他地方地图和平面图的年代都晚于 1350 年。总共有 32 项单独的项目或者密切相关的集群（它们列在附录 20.2 中）。[77] 它们构成了高度多样化的集合。这些地图所覆盖的区域大小不同，类型各异：耕地里的条状地带、城镇中的宅地、有磨坊和可以打鱼的河流，包括城镇和乡村在内的整片农村地区。在处理方面没有一致性。有些是在房地产契据册或其他书籍中，有些是画在单独图幅或装成卷轴。有些是用墨水绘制的最简单粗略的草图，寥寥几条线条加上若干地名了事，例如肯特郡克利夫（Cliffe）的水道平面图和诺福克郡（Norfolk）克伦奇瓦顿（Clenchwarton）的乡村平面图，它们的年代都可以追溯到 14 世纪晚期或者 15 世纪初期（图 20.20）。[78] 其他则是大量精心绘制和着色的艺术作品，诸如肯特郡萨尼特（Thanet）岛地图（图版 35），它的绘制时间与 1500 年前后的德文郡（Devon）达特穆尔（Dartmoor）地图大致相同。[79] 除了几乎总是用图画方式表现地面上的地

---

[75] Cambridge, Trinity College, MS. R. 17. 1, fols. 284v – 286r; William Urry, "Canterbury, Kent, circa 1153 × 1161," in Skelton and Harvey, *Local Maps and Plans*, 43 – 58（note 3）.

[76] London, British Library, Harl. MS. 391, fol. 6r; P. D. A. Harvey, "Wormley, Hertfordshire, 1220 × 1230," in Skelton and Harvey, *Local Maps and Plans*, 59 – 70（note 3）; Loughlinstown（county Dublin）, Library of Sir John Galvin, Kirkstead Psalter, fol. 4v; H. E. Hallam, "Wildmore Fen, Lincolnshire, 1224 × 1249," in Skelton and Harvey, *Local Maps and Plans*, 71 – 81（note 3）.

[77] 对它们的复制和讨论，见 Skelton and Harvey, *Local Maps and Plans*（note 3）.

[78] Canterbury, Archives of the Dean and Chapter, Charta Antiqua C. 295; London, British Library, Egerton MS. 3137, fol. Iv; F. Hull, "Cliffe, Kent, Late 14th Century × 1408," 99 – 105, and Dorothy M. Owen, "Clenchwarton, Norfolk, Late 14th or Early 15th Century," 127 – 30, both in Skelton and Harvey, *Local Maps and Plans*（note 3）.

[79] Cambridge, Trinity Hall, MS. 1, fol. 42v; Exeter, Royal Albert Memorial Museum; F. Hull, "Isle of Thanet, Kent, Late 14th Century × 1414," 119 – 26, and J. V. Somers Cocks, "Dartmoor, Devonshire, Late 15th or Early 16th Century," 293 – 302, both in Skelton and Harvey, *Local Maps and Plans*（note 3）.

理特征之外，这些地图的样式也没有任何一致性；这种图画元素的范围和形式也相差迥异：从1480年前后的布里斯托尔（Bristol）的完整（如果是程式化的话）鸟瞰景观图，到林肯郡的巴勒姆（Barholm）和格雷特福德（Greatford）的同时代历史所附的地图上粗略勾勒的 485
教堂轮廓。[80] 地图上的注录文字差别也很大。总体而言，在这些英格兰的地方地图上，不可能发现任何一致性的痕迹，也没有任何真正地图绘制传统的线索。除了少数几份有共同起源（两份来自威斯敏斯特大教堂，四份来自达勒姆大教堂），每幅似乎都是完全独立的作品。

484

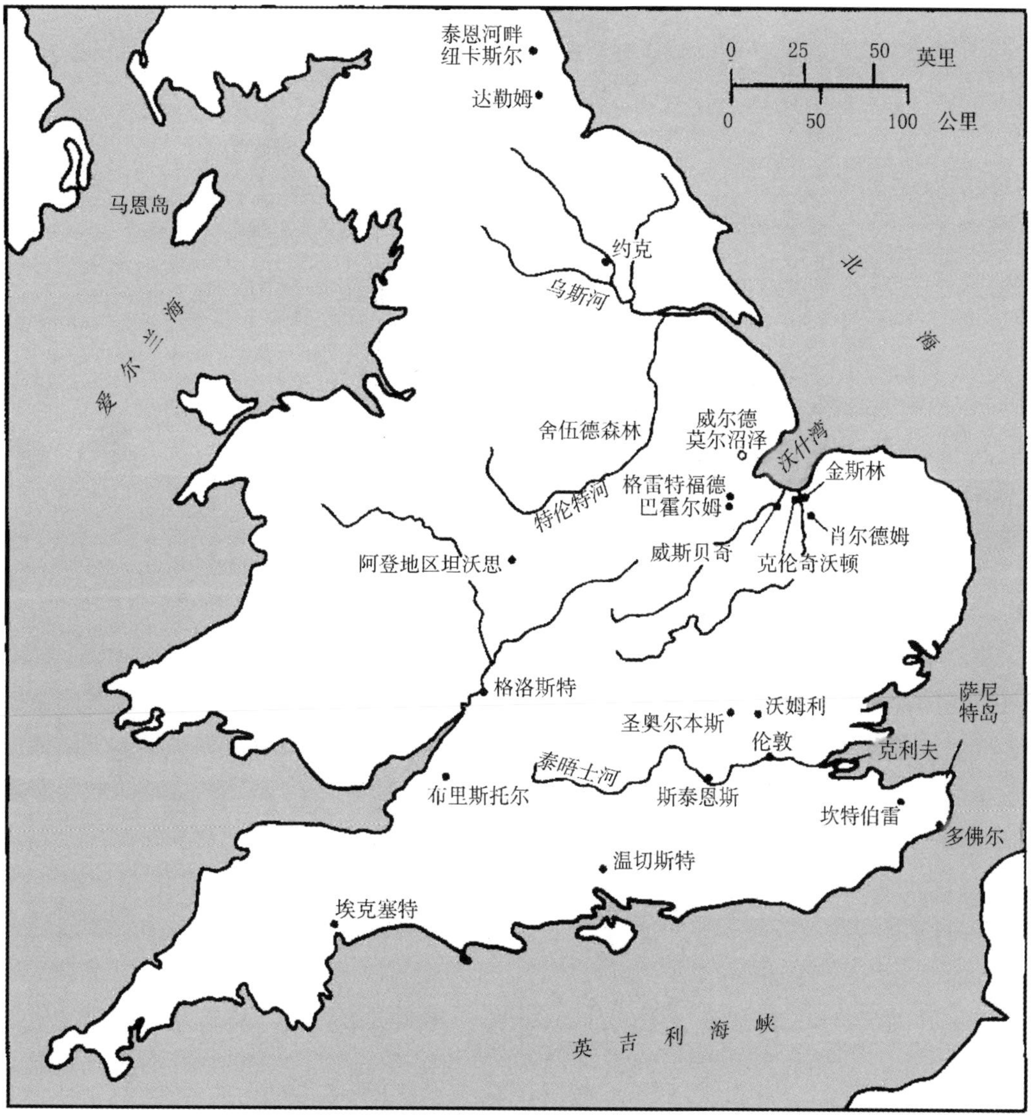

图20.19　与中世纪地方地图相关的英格兰主要地点

(80) Bristol, Bristol Record Office, MS. 04720, fol. Sv; Lincoln, Lincolnshire Archives Office, Lindsey Deposit 32/2/5/1, fol. 17v; Elizabeth Ralph, "Bristol, circa 1480," 309 - 16, and Judith A. Cripps, "Barholm, Greatford, and Stowe, Lincolnshire, Late 15th Century," 263 - 88, both in Skelton and Harvey, *Local Maps and Plans* (note 3).

485

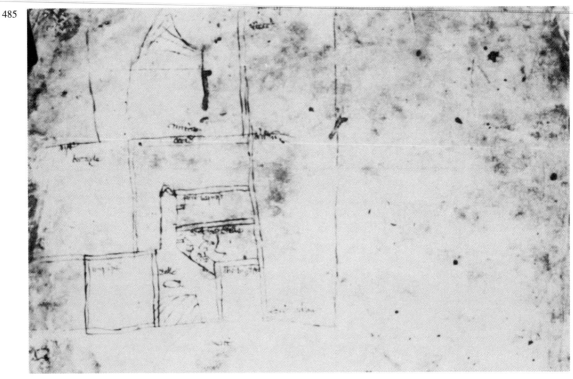

图 20.20　诺福克郡克伦奇沃顿平面图

这幅地图绘制于 1400 年前后，是一幅简单的草图，上面只有很少的几处地名，构成了中世纪英格兰地图的一种极端风格。

原图尺寸：24.5×31.8 厘米。British Library, London 许可使用（Egerton MS. 3137, fol. 1v）。

　　我们发现低地国家的中世纪地方地图的多样性较低（列在附录 20.3 中，另见图 20.21），尽管这里也不大可能有清晰的地图绘制传统。低地国家保存下来的地图比英格兰的要少：迄今为止，有记录的地图是 15 份。最早提到的是 1307 年的图解地图，上面标出了位于泽兰（Zeeland）的阿尔登堡（Aardenburg）到位于东佛兰德（East Flanders）的布豪特（Boechoute）之间地区的各定居点（见图 20.6）。[81] 下一幅绘制于 1357 年的法兰西，收入巴黎大学的登记簿中；当时发生了一场争论，关于该大学的一位来自海特勒伊登贝赫（Geertruidenberg）的学生究竟属于哪一族属：皮卡德人（Picard）还是英格兰人（后者包括来自尼德兰的学生），这幅地图列出了一方对两者之间习惯界线的看法。图上只标出了表示马斯河（Maas）的线条和几处地名（图 20.22）。[82] 另一幅地图的日期为 1358 年，因为它似乎与图尔奈（Tournai）主教和根特（Ghent）的圣彼得大修道院之间达成的协议有关；它以图解的方式表现了奥斯特堡（Oostburg）和位于泽兰的艾曾代克（IJzendijke）之间的地区，并用

　　[81]　Lille, Archives Départementales du Nord, B 1388/1282 bis; Gottschalk, *Historische geografie*, 148 – 49（note 19）; Harvey, *Topographical Maps*, 89（note 1）.

　　[82]　Paris, Bibliothèque de la Sorbonne, Archives de l'Universite de Paris, Reg. 2, Vol. 2, fol. 35v; Gray C. Boyce, "The Controversy over the Boundary between the English and Picard Nations in the University of Paris（1356 – 1358）," in *Etudes d'histoire dédiées à la memoire de Henri Pirenne*（Brussels: Nouvelle Societe d'Editions, 1937）, 55 – 66.

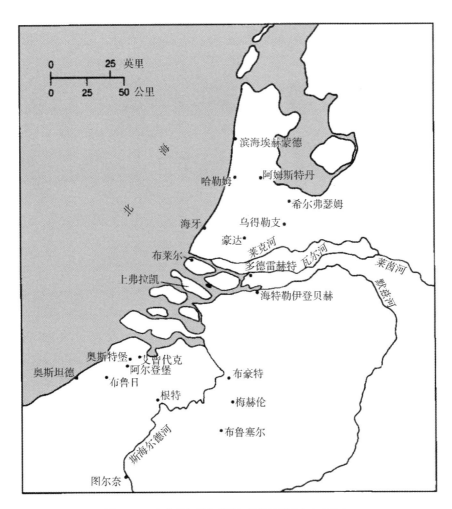

图 20.21 与中世纪地方地图相关的低地国家主要地点

线标出了堤坝和边界，而且标出了堤坝和土地所有者的名称，还有其他注释。[83] 这三幅地图是 15 世纪下半叶之前低地国家中仅有的小区域地图，尽管我们也有 1565 年的副本，这些副本是根据豪达（Gouda）城镇档案室中所收藏的原本复制而来，原本是一幅日期为 1421 年之前的表现瓦尔河（Waal）和马斯河河口地区的地图。[84] 这些 15 世纪的地图大多不过是用笔和墨水勾勒的草图而已。因此，在一份 1451—1472 年的文件中，显示了埃尔滕（Elten）修道院和霍伊地区（Gooiland，位于南荷兰省）土地之间的一份泥炭切割区的边界：几条线，并粗略地画出树林、一座教堂和其他若干地理特征。[85] 同样，绘制于 1487 年的另一幅上弗拉凯（Overflakkee，位于南荷兰省）部分地区的地图用粗略的风车标出了溪流和边界

83　Ghent, Rijksarchief; M. K. Elisabeth Gottschalk, "De oudste kartografische weergave van een deel van Zeeuwsch-Ylaander-en," *Archief*: *Vroegere en Latere Mededelingen Voornamelijk in Betrekking tot Zeeland Uitgegeven door het Zeeuwsch Genootschap der Wetenschappen* (1948): 30 – 39.

84　Jan Henricus Hingman, *Inventaris der verzameling kaarten berustende in het Rijks-Archief* (The Hague: Nijhoff, 1867 – 71), 2: 96 (nos. 811, 812); d. A. J. H. Rozemond, *Inventaris der verzameling kaarten berustende in het Aigemeen Rijksarchief zijnde het eerste en tweede supplement opde collectie Hingman* (The Hague: Algemeen Rijksarchief, 1969), suppl. 2, nos. 232, 476.

85　The Hague, Algemeen Rijksarchief, Grafelijkheid van Holland, Rekenkamer No. 755f; D. T. Enklaar, "De oudste kaarten van Gooiland en zijn grensgebieden," *Nederlandsch Archievenblad* 39 (1931 – 32): 185 – 205, esp. 188 – 92, pl. 1.

487

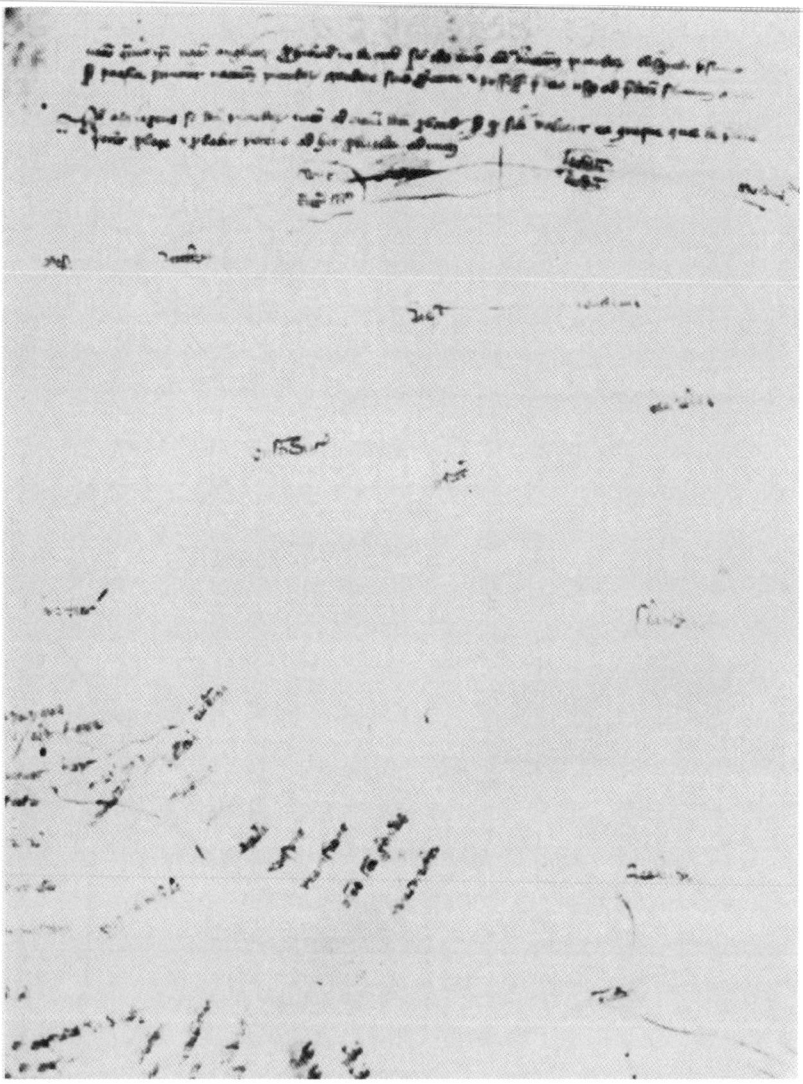

图 20.22 皮卡第—尼德兰边界地图，1357 年

这幅平面图是作为巴黎大学的学生居住地的法律纷争的一部分而绘制的。此图显示了马斯河（Maas，即默兹河[Meuse]）以及皮卡第与英格兰“族属”（*nationes*）之间的边界。

原图尺寸：30×23 厘米。Bibliothèque de la Sorbonne, Paris 许可使用（Archives de l'Université de Paris, Reg. 2, Vol. 2, fol. 35v）。

486 （图 20.23）。(86) 然而，有一些更加精细，其中包括一幅 1480 年前后的全景图画，显示了在 1421 年所谓的圣伊丽莎白节大洪水时期的多德雷赫特（Dordrecht）和周围的乡村，(87) 以及一幅 1468 年的斯海尔德河（Scheldt）下游地图，其中有许多船只图像和城镇、村庄与城堡的

(86) Brussels, Archives Générales du Royaume, Grand Conseil de Malines, Appels de Hollande 188, sub G; A. H. Huussen, *Jurisprudentie en kartografie in de XVe en XVIe eeuw* (Brussels: Algemeen Rijksarchief, 1974), 7-8, pl. 1.

(87) Amsterdam, Rijksmuseum, A 3147a, b; Rijksmuseum, *All the Paintings of the Rijksmuseum in Amsterdam: A Completely Ⅱ lustrated Catalogue* (Amsterdam: Rijksmuseum, 1976), 633.

全景景观图（图20.24）。[88]有一系列地图引发了一些混淆，它们与艾赫蒙德修道院（位于南荷兰省的滨海埃赫蒙德［Egmond aan Zee］）有着或对或错的联系，并且在17和18世纪经常被复制，显示了600年至1288年间不同时期的泽兰和佛兰德等地；[89]它们实际上是一种历史重建行为，但一些学者，尤其是F. C. 维德尔（F. C. Wieder），认为它们源自真正的中世纪地图，因此认为，早在16世纪以前，低地国家就有一个强大的绘制地方地图的传统。[90]

487

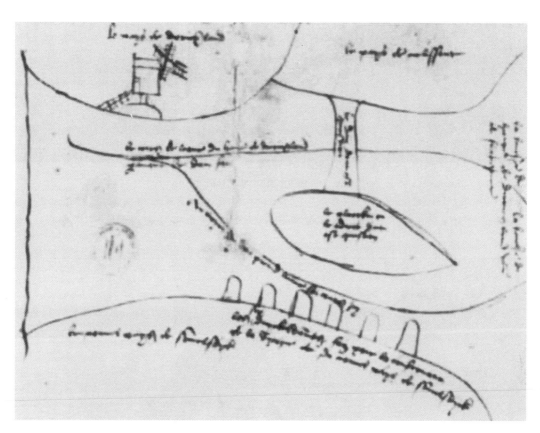

图20.23　南荷兰的上弗拉凯部分地区地图

和大多数15世纪的尼德兰地图一样，这幅1487年的地图不过是一幅用钢笔和墨水绘制的草图。它是为一场涉及水道和堤防所有权的法律纷争而绘制的。图上显示了溪流、边界和一座风车。

原图尺寸：21.5×29厘米。Archives Générales du Royaume, Brussels 许可使用（Grand Conseil de Malines, Appels de Hollande 188, sub G）。

---

[88]　Brussels, Archives Générales du Royaume; M. K. Elisabeth Gottschalk and W. S. Unger, "De oudste kaarten der waterwegen tussen Brabant, Ylaanderen en Zeeland," *Tijdschrift van het Koninklijk Nederlandsch Aardrijkskundig Genootschap*, 2d sec., 67 (1950): 146 – 64; Johannes Keuning, "XYIth Century Cartography in the Netherlands (Mainly in the Northern Provinces)," Imago Mundi 9 (1952): 35 – 64, esp. 41.

[89]　例如，C. de Waard, *Rijksarchief in Zeeland: Inventaris van kaarten en teekeningen* (Middelburg: D. G. Krober, Jr., 1916), XXIX, L, 1 – 6。

[90]　Frederik Caspar Wieder, Nederlandsche historisch-geographische documenten in Spanje (Leiden: E. J. Brill, 1915), 305 – 6; d. S. J. Fockema Andreae and B. van 'tHoff, *Geschiedenis der kartografie van Nederland van den Romeinschen tijd tot het midden der 19de eeuw* (The Hague: Nijhoff, 1947), 12, and B. van 'tHoff, "The Oldest Maps of the Netherlands: Dutch Map Fragments of about 1524," *Imago Mundi* 16 (1962): 29 – 32, esp. 29.

488

489

图 20.24 斯海尔德河下游，1468 年

此图只是一幅精心绘制的绘画式地图的一部分，后者显然源于一种发达的艺术传统。整幅地图长达 5.2 米。

原物高度：57 厘米。*Archives Générales du Royaume*, Brussels 许可使用（*inv.* 1848，*No.* 351，*sees.* 5 – 7）。

490

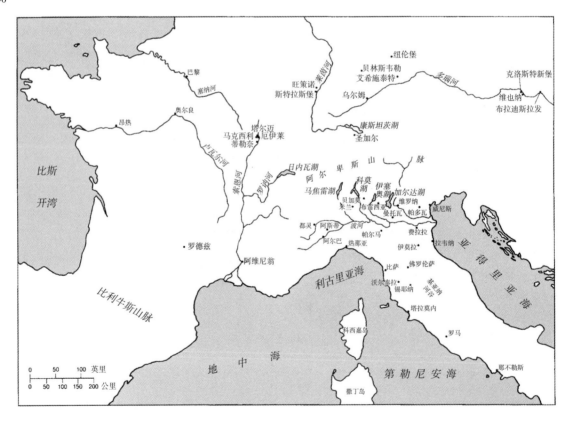

图 20.25 与中世纪地方和区域地图相关的中欧和意大利主要地点

　　在低地国家，中世纪的地图，即使是最粗略的那一种，长期以来也一直是当地古文物学 486
家和学者感兴趣的主题。在英格兰，最近对这类史料进行了广泛的搜寻。因此，在这两个地
区，我们可以假设，尽管会披露更多的中世纪地图，但已经有足够的资料供我们全面观察，
并得出其数量、类别和年代方面的相当可信的结论。在欧洲任何其他地方，这都是做不到的
（图20.25）。通过简单的搜索，可以发现以前未知的很多英格兰地方地图的数量，这说明在
其他国家，许多地图仍在有待发现。法国的弗朗索瓦·德丹维尔（François de Dainville）的
工作就是如此。[91] 他在法国南部和东部地区的部门档案中进行了系统的搜寻工作，收集了大 487
约10种中世纪的地方地图，这一工作非常有趣，但是自从他去世以后，这项工作一直没能
继续下去，因此我们无法确认其他地区是否也会制作类似的材料，也无法得出关于中世纪法
国地方地图的普遍性结论。目前还没有发现比1357年巴黎大学名册中族属边界地图更古老
的地图。1395年，让·布蒂利耶（Jehan Boutillier）写道，地图（"图解和肖像画"）可以用
于向议会提交案卷，但德丹维尔所描述的集群中最古老的可以追溯到1422年。[92] 法国的中
世纪地方地图和英格兰一样，其主题和风格都多种多样。其中包括城镇平面图——其中包括
1491年委托制作的阿维尼翁（Avignon）平面图（现在已经亡佚）、1495年的罗德兹（Ro-
dez）平面图（保存至今）——和大片乡村地区的地图，诸如15世纪的加庞萨瓦
（Gâpençais，德龙［Drôme］、下阿尔卑斯［Basses Alpes］、上阿尔卑斯［Hautes Alpes]）县
地图，它覆盖了一块大约40平方英里面积的地区（图20.26）。[93] 但是，它们也包括一些非
常小的地区的平面图：例如，1467年位于科多尔（Côte-d'Or）的蒂勒奈（Tillenay）的一些
牧场，或者是位于罗讷河口（Bouches-du-Rhône）的卡马格（Camargue）的斯卡芒德尔
（Scamandre）湖。[94] 有些地方地图，如在英格兰和低地国家，只不过最粗略的草图而已；瓦
伦蒂诺瓦（Valentinois）和迪瓦地区（德龙、伊泽尔）的地图只有不同位置的注释，其间画
出线条。[95] 其他则更加精细。罗德兹的平面图是用墨水绘制的，给出了整座城镇的街道临街
正面的完整立面图，展示了建筑细节，并标注出许多名称和其他注释。一幅1460年的地图
显示了勃艮第公国和位于科多尔的厄伊莱（Heuilley）、马克西利（Maxilly）及塔尔迈（Tal-
may）之间的边界，图上绘出了三个村庄的透视图（绘出三道地平线），其背景是索恩河
（Saône）和一些清理过的林地的树桩（图版36）。[96] 同样，这里也没有可以显示地图绘制的 488
区域传统的一致风格。

---

[91]　他的结论见 de Dainville, "Rapports," 397 – 408（note 5），以及 François de Dainville, "Cartes et contestations au
XVᵉ siècle," *Imago Mundi* 24（1970）：99 – 121。

[92]　De Dainville, "Cartes et contestations," 99, 117（note 91）。

[93]　Rodez, Archives Départementales de l'Aveyron, FF 2；Grenoble, Archives Départementales de l'Isère, B 3751；Lavedan,
Représentation des villes, 30, pl. XX（note 16）；de Dainville, "Cartes et contestations," 107 – 9, 112 – 14（note 91）；Harvey,
Topographical Maps, 81（note 1）。

[94]　Dijon, Archives Départementales de la Côte-d'Or, G 880；Nimes, Archives Départementales du Gard, G 1181；de Dain-
ville, "Cartes et contestations," 112, 113, 116（note 91）。

[95]　Grenoble, Archives Départementales de l'Isère, B3495；de Dainville, "Cartes et contestations," 104 – 5（note 91）。

[96]　Dijon, Archives Départememales de la Côte-d'Or, B 263；de Dainville, "Cartes et comestations," 112, fig. 10（note 91）；
Harvey, *Topographical Maps*, 97（note 1）。

从意大利来看，考虑到城市平面图和意大利北部地区区域地图的传统，我们可以指望出现一定数量的其他类型地方地图。实际上只有 5 幅记录下来：1226 年使用的皇帝腓特烈二世（Frederick Ⅱ）的印章，上面有一幅墨西拿海峡（Straits of Messina）的地图；一幅 13 世纪的基亚纳（Chiana）河谷（托斯卡纳）图画式地图；一幅 1306 年的平面图，显示了塔拉莫内（Talamone，托斯卡纳）的海港和规划的建筑地块（图 20.27）；一幅威尼斯附近的潟湖的 15 世纪草图，它一部分是景观图，一部分是地图；一幅拉韦纳（Ravenna）周围地区的一小组地图，绘制于 15 世纪。[97] 很有可能，正是因为意大利中世纪地图相对丰富，而且这些地图都是按照明确的传统熟练地绘制出来，导致历史学家们忽略了较为次要的，看似微不足道的作品。但是，德意志和中欧的作品则很少记录。按照 1422 年的比例绘制的维也纳和布拉迪斯拉发平面图（见图 20.8）和 1441 年的地图显示了旺策诺（Wantzenau，下莱茵省［Bas-Rhin］和南巴登［South Baden］）的庄园，都已经提到过了。[98] 后者或许应该和 15 世纪晚期出现的德意志西南部的其他地图归为一类：一幅乌尔姆（Ulm）平面图绘制于 1480 年，两幅位于符腾堡—巴登（Württemberg-Baden）的贝林斯韦勒（Beringsweiler）的图画式地图的日期为 1500 年前后。[99] 当然，有一幅宏伟而精美的康斯坦茨湖（Constance）的地图式的版画，它一定是在 1499 年战争之后不久就制作出来了，因为其上绘出了此次战争的战斗和其他事件的场景。[100] 从 15 世纪开始，作为一种更具技术性的地图学类型（下文将进行讨论），我们不仅拥有库萨的尼古拉和埃哈德·埃茨劳布的总图，也拥有埃茨劳布的纽伦堡周围地区的地图和康拉德·蒂尔斯特（Konrad Türst）的瑞士地图。来自波兰的两幅 1464 年的草绘地图表现了条顿骑士团统治下的波美拉尼亚地区，简单地标出了海岸线、河流和定居点；我们还有一个有趣的参考资料，即一幅画在布上的波兰北部省份的地图，1421 年，王室使节将这幅地图交给教皇马丁五世（Martin Ⅴ）以进一步反对条顿骑士团。[101] 至于巴尔干半岛，除了表现了多瑙河下游及其三角洲的 1453 年的意大利地图以外，没有任何记录。[102]

489 似乎，很有可能不仅在意大利，而且在所有这些地区，以及其他那些迄今为止我们还完全不知道的地方，会披露出更多的——也许远远更多的——中世纪地方和区域地图。西班牙和葡萄牙是明显被忽视的地方。与此同时，我们不应该认为这是理所当然的。在中世纪欧洲

[97] Gustave Schlumberger, Ferdinand Chalandon, and Adrien Blanchet, *Sigillographie de l'Orient Latin* (Paris: Geuthner, 1943), 22, pl. I; Vittorio Fossombroni, "Illustrazione di un antico documento relativo all'originario rapporto tra Ieacquedell'Arno e quelle della Chiana," *Nuova raccolta d'autori italiani che trattano del mota dell'acque*, 6 Vols., ed. F. Cardinali (Bologna: Marsigli, 1824), 3: 333, 337, pl. 8; Siena, Archivio di Stato di Siena, Caleffo Nero, 4 April 1306; Wolfgang Braunfels, *Mittelalterliche Stadtbaukunst in der Toskana* (Berlin: Mann, 1979), 77–78; Modena, Biblioteca Estense; Almagià, "Antica carta topografica," 81 (note 63); Ravenna, Biblioteca Classense, Carte nn. 52Q–24; Almagià, *Documenti cartografici dello stato pontificio* (Rome: Biblioteca Apostolica Vaticana, 1960), 10 n. 1.

[98] 上文 pp. 470, 473–74, 478。

[99] Ruthardt Oehme, *Die Geschichte der Kartographie des deutschen Südwestens* (Constance: Thorbecke, 1961), 97; Karl Schumm, *Inventar der handschriftlichen Karten im Hohenlohe-Zentralarchiv Neuenstein* (Karlsruhe: Braun, 1961), 5.

[100] Wilhelm Bonacker, "Die sogenannte Bodenseekarte des Meisters PW bzw. PPW vom Jahre 1505," *Die Erde* 6 (1954): 1–29.

[101] Bolesław Olszewicz, *Dwie szkicowe mapy Pomorza z połowy XV wieku*, Biblioteka "Strainicy Zachodniej" No. 1 (Warsaw: Nakładem Polskiego Związku Zachodniego, 1937); Karol Buczek, *The History of Polish Cartography from the 15th to the 18th century*, trans. Andrzej Potocki, 2d ed. (Amsterdam: Meridian, 1982), 22–24.

[102] Marin Popescu-Spineni, *România în istoria cartografiei pâna la 1600* (Bucharest: Imprimeria Naţionala, 1938), 2: 33.

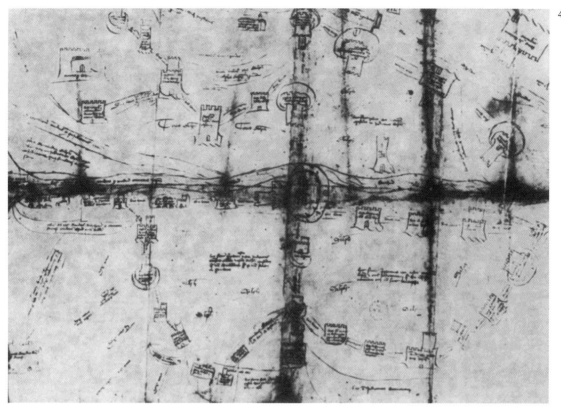

图 20.26　加庞萨瓦县地图

这幅 15 世纪中叶的四图幅地图覆盖了纵横 40 英里的地区，跨越了德龙、下阿尔卑斯和上阿尔卑斯。

原图尺寸：59×86 厘米。选自 F. de Dainville, "Cartes et contestations au XVe siècle," *Imago Mundi* 24（1970），fig. 7。

的许多地方，很有可能从来都没有绘制过小区域的地图。在英格兰，对此类地图的搜集，大 489
大增加了英格兰已知地图的数量，但在威尔士、苏格兰或爱尔兰却一无所获。即使是最简单
的地图绘制，也可能只限于特定的地区。我们已经看到，意大利北部地区的地图，是意大利
其他地区的地图无法相比的，而且在其他地区的地方地图中，也有明显的区域集中的迹象。
因此，在英格兰的 32 幅 14 世纪和 15 世纪的地图中，有 7 幅是来自沃什湾（the Wash）周
围地区，可以将此地区确定为位于距离威斯贝奇（Wisbech）或金斯林（King's Lynn）20 英
里以内的地区。在低地国家，这种集中程度更为明显：几乎全部有记录的地图都来自距离海
岸线 30 英里以内的一个狭长地带内，这一地带北起哈勒姆（Haarlem）和希尔弗瑟姆（Hil-
versum），南到奥斯坦德（Ostend）和根特（Ghent）。从德意志西南部的符腾堡和巴登记录
下来的少数中世纪地图，与马丁·瓦尔德泽米勒的 1507 年和 1513 年地图一起，都可能指向
这一地区的另一个集中地。我们不应该仅仅因为这些集群中的任何一张的地图看起来并不详
细，就把这些集中现象看作保存或者发现方面的偶然事件。我们应该记住，在中世纪，绘制
任何一种类型的地图都是一件非常不寻常的事情；可能是因为当地的特定环境尤其有利于绘
制地图，而不是说任何有意识的传统会制作出具有统一风格痕迹的地图。

492

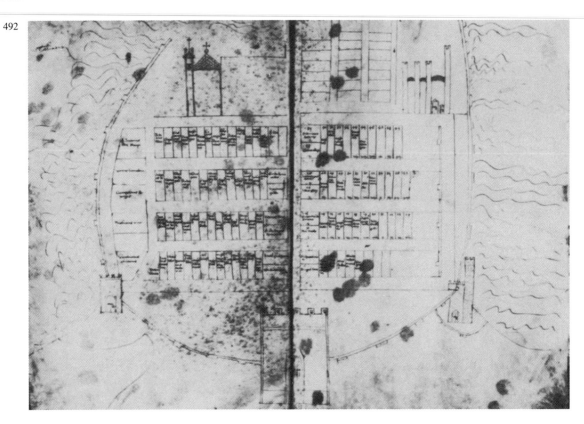

图 20.27　塔拉莫内港，1306 年

尽管城市平面图和意大利北部地区图有着广泛的传统，但此图是意大利保存下来屈指可数的几幅地方地图之一。它显示了这座托斯卡纳海港内现有的（标注名称的）和规划的（编号的）的建筑地块，因此很有可能是为了满足某种规划或行政需要而绘制的。

原图尺寸：43.5×58.5 厘米。Archivio di Stato, Siena 许可使用（Capitoli 3, fols. 25v－26）。

489

目的和应用

　　是什么样的情况造就了中世纪地方和区域地图的绘制？许多地图似乎都是作为一般证据，抑或是在特定案件中支持一方或另一方，而被提交给法庭的。1421 年由波兰使节向罗马教皇马丁五世展示的地图，可以与其他已知的下级法院所绘制的地图媲美。1495 年的罗德兹平面图是针对一则关于集市的案件而绘制的。1468 年绘制的斯海尔德河下游地图，是由一个正在收集诉讼双方证据的委员会委托绘制的。1487 年上弗拉凯部分地区的草图来自梅赫伦（Mechelen）大议会的司法档案。我们已经看到，让·布蒂利耶在 1395 年的论文中提到了面对法国议会的案件中使用地图；实际上，有更早和更重的权力机构来绘制地图，以提交给法庭。此类地方地图在勃艮第被称为"台伯"（tibériades），而德丹维尔已经指出，这是由著名的意大利律师巴尔托洛·达萨索费拉托（Bartolo da Sassoferrato）于 1355 年所撰写的一篇论文：《论河流，确切地说是台伯河地区诸河流》（*De fluminibus seu tiberiadis*）；在这篇文章中，他讨论了河流和溪流权利所引发的法律问题，并阐述了如果使用平面图来解决这些问题。(103) 论文中的平面图本身只是简单的图解，很明显，技师在法庭上使用地图的理念源于达萨索费拉托的作品，他也不会因为为这一目的而绘制的风格迥异的地图而得到赞誉。

然而，中世纪英格兰的地图似乎都不是为了在法庭上使用而绘制的。这可能很好地反映了英格兰法律制度的独特实践和传统。有意思的是，我们已知唯一的出于法律目的而绘制的英格兰中世纪地图，其年代可以追溯到15世纪晚期，是一位公证人按照遵循欧洲大陆民法的传统所编制的文件的一部分：1499年埃克塞特（Exeter）的地产所有权声明，其顶部附有一幅其边界和建筑物正面图的平面图。(104) 另一方面，有几幅英格兰地图可能与特定的纠纷和诉讼有关。例如，因克莱斯莫尔（Inclesmoor，在约克郡的特伦特河［Trent］和乌斯河［Ouse］交汇处附近）地图似乎绘制于1405年至1408年之间，当时兰开斯特（Lancaster）公国和约克郡的圣玛丽修道院正在就该地区的牧场和泥炭权展开诉讼；这幅地图有两个版本，都保存在公国的档案馆中，它们既可以作为指导官员处理案件的指南，也可以作为其主 491
张内容的永久记录（图版37）。(105) 在英格兰以外，也有一些地图只是作为争端一方的记录而绘制的，而不是正式提交给法庭；因此，1444年，勃艮第公爵好人菲利普（Philip the Good）就公国与法国国王领地的边界产生了争议，他付钱请人绘制了地图，“以便清楚地看到哪些城镇和村庄属于公国，哪些属于王国……以避免并防范国王的百姓和官员每天进行的侵犯”(106)。

有些地图还用于其他行政管理。1306年的塔拉莫内（Talamone）平面图是在锡耶纳（Siena）市致力于发展和建设这个最新获得的沿海基地时绘制的。但是，正是英格兰地图满足了行政管理中最多样化的需求。最早的两幅（坎特伯雷大教堂图和位于沃姆利的沃尔瑟姆修道院泉水图）都可以作为埋藏或隐蔽水管的指南，因此，15世纪中期的一幅表现伦敦卡尔特（Charterhouse）修道院供水的平面图也起到了同样的作用。(107) 其他的地图被添加进文件的副本中，只是为了说明地产的相对位置：例如，位于埃克塞特的拉布框架，或者是在位于米德尔塞克斯（Middlesex）的斯泰恩斯（Staines）的一条溪流旁的土地。(108) 15世纪70年代，四块属于伦敦卡尔特修道院的土地的轮廓图被登记注册，显然是用来指示土地的形状和 492
尺寸。(109)

在意大利的城市平面图传统中，我们发现了某种对古文物的偏好：城墙中只出现了一

(103) De Dainville, “Cartes et contestations,” 117–20 (note 91).

(104) Exeter, Devon Record Office (East Devon Area), Exeter City Archives, ED/M/933; H. S. A. Fox, “Exeter, Devonshire, 1499,” in Skelton and Harvey, *Local Maps and Plans*, 329–36 (note 3).

(105) London, Public Record Office, DL 42/12, fols. 29v–30r, and MPC 56, ex DL 31/61; M. W. Beresford, “Inclesmoor, West Riding of Yorkshire, *circa* 1407,” in Skelton and Harvey, *Local Maps and Plans*, 147–61 (note 3).

(106) De Dainville, “Cartes et contestations,” 109 (note 91), author's translation.

(107) London, Muniments of the Governors of Sutton's Hospital in Charrerhouse, MP 1/13; W. H. St. John Hope, “The London Charterhouse and Its Old Water Supply,” *Archaeologia* 58 (1902): 293–312; M. D. Knowles, “Clerkenwell and Islington, Middlesex, Mid-15th Century,” in Skelton and Harvey, *Local Maps and Plans*, 221–28 (note 3).

(108) London, Muniments of the Dean and Chapter of Westminster, 16805; Susan Reynolds, “Staines, Middlesex, 1469 × *circa* 1477,” in Skelton and Harvey, *Local Maps and Plans*, 245–50 (note 3).

(109) London, Corporation of London Records Office, Bridge House Deeds, Small Register, fols. 9r–11r; John H. Harvey, “Four Fifteenth Century London Plans,” *London Topographical Record* 20 (1952): 1–8, figs. 1–4; Philip E. Jones, “Deptford, Kent and Surrey; Lambeth, Surrey; London, 1470–1478,” in Skelton and Harvey, *Local Maps and Plans*, 251–62 (note 3).

些建筑物，这些建筑物似乎经常被选中，其原因不仅因为它们是这座城市中最具特色的建筑，更因为它们是古迹。在亚历山德罗·斯特罗扎（Alessandro Strozzi）和彼得罗·德尔马赛奥绘制于15世纪晚期的罗马地图中，这一点尤为明显，这些地图借鉴了弗拉维奥·比翁多于1444年至1446年间所写的对罗马古迹的记叙文章《复原罗马》（*Roma instaurata*）。(110) 在耶路撒冷的中世纪平面图中，也可能存在着同样的偏好，尽管在这里，很难区分对这座城市古建筑的兴趣，究竟是对古文物的爱好，还是出自虔诚。中世纪英格兰的几幅地方地图就是专门为阐释古文物而绘制的。埃尔门的托马斯（Thomas of Elmham）于15世纪初撰写的坎特伯雷圣奥古斯丁修道院历史，不仅包括了一些早期修道院
493 特许状的精密摹写本，还包括了修道院教堂的平面图，表现了其祭坛的布局，以及萨尼特岛（肯特郡）的地图，地图上有一条复杂的“追踪奔跑”线，据说美西亚（Mercia）的王后多姆涅娃（Domneva）的一只宠物鹿沿着这条路走，这条路形成了修道院庄园的边界。(111) 另一个恰当的例子是布里斯托尔鸟瞰图。这幅图绘于由城镇书记员罗伯特·里卡特（Robert Ricart）撰写的编年史，尽管它似乎展示的是15世纪的布里斯托尔，但很可能要表现这座城镇传说中的建城之初。(112) 这些古文物地图无法与到此时为止法兰西或低地国家记录的中世纪地图媲美。它们预示着地图制作与古文物兴趣之间的联系，这种联系在16世纪和17世纪经常出现。

意大利中世纪地图绘制传统的另一个方面在欧洲其他地方也得到了呼应，也就是将地图用来进行永久性的展示。非常明显，这正是15世纪后期的大型城市写实鸟瞰图的目的，例如，德巴尔巴里的威尼斯木刻版地图或者是曼托瓦（Mantua）公爵宫殿中的罗马图绘，此画作源自罗塞利已经亡佚的雕版作品。(113) 但是我们也找到了更早的例子，例如14世纪中叶在碧加洛凉廊中的表现佛罗伦萨的壁画，抑或是1413—1414年间塔代奥·迪巴尔托洛（Taddeo di Bartolo）在锡耶纳的市政厅中所绘制的罗马景观图。(114) 在意大利以外，有一幅大型的康斯坦斯湖的木刻图，显示了1499年战争的场景（此图的尺寸为50×110厘米），以及尼德兰的1480年前后圣伊丽莎白节大洪水的画作。而没有一幅英格兰地图属于此类。但是，有两处参考文献提到了法兰西的此类地图，但没有保存下来：一份显示了卢瓦尔河（Loire）的流路，并绘出了城镇和桥梁，这幅地图是在1440年送给奥尔良公爵的布匹卷轴上绘制的，还有三幅绘在布匹上的地图，记录在1472年昂热（Angers）城堡的物品中。(115)

---

(110) Scaglia, “Origin of an Archaeological Plan,” 137 – 63 (note 46); Weiss, *Renaissance Discovery*, 5 – 6, 90 – 93 (note 42).

(111) Cambridge, Trinity Hall, MS. 1, fols. 77r, 42v; William Urry, “Canterbury, Kent, Late 14th Century X 1414,” 107 – 17, and F. Hull, “Isle of Thanet, Kent, Late 14th Century × 1414,” 119 – 26, both in Skelton and Harvey, *Local Maps and Plans* (note 3).

(112) Bristol, Bristol Record Office, MS. 04720, fol. 5v; Elizabeth Ralph, “Bristol, *circa* 1480,” in Skelton and Harvey, *Local Maps and Plans*, 309 – 16 (note 3).

(113) Schulz, “Moralized Geography” (note 42); de Rossi, *Piante di Roma*, 104 – 7, pls. Ⅵ – Ⅻ (note 44); C. Hiilsen, “Di una nuova pianta prospettica di Roma del secolo XV,” *Bullettino della Commissione Archeologica Comunale di Roma*, 4th ser., 20 (1892): 38 – 47; Ehrle and Egger, *Piante e vedute di Roma*, 14, pl. Ⅺ (note 44).

(114) Ciullini, “Firenze rappresentazioni,” 35 (note 45); *Ehrle and Egger*, *Piante e vedute di Roma*, 10 – 11, pl. Ⅳ (note 44).

(115) De Dainville, “Rapports,” 402 – 3 (note 5).

在这些用于展示的地图背后，所隐藏的想法远不止提供简单的装饰。它们是那个时代的艺术传统的产物，尽管中世纪晚期有图形现实主义，但中世纪和文艺复兴时期的欧洲艺术并非仅仅是具象主义的：它传达了丰富的内涵和意蕴，象征性和隐喻式的意义，连接在视觉形象上。在一些地图上，有一点是显而易见的：康斯坦斯湖及其战斗场景的木刻地图是对1499年战争中瑞士胜利的颂扬。通常上，这一点非常微妙：于尔根·舒尔茨（Juergen Schulz）分析了德巴尔巴里的威尼斯景观图和其他16世纪全景图中所呈现理念的复杂性。(116) 当然，在那些显然是为了实用和暂时目的而绘制的草图中去解读这类意义是荒谬的。但是，即使是相当小的区域，更加精致的地图也通常起到很大的作用，而不仅仅是传达地形信息：诸如坎特伯雷大教堂的水系平面图或者因克莱斯莫尔的兰凯斯特公国地图等精心绘制的地图，都应该被看作反映了对所有权和权利主张的自豪，这一点也可能是有意的。英格兰的高夫地图可能是为了官方使用的用途而编制的；而马修·帕里斯的地图却并非如此，要理解它们的重要性，必须把它们放置于13世纪英格兰的艺术和知识作品的背景下进行审视。(117) 除了事实信息之外，表面上简单的中世纪地图可能传达了同时代人看来是不言而喻的直白信息，但对我们来说，只能痛苦地探索其内在的含义。

调查与地图制作

在这些中世纪的小区域地图中，似乎没有地图是作为某次勘测的一部分而绘制的，勘测是指对一块地产的总体性描绘，无论是单块田地、个人所持有土地、乡村社区及其土地，还是整座庄园。在出于行政管理目的而绘制地图之处，似乎总是为了解决一个问题：例如，表现水管的布置，或者是有争议的边界线。许多保存下来的中世纪欧洲的土地财产调查都是以文字描述方式书写的，通常都是冗长详尽的描述，在任何阶段都没有绘制地图。只有两项可能是例外情况，都来自英格兰。其中一项是两张1440—1441年的平面图，显示了位于诺福克的肖尔德姆（Shouldham）的田地中的小型条带状地块。(118) 另一份是1497—1519年间绘制 494
的两张位于沃里克郡（Warwickshire）的阿登（Arden）的坦沃思（Tanworth）的分为两部分的小区域地图。(119) 这两种平面图都不属于已完成的调查的一部分，只是一种书面说明；它们存在于初步的说明和草稿中。人们可能会认为，这种草图是为实地调查收集信息的一种正常方式，一旦完成书面形式的最终版本，就会将其丢弃。这似乎不大可能；肖尔德姆平面图只占了调查项目所涉及土地的一小部分，而且其绘制缺乏专业知识，就好像制图师在试验一种新技术一样。在16世纪之前的英格兰，没有公认的测量师这一职业。另一方面，在低地国

(116) Schulz, "Moralized Geography," 441 – 72 (note 42); cf. J. B. Harley, "Meaning and Ambiguity in Tudor Cartography," in *English Map-Making, 1500 – 1650*, ed. Sarah Tyacke (London: British Library, 1983), 22 – 45.

(117) 见上 pp. 495 – 496。

(118) Norwich, Norfolk Record Office, Hare 2826, fols. 16v, 34v; P. D. A. Harvey, "Shouldham, Norfolk, 1440 × 1441," in Skelton and Harvey, *Local Maps and Plans*, 195 – 201 (note 3).

(119) Stratford upon Avon, Shakespeare Birthplace Trust Records Office, DR37/box 74, B ii b, c; B. K. Roberts, "North-west Warwickshire; Tanworth in Arden, Warwickshire, 1497 × 1519," in Skelton and Harvey, *Local Maps and Plans*, 317 – 28 (note 3).

家，我们发现有人被称作测量师，这说明从 13 世纪开始，这就是他们的全职工作了。[120] 尽管存在这样的专业工作，但没有证据表明他们曾经把绘制地图作为自己手艺的一部分，无论是作为成品还是一种工作技术。低地国家最早的调查说明，是在 15 世纪初期扬·马泰森（Jan Matthijssen）所著的布里勒（Brielle，南荷兰）城镇的法律书中，比较详细地描述了测量师的职责，但并未暗示绘制地图或平面图是其工作的一部分。[121]

测量师要做的是对地产进行描述，从 9 世纪开始，人们对地产进行或详或略的勘测。最早勘测的是对塞纳河和莱茵河河口与巴伐利亚山脉之间的三角地带。[122] 1086 年，英格兰为威廉一世撰写的《末日审判书》是唯一保存下来的对王国全境进行的调查，但是从 12 世纪初开始，调查已经成为越来越常见的地产管理记录方式。这些书面调查不必涉及土地的测量：可以简单地用其为地主所提供的租金和服务来描述地产，或者，如果要更详细地描述土地，可以通过参考它们所包含的小块土地或者是田垄的数目来加以确定。到了 9 世纪后期，在英格兰，人们日渐了解精确的土地测量，但直到 13 世纪初期，一般意义上的调查才开始给出它们所描述的土地的测量面积。在绘制这些图形的时候，除了用杆或者绳子进行简单测量，然后通过实际或者假定的矩形，也许还有用直角三角形计算面积之外，不大可能使用任何更为复杂的方法；这就是理查德·贝内斯（Richard Benese）在 1537 年的论文中所描述的，我们有许多 13 世纪以后的表格的副本，这些表格给出了任何宽度的一英亩土地的长度。到了 15 世纪晚期，陆地罗盘可能已经被用来确定土地的走向；约翰·菲茨赫伯特（John Fitzherbert）在 1523 年出版了英格兰最早的关于测量的论文，在文中，菲茨赫伯特建议使用它。[123] 当然，关于欧洲大陆的中世纪测量师，我们还有更多的东西需要了解，但是，如果说他们实际上应用了比英格兰同行更精确、更复杂的方法，这样的证据仍有待于揭示；中世纪尼德兰测量师的专业地位可能反映的是法律地位的提升，而非技术方面的更加熟练。

但这并不是说中世纪不了解古罗马测量师的方法或者几何理论。在 12、13 和 14 世纪，仍然在沿用罗马的测量论著。一系列关于几何学的论文使得中世纪的欧洲人可以接触到古典和伊斯兰的方法，包括仪器的使用：格伯特（他就是 999—1003 年的教皇西尔维斯特二世[Sylvester Ⅱ]的《几何学》（Geometria）和 12 世纪早期的亚伯拉罕·巴尔吉雅（Abraham bar Chiia）的《几何之书》（Liber embadorum），都是后来的中世纪作家大量借鉴的范例。这些论著的方法是实用性的：莱奥纳尔多·皮萨诺（Leonardo Pisano）的 13 世纪早期的《实用几何学》（Practica geometriae）最早描述了铅锤水平线——它用于寻找倾斜地面的水平区域，以及象限，用于各种测量练习。[124] 但是，尽管它们也具有实际意义，但本身都是学术著

[120]　P. S. Teeling, "Oud-Nederlandse landmeters, Ⅲ," *Orgaan der Vereniging van Technische Ambtenaren van het Kadaster* 7 (1949): 126–34, esp. 126–27; A. Viaene, "De landmeter in Vlaanderen, 1281–1800," Biekorf 67 (1966): 7; Cornelis Koeman, "Algemene inleiding over de historische kartografie, meer in het Bijzonder: Holland vóór 1600," *Holland* 7 (1975): 230.

[121]　Koeman, "Algemene inleiding," 231 (note 120).

[122]　Robert Fossier, *Polyptyques et censiers* (Turnhout: Brepols, 1978), 33.

[123]　Eva G. R. Taylor, "The Surveyor," *Economic History Review*, 1st ser., 17 (1947): 121–33; A. C. Jones, "Land Measurement in England, 1150–1350," *Agricultural History Review* 27 (1979): 10–18; P. D. A. Harvey's Introduction in Skelton and Harvey, *Local Maps and Plans*, 11–15 (note 3).

[124]　Edmond R. Kiely, *Surveying Instruments: Their History* (New York: Teachers College, Columbia University, 1947; reprinted Columbus, Ohio: Carben Surveying Reprints, 1979), 50–54.

作，因此并不意味着那些日常从事对土地进行调查、测量和描述等事务的人知道或使用这些规则。英格兰的莱昂纳德·迪格斯（Leonard Digges）于 1556 年和乔治·阿特维尔（George Atwell）于 1658 年评论了自己时代几何理论和实际测量之间缺乏联系的问题，而在 18 世纪，一些关于调查方面发表文字的人仍在建议避免角度测量。[125] 中世纪的欧洲学者对复杂测量方法的了解并不能证明它们在实际上得到了运用。

中世纪欧洲的测量师并非制图师。那些绘制中世纪地方和区域地图的制图师，是否借鉴了实操测量师或者理论几何学家的方法？这是一个很难回答的问题。对于大部分保存下来的地图而言，很明显，即使是最简单的实地测量对其绘制也没有影响。15 世纪晚期完整详细的意大利城市景观图更有可能是由高层建筑的草图拼合而成，而非基于实际测量得出的。[126] 但是，我们已经看到，某种形式的测量可能在构建一些意大利和巴勒斯坦的城市平面图中发挥了作用，当然还有 1422 年维也纳和布拉迪斯拉发的平面图。15 世纪 40 年代，意大利人文主义者、建筑师莱昂·巴蒂斯塔·阿尔贝蒂（Leon Battista Alberti）撰写了一部关于罗马及其古迹的记叙：《罗马城图志》（*Descriptio Urbis Romae*），在书中，他提出了一种方法：通过从中心有利地点测量半径，把城市的主要地理特征置于比例尺地图中；在后来的《数学游戏》（*Ludi matematici*）（1450 年）和《论建筑事务》（*De re aedificatoria*）（1452 年）等作品中，他描述了更精细的按比例尺绘制地图的方法，包括三角测量法。虽然在他的第一部著作中，他讲述了这种方法的具体应用，包括一些地理特征的坐标，但不能确定他是否真的绘制了他所描述的罗马地图。[127] 如果他真的这样做了，那么现在也已经亡佚了；人们不再像以前那样认为阿尔贝蒂的作品是 1474 年亚历山德罗·斯特罗扎的罗马地图的基础。[128] 其他某些 15 世纪的地图也可能是以测量为基础的，甚至是基于几何理论知识，但我们应该谨慎，不要在没有最有力证据的情况下假设这一点。

行程图与按比例绘制的地图的发展

关于其余需要考虑的地图，不能说它们形成了一个连贯、有意识的传统。另一方面，它们之间又存在着一种明确的概念上的关系，在它们处理地图绘制问题的特定方法中，我们可以看到，在中世纪后期的欧洲，逐渐重新出现了在地图上使用严格比例尺的概念。它们的共同之处是，它们在本质上都是路线图、行程图，以一个点与另一个点之间的简单位置顺序为基础。我们已经讨论过的基辅地图都是这种类型的：意大利北部地区的一些地区地图的侧重点为通道，即使是沃尔瑟姆修道院和伦敦卡尔特修道院的供水平面图，其上的管道线路也可以看作通道。一则突出的英格兰例子是舍伍德森林（诺丁汉郡）的地图；它

[125]　H. C. Darby, "The Agrarian Contribution to Surveying in England," *Geographical Journal* 82 (1933): 529 – 35, esp. 532 – 33; A. W. Richeson, *English Land Measuring to 1800: Instruments and Practices* (Cambridge: Society for the History of Technology and MIT Press, 1966), 125 – 26, 152 – 53, 158.

[126]　Schulz, "Moralized Geography," 431 – 41 (note 42).

[127]　Joan Gadol, *Leon Battista Alberti: Universal Man of the Early Renaissance* (Chicago: University of Chicago Press, 1969), 167 – 78; Pinto, "Ichnographic City Plan," 36 – 38 (note 55).

[128]　Scaglia, "Origin of an Archaeological Plan," 137 – 41 (note 46); Weiss, *Renaissance Discovery*, 90 – 92 (note 42).

只不过包含沿着穿过森林的十几条路线的大体辐射地点列表，能有效标示这些路线中任何一条，但并不意味着是该地图的总图，而且没有展示从这些路线中的一条到另一条的道路的方法。[129] 当然，用地图的形式来表现行程是例外的。通常，它会以文字形式列出，而且我们有很多书面的行程表，列出了往往是长距离的路线——一则突出的例子是 14 世纪的布鲁日（Bruges）行程，其中列出了从布鲁日到欧洲几乎每一个地方的路线以及它们之间的距离。[130] 但是，在中世纪的欧洲，行程图似乎比其他一些种类的地图绘制方法更容易理解，而且有趣的是，我们对 4 世纪精心制作的行程图——波伊廷格地图（Peutinger map）的了解，应该源自 12 世纪或 13 世纪初制作的一份明显忠实于原图的复制品。[131]

有趣的是，早期最重要的几幅行程图都来自英格兰：马修·帕里斯地图和高夫地图，尽管这可能只是偶然的。我们有四种版本的从伦敦到意大利普利亚（Apulia）的路线地图，该图是马修·帕里斯于 13 世纪中叶绘制的。该图是一系列简单明了的垂直条带，通过微小的缩略草图表现了连续的中转节点，其中一些是根据地点的世纪外观绘制的；中转节点之间的距离按一天的行程进行标注，部分路段还显示了替代的路线（图版 38）。[132] 这是马修·帕里斯最明显的一幅路程图，但绝不是他唯一的一张。正如我们已经看到的那样，在他的两幅圣地地图中，只有一幅可能通过草图才为人所知，给出了沿海各地之间的距离，而且有可能是基于文字的行程。但他更为著名的大不列颠地图（也有四个版本保存下来）也应该被视为行程地图（图版 39）。它的轴线是从泰恩河畔纽卡斯尔（Newcastle upon Tyne）到多佛（Dover）的路线，中间大约有 15 处地方，其中包括马修·帕里斯位于圣奥尔本斯的修道院。这条路线是沿着一条直线画的，忽略了一个事实，即实际上它在伦敦转了 90 度，然后向东，而不是向南。在这条路线的两侧，以及在更遥远的苏格兰，都有许多其他的细节：城镇、河流和海岸线，以及一些地形注释。其结果与现代的大不列颠地理地图有一些相似之处，但从这个角度来看，就会在单一路线的基础上忽略了其构建的关键点；在本质上，它只是一张增添了附加内容的行程图。[133] 也许这就是我们应该看待 14 世纪中叶或晚期的高夫地图的方式。这也是一幅英格兰的地图，但它并不是以单一的路线为基础，而是从伦敦辐射出五条主要道路，并有一些分支和交叉路口，在林肯郡和约克郡还有一些地方道路。就像马修·帕里斯的地图一样，它在自己的基本路线之外以及沿着这些路线标记出了城镇、河流和海岸线，而且在绘制的彻底性和准确性方面远远超过了马修·帕里斯的成就。但是，它的出发点和主要兴趣中心是这些主要路线，这一点是显而易见的；在康沃尔（Cornwall）、威尔士和苏格兰，图上所显示的道路非常少，或者根本就没有，其总体形状也

⑫　Belvoir, Archives of the Duke of Rutland, map 125; M. W. Barley, "Sherwood Forest, Nottinghamshire, Late 14th or Early 15th Century," in Skelton and Harvey, *Local Maps and Plans*, 131 – 39 (note 3).

⑬　Joachim Lelewel, *Géographie du Moyen Age*, 4 Vols. and epilogue (Brussels: Pilliet, 1852 – 57; reprinted Amsterdam: Meridian, 1966), *Epilogue*, 281 – 308.

⑬　见上文，pp. 238 – 42。

⑫　Vaughan, *Matthew Paris*, 242, 247 – 50 (note 17); Harvey, *Topographical Maps*, 67 (note 1).

⑬　British Museum, *Four Maps of Great Britain Designed by Matthew Paris about A. D. 1250* (London: British Museum, 1928); J. B. Mitchell, "Early Maps of Great Britain: I. The Matthew Paris Maps," *Geographical Journal* 81 (1933): 27 – 34; Vaughan, *Matthew Paris*, 241 – 44 (note 17); Harvey, *Topographical Maps*, 140 – 42 (note 1).

最不像我们今天在地理地图上所看到的那样（图版40）。[134]

　　很明显，马修·帕里斯和高夫地图的作者都具有某种一致比例尺的概念。这一点在马修·帕里斯地图的一个版本的注释中明确地出现："如果页面允许的话，整个岛屿应该更长。"（Si pagina pateretur hee totalis insula longior esse deberet）[135] 而且，由于他在基本路线上标出地名的地方在地面上和在地图上（在图上，它们只是一个一个排列，中间没有多大空间）大致是等距离的（他很可能将它们看作中转节点），所以它们提供了一个非常粗糙的比例尺以及相对位置关系的基础。在高夫地图上，若干线组的地点群组的相对位置非常接近我们从准确的比例尺地图上所得到的，以至于 E. J. S. 帕森斯（E. J. S. Parsons）认为，编绘者使用了按比例绘制的地方地图，从而按照大约 1∶1000000 的比例在其总图上对其进行了再现。[136] 以我们对中世纪地图绘制的总体了解来看，这似乎不大可能，但这是对地图的贡献，甚至也可以考虑这种可能行。事实上，我们不能说高夫地图（更不用说马修·帕里斯地图）是自始至终按照比例尺地图进行绘制的，哪怕是设想而已。道路沿线的数字给出了从一个地方到另一个地方的距离；这些距离是按当地的（而且变化很大的）习惯英里数表示的，但是地图上的道路长度本身与这些数字或者标准度量所表示的距离都没有固定的关系。然而，即使不能把这些地图看作比例尺地图，它们也清楚地表明，如果一幅地图背后有某种比例尺的概念，它是围绕着一条或多条输入了距离的路线而绘制成的，那么，在概念上，让行程及其距离成正比，只不过是一步之遥；如果完成了这一步骤，比例尺的概念就会引入地图的核心。

　　在 14 世纪早期的马里诺·萨努多和保利诺·韦内托的作品中发现的圣地地图也可以放在同样的背景下，尽管从概念上讲，它甚至比高夫地图还要先进。萨努多的文字阐述了地图背后的原理，如果把巴勒斯坦想象成用一个网格分割而成的许多一里格的方格，然后如何将每个城镇放置在适当的方格中；除了把这些城镇绘制在地图上之外，他还列出了所有城镇，确定了它们在网格上的位置。[137] 当然，其结果是一幅完整的比例尺地图，当然并不准确，尤其是在边缘之处，这也意味着它的处理没有达到其原本的意图。在中世纪欧洲突然出现了一幅以网格为基础绘制的比例尺地图，这一点引起了人们极大的兴趣，李约瑟认为，此图可能是从我们所知的更早之时在中国绘制的基于网格的比例尺地图中衍生出来的；而由在网格中写入地名所组成的阿拉伯地图，为这一方面提供了可能的联系和直接来源。[138] 乍看起来，这似乎与行程图无关。但是，只有通过测量城镇之间的路线，才能确定这些城镇在圣地中的位置，以便将其正确地置于网格中。最终，即使地图没有显示出一个地点与另一个地点之间的 ₄₉₇

---

　　[134] *The Map of Great Britain*, *circa A. D. 1360*, *Known as the Gough Map* (Oxford：Oxford University Press, 1958)，为皇家地理学会和鲍德林图书馆而发表，并附有一部回忆录：E. J. S. Parsons, *Introduction to the Facsimile* (Oxford：Oxford University Press, 1958)。

　　[135] London, British Library, Royal MS. 14. C. Ⅶ, fol. 5v.

　　[136] Parsons, *Introduction*, 9 (note 134).

　　[137] Marino Sanudo, *Liber secretorum fidelium crucis*, Vol. 2 in *Gesta Dei per Francos*, 2 Vols., ed. Jacque Bongars (Hanover：Heirs of J. Aubrius, 1611), 246, 关于萨努多的文本；Röhricht, "Marino Sanudo," 84 – 126 (note 32)；Degenhart and Schmitt, "Sanudo und Veneto," 76 – 78, 116 – 19 (note 27)；Harvey, *Topographical Maps*, 144 – 46 (note 1)。

　　[138] Joseph Needham, *Science and Civilisation in China* (Cambridge：Cambridge University Press, 1954 –), Vol. 3, *Mathematics and the Sciences of the Heavens and the Earth*, 564, pls. LⅩⅩⅩⅦ, LⅩⅩⅩⅧ.

道路或距离，它也必须以一整套测量过的路线为基础。当然，这幅圣地地图与保利诺·韦内托的《大编年史》手稿中出现的大小意大利地图有明显的相似之处；正如我们所见到的，这些地图也基于网格（这两幅地图都是如此），并在每一条边上都有点和数字。[139] 另一方面，这些意大利地图本质上是以波特兰海图的形式绘制的半岛海岸线地图的延伸（覆盖了一些内陆的地理特征）。所以，它们可能是波特兰海图和圣地地图之间的一种联系，这是首次将波特兰海图的思想和技术应用于陆地地图，而不仅仅表现海岸线。

无论这幅 14 世纪初期的圣地地图背后的思想和技术的来源是什么，它们都没有被其他制图师所接受：它没有直接的继承者。而且，在 15 世纪中叶，基于行程的比例尺地图在德国重新出现时，它并没有直接绍自波特兰海图的海上行程传统。相反，它几乎可以肯定出自我们在中世纪晚期德国和奥地利的学者身上发现的对理论地理学和计算地理坐标的兴趣。重要的是，这个时候，已经标出了纬度和经度，这表明天文测量可能被用来确定南北的位置。但比例尺地图重新出现的情况却非常神秘。我们现在能看到两幅德国地图，都明确认为其作者是 1464 年去世的哲学家、神学家库萨的尼古拉。但这两幅地图都是在他去世之后很久才保存下来的。其中一幅是绘本，是 1490 年亨里克斯·马特尔鲁斯·格耳曼努斯（Henricus Martellus Germanus）绘制的地图中对托勒密地图的增补。另一幅是印本，其 1491 年在巴伐利亚的艾希施泰特（Eichstätt）制作的铜版雕刻，但很有可能，它直到 16 世纪 30 年代才得以完成并投入使用。[140] 这两幅地图完全不同，但很有可能源自同一幅现在已经亡佚的地图原本。无论这些地图是否地理学家在地图上确定关键点的工作的成果，它们实际上都基于沿着多条路线进行测量的详细制作的行程图。这些测量既包括角度，也有长度方面的，并且在这些地图背后，是用于在陆地上测量方向的磁罗盘的引入；对其的运用似乎在 15 世纪已经非常普及，尤其是作为袖珍日晷的组成部分。[141] 但无论这些地图的方法和作者为何，它们都非常重要：它们准确性证明了高度的技术成就，标志着欧洲按比例绘制地形图传统的真正肇端。

尽管我们对被认为是库萨的尼古拉的地图的起源一无所知，但我们对德国直接继承它们的地图所知颇多。这些是纽伦堡的埃哈德·埃茨劳布的作品。值得注意的是，他是袖珍日晷的制作师。我们提到过的其范围最广泛的地图，覆盖了德意志、中欧和阿尔卑斯山，以及意大利北部。这幅地图有两个版本，都是木刻版，一般来说我们通过地图上方描述性标题的开场语来进行区分。其一读作："*Das ist der Rom-Weg*"（这是通向罗马的道路）；它可能是为了在 1500 年的圣年引导朝圣者到罗马，也可能是在 15 世纪 80 年代或者 90 年代初期制作的。另一则读作："*Das sein dy lantstrassen durch Das Römisch reych*"（这些是穿过罗马帝国的道路），其标注的日期是 1501 年。这些地图有两个特殊之处，激发读者的兴趣，它们反映了其作为行程图的起源。一个是突出地表现了主要陆地路线，并且用一系列的点来标记，每一个点代表一德制里，正如所说明的那样，在每幅地图的底部

---

[139] 见上文，p. 481。

[140] A. Wolkenhauer, "Über die ältesten Reisekarten von Deutschland aus dem Ende des 15. und dem Anfange des 16. jahrhunderts," *Deutsche Geographische Blätter* 26 (1903): 120–38, esp. 124–28.

[141] Cf. P. D. A. Harvey's Introduction in Skelton and Harvey, *Local Maps and Plans*, 37 (note 3).

都有一个比例尺。另一是在每幅地图的底部都有一个很小的罗盘玫瑰，上面有注释，说明如何用实际的罗盘来确定地图的方向。埃茨劳布的地图与库萨的尼古拉的地图一样，都是通过无数的方向和距离测量结果构建起来的。这同样适用于另一幅地图，此图一定是埃茨劳布编绘的，或者是作为副产品，抑或是其大型地图的初稿样品；和它们一样，它是以纽伦堡为中心，但是一幅圆形的区域地图，覆盖了距离纽伦堡 16 德制里的区域。这幅地图也是制作为木刻版出版的，日期为 1492 年。但埃茨劳布在地图史上的重要地位并不仅仅体现在制作这些比例尺行程图方面。1507 年，他受聘调查纽伦堡市购买的一处地产；无论此工作是否包括绘制地图，我们在此处看到的是测量师和制图师合而为同一个人，这一联合具有重大意义，预示着大比例尺地图制作的重要发展。⑭

皇帝马克西米利安一世的医生康拉德·图尔斯特的工作也用其他方式预示着新的发展。498 在 1495—1497 年间，他撰写了一部关于瑞士的记叙：《盟邦地理位置的描述》（*De situ confoederatorum descriptio*），但并没有发表，人们只通过四份手稿才了解。其中有两幅瑞士地图，也是在行程的基础上按照比例在此绘制出来的，考虑到瑞士大部分区域地形极其复杂，这项成就更加引人注目。虽然这幅地图与库萨的尼古拉和埃茨劳布的地图存在联系，但它的总体外观更接近意大利北部的地区地图，因为它没有德意志地图上的标志城镇的简洁的点或者圆圈，而是画了很多微小的缩略草图，这些草图是根据这些地方的实际外观所绘制。⑭ 图尔斯特将中世纪的两种地图绘制传统——行程图和图像地图结合在一起，似乎已经预见到在文艺复兴时期得到充分体现的发展趋势。

附录20.1　1500 年以前意大利北部地区地方 地图列表（按时代先后排序）

1. 1291 年：阿斯蒂地区。Turin, Biblioteca Nazionale, Codex Al-fieri. 见 Roberto Almagià, "Un' antica carta del territorio di Asti," *Rivista Geografica Italiana* 58 (1951)：43 – 44。

2. 14 世纪上半叶：阿斯蒂地区。Asti, Codex de Malabaya. 见 Almagià, "Antica carta"。

3. 1383—1400 年：加尔达湖。Verona, Biblioteca Civica. 见 Roberto Almagià, *Monumenta Italiae cartographica* (Florence：Istituto Geografico Militare, 1929), 5, pl. Ⅶ。

4. 1406—1416 年：布雷西亚地区。Brescia, Archivio Storico Civico, n. 434/3. 见 Giovanni Treccani degli Alfieri, *Storia di Brescia*, 4 Vols. plus index (Brescia：Morcelliana, 1961), 1：870。

5. 1437—1441 年：伦巴第。Paris, Bibliothèque Nationale, Rés. Ge. C. 4990. 见 Almagià, Monumenta, 9, pl. Ⅷ（在那里引用为 Ge. C. 4090）。

---

⑭　Wolkenhauer, "Über die ältesten Reisekarten," 130 – 36 (note 140); Herbert Krüger, "Erhard Etzlaub's *Romweg* Map and Its Datingin the Holy Year of 1500," *Imago Mundi* 8 (1951)：17 – 26; Schnelbögl, "Life and Work of Etzlaub," 11 – 26 (note 29); Tony Campbell, "The Woodcut Map Considered as a Physical Object：A New Look at Erhard Etzlaub's *Rom Weg* Map of c. 1500," *Imago Mundi* 30 (1978)：79 – 91; Harvey, *Topographical Maps*, 147 – 49 (note 1).

⑭　Eduard Imhof, *Die ältesten Schweizerkarten* (Zurich：Fiissli, 1939), 6 – 14, pls. 1, 2; Theophil Ischer, *Die ältesten Karten der Eidgenossenschaft* (Bern：Schweizer Bibliophile Gesellschaft, 1945).

6. 1439 年之后：维罗纳地区。Venice, Archivio di Stato. 见 Roberto Almagià, "Un'antica carta topografica del territorio veronese," *Rendiconti della Reale Accademia Nazionale dei Lincei*: *Classe di Scienze Morali, Storiche e Filologiche* 32（1923）：63 – 83；idem, Monumenta, 11, pl. XI。

7. 1440 年：伦巴第，由 "Ioanes Pesato" 绘制。Treviso, Museo Comunale. 见 Almagià, *Monumenta*, 9, pl. VIII。

8. 1449 年：帕多瓦地区，由 Annibale di Maggi. Milan 绘制。Biblioteca Ambrosiana. 见 Almagià, *Monumenta*, 12。

9. 15 世纪下半叶：韦内托区域。Istanbul, Topkapi Sarayi Muzesi. 见 Rodolfo Gallo, "A Fifteenth Century Military Map of the Venetian Territory of Terraferma," *Imago Mundi* 12（1955）：55 – 57。

10. 1460 年以后：帕尔马地区。Parma, Archivio di Stato. 见 Almagià, *Monumenta*, 9。

11. 1465 年：帕多瓦地区，由 Francesco Squarcione 绘制。Padua, Museo Civico. 见 Almagià, *Monumenta*, 12。

12. 1469—1470 年：布雷西亚地区。Modena, Biblioteca Estense. 见 Mario Baratta, "Sopra un' antica carta del territorio bresciano," *Bollettino della Reale Società Geografica*, 5th ser., 2（1913）：514 – 26, 1025 – 31, 1092；Almagià, *Monumenta*, 12, pl. XII。

13. 1472 年以前：布雷西亚地区。Brescia, Biblioteca Queriniana. 见 Almagià, *Monumenta*, 9, pl. VII。

14. 1479—1483 年：维罗纳地区。Venice, Archivio di Stato, Scuola di Carità, busta 36, n. 2530. 见 A. Bertoldi, "Topografia del Veronese（secolo XV）," *Archivio Veneto*, n. s., 18（1888）：455 – 73；Almagià, *Monumenta*, 12；Gallo, "Fifteenth Century Military Map," 55。

附录20.2　1500 年以前英格兰的地方地图和平面图列表（按年代先后排序）

下列各项目大部分都已经进行了复制，每一项都在其地方历史背景、中世纪英格兰地图和平面图中得到了充分的讨论，编辑者：R. A. 斯凯尔顿和 P. D. A 哈维（剑桥：克拉伦登 [Clarendon] 出版社，1986 年）；非常感谢牛津大学出版社允许把此列在此处。没有容纳进来的项目只是第 5、6、7、17 和 23 条，这些都是最新披露的，感谢凯瑟琳·德拉诺·史密斯（Catherine Delano Smith）、H. S. A. 福克斯（H. S. A. Fox）、J. H. 哈维（J. H. Harvey）和 M. M. 康登（M. M. Condon）提醒我注意。每一幅地图上签署的日期是其最初编绘时的日期；在一些情况下，保存下来的地图是后来的副本。

1. 1153—1161 年前后：坎特伯雷（肯特）。Cambridge, Trinity College, MS. R. 17. 1, fols. 284v – 285r, 286r。

2. 1220—1230 年：沃姆利（赫特福德郡）。London, British Library, Harl. MS. 391, fol. 6r。

3. 1224—1249 年：怀尔德莫尔沼泽（林肯郡）。Loughlinstown（county Dublin）, library of

Sir John Galvin, Kirkstead Psalter, fol. 4v。

4. 14 世纪中叶或晚期：彼得伯勒（北安普敦郡［Northamptonshire］）。Peterborough, Archives of the Dean and Chapter of Peterborough, MS. 1, fol. 368r。 499

5. 14 世纪中叶或晚期：法恩谢德（Fineshade，北安普敦郡）。Lambeth Palace Library, Court of Arches, Ff. 291, fol. 58v。

6. 14 世纪晚期：丘特（Chute）森林（汉普郡［Hampshire］和威尔特郡［Wiltshire］）。Winchester, Winchester College Muniments, 2206。

7. 14 世纪晚期：克莱尔（Clare，萨福克［Suffolk］）。London, British Library, Harl. MS. 4835, fols. 66v – 67r。

8. 14 世纪晚期：伊利岛（Isle of Ely，剑桥郡［Cambridgeshire］）和霍兰（Holland，林肯郡）。London, Public Record Office, MPC 45。

9. 14 世纪晚期—1408 年：克利夫（肯特）。Canterbury, Archives of the Dean and Chapter of Canterbury, Charta Antiqua C. 295。

10. 14 世纪晚期—1414 年：肯特博雷（肯特）。Cambridge, Trinity Hall, MS. 1, fol. 77r。

11. 14 世纪晚期—1414 年：萨尼特岛（肯特）。Cambridge, Trinity Hall, MS. 1, fol. 42v。

12. 14 世纪晚期或 15 世纪初期：克伦奇瓦滕（Clenchwarton，诺福克［Norfolk］）。London, British Library, Egerton MS. 3137, fol. 1v。

13. 14 世纪晚期或 15 世纪初期：舍伍德（Sherwood）森林（诺丁汉郡［Nottinghamshire］）。Belvoir (Leicestershire), Archives of the Duke of Rutland, map 125。

14. 1390 年前后：温彻斯特（Winchester，汉普郡［Hampshire］）。Winchester, Winchester College Muniments, 22820, 内封面和封底。

15. 1407 年前后：因克莱斯莫尔（约克郡）。London, Public Record Office, DL 42/12, fols. 29v – 30r, and MPC 56。

16. 1420 年前后：埃克塞特（德文郡［Devonshire］）。Exeter, Devon Record Office (East Devon Area), Exeter City Archives, book 53A, fol. 34r。

17. 1420 年前后至大约 1430 年：埃克塞特（德文郡）。Exeter, Devon Record Office (East Devon Area), Exeter City Archives, Miscellaneous Roll 64, m. 1d。

18. 1430 年前后至大约 1442 年：特德尔（Tursdale）小河（达勒姆［Durham］）. Durham, Muniments of the Dean and Chapter of Durham, Miscellaneous Charter 6417。

19. 1439 年至 1442 年前后：达勒姆。Durham, Muniments of the Dean and Chapter of Durham, Miscellaneous Charter 5828/12。

20. 1440—1441 年：肖尔德姆（Shouldham，诺福克）。Norwich, Norfolk Record Office, Hare 2826, fols. 16v, 34v。

21. 1440 年至 1445 年前后：达勒姆。Durham, Muniments of the Dean and Chapter of Durham, Miscellaneous Charter 7100。

22. 1444—1446 年：博斯塔尔（Boarstall，白金汉郡［Buckinghamshire］）。Aylesbury, Buckinghamshire Record Office, Fletcher Archives, Boarstall Cartulary, Boarstall section fol. 1r。

23. 15 世纪中叶：伯纳姆·奥弗里（Burnham Overy，诺福克郡）。London, Public Record

Office，E. 163。

24. 15 世纪中叶：克莱肯威尔（Clerkenwell）和伊斯灵顿（Islington）（米德尔塞克斯）。London，Muniments of the Governors of Sutton's Hospital in Charterhouse，MP 1/13。

25. 15 世纪中叶：威顿吉尔伯特（Witton Gilbert，达勒姆郡）。Durham，Muniments of the Dean and Chapter of Durham，Cartulary IV，fol. 301 v。

26. 15 世纪中叶—晚期：彻特西（Chertsey，萨里［Surrey］）和雷勒姆（Laleham，米德尔塞克斯［Middlesex］）。London，Public Record Office，E. 1641 25，fol. 222r。

27. 1469 年至大约 1477 年：斯泰恩斯（米德尔塞克斯）。London，Muniments of the Dean and Chapter of Westminster，16805。

28. 1470—1478 年：德特福德（Deptford，肯特和萨里）、兰贝斯（Lambeth，萨里）和伦敦。London，Corporation of London Records Office，Bridge House Deeds，Small Register，fols. 8r – llr。

29. 15 世纪晚期：巴勒姆、格雷特福德和斯托（Stowe，林肯郡）。Lincoln，Lincolnshire Archives Office，Lindsey deposit 32/2/5/1，fol. 17v。

30. 15 世纪晚期：迪平沼泽（Deeping Fen，林肯郡）。London，British Library，Cotton MS Otho B. xiii，fol. lr。

31. 15 世纪晚期或 16 世纪初期：达特莫尔（德文郡）。Exeter，Royal Albert Memorial Museum。

32. 大约 1478 年：德纳姆（Denham，白金汉郡）和黑尔菲尔德（Harefield，米德尔塞克斯）。London，Muniments of the Dean and Chapter of Westminster，432。

33. 大约 1480 年：布里斯托尔。Bristol，Bristol Record Office MS. 04720，fol. 5v。

34. 1497—1519 年：瓦里克郡西北部和阿登地区坦沃思（瓦里克郡）。Stratford upon Avon，Shakespeare Birthplace Trust Records Office，DR 37/box 74，B ii a – c。

35. 1499 年：埃克塞特（德文郡）。Exeter，Devon Record Office（East Devon Area），Exeter City Archives，ED/M/933。

附录20.3　1500 年以前低地国家的地方地图和平面图列表（按年代先后排序）

感谢科内利斯·库曼（Cornelis Koeman）对此列表第一版草稿在内容和修订上的帮助。每幅地图的年代是其原本编撰的年代；在某些情况下，保存下来的地图是较晚出的副本。

1. 1307 年：阿尔登堡（泽兰）和布豪特（东佛兰德）。Lille，Archives Départementales du Nord，B 1388/1282 bis. See M. K. Elisabeth Gottschalk，*Historische geografie van Westelijk Zeeuws-Vlaanderen*，2 Vols.（Assen：Van Gorcum，1955 – 58），Vol. 1，*Tot de St-Elizabethvloed van 1404* 148 – 49。

2. 1357 年：默兹河（River Meuse）。Paris，Bibliothèque de la Sorbonne，Archives de l'Université de Paris，Reg. 2，Vol. 2，fol. 35v. 见 Gray C. Boyce，"The Controversy over the Boundary between the English and Picard Nations in the University of Paris（1356 – 1358），" in *Etudes*

d'histoire dédiées à la mémoire de Henri Pirenne (Brussels: Nouvelle Société d'Editions, 1937), 55 – 66。

3. 1358 年: 奥斯特堡和艾曾代克（泽兰）。Ghent, Rijksarchief. 见 M. K. Elisabeth Gottschalk, "De oudste kartografische weergave van een dee I van Zeeuwsch-Vlaanderen," *Archief: Vroegere en Latere Mededelingen Voornamelijk in Betrekking tot Zeeland Uitgegeven door het Zeeuwsch Genootschap der Wetenschappen* (1948): 30 – 39。

4. 15 世纪: 多德雷赫特（?）。Dordrecht, Gemeentearchief. 见 Cornelis Koeman, *Collections of Maps and Atlases in the Netherlands: Their History and Present State* (Leiden: E. J. Brill, 1961), 207。

500

5. 15 世纪: 莱克河（Lek）和瓦尔河。The Hague, Algemeen Rijksarchief. 见 Jan Henricus Hingman, *Inventaris der verzameling kaarten berustende in het Rijks-Archief* (The Hague: Nijhoff, 1867 – 71), 2: 35 (No. 236); B. van 'tHoff, "The Oldest Maps of the Netherlands: Dutch Map Fragments of about 1524," *Imago Mundi* 16 (1962): 29 – 32, esp. 30, fig. 2。

6. 1457 年: 豪特赖克（Houtrijk, 北荷兰）。见 S. J. Fockema Andreae and B. van 'tHoff, *Geschiedenis der kartografie van Nederland van den Romeinschen tijd tot het midden der 19de eeuw* (The Hague: Nijhoff, 1947), 11 – 12, pl. 12; Johannes Keuning, "XVIth Century Cartography in the Netherlands (Mainly in the Northern Provinces)," *Imago Mundi* 9 (1952): 35 – 64, esp. 41。

7. 1468 年: 斯海尔德河。Brussels, Archives Générales du Royaume; Antwerp, Gemeentearchief; Middelburg, Rijksarchief in Zeeland. 见 C. de Waard, *Rijksarchief in Zeeland: Inventaris van kaarten en teekeningen* (Middelburg: D. G. Kr6ber, Jr., 1916), 10 – 11 (No. 99); M. K. Elisabeth Gottschalk and W. S. Unger, "De oudste kaarten der waterwegen tussen Brabant, Vlaanderen en Zeeland," *Tijdschrift van het Koninklijk Nederlandsch Aardrijkskundig Genootschap*, 2d ser., 67 (1950): 146 – 64; Keuning, "XVIth Century Cartography," 41。

8. 1472 年: 霍伊地区（北荷兰）。The Hague, Algemeen Rijksarchief, Grafelijkheid van Holland, Rekenkamer No. 755f. 见 D. T. Enklaar, "De oudste kaarten van Gooiland en zijn grensgebieden," *Nederlandsch Archievenblad* 39 (1931 – 32): 185 – 205, esp. 188 – 92, pl. I。

9. 1480 年: 布拉克曼（泽兰）。Ghent, Rijksarchief. 见 M. P. de Bruin, "Kaart van de Braakman van ca. 1480," *Tijdschrift van het Koninklijk Nederlandsch Aardrijkskundig Genootschap*, 2d ser., 70 (1953): 506 – 7。

10. 大约 1480 年: 多德雷赫特地区, 描绘了 1421 年的圣伊丽莎白节洪水。Amsterdam, Rijksmuseum, A 3147a, b. See Rijksmuseum, *All the Paintings of the Rijksmuseum in Amsterdam: A Completely Illustrated Catalogue* (Amsterdam: Rijksmuseum, 1976), 633。

11. 1487 年: 上弗拉凯（南荷兰）。Brussels, Archives Générales du Royaume, Grand Conseil de Malines, Appels de Holland 188, sub G. 见 A. H. Huussen, *Jurisprudentie en kartografie in de XVe en XVIe eeuw* (Brussels: Algemeen Rijksarchief, 1974), 7 – 8, pl. 1。

12. 1498 年: 豪达地区。Gouda, Gemeentearchief. 见 Fockema Andreae and van 'tHoff, *Geschiedenis der kartographie*, 13。

13. 大约 1500 年: 胡克斯赫瓦尔德（Hoeksche Waard, 南荷兰）。The Hague, Algemeen

Rijksarchief. See Hingman, *Inventaris*, 2: 231（No. 2081）; Fockema Andreae and van 'tHoff, *Geschiedenis der kartografie*, 13; Maritiem Museum Prins Hendrik, *Eilanden en waarden in kaart en beeld: Tentoonstelling, 22 december, 1953 – 15 maart, 1954*（Rotterdam: Maritiem Museum Prins Hendrik, [1954]）, No. 54。

14. 15 世纪（?）: 南荷兰。The Hague, Algemeen Rijksarchief. See Hingman, *Inventaris*, 2: 212（No. 1889）。

15. 15 世纪（?）: 福尔内（Voorne, 南荷兰）。The Hague, Algemeen Rijksarchief. See Hingman, *Inventaris*, 2: 226（No. 2028）。

参考书目

第二十章　中世纪欧洲的地方和区域地图绘制

Almagià, Roberto. *Monumenta Italiae cartographica*. Florence: Istituto Geografico Militare, 1929.

Bernleithner, Ernst. "Die Klosterneuburger Fridericuskarte von etwa 1421." In *Kartengeschichte und Kartenbearbeitung*, ed. Karl-Heinz Meine, 41–44. Bad Godesberg: Kirschbaum Verlag, 1968.

Bonacker, Wilhelm. "Die sogenannte Bodenseekarte des Meisters PW bzw. PPW vom Jahre 1505." *Die Erde* 6 (1954): 1–29.

Bönisch, Fritz. "Bemerkungen zu den Wien-Klosterneuburg-Karten des 15. Jahrhunderts." In *Kartengeschichte und Kartenbearbeitung*, ed. Karl-Heinz Meine, 45–48. Bad Godesberg: Kirschbaum Verlag, 1968.

Ciullini, Rodolfo. "Firenze nelle antiche rappresentazioni cartografiche." *Firenze* 2 (1933): 33–79.

Dainville, François de. "Rapports sur les conférences: Cartographie Historique Occidentale." In *Ecole Pratique des Hautes Etudes, IVᵉ section: Sciences historiques et philologiques. Annuaire 1968–1969*, 401–2. Paris, 1969.

————."Cartes et contestations au XVᵉ siècle." *Imago Mundi* 24 (1970): 99–121.

Degenhart, Bernhard, and Annegrit Schmitt. "Marino Sanudo und Paolino Veneto." *Römisches Jahrbuch für Kunstgeschichte* 14 (1973): 1–137.

Destombes, Marcel. "A Panorama of the Sack of Rome by Pieter Bruegel the Elder." *Imago Mundi* 14 (1959): 64–73.

Durand, Dana Bennett. *The Vienna-Klosterneuburg Map Corpus of the Fifteenth Century: A Study in the Transition from Medieval to Modern Science*. Leiden: E. J. Brill, 1952.

Ehrle, F., and H. Egger. *Piante e vedute di Roma e del Vaticano dal 1300 al 1676*. Illustrated by Amato Pietro Frutaz. Rome: Vaticana, 1956.

Erben, Wilhelm. *Rombilder auf kaiserlichen und päpstlichen Siegeln des Mittelalters*. Veröffentlichungen des Historischen Seminars der Universität Graz, 7. Graz: Leuschner und Lubensky, 1931.

Ettlinger, L. D. "A Fifteenth-Century View of Florence." *Burlington Magazine* 94 (1952): 160–67.

Fernie, Eric. "The Proportions of the St. Gall Plan." *Art Bulletin* 60 (1978): 583–89.

Fockema Andreae, S. J., and B. van 'tHoff. *Geschiedenis der kartografie van Nederland van den Romeinschen tijd tot het midden der 19de eeuw*. The Hague: Nijhoff, 1947.

Harvey, P. D. A. *The History of Topographical Maps: Symbols, Pictures and Surveys*. London: Thames and Hudson, 1980.

Heydenreich, Ludwig H. "Ein Jerusalem-Plan aus der Zeit der Kreuzfahrer." In *Miscellanea pro arte*, ed. Joseph Hoster and Peter Bloch, 83–90, pls. LXII–LXV. Cologne: Freunde des Schnütgen-Museums, 1965.

Horn, Walter, and Ernest Born. "New Theses about the Plan of St. Gall." In *Die Abtei Reichenau: Neue Beiträge zur Geschichte und Kultur des Inselklosters*, ed. Helmut Maurer, 407–76. Sigmaringen: Thorbecke, 1974.

————. *The Plan of St. Gall: A Study of the Architecture and Economy of, and Life in, a Paradigmatic Carolingian Monastery*, 3 vols. Berkeley: University of California Press, 1979.

Hülsen, C. "Di una nuova pianta prospettica di Roma del secolo XV." *Bullettino della Commissione Archeologica Comunale di Roma*, 4th ser., 20 (1892): 38–47.

Huussen, A. H. *Jurisprudentie en kartografie in de XVᵉ en XVIᵉ eeuw*. Brussels: Algemeen Rijksarchief, 1974.

Ischer, Theophil. *Die ältesten Karten der Eidgenossenschaft*. Bern: Schweizer Bibliophile Gesellschaft, 1945.

Koeman, Cornelis. "Algemene inleiding over de historische kartografie, meer in het Bijzonder: Holland vóór 1600." *Holland* 7 (1975): 230.

Kratochwill, Max. "Zur Frage der Echtheit des 'Albertinischen Planes' von Wien." *Jahrbuch des Vereins für Geschichte der Stadt Wien* 29 (1973): 7–36.

Lavedan, Pierre. *Représentation des villes dans l'art du Moyen Age*. Paris: Vanoest, 1954.

Lelewel, Joachim. *Géographie du Moyen Age*. 4 vols. and epilogue. Brussels: J. Pilliet, 1852–57; reprinted Amsterdam: Meridian, 1966.

Levi, Annalina, and Mario Levi. "The Medieval Map of Rome in the Ambrosian Library's Manuscript of Solinus." *Proceedings of the American Philosophical Society* 118 (1974): 567–94.

Oberhummer, E. "Der Stadtplan, seine Entwickelung und geographische Bedeutung." *Verhandlungen des Sechszehnten Deutschen Geographentages zu Nürnberg* (1907): 66–101.

Oehme, Ruthardt. "Die Palästinakarte aus Bernhard von Breitenbachs Reise in das Heilige Land, 1486." *Beiheft zum Zentralblatt für Bibliothekswesen* 75 (1950): 70–83.

Olszewicz, Bolesław. *Dwie szkicowe mapy Pomorza z połowy XV wieku.* Biblioteka "Strażnicy Zachodniej" no. 1. Warsaw: Nakładem Polskiego Związku Zachodniego, 1937.

Parsons, David. "Consistency and the St. Gallen Plan: A Review Article." *Archaeological Journal* 138 (1981): 259–65.

Parsons, E. J. S. *Introduction to the Facsimile.* Memoir accompanying *The Map of Great Britain, circa A.D. 1360, Known as the Gough Map.* Oxford: Oxford University Press, 1958.

Pinto, John A. "Origins and Development of the Ichnographic City Plan." *Journal of the Society of Architectural Historians* 35, no. 1 (1976): 35–50.

Röhricht, Reinhold. "Karten und Pläne zur Palästinakunde aus dem 7. bis 16. Jahrhundert." *Zeitschrift des Deutschen Palästina-Vereins* 14 (1891): 8–11, 87–92, 137–41, pls. 1, 3–5; 15 (1892): 34–39, 185–88, pls. 1–9; 18 (1895): 173–82, pls. 5–7.

———. "Marino Sanudo sen. als Kartograph Palästinas." *Zeitschrift des Deutschen Palästina-Vereins* 21 (1898): 84–126, pls. 2–11.

Rossi, G. B. de. *Piante iconografiche e prospettiche di Roma anteriori al secolo XVI.* Rome: Salviucci, 1879.

Scaglia, Gustina. "The Origin of an Archaeological Plan of Rome by Alessandro Strozzi." *Journal of the Warburg and Courtauld Institutes* 27 (1964): 137–63.

Schnelbögl, Fritz. "Life and Work of the Nuremberg Cartographer Erhard Etzlaub (†1532)." *Imago Mundi* 20 (1966): 11–26.

Schulz, Juergen. "Jacopo de' Barbari's View of Venice: Map Making, City Views, and Moralized Geography before the Year 1500." *Art Bulletin* 60 (1978): 425–74.

Skelton, R. A., and P. D. A. Harvey, eds. *Local Maps and Plans from Medieval England.* Oxford: Clarendon Press, 1986.

Teeling, P. S. "Oud-Nederlandse landmeters." *Orgaan der Vereniging van Technische Ambtenaren van het Kadaster* 7 (1949): 34–45, 90–98, 126–34, 158–70, 198–209; 8 (1950): 2–11.

Vaughan, Richard. *Matthew Paris.* Cambridge: Cambridge University Press, 1958.

Weiss, Roberto. *The Renaissance Discovery of Classical Antiquity.* Oxford: Blackwell, 1969.

第二十一章 结束语

J. B. 哈利（J. B. Harley） 戴维·伍德沃德（David Woodward）
孙靖国 译

《地图学史》的第一卷对欧洲和地中海的史前、古代和中世纪地理知识的现状进行了概述。它反映了正在进行的研究，并指明了新的研究路径。它也代表了在重建长期趋势和模式的基础上对地图的制作、应用和历史意义进行持久概括的一个阶段。有些成就值得我们注意。我们对构成地图的概念进行了扩展。我们对地图制作思想与表达的古老和多样性有了更充分的认识。我们对现存古地图实物的技术特征的了解也大大地增强了。同样，这些地图在更广泛的文化和社会背景下的含义也开始出现。然而，《地图学史》仅仅提供了一些试探性的进展。对早期欧洲地图的研究还存在诸多问题。在这些结束语中，我们凸显了贯穿各个章节中的材料中的三个问题。它们涉及地图的制作与应用的连续历史如何悠久；早期地图制作的出现所涉及的认知转变；以及地图绘制的社会背景。

断裂和不连续性

对欧洲和地中海的史前、古代及中世纪时期地图的研究，由于史料的问题而困难重重。从某些方面来讲，这些困难是不可克服的，因为记录极其不完整，且往往是间接性的。调查的路线常常受挫，不仅仅是因为缺乏所讨论时期的原始实物文献，而且因为保存下来的地图往往是早期原型的衍生品。因此，要厘清特定地图绘制传统的起源就变得倍加困难了。有时，时间或者地理记录中的空白只能用史料无法保存来解释；例如，在本文中，我们已经注意到巴比伦泥板地图、埃及莎草纸地图、罗马青铜地图以及在船上实际使用的波特兰海图在材质上的脆弱性。但是，在其他情况下，证据是模棱两可，而不是不存在的。例如，在古希腊语和拉丁语中，由于缺乏表示地图的特定或排他性的专有名词，这使得古典文献中的证据令人感到扑朔迷离，因为通常很难区分其所引用的究竟是文字的行程记录还是图形的图像。

地图绘制史料的不完整性还受制于另一个方面。文字所提及的地图可能不过是更早和起源更远的地图原本的衍生作品。此外，我们不清楚地图（而非口头描述）是否曾经存在过。《海岸》（*Ora maritima*）就是一个很好的例子。这是公元 4 世纪的海上行程诗，被认为是基于同一时期的《周航记》（*periplus*），而《周航记》本身是基于公元前 2 世纪托名斯库姆诺斯（Pseudo-Scymnus）的人，后者又被认为是从公元前 5 世纪的模本中衍生而来的。现存的《海岸》文本中所提供的详细地理信息表明，此类行程是附有地图的，但没有足够的证据来确定这一点。

即使现存的史料确实是地图，但关于衍生品链条中每个环节的不确定性问题依然适用，因为其祖本未必都是地图。因此，尽管波伊廷格地图可以追溯到公元12或13世纪初，它可能表明了在罗马时期极有可能存在图形化的行程记录，但作为一种地图实物，它与任何已经证明的罗马原始作品都相距甚远。同样，即使赫里福德世界地图（Hereford *mappamundi*）的源头可以追溯到公元5世纪的奥罗修斯（Orosius）的地理学论著，但其最本源的祖本究竟是文字形式还是图形形式，依然远未厘清。简而言之，现存的地图图像或者对这些图像的引用，其谱系复杂曲折，以至于在大多数情况下，既无法推测其原始构造的细节，也无法在记录的空白处进行有把握的推断。

同样清楚的是，不能简单地用史料实物已经亡佚来解释这些差距。就有记录的地图绘制 503 活动的地理分布而言，我们所讨论的所有时期都有大量的空白区域。例如，在史前时代的后期，平面图似乎不仅局限于那些岩画艺术特别发达的地区，而且还局限于这些地区里的特定区域，尤其是阿尔卑斯山区的卡莫尼卡河谷（Val Camonica）和贝戈山（Mont Bégo）。在古典时代，正式的地图知识主要是与希腊和罗马的学术及权力的城市中心相关，而在中世纪，波特兰海图和地区地图的制作都集中在相对较少的地区。

在时间尺度上也可以观察到类似的不连续性。本卷所涵盖的千年制图活动的史料出现在相对较少的时期。我们无法指出许多不间断的连续地图绘制序列。希腊和罗马时期属于例外，其次是中世纪的晚期。在这方面，希腊—罗马时代是最突出的，它的影响一直持续到现代：其发展是地图绘制长期增长的根本，如埃拉托色尼（Eratosthenes）的测量和地图、罗马的大规模测量和托勒密坐标（其使用一直延续至文艺复兴时期）。

然而，必须强调的是，仍有许多未知情况，很多传播问题仍未解决。例如，史前时期所绘制的地图与古代近东和埃及的地图之间尚未建立起直接的联系。也不可能知道早期希腊人在多大程度上了解巴比伦或埃及王朝的地图，或在多大程度上受其影响（的确，后来的埃及地图绘制在实际上可能更多地受到希腊实践的影响，而不是相反）。同样的，在西欧和拜占庭，我们所知的13世纪以降地图数量与前几个世纪留存下来的相对较少的地图之间也存在着明显的差异。在地图较少的地区的情况下，这种时间记录的中断不能仅仅归因于原始资料的丢失，甚至也不能归咎于当时地图参考资料的模糊不清。很可能的结论是，在很长一段时间里，可能在地中海和欧洲的大部分地区，很少制作或者使用地图。

同样显而易见的是，地图绘制知识有时发展起来，然后又被遗忘掉。即使是在"世界地图"（*mappamundi*）的案例中——长期连续性的事实要清楚得多——也不能假定这种连续性必然意味着地图绘制的变化，以适应新的科学、社会或宗教环境。直到我们所讨论的时期的末期，地图绘制传统的保存往往只意味着它是被摹绘者保存下来的化石。托勒密拖延已久的重新发现本身就足以凸显档案保存与制图传统的积极和动态延续之间差异的重要性，后者需要提高制图技能或有序地修改现有地图的内容。

地图绘制行为的这种支离破碎的马赛克状态能被填补到什么程度，可能是有其极限的。传统上，古典主义者试图通过从文本资料来重建地图，以弥补现存地图的缺失。尽管这些实践的普遍有效性得到了惯常的接受，但在解释时必须谨慎。像埃拉托斯提尼或斯特拉博这样对世界的描绘，可能已经用平行线和子午线的精确表示来描述，显然不能替代原始的地图人工制品，在某些方面，它们必然会扭曲真正的经典制图学的形象。另一种方法是继续尝试扩展已知地图的资料库。毫无疑问，仍然需要继续填补真实地图，尽管有个别人在这方面取得了相当大的成就，但也一再指出，仍然需要完成列出自己的一些原始资料这一最基本的任务。就史前地图绘制而言，需要通过将新标准应用于更大范围的史前艺术领域，来扩展绘制地图的相关资料库，然后才能进行分析。对于古希腊和罗马的地图学历史而言，仍然需要系统地列出所有可能包含地图或类似地图表现的实物，如硬币、壁画和马赛克。即使是在相对完善的中世纪时期，仍然需要公布完整的海图目录，并对德意志、法兰西、意大利、西班牙和葡萄牙的大比例尺地方地图进行全面搜索。这些目录对于我们今后在提高我们对 15 世纪晚期以前欧洲和地中海世界地图的传播方向、方式和速度以及地图概念的认识至关重要。

尽管这样的探讨可能会带来未来最重要的发现，但是时间和空间上差异的重要性仍然需要不断加以探讨。对这些差异的性质和原因的理解（在不同的地图传统之间存在歧异）将有助于厘清一些问题，例如，为什么地图在某些地区起源与发展，而不是在其他地区；推而广之，它还将凸显不同文化中地图学发展的必要和充分条件。最终，对这些差异的本质进行更深入的理解，可能有助于确定地图制作是否在多个中心独立地起源（在某些情况下似乎是确定的，但在其他关键区域尚不明确），或者是否由单一社会发展出的思想和实践中传播开来的。目前可以肯定的是，在本卷所讨论的整个时期内，欧洲和地中海的大片地区仍然缺乏地图绘制的知识和实践。

504

认知的转变

在欧洲和地中海地区还可以发现，一些复杂的制图传统显然是独立地肇端的。这些都增强了我们对地图绘制在许多文化中不同起源的认识，并且，欧洲与地中海地区（与亚洲一起）成为后来世界范围内地图学发展的主要温床。从本质上讲，所发生的一切都可以视为一系列的认知转变，导致人们意识到"地图的理念"是人类交流的一种基本形式，并涉及思维模式的转变，以及对世界的不同尺度的图形表示。因此，地图史至少在一定程度上是一部在地图的帮助下对不断发展的现实图景进行修改的历史。它是一个交互作用的认知过程，在这一过程中，感知和表征都日益通过不同的地图模型来进行构造。我们认为，它的运作对于理解地图学所经历的变化的性质至关重要。

这种认知转变有两个方面。首先，从史前时代开始，不同社会中的许多团体都认识到，我们称之为地图的特定类型的图像可以记录和构建人类对空间的体验。无论是直觉的还是有意识的，一种图形化的"地图语言"（使用现代的比喻）正在发展。此外，人们还发现，这种语言同样适用于宇宙、天体或地球空间的表现，并且可以在二维或三维空间中表达出来。

作为一个更具体的历史事实，这种发展可以被定义为：越来越多的人认识到，地图在这些早期社会中发挥了特定的作用。本卷的文章揭示了史前，古代和中世纪时期的诸多地图功能。这些地图可以分为四大类用途：地理上的探寻路径和现实世界的清单；宗教精神世界的神圣和宇宙学表征；世俗意识形态的推广；以及审美功能或装饰。在我们调查的时间段内，史前地图似乎有些不同寻常，因为所有保存下来的地图似乎主要是为宗教或仪式服务的。然而，在古代世界和整个中世纪，这四种功能都能得以表现出来，有时在一张地图上就能体现。锡拉岛（Thera）壁画可能是为装饰性的象征而设计的。然而，许多波特兰海图设法将位置上的精确度与高度装饰风格结合起来。同样的，尽管说教和象征性的"世界地图"

（*mappaemundi*）为信徒提供了从创世到最后审判的基督教历史的道德化版本，但克劳狄乌斯·托勒密（Claudius Ptolemy）关于如何编制已知世界地图的说明是严格可行的。因此，地图绘制史包含了若干种不同的历史，每一种都与这些不同的功能有关，而且每一种都与人类试图将秩序强加于外部世界的努力有关。

在这些文章中所认识到的第二个认知转变与第一个是不可分割的。它涉及一个复杂的历史过程，在这一过程中，地图已经成为精心设计的图形制品，具有独特的几何结构和符号阵列，以便为目标观众所识别。如果我们使用现代术语，诸如地图的框架理念、方向、中心、参考线，以及与地球或天空在比例和投影方面的转换关系等概念，包括编撰地图内容的符号等等，这些都可以认为是参与了我们这个时代的地图绘制。这些设备何时、以何种方式悄然进入西欧和地中海的地图，这并不容易加以概括。不能将它理解为一个整齐的线性进程，或将其视为制图知识与实践的缓慢增长。我们也不应该被早期地图学中明显的"突破"所误导，认为是一系列突如其来的概念和技术革命，在这些革命中，地图制作者的技艺突然发生了转变。就这一点而言，一些艺术史学家和其他人所青睐的进化或发展模式（其轨迹是以有关人类认知成长的假设为模式的）也都不容易与地图绘制的经验记录相吻合。例如，就地图的符号而言，在我们所检视的这段时期的地图中，没有证据能够支撑不同概念的演化成熟历程：从图形到抽象符号，或从斜视角度到平面视角。在时间尺度的一端，是旧石器时代晚期的图像，其中已经存在了平面表现法的概念。另一方面，中世纪晚期的"世界地图" 505（*Mappaemundi*）、地方地图和地区地图往往倾向于使用侧面或斜视角显示图形符号。同样，在不同功能地图上所采用的各种几何结构也没有显示出简单的单方向演化线条。在中世纪的大比例尺地图和史前时期的地图中都能发现拓扑关系。即使是涉及正式的计算和仪器测量的几何图形，在本卷中也很少有人支持这样一种观点：地图绘制的数学或技术方面的发展是直接的或累积的。

地图的独特几何结构，无论是拓扑式的还是欧几里得式的，在地图史上都是至关重要的，因此值得在认知转变的这一方面进行更详细的阐述。所有的地图都有一些共同的元素，但是每种元素的形式不仅可以不同，而且在历史上通常都是非常具体的。例如，在不同的文化和时间中，地图图像本身所占据的空间以完全不同的方式被界定出来。在地图上画一个矩形边界（所谓的整齐线）将其围绕起来，这一看似简单的想法，直到文艺复兴时期才经常出现在地图上。对于现代地图使用者来说，边界框架宣告了框线里的内容是完整和一致的，并将地图空间与周围空间分隔开来。因此，框架代表了一个基本概念。在框起来的空间中对一个特征的描绘意味着所有相似的特征也将在其中表现出来。然而，在本卷所涵盖的时间范围内，大多数地图上都找不到这样的矩形框。相反，在许多情况下，地图图像的范围是由绘制地图的介质的形状和尺寸决定的。例如，在公元前第一个千年全部时间中流行的装订绘本的简单矩形格式，对地图的设计和布局施加了限制。著名的马修·帕里斯绘制的不列颠群岛地图也不例外，"如果页面允许的话，整个岛屿应该更长"。就波伊廷格地图而言，罗马人所知的世界被压缩和拉伸，以适应卷轴的格式。波特兰海图的边缘和一些装饰元素的变形，往往是由于绘图人员试图最经济、最优雅地使用犊皮纸。而史前的地图则是根据岩石的轮廓和范围绘制的。

然而，其他因素也在影响史前、古代和中世纪世界的地图的边界和形状。从后来的希腊作家，如喜帕恰斯（Hipparchus）和斯特拉波的观点来看，古希腊地图的框架显然在希腊历史过程中被修改过。最早的框架是阿喀琉斯之盾上所描绘的荷马世界的圆盘；后来出现了长方形木版地图（pinaki）。后者被认为是对有人居住的世界更真实的描绘，至少对托勒密而言，构建世界地图的第一步是画一个长方形，其长度为宽度的两倍。然而，圆形地图的理念一直延续到中世纪，以及其他具有圣经意义的轮廓，例如椭圆形（方舟形状）、基督教光环（mandorla）和正方形（大地的四个角）。

其中一些地图的第二个几何特征是，在一张地图上，特定区域的权重和地图空间有很大的不同，以至于没有统一比例图像的概念。主要有两种表现形式：一种是由异质空间构成的映射，另一种是对整个空间进行均匀处理的映射。前者包括具有强烈象征性或说教功能的地图，如史前地图或"世界地图"（Mappaemundi）。在这里，地图的某些部分可能被赋予特殊的意义和重要性。这一点在亚洲"杰罗姆"地图（其中小亚细亚占地图总面积的一半）上表现得很明显，而即使是引人注目的现代形式城市罗马也强调某些建筑，而忽略了其他建筑。将地图集中在一个具有神圣或世俗重要性的特定点上，提洛岛（Delos）、罗马、耶路撒冷也反映了对地图几何结构的相同处理，以适应对世界的特定认知。

统一使用空间的地图催生了一种更加独立和抽象的地图模式。其基本概念是完全不同的。至少在理论上，地图上的每一个点都被赋予了相同的重要性，从而降低了中心的权力。古典地理学家决定将他们的居住世界地图的参考子午线从当时的数学活动中心亚历山大移到幸运群岛，这是一个随意与方便的西风点，这也减少了中心的权力。此外，托勒密在《地理学指南》一书中用一对唯一坐标来描述位置的整个概念在地图学背景下得到了解释，它的本质意味着均匀的空间。矩形参考网格的发展也是如此。这种网格至少可以追溯到通过雅典和罗得岛的平行线将有人居住的世界划分为南北两部分，以及后来增加了一条通过罗得岛的垂直参考子午线。在更实际操作的层面上，大多数罗马土地划分系统的矩形参考网格也意味着对空间的统一处理。球面坐标和直角坐标，都是古典时期的天文学和数学经由中世纪传过来的，成为 15 世纪地图学复兴的基础。其优雅的逻辑的胜利仍然反映在我们今天地图的结构中。

地图几何结构的最后一个方面是地图的投影和方向，这对影响人们对地图所代表的空间的认知也是至关重要的。这一点在古代以及中世纪时期也已经体现出来。将坐标从球面转化到平面上，涉及形式化的地图投影的发展。在这一点上，喜帕恰斯和托勒密是先驱。到了公元 2 世纪，我们今天所描述的类似于矩形、立体、简单的圆锥和等面积圆锥投影都被用于天文或地理领域。在这些投影中使用平行线和子午线时，都隐含着每个地图框架与地轴对齐的问题。众所周知，希腊人经常在大地球仪的北半球上绘制人类居住的世界，这可能就是为什么这些地球仪，以及由此衍生的平面地图，都应该是以北为正方向的。然而，除了纯粹的数学逻辑之外，还有其他变量在起作用。在中世纪时期，像"世界地图"（mappaemundi）这样的地图并不是绘制在正式的方格上，地图的方向因宗教教义而变化。另一方面，如前所述，早期波特兰海图的主轴可能是固定的，目的是使地中海的形状（其轴线偏离东西线约10 度）与所绘制的犊皮纸的形状最为吻合，其结果是它们没有与东西南北任何一个方向对齐。

综合来看，早期地图中的这些几何特征据此可以用来定义一个重要的（尽管往往只是初步的）在表现、构造和思考空间的方式上的认知发展的总和。它们指出了对相当复杂的地图绘制概念的认识基础。很明显，从史前、古代和中世纪地图上的各种几何表现来看，这些社会已经理解了"地图观念"的关键要素。此外，它们还转化为实践，意味着对地图的设计和布局做出了深思熟虑的决定，同时也证实了用于执行和制造地图的适当技术技能的零星出现。

社会背景

地图是在特定历史环境下，由社会群体中可识别的成员所做出决定和采取行动的产物。地图不仅仅是社会的一面镜子，它也是文化发展的交互作用结果，并影响着文化的发展模式。在最后一节中，我们将提出与制图相关的社会背景和过程植根于这些社会的权力结构、组织和群体认知。我们还将提出，迄今为止地图历史文献中经常缺失的一种洞察力，可以在这些社会背景中找到。影响地图制作和使用的因素是多种多样的。但是，如果它们是文化的、经济的、知识的、政治的、意识形态的、技术的、道德的和审美的，从最广泛的意义上来说，它们也是社会的。它们是每个社会结构的组成部分。这本书展示了对这种结构的理解对于解释欧洲制图学的长期发展是多么重要，就像地图知识对于任何社会感知和空间利用的历史都是至关重要的一样。

在本卷涵盖的整个时期内，地图制作都是专门的智力武器之一，通过它，可以获取权力、执行权力并赋予其合法性，并将其编纂成文。在史前时代知识通过口口相传的社会中，这一点几乎是毋庸置疑的。在有文字的社会中，地图的绘制是由少数与统治阶级有联系的文人（无论是祭司、学者还是官僚）发起与培养的。例如，我们已经看到，地图与王朝时代的埃及和中世纪的基督教欧洲的宗教精英，希腊罗马的知识精英以及中世纪后期地中海各城邦的商业精英们有着多么密切的联系。无论是史前岩画的身份不明的创造者，还是中世纪时期委托绘制圣地地图的支持十字军东征的教皇与国王，抑或是 15 世纪意大利的人文主义者贵族（他们帮助创造了让托勒密的《地理学指南》回到西欧的条件），这些精英们对地图绘制的赞助似乎是地图学及其技能传播的关键因素。

在本卷所涵盖的整个时期，还可以清楚地看到特定精英的性格、他们在社会中行使权力的机构以及他们制作的地图类型之间的联系。这些联系有助于理解实用性的（通常是地理性质的）地图与内容和动机上的世界性之间的根本差异。首先，从实用性或功利性的角度来看，很明显，地理绘制背后的驱动力通常是为了扩张和控制领土，无论其背景是殖民、商业、军事还是政治，也无论它是否涉及地籍测绘，地籍测绘不仅作为划分土地和征收赋税的手段，而且还意味着（特别是在百分田制的情况下）保持更严格的政治和行政控制。这样，一条共同的线索将巴比伦的某些地理规划与罗马世界的地理规划联系起来。同样，在 14 和 15 世纪的欧洲，波特兰海图与地方及区域地图绘制的早期传统也是如此联系在一起的。即使是在地图用作标志的地方，例如罗马的一些钱币和公开陈列处，它们也是同样在表达帝国权力的主题，今天，它们可以被看作是那个社会对其领土依附的反映。从这样的例子出发，我们很容易推测地理地图的发展和实际使用，与文艺复兴前欧洲一些领土扩张国家的出现之间是否存在联系的可能性。当然，地图可能是这些社会地缘政治进程中的主要代言者。

　　宇宙图源于人类对宇宙的理解。它们代表了一种不同但又相互补充的地图绘制传统。它们很有可能被认为和其他地理地图一样实用，并且，在理想情况下，也是准确的。在古代和中世纪，当时物质和精神没有像宗教改革之后时代那样进行区分，这两种地图绘制传统是密切相关的。当然，本卷所描述的早期欧洲地图绘制的发展，既要归功于宇宙学，也要归功于科学的地理思想：我们不断地得到提醒，正是宇宙学的探索，为许多重要的发展提供了潜在的推动力，比如设计球仪和地图来表现天球。这种动机上的双重性导致了对地图"准确性"的两种完全不同的概念。在某些情况下，与古典时期的天文球仪和地图一样，通过科学确定的地图投影，将持续的经验性观测结果与其图形表现结合起来，不应该使我们对这样的事实视而不见：这些实物往往是在与占星师实践有关的情况下，在那种占星术与天文学仍然是同一门未曾分开的科学的社会中进行使用。古代和中世纪的学者都知道托勒密是《占星四书》（*Tetrabiblos*，一部占星学的论著）、《天文学大成》（*Almagest*）和《地理学指南》的作者，这让我们想起了此类地图绘制的社会背景。所以，球仪和地图往往用一种世界视野来说明神话概念，它们与这些早期社会的普遍信阳体系和社会价值相关，就像与神秘的数学学术相关一样，有时甚至程度更高。无论如何，宇宙图通常不需要地理学和数学意义上的精确性，而这种精确性已经成为许多现代地图绘制的指导原则，因此它们的表现风格是范式而非事实。所使用图像的形式千差万别，其范围从埃及女神努特（Nut）从天空笼罩大地的奇特姿势，到像皮亚琴察（Piacenza）的青铜羊肝一样将上天分为几部分，再到马代巴镶嵌画或"世界地图"（*mappaemundi*）的图像中基督教世界的缩影。这样的地图是神职精英权力的体现。它们编纂了一种完全不同的看待世界的方式，记录了一种普遍秩序的概念和一种社会建构的世界观，尽管它并非行政管理机构所要求的，也并非商业需要的，亦并非对建立和维护帝国有用的实用大地测绘。

　　社会机制同样是地图知识传播过程的一部分。就历史学家而言，研究传播的问题与其说是展示那些制作地图的社会（这些社会可能被假定以某种方式与地图联系在一起）的一般文化接触，不如说是将地图与它总是发生的更广泛的背景分隔开的问题之一。一方面，本卷清楚地表明，地图学的途径也是艺术、文学、哲学、科学、宗教以及其他诸多领域的途径。另一方面，明确的地图绘制之间联系的记录极为贫乏。即使我们接受在这一时期可以使用这样一个通用名词——"制图师"，它也总是要嵌入更广泛的手工业或社会群体中。在本卷所涵盖的整个时期，很少有人专门绘制地图，或为了谋生而这样做，这也使得传播学的研究变得极端复杂。当然也有例外情况，例如古希腊的球仪制作师、罗马帝国那些绘制了成千上万幅与土地所有权及公共工程相关的地图的工匠，抑或是中世纪意大利或西班牙的制图师。即便如此，我们也可以公平地说，地图绘制的过程通常是与其他过程融合在一起的，例如学者、神学家、画家、测量师、防御工事专家或指南针制作师。因此，不断重复出现的一个问题是，在这些时期中，地图究竟在多大程度上被视为一种特殊之物。这些论文表明，在史前、古代和中世纪的世界里，地图学往往与说教或宗教艺术密不可分，它进入了戏剧、诗歌、数学或哲学的话语中，嵌入了中世纪西欧和拜占庭的学术文化，甚至像《土地测量文集》（*Corpus Agrimensorum*）一样重要的文献中，一般来说，图表只是全部手稿的一小部分，尤其是地图仅仅是它们的一小部分。正如古代或中世纪知识的任何一个分支都没有孤立存在一样，地图绘制也很少被视为一项独立的活动。简而言之，在我们所讨论的整个时期，只有当我们把地图思想和地图模型视为社会整体知识的一部分，并且这种知识也被看作社会构建世界的一种表现形式时，其传播才能被理解为一个历史过程。

因此，社会和文化背景的问题是地图学史上理解的根源。古代和中世纪通常与制图有关的技术变革的经验记录提供了许多例子，说明单靠技术创新不足以启动或促进地图活动的自发扩展。这类技术地标，例如测量仪器的发明或新地图投影的设计，必须包括在地图推广的条件中。然而，它们本身并不足以解释这些变化。在某些方面，它们既是地图变化的表征，也是促进地图变化的原因，它们应被视为地图发展的更广泛过程中的一个环节。从这一角度来看，本卷中记录的早期欧洲地图绘制中的一些明显异常现象就可以更好地理解。例如，许多关键发明和它们在地图绘制中的应用之间，存在时间差的问题——磁罗盘只是一个例子，它凸显了用简单的因果关系来解释地图绘制复杂性提高的肤浅解释。另一个例子是王朝时代的埃及，尽管有了诸多制作地籍图的必要技术条件，例如测量、计算和登记小块土地的手段，以及适合绘制地图的技能，但仍然没有证据表明这类地图绘制得到了系统性的发展。同样，在中世纪的欧洲，可以详细地重建土地测量的仪器和技术，但技术的发展本身并没有产生一种脱离了艺术表现传统的新的、定义明确的地方测绘流派。利用现有的地图制作技术取决于社会，因此，地图史就变成了一门研究需求和需要的学科，而不仅仅是对技术意义上的地图制作能力的研究。在整个时期，地图绘制的进步往往是由于政治和意识形态的因素，其重要性与测量或图形技艺的技术进步水平相侔。

关于在多大程度上应将地图视为整个欧洲早期历史的变化或连续性的表征，也得出了同样的结论。本卷不仅检查了制作地图的证据，而且还试图收集有关地图使用、潜在影响和意义的补充证据。这些方面也是由社会决定的，它们提出了关于每个时期地图使用者的性质和坐拥的问题。可以说，尽管地图绘制是一种精英活动，尽管这些精英为了自己的目的而操控地图，但最终被地图所象征的知识所触及和影响的人一定构成了一个非常庞大的群体。因此，任何一幅地图的潜在影响都可能远比它单独出现所显示的要大得多。因此，地图绘制影响人类行动或塑造精神世界的能力不仅取决于人们实际看到地图的程度，还取决于人们理解地图或其信息的方式。

正是关于这样的问题，我们对地图使用者的背景的理解是最具有推测性的。例如，关于早期社会的地图意识水平的证据几乎不存在。我们无从得知，青铜时代的卡莫尼卡河谷居民会多长时间一次登上河岸也凝视着田地上闪亮的冰封景象，并停留多久，我们也无从得知，在什么情况下他们会这样做，而且会产生何种持久的影响（如果有的话）。我们甚至不清楚像赫里福德世界地图这样的"世界地图"（*mappamundi*）这样公开展示的地图会实际上应用到什么程度，以指示那些审视它的农民和朝圣者。

只有在少数几个时期和地区，比如在希腊和罗马世界，以及（在较小的程度上）在中世纪后期欧洲的一些地区，我们才对地图使用者的数量有了一定的把握。可以推断，在公元前5世纪的雅典，不仅是天球仪和地图已经是少数受过教育的人所广泛使用的教学和研究工具，而且普通的雅典人也会通过使用占星术中的星座和本命图，或者是通过在剧院中上演的戏剧里所显示的地图，来熟悉某些类型的地图。罗马时期的史料丝毫没有表明人们对地图的普遍了解有所减少。地图（其中有一些在罗马公开展示，或者描绘在钱币上）在实用性、教育性和宣传性方面的用途，一定会使许多普通公民以及意大利半岛一些比较进步的地主或者推行了罗马百分田制的地区的佃农对地图更加熟悉。这些推论都来自文字资料；但对于罗马帝国衰亡之后的这段时间里，我们有理由认为，人们对地图的熟悉程度大大地下降了，地图从大众视野中消失了，而且它们作为图形知识的影响力也仅限于非常有限的教会或者宫廷的精英之间。直到中世纪后期，我们才发现，地图作为一种潜在的更强大的力量再次出现在历史中。但是，正如早期孤立的地图实例已经散佚一样，这些不过是零星的再现，最明显的是在地中海和西班牙、葡萄牙的沿海城市，在意大利北部和德意志南部，以及在北欧的部分地区，在那里，地方地图在律师和文人中获得了有限的流行。因此，似乎在中世纪，地图的广泛应用和对地图含义的普遍理解才刚刚起步。事实上，正是由于所谓的"地图素养"水平较低，以及地图制作自身的记录较少，才导致本卷所涉及的较早时期与欧洲文艺复兴时期不同，有助于在较大的地图绘制通史中具有独特的地位。

因此，归根结底，地图始终是一种社会和技术现象。在这些文章中，我们研究了地图作为图形实物的复杂性，追溯了其功能的可变性，将其视为人类技能和智慧的纪念碑，承认它们是重建过去环境的资料源泉，承认它们承载了新的数学和图形的概念，并将其确立为政治、军事和宗教权力的意识形态工具。但是，在地图绘制的历史进程中，其根本的动力在于地图发挥社会和技术作用的能力。正是由于这一点，从史前时代到中世纪后期，西方世界的不同地方在不同背景下绘制了地图。重要的是，即使不是最重要的，地图也能成为一种知识工具（一种观察和构建人类外部世界的方式），来扩大人类的意识，并将人们的思想从其直接的环境中推进到无形的外部空间。以这些方式来看待地图，给我们打开了一扇窗，让我们能够透过地图起源和发展的早期社会的眼睛，来一窥地图的历史。

文献索引

本卷文献索引

本卷采用三种方式获取文献信息：校注、参考书目；以及文献索引。

各章首次引用某参考文献时，脚注提供其完整内容，并以短标题形式在随后的引文中出现。每一处短标题引文，均在其括号内标明所引完整内容的注释号。

每章后面的参考书目提供了与其主题相关的主要著作和论文的经过选择的列表。

文献索引按作者的人名字母排序，包括脚注、附录和插图说明中引用文献的完整列表。黑体数字表示这些参考文献出现的原书页面。本索引分为两大部分。第一部分指出古典和中世纪作者的文本。第二部分列出现代文献。

古典和中世纪作者的文本

现代文献

Acanfora, Maria Ornella. "Lastra di pietra figurata da Triora." *Rivista di Studi Liguri* 21 (1955): 44–50. 90, 96
————. "Singolare figurazione su pietra scoperta a Triora (Liguria)." In *Studi in onore di Aristide Calderini e Roberto Paribeni*, 3 vols., 3:115–27. Milan: Casa Editrice Ceschina, 1956. 90
————. *Pittura dell'età preistorica.* Milan: Società Editrice Libraria, 1960. 68, 83, 97
Adams, Percy G. *Travelers and Travel Liars, 1660-1800.* Berkeley and Los Angeles: University of California Press, 1962. 10
Adams, Thomas R. "The Map Treasures of the John Carter Brown Library." *Map Collector* 16 (1981): 2–8. 16
Adler, Bruno F. "Karty pervobytnykh narodov" (Maps of primitive peoples). *Izvestiya Imperatorskogo Obshchestva Lyubiteley Yestestvoznaniya, Antropologii i Etnografii: Trudy Geograficheskogo Otdeleniya* 119, no. 2 (1910). 46, 47, 54, 65, 66
Aerts W. J., et al., eds. *Alexander the Great in the Middle Ages: Ten Studies on the Last Days of Alexander in Literary and Historical Writing.* Symposium Interfacultaire Werkgroep Mediaevistiek, Groningen, 12–15 October, 1977. Nijmegen: Alfa Nijmegen, 1978. 333

Agius, George, and Frank Ventura. "Investigation into the Possible Astronomical Alignments of the Copper Age Temples in Malta." *Archaeoastronomy* 4 (1981): 10–21. **83**

Alavi, S. M. Ziauddin. *Geography in the Middle Ages.* Delhi: Sterling, 1966. **294**

Allen, John L. "Lands of Myth, Waters of Wonder: The Place of the Imagination in the History of Geographical Exploration." In *Geographies of the Mind: Essays in Historical Geosophy in Honor of John Kirtland Wright*, ed. David Lowenthal and Martyn J. Bowden, 41–61. New York: Oxford University Press, 1976. **10**

Almagià, Roberto. "Una carta della Toscana della metà del secolo XV." *Rivista Geografica Italiana* 28 (1921): 9–17. **480**

———. "Un'antica carta topografica del territorio veronese." *Rendiconti della Reale Accademia Nazionale dei Lincei: Classe di Scienze Morali, Storiche e Filologiche* 32 (1923): 63–83. **479, 488, 498**

———. *Monumenta Italiae cartographica.* Florence: Istituto Geografico Militare, 1929. **478, 479, 480, 481, 482, 498**

———. *Monumenta cartographica Vaticana.* 4 vols. Rome: Biblioteca Apostolica Vaticana, 1944–55. **8, 301, 332, 374, 379, 406, 407, 409, 419, 421, 429, 430, 435, 436, 440, 441, 447, 457**

———. "Intorno alla più antica cartografia nautica catalana." *Bollettino della Reale Società Geografica Italiana*, 7th ser., 10 (1945): 20–27. **379**

———. "Un'antica carta del territorio di Asti." *Rivista Geografica Italiana* 58 (1951): 43–44. **478, 498**

———. "Nota sulla cartografia dell'Italia nei secoli XV e XVI." *Atti della Accademia Nazionale dei Lincei: Rendiconti, Classe di Scienze Morali, Storiche e Filologiche*, 8th ser., 6 (1951): 3–8. **482**

———. "Intorno ad alcune carte nautiche italiane conservate negli Stati Uniti." *Atti della Accademia Nazionale dei Lincei: Rendiconti, Classe di Scienze Morali, Storiche e Filologiche*, 8th ser., 7 (1952): 356–66. **421, 432**

———. *Rapport au XVIIᵉ Congrès international: Contributions pour un catalogue des cartes manuscrites, 1200-1500.* Ed. Marcel Destombes, International Geographical Union, Commission on the Bibliography of Ancient Maps. [Paris], 1952. **18**

———. "Una carta nautica di presunta origine genovese." *Rivista Geografica Italiana* 64 (1957): 58–60. **374**

———. "I lavori cartografici di Pietro e Jacopo Russo." *Atti della Accademia Nazionale dei Lincei* 12 (1957): 301–19. **458**

———. *Documenti cartografici dello stato pontificio.* Rome: Biblioteca Apostolica Vaticana, 1960. **488**

———. *Scritti geografici.* Rome: Edizioni Cremonese, 1961. **480**

Amat di San Filippo, Pietro. "Recenti ritrovamenti di carte nautiche in Parigi, in Londra ed in Firenze." *Bollettino della Società Geografica Italiana*, 3d ser., 1 (1888): 268–78; reprinted in *Acta Cartographica* 9 (1970): 1–11. **400**

American Geographical Society. *Research Catalogue of the American Geographical Society.* 15 vols. and map supplement. Boston: G. K. Hall, 1962. Updated by *Current Geographical Publications: Additions to the Research Catalogue of the American Geographical Society.* New York: American Geographical Society, 1938–78; Milwaukee: American Geographical Society Collection, 1978–. **31**

Amodeo, Tony. *Mapline* 14 (July 1979). **203**

Anati, Emmanuel. "Rock Engravings in the Italian Alps." *Archaeology* 11 (1958): 30–39. **95**

———. "Les travaux et les jours aux Ages des Métaux du Val Camonica." *L'Anthropologie* 63 (1959): 248–68 and plates I–LIV. **95, 96**

———. *La civilisation du Val Camonica.* Paris: B. Arthaud, 1960. English edition, *Camonica Valley.* Trans. Linda Asher. New York: Alfred A. Knopf, 1961; reprinted, London: Jonathan Cape, 1964. **70, 71, 78, 95**

———. *La stele di Bagnolo presso Malegno.* 2d ed. Brescia: Camuna, 1965. **87, 88**

———. *Il masso di Borno.* Brescia: Camuna, 1966. **70, 75, 95**

———. "Magourata Cave." *Archaeology* 22 (1969): 92–100. **89, 93**

———. "Magourata Cave, Bulgaria." *Bollettino del Centro Camuno di Studi Preistorici* 6 (1971): 83–107. **89, 90, 93**

———. "La stele di Ossimo." *Bollettino del Centro Camuno di Studi Preistorici* 8 (1972): 51–119. **91**

———. "La stele di Triora (Liguria)." *Bollettino del Centro Camuno di Studi Preistorici* 10 (1973): 101–27. **90, 96**

———. *Capo di Ponte.* First English edition, trans. AFSAI, International Scholarships, Brescia Chapter. Capo di Ponte: Edizioni del Centro, 1975. **95**

———. *Evolution and Style in Camunian Rock Art.* Trans. Larryn Diamond. Capo di Ponte: Edizioni del Centro, 1976. **87, 95**

———. *L'arte rupestre del Negev e del Sinai.* Milan: Jaca Book, 1979. **61**

———. "Art with a Message That's Loud and Clear." *Times Higher Educational Supplement*, 12 August 1983, 9. **92**

Anderson, Andrew R. *Alexander's Gate, Gog and Magog, and the Inclosed Nations.* Cambridge, Mass.: Medieval Academy of America, 1932. **333**

Andree, Richard. "Die Anfänge der Kartographie." *Globus: Illustrierte Zeitschrift für Länder* 31 (1877): 24–27, 37–43. **45, 54**

———. *Ethnographische Parallelen und Vergleiche.* Stuttgart: Julius Maier, 1878. **45**

Andrés, Juan. *Dell'origine, progressi e stato attuale d'ogni letteratura di Giovanni Andrés.* New ed., 8 vols. Pisa: Presso Niccolò Capurro, 1829–30. **12**

Andrews, J. H. "Medium and Message in Early Six-Inch Irish Ordnance Maps: The Case of Dublin City." *Irish Geography* 6 (1969–73): 579–93. **36**

Andrews, Michael Corbet. "The Map of Ireland: A.D. 1300–1700." *Proceedings and Reports of the Belfast Natural History and Philosophical Society for the Session 1922–23* (1924): 9–33. **407, 415**

———. "Rathlin Island in the Portolan Charts." *Journal of*

the *Royal Society of Antiquaries of Ireland* 55 (1925): 30–35. **403, 438**

——. "The Boundary between Scotland and England in the Portolan Charts." *Proceedings of the Society of Antiquaries of Scotland* 60 (1925–26): 36–66. **403, 415**

——. "The Study and Classification of Medieval Mappae Mundi." *Archaeologia* 75 (1925–26): 61–76. **288, 295, 296**

——. "The British Isles in the Nautical Charts of the XIVth and XVth Centuries." *Geographical Journal* 68 (1926): 474–81. **403**

——. "Scotland in the Portolan Charts." *Scottish Geographical Magazine* 42 (1926): 129–53, 193–213, 293–306. **403, 406, 415, 438**

Anville, Jean-Baptiste Bourguignon d'. *Dissertation sur l'étendue de l'ancienne Jérusalem et de son temple, et sur les mesures hebraiques de longueur.* Paris: Prault Fils, 1747. **10**

——. *Traité des mesures itinéraires anciennes et modernes.* Paris: Imprimerie Royale, 1769. **10**

——. *Considérations générales sur l'étude et les connaissances que demande la composition des ouvrages de géographie.* Paris: Galeries du Louvre, 1777. **10**

——. *Géographie ancienne abrégée.* Paris: A. Delalain, 1782. **10**

Appleton, Jay. *The Experience of Landscape.* New York: John Wiley, 1975. **51**

Arentzen, Jörg-Geerd. *Imago Mundi Cartographica: Studien zur Bildlichkeit mittelalterlicher Welt- und Ökumenekarten unter besonderer Berücksichtigung des Zusammenwirkens von Text und Bild.* Münstersche Mittelalter-Schriften 53. Munich: Wilhelm Fink, 1984. **291, 294, 295, 296, 307, 318, 334**

Armignacco, Vera. "Una carta nautica della Biblioteca dell'Accademia Etrusca di Cortona." *Rivista Geografica Italiana* 64 (1957): 185–223. **402, 418, 435, 439, 459**

Arnaud, D. *Naissance de l'écriture.* Ed. Béatrice André-Leicknam and Christiane Ziegler. Paris: Editions de la Réunion des Musées Nationaux, 1982. **114**

Arnaud, Pascal. "L'affaire Mettius Pompusianus, ou Le crime de cartographie." *Mélanges de l'Ecole Française de Rome: Antiquité* 95 (1983): 677–99. **254**

Arnberger, Erik. "Die Kartographie als Wissenschaft und ihre Beziehungen zur Geographie und Geodäsie." In *Grundsatzfragen der Kartographie,* 1–28. Vienna: Österreichische Geographische Gesellschaft, 1970. **xvii**

"Art and Cartography: Two Exhibitions, October 1980–January 1981." *Mapline,* special no. 5 (October 1980). **22**

Arte e scienza per il disegno del mondo. Exhibition catalog, city of Turin. Milan: Electa Editrice, 1983. **21**

Ashby, Thomas. *The Aqueducts of Ancient Rome.* Oxford: Clarendon Press, 1935. **229**

Atkinson, Richard J. C. Review of *Megalithic Remains in Britain and Brittany,* by A. Thom and A. S. Thom. *Archaeoastronomy: Supplement to the Journal for the History of Astronomy* no. 1, suppl. to vol. 10 (1979): 99–102. **85**

El atlas catalán de Cresques Abraham: Primera edición con su traducción al castellano en el sexto centenario de su
realización. Barcelona: Diáfora, 1975. Catalan edition, *L'atlas catalá de Cresques Abraham: Primera edició completa en el sis-cents aniversari de la seva realització.* Barcelona: Diáfora, 1975. **315, 447, 459**

Aujac, Germaine. *Strabon et la science de son temps.* Paris: Belles Lettres, 1966. **173, 174**

——. "La sphéropée ou la mécanique au service de la découverte du monde." *Revue d'Histoire des Sciences* 23 (1970): 93–107. **170**

——. "Une illustration de la sphéropée: L'*Introduction aux phénomènes* de Géminos." *Der Globusfreund* 18–20 (1970): 21–26. **170**

——. "Le géocentrisme en Grèce ancienne?" In *Avant, avec, après Copernic: La représentation de l'univers et ses conséquences epistémologiques,* 19–28. Centre International de Synthèse, 31ᵉ semaine de synthèse, 1–7 June 1973. Paris: A. Blanchard, 1975. **146**

——. "Poseidonios et les zones terrestres: Les raisons d'un échec." *Bulletin de l'Association Guillaume Budé* (1976): 74–78. **169**

——. "De quelques représentations de l'espace géographique dans l'Antiquité." *Bulletin du Comité des Travaux Historiques et Scientifiques: Section de Géographie* 84 (1979): 27–38. **131**

Avezac-Macaya, Marie Armand Pascal d'. "Fragments d'une notice sur un atlas manuscrit de la Bibliothèque Walckenaer: Fixation des dates des diverses parties dont il se compose." *Bulletin de la Société de Géographie,* 3d ser., 8 (1847): 142–71. **439**

——. "Note sur la mappemonde historiée de la cathédrale de Héréford, détermination de sa date et de ses sources," *Bulletin de la Société de Géographie,* 5th ser., 2 (1861): 321–34. **293**

——. *Coup d'oeil historique sur la projection des cartes de géographie.* Paris: E. Martinet, 1863. Originally published as "Coup d'oeil historique sur la projection des cartes de géographie." *Bulletin de la Société de Géographie,* 5th ser., 5 (1863): 257–361, 438–85. **186, 293, 322**

——. "La mappemonde du VIIIᵉ siècle de St. Béat de Liébana: Une digression géographique à propos d'un beau manuscrit à figures de la Bibliothèque d'Altamira." *Annales des Voyages, de la Géographie, de l'Histoire et de l'Archéologie* 2 (1870): 193–210. **293**

Avi-Yonah, Michael. *The Madaba Mosaic Map.* Jerusalem: Israel Exploration Society, 1954. **265, 469**

——. *Ancient Mosaics.* London: Cassell, 1975. **248, 266**

Avi-Yonah, Michael, and Meyer Schapiro, eds. *Israel Ancient Mosaics.* UNESCO World Art Series, no. 14. Greenwich, Conn.: New York Graphic Society, 1960. **266, 267**

Babington, Churchill, and J. R. Lumby, eds. *Polychronicon Ranulphi Higden, Together with the English Translation of John Trevisa and of an Unknown Writer of the Fifteenth Century.* London: Longman, 1865–86. **287**

Backhouse, Janet. *The Illuminated Manuscript.* Oxford: Phaidon, 1979. **376**

Badawy, Alexander. *Le dessin architectural chez les anciens Egyptiens*. Cairo: Imprimerie Nationale, 1948. **118**

———. *A History of Egyptian Architecture: The Empire (the New Kingdom)*. Berkeley: University of California Press, 1968. **118**

Baehr, U. *Tafeln zur Behandlung chronologischer Probleme*. Veröffentlichungen des Astronomischen Rechen-Instituts zu Heidelberg no. 3. Karlsruhe: G. Braun, 1955. **141**

Baehrens, Emil, ed. *Poetae Latini minores*. 5 vols. Leipzig: Teubner, 1879–83; reprinted New York: Garland, 1979. **259**

Bagrow, Leo. *Istoriya geograficheskoy karty: Ocherk i ukazatel' literatury* (The history of the geographical map: Review and survey of literature). *Vestnik arkheologii i istorii, izdavayemyy Arkheologicheskim Istitutom* (Archaeological and historical review, published by the Archaeological Institute). Petrograd, 1918. **24, 47, 54, 66, 73**

———. *A. Ortelii catalogus cartographorum*. Gotha: Justus Perthes, 1928; reprinted in *Acta Cartographica* 27 (1981): 65–357. **11**

———. Review of *The World of Maps: A Study in Map Evolution*, by W. W. Jervis. *Imago Mundi* 2 (1937): 98. **25**

———. "Sixteenth International Geographical Congress, 1938." *Imago Mundi* 3 (1939): 100–102. **18**

———. "The Origin of Ptolemy's Geographia." *Geografiska Annaler* 27 (1945): 318–87. **189, 190, 192, 269, 270, 271**

———. "The Maps from the Home Archives of the Descendants of a Friend of Marco Polo." *Imago Mundi* 5 (1948): 3–13. **315**

———. "Old Inventories of Maps." *Imago Mundi* 5 (1948): 18–20. **8, 292**

———. *Die Geschichte der Kartographie*. Berlin: Safari-Verlag, 1951. **25, 45, 47, 48, 54, 73**

———. "An Old Russian World Map." *Imago Mundi* 11 (1954): 169–74. **314**

———. *Meister der Kartographie*. Berlin: Safari-Verlag, 1963. **25, 47, 54, 73**

———. *History of Cartography*. Rev. and Enl. R. A. Skelton. Trans. D. L. Paisey. Cambridge: Harvard University Press; London: C. A. Watts, 1964; reprinted and enlarged, Chicago: Precedent Publishing, 1985. **xv, 25, 26, 45, 47, 48, 54, 73, 85, 96, 178, 234, 294, 299, 315, 316, 457, 459**

Baker, Alan R. H., ed. *Progress in Historical Geography*. Newton Abbot: David and Charles, 1972. **31**

Baldacci, Osvaldo. "Storia della cartografia." In *Un sessantennio di ricerca geografica italiana*, 507–52. Memorie della Società Geografica Italiana, vol. 26. Rome, 1964. **37**

———. "Ecumene ed emisferi circolari." *Bollettino della Società Geografica Italiana* 102 (1965): 1–16. **318**

———. "La cartonautica medioevale precolombiana." In *Atti del Convegno Internazionale di Studi Colombiani 13 e 14 ottobre 1973*, 123–36. Genoa: Civico Istituto Colombiano, 1974. **406**

———. "Geoecumeni quadrangolari." *Geografia* 6 (1983): 80–86. **318**

———. "L'ecumene a mandorla." *Geografia* 6 (1983): 132–38. **318**

Baldelli, Gabriele. *Novilara: Le necropoli dell'età del ferro*. Exhibition catalog. Pesaro: Museo Archelogico Oliveriano, Comune di Pesaro, IV Circoscrizione, n.d. **76**

Ball, John. *Egypt in the Classical Geographers*. Cairo: Government Press, Bulâq, 1942. **122**

Baratta, Mario. "Sopra un'antica carta del territorio bresciano." *Bollettino della Reale Società Geografica*, 5th ser., 2 (1913): 514–26, 1025–31, 1092. **479, 498**

Barbosa, António. *Novos subsídios para a história da ciência náutica portuguesa da época dos descobrimentos*. Oporto, 1948. **385**

Barguet, Paul. "Khnoum-Chou, patron des arpenteurs." *Chronique d'Egypte* 28 (1953): 223–27. **125**

———. *Le livre des morts des anciens Egyptiens*. Paris: Editions du Cerf, 1967. **119**

———. "Essai d'interprétation du Livre des deux chemins." *Revue d'Egyptologie* 21 (1969): 7–17. **120**

Barkan, Leonard. *Nature's Work of Art: The Human Body as Image of the World*. New Haven: Yale University Press, 1975. **335, 340**

Barley, M. W. "Sherwood Forest, Nottinghamshire, Late 14th or Early 15th Century." In *Local Maps and Plans from Medieval England*, ed. R. A. Skelton and P. D. A. Harvey, 131–39. Oxford: Clarendon Press, 1986. **495**

Baron, Margaret E. *The Origins of the Infinitesimal Calculus*. Oxford: Pergamon Press, 1969. **323**

Barraclough, E. M. C., and W. G. Crampton. *Flags of the World*. London: Warne, 1978. **399**

Barraclough, Geoffrey, ed. *The Times Atlas of World History*. Maplewood: Hammond, 1979. **49**

Barth, Fredrik. *Ritual and Knowledge among the Baktaman of New Guinea*. New Haven: Yale University Press, 1975. **59**

Barthel, W. "Römische Limitation in der Provinz Africa." *Bonner Jahrbücher* 120 (1911): 39–126. **198**

Barthes, Roland. *Elements of Semiology*. Trans. Annette Lavers and Colin Smith. New York: Hill and Wang, [1968]. **2**

Bately, Janet M. "The Relationship between Geographical Information in the Old English Orosius and Latin Texts Other Than Orosius." In *Anglo-Saxon England*, ed. Peter Clemoes, 1:45–62. Cambridge: Cambridge University Press, 1972–. **301**

Battaglia, Raffaello. "Incisioni rupestri di Valcamonica." In *Proceedings of the First International Congress of Prehistoric and Protohistoric Sciences, London, August 1-6, 1932*, 234–37. London: Oxford University Press, 1934. **78, 79, 95**

———. "Ricerche etnografiche sui petroglifi della Cerchia Alpina." *Studi Etruschi* 8 (1934): 11–48, and pls. I–XXII. **78, 79, 95, 96**

Battaglia, Raffaello, and Maria Ornella Acanfora. "Il masso inciso di Borno in Valcamonica." *Bollettino di Paletnologia Italiana* 64 (1954): 225–55. **75, 95**

Battisti, Eugenio. In "Astronomy and Astrology." In

Encyclopedia of World Art, 2:40. New York: McGraw-Hill, 1960. **81**

Baudouin, Marcel. *La préhistoire par les étoiles*. Paris: N. Maloine, 1926. **82**

Baudri de Bourgueil. *Les oeuvres poétiques de Baudri de Bourgueil (1046-1130)*. Ed. Phyllis Abrahams. Paris: Honoré Champion, 1926. **339**

Bausani, Alessandro. "Interpretazione paleo-astronomica della stele di Triora." *Bollettino del Centro Camuno di Studi Preistorici* 10 (1973): 127–34. **90, 96**

Beazley, Charles Raymond. *The Dawn of Modern Geography: A History of Exploration and Geographical Science from the Conversion of the Roman Empire to A.D. 900*. 3 vols. London: J. Murray, 1897–1906. **288, 290, 291, 293, 299, 309, 322, 325, 328, 340, 347, 348**

———. "New Light on Some Mediæval Maps." *Geographical Journal* 14 (1899): 620–29; 15 (1900): 130–41, 378–89; 16 (1900): 319–29. **293, 475**

———. "The First True Maps." *Nature* 71 (1904): 159–61. **371**

Becatti, Giovanni, ed. *Mosaici e pavimenti marmorei*. 2 pts. (1961). Both are vol. 4 of *Scavi di Ostia*. Rome: Istituto Poligrafico dello Stato, 1953–. **230, 231, 246, 247**

Beer, Ellen Judith. *Die Glasmalereien der Schweiz vom 12. bis zum Beginn des 14. Jahrhunderts*. Corpus Vitrearum Medii Aevi, Schweiz, vol. 1. Basel: Birkhäuser, 1956. **335**

Bellori, Giovanni Pietro. *Ichnographia veteris Romae*. Rome: Chalcographia R.C.A., 1764. **239**

Beloch, Julius. *Campanien*. 2d ed. Breslau, 1890; reprinted Rome: Erma di Bretschneider, 1964. **210**

Beltrán Lloris, Miguel. "Los grabados rupestres de Bedolina (Valcamonica)." *Bollettino del Centro Camuno di Studi Preistorici* 8 (1972): 121–58. **78, 79, 95**

Beltran-Martínez, Antonio, René Gailli, and Romain Robert. *La Cueva de Niaux*. Monografías Arqueologicas 16. Saragossa: Talleres Editoriales, 1973. **55**

Bentham, R. M. "The Fragments of Eratosthenes of Cyrene." Typescript for Ph.D. thesis, University of London, 1948. **154**

Berchem, D. van. "L'annone militaire dans l'empire romain au IIIᵉ siècle." *Bulletin de la Société Nationale des Antiquaires de France* 80 (1937): 117–202. **235**

Berchet, Guglielmo. "Portolani esistenti nelle principali biblioteche di Venezia." *Giornale Militare per la Marina* 10 (1865): 1–11. **407**

Berenguer, Magín. *Prehistoric Man and His Art: The Caves of Ribadesella*. Trans. Michael Heron. London: Souvenir Press, 1973. **55**

Beresford, M. W. "Inclesmoor, West Riding of Yorkshire, *circa* 1407." In *Local Maps and Plans from Medieval England*, ed. R. A. Skelton and P. D. A. Harvey, 147–61. Oxford: Clarendon Press, 1986. **491**

Berger, Hugo. "Entwicklung der Geographie der Erdkugel bei den Hellenen." *Die Grenzboten: Zeitschrift für Politik, Literatur und Kunst* 39.4 (1880): 403–17. **163**

Berger, Suzanne. "A Note on Some Scenes of Land-Measurement." *Journal of Egyptian Archaeology* 20 (1934): 54–56. **125**

Bergman, Jan. "Zum Zwei-Wege-Motiv:

Religionsgeschichtliche und exegetische Bemerkungen." *Svensk Exegetisk Årsbok* 41–42 (1976–77): 27–56. **120**

Berlin, Staatliche Museen, Preußischer Kulturbesitz. *Ägyptisches Museum, Berlin*. Berlin: Staatliche Museen, 1967. **125**

Bernard, J. H., trans. *The Itinerary of Bernard the Wise*. Palestine Pilgrims Text Society 3. London, 1893; reprinted New York: AMS Press, 1971. **340**

Bernardini, Enzo. *Le Alpi Marittime e le meraviglie del Monte Bego*. Genoa: SAGEP Editrice, 1979. **66, 67, 93, 95**

Bernleithner, Ernst. "Die Klosterneuburger Fridericuskarte von etwa 1421." In *Kartengeschichte und Kartenbearbeitung*, ed. Karl-Heinz Meine, 41–44. Bad Godesberg: Kirschbaum Verlag, 1968. **473**

Bernoulli, Carl Christoph. "Ein Karteninkunabelnband der öffentlichen Bibliothek der Universität Basel." *Verhandlungen der Naturforschenden Gesellschaft in Basel* 18 (1906): 58–82; reprinted in *Acta Cartographica* 27 (1981): 358–82. **6**

Berthelot, André. *L'Asie ancienne centrale et sud-orientale d'après Ptolémée*. Paris: Payot, 1930. **199**

Berthelot, René. *La pensée de l'Asie et l'astrobiologie*. Paris: Payot, 1949. **86**

Bertin, Jacques. *Sémiologie graphique: Les diagrammes, les réseaux, les cartes*. Paris: Gauthier-Villars, 1967. English edition, *Semiology of Graphics: Diagrams, Networks, Maps*. Ed. Howard Wainer. Trans. William J. Berg. Madison: University of Wisconsin Press, 1983. **34**

Bertoldi, A. "Topografia del Veronese (secolo XV)." *Archivio Veneto*, n.s., 18 (1888): 455–73. **498**

Bertolini, G. L. "I quattro angoli del mondo e la forma della terra nel passo di Rabano Mauro." *Bollettino della Società Geografica Italiana* 47 (1910): 1433–41. **319**

Bertolotti, Antonio. *Artisti veneti in Roma nei secoli XV, XVI e XVII: Studi e ricerche negli archivi romani*. Venice: Miscellanea Pubblicata dalla Reale Deputazione di Storia Patria, 1884; reprinted Bologna: Arnaldo Forni, 1965. **324**

Beševliev, Bojan. "Basic Trends in Representing the Bulgarian Lands in Old Cartographic Documents up to 1878." *Etudes Balkaniques* 2 (1980): 94–123. **371**

Betten, F. S. "St. Boniface and the Doctrine of the Antipodes." *American Catholic Quarterly Review* 43 (1918): 644–63. **319**

Bevan, W. L., and H. W. Phillott. *Medieval Geography: An Essay in Illustration of the Hereford Mappa Mundi*. London: E. Stanford, 1873. **288**

Biasutti, Renato. "Un'antica carta nautica italiana del Mar Caspio." *Rivista Geografica Italiana* 54 (1947): 39–42. **422**

Bicknell, Clarence M. "Le figure incise sulle rocce di Val Fontanalba." *Atti della Società Ligustica di Scienze Naturali e Geografiche* 8 (1897): 391–411, and pls. XI–XIII. **66, 93, 94**

———. *The Prehistoric Rock Engravings in the Italian Maritime Alps*. Bordighera: P. Gibelli, 1902. **66, 67, 75, 93, 94**

———. *Further Explorations in the Regions of the*

Borgna, Cesare Giulio. "La mappa litica di rocio Clapier." *L'Universo* 49, no. 6 (1969): 1023–42. **80**

Bosinski, Gerhard. "Magdalenian Anthropomorphic Figures at Gönnersdorf (Western Germany)." *Bolletino del Centro Camuno di Studi Preistorici* 5 (1970): 57–97. **58**

Bosio, Luciano. *La "Tabula Peutingeriana": Una carta stradale romana del IV secolo.* Florence: 3M Italia and Nuova Italia, 1972. **241**

———. *La Tabula Peutingeriana: Una descrizione pittorica del mondo antico.* I Monumenti dell'Arte Classica, vol. 2. Rimini: Maggioli, 1983. **238**

Bottomore, Tom, ed. *A Dictionary of Marxist Thought.* Oxford: Blackwell Reference, 1983. **xviii**

Bouché-Leclercq, A. *L'astrologie grecque.* Paris: E. Leroux, 1899; reprinted Brussels: Culture et Civilisation, 1963. **166**

Boulding, Kenneth E. *The Image.* Ann Arbor: University of Michigan Press, 1956. **2**

Bourbaki, Nicolas. *Eléments d'histoire des mathématiques.* New ed. Paris: Hermann, 1974. **xvii**

Bowen, Margarita. *Empiricism and Geographical Thought from Francis Bacon to Alexander von Humboldt.* Cambridge: Cambridge University Press, 1981. **10**

Boxer, C. R. *The Portuguese Seaborne Empire, 1415-1825.* London: Hutchinson, 1969. **2**

Boyce, Gray C. "The Controversy over the Boundary between the English and Picard Nations in the University of Paris (1356–1358)." In *Etudes d'histoire dédiées à la mémoire de Henri Pirenne,* 55–66. Brussels: Nouvelle Société d'Editions, 1937. **485, 499**

Boyer, Carl B. *A History of Mathematics.* New York: John Wiley, 1968. **xvii**

Bradford, John. *Ancient Landscapes.* London: Bell, 1957. **219**

Brancati, Antonio. *La biblioteca e i musei Oliveriani di Pesaro.* Pesaro: Banca Popolare Pesarese, 1976. **248**

Brandt, Bernhard. *Mittelalterliche Weltkarten aus Toscana.* Geographisches Institut der Deutschen Universität in Prag. Prague: Staatsdruckerei, 1929. **324**

———. "Eine neue Sallustkarte aus Prag." *Mitteilungen des Vereins der Geographen an der Universität Leipzig* 14–15 (1936): 9–13. **343**

Braudel, Fernand. *The Mediterranean and the Mediterranean World in the Age of Philip II.* 2 vols. Trans. Siân Reynolds. London: Collins, 1972–73. **387**

Braunfels, Wolfgang. *Mittelalterliche Stadtbaukunst in der Toskana.* Berlin: Mann, 1979. **488**

Brehaut, Ernest. *An Encyclopedist of the Dark Ages: Isidore of Seville.* Studies in History, Economics and Public Law, vol. 48, no. 1. New York: Columbia University Press, 1912. **301, 320**

Bremner, Robert W. "An Analysis of a Portolan Chart by Freduci d'Ancone." Paper prepared for the Eleventh International Conference on the History of Cartography, Ottawa, 1985. **384**

Brendel, Otto J. *Symbolism of the Sphere: A Contribution to the History of Earlier Greek Philosophy.* Leiden: E. J. Brill, 1977. **171**

Brennan, Martin. *The Stars and the Stones: Ancient Art and Astronomy in Ireland.* London: Thames and Hudson, 1983. **84**

Breuil, Henri. *Les peintures rupestres schématiques de la Péninsule Ibérique.* 4 vols. Fondation Singer-Polignac. Paris: Imprimerie de Lagny, 1933. **68, 69, 97**

———. *Les roches peintes du Tassili-n-Ajjer.* Paris: Arts et Métiers Graphiques, 1954. **69, 70, 97**

———. "The Palaeolithic Age." In *Larousse Encyclopedia of Prehistoric and Ancient Art,* ed. René Huyghe, 30–39. London: Paul Hamlyn, 1962. **60**

Breuil, Henri, Hugo Obermaier, and W. Verner. *La Pileta a Benaojan (Malaga).* Monaco: Impr. artistique Vᵛᵉ A. Chêne, 1915. **69**

Breusing, Arthur A. "Zur Geschichte der Kartographie: La Toleta de Marteloio und die loxodromischen Karten." *Kettlers Zeitschrift für Wissenschaft: Geographie* 2 (1881): 129–33, 180–95; reprinted in *Acta Cartographica* 6 (1969): 51–70. **375**

Breydenbach, Bernard von. *Peregrinatio in Terram Sanctam.* Mainz: Reuwich, 1486. **474**

Brice, William C. "Early Muslim Sea-Charts." *Journal of the Royal Asiatic Society of Great Britain and Ireland* 1 (1977): 53–61. **420**

Bricker, C., and R. V. Tooley. *Landmarks of Mapmaking: An Illustrated Survey of Maps and Mapmakers.* Brussels: Elsevier-Sequoia, 1968. **3, 22**

Brincken, Anna-Dorothee von den. "Mappa mundi und Chronographia." *Deutsches Archiv für die Erforschung des Mittelalters* 24 (1968): 118–86. **288, 290, 326, 328, 330**

———. "Die Ausbildung konventioneller Zeichen und Farbgebungen in der Universalkartographie des Mittelalters." *Archiv für Diplomatik: Schriftgeschichte Siegel- und Wappenkunde* 16 (1970): 325–49. **325, 326, 327**

———. "Zur Universalkartographie des Mittelalters." In *Methoden in Wissenschaft und Kunst des Mittelalters,* ed. Albert Zimmermann, 249–78. Miscellanea Mediaevalia 7. Berlin: Walter de Gruyter, 1970. **288, 290**

———. "Europa in der Kartographie des Mittelalters." *Archiv für Kulturgeschichte* 55 (1973): 289–304. **288**

———. "Die Klimatenkarte in der Chronik des Johann von Wallingford—ein Werk des Matthaeus Parisiensis?" *Westfalen* 51 (1973): 47–57. **357**

———. "Die kartographische Darstellung Nordeuropas durch italienische und mallorquinische Portolanzeichner im 14. und in der ersten Hälfte des 15. Jahrhunderts." *Hansische Geschichtsblätter* 92 (1974): 45–58. **410**

———. "Die Kugelgestalt der Erde in der Kartographie des Mittelalters." *Archiv für Kulturgeschichte* 58 (1976): 77–95. **320**

———. "Portolane als Quellen der Vexillologie." *Archiv für Diplomatik: Schriftgeschichte Siegel- und Wappenkunde* 24 (1978): 408–26. **399**

British Museum. *Catalogue of the Manuscript Maps, Charts, and Plans, and of the Topographical Drawings in the British Museum.* 3 vols. London: Trustees of the British

Museum, 1844–61. **19, 270, 375, 433, 435, 438, 440, 442, 444**

———. *Catalogue of the Printed Maps, Plans and Charts in the British Museum.* 2 vols. London: W. Clowes by order of the Trustees of the British Museum, 1885. **19**

———. *Cuneiform Texts from Babylonian Tablets, etc., in the British Museum.* London: British Museum, 1896–. **109, 110, 111, 112**

———. *Four Maps of Great Britain Designed by Matthew Paris about A.D. 1250.* London: British Museum, 1928. **496**

———. *Catalogue of Printed Maps, Charts and Plans.* 15 vols. and suppls. London: Trustees of the British Museum, 1967. **21**

Broc, Numa. *La géographie de la Renaissance (1420-1620).* Paris: Bibliothèque Nationale, 1980. **9, 38**

———. "Visions Médiévales de la France." *Imago Mundi* 36 (1984): 32–47. **403**

Brody, Hugh. *Maps and Dreams.* New York: Pantheon Books, 1982. **59**

Brown, Cecil H. "Where Do Cardinal Direction Terms Come From?" *Anthropological Linguistics* 25 (1983): 121–61. **337**

Brown, Lloyd A. *The Story of Maps.* Boston: Little, Brown, 1949; reprinted New York: Dover, 1979. **3, 25, 26, 35, 45, 47, 168, 177, 252, 294, 383**

Brown, Rawdon, et al., eds. *Calendar of State Papers and Manuscripts, Relating to English Affairs, Existing in the Archives and Collections of Venice, and in Other Libraries of Northern Italy.* 38 vols. Great Britain Public Record Office. London: Her Majesty's Stationery Office, 1864–1947. **433**

Brown, Roger William. *Words and Things.* New York: Free Press, 1958. **60**

Browne, George Forrest. *On Some Antiquities in the Neighbourhood of Dunecht House Aberdeenshire.* Cambridge: Cambridge University Press, 1921. **82**

Browning, Robert. *The Byzantine Empire.* New York: Charles Scribner's Sons, 1980. **258, 259, 266**

Bruin, M. P. de. "Kaart van de Braakman van ca. 1480." *Tijdschrift van het Koninklijk Nederlandsch Aardrijkskundig Genootschap,* 2d ser., 70 (1953): 506–7. **500**

Brunello, Franco. *"De arte illuminandi" e altri trattati sulla tecnica della miniatura medievale.* Vicenza: Neri Pozza Editore, 1975. **324**

Brunner, Hellmut. "Die Unterweltsbücher in den ägyptischen Königsgräbern." In *Leben und Tod in den Religionen: Symbol und Wirklichkeit,* ed. Gunter Stephenson, 215–28. Darmstadt: Wissenschaftliche Buchgesellschaft, 1980. **120**

Bruns, C. G. *Fontes iuris Romani antiqui.* 7th ed. Tübingen: Mohr, 1909. **210**

Buache, Jean Nicholas. *Mémoire sur la Géographie de Ptolémée et particulièrement sur la description de l'intérieur de l'Afrique.* Paris: Imprimerie Royale, 1789. **11**

Buache, Philippe. "Dissertation sur l'île Antillia." In

Mémoires sur l'Amérique et sur l'Afrique donnés au mois d'avril 1752. N.p., 1752. **10**

Buchner, Edmund. "Römische Medaillons als Sonnenuhren." *Chiron* 6 (1976): 329–48. **214**

———. "Horologium Solarium Augusti: Vorbericht über die Ausgrabungen 1979/80." *Mitteilungen des Deutschen Archäologischen Instituts, Römische Abteilung* 87 (1980): 355–73. **208**

———. *Die Sonnenuhr des Augustus: Nachdruck aus RM 1976 und 1980 und Nachtrag über die Ausgrabung 1980/1981.* Mainz: von Zabern, 1982. **208**

Buck, Adriaan de. *The Egyptian Coffin Texts VII.* Oriental Institute Publications, vol. 87. Chicago: University of Chicago Press, 1961. **120**

Buczek, Karol. *History of Polish Cartography from the 15th to the 18th Century.* 2d ed. Trans. Andrzej Potocki. Amsterdam: Meridian, 1982. **37, 488**

Buisseret, David. "Les ingénieurs du roi au temps de Henri IV." *Bulletin du Comité des Travaux Historiques et Scientifiques: Section de Géographie* 77 (1964): 13–84. **9**

Bull, William E., and Harry F. Williams. *Semeiança del Mundo: A Medieval Description of the World.* Berkeley and Los Angeles: University of California Press, 1959. **288**

Bulmer-Thomas, Ivor. "Conon of Samos." In *Dictionary of Scientific Biography,* 16 vols., ed. Charles Coulston Gillispie, 3:391. New York: Charles Scribner's Sons, 1970–80. **159**

———. "Pappus of Alexandria." In *Dictionary of Scientific Biography,* 16 vols., ed. Charles Coulston Gillispie, 10:293–304. New York: Charles Scribner's Sons, 1970–80. **234**

Bunbury, Edward Herbert. *A History of Ancient Geography among the Greeks and Romans from the Earliest Ages till the Fall of the Roman Empire.* 2d ed., 2 vols., 1883; New York: Dover, 1959. **130, 135, 152, 157, 172, 175, 184**

Bunge, William. *Theoretical Geography.* Lund Studies in Geography, Ser. C, General and Mathematical Geography no. 1. Lund: C. W. K. Gleerup, 1962; 2d ed. 1966. **30**

Buondelmonti, Cristoforo. *Description des îles de l'archipel.* Ed. and trans. Emile Legrand. L'Ecole des Langues Orientales, ser. 4, 14. Paris: Leroux, 1897. **483**

———. *"Descriptio insule Crete" et "Liber Insularum," cap. XI: Creta.* Ed. M.-A. van Spitael. Candia, Crete: Syllagos Politistikēs Anaptyxeōs Herakleiou, 1981. **482**

Burgess, Colin. *The Age of Stonehenge.* London: J. M. Dent, 1981. **64**

Burgstaller, Ernst. "Felsbilder in den Alpenländern Österreichs." In *Symposium International d'Art Préhistorique Valcamonica, 23–28 Septembre 1968,* 143–47. Union Internationale des Sciences Préhistoriques et Protohistoriques. Capo di Ponte: Edizioni del Centro, 1970. **87**

———. *Felsbilder in Österreich.* Schriftenreihe des Institutes für Landeskunde von Oberösterreich 21. Linz, 1972. **87**

———. "Zur Zeitstellung der Österreichischen Felsbilder." *Act of the International Symposium on Rock Art: Lectures at Hankø 6–12 August, 1972,* ed. Sverre

Marstrander, 238–46. Oslo: Universitetsforlaget, 1978.
87

Burkitt, M. C. "Rock Carvings in the Italian Alps."
Antiquity 3, no. 10 (1929): 155–64. **75**

Bursian, C. "Aventicum Helvetiorum." *Mittheilungen der
Antiquarischen Gesellschaft zu Zürich* 16, no. 1 (1867–
70). **252**

Buschor, Ernst. *Die Tondächer der Akropolis*. Berlin and
Leipzig: Walter de Gruyter, 1929–33. **251**

Butterfield, Herbert. *The Origins of History*. New York:
Basic Books, 1981. **6**

Butzmann, Hans, ed. *Corpus Agrimensorum: Codex
Arcerianus A der Herzog-August-Bibliothek zu
Wolfenbüttel*. Codices Graeci et Latini 22. Leiden: A. W.
Sijthoff, 1970. **217**

Cairola, Aldo, and Enzo Carli. *Il Palazzo Pubblico di Siena*.
Rome: Editalia, 1963. **368**

Calabrese, Omar, Renato Giovannoli, and Isabella Pezzini,
eds. *Hic sunt leones: Geografia fantastica e viaggi
straordinari*. Catalog of exhibition, Rome. Milan: Electa
Editrice, 1983. **22**

Cameron, Alan. "Macrobius, Avienus, and Avianus."
Classical Quarterly, n.s., 17 (1967): 385–99. **243**

Caminos, Ricardo A. *Late-Egyptian Miscellanies*. Brown
Egyptological Studies 1. London: Oxford University Press,
1954. **124**

Campbell, Eila M. J. Review of *Maps and Their Makers: An
Introduction to the History of Cartography*, by Gerald R.
Crone. *Geographical Journal* 120 (1954): 107–8. **26**

———. "The Beginnings of the Characteristic Sheet to
English Maps," pt. 2 of "Landmarks in British
Cartography." *Geographical Journal* 128 (1962): 411–15.
35

Campbell, Tony. "The Drapers' Company and Its School of
Seventeenth Century Chart-Makers." In *My Head Is a
Map: Essays and Memoirs in Honour of R. V. Tooley*, ed.
Helen Wallis and Sarah Tyacke, 81–106. London: Francis
Edwards and Carta Press, 1973. **431**

———. "The Woodcut Map Considered as a Physical
Object: A New Look at Erhard Etzlaub's *Rom Weg* Map
of c. 1500." *Imago Mundi* 30 (1978): 79–91. **498**

———. *Early Maps*. New York: Abbeville Press, 1981. **22**

———. Review of *The Catalan Atlas of the Year 1375*, ed.
by Georges Grosjean. *Imago Mundi* 33 (1981): 115–16.
457

———. "Cyprus and the Medieval Portolan Charts."
*Kupriakai Spoudai: Deltion tēs Etaireias Kupriakōn
Spoudōn, Brabeuthen upo tēs Akadēmias Athēnōn* 48
(1984): 47–66. **426, 461**

Camus, Pierre. *Le pas des légions*. Paris: Diffusion
Frankelve, 1974. **206**

Canale, Michele G. *Storia del commercio dei viaggi, delle
scoperte e carte nautiche degl'Italiani*. Genoa: Tipografia
Sociale, 1866. **430, 434**

Cantemir, Dimitrie, prince of Moldavia. *Operele principelui
Demetriu Cantemiru*. 8 vols. Bucharest, 1872–1901. **63**

Capart, Jean. *Primitive Art in Egypt*. Trans. A. S. Griffith.
London: H. Grevel, 1905. **81**

Capel, Horacio. "Institutionalization of Geography and
Strategies of Change." In *Geography, Ideology and Social
Concern*, ed. D. R. Stoddart, 37–69. Oxford: Basil
Blackwell; Totowa, N.J.: Barnes and Noble, 1981. **12, 14,
17**

Capello, Carlo F. *Il mappamondo medioevale di Vercelli
(1191-1218?)*. Università di Torino, Memorie e Studi
Geografici, 10. Turin: C. Fanton, 1976. **306, 309, 348**

Caporiacco, Ludovico di, and Paolo Graziosi. *Le pitture
rupestri di Àin Dòua (el-Auenàt)*. Florence: Istituto
Geografico Militare, 1934. **97**

Caraci, Giuseppe. "Tre piccoli mappamondi intarsiati del
sec. XV nel Palazzo Pubblico di Siena." *Rivista
Geografica Italiana* 28 (1921): 163–65. **324**

———. "Un'altra carta di Albertin da Virga." *Bollettino
della Reale Società Geografica Italiana* 63 (1926): 781–
86. **440, 444**

———. "Carte nautiche in vendita all'estero." *Rivista
Geografica Italiana* 34 (1927): 135–36. **396**

———. "Cartografia." In *Enciclopedia italiana di scienze,
lettere ed arti*, originally 36 vols., 9:232. [Rome]: Istituto
Giovanni Treccari, 1929–39. **294**

———. "Inedita cartografica—1, Un gruppo di carte e
atlanti conservati a Genova." *Bibliofilia* 38 (1936): 170–
78. **422**

———. "An Unknown Nautical Chart of Grazioso
Benincasa, 1468." *Imago Mundi* 7 (1950): 18–31. **440,
457**

———. "The First Nautical Cartography and the
Relationship between Italian and Majorcan
Cartographers." *Seventeenth International
Geographical Congress, Washington D.C., 1952—
Abstracts of Papers*, International Geographical Union
(1952): 12–13. **424**

———. "A proposito di una nuova carta di Gabriel
Vallsecha e dei rapporti fra la cartografia nautica italiana
e quella maiorchina." *Bollettino della Società Geografica
Italiana* 89 (1952): 388–418. **415**

———. "The Italian Cartographers of the Benincasa and
Freducci Families and the So-Called Borgiana Map of the
Vatican Library." *Imago Mundi* 10 (1953): 23–49. **403,
415, 420, 457**

———. "A proposito di alcune carte nautiche di Grazioso
Benincasa." *Memorie Geografiche dall'Istituto di Scienze,
Geografiche e Cartografiche* 1 (1954): 283–90. **373, 421,
422**

———. *Italiani e Catalani nella primitiva cartografia
nautica medievale*. Rome: Istituto di Scienze Geografiche e
Cartografiche, 1959. **389, 392, 402, 415, 419, 439, 447**

———. "La prima raccolta moderna di grandi carte murali
rappresentanti i 'quattro continenti.'" *Atti del XVII
Congresso Geografico Italiano, Trieste 1961*, 2 vols.
(1962), 2:49–60. **8**

———. "Viaggi fra Venezia e il levante fino al XIV secolo e
relativa produzione cartografica." In *Venezia e il levante
fino al secolo XV*, 2 vols., ed. Agostino Pertusi, 1:147–84.
Florence: L. S. Olschki, 1973–74. **447**

Carder, James Nelson. *Art Historical Problems of a Roman
Land Surveying Manuscript: The Codex Arcerianus A,*

Wolfenbüttel. New York: Garland, 1978. **7, 217, 218, 221**

Cardi, Luigi. *Indice degli Atti dei Congressi Geografici Italiani dall'undicesimo al ventesimo (1930–1967).* Naples: Comitato dei Geografi Italiani, 1972. **21**

Carettoni, Gianfilippo, et al. *La pianta marmorea di Roma antica: Forma Urbis Romae.* 2 vols. Rome: Comune di Roma, 1960. **212, 225, 226, 227, 229, 466**

Carmody, Francis J. *L'Anatolie des géographes classiques: Etude philologique.* Berkeley: Carmody, 1976. **198**

———. *La Gaule des itinéraires romains.* Berkeley: Carmody, 1977. **236**

Carpenter, Kenneth E., ed. *Books and Society in History: Papers of the Association of College and Research Libraries Rare Books and Manuscripts Preconference, 24-28 June 1980, Boston, Massachusetts.* New York: R. R. Bowker, 1983. **5, 36**

Carrère, Claude. *Barcelone: Centre économique à l'époque des difficultés, 1380–1462.* 2 vols. Civilisations et Sociétés 5. Paris: Moulton, 1967. **410, 433, 437, 444**

Carter, Howard, and Alan H. Gardiner. "The Tomb of Ramesses IV and the Turin Plan of a Royal Tomb." *Journal of Egyptian Archaeology* 4 (1917): 130–58. **126**

Cartes et figures de la terre. Exhibition catalog. Paris: Centre Georges Pompidou, 1980. **21, 60, 142**

Carver, Jonathan. *Travels through the Interior Parts of North-America in the Years 1766, 1767, and 1768.* London, 1778. **11**

Casanova, Lucia. "Inventario dei portolani e delle carte nautiche del Museo Correr." *Bollettino dei Musei Civici Veneziani* 3–4 (1957): 17–36. **417**

Cassidy, Vincent. "Geography and Cartography, Western European." In *Dictionary of the Middle Ages,* ed. Joseph R. Strayer, 5:395–99. New York: Charles Scribner's Sons, 1982–. **294**

Cassirer, Ernst. *The Individual and the Cosmos in Renaissance Philosophy.* Oxford: Clarendon Press, 1963. **335, 337, 340**

Castagnoli, Ferdinando. *Le ricerche sui resti della centuriazione.* Rome: Edizioni di Storia e Letteratura, 1958. **210**

———. "L'orientamento nella cartografia greca e romana." *Rendiconti della Pontificia Accademia Romana di Archeologia* 48 (1975–76): 59–69. **208, 227**

Castner, Henry W. "Formation of the I.C.A. Working Group on the History of Cartography." *Proceedings of the Eighth Annual Conference of the Association of Canadian Map Libraries* (1974): 73–76. **33**

Catalogo delle Mostre Ordinate in Occasione del VI Congresso Geografico Italiano. Venice, 1907. **423**

Catling, H. W. "Archaeology in Greece, 1979–80." *Archaeological Reports 1979–80,* no. 26 (1980): 12, col. 2. **139**

Cavallari, Vittorio, Piero Gazzola, and Antonio Scolari, eds. *Verona e il suo territorio.* 2 vols. Verona: Istituto per gli Studi Storici Veronesi, 1964. **477**

Céard, Jean. *La nature et les prodiges: L'insolie au 16ᵉ siècle.* Travaux d'Humanisme et Renaissance, no. 158. Geneva: Droz, 1977. **330**

Cebrian, Konstantin. *Geschichte der Kartographie: Ein Beitrag zur Entwicklung des Kartenbildes und Kartenwesens.* Gotha: Perthes, 1922. **25**

Cennini da Colle di Val d'Elsa, Cennino d'Andrea. *Il libro dell'arte: The Craftsman's Handbook.* Trans. Daniel V. Thompson, Jr. New Haven: Yale University Press, 1933. **431**

Černik, Berthold. "Das Schrift- und Buchwesen im Stifte Klosterneuburg während des 15. Jahrhunderts." *Jahrbuch des Stiftes Klosterneuburg* 5 (1913): 97–176. **324**

Černý, Jaroslav. *A Community of Workmen at Thebes in the Ramesside Period.* Cairo: Institut Français d'Archéologie Orientale, 1973. **124, 127**

———. *The Valley of the Kings.* Cairo: Institut Français d'Archéologie Orientale, 1973. **126**

Chabas, François J. *Les inscriptions des mines d'or.* Chalon-sur-Saône: Dejussieu, 1862. Also published in *Bibliothèque Egyptologique* 10 (1902): 183–230. **122**

Chace, A. B. *The Rhind Mathematical Papyrus.* 2 vols. Oberlin, Ohio: Mathematical Association of America, 1927–29. **127**

Chapman, Hugh. "A Roman Mitre and Try Square from Canterbury." *Antiquaries Journal* 59 (1979): 403–7. **227**

Cheney, Christopher R. *Handbook of Dates for Students of English History.* London: Royal Historical Society, 1945. **446**

Chevallier, Raymond. "Sur les traces des arpenteurs romains." *Caesarodunum,* suppl. 2. Orléans-Tours, 1967. **196, 222**

———. *Les voies romaines.* Paris: Armand Colin, 1972. **235**

Chippindale, Christopher. *Stonehenge Complete.* London: Thames and Hudson, 1983. **81**

Chiron, Pierre. "Les Phénomènes d'Euclide." In *L'astronomie dans l'antiquité classique,* 83–89. Actes du Colloque tenu à l'Université de Toulouse-Le Mirail, 21–23 October 1977. Paris: Belles Lettres, 1979. **154**

Chouquer, Gérard, and Françoise Favory. *Contribution à la recherche des cadastres antiques.* Annales Littéraires de l'Université de Besançon 236. Paris, 1980. **219**

Chouquer, Gérard, et al., "Cadastres, occupation du sol et paysages agraires antiques." *Annales: Economies, Sociétés, Civilizations* 37, nos. 5–6 (1982): 847–82. **218**

Churchill, Awnsham, and John Churchill. *A Collection of Voyages and Travels.* 6 vols. London: J. Walthoe, 1732. **11**

Cirlot, Juan Eduardo. *A Dictionary of Symbols.* Trans. Jack Sage. London: Routledge and Kegan Paul, 1971. **86, 88**

Ciullini, Rodolfo. "Firenze nelle antiche rappresentazioni cartografiche." *Firenze* 2 (1933): 33–79. **477, 493**

Clapham, J. H., and Eileen Power. *The Cambridge Economic History of Europe from the Decline of the Roman Empire.* 7 vols. Cambridge: Cambridge University Press, 1941–78. **xviii**

Clark, George. "General Introduction: History and the Modern Historian." In *The Renaissance, 1493-1520.* Ed. G. R. Potter. Vol. 1 of *The New Cambridge Modern History.* Cambridge: Cambridge University Press, 1957–79. **xviii**

Clarke, Somers, and Reginald Engelbach. *Ancient Egyptian Masonry: The Building Craft.* London: Oxford University Press, 1930. **125, 126, 127**

Claval, Paul. *Essai sur l'évolution de la géographie humaine.* New ed. Paris: Belles Lettres, 1976. **31**

Clavel-Lévêque, Monique, ed. *Cadastres et espace rural: Approches et réalités antiques.* Paris: Centre National de la Recherche Scientifique, 1983. **219**

Clawson, Mary G. "Evolution of Symbols on Nautical Charts prior to 1800." Master's thesis, University of Maryland, 1979. **378**

Clay, Albert Tobias. "Topographical Map of Nippur." *Transactions of the Department of Archaeology, University of Pennsylvania Free Museum of Science and Art* 1, no. 3 (1905): 223–25. **111**

Clère, J. J. "Fragments d'une nouvelle représentation égyptienne du monde." *Mitteilungen des Deutschen Archäologischen Instituts, Abteilung Kairo* 16 (1958): 30–46. **121**

Clos-Arceduc, A. "L'énigme des portulans: Etude sur le projection et le mode de construction des cartes à rhumbs du XIVᵉ et du XVᵉ siècle." *Bulletin du Comité des Travaux Historiques et Scientifiques: Section de Géographie* 69 (1956): 215–31. **384, 385, 386, 414**

Clutton, Elizabeth. "Some Seventeenth Century Images of Crete: A Comparative Analysis of the Manuscript Maps by Francesco Basilicata and the Printed Maps by Marco Boschini." *Imago Mundi* 34 (1982): 51–57. **403**

————, ed. and comp. *International Directory of Current Research in the History of Cartography and in Carto-bibliography.* No. 5. Norwich: Geo Books, 1985. **37**

Codazzi, A. "With Fire and Sword." *Imago Mundi* 5 (1948): 37–38. **6**

Cohn, Robert L. *The Shape of Sacred Space: Four Biblical Studies.* Chico, Calif.: Scholars Press, 1981. **340**

Colini, A. M., and L. Cozza. *Ludus Magnus.* Rome: Comune di Roma, 1962. **230**

Collingwood, William Gershom. *Northumbrian Crosses of the Pre-Norman Age.* London: Faber and Gwyer, 1927. **91**

Collins, Desmond, and John Onians. "The Origins of Art." *Art History* 1 (1978): 1–25. **55**

Collins, Lydia. "The Private Tombs of Thebes: Excavations by Sir Robert Mond, 1905 and 1906." *Journal of Egyptian Archaeology* 62 (1976): 18–40. **127**

Collyer, Robert, and J. Horsfall Turner. *Ilkley: Ancient and Modern.* Otley: W. Walker, 1885. **86**

Colombo, Fernando. *Historie del Signor Don Fernando Colombo: Nelle quali s'hà particolare, & vera relatione della vita, e de' fatti dell'Ammiraglio Don Christoforo Colombo, suo padre.* Venice, 1571. **375**

Colvin, H. M., ed. *History of the King's Works.* 6 vols. London: Her Majesty's Stationery Office, 1963–82. **339**

Compte-rendu du Congrès des Sciences Géographiques, Cosmographiques et Commerciales. 2 vols. Antwerp: L. Gerrits and Guil. Van Merlen, 1872. **15**

Conroy, John B. "A Classification of Andrews' Oecumenical Simple Medieval World Map Species into Genera." M. S. thesis, University of Wisconsin, Madison, 1975. **296**

Conti, Carlo. *Corpus delle incisioni rupestri di Monte Bego: I.* Collezione di Monografie Preistoriche ed Archeologiche 6. Bordighera: Istituto Internazionale di Studi Liguri, 1972. **66, 67**

Conti, Simonetta. "Portolano e carta nautica: Confronto toponomastico." In *Imago et mensura mundi: Atti del IX Congresso Internazionale di Storia della Cartografia,* 2 vols., ed. Carla Clivio Marzoli, 1:55–60. Rome: Enciclopedia Italiana, 1985. **383, 389**

Cornell, James. *The First Stargazers: An Introduction to the Origins of Astronomy.* New York: Scribner, 1981. **81**

Coronelli, Vincenzo. *Specchio del mare.* Venice, 1693. **387**

————. *Cronologia universale.* Venice, 1707. **11**

Cortés, Martin. *The Arte of Navigation.* Trans. Richard Eden. London: Richard Jugge, 1561. **391, 392**

Cortesão, Armando. "The North Atlantic Nautical Chart of 1424." *Imago Mundi* 10 (1953): 1–13. **389, 411, 420**

————. *The Nautical Chart of 1424 and the Early Discovery and Cartographical Representation of America: A Study on the History of Early Navigation and Cartography.* Coimbra: University of Coimbra, 1954. **373, 410, 411, 429, 457, 461**

————. *History of Portuguese Cartography.* 2 vols. Coimbra: Junta de Investigações do Ultramar-Lisboa, 1969–71. **12, 13, 14, 18, 130, 140, 152, 153, 154, 155, 157, 166, 168, 169, 173, 179, 180, 185, 189, 207, 234, 268, 291, 293, 294, 300, 301, 305, 315, 319, 322, 323, 333, 354, 371, 373, 374, 375, 380, 381, 384, 386, 391, 394, 396, 401, 405, 410, 411, 413, 418, 424, 429, 433, 438, 441, 442, 443, 444, 448, 449, 457, 461**

————. "Pizzigano's Chart of 1424." *Revista da Universidade de Coimbra* 24 (1970): 477–91. **411**

Cortesão, Armando, and Avelino Teixeira da Mota. *Portugaliae monumenta cartographica.* 6 vols. Lisbon, 1960. **374, 375, 378, 386, 402, 415, 443, 444, 457**

Cotter, Charles. "Early Tabular, Graphical and Instrumental Methods for Solving Problems of Plane Sailing." *Revista da Universidade de Coimbra* 26 (1978): 105–22. **385, 442**

Coulton, J. J. *Ancient Greek Architects at Work: Problems of Structure and Design.* Ithaca: Cornell University Press, 1977. **139**

Cowling, E. T. "Cup and Ring Markings to the North of Otley." *Yorkshire Archaeological Journal* 33, pt. 131 (1937): 290–97. **87**

Coxhead, David, and Susan Hiller. *Dreams: Visions of the Night.* New York: Avon Books; London: Thames and Hudson, 1976. **86, 87**

Crane, Diana. *Invisible Colleges: Diffusion of Knowledge in Scientific Communities.* Chicago: University of Chicago Press, 1972. **37**

Crescenzio, Bartolomeo. *Nautica Mediterranea.* Rome, 1602. **377, 387, 391**

Cripps, Judith A. "Barholm, Greatford, and Stowe, Lincolnshire, Late 15th Century." In *Local Maps and Plans from Medieval England,* ed. R. A. Skelton and P. D. A. Harvey, 263–88. Oxford: Clarendon Press, 1986. **485**

Crone, Gerald R. "John Green: Notes on a Neglected

Eighteenth Century Geographer and Cartographer."
Imago Mundi 6 (1949): 85–91. **10**
——. *Maps and Their Makers: An Introduction to the
History of Cartography.* 1st ed., 1953. 5th ed. Folkestone,
Kent: Dawson; Hamden, Conn.: Archon Books, 1978. **xv,
3, 4, 25, 26, 47, 48, 154, 178, 207, 234, 294, 372, 378,
384, 407, 434**
——. *The World Map by Richard of Haldingham in
Hereford Cathedral.* Reproductions of Early Manuscript
Maps 3. London: Royal Geographical Society, 1954. **309,
312**
——. "Early Cartographic Activity in Britain," pt. 1 of
"Landmarks in British Cartography." *Geographical
Journal* 128 (1962): 406–10. **37**
——. "New Light on the Hereford Map." *Geographical
Journal* 131 (1965): 447–62. **288, 290, 292, 309, 330**
——. " 'Is leigen fünff perg in welschen landt' and the
Hereford Map." *Erdkunde* 21 (1967): 67–68. **309**
Crone, Gerald R., and R. A. Skelton, "English Collections
of Voyages and Travels, 1625–1846." In *Richard Hakluyt
and His Successors.* 2d ser., 93. London: Hakluyt Society,
1946. **10**
Crook, John Hurrell. *The Evolution of Human
Consciousness.* Oxford: Clarendon Press, 1980. **51**
Cumont, Franz. "Fragment de bouclier portant une liste
d'étapes." *Syria* 6 (1925): 1–15. **249**
——. *Fouilles de Doura Europos (1922–1923).* Text and
atlas. Paris: P. Geuthner, 1926. **249**
Cuntz, Otto, ed. *Itineraria Romana.* Leipzig: Teubner,
1929–. **235, 237, 469**
Cusa, Salvatore. "Sulla denominazione dei venti e dei punti
cardinali, e specialmente di nord, est, sud, ovest." *Terzo
Congresso Geografico Internazionale, Venice, 1881,* 2
vols., 2:375–415. Rome: Società Geografica Italiana,
1884. **337**

Dainville, François de. *Le langage des géographes.* Paris: A.
et J. Picard, 1964. **35, 60**
——. "Rapports sur les conférences: Cartographie
Historique Occidentale." In *Ecole Pratique des Hautes
Etudes, IVe section: Sciences historiques et philologiques.
Annuaire 1968–1969,* 401–2. Paris, 1969. **465, 486, 493**
——. "Cartes et contestations au XVe siècle." *Imago
Mundi* 24 (1970): 99–121. **486, 487, 488, 490, 491**
Daly, Charles P. "On the Early History of Cartography; or,
What We Know of Maps and Map-Making, before the
Time of Mercator." Annual Address. *Bulletin of the
American Geographical Society* 11 (1879): 1–40. **13**
Daly, John F. "Sacrobosco." In *Dictionary of Scientific
Biography,* 16 vols., ed. Charles Coulston Gillispie,
12:60–63. New York: Charles Scribner's Sons, 1970–80.
306
Dams, Lya. *L'art paléolithique de la caverne de la Pileta.*
Graz: Akademische Druck, 1978. **68, 69**
Daniel, Glyn. Review of *The Megalithic Art of Western
Europe,* by Elizabeth Shee Twohig. *Antiquity* 55 (1981):
235. **58**
Darby, H. C. "The Agrarian Contribution to Surveying in
England." *Geographical Journal* 82 (1933): 529–35. **495**

Daressy, Georges. *Ostraca.* Catalogue Général des
Antiquités Egyptiennes du Musée du Caire, vol. 1. Cairo:
Institut Français d'Archéologie Orientale, 1901. **126**
D'Arms, J. H., and E. C. Kopff, eds. *The Seaborne
Commerce of Ancient Rome: Studies in Archaeology and
History.* Memoirs of the American Academy in Rome, 36.
Rome: American Academy in Rome, 1980. **230**
Darnton, Robert. "What Is the History of Books?" In *Books
and Society in History: Papers of the Association of
College and Research Libraries Rare Books and
Manuscripts Preconference, 24–28 June 1980, Boston,
Massachusetts,* ed. Kenneth E. Carpenter, 3–26. New
York: R. R. Bowker, 1983. **36**
Dati, Leonardo di Stagio, trans. Goro (Gregorio) Dati. *La
sfera: Libri quattro in ottava rima.* Ed. Enrico Narducci.
Milan: G. Daelli, 1865; reprinted [Bologna]: A. Forni,
1975. **301, 421**
Davidson, H. R. Ellis. *Pagan Scandinavia.* London: Thames
and Hudson, 1967. **53, 91**
——. "Scandinavian Cosmology." In *Ancient
Cosmologies,* ed. Carmen Blacker and Michael Loewe,
175–97. London: George Allen and Unwin, 1975. **87**
Davies, Graham I. "The Wilderness Itineraries: A
Comparative Study." *Tyndale Bulletin* 25 (1974): 46–81.
115
——. *The Way of the Wilderness: A Geographical Study
of the Wilderness Itineraries in the Old Testament.*
Cambridge: Cambridge University Press, 1979. **115**
Davies, Norman de Garis. "An Architect's Plan from
Thebes." *Journal of Egyptian Archaeology* 4 (1917):
194–99. **127**
Deacon, A. Bernard. "Geometrical Drawings from Malekula
and the Other Islands of the New Hebrides." *Journal of
the Royal Anthropological Institute of Great Britain and
Ireland,* n.s., 64 (1934): 129–75. **88**
Degenhart, Bernhard, and Annegrit Schmitt. "Marino
Sanudo und Paolino Veneto." *Römisches Jahrbuch für
Kunstgeschichte* 14 (1973): 1–137. **314, 358, 368, 398,
406, 429, 473, 474, 475, 477, 478, 480, 481, 496**
Deissmann, G. Adolf. *Forschungen und Funde im Serai, mit
einem Verzeichnis der nichtislamischen Handschriften im
Topkapu Serai zu Istanbul.* Berlin and Leipzig: Walter de
Gruyter, 1933. **392**
Delano Smith, Catherine. *Western Mediterranean Europe:
A Historical Geography of Italy, Spain and Southern
France since the Neolithic.* London: Academic Press,
1979. **59, 60**
——. "The Emergence of 'Maps' in European Rock Art:
A Prehistoric Preoccupation with Place." *Imago Mundi* 34
(1982): 9–25. **48, 93, 94, 95, 96**
——. "Cartographic Signs on European Maps and Their
Explanation Before 1700." *Imago Mundi* 37 (1985): 9–
29. **325**
——. "The Origins of Cartography, an Archaeological
Problem: Maps in Prehistoric Rock Art." In *Papers in
Italian Archaeology IV.* Pt. 2, *Prehistory,* ed. Caroline
Malone and Simon Stoddart, 205–19. British
Archaeological Reports International Series no. 244.
Oxford: British Archaeological Reports, 1985. **61**

————. "Archaeology and Maps in Prehistoric Art: The Way Forward?" *Bollettino del Centro Camuno di Studi Preistorici* 23 (1986): forthcoming. **61**

Delatte, Armand, ed. *Les portulans grecs.* Liège: Bibliothèque de la Faculté de Philosophie et Lettres de l'Université de Liège, 1947. **260**

Demus, Otto. *Byzantine Mosaic Decoration: Aspects of Monumental Art in Byzantium.* London: Routledge and Kegan Paul, 1948. **263**

Denholm-Young, Noël. "The *Mappa Mundi* of Richard of Haldingham at Hereford." *Speculum* 32 (1957): 307–14. **312**

Deregowski, Jan B. *Distortion in Art: The Eye and the Mind.* London: Routledge and Kegan Paul, 1984. **60**

Derolez, Albert, ed. *Liber floridus colloquium.* Ghent: Story-Scientia, 1973. **300, 304, 353**

Desimoni, Cornelio. "Elenco di carte ed atlanti nautici di autore genovese oppure in Genova fatti o conservati." *Giornale Ligustico* 2 (1875): 47–285. **378, 434, 435**

————. "Le carte nautiche italiane del Medio Evo—a proposito di un libro del Prof. Fischer." *Atti della Società Ligure di Storia Patria* 19 (1888–89): 225–66. **432**

Desimoni, Cornelio, and Luigi Tommaso Belgrano. "Atlante idrografico del medio evo." *Atti della Società Ligure di Storia Patria* 5 (1867): 5–168. **419, 459**

De Smet, Antoine. "Viglius ab Aytta Zuichemus, savant, bibliothécaire et collectionneur de cartes du XVIᵉ siècle." In *The Map Librarian in the Modern World: Essays in Honour of Walter W. Ristow,* ed. Helen Wallis and Lothar Zögner, 237–50. Munich: K. G. Saur, 1979. **9**

Destombes, Marcel. "Cartes catalanes du XIVᵉ siècle." In *Rapport de la Commission pour la Bibliographie des Cartes Anciennes,* 2 vols., International Geographical Union, 1:38–63. Paris: Publié avec le concours financier de l'UNESCO, 1952. **382, 389, 394, 419, 423**

————. "A Venetian Nautical Atlas of the Late Fifteenth Century." *Imago Mundi* 12 (1955): 30. **392**

————. "Fragments of Two Medieval World Maps at the Topkapu Saray Library." *Imago Mundi* 12 (1955): 150–52. **394**

————. "A Panorama of the Sack of Rome by Pieter Bruegel the Elder." *Imago Mundi* 14 (1959): 64–73. **477**

————. "Les plus anciens sondages portés sur les cartes nautiques aux XVIᵉ et XVIIᵉ siècles." *Bulletin de l'Institut Océanographique,* special no. 2 (1968): 199–222. **378**

————. "La cartographie florentine de la Renaissance et Verrazano." In *Giornate commemorative di Giovanni da Verrazzano,* 19–43. Istituto e Museo di Storia della Scienza, Biblioteca 7. Florence: Olschki, 1970. **417**

————, ed. *Catalogue des cartes gravées au XVᵉ siècle.* Paris: International Geographical Union, 1952. **294**

————, ed. *Mappemondes A.D. 1200–1500: Catalogue préparé par la Commission des Cartes Anciennes de l'Union Géographique Internationale.* Amsterdam: N. Israel, 1964. **8, 137, 268, 286, 290, 294, 295, 296, 298, 301, 302, 303, 304, 308, 309, 312, 313, 316, 340, 343, 345, 347, 348, 353, 354, 358, 368, 372, 379, 413, 446**

Detlefsen, D. (S. D. F.). *Die Entdeckung des germanischen Nordens im Altertum.* Quellen und Forschungen zur Alten Geschichte und Geographie 8. Berlin: Weidmann, 1904. **197**

————. *Ursprung, Einrichtung und Bedeutung der Erdkarte Agrippas.* Quellen und Forschungen zur Alten Geschichte und Geographie 13. Berlin: Weidmann, 1906. **208, 209**

Deulin, Georges. *Répertoire des portulans et pièces assimilables conservés au Département des Manuscrits de la Bibliothèque Nationale.* Typescript, Paris, 1936. **435**

Díaz de Gámez, Gutierre. *The Unconquered Knight: A Chronicle of the Deeds of Don Pero Niño, Count of Buelna.* Trans. and selected by Joan Evans from *El Vitorial.* London: Routledge, 1928. **376, 443**

Diaz, Noël L. "The California Map Society: First Years." *Bulletin of the Society of University Cartographers* 18, no. 2 (1984): 103–5. **23**

Dickinson, H. W. "A Brief History of Draughtsmen's Instruments." *Transactions of the Newcomen Society* 27 (1949–50 and 1950–51): 73–84; republished in the *Bulletin of the Society of University Cartographers* 2, no. 2 (1968): 37–52. **391**

Dickinson, Robert E. *The Makers of Modern Geography.* New York: Frederick A. Praeger, 1969. **14**

Dicks, D. R. "Ancient Astronomical Instruments." *Journal of the British Astronomical Association* 64 (1954): 77–85. **181**

————. "Solstices, Equinoxes, and the Presocratics." *Journal of Hellenic Studies* 86 (1966): 26–40. **134**

————. *Early Greek Astronomy to Aristotle.* Ithaca: Cornell University Press, 1970. **130, 134, 137, 142**

————. "Dositheus." In *Dictionary of Scientific Biography,* 16 vols., ed. Charles Coulston Gillispie, 4:171–72. New York: Charles Scribner's Sons, 1970–80. **159**

————. "Eratosthenes." In *Dictionary of Scientific Biography,* 16 vols., ed. Charles Coulston Gillispie, 4:388–93. New York: Charles Scribner's Sons, 1970–80. **154, 170**

————. "Hecataeus of Miletus." In *Dictionary of Scientific Biography,* 16 vols., ed. Charles Coulston Gillispie, 6:212–13. New York: Charles Scribner's Sons, 1970–80. **134**

————, ed. *The Geographical Fragments of Hipparchus.* London: Athlone Press, 1960. **136, 140, 141, 145, 147, 148, 150, 151, 157, 164, 166, 167**

Diels, H., and W. Kranz, eds. *Die Fragmente der Vorsokratiker.* 6th ed., 3 vols. Berlin: Weidmann, 1951–52. **131**

Diffie, Bailey W. "Foreigners in Portugal and the 'Policy of Silence.' " *Terrae Incognitae* 1 (1969): 23–34. **414**

Digges, Leonard. *A Geometrical Practise, Named Pantometria.* London: Henrie Bynneman, 1571. **35**

Dilke, O. A. W. "Maps in the Treatises of Roman Land Surveyors." *Geographical Journal* 127 (1961): 417–26. **218, 220**

————. "Illustrations from Roman Surveyors' Manuals." *Imago Mundi* 21 (1967): 9–29. **217**

————. *The Roman Land Surveyors: An Introduction to the Agrimensores.* Newton Abbot: David and Charles, 1971. **62, 125, 202, 210, 213, 214, 225, 381**

————. "Archaeological and Epigraphic Evidence of Roman

Land Surveys." In *Aufstieg und Niedergang der römischen Welt*, ed. Hildegard Temporini, 2.1 (1974): 564–92. Berlin: Walter de Gruyter, 1972–. **219**

——. "The Arausio Cadasters." In *Akten des VI. internationalen Kongresses für griechische und lateinische Epigraphik, München, 1972. Vestigia* 17, 455–57. Munich: C. H. Beck'sche Verlagsbuchhandlung, 1973. **224**

——. "Varro and the Origins of Centuriation." In *Atti del Congresso Internazionale di Studi Varroniani*, 353–58. Rieti: Centro di Studi Varroniani, 1976. **202**

——. *Roman Books and Their Impact.* Leeds: Elmete Press, 1977. **248**

——. "Mapping of the North African Coast in Classical Antiquity." In *Proceedings of the Second International Congress of Studies on Cultures of the Western Mediterranean*, 154–60. Paris: Association Internationale d'Etude des Civilisations Méditerranéennes, 1978. **198**

——. *Gli agrimensori di Roma antica.* Bologna: Edagricole, 1979. **224**

——. "Geographical Perceptions of the North in Pomponius Mela and Ptolemy." In *Exploring the Arctic*, ed. Louis Rey, 347–51. Fairbanks: University of Alaska Press, Comité Arctique International, and Arctic Institute of North America, 1984. **197**

——. *Greek and Roman Maps.* Ithaca: Cornell University Press; London: Thames and Hudson, 1985. **193, 205, 207, 235, 238, 248, 381, 383**

——. "Ground Survey and Measurement in Roman Towns." In *Roman Urban Topography in Britain and the Western Empire*, ed. Francis Grew and Brian Hobley, 6–13. Council for British Archaeology Research Report no. 59. London: Council for British Archaeology, 1985. **227**

Dilke, O. A. W., and Margaret S. Dilke. "Terracina and the Pomptine Marshes." *Greece and Rome*, n.s., 8 (1961): 172–78. **218**

——. "The Eternal City Surveyed." *Geographical Magazine* 47 (1975): 744–50. **229**

——. "Italy in Ptolemy's Manual of Geography." In *Imago et mensura mundi: Atti del IX Congresso Internazionale di Storia della Cartografia*, 2 vols., ed. Carla Clivio Marzoli, 2:353–60. Rome: Enciclopedia Italiana, 1985. **195**

Dillemann, Louis. "La carte routière de la *Cosmographie de Ravenne*." *Bonner Jahrbücher* 175 (1975): 165–70. **260**

——. "Observations on Chapter V, 31, Britannia, in the Ravenna Cosmography." *Archaeologia* (1979): 61–73. **260**

Diller, Aubrey. "The Vatopedi Manuscript of Ptolemy and Strabo." *American Journal of Philology* 58 (1937): 174–84. **270**

——. "The Oldest Manuscripts of Ptolemaic Maps." *Transactions of the American Philological Association* 71 (1940): 62–67. **192, 269**

——. "The Greek Codices of Palla Strozzi and Guarino Veronese." *Journal of the Warburg and Courtauld Institutes* 24 (1961): 313–21. **192**

——. "Dicaearchus of Messina." In *Dictionary of Scientific Biography*, 16 vols., ed. Charles Coulston

Gillispie, 4:81–82. New York: Charles Scribner's Sons, 1970–80. **152**

Dion, Roger. "Où Pythéas voulait-il aller?" In *Mélanges d'archéologie et d'histoire offerts à André Piganiol*, 3 vols., ed. Raymond Chevallier, 3:1315–36. Paris: SEVPEN, 1966. **150**

Diringer, David. *The Alphabet: A Key to the History of Mankind.* 3d ed. rev. London: Hutchinson, 1968. **49**

Doig, Ronald P. "A Bibliographical Study of Gough's British Topography." *Edinburgh Bibliographical Society Transactions* 4 (1963): 103–36. **7**

Domínguez Bordona, Jesús. *Die spanische Buchmalerei vom siebten bis siebzehnten Jahrhundert.* 2 vols. Florence, 1930. **304**

Donner, Herbert, and Heinz Cüppers. *Die Mosaikkarte von Madeba.* Abhandlungen des Deutschen Palästinavereins. Wiesbaden: O. Harassowitz, 1977. **264**

Dorn, Ronald I., and David S. Whitley. "Chronometric and Relative Age Determination of Petroglyphs in the Western United States." *Annals of the Association of American Geographers* 74 (1984): 308–22. **58**

Downey, Glanville. *A History of Antioch in Syria: From Seleucus to the Arab Conquest.* Princeton: Princeton University Press, 1961. **239**

Drachmann, Aage Gerhardt. *The Mechanical Technology of Greek and Roman Antiquity: A Study of Literary Sources.* Acta Historic Scientiarum Naturalium et Medicinalium, 17. Copenhagen: Munksgaard, 1961. **159**

Dreyer-Eimbcke, Oswald. "The Mythical Island of Frisland." *Map Collector* 26 (1984): 48–49. **414**

Dröber, Wolfgang. *Geographie des Welthandels.* 2 vols. Stuttgart, 1857–72. **45**

——. "Kartographie bei den Naturvölkern" (Mapmaking among primitive peoples). Diss., Erlangen University, 1903; reprinted Amsterdam: Meridian, 1964. Summarized under the same title in *Deutsche Geographische Blätter* 27 (1904): 29–46. **45, 48, 54**

Drögereit, Richard. "Die Ebstorfer Weltkarte und Hildesheim." *Zeitschrift des Vereins für Heimatkunde im Bistum Hildesheim* 44 (1976): 9–44. **309**

Du Bus, Charles. "Les collections d'Anville à la Bibliothèque Nationale." *Bulletin du Comité Travaux Historiques et Scientifiques: Section de Géographie* 41 (1926): 93–145. **10**

——. "Edme-François Jomard et les origines du Cabinet des Cartes (1777–1862)." Union Géographique Internationale, *Comptes rendus du Congrès International de Géographie, Paris 1931*, 3 (1934): 638–42. **15**

Dufresnoy, Abbé Lenglet. *Catalogue des meilleures cartes géographiques générales et particulières.* Reprinted Amsterdam: Meridian, 1965. **10**

Duhem, Pierre. *Le système du monde: Histoire des doctrines cosmologiques de Platon à Copernic.* 10 vols. Paris: Hermann, 1913–59. **293**

Dunbabin, Katherine M. D. *The Mosaics of Roman North Africa: Studies in Iconography and Patronage.* Oxford: Clarendon Press, 1978. **248**

Duplessis, Georges. "Roger de Gaignières et ses collections

iconographiques." *Gazette des Beaux-Arts*, 2d ser., 3 (1870): 468–88. **9**

Durand, Dana Bennett. *The Vienna-Klosterneuburg Map Corpus of the Fifteenth Century: A Study in the Transition from Medieval to Modern Science.* Leiden: E. J. Brill, 1952. **293, 316, 323, 324, 473**

Durazzo, P. *Il planisfero di Giovanni Leardo.* Mantua: Eredi Segna, 1885. **317**

Durbin, Paul T., ed. *A Guide to the Culture of Science, Technology, and Medicine.* New York: Free Press, 1980. **30**

Dürst, Arthur. *Seekarte des Iehuda ben Zara: (Borgiano VII) 1497.* Pamphlet accompanying a facsimile edition of the chart. Zurich: Belser Verlag, 1983. **457**

Eastham, Anne, and Michael Eastham. "The Wall Art of the Franco-Cantabrian Deep Caves." *Art History* 2 (1979): 365–85. **57**

Ebert, Max. *Reallexikon der Vorgeschichte.* Berlin: Walter de Gruyter, 1928. **91**

Eckenrode, T. R. "Venerable Bede as a Scientist." *American Benedictine Review* 21 (1971): 486–507. **303**

Eckert, Max. "Die Kartographie als Wissenschaft." *Zeitschrift der Gesellschaft für Erdkunde zu Berlin* (1907): 539–55. **24**

———. "Die wissenschaftliche Kartographie im Universitäts-Unterricht." In *Verhandlungen des Sechszehnten Deutschen Geographentages zu Nürnberg,* ed. Georg Kollm, 213–27. Berlin: Reimer, 1907. **24**

———. "On the Nature of Maps and Map Logic." Trans. W. Joerg. *Bulletin of the American Geographical Society* 40 (1908): 344–51. **24**

———. *Die Kartenwissenschaft: Forschungen und Grundlagen zu einer Kartographie als Wissenschaft.* 2 vols. Berlin and Leipzig: Walter de Gruyter, 1921–25. **xix, 25, 375, 384**

Edgar, Campbell Cowan. *Zenon Papyri in the University of Michigan Collection.* Michigan Papyri vol. 1. Ann Arbor: University of Michigan Press, 1931. **128**

Edgerton, Samuel Y. "Florentine Interest in Ptolemaic Cartography as Background for Renaissance Painting, Architecture, and the Discovery of America." *Journal of the Society of Architectural Historians* 33 (1974): 275–92. **189**

Edwards, I. E. S. *The Pyramids of Egypt.* New and rev. ed. Harmondsworth: Viking, 1986. **126**

Edzard, Dietz Otto. "Itinerare." In *Reallexikon der Assyriologie und vorderasiatischen Archäologie,* ed. Erich Ebeling and Bruno Meissner, 5:216–20. Berlin: Walter de Gruyter, 1932–. **108**

Efros, Israel Isaac. *The Problem of Space in Jewish Mediaeval Philosophy.* New York: Columbia University Press, 1917. **340**

Egidi, Francesco, ed. *I Documenti d'amore di Francesco da Barberino secondo i MSS originali.* 4 vols. Società Filologica Romana: Documenti di Storia Letteraria 3. Rome: Presso la Società, 1905–27. **441**

Ehrensvärd, Ulla. "Color in Cartography: An Historical Survey." In *Art and Cartography: Six Historical Essays.* Ed. David Woodward. Chicago: University of Chicago Press, 1987. **325**

Ehrle, F., and H. Egger. *Piante e vedute di Roma e del Vaticano dal 1300 al 1676.* Illus. Amato Pietro Frutaz. Rome: Biblioteca Apostolica Vaticana, 1956. **477, 493**

Eisenstein, Elizabeth L. *The Printing Press as an Agent of Change: Communications and Cultural Transformations in Early-Modern Europe.* 2 vols. Cambridge: Cambridge University Press, 1979. **314**

Eliade, Mircea. *The Sacred and the Profane: The Nature of Religion.* New York: Harcourt Brace Jovanovich, 1959. **340**

———. *Images and Symbols: Studies in Religious Symbolism.* Trans. Philip Mairet. London: Harvill Press, 1961. **59**

———. *A History of Religious Ideas.* Trans. Willard R. Trask. Vol. 1, *From the Stone Age to the Eleusinian Mysteries.* Chicago: University of Chicago Press, 1978. **xvi, 4, 48, 55**

Elliott, Carolyn. "The Religious Beliefs of the Ghassulians, c. 4000–3100 B.C." *Palestine Exploration Quarterly,* January-June 1977, 3–25. **77**

Emden, A. B. *A Biographical Register of Oxford University to A.D. 1500.* Oxford: Clarendon Press, 1957–59. **312**

Emiliani, Marina (later Marina Salinari). "Le carte nautiche dei Benincasa, cartografi anconetani." *Bollettino della Reale Società Geografica Italiana* 73 (1936): 485–510. **400, 432, 433, 434, 435**

———. "L'Arcipelago Dalmata nel portolano di Grazioso Benincasa." *Archivio Storico per la Dalmazia* 22 (1937): 402–22. **422**

Enklaar, D. T. "De oudste kaarten van Gooiland en zijn grensgebieden." *Nederlandsch Archievenblad* 39 (1931–32): 185–205. **486, 500**

Erben, Wilhelm. *Rombilder auf kaiserlichen und päpstlichen Siegeln des Mittelalters.* Veröffentlichungen des Historischen Seminars der Universität Graz, 7. Graz: Leuschner und Lubensky, 1931. **477**

Ernst, A. "Petroglyphen aus Venezuela." *Zeitschrift für Ethnologie* 21 (1889): Verhandlungen 650–55. **66**

Erren, Manfred. *Die Phainomena des Aratos von Soloi: Untersuchungen zum Sach- und Sinnverständnis.* Wiesbaden: Franz Steiner, 1967. **142**

Errera, Carlo. "Atlanti e carte nautiche dal secolo XIV al XVII conservate nelle biblioteche pubbliche e private di Milano." *Rivista Geografica Italiana* 3 (1896): 91–96; reprinted in *Acta Cartographica* 8 (1970): 225–52. **397, 439**

Estey, F. N. "Charlemagne's Silver Celestial Table." *Speculum* 18 (1943): 112–17. **303, 469**

Ettlinger, L. D. "A Fifteenth-Century View of Florence." *Burlington Magazine* 94 (1952): 160–67. **477**

Evans, Arthur. *The Palace of Minos.* 4 vols. London: Macmillan, 1921–35. **251**

Eves, Howard. *An Introduction to the History of Mathematics.* New York: Holt, Rinehart and Winston, 1969. **323**

Fabri, Felix. *The Wanderings of Felix Fabri, circa 1480–*

1483 A.D. Trans. Aubrey Stewart. Palestine Pilgrims' Text Society, vols. 7–10. London: Palestine Exploration Fund, 1897. **443**

Falbe, C. T. *Recherches sur l'emplacement de Carthage.* Paris: Imprimerie Royale, 1833. **219**

Farmakovsky, Mstislav. "Arkhaicheskiy period v Rossii: Pamyatniki grecheskogo arkhaicheskogo i drevnego vostochnogo iskusstva, naidënnye v grecheskikh koloniyakh po severnomu beregu Chërnogo morya v kurganakh Skifii i na Kavkaze" (The archaic period in Russia: Relics of Greek archaic and ancient Eastern art found in the Greek colonies along the northern coast of the Black Sea in the barrows of Scythia and in the Caucasus). *Materialy po Arkheologii Rossii, Izdavayemye Imperatorskoy Arkheologicheskoy Komissiyey* 34 (1914): 15–78. **72**

Faulkner, Raymond O., ed. and trans. *The Ancient Egyptian Coffin Texts.* 3 vols. Warminster: Aris and Phillips, 1978. **120**

Favaro, Elena. *L'arte dei pittori in Venezia e i suoi statuti.* Università di Padova, Pubblicazione della Facoltà di Lettere e Filosofia, vol. 55. Florence: Leo S. Olschki, 1975. **428, 430, 432**

Febvre, Lucien, and Henri-Jean Martin. *L'apparition du livre.* Paris: Editions Albin, 1958. English edition, *The Coming of the Book: The Impact of Printing, 1450– 1800.* New ed. Ed. Geoffrey Nowell-Smith and David Wootton. Trans. David Gerard. London: NLB, 1976. **5, 10**

Ferguson, John. "China and Rome." In *Aufstieg und Niedergang der römischen Welt,* ed. Hildegard Temporini and Wolfgang Haase, 2.9.2 (1978): 581–603. Berlin: Walter de Gruyter, 1972–. **178**

Fernández-Armesto, F. F. R. "Atlantic Exploration before Columbus: The Evidence of Maps." *Renaissance and Modern Studies* (forthcoming). **411**

Fernie, Eric. "The Proportions of the St. Gall Plan." *Art Bulletin* 60 (1978): 583–89. **466**

Ferretto, Arturo. "Giovanni Mauro di Carignano Rettore di S. Marco, cartografo e scrittore (1291–1329)." *Atti della Società Ligure di Storia Patria* 52 (1924): 33–52. **380, 404, 432, 434**

Ferro, Gaetano. "Geografia storica, storia delle esplorazioni e della cartografia" (Introduzione). In *Ricerca geografica in Italia, 1960–1980.* 317–18. Milan: Ask Edizioni, 1980. **38**

Field, N. H., trans. *Roman Roads.* London: Batsford, 1978. **235**

Fierro, Alfred. *La Société de Géographie, 1821–1946.* Geneva: Librairie Droz, 1983. **14**

Finkelstein, Jacob J. "Mesopotamia." *Journal of Near Eastern Studies* 21 (1962): 73–92. **111**

Fiorini, Matteo. *Le projezioni delle carte geografiche.* Bologna: Zanichelli, 1881. **381, 385, 411**

———. "Le sfere cosmografiche e specialmente le sfere terrestri." *Bollettino della Società Geografica Italiana* 30 (1893): 862–88, 31 (1894): 121–32, 271–81, 331–49, 415–35. **141**

———. *Sfere terrestri e celesti di autore italiano oppure fatte o conservate in Italia.* Rome: Società Geografica Italiana, 1899. **142, 143**

Fischer, Irene. "Another Look at Eratosthenes' and Posidonius' Determinations of the Earth's Circumference." *Quarterly Journal of the Royal Astronomical Society* 16 (1975): 152–67. **148**

Fischer, Joseph. "Ptolemaeus und Agathodämon." *Kaiserliche Akademie der Wissenschaften in Wien.* Philosophisch-Historische Klasse, 59 (1916): 3–25. **271**

———. "Der Codex Burneyanus Graecus 111." In *75 Jahre Stella Matutina.* 3 vols., 1:151–59. Festschrift. Feldkirch: Selbstverlag Stella Matutina, 1931. **270**

———, ed. *Claudii Ptolemaei Geographiae Codex Urbinas Graecus 82.* 2 vols. in 4. Codices e Vaticanis Selecti quam Simillime Expressi, vol. 19. Leiden: E. J. Brill; Leipzig: O. Harrassowitz, 1932. **177, 189, 192, 269, 270, 274**

Fischer, Norbert. "With Fire and Sword, III." *Imago Mundi* 10 (1953): 56. **6**

Fischer, Theobald. *Sammlung mittelalterlicher Welt- und Seekarten italienischen Ursprungs und aus italienischen Bibliotheken und Archiven.* Venice: F. Ongania, 1886; reprinted Amsterdam: Meridian, 1961. **374, 384, 388, 406**

Flamand, Jacques. *Macrobe et le néo-Platonisme latin, à la fin du IVe siècle.* Leiden: E. J. Brill, 1977. **300**

Flint, Valerie I. J. "Honorius Augustodunensis Imago Mundi." *Archives d'Histoire Doctrinale et Littéraire du Moyen Age* 57 (1982): 7–153. **312**

Fockema Andreae, S. J., and B. van 'tHoff. *Geschiedenis der kartografie van Nederland van den Romeinschen tijd tot het midden der 19de eeuw.* The Hague: Nijhoff, 1947. **486, 500**

Foncin, Myriem, Marcel Destombes, and Monique de La Roncière. *Catalogue des cartes nautiques sur vélin conservées au Département des Cartes et Plans.* Paris: Bibliothèque Nationale, 1963. **376, 397, 435**

Fontaine, Jacques. *Isidore de Séville et la culture classique dans l'Espagne visigothique.* 2 vols. Paris: Etudes Augustiniennes, 1959. **301**

Forbes, Robert James. *Notes on the History of Ancient Roads and Their Construction.* Archaeologisch-Historische Bijdragen 3. Amsterdam: North-Holland, 1934. **135**

Fordham, Herbert George. *Studies in Carto-bibliography, British and French, and in the Bibliography of Itineraries and Road-Books.* Oxford: Clarendon Press, 1914; reprinted London: Dawsons, 1969. **20**

———. *Maps, Their History, Characteristics and Uses: A Handbook for Teachers.* 2d ed. Cambridge: Cambridge University Press, 1927. **25, 47, 48**

Formaleoni, Vincenzio. *Saggio sulla nautica antica de' Veneziani con una illustrazione d'alcune carte idrografiche antiche della Biblioteca di San Marco, che dimostrano l'isole Antille prima della scoperta di Cristoforo Colombo.* Venice: Author, 1783. **442, 443**

Fossier, Robert. *Polyptyques et censiers.* Turnhout: Brepols, 1978. **494**

Fossombroni, Vittorio. "Illustrazione di un antico documento relativo all'originario rapporto tra le acque dell'Arno e quelle della Chiana." *Nuova raccolta d'autori italiani che trattano del moto dell'acque*. 6 vols. Ed. F. Cardinali. Bologna: Marsigli, 1824. **488**

Fox, H. S. A. "Exeter, Devonshire, 1499." In *Local Maps and Plans from Medieval England*, ed. R. A. Skelton and P. D. A. Harvey, 329–36. Oxford: Clarendon Press, 1986. **490**

Frabetti, Pietro. *Carte nautiche italiane dal XIV al XVII secolo conservate in Emilia-Romagna*. Florence: Leo S. Olschki, 1978. **380, 391, 401, 457**

Franciscis, Alfonso de. "La villa romana di Oplontis." In *Neue Forschungen in Pompeji und den anderen vom Vesuvausbruch 79 n. Chr. verschütteten Städten*, ed. Bernard Andreae and Helmut Kyrieleis, 9–38. Recklinghausen: Aurel Bongers, 1975. **240**

Frankowski, Eugenjusz. *Hórreos y palafitos de la Península Ibérica*. Comisión de Investigaciones Paleontológicas y Prehistóricas, no. 18. Madrid: Museo Nacional de Ciencias Naturales, 1918. **97**

Freedman, Nadezhda. "The Nuzi Ebla." *Biblical Archaeologist* 40, no. 1 (1977): 32–33, 44. **113**

Freeman, Kathleen. *Ancilla to the Pre-Socratic Philosophers*. Cambridge: Harvard University Press, 1948. **131**

Freidel, Frank, ed. *Harvard Guide to American History*. Rev. ed., 2 vols. Cambridge: Belknap Press of Harvard University Press, 1954. **1**

Freiesleben, Hans-Christian. "Map of the World or Sea Chart? The Catalan Mappamundi of 1375." *Navigation: Journal of the Institute of Navigation* 26 (1979): 85–89. **377, 387**

———. "The Still Undiscovered Origin of the Portolan Charts." *Journal of Navigation* (formerly *Navigation: Journal of the Institute of Navigation*) 36 (1983): 124–29. **375, 380**

———. "The Origin of Portolan Charts." *Journal of Navigation* 37 (1984): 194–99. **388**

Freitag, Ulrich. "Semiotik und Kartographie: Über die Anwendung kybernetischer Disziplinen in der theoretischen Kartographie." *Kartographische Nachrichten* 21 (1971): 171–82. **34**

———. "Die Zeitalter und Epochen der Kartengeschichte." *Kartographische Nachrichten* 22 (1972): 184–91. **xviii, 36**

———. "Peuples sans cartes." In *Cartes et figures de la terre*, 61–63. Exhibition catalog. Paris: Georges Pompidou, 1980. **60**

———. "Zur Periodisierung der Geschichte der Kartographie Thailands." In *Kartenhistorisches Colloquium Bayreuth '82: Vorträge und Berichte*, 213–27. Berlin: Reimer, 1983. **xviii**

Friedman, John Block. *The Monstrous Races in Medieval Art and Thought*. Cambridge: Harvard University Press, 1981. **287, 316, 330, 332, 333, 340**

Frisch, Karl von. *The Dance Language and Orientation of Bees*. Trans. Leigh E. Chadwick. Cambridge: Belknap Press of Harvard University Press, 1967. **50**

Frobenius, Leo. *Ekade Ektab: Die Felsbilder Fezzans*. Leipzig: O. Harrassowitz, 1937. **69, 70, 89, 90, 96, 97**

Frobenius, Leo, and Douglas C. Fox. *Prehistoric Rock Pictures in Europe and Africa*. New York: Museum of Modern Art, 1937. **63**

Frobenius, Leo, and Hugo Obermaier. *Hádschra Máktuba: Urzeitliche Felsbilder Kleinafrikas*. Munich: K. Wolff, 1925. **97**

Frutaz, Amato Pietro. *Le piante di Roma*. 3 vols. Rome: Istituto di Studi Romani, 1962. **229**

Funkhouser, H. Gray. "Notes on a Tenth-Century Graph." *Osiris* 1 (1936): 260–62. **323**

Furse, P. "On the Prehistoric Monuments in the Islands of Malta and Gozo." *International Congress of Prehistoric Archaeology, Transactions of the Third Session, Norwich 1868* (1869): 407–16. **81**

Gaballa, G. A. *Narrative in Egyptian Art*. Mainz: Philipp von Zabern, 1976. **119**

Gadol, Joan. *Leon Battista Alberti: Universal Man of the Early Renaissance*. Chicago: University of Chicago Press, 1969. **495**

Gaerte, W. "Kosmische Vorstellungen im Bilde prähistorischer Zeit: Erdberg, Himmelsberg, Erdnabel und Weltenströme." *Anthropos* 9 (1914): 956–79. **89**

Gaffarel, Paul. "Etude sur un portulan inédit de la Bibliothèque de Dijon." *Mémoires de la Commission des Antiquités de la Côte-d'Or* 9 (1877): 149–99. **374, 401**

Galbraith, V. H. "An Autograph MS of Ranulph Higden's *Polychronicon*." *Huntington Library Quarterly* 34 (1959): 1–18. **312**

Gallery, Leslie Mesnick. "The Garden of Ancient Egypt." In *Immortal Egypt*, ed. Denise Schmandt-Besserat, 43–49. Malibu: Undena Publications, 1978. **118**

Gallez, Paul. "Walsperger and His Knowledge of the Patagonian Giants, 1448." *Imago Mundi* 33 (1981): 91–93. **199, 316**

Galliazzo, Vittorio. "Il ponte della pietra di Verona." *Atti e Memorie della Accademia di Agricoltura, Scienze e Lettere di Verona* 146 (1968–69): 533–70. **477**

Gallo, Rodolfo. "Le mappe geografiche del palazzo ducale di Venezia." *Archivio Veneto*, 5th ser., 32 (1943): 47–89. **315**

———. "A Fifteenth Century Military Map of the Venetian Territory of *Terraferma*." *Imago Mundi* 12 (1955): 55–57. **479, 480, 498**

García Camarero, Ernesto. "Deformidades y alucinaciones en la cartografía ptolemeica y medieval." *Boletín de la Real Sociedad Geográfica* 92 (1956): 257–310. **414**

———. "La escuela cartográfica inglesa 'At the Signe of the Platt.'" *Boletín de la Real Sociedad Geográfica* 95 (1959): 65–68. **431**

García Franco, Salvador. "The 'Portolan Mile' of Nordenskiöld." *Imago Mundi* 12 (1955): 89–91. **389**

Gardiner, Alan H. "The Map of the Gold Mines in a Ramesside Papyrus at Turin." *Cairo Scientific Journal* 8, no. 89 (1914): 41–46. **122**

———. *Late-Egyptian Miscellanies*. Bibliotheca Aegyptiaca 7. Brussels: Edition de la Fondation Egyptologique Reine Elisabeth, 1937. **124**

Gasparrini Leporace, Tullia. *Il mappamondo di Fra Mauro.* Rome: Istituto Poligrafico dello Stato, 1956. 316, 317, 324, 433

Gelb, Ignace J., et al., eds. *The Assyrian Dictionary.* Chicago: Oriental Institute, 1968. 109

Gennep, Arnold van. *Les rites de passage: Etude systématique des rites.* Paris: E. Nourry, 1909. English edition, *The Rites of Passage.* Trans. Monika B. Vizedom and Gabrielle L. Caffee. London: Routledge and Kegan Paul, 1960. 59

Genoviè, Lina. "La cartografia della Toscana." *L'Universo* 14 (1933): 779–85. 480

George, Frank. Review of *The Story of Maps*, by Lloyd A. Brown. *Geographical Journal* 116 (1950): 109. 26

Georgiev, Georgi Illiev. "Forschungsstand der alten Felskunst in Bulgarien." In *Acts of the International Symposium on Rock Art: Lectures at Hankø, 6-12 August, 1972*, ed. Sverre Marstrander, 68–84. Oslo: Universitetsforlaget, 1978. 93

Gerola, Giuseppe. "L'elemento araldico nel portolano di Angelino dall'Orto." *Atti del Reale Istituto Veneto di Scienze, Lettere ed Arti* 93, pt. 1 (1933–34): 407–43. 399, 406

———. "Le carte nautiche di Pietro Vesconte dal punto di vista araldico." In *Atti del Secondo Congresso di Studi Coloniali, Napoli 1–3 October 1934*, 7 vols., 2:102–23. Florence: Leo S. Olschki, 1935. 399

Gershenson, Daniel E., and Daniel A. Greenberg. "How Old Is Science?" *Columbia University Forum* (1964), 24–27. 30

Geyer, P., and Otto Cuntz. "Itinerarium Burdigalense." In *Itineraria et alia geographica*, in *Corpus Christianorum*, Series Latina, vols. 175 and 176 (1965). 237

Gialanella, Costanza, and Vladimiro Valerio. "Atlas Farnèse." In *Cartes et figures de la terre*, 84. Exhibition catalogue. Paris: Centre Georges Pompidou, 1980. 142

Gibson, Ackroyd. "Rock-Carvings Which Link Tintagel with Knossos: Bronze-Age Mazes Discovered in North Cornwall." *Illustrated London News* 224, pt. 1 (9 January 1954): 46–47. 88

Gibson, McGuire. "Nippur 1975: A Summary Report." *Sumer* 34 (1978): 114–21. 110

Gichon, Mordechai. "The Plan of a Roman Camp Depicted upon a Lamp from Samaria." *Palestine Exploration Quarterly* 104 (1972): 38–58. 250, 251

Giedion, Sigfried. *The Eternal Present: A Contribution on Constancy and Change*, Bollingen Series 35, vol. 6, 2 pts. New York: Bollingen Foundation, 1962. 82, 86, 89, 96

Gimpel, Jean. *The Medieval Machine: The Industrial Revolution of the Middle Ages.* New York: Penguin Books, 1977. 306

Ginsburg, Herbert, and Sylvia Opper. *Piaget's Theory of Intellectual Development.* 2d ed. Englewood Cliffs, N.J.: Prentice-Hall, 1979. 2

Gioffredo, Pietro. *Corografia delle Alpi Marittime.* 2 books (1824). Republished with his *Storia delle Alpi Marittime* in *Monumenta Historia Patriae*, vol. 3, *Scriptorum I.* Genoa, Augustae Taurinorum, 1840. 67

Gisinger, F. "Geographie." In *Paulys Realencyclopädie der classischen Altertumswissenschaft*, ed. August Pauly, Georg Wissowa, et al., suppl. 4 (1924): cols. 521–685. Stuttgart: J. B. Metzler, 1894–. 208

Glanville, S. R. K. "Working Plan for a Shrine." *Journal of Egyptian Archaeology* 16 (1930): 237–39. 127

Glasser, Hannelore. *Artists' Contracts of the Early Renaissance.* New York: Garland Publishers, 1977. 436

Glob, P. V. *Helleristninger i Danmark* (Rock carvings in Denmark). Jysk Arkaeologisk Selskabs Skrifter, vol. 7. Copenhagen: Gyldendal, 1969. 63, 87

Goff, Beatrice Laura. *Symbols of Prehistoric Mesopotamia.* New Haven: Yale University Press, 1963. 71, 86, 88, 96

Goldenberg, L. A., ed. *Ispol'zovaniye starykh kart v geograficheskikh i istoricheskikh issledovaniyakh* (The use of old maps in geographical and historical investigations). Moscow: Moskovskiy Filial Geograficheskogo Obschestva SSSR (Moscow Branch, Geographical Society of the USSR) 1980. 38

Goldschmidt, E. P. "The Lesina Portolan Chart of the Caspian Sea." *Geographical Journal* 103 (1944): 272–78. 376, 459

Goldschmidt, E. P., Booksellers. *Manuscripts and Early Printed Books (1463–1600).* Catalog 4. London: E. P. Goldschmidt, [1924–25]. 401

Goodburn, R., and P. Bartholomew, eds. *Aspects of the Notitia Dignitatum.* British Archaeological Reports, Supplementary Series 15. Oxford: British Archaeological Reports, 1976. 244

Goodrum, Charles A. *Treasures of the Library of Congress.* New York: H. N. Abrams, 1980. 404, 419

Goody, Jack, ed. *Literacy in Traditional Societies.* Cambridge: Cambridge University Press, 1968. 5

Gordon, B. L. "Sacred Directions, Orientation, and the Top of the Map." *History of Religions* 10 (1971): 211–27. 337

Gottschalk, H. B. "Notes on the Wills of the Peripatetic Scholarchs." *Hermes* 100 (1972): 314–42. 158

Gottschalk, M. K. Elisabeth. "De oudste kartografische weergave van een deel van Zeeuwsch-Vlaanderen." *Archief: Vroegere en Latere Mededelingen Voornamelijk in Betrekking tot Zeeland Uitgegeven door het Zeeuwsch Genootschap der Wetenschappen* (1948): 30–39. 486, 499

———. *Historische geografie van Westelijk Zeeuws-Vlaanderen.* 2 vols. Assen: Van Gorcum, 1955–58. 470, 485, 499

Gottschalk, M. K. Elisabeth, and W. S. Unger. "De oudste kaarten der waterwegen tussen Brabant, Vlaanderen en Zeeland." *Tijdschrift van het Koninklijk Nederlandsch Aardrijkskundig Genootschap*, 2d ser., 67 (1950): 146–64. 486, 500

Gough, Richard. *Anecdotes of British Topography . . .* London: W. Richardson and S. Clark, 1768. 11

———. *British Topography; or, An Historical Account of What Has Been Done for Illustrating the Topographical Antiquities of Great Britain and Ireland.* 2 vols. London: T. Payne and J. Nichols, 1780. 7, 11

Gould, Peter. Review of *The Mapmakers*, by John Noble Wilford. *Annals of the Association of American Geographers* 72 (1982): 433–34. **26, 31**

Gould, R. A. *Living Archaeology*. Cambridge: Cambridge University Press, 1980. **59**

Goyon, Georges. "Le papyrus de Turin dit 'Des mines d'or' et le Wadi Hammamat." *Annales du Service des Antiquités de l'Egypte* 49 (1949): 337–92. **122, 124**

Grand, Paule Marie. *Arte preistorica*. Milan: Parnaso, 1967. **71**

Grapow, Hermann. "Zweiwegebuch und Totenbuch." *Zeitschrift für Ägyptische Sprache und Altertumskunde* 46 (1909): 77–81. **120**

Graux, Charles, and Albert Martin. "Figures tirées d'un manuscrit des *Météorologiques* d'Aristote." *Revue de Philologie, de Littérature et d'Histoire Anciennes*, n.s., 24 (1900): 5–18. **146, 248**

Graves, Charles. "On a Previously Undescribed Class of Monuments." *Transactions of the Royal Irish Academy* 24, pt. 8 (1867): 421–31. **64**

Graziosi, Paolo. *L'Arte rupestre della Libia*. Naples: Edizioni della Mostra d'Oltremare, 1942. **97**

[Green, John]. *The Construction of Maps and Globes*. London: T. Horne, 1717. **10, 35**

Greenhood, David. "The First Graphic Art." *Newsletter of the American Institute of Graphic Arts* 78 (1944): 1. **45**

Gregorii, Johann Gottfried. *Curieuse Gedancken von den vornehmsten und accuratesten alt- und neuen Land-Charten*. Frankfurt and Leipzig: H. P. Ritscheln, 1713. **11**

Grenacher, Franz. "With Fire and Sword, VII." *Imago Mundi* 15 (1960): 120. **6**

———. "Current Knowledge of Alsatian Cartography." *Imago Mundi* 18 (1964): 60–61. **470**

———. Review of *Meister der Kartographie*, by Leo Bagrow. *Imago Mundi* 18 (1964): 100–101. **27**

Grivaud, C. M. "Sur les antiquités d'Autun (I)." *Annales des Voyages, de la Géographie et de l'Histoire* 12 (1810): 129–66. **290**

Groenewegen-Frankfort, Henrietta Antonia. *Arrest and Movement: An Essay on Space and Time in the Representational Art of the Ancient Near East*. Chicago: University of Chicago Press, 1951. **290**

Grose, S. W. *Fitzwilliam Museum: Catalogue of the McClean Collection of Greek Coins*. Cambridge: Cambridge University Press, 1929. **159**

Grosjean, Georges, ed. *The Catalan Atlas of the Year 1375*. Dietikon-Zurich: Urs Graf, 1978. **315, 321, 381, 386, 387, 388, 390, 393, 429, 434, 446, 447, 459, 461**

———, ed. *Vesconte Maggiolo, "Atlante nautico del 1512": Seeatlas vom Jahre 1512*. Dietikon-Zurich: Urs Graf, 1979. **401, 461**

Grosjean, Georges, and Rudolf Kinauer. *Kartenkunst und Kartentechnik vom Altertum bis zum Barock*. Bern and Stuttgart: Hallwag, 1970. **25**

Guarnieri, Giuseppe Gino. *Il porto di Livorno e la sua funzione economica dalle origini ai tempi nostri*. Pisa: Cesari, 1931. **427**

Guelke, Leonard, ed. *The Nature of Cartographic Communication*. Monograph 19. *Cartographica* (1977). **34**

Guilland, Rodolphe J. *Essai sur Nicéphore Grégoras*. Paris: P. Geuthner, 1926. **269**

Guillén y Tato, Julio F. "A propos de l'existence d'une cartographie castillane." In *Les aspects internationaux de la découverte océanique aux XVᵉ et XVIᵉ siècles: Actes du Vᵉᵐᵉ Colloque Internationale d'Histoire Maritime*, ed. Michel Mollat and Paul Adam, 251–53. Paris: SEVPEN, 1966. **389**

Gullini, Giorgio. *I mosaici di Palestrina*. Supplemento di Archeologia Classica 1. Rome: Archeologia Classica, 1956. **118**

Gundlach, Rold. "Landkarte." In *Lexikon der Ägyptologie*, ed. Wolfgang Helck and Eberhard Otto, 3:cols. 922–23. Wiesbaden: O. Harrassowitz, 1975–. **117**

Günther, Siegmund. "Die Anfänge und Entwickelungsstadien des Coordinatenprincipes." *Abhandlungen der Naturhistorischen Gesellschaft zu Nürnberg* 6 (1877): 1–50. **323**

Guthrie, W. K. C. *A History of Greek Philosophy*. 6 vols. Cambridge: Cambridge University Press, 1962–81. **130**

Gutkind, E. A. *The International History of City Development*. 8 vols. New York: Free Press of Glencoe, 1964–72. **xix**

Gyula, Pápay. "A kartográfiatörténet korszakolásának módszertani kédései." *Geodézia és Kartografia* 35, no. 5 (1983): 344–48. **xix**

Hadas, Moses. *Imperial Rome*. Alexandria, Va.: Time-Life Books, 1979. **246**

Hadingham, Evan. *Ancient Carvings in Britain: A Mystery*. London: Garnstone Press, 1974. **64**

———. *Circles and Standing Stones: An Illustrated Exploration of Megalith Mysteries of Early Britain*. Garden City, N.Y.: Anchor Press/Doubleday, 1975. **64**

———. *Secrets of the Ice Age: The World of the Cave Artists*. New York: Walker, 1979. **84**

Hahn, Cynthia. "The Creation of the Cosmos: Genesis Illustration in the Octateuch." *Cahiers Archéologiques* 28 (1979): 29–40. **262**

Hahnloser, H. R., ed. *Villard de Honnecourt: Kritische Gesamtausgabe des Bauhüttenbuches*. 2d ed. Graz: Akademische Druck- und Verlagsanstalt, 1972. **470**

Hake, Günter. *Der wissenschaftliche Standort der Kartographie*. Wissenschaftliche Arbeiten der Fachrichtung Vermessungswesen der Universität Hannover, no. 100. Hannover, 1981. **xvii**

Hakluyt, Richard. *The Principall Navigations Voiages and Discoveries of the English Nation*. A photolithographic facsimile (original imprinted in London, 1589). Cambridge: For the Hakluyt Society and the Peabody Museum of Salem at the University Press, 1965. **12**

Hall, Catherine P., and J. R. Ravensdale, eds. *The West Fields of Cambridge*. Cambridge: Cambridge Antiquarian Records Society, 1976. **465**

Hallam, H. E. "Wildmore Fen, Lincolnshire, 1224 × 1249." In *Local Maps and Plans from Medieval England*, ed. R. A. Skelton and P. D. A. Harvey, 71–81. Oxford: Clarendon Press, 1986. **484**

Hallo, William W. "The Road to Emar." *Journal of Cuneiform Studies* 18 (1964): 57–88. **108**

Hallpike, Christopher R. *The Foundations of Primitive Thought.* New York: Oxford University Press; Oxford: Clarendon Press, 1979. **52, 59, 60, 85**

Hamy, Ernest Théodore. "Les origines de la cartographie de l'Europe septentrionale." *Bulletin du Comité des Travaux Historiques et Scientifiques: Section de Géographie Historique et Descriptive* 3 (1888): 333–432. **375, 440**

———. *Etudes historiques et géographiques.* Paris: Leroux, 1896. **445**

———. "Note sur des fragments d'une carte marine catalane du XVe siècle, ayant servi de signets dans les notules d'un notaire de Perpignan (1531–1556)." *Bulletin du Comité des Travaux Historiques et Scientifiques: Section de Géographie Historique et Descriptive* (1897): 23–31; reprinted in *Acta Cartographica* 4 (1969): 219–27. **373**

Hapgood, Charles H. *Maps of the Ancient Sea Kings: Evidence of Advanced Civilization in the Ice Age.* Rev. ed. New York: E. P. Dutton, 1979. **197, 291, 380, 384**

Har-El, Menashe. "Orientation in Biblical Lands." *Biblical Archaeologist* 44, no. 1 (1981): 19–20. **326**

Harbison, Robert. *Eccentric Spaces.* New York: Alfred A. Knopf, 1977. **4**

Hardie, P. R. "Imago Mundi: Cosmological and Ideological Aspects of the Shield of Achilles." *Journal of Hellenic Studies* 105 (1985): 11–31. **131**

Harding, G. Lankester. "The Cairn of Hani'." *Annual of the Department of Antiquities of Jordan* 2 (1953): 8–56. **61**

Harley, J. B. Review of *History of Cartography,* by Leo Bagrow. *Geographical Review* 131 (1965): 147. **25**

———. "The Evaluation of Early Maps: Towards A Methodology." *Imago Mundi* 22 (1968): 62–74. **35**

———. "The Map User in Eighteenth-Century North America: Some Preliminary Observations." In *The Settlement of Canada: Origins and Transfer,* ed. Brian S. Osborne, 47–69. Proceedings of the 1975 British-Canadian Symposium on Historical Geography. Kingston, Ont.: Queen's University, 1976. **36**

———. "Meaning and Ambiguity in Tudor Cartography." In *English Map-making, 1500–1650,* ed. Sarah Tyacke, 22–45. London: British Library, 1983. **36, 60, 62, 493**

———. "The Iconology of Early Maps." In *Imago et mensura mundi: Atti del IX Congresso Internazionale di Storia della Cartografia,* 2 vols., ed. Carla Clivio Marzoli, 1:29–38. Rome: Enciclopedia Italiana, 1985. **36**

———. "*Imago Mundi*: The First Fifty Years and the Next Ten." Paper prepared for the Eleventh International Conference on the History of Cartography, Ottawa, 1985. **30**

Harley, J. B., and David Woodward. "The History of Cartography Project: A Note on Its Organization and Assumptions." *Technical Papers,* 43d Annual Meeting, American Congress on Surveying and Mapping, March 1982, 580–89. **xv**

———. "Why Cartography Needs Its History." Forthcoming. **9**

Harms, Hans. *Künstler des Kartenbildes: Biographien und Porträts.* Oldenburg: E. Völker, 1962. **25**

Harthan, John. *Books of Hours and Their Owners.* London: Thames and Hudson, 1977. **436**

Hartig, Otto. "Geography in the Church." In *The Catholic Encyclopedia,* 15 vols., 6:447–53. New York: Robert Appleton, [1907–12]. **294**

Hartshorne, Richard. *The Nature of Geography: A Critical Survey of Current Thought in the Light of the Past.* Lancaster, Pa.: Association of American Geographers, 1939. **30**

———. *Perspective on the Nature of Geography.* Chicago: Rand McNally for the Association of American Geographers, 1959. **30**

Harvey, David. *Explanation in Geography.* London: Edward Arnold, 1969; New York: St. Martin's Press, 1970. **3**

Harvey, John H. "Four Fifteenth-Century London Plans." *London Topographical Record* 20 (1952): 1–8. **492**

———. "Winchester, Hampshire, *circa* 1390." In *Local Maps and Plans from Medieval England,* ed. R. A. Skelton and P. D. A. Harvey, 141–46. Oxford: Clarendon Press, 1986. **471**

Harvey, P. D. A. *The History of Topographical Maps: Symbols, Pictures and Surveys.* London: Thames and Hudson, 1980. **xvi, xix, 21, 48, 54, 75, 95, 225, 226, 229, 234, 371, 372, 426, 439, 464, 466, 469, 470, 473, 474, 475, 477, 478, 479, 485, 487, 488, 495, 496, 497, 498**

———. "The Portsmouth Map of 1545 and the Introduction of Scale Maps into England." In *Hampshire Studies,* ed. John Webb, Nigel Yates, and Sarah Peacock, 33–49. Portsmouth: Portsmouth City Records Office, 1981. **464**

———. "Cartographic Commentary." *Cartographica* 19, no. 1 (1982): 67–69. **63, 84**

———. "Shouldham, Norfolk, 1440 × 1441." In *Local Maps and Plans from Medieval England,* ed. R. A. Skelton and P. D. A. Harvey, 195–201. Oxford: Clarendon Press, 1986. **494**

———. "Wormley, Hertfordshire, 1220 × 1230." In *Local Maps and Plans from Medieval England,* ed. R. A. Skelton and P. D. A. Harvey, 59–70. Oxford: Clarendon Press, 1986. **470, 484**

Haselberger, Lothar. "Werkzeichnungen am jüngeren Didymeion." *Mitteilungen des Deutschen Archäologischen Instituts, Abteilung Istanbul* 30 (1980): 191–215. **140**

———. "The Construction Plans for the Temple of Apollo at Didyma." *Scientific American* December 1985, 126–32. **140**

Haskins, Charles Homer. *The Rise of Universities.* New York: Henry Holt, 1923. **306**

———. *Studies in the History of Mediaeval Science.* Cambridge: Harvard University Press, 1927. **293, 301, 323**

―――. *Renaissance of the Twelfth Century*. New York: Meridian, 1957. **293, 299, 304**

Hauber, Eberhard David. *Versuch einer umständlichen Historie der Land-Charten*. Ulm: D. Bartholomäi, 1724. **10**

Haudricourt, A., and J. Needham. "Ancient Chinese Science." In *Ancient and Medieval Science from the Beginnings to 1450*, 161–77. Vol. 1 of *History of Science*. 4 vols. Ed. Rene Taton. Trans. A. J. Pomerans. London: Thames and Hudson, 1963–66. **84**

Hawkes, C. F. C. *Pytheas: Europe and the Greek Explorers*. Eighth J. L. Myres Memorial Lecture. Oxford: Blackwell, 1977. **150, 151**

Hawkins, Gerald S. *Mindsteps to the Cosmos*. New York: Harper and Row, 1983. **86**

Hay, Denys. *Europe in the Fourteenth and Fifteenth Centuries*. London: Longmans, 1966. **444**

Hayes, William C. *Ostraka and Name Stones from the Tomb of Sen-Müt (no. 71) at Thebes*. Publications of the Metropolitan Museum of Art Egyptian Expedition, vol. 15. New York: Metropolitan Museum of Art, 1942. **126**

Head, C. Grant. "The Map as Natural Language: A Paradigm for Understanding." In *New Insights in Cartographic Communication*. Ed. Christopher Board. Monograph 31. *Cartographica* 21, no. 1 (1984): 1–32. **2, 34**

Heathcote, N. H. de Vaudrey. "Early Nautical Charts." *Annals of Science* 1 (1936): 1–28. **396**

Heggie, Douglas C. *Megalithic Science: Ancient Mathematics and Astronomy in Northwest Europe*. London: Thames and Hudson, 1981. **81**

―――, ed. *Archaeoastronomy in the Old World*. Cambridge: Cambridge University Press, 1982. **81**

Heidel, William Arthur. "Anaximander's Book: The Earliest Known Geographical Treatise." *Proceedings of the American Academy of Arts and Sciences* 56 (1921): 237–88. **134**

―――. *The Frame of the Ancient Greek Maps*. New York: American Geographical Society, 1937. **132, 140, 152**

Heinrich, Ernst, and Ursula Seidl. "Grundrißzeichnungen aus dem alten Orient." *Mitteilungen der Deutschen Orient-Gesellschaft zu Berlin* 98 (1967): 24–45. **109, 110**

Helck, Wolfgang. "Gartenanlage, -bau." In *Lexikon der Ägyptologie*, ed. Wolfgang Helck and Eberhard Otto, 2:cols. 378–80. Wiesbaden: O. Harrassowitz, 1975–. **118**

Hennessy, J. B. "Preliminary Report on a First Season of Excavations at Teleilat Ghassul." *Levant* 1 (1969): 1–24. **58**

Hessels, John Henry, ed. *Abrahami Ortelii (geographi antverpiensis) et virorum eruditorum ad eundem . . . Epistulae . . . (1524–1628)*. Ecclesiae Londino-Batavae archivum, vol. 1. London: Nederlandsche Hervormde Gemeente, 1887. **9**

Heurgon, Jacques. "La date des gobelets de Vicarello." *Revue des Etudes Anciennes* 54 (1952): 39–50. **235**

Hewes, Gordon W. "Primate Communication and the Gestural Origin of Language." *Current Anthropology* 14, nos. 1–2 (1973): 5–24. **52**

Heydenreich, Ludwig H. "Ein Jerusalem-Plan aus der Zeit der Kreuzfahrer." In *Miscellanea pro arte*, ed. Joseph Hoster and Peter Bloch, 83–90. Cologne: Freunde des Schnütgen-Museums, 1965. **474**

Heywood, Nathan. "The Cup and Ring Stones on the Panorama Rocks, Near Rombald's Moor, Ilkley, Yorkshire." *Transactions of the Lancashire and Cheshire Antiquarian Society* 6 (1888): 127–28. **86**

Hill, George Francis. *Coins of Ancient Sicily*. Westminster: A. Constable, 1903. **158**

Hill, Gillian. *Cartographical Curiosities*. London: British Museum Publications, 1978. **22**

Hingman, Jan Henricus. *Inventaris der verzameling kaarten berustende in het Rijks-Archief*. The Hague: Nijhoff, 1867–71. **486, 500**

Hinks, Arthur R. *Portolan Chart of Angellino de Dalorto 1325 in the Collection of Prince Corsini at Florence, with a Note on the Surviving Charts and Atlases of the Fourteenth Century*. London: Royal Geographical Society, 1929. **380, 394, 411, 423, 457**

Hinks, R. *Myth and Allegory in Ancient Art*. London: Warburg Institute, 1939. **264**

Hinrichs, Focke Tannen. *Die Geschichte der gromatischen Institutionen*. Wiesbaden: Franz Steiner, 1974. **218**

Hodder, Ian. *Symbols in Action: Ethnoarchaeological Studies of Material Culture*. Cambridge: Cambridge University Press, 1982. **60**

Hodgkiss, Alan G. *Understanding Maps: A Systematic History of Their Use and Development*. Folkestone: Dawson, 1981. **25**

Hoehn, Philip. "The Cartographic Treasures of the Bancroft Library." *Map Collector* 23 (1983): 28–32. **16**

Hoff, B. van 't. "The Oldest Maps of the Netherlands: Dutch Map Fragments of about 1524." *Imago Mundi* 16 (1962): 29–32. **486, 500**

Honigmann, Ernst. *Die sieben Klimata und die πόλεις ἐπίσημοι*. Heidelberg: Winter, 1929. **182, 191**

Hooke, S. H. "Recording and Writing." In *From Early Times to Fall of Ancient Empires*, 744–73. Vol. 1 of *A History of Technology*. 7 vols. Ed. Charles Singer et al. Oxford: Clarendon Press, 1954–78. **60**

Hope, W. H. St. John. "The London Charterhouse and Its Old Water Supply." *Archaeologia* 58 (1902): 293-312. **491**

Horn, W. Review of *Die Geschichte der Kartographie*, by Leo Bagrow. *Petermanns Geographische Mitteilungen* 97 (1953): 222. **25**

Horn, Walter, and Ernest Born. "New Theses about the Plan of St. Gall." In *Die Abtei Reichenau: Neue Beiträge zur Geschichte und Kultur des Inselklosters*, ed. Helmut Maurer, 407–76. Sigmaringen: Thorbecke, 1974. **466**

―――. *The Plan of St. Gall: A Study of the Architecture and Economy of, and Life in, a Paradigmatic Carolingian Monastery*. 3 vols. Berkeley: University of California Press, 1979. **466**

Hough, Samuel J. *The Italians and the Creation of America: An Exhibition at the John Carter Brown Library*. Providence: John Carter Brown Library, 1980. **22**

Howse, Derek. "Some Early Tidal Diagrams." *Revista da Universidade de Coimbra* 33 (1985): 365–85. **440**

Howse, Derek, and Michael Sanderson. *The Sea Chart.* Newton Abbot: David and Charles, 1973. **378, 457**

Hull, F. "Cliffe, Kent, Late 14th Century × 1408." In *Local Maps and Plans from Medieval England*, ed. R. A. Skelton and P. D. A. Harvey, 99–105. Oxford: Clarendon Press, 1986. **484**

———. "Isle of Thanet, Kent, Late 14th Century × 1414." In *Local Maps and Plans from Medieval England*, ed. R. A. Skelton and P. D. A. Harvey, 119–26. Oxford: Clarendon Press, 1986. **484, 493**

Hülsen, C. "Di una nuova pianta prospettica di Roma del secolo XV." *Bullettino della Commissione Archeologica Comunale di Roma*, 4th ser., 20 (1892): 38–47. **493**

Humboldt, Alexander von. *Examen critique de l'histoire de la géographie du nouveau continent et des progrès de l'astronomie nautique au XVe et XVIe siècles.* 5 vols. Paris: Gide, 1836–39. **17, 386**

———. *Views of Nature.* Trans. E. C. Otté and H. G. Bohn. London: Bell and Daldy, 1872. **47**

Humphreys, Arthur L. *Old Decorative Maps and Charts.* London: Halton and Smith; New York: Minton, Balch, 1926. Revised by R. A. Skelton as *Decorative Printed Maps of the 15th to 18th Centuries.* London: Staples Press, 1952. **25**

Hunger, Herbert. *Die hochsprachliche profane Literatur der Byzantiner.* Munich: Beck, 1978–. **266**

Hutorowicz, H. de. "Maps of Primitive Peoples." *Bulletin of the American Geographical Society* 43, no. 9 (1911): 669–79. **46, 54**

Huussen, A. H. *Jurisprudentie en kartografie in de XVe en XVIe eeuw.* Brussells: Algemeen Rijksarchief, 1974. **486, 500**

Huxley, G. L. "Eudoxus of Cnidus." In *Dictionary of Scientific Biography*, 16 vols., ed. Charles Coulston Gillispie, 4:465–67. New York: Charles Scribner's Sons, 1970–80. **140**

———. "A Porphyrogenitan Portulan." *Greek, Roman and Byzantine Studies* 17 (1976): 295–300. **260**

Ibarra Grasso, Dick Edgar. *La representación de América en mapas romanos de tiempos de Cristo.* Buenos Aires: Ediciones Ibarra Grasso, 1970. **199**

Imhof, Eduard. *Die ältesten Schweizerkarten.* Zurich: Füssli, 1939. **498**

———. "Beiträge zur Geschichte der topographischen Kartographie." *International Yearbook of Cartography* 4 (1964): 129–53. **38**

Institut Géographique National. *Atlas des centuriations romaines de Tunisie.* Paris: Institut Géographique National, 1954. **198, 219**

International Cartographic Association. *Multilingual Dictionary of Technical Terms in Cartography.* Ed. E. Meynen. Wiesbaden: Franz Steiner Verlag, 1973. **xvi**

———. *Map-Making to 1900: An Historical Glossary of Cartographic Innovations and Their Diffusion.* Ed. Helen Wallis. London: Royal Society, 1976. **33**

———. *Cartographical Innovations: An International Handbook of Mapping Terms to 1900.* Ed. Helen Wallis

and Arthur Robinson. Tring, Hertfordshire: Map Collector Publications, forthcoming. **33**

International Cartographic Association (British National Committee for Geography subcommittee). *Glossary of Technical Terms in Cartography.* London: Royal Society, 1966. **xvi**

Ischer, Theophil. *Die ältesten Karten der Eidgenossenschaft.* Bern: Schweizer Bibliophile Gesellschaft, 1945. **498**

Israel, Nico, Antiquarian Booksellers. *Interesting Books and Manuscripts on Various Subjects: A Selection from Our Stock . . . .* Catalog 22. Amsterdam: N. Israel, 1980. **378, 419, 443, 458**

Issel, A. "Le rupi scolpite nelle alte valli delle Alpi Marittime." *Bollettino di Paletnologia Italiana* 17 (1901): 217–59. **67**

Jackson, Donald. *The Story of Writing.* New York: Taplinger, 1981. **318**

Jacob, Christian. "Lectures antiques de la carte." *Etudes françaises* 21, no. 2 (1985): 21–46. **139, 253**

Jacoby, G. "Über die Gründung einer internationalen Zentralstelle für die Geschichte der Kartographie." *Kartographische Nachrichten* 12 (1962): 27–28. **37**

Jacquet, Jean. "Remarques sur l'architecture domestique à l'époque méroïtique: Documents recueillis sur les fouilles d'Ash-Shaukan." In *Aufsätze zum 70. Geburtstag von Herbert Ricke*, ed. Abdel Moneim Abubakr et al., 121–31. Beiträge zur Ägyptischen Bauforschung und Altertumskunde, no. 12. Wiesbaden: F. Steiner, 1971. **127**

James, Montague Rhodes. *A Descriptive Catalogue of the Manuscripts in the Library of Corpus Christi College Cambridge.* 2 vols. Cambridge: Cambridge University Press, 1912. **312**

James, Preston E., and Geoffrey J. Martin. *All Possible Worlds: A History of Geographical Ideas.* 2d ed. New York: John Wiley, 1981. **31**

Janni, Pietro. *La mappa e il periplo: Cartografia antica e spazio odologico.* Università di Macerata, Pubblicazioni della Facoltà di Lettere e Filosofia 19. Rome: Bretschneider, 1984. **237**

Janvier, Y. *La géographie d'Orose.* Paris: Belles Lettres, 1982. **347**

Jaynes, Julian. "The Evolution of Language in the Late Pleistocene." *Annals of the New York Academy of Sciences* 280 (1976): 322. **53**

———. *The Origins of Consciousness in the Breakdown of the Bicameral Mind.* Boston: Houghton Mifflin, 1976. **51**

Jensen, Hans. *Symbol and Script: An Account of Man's Efforts to Write.* 3d ed., rev. and enl. London: George Allen and Unwin, 1970. **49**

Jervis, W. W. *The World in Maps: A Study in Map Evolution.* London: George Philip, 1936. **25, 294**

Johnson, Elmer D. *A History of Libraries in the Western World.* New York and London: Scarecrow Press, 1965. **167**

Johnson, Samuel. *Rambler* 84, Sat., 29 Dec. 1750. **12**

Johnston, A. E. M. "The Earliest Preserved Greek Map: A New Ionian Coin Type." *Journal of Hellenic Studies* 87 (1967): 86–94. **158**

Johnston, R. J. *Geography and Geographers: Anglo-American Human Geography since 1945.* 2d ed. London: Edward Arnold, 1983. **31**

Jomard, Edme-François. *Considérations sur l'objet et les avantages d'une collection spéciale consacrée aux cartes géographiques et aux diverses branches de la géographie.* Paris: E. Duverger, 1831. **15**

———. *De l'utilité qu'on peut tirer de l'étude comparative des cartes géographiques.* Paris: Burgogne et Martinet, 1841; reprinted from *Bulletin de la Société de Géographie,* 2d ser., 15 [1841]: 184–94. **15**

———. *Les monuments de la géographie; ou, Recueil d'anciennes cartes européennes et orientales.* Paris: Duprat, 1842–62. **13, 293**

———. *Sur la publication des Monuments de la géographie.* Paris, 1847. **13**

———. *De la collection géographique créée à la Bibliothèque Royale.* Paris: E. Duverger, 1848. **16**

———. *Introduction à l'atlas des Monuments de la géographie.* Paris: Arthus Bertrand, 1879. **13, 18**

Jones, A. C. "Land Measurement in England, 1150–1350." *Agricultural History Review* 27 (1979): 10–18. **494**

Jones, Charles W. "The Flat Earth." *Thought: A Quarterly of the Sciences and Letters* 9 (1934): 296–307. **319, 320**

Jones, Philip E. "Deptford, Kent and Surrey; Lambeth, Surrey; London, 1470–1478." In *Local Maps and Plans from Medieval England,* ed. R. A. Skelton and P. D. A. Harvey, 251–62. Oxford: Clarendon Press, 1986. **492**

Josephson, Åke. *Casae litterarum: Studien zum Corpus Agrimensorum Romanorum.* Uppsala: Almqvist och Wiksell, 1950. **226**

Julku, Kyösti. "Suomen tulo maailmankartalle" (Appearance of Finland on medieval world maps). *Faravid* 1 (1977): 7–41. **290**

Kadmon, Naftali. "Cartograms and Topology." *Cartographica* 19, nos. 3–4 (1982): 1–17. **xvii**

Kamal, Youssouf. *Monumenta cartographica Africae et Aegypti.* 5 vols. in 16 pts. Cairo, 1926–51. **18, 294, 302, 328, 368, 393, 404, 406, 411, 413, 416, 418, 419, 420, 457, 459, 461**

———. *Quelques éclaircissements épars sur mes Monumenta cartographica Africae et Aegypti.* Leiden: E. J. Brill, 1935. **388, 444**

———. *Hallucinations scientifiques (les portulans).* Leiden: E. J. Brill, 1937. **380, 381, 384**

Kandler, Pietro. *Indicazioni per riconoscere le cose storiche del Litorale.* Trieste, 1855. **219**

Kantor, Helene J. "Narrative in Egyptian Art." *American Journal of Archaeology* 61 (1957): 44–54. **119**

Karig, Joachim Selim. "Die Landschaftsdarstellung in den Privatgräbern des Alten Reiches." Ph.D. diss., University of Göttingen, 1962. **118**

Karrow, Robert W. "Cartobibliography." *AB Bookman's Yearbook,* pt. 1 (1976): 43–52. **19, 20**

———. "The Cartographic Collections of the Newberry Library." *Map Collector* 32 (1985): 10–15. **16**

Keates, J. S. *Understanding Maps.* New York: John Wiley, 1982. **2**

Kees, Hermann. *Totenglauben und Jenseitsvorstellungen der alten Ägypter.* Berlin: Akademie-Verlag, 1956. **120**

Kelley, James E., Jr. "The Oldest Portolan Chart in the New World." *Terrae Incognitae: Annals of the Society for the History of Discoveries* 9 (1977): 22–48. **377, 383, 384, 389, 391, 395, 403, 404, 420, 423, 429, 431, 444**

———. "Non-Mediterranean Influences That Shaped the Atlantic in the Early Portolan Charts." *Imago Mundi* 31 (1979): 18–35. **410, 411, 414, 428**

Ker, Neil. Review of *Mappemondes A.D. 1200–1500: Catalogue préparé par la Commission des Cartes Anciennes de l'Union Géographique Internationale,* ed. Marcel Destombes. *Book Collector* 14 (1965): 369–73. **286, 302**

Kerényi, Karl. *Labyrinth-Studien: Labyrinthos als Linienreflex einer mythologischen Idee.* 2d ed. Zurich: Rhein-Verlag, 1950. **88, 251**

Kerferd, G. B. "Democritus." In *Dictionary of Scientific Biography,* 16 vols., ed. Charles Coulston Gillispie, 4:30–35. New York: Charles Scribner's Sons, 1970–80. **137**

Kern, Hermann. *Labirinti: Forme e interpretazione, 5000 anni di presenza di un archetipo manuale e file conduttore.* Milan: Feltrinelli, 1981. German edition, *Labyrinthe: Erscheinungsformen und Deutungen, 5000 Jahre Gegenwart eines Urbilds.* Munich: Prestel-Verlag, 1982. **4, 88, 251**

Keuning, Johannes. "XVIth Century Cartography in the Netherlands (Mainly in the Northern Provinces)." *Imago Mundi* 9 (1952): 35–64. **343, 486, 500**

———. "The History of Geographical Map Projections until 1600." *Imago Mundi* 12 (1955): 1–24. **185, 385**

Kiely, Edmond R. *Surveying Instruments: Their History.* New York: Teachers College, Columbia University, 1947; reprinted Columbus: Carben Surveying Reprints, 1979. **213, 232, 494**

Kimble, George H. T. *Geography in the Middle Ages.* London: Methuen, 1938. **294, 321, 328**

King, Georgiana Goddard. "Divagations on the Beatus." In *Art Studies: Medieval, Renaissance and Modern,* 8 vols., ed. members of Departments of Fine Arts at Harvard and Princeton Universities, 8:3–58. Cambridge: Harvard University Press, 1923–30. **303**

Kirk, G. S., J. E. Raven, and M. Schofield. *The Presocratic Philosophers.* 2d ed. Cambridge: Cambridge University Press, 1983. **130, 136**

Kirkbride, Diane. "Umm Dabaghiyah 1974: A Fourth Preliminary Report." *Iraq* 37 (1975): 3–10. **58**

Kish, George. "The Japan on the 'Mural Atlas' of the Palazzo Vecchio, Florence." *Imago Mundi* 8 (1951): 52–54. **8**

———. Review of *Maps and Their Makers: An Introduction to the History of Cartography,* by Gerald R. Crone. *Geographical Review* 45 (1955): 448–49. **26**

———. Review of *History of Cartography,* by Leo Bagrow. *Geographical Review* 56 (1966): 312–13. **26**

———. *La carte: Image des civilisations.* Paris: Seuil, 1980. **22, 25, 88, 95, 96, 458**

———, ed. *A Source Book in Geography.* Cambridge: Harvard University Press, 1978. **237, 244**

————, ed. *Bibliography of International Geographical Congresses, 1871-1976*. Boston: G. K. Hall, 1979. **15**

Kitzinger, Ernst. "Studies on Late Antiquity and Early Byzantine Floor Mosaics: I. Mosaics at Nikopolis." *Dumbarton Oaks Papers* 6 (1951): 81–122. **264**

————. "World Map and Fortune's Wheel: A Medieval Mosaic Floor in Turin." *Proceedings of the American Philosophical Society* 117 (1973): 344–73. **339**

Klebs, Luise. *Die Reliefs und Malereien des Neuen Reiches*. Heidelberg: C. Winter, 1934. **118**

Klein, Peter K. *Der ältere Beatus-Kodex Vitr. 14-1 der Biblioteca Nacional zu Madrid: Studien zur Beatus-Illustration und der spanischen Buchmalerei des 10. Jahrhunderts*. Hildesheim: Georg Olms, 1976. **303, 305**

Klein, Robert. *Form and Meaning: Essays on the Renaissance and Modern Art*. Trans. Madeline Jay and Leon Wieseltier. New York: Viking Press, 1970. **89**

Klotz, A. "Die geographischen Commentarii des Agrippa und ihre Überreste." *Klio* 24 (1931): 38–58, 386–466. **208**

Knowles, M. D. "Clerkenwell and Islington, Middlesex, Mid-15th Century." In *Local Maps and Plans from Medieval England*, ed. R. A. Skelton and P. D. A. Harvey, 221–28. Oxford: Clarendon Press, 1986. **491**

Koeman, Cornelis. *Collections of Maps and Atlases in the Netherlands: Their History and Present State*. Leiden: E. J. Brill, 1961. **8, 16, 500**

————. "An Increase in Facsimile Reprints." *Imago Mundi* 18 (1964): 87–88. **18**

————. "Hoe oud is het woord kartografie?" *Geografisch Tijdschrift* 8 (1974): 230–31. **12**

————. "Algemene inleiding over de historische kartografie, meer in het Bijzonder: Holland vóór 1600." *Holland* 7 (1975): 230. **494**

————. "Moderne onderzoekingen op het gebied van de historische kartografie." *Bulletin van de Vakgroep Kartografie* 2 (1975): 3–24. **38**

————. "Sovremenniye issledovaniya v oblasti istoricheskoy kartografii i ikh znacheniye dlya istorii kul'tury i razvitiya kartograficheskikh nauk" (Modern investigations in the field of the history of cartography: Their contribution to cultural history and the development of the science of cartography). In *Puti razvitiya kartografii* (Paths to the evolution of cartography), 107–21. A collection of papers on the occasion of Professor K. A. Salishchev's seventieth birthday. Moscow: Izdatel'stvo Moskovskogo Universiteta, 1975. **23**

————. *Geschiedenis van de kartografie van Nederland: Zes eeuwen land- en zeekaarten en stadsplattegronden*. Alphen aan den Rijn: Canaletto, 1983. **37**

Koepf, Hans. *Die gotischen Planrisse der Wiener Sammlungen*. Vienna: Böhlau, 1969. **470**

Kohl, Johann Georg. "Substance of a Lecture Delivered at the Smithsonian Institution on a Collection of the Charts and Maps of America." *Annual Report of the Board of Regents of the Smithsonian Institution . . . 1856*, (1857), 93–146. **13, 16**

Kolev, P., et al., eds. *The Netherlands—Bulgaria: Traces of Relations through the Centuries—Material from Dutch Archives and Libraries on Bulgarian History and on Dutch Contacts with Bulgaria*. Sofia: State Publishing House "Septemvri," 1981. **380**

Körte, G. "Die Bronzeleber von Piacenza." *Mitteilungen des Kaiserlich Deutschen Archaeologischen Instituts, Römische Abteilung* 20 (1905): 348–77. **202**

Kosack, Hans-Peter, and Karl-Heinz Meine. *Die Kartographie, 1943-1954: Eine bibliographische Übersicht*. Kartographische Schriftenreihe, vol. 4. Lahr-Schwarzwald: Astra Verlag, 1955. **31**

Kraeling, Carl H., ed. *Gerasa, City of the Decapolis*. New Haven: American Schools of Oriental Research, 1938. **469**

Kramer, Samuel Noah. *From the Tablets of Sumer*. Indian Hills, Colo.: Falcon's Wing Press, 1956. **110**

————. *History Begins at Sumer*. 3d ed. Philadelphia: University of Pennsylvania Press, 1981. **110**

Kramer, Samuel Noah, and Inez Bernhardt. "Der Stadtplan von Nippur, der älteste Stadtplan der Welt." *Wissenschaftliche Zeitschrift: Gesellschafts- und Sprachwissenschaftliche Reihe* 19 (1970): 727–30. **110**

Kratochwill, Max. "Zur Frage der Echtheit des 'Albertinischen Planes' von Wien." *Jahrbuch des Vereins für Geschichte der Stadt Wien* 29 (1973): 7–36. **473**

Kraus, Fritz Rudolf. "Provinzen des neusumerischen Reiches von Ur." *Zeitschrift für Assyriologie und vorderasiatische Archäologie*, n.s., 17 (1955): 45–75. **108**

Kraus, H. P., Booksellers. *Remarkable Manuscripts, Books and Maps from the IXth to the XVIIIth Century*. Catalog 80. New York: H. P. Kraus, 1956. **457**

————. *Twenty-five Manuscripts*. Catalog 95. New York: H. P. Kraus, [1961]. **427, 437**

Kretschmer, Ingrid. "The Pressing Problems of Theoretical Cartography." *International Yearbook of Cartography* 13 (1978): 33–40. **30**

Kretschmer, I., J. Dörflinger, and F. Wawrik. *Lexikon zur Geschichte der Kartographie*. 2 vols. Vienna, 1986. **27**

Kretschmer, Konrad. *Die italienischen Portolane des Mittelalters: Ein Beitrag zur Geschichte der Kartographie und Nautik*. Veröffentlichungen des Instituts für Meereskunde und des Geographischen Instituts an der Universität Berlin, vol. 13. Berlin, 1909; reprinted Hildesheim: Georg Olms, 1962. **376, 382, 384, 388, 390, 422, 423, 425, 426, 427**

Krüger, Herbert. "Erhard Etzlaub's *Romweg* Map and Its Dating in the Holy Year of 1500." *Imago Mundi* 8 (1951): 17–26. **498**

Kubitschek, Wilhelm. "Itinerarien." In *Paulys Realencyclopädie der classischen Altertumswissenschaft*, ed. August Pauly, Georg Wissowa, et al., 9 (1916): cols. 2308–63. Stuttgart: J. B. Metzler, 1894–. **237**

————. "Karten." In *Paulys Realencyclopädie der classischen Altertumswissenschaft*, ed. August Pauly, Georg Wissowa, et al., 10 (1919): cols. 2022–2149. Stuttgart: J. B. Metzler, 1894–. **246**

Kühn, Herbert. *Wenn Steine reden: Die Sprache der Felsbilder*. Wiesbaden: F. A. Brockhaus, 1966. **87**

Kuhn, Thomas S. *The Structure of Scientific Revolutions*. Chicago: University of Chicago Press, 1962. **23**

Kupčík, Ivan. *Alte Landkarten: Von der Antike bis zum Ende des 19. Jahrhunderts*. Hanau am Main: Dausien, 1980. French edition, *Cartes géographiques anciennes: Evolution de la représentation cartographique du monde de l'antiquité à la fin du XIXe siècle*. Trans. Suzanne Bartošek. Paris: Edition Gründ, 1981. **25**

Lacey, Alan Robert. *A Dictionary of Philosophy*. London: Routledge and Kegan Paul, 1976. **51**

Lach, Donald F. *Asia in the Making of Europe*. 2 vols. in 5. Chicago: University of Chicago Press, 1965–77. **304**

Ladner, Gerhart B. "St. Gregory of Nyssa and St. Augustine on the Symbolism of the Cross." In *Late Classical and Mediaeval Studies in Honor of Albert Mathias Friend, Jr.*, ed. Kurt Weitzmann, 88–95. Princeton: Princeton University Press, 1955. **334**

———. "Medieval and Modern Understanding of Symbolism: A Comparison." *Speculum* 54 (1979): 223–56. **334**

Lagrange, J. L. "Sur la construction des cartes géographiques." *Nouveaux Mémoires de l'Académie Royale des Sciences et Belles-Lettres* (1779), 161–210. **xv**

Laguarda Trías, Rolando A. *Estudios de cartología*. Madrid, 1981. **381, 384, 385**

Lajoux, Jean Dominique. *The Rock Paintings of Tassili*. Trans. G. D. Liversage. London: Thames and Hudson, 1963. **96, 97**

Lamberg-Karlovsky, C. C. "Trade Mechanisms in Indus-Mesopotamian Interrelations." *Journal of the American Oriental Society* 92 (1972): 222–29. **108**

Lambert, Wilfred G. "The Cosmology of Sumer and Babylon." In *Ancient Cosmologies*, ed. Carmen Blacker and Michael Loewe, 42–65. London: George Allen and Unwin, 1975. **86, 112**

Landels, J. G. *Engineering in the Ancient World*. London: Chatto and Windus, 1978. **210**

Landsberger, Benno. *Materialien zum Sumerischen Lexikon: Vokabulare und Formularbücher*. Rome: Pontifical Biblical Institute Press, 1937–. **107**

Lane, Frederic C. "The Economic Meaning of the Invention of the Compass." *American Historical Review* 68, no. 3 (1963): 605–17. **384, 387**

———. *Venice: A Maritime Republic*. Baltimore: Johns Hopkins University Press, 1973. **434, 442**

Lang, Arend Wilhelm. Review of *Die Geschichte der Kartographie*, by Leo Bagrow. *Erdkunde* 7 (1953): 311–12. **25**

———. "Traces of Lost North European Sea Charts of the Fifteenth Century." *Imago Mundi* 12 (1955): 31–44. **414, 415**

———. *Das Kartenbild der Renaissance*. Ausstellungskataloge der Herzog August Bibliothek, no. 20. Wolfenbüttel: Herzog August Bibliothek, 1977. **21**

Lang, Mabel. "The Palace of Nestor Excavations of 1957: Part II." *American Journal of Archaeology*, 2d ser., 62 (1958): 181–91. **251**

Langdon, Stephen H. "An Ancient Babylonian Map." *Museum Journal* 7 (1916): 263–68. **111**

Langer, Susanne K. *Philosophy in a New Key: A Study in the Symbolism of Reason, Rite, and Art*. 3d ed. Cambridge: Harvard University Press, 1957. **60**

Langlois, Charles Victor. *La vie en France au Moyen Age, de la fin du XIIe au milieu du XIVe siècle*. 4 vols. Paris: Hachette, 1926–28. **287**

Lanman, Jonathan T. "The Religious Symbolism of the T in T-O Maps." *Cartographica* 18, no. 4 (1981): 18–22. **334**

———. "On the Origin of Portolan Charts." Paper prepared for the Eleventh International Conference on the History of Cartography, Ottawa, 1985. **383**

La Roncière, Charles de. "Un inventaire de bord en 1294 et les origines de la navigation hauturière." *Bibliothèque de l'Ecole des Chartes* 58 (1897): 394–409. **439**

———. "Le portulan du XVe siècle découvert à Gap." *Bulletin du Comité des Travaux Historiques et Scientifiques: Section de Géographie Historique et Descriptive* 26 (1911): 314–18. **386**

———. *La découverte de l'Afrique au Moyen Age: Cartographes et explorateurs*. Mémoires de la Société Royale de Géographie d'Egypte, vols. 5, 6, 13. Cairo: Institut Français d'Archéologie Orientale, 1924–27. **328, 382, 389, 404, 418, 425, 429, 432, 434, 440, 457**

———. *Les portulans de la Bibliothèque de Lyon*. Fasc. 8 of *Les Portulans Italiens*. In Lyon, Bibliothèque de la Ville. *Documents paléographiques, typographiques, iconographiques*. Lyons, 1929. **374, 407, 419, 427, 435, 458**

———. "Une nouvelle carte de l'école cartographique des Juifs de Majorque." *Bulletin du Comité des Travaux Historiques et Scientifiques: Section de Géographie* 47 (1932): 113–18. **376, 432**

La Roncière, Monique de. "Les cartes marines de l'époque des grandes découvertes." *Revue d'Histoire Economique et Sociale* 45 (1967): 5–28. **371**

La Roquette, Jean Bernard Marie Alexander Dezos de. *Notice sur la vie et les travaux de M. Jomard*. Paris: L. Martinet, 1863. **19**

Latham, Robert, and William Matthews, eds. *The Diary of Samuel Pepys*. 11 vols. Berkeley: University of California Press, 1970–83. **9**

Lattin, Harriet Pratt. "The Eleventh Century MS Munich 14436: Its Contribution to the History of Coordinates, of Logic, of German Studies in France." *Isis* 38 (1947): 205–25. **323**

Lavedan, Pierre. *Représentation des villes dans l'art du Moyen Age*. Paris: Vanoest, 1954. **469, 487**

Layard, John W. *Stone Men of Malekula*. London: Chatto and Windus, 1942. **88**

Layton, Robert. "Naturalism and Cultural Relativity in Art." In *Form in Indigenous Art: Schematisation in the Art of Aboriginal Australia and Prehistoric Europe*, ed. Peter Ucko, 34–45. Australian Institute of Aboriginal Studies, Prehistory and Material Culture Series no. 13. London: Gerald Duckworth, 1977. **60**

Leach, Edmund. *Culture and Communication: The Logic by Which Symbols Are Connected: An Introduction to the Use of Structuralist Analysis in Social Anthropology*. Cambridge: Cambridge University Press, 1976. **2**

Lebeuf, Abbé. "Notice d'un manuscrit des Chroniques de

Saint Denys, le plus ancien que l'on connoisse." *Histoire de l'Académie Royale des Inscriptions et Belles-Lettres* 16 (1751): 175–85. **288**

Leclant, Jean. "Earu-Gefilde." In *Lexikon der Ägyptologie*, ed. Wolfgang Helck and Eberhard Otto, 1:cols. 1156–60. Wiesbaden: O. Harrassowitz, 1975–. **119**

Leclercq, Henri. "Itinéraires." In *Dictionnaire d'archéologie chrétienne et de liturgie*. 15 vols., ed. Fernand Cabrol and Henri Leclercq, 7.2 (1927): cols. 1841–1922. Paris: Letouzey et Ané, 1907–53. **237**

———. "Labyrinthe." In *Dictionnaire d'archéologie chrétienne et de liturgie*, 15 vols., ed. Fernand Cabrol and Henri Leclercq, 8.1 (1928): cols. 973–82. Paris: Letouzey et Ané, 1907–53. **252**

Lee, Ivan. "Polesini: Upper Palaeolithic Astronomy." *Archaeology 83: The Pro-Am Newsletter* 2 (1983). **84**

Leeman, A. D. *A Systematic Bibliography of Sallust, 1879–1950*. Leiden: E. J. Brill, 1952. **343**

Leff, Gordon. *History and Social Theory*. University: University of Alabama Press, 1969. **xviii**

Lehmann-Brockhaus, Otto. *Lateinische Schriftquellen zur Kunst in England, Wales und Schottland, vom Jahre 901 bis zum Jahre 1307*. 5 vols. Munich: Prestel, 1955–60. **368**

Leithäuser, Joachim G. *Mappae mundi: Die geistige Eroberung der Welt*. Berlin: Safari-Verlag, 1958. **294**

Lelewel, Joachim. *Géographie du Moyen Age*. 4 vols. and epilogue. Brussels: J. Pilliet, 1852–57; reprinted Amsterdam: Meridian, 1966. **11, 293, 457, 495**

Lemerle, Paul. *Le premier humanisme byzantin*. Paris: Presses Universitaires de France, 1971. **258**

Lenzen, H. J., Adam Falkenstein, and W. Ludwig, eds. *Vorläufiger Bericht über die von dem Deutschen Archäologischen Institut und der Deutschen Orient-Gesellschaft aus Mitteln der Deutschen Forschungsgemeinschaft unternommenen Ausgrabungen in Uruk-Warka*. Abhandlungen der Deutschen Orient-Gesellschaft, Winter 1953/54, Winter 1954/55. Berlin: Gebr. Mann, 1956. **110**

Leonardi, Piero. "Su alcuni petroglifi della Valcamonica e della Venezia Tridentina." In *Symposium International d'Art Préhistorique Valcamonica, 23–28 Septembre 1968*, 235–39. Union Internationale des Sciences Préhistoriques et Protohistoriques. Capo di Ponte: Edizioni del Centro, 1970. **95**

Lepsius, Richard. *Auswahl der wichtigsten Urkunden des ægyptischen Alterthums: Theils zum erstenmale, theils nach den Denkmälern berichtigt*. Leipzig: Wigand, 1842. **122**

Leroi-Gourhan, André. *Art of Prehistoric Man in Western Europe*. Trans. Norbert Guterman. London: Thames and Hudson, 1968. **57**

———. *The Dawn of European Art: An Introduction to Palaeolithic Cave Painting*. Trans. Sara Champion. Cambridge: Cambridge University Press, 1982. **57**

Lesko, Leonard H. "Some Observations on the Composition of the *Book of Two Ways*." *Journal of the American Oriental Society* 91 (1971): 30–43. **120**

———. *The Ancient Egyptian Book of Two Ways*.

University of California Near Eastern Studies Publications, vol. 17. Berkeley: University of California Press, 1972. **120**

Levi, Annalina, and Mario Levi. *Itineraria picta: Contributo allo studio della Tabula Peutingeriana*. Rome: Erma di Bretschneider, 1967. **7, 237, 238, 239, 240, 246, 248**

———. "The Medieval Map of Rome in the Ambrosian Library's Manuscript of Solinus." *Proceedings of the American Philosophical Society* 118 (1974): 567–94. **477**

Lévi-Strauss, Claude. *Structural Anthropology*. Trans. Claire Jacobson and Brooke Grundfest Schoepf. New York: Anchor Books, 1967. **58**

Lewis, David. "Observations on Route Finding and Spatial Orientation among the Aboriginal Peoples of the Western Desert Region of Central Australia." *Oceania* 46, no. 4 (1976): 249–82. **59**

Lewis, G. Malcolm. "The Recognition and Delimitation of the Northern Interior Grasslands during the Eighteenth Century." In *Images of the Plains: The Role of Human Nature in Settlement*, ed. Brian W. Blouet and Merlin P. Lawson, 23–44. Lincoln: University of Nebraska Press, 1975. **36**

———. "Changing National Perspectives and the Mapping of the Great Lakes between 1775 and 1795." *Cartographica* 17, no. 3 (1980): 1–31. **36**

Lewis-Williams, J. David. "Ethnography and Iconography: Aspects of Southern San Thought and Art." *Man, The Journal of the Royal Anthropological Institute*, n.s. 15, no. 3 (1980): 467–82. **86**

———. *The Rock Art of Southern Africa*. Cambridge: Cambridge University Press, 1983. **57, 59, 61, 63**

———. "Testing the Trance Explanation of Southern African Rock Art: Depictions of Felines." *Bollettino del Centro Camuno di Studi Preistorici* 22 (1985): 47–62. **59**

Lhote, Henri. *The Search for the Tassili Frescoes*. Trans. Alan Houghton Brodrick. London: Hutchinson, 1959. **63**

———. *Les gravures rupestres du Sud-Oranais*. Mémoires du Centre de Recherches Anthropologiques Préhistoriques et Ethnographiques 16. Paris: Arts et Métiers Graphiques, 1970. **69**

Libault, A. *Histoire de la cartographie*. Paris: Chaix, 1959. **25**

Library of Congress. *A List of Geographical Atlases in the Library of Congress, with Bibliographical Notes*. 8 vols. Washington, D.C.: Government Printing Office, 1909–74. Vols. 1–4 (1909–20) ed. Philip Lee Phillips. Supp. vols. 5–8 (1958–74) ed. Clara Egli LeGear. **19**

Liddell, Henry George, and Robert Scott, comps. *A Greek-English Lexicon*. 2 vols., rev. and augmented Henry Stuart Jones. Oxford: Clarendon Press, 1940. **179**

Lindberg, David C., ed. *Science in the Middle Ages*. Chicago: University of Chicago Press, 1978. **293**

Ling, Roger. "Studius and the Beginnings of Roman Landscape Painting." *Journal of Roman Studies* 67 (1977): 1–16. **205, 246**

Linquist, Sverre. *Gotlands Bildsteine*. 2 vols. Stockholm: Wahlström och Widstrand, 1941–42. **91**

Lloyd, G. E. R. *Early Greek Science: Thales to Aristotle*. New York: W. W. Norton, 1970. **130**

———. "Greek Cosmologies." In *Ancient Cosmologies*, ed. Carmen Blacker and Michael Loewe, 198–224. London: George Allen and Unwin, 1975. **86**

Lloyd, Robert. "A Look at Images." *Annals of the Association of American Geographers* 72 (1982): 532–48. **31**

Lloyd, Seton. *Early Highland Peoples of Anatolia*. Library of the Early Civilizations. London: Thames and Hudson, 1967. **81**

Łodiński, Marian. "With Fire and Sword, VI." *Imago Mundi* 14 (1959): 117. **6**

Longrigg, James. "Thales." In *Dictionary of Scientific Biography*, 16 vols., ed. Charles Coulston Gillispie, 13:297. New York: Charles Scribner's Sons, 1970–80. **134**

Lopez, Roberto. *Genova marinara nel duecento: Benedetto Zaccaria ammiraglio e mercante*. Messina-Milan: Principato, 1933. **382**

Lorblanchet, M. "From Naturalism to Abstraction in European Prehistoric Rock Art." In *Form in Indigenous Art: Schematisation in the Art of Aboriginal Australia and Prehistoric Europe*, ed. Peter Ucko, 44–56. Australian Institute of Aboriginal Studies, Prehistory and Material Culture Series no. 13. London: Gerald Duckworth, 1977. **69**

Louis, Maurice, and Giuseppe Isetti. *Les gravures préhistoriques du Mont-Bego*. Bordighera: Institut International d'Etudes Ligures, 1964. **93, 94**

Luca, Giuseppe de. "Carte nautiche del medio evo disegnate in Italia." *Atti dell'Accademia Pontaniana* (1866): 3–35; reprinted in *Acta Cartographica* 4 (1969): 314–48. **423**

Lumley, Henry de, Marie-Elisabeth Fonvielle, and Jean Abelanet. "Les gravures rupestres de l'Âge du Bronze dans la région du Mont Bégo (Tende, Alpes-Maritimes)." In *Les civilisations néolithiques et protohistoriques de la France: La préhistoire française*, ed. Jean Guiliane, 2:222–36. Paris: Centre National de la Recherche Scientifique, 1976. **66, 67, 93, 94, 95**

———. "Vallée des Merveilles." *Union International des Sciences Préhistoriques et Protohistoriques, IXᵉ Congrès, Nice 1976*. Livret-Guide de l'Excursion C1. Nice: University of Nice. **66, 67**

Lumsden, Charles J., and Edward O. Wilson. *Promethean Fire: Reflections on the Origin of Mind*. Cambridge: Harvard University Press, 1983. **50**

Luriya, A. R. *Cognitive Development: Its Cultural and Social Foundations*. Ed. Michael Cole. Trans. Martin Lopez-Morillas and Lynn Solotaroff. Cambridge: Harvard University Press, 1976. **58**

Lynam, Edward. Review of *The Story of Maps*, by Lloyd A. Brown. *Geographical Review* 40 (1950): 496–99. **26**

Lynch, John Patrick. *Aristotle's School: A Study of a Greek Educational Institution*. Berkeley: University of California Press, 1972. **158**

Lyons, Henry. "Two Notes on Land-Measurement in Egypt." *Journal of Egyptian Archaeology* 12 (1926): 242–44. **125**

Mabillon, Jean. *Traité des études monastiques*. Paris: Charles Robustel, 1691. **11**

Macalister, Robert Alexander Stewart. *The Excavation of Gezer, 1902–1905 and 1907–1909*. 3 vols. Palestine Exploration Fund. London: John Murray, 1911–12. **250**

McCorkle, Barbara. "Cartographic Treasures of the Yale University Library." *Map Collector* 27 (1984): 8–13. **16**

MacEachren, Alan M. Review of *The Mapmakers*, by John Noble Wilford. *American Cartographer* 9 (1982): 188–90. **26**

MacGregor, Arthur. "Collectors and Collections of Rarities in the Sixteenth and Seventeenth Centuries." In *Tradescant's Rarities: Essays on the Foundation of the Ashmolean Museum 1683, with a Catalogue of the Surviving Early Collections*, ed. Arthur MacGregor, 70–97. Oxford: Clarendon Press, 1983. **9**

MacKay, Angus. *Money, Prices and Politics in Fifteenth-Century Castile*. London: Royal Historical Society, 1981. **437**

McLuhan, Marshall. *Understanding Media: The Extensions of Man*. 2d ed. New York: New American Library, 1964. **36**

Madrid, Biblioteca Nacional. *La historia en los mapas manuscritos de la Biblioteca Nacional*. Exhibition catalog. Madrid: Ministerio de Cultura, Dirección General del Libro y Biblioteca, 1984. **21**

Madurell y Marimon, José Maria. "Ordenanzas marítimas de 1331 y 1333." *Anuario de Historia del Derecho Español* 31 (1961): 611–28. **440**

Magnaghi, Alberto. "Nautiche, carte." In *Enciclopedia italiana di scienze, lettere ed arti*, originally 36 vols., 24:323–31. [Rome]: Istituto Giovanni Treccani, 1929–39. **371, 377, 378, 384, 385, 389, 443**

———. "Alcune osservazioni intorno ad uno studio recente sul mappamondo di Angelino Dalorto (1325)." *Rivista Geografica Italiana* 41 (1934): 1–27. **392, 399, 401, 409, 418**

Maier, I. G. "The Giessen, Parma and Piacenza Codices of the 'Notitia Dignitatum' with Some Related Texts." *Latomus* 27 (1968): 96–141. **244**

———. "The Barberinus and Munich Codices of the *Notitia Dignitatum Omnium*." *Latomus* 28 (1969): 960–1035. **244**

Mainzer, Klaus. *Geschichte der Geometrie*. Mannheim: Bibliographisches Institut, 1980. **xvii**

Malhomme, Jean. *Corpus des gravures rupestres du Grand Atlas*. Fascs. 13 and 14. Rabat: Service des Antiquités du Maroc, 1959–61. **71, 73, 96**

Mallon, Alexis, Robert Koeppel, and René Neuville. *Teleilāt Ghassūl*. 2 vols. Rome: Institut Biblique Pontifical, 1934–40. **88**

Mann, Ludovic MacLellan. *Archaic Sculpturings: Notes on Art, Philosophy, and Religion in Britain 200 B.C. to 900 A.D.*. Edinburgh: William Hodge, 1915. **81**

———. *Earliest Glasgow: A Temple of the Moon*. Glasgow: Mann, 1938. **81**

Manzi, Elio. "La storia della cartografia." In *La ricerca geografica in Italia, 1960–1980*, 327–36. Milan: Ask Edizioni, 1980. **38**

Marcel, Gabriel A. *Reproductions de cartes et de globes relatifs à la découverte de l'Amérique du XVIᵉ au XVIIIᵉ siècle avec texte explicatif.* Paris: Ernest Leroux, 1893–94. **17**

Margary, Harry. "A Proposed Photographic Method of Assessing the Accuracy of Old Maps." *Imago Mundi* 29 (1977): 78–79. **403**

Marinatos, Spyridon. *Excavations at Thera VI (1972 Season).* Bibliothēkē tēs en Athēnais Archaiologikēs Hetaireias, 64. Athens: Archailogikē Hetaireia, 1974. **132**

Marinelli, Giovanni. "Venezia nella storia della geografia cartografica ed esploratrice." *Atti del Reale Istituto Veneto di Scienze, Lettere ed Arti,* 6th ser., 7 (1888–89): 933–1000. **381, 424**

Maringer, Johannes. *The Gods of Prehistoric Man.* 2d ed. Trans. Mary Ilford. London: Weidenfeld and Nicolson, 1960. **68, 69, 83**

Markham, Clements R. *The Story of Majorca and Minorca.* London: Smith Elder, 1908. **440**

————, ed. and trans. *Libro del Conoscimiento: Book of the Knowledge of All Kingdoms.* 2d ser., 29. London: Hakluyt Society, 1912. **399**

Marshack, Alexander. "Polesini: A Reexamination of the Engraved Upper Palaeolithic Mobiliary Materials of Italy by a New Methodology." *Rivista di Scienze Preistorici* 24 (1969): 219–81. **84**

————. *The Roots of Civilization: The Cognitive Beginnings of Man's First Art, Symbol and Notation.* London: Weidenfeld and Nicolson, 1972. **83, 86**

Marshall, Douglas W. "A List of Manuscript Editions of Ptolemy's *Geographia.*" *Bulletin of the Geography and Map Division, Special Libraries Association* 87 (1972): 17–38. **274**

————. "The Formation of a Nineteenth-Century Map Collection: A. E. Nordenskiöld of Helsinki." *Map Collector* 21 (1982): 14–19. **16**

Marshall, P. J., and Glyndwr Williams. *The Great Map of Mankind: British Perceptions of the World in the Age of Enlightenment.* London: J. M. Dent, 1982. **10, 11**

Marstrander, Sverre. "A Newly Discovered Rock-Carving of Bronze Age Type in Central Norway." In *Symposium International d'Art Préhistorique Valcamonica, 23-28 Septembre 1968,* 261–72. Union Internationale des Sciences Préhistoriques et Protohistoriques. Capo di Ponte: Edizioni del Centro, 1970. **76**

Martin, Robert Sidney. "Treasures of the Cartographic Library at the University of Texas at Arlington." *Map Collector* 25 (1983): 14–19. **16**

al-Masūdī. *Les prairies d'or.* 9 vols. Trans. C. Barbier de Meynard and Pavet de Courteille. Société Asiatique Collection d'Ouvrages Orientaux. Paris: Imprimerie Impériale, 1861–1917. **268**

Matkovič, Petar. "Alte handschriftliche Schifferkarten in der Kaiserlichen Hof-Bibliothek in Wien." *Programm des königlichen kaiserlichen Gymnasiums zu Wrasdin.* Agram: L. Gaj, 1860. **410, 434**

Matthews, W. H. *Mazes and Labyrinths: A General Account of Their History and Developments.* London: Longman, 1922. **251, 252**

Mayer, Dorothy. "Miller's Hypothesis: Some California and Nevada Evidence." *Archaeoastronomy: Supplement to the Journal for the History of Astronomy,* no. 1, suppl. to vol. 10 (1979): 51–74. **85**

Meek, Theophile James. *Old Akkadian, Sumerian, and Cappadocian Texts from Nuzi.* Vol. 3 of Harvard University, Semitic Museum. *Excavations at Nuzi.* 8 vols. Cambridge: Harvard University Press, 1929–62. **113**

————. "The Akkadian and Cappadocian Texts from Nuzi." *Bulletin of the American Schools of Oriental Research* 48 (December 1932): 2–5. **113**

Mees, Gregorius. *Historische atlas van Noord-Nederland van de XVI eeuw tot op heden.* Rotterdam: Verbruggen en Van Duym, 1865. **33**

Meiggs, Russell. *Roman Ostia.* Oxford: Clarendon Press, 1960. **245**

Melandrino, Carlo. *Oplontis.* Naples: Loffredo, 1977. **241**

Mellaart, James. "Excavations at Çatal Hüyük, 1963: Third Preliminary Report." *Anatolian Studies* 14 (1964): 39–119. **54, 58, 73, 74, 96**

————. *Çatal Hüyük: A Neolithic Town in Anatolia.* London: Thames and Hudson, 1967. **58, 73, 96**

Menéndez-Pidal, G. "Mozárabes y asturianos en la cultura de la alta edad media en relación especial con la historia de los conocimientos geográficos." *Boletin de la Real Academia de la Historia* (Madrid) 134 (1954): 137–291. **304, 345**

Merk, Conrad. *Excavations at the Kesslerloch Near Thayngen, Switzerland, a Cave of the Reindeer Period.* Trans. John Edward Lee. London: Longmans, Green, 1876. **65**

Mette, Hans Joachim. *Sphairopoiia: Untersuchungen zur Kosmologie des Krates von Pergamon.* Munich: Beck, 1936. **136, 162**

Mickwitz, Ann-Mari. "Dear Mr. Nordenskiöld, Your Offer Is Accepted!" In *The Map Librarian in the Modern World: Essays in Honour of Walter W. Ristow,* ed. Helen Wallis and Lothar Zögner, 221–35. Munich: K. G. Saur, 1979. **16, 17**

Migliorini, Elio. *Indice degli Atti dei Congressi Geografici Italiani dal primo al decimo (1892-1927).* Rome: Presso la Reale Società Geografica Italiana, 1934. **21**

Mikoś, Michael J. "Joachim Lelewel: Polish Scholar and Map Collector." *Map Collector* 26 (1984): 20–24. **18**

Milisauskas, Sarunas. *European Prehistory.* London: Academic Press, 1978. **65**

Millar, Fergus. "Emperors, Frontiers and Foreign Relations, 31 B.C. to A.D. 378." *Britannia* 13 (1982): 1–23. **239**

Millard, A. R. "Strays from a 'Nuzi' Archive." In *Studies on the Civilization and Culture of Nuzi and the Hurrians,* ed. Martha A. Morrison and David I. Owen, 433–41. Winona Lake, Ind.: Eisenbrauns, 1981. **113**

Miller, Konrad. *Mappaemundi: Die ältesten Weltkarten.* 6 vols. Stuttgart: J. Roth, 1895–98. **6, 208, 287, 290, 293, 295, 302, 307, 312, 313, 325, 328, 337, 357, 368**

————. *Itineraria Romana.* Stuttgart: Strecker und Schröder, 1916. **235, 260**

————. *Mappae Arabicae.* 6 vols. Stuttgart, 1926–31. **293**

———. *Die Peutingersche Tafel*. Stuttgart: F. A. Brockhaus, 1962. **238**

Mitchell, J. B. "Early Maps of Great Britain: I. The Matthew Paris Maps." *Geographical Journal* 81 (1933): 27–34. **496**

Moens, Marie-Francine. "The Ancient Egyptian Garden in the New Kingdom: A Study of Representations." *Orientalia Lovaniensia Periodica* 15 (1984): 11–53. **118**

Mohlberg, Leo Cunibert. *Katalog der Handschriften der Zentralbibliothek Zürich*. 2 vols. Zurich: Zentralbibliothek Zürich, 1951. **443**

Moir, Arthur L. *The World Map in Hereford Cathedral*. 8th ed. Hereford: Friends of the Hereford Cathedral, 1977. **309**

Moles, Abraham. *Information Theory and Esthetic Perception*. Trans. Joel E. Cohen. Urbana: University of Illinois Press, 1966. **52**

Mollat du Jourdin, Michel, and Monique de La Roncière. *Les portulans: Cartes marines du XIIIᵉ au XVIIᵉ siècle*. Fribourg: Office du Livre, 1984. English edition, *Sea Charts of the Early Explorers: 13th to 17th Century*. Trans. L. le R. Dethan. New York: Thames and Hudson, 1984. **375, 390, 392, 404, 407, 434, 440, 442**

Molmenti, Pompeo Gherardo. *Venice: Its Individual Growth from the Earliest Beginnings to the Fall of the Republic*. 6 vols. in 3 pts. Trans. Horatio F. Brown. London: J. Murray, 1906–8. **433**

Molt, Paul Volquart. *Die ersten Karten auf Stein und Fels vor 4000 Jahren in Schleswig-Holstein und Niedersachsen*. Lübeck: Weiland, 1979. **66, 80, 87**

Montelius, Oscar. "Sur les sculptures de rochers de la Suède." In *Congrès International d'Anthropologie et d'Archéologie Préhistoriques, compte rendu de la 7ᵉ Session, Stockholm 1874*, 453–74. Stockholm: P. A. Norstedt, 1876. **87**

Moore, George. *Ancient Pillar Stones of Scotland: Their Significance and Bearing on Ethnology*. Edinburgh: Edmonstone and Douglas, 1865. **81**

Morelli, Jacopo. *Operette di Iacopo Morelli*. 2 vols. Venice: Tipografia di Alvisopoli, 1820. **315**

Mori, Attilio. "Firenze nelle sue rappresentazioni cartografiche." *Atti della Società Colombaria di Firenze* (1912): 25–42. **478**

———. "Osservazioni sulla cartografia romana in relazione colla cartografia tolemaica e colle carte nautiche medioevali." In *Atti del III Congresso Nazionale di Studi Romani*, 5 vols., 1:565–75. Bologna: Cappelli, 1934. **381**

Morison, Samuel E. *Portuguese Voyages to America in the Fifteenth Century*. Cambridge: Harvard University Press, 1940. **14, 410**

———. *Admiral of the Ocean Sea: A Life of Christopher Columbus*. 2 vols. Boston: Little, Brown, 1942. **328**

———. *The European Discovery of America: The Northern Voyages*. New York: Oxford University Press, 1971. **410**

Morris, Ronald W. B. "The Prehistoric Petroglyphs of Scotland." *Bollettino del Centro Camuno di Studi Preistorici* 10 (1973): 159–68. **64**

———. *The Prehistoric Rock Art of Galloway and the Isle of Man*. Poole: Blandford Press, 1979. **68**

Morrison, Joel L. "Changing Philosophical-Technical Aspects of Thematic Cartography." *American Cartographer* 1 (1974): 5–14. **34**

———. "The Science of Cartography and Its Essential Processes." *International Yearbook of Cartography* 16 (1976): 84–97. **34**

Motzo, Bacchisio R. "Il Compasso da navigare, opera italiana della metà del secolo XIII." *Annali della Facoltà di Lettere e Filosofia della Università di Cagliari* 8 (1947): I–137. **382, 389, 392, 426, 442**

———. "Note di cartografia nautica medioevale." *Studi Sardi* 19 (1964–65): 349–63. **377, 379**

Muehrcke, Phillip C. *Thematic Cartography*. Commission on College Geography Resource Paper no. 19. Washington, D.C.: Association of American Geographers, 1972. **xvii**

———. "Maps in Geography." In *Maps in Modern Geography: Geographical Perspectives on the New Cartography*, ed. Leonard Guelke, Monograph 27, *Cartographica* vol. 18, no. 2 (1981): 1–41. **30**

Müllenhoff, Karl. *Deutsche Altertumskunde*. 5 vols. Berlin: Weidmann, 1890–1920. **163**

Müller, Karl, ed. *Geographi Graeci minores*. 2 vols. and tabulae. Paris: Firmin-Didot, 1855–56. **237, 260**; Agathemerus, **134, 135, 137, 143, 152, 153, 243**; Arrian, **254**; Avienius, **171**; Dionysius, **171, 173**; Eustathius, **171, 266**; Marcianus, **237**

———. "Rapports sur les manuscits de la géographie de Ptolémée." *Archives des Missions Scientifiques et Littéraires*, 2d ser., 4 (1867), 279–98. **274**

Munn, Nancy D. "Visual Categories: An Approach to the Study of Representational Systems." *American Anthropologist* 68, no. 4 (1966): 936–50. Reprinted in *Art and Aesthetics in Primitive Societies*, ed. Carol F. Jopling, 335–55. New York: E. P. Dutton, 1971. **58**

———. "The Spatial Presentation of Cosmic Order in Walbiri Iconography." In *Primitive Art and Society*, ed. Anthony Forge, 193–220. London: Oxford University Press, 1973. **87**

Munro, Robert. *Archaeology and False Antiquities*. London: Methuen, 1905. **65**

Munz, Peter. *When the Golden Bough Breaks: Structuralism or Typology?* London and Boston: Routledge and Kegan Paul, 1973. **58**

Murdoch, John Emery. *Antiquity and the Middle Ages*. Album of Science. New York: Charles Scribner's Sons, 1984. **334**

Murphy, Joan M. "Measures of Map Accuracy Assessment and Some Early Ulster Maps." *Irish Geography* 11 (1978): 88–101. **403**

Murray, G. W. "The Gold-Mine of the Turin Papyrus." *Bulletin de l'Institut d'Egypte* 24 (1941–42): 81–86. **122**

Mussche, H. F. *Thorikos: Eine Führung durch die Ausgrabungen*. Ghent and Nuremberg: Comité des Fouilles Belges en Grèce, 1978. **139**

Nangis, Guillaume de. "Gesta Sanctæ Memoriæ Ludovici" (Life of Saint Louis). In *Recueil des historiens des Gaules et de la France*, 24 vols., ed. J. Naudet and P. Daunou, vol. 20 (1840): 309–465. Paris: Imprimerie Royale, 1738–1904. **439**

Narkiss, Bezalel. *Hebrew Illuminated Manuscripts.* Jerusalem: Encyclopaedia Judaica, 1969. **266**

Nebenzahl, Kenneth. *Rare Americana.* Catalog 20. Chicago: Kenneth Nebenzahl, 1968. **431, 435, 457**

Needham, Joseph. *Science and Civilisation in China.* Cambridge: Cambridge University Press, 1954–. **xix, 7, 53, 60, 384, 496**

Nemet-Nejat, Karen Rhea. *Late Babylonian Field Plans in the British Museum.* Studia Pohl: Series Maior 11. Rome: Biblical Institute Press, 1982. **111**

Neugebauer, Otto. "Über eine Methode zur Distanzbestimmung Alexandria-Rom bei Heron." *Historisk-Filologiske Meddelelser udgivne af det Kongelige Danske Videnskabernes Selskab* 26 (1938–39), nos. 2 and 7. **230**

———. *The Exact Sciences in Antiquity.* 2d ed. Providence: Brown University Press, 1957. **xviii, 130, 134**

———. "Ptolemy's *Geography,* Book VII, Chapters 6 and 7," *Isis* 50 (1959): 22–29. **188, 189**

———. "Survival of Babylonian Methods in the Exact Sciences of Antiquity and the Middle Ages." *Proceedings of the American Philosophical Society* 107 (1963): 528–35. **130**

———. "A Greek World Map." In *Le monde grec: Hommages à Claire Préaux,* ed. Jean Bingen, Guy Cambier, and Georges Nachtergael, 312–17. Brussels: Université de Bruxelles, 1975. **248**

———. *A History of Ancient Mathematical Astronomy.* New York: Springer-Verlag, 1975. **130, 154, 164, 165, 167, 169, 180, 182, 185, 187, 188, 189, 232**

Neugebauer, Otto, and Richard A. Parker, eds. and trans. *Egyptian Astronomical Texts.* 3 vols. Providence and London: Lund Humphries for Brown University Press, 1960–69. **121**

Newbold, Douglas. "Rock-Pictures and Archaeology in the Libyan Desert." *Antiquity* 2, no. 7 (1928): 261–91. **63**

Newton, Arthur Percival. *Travel and Travellers of the Middle Ages.* New York: Alfred A. Knopf, 1926. **321**

Newton, R. R. *The Crime of Claudius Ptolemy.* Baltimore: Johns Hopkins University Press, 1977. **177, 182**

Nicodemi, Giorgio. *Catalogo delle raccolte numismatiche.* 2 vols. Milan: Bestetti, 1938–40. **214**

Nilsson, Martin Persson. *Primitive Time-Reckoning.* Lund: C. W. K. Gleerup, 1920. **85**

Nodelman, Sheldon Arthur. "A Preliminary History of Characene." *Berytus* 13 (1960): 83–121. **238**

Nordén, Arthur G. *Östergötlands Bronsålder.* Linköping: Henric Carlssons Bokhandels Förlag, 1925. **64**

Nordenfalk, Carl. *Die spätantiken Zierbuchstaben.* Stockholm: published by the author, 1970. **217**

Nordenskiöld, A. E. *Facsimile-Atlas to the Early History of Cartography.* Trans. Johan Adolf Ekelöf and Clements R. Markham. Stockholm, 1889. **18**

———. "Résumé of an Essay on the Early History of Charts and Sailing Directions." *Report of the Sixth International Geographical Congress, London, 1895*

(1896): 685–94; reprinted in *Acta Cartographica* 14 (1972): 185–94. **375**

———. *Periplus: An Essay on the Early History of Charts and Sailing-Directions.* Trans. Francis A. Bather. Stockholm: P. A. Norstedt, 1897. **6, 18, 372, 373, 377, 378, 379, 381, 382, 383, 384, 386, 387, 388, 389, 391, 392, 395, 397, 402, 403, 404, 406, 407, 411, 413, 415, 419, 420, 422, 423, 427, 442, 457, 459, 461, 482**

———. "Dei disegni marginali negli antichi manoscritti della *Sfera* del Dati." *Bibliofilia* 3 (1901–2): 49–55. **379**

North, Robert. *A History of Biblical Map Making.* Beihefte zum Tübinger Atlas des Vorderen Orients, B32. Wiesbaden: Reichert, 1979. **117, 326**

Nougayrol, Jean. *Le palais royal d'Ugarit, IV: Textes accadiens des Archives Sud (Archives Internationales).* Mission de Ras Shamra, 9. Paris: Imprimerie Nationale, 1956. **108**

Nowotny, Karl A. *Beiträge zur Geschichte des Weltbildes.* Vienna: Ferdinand Berger, 1970. **335, 347**

O'Callaghan, R. T. "Madaba (Carte de)." In *Dictionnaire de la Bible: Supplement,* ed. L. Pirot and A. Robert, vol. 5 (1957), 627–704. Paris: Letouzey et Ané, 1928–. **265**

Odell, C. B. Review of *Die Geschichte der Kartographie,* by Leo Bagrow. *Annals of the Association of American Geographers* 43 (1953): 69–70. **25**

Oehme, Ruthardt. "Die Palästinakarte aus Bernhard von Breitenbachs Reise in das Heilige Land, 1486." *Beiheft zum Zentralblatt für Bibliothekswesen* 75 (1950): 70–83. **475**

———. "A Cartographical Certificate by the Cologne Painter Franz Kessler." *Imago Mundi* 11 (1954): 55–56. **373**

———. *Die Geschichte der Kartographie des deutschen Südwestens.* Constance: Thorbecke, 1961. **488**

———. "German Federal Republic." In the Chronicle section. *Imago Mundi* 25 (1971): 93–95. **38**

———. *Eberhard David Hauber (1695–1765): Ein schwäbisches Gelehrtenleben.* Stuttgart: W. Kohlhammer, 1976. **10**

Ogrissek, Rudi. "Ein Strukturmodell der theoretischen Kartographie für Lehre und Forschung." *Wissenschaftliche Zeitschrift der Technischen Universität Dresden* 29, no. 5 (1980): 1121–26. **30**

Oldham, Richard D. "The Portolan Maps of the Rhône Delta: A Contribution to the History of the Sea Charts of the Middle Ages." *Geographical Journal* 65 (1925): 403–28. **380, 403**

Oliver, J. H. "North, South, East, West at Arausio and Elsewhere." In *Mélanges d'archéologie et d'histoire offerts à André Piganiol,* 3 vols., ed. Raymond Chevallier, 2:1075–79. Paris: SEVPEN, 1966. **222**

Olszewicz, Bolesław. *Dwie szkicowe mapy Pomorza z połowy XV wieku.* Biblioteka "Strażnicy Zachodniej" no. 1. Warsaw: Nakładem Polskiego Związku Zachodniego, 1937. **488**

Ong, Walter J. *Orality and Literacy: The Technologizing of the Word.* London and New York: Methuen, 1982. **58**

Ongania, Ferdinando. *Raccolta di mappamondi e carte nautiche del XIII al XVI secolo*. Venice, 1875–81. **404**

Oppenheim, A. Leo. "Man and Nature in Mesopotamian Civilization." In *Dictionary of Scientific Biography*, 16 vols., ed. Charles Coulston Gillispie, 15:634-666. New York: Charles Scribner's Sons, 1970–80. **112**

Ordnance Survey. *Map of Roman Britain*. 4th ed. Southampton: Ordnance Survey, 1978. **193**

Oren, Oton Haim. "Jews in Cartography and Navigation (from the XIth to the Beginning of the XVth Century)." *Communication du Premier Congrès International d'Histoire de l'Océanographie* 1 (1966): 189–97; reprinted in *Bulletin de l'Institut Océanographique* 1, special no. 2 (1968): 189–97. **432**

Ormeling, F. J. "Einige Aspekte und Tendenzen der modernen Kartographie." *Kartographische Nachrichten* 28 (1978): 90–95. **xvii**

Orr, Mary Acworth. *Dante and the Early Astronomers*. New York: A. Wingate, 1956. **321**

Owen, Dorothy M. "Clenchwarton, Norfolk, Late 14th or Early 15th Century." In *Local Maps and Plans from Medieval England*, ed. R. A. Skelton and P. D. A. Harvey, 127–30. Oxford: Clarendon Press, 1986. **484**

Pächt, Otto. *The Rise of Pictorial Narrative in Twelfth-Century England*. Oxford: Clarendon Press, 1962. **290**

Pagani, Lelio. *Pietro Vesconte: Carte nautiche*. Bergamo: Grafica Gutenberg, 1977. **375, 376, 377, 382, 387, 434, 458**

Pallottino, Massimo. *The Etruscans*. Ed. David Ridgway. Trans. J. Cremona. London: Allen Lane, 1975. **201, 203**

———. *Saggi di Antichità*. 3 vols. Rome: G. Bretschneider, 1979. **203, 204**

Panofsky, Erwin. *Studies in Iconology: Humanistic Themes in the Art of the Renaissance*. Oxford: Oxford University Press, 1939. **62**

Paoli, Cesare. "Una carta nautica genovese del 1311." *Archivio Storico Italiano*, 4th ser., 7 (1882): 381–84. **424**

Papezy, Jules. *Mémoires sur le port d'Aiguesmortes*. Paris: Hachette, 1879. **382**

Paris, Bibliothèque Nationale. *A la découverte de la terre, dix siècles de cartographie*. Trésors du Département des Cartes et Plans de la Bibliothèque Nationale, Paris, May to July 1979. **22**

Parker, John. "A Fragment of a Fifteenth-Century Planisphere in the James Ford Bell Collection." *Imago Mundi* 19 (1965): 106–7. **316**

———. "The Map Treasures of the James Ford Bell Library, Minnesota." *Map Collector* 20 (1982): 8–14. **16**

Parker, Richard A. *Demotic Mathematical Papyri*. Providence: Brown University Press, 1972. **127**

———. "Ancient Egyptian Astronomy." *Philosophical Transactions of the Royal Society of London*, ser. A, 276 (1974): 51–65. **121**

Parkington, John. "Symbolism in Palaeolithic Cave Art." *South African Archaeological Bulletin* 24, pt. 1, no. 93 (1969): 3–13. **57**

Parry, John Horace. *Europe and a Wider World, 1415–1715*. 3d ed. London: Hutchinson, 1966. **415**

———. "Old Maps Are Slippery Witnesses." *Harvard Magazine*. Alumni ed. April 1976, 32–41. **3, 18**

Parson, Edward Alexander. *The Alexandrian Library: Glory of the Hellenic World*. Amsterdam, London, New York: Elsevier Press, 1952. **149**

Parsons, David. "Consistency and the St. Gallen Plan: A Review Article." *Archaeological Journal* 138 (1981): 259–65. **467**

Parsons, E. J. S. *Introduction to the Facsimile*. Memoir accompanying *The Map of Great Britain, circa A.D. 1360, Known as the Gough Map*. Oxford: Oxford University Press, 1958. **496**

Pasch, Georges. "Les drapeaux des cartes-portulans: L'atlas dit de Charles V (1375)." *Vexillologia: Bulletin de l'Association Française d'Etudes Internationales de Vexillologie* 1, nos. 2–3 (1967): 38–60. **399**

———. "Les drapeaux des cartes-portulans: Drapeaux du 'Libro del Conoscimiento.'" *Vexillologia: Bulletin de l'Association Française d'Etudes Internationales de Vexillologie* 2, nos. 1–2 (1969): 8–32. **399**

———. "Drapeau des Canariens: Témoignage des portulans." *Vexillologia: Bulletin de l'Association Française d'Etudes Internationales de Vexillologie* 3, no. 2 (1973): 51. **378**

———. "Les drapeaux des cartes-portulans [portulans du groupe Vesconte]." *Vexillologia: Bulletin de l'Association Française d'Etudes Internationales de Vexillologie* 3, no. 2 (1973): 52–62. **399, 401**

Pastine, O. "Se la più antica carta nautica medioevale sia di autore genovese." *Bollettino Ligustico* 1 (1949): 79–82. **389**

Pastoureau, Mireille. "Collections et collectionneurs de cartes en France, sous l'ancien-régime." Paper prepared for the Tenth International Conference on the History of Cartography, Dublin 1983. **8**

———. *Les atlas français, XVIe–XVIIe siècles: Répertoire bibliographique et étude*. Paris: Bibliothèque Nationale, 1984. **10**

Peck, William H. *Drawings from Ancient Egypt*. London: Thames and Hudson, 1978. **126**

Peet, T. Eric. *The Rhind Mathematical Papyrus*. Liverpool: University Press of Liverpool, 1923. **127**

———. *The Great Tomb-Robberies of the Twentieth Egyptian Dynasty*. Oxford: Clarendon Press, 1930. **128**

Pekkanen, T. Review of *Scandinavien bei Plinius und Ptolemaios*, by Joseph Gusten Algot Svennung. *Gnomon* 49 (1977): 362–66. **197**

Pelham, Peter T. "The Portolan Charts: Their Construction and Use in the Light of Contemporary Techniques of Marine Survey and Navigation." Master's thesis, Victoria University of Manchester, 1980. **377, 384, 387, 391, 443**

Pellegrin, Elisabeth. "Les manuscrits de Geoffroy Carles, président du Parlement de Dauphiné et du Sénat de Milan." In *Studi di bibliografia e di storia in onore di Tammaro de Marinis*, 4 vols., 3:313–17. Verona: Stamperia Valdonega, 1964. **435**

Pelletier, Monique. "Jomard et le Département des Cartes et Plans." *Bulletin de la Bibliothèque Nationale* 4 (1979): 18–27. **15**

———. "L'accès aux collections cartographiques en France." In *Le patrimoine des bibliothèques: Rapport à Monsieur le directeur du livre et de la lecture par une commission de douze membres*, 2 vols., ed. Louis Desgraves and Jean-Luc Gautier, 2:253–59. Paris: Ministère de la Culture, 1982. **20**

Penrose, Boies. *Travel and Discovery in the Renaissance, 1420-1620*. Cambridge: Harvard University Press, 1952. **413**

Pestman, P. W., ed. *Greek and Demotic Texts from the Zenon Archive*. Papyrologica Lugduno-Batava 20. Leiden: E. J. Brill, 1980. **128**

Petchenik, Barbara Bartz. "Cognition in Cartography." In *Nature of Cartographic Communication*. Monograph 19, *Cartographica* (1977), 117–28. **34**

———. "A Map Maker's Perspective on Map Design Research, 1950–1980." In *Graphic Communication and Design in Contemporary Cartography*, ed. D. R. Fraser Taylor, 37–68. Progress in Contemporary Cartography, vol. 2. New York: John Wiley, 1983. **34**

Peters, Roger. "Communication, Cognitive Mapping, and Strategy in Wolves and Hominids." In *Wolf and Man: Evolution in Parallel*, ed. Roberta L. Hall and Henry S. Sharp, 95–107. New York and London: Academic Press, 1978. **52**

———. "Mental Maps in Wolf Territoriality." In *The Behavior and Ecology of Wolves: Proceedings of the Symposium on the Behavior and Ecology of Wolves Held on 23–24 May 1975 in Wilmington, N.C.*, ed. Erich Klinghammer, 122–25. New York and London: Garland STPM Press, 1979. **50**

Petrie, W. M. F. *Prehistoric Egypt, Illustrated by over 1,000 Objects in University College, London*. London: British School of Archaeology in Egypt, 1917. **118**

Petrikovits, H. von. "Vetera." In *Paulys Realencyclopädie der classischen Altertumswissenschaft*, ed. August Pauly, Georg Wissowa, et al., 2d ser., 8 (1958): cols. 1801–34. Stuttgart: J. B. Metzler, 1894–. **236**

Petti Balbi, Giovanna. "Nel mondo dei cartografi: Battista Beccari maestro a Genova nel 1427." In *Università di Genova, Facoltà di Lettere, Columbeis I*, 125–32. Genoa: Istituto di Filologia Classica e Medievale, 1986. **431**

Pettinato, Giovanni. "L'atlante geografico del Vicino Oriente antico attestato ad Ebla e ad Abū Salābīkh." *Orientalia*, n.s., 47 (1978): 50–73. **107**

Phillipps, Thomas. "Mappae Clavicula: A Treatise on the Preparation of Pigments during the Middle Ages." *Archaeologia* 32 (1847): 183–244. **287**

Phillips, Philip Lee. *A List of Maps of America in the Library of Congress*. Washington, D.C.: Government Printing Office, 1901; reprinted New York: Burt Franklin, [1967]. **19, 32**

Piaget, Jean, and Bärbel Inhelder. *The Child's Conception of Space*. Trans. F. J. Langdon and J. L. Lunzer. London: Routledge and Kegan Paul, 1956. **2, 52, 59, 69**

Piaget, Jean, Bärbel Inhelder, and Alina Szeminska. *The Child's Conception of Geometry*. New York: Basic Books, 1960. **2**

Piankoff, Alexandre. *The Wandering of the Soul*. Completed and prepared for publication by Helen Jacquet-Gordon. Egyptian Religious Texts and Representations, Bollingen Series 40, vol. 6. Princeton: Princeton University Press, 1974. **120**

Pidoplichko, Ivan Grigorévich. *Pozdnepaleoliticheskye zhilishcha iz kostey mamonta na Ukraine* (Late paleolithic dwellings of mammoth bone in the Ukraine). Kiev: Izdatelstvo "Naukova Dumka," 1969. **70, 71**

———. *Mezhiricheskye zhilishcha iz kostey mamonta* (Mezhirichi dwellings of mammoth bone). Kiev: Izdatelstvo "Naukova Dumka," 1976. **70**

Piersantelli, Giuseppe. *L'atlante di carte marine di Francesco Ghisolfi e la storia della pittura in Genova nel Cinquecento*. Genoa, 1947. **438**

———. "L'Atlante Luxoro." In *Miscellanea di geografia storica e di storia della geografia nel primo centenario della nascita di Paolo Revelli*, 115–41. Genoa: Bozzi, 1971. **424, 434**

Piganiol, André. *Les documents cadastraux de la colonie romaine d'Orange. Gallia*, suppl. 16. Paris: Centre National de la Recherche Scientifique, 1962. **220, 221, 466**

Piggott, Stuart. *Ancient Europe from the Beginnings of Agriculture to Classical Antiquity*. Edinburgh: Edinburgh University Press, 1965. **72**

Piloni, Luigi. *Carte geografiche della Sardinia*. Cagliari: Fossataro, 1974. **371**

Pinchemel, Philippe. "Géographie et cartographie, réflexions historiques et épistémologiques." *Bulletin de l'Association de Géographes Français* 463 (1979): 239–47. **38**

Pinder, Moritz, and Gustav Parthey, eds. *Ravennatis anonymi Cosmographia et Guidonis Geographica*. Berlin: Fridericus Nicolaus, 1860; reprinted Aalen: Otto Zeller Verlagsbuchhandlung, 1962. **260**

Pinto, John A. "Origins and Development of the Ichnographic City Plan." *Journal of the Society of Architectural Historians* 35, no. 1 (1976): 35–50. **478, 495**

Pitsch, Helmut. "Landschaft (-Beschreibung und -Darstellung)." In *Lexikon der Ägyptologie*, ed. Wolfgang Helck and Eberhard Otto, 3:923–28. Wiesbaden: O. Harrassowitz, 1975–. **118**

Platner, Samuel Ball. *A Topographical Dictionary of Ancient Rome*. Rev. Thomas Ashby. London: Oxford University Press, 1929. **210**

Pognon, Edmond. "Les collections du Département des Cartes et Plans de la Bibliothèque Nationale de Paris." In *The Map Librarian in the Modern World: Essays in Honour of Walter W. Ristow*, ed. Helen Wallis and Lothar Zögner, 195–204. Munich: K. G. Saur, 1979. **15**

Polanyi, Michael. *The Study of Man*. Lindsay Memorial Lectures. London: Routledge and Kegan Paul, 1959. **5**

Polaschek, Erich. "Notitia Dignitatum." In *Paulys Realencyclopädie der classischen Altertumswissenschaft*, ed. August Pauly, Georg Wissowa, et al., 17.1 (1936): cols. 1077–116. Stuttgart: J. B. Metzler, 1894–. **244**

———. "Ptolemy's *Geography* in a New Light." *Imago Mundi* 14 (1959): 17–37. **189, 192, 199, 271**

———. "Ptolemaios als Geograph." In *Paulys*

Realencyclopädie der classischen Altertumswissenschaft, ed. August Pauly, Georg Wissowa, et al., suppl. 10 (1965): cols. 680–833. Stuttgart: J. B. Metzler, 1894–. **187, 191, 192, 195, 197, 269**

Polo, Claudio de. "*Arte del navigare*: Manuscrit inédit daté de 1464–1465." *Bulletin du Bibliophile* 4 (1981): 453–61. **443**

Popescu-Spineni, Marin. *România în istoria cartografiei pâna la 1600*. Bucharest: Imprimeria Naţionala, 1938. **488**

Posener, Georges, et al. *A Dictionary of Egyptian Civilization*. Trans. Alix Macfarland. London: Methuen, 1962. **122**

Postan, M. M., E. E. Rich, and E. Miller, eds. *The Cambridge Economic History of Europe*. 3 vols. Cambridge: Cambridge University Press, 1963. **426**

Pottier, E. "Labyrinthus." In *Dictionnaire des antiquités grecques et romaines*, 5 vols., ed. Charles Daremberg and Edmond Saglio, 3.2:882–83. Paris: Hachette, 1877–1919. **252**

Preisigke, Friedrich. *Sammelbuch griechischer Urkunden aus Ägypten*. Strasburg: K. J. Trübner, 1915. **128**

Priuli, Ausilio. *Incisioni rupestri della Val Camonica*. Ivrea: Priuli and Verlucca, 1985. **75, 78, 79, 95, 96**

Puertos y Fortificaciones en América y Filipinas. Comision de Estudios Historicos de Obras Publicas y Urbanism, CEHOPU, 1985. **21**

Puglisi, Salvatore. In "Astronomy and Astrology." In *Encyclopedia of World Art*, 2:42–43. New York: McGraw-Hill, 1960. **83**

Purce, Jill. *The Mystic Spiral, Journey of the Soul*. London: Thames and Hudson, 1974. **88**

Putman, Robert. *Early Sea Charts*. New York: Abbeville Press, 1983. **22, 457**

Pyenson, Lewis. "'Who the Guys Were': Prosopography in the History of Science." *History of Science* 15 (1977): 155–88. **14**

Quaini, Massimo. "Catalogna e Liguria nella cartografia nautica e nei portolani medievali." In *Atti del 1° Congresso Storico Liguria-Catalogna: Ventimiglia-Bordighera-Albenga-Finale-Genova, 14–19 ottobre 1969*, 549–71. Bordighera: Istituto Internazionale di Studi Liguri, 1974. **377, 392, 424, 426, 437, 438**

Rabchevsky, George A., ed. *Multilingual Dictionary of Remote Sensing and Photogrammetry*. Falls Church, Va.: American Society of Photogrammetry, 1983. **xvii**

Rabelais, François. *Oeuvres complètes*. Ed. Jacques Boulenger. Paris: Gallimard, 1955. **332**

Radmilli, Arturo Mario. "The *Movable Art* of the Grotta Polesini." *Antiquity and Survival*, no. 6 (1956): 465–73. **84**

Raidel, Georg Martin. *Commentatio critico-literaria de Claudii Ptolemaei Geographia, eiusque codicibus tam manuscriptis quam typis expressis*. Nuremberg: Typis et sumptibus haeredum Felseckerianorum, 1737. **11**

Raisz, Erwin. "The Cartophile Society of New England." *Imago Mundi* 8 (1951): 44–45. **22**

Ralph, Elizabeth. "Bristol, *circa* 1480." In *Local Maps and Plans from Medieval England*, ed. R. A. Skelton and P. D. A. Harvey, 309–16. Oxford: Clarendon Press, 1986. **485, 493**

Ramilli, G. *Gli agri centuriati di Padova e di Pola nell'interpretazione di Pietro Kandler*. Trieste: Società Istriana di Archeologia e Storia Patria, 1973. **219**

Ramin, Jaques. *Le Périple d'Hannon/The Periplus of Hanno*. British Archaeological Reports, Supplementary Series 3. Oxford: British Archaeological Reports, 1976. **150**

Randall, John Herman, Jr. *The Making of the Modern Mind: A Survey of the Intellectual Background of the Present Age*. Boston: Houghton Mifflin, 1926. **319**

Randles, W. G. L. *De la terre plate au globe terrestre: Une mutation épistémologique rapide (1480–1520)*. Cahiers des Annales 38. Paris: Armand Colin, 1980. **319**

Ranson, C. L. "A Late Egyptian Sarcophagus." *Bulletin of the Metropolitan Museum of Art* 9 (1914): 112–20. **121**

Raschke, Manfred G. "New Studies in Roman Commerce with the East." In *Aufstieg und Niedergang der römischen Welt*, ed. Hildegard Temporini and Wolfgang Haase, 2.9.2 (1978): 604–1361. Berlin: Walter de Gruyter, 1972–. **178**

Rashdall, Hastings. *The Universities of Europe in the Middle Ages*. Ed. F. M. Powicke and A. B. Emden. Oxford: Oxford University Press, 1936. **306**

Ratajski, Lech. "The Research Structure of Theoretical Cartography." *International Yearbook of Cartography* 13 (1973): 217–28. **35**

———. "The Main Characteristics of Cartographic Communication as a Part of Theoretical Cartography." *International Yearbook of Cartography* 18 (1978): 21–32. **34**

Ravenstein, Ernest George. "Map." In *Encyclopaedia Britannica*, 11th ed., 32 vols., 17:629–63. New York: Encyclopaedia Britannica, 1910–11. **294**

Rawlins, Denis. "The Eratosthenes-Strabo Nile Map." *Archive for History of Exact Sciences* 26 (1982): 211–19. **148**

Raynaud-Nguyen, Isabelle. "L'hydrographie et l'événement historique: Deux exemples." Paper prepared for the Fourth International Reunion for the History of Nautical Science and Hydrography, Sagres-Lagos, 4–7 July 1983. **374, 401, 431**

Reckert, Robert D. "A Message from the President of ACSM." *American Cartographer* 1 (1974): 4. **32**

Reed, Ronald. *Ancient Skins, Parchments and Leathers*. London: Seminar Press, 1972. **391**

Rees, Alwyn, and Brinley Rees. *Celtic Heritage: Ancient Tradition in Ireland and Wales*. London: Thames and Hudson, 1961. **92**

Reinach, Salomon. *Répertoire de peintures grecques et romaines*. Paris: E. Leroux, 1922. **252**

Reinhardt, Hans. *Der St. Galler Klosterplan*. Saint Gall: Historischer Verein des Kantons St. Gallen, 1952. **466**

Renfrew, Colin. *Towards an Archaeology of Mind*. Inaugural Lecture, University of Cambridge, 30 November 1982. Cambridge: Cambridge University Press, 1982. **5, 92**

Reparaz, Gonçal (Gonzalo) de. *Catalunya a les mars:*

Navegants, mercaders i cartògrafs catalans de l'Edat Mitjana i del Renaixement (Contribució a l'estudi de la història del comerç i de la navegació de la Mediterrània). Barcelona: Mentova, 1930. **477**

———. "Essai sur l'histoire de la géographie de l'Espagne de l'antiquité au XVe siècle," *Annales du Midi* 52 (1940): 137–89, 280–341. **315, 389, 394, 432, 435, 440**

Revelli, Paolo. *Cristoforo Colombo e la scuola cartografica genovese.* Genoa: Consiglio Nazionale delle Ricerche, 1937. **373, 406, 407, 413, 414, 424, 429, 430, 431, 434, 435, 439, 442, 444, 457**

———. *La partecipazione italiana alla Mostra Oceanografica Internazionale di Siviglia (1929).* Genoa: Stabilimenti Italiani Arti Grafiche, 1937. **397, 404, 406, 413, 418, 457**

———. "Cimeli cartografici di Archivi di Stato italiani distrutti dalla guerra." *Notizie degli Archivi di Stato* 9 (1949): 1–3. **405**

———. "Cimeli geografici di biblioteche italiane distrutti o danneggiati dalla guerra." *Atti della XIV Congresso Geografico Italiano, Bologna, 1947* (1949): 526–28. **374**

———. "Una nuova carta di Batista Beccari ('Batista Becharius')?" *Bollettino della Società Geografica Italiana* 88 (1951): 156–96. **411, 457**

———. "Cimeli geografici di archivi italiani distrutti o danneggiati dalla guerra." *Atti della XV Congresso Geografico Italiano, Torino, 1950* (1952). 2 vols., 2:879. **374**

———. "Figurazioni di Genova ai tempi di Colombo." *Bollettino del Civico Istituto Colombiano* 3 (1955): 14–23. **477**

———, ed. *Elenco illustrativo della Mostra Colombiana Internazionale.* Genoa: Comitato Cittadino per le Celebrazioni Colombiane, 1950. **414, 430, 433, 443**

Rey Pastor, Julio, and Ernesto García Camarero. *La cartografía mallorquina.* Madrid: Departamento de Historia y Filosofía de la Ciencia, 1960. **374, 393, 403, 419, 423, 431, 435, 458**

Reynolds, L. D., and N. G. Wilson. *Scribes and Scholars: A Guide to the Transmission of Greek and Latin Literature.* 2d ed. Oxford: Clarendon Press, 1974. **266**

Reynolds, Susan. "Staines, Middlesex, 1469 × circa 1477." In *Local Maps and Plans from Medieval England,* ed. R. A. Skelton and P. D. A. Harvey, 245–50. Oxford: Clarendon Press, 1986. **491**

Rhotert, Hans. *Libysche Felsbilder: Ergebnisse der XI. und XII. Deutschen Inner-Afrikanischen Forschungs-Expedition (DIAFE) 1933/1934/1935.* Darmstadt: L. C. Wittich, 1952. **97**

Richardson, Mervyn E. J. "Hebrew Toponyms." *Tyndale Bulletin* 20 (1969): 95–104. **108**

Richeson, A. W. *English Land Measuring to 1800: Instruments and Practices.* Cambridge: Society for the History of Technology and MIT Press, 1966. **495**

Ridley, Michael. *The Megalithic Art of the Maltese Islands.* Poole, Dorsetshire: Dolphin Press, 1976. **83, 84, 87**

Riese, Alexander, ed. *Geographi Latini minores.* Heilbronn, 1878; reprinted Hildesheim: Georg Olms, 1964. **205, 206, 208, 243, 259**; Julius Honorius, **244, 255**

Ringbom, Sixten. "Some Pictorial Conventions for the Recounting of Thoughts and Experiences in Late Medieval Art." In *Medieval Iconography and Narrative: A Symposium,* ed. Flemming G. Andersen et al., 38–69. Odense: Odense University Press, 1980. **286, 290**

Ripa, Cesare. *Iconologia.* 3d ed. 1603; facsimile reprint, Hildesheim and New York: Georg Olms, 1970. **339**

Ripinsky, Michael M. "The Camel in Ancient Arabia." *Antiquity* 49, no. 196 (1975): 295–98. **69**

Ristow, Walter W. *Facsimiles of Rare Historical Maps: A List of Reproductions for Sale by Various Publishers and Distributors.* Washington, D.C.: Library of Congress, 1960. **19**

———. "Chronicle" section. *Imago Mundi* 17 (1963): 106–14. **37**

———. "Chronicle" section. *Imago Mundi* 20 (1966): 90–94. **37**

———. "Recent Facsimile Maps and Atlases." *Quarterly Journal of the Library of Congress* 24 (1967): 213–29. **18**

Ristow, Walter W., and R. A. Skelton. *Nautical Charts on Vellum in the Library of Congress.* Washington, D.C.: Library of Congress, 1977. **429, 444, 457**

Ritter, Dale W., and Eric W. Ritter. "Medicine Men and Spirit Animals in Rock Art of Western North America." In *Acts of the International Symposium on Rock Art: Lectures at Hankø 6-12 August, 1972,* ed. Sverre Marstrander, 97–125. Oslo: Universitetsforlaget, 1978. **61**

Rivet, A. L. F. "Some Aspects of Ptolemy's Geography of Britain." In *Littérature gréco-romaine et géographie historique: Mélanges offerts à Roger Dion,* ed. Raymond Chevallier, 55–81. Caesarodunum 9 bis. Paris: A. et J. Picard, 1974. **192**

———. "Ptolemy's Geography and the Flavian Invasion of Scotland." In *Studien zu den Militärgrenzen Roms, II,* 45–64. Vorträge des 10. Internationalen Limeskongresses in der Germania Inferior. Cologne: Rheinland-Verlag in Kommission bei Rudolf Habelt, 1977. **194**

Rivet, A. L. F., and Colin Smith. *The Place-Names of Roman Britain.* Princeton: Princeton University Press, 1979. **192, 193, 194, 236, 239, 245, 252, 260**

Robert de Vaugondy, Didier. *Essai sur l'histoire de la géographie.* Paris: Antoine Boudet, 1755. **10, 11**

Roberts, B. K. "North-west Warwickshire; Tanworth in Arden, Warwickshire, 1497 × 1519." In *Local Maps and Plans from Medieval England,* ed. R. A. Skelton and P. D. A. Harvey, 317–28. Oxford: Clarendon Press, 1986. **494**

Roberts, C. H. "The Codex." *Proceedings of the British Academy* 40 (1954): 169–204. **254**

Robinson, Arthur H. *Elements of Cartography.* 1st ed., 1953. 5th ed. (Robinson et al.) New York: John Wiley, 1978. **34**

———. "The Uniqueness of the Map." *American Cartographer* 5 (1978): 5–7. **2**

———. *Early Thematic Mapping in the History of Cartography.* Chicago: University of Chicago Press, 1982. **5, 26, 35**

Robinson, Arthur H., and Barbara Bartz Petchenik. *The Nature of Maps: Essays toward Understanding Maps and Mapping.* Chicago: University of Chicago Press, 1976. **xvii, 2, 3, 4, 33**

Rochette, Désiré Raoul. *Peintures antiques inédites, précédées de recherches sur l'emploi de la peinture dans la décoration des édifices sacrés et publics, chez les Grecs et chez les Romains.* Paris: Imprimerie Royale, 1836. **158, 174**

Rödiger, Fritz. "Vorgeschichtliche Zeichensteine, als Marchsteine, Meilenzeiger (Leuksteine), Wegweiser (Waranden), Pläne und Landkarten." *Zeitschrift für Ethnologie* 22 (1890): Verhandlungen 504–16. **64**

———. "Vorgeschichtliche Kartenzeichnungen in der Schweiz." *Zeitschrift für Ethnologie* 23 (1891): Verhandlungen 237–42. **54, 64, 65**

———. "Erläuterungen und beweisende Vergleiche zur Steinkarten-Theorie." *Zeitschrift für Ethnologie* 23 (1891): Verhandlungen 719–24. **64**

Rodolico, Niccolò. "Di una carta nautica di Giacomo Bertran, maiorchino." *Atti del III Congresso Geografico Italiano, Florence, 1898,* 2 vols. (1899) 2:544–50. **400, 433**

Rodríguez Almeida, Emilio. *Forma Urbis Marmorea: Aggiornamento generale 1980.* Rome: Edizioni Quasar, 1981. **226**

Rodwell, Warwick. "Milestones, Civic Territories and the Antonine Itinerary." *Britannia* 6 (1975): 76–101. **236**

Roggero, Roberto. "Recenti scoperte di incisioni rupestri nelle Valli di Lanzo (Torino)." In *Symposium International d'Art Préhistorique Valcamonica, 23–28 Septembre 1968,* 125–32. Union Internationale des Sciences Préhistoriques et Protohistoriques. Capo di Ponte: Edizioni del Centro, 1970. **76**

Röhricht, Reinhold. "Karten und Pläne zur Palästinakunde aus dem 7. bis 16. Jahrhundert, I." *Zeitschrift des Deutschen Palästina-Vereins* 14 (1891): 8–11. **475**

———. "Karten und Pläne zur Palästinakunde aus dem 7. bis 16. Jahrhundert, II." *Zeitschrift des Deutschen Palästina-Vereins* 14 (1891): 87–92. **466**

———. "Karten und Pläne zur Palästinakunde aus dem 7. bis 16. Jahrhundert, III." *Zeitschrift des Deutschen Palästina-Vereins* 14 (1891): 137–141. **470**

———. "Karten und Pläne zur Palästinakunde aus dem 7. bis 16. Jahrhundert, IV." *Zeitschrift des Deutschen Palästina-Vereins* 15 (1892): 34–39. **474**

———. "Marino Sanudo sen. als Kartograph Palästinas." *Zeitschrift des Deutschen Palästina-Vereins* 21 (1898): 84–126. **474, 476, 496**

———. "Die Palästinakarte Bernhard von Breitenbach's." *Zeitschrift des Deutschen Palästina-Vereins* 24 (1901): 129–35. **474, 475, 476**

———. "Die Palästinakarte des William Wey." *Zeitschrift des Deutschen Palästina-Vereins* 27 (1904): 188–93. **476**

Röllig, Wolfgang. "Landkarten." In *Reallexikon der Assyriologie und vorderasiatischen Archäologie,* ed. Erich Ebeling and Bruno Meissner, 6:464–67. Berlin: Walter de Gruyter, 1932–. **111**

Romanelli, Giandomenico, and Susanna Biadene. *Venezia piante e vedute: Catalogo del fondo cartografico a stampa.* Venice: Museo Correr, 1982. **12**

Romano, Virginia. "Sulla validità della *Carte Pisana*." *Atti dell'Accademia Pontaniana* 32 (1983): 89–99. **390, 404**

Rosien, Walter. *Die Ebstorfer Weltkarte.* Hanover: Niedersächsisches Amt für Landesplanung und Statistik, 1952. **291, 301, 310, 351**

Rossi, G. B. de. *Piante iconografiche e prospettiche di Roma anteriori al secolo XVI.* Rome: Salviucci, 1879. **477, 493**

Rossi, Ettore. "Una carta nautica araba inedita di Ibrāhīm al-Mursī datata 865 Egira = 1461 Dopo Christo." In *Compte rendu du Congrès Internationale de Géographie 5* (1926): 90–95 (11th International Congress, Cairo, 1925). **434, 437, 457**

Rössler-Köhler, Ursula. "Jenseitsvorstellungen." In *Lexikon der Ägyptologie,* ed. Wolfgang Helck and Eberhard Otto, 3:cols. 252–67. Wiesbaden: O. Harrassowitz, 1975–. **120**

Rostovtzeff, Mikhail I. *Iranians and Greeks in South Russia.* Oxford: Clarendon Press, 1922. **72, 73, 96**

Roth, Cecil. "Judah Abenzara's Map of the Mediterranean World, 1500." *Studies in Bibliography and Booklore* 9 (1970): 116–20. **457**

Rotterdam, Maritiem Museum Prins Hendrik. *Eilanden en waarden in kaart en beeld: Tentoonstelling, 22 december, 1953-15 maart, 1954.* Rotterdam: Maritiem Museum Prins Hendrik, [1954]. **500**

Rozemond, A. J. H. *Inventaris der verzameling kaarten berustende in het Algemeen Rijksarchief zijnde het eerste en tweede supplement op de collectie Hingman.* The Hague: Algemeen Rijksarchief, 1969. **486**

Ruberg, Uwe. "Mappae Mundi des Mittelalters im Zusammenwirken von Text und Bild." In *Text und Bild: Aspekte des Zusammenwirkens zweier Künste in Mittelalter und früher Neuzeit,* ed. Christel Meier and Uwe Ruberg, 550–92. Wiesbaden: Ludwig Reichert, 1980. **286, 287, 290**

Rubió y Lluch, Antoni. *Documents per l'historia de la cultura catalana mig-eval.* Barcelona: Institut d'Estudis Catalans, 1908–21. **435, 436, 442**

Ruddock, Alwyn A. *Italian Merchants and Shipping in Southampton, 1270–1600.* Southampton: University College, 1951. **408**

Rudwick, Martin J. S. "The Emergence of a Visual Language for Geological Science, 1760–1840." *History of Science* 14 (1976): 149–95. **36**

Ruge, Sophus. *Ueber Compas und Compaskarten.* Separat Abdruck aus dem Programm der Handels-Lehranstalt. Dresden, 1868. **375**

———. "Älteres kartographisches Material in deutschen Bibliotheken." *Nachrichten von der Königlichen Gesellschaft der Wissenschaften zu Göttingen, Philologisch-Historische Klasse* (1904): 1–69; (1906): 1–39; (1911): 35–166; suppl. (1916). **294**

Ruggles, Richard I. "Research on the History of Cartography and Historical Cartography of Canada, Retrospect and Prospect." *Canadian Surveyor* 31 (1977): 25–33. **37**

Russell, Bertrand. *Philosophy.* New York: W. W. Norton, 1927. **326**

Russell, G. N. "Secrets of the Labyrinth." *Irish Times,* 16 December 1964, 10. **88**

Russell, J. C. "Late Ancient and Medieval Population."

Transactions of the American Philosophical Society, n.s. 48, pt. 3 (1958): 5–152. **426**

Rzepa, Zbigniew. "Stan i potrzeby badań nad historia Kartografii w Polsce (I Ogólnopolska Konferencja Historyków Kartografii)." *Kwartalnik Historii Nauki i Techniki* 21 (1976): 377–81. **38**

———. "Joachim Lelewel, 1786–1861." *Geographers: Biobibliographical Studies* 4 (1980): 103–12. **13, 18**

Sack, Robert David. *Conceptions of Space in Social Thought: A Geographic Perspective.* Minneapolis: University of Minnesota Press; London: Macmillan, 1980. **84**

St. Koledarov, Peter. "Nai-Ranni Spomenavanniya na Bilgaritye virkhu Starinnitye Karty" (The earliest reference to the Bulgarians on ancient maps). *Izvestija na Instituta za Istorija* 20 (1968): 219–54. **290**

Sakalis, Dimitrios. "Die Datierung Herons von Alexandrien." Inaugural dissertation. University of Cologne, 1972. **230**

Salinari, Marina (formerly Marina Emiliani). "Notizie su di alcune carte nautiche di Grazioso Benincasa." *Rivista Geografica Italiana* 59 (1952): 36–42. **421, 422, 457**

Salishchev, K. A. *Osnovy kartovedeniya: Chast' istoricheskaya i kartograficheskiye materialy* (Fundamentals of map science: Historical part and cartographic materials). Moscow: Geodezizdat, 1948. **73.**

Saller, Sylvester J. *The Memorial of Moses on Mount Nebo.* 3 vols. Publications of the Studium Biblicum Franciscanum, no. 1. Jerusalem: Franciscan Press, 1941–50. **264**

Sallmann, Nicolaus. "De Pomponio Mela et Plinio Maiore in Africa describenda discrepantibus." In *Africa et Roma: Acta omnium gentium ac nationum Conventus Latinis litteris linguaeque fovendis*, ed. G. Farenga Ussani, 164–73. Rome: Erma di Bretschneider, 1979. **242**

Salomon, Richard Georg. *Opicinus de Canistris: Weltbild und Bekenntnisse eines Avignonesischen Klerikers des 14. Jahrhunderts.* Studies of the Warburg Institute, vols. 1A and 1B (text and plates). London: Warburg Institute, 1936. **291**

———. "A Newly Discovered Manuscript of Opicinus de Canistris." *Journal of the Warburg and Courtauld Institutes* 16 (1953): 45–57. **291**

———. "Aftermath to Opicinus de Canistris." *Journal of the Warburg and Courtauld Institutes* 25 (1962): 137–46. **291**

Salviat, F. "Orientation, extension et chronologie des plans cadastraux d'Orange." *Revue Archéologique de Narbonnaise* 10 (1977): 107–18. **222**

Salzman, Louis Francis. *Building in England down to 1540.* Oxford: Clarendon Press, 1952. **471**

Sandys, John Edwin. *A Short History of Classical Scholarship from the Sixth Century B.C. to the Present Day.* Cambridge: Cambridge University Press, 1915. **266**

Sanson, Nicolas. *Introduction à la géographie.* Paris, 1682. **9**

Santarém, Manuel Francisco de Barros e Sousa, Viscount of. *Atlas composé de mappemondes, de portulans et de cartes hydrographiques et historiques depuis le VIe jusqu'au XVIIe siècle.* Paris, 1849. Facsimile reprint with explanatory texts by Helen Wallis and A. H. Sijmons, Amsterdam: R. Muller, 1985. **293, 457**

———. "Notice sur plusieurs monuments géographiques inédits du Moyen Age et du XVIe siècle qui se trouvent dans quelques bibliothèques de l'Italie, accompagné de notes critiques." *Bulletin de la Société de Géographie*, 3d ser., 7 (1847): 289–317; reprinted in *Acta Cartographica* 14 (1972): 318–46. **13, 17, 435**

———. *Essai sur l'histoire de la cosmographie et de la cartographie pendant le Moyen-Age et sur les progrès de la géographie après les grandes découvertes du XVe siècle.* 3 vols. Paris: Maulde et Renou, 1849–52. **12, 13, 17, 292, 294, 381, 448**

———. *Estudos de cartographia antiga.* 2 vols. Lisbon: Lamas, 1919–20. **423**

Santos Júnior, J. R. dos. "O abrigo pre-histórico da 'Pala Pinta.'" *Trabalhos da Sociedade Portuguesa de Antropologiae Etnologia* 6 (1933): 33–43. **83**

Sanz, Carlos. "El primer mapa del mundo con la representacíon de los dos hemisferios." *Boletín de la Real Sociedad Geográfica* 102 (1966): 119–217. **353**

Sartiaux, F. "Recherches sur le site de l'ancienne Phocée." *Comptes Rendus des Séances de l'Académie des Inscriptions et Belles-Lettres* (1914): 6–18. **159**

Sarton, George. *Introduction to the History of Science.* 3 vols. Baltimore: Williams and Wilkins, 1927–48. **3, 20, 173, 293, 306, 312, 321, 380, 441**

———. Review of "Bīrūnī's Picture of the World." *Memoirs of the Archaeological Survey of India* 53 [1941], by Ahmed Zeki Valīdī Togan. *Isis* 34 (1942): 31–32. **320**

Sauer, Carl O. "The Education of a Geographer." *Annals of the Association of American Geographers* 46 (1956): 287–99. **2**

Savvateyev, Yury A. *Risunki na skalakh* (Rock drawings). Petrozavodsk: Karelskoye Knizhnoye Izdelstvo, 1967. **76**

Saxl, Fritz. "Illustrated Mediaeval Encyclopaedias: 1. The Classical Heritage; 2. The Christian Transformation." In his *Lectures.* 2 vols., 1:228–54. London: Warburg Institute, 1957. **266, 301**

Scaglia, Gustina. "The Origin of an Archaeological Plan of Rome by Alessandro Strozzi." *Journal of the Warburg and Courtauld Institutes* 27 (1964): 137–63. **477, 492, 495**

Scamuzzi, Ernesto. *Museo Egizio di Torino.* Turin: Fratelli Pozzo, 1964. **122**

Schack-Schackenburg, Hans, ed. *Das Buch von den zwei Wegen des seligen Toten (Zweiwegebuch): Texte aus der Pyramidenzeit nach einem im Berliner Museum bewahrten Sargboden des mittleren Reiches.* Leipzig: J. C. Hinrich, 1903. **117**

Schäfer, Heinrich. *Ägyptische und heutige Kunst und Weltgebäude der alten Ägypter: Zwei Aufsätze.* Berlin: Walter de Gruyter, 1928. **121**

———. *Principles of Egyptian Art.* Ed. with epilogue by Emma Brunner-Traut. Ed. and Trans. with introduction by John Baines. Oxford: Clarendon Press, 1974. **117**

Schalk, Fritz. "Über Epoche und Historie." Part of "Studien

zur Periodisierung und zum Epochebegriff" by Hans Diller and Fritz Schalk. *Abhandlungen der Akademie der Wissenschaften und der Literatur, Mainz.* Geistes- und Sozialwissenschaftliche Klasse, (1972): 150–76. **xviii**

Scharfe, Wolfgang. "Geschichte der Kartographie—heute?" In *Festschrift für Georg Jensch aus Anlaß seines 65. Geburtstages*, ed. F. Bader et al., 383–98. Abhandlungen des 1. Geographischen Instituts der Freien Universität Berlin, 20. Berlin: Reimer, 1974. **37**

———. "Die Geschichte der Kartographie im Wandel." *International Yearbook of Cartography* 21 (1981): 168–76. **38**

———. "Max Eckert's 'Kartenwissenschaft'—The Turning-Point in German Cartography." Paper prepared for the Eleventh International Conference on the History of Cartography, Ottawa, 1985. **24**

Schilder, Günter. "Organization and Evolution of the Dutch East India Company's Hydrographic Office in the Seventeenth Century." *Imago Mundi* 28 (1976): 61–78. **9**

Schillinger-Häfele, Ute. "Beobachtungen zum Quellenproblem der *Kosmographie* von Ravenna." *Bonner Jahrbücher* 163 (1963): 238–51. **260**

Schlichtmann, Hansgeorg. "Codes in Map Communication." *Canadian Cartographer* 16 (1979): 81–97. **34**

———. "Characteristic Traits of the Semiotic System 'Map Symbolism.'" *Cartographic Journal* 22 (1985): 23–30. **34**

Schlott-Schwab, Adelheid. *Die Ausmaße Ägyptens nach altägyptischen Texten.* Wiesbaden: O. Harrassowitz, 1981. **125**

Schlumberger, Gustave, Ferdinand Chalandon, and Adrien Blanchet. *Sigillographie de l'Orient Latin.* Paris: Geuthner, 1943. **488**

Schnabel, Paul. *Text und Karten des Ptolemäus.* Quellen und Forschungen zur Geschichte der Geographie und Völkerkunde 2. Leipzig: K. F. Koehlers Antiquarium, 1938. **192, 269**

Schneider, Marius. *El origen musical de los animales-símbolos en la mitología y la escultura antiguas.* Monograph 1. Barcelona: Instituto Español de Musicología, 1946. **86**

Schnelbögl, Fritz. "Life and Work of the Nuremberg Cartographer Erhard Etzlaub (†1532)." *Imago Mundi* 20 (1966): 11–26. **473, 498**

Schnetz, Joseph. *Untersuchungen über die Quellen der Kosmographie des anonymen Geographen von Ravenna.* Sitzungsberichte der Akademie der Wissenschaften, Philosophisch-historische Abteilung 6. Munich: Verlag der Bayerischen Akademie der Wissenschaften, 1942. **260**

Schöne, Hermann. "Das Visirinstrument der Römischen Feldmesser." *Jahrbuch des Kaiserlich Deutschen Archäologischen Instituts* 16 (1901): 127–32. **213**

Schönfeld, M. "L'astronomie préhistorique en Scandinavie." *La Nature*, no. 2444, 5 February 1921, 81–83. **82, 93**

Schulten, Adolf. "Fundus." In *Dizionario epigrafico di antichità romane*, ed. E. de Ruggiero, 3:347. Rome, 1895–. **226**

———. "Römische Flurkarten." *Hermes* 33 (1898): 534–65. **218**

———. *Tartessos: Ein Beitrag zur ältesten Geschichte des Westens.* Hamburg: L. Friederichsen and Co., 1922. **150**

Schulz, Juergen. "The Printed Plans and Panoramic Views of Venice (1486–1797)." *Saggi e Memorie di Storia dell'Arte* 7 (1970): 9–182. **12, 478**

———. "Jacopo de' Barbari's View of Venice: Map Making, City Views, and Moralized Geography before the Year 1500." *Art Bulletin* 60 (1978): 425–74. **36, 287, 288, 290, 292, 303, 314, 477, 478, 493, 495**

———. "Maps as Metaphors: Mural Map Cycles of the Italian Renaissance." In *Art and Cartography: Six Historical Essays.* Ed. David Woodward. Chicago: University of Chicago Press, 1987. **8, 315**

Schumm, Karl. *Inventar der handschriftlichen Karten im Hohenlohe-Zentralarchiv Neuenstein.* Karlsruhe: Braun, 1961. **488**

Schurtz, Heinrich. *Istoriya pervobytnoy kul'tury* (History of primitive cultures). Moscow, 1923. Translated from the German *Urgeschichte der Kultur.* Leipzig and Vienna, 1900. **47**

Schütte, Gudmund. *Ptolemy's Maps of Northern Europe: A Reconstruction of the Prototypes.* Copenhagen: Royal Danish Geographical Society, 1917. **197, 198**

———. *Hjemligt Hedenskab: I Almenfattelig Fremstillung.* Copenhagen: Gyldendal, 1919. **82**

———. "Primaeval Astronomy in Scandinavia." *Scottish Geographical Magazine* 36, no. 4 (1920): 244–54. **82, 83, 93**

Secchi, Laura. *Navigazione e carte nautiche nei secoli XIII–XVI.* Catalog of an exhibition held at the Palazzo Rosso, Genoa, May to October 1978. **438**

Sedgley, Jeffrey P. *The Roman Milestones of Britain: Their Petrography and Probable Origin.* British Archaeological Reports no. 18. Oxford: British Archaeological Reports, 1975. **236**

Seeck, Otto, ed. *Notitia Dignitatum.* Berlin: Weidmann, 1876; reprinted Frankfort: Minerva, 1962. **244**

Seltman, Charles Theodore. *Greek Coins: A History of Metallic Currency and Coinage down to the Fall of the Hellenistic Kingdoms.* London: Methuen, 1933; revised 1955. **158**

Serejski, Marian Henryk. *Joachim Lelewel, 1786-1861: Sa vie et son oeuvre.* Warsaw: Zakład Narodowy imienia Ossolińskich, 1961. **13**

Sharpe, Kevin. *Sir Robert Cotton, 1586–1631: History and Politics in Early Modern England.* Oxford: Oxford University Press, 1979. **9**

Shee, Elizabeth. "Recent Work on Irish Passage Graves Art." *Bollettino del Centro Camuno di Studi Preistorici* 8 (1972): 199–224. **61**

Sherk, Robert K. "Roman Geographical Exploration and Military Maps." In *Aufstieg und Niedergang der römischen Welt*, ed. Hildegard Temporini, 2.1 (1974): 534–62. Berlin: Walter de Gruyter, 1972–. **210, 253**

Shibanov, F. A. "The Essence and Content of the History of Cartography and the Results of Fifty Years of Work by Soviet Scholars." In *Essays on the History of Russian Cartography, 16th to 19th Centuries*, ed. and trans. James R. Gibson, introduction by Henry W. Castner, 141–45. Monograph 13, *Cartographica* (1975). **35, 38**

Shirley, Rodney W. *The Mapping of the World: Early Printed World Maps 1472–1700.* London: Holland Press, 1983. **302**

Shotwell, James T. *The History of History.* New York: Columbia University Press, 1939. **7**

Siegel, Linda S., and Charles J. Brainerd. *Alternatives to Piaget: Critical Essays on the Theory.* New York: Academic Press, 1978. **2**

Sieveking, Ann. *The Cave Artists.* London: Thames and Hudson, 1979. **57, 86**

Sigurðsson, Harald. *Kortasaga Islands frá öndverðu til loka 16. aldar.* Reykjavik: Bókaútgáfa Menningarsjóðs og Þjóðvinafélagsins, 1971. **414**

Simar, Théophile. "La géographie de l'Afrique Centrale dans l'antiquité et au Moyen-Age." *Revue Congolaise* 3 (1912–13): 1–23, 81–102, 145–69, 225–52, 289–310, 440–41. **295**

Simmons, Leo W., ed. *Sun Chief: The Autobiography of a Hopi Indian.* New Haven: Yale University Press, 1942. **59**

Simpson, James Young. *Archaic Sculpturings of Cups, Circles, etc. upon Stones and Rocks in Scotland, England, and Other Countries.* Edinburgh: Edmonston and Douglas, 1867. **64**

Singer, Charles. "Daniel of Morley: An English Philosopher of the XIIth Century." *Isis* 3 (1920): 263–69. **306**

———. *Studies in the History and Method of Science.* 2 ed., 2 vols. London: W. Dawson, 1955. **321**

———. *A Short History of Scientific Ideas to 1900.* Oxford: Clarendon Press, 1959; reprinted 1966. **3, 10**

———, et al., eds. *A History of Technology.* 7 vols. Oxford: Clarendon Press, 1954–78. **xviii, xix, 3, 60, 293**

Skelton, R. A. "An Ethiopian Embassy to Western Europe in 1306." In *Ethiopian Itineraries circa 1400–1524, Including Those Collected by Alessandro Zorzi at Venice in the Years 1519–24,* ed. Osbert G. S. Crawford, 212–16. Hakluyt Society, ser. 2, 109. Cambridge: Cambridge University Press for the Hakluyt Society, 1958. **404, 405**

[———]. "Leo Bagrow: Historian of Cartography and Founder of *Imago Mundi,* 1881–1957." *Imago Mundi* 14 (1959): 4–12. **22, 26, 27**

———. *Looking at an Early Map.* Lawrence: University of Kansas Libraries, 1965. **33, 403**

———. "Historical Notes on *Imago Mundi.*" *Imago Mundi* 21 (1967): 109–10. **27**

———. "A Contract for World Maps at Barcelona, 1399–1400." *Imago Mundi* 22 (1968): 107–13. **287, 324, 393, 401, 430, 436**

———. *Maps: A Historical Survey of Their Study and Collecting.* Chicago: University of Chicago Press, 1972. **xvii, 3, 6, 7, 8, 9, 10, 11, 12, 14, 15, 16, 17, 18, 19, 21, 23, 24, 28, 34, 35, 38, 292, 422**

Skelton, R. A., Thomas E. Marston, and George D. Painter. *The Vinland Map and the Tartar Relation.* New Haven: Yale University Press, 1965. **368, 410, 414**

Skelton, R. A., and John Summerson. *A Description of Maps and Architectural Drawings in the Collection Made by William Cecil, First Baron Burghley, Now at Hatfield House.* Oxford: Roxburghe Club, 1971. **9**

Skelton, R. A., and P. D. A. Harvey, eds. *Local Maps and Plans from Medieval England.* Oxford: Clarendon Press, 1986. **464, 467, 470, 471, 473, 484, 485, 490, 491, 492, 493, 494, 495, 498**

Skop, Jacob. "The Stade of the Ancient Greeks." *Surveying and Mapping* 10 (1950): 50–55. **148**

Slobbe, Annemieke van. *Kartobibliografieën in het Geografisch Instituut Utrecht.* Utrechtse Geografische Studies 10. Utrecht: Geografisch Instituut Rijksuniversiteit Utrecht, 1978. **20**

Smalley, Beryl. *The Study of the Bible in the Middle Ages.* 2d ed. Oxford: Blackwell, 1952. **334**

Smith, Mary Elizabeth. *Picture Writing from Ancient Southern Mexico: Mixtec Place Signs and Maps.* Norman: University of Oklahoma Press, 1973. **53**

Smith, R. W. "The Significance of Roman Glass." *Metropolitan Museum Bulletin* 8 (1949): 56. **239**

Smith, Thomas R. "Manuscript and Printed Sea Charts in Seventeenth-Century London: The Case of the Thames School." In *The Compleat Plattmaker: Essays on Chart, Map, and Globe Making in the Seventeenth and Eighteenth Centuries,* ed. Norman J. W. Thrower, 45–100. Berkeley: University of California Press, 1978. **391, 392, 431, 436**

———. "Rhumb-Line Networks on Early Portolan Charts: Speculations Regarding Construction and Function." Paper prepared for the Tenth International Conference on the History of Cartography, Dublin, 1983. **376**

Smith, William Stevenson. *Interconnections in the Ancient Near-East: A Study of the Relationships between the Arts of Egypt, the Aegean, and Western Asia.* New Haven: Yale University Press, 1965. **119**

Snyder, George Sergeant. *Maps of the Heavens.* New York: Abbeville Press, 1984. **22**

Somers Cocks, J. V. "Dartmoor, Devonshire, Late 15th or Early 16th Century." In *Local Maps and Plans from Medieval England,* ed. R. A. Skelton and P. D. A. Harvey, 293–302. Oxford: Clarendon Press, 1986. **484**

Sommerbrodt, Ernst. *Afrika auf der Ebstorfer Weltkarte.* Festschrift zum 50-Jährigen Jubiläum des Historischen Vereins für Niedersachsen. Hanover, 1885. **307**

Sotheby's. *Catalogue of Highly Important Maps and Atlases,* 15 April 1980. **378, 419, 458**

Spadolini, Ernesto. "Il portolano di Grazioso Benincasa." *Bibliofilia* 9 (1907–8): 58–62, 103–9, 205–34, 294–99, 420–34, 460–63; reprinted in *Acta Cartographica* 11 (1971): 384–450. **433**

Spiegelberg, Wilhelm. *Die demotischen Denkmäler.* 2 vols. Leipzig: W. Drugulin, 1904–8. **128**

Spufford, Peter, and Wendy Wilkinson. *Interim Listing of the Exchange Rates of Medieval Europe.* North Staffordshire: Department of History, University of Keele, 1977. **437**

Staglieno, Marcello. "Sopra Agostino Noli e Visconte Maggiolo cartografi." *Giornale Ligustico* 2 (1875): 71–79. **430**

Stahl, William Harris. "Astronomy and Geography in Macrobius." *Transactions and Proceedings of the American Philological Society* 35 (1942): 232–38. **300**

———. *Ptolemy's Geography: A Select Bibliography*. New York: New York Public Library, 1953. **190**

———. "By Their Maps You Shall Know Them." *Archaeology* 8 (1955): 146–55. **88**

———. "Cosmology and Cartography." Part of "Representation of the Earth's Surface as an Artistic Motif." In *Encyclopedia of World Art*, 3:cols. 851–54. New York: McGraw-Hill, 1960. **70, 96**

———. *Roman Science: Origins, Development, and Influence to the later Middle Ages*. Madison: University of Wisconsin Press, 1962. **299, 301**

———. *The Quadrivium of Martianus Capella: Latin Traditions in the Mathematical Sciences, 50 B.C.–A.D. 1250*. Martianus Capella and the Seven Liberal Arts, vol. 1. New York: Columbia University Press, 1971. **300, 353**

Stanchul, T. A. "Natsional'nye kartograficheskye obshchestva mira" (National cartographic societies of the world). *Doklady Otdeleniy i Komissiy* 10 (1969): 89–99 (Geograficheskogo obshchestva SSSR, Leningrad). **32**

Stechow, E. "Zur Entdeckung der Ostsee durch die Römer." *Forschungen und Fortschritte* 24 (1948): 240–41. **197**

Steers, J. A. Review of *The Mapmakers*, by John Noble Wilford. *Geographical Journal* 149 (1983): 102–3. **26**

Stegena, Lajos. "Minoische kartenähnliche Fresken bei Acrotiri, Insel Thera (Santorini)." *Kartographische Nachrichten* 34 (1984): 141–43. **132**

Steinmeyer-Schareika, Angela. *Das Nilmosaik von Palestrina und eine Ptolemäische Expedition nach Äthiopien*. Halbelts Dissertationsdrucke, Reihe Klassische Archäologie 10. Bonn: Halbelt, 1978. **118**

Stephens, John D. "Current Cartographic Serials: An Annotated International List." *American Cartographer* 7 (1980): 123–38. **32**

Stephenson, Richard W. "The Henry Harrisse Collection of Publications, Papers, and Maps Pertaining to the Early Exploration of America." Paper prepared for the Tenth International Conference on the History of Cartography, Dublin 1983. **20**

Sterling, Charles. "Le mappemonde de Jan van Eyck." *Revue de l'Art* 33 (1976): 69–82. **368**

Stevens, Henry N. *Ptolemy's Geography: A Brief Account of All the Printed Editions down to 1730*. 2d ed. London: Henry Stevens, Son and Stiles, 1908; reprinted, Amsterdam: Theatrum Orbis Terrarum, [1973]. **17**

———. *Recollections of James Lenox and the Formation of His Library*. Ed. Victor Hugo Paltsits. New York: New York Public Library, 1951. **17**

Stevens, Wesley M. "The Figure of the Earth in Isidore's 'De Natura Rerum.'" *Isis* 71 (1980): 268–77. **301, 345**

Stevenson, Edward Luther. *Facsimiles of Portolan Charts Belonging to the Hispanic Society of America*. Publications of the Hispanic Society of America, no. 104. New York, 1916. **401, 457, 461**

———. *Terrestrial and Celestial Globes: Their History and Construction, Including a Consideration of Their Value as Aids in the Study of Geography and Astronomy*. 2 vols. Publications of the Hispanic Society of America, no. 86. New Haven: Yale University Press, 1921; reprinted New York and London: Johnson Reprint Corporation, 1971. **141, 159, 163, 164, 171**

———, trans. *Geography of Claudius Ptolemy*. New York: New York Public Library, 1932. **177, 179, 186, 198**

Stevenson, W. H., ed., and Robert Cole, comp. *Rental of All the Houses in Gloucester A.D. 1455*. Gloucester: Bellows, 1890. **470**

Stewart, Aubrey, trans. *Itinerary from Bordeaux to Jerusalem: "The Bordeaux Pilgrim"*. Palestine Pilgrims Text Society, vol. 1, no. 2. London: Palestine Exploration Fund, 1896. **237**

Stolzenberg, Ingeborg. "Weltkarten in mittelalterlichen Handschriften der Staatsbibliothek Preußischer Kulturbesitz." In *Karten in Bibliotheken: Festgabe für Heinrich Kramm zur Vollendung seines 65. Lebensjahres*, ed. Lothar Zögner, 17–32. Kartensammlung und Kartendokumentation 9. Bonn-Bad Godesberg: Bundesforschungsanstalt für Landeskunde und Raumordnung, Selbstverlag, 1971. **301, 343**

Stone, Jeffrey C. "Techniques of Scale Assessment on Historical Maps." In *International Geography 1972*, ed. W. P. Adams and F. M. Helleiner, 452–54. Toronto: University of Toronto Press, 1972. **403**

Strachan, James. *Early Bible Illustrations: A Short Study Based on Some Fifteenth and Early Sixteenth Century Printed Texts*. Cambridge: Cambridge University Press, 1957. **336**

Struve, W. W. *Mathematischer Papyrus des Staatlichen Museums der Schönen Künste in Moskau*. Berlin: J. Springer, 1930. **127**

Strzelczyk, Jerzy. *Gerwazy z Tilbury: Studium z dziejów uczoności geograficznej w średniowieczu*. Monograph 46. Warsaw: Zakład Narodowy im. Ossolińskich, 1970. **307**

Stylianou, Andreas, and Judith A. Stylianou. *The History of the Cartography of Cyprus*. Publications of the Cyprus Research Centre, 8. Nicosia, 1980. **457**

Suhm, Peter Frederik. *Samlinger til den Danske historie*. Copenhagen: A. H. Godishes, 1779–84. **63**

Sukenik, Eleazar L. *The Ancient Synagogue of Beth Alpha*. Jerusalem: University Press, 1932. **266**

Svennung, Joseph Gusten Algot. *Belt und Baltisch: Ostseeische Namenstudien mit besonderer Rücksicht auf Adam von Bremen*. Uppsala: Lundequistska Bokhandeln, 1953. **197**

———. *Scandinavien bei Plinius und Ptolemaios*. Uppsala: Almqvist och Wiksell, 1974. **197**

Svoronos, Jean N. (Ioannes N. Sborōnos). *Numismatique de la Crète ancienne accompagnée de l'histoire, la géographie et la mythologie de l'Âile*. Macon: Imprimerie Protat Frères, 1890; reprinted Bonn: R. Habelt, 1972. **251**

Taisbak, C. M. "Posidonius Vindicated at All Costs? Modern Scholarship versus the Stoic Earth Measurer." *Centaurus* 18 (1973–74): 253–69. **169**

Tanguy, J. C. "An Archaeometric Study of Mt. Etna: The Magnetic Direction Recorded in Lava Flows Subsequent to the Twelfth Century." *Archaeometry* 12 (1970): 115–128. **384**

———. "L'Etna: Etude pétrologique et paléomagnetique, implications volcanologiques." Ph.D. Diss., Université Pierre et Marie Curie, Paris, 1980. **384**

Tanselle, G. Thomas. "From Bibliography to *Histoire*

Totale: The History of Books as a Field of Study." *Times Literary Supplement*, 5 June 1981, 647–49. **21**

———. "The Description of Non-letterpress Material in Books." *Studies in Bibliography* 35 (1982): 1–42. **21**

Tarn, William Woodthorpe. *Alexander the Great*. 2 vols. Cambridge: Cambridge University Press; New York: Macmillan, 1948. **149, 151**

Tate, George. Address to members at the anniversary meeting held at Embleton, 7 September 1853. *Proceedings of the Berwickshire Naturalists' Club* 3, no. 4 (1854): 125–41. **64**

———. *The Ancient British Sculptured Rocks of Northumberland and the Eastern Borders, with Notices of the Remains Associated with These Sculptures*. Alnwick: H. H. Blair, 1865. **64, 65, 86**

Taton, Juliette. "Jean-Baptiste Bourguignon d'Anville." In *Dictionary of Scientific Biography*, 16 vols., ed. Charles Coulston Gillispie, 1:175–76. New York: Charles Scribner's Sons, 1970–80. **10**

Taton, René. *Histoire générale des sciences*. 3 vols. in 4 pts. Paris: Presses Universitaires de France, 1957–64. English edition, *History of Science*. 4 vols. Trans. A. J. Pomerans. London: Thames and Hudson, 1963–66. **xix, 84**

Tattersall, Jill. "Sphere or Disc? Allusions to the Shape of the Earth in Some Twelfth-Century and Thirteenth-Century Vernacular French Works." *Modern Language Review* 76 (1981): 31–46. **290, 319, 343**

Taubner, Kurt. "Zur Landkartenstein-Theorie." *Zeitschrift für Ethnologie* 23 (1891): Verhandlungen 251–57. **54, 63, 66**

Taylor, Eva G. R. "Pactolus: River of Gold." *Scottish Geographical Magazine* 44 (1928): 129–44. **328, 413**

———. "The Surveyor." *Economic History Review*, 1st ser., 17 (1947): 121–33. **494**

———. "Early Charts and the Origin of the Compass Rose." *Navigation: Journal of the Institute of Navigation* 4 (1951): 351–56. **383**

———. *The Mathematical Practitioners of Tudor and Stuart England*. Cambridge: Cambridge University Press, 1954. **429**

———. *The Haven-Finding Art: A History of Navigation from Odysseus to Captain Cook*. London: Hollis and Carter, 1956. **371, 375, 384, 387, 390, 397, 401, 422, 429, 442, 443**

Taylor, John. *The "Universal Chronicle" of Ranulf Higden*. Oxford: Clarendon, 1966. **312**

Teeling, P. S. "Oud-Nederlandse landmeters." *Orgaan der Vereniging van Technische Ambtenaren van het Kadaster* 7 (1949): 34–45, 90–98, 126–34, 158–70, 198–209; 8 (1950): 2–11. **494**

Teixeira da Mota, Avelino. *Topónimos de origem Portuguesa na costa ocidental de Africa desde o Cabo Bojador ao Cabo de Santa Caterina*, Centro de Estudos da Guiné Portuguesa no. 14. Bissau: Centro de Estudos da Guiné Portuguesa, 1950. **413**

———. "L'art de naviguer en Méditerranée du XIIIᵉ au XVIIᵉ siècle et la création de la navigation astronomique dans les océans." In *Le navire et l'économie maritime du Moyen-Age au XVIIIᵉ siècle principalement en Méditerranée: Travaux du IIᵉᵐᵉ Colloque Internationale*

d'Histoire Maritime, ed. Michel Mollat, 127–54. Paris: SEVPEN, 1958. **379, 386, 441**

———. "Influence de la cartographie portugaise sur la cartographie européenne à l'époque des découvertes." In *Les aspects internationaux de la découverte océanique aux XVᵉ et XVIᵉ siècles: Actes du Vᵉᵐᵉ Colloque Internationale d'Histoire Maritime*, ed. Michel Mollat and Paul Adam, 223–48. Paris: SEVPEN, 1966. **377, 429**

———. "Some Notes on the Organization of Hydrographical Services in Portugal before the Beginning of the Nineteenth Century." *Imago Mundi* 28 (1976): 1–60. **9**

Temanza, Tommaso. *Antica pianta dell'inclita città di Venezia delineata circa la metà del XII. secolo*. Venice: Palese, 1781. **478**

Thiele, Georg. *Antike Himmelsbilder, mit Forschungen zu Hipparchos, Aratos und seinen Fortsetzern und Beiträgen zur Kunstgeschichte des Sternhimmels*. Berlin: Weidmann, 1898. **166, 303**

Thiriet, Freddy, ed. *Délibérations des assemblées vénitiennes concernant la Romanie*. 2 vols. Paris: Mouton, 1966–71. **433**

Thom, Alexander. "Astronomical Significance of Prehistoric Monuments in Western Europe." In *The Place of Astronomy in the Ancient World*, ed. F. R. Hodson, 149–56. Joint symposium of the Royal Society and the British Academy. London: Oxford University Press, 1974. **81**

Thomas, Elizabeth. "Cairo Ostracon J. 72460." In *Studies in Honor of George R. Hughes*, 209–16. Studies in Ancient Oriental Civilization, no. 39. Chicago: Oriental Institute of the University of Chicago, 1976. **126**

Thompson, Daniel V. "Medieval Parchment-Making." *Library*, 4th ser., 16 (1935): 113–17. **324**

———. *The Materials of Medieval Painting*. London: G. Allen and Unwin, 1936. Republished as *The Materials and Techniques of Medieval Painting*. New York: Dover, 1956. **324, 390**

Thompson, Silvanus P. "The Rose of the Winds: The Origin and Development of the Compass-Card." *Proceedings of the British Academy* 6 (1913–14): 179–209. **377, 390, 395**

Thomson, J. Oliver. *History of Ancient Geography*. Cambridge: Cambridge University Press, 1948; reprinted New York: Biblo and Tannen, 1965. **130, 145, 150, 151, 152, 162, 163, 166, 179**

Thorndike, Lynn, ed. and trans. *The Sphere of Sacrobosco and Its Commentators*. Chicago: University of Chicago Press, 1949. **306**

Thornton, Robert. "Modelling of Spatial Relations in a Boundary-Marking Ritual of the Iraqw of Tanzania." *Man*, n.s., 17 (1982): 528–45. **48**

Thrower, Norman J. W. "Monumenta Cartographica Africae et Aegypti." *UCLA Librarian*, suppl. to vol. 16, no. 15 (31 May 1963): 121–26. **294**

———. *Maps and Man: An Examination of Cartography in Relation to Culture and Civilization*. Englewood Cliffs, N.J.: Prentice-Hall, 1972. **4, 25, 47, 54, 59**

———. "The Treasures of UCLA's Clark Library." *Map Collector* 14 (1981): 18–23. **16**

Thulin, Carl Olof. *Die etruskische Disciplin. . . .* 3 pts.

Needs. Document no. 1949.I.19. New York: United Nations Department of Social Affairs, 1949. **xvii**

Urry, William. "Canterbury, Kent, *circa* 1153 × 1161." In *Local Maps and Plans from Medieval England,* ed. R. A. Skelton and P. D. A. Harvey, 43–58. Oxford: Clarendon Press, 1986. **467, 484**

———. "Canterbury, Kent, Late 14th Century × 1414." In *Local Maps and Plans from Medieval England,* ed. R. A. Skelton and P. D. A. Harvey, 107–17. Oxford: Clarendon Press, 1986. **493**

Ustick, W. Lee. "Parchment and Vellum." *Library,* 4th ser., 16 (1935): 439–43. **324**

Uzielli, Gustavo, and Pietro Amat di San Filippo. *Mappamondi, carte nautiche, portolani ed altri monumenti cartografici specialmente italiani dei secoli XIII–XVII.* 2d ed., 2 vols. Studi Biografici e Bibliografici sulla Storia della Geografia in Italia. Rome: Società Geografica Italiana, 1882; reprinted Amsterdam: Meridian, 1967. **294, 374, 391, 401, 421, 422, 423, 434, 435**

Vacano, Otto-Wilhelm von. *The Etruscans in the Ancient World.* Trans. Sheila Ann Ogilvie. London: Edward Arnold, 1960. **203**

Valerio, Vladimiro. "La cartografia Napoletana tra il secolo XVIII e il XIX: Questioni di storia e di metodo." *Napoli Nobilissima* 20 (1980): 171–79. **38**

———. "Per una diversa storia della cartografia." *Rassegna ANIAI* 3, no. 4 (1980): 16–19 (periodical of the Associazione Nazionale Ingegneri e Architetti d'Italia). **38**

———. "A Mathematical Contribution to the Study of Old Maps." In *Imago et mensura mundi: Atti del IX Congresso Internazionale di Storia della Cartografia,* 2 vols., ed. Carla Clivio Marzoli, 2:497–504. Rome: Enciclopedia Italiana, 1985. **38**

———. "Sulla struttura geometrica di alcune carte di Giovanni Antonio Rizzi Zannoni (1736–1814)." Published as offprint only. **38**

Vandier, Jacques. *Manuel d'archéologie égyptienne.* 6 vols. Paris: A. et J. Picard, 1952–78. **125**

Vaughan, Richard. *Matthew Paris.* Cambridge: Cambridge University Press, 1958. **288, 347, 470, 473, 475, 495, 496**

Venice, Biblioteca Nazionale Marciana and Archivio di Stato. *Mostra dei navigatori veneti del quattrocento e del cinquecento.* Exhibition catalog. Venice, 1957. **433, 448**

Verbrugghe, Gerald Sicilia, Ingemar König, and Gerold Walser, eds. *Itinera Romana.* 3 vols. Bern: Kümmerly und Frey, 1967–76. **236**

Verner, Coolie. "The Identification and Designation of Variants in the Study of Early Printed Maps." *Imago Mundi* 19 (1965): 100–105. **21**

———. "Carto-bibliographical Description: The Analysis of Variants in Maps Printed from Copper Plates." *American Cartographer* 1 (1974): 77–87. **21**

Vernet-Ginés, Juan. "The Maghreb Chart in the Biblioteca Ambrosiana." *Imago Mundi* 16 (1962): 1–16. **418, 445, 459**

Viaene, A. "De landmeter in Vlaanderen, 1281–1800." *Biekorf* 67 (1966): 7. **494**

Vicenza, Biblioteca Civica Bertoliana. *Teatro del cielo e della terra: Mappamondi, carte nautiche e atlanti della Biblioteca Civica Bertoliana dal XV al XVIII secolo: Catalogo della mostra.* Vicenza: Biblioteca Civica Bertoliana, 1984. **317**

Vietor, Alexander O. "A Portuguese Chart of 1492 by Jorge Aguiar." *Revista da Universidade de Coimbra* 24 (1971): 515–16. **374**

Virágh, Dénes. "A legrégibb térkép" (The oldest map). *Geodézia és Kartográfia* 18, no. 2 (1965): 143–45. **96**

Vittmann, Günther. "Orientierung (von Gebäuden)." In *Lexikon der Ägyptologie,* ed. Wolfgang Helck and Eberhard Otto, 4:cols. 607–9. Wiesbaden: O. Harrassowitz, 1975–. **126**

Vleeming, S. P. "Demotic Measures of Length and Surface, chiefly of the Ptolemaic Period." In *Textes et etudes de papyrologie grecque, démotique et copte,* P. W. Pestman et al., 208–29. Papyrologica Lugduno-Batava 23. Leiden: E. J. Brill, 1985. **125**

Volpicella, Luigi. "Genova nel secolo XV: Note d'iconografia panoramica." *Atti della Società Ligure di Storia Patria* 52 (1924): 255–58. **398**

Vries, Dirk de. "Atlases and Maps from the Library of Isaac Vossius (1618–1689)." *International Yearbook of Cartography* 21 (1981): 177–93. **9**

Vrij, Marijke de. *The World on Paper: A Descriptive Catalogue of Cartographical Material Published in Amsterdam during the Seventeenth Century.* Amsterdam: Theatrum Orbis Terrarum, 1967. **21**

Waard, C. de. *Rijksarchief in Zeeland: Inventaris van kaarten en teekeningen.* Middelburg: D. G. Kröber, Jr., 1916. **486, 500**

Wachsmuth, Carl. *De Crate Mallota.* Leipzig, 1860. **163**

Waerden, B. L. van der. "Mathematics and Astronomy in Mesopotamia." In *Dictionary of Scientific Biography,* 16 vols., ed. Charles Coulston Gillispie, 15:667–80. New York: Charles Scribner's Sons, 1970–80. **115**

Wagner, Hermann. "The Origin of the Mediaeval Italian Nautical Charts." In *Report of the Sixth International Geographical Congress, London, 1895,* 695–702. London: Royal Geographical Society, 1896; reprinted in *Acta Cartographica* 5 (1969): 476–83. **414, 428**

Waitz, Georg, ed. *Annales Bertiniani, Scriptores rerum Germanicorum: Monumenta Germaniae historica.* Hanover: Impensis Bibliopolii Hahniani, 1883. **303**

Walbank, Frank William. *A Historical Commentary on Polybius.* 3 vols. Oxford: Clarendon Press, 1957–79. **162**

Wallace-Hadrill, Andrew. Review of *Die Sonnenuhr des Augustus: Nachdruck aus RM 1976 und 1980 und Nachtrag über die Ausgrabung 1980/1981,* by Edmund Buchner. *Journal of Roman Studies* 75 (1985): 246–47. **208**

Wallis, Helen. "The Map Collections of the British Museum Library." In *My Head Is a Map: Essays and Memoirs in Honour of R. V. Tooley,* ed. Helen Wallis and Sarah Tyacke, 3–20. London: Francis Edwards and Carta Press, 1973. **8**

———. "Maps as a Medium of Scientific Communication."

In *Studia z dziejów geografii i kartografii: Etudes d'histoire de la géographie et de la cartographie*, ed. Józef Babicz, 251–62. Monografie z Dziejów Nauki i Techniki, vol. 87. Warsaw: Zakład Narodowy Imienia Ossolińskich Wydawnictwo Polskiej Akademii Nauk, 1973. **36**

———. "Working Group on the History of Cartography." *International Geographical Union Bulletin* 25, no. 2 (1974): 62–64. **33**

———. "The Royal Map Collections of England." *Publicaciónes do Centro de Estudos de Cartografia Antiga*. Série Separatas, 141. Coimbra, 1981. **8, 16**

———. "Cartographic Innovation: An Historical Pespective." In *Canadian Institute of Surveying Centennial Convention Proceedings*, 2 vols., 2:50–63. Ottawa: Canadian Institute of Surveying, 1982. **12**

———. "The Rotz Atlas: A Royal Presentation." *Map Collector* 20 (1982): 40–42. **434**

Wallis, Helen, et al. "The Strange Case of the Vinland Map: A Symposium." *Geographical Journal* 140 (1974): 183–214. **368**

Wallis, Helen, ed. *The Maps and Text of the Boke of Idrography Presented by Jean Rotz to Henry VIII, Now in the British Library*. Oxford: Viscount Eccles for the Roxburghe Club, 1981. **434, 443**

Wallis, Mieczyslaw. "Semantic and Symbolic Elements in Architecture: Iconology as a First Step towards an Architectural Semiotic." *Semiotica* 8 (1973): 220–38. **340**

Walters, Gwyn. "Richard Gough's Map Collecting for the British Topography 1780." *Map Collector* 2 (1978): 26–29. **11, 12**

Walzer, Richard. *Arabic Transmission of Greek Thought to Medieval Europe*. Manchester: Manchester University Press, 1945. **304**

Warmington, E. H. "Posidonius." In *Dictionary of Scientific Biography*, 16 vols., ed. Charles Coulston Gillispie, 11:104. New York: Charles Scribner's Sons, 1970–81. **168**

———. "Strabo." In *Dictionary of Scientific Biography*, 16 vols., ed. Charles Coulston Gillispie, 13:83–86. New York: Charles Scribner's Sons, 1970–80. **173**

Warren, Peter. "The Miniature Fresco from the West House at Akrotiri, Thera, and Its Aegean Setting." *Journal of Hellenic Studies* 99 (1979): 115–29. **132**

Waterbolk, E. H. "Viglius of Aytta, Sixteenth Century Map Collector." *Imago Mundi* 29 (1977): 45–48. **9**

Waters, David W. *The Art of Navigation in England in Elizabethan and Early Stuart Times*. London: Hollis and Carter, 1958. **385, 409, 443**

———. *The Rutters of the Sea: The Sailing Directions of Pierre Garcie—A Study of the First English and French Printed Sailing Directions*. New Haven: Yale University Press, 1967. **387**

———. *Science and the Techniques of Navigation in the Renaissance*. 2d ed. Maritime Monographs and Reports no. 19. Greenwich: National Maritime Museum, 1980. **384**

Watson, Andrew G. *Catalogue of Dated and Datable Manuscripts c. 700–1600 in the Department of Manuscripts, the British Library*. London: British Library, 1979. **436**

Watts, Pauline Moffitt. "Prophecy and Discovery: On the Spiritual Origins of Christopher Columbus's 'Enterprise of the Indies.'" *American Historical Review* 90 (1985): 73–102. **354**

Webber, F. R. *Church Symbolism*. Cleveland: J. H. Jansen, 1927. **335**

Weber, Ekkehard, ed. *Tabula Peutingeriana: Codex Vindobonensis 324*. Graz: Akademische Druck- und Verlagsanstalt, 1976. **7, 238, 469**

Weidner, Ernst F. *Handbuch der babylonischen Astronomie, der babylonische Fixsternhimmel*. Leipzig: Hinrichs, 1915; reprinted Leipzig: Zentralantiquariat, 1976. **115**

Weiss, Roberto. *The Renaissance Discovery of Classical Antiquity*. Oxford: Blackwell, 1969. **477, 492, 495**

Weiss und Co., Antiquariat. *Codices manuscripti incunabula typographica, catalogus primus*. Munich: Weiss, 1926. **396, 457**

Welland, James. *The Search for the Etruscans*. London: Nelson, 1973. **203**

Wellisch, S. "Der älteste Plan von Wien." *Zeitschrift des Oesterreichischen Ingenieur- und Architekten-Vereines* 50 (1898): 757–61. **473**

Wellmann, Klaus F. "Rock Art, Shamans, Phosphenes and Hallucinogens in North America." *Bollettino del Centro Camuno di Studi Preistorici* 18 (1981): 89–103. **87**

Welu, James A. "The Sources of Cartographic Ornamentation in the Netherlands." In *Art and Cartography: Six Historical Essays*. Ed. David Woodward. Chicago: University of Chicago Press, 1987. **339**

Wendel, Carl. "Planudes, Maximos." In *Paulys Realencyclopädie der classischen Altertumswissenschaft*, ed. August Pauly, Georg Wissowa, et al., 20.2 (1950): cols. 2202–53. Stuttgart: J. B. Metzler, 1894–. **268**

West, Martin Litchfield. *Hesiod, Works and Days: Edited with Prolegomena and Commentary*. Oxford: Clarendon Press, 1976. **85**

Westedt, Amtsgerichtsrath. "Steinkammer mit Näpfchenstein bei Bunsoh, Kirchspiel Albersdorf, Kreis Süderdithmarschen." *Zeitschrift für Ethnologie* 16 (1884): Verhandlungen 247–49. **54, 66**

Westropp, Thomas Johnson. "Brasil and the Legendary Islands of the North Atlantic: Their History and Fable. A Contribution to the 'Atlantis' Problem." *Proceedings of the Royal Irish Academy*, vol. 30, sect. C (1912–13): 223–60; reprinted in *Acta Cartographica* 19 (1974): 405–45. **407**

———. "Early Italian Maps of Ireland from 1300 to 1600 with Notes on Foreign Settlers and Trade." *Proceedings of the Royal Irish Academy*, vol. 30, sect. C (1912–13): 361–428; reprinted in *Acta Cartographica* 19 (1974): 446–513. **407**

Wheatley, Paul. *The Golden Khersonese: Studies in the Historical Geography of the Malay Peninsula before A.D. 1500*. Kuala Lumpur: University of Malaya Press, 1961. **198**

Whitehouse, Helen. *The Dal Pozzo Copies of the Palestrina Mosaic*. British Archaeological Reports, Supplementary Series 12. Oxford: British Archaeological Reports, 1976. **118**

Wichmann, H. "Geographische Gesellschaften, Zeitschriften, Kongresse und Ausstellungen." *Geographisches Jahrbuch* 10 (1884): 651–74. **14**

Wieder, Frederik Caspar. *Nederlandsche historisch-geographische documenten in Spanje.* Leiden: E. J. Brill, 1915. **486**

Wieser, Franz R. von. "A. E. v. Nordenskiöld's Periplus." *Petermanns Mitteilungen* 45 (1899): 188–94. **375**

———. *Die Weltkarte des Albertin de Virga aus dem Anfange des XV. Jahrhunderts in der Sammlung Figdor in Wien.* Innsbruck: Schurich, 1912; reprinted in *Acta Cartographica* 24 (1976): 427–40. **448**

Wildung, Dieter. "Garten." In *Lexikon der Agyptologie,* ed. Wolfgang Helck and Eberhard Otto, 2:cols. 367–78. Wiesbaden: O. Harrassowitz, 1975–. **118**

Wilford, John Noble. *The Mapmakers.* New York: Alfred A. Knopf; London: Junction Books, 1981. **4, 25, 371**

Wilkinson, J. Gardner. "The Rock-Basins of Dartmoor, and Some British Remains in England." *Journal of the British Archaeological Association* 16 (1860): 101–32. **64**

Willcock, Malcolm M. *A Companion to the Iliad.* Chicago: University of Chicago Press, 1976. **131**

Williamson, J. A. *The Voyages of John and Sebastian Cabot.* Historical Association Pamphlet no. 106. London: G. Bell, 1937. **3**

Wilson, David McKenzie, and Ole Klindt-Jensen. *Viking Art.* London: George Allen and Unwin, 1966. **91**

Wilson, N. G. *Scholars of Byzantium.* London: Duckworth, 1983. **268**

Winkler, Hans Alexander. *Rock Drawings of Southern Upper Egypt.* 2 vols. Egyptian Exploration Society. London: Oxford University Press, 1938. **63**

Winter, Heinrich. "Das katalanische Problem in der älteren Kartographie." *Ibero-Amerikanisches Archiv* 14 (1940/41): 89–126. **393, 457**

———. "Scotland on the Compass Charts." *Imago Mundi* 5 (1948): 74–77. **385**

———. "The True Position of Hermann Wagner in the Controversy of the Compass Chart." *Imago Mundi* 5 (1948): 21–26. **422**

———. "A Late Portolan Chart at Madrid and Late Portolan Charts in General." *Imago Mundi* 7 (1950): 37–46. **384, 395, 423**

———. "Petrus Roselli." *Imago Mundi* 9 (1952): 1–11. **398, 431, 435, 457**

———. "Catalan Portolan Maps and Their Place in the Total View of Cartographic Development." *Imago Mundi* 11 (1954): 1–12. **14, 389, 414, 415, 424, 457**

———. "The Changing Face of Scandinavia and the Baltic in Cartography up to 1532." *Imago Mundi* 12 (1955): 45–54. **409**

———. "The Fra Mauro Portolan Chart in the Vatican." *Imago Mundi* 16 (1962): 17–28. **411, 424**

Wiseman, Donald J., ed. *Peoples of Old Testament Times.* Oxford: Clarendon Press, 1973. **115**

Wittgenstein, Ludwig. *Tractatus Logico-Philosophicus.* Trans. D. F. Pears and B. F. McGuinness. London: Routledge and Kegan Paul, 1961. **51**

Wittkower, Rudolf. "Marvels of the East: A Study in the History of Monsters." *Journal of the Warburg and Courtauld Institutes* 5 (1942): 159–97. **330**

Wolkenhauer, A. "Über die ältesten Reisekarten von Deutschland aus dem Ende des 15. und dem Anfange des 16. Jahrhunderts." *Deutsche Geographische Blätter* 26 (1903): 120–38. **497**

Wolska, Wanda. *La topographie chrétienne de Cosmas Indicopleustès: Théologie et science au VIᵉ siècle.* Bibliothèque Byzantine, Etudes 3. Paris: Presses Universitaires de France, 1962. **143, 261, 262**

Wolska-Conus, Wanda. "Deux contributions à l'histoire de la géographie: I. La diagnôsis Ptoléméenne; II. La 'Carte de Théodose II.'" In *Travaux et mémoires,* 259–79. Centre de Recherche d'Histoire et Civilisation Byzantines, 5. Paris: Editions E. de Baccard, 1973. **259**

Wolter, John A. "Geographical Libraries and Map Collections." In *Encyclopedia of Library and Information Science,* ed. Allen Kent, Harold Lancour, and Jay E. Daily, 9:236–66. New York: Marcel Dekker, 1968–. **15**

———. "The Emerging Discipline of Cartography." Ph.D. Diss. University of Minnesota, 1975. **15, 23, 30, 31, 32, 33**

———. "Research Tools and the Literature of Cartography." *AB Bookman's Yearbook,* pt. 1 (1976): 21–30. **19, 20**

Wolter, John A., et al. "A Brief History of the Library of Congress Geography and Map Division, 1897–1978." In *The Map Librarian in the Modern World: Essays in Honour of Walter W. Ristow,* ed. Helen Wallis and Lothar Zögner, 47–105. Munich: K. G. Saur, 1979. **16**

Wolter, John A., Ronald E. Grim, and David K. Carrington, eds. *World Directory of Map Collections.* International Federation of Library Associations Publication Series no. 31. Munich: K. G. Saur, 1985, **8**

Wood, Denis. Review of *The History of Topographical Maps: Symbols, Pictures and Surveys,* by P. D. A. Harvey. *Cartographica* vol. 17, no. 3 (1980): 130–33. **38**

———. Review of *The Mapmakers,* by John Noble Wilford. *Cartographica* 19, nos. 3–4 (1982): 127–31. **4, 26**

Woodburn, James. "An Introduction to the Hadza Ecology." In *Man the Hunter,* ed. Richard B. Lee and Irven DeVore, 49–55. Chicago: Aldine, 1968. **86**

Woodward, David. "The Study of the History of Cartography: A Suggested Framework." *American Cartographer* 1, no. 2 (1974): 101–15. **xvii, 25, 35, 36, 38**

———. "The Form of Maps: An Introductory Framework." *AB Bookman's Yearbook,* pt. 1 (1976), 11–20. **35**

———. *The Hermon Dunlap Smith Center for the History of Cartography: The First Decade.* Chicago: Newberry Library, 1980. **37**

———. "Reality, Symbolism, Time, and Space in Medieval World Maps." *Annals of the Association of American Geographers* 75 (1985): 510–21. **288, 290, 318, 319**

———. "The Manuscript, Engraved, and Typographic Traditions of Map Lettering." In *Art and Cartography: Six Historical Essays.* ed. David Woodward. Chicago: University of Chicago Press, 1987. **325**

———, ed. *Five Centuries of Map Printing.* Chicago:

University of Chicago Press for the Newberry Library, 1975. **17**

Worringer, Wilhem. *Abstraction and Empathy: A Contribution to the Psychology of Style.* Trans. Michael Bullock. London: Routledge and Kegan Paul, 1953. **86**

Wosien, Maria-Gabriele. *Sacred Dance: Encounter with the Gods.* New York: Avon Books; London: Thames and Hudson, 1974. **87**

[Wright, John K.?]. "Three Early Fifteenth Century World Maps in Siena." *Geographical Review* 11 (1921): 306–7. **324**

Wright, John Kirtland. "Notes on the Knowledge of Latitudes and Longitudes in the Middle Ages." *Isis* 5 (1922): 75–98. **323**

———. *The Geographical Lore of the Time of the Crusades: A Study in the History of Medieval Science and Tradition in Western Europe.* American Geographical Society Research Series no. 15. New York: American Geographical Society, 1925; republished with additions, New York: Dover Publications, 1965. **288, 293, 295, 306, 323, 342**

———. *The Leardo Map of the World, 1452 or 1453, in the Collections of the American Geographical Society.* American Geographical Society Library Series, no. 4. New York, 1928. **317**

Wright, John Kirtland, and Elizabeth T. Platt. *Aids to Geographical Research: Bibliographies, Periodicals, Atlases, Gazetteers and Other Reference Books.* 2d ed. American Geographical Society Research Series no. 22. New York: Columbia University Press for the American Geographical Society, 1947. **31**

Wroth, Warwick. *A Catalogue of the Greek Coins of Crete and the Aegean Islands.* Ed. Reginald Stuart Poole. Bologna: A. Forni, 1963. **251**

Yates, Frances A. *The Art of Memory.* London: Routledge and Kegan Paul, 1966. **48**

Yates, W. N. "The Authorship of the Hereford Mappa Mundi and the Career of Richard de Bello." *Transactions of the Woolhope Naturalist's Field Club* 41 (1974): 165–72. **312**

Yoeli, Pinhas. "Abraham and Yehuda Cresques and the Catalan Atlas." *Cartographic Journal* 7 (1970): 17–27. **315**

Žába, Zbyněk. *L'orientation astronomique dans l'ancienne Egypte et la précession de l'axe du monde.* Archiv Orientálni, suppl. 2. Prague: Editions de l'Académie Tchécoslovaque des Sciences, 1953. **126**

Zammit, Themistocles. *The Neolithic Temples of Hal-Tarxien-Malta.* 3d ed. Valletta: Empire Press, 1929. **83**

———. *Prehistoric Malta: The Tarxien Temples.* London: Oxford University Press, 1930. **81, 96**

Zanetti, Girolamo Francesco. *Dell'origine di alcune arti principali appresso i Veneziani.* 2 vols. Venice: Stefano Orlandini, 1758. **11**

Zelinsky, Wilbur. "The First and Last Frontier of Communication: The Map as Mystery." *Bulletin of the Geography and Map Division, Special Libraries Association* 94 (1973): 2–8. **3**

Zicàri, Italo. "L'anemoscopio Boscovich del Museo Oliveriano di Pesaro." *Studia Oliveriana* 2 (1954): 69–75. **248**

Ziegler, Konrat, and Walther Sontheimer, eds. *Der kleine Pauly.* 5 vols. Stuttgart: Alfred Druckenmüller, 1964–75. **236**

Zögner, Lothar. "Die Kartenabteilung der Staatsbibliothek, Bestände und Aufgaben." *Jahrbuch Preußischer Kulturbesitz* 14 (1977): 121–32. **20**

———. "Die Carl-Ritter-Ausstellung in Berlin—eine Bestandsaufnahme." In *Carl Ritter—Geltung und Deutung,* ed. Karl Lenz, 213–23. Berlin: Dietrich Reimer Verlag, 1979. **16**

———. "25 Jahre 'Bibliographia Cartographica.' " *Zeitschrift für Bibliothekswesen und Bibliographie* 29 (1982): 153–56. **31, 32**

词汇对照表

词汇原文	中文翻译

A

Aardenburg	阿尔登堡
Abdera	阿布戴拉
Aberdeenshire	阿伯丁郡
Abraham bar Chiia	亚伯拉罕·巴尔吉雅
Abraham van Stolk	亚伯兰罕·范斯托尔克
Abravannos；Abravannos fl.	阿布拉瓦诺斯河
Abu Salabikh	阿布萨拉比
Abyssinian	阿比西尼亚
Academicians	学园派
Acanfora	阿坎福拉
Achaea	阿凯亚
Achilles	阿喀琉斯
Achill	阿基尔
Ackroyd Gibson	阿克罗伊德·吉布森
Acre	阿科
Actium	亚克兴
actus quadratus	平方阿克图斯
actus	阿克图斯
Adamnan	阿达姆南
Adam of Bremen	不莱梅的亚当
Adda	阿达
Adelard of Bath	巴斯的阿德拉德
Adela	阿德拉
Adige	阿迪杰河
Adrianople	哈德良堡
Adriatic Sea	亚得里亚海
Aegyptus	埃古普托斯
Aelian	埃利亚努斯
Aeneid	《埃涅阿斯纪》
Aenon	哀嫩

Albertin de Virga	阿尔贝廷·德维尔加
Alberto Magnaghi	阿尔贝托·马尼亚吉
Albertus Magnus	阿尔贝图斯·马格努斯
Albino da Canepa	阿尔比诺·达卡内帕
Albion	阿尔比恩
Albis	阿尔比斯河
Alboran Sea	阿尔沃兰海
Alcibiades	阿尔西比亚德斯
Aleppo	阿勒颇
Alessandro Strozzi	亚历山德罗·斯特罗扎
Alexander Neckham	亚历山大·内克姆
AlexanderO. Vietor	亚历山大·O. 维托
Alexander the Great	亚历山大大帝
Alexander von Humboldt	亚历山大·冯·洪堡
Alexandria	亚历山大
A. L. F. Rivet	A. L. F. 里韦特
ALGERIA	阿尔及利亚
Alibi Map	阿尔比地图
Al – Khwarizm	花剌子密
Allen Fitchen	艾伦·菲钦
Allobroges	阿洛布罗基人
Almadén	阿尔马登
Almagest	《天文学大成》
Alpes	阿尔卑斯
Alpha Bucens	阿尔法布森斯
Alphonse	阿方斯
Alveus Oceani	洋河
Alvixe Cesanis	阿尔维谢·塞萨尼斯
Alypius of Antioch	安条克的阿利皮乌斯
al – Zarkali	阿尔扎尔卡利
Amalfi	阿马尔菲
Amasia	阿马西亚
Amasya	阿马西亚
Amat di San Filippo	阿马特·迪圣菲利波
Amazon（指希腊神话人物）	阿马宗
Ambracia	安布拉基亚
Ambrose	安布罗斯
Ambrosius Theodosius Macrobius	安布罗修斯·狄奥多西·马克罗比乌斯
American Geographical Society Collection	美国地理学会收藏
Amerigo Vespucci	亚美利哥·韦斯普奇

Amida	阿米达
ammatu	腕尺
Amratian	阿姆拉特
Amtsgerichtsrath Westedt	阿姆斯捷里斯·韦施泰特
Amun	阿蒙
Amyctyrae	巨唇人
Analemma（指托勒密的著作）	《日晷论》
Anati	安娜蒂
Anatole France	阿纳托尔·法郎士
Anatolia	安纳托利亚
Anaxagoras	阿那克萨哥拉
Anaximander	阿那克西曼德
Ancona	安科纳
Anconita	安科纳
Ancyra（Ankara）	安卡拉
Andrea Benincasa	安德烈亚·贝宁卡萨
Andrea Bianco	安德烈亚·比安科
Andreas Walsperger	安德烈亚斯·瓦尔施佩格
Andrews	安德鲁斯
Andronicos Ⅱ Palaeologus	安德洛尼卡二世·巴列奥略
Andronicos	安德洛尼卡
Andrés	安德烈斯
anemoscope	风向仪
Angelino de Dalorto	安杰利诺·德达洛尔托
Angelino Dulcert	安杰利诺·杜尔切特
Angers	昂热
Anglo—Saxon map	盎格鲁—撒克逊地图
angular distance	角距
Ankara（Ancyra）	安卡拉
Annaba	安纳巴
Anna – Dorothee von den Brincken	安娜—多萝特·冯登布林肯
Anne Godlewska	安妮·戈德勒斯卡
annual motion	周年运动
antarctic circle	南极圈
Anthropological Society of Berlin	柏林人类学学会
Antigonus Gonatas	安提柯·戈纳塔斯
Antilia	安提利亚
Anti – Meroë	麦罗埃对面
Antiochus Ⅰ	安条克一世
Antiochus	安条克

Antioch	安条克
Antipodean	对跖点的居民
Antipodes	对跖地，对跖点
Antiquarium Comunale	市政古物馆
Antoikoi	对面的居民
Antonine itinerary	《安东尼行程录》
Antonine	安东尼（的）
Antoninus	安东尼努斯
Antonio Barbosa	安东尼奥·巴尔博扎
Antonio de Naiera	安东尼奥·德纳涅拉
Antonio Pelechan	安东尼奥·佩莱钱
Anton Mensing	安东·门斯
Antony	安东尼
Anu	安努
Anxur – Tarracina	安克苏尔—塔拉奇纳
Anxur	安克苏尔（即今泰拉齐纳）
Apamea	阿帕梅亚
Aparctias	亚巴尔底亚，亚巴尔底亚风
Apeliotes	亚贝里乌底
Apennines	亚平宁
Apollonius Rhodius	罗得斯的阿波罗纽斯
Apollonius	阿波罗尼乌斯
Apollo	阿波罗
apparent path	视轨迹
apparent rotation	视自转
Apulian	普利亚
Apulia	普利亚
Aqua Crabra	克拉布拉高架渠
Aquae	泉
aqueduct	高架渠
Aquileia	阿奎莱亚
Aquitania	阿奎塔尼亚
Arabia Deserta	阿拉伯沙漠
Arabia Felix	阿拉伯费利克斯（又译福地阿拉伯）
Arabia Petraea	阿拉伯行省
Arabia	阿拉伯半岛
Arachosi	阿拉霍西亚
Aragon	阿拉贡
Aramaic	阿拉姆语
Aratus of Soli	索利的亚拉图

Arte de navergar	航海技艺
Artemidorus of Ephesus	以弗所的阿特米多鲁斯
Artemidorus	阿特米多鲁斯
Artemis	阿耳忒弥斯
Arthur Breusing	阿图尔·布罗伊辛
Arthur H. Robinson	阿瑟·H. 鲁滨逊
Asia Minor	小亚细亚
Aspatria	阿斯佩特里亚
Assyria	亚述
Asti	阿斯蒂
astrolabe	星盘
astronomical horizon	天文地平
Aswan	阿斯旺
Çatal Hüyük	恰塔尔休于
Athanasius	阿塔纳修斯
Athenae	雅典
Athena	雅典娜
Atlas Mountains	阿特拉斯山脉
atomist	原子论者
Atrium Libertatis	自由大厅
Attica	阿提卡
Atticizing	古雅典化的
Atticus	阿提库斯
Augusta Taurinorum	奥古斯塔·陶里诺鲁姆（即都灵）
Augustine	奥古斯丁
Augustodunum	奥古斯托杜努姆
Augustus Caesar	奥古斯都·凯撒
Augustus	奥古斯都
Aurich	奥里希
Aurignacian	奥瑞纳文化
Autolycus	奥托吕科斯
Autun	欧坦
Avelino Teixeira da Mota	阿韦利诺·特谢拉·达莫塔
Averroes	阿威罗伊斯
Avignon	阿维尼翁
A. W. Lang	A. W. 朗
Azala	阿扎拉
Azemmour	艾宰穆尔

B

Babylonian World Map	"巴比伦世界地图"

Babylonia	巴比伦尼亚
Babylon	巴比伦
Bacchi Columnae	巴基之柱
Bactra	巴克特拉
Bactriana	巴克特里亚
Bactria	巴克特里亚
BADAJOZ	巴达霍斯
Badrah	拜德拉
Baetica	贝提卡
Bagnolo	巴尼奥洛
Bagrow	巴格罗
Baito	贝托
Balbus	巴尔布斯
Baldassare degli Ubriachi	巴尔达萨雷·德利·乌布里亚基
Balearic Sea	巴利阿里海
Balearic	巴利阿里
Balkans	巴尔干半岛
Baltzer	巴尔策
Barbara Hanrahan	芭芭拉·汉拉恩
Barbara Weisman	芭芭拉·韦斯曼
Bardo Museum	巴尔杜博物馆
Barholm	巴勒姆
Bartolomeo Colombo	巴尔托洛梅奥·哥伦布
Bartolomeo Crescenzio	巴尔托洛梅奥·克雷申齐奥
Bartolomeo Dias	巴尔托洛梅奥·迪亚斯
Bartolomeus Anglicus	英国人巴托洛缪斯
basilica of Saint Demetrius	圣迪米特里厄斯大教堂
Bas – Rhin	下莱茵省
Bassa Point	巴萨角
Basses Alpes	下阿尔卑斯
Bately	巴特
Batista Beccari	巴蒂斯塔·贝卡里
Battagia	巴塔贾
Baudri de Bourgueil	布尔格伊的博德里
Bayerische Staatsbibliothek	巴伐利亚州立图书馆
Bay of Bengal	孟加拉湾
Bābil ʿamūd	柱门
Beatrice Goff	特丽克西·戈夫
Beatus of Liebana	列瓦纳的贝亚图斯
Beazley	比兹利

Bede	比德
Bedolina rock	贝多利纳岩石
Bedolina	贝多利纳
Behaim	贝海姆
Bejaia	贝贾亚
bekhen	贝克汉
Belforte	贝尔福特
Belgian Archaeological Mission	比利时考古团
Belomorsk	白海城
bematistai	测地师
Benaojan	贝瑙汉
Benedetto Zaccaria	贝内代托·扎卡里亚
Benedictine	本笃会
Benevento	贝内文托
Berenguer Ripoll	贝伦格尔·里波尔
Bergamo	贝加莫
Beringsweiler	贝林斯韦勒
Bernardino Drovetti	贝尔纳迪诺·德罗韦蒂
Bernard the Wise	智者伯纳德
Bernard von Breydenbach	贝尔纳德·冯·布雷登巴赫
Bertrand Russell	贝特兰德·鲁塞尔
Bertran	波尔特兰
Berwickshire Naturalists´ Club	贝里克郡自然主义者俱乐部
Berwickshire	贝里克郡
Betelgeuse	参宿四
Bethagla	伯曷拉
Beth – Alpha	贝特—阿尔法
Bethlehem	伯利恒
Bethzachar	韦斯扎哈尔
Bevan	贝文
Bibliographie géographique internationale	《国际地理学书目》
Bibliography of Cartography	《地图学参考书目》
Biblioteca Ambrosiana	安布罗西亚纳图书馆
Biblioteca Apostolica Vaticana	梵蒂冈图书馆
Biblioteca Marciana	马尔恰纳图书馆
Biblioteca Medicea Laurenziana	老楞佐图书馆
Biblioteca Monumento Nazionale	
Biblioteca Monumento Nazionale	国家图书馆
Bibliotheca Americana vetustissima	《最古老的美洲书目》
Bibliotheca cartographica	《地图学书目》

Brescia	布雷西亚
Bretons	布列塔尼人
Brettanice	不列颠
Breuil	布勒伊
Brie Comte Robert	布里孔特罗贝尔
Brielle	布里勒
Bristol	布里斯托尔
Britannia Prima	第一不列颠尼亚
Britannia	不列颠尼亚
British Cartographic Society	英国地图学会
British Columbia Map Society	不列颠哥伦比亚地图协会
British Isles	不列颠群岛
British Library	大英图书馆
British Museum	大英博物馆
British Topography	《英国地形图》
Brittany	布列塔尼
Bruges	布鲁日
Bīr Umm Fawākhir	乌姆法瓦克井
Brundisium	布伦迪西翁（即布林迪西）
Brunetto Latini	布鲁内托·拉蒂尼
Bruno Adler	布鲁诺·阿德勒
Bruno F. Adler	布鲁诺·F. 阿德勒
bēru	贝鲁
Buckinghamshire	白金汉郡
Buczek	布切克
Budge collection	巴奇收藏
Bulgaria	保加利亚
Bulletin	《通讯》
Bunbury	邦伯里
Bunsoh	文寿
Buondelmonti	布翁代尔蒙蒂
Burgandia	勃艮第
Burghley	伯利
Burgos	布尔戈斯
Burnham Overy	伯纳姆·奥弗里
Bursa	布尔萨
Buyuk Menderes	大门德雷斯河
Byblos	毕布勒斯
Bybona（Byzone）	毕博纳
Byzantine	拜占庭

Cape Cross	开普克罗斯
Cape Gozola	戈佐拉角
Capello	卡佩洛
Cape Mesurado	梅苏拉多角
Cape of Good Hope	好望角
Cape Palmas	帕尔马斯角
Cape Roca	罗卡角
Cape Sierra Leone	塞拉利昂角
Cape Verde Islands	佛得角群岛
Capitoline	卡皮托林山
Cap Juby	朱比角
Capo Bojador/ Cape Bojador	博哈多尔角
Capo di ponte	卡波迪蓬特
Cappadocia	卡帕多西亚
capsa	长卷匣
Capua	卡普阿
Caracalla	卡拉卡拉
Cardia	卡狄亚
cardines	南北测量线
Caria	卡里亚
α Carinae	船底座 α 星
Carlisle	卡莱尔
Carl Jung	卡尔·琼
Carlão	卡洛
Carmania	卡马尼亚
Carnaries	加那利群岛
Carnsore Point	康索尔角
Carpentras	卡庞特拉
Carpini	卡尔皮尼
Carpi	卡尔皮
Carrhae	卡雷
Cartagena	卡塔赫纳
Carte Pisane	《比萨航海图》
cartes de navegar	航海图
Cartes et figures de la terre	大地的地图和图形
Carthage	迦太基
Carthago Nova	新迦太基
Carthago	迦太基
cartobibliographies, which refer to lists of maps	地图图目
cartobibliography	地图图目学

Cartographer	《地图学家》
cartographic archetype	地图学原型
Cartographica	地图学
Cartographic Journal	《地图学杂志》
cartographic sign	地图符号
Casa dei Vettii	威提乌斯宅
Casa dell'Argentaria	阿尔真塔里亚宅
Casae litterarum	《房产文集》
Casamance	卡萨曼斯
Caspian Gates	里海之门
Caspian Sea	里海
Cassiodorus	卡西奥多罗斯
Cassiterides	卡斯特里德斯
Castellammare di Stabia	斯塔比亚海堡
castella	当地蓄水池
Castile	卡斯蒂利亚
Castilia	卡斯蒂利亚
Castorius	卡斯托里乌斯
Catalan atlas	加泰罗尼亚地图集
Catalogue géographique raisonné	《地理学分类目录》
Catana	卡塔纳
Catania	卡塔尼亚
cataract	大瀑布
Catherine Delano Smith	凯瑟琳·德拉诺·史密斯
Cato the Elder	老加图
Cattaro	卡塔罗
Cattigara	卡蒂加拉
Caucasian Gates	高加索之门
Caucasus M.	高加索山脉
Caucasus	高加索
Cava de´Tirreni	卡瓦－德蒂雷尼
Caverio	卡韦廖
Cayster	凯斯特河
Cádiz	加的斯
celestial cartography	天体地图学
Celestial Geography	天体地理学
celestial map	天体图
celestial pole	天极
Celtica	凯尔特人之地
Celtic Promontory	凯尔特海岬

Cemmenus Mountains（Cevennes）	塞文山脉
Cennino Cennini	琴尼诺·琴尼尼
centaur	半人马
center angle	圆心角
Centumcellae	森图姆塞利
centuriaion system	百分田制
centuriation	百分田制
Centuria	百分田
centuries	百分田
centurion	百夫长
cerano	切拉诺
Ceres	切列斯
Cesena	切塞纳
Ceuta	休达
Ceylon	锡兰
Chalcedon	卡尔西登
Chalcolithic	铜石并用时代（的）
Chaldean	迦勒底人（的）
Channel	英吉利海峡
Charax	查拉克斯
Charlemagne	查理曼
Charles Beazley	查尔斯·比兹利
Charles de La Roncière	查尔斯·德拉龙西埃
Charles Haskins	查尔斯·哈斯金斯
Charles Ⅳ	查理四世
Charles P. Daly	查尔斯·P. 达利
Charles Raymond Beazley	查尔斯·雷蒙德·比兹利
Charles Singer	查尔斯·辛格
Charles's Wain	北斗七星
Charles Ⅵ	查理六世
Charterhouse	卡尔特修道院
Chartmaker	海图制图师
Chartres	沙特尔
Cherbourg	瑟堡
Chersonese	克尔索内斯
Chersonesos	克森尼索
Chertsey	彻特西
Chester	切斯特
Chiana	基亚纳
Chicago Map Society	芝加哥地图协会

Claudian harbor	克劳狄安港口
Claudiopolis/Bithynium	克劳狄奥波利斯/比提尼亚
Claudius Clavus	克劳狄乌斯·克拉乌斯
Claudius Ptolemy	克劳狄乌斯·托勒密
Clenchwarton	科伦奇瓦滕
Cleomedes	克莱奥迈季斯
Cleopatra VII	克莱奥帕特拉七世
Cleopatra	克莱奥帕特拉
Clerkenwell	可莱肯威尔
Clew Bay	克卢湾
Cliffe	克利夫
climata	气候带
Cloaca Maxima	马克西姆下水道
cloister	回廊
Clos – Arceduc	克洛斯－阿塞杜克
Cnidos Cesias	塞西亚斯的尼多斯
Cnidus	克尼杜斯
Cnossos	克诺索斯
Codanus Gulf	柯达努斯湾（即波罗的海）
codex	手抄本，抄本，写本
Cola di Rienzo	科拉·迪里恩佐
Colbert	科尔伯特
Colchester	科尔切斯特
Colchian	科尔基斯人
Collectanea rerum memorabilium	《大事汇编》
Collection of Remarkable Facts	《卓越事实汇编》
Colmar	科尔马
Colonia Anxurnas	安克苏尔纳斯殖民地
colonia Flavia Tricastinorum	弗拉维亚特里卡斯提诺鲁姆殖民地
colonia Iulia firma Secundanorum	尤利亚塞昆达诺鲁姆殖民地
Colonia Iulia	尤利亚殖民地
Colosseum	古罗马斗兽场
Columnae Herculis	赫拉克勒斯之柱
Colure	分至圈
Comaté Français de Cartographie	法国地图学委员会
Combitis atlas	康比提斯地图集
comes formarum	地图长官
comes Italiae	意大利长官
comes limitis Aegypti	埃及边防军长官
Comité d'Honneur	名誉委员会

Commagene	科马杰尼
commentarii	笔记
Commentarium in somnium Scipionis	《西庇阿之梦评注》
Commentary on Eudoxus's and Aratus's Phaenomena	《对欧多克索斯和亚拉图〈现象〉的评注》
Commentary on the Apocalypse of Saint John	《圣约翰的启示录的评注》
Commentary on the Dream of Scipio	《〈西庇阿之梦〉评注》
Commentary	《评注》
Commission on Early Maps	早期地图委员会
communia	公有
Como	科莫
compass charts	罗盘海图
compass point	罗盘点
comprehensive map	综合地图
Comum	科姆
Conakry	科纳克里
Conan of Samos	萨摩斯的科南
Concerning Nature	《论自然》
Congo River	刚果河
Conrad of Dyffenbach	迪芬巴赫的康拉德
Constance	康斯坦茨湖
Constanta	康斯坦察
Constantina	康斯坦丁娜
Constantine the Great	君士坦丁大帝
Constantinople	君士坦丁堡
Constantinopolis	君士坦丁堡
constellation	星座
Constitutio limitum	《论百分田制的确立》
consul suffectus	候补执政官
consul	执政官
Conte Hectomano Freducci	孔特·赫克托马诺·弗雷杜奇
Contra Antipodes	《反对对跖地》
Coptos	科普托斯
Cordova	科尔多瓦
Corinium	考里尼尤姆
Cormerod	科莫罗得
Cornelis Koeman	科内利斯·库曼
Cornelius Nepos	科尔奈利乌斯·奈波斯
Cornish peninsula	康沃尔半岛
CORNWALL MAPPAMUNDI	康沃尔世界地图
Cornwall	康沃尔

Corona	北冕座
Corpus Agrimensorum Romanorum	《罗马土地测量文集》
Corpus Agrimensorum	《土地测量文集》
Corpus Christi College	科珀斯·克里斯蒂学院
Correo	邮件号
Corsica	科西嘉
Corsini atlas	科尔西尼海图
Corso Vittorio Emanuele	维托里奥·埃马努埃莱大街
Cortesão	科尔特桑
Cortona chart	科尔托纳海图
Cosmas Indicopleustes	印度航行者科斯马斯
Cosmas	科斯马斯
Cosmographia Iulii Caesaris	《尤利乌斯·凯撒宇宙志》
Cosmographia	《宇宙志》
Cosmology	《宇宙学》
cosmos	宇宙
Costa	科斯塔
Cotton map	科顿地图
Cão	康
Crates of Mallos	马洛斯的克拉提斯
Crates	克拉泰斯
Cremona	克雷莫纳
Cresques Abraham	克雷斯圭斯·亚伯拉罕
Creta	克里特
Crete	克里特
Crimea	克里米亚
Cristoforo Buondelmonti	克里斯托福罗·布翁代尔蒙蒂
Cristoforo	克里斯托福罗
Croce del Tuscolo（Tusculum）	图斯库伦
Crone	克伦
Cronologia de´geografi antichi，e moderni	《古代和当代地理学编年》
Crostolo	克罗斯托洛河
Croton	克罗敦
Crypta Neapolitana	奈阿波利塔那隧道
Côte – d´Or	科多尔
Ctesias of Cnidus	尼多斯的克泰西亚斯
C. T. Falbe	C. T. 法尔伯
cubit	腕尺
Cueva del Christo	基督洞穴
Cueva del cristo	奎瓦德尔克里斯托

Cunaxa	库纳克萨
CUP – and – RING	杯环标识
Curia	元老院议事堂
Curiosum Urbis regionum XIV	《城十四区志》
cursus publicus	公共邮政
Cyclades	基克拉泽斯群岛
Cyme	库迈
Cynocephali	犬头人
Cyprus	塞浦路斯
Cyrenaica	昔兰尼加
Cyrene	昔兰尼

D

Dacia	达契亚
d'Ailly	德阿伊
Dainville	丹维尔
Dalby	代尔比
Dalmatia	达尔马提亚
Damascus Gate	大马士革门
Damascus	大马士革
Dana Bennett Durand	达纳·贝内特·杜兰德
Daniel	但以理
Dante	但丁
Danubis	多瑙河
Danubius	多瑙河
Danzig	但泽
Daphne	达弗涅
Dartmoor	达特穆尔
David Buisseret	戴维·比塞雷
David Quinn	戴维·奎恩
David Woodward	戴维·伍德沃德
Dead Sea	死海
De arte illuminandi	《书籍彩饰的艺术》
De bello Jugurthino	《朱古达战争》
De caelo et mundo	《关于天体》
decans	旬星
De chorographia	《地志》
declination	赤纬
De cosmographia	《宇宙志》
decumani	东西测量线
decumanus maximus	东西大道

decvmanvs maximvs	东西大道
Deeping Fen	迪平沼泽
De fluminibus seu tiberiadis	《河流与太巴列》
D. E. Ibarra Grasso	D. E. 伊瓦拉·格拉索
Delos	提洛岛
Delphi	德尔斐
Demetrius of Alexandria	亚历山大的德米特里乌斯
Demetrius of Phalerum	法莱隆的德米特里乌斯
DEMOCRITUS	德谟克利特
demotic	世俗体文字
De natura rerum	《论事物的本质》（与上一条是两本书）
De natura rerum	《物质的本质》
Dendera	丹德拉
Denham	德纳姆
Denholm – Young	德诺姆—扬
Denise Roberts	丹尼丝·罗伯茨
Denis Wood	丹尼斯·伍德
De nuptiis Philologiae et Mercurii	《墨丘利与文献学的联姻》
Denys Hay	德尼斯·海
Departement des Cartes et Plans	"地图和平面图部"
Department of Manuscripts	（大英图书馆）稿本部
Department of Maps and Charts	地图和航海图部
De philosophia mundi	《哲学家的道德教义》
Deptford	德特福德
De re aedificatoria	《论建筑》
De re rustica	《论农业》
Der Globusfreund	《球仪之友》
Der	戴尔
Descriptio insule Crete	克里特岛记
Descriptio orbis terrae	《环球描述》
Descriptio Urbis Romae	《罗马城之描绘》
De sphaera	《球体》
Detlefsen	德特勒夫森
Deutsche Gesellschaft für Kartographie	德国地图学会
Deva fl.	德瓦河
Devon	德文郡
de Wit	德威特
dextra decumani	东西大道右侧
diagrammatic map	示意地图
Dialogi cum Judaeo	《十二使徒与犹太人摩西的对话》

Dialogi cum Judae	《与裘德的对话》
Dialogi duodecim cum Moyse Judaeo	《十二使徒与犹太人摩西的对话》
Diana（神）	狄安娜
diaphragma	中隔
Dias	迪亚斯
Dicaearchus of Messana（Messina）	墨萨拿（墨西拿）的狄凯亚库斯
Dicaearchus	狄凯亚库斯
Dicks	迪克斯
Didier Robert de Vaugondy	迪迪埃·罗伯特·德沃贡迪
Didyma	狄杜玛
Die Anfänge der Kartographie	《地图学起源》
Die Geschichte der Kartographie	《地图学史》
Die Kartenwissenschaft	《地图学研究》
Die Kartographie	《地图学》
Digest	《民法大全》
digit	指
Dijon	第戎
Dimensuratio provinciarum	《各省测量》
Diocletianopolis	戴克里先城
Diodorus Siculus	西西里的狄奥多鲁斯
Diogenes Laertius	第欧根尼·拉尔修
Diogenes Laetius	第欧根尼·拉尔修
Diognetus	狄奥格尼图斯
Diogo Cão	迪奥戈·康
Dionysius Periegetes	旅行者狄奥尼修斯
Dionysius	狄奥尼修斯
dioptra	望筒
disciplina Etrusca	伊特鲁里亚学
diurnal revolution	周日公转
diurnal rotation	周日自转
Divine Comedy	《神曲》
Divisio orbis terrarum	《寰宇划分》
Diyala	迪亚拉河
Diyarbakir	迪亚巴克尔
djanet	贾奈特
Djerba Is.；Djerba Island	杰尔巴岛
Dnieper	第聂伯河
Documenti d'amore	爱之文献
dodecatemory	十二分度
Domenech Pujol	多梅内奇·普霍尔

Domenico de Zuane	多梅尼科·德祖阿内
Dometios	迪米特里奥斯
Dominican	多明我会
Domitian	图密善
Domitius Corbulo	多米提乌斯·科尔布罗
Domneva	多姆涅娃
Donau	多瑙河
Don Pedro	佩德罗
Don	顿河
Dordogne	多尔多涅
Dordrecht	多德雷赫特
Dositheus of Pelusium	培琉喜阿姆的多西泰乌斯
double hours	双时
Dover	多佛
Département des Affaires Etrangères	外交部
Dépôt des Cartes et Plans de la Marine	海军航海图和平面图局
γ Draconis	天龙座 γ 星
γ Draconis	天龙座 γ 星
μ Draconis	天龙座 μ 星
β Draconis	天龙座 β 星
Draco	天龙座
drainage system	排水系统
Dīr al – Barī	北方修道院
Drangiana	德兰吉亚那
draughting	制图
D. R. Dicks	D. R. 迪克斯
Dream of Scipio	《西庇阿之梦》
Drôme	德龙
ducal palace	总督宫
Du Cange	杜·康热
Duchy of Cornwall	康沃尔公爵
Duekaledonios	杜卡莱佐尼奥斯
Dundalk bay	邓多克湾
Dunkirk	敦刻尔克
Dura Europos shield	杜拉欧罗普斯盾牌
Dura Europos	杜拉欧罗普斯
Durazzo	都拉斯
Durham	达勒姆
Durubla	杜鲁卜拉
Dux Thebaidos	底比斯统帅

E

Eastern Ocean	东洋
East Flanders	东佛兰德
Ea	埃阿
Ebinichibel	埃比尼基贝尔
Ebla	埃勃拉
Ebstorf	埃布斯托夫
Ecbatana	埃克巴坦那
Ecliptic	黄道
Edgerton	埃杰顿
Editorial Advisory Board	编辑顾问委员会
Edme – François Jomard	埃德姆—弗朗索瓦·若马尔
Eduard Imhof	爱德华·伊姆霍夫
Edward E. Ayer	爱德华·E. 艾尔
Egmond aan Zee	滨海埃赫蒙德
Eichstätt	艾希施泰特
Ein dawa	恩达瓦
Einhard	艾因哈德
E. J. S. Parsons	E. J. S. 帕森斯
Elaine Stroud	伊莱恩·斯特劳德
Elam	埃兰
elder Pliny	老普林尼
Elea	埃利亚
Elio Manzi	埃利奥·曼齐
el presente ano	今年
Elten	埃尔滕
Emar	埃马尔
Emden	埃姆登
Emmanuel Anati	埃马努埃莱·安娜蒂
Emodus；Emodus M.	爱摩都斯山
emperor Augustus	皇帝奥古斯都
empirical cartography	经验地图学
E. N. Legnazzi	E. N. 勒尼亚奇
Enlil	恩利尔
Enza	恩扎河
Ephemerides	《起居注》
Ephesus	以弗所
Ephorus	埃弗鲁斯
Ephraia	以法莲
Ephron	以弗仑

Epidion	埃皮季翁
Epiphanius of Jerusalem	耶路撒冷的埃皮法纽斯
Epirus	伊庇鲁斯
Epistula Sisebuti	《西塞布之书》
Equator	赤道
Equinoctial point	二分点
equinoxes	二分点
Eratosthenes	埃拉托色尼
Erech	埃雷克
Eregli	埃雷利
Erhard Etzlaub	埃哈德·埃茨劳布
Erhard Reuwich	埃哈德·罗伊维希
Ernst Burgstaller	恩斯特·布格施塔勒
Erythraean Sea	厄立特里亚海（指印度洋）
Escobar	埃斯科瓦尔
Esdras	《以斯拉记二》
Eskimo	爱斯基摩人
Essaouira	索维拉
Estense	埃斯滕塞
Estey	埃斯蒂
Ethiopian Gulf	埃塞俄比亚湾
Ethiopia	埃塞俄比亚
Ethnika	《民族志》
Ethnographische Parallelen und Vergleiche	《人类学的相似和比较》
Etruria	埃特鲁里亚
Etruscan	伊特鲁里亚
Etymologiarum sive originum libriXX	《关于词源的二十卷书》
Etymologies	《词源学》
Euboea	埃维亚岛
Euboia	埃维亚岛
Euclid	欧几里得
Eudoxus of Cnidus	尼多斯的欧多克索斯
Euergetes	欧尔革特斯
Eumenes of Cardia	卡狄亚的欧迈尼斯
Eumenius	欧迈纽斯
Euphrates	幼发拉底河
Euronotus	欧罗诺托
Europa	欧罗巴
Eurus	欧罗
Eusebius of Caesarea	凯撒里亚的尤西比乌斯

Font de gaume	丰德高姆
formae	地图
Forma Urbis Romae	《罗马城图志》
forma	地图，平面图
form line	地形线
fortor	福尔托
Fortunatae Insulae	幸运群岛
Fortuna	命运女神
Forum Boarium	屠牛广场
Forum Corneli	科尔内利广场
Forum Iulii	尤利乌斯广场
Forum of the Corporations	行会广场
fossa	水渠
Foss	福瑟
four corners of the earth	地的四方
four quarters	（指风向）四方
FRA MAURO	弗拉·毛罗
Francesco Beccari	弗朗切斯科·贝卡里
Francesco da Barberino	弗朗切斯科·达巴贝里诺
Francesco de Lauria	弗朗切斯科·德劳里亚
Francesco Petrarch	弗朗切斯科·彼特拉克
Francesco Pizigani	弗朗切斯科·皮齐加尼
Francesco Rosselli	弗朗切斯科·罗塞利
Francesco Squarcione	弗朗切斯科·斯夸尔乔内
Franciscan Minorite	方济会小兄弟会
Franciscan	方济各会
Francis Herbert	弗朗西斯·赫伯特
François de Dainville	弗朗索瓦·德丹维尔
François Rabelais	弗朗索瓦·拉伯雷
Franz Grenacher	弗朗茨·格林纳彻
Fra Paolino Veneto	弗拉·保利诺·韦内托
Fra Paolino	弗拉·保利诺
Frascati	弗拉斯卡蒂
Frederick II	腓特烈二世
Frederik Caspar Wieder	弗雷德里克·卡斯珀·维德尔
Frederik Muller	弗雷德里克·穆勒
Freducci	弗雷杜奇
Frejus	弗雷尤斯
Frisland	弗里斯兰
Fritz Rödiger	弗里茨·罗迪格

Genesis（指圣经篇名）	创世纪
Geoffrey Chaucer	杰弗里·乔叟
Geographica	《地理学》
Geographike hyphegesis	《地理学指南》
geographikon pinaka	地理图
Geographisches Jahrbuch	《地理学年鉴》
Geography and Map Division	地理和地图室
Geography	《地理学》，（托勒密的则译作）《地理学指南》
Geometria	《几何学》
George Atwell	乔治·阿特维尔
George Browne	乔治·布朗
George Kish	乔治·基什
George Moore	乔治·穆尔
George Sarton	乔治·萨顿
Georges Grosjean	乔治·格罗让
Georges Pasch	乔治·帕施
George Tate	乔治·泰特
Georgics	《农事诗》
Georgio Calapoda	乔治·卡拉波达
Georg Müstinger	乔治·姆斯汀格
Gerald R. Crone	杰拉德·R. 克伦
Gerard of Cremona	克雷莫纳的杰拉德
GERMAINE AUJAC	热尔梅娜·奥雅克
Germania	日耳曼尼亚
Gerrha	加尔拉
Gervase of Canterbury	坎特伯雷的杰维斯
Gervase of Tilbury	蒂尔伯里的杰维斯
Gerzean	格尔塞
Gesellschaft für Erdkunde zu Berlin	德国柏林地理学会
gē – graphein	地球地图
Ghent	根特
Ghoran	古兰
Giadighe	贾迪格
Giedion	基迪翁
Gihon	基训河
Gijón	希洪
Gil Eanes	吉尔·埃亚内斯
Giordano Orsini	乔达诺·奥尔西诺
Giovanni da Carignano	乔瓦尼·达卡里尼亚诺
Giovanni de Casali	乔瓦尼·德卡萨利

Great Fish River	大鱼河
Greatford	格雷特福德
Great Gulf	大湾
Great Zab	大扎卜河
groma	格罗马仪
gēs periodoi	地球地图
Gēs periodos	《环行地球》
Guala – Bicchieri	瓜拉—比基耶里
Gudea	古迪亚
Gudmund Schütte	古德蒙·舒特
guides to the beyond	来世之路
Guido of Pisa	比萨的圭多
Guilermo Soler	奎莱尔莫·索莱尔
Guillaume de Courcy	纪尧姆·德库西
Guillermo Soler	吉列尔莫·索莱尔
Guillén y Tato	纪廉·y·塔托
Gulf of Aqaba	亚喀巴湾
Gulf of Azov	亚速湾
Gulf of Bothnia	波的尼亚湾
Gulf of Gabès	加贝斯湾
Gulf of Iskenderun	伊斯肯德伦湾
Gulf of Issus	伊苏斯湾
Gulf of Naples	那不勒斯湾
Gulf of Paria	帕里亚湾
Gulf of Sidra	锡德拉湾
Gulf of Suez	苏伊士湾
Gulf of Taranto	塔兰托湾
Gulf of Tonkin	北部湾（旧称东京湾）
Gulf of Tunis	突尼斯湾
gymnosophist	天衣派苦行者

H

Haarlem	哈勒姆
Hadrian	哈德良
Hadrumetum	哈德鲁美特姆
Hagar Qim	哈扎伊姆神庙
half – section	半剖面图
Halicarnassus	哈利卡纳苏斯
Halifax	哈利法克斯
Hall of Maps and Charts	地图和航海图厅
Hal Saflien	哈尔萨福林

Henry Harrisse	亨利·哈里斯
Henry Ⅲ	亨利三世
Henry N. Stevens	亨利·N. 史蒂文斯
Henry of Mainz	美因茨的亨利
Hephaestus	赫菲斯托斯
Heraclea Pontica	赫拉克利亚—本都卡
Heraclea	赫拉克利亚
Herbert George Fordham	赫伯特·乔治·福德姆
Herbert Kuhn	赫伯特·库恩
Herculaneum	赫库兰尼姆
heredium	赫瑞迪翁
Hereford Cathedral	赫里福德大教堂
Hereford	赫里福德
Hermaeum Promontoirum	荷密翁海角
Hermann of Carinthia	卡林西亚的赫尔曼
Hermann Wagner	赫尔曼·瓦格纳
Hermes	《赫尔墨斯》
Hermon Dunlap Smith Center for the History of Cartography	赫蒙·邓拉普·史密斯地图学史研究中心
Hermus；Hermus Fl.	赫尔姆斯河
Herne	赫恩
Herodotus	希罗多德
Heroides	《拟情书》
Heron（Hero）of Alexandria	亚历山大的赫伦（希罗）
Heron	赫伦
Herzog August Bibliothek	奥古斯特公爵图书馆
Hesiod	赫西俄德
Hesperides	赫斯珀里得斯
Heuilley	厄伊莱
Hibernia	海伯尼亚
hieratic	僧侣体
hieroglyph	圣书体埃及
Hieron Ⅱ	希伦二世
Higden	希格登
Hildegard of Bingen	宾根的希尔德加德
Hildesheim	希尔德斯海姆
Hilversum	希尔弗瑟姆
Hipparchus	喜帕恰斯
Hispania	西班牙
Hispellum	希斯佩伦
Historia adversum paganos	《反异教史》

IJzendijke	艾曾代克
iku	伊库（单位面积）
Iliad	《伊利亚特》
Ilkley	伊尔克利
Imago Mundi	《世界宝鉴》
Imaus；Imaus M.	意貌山
Imola	伊莫拉
Incised line	刻线
Inclesmoor	因克莱斯莫尔
Indian Sea	印度海
India	印度
Indus；Indus River	印度河
Indus Valley	印度河流域
I – N – ETEN	埃滕
Innocent Ⅳ	因诺森四世
Insulae Britannicae	不列颠群岛
insulae Furianae	弗里恩奈岛
International Map Collectors Society	国际古地图收藏者协会
International Yearbook of Cartography	《国际地图学年鉴》
intersection	交会测量
Introduction to Phaenomena	《现象概论》
Introduction to the History of Science	《科学史导论》
Iona	爱奥那
Ionian Sea	伊奥尼亚海
Ionia	伊奥尼亚
Iouernis	伊乌尔尼斯
Iran	伊朗
Irenaeus	艾雷尼厄斯
irrigated estate	灌溉地产
Isaac Vossius	伊萨克·福修斯
Isaac	以撒
Isagoge	《绪论》
Isauria	伊索里亚
Isca	伊斯卡
Isidore	伊西多尔
Isidorus of Charax	查拉克斯的伊西多鲁斯
Isis	伊西丝
Isle of Ely	伊利岛
Islington	伊斯灵顿
Isocrates	伊索克拉底

J

Jehan Boutillier	让·布蒂利耶
Jehan Morel	让·莫雷尔
Jehan Robert	让·罗贝尔
Jehuda ben Zara	杰胡达·本·扎拉
Jerusalem	耶路撒冷
J. G. Gregorii	J. G. 格雷戈里
J. G. Kohl	J. G. 科尔
J. L. Lagrange	J. L. 拉格朗日
Joachim Lelewel	阿希姆·勒莱韦尔
Johannes de Gmunden	约翰内斯·德格蒙登
Johannes Marcus	约翰内斯·马库斯
Johannes Philoponus	约翰内斯·菲罗波努斯
Johannes Werner	约翰内斯·维尔纳
John A. Wolter	约翰·A. 沃尔特
John Bonner	约翰·邦纳
John Carter Brown	约翰·卡特·布朗
John Duns Scotus	约翰·邓斯·斯科特斯
John Fitzherbert	约翰·菲茨赫伯特
John Green	约翰·格林
John K. Wright	约翰·K. 赖特
John Mandeville	约翰·曼德维尔
John Noble Wilford	约翰·诺布尔·威尔福德
John of Holywood	霍利伍德的约翰
John of Plano Carpini	普莱诺卡皮尼的约翰
Johnston	约翰斯顿
Jomard	若马尔
Jordanes	约达尼斯
Jordan valley	约旦河谷
Jordan	约旦，约旦河
Jorge de Aguiar	若热·德阿吉亚尔
Joseph Fischer	约瑟夫·菲舍尔
Joseph Needham	李约瑟
Joshua	约书亚，（指圣经篇名）约书亚记
Journal of the International Society for the History of Cartography	国际地图学史学会杂志
Jörg – Geerd Arentzen	约尔格—格尔茨·阿伦岑
J. T. Bodel Nijenhuis	博德尔·尼仁辉斯
Juba	朱巴
Judaea	犹地亚
Judith Leimer	朱迪斯·莱默尔

Judy Gorton	朱迪·戈顿
Juergen Schulz	于尔根·舒尔茨
Julian the Apostate	背教者朱利安
Julia	尤利娅
Julius Caesar	尤利乌斯·凯撒
Julius Honorius	尤利乌斯·霍诺里乌斯
Juno	朱诺
Junta de Investigações do Ultramar	海外调查委员会
Jupiter	朱庇特
Justinian	查士丁尼
Jutland	日德兰半岛
Juvincourt	瑞万库尔

K

Kadesh	卡叠什
Kadiköy	卡德柯伊
Kallatis	卡拉提斯
Kampuchea	柬埔寨
kardo maximus	南北大道
kardo maximvs	南北大道
kardo	南北轴线
Karelia	卡累利阿
Karkheh	卡尔黑河
Karl – Heinz Meine	卡尔·海因茨·迈因
Karl Kerenyi	卡尔·凯雷尼
Kartografie	《地图学》
Kartografiska Sällskapet	地图学学会
Kartographie bei den Naturvölkern	《原始民族中的地图制作》
Kartographische Nachrichten	《地图学新闻》
Karty pervobytnykh narodov	《原始人群的地图》
Kellings	克林
Kerch	刻赤
Kerry	凯里
KESSLERLOCH	凯斯勒洛奇
Keuning	科伊宁
Kevin Kaufman	凯文·考夫曼
Khabban	哈卜班
Khabuba Kabira	哈布巴卡比拉
Khabur	哈布尔河
Khartoum	喀土穆
Khios	希俄斯岛

Khnum – Shu	赫努姆 – 舒
Kienbach Gorge	肯巴赫峡谷
Kikynna	喀铿那
King's Lynn	金斯林
Kirkuk	基尔库克
Küçük Menderes	小门德雷斯河
Kleopas Koikylides	克莱奥帕斯·科伊基利泽斯
Knights Hospitalers	医院骑士团
Komóe River	科莫埃河
Konrad Celtes	康拉德·策尔蒂斯
Konrad Kretschmer	康拉德·克雷奇默
Konrad Miller	康拉德·米勒
Konrad of Colmar	科尔马的康拉德
Konrad Peutinger	康拉德·波伊廷格
Konrad Türst	康拉德·蒂尔斯特
Konstantin Cebrian	康斯坦丁·塞夫里安
Konstantinupolis	君士坦丁堡
Konya	科尼亚
Kotor	科托尔
Krymskie Gory	克里米亚山脉
Kurt Taubner	库尔特·陶布纳

L

Kurun	库伦河
labrys	双斧
labyrinth	迷宫
Lach	拉奇
Lactantius	拉克坦提乌斯
Ladner	拉德纳
L. Aemilius Paullus	L. 埃米利乌斯·保卢斯
La ferrassie	费拉西
Lafford	拉福德
La fleur des histoires	《历史》
Lagash	拉伽什
Laguarda Trías	拉瓜尔达·特里亚斯
Lake Carda	加尔达湖
Lake como	科莫湖
Lake Garda	加尔达湖
Lake iseo	伊塞奥湖
Lake Larius	拉琉斯湖
Lake Maeotis	迈奥提斯湖

Leucothea	琉科忒亚
leuga	里格
Levant	黎凡特
Lev Semenovich Bagrov	列夫·谢苗诺维奇·巴格罗夫
Liber embadorum	《几何之书》
Liber floridus	《花之书》
Liber insularum arelagi	爱琴群岛图志
Liber Secretarum Fidelium Crucis Super Terrae Sanctae Recuperatiane et canservatiane	《十字架信徒的秘密》
Liber Secretorum Fidelium Crucis	《十字架信徒的秘密》
Liber	利贝尔
Libonotus	里博诺托
Library of Congress	国会图书馆
librator	解放者
libra	磅
libri aeris	登记簿
Libro del conoscimiento	《知识之书》
Libro delfarte	《艺术之书》
Liburnia	利布尔尼亚
Libya	利比亚
l'idéogramme urbain	城市表意图
Liger	里格河
Límage du monde	《世界的图像》
limes	边界
Lincolnshire	林肯郡
Lincoln	林肯
Linear B script	线性文字 B
Lips	力伯斯
Liris	利里斯河
Lisbon（Olisipo）	里斯本
Lissa	莉萨
Little Astronomy	《小天文学》
Little Zab	小扎卜河
Livorno	里窝那
Livre dou trésor	《宝藏之书》
Livy	李维
Lökeberg	勒克伯格
Lloyd Brown	劳埃德·布朗
Imperatoris ni Augusti itinerarium maritimum	《安东尼·奥古斯都皇帝海上行程》
Lo compass ivigare	《航海手册》

Madeiras	马德拉群岛
Maeander；Maeander Fl.	迈安德河
Maffeo	马费奥
Maghreb	马格里布
magi	博士
Magna Graecia	大希腊
magnetic north	磁北
magnetic variation	磁变
Magog	玛各
Magourata	马古拉塔
Maikop	迈科普
Mainland（指设得兰群岛最大的岛屿）	梅恩兰岛
Majorcan	马略卡
Malaga	马拉加
Malay Peninsula	马来半岛
Malegno	马累诺
Mallos	马洛斯
MAMMOTH BONE	马默斯骨头
Manetho	马涅托
Manfredonia	曼弗雷多尼亚
Manfred	曼弗雷德
Mansiones Parthicae	《帕提亚驿站》
mansiones	驿站
Mantua	曼托瓦
Manuel Chrysoloras	曼努埃尔·赫里索洛拉斯
Manuel Francisco de Barros e Sousa	曼努埃尔·弗朗西斯科·德巴罗斯·苏萨
Manuel	曼努埃尔
Map Library	地图馆（指大英图书馆的）
Map Mosaics	地图镶嵌画
Mappae clavicula	"绘图要点"
mappaemundi	《世界地图》
mappainting	绘画地图
"Mappa mundi sive orbis descriptio"	《世界地图或描述》
Mappemondes A. D. 1200 – 1500	《世界地图，公元 1200 年至 1500 年》
Maps and Their Makers	《地图和它们的绘制者》
Marcel Baudouin	马塞尔·博杜安
Marcel Destombes	马塞尔·德东布
Marcellinus	马尔切利努斯
Marcianus of Heraclea Pontica	赫拉克利亚—本都卡的马尔奇亚努斯
Marcianus of Heraclea	赫拉克利亚的马尔奇亚努斯

Matteo Prunes	马泰奥·普吕那
Matthew Edney	马修·埃德尼
Matthew Paris	马修·帕里斯
Mauchamp	莫尚
Maureen Reilly	莫琳·奥赖利
M. Aurelius Severus Antoninus	M. 奥雷利尤斯·塞维鲁·安东尼努斯
Mauretania	毛里塔尼亚
Max Eckert	马克斯·埃克特
Maxilly	马克西利
Maxima Caesariensis	马克西马·凯撒里恩西斯
Maximus Planudes	马克西姆斯·普拉努德
maze	迷宫
Measurement of the Earth	《地球的测量》
mechanikos	技师
Mecia de Viladestes	梅西亚·德维拉德斯特斯
Media	米底
Medici	美第奇
Mediolanum	麦迪奥拉努姆
Mediterranean Sea; Medit. Sea	地中海
Megalopolis	迈加洛波利斯
Megasthenes	麦加斯梯尼
Melilla	梅利利亚
Memnon of Rhodes	罗得岛的门农
Memphis	孟菲斯
Menes	美尼斯
Menéndez – Pidal	梅嫩德斯－皮达尔
mensores	测量师
Mensuration	测定法
mental map	心象地图
Mercia	美西亚
Meridies	南，中午
Meroë	麦罗埃
Mesakin of Nuba	努巴的迈萨肯山
Meses	梅色
Meskene	迈斯基奈
Mesolithic	中石器时期，旧石器时代末期或中石器时代初期
Mesopotamia	美索不达米亚
Messana	墨萨拿
Messina	墨西拿
Messogis range	梅索吉斯山脉

Monique de La Roncière	莫妮克·德拉龙西埃
Monkish	蒙克什
Mont bego；Mont Bégo	贝戈山
MONTE BEGO VILLAGE	贝戈山村
Monte Gargano	加尔加诺山
Montes Lepini	莱皮尼山
Monti Lepini	莱皮尼山
Montélimar	蒙特利马尔
Montpellier	蒙彼利埃
Mont Saint – Michel	圣米歇尔山
Monumenta cartographica Africae et Aegypti	《非洲与埃及地图学志》
Monumenta cartographica	《地图学志》
Moordorf	摩尔多夫
Morison	莫里森
Morsynas	莫西纳斯河
mosaic map	马赛克地图（又译镶嵌地图）
mosaic	镶嵌画
Moses	摩西
Mother Earth	地母
Moton	莫顿
Motzo	莫特佐
Mountains of the Moon	月亮山脉
Mount Ararat	阿拉拉特山
Mount Etna	埃特纳火山
Mount Himaeus（Himalayas）	喜马拉雅山脉
Mount Meru	弥楼山（即须弥山）
Mount Nebo	尼博山
Mount Sinai	西奈山
Mozarabic	莫扎勒布
Mull of Galloway	加洛韦角
Mull of Kintyre	金泰尔角
Murneo	穆拉诺岛
Musée du Louvre	卢浮宫博物馆
Musei Capitolini	卡比托利欧博物馆
Museo Civico	市立博物馆
Museo Egizio	埃及博物馆
museum of ancient Ostia	古奥斯蒂亚博物馆
Museum of the Historical Society	历史学会博物馆
Muse Urania	缪斯女神乌拉尼亚
Mussolini	墨索里尼

New Hebridean	新赫布里底人
New Kingdom	新王国
Nicaea	尼西亚
Nicholas of Cusa	库萨的尼古拉斯
Nicholas V	尼古拉五世
Nicias	尼西亚斯
Nico Israel	尼科·伊斯雷尔
Nicolas of Cusa	库萨的尼古拉
Nicole Oresme	尼科尔·奥雷姆
Nicolo de Pasqualini	尼科洛·德帕斯夸利尼
Nicolo Fiorino	尼科洛·菲奥里诺
Nicolo	尼科洛
Nicolò Zeno	尼科洛·泽诺
Nicomedia	尼科美底亚
Nicopolis	尼科波利斯
Nigir	尼日尔河
Nile delta	尼罗河三角洲
Nile valley	尼罗河流域
Nilsson	尼尔森
Nilus	尼罗河
Nimroud – Dagh	内姆鲁特山
Nineveh	尼尼微
Nippur	尼普尔
nome	诺姆（古埃及的省）
Nonius Datus	诺米乌斯·达图斯
Nordenskiöld	努登舍尔德
Norfolk	诺福克，诺福克郡
Norman J. W. Thrower	诺曼·J. W. 思罗尔
Northamptonshire	北安普敦郡
North celestial pole	北天极
northern temperate zone	北温带
North Pole	北极
North Sea	北海
Northumberland	诺森伯兰
Notgasse	诺加斯
Notitia Dignitatum	《百官志》
Notitia regionum XIV	《十四区名册》
Notitia Urbis	《城市的信息》
Notium Promontorium	诺提翁海角
Nottinghamshire	诺丁汉郡

Notu Keras	瓜达富伊角
Notus	诺托
Nova Carthago	新迦太基
Novantae	诺瓦泰人
Novantarum prom.	科斯沃尔角
Novegradi	诺维格拉迪
Novgorod	诺夫哥罗德
Novilara	诺维拉腊
Novi	诺维
Nubia	努比亚
Numa Broc	尼马·布罗克
Numbers（指圣经篇名）	《民数记》
numeration	计数
Nun	嫩
Nut	努特
Nuzi	努兹

O

O. A. W. Dilke	O. A. W. 迪尔克
Oceanus Atlanticus	大西洋
Oceanus Indicus	印度洋
Oceanus Occidentalis	西洋
Oceanus Orientalis	东洋
Oceanus	洋，大洋河
Ochus	奥库斯河
Octavian	屋大维
Odessos	奥德索斯
Odessus	奥德苏斯
Odo	奥多
Odyssey	《奥德赛》
Offering of the Crane	鹤的献祭
Oglio	奥廖河
oikoumene	人类居住的世界
Olbia	奥尔比亚
Old Bewick	旧贝威克
Old Cairo（Babylon）	老开罗（巴比伦）
Old Kingdom	古王国
old Priam	老普利阿姆
Old Testament	《旧约圣经》
Oliveriano Museum	奥里维里亚诺博物馆
Oliver	奥利弗

Olives	奥利韦斯
Olivule	奥利维勒
Oléron	奥莱龙
Olschki	奥尔施基
Olympias	奥令比亚
On Centuriation	《论百分田制》
On Europe	《论欧洲》
On Harbors	《论海港》
On Inhabitable Places	《论可居住地》
On Land Disputes	《论土地纠纷》
Onno Brouwer	奥诺·布鲁韦
Onomasticon	《圣经地名汇编》
On the Mystical Noah's Ark	《关于神秘的诺亚方舟》
On the Ocean	《论海洋》
On the Status of Land	《论土地状况》
Oostburg	奥斯特堡
Ophel	奥菲尔
Opicinus de Canistris	卡皮提里斯的奥皮奇努斯
Oplontis	奥普隆提斯
Opus majus	《大著作》
Ora Maritima	《海岸》
Orange Cadaster A	奥朗日地籍册 A
Orange museum	奥朗日博物馆
Orange	奥朗日
Oran	奥兰
orboculus	球体
Orcades	奥克尼
Ordelaffo Falier	奥德拉福·法列尔
Ordnance Survey maps	军事测量图
Ordnance Survey	地形测量局
Origines	《创始记》
β Orionis	猎户座 β 星
α Orionis	猎户座 α 星
Orion	猎户座
Oritae	奥里特
Orkney Islands	奥克尼群岛
Orkney	奥克尼
Orontes	奥龙特斯河
Orosian – Isidorian	奥罗修斯 – 伊西多里安
Orosius	奥罗修斯

orrery	太阳系仪
orthographic projection	正射投影
orthomorphic	正形
Osiris	奥西里斯
Ossimo	奥西莫
Ostend	奥斯坦德
Ostia Hhrbor	奥斯蒂亚港
Ostia	奥斯蒂亚
ostracon	石灰石陶片
Otia Imperialia	"奥托皇帝"
Otley	奥特利
Otranto	奥特朗托海峡
Oua motin	瓦丁
Oued Noun River	农河
Ouse	乌斯河
outline map	轮廓图
Overflakkee	上弗拉凯
Ovid	奥维德
Oxus	乌浒河

P

Pactolus	帕克托洛斯河
padrone	船长
Padus	波河
painted itinerary	彩绘行程录
Palazzo Braschi	布拉斯奇宫
Palazzo dei Conservatori	保守宫
Palazzo Rosso	
Palazzo Vecchio	旧宫
Paleologue	巴列奥略
Palestine	巴勒斯坦
Palibothra	帕利波特拉
Palimbothra	华氏城
palimpsest	重写羊皮书卷
Paludes Pomptinae	滂布提纳沼泽
Paludes	沼泽
Palus Maeotis	迈奥提斯沼泽（即亚速海）
Palus Oxiana	欧克西亚那沼泽（即咸海）
Pamphylia	潘菲利亚
Panticapaeum	潘提卡彭
Pantometria	《几何学练习》

Paolino Veneto	保利诺·韦内托
Paphlagonia	帕夫拉戈尼亚
Pappus	帕普斯
Papyrus Reinhart	赖因哈特纸草
Papyrus Wilbour	维布尔纸草
Parallel Lives	《希腊罗马名人传》
parallel of latitude	纬圈
Para Pinta	帕拉·平塔
parasang	帕勒桑
Parcae	帕耳开
Parergon	《附件，或一些古代地理的地图》
Parma	帕尔马，帕尔马河
Parmenides	巴门尼德
Paropamisus M.	帕鲁帕米苏斯山脉
Paropanisus	帕洛般尼苏斯
Parsis	帕西人
Parthian	帕提亚人
Parthia	帕提亚（汉称安息）
Pasajes	帕萨赫斯
Passion of Christ	基督受难
Pathyris	帕提里斯
Patmos	帕特莫斯
patriarch	牧首
Patrikios	帕特里基奥斯
Pattala	帕塔拉
Paulus Orosius	保卢斯·奥罗修斯
Paxos	帕克西
P. D. A. Harvey	P. D. A. 哈维
Pedro de Medina	佩德罗·德梅迪纳
Pedro Ⅳ	佩德罗四世
Pella	培拉
Peloponnese	伯罗奔尼撒
Peloponnesus	伯罗奔尼撒半岛
Pelusium	培琉喜阿姆
PENALSORDO；Peñalsordo	佩尼亚尔索多
Penelope	珀涅罗珀
Penrith	彭里斯
Pepys	佩皮斯
Pere Folch	佩雷·福尔奇
Pere Jalbert	佩雷·雅尔贝

Pergamon	帕加马
Pergamum	帕加马
Pericles	伯里克利
Periegesis	《大地巡游记》
Periegetes	旅行者
Perikles	伯里克利
Perinthus	佩林苏斯
periodos	环行
periods of visibility	可见期
Perioikoi	边地居民
Peripatetic School	逍遥学派
peripheres	圆
periploi（periplus 的复数形式）	周航记
Periplus maris exteri	《外海周航记》
Periplus	《周航记》
Perrella	佩雷拉
Perrino Vesconte	佩里诺·维斯孔特
Persepolis	波斯波利斯
Persian Gulf	波斯湾
Persis	波西斯
perspective map	透视地图
Pesaro wind rose map	《佩萨罗风玫瑰图》
Pesaro	佩萨罗
Petchenik	佩切尼克
Peter of Beauvais	博韦的彼得
Petronius Celer	佩特罗尼乌斯·切勒
Petrus Alphonsus	佩特鲁斯·阿方萨斯
Petrus Roselli	彼得鲁斯·罗塞利
Peutinger map	《波伊廷格地图》
Peutinger	波伊廷格
Phaedo	《斐多》
Phaenomena	《现象》
Phalerum	法莱隆
Phaseis	《恒星之象》
Phasis；Phasis River	法希斯，法希斯河
Pheidias	菲迪亚斯
Philadelphus	菲拉德尔弗斯
Philae	菲莱
Philhellene	亲希腊者
Philip Ⅲ	菲利普三世

Philip of Dreux	德勒的菲利普
Philip the Good	好人菲利普
Philip	腓力
Phillott	菲洛特
Philopator	菲洛帕托尔
Phinnoi	芬诺里
Phocaea	福西亚
Phoebus Apollo	福玻斯·阿波罗
Phoenician	腓尼基（的），腓尼基语，腓尼基人
Photius of Constantinople	君士坦丁堡的弗留斯
Phrygia	弗里吉亚
Piacenza	皮亚琴察
Piagetian school	皮亚杰的思维发展学派
Picard	皮卡德
Pico de Teide	泰德峰
picta	颜色
pictograph	象形文字
picture map	图画式地图
Piedmont	皮埃蒙特
Pierre d'Ailly	皮埃尔·德阿伊
Pierre de Fermat	皮埃尔·德费马
Pierre Duhem	皮埃尔·迪埃姆
Piersantelli	皮耶尔桑泰利
Pietro del Massaio	彼得罗·德尔马赛奥
Pietro Flor	彼得罗·弗洛尔
Pietro Frabetti	彼得罗·弗拉贝蒂
Pietro Vesconte	彼得罗·维斯孔特
Piganiol	皮加尼奥尔
Pillars of Hercules	赫拉克勒斯之柱
Pillars	柱
pinakas	镶板
pinakes	地图
pinaki	地图
pinax	地图
Pinelli – Walckenaer atlas	皮内利 – 瓦尔肯纳尔地图集
Pinerolo	皮内罗洛
Piraeus	比雷埃夫斯
Pirrus de Noha	诺哈的皮尔斯
Pisho	比逊河
Pisidia	皮西迪亚

Pitane	皮塔内
Pitch Lake	沥青湖
Pithoeanus	《菲德鲁斯寓言》
Pizzo	皮佐
P. Kandler	P. 坎德勒
Placentia	普拉肯提亚
Placido Zurla	普拉西多·祖拉
plane chart	平面海图
planetarium	天象仪
Planisphaerium	《平球论》
planisphere	平面天球图
Plato	柏拉图
Plaz d Ort	奥尔泰广场
Pleiades	昴星团
plumb line	铅垂线
Plutarch	普鲁塔克
P. M. Paciaudi	P. M. 帕西奥迪
Poeticon Astronomicon	"天文诗"
Pointe Sainte – Catherine	圣凯瑟琳角
polar axis	极轴
polar circle	极圈
polar longitude	极黄经
Polaschek	波拉舍克
Polesini	波莱西尼
Polography	《极谱》
Polybius	波里比阿
Polychronicon	《编年史》
Pompeii	庞贝
Pompeli	庞贝
Pompey	庞培
Pomponius Mela	庞波尼乌斯·梅拉
Pomptine (Pontine) Marshes	庞廷沼泽
Ponta Varela	巴雷拉角
PONTE SAN ROCCO	圣罗科桥
Pontus Euxinus	黑海
Pontus	本都
Ponza	庞扎
Pope Zacharias	教皇撒迦利亚
Poppaea	波派娅
Poremanres	阿蒙涅姆赫特三世

Porta Capena	卡佩那门
Porticus of the Argonauts	阿尔戈英雄柱廊
Porticus Vipsania	维普萨尼亚柱廊
portolan chart	波特兰海图
portolani	航海日记
portolano	航海手册
portolan；portulan	波特兰
Porto Pisano	比萨诺港
Posidonius	帕奥西多尼乌斯
potencia	波滕西亚
Po valley	波河河谷
Pozzuoli	波佐利
Po	波河
Practica geometriae	《实用几何学》
Praeneste	普莱奈斯特
Praetorian guards	禁卫军
Prasum Promontorium	普拉苏海角
predynastic period	前王朝时期
preoperational	前运
PRESTERJOHN	祭司王约翰
Prester John	祭司王约翰
Prettanic island	不列颠岛屿
Preveza	普雷韦扎
Priene	普里恩
primeval hill	原初小丘
Prince Henry the Navigator	航海家亨利王子
Prince Youssouf Kamal	王子优素福·卡迈勒
principate	元首制
Priscian	普里西安
processus pyramidalis	肝脏锥突
proconsul	总督
Procopius	普洛柯比
procurator	财政长官
pro indiviso	共有
Promised Land	应许之地
promontory of Prasum	普拉苏岬角
Propertius	普罗佩尔提乌斯
Propontis	普罗滂提斯
provincia	省
Prunes	普吕纳

Psalter Map	普萨特尔地图
Psalter	《诗篇集》
P. Scipio	P. 西庇阿
pseudo – Hyginius	托名叙吉努斯
pseudo – Scylax	托名西拉克斯
Pseudo – Scymnus	托名斯库姆诺斯
Ptolemy	托勒密
Publius Cornelius Lentulus	普布利乌斯·科尔涅利乌斯·伦图鲁斯
Punt	蓬特
Puteoli	普提奥利（即今波佐利）
Puy de Dome	多姆山省
Pwenet	普韦内
Pydna	皮德纳
Pylos	皮洛斯
Pyrenaeus；Pyrenaeus M.	比利牛斯，比利牛斯山
Pyrenees	比利牛斯山脉
Pythagoras	毕达哥拉斯
Pythagorean	毕达哥拉斯
Pythagorean	毕达哥拉斯（的），毕达哥拉斯派
Pytheas of Massalia	马萨利亚的皮泰亚斯
Pytheas	皮泰亚斯

Q

Qift	吉夫特
Q. Marcius Philippus	Q. 马尔奇乌斯·菲利普斯
Quadripartitumor Tetrabiblos	《占星四书》
Quaritch	夸里奇
questions de géographie historique	历史地理的问题
Quseir	古赛尔

R

Rabanus Maurus	拉巴努斯·毛鲁斯
Raffaello Riario	拉法埃洛·里亚里奥
Raffaelo Battaglia	拉法埃洛·巴塔利亚
RAJUM HANI	拉珠木哈尼
Rama	拉玛
Ramesses II	拉美西斯二世
Ramesses IV	拉美西斯四世
Ramesses IX	拉美西斯九世
Ramesseum	拉美西姆
Ramesside	拉美西斯
Ramon Lull；Ramón Lull	拉蒙·柳利

Ramusio	拉姆西奥
random line	测试线
Ranulf Higden	雷纳夫·希格登
Raś Shamrah	拉斯沙姆拉
Rathlin	拉斯林岛
Ravenna cosmographer	拉文纳的宇宙志学者
Ravenna cosmography	《拉文纳宇宙志》
Ravenna	拉文纳
Rödiger	罗迪格
Reate	莱亚特
rectangular projection	矩形投影
Redaction	编校本
Referativny zhurnal：Geografiia	《推荐期刊：地理学》
Reggio nell'Emilia	雷焦艾米利亚
Reggio	雷焦
register（指埃及壁画装饰）	格层
Reinel	赖内尔
remote sensing	遥感
Rene Descartes	勒内·笛卡尔
Reparaz	雷帕拉斯
Republic（柏拉图著）	《理想国》
Republic（马克罗比乌斯著）	《论共和国》
Research Catalogue of the American Geographical Society	《美国地理学会的研究目录》
resection	后方交会测量
Retimo/Rethymnon	雷蒂莫
Revelli	雷韦利
Reverend William Greenwell	威廉·格林韦尔牧师
Reverend William Proctor	威廉·普罗克特
Rey Pastor	雷伊·帕斯特
R. G. Boscovich	R. G. 博斯科维克
Rhabana	拉瓦纳
Rhadamanthys	达拉曼提斯
Rhaiba	雷巴
Rhapta promontory	拉普塔岬角
Rhaptum Promontorium	拉普塔海角
Rha	拉河
Rhegium	莱吉翁
Rhenus	莱茵河
Rhine	莱茵河
Rhône	罗讷河

Rhodanus	罗达努斯河
Rhodes	罗得岛
Rhodus	罗得岛，罗得
Rhone valley	罗讷河谷
rhumb line charts	斜航线海图
Riblah	利比拉
Richard Andree	理查德·安德烈
Richard Benese	理查德·贝内斯
Richard de Bello	理查德·德贝洛
Richard Gough	理查德·高夫
Richard Hartshorne	理查德·哈茨霍恩
Richard of Haldingham	哈丁汉的理查德
Richard Oldham	理查德·奥尔德姆
Richard Uhden	理查德·乌登
Richborough	里奇伯勒
Rieti	列蒂
Rigel	参宿七
Rijksarchief	国家档案馆
Rimini	里米尼
Rio del Oro	金河
Rio de Oro	金河
Riproll	里普罗尔
river Aisne	埃纳河
river Araxes	阿拉克西斯河
river Arno	阿尔诺河
river Casus	加索河
river Chrysorroas	金河
river Cree	克里河
river Danubios	多瑙河
river Histros	伊斯特里奥斯河
river Isonzo	伊松佐河
river Liris	利里斯河
River Meuse	默兹河
River of Gold	黄金河
river Simois	西摩伊斯河
river Tamar	泰马河
river Tay	泰河
river Timavus	提马弗斯河
river Var	瓦尔河
Riviera	海岸

Robert Cotton	罗伯特·科顿
Robert Grosseteste	罗伯特·格罗斯泰斯特
Robert Karrow	罗伯特·卡罗
Roberto Almagià	罗伯托·阿尔马贾
Robert Ricart	罗伯特·里卡特
Robinson	鲁滨逊
rocky bed	岩石河床
Rodez	罗德兹
Roger Bacon	罗杰·培根
Roger of Hereford	赫里福德的罗杰
Romaic Gulf	罗马湾
Roma instaurata	《复原罗马》
Romaioi	罗马人
Roman Britain	罗马不列颠
Roman Drazniowsky	罗曼·德拉兹尼奥斯基
Roman feet	罗马尺
Roma	罗马
Ronald Morris	罗纳德·莫里斯
Rostovtzeff	罗斯托夫夫
Rothiemay station	罗西梅站
Rottweil	罗特维尔
Routing Linn; Rowtin Lynn	罗汀林恩
Royal Army Medical Corps Library	皇家陆军医疗队图书馆
Royal Geographical Society of London	伦敦皇家地理学会
Royal Geographical Society	皇家地理学会
Royal Irish Academy	皇家爱尔兰学院
Rudimentum novitiorum	《初学者手册》
Rufius Festus Avienius; Rufus Festus Avienius	鲁弗斯·费斯图斯·阿维阿奴斯
Ruge	鲁格
Ruggles	拉格尔斯
Ruspina	鲁斯皮纳
Ruthardt Oehme	鲁特哈特·厄梅
Ruysch	勒伊斯
R. V. Tooley	R. V. 图利

S

Sacae	萨迦，萨迦人
Sacrobosco	萨克罗博斯科
Sacrum Prom.; Sacrum Promontorium	神圣海角
Sahara	撒哈拉沙漠
Saint Albans Abbey	圣奥尔本斯修道院

Sarah Wilmot	萨拉·威尔莫特
Sardinia	撒丁岛
Sardis	萨迪斯
Sareptha	撒勒法
Sargon	萨尔贡
Sarmatia	萨尔马提亚
satanazes	萨塔纳泽斯
Saturnian verse	古代拉丁诗体
Satyron Promontorium	萨堤尔海角
Satyrs	萨提尔
saya	萨亚
scale drawing	缩尺图
Scamandre	斯卡芒德尔
Scandia	斯坎迪亚
Scandinavia	斯堪的纳维亚
Schaffhausen	沙夫豪森
Scharfe	沙夫
Scheldt	斯海尔德河
schematic plan	示意平面图
scheme	略图，方案
schist	片岩
Schleswig – Holstein	石勒苏益格—荷尔斯泰因
Schurtz	舒尔茨
Scipio Aemilianus	西庇阿·埃米利亚努斯
Scipionic circle	西庇阿思想圈
Sciron	斯客戎
Scylax of Caryanda	卡里安达的斯库拉克斯
Scythian Ocean	斯基泰大洋
Scythia	斯基泰，斯基泰人
Sea of Azov	亚速海
Sea of Galilee	加利利海
sea of Kinnereth	基尼烈湖
Sebastye	塞巴斯蒂亚
Secchia	塞基亚河
secondary streams	次级溪流
second legion Augusta	第二奥古斯塔军团
second legion Gallica	第二高卢军团
Second Persian Period	第二次波斯统治时期
Second Punic War	第二次布匿战争
sefar	赛发

Shouldham	肖尔德姆
Shu	舒
Siatutanda	夏图坦达
Sibenik	希贝尼克
Sicilia	西西里
Sicily	西西里
Sidon	西顿
Siena	锡耶纳
Sigeum	西盖翁
sigilo	保密政策
Signoria	领主
Siloam	西罗亚
SILOS	西洛斯
Simar	西马尔
Simonetta Conti	西莫内塔·孔蒂
Sinae	秦尼
Sinai desert	西奈沙漠
Sin Hinny	辛辛尼
sinistra decumani	东西大道左侧
Sintra	辛特拉
Sinus Arabicus	阿拉伯湾（即红海）
Sinus Gangeticus	恒河湾
Sinus Issicus	伊斯肯德伦湾
Sinus Magnus	大湾
Sinus Persicus	波斯湾
Siponto	西蓬托
Sippar	西帕尔
Sir Arthur Evans	阿瑟·埃文斯爵士
Sires	西雷斯
Sirius	西琉斯天狼星
Sir Thomas Phillipps	托马斯·菲利普斯爵士
Sisebut	西塞布
situs	地区
Skandia	斯坎迪亚
Skelton	斯凯尔顿
sketch map	草图
Skin Hill Village	皮山村
skipper	船长
Slavs	斯拉夫
Smithsonian	史密森尼

Smyrna	士麦那
Société de Géographie de Paris	巴黎地理学会
Socotra	索科特拉
Socrates	苏格拉底
Sogdiana	索格底亚那（汉称粟特）
solar year	太阳年
Solinus	索里努斯
Solin	索林
Soli	索利
Solothurn	索洛图恩
solstices	二至点
Solstitial point	二至点
Sommerbrodt	索默布罗特
Somnium Scipionis	《西庇阿之梦》
Sontius	松提乌斯河
Sosius Senecio	索西乌斯·赛尼斯
Soter	索特
source map	源地图
Sousse	苏塞
Southampton	南安普敦
South Baden	南巴登
South Pole	南极
Sparta	斯巴达
Spello	斯佩洛
Speyer cathedral	施派尔主教座堂
sphairopoiia	球仪制造
sphericity	球形
Spherics	《球面几何学》
sphragides	斯弗拉吉德斯
Spindle of Necessity	必然之纺锤
Spirensis	施派尔
Sri Lanka	斯里兰卡
st3t	斯塔特
Stabiae	斯塔比伊
stade	斯塔德
Stadiasmus maris magni	《大海之距》
Stadiasmus	大海之距
Staigue fort	斯泰格堡
Staines	斯泰恩斯
STAR STONE	星石

stellar globe	恒星仪
Stephanus	斯特凡努斯
stereographic projection	球面投影
Stevenson	史蒂文森
Stevens	史蒂文斯
Steven	史蒂文
Stililant	斯提里兰特
Stoicism	斯多葛主义
Stoics	斯多葛学派
Stollhof	斯托尔霍夫
Stowe	斯托
St – Paul – Trois – Châteaux	圣保罗三城堡
Strabo	斯特拉波
Strait of Sicily	西西里海峡
Straits of Gibraltar	直布罗陀海峡
Straits of Kerch	刻赤海峡
Straits of Messina	墨西拿海峡
Stratagems	《谋略》
Strepsiade	斯瑞西阿得斯
Stuttgart	斯图加特
stylus	尖头笔
subseciva	帝国或政府拥地
Sudetenland	苏台德
sueldo	苏埃尔多
Suffolk	萨福克
Sulla	苏拉
Sultan's Library	苏丹图书馆
Sumatra	苏门答腊
sundial	日晷
Surveying and Mapping	《测绘与制图》
survey map	测绘图
surveyor's cross	十字直角器
Susa	苏萨
Susiana	苏西亚那
Susiya	苏西亚
Syene	赛伊尼
Sylvester II	西尔维斯特二世
symbolic representation	符号表征
Synesius of Cyrene	昔兰尼的辛尼西乌斯
synthetic histories	综合性历史著作

Syracusae	叙拉古
Syracuse	叙拉古
Syria	叙利亚
Syrtis Maior；Syrtis Major	大流沙地带
Syrtis Minor	小流沙地带

T

Table Mountain	桌山
Table of Nations（圣经内容）	"列国表"
table of weights and measures	度量衡表
tabulae aeris	青铜板
Tabulae Modernae	《现代地图》
tabulae	书板
Tabula Peutingeriana	《波伊廷格地图》
tabularium	罗马国家档案馆，公共档案室
tabula	泥板，地图
Tacapae	塔卡帕
Tacitus	塔西佗
Taddeo di Bartolo	塔代奥·迪巴尔托洛
Taggia	塔贾
taghit	塔吉特
Talamone	塔拉莫内
Talat N'lisk	塔拉特·纳利斯克
taler	泰勒
Talmay	塔尔迈
Tal Qadi	泰尔卡狄
Tamare	泰马
Tamarus Prom.	塔马罗海角
Tammar Luxoro	塔马尔·卢克索洛
tamrit	塔姆里特
Tanais（Don）River	塔奈斯（顿）河
Tanais	塔奈斯河
Tangier	丹吉尔
Tanum	坦尼姆
Tanworth	坦沃思
Taprobane	塔普罗巴奈
Tara	塔拉
Taro	塔罗河
Tarquin dynasty	塔克文王朝
Tarracina	塔拉奇纳
Tarraco	塔拉科

Tarragona	塔拉戈纳
Tarssçon – sur – ariege	特里昂河畔塔尔松
Tarsus	塔尔苏斯
Tartessus	塔特索斯
Tarxien temple	塔尔欣神庙
Tarxien	塔尔欣
Tassili Mountains	塔斯里山
tassili	塔斯里
Tauric	陶里斯
Taurus M.；Taurus Mountains；Taurus Range	托罗斯山脉
Taurus	托罗斯
TÛBU	图布
Teixeira da Mota	特谢拉·达莫塔
Telamones	苔拉蒙斯
Teleilat ghassul	特雷拉特 – 盖苏尔
Telloh	特洛赫
Tellus	忒路斯
Temple of Peace	和平神庙
Tenerife	特内里费岛
Tepe gawra	泰佩高拉（高拉山）
Terceira	特塞拉岛
Tergeste	特格斯特
Terra Incognita	未知大陆
terrestrial globe	地球，地球仪
terrestrial world	陆地世界
terrestrial zone	陆地地带
Territory of Love	爱之领域
Tetrabiblos	《占星四书》
T. Flavius Vespasianus	T. 弗拉维乌斯·维斯帕西亚努斯
Thales	泰利斯
Thamudeni	萨穆狄尼人
Thanet	萨尼特
Thayngen	塔英根
Thebes	底比斯
The Book of the Two Ways	《两路之书》
The Clouds	《云》
The Geographical Lore of the Time of the Crusades	《十字军东征时的地理学知识》
"*The History of the Geographical Map：Review and Survey of Literature*"	《地理地图的历史：文献评论与调查》
The International Coronelli Society for the Study of Globes and Instruments	国际科罗内利球仪和设备研究会

The Map Collectors´ Circle	《地图收藏界》
The Map Collector	《地图收藏家》
The Mapmakers	《地图绘制者》
thematic mapping	专题制图
The Mirror	《镜》
The Ocean	《海洋》
Theodosian map	《狄奥多西地图》
Theodosius Ⅱ	狄奥多西二世
Theodosius of Bithynia	比提尼亚的狄奥多西
Theophrastus	泰奥弗拉斯图斯
theoretical geography	理论地理学
Thera	锡拉岛
Theseus	提修斯
Thessalonica	帖撒罗尼迦
"The Use of Old Maps in Geographical and Historical Investigations"	《古地图在地理学和历史学研究中的用途》
Thevet	泰韦
the Wash	沃什湾
Thomas of Elmham	埃尔门的托马斯
Théophile Simar	泰奥菲勒·西马尔
Thoricos	托瑞高斯
Thorikos	托利库斯
Thrace	色雷斯
Thracia	色雷斯
Thrascias	色拉基
Thrascius	色拉基
Thucydides	修昔底德
Thule	图勒
Thurii	图利伊
Tiberias	太巴列
Tiberis	台伯河
Tiberius Sempronius Gracchus	提比略·塞姆普洛尼乌斯·格拉古
tibériades	太巴列
Tibur	提布尔
Tigris	底格里斯河
Tillenay	蒂勒奈
Timaeus	蒂迈欧
Timosthenes of Rhodes	罗得岛的提摩斯提尼
Timosthenes	提摩斯提尼
Tingis	廷吉斯
Tin Islands	锡岛

Tintagel	廷塔杰尔
tissoukal	蒂索卡
Titus	提图斯
Tivoli	蒂沃利
Tmolus range	特莫鲁斯山脉
Toledo tables	托莱多天文表
Toledo	托莱多
Toleta	数学表格
Tolometa	托洛梅塔
Tomea（Tomis）	托米斯
Tomis	托米斯
Tony Campbell	托尼·坎贝尔
Toomer	图默
Topkapi Library	托普卡珀图书馆
Topkapi Sarayi	托普卡珀宫
topographical drawing	地形绘图
topographical map	地形图
topographos	地形作者或风光插画师
Torre Annunziata	托雷安农齐亚塔
torrid zone	热带
Toulouse	图卢兹
Tournai	图尔奈
town register	城镇登记簿
Toynbee	汤因比
Tragliatella	特拉格利亚泰拉
Trajan	图拉真
transverse profile	横断面
Trapezus	特拉佩祖斯
Trebizond	特拉布宗
Trent	特伦特河
Treviso	特拉维索
triangulation	三角测量法
Tricastini	特里卡斯提尼
Trieste	的里雅斯特
Triora bordighera	特廖拉博尔迪盖拉
Triora	特廖拉
Tripolis	的黎波里
Tripoli	的黎波里
Tristão	特里斯唐
triumvirs	三头同盟

urban praetor	城市副执政
Urban	乌尔班（人名）
Urbino plan	"乌尔比诺平面图"
Urbino	乌尔比诺
Urbs Constantinopolitana nova Roma	《新罗马君士坦丁堡城》
Uruk	乌鲁克
Usodimare	乌索迪马雷
Utica	乌提卡
Uzielli	乌齐耶利

V

Valcamonica	卡莫尼卡河谷
Val Camonica	卡莫尼卡河谷
Val Casterino	卡斯特里诺谷地
Valencia	巴伦西亚
Valens	瓦伦斯
Valentinian Ⅰ	瓦伦提尼安一世
Valentinois	瓦伦蒂诺瓦
Val Fontanalba	丰塔纳尔巴谷地
Valhalla	瓦尔哈拉
Valley of the Kings	帝王谷
Val Meraviglie	奇观谷地
Valona	发罗拉
Valtellina	瓦尔泰利纳
Vandalas	汪达拉斯河
vanitas	虚荣
Varro	瓦罗
Vasco da Gama	瓦斯科·达伽马
Vegetius	维吉提乌斯
Velia	韦利亚
Venerable Bede	可敬的比德
Vennius	文尼乌斯
Venslev	文斯列夫
Vercelli	韦尔切利
Verona	维罗纳
Verus	维鲁斯
Very Reverend Charles Graves	查尔斯·格雷夫斯教长
Vescini Mountains	韦希尼山脉
Vesconte Maggiolo	维斯孔特·马焦洛
vesica piscis	鱼鳔
Vespasian	苇斯巴芗

votive offering	奉献祭
Vyg	维格河

W

Waal	瓦尔河
wadi	干谷
W. A. Heidel	W. A. 海德尔
Walbiri	瓦尔比里人
Walcher	瓦尔歇
WALLIS	瓦利斯
Walter Blumer	沃尔特·布卢默
Waltham Abbey	沃尔瑟姆修道院
Wantzenau	旺策诺
Warwickshire	沃里克郡
Water of Fleet	弗利特河
Water of Luce	卢斯河
waterplace	水地
Water Supply of Rome	《罗马的给水》
Watling Street	沃特灵古道
wavy line	波浪线
Wādī al – ammāmāt	哈玛马特干谷
Weimar	魏玛
Western Ocean	西洋
White sea	白海
whorl	纺轮
Wicklow MTNS	威克洛山
WIESBADEN FRAGMENT	威斯巴登残片
Wildmore Fen	怀尔德莫尔沼泽
William Bourne	威廉·伯恩
William of Conches	孔什的威廉
William of Occam	奥卡姆的威廉
William of Rubruck	鲁布鲁克的威廉
William of Tripoli	的黎波里的威廉
William Playfair	威廉·普莱费尔
William Roselle	威廉·罗塞尔
William Wey	威廉·韦伊
Wiltshire	威尔特郡
Winchester	温切斯特
Wisbech	威斯贝奇
Wittgenstein	维特根斯坦
Witton Gilbert	威顿吉尔伯特

译 后 记

　　与整套丛书其他各卷相比，本卷的篇幅并不"庞大"，甚至可以说得上有些"精致"；不仅如此，虽然关于早期地图的研究受限于材料难度颇大，但正是由此，本册中涉及的"知识点"相对其他各卷而言都比较"粗"，且这些知识点通过查阅相关领域的中文专业书籍和参考书都可以获得，因此就翻译本身而言，本卷的难度反而是比较低的。

　　不过，本卷的翻译历经曲折。原来的译者，因为主客观原因，迟迟未能完成翻译工作，随着截稿日期的日益来临，为了不影响整套译著的出版，他最终选择退出了项目。然而，项目组面临的问题就是，本卷需要重新翻译，需要大量的时间，但当时恰恰最缺的就是时间！距离出版社设定的截稿日期只有不到 5 个月的时间！而出版社也面临着芝加哥大学出版社设定的"*deadline*"，因此出版社为我们设定的截稿日期是"真正的"截稿日期！

　　于是，孙靖国、包甦和我不得不放下手中所有的工作开始本卷的翻译工作。临时接手译稿，所有工作都要从头做起，且由于是多人翻译，因此还涉及分工、术语和格式的统一等问题。幸好，大家从事这一翻译工作多年，已经习惯了本丛书的翻译惯例以及流程，且也有着众多默契，因此很快就达成了一系列的共识。但即使如此，60 多万字的翻译和校对，需要在不到 5 个月的时间内完成，我想凡是从事过翻译工作的研究者都应当知道这一工作的难度。那 5 个月中，除了日常工作、吃饭和睡觉之外，我们所有的时间和精力都投入了翻译工作，没有周末，没有节假日，没有休息。幸好，在经历了各种难以用语言描述的痛苦之后，我们最终在截稿日之前完成了全书的重译和校对工作。那些时日不堪回首！

　　在此，我代表本卷的译者向在那几个月中支持我们工作的家人、朋友和老师表达发自内心的感谢！也对受到我们工作时因燃烧小宇宙而产生的情绪波动影响的家人和友人表示歉意，他们的宽容我们铭记在心。还应当感谢的是中国社会科学院古代史研究所的所长卜宪群研究员。作为首席专家，他不但把控了整个课题的方向，而且在课题进行过程中，他在百忙之中认真审读稿件，并指出了很多错漏之处。

　　最后，由于时间仓促以及是由三位译者进行的翻译，因此本册在术语的使用、行文以及遣词造句方面都不如其他各册具有一致性和规范，且译文中也存在着更多的错误，对此我代表三位译者向读者表达真挚的歉意！

成一农

2021 年 6 月 29 日星期二

昆明